Kompaktlexikon der Biologie

3

Kompaktlexikon der Biologie

in drei Bänden

Dritter Band
Rept bis Z
Register

Spektrum Akademischer Verlag Heidelberg · Berlin

Die Deutsche Bibliothek – CIP-Einheitsaufnahme

Kompaktlexikon der Biologie: in drei Bänden / [Red.: Elke Brechner]. –
Heidelberg; Berlin: Spektrum, Akad. Verl.
  Bd. 3. Rept bis Z; Register – 2002

ISBN 978-3-8274-1042-9 (Hardcover)
ISBN 978-3-8274-3078-6 (Softcover)

Redaktion: Elke Brechner
Produktion: Detlef Mädje
Grafiken: Christian Schura, Mannheim (Reinzeichnungen); Ralf Schirmer, Lampertheim
Umschlaggestaltung: WSP Design, Heidelberg
Satz: TypoDesign Hecker, Leimen
Druck und Verarbeitung: Lego Print S.p.A, Lavis, Italy

Mitarbeiter des dritten Bandes

Redaktion
Dipl.-Biol. Elke Brechner (Projektleitung)
Dr. Barbara Dinkelaker
Dr. Daniel Dreesmann
Dipl.-Biol. Manuela Held

Wissenschaftliche Fachberater
Professor Dr. Helmut König, Institut für Mikrobiologie und Weinforschung,
  Johannes-Gutenberg-Universität Mainz
Professor Dr. Siegbert Melzer, Département des Sciences de la Vie, Physiologie végétale,
  Universität Lüttich
Professor Dr. Walter Sudhaus, Institut für Zoologie, Freie Universität Berlin
Professor Dr. Wilfried Wichard, Institut für Biologie und ihre Didaktik, Universität zu Köln

Essayautoren
Professor Manfred Dzieyk, Karlsruhe (1. Essay: Biologische Wurzeln im Sexualverhalten des
  Menschen; 2. Essay: Aspekte der Zwillingsforschung)
Professor Dr. Walter Sudhaus, Berlin (Systematik – Rekonstruktion der Stammesgeschichte)
Roman Kolar, Neubiberg (Alternativen zu Tierversuchen)
Professor Dr. Wilfried Wichard, Köln (Evolutionsbiologie der Wasserinsekten)

Hinweise für den Benutzer

Die fett gedruckten Stichwörter sind nach dem Alphabet geordnet. Die Umlaute ä, ö. ü sind in alphabetischer Reihenfolge wie die einzelnen Buchstaben a, o, u sortiert, ß wie ss. Bindestriche, Leerzeichen und Klammern werden dabei ignoriert. Zahlen, Klein- oder Großbuchstaben, griechische Buchstaben und Strukturbezeichnungen (wie cis, trans usw.), die dem Namen einer chemischen Verbindung vorangestellt sind, bleiben im Alphabet unberücksichtigt. So erscheint in der alphabetischen Reihenfolge z.B. γ-Aminobuttersäure unter Aminobuttersäure, D-Glucose unter Glucose, N-Acetyl-Glucosamin unter Acetyl-Glucosamin. Vorgesetzte nomenklaturgerechte Abkürzungen sowie Buchstaben, die Teil eines Begriffes sind, werden hingegen berücksichtigt, so sind z.B. DNA-Reparatur unter D zu finden, RGT-Regel und RNA-Polymerasen unter R.

Wird ein zusammengesetztes Wort nicht gefunden, empfiehlt es sich, unter dem Hauptbegriff nachzuschlagen.

Für die Schreibung der Namen und Begriffe gilt die in neueren deutschen Lehrbüchern am häufigsten vorgefundene fachwissenschaftliche Schreibweise unter weitgehender Berücksichtigung der vorliegenden wissenschaftlichen Nomenklaturen und mit der Tendenz, sich der internationalen Schreibweise anzupassen (z.B. Calcium statt Kalzium, Cytologie statt Zytologie, Nucleus statt Nukleus). Da es für die Schreibung nicht in jedem Fall allgemein gültige Regelungen gibt, gilt: Bei C vermisste Wörter suche man bei K, Sch, Tsch oder Z; bei V nicht geführte Wörter unter W, bei D fehlende unter T und jeweils umgekehrt. Entsprechendes gilt sinngemäß für die Schreibung von Umlauten (ä und ae, ö und oe, ü und ue). Der Text steht in der neuen deutschen Rechtschreibung, wobei Abweichungen in der Schreibung von Fachbegriffen möglich sind.

Die chemische Nomenklatur folgt den Empfehlungen der Internationalen Union für Reine und Angewandte Chemie (IUPAC), die EC-Nummern der Enzyme entsprechen den Empfehlungen der Enzyme Commission der IUPAC und der International Union of Biochemistry (IUB).

Die lexikalisch erfassten Pflanzen-, Tier-, Pilz- und Bakteriennamen sowie auch andere biologische Begriffe sind meist sowohl unter dem lateinischen als auch unter dem deutschen Namen (Trivialnamen) ins Alphabet aufgenommen. Für viele Organismen existiert eine Vielzahl synonymer Bezeichnungen, die jedoch nur zum Teil berücksichtigt wurden.

Bei den wissenschaftlichen Namen der Pflanzen, Tiere, Pilze, Bakterien und Archaebakterien stehen die Gattungs- und Artnamen generell in kursiver Schrift, außer es handelt sich um ein Verweisstichwort. Namen höherer Taxa sowie Fachbegriffe sind dann kursiv gedruckt, wenn sie bedeutsam für das Verständnis des Artikels sind, bzw. sie besonders hervorgehoben werden sollen.

Bei den höheren Taxa (bis hinunter zur Familie) findet sich der Text unter dem wissenschaftlichen Namen und von dem deutschen Namen wird dorthin verwiesen. Arten und Gattungen werden unter dem (meist geläufigeren) deutschen Namen beschrieben, wobei vom wissenschaftlichen Namen dorthin verwiesen wird. Von dieser Regel wurde nur abgewichen, wenn der wissenschaftliche Name allgemein geläufiger ist (z.B. wird *Arabidopsis thaliana* unter dem wissenschaftlichen Namen beschrieben und von Ackerschmalwand nur dorthin verwiesen).

Abkürzungen wurden der besseren Lesbarkeit der Texte wegen nur sparsam verwendet und sind in einem gesonderten Abkürzungsverzeichnis zusammengestellt, soweit sie nicht im Text erläutert werden.

Abkürzungen

a	= Jahr		Jh.	= Jahrhundert
Abb.	= Abbildung		Jt.	= Jahrtausend
Abk.	= Abkürzung		Kunstw.	= Kunstwort
Abt.	= Abteilung		latein.	= lateinisch
afrikan.	= afrikanisch		m	= männlich
allg.	= allgemein		min	= Minute
amerikan.	= amerikanisch		Mio.	= Millionen
arab.	= arabisch		Mrd.	= Milliarden
Aufl.	= Auflage		n.Br.	= nördliche Breite
austral.	= australisch		n.Chr.	= nach Christi Geburt
Bd., Bde.	= Band, Bände		niederländ	= niederländisch
belg.	= belgisch		Ord.	= Ordnung(en)
Bez.	= Bezeichnung		österr.	= österreichisch
brit.	= britisch		port.	= portugiesisch
bzw.	= beziehungsweise		Prof.	= Professor
ca.	= circa		s	= Sekunde
dän.	= dänisch		S.	= Seite
d.h.	= das heißt		s.Br.	= südliche Breite
ed.	= editor (Herausgeber)		schwed.	= schwedisch
engl.	= Englisch		schweizer.	= schweizerisch
f., ff.	= folgendes, folgende		s.o.	= siehe oben
Fam.	= Familie(n)		span.	= spanisch
franz.	= französisch		s.u.	= siehe unten
Gatt.	= Gattung(en)		syn., Syn.	= synonym, Synonym
griech.	= griechisch		Tab.	= Tabelle
h	= Stunde		u.a.	= und andere, unter anderem
Hg.	= Herausgeber		Univ.	= Universität
i.Allg.	= im Allgemeinen		usw.	= und so weiter
i.e.S.	= im engeren Sinne		v.Chr.	= Vor Christi Geburt
ital.	= italienisch		vgl.	= vergleiche
i.ü.S.	= im übertragenen Sinne		w	= weiblich
i.w.S.	= im weiteren Sinne		z.B.	= zum Beispiel
japan.	= japanisch		z.T.	= zum Teil

R

Reptantia, ↗ Decapoda.

Reptilia, *Reptilien*, *Kriechtiere*, nach herkömmlicher Systematik Klasse der Wirbeltiere mit über 6000 rezenten Arten und ca. 1000 fossilen Gatt. in vier Ord., den Schildkröten (↗ Chelonia, Testudines), den Schnabelköpfen (↗ Rhynchocephalia), den Krokodilen (↗ Crocodylia) sowie den ↗ Squamata mit den Echsen (Sauria, Lacertilia) und Schlangen (↗ Serpentes). Nach der ↗ phylogenetischen Systematik sind die R. keine monophyletische, sondern eine paraphyletische Gruppe, da die Krokodile mit den (als eigene Klasse geführten) Vögeln näher verwandt sind (Schwestergruppe). R. sind fast weltweit (Ausnahme: Polargebiete), besonders aber in den Subtropen und Tropen verbreitet.

Ihre Größe variiert von 0,04 - 10 m. Die trockene Haut ist drüsenarm, mit stark verhornten Schuppen und Schildern (im Unterschied zu den ↗ Amphibia), die oft mit Knochenplatten unterlegt sind. Eine zuweilen charakteristische Hautfärbung dient der Tarnung oder als auffälliges Signal (↗ Chamaeleonidae, ↗ Agamidae, ↗ Iguanidae können Farbe sehr schnell wechseln, ↗ Farbwechsel). Die Hornschicht wird von Zeit zu Zeit als Ganzes („Natternhemd") oder fetzenweise abgestreift, bei Krokodilen und Schildkröten erfolgt nur eine Abschilferung. Die Reptilien sind wechselwarme, lungenatmende Landbewohner, mit Ausnahme der se-

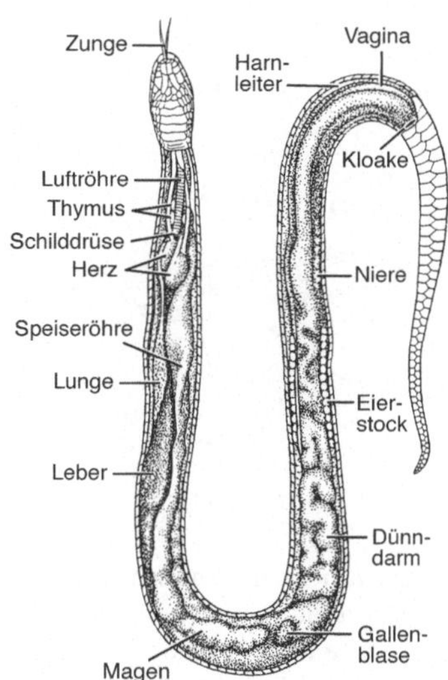

Reptilia Bauplan einer Schlange (Serpentes) am Beispiel der Ringelnatter (*Natrix natrix*)

kundär zum Wasserleben übergegangenen Meeresschildkröten und Seeschlangen. Das Skelett ist fast vollständig verknöchert, die Zahl der Wirbel unterschiedlich (knapp über 30 bei Schildkröten, bis über 400 bei Schlangen). Der meist ziemlich massige Schädel ist durch unpaare Gelenkhöcker mit der Wirbelsäule verbunden. Zähne sind oft in beträchtlicher Zahl vorhanden, und zwar nicht nur auf den Kieferknochen, sondern gelegentlich auch auf den Gaumen- (Palatina), Pflugschar- (Vomeres) und Flügelbeinen (Pterygoidea); lediglich die Schildkröten besitzen anstelle von Zähnen einen Schnabel mit Hornscheiden. Die Zähne stehen auf den Kieferrändern (*akrodont*) oder einwärts von ihnen (*pleurodont*), bei Krokodilen in Gruben (Alveolen) eingesenkt (thekodont); bei Schlangen können einzelne Zähne als ↗ Giftzähne ausgebildet sein. Besonders bei den Squamata sind die Kiefer sehr beweglich, sodass sie selbst große Beutetiere verschlingen können. Gesichts- und Geruchssinn (oft mit ↗ Jacobson-Organ) sind ausgezeichnet entwickelt. Die Augen besitzen bewegliche Lider, außer bei den Schlangen und einigen Echsen, bei denen ein Fenster aus durchsichtiger Haut die Hornhaut wie eine Brille bedeckt. Schildkröten, Brückenechsen (einzige rezente Art der Schnabelköpfe), Krokodile und die Mehrzahl der Echsen sind vierfüßig, meist mit je fünf seitwärts gerichteten, in der Regel bekrallten Zehen. Reptilien bewegen sich kriechend oder kletternd fort; fehlen die Gliedmaßen (wie z. B. bei den Schlangen und der Blindschleiche), geschieht die ↗ Fortbewegung durch Schlängeln. Verloren gegangene Körperteile (z. B. der Schwanz von Eidechsen, ↗ Autotomie) können teilweise regeneriert werden.

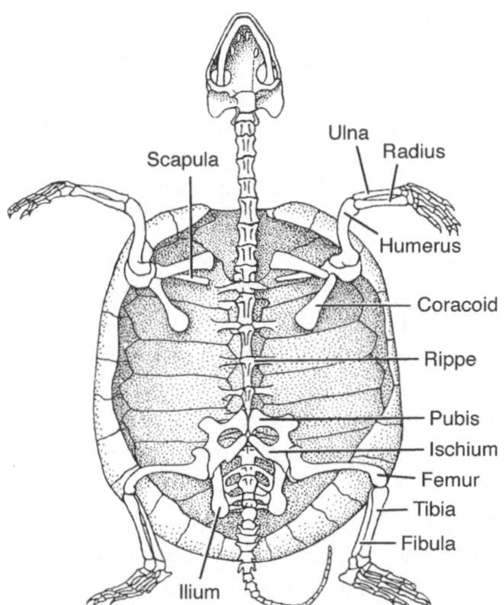

Reptilia Skelett einer Schildkröte (Chelonia) am Beispiel der Europäischen Sumpfschildkröte (*Emys orbicularis*); Ansicht von der Unterseite nach Entfernen des Plastrons

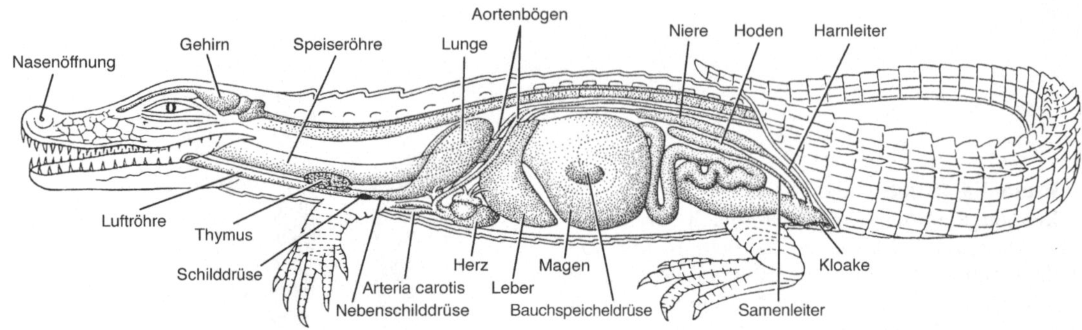

Reptilia Bauplan eines Krokodils (Crocodylia)

Der Verdauungsgang mündet in eine Kloake. Die Männchen besitzen bis auf die ↗ Brückenechse ein Begattungsorgan. R. sind meist Eier legend, die Eier sind dotterreich und recht groß, mit pergamentartiger oder kalkhaltiger Schale. Einige Arten sind lebendgebärend (ovovivipar), so z.B. ↗ Blindschleiche, Waldeidechse (↗ Lacertidae), ↗ Kreuzotter, ↗ Aspisviper, Sandotter (↗ Viperidae). Außer in ihrer Größe (selten in der Färbung) unterscheiden sich die Jungtiere nur unwesentlich von den Erwachsenen. Reptilien ernähren sich überwiegend von unterschiedlicher tierischer Beute, seltener von Pflanzenstoffen. Schildkröten und Krokodile dürften mit zu den Tieren gehören, die die höchsten Lebensalter erreichen (über 100 Jahre), hingegen werden Echsen und Schlangen, außer in der Gefangenschaft, kaum zehn Jahre alt.

Die Reptilien traten erstmals im Oberkarbon (vor etwa 300 Millionen Jahren) auf und erreichten ihre stammesgeschichtliche Blütezeit mit zum Teil riesigen Formen (↗ Dinosaurier) im Erdmittelalter (↗ Trias bis ↗ Kreide), gefolgt von einem Massenaussterben am Ende der Kreidezeit.

In Deutschland sind die Bestände der zwölf einheimischen Reptilien-Arten nach der ↗ Roten Liste nahezu in ihrer Gesamtheit im Rückgang begriffen und fünf von ihnen (Äskulap- und Würfelnatter, Aspisviper, Smaragdeidechse, Europäische Sumpfschildkröte) sind vom Aussterben bedroht, Mauereidechse und Kreuzotter stark gefährdet. Laut einer Untersuchung des Europarates sind heute 45 % der europäischen Reptilien unmittelbar vom Aussterben bedroht. Trotz vieler positiver Initiativen auf internationaler Ebene fehlen in vielen Ländern entsprechende Verordnungen, oder sie werden durch Wilddieberei unterlaufen. Aus der Haut von Alligatoren, Krokodilen, Eidechsen und Riesenschlangen wird das wertvolle Reptilleder hergestellt, die Echte Karettschildkröte liefert das Schildpatt, die Suppenschildkröte die Grundsubstanz für eine echte Schildkrötensuppe, und das Fleisch bzw. die Eier von Meeresschildkröten gelten als Delikatesse. (↗ Blutkreislauf, ↗ Lunge, ↗ Tetrapoda, ↗ Washingtoner Artenschutzübereinkommen)

Literatur: Böhme, W.: Handbuch der Reptilien und Amphibien Europas, 5 Bde., Wiesbaden ab 1981. – Grzimeks Tierleben, Bd. 6., München [2]1980. – Günther, R.: Die Amphibien und Reptilien Deutschlands, Heidelberg 1996. – Salamandra, Zeitschrift der Deutschen Gesellschaft für Herpetologie und Terrarienkunde e.V., Frankfurt/M. ab 1965. – Wermuth, H., Mertens, R.: Schildkröten, Krokodile, Brückenechsen, Stuttgart 1996.

Reservat, Schutzgebiet für Tiere und/oder Pflanzen. (↗ Naturschutz)

Reservestoffe, Substanzen des Primärstoffwechsels, die in bestimmten Zellen, Geweben und Organen eines Organismus gespeichert werden, um sie nach einer Ruheperiode, bei ungenügender Nährstoffzufuhr oder während der pflanzlichen Keimung bzw. der Entwicklung des tierischen Organismus (wieder) in den Stoffwechsel einzubeziehen und für die Energiebereitstellung und die Produktion von Baustoffen zu nutzen. Wichtige R. sind ↗ Kohlenhydrate, die bei Pflanzen häufig als ↗ Stärke und im tierischen Stoffwechsel in Form von ↗ Glykogen gespeichert werden, weiterhin ↗ Proteine in Form von ↗ Aleuron sowie ↗ Glutelinen und ↗ Prolaminen, außerdem ↗ Lipide meist in Form von Ölen oder als Speicherfett im ↗ Fettgewebe des tierischen Organismus. Viele pflanzliche R. dienen dem Menschen als Grundnahrungsmittel. ↗ Bakterien können auch anorganisches Phosphat als *Polyphosphat* (aus Phosphatmolekülen bestehende Ketten unterschiedlicher Kettenlänge) speichern, das in speziellen Granula gelagert wird.

Reservoir, in der *Mikrobiologie* Bez. für Orte, an denen keimfähige Infektionserreger überleben und wo sich Menschen oder Tiere infizieren können.

Residualkörper, Bez. für die ↗ Lysosomen, die nicht abbaubares Material enthalten. Ein Beispiel hierfür sind die in langlebigen Nerven- oder Muskelzellen akkumulierenden, in ihrer chemischen Beschaffenheit nicht umfassend untersuchen *Lipofuscingranula*. Sie werden häufig als ↗ Alterspigment bezeichnet.

Resistenz, die Widerstandskraft eines Organismus gegen Schaderreger, schädigende Umwelteinflüsse und bestimmte Wirkstoffe.

Schaderreger. Bei der Reaktion von *Tieren* und dem *Menschen* auf Schaderreger spricht man nur bei *angeborenen* Reaktionen von einer R. Für die Wirksamkeit dieser unspezifischen R.-Faktoren ist kein vorhergehender Kontakt mit dem Erreger erforderlich. Die *spezifische* Widerstandskraft gegen Schaderreger, die gegen einzelne Arten oder Stämme von Pathogenen gerichtet ist und die von einem Organismus im Laufe seines Lebens erworben wird, wird als *erworbene Resistenz* oder ↗ Immunität (↗ Immunsystem) bezeichnet. Die unspezifischen Abwehrmechanismen eines Organismus sind genetisch fixiert und werden durch komplexe Faktoren geregelt. Unspezifische R.-Mechanismen sind z. B. die Abwehr von Erregern durch die Haut, mechanische Wischbewegungen (Cilienschlag des Flimmerepithels, Lidschlag, Peristaltik) oder die Spülung mit Flüssigkeiten (Urin, Speichel, Tränenflüssigkeit), die verhindern, dass ein Mikroorganismus einen Makroorganismus kolonisieren kann. Ist ein Erreger bereits eingedrungen, kommt es zu einer ↗ Entzündungsreaktion, durch die der Erreger abgetötet oder an der Ausbreitung gehindert wird. Zu den äußeren Faktoren, die die R. beeinflussen, gehören vor allem das Alter, Stress und die Ernährung. Die Anfälligkeit gegenüber Infektionskrankheiten ist bei ganz jungen und bei alten Individuen, bei Stress und bei mangelhafter Ernährung am höchsten. (↗ spezifische Immunantwort, ↗ unspezifische Immunantwort)

Bei *Pflanzen* unterscheidet man zwei grundlegende Mechanismen der R. gegenüber Schaderregern: die hypersensitive Reaktion (*Überempfindlichkeit*) und die Bildung von ↗ Phytoalexinen (antimikrobielle Substanzen). Bei der *hypersensitiven Reaktion* werden durch kleine Proteine Nekrosen induziert, die zum Tod der befallenen Pflanzenzelle führen und damit den Mikroorganismen das Substrat entziehen. Je nach Pflanzenart werden unterschiedliche Phytoalexine gebildet, z. B. produzieren Leguminosen Phytoalexine mit Isoflavonoid-Struktur. Chitinasen und β-1,3-Glucanase spielen bei der Abwehr eingedrungener Pilze eine Rolle. Durch diese Enzyme wird die Zellwand der Pilze angegriffen. Voraussetzung für die Induktion der genannten Abwehrmechanismen ist das Erkennen des pathogenen Mikroorganismus durch die Pflanze. Eine wichtige Rolle bei der R. gegenüber Pathogenen spielen auch anatomische Abwehrmechanismen (↗ Abwehr).

Umwelteinflüsse. Viele Organismen besitzen eine hohe Widerstandsfähigkeit gegen extreme Umwelteinflüsse wie Kälte (↗ Kälteresistenz), Hitze (↗ Hitzeresistenz), Trockenheit (↗ Dürreresistenz, ↗ Trockenresistenz).

Wirkstoffe. Bei zahlreichen Organismen haben sich gegen die zu ihrer Bekämpfung eingesetzten Wirkstoffe resistente Formen gebildet. So zeigen viele Stämme von Mikroorganismen eine R. gegenüber Antibiotika und Kulturpflanzen eine R. gegenüber Herbiziden. Eine Antibiotika-R. (↗ Antibiotika) tritt vor allem bei häufigem Einsatz von Antibiotika auf. Eine R. gegenüber mehreren Wirkstoffen einer Wirkstoffgruppe wird als *Gruppen-R.* bezeichnet, eine R. gegenüber mehreren Wirkstoffen als *Multi-R.* Von *Kreuz-R.* spricht man, wenn durch Behandlung mit einem bestimmten Wirkstoff auch eine R. gegenüber einen oder mehrere andere Wirkstoffe gebildet wird.

Resistenzzüchtung, die Züchtung von Nutzpflanzen und Nutztieren mit dem Ziel, Sorten bzw. Rassen hervorzubringen, die gegenüber Krankheitserregern, Schädlingen oder widrigen Umweltbedingungen (Stress) widerstandsfähiger sind.

Resorption, 1) i. w. S. die Aufnahme von gelösten oder flüssigen Stoffen in das Zellinnere.

2) i. e. S. die *enterale Resorption,* bei Tieren und Mensch die aktive oder passive Aufnahme der Nahrungsstoffe aus dem Lumen des Verdauungstrakts in die Körperflüssigkeiten. Der passive ↗ Transport durch das resorbierende Epithel erfolgt durch ↗ Diffusion oder ↗ Endocytose, der aktive ↗ Transport durch Energie zehrende Transportmechanismen, z. B. Carrier. (↗ Darm, ↗ Verdauung)

Respiration, die ↗ Atmung.

Respirationsorgane, die ↗ Atmungsorgane.

respiratorische Farbstoffe nehmen bei normalem Luftdruck an den ↗ Atmungsorganen molekularen Sauerstoff auf und geben diesen bei niedrigem Sauerstoffpartialdruck an den Orten des Sauerstoffverbrauchs im Körper wieder ab. Man unterscheidet ↗ Hämoglobin, ↗ Hämerythrin, ↗ Hämocyanin und ↗ Chlorocruorin. (↗ Atmung)

respiratorische Oberfläche, Bez. für denjenigen Bereich der Körperoberfläche eines Tieres, an dem Sauerstoff aus der Umgebung unmittelbar in den Körper diffundiert und Kohlenstoffdioxid diesen verlässt. R. O. müssen groß sein, um die Sauerstoffversorgung des gesamten Organismus zu gewährleisten, da die Größe der r. O. positiv mit dem Ausmaß der Sauerstoffaufnahme und somit mit der Sauerstoffversorgung des Organismus korreliert ist. (↗ Atmung, ↗ Hautatmung, ↗ Kiemen, ↗ Lungen, ↗ Tracheen, ↗ Tracheenkiemen)

respiratorischer Quotient, Abk. *RQ*, Bez. für das Volumen- und damit Molzahlenverhältnis von in gleichen Zeitintervallen abgegebenem Kohlenstoffdioxid (CO_2) und aufgenommenem Sauerstoff (O_2) bei der Atmung: RQ = mol CO_2/mol O_2. Der experimentell leicht zu ermittelnde RQ kann indirekte Anhaltspunkte über die Natur des veratmeten Substrats oder über die relative Konkurrenz verschiedener Abbauwege eines Substrats geben, da der theoretische Wert beim Abbau eines einheitlichen Substrats sich leicht berechnen lässt. So gilt für die Veratmung von a) Kohlenhydraten: $C_6H_{12}O_6 + 6\ O_2 \rightarrow 6\ CO_2 + 6\ H_2O$ und damit RQ = 1; b) Fetten (Beispiel Palmitinsäure): $C_{16}H_{32}O_2 + 23\ O_2 \rightarrow 16\ CO_2 + 16\ H_2O$ und damit RQ = 0,7; c) organischen Säuren (Beispiel Citrat): $C_6H_8O_7 + 4,5\ O_2 \rightarrow 6\ CO_2 + 4\ H_2O$ und damit RQ = 1,33; d) Proteinen: RQ = 0,8. Werden ↗ Kohlenhydrate in Fett umgebaut, so werden Reduktionsäquivalente aus dem Dissimilationsprozess abgezogen und es wird daher weniger O_2 verbraucht als CO_2 angeliefert, d. h. RQ > 1; z. B. haben Gänse während der Mästung einen RQ von 1,38. Die Verhältnisse sind umgekehrt, wenn Fett in Kohlenhydrate umgebaut wird, wie z. B. in bestimmten Phasen der ↗ Keimung fettreicher Samen; folglich gilt hierbei: RQ < 1. (↗ Respirometrie)

Respirometrie, *indirekte Calorimetrie*, Methode zur Ermittlung des Gesamtenergieumsatzes eines Organismus. Durch Messung des abgegebenen Kohlenstoffdioxids im Bezug zur aufgenommenen Sauerstoffmenge (*respiratorischer Quotient*) kann man die Stoffwechselintensität, sowie Art und Menge der umgesetzten Stoffklasse bestimmen und mit Kenntnis des *Brennwertes* dieser Stoffe auf den Gesamtenergieumsatz schließen. (↗ Calorimetrie)

Ressourcen, 1) in der Ökologie die lebensnotwendigen Faktoren wie Nahrung (↗ Nahrungskette, ↗ Nahrungsnetz), ↗ Energie (↗ Energiefluss) und Raum. Eine grüne Pflanze benötigt z. B. als *Nahrungs-R.* anorganische Ionen oder Moleküle und als *Energie-R.* die Sonnenstrahlung. Grüne Pflanzen sind Nahrungs-R. für Herbivore (Pflanzenfresser) und diese sind ihrerseits Nahrungs-R. der Carnivoren (Fleischfresser). Als Energie-R. nutzen die heterotrophen Organismen die in der Biomasse (z. B. in Form von Kohlenhydraten) gebundene Energie. Als *Raum-R.* wird nicht der Raum an sich verstanden, sondern der Raum, in dem die für das Leben erforderlichen Umweltbedingungen herrschen. Der Begriff R. ist nicht identisch mit ↗ Umweltfaktor. Die R. unterscheidet sich dadurch von einem Umweltfaktor, dass sie konsumiert wird. (↗ Nachhaltigkeit)
2) die ↗ natürlichen Ressourcen.

Restaurierung, ↗ Rückmutation.

Restionaceae, aus 400 Arten bestehende Familie der Ord. ↗ Poales. In Südafrika und Australien nehmen die Vertreter der R. die ökologische Stelle der Gräser (↗ Poaceae), Binsen (↗ Juncaceae) und Riedgräser (↗ Cyperaceae) ein.

Restmeristem, teilungsfähige Zellschichten oder Zellgruppen, die nach Ausdifferenzierung des Urmeristems (↗ Meristem) für das interkalare Wachstum (↗ Wachstumszonen) der Pflanzen bedeutsam sind.

Restriktion, Bez. für den erstmals bei *Escherichia coli* entdeckten Schutzmechanismus, der Bakterien vor viralen Infektionen, z. B. durch den Bakteriophagen Lambda, schützt. Die R. beruht auf der Tatsache, dass *DNA-Methylierungen* die eigene DNA vor der Zerstörung durch ↗ Restriktionsendonucleasen schützen, wohingegen virale Fremd-DNA meist effektiv gespalten wird.

Restriktionsendonucleasen, *Restriktionsenzyme*, Typ der Endonucleasen, die doppelsträngige DNA sequenzspezifisch hydrolysieren („schneiden"). R. sind an der so genannten ↗ Restriktion beteiligt. Ihre Entdeckung und die damit einhergehende Entdeckung der R. als deren molekulare Ursa-

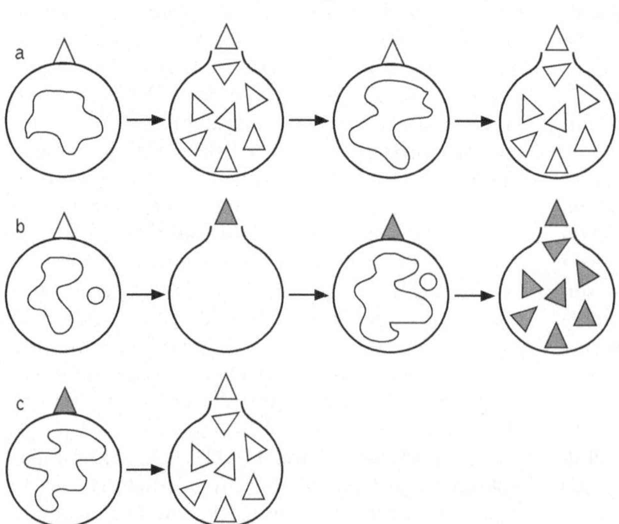

Restriktion a Nach Infektion einer normalen *Escherichia coli*-Zelle durch den Phagen Lambda kann sich dieser vermehren. b Befällt Lambda (helles Symbol) eine Bakterienzelle, die lysogen für einen anderen Phagen als Lambda ist, werden die meisten Phagen durch Restriktion zerstört. Diejenigen Lambda-Phagen, die Restriktion entgehen können, sind jetzt in ihrer DNA modifiziert (dunkle Symbole). c Nach Infektion einer normalen *Escherichia coli*-Zelle kommt es zur Lyse; die freigesetzten Phagen sind jedoch nicht mehr modifiziert (helle Symbole)

che in den 1950er bis 1970er-Jahren konnte zur Beilegung des Streits zwischen Lamarckisten und Genetikern beitragen, die die Beobachtung, dass sich Phagen nach einem Transfer auf andere Bakterienstämme zunächst schlecht, dann aber plötzlich stark vermehren, auf unterschiedliche Weise interpretierten. Für ihre Arbeiten zu den R. erhielten W. ↗ Arber, D. ↗ Nathans und H. O. ↗ Smith im Jahr 1978 den Nobelpreis für Physiologie oder Medizin.

Von den drei Klassen, in die sich R. einteilen lassen, sind die *R. der Klasse II* von großer Bedeutung, weil sie sich in ihrer Eigenschaft als „molekulare Scheren" für molekularbiologische Arbeitstechniken verwenden lassen. Diese R. erkennen spezifisch vier bis acht Basenpaare umfassende Sequenzmotive, die i. d. R. eine zweiachsige Symmetrieebene aufweisen (*Palindrom*). Die hydrolytische Spaltung der Phosphodiesterbindung kann dabei entweder innerhalb der palindromischen Erkennungssequenz oder unmittelbar in deren Nähe erfolgen. Dabei können je nach Enzym DNA-Fragmente mit doppelsträngigen *glatten Enden (blunt ends)* entstehen, oder aber Fragmente gebildet werden, deren 3'- oder 5'-Enden einzelsträngig sind. Sie werden als *klebrige Enden (sticky ends)* bezeichnet. Die R. der beiden anderen Klassen schneiden die DNA bis zu 1000 bp weit entfernt von der Erkennungssequenz.

Die Nomenklatur der R. setzt sich aus dem Organismus und dem jeweiligen Stamm zusammen, der ursprünglich zur Isolierung eines R. verwendet wurde. Römische Zahlen weisen zudem auf die Reihenfolge der Isolierung hin. *Eco* RI bedeutet somit, dass dieses R. aus *Escherichia coli* und dem Stamm RY 13 als erstes isoliert wurde. Die R. einer Reihe unterschiedlicher Mikroorganismen erkennen dieselbe Sequenz, sie werden als *Isoschizomere* bezeichnet.

Restriktionsendonucleasen   Auswahl repräsentativer Restriktionsenzyme, die sechs Nucleotidpaare als Erkennungssequenz nutzen; *Bam*HI und *Eco*RI erzeugen dabei *sticky ends* mit 5'-Überhängen, *Pvu*I solche mit 3'-Überhängen und *Sma*I erzeugt *blunt ends*

Abkürzung	Bakterienart ggf. Stamm	Erkennungssequenz, Schnittstelle
*Bam*HI	*Bacillus amyloliquifaciens* H.	G▼GATC C C CTAG▲G
*Eco*RI	*Escherichia coli* RY12	G▼AATT C C TTAA▲G
*Pvu*I	*Proteus vulgaris*	CG AT▼CG GC▲TA GC
*Sma*I	*Serratia marcescens*	CCC▼GGG GGG▲CCC

Für den Einsatz im Laboralltag werden über hundert verschiedene R. heute i. d. R. mit gentechnischen Verfahren im großen Maßstab produziert.

Restriktionsenzyme, i. w. S. die ↗ Restriktionsendonucleasen, i. e. S. die im Jargon der Molekularbiologie übliche Bez. für Restriktionsendonucleasen der Klasse II, deren Eigenschaften sie zu wichtigen Werkzeugen der Molekulargenetik und Gentechnik gemacht haben.

Restriktions-Fragment-Längenpolymorphismus, engl. *restriction fragment length polymorphism*, Abk. *RFLP*, ein weit verbreitetes genetisches Phänomen, das auf der Tatsache beruht, dass bei unterschiedlichen Individuen die in homologen Chromosomenregionen vorhandenen Orte von Erkennungssequenzen für ↗ Restriktionsendonucleasen verschieden sind. Durch diesen stabil weitervererbten *Polymorphismus* entstehen somit unterschiedlich viele bzw. verschieden lange DNA-Fragmente, die z. B. mittels ↗ Southern Blot und anschließender ↗ Nucleinsäurehybridisierung näher untersucht werden können. Da RFLPs weitervererbt werden, lassen sie sich wie jeder andere Phänotyp auch als genetischer Marker einsetzen. Sie sind somit wertvoll bei der Kartierung von Genen und bei der Ermittlung des *genetischen Fingerabdrucks* unterschiedlicher Individuen, wie er in der Tier- und Pflanzenzüchtung oder in abgewandelter Form bei kriminaltechnischen Untersuchungen zum Einsatz kommt.

Restriktionskarten, das Ergebnis der Charakterisierung eines bestimmten DNA-Abschnitts nach dessen Behandlung mit einer oder mehreren ↗ Restriktionsendonucleasen und der gelelektrophoretischen Auftrennung der dabei entstandenen Fragmente. Durch den Einsatz verschiedener Kombinationen von Restriktionsenzymen kann das Molekül eindeutig anhand seiner spezifischen R. beschrieben bzw. identifiziert werden. R. werden auch im Zusammenhang mit der Kartierung von Genen verwendet.

Retardation, *Retardierung*, allg. Verzögerung; in der *Biologie* die verlangsamte Entwicklung von Körperteilen oder ganzen Organismen, beim *Menschen* auch die verzögerte psychisch-geistige Entwicklung (Intelligenzentwicklung); Ursachen können Erkrankungen, Mangel- oder Fehlernährung sowie ungünstige soziale Bedingungen sein. Beim Menschen bezieht sich der Begriff R. auch auf die Verlängerung des Jugendstadiums im Vergleich zu Tieren. (↗ Akzeleration)

Rete mirabile, *Wundernetz*, 1) besonders wirkungsvolle Gegenstrom-Austauschvorrichtung (↗ Gegenstromaustausch) im Blutkreislauf der Wirbeltiere, bei der arterielles und venöses Blut parallel und in engem Kontakt in entgegengesetzter Richtung vorbeiströmen, was zu einer Vervielfältigung von Einzelkonzentrierungsschritten führt. Typische R. m. treten auf als Gasdrüse (↗ Schwimmblase) bei Fischen zur Füllung der Gasblase mit gasförmigem O_2 oder N_2 und bei heterothermen Fischen (z. B. Tunfisch, Makohai, Makrele) zur Aufrechterhaltung der Körperinnentemperatur im Bereich der Schwimmuskeln und damit Steigerung ihrer Leistungsfähigkeit. In diesem Fall sind die großen Arterien und Venen unter der Haut lokalisiert, und venöses Blut des Körperinnern kann über das R. m. Wärme an die mit kaltem Blut aus den Kiemen kommenden Arterien abgeben. Die Temperaturdifferenz zwischen Schwimm-Muskulatur und Außenmedium kann auf diese Weise bis zu 12 °C betragen. Bei einigen, warme Biotope bewohnenden Säugetieren ist das Gehirn durch ein R.m. gegen Überhitzung geschützt, indem dieses über vom Nasenepithel kommendes kühles venöses Blut dem zum Gehirn fließenden Blut Wärme entzieht.

2) Bei vielen Seewalzen (↗ Holothuroida) das stark aufgespaltene Kapillarsystem, das zwischen zwei der drei Darmschenkel gespannt ist.

Reticulitermes flavipes, Art der Termiten (↗ Isoptera).

Reticulum, *Netzmagen*, einer der Vormägen der Wiederkäuer (↗ Ruminantia).

retikuloendotheliales System, *retikulohistiocytäres System*, Abkürzung *RES*, Teil des Infektions- und Fremdstoffabwehrsystems bei Wirbeltieren und Mensch. Unter dem von L. ↗ Aschoff (1914) geprägten Begriff wird eine Reihe von Zellen und Geweben überaus unterschiedlicher Gestalt und Herkunft zusammengefasst , die zur ↗ Phagocytose fähig sind, d. h. zur Aufnahme und Speicherung von Fremdstoffen (Farbstoffspeicherung) oder zur Vernichtung z. T. vorher durch andere Zellen des ↗ Immunsystems markierter Fremdzellen (Bakterien) bzw. alternder körpereigener Zellen, wie z. B. ↗ Erythrocyten (*Blutmauserung*). Zum RES gerechnet werden die Kapillarendothelien, speziell die Uferzellen der Leber- und Milzsinus (↗ Kupffer'sche Sternzellen), sowie die Zellen des retikulären Bindegewebes (*Retikulumzellen*; ↗ Milz, ↗ lymphatische Organe, ↗ Knochenmark) und von ihnen abstammende freie Zellen (↗ Makrophagen).

Retina, die Netzhaut (↗ Auge).

Retinaculum, 1) die Halterung der Sprunggabel der Springschwänze (↗ Collembola).

2) Haltevorrichtung zur Kopplung von Vorder- und Hinterflügel bei Hautflüglern (↗ Hymenoptera) und einigen Schmetterlingen. (↗ Frenulum)

Retinoblastom, Bez. für einen seltenen Augentumor bei Kindern, der die Retina (↗ Auge) betrifft. R. entstehen durch einen Gendefekt des *Retinoblastoma (Rb)-Proteins*, das als *Tumorsuppressorgen* an der Kontrolle des ↗ Zellzyklus beteiligt ist.

Retinol, *Vitamin* A_1, *Xerophthol*, ein fettlösliches Vitamin mit Polyisoprenoidstruktur. Das sehr ähnliche *3-Dehydroretinol (Vitamin* A_2*)* besitzt im Ring zwischen C2 und C3 eine zusätzliche Doppelbindung. R. ist sowohl für den Sehvorgang als auch für das Wachstum, die Skelettentwicklung, die normale Fortpflanzungsfunktion sowie für die Gewebeerhaltung und -differenzierung von entscheidender Bedeutung. Es kommt überwiegend in tierischen Produkten wie Milch, Butter, Eigelb, Lebertran und im Körperfett vieler Tiere vor. Das *Provitamin A*, *Carotin*, findet sich in grünen Pflanzen und Früchten (↗ Carotinoide). Die Umwandlung der Carotine in Vitamin A erfolgt im Dünndarm, findet jedoch u. a. auch in Muskeln, der Lunge sowie im Serum in begrenztem Maße statt. In der Dünndarmschleimhaut wird β-Carotin oxidativ in zwei Moleküle Retinal gespalten, dieses zu all-*trans*-Retinol reduziert und anschließend mit einer Fettsäure (meist Palmitinsäure) verestert. Dieses Vitamin-A-Palmitat wird über die Lymphe in

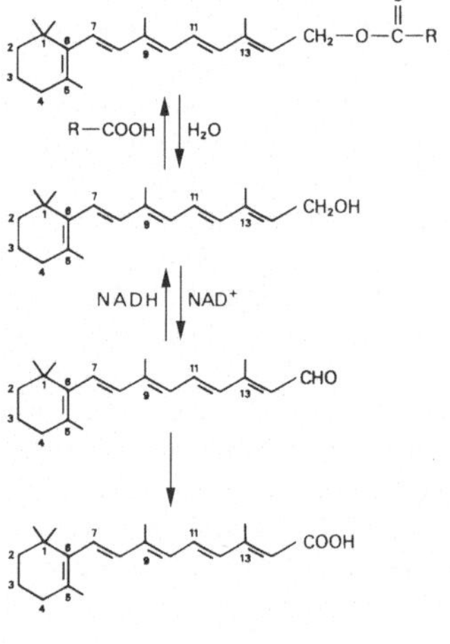

Retinol-Ester (Vitamin-A-Ester) R = $(CH_2)_{14}$-CH_3

Retinol (Vitamin A_1)

Retinal (Vitamin-A-Aldehyd)

Retinsäure (Vitamin-A-Säure)

Retinol Synthese Vitamin-A-aktiver Verbindungen, ausgehend vom Retinol-Ester (meist Vitamin-A-Palmitat)

die Leber transportiert und dort gespeichert. Durch Hydrolyse wird daraus freies Retinol erhalten, das mit Hilfe eines Retinol bindenden Plasmaproteins von der Leber freigesetzt wird. Das Retinol wird von den Netzhautzellen aus dem Plasma aufgenommen und zu all-*trans*-Retinal (*Retinaldehyd*) oxidiert. Diese wird zu 11-*cis*-Retinal (*Neoretinal b*) isomerisiert, einem Bestandteil des Sehpurpurs (↗ Rhodopsin). Als frühes Symptom eines *Vitamin-A-Mangels* tritt beim Menschen Nachtblindheit auf, die durch eine Störung der Regeneration des Sehpurpurs verursacht ist. Bei Fortdauer verursacht der Mangel Trockenheit der Augenbindehäute und Veränderungen der Hornhaut, die zur Erblindung führen können, Sterilität bei männlichen Individuen sowie zu Wachstumsstörungen.

Retinomotorik, Anpassungsmechanismus des Auges an veränderte Lichtintensitäten durch Bewegung der Photorezeptoren selbst. Dieser Mechanismus findet sich bei Fischen, Amphibien, Reptilien sowie einigen Vögeln und dient der Anpassung an veränderte Lichtverhältnisse (↗ Hell-Dunkel-Adaptation). Dabei verkürzen und verdicken sich bei Belichtung die Zapfen, während sich gleichzeitig die Stäbchen in das Pigmentepithel strecken (zusätzlich findet eine Verlagerung der Pigmentgranula in die Teile der Pigmentzellen statt, die die Stäbchenaußenglieder umgeben). Bei einigen ↗ Facettenaugen der Arthropoden findet sich ebenfalls eine Retinomotorik. So dehnen sich bei den Superpositionsaugen zahlreicher Käfer und Schlammfliegen unter Lichteinfall die Zellen des Kristallkegels bis zwischen die Nebenpigmentzellen aus und verdrängen die Retinulazellen. Dadurch wird der Durchmesser des Licht leitenden Trakts verkleinert. Unterstützt wird dieser Vorgang durch eine Pigmentwanderung in den Pigmentzellen nach proximal. Von den Appositionsaugen verschiedener Kurzflügler und einiger Wanzen ist bekannt, dass sie bei Dunkeladaptation die distalen Teile der Retinulazellen in den Kristallkegel hineinschieben. So entsteht eine größere Öffnung für das durchtretende Licht. (↗ Auge, ↗ Lichtsinnesorgane, ↗ Sehen)

Retinsäure, *Vitamin-A-Säure*, aus ↗ Retinol durch Oxidation (siehe Abb. Retinol) entstehende chemische Verbindung, die verschiedene biologische Wirkungen hat. Beispielsweise beeinflusst R. die Durchlässigkeit von ↗ Gap junctions bei Wirbeltieren oder wird als Medikament bei der Behandlung von ↗ Akne eingesetzt. All-*trans*-Retinsäure wird bei Wirbeltieren, z. B. bei der Entwicklung der Hühnerextremität, als endogenes *Morphogen*, d. h. an der Musterbildung beteiligte Substanz diskutiert, die unterschiedlich im Raum verteilt ist, und auf die Zellen bei unterschiedlichen Schwellenwerten verschieden reagieren. So lässt sich beim Hühnerembryo eine spiegelbildliche Verdopplung der Flügelknospe durch eine Behandlung mit all-*trans*-Retinsäure induzieren. Auch bei der Regeneration von Amphibienextremitäten spielt endogene R. eine Rolle. Hier findet sich ebenfalls ein Konzentrationsgefälle, wobei die Wundepidermis viel R. produziert.

Retinula, die Sehzellengruppe eines Ommatidiums im ↗ Facettenauge.

Retortenbaby, umgangssprachliche Bez. für ein außerhalb des Körpers (durch In-vitro-Fertilisation) gezeugtes Kind. Der Name kommt von *Retorte*, einem Glaskolben, der früher in der Chemie zur Destillation verwandt wurde. (↗ Reproduktionsmedizin)

Retroviren, einzelsträngige und eikosaederförmige RNA-Viren mit Hülle. Die Bez. leitet sich davon ab, dass bei der Vermehrung dieser ↗ Viren deren einsträngige RNA in eine doppelsträngige DNA umgeschrieben wird, und dies dem gewöhnlichen genetischen Informationsfluss von der DNA zur RNA gegenläufig ist. Dieser Vorgang wird von einem besonderen Enzymsystem, der ↗ Reversen Transkriptase, katalysiert. Die von den R. gebildete virale DNA kann in das Genom der Wirtszelle integriert werden und dort die Produktion neuer Viruspartikel auslösen. Zu den R. gehören die *Humanen Immunschwäche-Viren* (*HIV*; ↗ Aids) und ↗ Krebs auslösende Viren (siehe Abb. auf Seite 8).

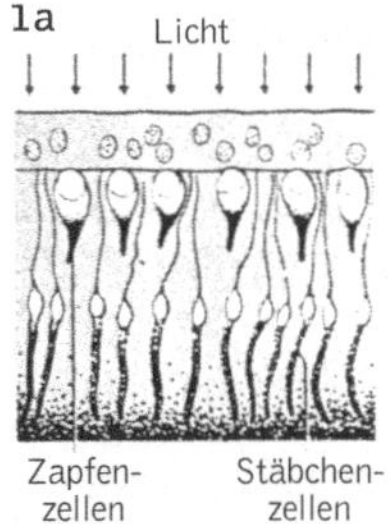
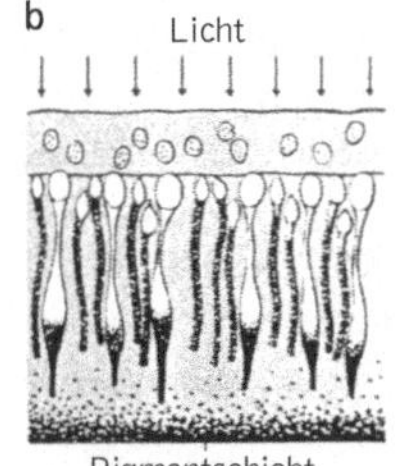

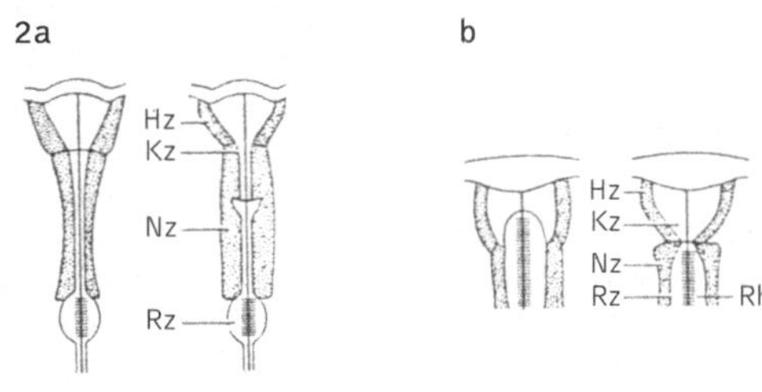

Retinomotorik 1 Schnitt durch die Retina eines Weißfischs, a bei Helladaptation, b bei Dunkeladaptation. 2a Retinomotorik beim Superpositionsauge vieler Käfer und Schlammfliegen, b beim Appositionsauge einiger Kurzflügler und Wanzen (links jeweils dunkeladaptiert, rechts helladaptiert). Hz Hauptpigmentzelle, Kz Kristallkegelzelle, Nz Nebenpigmentzelle, Rh Rhabdomer, Rz Retinulazelle

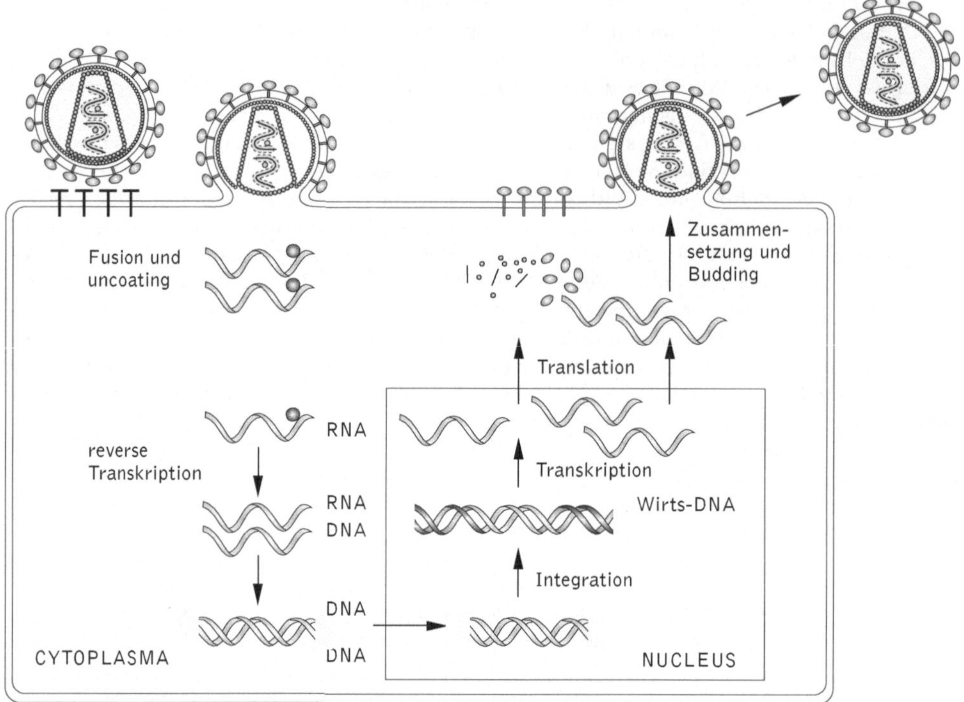

Retroviren Der Replikationszyklus von Retroviren am Beispiel des humanen Immundefiziens-Virus (HIV). Nach Fusion der Virushülle mit der Wirtszellmembran und der Auflösung des Capsids (uncoating) wird von einem der beiden RNA-Genome mit Hilfe der Reversen Transkriptase eine einzelsträngige DNA-Kopie hergestellt (reverse Transkription). Die doppelsträngige DNA wird in den Kern transportiert und dort in die Wirts-DNA integriert (Integration). Das Provirus kann lange Zeit latent bleiben, ehe es aktiviert wird und die Virusbildung (Transkription, Zusammensetzung und Budding) beginnt

Rettich, *Raphanus sativus*, zu den ↗ Brassicaceae gehörende Pflanze, deren aus ↗ Wurzel und ↗ Hypocotyl bestehende ↗ Rübe essbar ist.

Reusengeißelzellen, Bez. für die Terminalorgane der ↗ Protonephridien, die in verschiedenen Taxa verschieden gestaltet sein können. Abzuleiten von ins Innere versenkten Kragengeißelzellen wie bei den Schwämmen (Porifera), wird die Filterreuse ursprünglich allein von der Endzelle gebildet und besteht aus Schlitzen, die von einer Matrix als eigentlichem Filter überzogen sind. Vielfach aber findet man sekundär eine Reuse, die aus Plasmastäben der Endzelle und ihnen entgegenstehenden Stäben der anschließenden Kanalzelle gebildet wird, die fast fingerartig ineinander greifen und zwischen deren Schlitzen die Filtermembran liegt.

reverse Genetik, Bez. für eine methodische Vorgehensweise, bei der am Anfang ein bereits bekanntes Protein steht, dessen DNA-Sequenz häufig vorliegt. Seine Funktion kann anhand von Sequenzuntersuchungen bzw. Vergleichen mit den Sequenzen anderer, verwandter Proteine oder durch eine Reihe gentechnischer bzw. molekularbiologischer Arbeitsverfahren analysiert werden. Dies ist z. B. durch ↗ site-directed mutagenesis bestimmter Sequenzmotive oder aber mittels ↗ Überexpression bzw. ↗ Antisense-Technik möglich. Auf diese Weise können atypisches Fehlen und Vorhandensein des Proteins sowie die damit verbundenen Auswirkungen auf den Phänotyp untersucht werden.

Reverse Transkriptase, eine RNA-abhängige DNA-Polymerase, die bei *Retroviren*, *Retrotransposons* und RNA-Phagen vorkommt. Das Enzym wurde erst 1970 in den Arbeitsgruppen von H. ↗ Temin und D. ↗ Baltimore entdeckt. Der R. T. dient ein RNA-Molekül als Matrize, um zunächst während der so genannten *reversen Transkription* ein einzelsträngiges DNA-Molekül zu synthetisieren, das dann in eine Doppelstrangform überführt wird. R. T. sind für eine Reihe von molekularbiologischen Arbeitstechniken von großer Bedeutung, so z. B. bei der Synthese von ↗ cDNA und der Erstellung von ↗ cDNA-Bibliotheken sowie bei der ↗ RT-PCR.

reverse Transkription, die durch ↗ Reverse Transkriptasen katalysierte Synthese eines einzelsträngigen DNA-Moleküls unter Verwendung eines RNA-Moleküls als Matrize. Die r. T. widerspricht der ursprünglichen Formulierung des auf F. ↗ Crick zurückgehenden zentralen Dogmas der Molekular-biolgie, da z. B. bei bestimmten Viren der Informationsfluss von RNA zurück zur DNA gerichtet ist.

Reversion, die ↗ Rückmutation.

Revertanten, Bez. für die bei der Charakterisierung von ↗ Mutanten auftretenden Organismen oder Stämme, die spontan oder durch geeignete experimentelle Verfahren wieder den ursprünglichen Phänotyp des Wildtyps aufweisen (↗ Rückmutation). Auf diese Weise ist es u. U. möglich, das einer Mutation zugrunde liegende Gen zu identifizieren. Das Auftreten von R. macht man sich auch bei *Mutagenitätstests* wie dem ↗ Ames-Test zunutze.

Revier, das ↗ Territorium.

Revierverhalten, das ↗ Territorialverhalten.

rezent, in der geologischen Gegenwart lebend. Gegensatz: *fossil* (↗ Fossilien)

Rezeption, allg. Aufnahme, Annahme; in der *Biologie* die Reizaufnahme. (↗ Rezeptor, ↗ Perzeption)

Rezeptor, 1) allg. Bez. für Organe, Zellen oder Moleküle, die an der Wahrnehmung von externen und internen Reizen und deren Umsetzung beteiligt sind. Nach der Herkunft des Reizes unterscheidet man u. a. ↗ Exterorezeptoren (Umwelt) und ↗ Interorezeptoren, zu denen wiederum die ↗ Propriorezeptoren und die ↗ Enterorezeptoren gehören. All diesen R. ist gemeinsam, dass sie die perzipierten (↗ Perzeption) Reize bei ausreichender Reizin-

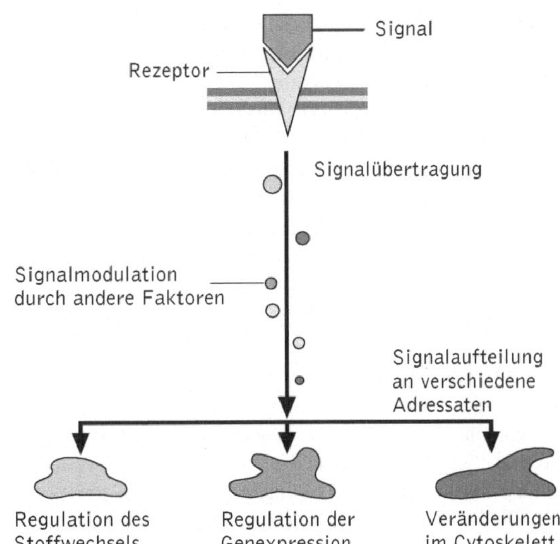

Rezeptor   Übersicht über die durch Rezeptormoleküle erzeugten intrazellulären Signalkaskaden, die nach Bindung eines Signalmoleküls induziert werden

tensität und Einwirkzeit in elektrische Impulse, die *Rezeptorpotenziale*, umsetzen. Mittlerweile hat sich der Rezeptorbegriff in Medizin und Biologie gewandelt, derart, dass die oben beschriebenen Sinnesrezeptoren mittlerweile als *Sensoren* bezeichnet werden (entsprechend das Rezeptorpo-

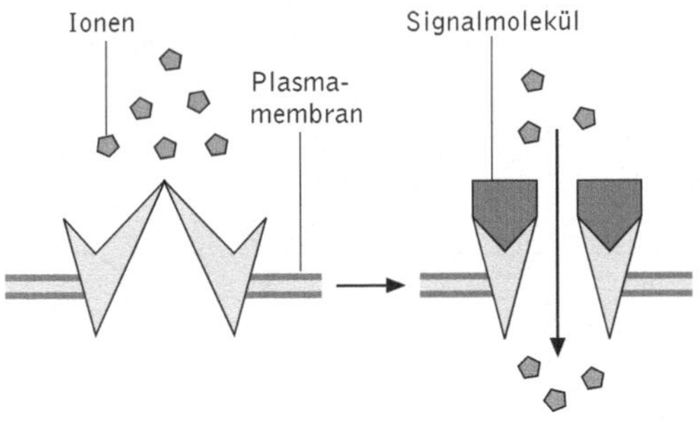

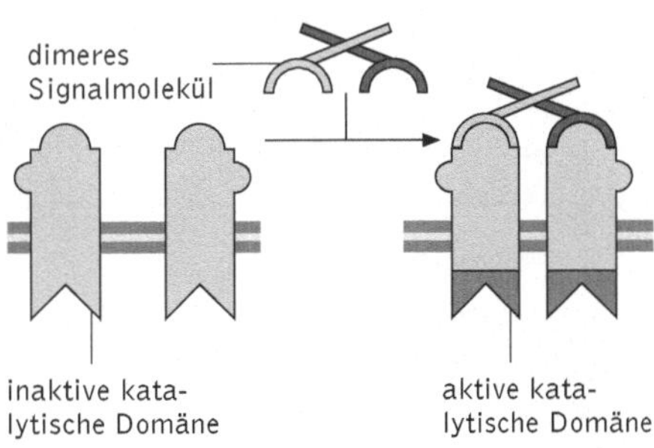

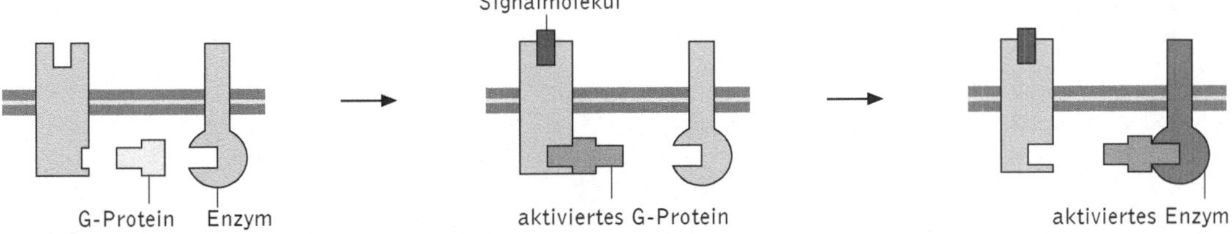

Rezeptor Schematische Darstellung der drei Klassen von Oberflächenrezeptoren. Sie durchspannen die Plasmamembran, sodass hydrophile Signalmoleküle an der Zelloberfläche gebunden werden und durch eine Konformationsänderung das Signal auf unterschiedliche Weise ins Zellinnere weitergeleitet wird

tenzial als *Sensorpotenzial*) und als R. überwiegend Moleküle oder Molekülkomplexe an Zelloberflächen angesprochen werden (siehe 2).

2) Bez. für die *Rezeptormoleküle*, die an der intrazellulären Umsetzung von Signalen beteiligt und für die Zellkommunikation von großer Bedeutung sind. Dabei handelt es sich immer um Proteine, die den ersten Schritt in einer Signaltransduktionskette (Signalkaskaden) übernehmen, indem sie ein *extrazelluläres* Signal (z. B. Peptid, Nucleotid, Steroid oder Gas) empfangen und dieses in ein *intrazelluläres* Signal umwandeln. Auf diese Weise können Prozesse wie der Stoffwechsel, die Genexpression oder die Formveränderungen von Zellen (↗ Cytoskelett) sowie Bewegungserscheinungen effektiv kontrolliert werden. Mit dieser physikalischen Signalübertragung nach Kontakt an der Zelloberfläche ist i. d. R. auch eine *Signalverstärkung* verbunden, sodass häufig wenige Signalmoleküle ausreichen, um eine Reaktion auszulösen (↗ Hormone). Schließlich können sich Signalkaskaden teilen und somit eine Reihe unterschiedlicher intrazellulärer Ziele erreichen. Die R. befinden sich entweder an der Zelloberfläche in der Plasmamembran verankert, oder aber im Zellinnern, wenn die Signalmoleküle (z. B. Steroidhormone) so beschaffen sind, dass sie durch die Plasmamembran hindurch diffundieren können. Bei den *Oberflächenrezeptoren* werden drei Klassen unterschieden. Sie durchspannen die Plasmamembran und erzeugen nach der Bindung des Signalmoleküls unterschiedliche intrazelluläre Signale: *Ionenkanalgekoppelte R.* sind an der Umsetzung chemischer in elektrische Signale beteiligt und führen dadurch z. B. zur Aus-

lösung eines Nervenimpulses. Bei *G-Proteingekoppelten R.* führt ein Signal zur Aktivierung von GTP-bindenden Proteinen, die ihrerseits vielfältige Funktionen als intrazelluläre Signale wahrnehmen und z. B. bestimmte Enzyme aktivieren. Die cytoplasmatischen Domänen der *Enzymgekoppelten R.* zeigen enzymatische Eigenschaften z. B. als Tyrosinkinasen, wodurch bestimmte Proteine phosphoryliert werden.

Rezeptorpotenzial, *Sensorpotenzial*, ↗ Rezeptor.

rezeptorvermittelte Endocytose, die bei tierischen Zellen vorkommende Form der ↗ Endocytose, bei der Substanzen nicht wahllos aus dem die Zellen umgebenden Medium aufgenommen werden, sondern eine spezifische Aufnahme erfolgt. Hierzu befinden sich in der Plasmamembran der Zellen ↗ Rezeptoren, an welche die aufzunehmenden Substanzen binden. Die Bereiche, in denen die r. E. stattfindet, tragen auf der P-Seite einen so genannten *Clathrin-Coat*; beladene Rezeptoren führen dann zur Ausbildung der *coated vesicles*. Ein gut untersuchtes Beispiel für die r. E. stellt der *LDL-Rezeptor* dar, der in der Plasmamembran vieler Zellen vorhanden und an der Cholesterin-Homöostase beteiligt ist. Die an ihn bindenden *LDL-Partikel* (LDL = low density lipoprotein) enthalten das wasserunlösliche Cholesterin. Nach deren Aufnahme gelangen sie durch Fusionsprozesse über *Endosomen* in die ↗ Lysosomen; die Rezeptoren werden wieder zur Plasmamembran transportiert. In ähnlicher Weise wird der tierische Eisenhaushalt über Rezeptoren des Eisentransportproteins *Ferritin* durch r. E. kontrolliert. Außerdem erfolgen r. E. auch beim Abbau von körper-

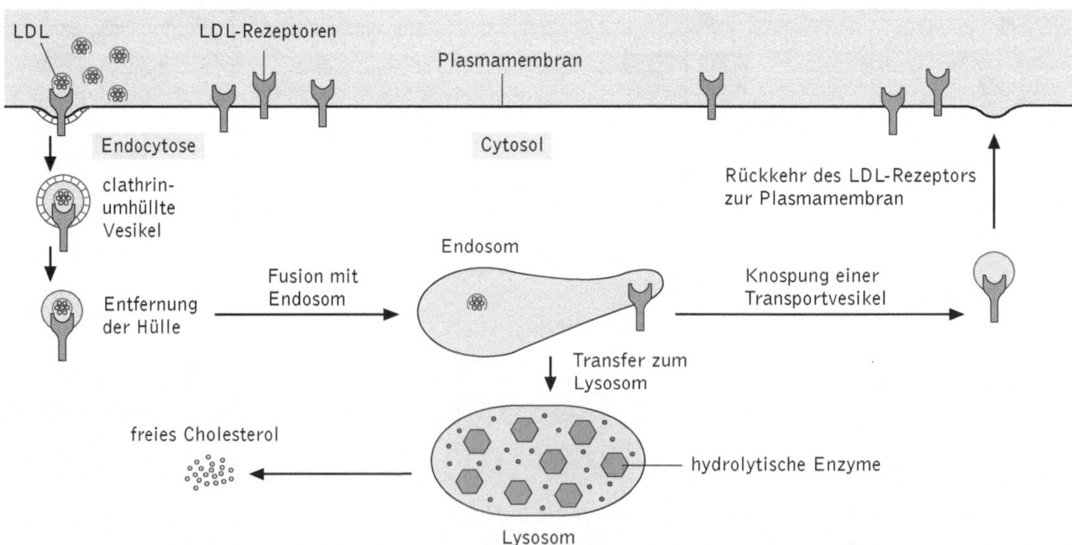

rezeptorvermittelte Endocytose Dargestellt ist die Aufnahme von LDL-Partikeln. In der sauren Umgebung der Endosomen trennen sich LDL und Rezeptoren, welche in Transportvesikeln wieder zur Plasmamembran gebracht werden

eigenen Zellen und Zellinhaltsstoffen, bei der Zerstörung körperfremder Zellen (z. B. durch Makrophagen) und beim vesikulären Durchtransport (*Transcytose*) von Makromolekülen durch Epithel- und Endothelzellen.

rezessiv, ↗ Rezessivität.

Rezessivität, Bez. für den Fall, dass bei ↗ Heterozygotie ein bestimmtes ↗ Allel nicht zur Ausbildung des ↗ Phänotyps beiträgt, d. h. dessen genetische Information nicht exprimiert wird. Das Gegenteil von R. wird als ↗ Dominanz bezeichnet. Beide Begriffe gehen auf G. ↗ Mendel zurück (↗ Mendel-Regeln).

Rezyklierung, in der Ökologie das mehrfach wiederholte Eintreten von ↗ Nährstoffen in den Stoffkreislauf. Dabei wird der am Ende einer Nahrungskette entstehende „Abfall" wieder in den Verarbeitungsprozess mit einbezogen wie z. B. bei der ↗ Destruenten-Saprophagen-Nahrungskette. Durch die R. können die Nährstoffe sehr effizient ausgenutzt werden. Im Idealfall ist am Ende der R. die gesamte ursprünglich aus der autotrophen Nettoproduktion stammende Energie veratmet.

RFLP, die Abk. für ↗ Restriktions-Fragment-Längenpolymorphismus.

RGT-Regel, *Reaktionsgeschwindigkeit-Temperatur-Regel, van't Hoff'sche Regel*, eine Regel, die besagt, dass die Geschwindigkeit einer biochemischen Reaktion temperaturabhängig ist. Innerhalb des für jede Art unterschiedlichen Temperaturoptimums steigt die Reaktionsgeschwindigkeit mit einer Erhöhung der Temperatur in 10 °C Schritten um das Zwei- bis Dreifache an. Ausgedrückt wird die Gesamtstoffwechselintensität mit dem Q_{10}-Wert. Bei homoiothermen (↗ homoiotherm) Tieren ist der Zellstoffwechsel auf die jeweilige Körpertemperatur eingestellt, bei poikilothermen (↗ poikilotherm) Tieren muss sich die Reaktionsgeschwindigkeit in der Zelle den jeweiligen Außentemperaturen anpassen. Tiefe Temperaturen bedingen demnach einen geringeren Stoffwechsel. Sogar eine gänzliche Einstellung des Zellstoffwechsels ist möglich. (↗ Kältestarre)

Rhabarber, *Rheum*, Gatt. der Fam. ↗ Polygonaceae mit ca. 40 Arten. Verwendung als Zier- und Nutzpflanzen. *Rheum rhaponticum* dient zur Gewinnung von Abführmitteln (die wirksamen Inhaltsstoffe sind Hydroxy-Anthracenderivate).

Rhabditida, zu den ↗ Secernentea (↗ Nematoda) gehörendes Taxon.

Rhabditophora, umfassendes Taxon frei lebender und parasitischer ↗ Plathelminthes, das nur die Acoelomorpha und die Catenulida ausschließt. Begründende Eigenschaften (Apomorphien) sind die Namen gebenden *Rhabditen* (stäbchenförmige Drüsensekrete, die der Abwehr dienen), ein aus zwei Drüsenzellen bestehendes Haftorgan und ex-

kretorische Protonephridien, deren Reuse aus Terminal- und Kanalzelle gebildet wird.

Rhabdom, Gesamtheit der Mikrovilli der Sehzellen eines Ommatidiums im ↗ Facettenauge.

Rhachis, 1) *Botanik: Blattspindel*, die Fortsetzung des Blattstieles, die die Fiedern eines zusammengesetzten Blattes trägt.

2) *Zoologie:* Bez. für spindelförmige Strukturen, so z. B. die R. der Vogelfeder (↗ Feder).

Rhamnaceae, *Kreuzdorngewächse*, Fam. der ↗ Rhamnales mit ca. 860 Arten. Zu den nutzbaren Arten der Gatt. *Rhamnus* zählt der ↗ Faulbaum (*Rhamnus cathartica*).

Rhamnales, Ord. der ↗ Rosopsida mit unscheinbaren radiären Blüten. Hierzu gehört die Fam. ↗ Rhamnaceae.

Rhamnose, *L-Rhamnose, 6-Desoxymannose*, ein 6-Desoxyzucker, der glykosidisch gebunden in verschiedenen pflanzlichen Schleimen, ↗ Hemicellulosen sowie in den Glykosiden von Cardenoliden, Bufadienoliden und ↗ Flavonoiden vorkommt.

Rhamnus, Gatt. der ↗ Rhamnaceae.

Rheiformes, *Nandus*, Ord. südamerikan. flugunfähiger Laufvögel mit einer Fam. *(Rheidae)* und zwei Arten. Nandus haben braunes Gefieder und gut entwickelte Flügel, die z. B. bei der Flucht als Steuer zum Hakenschlagen eingesetzt werden; die Füße haben drei Zehen.

Rheokren, ↗ Quelle.

Rheotaxis, in Fließgewässern das Einstellen beweglicher Organismen (z. B. Fische, Insektenlarven) entweder in Richtung der Strömung (*positive R.*) oder entgegen der Strömung (*negative R.*).

Rhesusaffe, *Macaca (Rhesus) mulatta*, in mehreren Unterarten über weite Teile Indiens und Südchinas verbreitete Art der ↗ Makaken (Kopfrumpflänge etwa 60 cm), die sowohl in Wäldern und baumbestandenem Kulturland als auch, geschützt durch die Religion, als Kulturfolger in Dörfern und Städten leben. R. verfügen über eine breite Skala von Droh- und Demutsgebärden. Ausgiebige soziale Körperpflege, so genanntes *Lausen* (Entfernen von Parasiten und Hautschuppen), dient u. a. der Festigung der ausgeprägten ↗ Rangordnung. R. sind begehrte Versuchstiere in der biologisch-medizinischen Forschung und gehören zu den bestuntersuchten Primaten und mit den häufigsten Zootieren. An R. entdeckte man zuerst den nach ihnen benannten ↗ Rhesusfaktor.

Rhesusfaktor, *Rh-Faktor*, zusammenfassende Bez. für ↗ Antigene, die Teil eines Systems erblicher Blutgruppeneigenschaften (↗ Blutgruppen) des Menschen sind. Die wichtigsten Rh-Antigene werden mit C , D, E, c und e bezeichnet, wobei D die größte antigene Wirksamkeit besitzt. Daher wird Blut, das ↗ Erythrocyten mit D auf ihrer Oberfläche besitzt, als *Rh-positiv (Rh)* bezeichnet und Blut, dem das

Antigen D fehlt als *rh-negativ (rh)*. Der Name R. geht darauf zurück, dass K. ↗ Landsteiner und A.S. Wiener (1894-1964) feststellten, dass Antikörper, die nach Immunisierung von Versuchstieren mit Blut von Rhesusaffen gewonnen wurden, auch in der Lage waren, menschliche Erythrocyten zu agglutinieren (und dann als Rh-positiv bezeichnet wurden). Rund 85 % aller Europäer sind Rh-positiv, wobei im Genotyp entweder DD oder Dd vorliegen; bei rh-negativen Personen ist der Genotyp stets dd. Wird bei einer Bluttransfusion Rh-positives Blut auf rh-negative Empfänger übertragen, so bilden sich innerhalb einiger Wochen Antikörper gegen die Rh-positiven Erythrocyten. Bei einer erneuten Transfusion mit Rh-positivem Blut kommt es zu einer lebensbedrohenden hämolytischen Reaktion (↗ Hämolyse). Ebenso kann eine rh-negative Schwangere Antikörper gegen das Rh-positive Blut ihres Kindes bilden. Dies wird während einer ersten Schwangerschaft noch keine weiteren Auswirkungen zeigen, führt aber bei einer weiteren Schwangerschaft mit einem Rh-positiven Kind bei diesem zur hämolytischen Neugeborenengelbsucht.

Rheum, Gatt. der ↗ Polygonaceae.

Rhincodontidae, *Walhaie*, Fam. der Haie (↗ Selachimorpha) mit zwei Arten, dem bis 18 m langen, in tropischen Meeren lebenden *Walhai (Rhincodon typus)*, dem größten Fisch überhaupt, und der erst kürzlich in den Gewässern bei Hawaii entdeckten, etwa 4,5 m langen Art *Megachasma pelagios*. Beide Arten sind Planktonfresser. Der Walhai hat ein breites, endständiges Maul, große Kiemenspalten und einen Kiemenreusenapparat, mit dem er das Plankton aus dem Wasser seiht. Wie der ↗ Riesenhai hat er eine große, ölreiche Leber, die ein Schweben im Wasser ermöglicht.

Rhinobatidae, *Geigenrochen*, Fam. der Rochen (↗ Batidoidimorpha), deren Arten am Boden tropischer und subtropischer Meere leben. Der Vorderkörper ist abgeplattet, mit Kiemenspalten auf der Unterseite und Brustflossen, die eine nur mäßig große Brustscheibe bilden; der kräftige schlanke Körper mit zwei Rückenflossen und Plakoidschuppen wirkt haiähnlich. In Ostatlantik und Mittelmeer lebt der bis 1 m lange *Geigenrochen (Rhinobatus rhinobatus)*, der sich vor allem von Muscheln ernährt.

Rhinocerotidae, *Nashörner*, Fam. der Unpaarhufer (↗ Perissodactyla) mit fünf Arten, von denen zwei Arten, nämlich das Breitmaulnashorn (*Ceratotherium sinum*) und das Spitzmaulnashorn (*Diceros bicornis*), in den Gras- und Buschsteppen des südlichen Afrikas leben. Das indische Panzernashorn (*Rhinoceros unicornis*) lebt in geringen Beständen im Nordwesten Indiens und in Nepal. Waldbewohner in Südostasien und auf den Inseln des Malaiischen Archipels sind die beiden anderen Arten, das Javanashorn (*Rhinoceros sondaicus*) und das Sumatranashorn (*Dicerorhinus sumatrensis*). Kennzeichnend sind der massige Körper mit verhältnismäßig kurzen Säulenbeinen sowie zwei Hörner, bzw. beim Panzernashorn und dem Javanashorn nur eines. Die Oberlippe ist, außer beim Breitmaulnashorn zu einem Greiforgan umgebildet. Die außer beim Sumatranashorn unbehaarte, dicke Haut bildet beim Panzer- und beim Javanashorn „Panzerplatten". Die Kauzähne haben bei den Grasessern (Panzernashorn und Breitmaulnashorn) hohe, bei den übrigen, Zweige essenden Arten niedrige Kronen. Schneidezähne sind nur bei den asiatischen Arten vorhanden, wobei sie bei Panzer- und Javanashorn als hauerartige Waffenzähne ausgebildet sind. – Nashörner leben in Mutter-Kind-Einheiten bzw. Ansammlungen von erwachsenen Kühen, während die Bullen Einzelgänger sind.

Rhinogradentia, *Naslinge*, von dem Zoologen G. Steiner erdachte, mit den Methoden der vergleichenden Biologie und der phylogenetischen Systematik (unter dem Pseudonym H. Stümpke) beschriebene und durch gelungene Zeichnungen vorgestellte Säugetier-Ord. aus 14 Familien und 189 Arten, darunter harmlose Früchteesser (Nasobem, *Nasobema lyricum*) und gefürchtete Räuber (*Tyrannonasus imperator*).

Rhinogradentia *Nasobema lyricum,* nach allg. Auffassung der von C. Morgenstern erstmals beschriebene Nasling

Rhinolophidae, *Hufeisennasen*, Fam. der Fledermäuse (↗ Microchiroptera) mit zwei Gatt. und ca. 70 in Eurasien, Afrika und Australien verbreiteten Arten, davon fünf in Europa. Charakteristisch sind die Nasenlöcher umgebende, hufeisenförmige Hautbildungen (Name!), mit einem Mittelkiel oder Sattel und einer lanzettförmigen Spitze auf der Nase; sie stehen als Ultraschall bündelnde Strukturen im Dienst der ↗ Echoorientierung und werden zur Bestimmung der Arten genutzt. Hufeisennasen haben ein weiches, dunkelbraunes oder schwärzliches Fell und relativ große spitze Ohren ohne Tragus (einen Fortsatz an der Innenohrbasis vieler

Fledermäuse). Die Weibchen besitzen neben zwei Milchzitzen noch zwei Haftzitzen („Afterzitzen") am Bauch, an denen sich das Junge während des Flugs an der Mutter festhält. Schlafende Hufeisennasen hängen mit den Krallen der Hinterfüße im Dachgebälk (Sommer) oder in Höhlen (Winter), eingehüllt von ihrer Flughaut. In Deutschland kommen nur noch zwei Arten vor, die Große Hufeisennase (*Rhinolophus ferrumequinum*) und die Kleine Hufeisennase (*Rhinolophus hipposideros*), die beide in einigen Bundesländern bereits als ausgestorben, in anderen als vom Aussterben bedroht gelten. Die restlichen drei europäischen Arten leben im Mittelmeerraum.

Rhinophoren, der Strömungswahrnehmung und dem chemischen Sinn dienende tentakelartige Anhänge bei vielen ↗ Opisthobranchia.

Rhinoviren, einzelsträngige RNA-Viren der Picornavirusgruppe. Sie sind die vorherrschenden Erreger einer gewöhnlichen Erkältung, die mit Schnupfen, Kopfschmerz, Halsschmerz und/oder Husten einhergeht. Übertragen werden sie durch Schmierinfektion, seltener durch Tröpfcheninfektion.

Rhipidistia, vom Perm bis zum Devon im Süßwasser lebende, sich räuberisch ernährende paraphyletische Gruppe der Quastenflosser (↗ Crossopterygii), die als die Ahnen der ↗ Tetrapoda gelten. Bei den R. lassen sich bereits ein Großteil der Knochen der Tetrapoden-Extremität identifizieren. Der Wandbau der Zähne ähnelt demjenigen der ältesten bekannten Amphibien (Labyrinthodontia). Außerdem hatten die R. auf jeder Seite drei Nasenöffnungen, von denen eine von der Oberfläche in das Naseninnere führte, eine zweite von der Nasen- zur Augenhöhle (entspricht vermutlich dem Tränennasengang der höheren Wirbeltiere) und die dritte Nase und Mundhöhle (Choanen) verband. Zwei Subtaxa werden unterschieden: die Osteolepiformes, die als die Stammgruppe der Tetrapoda angesehen werden und die Porolepiformes.

Rhithral, *Bergbach*, oberste Region eines ↗ Fließgewässers (Salmonidenregion, ↗ Fischregionen).

Rhizine, Hyphenstrang der *Laubflechten* (↗ Lichenes), mit dem der Thallus am Substrat haftet.

Rhizobiaceae, Fam. aerober gramnegativer Bakterien. Nach neuer Systematik gehören u. a. die folgenden Gatt. zu den R.: ↗ Agrobacterium, *Carbophilus*, *Chelatobacter*, ↗ Rhizobium und *Sinorhizobium*. Die Vertreter von *Rhizobium* und *Sinorhizobium* besitzen die Fähigkeit, den Luftstickstoff zu binden (↗ Stickstoff-Fixierung). Nach früherer Systematik wurden auch die Gatt. ↗ Azorhizobium, *Bradyrhizobium* und *Photorhizobium* zu den R. gerechnet und die Gesamtheit der mit -*rhizobium* endenden Gatt. als *Rhizobien* zusammengefasst.

Rhizobien, die Gesamtheit der Gatt. ↗ Rhizobium, ↗ Azorhizobium, *Bradyrhizobium*, *Photorhizobium* und *Sinorhizobium*. Nach früherer Systematik wurden alle genannten Gatt. den ↗ Rhizobiaceae zugeordnet. Nach neuer Systematik gehören *Azorhizobium*, *Bradyrhizobium* und *Photorhizobium* jedoch zu anderen Familien.

Rhizobium, Gatt. der ↗ Rhizobiaceae. Es sind stäbchenförmige, bewegliche, gramnegative, frei lebende Bodenbakterien, die mit Hülsenfrüchtlern (↗ Fabales) in ↗ Symbiose leben und dabei Luftstickstoff binden können (↗ Stickstoff-Fixierung, ↗ Stickstoff fixierende Bakterien). Es gibt mehrere Biovarietäten (abgekürzt: *bv.*) von R., die sich nach der Pflanzenart unterscheiden, mit denen sie die Symbiose eingehen können. *R. leguminosarum* bv. *viciae* z. B. bildet Knöllchen an der Erbse, *R. leguminosarum* bv. *phaseoli* an der Bohne, *R. leguminosarum* bv. *trifolii* an Klee. Als *Kreuzbeimpfungsgruppe* bezeichnet man eine Gruppe von R.-Stämmen, die eine Gruppe verwandter Leguminosen infizieren kann. Die Spezifität eines R.-Stammes wird durch nod-Gene (↗ Nodulationsgene) geregelt, deren Expression u. a. von der Art von ↗ Flavonoiden abhängt, die in großer Menge von Leguminosenwurzeln abgegeben werden. Zum Infektionsprozess ↗ Wurzelknöllchen.

Rhizocephala, *Wurzelkrebse*, Taxon der Rankenfüßer (↗ Cirripedia) mit ausschließlich endoparasitisch in Krebsen lebenden Arten.

Rhizodermis, äußerste, nicht von einer ↗ Cuticula umgebene Wurzelschicht, die auf die Aufnahme von Wasser und der darin gelösten Substanzen spezialisiert ist.

Rhizoid, ein- oder mehrzelliges Haftorgan, bei manchen ↗ Algen (↗ Phaeophyceae), Moosen (↗ Bryophyta) und frei lebenden Prothallien der Farne (↗ Pteridopsida), das zur Verankerung auf dem Substrat, z. T. aber auch der Wasser- und Nährstoffaufnahme dient. Größtenteils sind die phänotypisch einer Wurzel ähnelnden Strukturen ohne anatomische Differenzierung.

Rhizom, *Wurzelstock*, *Erdspross*, ausdauernde, meist unterirdisch wachsende ↗ Sprossachse mit kurzen, verdickten ↗ Internodien (z. B. ↗ Spargel). Die R. dienen der Speicherung von Nährstoffen und der vegetativen Vermehrung (↗ Fortpflanzung). Kennzeichnend für die Morphologie eines Sprosses sind der Bau des Vegetationspunktes, die periphere Anordnung der Leitbündel, das Vorhandensein von Blättern (meist in Form schuppenartiger Niederblätter) und sprossbürtigen Wurzeln. Von einer einzelnen Pflanze aus kann sich das R. sehr weit verzweigen und große Bodenflächen durchwuchern. Aus den z. T. sehr alten Rhizomteilen treiben entweder an Seitentrieben oder an der terminalen Endknospe die meist einjährigen oberirdischen Sprossteile aus. Beispiele einheimischer Rhizompflanzen sind das ↗ Maiglöckchen (*Convallaria majalis*), das ↗ Buschwindröschen (*Anemone nemorosa*) oder der ↗ Adlerfarn (*Pteridium aquilinum*).

Rhizophoraceae, *Mangrovengewächse*, einzige holzige Fam. der ↗ Rhizophorales mit rund 120 tropischen Arten in 16 Gatt. Die Arten der R. sind immergrüne Sträucher, Lianen und Bäume mit meist ganzrandigen, gegenständigen Blättern. Bestand bildende Gatt. der Mangroven in der Gezeitenzone tropischer Meeresküsten sind *Rhizophora*, *Bruguiera*, *Kandelia* und *Ceriops*. R. sind ↗ Halophyten mit typischen Anpassungen an ihren Lebensraum wie ↗ Atemwurzeln und ↗ Viviparie.

Rhizophorales, Ord. der ↗ Rosopsida mit nur einer einzigen Fam., den ↗ Rhizophoraceae. Ihre Vertreter stellen den Hauptbestandteil der tropischen Mangroven dar.

Rhizopoda, *Wurzelfüßer*, *Sarcodina*, in der herkömmlichen Systematik Klasse der ↗ Einzeller mit fünf Ord., deren Arten durch den Besitz von Pseudopodien gekennzeichnet sind. Traditionell wurden die ↗ Amoebina, die ↗ Testacea, die ↗ Foraminifera, die ↗ Radiolaria und die ↗ Heliozoa zu den R. gestellt. In der phylogenetischen Systematik existiert dieses Taxon nicht mehr. Die genannten Gruppen werden als „einzellige Eucaryota incertae sedis" (unbestimmter Zuordnung) durchweg polyphyletischen Gruppen (Amoebozoa, ↗ Granuloreticulosea, Actinopodea) zugeordnet, und die dieser vorläufigen Einordnung zugrunde liegenden verschiedenen Pseudopodientypen als konvergente Entwicklungen oder ursprüngliche Merkmale aufgefasst.

Rhizosphäre, der Bereich des ↗ Bodens, der unmittelbar von den Pflanzenwurzeln beeinflusst wird. Zu den Einflüssen der ↗ Wurzeln auf den Boden gehören die Aufnahme von ↗ Nährelementen, die Abgabe von ↗ Wurzelexsudaten (z. B. Zucker, organische Säuren), Protonen und absterbenden Zellen. Der hohe Nährstoffgehalt der R. führt zu einem deutlich verstärkten Wachstum von Mikroorganismen und saprotrophen Tieren in diesem Bodenbereich. Meist liegt das Verhältnis der Keimzahlen der R. zu denjenigen des wurzelfernen Bodens (R/S-Wert) bei Werten zwischen 10 und 100. Durch die Abgabe von Protonen und Wurzelexsudaten können Pflanzen die ↗ Nährstoffverfügbarkeit beeinflussen. Eine Protonenabgabe führt z. B. zu einem geringeren ↗ pH-Wert in der R. und damit zu einer erhöhten Verfügbarkeit schwer löslicher Calciumphosphate und vieler Mikronährstoffe wie Eisen, Mangan und Zink. Die Abgabe von ↗ Phytosiderophoren aus den Wurzeln von Gräsern erhöht die Verfügbarkeit von Eisen. (↗ Mykorrhiza, ↗ Rhizobium, ↗ Bodenbakterien)

Rhizostomea, *Wurzelmundquallen*, zu den Scheibenquallen (↗ Scyphozoa) gehörendes Taxon, dessen Arten Plankton filtrieren. Dementsprechend besitzen sie keine Fangtentakel am Schirmrand; die Mundöffnung verwächst früh und der Verdauungstrakt steht über Poren mit der Außenwelt in Verbindung. Die Nahrungspartikel werden mit Hilfe von Wimpern zu den Poren befördert und dann in das stark verzweigte Magensystem aufgenommen. In der Nordsee ist die Blumenkohlqualle (*Rhizostoma octopus*, Schirmdurchmesser bis 60 cm) verbreitet.

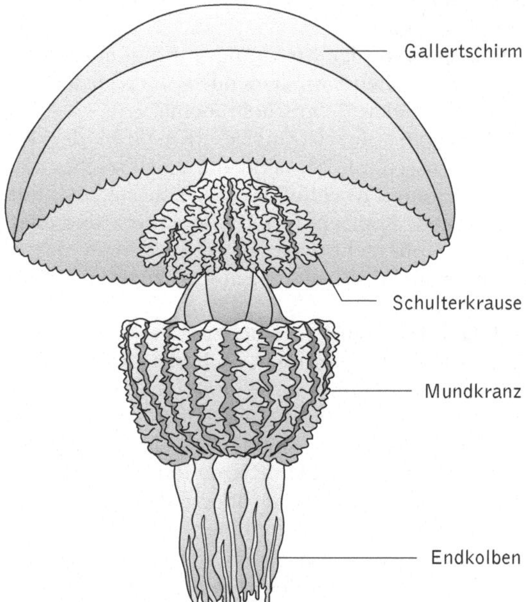

Rhizostomea Die in der Nordsee häufig in Massen auftretende Blumenkohlqualle (*Rhizostoma octopus*). Der bis 60 cm breite Schirm ist bläulich-milchig-weiß und am Rand kräftig kobaltblau bis violett gefärbt

Rho-abhängige Termination, bei *Escherichia coli* eine Form der Beendigung der ↗ Transkription, die auf das Zusammenspiel der ↗ RNA-Polymerase mit einem ↗ Rho-Faktor genannten Protein angewiesen ist. Gegensatz: ↗ Rho-unabhängige Termination

Rhodobacter, Gatt. der schwefelfreien ↗ Purpurbakterien. Es sind stäbchenförmige Bakterien, die sich durch binäre Spaltung teilen. Die Arten kön-

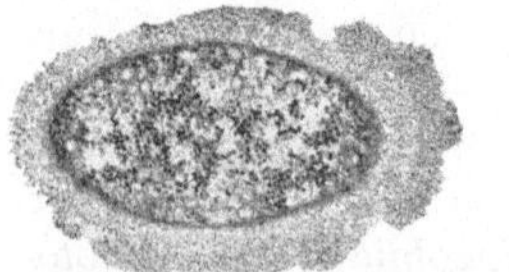
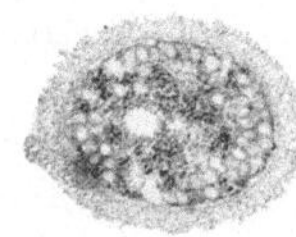

Rhodobacter Elektronenmikroskopische Aufnahme (Dünnschnitt) von *Rhodobacter* spec. mit dicker Kapsel um die Zelle und intracytoplasmatischen Membranen

nen nicht nur fotosynthetisch leben, sondern auch durch Atmung in Anwesenheit oder Abwesenheit von Sauerstoff. Da es einfach ist, Mutanten ohne Fotosynthese zu gewinnen, werden R.-Arten häufig bei genetischen Untersuchungen der bakteriellen Fotosynthese verwendet.

Rhododendron, Gatt. der ↗ Ericaceae.

Rhodophyceae, *Rotalgen*, einzige Klasse der ↗ Rhodophyta mit charakteristischem dreigliedrigem Generationswechsel (Abb. siehe Rhodophyta).

Rhodophyta, *Rotalgen*, *Rottange*, Taxon, das als einzige Klasse die ↗ Rhodophyceae mit 4000 Arten beeinhaltet. Die Zellen sind durch das in den *Rhodoplasten* enthaltene Phycoerythrin meist rot bis violett gefärbt. Der Thallus ist fast immer vielzellig und besteht aus Pseudoparenchym, echte Gewebe fehlen. Während die Unterklasse *Bangiophycidae* eher einfach gebaute Vertreter der R. beinhaltet, findet man in der Unterklasse *Florideophycidae* insbesondere in der Ord. *Ceramiales* reich gegliederte und z. T. berindete Thalli. Überwiegend eingelagerter Reservestoff ist *Florideenstärke*. Im Gegensatz zu anderen Algen treten niemals bewegliche Gameten auf, die geschlechtliche Fortpflanzung der R. erfolgt durch Oogamie. Der ↗ Generationswechsel ist gekennzeichnet durch das Vorkommen einer dritten Generation: Auf dem haploiden Gametophyten entwickelt sich das *Karpon* genannte weibl. Gametangium. Die männl. Gametangien (*Spermatangien*) entstehen an anderen Teilen desselben Gametophyten oder an anderen Individuen. Nach einer passiven Verschwemmung durch das Wasser treffen die männl. Geschlechtszellen (*Spermatien*) auf das Karpon und entleeren ihren Geschlechtskern in dieses. Anschließend findet eine Verschmelzung mit dem Eikern statt und es entsteht der diploide *Karposporophyt*, der sich nicht vom haploiden Gametophyten löst. Auf ein und derselben Pflanze hat sich somit ein Generations- und Kernphasenwechsel vollzogen. Im Karposporophyt entstehen durch mitotische Teilungen diploide Karposporen, die i. d. R. entlassen wer-

den und neue diploide *Tetrasporophyten* bilden. An dieser, dem Gametophyten ähnelnden Pflanze erfolgt mittels Reduktionsteilung die Bildung haploider Tetrameiosporen. Zwischen Karposporophyt und Tetrasporophyt findet somit ein weiterer Generationswechsel statt. Interessant ist auch der dreiteilige, heteromorphe und heterophasische Generationswechsel der zur Ord. der ↗ Nemalionales zählenden Froschlaichalge, *Batrachospermum moniliforme*, bei dem alle drei Generationen zeitlebens miteinander verbunden bleiben.

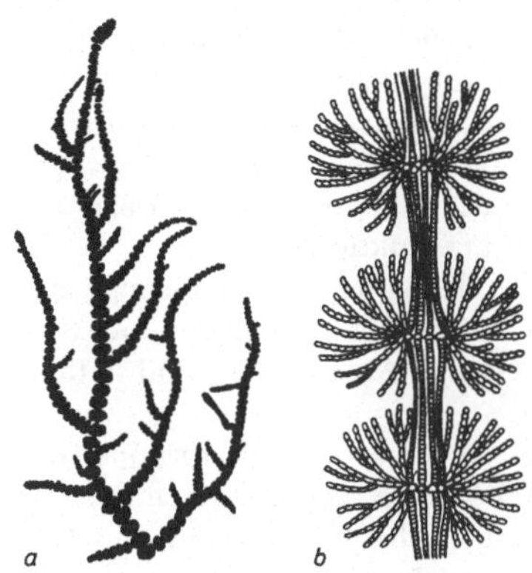

Rhodophyta Froschlaichalge (*Batrachospermum moniliforme*); a Habitus, b vergrößerter Ausschnitt

Vertreter der R. werden vom Menschen in vielfacher Weise genutzt. Aus Arten der Gatt. *Gelidium* und *Gracilaria* gewinnt man ↗ Agar, das als Verdickungsmittel in der Nahrungsmittelindustrie zur Verwendung kommt, aber auch als Nährbodenmaterial für Pilz- und Bakterienkulturen. Zu Arzneimittelzwecken, in der technischen und der Nahrungsmittelindustrie wird *Caragen* aus *Chondrus crispus* und *Gigartina mamillosa* (getrocknet auch als ↗ Irländisches Moos bezeichnet) sowie anderen Arten dieser Gatt. gewonnen. Die blattartigen Vertreter der Gatt. *Porphyra* werden v. a. in Ostasien als Nahrungsmittel („Nori") kultiviert. Nach neuerer Systematik bilden die R. das eigene monophyletische Taxon der ↗ Roten Pflanzen.

Rhodoplast, ein fotosynthetisch aktiver ↗ Chloroplast der Rotalgen (↗ Rhodophyta), der als Fotosynthesepigmente neben Chlorophyll *a* und Carotinoiden Phycocyanine und Phycoerythrine (↗ Phycobiliproteine) enthält. Diese akzessorischen Pigmente verleihen den Rotalgen ihre charakteristische Farbe.

Rhodopsin, *Sehpurpur*, ein integrales Membranprotein, das als Fotorezeptorprotein der Stäbchenzellen der Netzhaut am Sehvorgang beteiligt ist. Es gehört zur G-Protein-gekoppelten Rezeptorfamilie. R. ist das lichtempfindliche Molekül in den Scheiben der Stäbchen und besteht aus dem Protein

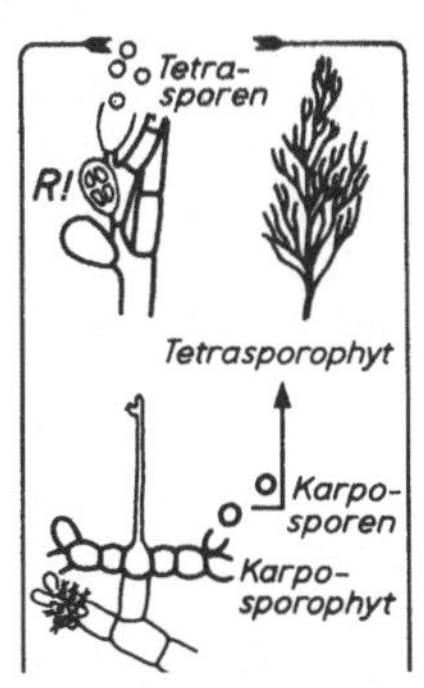

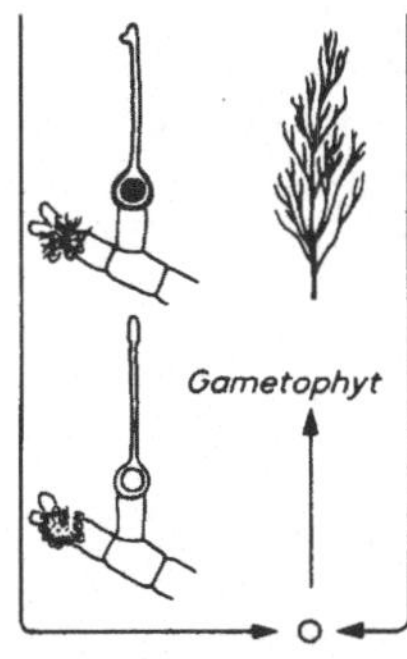

Rhodophyta Generations- und Kernphasenwechsel der Rotalgen. Dünne Linien: Haplophase, dicke Linien: Diplophase. R! Reduktionsteilung (nach Harder)

Opsin und der prosthetischen Gruppe 11-*cis*-Retinal, dessen Vorstufe das all-*trans*-Retinal (↗ Retinol) ist. Das 11-*cis*-Retinal ist mit der ε-Aminogruppe des Lysinmoleküls 296 des Opsins in Form einer ↗ Schiff'schen Base verknüpft. Der 11-*cis*-Retinal-Chromophor befindet sich in einer Proteintasche annähernd im Zentrum des Sieben-Helix-Motivs des R. Der N-Terminus enthält zwei gebundene Oligosaccharideinheiten und befindet sich auf der dem Scheibenzwischenraum zugewandten Membranseite, während auf der cytosolischen Seite in der Nähe des C-Terminus mehrere Serin- und Threonin-Reste lokalisiert sind, die durch Phosphorylierung das durch Licht erregte R. inaktivieren. Auch in anderen eukaryotischen Membranrezeptoren findet sich das Sieben-Helix-Motiv des Rhodopsins. (↗ Auge, ↗ Proteine, ↗ Rezeptor, ↗ Sehen, ↗ Signaltransduktion)

Rhodospirillaceae, Fam. der α-Untergruppe der ↗ Proteobacteria. Hierzu gehören nach neuer Systematik u. a. die Gatt. ↗ Azospirillum und ↗ Rhodospirillum.

Rhodospirillales, Ord. der α-Untergruppe der ↗ Proteobacteria. Zu den R. gehören nach neuerer Systematik die Fam. ↗ Rhodospirillaceae und Acetobacteraceae (↗ Essigsäurebakterien).

Rhodospirillum, Gatt. der schwefelfreien ↗ Purpurbakterien, deren Vertreter spirillenförmig und polar begeißelt sind. Es sind anoxygene, fakultativ fototrophe Bakterien. *R. rubrum* wird häufig als Modellorganismus zur Untersuchung von Differenzierungsvorgängen bei Bakterien eingesetzt.

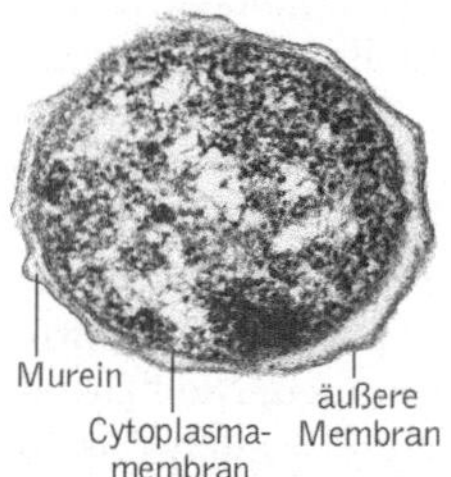

Rhodospirillum   Elektronenmikroskopische Aufnahme (Dünnschnitt) des gramnegativen Bakteriums *Rhodospirillum rubrum* (Zelldurchmesser ca 0,5 µm)

Rhodoxanthin, *3,3'-Diketo-β-Carotin*, ein zur Gruppe der ↗ Xanthophylle gehörendes ↗ Carotinoid, das als roter Farbstoff in braunroten Blättern, in den Nadeln verschiedener Koniferen (z. B. Eiben) sowie in Vogelfedern vorkommt.

Rho-Faktor, ein Protein, das bei *Escherichia coli* die ↗ Transkription beendet, indem es die bestehende Bindung zwischen dem entstehendem RNA-Molekül und der DNA-Matrize zerstört. Je nachdem, ob der R. - F. an der *Termination* beteiligt ist, wird diese als *Rho-abhängig* oder *Rho-unabhängig* bezeichnet.

Rhombencephalon, *Rautenhirn*, Teil des ↗ Gehirns.

Rhombozoa, ↗ Mesozoa.

Rhopalien, die ↗ Sinneskolben.

Rho-unabhängige Termination, bei *Escherichia coli* die Form der Beendigung (Termination) der ↗ Transkription, die nicht auf den ↗ Rho-Faktor angewiesen ist. Gegensatz: ↗ Rho-abhängige Termination

Rhus, die Gatt. ↗ Sumach.

Rhynchobdelliformes, *Rüsselegel*, Gruppe der ↗ Euhirudinea.

Rhynchocephalia, *Schnabelköpfe*, Ord. kleiner bis mittelgroßer, maximal 5,5 m Länge erreichender Schuppenkriechtiere, die von den *Eosuchia* abgeleitet werden. Die R. waren mit ca. 23 bis 26 Gattungen vor allem in der Trias und im Oberjura verbreitet, einzige rezente Art ist die ↗ Brückenechse.

Rhyniales, *Urfarngewächse*, Ord. der ↗ Psilophytopsida. Die R. waren vor rund 400 Mio. Jahren verbreitet und starben vor ca. 350 Mio. Jahren wieder aus. Zur Gatt. *Cooksonia* gehört die älteste bisher bekannte Landpflanze.

Rhyniella, *Rhyniella praecursor*, ältester Vertreter der Springschwänze (↗ Collembola) aus dem mittleren Devon (380 Mio. Jahre vor heute; Chert von Rhynie, Schottland) und damit das älteste bekannte Insekt. R. hatte entognathe Mandibeln (↗ Entognatha), eine viergliedrige Antenne und einen Ventraltubus (ausstülpbares Organ am ersten Abdominalsegment, das als Haft-, Putz- und Atemorgan sowie der Osmoregulation dient).

Rhythmusgenerator, ↗ Biorhythmik, ↗ Schrittmacher.

RIA, Abk. für ↗ Radioimmunassay.

Ribes, Gatt. der ↗ Grossulariaceae.

Riboflavin, *Vitamin B_2, Lactoflavin*, ein wasserlösliches, gelbes Flavinderivat, das hauptsächlich in gebundener Form in Flavinnucleotiden oder Flavinproteinen in Hefen, tierischen Produkten und Leguminosensamen vorkommt. Milch enthält freies R. Es wird als Vorstufe des ↗ Flavin-Mononucleotids und des ↗ Flavin-adenin-dinucleotids, der ↗ Coenzyme der Flavinenzyme (↗ Flavoproteine), benötigt. Die biosynthetischen Vorstufen sind eine Purinbase, Ribit und Diacetyl. Die meisten Nahrungsmittel des Menschen enthalten ausreichend Riboflavin.

Riboflavin

Ribonucleasen, *RNasen*, Enzyme, die ↗ Ribonucleinsäuren hydrolytisch spalten. Es existieren hauptsächlich Endonucleasen, aber auch Exonucleasen, wobei sequenzspezifische und unspezifische Hydrolyse möglich ist. Andere Enzyme unterscheiden zudem zwischen einzelsträngiger und doppelsträngiger RNA. R. werden zu verschiedensten Zwecken als Werkzeuge der Molekularbiologie eingesetzt. So setzt man z. B. die aus Rinderpankreas gewonnene *RNase A* dazu ein, um während der Gewinnung und Aufreinigung von DNA unerwünschte RNAs zu entfernen. Die *Rnase H* wird verwendet, um während der Synthese von ↗ cDNAs den aus RNA und DNA bestehenden Hybridstrang durch Abbau der RNA aufzulösen.

Ribonucleinsäuren, Abk. *RNA*, mit der ↗ Desoxyribonucleinsäure eng verwandte Nucleinsäuren, die sich durch mehrere strukturelle, aber auch wichtige funktionelle Eigenschaften von dieser unterscheiden: Als Zuckermolekül enthält RNA Ribose, Thymin wird durch *Uracil* ersetzt, wobei Uridintriphosphat zur RNA-Synthese verwendet wird. R. liegen in Zellen normalerweise als einzelsträngige Polynucleotide vor (Ausnahme: bestimmte RNA-Viren), wobei kürzere Bereiche mit intramolekularen Basenpaarungen möglich sind. Die drei Klassen der R., die ↗ messenger-RNA (mRNA), ↗ ribosomale RNA (rRNA) und ↗ transfer-RNA (tRNA) sind bei Prokaryoten und bei Eukaryoten auf unterschiedliche Weise an der Expression der genetischen Information beteiligt (↗ Genexpression, ↗ Translation). Hinzu kommen eine Reihe weiterer kleiner R.-Moleküle, die z. B. am ↗ Spleißen beteiligt sind. Abgesehen von bestimmten ↗ Viren, deren Genom aus RNA besteht und die deshalb als *RNA-Viren* bezeichnet werden, wird die R. durch ↗ RNA-Polymerasen während der ↗ Transkription der entsprechenden Gene und anschließende ↗ Prozessierung sowie ↗ RNA-Editing synthetisiert.

Der Abbau von R. erfolgt enzymatisch durch ↗ Ribonucleasen; die Halbwertzeit der mRNA-Moleküle ist generell relativ kurz im Minuten- bis Stundenbereich, wohingegen rRNA- und tRNA-Moleküle stabile Moleküle darstellen.

Neben ihrer Funktion als Mittler zwischen Genen und ihren Produkten, die R. in den meisten Fällen ausüben, besitzen manche R. auch katalytische Aktivität (↗ Ribozyme). Zusammen mit strukturellen und genetischen Eigenschaften der R. spricht diese Eigenschaft für die Hypothese, dass sich R. evolutionär vor der DNA entwickelt haben, sodass das Leben auf der Erde einer „RNA-Welt" entstammen könnte.

Ribose, *D-Ribose*, eine zu den ↗ Monosacchariden gehörende Pentose, die als Kohlenhydratbaustein in den ↗ Ribonucleinsäuren, in einigen ↗ Coenzymen, im Vitamin B_{12} (↗ Cobalamin), in den Ribosephosphaten und in verschiedenen Glykosiden vorkommt. D - R. ist durch Kulturhefen nicht vergärbar und liegt in freier Form als Pyranose vor. Sie wird entweder durch Säurespaltung der Hefenucleinsäuren oder synthetisch aus ↗ Arabinose gewonnen.

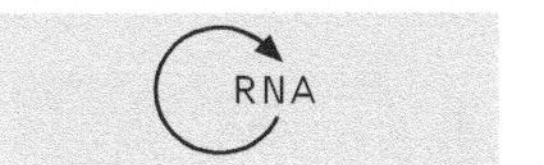

Ribose

Ribosephosphate, die phosphorylierten Derivate der ↗ Ribose. Im Stoffwechsel sind *Ribose-1-phosphat* und *Ribose-5-phosphat* von Bedeutung. Ribose wird durch *Ribokinase* in 5-Stellung phosphoryliert. Außerdem entsteht Ribose-5-phosphat im ↗ Pentosephosphat-Weg und im ↗ Calvin-Zyklus. Über das Enzym *Phosphoribomutase* stehen Ribose-5-phosphat und Ribose-1-phosphat miteinander im Gleichgewicht. Cosubstrat dieser Reaktion ist Ribose-1,5-bisphosphat. Ribose-5-phosphat und auch Ribose-1-phosphat sind sind wichtige Ausgangsstoffe für die Synthese von ↗ Nucleotiden.

ribosomale Proteine, Abk. *r-Proteine*, die in den ↗ Ribosomen enthaltenen Proteine.

ribosomale RNA, die in den ↗ Ribosomen vorkommenden ↗ Ribonucleinsäuren, die zusammen mit Proteinen an der Bildung der großen und kleinen ribosomalen Untereinheiten beteiligt sind. Nahezu 90 % der im Cytoplasma vorkommenden RNA-Moleküle sind strukturell mit Ribosomen assoziiert. Einzelne Basen oder Ribosemoleküle der rRNA werden posttranskriptionell modifiziert. rRNA-Moleküle zeichnen sich in ihrer Sekundärstruktur durch komplementäre Basenpaarungen aus. Des weiteren

auf RNA basierende Systeme   auf RNA und Protein basierende Systeme   heutige Zellen

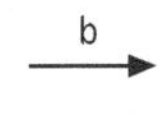
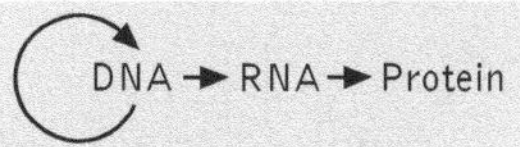

Ribonucleinsäuren Dargestellt ist die „RNA-Welt-Hypothese", nach der Ribonucleinsäuren zunächst alle Eigenschaften in sich vereinten, die heute durch drei unterschiedliche Gruppen von Biomolekülen repräsentiert werden: Speicher der genetischen Information (heute DNA), katalytische Funktionen (heute Proteine) und Mittler zwischen beiden (heute RNA)

sind zahlreiche Bindungsfunktionen im Ribosom vorhanden, die die Bindung der ribosomalen Untereinheiten untereinander oder mit der mRNA vermitteln. Diese führen auf der Ebene der die rRNA codierenden Gene, der ribosomalen DNA, zu konservierten Sequenzen über Organismengruppen hinweg, sodass nur relativ wenige Sequenzabweichungen vorhanden sind. rRNAs sind deshalb für die Erforschung evolutionärer Verwandtschaftsverhältnisse von großer Bedeutung.

Die Synthese der rRNA erfolgt bei *Prokaryoten* (einschließlich der endosymbiontisch entstandenen Mitochondrien und Plastiden) durch ↗ Transkription der in mehreren ↗ Operons zusammengefassten rRNA-Gene. Dabei werden die später unterschiedlich großen rRNA-Moleküle zunächst als ein Präkursor-Molekül transkribiert, das durch Prozessierung über Zwischenstufen in die verschiedenen rRNAs gespalten wird (↗ Spleißen). Zwischen den einzelnen rRNAs können als *Spacer* transfer-RNA-Moleküle liegen. Bei *Eukaryoten* erfolgt mit Aus-

nahme der 5S rRNA die Synthese und Prozessierung der rRNAs im ↗ Nucleolus bzw. Nucleolus-Organisator, wobei die Gene als tandemartig wiederholte Gengruppen vorliegen, die ebenfalls durch nichttranskribierte Spacer voneinander getrennt werden. Parallel zur Synthese und Prozessierung werden Vorläufer-Moleküle mit nichtribosomalen und später ribosomalen Proteinen beladen.

Ribosomen, die bei Prokaryoten und Eukaryoten sowie Mitochondrien und Plastiden in großer Anzahl vorkommenden Organellen, an denen die Proteinbiosynthese stattfindet (↗ Translation). R. kommen sowohl frei im Cytoplasma als auch an der Außenseite des ↗ endoplasmatischen Reticulums vor (*raues ER*). Mit einem Durchmesser von ca. 25 nm sind R. große Ribonucleoprotein-Partikel, die in elektronenmikroskopischen Aufnahmen (↗ Mikroskop) als gut kontrastierte Partikel erscheinen.

Aufbau. Ribosomen bestehen immer aus zwei Untereinheiten (UE), den so genannten *kleinen UE*

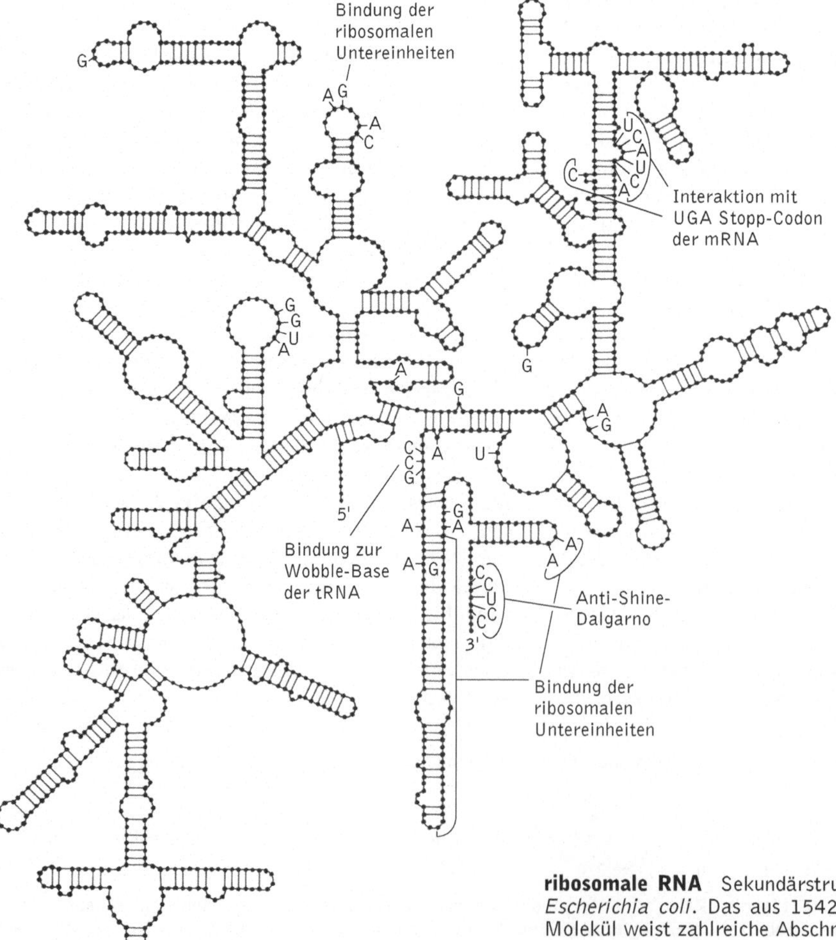

ribosomale RNA Sekundärstruktur der 16S rRNA von *Escherichia coli*. Das aus 1542 Nucleotiden bestehende Molekül weist zahlreiche Abschnitte mit komplementärer Basenpaarung und Bindungsfunktionen auf

Ribosomen Kenndaten verschiedener Ribosomentypen

	kleine UE		große UE	
70S-Ribosomen				
Prokaryoten				
E.coli	16S	1542 b	23S	2904 b
			5S	120 b
Mitochondrien				
Mensch	12S	954 b	16S	1559 b
Mais	18S	1964 b	26S	3546 b
Plastiden				
Tabak	16S	1489 b	23S	2810 b
			5S	120 b
			4,5S	103 b
80S-Ribosomen				
Eukaryoten				
Mensch	18S	1869 b	28S	5025 b
			5S	120 b
			5,8S	160 b

und *großen UE*. Diese setzen sich wiederum aus ein
bis drei Molekülen ↗ ribosomaler RNA (rRNA) und
mehreren Proteinen zusammen. Zwischen Prokaryoten
und Eukaryoten bestehen Unterschiede,
was die Beschaffenheit der R. anbelangt. Prokaryotische
R. werden nach ihrem Sedimentationskoeffizienten
als *70S R.* mit 50S- und 30S-UE, eukaryotische
R. als *80S R.* mit 60S- und 40S-UE bezeichnet.
Gemäß der ↗ Endosymbiontentheorie gehören
die R. der Mitochondrien und Plastiden zum 70S-
Typ. Bei Prokaryoten enthalten die großen ribosomalen
UE zwei rRNAs, bei Eukaryoten und Plastiden
drei rRNAs und bei Mitochondrien nur eine
rRNA. Die kleinen UE bestehen stets nur aus einer
rRNA. Was die Anzahl der Proteine anbelangt, bestehen
zwischen den unterschiedlichen R.-Typen

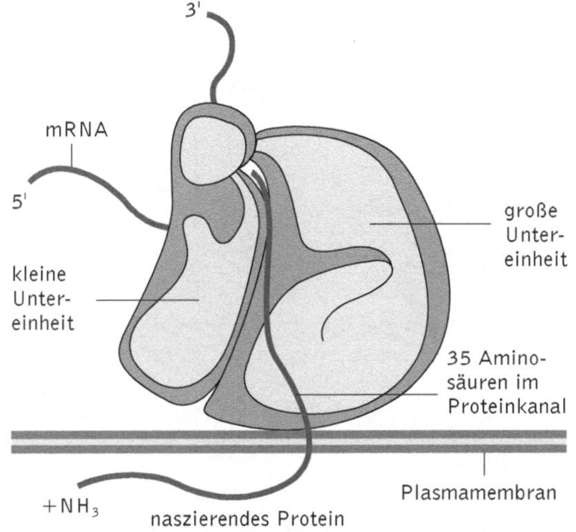

Ribosomen Schematische Darstellung eines Ribosoms
während der Translation

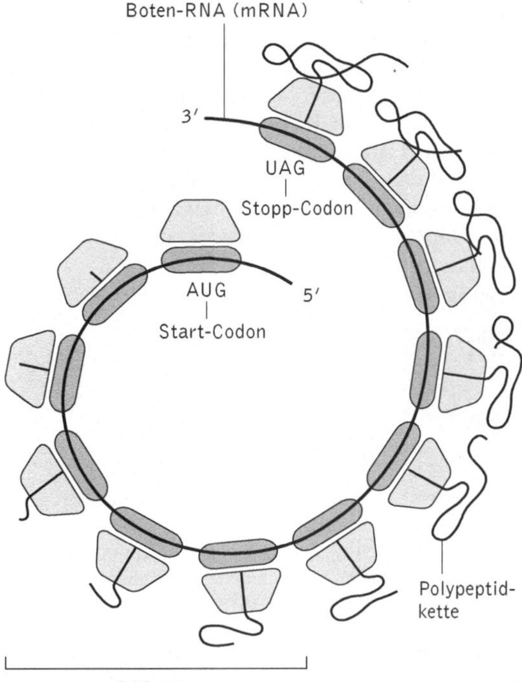

Ribosomen Aufbau eines Polysoms im Schema. Mit zunehmender
Entfernung vom Startcodon wächst die naszierende
Peptidkette

ebenfalls Unterschiede: eukaryotische R. enthalten
in ihrer großen UE 40-45 Proteine (Prokaryoten:
33) und in ihrer kleinen UE 30-35 Proteine (Prokaryoten:
21). Ihre genaue Lage wurde durch immunelektronenmikroskopische
Verfahren bestimmt.
Zwischen den rRNA-Molekülen und ribosomalen
Proteinen bestehen keine kovalenten Bindungen,
sondern nur elektrostatische und hydrophobe
Wechselwirkungen. Eine Reihe von Untersuchungen
deutet darauf hin, dass die beiden ribosomalen
UE in ihrem Innern einen Raum bilden, in dem die
Translation abläuft. Definierte Bindestellen sind für
die mRNA, die mit einer Aminosäure beladene
↗ transfer-RNA (*A-Bindungsstelle*), das wachsende
Polypeptid (*P-Bindungsstelle*) und die E-Stelle
(*Exit*), über die die unbeladene tRNA das Ribosom
verlässt.

R., die nicht an Translationsprozessen beteiligt
sind, liegen im Cytoplasma in ihre Untereinheiten
dissoziiert vor. Während des so genannten *Ribosomenzyklus*
bindet zunächst die kleine UE an die
↗ messenger-RNA (mRNA), an die sich die Bindung
der großen UE anschließt. Nach Beendigung der
Translation lösen sich beide UE von der mRNA. Ihre
Lebenszeit im Cytosol beträgt um die sechs Stunden.
Da mRNA-Moleküle i. d. R. relativ lang sind,
können *Polysomen* oder *Polyribosomen* vorliegen,
bei denen mehrere R. hintereinander in einem

mittleren Abstand von 100 Nucleotiden aufgereiht sind. Sie zeichnen sich durch eine schraubenförmige Struktur aus. R. sind ihrer Funktion nach somit Multienzymkomplexe, die die einzelnen Schritte der Translation der Reihe nach katalysieren. Eine Reihe von ↗ Antibiotika hemmt bestimmte Translationsschritte, indem sie spezifisch an 70S- bzw. 80S-Ribosomen binden. Zu ihnen zählen Chloramphenicol, Cycloheximid, Puromycin und Streptomycin.

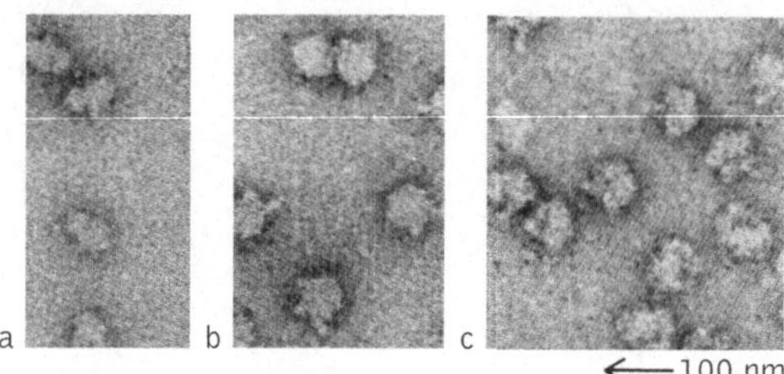

Ribosomen Elektronenmikroskopische Aufnahmen von a kleinen ribosomalen Untereinheiten, b großen ribosomalen Untereinheiten, c ganzen 70S-Ribosomen

Ribosomenbindungsstelle, *Shine-Dalgarno-Sequenz*, bei Prokaryoten der Ort der Bindung des Ribosoms an die messenger-RNA; das Startcodon liegt acht bis 13 Nucleotide entfernt. Anders als die 5'-Cap der Eukaryoten gestatten es R., dass ihre mRNA's *polycistronisch* sind, sodass mehr als ein Protein von einer mRNA-Spezies translatiert werden kann.

Ribozyme, die Bez. für ↗ Ribonucleinsäuren, die nicht an der Speicherung bzw. Umsetzung der genetischen Information beteiligt sind, sondern katalytische Funktionen ausüben. R. sind an der Replikation von RNA-Viren und bei Schritten des ↗ Spleißens beteiligt. R. werden auch als molekularbiologische Werkzeuge eingesetzt.

Ribulose, *D-Ribulose*, zu den Monosacchariden gehörende Pentose, wobei vor allem *Ribulose-5-phosphat* und ↗ Ribulose-1,5-bisphosphat im Kohlenhydratstoffwechsel besondere Bedeutung haben.

Ribulose-1,5-bisphosphat, Abk. *Ru-1,5-BP*, Zwischenprodukt beim ↗ Calvin-Zyklus. Die Fixierung von CO_2 im ↗ Calvin-Zyklus erfolgt durch Reaktion von CO_2 mit Ru-1,5-BP (Carboxylierung) unter Bildung von 2 Mol 3-Phosphoglycerinsäure (3-Phosphoglycerat). Diese Reaktion wird durch das Enzym ↗ Ribulose-1,5-bisphosphat-Carboxylase/Oxygenase katalysiert.

Ribulose-1,5-bisphosphat-Carboxylase/Oxygenase, Abk. *Rubisco*, ältere Bez. *Carboxydismutase*, Schlüsselenzym des ↗ Calvin-Zyklus, das die Carboxylierung von ↗ Ribulose-1,5-bisphosphat (Ru-1,5-BP) katalysiert und somit für die Fixierung von anorganischem Kohlenstoffdioxid in Form von organischen Zuckerverbindungen verantwortlich ist.

Das Enzym macht bis zu 40 % des Gehaltes an wasserlöslichen Blattproteinen aus.

Bei der zweistufigen Reaktion wird Ru-1,5-BP zunächst carboxyliert, wobei als instabiles und am Enzym gebundenes Zwischenprodukt 2-Carboxy-3-ketoarabinitol-1,5-bisphosphat entsteht, dessen anschließende Hydrolyse dann zwei Moleküle 3-Phosphoglycerat liefert. Die Carboxylierung ist durch eine hohe negative freie Reaktionsenthalpie gekennzeichnet und die CO_2-Affinität der R. ist so hoch, dass die CO_2-Fixierung dadurch ermöglicht wird. Neben der Carboxylase-Aktivität ist die R. auch durch eine Oxygenase-Aktivität gekennzeichnet, sodass Kohlenstoffdioxid und Sauerstoff unter bestimmten Umweltbedingungen miteinander als Substrate konkurrieren (↗ Fotorespiration). Zwischen ↗ CAM-Pflanzen, C_3-Pflanzen und C_4-Pflanzen bestehen diesbezüglich Unterschiede.

Die R. der fototrophen Organismen besteht aus acht jeweils ca. 55 kDa großen *RLSU* (für *Rubisco large subunit*) und acht kleinen Untereinheiten (*RSSU* für *Rubsico small subunit*), deren Molekulargewicht ca. 14 kDa beträgt. Das gesamte Enzym hat in seiner L8S8-Form ein Molekulargewicht von ca. 580 kDa. Interessanterweise werden die RSSU durch die lichtabhängig exprimierten *rbcS*-Gene im Nucleus codiert, wohingegen sich die genetische Information für RLSU als *rbcL*-Gene im Plastiden-Genom befindet. Im Unterschied zu anderen Enzymen, bei denen ↗ Thioredoxine an der lichtabhän-

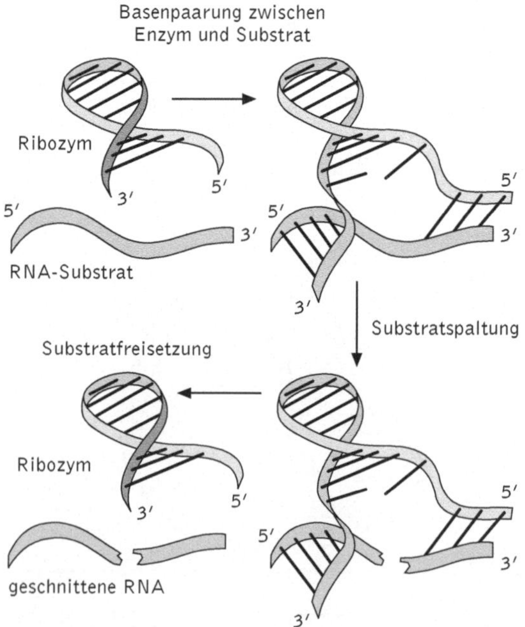

Ribozyme Dargestellt ist die durch ein Ribozym katalysierte Spaltung eines RNA-Moleküls an einer bestimmten Stelle

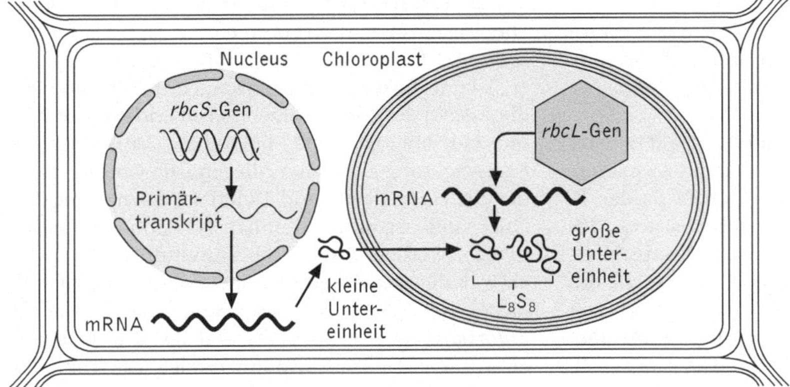

Ribulose-1,5-bisphosphat-Carboxylase/Oxygenase Die Synthese der Rubisco erfolgt durch koordinierte Expression der kernkodierten *rbcS*- und plastidenkodierten *rbcL*-Gene

gigen Kontrolle der Enzymaktivität beteiligt sind, wird die R. durch den lichtabhängigen Anstieg der Mg^{2+}-Konzentration und des pH-Wertes im Stroma aktiviert. Für die Aktivierung der R. ist ein weiteres CO_2-Molekül erforderlich, das im aktiven Zentrum des Enzyms mit einer ε-Aminogruppe eines Lysinrests reagiert. Die dadurch entstandene Carbamatgruppe kann Mg^{2+} binden und so den aktiven Komplex herstellen, der enzymatisch aktiv ist. Als Inhibitor der R. wirkt auch Carboxyarabinitol-1-phosphat, das sich nachts an die Rubisco anlagert und tagsüber wieder entfernt wird. Die Aktivität der R. wird weiterhin durch ein erst Mitte der 1990er-Jahre entdecktes, als ↗ Rubisco-Activase bezeichnetes Enzym kontrolliert.

Richet, *Charles Robert*, franz. Physiologe, * 26.8.1850 Paris, † 4.12.1935 Paris; 1878-1927 Prof. für Physiologie in Paris. R. ist Begründer der Serumtherapie aufgrund seiner Beobachtung, dass Blut geimpfter Tiere eine Schutzwirkung gegen entsprechende Krankheiten besitzt. Er führte die erste Seruminjektion beim Menschen durch. 1902 entdeckte R. die Überempfindlichkeitsreaktion vom Soforttyp gegen körperfremde Proteine (Anaphylaxie; ↗ anaphylaktischer Schock). 1913 erhielt R. für seine immunologischen Arbeiten zur Anaphylaxie den Nobelpreis für Physiologie oder Medizin.

Richtungskörper, die ↗ Polkörper.

Ricinulei, *Kapuzenspinnen*, Taxon der Spinnentiere (↗ Arachnida) mit etwa 40 bis 10 mm großen Arten, die in der Laubstreu tropischer Wälder Afrikas und Amerikas leben. Charakteristische Merkmale sind der *Cucullus*, ein beweglicher Anhang des Prosomas, der die Mundgliedmaßen in Ruhe wie eine Kapuze dorsal bedeckt (Name!) sowie die starke Sklerotisierung. Die R. laufen langsam auf drei Beinpaaren, das zweite, verlängerte Beinpaar dient zum Tasten und zum Fangen der Beute. Als Sinnesorgane besitzen sie Sinnesborsten und Spaltsinnesorgane. R. sind nachtaktiv, und obwohl keine Augen zu erkennen sind, reagieren sie auf Licht mit Totstellreflex, bei dem die Beine angezogen werden.

Ricinus, ↗ Rizinus.

Ricketts, *Howard Taylor*, amerikan. Pathologe, * 9.2.1871 Findlay (Ohio), † 3.5.1910 (an einer Typhusinfektion) Mexico City; ab 1902 Prof. an der University of Chicago. R. wurde vor allem bekannt durch die Erforschung des Rocky-Mountain-Fleckfiebers und identifizierte erstmals die nach ihm benannten ↗ Rickettsien. R. klärte als erster den Unterschied zwischen ↗ Fleckfieber und ↗ Typhus auf und entdeckte, dass der Erreger des klassischen Fleckfiebers (*Rickettsia prowazekii*) durch Kleiderläuse übertragen wird.

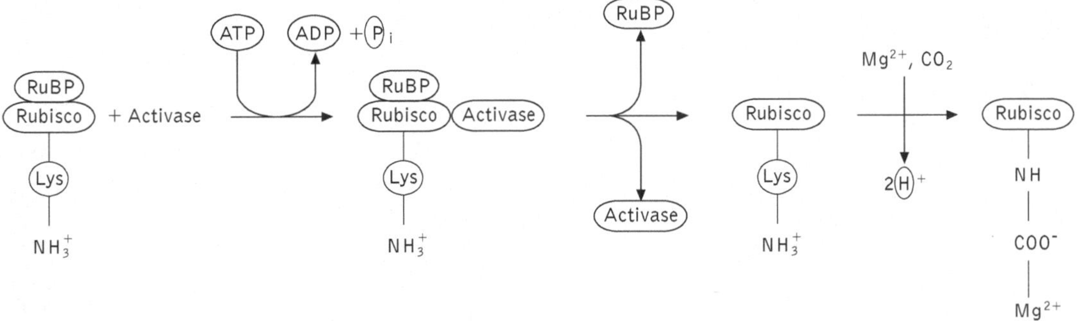

Ribulose-1,5-bisphosphat-Carboxylase/Oxygenase Aktivierung durch das Enzym Rubisco-Activase, das in einer ATP-abhängigen Reaktion die inaktive Rubisco aktiviert, sodass diese einer Carbamylierung zugänglich wird

Rickettsia, Gatt. der ↗ Rickettsien.

Rickettsiales, Ord. der α-Untergruppe der ↗ Proteobacteria, zu der nach neuer Systematik die Fam. Rickettsiaceae, Ehrlichiaceae und Holosporaceae gehören.

Rickettsien, kleine, gramnegative, kokken- oder stäbchenförmige Bakterien, die mit einer Ausnahme als obligat intrazelluläre Parasiten leben. Zu den R. gehören die Gatt. *Rickettsia* und *Orientia*. *Rickettsia rickettsii* ist der Erreger des Felsengebirgsfleckfiebers, *Rickettsia prowazekii* verursacht das epidemische ↗ Fleckfieber, *Rickettsia typhi* ruft ↗ Typhus hervor. Als Zwischenwirte der Erreger dienen u. a. Zecken, Läuse und Flöhe. Die meisten R. können Glutamat oder Glutamin oxidieren, jedoch nicht Glucose oder organische Säuren. Die meisten Nährstoffe erhalten sie von der Wirtszelle. Bisher konnten R. nicht ohne Wirtszellen kultiviert werden.

Riechen, ↗ Geruchssinn, ↗ Geruchsorgane, ↗ Nase.

Riechkolben, der ↗ Bulbus olfactorius.

Riechnerv, der ↗ Nervus olfactorius.

Riechorgane, die ↗ Geruchsorgane.

Riechsinn, der ↗ Geruchssinn.

Riedböcke, ↗ Reduncinae.

Riedgräser, *Sauergräser*, die Fam. ↗ Cyperaceae.

Riemenblumengewächse, die Fam. ↗ Loranthaceae.

Rieselfelder, veraltetes Verfahren zur ↗ Abwasserreinigung.

Riesenaktinie, tropische Art der ↗ Actiniaria.

Riesenbakterien, findet man innerhalb der ↗ Schwefelpurpurbakterien in den Gatt. *Chromatium*, *Thiomargarita* und *Thiospirillium*. Einige gehören zu den größten bekannten Bakterien, so z. B. *Chromatium okenii* mit 5 x 20 µm oder *Thiospirillium jenense* mit 3,5 x 50 µm, sowie *Thiomargarita namibiensis*, mit 750 µm Durchmesser das größte lebende Bakterium überhaupt.

Riesenchromosomen, die vor allem in den Speicheldrüsenzellen von Dipterenarten (z. B. Gatt. *Drosophila*, *Chironomus*) bis zu 250 µm langen und bis zu 10 µm dicken ↗ Chromosomen, bei denen sich die Anzahl der Chromatiden durch *Endomitose* vertausendfacht hat und homologe Strukturen in Längsrichtung aneinander liegen. Die Chromomere der einzelnen Chromatid-Fäden werden als typische Querbandenstruktur sichtbar (↗ Bänderungstechniken). Werden die Gene bestimmter Querbanden aktiv, kommt es durch Entwindung der DNA zu Auflockerungen der sonst kompakten Struktur, die als *Puffs* bezeichnet werden. Sie sind die Orte, an denen eine intensive Transkription erfolgt. Die Untersuchung von Riesenchromosomen gestattet auch, die lineare Anordnung von Genen zu bestätigen, Mutationen mikroskopisch sichtbar nachzuweisen und über Veränderungen des Bandenmusters evolutionäre Änderungen zu verfolgen.

Riesenfasern, *Kolossalfasern*, *Riesenaxone*, extrem schnell leitende, weil extrem dicke und synapsenarme Nervenfasern mit Erregungsleitungsgeschwindigkeiten von 10 - 20 m/s. R. finden sich insbesondere bei Ringelwürmern (↗ Annelida), Zehnfüßigen Krebsen (↗ Decapoda) und Tintenfischen (↗ Cephalopoda). Als ↗ afferente ebenso wie als ↗ efferente Fasern stehen sie vor allem im Dienst von Abwehr- und Fluchtverhalten.

Riesengleiter, die ↗ Dermoptera.

Riesenhaie, *Cetorhinus*, einzige Gatt. der Fam. Cetorhinidae mit nur einer Art, dem bis 15 m langen, sehr massigen *Riesenhai (Cetorhinus maximus)*. Mit kleinen Zähnen und einem Reusenapparat an den Innenseiten der Kiemenspalten sieht er wie der Walhai beim langsamen Schwimmen mit geöffnetem Maul Zooplankton aus dem durchströmenden Wasser. Er ist in allen Meeren außerhalb der Tropen verbreitet und für den Menschen nicht gefährlich.

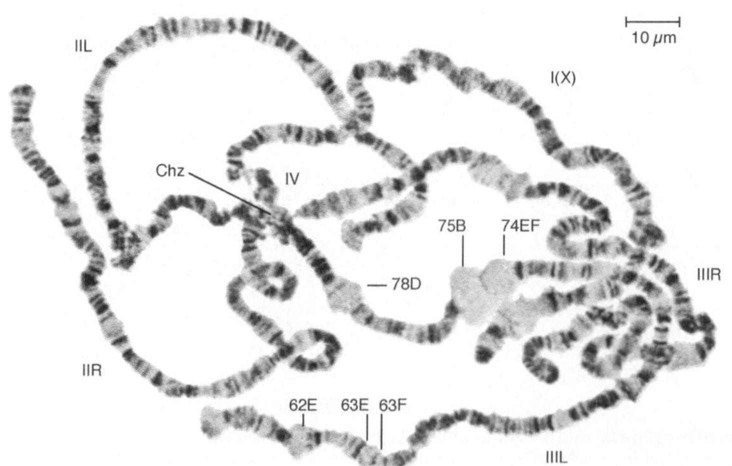

Riesenchromosomen Riesenchromosomen aus einem Speicheldrüsenzellkern des Weibchens von *Drosophila melanogaster*. Die Chromosomen sind mit ihren heterochromatischen Teilen in einem *Chromozentrum* (Chz) verklebt, sodass alle Chromosomen zu einem vielarmigen Gebilde vereinigt sind. Die Chromosomen sind nummeriert (I ist das X-Chromosom). Von II und III sind je ein rechter (R) und linker (L) Schenkel zu sehen. Die übrigen Bezeichnungen beziehen sich auf Querscheiben in *Puffbildung*

Riesenhirsch, ↗ Megaloceros.

Riesenholzwespe, Art der Pflanzenwespen (↗ Symphyta).

Riesenkalmar, größte Art der ↗ Decabrachia.

Riesenmuschel, tropische Art der ↗ Heterodonta.

Riesensalamander, die Fam. ↗ Cryptobranchidae.

Riesenschlangen, die Fam. ↗ Boidae.

Riesentang, *Macrocystis pyrifera*, Art der ↗ Laminariales, die in großen unterseeischen Wäldern an der pazifischen Küste Amerikas vorkommt. Der R. gehört zu den größten Algen und bildet einen bis zu 100 m langen Thallus (Abb. ↗ Phaeophyceae).

Riesenwuchs, 1) bei Pflanzen ↗ Gigaswuchs.

2) Bei tierischen Organismen kann Riesenwuchs zum einen durch Vergrößerung der Zellen infolge Polyploidisierung (↗ Polyploidie), Vermehrung der Zellzahl bei gleicher Zellgröße oder durch Vergrößerung der Zellen bei gleich bleibender Zellzahl und Chromosomenzahl vorkommen. Beim Menschen wird R. im Sinne eines pathologischen Phänomens (zu unterscheiden vom erblichen oder konstitutionellen Hochwuchs) vor allem durch Erkrankungen des Hypophysenvorderlappens (↗ Hypophyse) und damit verbundener verstärkter Produktion des Wachstumshormons (↗ somatotropes Hormon) verursacht. Tritt dies vor Abschluss der Körperentwicklung ein, kommt es zur Ausbildung extrem langer Gliedmaßen und Füße sowie eines übernormal langen Rumpfes. Bei Eintreten einer solchen Hypophysenerkrankung nach Abschluss der Körperentwicklung kommt es zur ↗ Akromegalie.

Vor allem bei Nutztieren wird R. teilweise durch gezielte Züchtung angestrebt.

Riesenzellen, allg. Sammelbegriff in *Biologie* und *Medizin* für eine Reihe heterogener, ungewöhnlich großer, meist hochpolyploider Zellen. a) bei manchen Weichtieren (z.B. *Aplysia*, ↗ Seehasen) bis zu 1 mm große Nervenzellen, die Ursprungszellen der Riesenfasern. b) *Megakaryocyten*, die Ursprungszellen der Blutplättchen (↗ Thrombocyten) im Knochenmark. c) ein- oder mehrkernige polyploide Bindegewebszellen, Histiocyten oder andere phagocytäre Zellen des ↗ retikulo-endothelialen Systems, wie sie durch Hemmung der Zellteilung aufgrund pathologischer Bedingungen entstehen, so die Fremdkörper-Riesenzellen an der Oberfläche enzymatisch unangreifbarer Partikel (z. B. Glassplitter) im Gewebe, die vielkernigen *Langhans'schen Riesenzellen* in tuberkulösen, syphilitischen oder leprösen Infektionsherden oder die *Sternberg'schen Riesenzellen* mit stark vergrößerten Kernen in lymphoretikulären Geschwülsten, wie der Lymphogranulomatose (Hodgkin-Lymphom) oder in den gutartigen Riesenzelltumoren.

Riff, ↗ Korallenriff.

Riffbarsche, die Fam. ↗ Pomacentridae.

Riffkorallen, die ↗ Madreporaria.

Rigor mortis, die ↗ Totenstarre.

Rinde, *Cortex*, 1) *Botanik*: im allg. Sprachgebrauch bei den Sprosspflanzen (↗ Kormophyten) Sammelbez. für die verschiedenartigen, peripher gelegenen Gewebeschichten von Sprossachse und Wurzel. Die *Pflanzenanatomie* unterscheidet zwischen *primärer* und *sekundärer* R. Erstere ist in der ↗ Sprossachse das parenchymatische Füllgewebe zwischen dem Leitbündelkranz und der ↗ Epidermis und in der ↗ Wurzel das Gewebe zwischen der ↗ Exodermis und dem ↗ Perizykel. Als sekundäre R. bezeichnet man das Gewebe, das beim sekundären ↗ Dickenwachstum vom ↗ Kambium nach außen abgegeben wird.

2) *Zoologie*: in der Anatomie der Tiere und des Menschen Bez. für die äußere, vom Mark sich unterscheidende Schicht bestimmter Organe, z. B. des Gehirns oder der Niere.

Rindenfelder, *Hirnrindenfelder*, *Projektionsfelder*, Areale des Neocortex (↗ Gehirn), die sich zum einen durch den Aufbau der einzelnen Schichten unterscheiden, sodass eine Art Landkarte der Rindenfelder erstellt werden kann. Die einzelnen Gehirnareale können zum anderen aber auch aufgrund funktioneller Kriterien unterschieden werden, die dann meist als Projektionsfelder bezeichnet werden. Diese mit verschiedenen Leistungen korrelierten Felder sind die Zielorte der aufsteigenden nervösen Bahnen. Im Bereich der

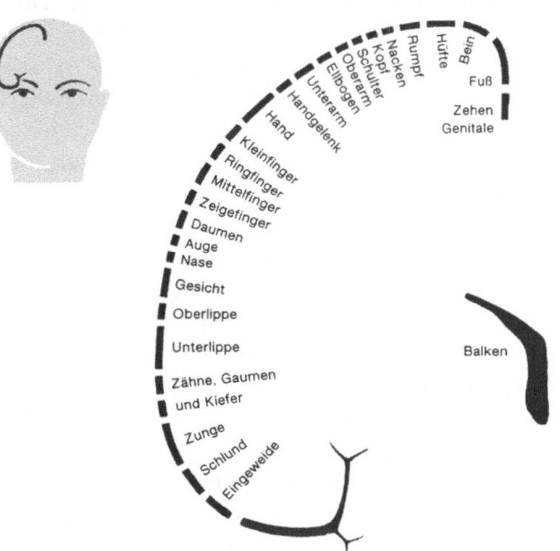

Rindenfelder Jeder Körperregion ist im Gehirn ein ganz bestimmter mechanosensorischer Bereich der Hirnrinde zugeordnet. Je dichter die Rezeptoren in einem Körperareal liegen, um so umfangreicher ist die entsprechende Auswertregion. Eine große Rezeptordichte und damit ein hohes (räumliches) Auflösungsvermögen für Reize weisen z. B. Lippen und Fingerbeeren auf. Die Abb. zeigt, an welchen Stellen des Gehirns die verschiedenen Körperareale repräsentiert sind

vorderen Zentralwindung (Gyrus praecentralis) liegt das *primäre motorische Rindenfeld*, das für die Steuerung der willkürlichen Muskelbewegungen verantwortlich ist; daran schließt sich im Gebiet der hinteren Zentralwindung (Gyrus postcentralis) das *somatosensorische Rindenfeld* an, in dem alle Informationen zusammenkommen, die von den Sinnesorganen in der Haut, den Knochen, den Gelenken und in den Muskeln stammen und über die Projektionskerne des Thalamus zum Großhirn gelangen. Den primären Projektionsfeldern, zu denen außerdem das *primäre Hörzentrum* (im Schläfenlappen), das *primäre optische Zentrum* (im Hinterhauptslappen) und das *Riechzentrum* (im Stirnlappen) zählen, ist gemeinsam, dass eine direkte Projektion von peripheren Körperbereichen auf die Hirnareale erfolgt. Jedem Körperteil kann ein bestimmtes Areal der Projektionsfelder zugeordnet werden; so ziehen z. B. die Erregungen von Temperatur-, Tast- und Schmerzrezeptoren von einem ↗ Dermatom stets zu denselben corticalen Arealen. Beiderseits der primären Projektionsfelder schließen sich die Gebiete „höherer" Funktionen an, die *Assoziationsfelder* (z. T. auch sekundäre Projektionsfelder genannt), die keine direkte Verbindung zu den einzelnen Muskelgruppen oder Hautsegmenten besitzen und ihre Informationen von den primären Projektionsfeldern und den Assoziationskernen des Thalamus erhalten. Der Anteil der Assoziationsfelder ist bei Primaten, insbesondere beim Menschen, bedeutend größer als bei anderen Säugetieren. Verletzungen der Assoziationsfelder führen zu schweren Störungen der Sinnesfunktionen. So tritt trotz intakten Sehvermögens bei Zerstörung des Feldes eine Unfähigkeit zum Erkennen von Gegenständen auf, obwohl Hindernissen ausgewichen wird oder Gegenstände ergriffen werden können.

Rindenparenchym, pflanzliches Grundgewebe der primären ↗ Rinde, das zum einen als Assimilationsgewebe dient, zum anderen als Festigungsgewebe, das den Sprossen Stand- und Biegefestigkeit verleiht.

Rindenrotation, Bez. für das Phänomen, dass die Eirindenschicht des Amphibieneies unmittelbar nach der Befruchtung zu der Stelle hin rotiert, an der das Spermium eingedrungen ist.

Rinder, *Bovinae*, zu den Hornträgern (↗ Bovidae) gehörende Unterfamilie mit vier Gatt.: Asiatische Büffel (*Bubalus*), afrikan. Büffel oder Kaffernbüffel (*Syncerus*), Eigentliche Rinder (*Bos*) und Bisons oder Wisente (↗ Bison). R. haben einen plumpen Körperbau, einen breiten Kopf, der bei beiden Geschlechtern Hörner trägt und ein unbehaartes und stets feuchtes „Flotzmaul". Das Fell ist meist kurzhaarig und anliegend, der Schwanz besitzt eine Endquaste. R. sind Herdentiere, die in sehr unterschiedlichen Lebensräumen (z. B. Wälder, Grassteppen, Gebirge – sofern Wasser vorhanden ist) existieren können und ihr Wohngebiet weder verteidigen noch markieren. Sie sind reine Pflanzenfresser, die wiederkäuen (↗ Ruminantia, ↗ Pansensymbiose). Geruchssinn und Gehör sind leistungsstark, das Sehvermögen ist weniger ausgeprägt. Die R. sind eine stammesgeschichtlich vergleichsweise junge Tiergruppe mit Hauptentfaltung während der Eiszeiten. Wildrinder leben heute noch in ihrer Urheimat Asien und in Afrika; in Europa und in Nordamerika wurden sie in historischer Zeit nahezu ausgerottet. Weltweit verbreitet sind heute ihre von Menschen in den Hausstand überführten Nachfahren. Das in vielen Rassen gezüchtete Hausrind (*Bos primigenius taurus*; Schulterhöhe 120 bis 135 cm, Körpergewicht 400 - 700 kg), eines der ältesten ↗ Haustiere des Menschen, stammt vom *Auerochsen* oder Ur (*Bos [Bos] primigenius*) ab, einem ausgerotteten Wildrind, das ursprünglich aus Indien stammt (seit dem Tertiär nachgewiesen) und in Deutschland erst seit 250000 Jahren durch Skelettfunde belegt ist.

Die ursprünglichsten und mit Schulterhöhen von etwa 70 und 86 cm kleinsten der heute lebenden Wildrinder sind die zwei zur Gattung *Bubalus* gehörenden Arten der *Gemsbüffel* oder *Anoa* (Untergatt. *Anoa*) auf Sulawesi. Zur zweiten asiatischen Untergatt. (*Bubalus*) gehört der deutlich kräftigere *Wasserbüffel* oder *Arni* (*Bubalus [Bubalus]arnee*), die Stammform des Hausbüffels; er kommt in kleinen Beständen noch in vorderindischen Sumpfgebieten vor. Der Afrikan. Büffel oder Kaffernbüffel (*Syncerus caffer*) ist südlich der Sahara einer der verbreitetsten Paarhufer. Im Unterschied zu den asiatischen Büffeln wurde der Kaffernbüffel bis heute nicht domestiziert. Er kommt in zwei Unterarten vor, die sich in Körperbau und Fellfarbe deutlich unterscheiden, aber miteinander kreuzbar sind. Charakteristisch für den Eigentlichen *Kaffernbüffel* oder *Schwarzbüffel* (*Syncerus caffer caffer*) ist der massive Stirnhelm, der durch die beiden miteinander verschmolzenen Hornansätze gebildet wird.

Die weitaus formenreichste Gatt. der R. bilden die Eigentlichen Rinder (*Bos*). Es werden vier Untergatt. unterschieden: *Bos* mit dem Auerochsen oder Ur, die Stirnrinder (*Bibos*) mit dem in Südostasien beheimateten *Gaur* (*Bos [Bibos] gaurus*), dem mit bis zu 2 m Schulterhöhe gewaltigsten Wildrind und dem wesentlich kleineren Banteng (*Bos [Bibos] javanicus*), der in kleinen verstreuten Beständen auf den Inseln des Malaiischen Archipels und in Nordaustralien (vermutlich verwilderte Haustierformen) vorkommt. Die domestizierte Form des Gaur ist der *Gayal* (*Bos [Bibos] gaurus frontalis*). Beide Arten sind in ihren Beständen stark bedroht.

Die dritte Untergatt. ist *Novibos*, mit dem bis 1,9 m schulterhohen, ursprünglich in Südostasien verbreiteten und heute fast ausgerotteten *Kouprey (Bos [Novibos] sauveli)*. Einziger noch lebender Vertreter der Untergatt. *Poephagus* ist der bis über 2 m schulterhohe *Yak (Bos [Poephagus] mutus)*, der in Restbeständen in den Hochsteppen Tibets in bis 4700 m Höhe vorkommt. Auch der Yak ist vom Aussterben bedroht. Alle Arten der Eigentlichen Rinder sind Stammformen von Hausrindern.

Rinderbandwurm, ↗ Taenia.

Rinderwahnsinn, umgangssprachliche Bez. für die ↗ Bovine Spongiforme Encephalopathie.

Ringelblume, *Calendula officinalis*, zur Fam. der ↗ Asteraceae gehörende einjährige Pflanzenart aus dem Mittelmeergebiet. Aus R. gewonnene Salbe wird als Mittel gegen schwer heilende Wunden und Geschwüre verwendet.

Ringelgans, Art der ↗ Meergänse.

Ringelnatter, *Natrix natrix*, bis 1,5 m lange, in fast ganz Europa, Nordwestafrika und Westasien beheimatete Art der Nattern (↗ Colubridae), die bevorzugt feuchtes, sumpfiges, dicht bewachsenes Gelände bewohnt. Oberseits dunkel- bis graublau, auch grünlich oder olivbraun gefärbt, oft mit 4 - 6 Längsreihen kleiner schwarzer Flecken; unterseits weißlich mit undeutlichem, dunklem Schachbrettmuster; Kopf oval, Pupille rund; Hinterkopf jederseits mit meist deutlich gelblich-weißem, halbmondförmigem, schwarz begrenztem Fleck, die Rückenschuppen sind gekielt. Die Beute (Frösche, Molche, kleine Fische) wird gewöhnlich lebend verschlungen. R. sind tagaktiv, lebhaft und schwimmen und tauchen ausgezeichnet (sie können bis zu 20 Minuten unter Wasser bleiben). Sie züngeln und zischen bei Gefahr und entleeren dabei Stinkdrüsen am After, beißen jedoch selten zu. R. sind nach der ↗ Roten Liste gefährdet.

Ringeltaube, ↗ Columbiformes.

Ringelwürmer, die ↗ Annelida.

Ringgefäß, ↗ Xylem.

Rippen, ↗ Brustkorb.

Rippenquallen, die ↗ Ctenophora.

Rispe, entwicklungsgeschichtlich ältester Typ eines zusammengesetzten ↗ Blütenstandes, dessen Äste jeweils eine Endblüte besitzen.

Rispenhirse, *Panicum miliaceum*, in Zentralasien beheimatete Getreideart (↗ Poaceae). Das bis zu 120 cm hohe Gras besitzt breite Blätter und bildet lockere oder kompakte Rispen. Früher wurde die R. bei uns als „Brot des armen Mannes" angebaut. R. gehört zu den ↗ C_4-Pflanzen. (↗ Hirsen)

Ritterfalter, die Fam. ↗ Papilionidae.

Rittersporn, *Delphinium*, Gatt. der ↗ Ranunculaceae mit ca. 400 Arten. Als Ackerunkraut und Zierpflanze verbreitet.

Ritualisierung, stammesgeschichtliche Umwandlung eines Verhaltens in symbolhafte Handlungen mit Signalcharakter. Stereotype, häufig im Ablauf vereinfachte Handlungen werden z. T. mehrfach wiederholt und typische Elemente betont. Sie dienen, aus ihrem ursprünglichen Kontext herausgelöst, als ↗ Auslöser im sozialen Kontakt und rufen bei den Artgenossen bestimmte Verhaltensweisen hervor. R. findet man besonders häufig im Bereich der ↗ Balz, der innerartlichen ↗ Aggression (↗ Kommentkampf), des Komfortverhaltens (↗ Putzen) und der Nahrungsaufnahme.

Riva-Rocci, *Scipione*, ital. Kinderarzt und Internist, * 7.8.1863 Almese (bei Turin), † 15.3.1937 Rapallo; ab 1908 Prof. in Pavia. R.-R. entwickelte 1896 ein Blutdruckmessgerät (*Riva-Rocci-Apparat*) mit aufblasbarer Druckmanschette und Quecksilbermanometer zur indirekten (unblutigen) Messung des arteriellen Blutdrucks – eine Methode, die noch heute angewandt wird.

Rizinus, *Ricinus communis*, Art der ↗ Euphorbiaceae. Wächst weltweit als bis zu 3 m hohe krautige Pflanze. Die medizinisch genutzte abführende Wirkung des aus den Samen gewonnenen Öls (*Rizinusöl*) beruht auf der *Ricinolsäure*.

RNA, Akronym für engl. *ribonucleic acids* (↗ Ribonucleinsäuren).

RNA-Editing, die Prozesse, die sich an die ↗ Prozessierung von Ribonucleinsäuren anschließen und den Einbau neuer, das Entfernen oder die Veränderung vorhandener Nucleotide umfassen können. R. - E. wurde erst 1986 im Zusammenhang mit der Erforschung der Mitochondriengene und deren Expression beim parasitischen Einzeller und Erreger der Schlafkrankheit *Trypanosoma brucei* untersucht. An mehreren Stellen der prozessierten

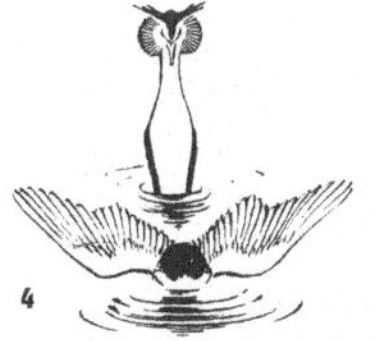

Ritualisierung Paarungsrituale des Haubentauchers *(Podiceps cristatus)*. Ausschnitt aus einer Handlungskette. **1** Das Männchen präsentiert die Flügel vor dem Weibchen, **2** taucht anschließend unter und richtet sich auf; **3** Männchen und Weibchen schütteln die Köpfe; **4** das Weibchen breitet vor dem aufgerichteten Männchen die Flügel aus; **5** Tanzen der beiden Partner mit Auftauchen, Aufrichten und Berühren; dazu werden Wasserpflanzen präsentiert

mRNA wurden zusätzlich Uridin-Nucleotide nachgewiesen. Das inzwischen auch bei anderen Organismen einschl. Säugetieren nachgewiesene Phänomen ist in seinen Zusammenhängen noch nicht umfassend untersucht. Untersuchungen, die DNA-Sequenzen von Genen mit den Sequenzen von editierten mRNAs vergleichen, kommen zu dem Ergebnis, dass häufig die erste oder zweite Position eines Codons nachträglich mittels R. - E. verändert wurde, sodass es zu Aminosäureaustauschen oder Veränderungen der Länge des Leserasters kommt. Diese Ereignisse haben einen direkten Einfluss auf die Beschaffenheit der Proteine, sodass unabhängig von der Diversität der genetischen Information der hohe Grad der Konservierung auf Proteinebene erhalten werden kann.

RNA-Polymerasen, *DNA-abhängige RNA-Polymerasen*, eine Gruppe von aus mehreren Untereinheiten bestehenden Enzymen, die bei Prokaryoten und Eukaryoten an der Synthese von ↗ Ribonucleinsäuren beteiligt sind (↗ Transkription). Während bei Prokaryoten alle drei Klassen von RNA-Molekülen von derselben RNA-P. synthetisiert werden, existieren drei unterschiedliche RNA-P. für die Transkription eukaryotischer Gene, die für mRNAs, rRNAs und tRNAs codieren. Sie sind in Abhängigkeit ihrer Funktion im Nucleus lokalisiert: Die *RNA-P. I* befindet sich im ↗ Nucleolus und syn-

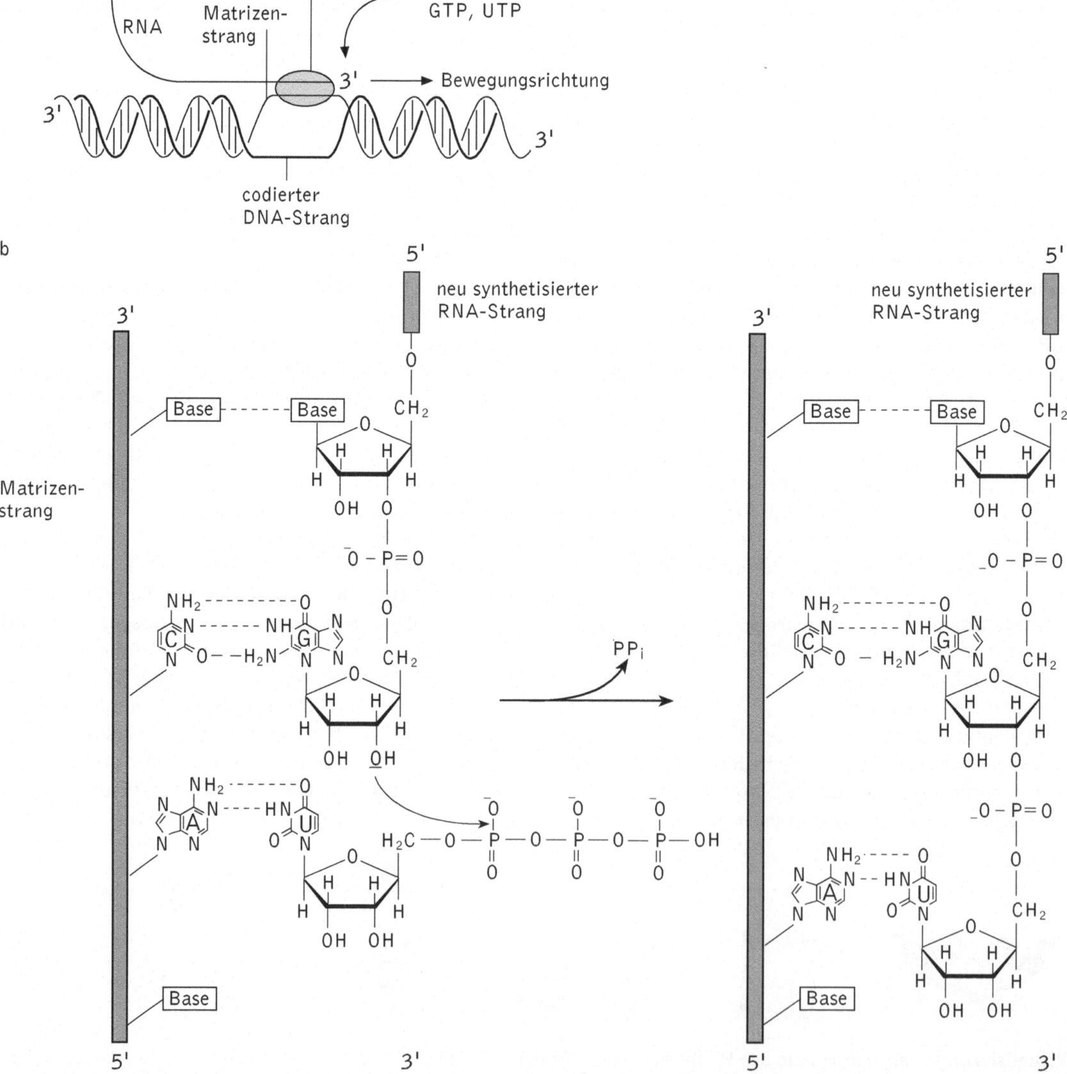

RNA-Polymerasen a Übersicht der durch RNA-Polymerasen katalysierten Transkription. b Einbau eines Ribonucleotids in 5′ - 3′ - Richtung

thetisiert rRNAs, die *RNA-P. II* und *RNA-P. III* sind im ↗ Nucleoplasma lokalisiert und für die Synthese von mRNAs bzw. tRNAs verantwortlich.

Die enzymatische Aktivität der RNA-P. folgt in ihrem Grundtypus derjenigen von ↗ DNA-Polymerasen und umfasst wie die ↗ Replikation Phasen der Initiation, Elongation und Termination. Im Gegensatz zu DNA-Polymerasen benötigen RNA-P. keinen ↗ Primer als Startpunkt; die Transkription kann somit *de novo* am *Matrizenstrang* beginnen. Aufgrund der geringen Halbwertzeit ihrer Syntheseprodukte fehlt den RNA-P. die Fähigkeit, Fehler zu beheben (*Proofreading*). Die Synthese der RNA-Moleküle erfolgt in 5' - 3' - Richtung, wobei RNA-P. den Einbau von *Ribonucleotiden* (↗ Nucleotide), die zum Matrizenstrang der DNA komplementär sind, unter Bildung von Phosphodiesterbrücken katalysieren. Diese entstehen durch den nucleophilen Angriff der 3' - OH - Gruppe des zuletzt eingebauten Monomers auf den α-Phosphatrest des eintretenden Ribonucleotidphosphats unter Freisetzung von Pyrophosphat. – Neben den DNA-abhängigen RNA-P. existiert mit der ↗ Reversen Transkriptase auch eine RNA-abhängige RNA-Polymerase.

RNA-Prozessierung, ↗ Prozessierung.

RNasen, die Abk. für ↗ Ribonucleasen.

RNS, die anstelle von RNA nur noch gelegentlich verwendete Abkürzung für die ↗ Ribonucleinsäuren.

Robben, *Pinnipedia*, Unterord. der Raubtiere (↗ Carnivora), die als „Wasserraubtiere" den Landraubtieren gegenübergestellt werden. Zu den R. gehören insgesamt drei Fam., die Ohrenrobben (↗ Otariidae), die Walrosse (↗ Odobenidae) und die Seehunde oder Hundsrobben (↗ Phocidae).

Roberts, *Richard John*, engl. Chemiker, ✳ 6.9.1943 Derby; ab 1972 am Cold Spring Harbor Laboratory in New York, seit 1992 Direktor der Forschungsabteilung der New England Biolabs in Beverly (Massachusetts). R. erhielt 1993 zusammen mit P.A. ↗ Sharp den Nobelpreis für Physiologie oder Medizin für die 1977 gemachte Entdeckung der mosaikartig aus Intronen und Exonen aufgebauten Gene.

Robertson-Translokation, *Robertson-Fusion*, die Verschmelzung von zwei akrozentrischen Chromosomen (d. h. mit endständigem Centromer) zu einem Chromosom mit metazentrischem Centromer. Dieser Prozess ist für die Evolution der Säugetiere typisch, wurde aber auch bei anderen Tiergruppen und bei Pflanzen beobachtet.

Robinie, *Scheinakazie*, *Robinia*, Gatt. der ↗ Fabaceae mit ca. 20 Arten. Ursprünglich in Nordamerika verbreitet, wurde sie in Europa angepflanzt und eingebürgert. R. sind schnell wachsend und gegenüber Umweltgiften relativ unempfindlich.

Roccella, Gatt. der Flechten (↗ Lichenes), von denen einige Arten den Lackmus-Farbstoff liefern. Sie kommen an den Felsküsten des Mittelmeeres und des tropischen Afrikas und Südamerikas vor.

Rochen, die ↗ Batidoidimorpha.

Rodbell, *Martin*, amerikan. Biochemiker, ✳ 1.12.1925 Baltimore; 1967-1968 Prof. und Direktor des Instituts für klinische Biochemie in Genf, 1970-85 am National Institute of Arthritis, Metabolism, Digestive und Diseases (NI-AMDD) in Bethesda (Maryland), ab 1985 wissenschaftlicher Direktor am National Institute of Environmental Health Sciences in der Nähe von Durham (North Carolina). R. erhielt 1994 zusammen mit A.G. Gilman (✳ 1941) den Nobelpreis für Physiologie oder Medizin für den Nachweis der Beteiligung von ↗ G-Proteinen an der ↗ Signaltransduktion und deren Bedeutung bei der Entstehung von Krebs u. a. Krankheiten.

Rodentia, *Nagetiere*, Ord. der Säugetiere (↗ Mammalia) mit insgesamt etwa 1700 Arten, deren Untergliederung in höhere Taxa nicht einheitlich erfolgt. Charakteristisches Kennzeichen der R. sind je ein Paar vergrößerte, ständig wachsende Schneidezähne in Ober- und Unterkiefer. Die Schneidezähne erhalten ihre typische Meißelform dadurch, dass nur die Vorderseite von einer harten Schmelzschicht überzogen ist, während die Hinterseite aus weicherem Zahnbein besteht, das bei Gebrauch der Zähne abgerieben wird. Sie füllen den größten Teil des Kieferskeletts aus und sind fest im Knochen verankert. Eckzähne sind nicht vorhanden, zwischen Schneidezähnen und Backenzähnen befindet sich eine lange Zahnlücke. Der Kauapparat ist mit einer sehr starken Kaumuskulatur ausgestattet. Die Kaubewegungen des Kiefers erfolgen meist in Richtung von vorne nach hinten und umgekehrt, wobei nicht gleichzeitig genagt und gekaut wird. Die Nahrung ist überwiegend pflanzlich, kann aber auch aus Insekten u. a. Wirbellosen, Fischen oder Aas bestehen. Bei einer Reihe von Arten kommt Caecotrophie (↗ Koprophagie) vor.

Nagetiere sind, je nach Art, tag-, dämmerungs- oder nachtaktiv. Sie sind meist sehr gesellig, es gibt aber auch einzeln lebende Arten. Sie sind, außer in der Antarktis und auf einigen Inseln, weltweit verbreitet und bewohnen alle Lebensräume. Außer aktivem Flug finden sich bei den R. alle von Säugetieren bekannten Formen der Fortbewegung.

Zu den Nagetieren gehören u. a. folgende Fam.: Dornschwanzhörnchen (↗ Anomaluridae), Wühlmäuse (↗ Arvicolidae), Biber (↗ Castoridae), Meerschweinchen (↗ Caviidae), Hasenmäuse oder Chinchillas (↗ Chinchillidae), Wühler (↗ Cricetidae), Agutis (↗ Dasyproctidae), Springmäuse (↗ Dipodidae), Bilche oder Schläfer (↗ Gliridae),

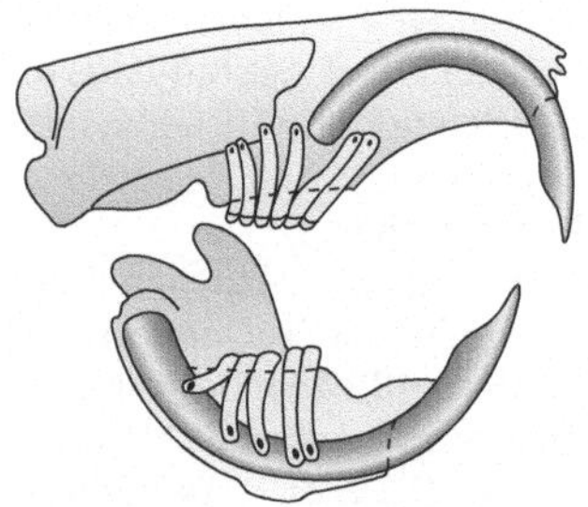 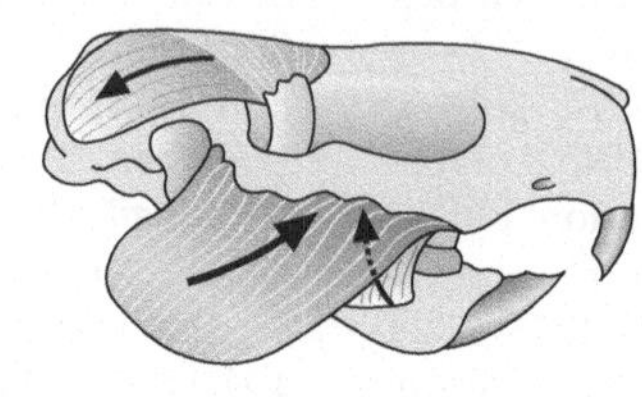

Rodentia Links eine schematische Darstellung des Gebisses, das das Schlüsselmerkmal der Nagetiere ist. Im Ober- und Unterkiefer befinden sich vorne je ein Paar langer, gebogener und meißelförmiger Schneidezähne, die zeitlebens nachwachsen. Sie füllen den größten Teil des Kieferskeletts aus und sind dadurch fest im Knochen verankert. Rechts Schema des Kauapparats der Rodentia. Insbesondere der Kaumuskel (Musculus masseter) ist stark entwickelt. Er verleiht dem Nagergesicht das typische „pausbackige" Aussehen. Die Pfeile zeigen den Verlauf der Muskelfasern vom Ursprung zum Ansatz (verändert nach Grzimeks Enzyklopädie Säugetiere, Bd. 3, 1997)

Wasserschweine (↗ Hydrochaeridae), Stachelschweine (↗ Hystricidae), Echte Mäuse (↗ Muridae), Hüpfmäuse (↗ Zapodidae).

Rodung, die Beseitigung von Vegetation (meist Wald), um landwirtschaftlich nutzbares Land oder Siedlungsfläche zu gewinnen. Dabei werden auch die Baumstümpfe entfernt.

Bei der *Brand-R.* wird die Vegetation verbrannt, die Baumstümpfe werden jedoch im Boden gelassen (der Wortbestandteil Rodung ist hier also irreführend). Die Brand-R. wird heute in großem Umfang in der Zone der periodisch Laub abwerfenden Regen- und Trockenwälder der Tropen und Subtropen durchgeführt. Anders als beim traditionellen Wanderfeldbau kommt es bei der Brand-R. zur Verdrängung der ursprünglichen Arten, zu Artenverarmung und Nährstoffverlusten durch ↗ Erosion. Aufgrund der ungünstigen Bodeneigenschaften müssen die neu geschaffenen Nutzflächen nach wenigen Jahren aufgegeben werden und durch neue Brandrodungsflächen ersetzt werden. Auf den Brachflächen breiten sich unproduktive Grasland-Gesellschaften aus. Ein weiterer negativer Effekt der Brand-R. ist der massive CO_2-Ausstoß, der den ↗ Treibhauseffekt begünstigt.

Roggen, *Secale cereale*, ein Ährengras (↗ Poaceae), das hauptsächlich als Brotgetreide verwendet wird. Die Pflanzen können 1,5 - 2 m hoch werden und haben 8 - 16 cm lange Ähren. R. gedeiht auch noch auf nährstoffarmen sandigen Böden und wird vermutlich schon seit etwa 700 v. Chr. in Mitteleuropa angebaut. Annähernd die Hälfte der Roggenerträge findet als Viehfutter Verwendung. Wichtiger Parasit des Roggens ist der zu den ↗ Ascomycetes gehörende ↗ Mutterkornpilz.

Rohhumus, ↗ Humus.

Rohöl, das ↗ Erdöl.

Rohr, das ↗ Röhricht.

Rohrammer, Art der Ammern (↗ Emberizidae).

Röhrchenzähner, die ↗ Tubulidentata.

Rohrdommel, Art der Fam. ↗ Ardeidae.

Röhrenblüte, Blütenkronblätter, die zu einer Röhre verwachsen sind. (↗ Blüte, ↗ Asteraceae)

Röhrenknochen, ↗ Knochen.

Röhrennasen, die ↗ Procellariiformes.

Röhricht, *Rohr*, vorwiegend aus Schilf (*Phragmites australis*) und Rohrkolben (*Typha*) bestehende Pflanzenformation der Uferregion von ↗ Seen.

Rohrkolbenhirse, die ↗ Perlhirse.

Röhrlinge, den ↗ Boletales zugeordnete Pilze, deren Fruchtschicht ein Röhrenhymenophor ist. Die Fruchtkörper sind kurzlebig und verfärben sich beim Anschneiden oft blau. Die Blaufärbung wird durch in den Pilzen enthaltene Pulvinsäurederivate in Anwesenheit von Oxidasen bedingt. Zu den R. gehört u. a. der ↗ Steinpilz.

Rohrsänger, *Acrocephalus*, Gattung der Grasmücken (↗ Sylviidae) mit 18 bis 20 cm langen Arten in der Alten Welt. Sie bewohnen Schilf und feuchte Wiesen und bauen ein meist napfförmiges Nest, das zwischen mehreren Schilfhalmen befestigt ist. Rohrsänger sind unauffällig braun gefärbt, mit heller Unterseite. Viele Arten sind am besten an ihrem schnarrenden, wetzenden Gesang zu erkennen. Sie ernähren sich von Insekten und sind Zugvögel. Mit 19 cm größte einheimische Art ist der *Drosselrohrsänger* (*Acrocephalus arundinaceus*); er benötigt großflächige Schilfbestände und ist nach der Roten Liste stark gefährdet. Sehr ähnlich, mit 13 cm aber kleiner, ist der *Teichrohrsänger* (*Acrocephalus scirpaceus*), der mit kleineren Schilfflächen, auch als Ufersaum von Fließgewässern, auskommt. Der ebenfalls sehr ähnlich aussehende *Sumpfrohrsänger* (*Acrocephalus palustris*) brütet auch in Getreidefeldern und Brennesselstauden; er ist der häufigste Rohrsänger in Mitteleuropa. Sein Gesang ist eine Aneinanderreihung von Imitationen der Gesänge anderer Vogelarten, unterbrochen von für ihn typischen Schmatzlauten. Der als gefährdet eingestufte *Schilfrohrsänger* (*Acrocephalus schoenobaenus*) ist durch einen gestreiften Rücken und einen hellen Überaugenstreif gekennzeichnet.

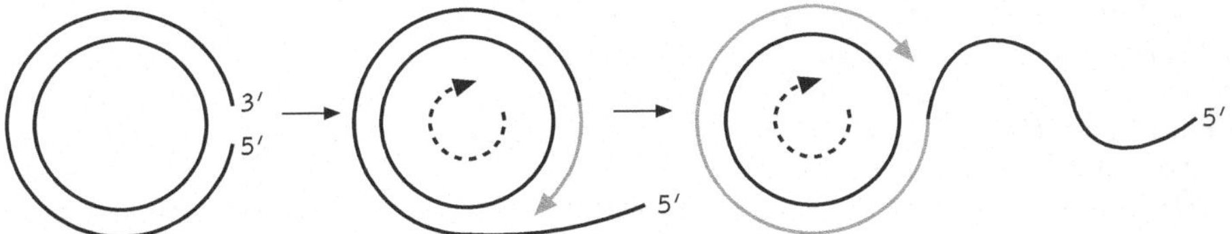

Rollender-Ring-Replikation   Bei dieser asymmetrischen Replikation wird ein Replikon vervielfältigt. Nach einem Einzelstrangbruch im Außenstrang beginnt die DNA-Polymerase am 3′-OH-Ende des offenen Strangs mit der Elongation. Der Innenstrang dient als Matrize. Die neu synthetisierte DNA verdrängt den ursprünglichen Außenstrang, sodass der Innenstrang mehrfach als Matrize dienen kann. Die entstehende lineare Einzelstrang-DNA besteht schließlich aus mehreren Kopien des Außenstrangs und geht wie der Bogen eines Sigmas vom Ring ab (σ-Replikation)

Rohrzucker, die ↗ Saccharose.

Rohstoffe, natürliche Stoffe, die als Ausgangsstoffe in der gewerblich-industriellen Produktion gebraucht werden. Hierzu gehören mineralische R. (z. B. Eisenerze), pflanzliche R. (z. B. Baumwolle, Holz) und fossile R. (z. B. Erdöl, Kohle).

Rollender-Ring-Replikation, *rolling circle-replikation*, eine Form der DNA-Replikation bei ringförmigen DNA-Molekülen wie z. B. Plasmiden oder bestimmter viraler DNA (z. B. Bakteriophage Lambda). Hierzu wird der äußere der beiden DNA-Stränge zunächst enzymatisch aufgeschnitten, das nun freie 3′-OH-Ende dient als Primer für die Synthese des inneren Stranges. Bei diesem Prozess rotiert die ringförmige DNA. Am entstehenden Einzelstrang wird der komplementäre Strang zunächst als *Okazaki-Fragmente* synthetisiert. Während bei der Konjugation von Bakterien, von Plasmiden in den Empfängerzellen und bei einer Reihe von Viren jeweils nur Einzelkopien entstehen, erfolgt beim Phagen Lambda mit Hilfe der R.-R.-R. zunächst die Synthese langer linearer DNA-Stränge (*Concatemere*), die erst bei der Verpackung der DNA in die Phagenköpfe in einzelne Phagengenome zerfallen. (↗ Replikation)

Rollnerv, der ↗ Nervus trochlearis. (↗ Hirnnerven)

ROS, Abk. für ↗ reaktive Sauerstoffspezies.

Rosaceae, *Rosengewächse*, Fam. der ↗ Rosales mit ca. 3100 Arten, die weltweit verbreitet sind, ihren Verbreitungsschwerpunkt aber in den gemäßigten Gebieten der Nordhalbkugel haben. Es sind Kräuter, Stauden oder Holzpflanzen mit wechselständigen (↗ Blattstellung) einfachen oder gefiederten Blättern, meist mit Nebenblättern. Die Blütenkrone der zwittrigen Blüten (↗ Zwitterblüte) ist radiär aufgebaut und meist fünfzählig. Häufig ist statt der ursprünglich fünf Staubblätter ein Vielfaches davon vorhanden. Die Blüte kann einen oder auch mehrere ↗ Fruchtknoten enthalten, alle Übergänge von ober- zu unterständig sind dabei in der Fam. vorhanden. Zu den R. gehören zahlreiche Nutz- und Zierpflanzen. Man unterteilt je nach Art

Rosaceae a Zwergmispel (*Cotoneaster integerrima*), fruchtender Zweig; b Japanische Zierquitte (*Cydonia japonica* = *Chaenomeles japonica*), blühender Zweig und Frucht; c Birnenquitte (*Cydonia oblonga*), Blüten und Frucht; d Waldgeißbart (*Aruncus dioicus*): links männlicher Blütenzweig und Einzelblüte, rechts oben weiblicher Blütenzweig und Einzelblüte, rechts unten Zweig mit Früchten und Einzelfrucht

der Fruchtbildung vier Unterfamilien: Die *Spiraeoideae* mit der häufig als Ziersträucher angebauten Gatt. *Spiraea* (Spierstrauch) sind gekennzeichnet durch vielsamige Balgfrüchte (↗ Frucht). Bei den *Rosoideae* findet man einsamige Nüsschen, wie z. B. bei der Gatt. *Potentilla* (Fingerkraut, Blutwurz), Sammelnussfrüchte bei der Gatt. *Rosa* in Form von Hagebutten, oder der ↗ Erdbeere (Gatt. *Fragaria*). Als Sammelsteinfrucht bezeichnet man die Früchte der ↗ Himbeere (*Rubus idaeus*) und ↗ Brombeere (*Rubus fructiosus*). Bei den Früchten der als Kernobstgewächse bezeichneten Unterfam. *Maloideae* handelt es sich entweder um Apfelfrüchte mit pergamentartigen Fruchtblättern wie z. B. beim ↗ Apfelbaum (*Malus domestica*), dem ↗ Birnbaum (*Pyrus communis*), der ↗ Quitte (*Cydonia oblongata*) oder der ↗ Eberesche (*Sorbus aucuparia*) oder um einen vom fleischigen Blütenboden umgebenen Steinkern wie beim ↗ Weißdorn (Gatt. *Crataegus*) oder der ↗ Mispel (*Mespilus germanica*). Die vierte Unterfam. ist diejenige der *Prunoideae* mit i. d. R. einsamigen Steinfrüchten. Hierzu zählen in der Gatt. *Prunus* die Süß-Kirsche (*Prunus avium*, ↗ Kirsche), die Sauer-Kirsche (*Prunus cerasus*), die ↗ Pflaume (*Prunus spinosa*), die ↗ Aprikose (*Prunus armeniaca*), der ↗ Pfirsich (*Prunus persica*), die ↗ Mandel (*Prunus amygdalus*) und die ↗ Schlehe (*Prunus spinosa*). Neben der wirtschaftlichen Nutzung als Obstlieferanten finden einige R. auch in der Heilkunde Anwendung, so z. B. der ↗ Frauenmantel (*Alchemilla vulgaris*), die ↗ Blutwurz (*Potentilla erecta*), das Mädesüß (*Filipendula ulmaria*) oder der ↗ Weißdorn (Gatt. *Crataegus*).

Rosales, zur Unterklasse der Rosidae zählende Ord. der *Rosengewächse* mit der einzigen Fam. ↗ Rosaceae. Kennzeichnend ist, dass das Endosperm bei dieser Ord. bis zur Samenreife abgebaut wird. Unter den R. findet man zahlreiche Nutz- und Zierpflanzen. Die R. zeigen eindrucksvoll die Differenzierungsmöglichkeiten und Progressionen im Bau freiblättriger Fruchtblätter und Früchte.

Rose, die Gatt. *Rosa* der Fam. ↗ Rosaceae ist in der gesamten nördlich gemäßigten Zone verbreitet. Ihre Frucht ist die Hagebutte. Die zahlreich gezüchteten Garten-Sorten stammen meist von der Essigrose (*Rosa gallica*) ab. Wild findet man hierzulande die Heckenrose (*Rosa corymbifera*).

Rosellahanf, *Rama*, *Hibiscus sabdariffa*, zur Fam. der ↗ Malvaceae gehörende Art. Aus den Stängeln gewinnt man im afroasiatischen Raum juteähnliche Fasern, aus den fleischigen Kelchblättern wird Malventee hergestellt.

Rosengewächse, die Fam. ↗ Rosaceae.

Rosette, durch Stauchung der Internodien grundständig gedrängt angeordnete Laubblätter. Vor allem bei *Polsterpflanzen* sowie vielen Kräutern.

Rosine, getrocknete Frucht der ↗ Weinrebe.

Rosmarin, *Rosmarinus officinalis*, zur Fam. ↗ Lamiaceae gehörender Strauch. R. wird als Küchengewürz, Heilkraut und zur Parfümherstellung verwendet.

Rosopsida, Klasse der ↗ Angiospermae, der über 300 Fam. und mehr als 180000 Arten angehören. Es handelt sich ausschließlich um zweikeimblättrige Pflanzen, die wegen ihrer hochentwickelten dreifurchigen Pollen auch als „*Eudicots*", d. h. Dicotyledoneae i. e. S. (↗ Dicotyledonae) bezeichnet werden. Ihnen gegenüber stehen die *Magnoliopsida* mit ihren in ihrer Entwicklung als einfacher anzusehenden Einfurchenpollen. Typische Merkmale sind oft zusammengesetzte Blätter, häufig mit paarigen, nicht verwachsenen Nebenblättern, wirtelige Blüten mit meist radiärer Blütenhülle. Die Staubblattanlagen sind teilweise sekundär vermehrt, die Fruchtblätter häufiger zumindest teilweise verwachsen, seltener frei. Weitere Charakteristika sind *Siebröhrenplastiden* vom S-Typ und *Calciumoxalat-Drusen* und die weite Verbreitung bioaktiver Sekundärstoffe. Die Gliederung der R. erfolgt gemäß aller bisherigen molekularen Befunde in fünf Unterklassen: die *Ranunculidae* (↗ Ranunculales), die früher zusammen mit den Magnoliidae zur Entwicklungsstufe der *Polycarpicae* gerechnet wurden, eine heterogene Gruppe isoliert stehender Überordnungen, die *Caryophyllidae* (↗ Caryophyllales), die außerordentlich umfangreichen *Rosidae* (↗ Rosales) sowie die *Asteridae* i. w. S. mit Tendenzen zur Miniaturisierung der Blüten und dorsiventralem Blütenbau.

Ross, Sir *Ronald*, brit. Tropenmediziner und Mikrobiologe, ∗ 13.5.1857 Almora (Indien), † 16.9.1932 Putney (heute zu London); ab 1902 Prof. in Liverpool, 1923-26 Direktor des Royal Institute and Hospital for Tropical Diseases, ab 1926 Direktor des Ross-Institute and Hospital for Hygiene in London. R. entdeckte 1898 die Übertragungsweise der ↗ Malaria durch den Nachweis des Erregers in der Anophelesmücke. Für seine Arbeiten über Malaria erhielt er 1902 den Nobelpreis für Physiologie oder Medizin.

Rosskastanie, Gatt. *Aesculus* der Fam. ↗ Hippocastanaceae. Baum mit in Rispen stehenden Blüten und bestachelten Kapselfrüchten. Extrakte aus den Blättern werden bei Durchblutungsstörungen angewendet.

Rostellum, *Rostrum*, knopf- bis zapfenartiger, vorstülpbarer Abschnitt am Skolex bestimmter Bandwürmer. Das R. kann artspezifisch mit ein bis drei Hakenkränzen bewehrt sein, z. B. beim Schweinebandwurm, *Taenia solium* (↗ Taenia) oder beim Zwergbandwurm, *Hymenolepis diminuta*.

Rostkrankheiten, durch die Rostpilze (↗ Uredinales) verursachte Pflanzenkrankheiten.

Rostpilze, die ⌐ Uredinales.

Rostrum, ⌐ Rostellum.

Rotalgen, *Rottange*, Abt. ⌐ Rhodophyta.

Rotang-Palmen, *Spanisches Rohr*, Bez. für Palmen (⌐ Arecaceae) der Gatt. *Calamus* u. a. Sie klettern als Spreizklimmer in den Urwäldern Südostasiens. Aus den Sklerenchymscheiden der Sprossachsen wird das „Peddigrohr" (*Rattan*) gewonnen.

Rotatoria, *Rotifera*, *Rädertiere*, früher zu den ⌐ Nemathelminthes und heute zu den Syndermata gestelltes Taxon mit etwa 2000 mikroskopisch kleinen (bis maximal 3 mm langen), meist farblos durchsichtig erscheinenden Arten von großem Formenreichtum, die in jeglicher Art von Feuchtbiotopen (vorwiegend im Süßwasser) anzutreffen sind. Namen gebendes Kennzeichen aller Rädertiere ist das *Räderorgan* (*Corona*) an ihrem Vorderende, ein Kranz langer Wimpern rund um das Mundfeld, der durch seinen metachronen Cilienschlag beim Betrachter den Eindruck eines sich drehenden Speichenrädchens hervorruft. Es dient vor allem dem Herbeistrudeln der Nahrung (Algen und Kleinplankton), bei frei schwimmenden Formen auch der Fortbewegung. Ursprünglich aus einem den Mund umgebenden Cilienfeld entstanden, hat dieses Organ innerhalb der Rädertiere eine sehr vielgestaltige Differenzierung erfahren. Es kann, besonders bei sessilen Formen, wie bei *Floscularia* und *Stephanoceros* (Abb. ⌐ Mikroskopie), zu blütenblattähnlichen Lappen oder einer Krone aus steifen Flimmertentakeln ausgezogen sein, oder eine Filterreuse aus starren unbeweglichen Cilien bilden, wie bei *Collotheca*. Bei der in sauberen stehenden Gewässern auf Wasserpflanzen häufigen räuberischen Art *Cupelopagis* ist es zu einer komplizierten Klappfalle umgewandelt, mit der Wimpertiere und kleinere Rädertiere erbeutet werden.

Der meist sackförmige oder dorsoventral abgeplattete, bei manchen Arten auch wurmförmige und immer überaus formveränderliche Körper gliedert sich in den rückziehbaren Kopffortsatz mit dem Räderorgan, den bei manchen Arten derb gepanzerten und mit Dornen und Stacheln besetzten Rumpf und einen teleskopartig einziehbaren Fuß, der in zwei Zehen mit Klebdrüsen endet. Die einschichtige Epidermis ist in der Kopfregion zellulär gegliedert, in Rumpf und Fuß hingegen ist sie syncytial. Der Rumpfpanzer (*Lorica*) mancher Arten entspricht nicht einer verdickten ⌐ Cuticula, sondern ist ein intraepitheliales Endoskelett, das aus einzelnen Platten zu dichten Lamellen gepackter Faserstrukturen im Plasma des epidermalen Syncytiums besteht. Die Rumpfmuskulatur ist nicht als Muskelschlauch ausgebildet, sondern durchzieht den Körper in einzelnen syncytialen Ring- und Längssträngen, zwischen denen der *Darmtrakt* als

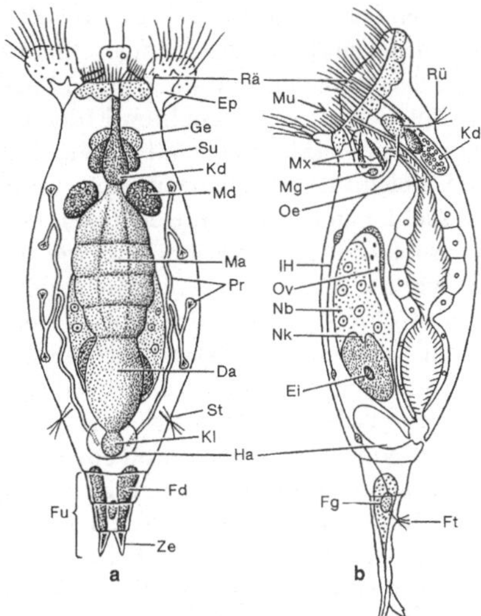

Rotatoria Organisationsschema eines Rädertieres, **a** Ventral-, **b** Seitenansicht. Da Darm, Ei Eizelle, Ep Epidermiswulst, Fd Fußdrüse, Fg Fußganglion, Ft Fußtaster, Fu Fuß, Ge Gehirn, Ha Harnblase, Kd Klebdrüse, Kl Kloake, lH linker Hauptnerv, Ma Magen, Md Magendrüse, Mg Mastaxganglion, Mu Mund, Mx Mastax mit Kauer, Nb Nährbezirk, Nk Nährkanal, Oe Ösophagus, Ov Ovar mit Keimlager, Pr Protonephridialsystem, Rä Räderorgan, Rü Rückentaster, St Seitentaster, Su Subcerebraldrüse, Ze Zehe

gerades Rohr verläuft. Der fast endständige ventrale Mund führt über ein kurzes Schlundrohr in den muskulösen Pharynx, der, ausgestattet mit einem Kauapparat aus Chitinspangen und -zahnleisten, zu dem für die Rädertiere charakteristischen ⌐ Kaumagen (Mastax) differenziert ist. An diesen schließt sich der geräumige bewimperte Mitteldarm an, in dessen Vorderende ein oder mehrere Paare von Verdauungsdrüsen einmünden. Der ebenfalls cilienbesetzte Enddarm führt über eine dorsal gelegene und rückenseitig am Fußansatz sich öffnende Kloake nach außen; in die Kloake münden auch die Ausführgänge der Gonaden und die Harnblase. Exkretionsorgane sind paarige ⌐ Protonephridien. Das einfache *Nervensystem* besteht aus einem dorsalen Cerebralganglion und zwei von diesem ausgehenden ventrolateralen Marksträngen; zusätzlich sind je ein unpaares Mastax- und Fußganglion ausgebildet. Vom Cerebralganglion bzw. von den Marksträngen aus werden die Sinnesorgane innerviert, am Vorderende ein Paar einfacher Pigmentbecherocellen, zahlreiche Sinnescilien im Bereich des Räderorgans, unpaare fingerförmige Tastpapillen an Vorderende und Fuß und zuweilen ein Paar öhrchenförmiger dorsolateraler Sinnespapillen hinter dem Räderorgan. Entsprechend der geringen Größe fehlt ein Blutgefäßsystem.

Die drei Taxa der R. unterscheiden sich hinsichtlich Fortpflanzung und Lebensraum. Die rein marin mit nur zwei Arten epizoisch auf Krebsen (*Nebalia*) lebenden *Seisonida* sind rein getrenntgeschlechtlich, haben paarige Gonaden und übertragen Spermatophoren. Bei den u. a. in feuchter Erde und Moosen vorkommenden *Bdelloida* sind bis jetzt keine Männchen bekannt; sie pflanzen sich wahrscheinlich ausschließlich parthenogenetisch fort. Ihre paarigen sackförmigen Ovarien sind wie das nur unpaare Ovar der *Monogononta* in einen zellulären Keim- und einen syncytialen Nähr(Dotter-)bezirk unterteilt. Die in Süßgewässern verbreiteten Monogononta zeichnen sich durch einen Wechsel von parthenogenetischer und bisexueller Fortpflanzung (Heterogonie) aus sowie durch einen auffälligen ↗ Geschlechtsdimorphismus. Ihre i. d. R. darmlosen und kurzlebigen Zwergmännchen sind um ein Vielfaches kleiner als die Weibchen; man trifft unter ihnen die mit nur 0,02 mm Größe kleinsten Metazoen überhaupt an. Sie entstehen nach einer Reihe parthenogenetischer (amiktischer) Generationen zur raschen Besiedlung günstiger Lebensstätten bei Verschlechterung der Lebensbedingungen, wenn, durch bislang unbekannte Stimuli ausgelöst, miktische Weibchen auftreten und nach vollständiger Meiose haploide Eier erzeugen. Aus unbefruchteten Eiern entwickeln sich Männchen, welche ihre Spermien durch die Epidermis miktischer Weibchen injizieren, wo sie dann zum Ovar wandern und die Eier befruchten. Diese werden zu Dauereiern, die ungünstige Lebensbedingungen überdauern können und aus denen unter günstigen Bedingungen wieder amiktische Weibchen schlüpfen, welche wiederum eine parthenogenetische Generation begründen. – Die Entwicklung erfolgt direkt ohne Larvenstadium und verläuft außerordentlich rasch. Bereits nach etwa fünf Stunden, am Ende der Furchungsperiode, wird mit ca. 1000 Zellen die endgültige Zellzahl der späteren Individuen erreicht (↗ Zellkonstanz). Es folgt eine etwa 20stündige Differenzierungsphase, in der die Zellgrenzen verlorengehen und die syncytialen Organe und Gewebe angelegt werden. Viele Arten betreiben Brutpflege: sie tragen entweder die Embryonen in der Eihülle bis zum Schlüpfen mit sich oder sie sind vivipar.

Rotauge, Art der Fam. ↗ Cyprinidae.

Rotaviren, doppelsträngige RNS-Viren, die ein doppeltes ikosaedrisches Capsid enthalten, aber keine Hülle. R. sind häufige Erreger einer nicht bakteriellen ↗ Gastroenteritis, vor allem bei Kleinkindern. (↗ Viren)

Rotbarsch, *Sebastes marinus*, Art der zu den ↗ Scorpaeniformes gehörenden Fam. Drachenköpfe mit Verbreitung im Nordatlantik. Der R. lebt in 100 bis 400 m Tiefe in Grundnähe und ernährt sich von Fischen. R. paaren sich in großen Schwärmen in der Barentssee; danach ziehen die Weibchen in die Gewässer um die Lofoten, Island oder Neufund-

land, um bis zu 40000 lebende Junge zu gebären. Der R. ist ein wichtiger Nutzfisch.

Rotbauchunke, Art der ↗ Unken.

Rotbuche, ↗ Buche.

Rotdrossel, Art der Drosseln (↗ Turdidae).

Rote Bete, Kulturform der Runkelrübe (*Beta vulgaris*) aus der Fam. ↗ Chenopodiaceae. Den Saft der essbaren Knolle verwendet man z. T. zum Einfärben von Lebensmitteln (Farbstoff: *Betanin*).

Rote Blutkörperchen, die ↗ Erythrocyten.

Rötegewächse, die Fam. ↗ Rubiaceae.

Rote Liste, Zusammenstellung der gefährdeten Arten nach dem Vorbild der Red Data Books. Die für Deutschland existierende „Rote Liste der gefährdeten Tiere und Pflanzen Deutschlands" enthält Auflistungen über vom Aussterben bedrohte, bereits ausgestorbene oder verschollene, stark gefährdete und potenziell gefährdete Tier- und Pflanzenarten. Die Liste wird ständig überarbeitet und aktualisiert. Sie ist eine wesentliche Grundlage für den ↗ Artenschutz.

Röteln, *Rubeola*, *Rubella*, durch das Rötelnvirus (↗ Togaviren) hervorgerufene ↗ Infektionskrankheit mit ähnlichen, jedoch schwächer ausgeprägten Symptomen wie bei ↗ Masern. In den ersten drei Schwangerschaftmonaten kann eine Übertragung von R. auf den Fetus zu Totgeburten und schwerwiegenden Anomalien führen. Der Impfschutz gegenüber R. sollte daher vor einer Schwangerschaft überprüft werden. In der Schwangerschaft darf nicht gegen R. geimpft werden.

Rötelnvirus, Erreger der ↗ Röteln, vermehrt sich ausschließlich im Menschen und wird auch nur innerhalb dieses Wirtes weitergegeben. Das R. gehört zur Gruppe der ↗ Togaviren.

Rote Pflanzen, nach einer neueren Systematik (1999) unter Berücksichtigung der Ergebnisse molekulargenetischer, biochemischer und morphologischer Untersuchungen umfassen allein die ↗ Rhodophyta die R.P. Diese bilden ein eigenes monophyletisches Taxon neben den ↗ Heterokonta und grünen Pflanzen und den ↗ Pilzen, die man traditionell sämtlich als ↗ Pflanzen zusammenfasste, die somit nur einen bestimmten Lebensformtyp repräsentieren.

Rote Rübe, ↗ Rote Bete.

Rote Spinne, Art der ↗ Tetranychidae.

Rote Waldameise, Art der ↗ Formicidae.

Rotfäule, durch die zu den ↗ Poriales gehörende Pilzgatt. *Heterobsidion* verursachte Form der ↗ Weißfäule.

Rotfeuerfisch, Art der ↗ Scorpaeniformes.

Rotgrünblindheit, *Rotgrünschwäche*, eine rezessiv auftretende Erbkrankheit des Menschen, bei der aufgrund der X-chromosomalen Lokalisation (↗ Geschlechtschromosomen-gebundene Vererbung) der betroffenen Gene zwischen 5 - 9 % aller

Männer die Farben Rot und Grün nicht voneinander unterscheiden können; bei Frauen tritt dieser genetische Defekt mit ca. 0,4 % erwartungsgemäß wesentlich seltener auf. Von der R. Betroffene weisen Mutationen in zwei unterschiedlichen X-chromosomalen Genen auf, die für Pigment-Proteine codieren, welche für die unterschiedliche spektrale Empfindlichkeit der Retina (Netzhaut) gegenüber Rot, Grün und Blau verantwortlich sind. Die häufigste Ursache der R. ist gestörtes Grün-Sehen, was zur gestörten Wahrnehmung von Rot und Grün führt. R. kann mit Hilfe spezieller Farbtafeln getestet werden, bei denen normal Farbsichtige andere Zahlen erkennen als Betroffene. (↗ Farbenfehlsichtigkeit)

Rotgrünsehschwäche, ↗ Rotgrünblindheit.

Rothirsche, *Cervus* i.e.S., Untergatt. der ↗ Edelhirsche (*Cervus*) mit etwa 12 Unterarten, die in Eurasien, Nordwestafrika und Nordamerika verbreitet sind. Kennzeichnend sind das vielendige Geweih der Männchen und die Brunftmähne am Hals. Die Weibchen tragen kein Geweih. Größte Wildart in den mitteleuropäischen Wäldern ist der *Rot-* oder *Edelhirsch (Cervus elaphus)* mit rotbraunem Sommerfell und graubraunem Winterfell. Er kommt in fast allen Lebensräumen vor, von Meereshöhe bis in 2800 m Höhe, in dichten Wäldern ebenso wie in baumlosen Gegenden. Die überwiegend dämmerungs- und nachtaktiven R. verbringen den Hauptteil der Nacht mit Nahrungsaufnahme (*Äsung*), wobei sie abends zu einem Äsungsplatz ziehen und morgens wieder zu dem Gebiet zurückkehren, in dem sie sich tagsüber aufhalten. Ihre Nahrung besteht aus Kräutern, Nadeln, Knospen, Trieben und Rinde. Zwischen Phasen der Nahrungsaufnahme liegen mehrere Stunden dauernde Ruhe- und Wiederkäuphasen. R. leben außerhalb der Paarungszeit in nach Geschlechtern getrennten Rudeln, während der Paarungszeit (Ende September/Anfang Oktober) erkämpfen sich die Männchen einen aus mehreren Weibchen bestehenden Harem. Die rotbraunen, weiß gefleckten Jungen werden im Mai/Juni geboren. Die sechs nordamerikan. Unterarten des R. werden als *Wapitis* oder *Elks* bezeichnet. Sie sind die größten Vertreter der R. Vor allem in Mitteleuropa sind R. häufig (nicht zuletzt durch Hege als Jagdwild) und richten in manchen Gegenden mit großer Wilddichte mitunter durch Fegen und Äsen größere Schäden in Wäldern an. Hingegen sind die nordafrikanischen und asiatischen R. in ihren Beständen bedroht.

Rotifera, die Rädertiere (↗ Rotatoria).

Rotkehlchen, *Erithacus rubecula*, in Wäldern, Parks und Gärten Eurasiens und Nordwestafrikas lebende, etwa 14 cm große Art der Drosseln (↗ Turdidae). Charakteristisch ist die orangerote Färbung von Gesicht, Vorderhals und Brust. Die Oberseite ist olivbraun, die Unterseite hell. R. brüten bevorzugt auf dem Boden oder in Nischen oder Höhlungen. Der Gesang ist perlend und wohlklingend, der Ruf ein charakteristisches „tick-ick-ick...". R. sind Teilzieher.

Rotklee, *Wiesenklee*, *Trifolium pratense*, zu den ↗ Fabaceae gehörende wirtschaftlich wichtige Futter- und Gründüngungspflanze. Die Blätter sind meist dreizählig, die roten Blüten in Köpfchen angeordnet.

Rotlichtrezeptoren, Bez. für ↗ Fotorezeptoren, die wie die ↗ Phytochrome Rotlicht absorbieren.

Rotschenkel, Art der Schnepfenvögel (↗ Scolopacidae).

Rotschwänze, *Phoenicurus*, Gatt. der Drosseln (↗ Turdidae) mit rotkehlchenähnlichen Arten mit charakteristisch rostrotem Schwanz. Die Geschlechter sind verschieden gefärbt. R. ernähren sich von Insekten, die z. T. im Flug erbeutet werden. Sie sind Höhlenbrüter. In felsigem Gelände und als Kulturfolger an Häusern lebt der etwa 14 cm große *Hausrotschwanz (Phoenicurus ochruros)*; das Männchen ist schiefergrau mit weißem Flügelfeld, das Weibchen graubraun, beide mit rostfarbenem Schwanz. Sie sind Teilzieher, deren nördliche Populationen bis Nordafrika und Südasien ziehen. Der *Gartenrotschwanz (Phoenicurus phoenicurus)* bewohnt Parks, Gärten, lichte Wälder in Europa und den gemäßigten Regionen Asiens. Das Männchen ist im Prachtkleid oberseits grau, mit schwarzem Kopf und Kehle, weißem Stirnband und rostroter Unterseite und Schwanz, das Weibchen bräunlich, ebenfalls mit rotem Schwanz. Er ist ein Zugvogel, der im Herbst nach Afrika (nördlich des Äquators) zieht.

Rotschwingel, *Festuca rubra*, Rispengras der Fam. ↗ Poaceae, das häufig als Futter- und Rasengras angepflanzt wird.

Rott, Fossillagerstätte im Siebengebirge, die einen sehr guten Einblick in den Lebensraum eines Sees im Ober-Oligozän gibt. Bemerkenswert ist, dass in R. Tier- und Pflanzenreste gemeinsam gefunden wurden, was nicht oft vorkommt. Der Ölschiefer, in dem die Fossilien erhalten sind, wurde vor rund 25 Mio. Jahren als Faulschlamm in einem See abgelagert. Neben Fischen, vielen Fröschen (z. T. auch Kaulquappen), Molchen (u. a. auch der Riesensalamander *Andrias*) sind auch Schildkröten, Schlangen und Krokodile überliefert, z. T. vollständige Skelette. Eine weitere Besonderheit ist, dass zahlreiche ↗ Wasserinsekten überliefert sind. So wurden in großer Zahl die wasserlebenden Larven der Libellen gefunden. Viel seltener sind dagegen Insekten, die vom Lande in den See eingetragen wurden (Käfer, Termiten, geflügelte Ameisen und, als eine weitere Besonderheit, sogar Bienen).

Rottange, ↗ Rhodophyta.

Rotz, durch *Burgholderia mallei* verursachte Krankheit, die vor allem bei Einhufern (Pferd, Esel, Maultier) auftritt und auf den Menschen übertragbar ist. Dabei bilden sich knötchenförmige und geschwürige Veränderungen an Haut, Schleimhäuten und inneren Organen.

Roux, *Wilhelm*, deutscher Anatom und Biologe, ✳ 9.6.1850 Jena, † 15.9.1924 Halle/Saale; ab 1886 Professor und 1888 Direktor des für ihn errichteten Instituts für Entwicklungsgeschichte und Entwicklungsmechanik in Breslau, ab 1889 Prof. in Innsbruck, ab 1895 in Halle. R. ist Begründer der Entwicklungsphysiologie und experimentellen Embryologie. R. postulierte die „Selbstdifferenzierung" der Einzelzellen zu Beginn der Embryogenese und führte den Begriff „funktionelle Anpassung" in die Entwicklungsgeschichte ein. 1883 wies er erstmals auf die Bedeutung der Chromosomen als Träger der Erbanlagen hin. 1894 gründete er das „Archiv für Entwicklungsmechanik der Organismen".

r-Proteine, Abk. für ribosomale Proteine, ↗ Ribosomen.

RQ, Abk. für ↗ respiratorischer Quotient.

r-Strategie, *r-Selektion*, *Vermehrungsstrategie*, Anpassungsstrategie, bei der ein Überschuss an Nachkommen erzeugt wird. Viele dieser Nachkommen fallen dem Umweltwiderstand zum Opfer und nur wenige gelangen sicher zur Fortpflanzung. Bei den *r-Strategen* handelt es sich meist um kleine, kurzlebige Arten, die unter nur kurzzeitig günstigen Umweltbedingungen leben, deren erneutes Eintreten wenig vorhersagbar ist, wie es beispielsweise für Mikroorganismen, Wasserflöhe, Blattläuse, viele Parasiten, Sperlinge, Mäuse u. a. gilt. Sie erzeugen möglichst viele Nachkommen, damit wenigstens einige davon überleben, während K-Strategen mehr in die Konkurrenzfähigkeit einiger weniger Nachkommen investieren. Die Charakterisierung als r- oder K-Strategie ist nicht absolut, sondern relativ zueinander: Von zwei zu vergleichenden Arten ist immer eine etwas stärker K-, die andere etwas stärker r-selektiert. (↗ K-Strategie)

RT-PCR, ein molekularbiologisches Arbeitsverfahren, das die ↗ Reverse Transkription und ↗ Polymerasekettenreaktion (PCR) miteinander in einem experimentellen Versuchsansatz kombiniert. Als Ausgangsmaterial dient RNA, die zunächst durch eine Reverse Transkriptase in DNA „umgeschrieben" wird, die dann mittels PCR amplifiziert werden kann. RT-PCR dient nicht nur *qualitativen* Analysen, wie z. B. dem Nachweis bestimmter RNA-Viren, sondern kann auch eingesetzt werden, um *quantitativ* z. B. den Anteil eines bestimmten Transkriptes innerhalb einer RNA-Probe zu ermitteln. Das Verfahren ist dementsprechend deutlich empfindlicher als ein ↗ Northern Blot.

Rubella, die ↗ Röteln.

Rüben, durch ↗ sekundäres Dickenwachstum knollig verdickte fleischige Hauptwurzeln allorrhizer Pflanzen (↗ Allorrhizie), z. T. mit Beteiligung des ↗ Hypokotyls. Während bei der ↗ Zuckerrübe der Hypokotylanteil relativ gering ist, stellen die ↗ Futterrübe und die ↗ Rote Bete fast reine Hypokotyl-Knollen dar. Je nach Art des sekundären Dickenwachstums unterscheidet man die *Holzrübe*, z. B. Rettich, die *Bastrübe*, z. B. Möhre, und die *Beta-Rübe*, z. B. Rüben der Gatt. *Beta*.

Rübennematode, *Heterodera schachtii*, zu den ↗ Secernentea gehörender Nematode, der als Schädling in Zuckerrübenkulturen die Rübenwurzeln ansticht und daran saugt. Bei Massenvorkommen ruft er infolge Fehlens der Fruchtfolge die *Rübenmüdigkeit* des Bodens hervor.

Rübenzucker, die ↗ Saccharose.

Rubeola, die ↗ Röteln.

Rubiaceae, *Rötegewächse*, *Krappgewächse*, *Labkrautgewächse*, mit über 10000 Arten in etwa 500 Gatt. eine der formenreichsten Fam. der Ord. ↗ Rosopsida mit nahezu weltweiter Verbreitung. Die Pflanzen sind Kräuter, Bäume oder Sträucher mit i. d. R. ganzrandigen, gegenständigen Blättern und

r-Strategie Vereinfachte Gegenüberstellung typischer Merkmale von r- und K-Strategen

Merkmal	r-Strategie	K-Strategie
Habitat	wechselhaft, wenig voraussagbar	konstant, besser voraussagbar
Populationsgröße	variabel, $< K$	konstant, $m \approx K$
Konkurrenzfähigkeit	gering	größer
Reproduktion	früh, einmalig	spät, einmalig
Nachkommenzahl	viele	wenige
Körpergewicht	gering	groß
Lebensdauer	kurz	lang
Mortalität	dichteunabhängig	dichteabhängig

Rubiaceae 1 Klebkraut (*Galium aparine*), 2 Kaffeestrauch (*Coffea arabica*): Zweig mit Früchten, a Kaffeekirsche, b Kaffeekirsche quer aufgeschnitten mit zwei Bohnen

mannigfach gestalteten Nebenblättern. Die radiären, zwittrigen, selten eingeschlechtlichen Blüten haben zwei bis fünf Staubblätter und meist zwei unterständige Fruchtknoten. Die Früchte sind entweder zweifächrige trockene Kapseln, Beeren oder Steinfrüchte, selten fleischige Sammelfrüchte (↗ Frucht). Die deutsche Bezeichnung leitet sich von der ↗ Färberröte (*Rubia tinctorum*) ab, aus deren Wurzeln man früher roten Wollfarbstoff gewann. Die ebenfalls einheimische Gatt. *Galium* beinhaltet neben verschiedenen Labkrautarten auch den Waldmeister *Galium odoratum*, den man wegen seines hohen Cumarin-Gehaltes als Aromamittel verwendet. Zu den R. gehören als Nutz- und Kulturpflanzen u. a. der ↗ Kaffeestrauch (verschiedene Arten der Gatt. *Coffea*), der ↗ Chinarindenbaum, *Cinchona officinalis*, die *Gambirpflanze*, *Uncaria gambir*, aus der in Indonesien Betelbissen und Gerbmaterial gewonnen werden, oder die *Brechwurz*, *Cephaelis ipecacuanha*, die als Auswurf förderndes spezifisches Mittel gegen die Amöbenruhr verwendet wird.

Rubisco, Akronym für die ↗ Ribulose-1,5-bisphosphat-Carboxylase/Oxygenase.

Rubisco-Activase, ein Enzym, das die Aktivität der ↗ Ribulose-1,5-bisphosphat-Carboxylase/Oxygenase (Rubisco) kontrolliert, indem es an das Schlüsselenzym des ↗ Calvin-Zyklus gebundenes Ribulose-1,5-bisphosphat oder Carboxyarabinitol-1-Phosphat entfernt, welche die Aktivität der Rubisco inhibieren. Dabei kommt es zur Hydrolyse des an die R. - A. gebundenen ATP. Die Aktivität der R. - A. wird durch Thioredoxin lichtabhängig kon-

trolliert. Bei ↗ Arabidopsis thaliana sind Mutanten bekannt, die defekte R. - A. aufweisen und deshalb nur bei erhöhten CO_2-Konzentrationen gedeihen.

Rübsen, *Brassica rapa* ssp. *oleifera*, zur Fam. ↗ Brassicaceae gehörende Pflanze, aus deren Samen man das so genannte *Rüböl* gewinnt.

Rubus, Gatt. der ↗ Rosaceae.

Rückenmark, *Medulla spinalis*, bei allen Wirbeltieren und beim Menschen vorhandener runder oder ovaler Nervenstrang, der von innen nach außen von drei Häuten umgeben ist: der weichen Rückenmarkshaut (*Pia mater spinalis*), der Spinnwebhaut (*Arachnoidea spinalis*) und der harten Rückenmarkshaut (*Dura mater spinalis*). Zwischen den ersten beiden Häuten befindet sich ein flüssigkeitserfüllter Hohlraum (↗ Liquor cerebrospinalis), dem eine Dämpfungs- und Schutzfunktion zukommt. Zentral ist das Rückenmark von einem Kanal (Rückenmarkskanal, *Canalis centralis*) durchzogen, der sich im ↗ Gehirn zu einer Reihe von Hohlräumen (Hirnventrikel) erweitert. Am Hinterhauptsloch geht das zum Zentralnervensystem zählende Rückenmark in das verlängerte Mark (*Medulla oblongata*) über.

Das embryonal als Medullarrohr (Neuralrohr, ↗ Neurulation) angelegte R. lässt sich beim Menschen in folgende kontinuierlich ineinander übergehende R.-Segmente gliedern: acht Hals- (Cervical-), zwölf Brust (Thorakal-), fünf Lenden- (Lumbal-), fünf Kreuzbein- (Sakral-) und ein bis zwei Steißbeinsegmente (Coccygealsegmente). Da das R. während der Individualentwicklung geringere Wachstumsraten zeigt als die ↗ Wirbelsäule, reicht es beim Erwachsenen nur noch etwa bis zur Höhe des ersten Lendenwirbels. Daher können die Spinalnerven, außer im obersten Halswirbelsäulenbereich, nicht mehr in gleicher Höhe austreten, sondern ihre Wurzeln verlaufen ein Stück abwärts im Wirbelkanal, je tiefer ihr Austrittsloch (*Foramen intervertebralis*) liegt, desto länger ist ihr Verlauf im Wirbelkanal. Unterhalb der Rückenmarkspitze (*Conus medullaris*) bilden die absteigenden Spinalnervenfasern die so genannte *Cauda equina* (Pferdeschwanz). Um den Zentralkanal liegt die im Querschnitt H- oder schmetterlingsförmig ausgebildete *graue Substanz* (*Substantia grisea*). Ihre beiden dorsalen Schenkel bzw. Zipfel bilden die *Hinterhörner* (*Cornu posterius*), die beiden ventralen die *Vorderhörner* (*Cornu anterius*), dazwischen liegen noch kleine *Seitenhörner* (*Cornu laterale*). Die graue Substanz besteht aus einer Vielzahl von Nervenzellkörpern und meist marklosen kurzen Axonen (↗ Neuron). Ventral befinden sich die Motoneurone für die Steuerung der Skelettmuskulatur (somatomotorischer Anteil, von dem die somatoefferenten Fasern ausgehen) und weiter dorsal gelegen die Steuerneurone für die Eingeweidemuskula-

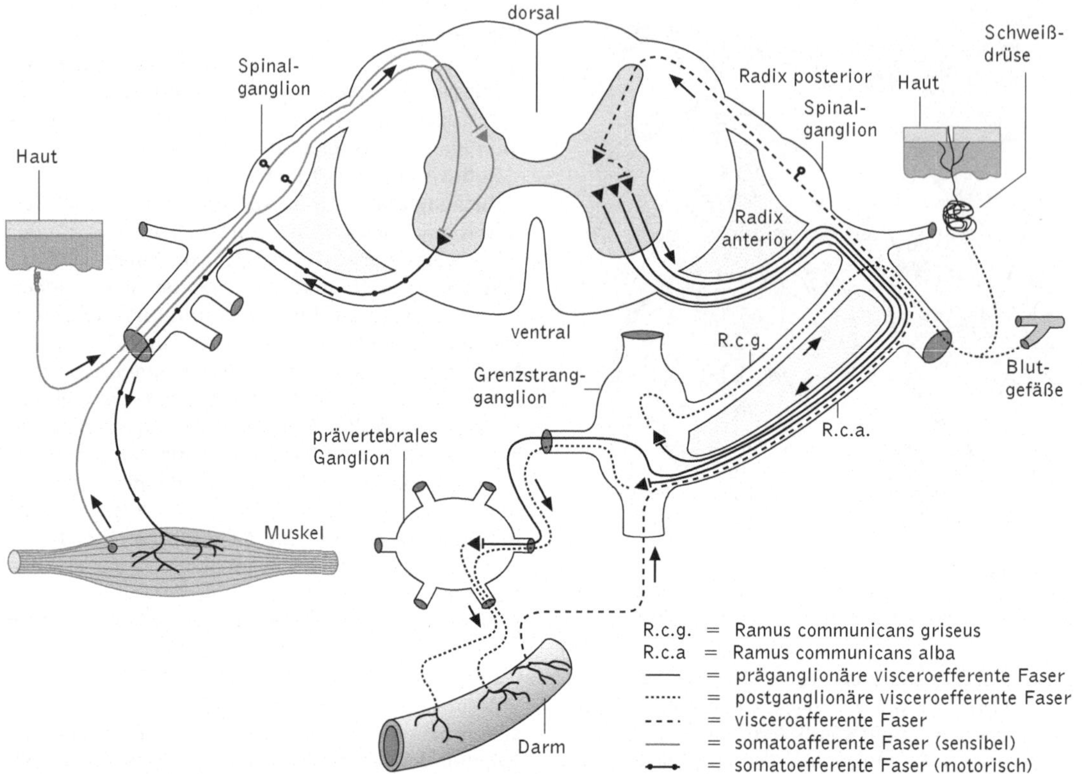

Rückenmark Querschnitt durch das Rückenmark der Säugetiere mit schematischer Darstellung des Verlaufs der efferenten und afferenten Nervenfasern, deren Verschaltung in der grauen Substanz, den Grenzstrangganglien und den prävertebralen Ganglien, sowie mit Angabe der Erfolgsorgane der efferenten Fasern bzw. der Organe und Gewebe, von denen afferente Fasern ins Rückenmark ziehen

tur und Drüsen (visceromotorischer Anteil, von dem die visceroefferenten Fasern ausgehen). Als gemeinsame Vorderhornwurzeln (*Radix anterior*) verlassen deren Axone das Zentrum segmentweise, d. h. nach Körperabschnitten geordnet. Die Ganglienzellen, die ebenfalls segmentiert sind, liegen außerhalb des R. in den von Bindegewebe umhüllten *Spinalganglien*. Deren periphere Ausläufer leiten als afferente Fasern die Meldungen der Rezeptoren in der Haut, den Muskeln und Sehnen sowie den Eingeweiden dem Rückenmark zu. Afferenzen und Efferenzen der Spinalganglien bilden gemeinsam die peripheren Nerven (*peripheres Nervensystem*).

Weiterhin liegen in der grauen Substanz zahlreiche Schaltneurone, die zwischen den ein- und auslaufenden Meldungen zum Gehirn bzw. zu Erfolgsorganen vermitteln (*Verbindungsapparat* des R.). In der die graue Substanz umhüllenden weißen Substanz liegen die aus der Peripherie bzw. den Spinalganglien kommenden und zum Gehirn ziehenden afferenten Bahnen sowie die vom Gehirn absteigenden efferenten Nervenfasern. Zu den wichtigsten aufsteigenden Axonen zählen der Vorderseitenstrang, in dem hauptsächlich die Afferen-

zen der Thermo- und Schmerzrezeptoren verlaufen, der Kleinhirnseitenstrang, dessen afferente Impulse in erster Linie von den Mechanorezeptoren der Haut, Muskeln und Gelenke stammen, und der Hinterstrang, in dem die Neurone ohne Unterbrechung bis zum verlängerten Mark verlaufen und die ihre Impulse ebenfalls von den Mechanorezeptoren der Haut, Muskeln und Gelenke erhalten. Während über den Kleinhirnseitenstrang die nicht ins Bewusstsein dringenden Informationen der Muskeltätigkeit geleitet werden, erhält das Gehirn über den Hinterstrang Meldungen über Druck, Berührungen, Vibrationen und Stellung der Gelenke, die bewusst wahrgenommen werden. Neben diesen Nervensträngen verlaufen im Rückenmark der Säuger noch die Fasern des pyramidalen (↗ Pyramidenbahn) und extrapyramidalen Systems, über die die Steuerung von Tonus und Motorik erfolgt. Entsprechend den beiden Hirnhälften sind auch die Rückenmarksstrukturen paarig angelegt, wobei zwischen beiden Hälften zahlreiche Querverbindungen bestehen, über die die Nervenaktivität beider Körperseiten eng koordiniert wird. Da viele der afferenten und efferenten Bahnen im Rückenmark kreuzen, d. h. von der linken zur rechten bzw. von der rechten zur linken Seite ziehen, kommt es dementsprechend bei Ausfall von motorischen Zentren der rechten Hirnhälfte zu Lähmungen auf der linken Körperseite und umgekehrt.

Neben diesen Bahnen enthält das Rückenmark die wichtigsten mehr oder weniger fest verschalteten Funktionsbausteine für die Steuerung der Tätigkeit von Skelettmuskeln und z. T. der Eingeweide. Mit zunehmender Organisationshöhe der Tiere, insbesondere bei den Säugern, nimmt die Eigenständigkeit dieser lokalen Mechanismen mehr und mehr ab; sie werden zunehmend unter die Kontrolle der höheren Zentren gestellt. Bei den im Rückenmark gelegenen Steuerzentren handelt es sich im Prinzip um halbautonome Servomechanismen (*Eigenapparat* des R.); zu diesen zählen vor allem die ⬈ Reflexe (z. B. ⬈ Patellarsehnenreflex, Atem- und ⬈ Schluckreflex), welche vom Gehirn angesteuert und in verschiedenen Kombinationen zu verschiedenen Funktionen zusammengeschaltet werden. Auch beim Menschen mit seiner besonders weitgehenden Zentralisation des Nervensystems sind solche halbautonomen Servomechanismen vorhanden. So könnte z. B. ein Mensch weder gehen noch stehen, wenn alle für diese Tätigkeiten erforderlichen Muskelbewegungen ausschließlich und direkt über die Großhirnrinde gesteuert werden müssten.

Rückensaite, die ⬈ Chorda dorsalis.

Rückenschwimmer, Art der Wasserwanzen (⬈ Nepomorpha).

Rückfallfieber, durch *Borrelia recurrentis* verursachte und durch Läuse übertragene Infektionskrankheit, die durch akuten Fieberanstieg, Myalgien, Muskelsteifigkeit und Abgeschlagenheit gekennzeichnet ist. Das Fieber fällt typischerweise nach wenigen Tagen abrupt ab und tritt bald darauf erneut wieder auf. (⬈ Borrelia)

Rückkopplung, *Feedback-Mechanismus,* aus der Regelungstechnik stammender Begriff zur Beschreibung von Regulationsprozessen in Selbststeuerungskreisen. Bei der *negativen R. (Feedback-Hemmung,* ⬈ Endprodukt-Hemmung) wird z. B. ein Enzym am Anfang eines Stoffwechselwegs durch hohe Konzentrationen des Endprodukts gehemmt. Bei der *positiven R.* liegt eine positive Rückwirkung z. B. eines Endprodukts oder auch einer Endhandlung auf eine Anfangsreaktion des Stoffwechselwegs oder eines komplexen Verhaltens vor; so wirken sich z. B. beim Spielen über die Außenwelt wahrgenommene positive Konsequenzen von Spielhandlungen anregend auf die Spielbereitschaft und damit die Intensität aus. Insbesondere das Prinzip der Feedback-Hemmung ist sowohl in der Regulation des Stoffwechsels als auch des Nervensystems weit verbreitet.

Rückkreuzung, ⬈ Kreuzung.

Rückmutation, *Reversion,* eine ⬈ Mutation, die den ursprünglichen Phänotyp wieder herstellt. Träger einer R. werden als ⬈ Revertanten bezeichnet. R. beruhen auf einer phänotypischen *und* genotypischen Wiederherstellung des Wildtyp-Phänotyps, wobei dessen ursprüngliche Nucleotidsequenz wieder hergestellt wird. Die Reversion unterscheidet sich somit von der ⬈ Suppression und der *Restaurierung,* bei der ein Gendefekt funktionell, d. h. phänotypisch durch Mutationen an anderen Positionen des Gens (*intragen*) oder anderer Gene (*intergen*) behoben wird. Ob eine Reversion oder aber eine Restaurierung vorliegt, kann meistens durch eine Kreuzung zwischen *Revertante* und Wildtyp herausgefunden werden: Treten in der Nachkommenschaft Organismen bzw. Stämme mit dem Mutantenphänotyp auf, liegt Restaurierung vor; zeigen die Nachkommen nur den Wildtyp-Phänotyp handelt es sich um eine echte Rückmutation.

Rückstände, bei Nahrungsmitteln die verbliebene Restmenge von Stoffen, die zur Erzeugung des betreffenden Nahrungsmittels eingesetzt wurden, sowie die Umwandlungsprodukte dieser Stoffe. Hierzu gehören vor allem ⬈ Pflanzenschutzmittel und Tierarzneimittel.

Rückzugsgebiet, *Refugialgebiet,* das ⬈ Erhaltungsgebiet.

Ruderalbiozönosen, die ⬈ Ruderalzönosen.

Ruderalpflanzen, Pflanzen, die vorzugsweise auf Schuttplätzen und an Wegrändern, besonders in der Nähe menschlicher Siedlungen, wachsen. Diese Standorte sind meist reich an anorganischen Stickstoffverbindungen und anderen Mineralsalzen. Bekannte R. sind ⬈ Brennnesseln, Gänsefußarten und Melden.

Ruderalzönosen, *Ruderalbiozönosen,* Lebensgemeinschaften, die sich an Ruderalstellen wie Mülldeponien, Abfallhaufen und Trümmerstellen bilden. Diese dauernd unter menschlichem Einfluss

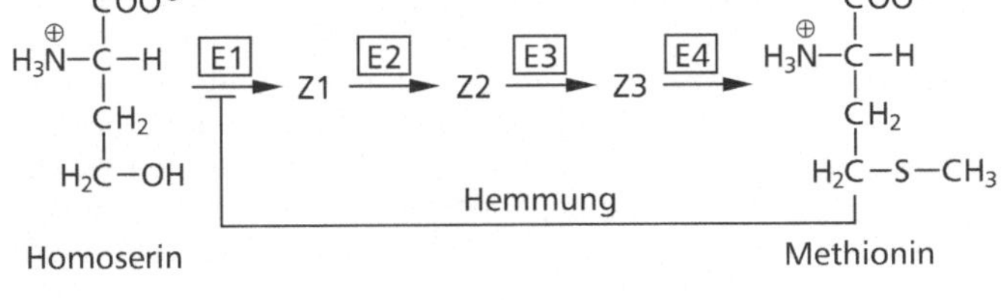

Rückkopplung Die Endprodukthemmung ist ein einfaches Beispiel für einen Rückkopplungsmechanismus, hier dargestellt am Beispiel der Synthese der Aminosäure Methionin

stehenden Standorte sind meist nährstoffreich und unterliegen großen Schwankungen der Temperatur und Feuchtigkeit. Eine echte Horizontbildung des Bodens fehlt.

Ruderflug, ↗ Vogelflug.

Ruderfüßer, die ↗ Pelecaniformes.

Ruderfußkrebse, die ↗ Copepoda.

Rudimente, *rudimentäre Organe*, Bez. für von vornherein verkümmert ausgebildete oder im Laufe der Ontogenese rückgebildete Organe, die nur noch Teilfunktionen der ehemals größer entwickelten Organe ausüben und insofern gegenüber diesen und ihrer Hauptfunktion einem Funktionswechsel unterlagen (z. B. hat der Wurmfortsatz am Blinddarm des Menschen nicht mehr Verdauungsfunktion, sondern nur noch die eines lymphoiden Organs). Strukturen bilden einen Kompromiss entsprechend den verschiedenen von ihnen zu erfüllenden Funktionen. Bei Wegfall einer Hauptfunktion setzt durch regressive Evolution die Rudimentation eines Organs ein, aber nur soweit, dass die bisherigen Teilfunktionen weiterhin erfüllt werden können. Wird ein Organ nur in einer bestimmten Entwicklungsphase benötigt, so kann es im Lauf der weiteren Ontogenese manchmal noch in Resten bestehen bleiben. Beispiele sind der ↗ Thymus der Säuger, der im Erwachsenenstadium weitgehend rückgebildet ist, oder die Brustdrüsen (↗ Milchdrüse) weiblicher Säuger, die nach Beendigung der Stillzeit teilweise rückgebildet werden.

Ruffini-Körperchen, *Ruffini'sche Endorgane*, in der tieferen Schicht (Stratum reticulare) der Lederhaut (Corium, ↗ Haut) gelegene, langsam adaptierende Dehnungsrezeptoren. Sie sind 0,5 bis 2 mm lang und flach, mit einer Kapsel aus ↗ Perineurium umgeben, die einen offenen Zylinder bildet. Durch deren Öffnungen treten Kollagenfasern aus dem Corium ein bzw. aus; zwischen den Kollagenfasern sind im R.-K. die Nervenendigungen verankert.

Ruheperiode, *Ruhestadium*, der Oberbegriff für regelmäßig oder unregelmäßig auftretende Zeiten mit verminderter Stoffwechselaktivität, die bei vielen Lebewesen vorkommen und sowohl durch endogene (z. B. Hormone) als auch exogene Faktoren (z. B. Licht, Temperatur) ausgelöst werden. R. bei Tieren sind die ↗ Kältestarre, der ↗ Winterschlaf und die ↗ Diapause; bei Pflanzen werden ↗ Keimruhe, ↗ Knospenruhe und ↗ Winterruhe als R. bezeichnet.

Ruhepotenzial, ↗ Membranpotenzial.

Ruheumsatz, der ↗ Grundumsatz.

Ruhr, 1) Amöbenruhr (↗ Entamoeba histolytica). 2) die ↗ Bakterienruhr (Shigellose).

Rumen, der Pansen der Wiederkäuer (↗ Ruminantia).

Rumex, Gatt. der ↗ Polygonaceae.

Ruminantia, *Wiederkäuer*, artenreichste Unterordnung der Paarhufer (↗ Artiodactyla) mit fünf Fam., den Hirschferkeln (↗ Tragulidae), den Hirschen (↗ Cervidae), den Giraffen (↗ Giraffidae), den Gabelhorntieren (↗ Antilocapridae) und den Hornträgern (↗ Bovidae). Gemeinsam ist allen R. die Fähigkeit zum *Wiederkäuen*. Hierbei wird etwa eine halbe bis eine Stunde nach Nahrungsaufnahme der im Pansen vorverdaute Speisebrei in den Mundraum zurückbefördert und dort durch mahlende Bewegung der Zähne weiter mechanisch zerkleinert. Zunächst wird die Speiseröhre (Ösophagus) durch Schlucken von Speichel schlüpfrig gemacht. Die Ansaugphase beginnt mit einem tiefen Atemzug bei geschlossener Glottis, sodass der Unterdruck im Brustraum erhöht und durch das Druckgefälle zwischen Pansen und Speiseröhre Nahrungsbrei aus dem Pansen gesaugt wird. Während der Auspressphase drückt eine von der Mitte des Ösophagus ausgehende Kontraktionswelle den pansenseitigen Inhalt der Speiseröhre zurück in den Pansen, den kopfseitigen vorwärts in die Mundhöhle (Druck-Saug-Vorgang). Dort wird Flüssigkeit ausgedrückt und wieder verschluckt. Nach kurzer Kaudauer (ca. eine Minute beim Rind) gelangt die Nahrungsportion wieder in den Pansen. Gesteuert werden die reflektorisch ablaufenden Prozesse durch ein Wiederkauzentrum in der ↗ Formatio reticularis des verlängerten Marks, dort, wo bei anderen Tieren das Brechzentrum lokalisiert ist (↗ Erbrechen).

Der Magen der R. ist in vier Kammern gegliedert. Die drei ersten Kammern, die Vormagenkammern, besitzen ein verhorntes Epithel, dessen Oberfläche durch Zotten auf das mehr als Zwanzigfache vergrößert ist. Das verhornte Epithel ist eine Barriere für die in den Kammern lebenden symbiontischen Mikroorganismen, erlaubt aber die Resorption von durch diese gebildeten kurzkettigen Fettsäuren, die einen großen Teil des Energiebedarfs der Wiederkäuer decken können. Die Vormägen werden als *Pansen (Rumen)*, *Netzmagen (Reticulum)* und *Blättermagen (Omasum, Psalter)* bezeichnet. Sie sind besiedelt von Mikroorganismen (↗ Bakterien, ↗ Einzellern und ↗ Pilzen; ↗ Pansensymbiose), die sonst nur schwer verdauliche Futterbestandteile, insbesondere ↗ Cellulose, ↗ Pektine und ↗ Hemicellulose abbauen. Hierbei werden die bereits erwähnten kurzkettigen Fettsäuren gebildet. Darüber hinaus sind die Mikroorganismen eine wichtige Vitamin- und Proteinquelle für die Wiederkäuer. Die aufgenommene Nahrung gelangt zuerst in den Pansen- und Netzmagenbereich und wird durch zyklische Kontraktionen gründlich mit Speichel und den symbiontischen Mikroorganismen durchmischt. Durch periodisches Hochwürgen und erneutes Kauen wird die Nahrung für den mikrobiel-

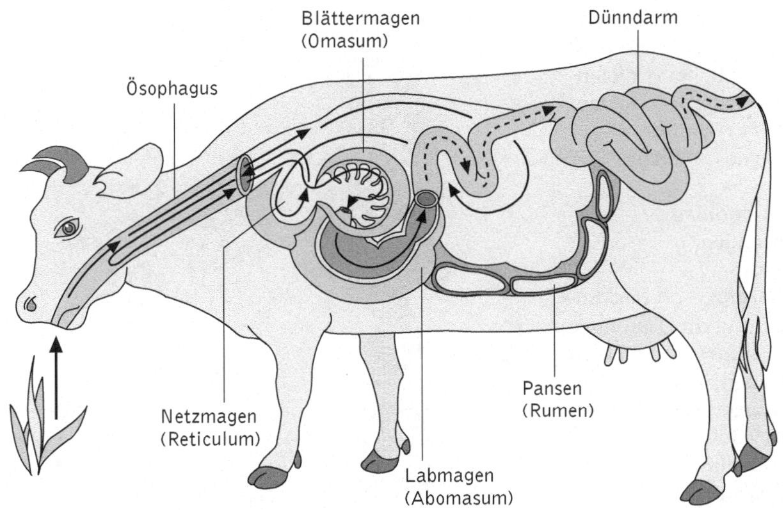

len Abbau hinreichend zerkleinert. Erst danach gelangt der Nahrungsbrei nach erneutem Schlucken über den Pansen bzw. Netzmagen in den Blättermagen, in dem der Nahrung das Wasser entzogen wird. Vom Blättermagen aus gelangt der an Mikroorganismen reiche Nahrungsklumpen in den Hintermagen oder *Labmagen (Abomasum)*. Dieser enthält Magendrüsen, die Salzsäure und Eiweiß spaltende Enzyme bilden. Hier findet nun eine enzymatische Verdauung statt, wie sie auch bei Säugetieren mit einfachem Magen vorhanden ist.

Innerhalb der R. gibt es Unterschiede in Bezug auf den Umfang der Vormagenverdauung. Vor allem Grasfresser (z. B. Rinder) haben große Vormägen, in denen das Futter lange Zeit zurückgehalten wird und eine große Zahl Cellulose verdauender Mikroorganismen vorhanden ist. Tiere die Blätter, Früchte, Blüten usw. fressen (z. B. Rehe, Giraffen, Elche), die nährstoffreicher und dafür celluloseärmer sind, haben relativ kleine Vormägen mit geringerer Zahl an Cellulose spaltenden Bakterien, und auch die Verweilzeit der Nahrung in den Mägen ist kürzer. Daneben gibt es noch Mischformen zwischen diesen beiden Extremen.

Rundmäuler, *Cyclostomata*, in der herkömmlichen Systematik Klasse der Kieferlosen (↗ Agnatha), zu der die Schleimaale (↗ Myxinoidea) und die Neunaugen (↗ Petromyzonta) gehören. Langgestreckte, aalartige Wassertiere mit einem Saugmund, der mit Hornzähnen versehen ist und einer persistenten ↗ Chorda dorsalis als einzigem axialem Stützelement. Sie haben keine Knochen und Schuppen und keine paarigen Extremitäten. Aufgrund grundlegender Unterschiede z. B. in Struktur und Physiologie von Muskulatur, Nervensystem und Nieren, sehr unterschiedlicher Stoffwechselraten, verschiedener Karyotypen (Myxinoidea haben 48

Chromosomen, Petromyzonta 160-180) sowie einer großen Zahl biochemischer u. a. Unterschiede, ist das Taxon mittlerweile weitgehend aufgegeben worden. Innerhalb der Wirbeltiere (= Craniota) bilden die Myxinoidea nach manchen Autoren den ersten Ast und die Petromyzonta sind näher mit den übrigen, nun erst Wirbel besitzenden Gruppen verwandt.

Rundwürmer, die ↗ Nemathelminthes.

Runkelrübe, die ↗ Futterrübe.

Rupicapra rupicapra, die ↗ Gemse.

Ruska, *Ernst August Friedrich*, deutscher Elektrotechniker und Physiker, ✳ 25.12.1906 Heidelberg, † 27.5.1988 Berlin; zunächst (ab 1933) Industrietätigkeit, ab 1949 Professor in Berlin und Direktor (ab 1955) des Fritz-Haber-Instituts der Max-Planck-Gesellschaft. R. konstruierte 1931 zusammen mit Max Knoll (1897 - 1969) das erste Elektronenmikroskop (↗ Mikroskop) mit magnetischen Linsen und entwickelte später die Elektronenmikroskop-Technik zusammen mit B. von Borries (1905 - 1956) weiter. 1986 erhielt R. zusammen mit G. ↗ Binnig und H. Rohrer (✳ 1933) den Nobelpreis für Physik.

Rüssel, *Proboscis*, 1) zum Teil als *Introvert* bezeichnete ausstülpbare, röhrenförmige Verlängerung in der Mundregion u. a. von Schnurwürmern (↗ Nemertini) und Strudelwürmern (↗ Turbellaria), „Egeln" (↗ Euhirudinea), „Borstenwürmern" (↗ Polychaeta), ↗ Acanthocephala sowie einigen „Ringelwürmern" (↗ Annelida) und Schnecken (↗ Gastropoda) und manchen Insekten (↗ Insecta). Bei letzteren werden unterschieden: Stechrüssel (z. B. bei Stechmücken, ↗ Culicidae), Saugrüssel (bei Schmetterlingen, ↗ Lepidoptera, und Bienen, ↗ Apoidea), Leckrüssel oder Tupfrüssel (bei Stubenfliegen, ↗ Muscidae).

2) Zum Teil stark verlängerte, sehr bewegliche ↗ Nase bei manchen Säugetieren, die als Tast- und/oder Greiforgan benutzt wird und z.B. bei ↗ Elefanten, Tapiren (↗ Tapiridae), Schweinen (↗ Suidae) und Spitzmäusen (↗ Soricidae) vorkommt.

Rüsselegel, *Rhynchobdelliformes*, Taxon der ↗ Euhirudinea.

Rüsselkäfer, die Fam. ↗ Curculionidae.

Rüsselspringer, die ↗ Macroscelidea.

Rüsseltiere, die ↗ Proboscidea.

Russulales, Ord. der Ständerpilze (↗ Basidiomycetes), zu der die Milchlinge und die Täublinge gehören. Die *Milchlinge* (Gatt. *Lactarius*) scheiden bei Verletzung einen meist weißen, bei manchen Arten aber auch klaren oder orangeroten Milchsaft aus. Der Fruchtkörper ist meist trichterförmig mit zentralem Stiel; die meisten Arten bilden Mykorrhizen. Einige der rund 75 mitteleuropäischen Arten sind giftig, andere gute Speisepilze. Charakteristisch für die *Täublinge* (Gatt. *Russula*) sind die weißen bis dunkelgelben, spröden und leicht splitternden Lamellen; sie sind oft auffällig gefärbt. Die meisten der rund 90 einheimischen Arten sind essbar.

Rüster, die ↗ Ulme.

Rutaceae, *Rautengewächse*, in den Tropen, Subtropen und weltweit in den wärmeren gemäßigten Breiten vorkommende Fam. mit etwa 150 Gatt. und rund 1700 Arten. Neben staudigen Vertretern findet man besonders viele Sträucher und gedrungene Bäume. Die meist radiären Blüten differieren in ihrem Aufbau und der Anzahl ihrer Organe innerhalb der Familie sehr stark. Bei allen R. entwickelt sich zwischen Staub- und Fruchtblättern ein mit Nektardrüsen besetzter ↗ Diskus, sehr häufig kommen ↗ etherische Öle vor. Fruchtform der wichtigsten Gatt. *Citrus* ist die Beere (↗ Frucht). Wirtschaftlich bedeutsam sind u. a.: die ↗ Mandarine (*Citrus reticulata*), die ↗ Apfelsine (*Citrus sinensis*), die ↗ Grapefruit (*Citrus paradisi*), die ↗ Pampelmuse (*Citrus maxima*), die ↗ Zitrone (*Citrus limon*), die ↗ Zitronat-Zitrone (*Citrus medica*), die ↗ Pomeranze (*Citrus aurantium*), die ↗ Bergamotte (*Citrus bergamia*) und die ↗ Kumquat (*Citrus margarita*). Europäische Arten der R. sind der ↗ Diptam und die Weinraute, *Ruta graveolens*.

Rutaceae a Diptam (*Dictamnus albus*), b Weinraute (*Ruta graveolens*)

Rutales, Ord. der ↗ Rosopsida mit vielen Nutz- und Heilpflanzen. Kennzeichnend sind das Vorhandensein von etherischen Ölen, Harzen und Balsamen in speziellen Sekretbehältern sowie ein ↗ Diskus mit Nektardrüsen am Blütenboden.

Rütteln, ↗ Vogelflug.

Ružička, *Leopold*, schweizer. Chemiker kroatischer Herkunft, ∗ 13.9.1887 Vukovar (Kroatien), † 26.9.1976 Mammern (Thurgau); ab 1926 Prof. in Utrecht, ab 1929 in Zürich. R. klärte die Zusammensetzung des Insektizids Pyrethrin auf, synthetisierte vielgliedrige alizyklische Ketone, wie Muscon und Zibeton und arbeitete ferner über ↗ Isoprenoide und Polyterpene. Er formulierte die *Isoprenregel*, welche die Strukturaufklärung vieler kompliziert aufgebauter Naturstoffe (z. B. der Steroide) ermöglichte, synthetisierte das männliche Sexualhormon ↗ Androsteron (aus ↗ Cholesterin) und ermittelte 1933/34 dessen Konstitution, gefolgt von einer Teilsynthese des Testosterons. R. erhielt 1939 mit A.F.J. ↗ Butenandt den Nobelpreis für Chemie.

S

S, 1) chemisches Symbol für ↗ Schwefel.

2) Ein-Buchstaben-Symbol für die Aminosäure ↗ Serin.

Saatgut, Samen und Früchte, die im Pflanzenbau der Vermehrung einer bestimmten Art oder Sorte dienen. Hierzu gehören i. w. S. auch die als *Pflanzgut* bezeichneten vegetativen Pflanzenteile wie z. B. Kartoffelknolle und Pfropfreis sowie aus Saatgut erzeugte Jungpflanzen und ↗ Stecklinge.

Saatgutbeizung, landwirtschaftliche Maßnahme zum Schutz des Saatguts vor allem gegen Brandkrankheiten und andere, durch pilzliche sowie tierische Schädlinge hervorgerufene Schädigungen. Die Beizmittel enthalten u. a. Fungizide und organ. Quecksilberverbindungen und bilden eine Schutzschicht um das Samenkorn.

Saatkrähe, Art der Rabenvögel (↗ Corvidae).

Säbelschnäbler, zu den Watvögeln (↗ Limicolae) gehörende Vogelart.

Saccaden, ↗ Sakkaden.

Saccharomyces, Gatt. der ↗ Saccharomycetaceae (↗ Ascomycetes), deren Arten kugelige oder ovale, einkernige Zellen enthalten. Nach der Vermehrung durch Sprossung (Abb. ↗ Hefen) bleiben die Zellen z. T. in kürzeren oder längeren, mehr oder weniger verzweigten Zellketten (Abb. ↗ Bierhefe) verbunden. Die Arten von S. leben im Boden und auf verwesendem Pflanzenmaterial. Aufgrund ihrer Fähigkeit, Kohlenhydrate zu vergären, haben S.-Arten große wirtschaftliche Bedeutung. Von der Bäcker- (↗ Backhefe) und ↗ Bierhefe, *S. cerevisiae*, gibt es mehrere physiologische Rassen, die für die Herstellung alkoholischer Getränke wie ↗ Bier und ↗ Wein (↗ Weinhefe) verwendet werden. (↗ alkoholische Gärung)

Saccharomycetaceae, *Echte Hefen*, Fam. der Schlauchpilze (↗ Ascomycetes). Kennzeichnend sind eine asexuelle Vermehrung durch Sprossung (↗ Knospung) und das Fehlen eines ↗ Mycels. Die bei der Sprossung gebildeten Zellen können sich voneinander lösen, als Pseudo- oder Sprossmycel miteinander verbunden bleiben und (verzweigte) Zellketten bilden. Der Energiegewinn erfolgt durch Gärung oder oxidativen Abbau. Die wirtschaftlich wichtigste Gatt. ist ↗ Saccharomyces.

Saccharose, *Rohrzucker, Rübenzucker, Sucrose, β-D-Fructofuranosyl-α-D-glucopyranosid*, in Pflanzen weit verbreitetes, aus je einem Molekül ↗ Glucose und ↗ Fructose bestehendes Disaccharid, der „Zucker" in der Allgemeinsprache. S. bildet weiße Kristalle, die sich beim Erhitzen über den Schmelzpunkt (etwa ab 188 °C) unter Bildung von *Karamel* zersetzen. Da beide glykosidischen Hydroxygruppen substituiert sind, treten typische Reaktionen der ↗ Monosaccharide wie Reduktionswirkung, Osazonbildung und ↗ Mutarotation bei der S. nicht auf. Durch säurekatalysierte Hydrolyse entsteht aus S. ein Gemisch von Glucose und Fructose, das als *Invertzucker* bezeichnet wird. S. wird im Wesentlichen aus Zuckerrohr (S.-Gehalt 8 -17 %) oder der Zuckerrübe (S.-Gehalt 14 - 18 %) gewonnen. Die Biosynthese erfolgt aus D-Fructose-6-phosphat und UDP-Glucose unter der Katalyse von Saccharosephosphat-Synthase und nachfolgender Abspaltung des Phosphatrestes durch die Saccharosephosphatase.

S. dient als Nahrungsmittel und Geschmackskorrigens. Hochkonzentrierte Lösungen von S. verhindern osmotisch einen Befall mit Mikroorganismen (Konservierung).

Saccharose

Saccharum, Gatt. der ↗ Poaceae.

Saccocoma, Gatt. kleiner Seelilien (↗ Crinoida) mit frei schwimmender Lebensweise; S. besaßen fünf Paar zarter, distal verzweigter Arme an einem säckchenartigen Kelch. Sie finden sich schichtweise massenhaft im Solnhofener Plattenkalk, sind jedoch meist schlecht erhalten. S. sind Leitfossil des Oberjura und bis zur Unterkreide nachweisbar.

Sacculus, 1) Ohr.

2) Coelomrest am Metanephridium der ↗ Arthropoda.

Sachs, *Julius*, deutscher Botaniker und Pflanzenphysiologe, ✳ 2.10.1832 Breslau, † 29.5.1897 Würzburg; ab 1861 Prof. in Bonn, ab 1867 in Freiburg i. Br., ab 1868 in Würzburg. S. gab der ↗ Pflanzenphysiologie entscheidende Impulse. Er arbeitete über den Einfluss von Licht und Wärme auf Stoffwechsel, Stofftransport, Keimung, Wachstum und Blütenbildung der Pflanzen. Er erkannte, dass ↗ Stärke mit Hilfe von ↗ Chlorophyll unter Lichteinfluss gebildet wird und formulierte die Summengleichung der ↗ Fotosynthese.

Sackkiefler, die ↗ Entognatha.

Sackspinnen, die Fam. ↗ Clubionidae.

Sacrum, *Kreuzbein*, ↗ Becken (↗ Wirbelsäule).

Saflor, *Färberdistel, Carthamus tinctorius*, zur Fam. ↗ Asteraceae gehörende, Farbstoff und Öl liefernde Pflanze. Aus den Blütenköpfen gewann man schon im alten Ägypten *Saflorrot* zur Tuchfärberei.

Safran, *Crocus sativus*, Art der ↗ Iridaceae; aus den Narben der Herbstblüher wird der als Gewürz und Farbstoff verwendete echte Safran gewonnen. Falschen Safran stellte man aus ↗ Saflor her.

Safranwurz, die ↗ Gelbwurzel.

Sägehaie, *Pristiophoridae*, Fam. der Haie (↗ Selachimorpha).

Säger, *Mergus*, Gatt. der Enten mit schlankem, an den Kanten gesägtem Schnabel mit hakenartig gebogener Spitze. Der Kopf hat immer eine Haube oder einen Schopf, der Kopf der Weibchen und Jungvögel ist rotbraun mit weißem Kinn. S. leben vor allem von Fischen, die sie tauchend erbeuten. Der 66 cm große *Gänsesäger (Mergus merganser)* nistet in Baumhöhlen an See- und Flussufern und überwintert hauptsächlich auf Binnengewässern. Das Männchen hat im Prachtkleid einen schwarzen Rücken, einen dunkelgrünen Kopf und Oberhals, der Schnabel ist rot und die Unterseite weiß. Der Gänsesäger ist nach der Roten Liste stark gefährdet. Der mit 58 cm etwas kleinere *Mittelsäger (Mergus serrator)* ist durch einen schlankeren Körperbau, einen struppigen Schopf, graue Flanken und ein braunes Brustband gekennzeichnet; er besiedelt die Küstenregion und nistet an höhlenartigen, geschützten Stellen am Boden. Als Wintergast aus dem nördlichen Eurasien erscheint der 42 cm große, schwarz-weiße *Zwergsäger (Mergus albellus)* auf Küsten- und Binnengewässern Mitteleuropas.

Sagittalachse, Bez. für alle Achsen, die parallel zur *Medianebene (Mediosagittalachse)* verlaufen, welche den Körper in eine linke und rechte Hälfte teilt (dorsoventraler Längsschnitt).

Sagittaria, Gatt. der ↗ Alismataceae.

Sagittariidae, *Sekretäre*, Greifvogel-Fam. mit einer einzigen Art, dem afrikanische Savannen bewohnenden Sekretär (*Sagittarius serpentarius*). Er unterscheidet sich von allen anderen Greifvögeln durch seine langen Beine. Der kleine Kopf trägt einen aufrichtbaren Federschopf. Die Körperhöhe beträgt etwa 1,5 m, die Flügelspannweite 2 m. Als Steppenvogel fliegt er selten, sondern jagt zu Fuß nach kleinen Wirbeltieren, darunter auch Schlangen. Bei Steppenbränden folgt er oft der Flammenlinie und fängt die dort aufgescheuchten Tiere. Sekretäre leben gewöhnlich paarweise. Sie bauen ihre Horste auf hohen Büschen oder Bäumen. Die zwei bis drei Eier werden vom Weibchen sechs bis sieben Wochen lang bebrütet; das Männchen füttert während dieser Zeit das Weibchen und beteiligt sich auch später an der Jungenaufzucht.

Sago, Bez. für ↗ Stärke, die aus Palmen (↗ Sagopalmen), ↗ Taro, ↗ Maniok (Tapioka- oder Perlsago) oder ↗ Kartoffeln (Kartoffelsago) gewonnen wird.

Sagopalmen, verschiedene Palmenarten (↗ Arecaceae), aus deren stärkereichem Stamm ↗ Sago gewonnen wird. Zu den so genannten echten S. gehören Arten der Gatt. *Metroxylon*, die wichtigste Art ist *Metroxylon sagu*.

Saiga, *Saigaantilopen, Saiga tatarica*, in den tibetanischen Hochsteppen zwischen 4500 und 4700 m Höhe lebende Steppenantilope, die eiszeitlich auch in Westeuropa verbreitet war. Charakteristisch ist der stark ausgeprägte Nasenvorhof, der einen kurzen beweglichen Rüssel bildet, der erhoben, verkürzt und zur Seite gedreht werden kann. Die nach unten stehenden Nasenöffnungen vermindern das Einatmen des von wandernden Herden aufgewirbelten Staubs. Die sehr große Nasenhöhle ermöglicht im Winter eine Vorwärmung der kalten Atemluft. S. ernähren sich von Gräsern und Kräutern. Schutzmaßnahmen führten zur Bestandsvermehrung der zu Anfang des 20. Jh. nahezu ausgerotteten S. Sie bilden mit dem nahe verwandten Tschiru oder Orongo (*Pantholops hodgsoni*) die Unterfam. Saigaartige (Saiginae) innerhalb der Fam. Hornträger (↗ Bovidae).

Saisondimorphismus, Bez. für die an Jahreszeiten gebundene, in Form und Farbe unterschiedliche Erscheinung einer oder mehrerer Generationen einer Tierart (z. B. bei Schmetterlingen das Landkärtchen, *Araschnia levana*). ↗ Polymorphismus

Saitenwürmer, die ↗ Nematomorpha.

Sakkaden, *Saccaden*, schnelle, sprungartige und bewusst oder unbewusst ausgelöste Augenbewegungen, die i. d. R. der Fixierung dienen, aber auch ohne Fixationsreize spontan zwei- bis dreimal pro Sekunde auftreten. (↗ Nystagmus, ↗ Sehen)

Sakmann, *Bert*, deutscher Mediziner, ✳ 12.6. 1942 Stuttgart; ab 1985 Direktor der Abteilung für Zellphysiologie des Max-Planck-Instituts für medizinische Forschung in Heidelberg. S. erhielt zusammen mit E. ↗ Neher für die Entwicklung der ↗ Patch-Clamp-Technik zur Messung der äußerst schwachen Ionenkanal-Ströme 1991 den Nobelpreis für Physiologie oder Medizin.

Salamander, ↗ Salamandridae.

Salamandergifte, von den Hautdrüsen des ↗ Feuersalamanders und des ↗ Alpensalamanders abgeschiedene Wehrsekrete. Sie enthalten toxische Steroidalkaloide (*Salamander-Alkaloide*), die auf das Zentralnervensystem wirken und Krämpfe hervorrufen, der Hauptvertreter *Samandarin* bewirkt außerdem ↗ Hämolyse. Darüber hinaus enthalten S. ↗ biogene Amine (Tryptamin und 5-Hydroxytryptamin) sowie weitere höhermolekulare Substanzen, die Haut reizend und ebenfalls hämolytisch wirken.

Salamandra, Gatt. der ↗ Salamandridae, zu der u. a. der ↗ Alpensalamander und der ↗ Feuersalamander gehören.

Salamandridae, *Molche und Salamander*, Fam. der Schwanzlurche (↗ Urodela). Charakteristisches Merkmal ist die Gaumendachbezahnung, die zwei geschwungene Längsreihen bildet. Die Bez. Molche und Salamander beziehen sich auf Lebensformtypen: Molche leben zumindest während der Fortpflanzungszeit im Wasser und haben einen seitlich abgeflachten Schwanz, Salamander sind vorwiegend terrestrisch und haben einen drehrunden Schwanz. Innerhalb der Fam. überwiegen die molchartigen Formen. Die über 50 Arten der S. sind holarktisch verbreitet, mit Verbreitungsschwerpunkt in der Paläarktis. Die meisten Arten vertragen nur niedrige Temperaturen. Viele S. verbringen den größten Teil ihres Lebens im Wasser. Das Paarungsverhalten ist auffällig unterschiedlich. Ursprünglich ist wohl die Paarung mit Amplexus (↗ Klammerreflex), wie sie u. a. beim ↗ Feuersalamander und beim ↗ Alpensalamander beobachtet wird, abgeleitet die Paarung ohne Körperkontakt, wie bei den Molchen der Gattung *Triturus* (z. B. ↗ Kamm-Molch) und *Cynops*.

Salatgurke, ↗ Gurke.

Salatzichorie, der ↗ Chicorée.

Salbei, *Salvia officinalis*, zur Fam. ↗ Lamiaceae gehörender Halbstrauch. Die Blätter werden seit alters her als Heiltee und zum Würzen verwendet. Salbeiöl dient medizinisch als desinfizierendes und Schweiß hemmendes Mittel.

Salicaceae, *Weidengewächse*, zu den ↗ Rosopsida gehörende, vor allem in der nördlichen gemäßigten und der subarktischen Zone beheimatete Pflanzenfam. mit über 400 Arten, die ausschließlich aus verholzten Bäumen und Sträuchern besteht. Charakteristisch sind die eingeschlechtlichen, in kätzchenartigen Blütenständen stehenden Blüten, die keine Blütenhülle besitzen und zweihäusig verteilt sind (↗ Zweihäusigkeit). Die Frucht ist eine Kapsel mit kleinen endospermlosen und langhaarigen, klebrigen Samen. Die zwei Hauptgatt. der Fam. sind die ↗ Pappeln (*Populus*) und die Weiden (*Salix*). Die schnellwüchsige ↗ Zitterpappel (*Populus tremula*) und die verbreitet vorkommende ↗ Silberpappel (*Populus alba*) sind häufig in Auwaldgesellschaften vertreten. Die ökologisch sehr anpassungsfähige Gatt. *Salix* hat mit der einheimischen Korbweide (*Salix viminalis*) auch wirtschaftliche Bedeutung.

Salicornia, Gatt. der ↗ Chenopodiaceae.

Salicylsäure, *2-Hydroxybenzoesäure*, *Phenolcarbonsäure*, ein besonders als *Salicylsäuremethylester* und dessen Glykoside in Eichen, Stiefmütterchen, Veilchen und im amerikanischen Wintergrün (Kanadischer Tee, Labradortee) enthaltener, in hohen Dosen giftiger Naturstoff. S. hat eine antibakterielle und keratolytische Wirkung und ist deshalb in Hautsalben enthalten. Außerdem wirkt sie antirheumatisch und wurde früher als Natriumsalz therapeutisch verwendet. Das aus Wintergrün und Nelken gewonnene, Salicylsäuremethylester enthaltende Öl wird in niedrigen Dosen u. a. zur Aromatisierung von Zahnpasten und Kaugummi benutzt, außerdem ist es Bestandteil antirheumatischer Einreibungen. Durch Acetylierung wird aus S. ↗ Acetylsalicylsäure hergestellt.

Salientia, die Froschlurche (↗ Anura).

Salinität, der Salzgehalt von Gewässern oder Böden. S. ist ein abiotischer Faktor, der in Prozent oder Promille angegeben wird, bzw. in g/l. Im Zuge der ↗ Osmoregulation erfordert das Leben in stark salzhaltiger Umgebung spezielle Anpassungen (↗ Salzstress, ↗ Halophile, ↗ Halophyten). Auf ↗ Salzböden lebende Pflanzen bilden oft Salzbodengesellschaften in typischer Artenzusammensetzung. (↗ Salzseen)

Saliva, der ↗ Speichel.

Salix, Gatt. der ↗ Salicaceae.

Salmler, die Fam. ↗ Characidae.

Salmo, Gatt. der zu den Lachsverwandten (↗ Salmoniformes) gehörenden Lachsfische (Salmoni-

Salicaceae a Korbweide (*Salix viminalis*), b Schwarzpappel (*Populus nigra*)

dae), zu der u. a. der ↗ Lachs und die ↗ Forelle gehören.

Salmonella, die ↗ Salmonellen.

Salmonellen, *Salmonella*, Gatt. der ↗ Enterobacteriaceae. Es sind stäbchenförmige, meist bewegliche, in Mensch und Tier parasitierende Bakterien. Die von den S. gebildeten Endotoxine (↗ Bakterientoxine) verursachen fieberhafte Darm- und Allgemeinerkrankungen. Zu den häufigsten von S. hervorgerufenen Krankheiten gehören ↗ Typhus und ↗ Gastroenteritis. *Salmonella*-Arten sind für viele so genannte ↗ Lebensmittelvergiftungen verantwortlich.

Salmonellose, Magen-Darm-Erkrankung, die durch ↗ Salmonellen verursacht wird und nach dem Verzehr kontaminierter Nahrungsmittel auftritt. Zu den Symptomen gehören Kopfschmerzen, Schüttelfrost, Erbrechen, Durchfall und Fieber. S. gehen oft von Nahrungsmitteln aus, die rohe Eier enthalten.

Salmonidenregion, ↗ Fischregionen.

Salmoniformes, *Lachsverwandte*, Ord. der Knochenfische, deren Arten oligotrophe sommerkühle Gewässer der Nordhalbkugel, insbesondere um den Nordpazifik, bewohnen. Zu den S. gehören viele Arten, die wirtschaftliche Bedeutung als Speisefische haben.

Die Arten der Fam. *Lachsfische (Salmonidae)* besitzen zwischen Rücken- und Schwanzflosse eine kleine strahlenlose Fettflosse. Sie leben räuberisch von Kleintieren. S. laichen im Süßwasser in Gruben ab, in denen die Jungfische bleiben, bis der Dottersack aufgezehrt ist. Zu den S. gehören zahlreiche wohlschmeckende Speisefische, die auch gezüchtet werden, u. a. ↗ Lachs und ↗ Forelle. Auch die Arten der Fam. *Äschen (Thymallidae)* besitzen eine kleine Fettflosse; ihre fahnenartige, große Rückenflosse ist schön gezeichnet. Sie sind in den gemäßigten Zonen der Holarktis ausschließlich im Süßwasser verbreitet. Die *Äsche* (Gatt. *Thymallus*) ist Leitfisch schnell fließender Bäche und Flüsse (↗ Äschenregion). Lokal als Speisefische von Bedeutung sind viele Arten der Fam. *Renken (Coregonidae)*, die in Küsten-, Süß- und Brackgewässern der Holarktis verbreitet sind. Sie haben ebenfalls eine Fettflosse, wie auch die *Stinte (Osmeridae)*, die in den Küstengewässern gemäßigter und kalter Meere der Nordhalbkugel leben. Ebenfalls zu den S. werden derzeit die *Hechte (Esocidae)* gestellt, die sich als Stoßräuber vor allem von Fischen, aber auch von Amphibien, Wasservögeln und Säugern ernähren. Einzige europäische Art ist der ↗ Hecht.

Salpa, Gatt. der ↗ Salpida.

Salpen, die ↗ Thaliacea.

Salpeterbakterien, die ↗ nitrifizierenden Bakterien.

Salpida, *Desmomyaria*, Taxon der Salpen (↗ Thaliacea) mit 30 Arten, die überwiegend pelagisch in warmen Meeren leben, Ausnahmen sind u. a. die Art *Salpa thompsoni*, die in der Antarktis vorkommt und die im Mittelmeer häufige Art *Salpa democratica*. Die S. besitzen einen transparenten, tonnenförmigen Körper, der von Muskelbändern umfasst wird, die auf der Ventralseite offen sind. Sie haben die schnellsten Wachstumsraten aller Metazoa. So kann der Körper innerhalb einer Stunde um 10 % länger werden, das Gewicht kann sich innerhalb von 24 h verdoppeln. Bei günstigen Ernährungsverhältnissen können die S. riesige Schwärme von Millionen Tieren und über 100 km Länge bilden. Die S. besitzen einen komplizieren Generationswechsel (*Metagenese*): Gonozoide produzieren im Brutbeutel meist nur ein bis zwei *Oozoide (Ammen)*, die frei werden und sich ungeschlechtlich durch Knospung an einem geraden oder spiralig gewundenen Stolo prolifer vermehren; die abgegebenen Knospen (*Blastozoide*) sind oft artspezifisch angeordnet. Die Reststücke des Stolo zwischen den einzelnen Tieren werden resorbiert und die Blastozoide bilden Haken, welche die Tiere zusammenhalten (*Kettensalpen*). Diese Ketten, die aus über 100 Tieren bestehen können, lösen sich ab und schwimmen frei. Die Blastozoide entwickeln sich zu zwittrigen Geschlechtstieren (*Gonozoide*). Bei diesen werden im Eierstock reifende Eier durch eingestrudelte Fremdspermien befruchtet. Der Embryo ist über eine Art ↗ Placenta mit dem Muttertier verbunden und wird über einen Blutsinus ernährt. Das reife Oozoid schwimmt durch die elterliche Ausströmöffnung hinaus (↗ Viviparie).

Salticidae, *Springspinnen*, Fam. der Webspinnen (↗ Araneae) mit etwa 5000 Arten (86 in Mitteleuropa), die 2 - 12 mm lang sind, mit kurzen kräftigen Beinen und großen leistungsfähigen Augen. Springspinnen weben keine Netze, sondern verfolgen ihre Beute und ergreifen sie im Sprung (Name!).

Salvia, Gatt. der ↗ Lamiaceae.

Salviniales, Ord. der ↗ Hydropterides (*Wasserfarne*) mit der einzigen Fam. *Salviniaceae*. Wasserfarne der Gatt. *Azolla* werden in Asien auf den Reisfeldern kultiviert. Der Farn besitzt symbiontische ↗ Cyanobakterien, die Stickstoff fixieren (↗ Stickstoffkreislauf) und die Fruchtbarkeit des Reisfeldes erhöhen. Beim Absterben von Azolla führt die Zersetzung dem Boden weitere stickstoffhaltige Nährstoffe zu. Ein einheimischer Vertreter ist der Schwimmfarn (*Salvinia natans*).

Salviniidae, die ↗ Hydropterides.

Salzausscheidung, *Salzabscheidung*, bei Pflanzen die Abgabe von Salz durch ↗ Salzdrüsen. Die S. stellt neben der *Salzakkumulation* eine Anpassung von ↗ Halophyten an ihren Standort dar. (↗ Exkretion, ↗ Sekretion)

Salzböden, Böden mit einem hohen Gehalt an Natriumsalzen, die auf der Bodenoberfläche oder im Boden eine Salzkruste bilden. Diese Böden kommen in Gebieten mit hoher Verdunstungsintensität vor. (↗ Halophyten)

Salzdrüsen, 1) *Botanik*: spezialisierte Drüsenzellen der Epidermis zur Exkretion (↗ Ausscheidungsgewebe) überschüssigen Salzes bei ↗ Halophyten (z. B. einige ↗ Plumbaginaceae, einige Pflanzen der ↗ Mangrove).

2) *Zoologie*: oberhalb der Augen liegende paarige Nasendrüsen aller Vögel, die vor allem bei marinen Arten gut ausgebildet sind. S. dienen der ↗ Osmoregulation und scheiden über Ausfuhrgänge zu den Nasenlöchern ein Sekret mit hoher Natriumchloridkonzentration aus. Das Sekret läuft in einer Rinne zur Schnabelspitze oder es wird als feiner Nebel von den Nasenlöchern verteilt. Die S. bestehen aus mehreren tausend Tubuli, von denen jeder von einem Transportepithel ausgekleidet und von Blutkapillaren umsponnen ist. Die Tubuli münden in einen Zentralkanal. Die Konzentrierung findet durch ↗ Gegenstromaustausch statt. Funktionsfähige Salzdrüsen sind bei 13 Vogel-Ord. nachgewiesen und finden sich u. a. bei Röhrennasen (↗ Procellariiformes), Ruderfüßern (↗ Pelecaniformes), Flamingos (Fam. ↗ Phoenicopteridae), Gänsevögeln (↗ Anseriformes), Greifvögeln (↗ Falconiformes), Watvögeln (↗ Limicolae), Möwenvögeln (Fam. ↗ Laridae). Die ausgeschiedene Salzkonzentration kann den doppelten Gehalt des Meerwassers erreichen. Hochseevögel, wie Albatrosse, die sich von marinen Wirbellosen ernähren und Meerwasser trinken können, weisen besonders hohe Konzentrationen im Salzdrüsensekret auf.

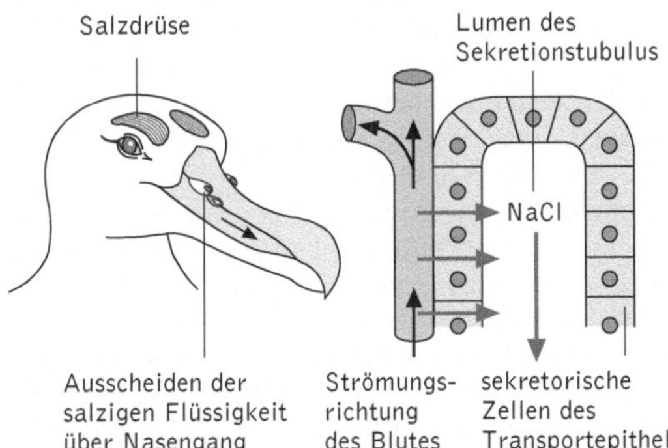

Salzdrüsen Die linke Abb. zeigt die Lage der Salzdrüsen im Kopf eines Albatrosses. Die rechte Abb. zeigt die Konzentrierung des Sekrets nach dem Gegenstromprinzip: Die sekretorischen Zellen des Transportepithels pumpen das Salz aus dem Blut in den Tubulus, wobei Blutstrom und Sekretfluss entgegengesetzt sind; dadurch besteht entlang des gesamten Tubulus ein Konzentrationsgradient quer durch die Membran, der den Transport der Salzionen in das Tubuluslumen unterstützt

Salze, eine Gruppe von Verbindungen, die als gemeinsames Charakteristikum ein aus Ionen bestehendes Kristallgitter besitzen. S. zeichnen sich durch eine relativ hohe Härte, hohe Schmelz- und Siedepunkte und geringe thermische Ausdehnung und Kompressibilität aus. – Als *Salz* wird in der Allgemeinsprache das *Natriumchlorid* (Kochsalz; ↗ Natrium) bezeichnet.

Salzgehalt, ↗ Salinität.

Salzkristalle, Kristalle aus schwer löslichen Salzen in der Vakuole pflanzlicher Zellen. Meist handelt es sich um Calciumoxalat, $Ca(COO)_2$, das entweder als monoklin kristallisierendes Monohydrat vorliegt, oder als Dihydrat, das tetragonal kristallisiert. In selteneren Fällen findet man auch Calciumcarbonat. S. werden nach ihrer Form unterteilt in Solitärkristalle, Drusen, Raphiden oder Kristallsand.

Salzpflanzen, die ↗ Halophyten.

Salzsäure, *Chlorwasserstoffsäure*, *HCl*, die wässrige Lösung von Chlorwasserstoff, eine starke Mineralsäure. S. findet sich im menschlichen Magensaft (↗ Magen) mit einem Anteil von etwa 0,15 bis 0,2 %. Sie fördert dort die Verdauung und hemmt das Wachstum schädlicher Bakterien.

Salzseen, ↗ Seen mit sehr hohen Salzgehalten. In ariden Gebieten sind es meist abflusslose Seen, die ausschließlich durch Verdunstung Wasser verlieren (*endorheische Seen*). Dabei reichern sich gelöste Salze an, insbesondere Kochsalz, Soda und Sulfate. Infolge der hohen Mineralstoffkonzentrationen beheimaten S. meist dichte Populationen von Cyanobakterien, so z. B. der Nakurusee in Kenia. In humiden Gebieten werden S. meist von Mineralquellen gespeist. Der Salzgehalt schwankt sehr stark und kann 300 g/l übersteigen. Bis zu einem Salzgehalt von 2,5 % besteht ein großer Teil der Bewohner aus Süßwasserorganismen, die keine Vorliebe für Salzwasser zeigen (*Haloxene*). Zwischen 2,5 und 10 % Salzgehalt finden sich nur noch halophile Arten und echte Salzwasserarten, die *Halobionten*. Zu den halophilen Arten gehören z. B. die Stichlingsart *Gasterosteus aculeatus*, der Ruderfußkrebs *Cyclops bicuspidatus*, und die Larve der Zuckmückenart *Chironomus halophilus*. Die halophilen Arten sind auch im Süßwasser verbreitet, die Halobionten dagegen nur in salzhaltigen Binnengewässern. Bei einem Salzgehalt über 10 % überleben nur noch die Halobionten. Sie ertragen Salzkonzentrationen bis 20 %, so u. a. das Salzkrebschen (*Artemia salina*), die Salzfliege (*Ephydra riparia*), oder sogar darüber (*Halobacterium*-Arten). Zu den pflanzlichen Organismen von S. zählen einzellige Algen der Gatt. *Dunaliella* und *Asteromonas*. Prokaryotische Organismen der S. sind z. B. die extrem halophilen ↗ Archaebakterien der Gatt. *Halobacterium* und *Haloferax*.

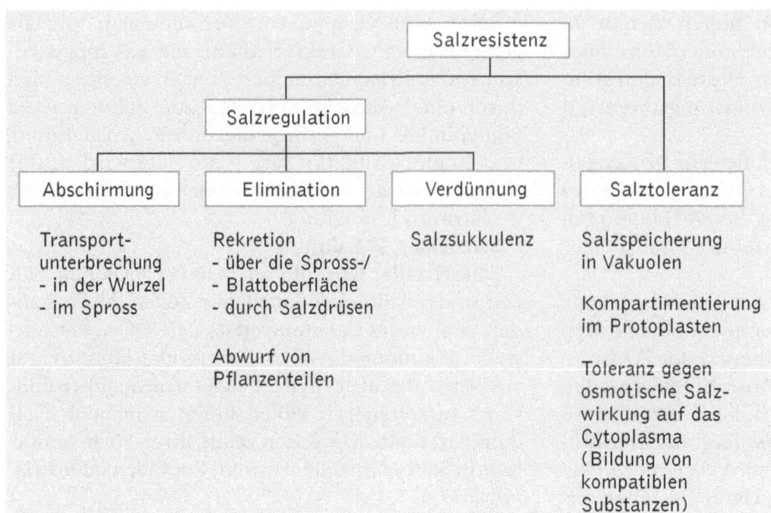

Salzstress Auswahl wichtiger Anpassungsmöglichkeiten an Salzstress (nach Larcher, W. Ökophysiologie der Pflanzen, 1994)

Salzstress, bei den meisten Pflanzen (↗ Glykophyten) die durch einen hohen Bodensalzgehalt bedingte Beeinträchtigung von physiologischen, biochemischen und molekularen Prozessen, die sich z. B. durch vermindertes Wachstum oder Verfärbung der Blätter bemerkbar macht. Dadurch, dass gelöste Substanzen im Wurzelbereich das ↗ Wasserpotenzial des Bodens absenken, treten zudem ähnliche Stresssymptome wie bei ↗ Dürrestress auf (↗ osmotische Einstellung). S. ist nicht an Standorten, die von Natur aus hohe Salzkonzentrationen aufweisen (z. B. Meeresküsten) anzutreffen, deren Vegetation zudem eine Reihe von Anpassungen aufweist (↗ Halophyten), sondern vor allem in Regionen mit künstlicher Bewässerung, wo es durch Verdunstung von Wasser zu einer Versalzung der Böden kommt.

Salztoleranz, die Fähigkeit von Organismen, hohe Salzkonzentrationen der Umgebung zu ertragen. (↗ Halophile, ↗ Halophyten)

Salzwasser, Bez. für Gewässer mit einem Salzgehalt von über 0,05 %. Hierzu zählen u. a. das Meerwasser (↗ Meer), das Wasser der ↗ Salzseen und teilweise auch das ↗ Brackwasser.

Salzwiese, aus verschiedenen Salzpflanzen (↗ Halophyten) gebildete Pflanzengesellschaften, die vor allem in Meeresnähe verbreitet sind. Typische Pflanzenarten der S. sind z. B. Salzgras, Salzaster, Salzmelde, Strandnelke und Salzbinse.

SAM, Abk. für ↗ S-Adenosyl-Methionin.

Sambucaceae, innerhalb der ↗ Rosopsida isoliert stehende Fam. holziger Pflanzen mit etwa 20 Arten. Kennzeichnend sind die gegenständigen, unpaarig gefiederten Blätter und fünfzähligen Blüten in Doldentrauben oder Rispen. Die heimische Gatt. ↗ Holunder (*Sambucus*) ist verbreitet anzutreffen.

Sambucus, Gatt. der ↗ Sambucaceae.

Same, charakteristische Verbreitungseinheit der ↗ Spermatophyta, die aus Samenschale (*Testa*), dem ↗ Endosperm als Nährgewebe und dem ruhenden Embryo besteht. Mit der Entwicklung des S. erfolgt die Befruchtung auf der sporophytischen Mutterpflanze, der empfindliche Gametophyt wird wesentlich reduziert. Zudem sind der Schutz und die Versorgung von Zygote und embryonalem Sporophyten bei der ↗ Samenausbreitung wesentlich besser gewährleistet als bei einer Verbreitung von Megasporen. Bei der ↗ Samenkeimung in den obersten Bodenschichten quillt der S. durch Wasseraufnahme auf, sprengt die Samenschale, und der Embryo entwickelt sich durch Abbau des Nährgewebes weiter und bildet den neuen Sporophyten. In manchen Fällen ist kein besonderes Endosperm ausgebildet, die Speicherung der Reservestoffe wird dann in Form von *Speicherkotyledonen* von den Keimblättern übernommen.

Samen, umgangssprachliche (und missverständliche) Bez. für ↗ Sperma.

Samenanlage, Organ der ↗ Spermatophyta, das mit einem Stiel (*Funiculus*) an der Samenschuppe (↗ Gymnospermae) oder an der *Plazenta* der Fruchtblätter (↗ Angiospermae) verwachsen ist. Die basale Ansatzstelle des Funiculus wird als *Chalaza* (Nabelfleck) bezeichnet. In dem von Integumenten umgebenen *Nucellus* (Gewebskern) entsteht aus der Embryosackzelle durch meiotische Teilung (↗ Meiose) bei den Gymnospermae ein mehrzelliger Megagametophyt, bei den Angiospermae die Embryosackzelle, die die Eizellen bildet. Die *Mikropyle*, eine der Chalaza gegenüberliegende Öffnung, ermöglicht den Zutritt des Pollens oder des Pollenschlauches zur Befruchtung. (Abb. ↗ Blüte)

Samenausbreitung, die Verbreitung von Samen und Früchten einer Pflanzenpopulation über den Entstehungsort hinaus. Bei der *Autochorie* sorgt die Pflanze mit verschiedenen Mechanismen selbst für diesen Transport, bei der *Allochorie* erfolgt er durch Wind, Wasser, Tiere oder den Menschen.

Während bei den meisten Pflanzen die reifen Samen bzw. Früchte einfach zu Boden fallen werden sie von den *Selbststreuern* aktiv verbreitet. Es gibt dabei verschiedene Möglichkeiten: Die berührungsempfindlichen Explosionskapseln der Springkrautgewächse (↗ Balsaminaceae) beruhen ebenso auf Turgormechanismen wie die Rückstoßschleudern des Sauerklees (↗ Oxalidaceae) und der ↗ Spritzgurke. Die Katapultkapseln bei der Gatt. Geranium (↗ Geraniaceae) und die Quetschschleudern verschiedener Arten der Gatt. Viola (↗ Violaceae) sind Beispiele für einen Mechanismus durch hygroskopische Bewegungen. Die Bohrfrüchte der Gatt. Stipa (↗ Poaceae) und Erodium (↗ Geraniaceae) bohren sich selbsttätig in den Boden. Bei den *Selbstablegern* wie z. B. der ↗ Erdnuss sorgen aktive Wachstumsbewegungen dafür, dass die Früchte im Boden versenkt werden.

Werden die Samen oder Früchte einer Pflanze durch Allochorie verbreitet, findet man dem Ausbreitungstypus entsprechende Anpassungen. Durch Tiere verbreitete Diasporen verfügen über verschiedene Lockstoffe wie Nahrungsstoffe, Farb- und Duftstoffe. Vielfach schützt eine besonders harte Schale (*Sklerotesta*) den Samen vor einer Beschädigung durch den Kauapparat oder Verdauungsenzyme. Neben der Verbreitung durch Frucht und Samen fressende Tiere gibt es auch Samen, die durch Anheftung an den Tierkörper verbreitet werden. Hierzu zählen klebrige Früchte wie beim Wegerich (↗ Plantaginaceae) oder Klettfrüchte z. B. bei Schneckenklee (↗ Fabaceae) oder Hexenkraut (↗ Onagraceae). Anpassungen an die Windausbreitung sind blasenförmige Kelche oder Samenhaare, während die Samen bei Wasserausbreitung entweder unbenetzbar sind oder über spezielle Schwimmvorrichtungen verfügen, wie z. B. bei der Seerose (↗ Nymphaeaceae).

Je nach Lebensraum der Pflanzen zeigen sich Anpassungen an verschiedene Ausbreitungsformen. In der Krautschicht des Waldes findet man vielfach eine Ausbreitung durch Ameisen (↗ Myrmekochorie), bei höheren Stauden durch Säuger, in der Strauch- und Baumschicht vermehrt Ausbreitung durch Vögel, den Wind und Selbstausbreitung.

Samenbank, Bez. für das langfristige tiefgekühlte Lagern von menschlichen und tierischen Spermien sowie von Pflanzensamen. Das Aufbewahren menschlicher und z. T. auch tierischer (insbesondere von Nutztieren) Spermien (↗ Spermium) bzw. des ↗ Spermas wird vor allem unter dem Aspekt der späteren Nutzung für eine künstliche ↗ Besamung (↗ Insemination, ↗ Reproduktionsmedizin) praktiziert. Pflanzensamen werden insbesondere von Arten, die vom Aussterben bedroht sind bzw. unter dem Aspekt der Erhaltung der Artenvielfalt und der genetischen Information in S. aufbewahrt.

Samenbärlappe, *Lepidospermae*, ↗ Lepidodendrales.

Samenbehälter, das ↗ Receptaculum seminis.

Samenblase, 1) *Vesicula seminalis*, zur längeren oder kürzeren Aufbewahrung reifer Spermien dienende Erweiterung oder Aussackung des ↗ Samenleiters vieler Würmer, Insekten und anderer wirbelloser Tiere. Im Unterschied zum ↗ Receptaculum seminis dient die S. der Spermienspeicherung vor der Kopulation. *Samensäcke* sind Aussackungen der Dissepimente bei den ↗ Oligochaeta, die in das benachbarte Segment hineinreichen (viel größer als die Hoden), und in denen nicht nur Spermienspeicherung, sondern auch die vorangehende Spermiogenese erfolgt.

2) irreführende Bez. für die ↗ Bläschendrüsen.

Samenerguss, *Ejakulation*, das Ausspritzen des Spermas (*Ejakulat*) während der ↗ Begattung bzw. des ↗ Geschlechtsverkehrs, beim Mann meist unter gleichzeitigem Erleben eines ↗ Orgasmus. Durch Reizung des ↗ Penis wird beim Mann reflek-

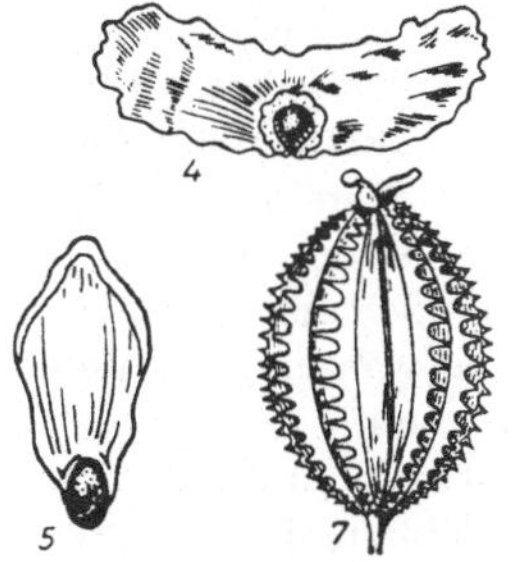

Samenausbreitung Einrichtungen zur Samenausbreitung. 1 Turgor-Spritzmechanismus (Spritzgurke, *Ecballium*), 2 Turgor-Schleudermechanismus (Springkraut, *Impatiens*), Frucht geschlossen (a) und explodierend (b); 3 Streufrucht (Rittersporn, *Delphinium*); 4 Flugsamen (*Macrozanonia*, Fam. Cucurbitaceae); 5 Flugsamen (Fichte, *Picea*); 6 Samen mit Flughaaren (Weidenröschen, *Epilobium*); 7 Häkelfrucht oder Klettfrucht (Möhre, *Daucus*)

torisch über das Thorakolumbalmark die Erregung sympathischer efferenter Neuronen ausgelöst, was zu Kontraktionen von Nebenhoden, Samenleiter, Prostata und Bläschendrüsen führt; dadurch werden Spermien und Drüsensekrete in das Lumen der Harnsamenröhre befördert. Die Harnblase verschließt sich am Ansatz reflektorisch, wodurch ein Rückfluss in die Harnblase verhindert wird. Die Reizung des Penis führt über die sensiblen Fasern des Schamnervs auch zur Erregungsauslösung im *Ejakulationszentrum*, das im Sakralmark liegt. Bei Überschreiten der Reizschwelle wird unter Mitwirkung parasympathischer und sympathischer Nervenfasern der *Ejakulationsreflex* ausgelöst. Das Sperma wird durch rhythmische Kontraktionen der Beckenbodenmuskulatur und der den hinteren Teil der Schwellkörper umschließenden Skelettmuskulatur aus der Harnröhre herausgeschleudert. Begleitet ist dieser Vorgang durch rhythmische Kontraktionen der Rumpfmuskulatur. Normalerweise werden etwa 2 - 6 ml Sperma, die insgesamt 200 bis 500 Mio. Spermien enthalten, ergossen. Das Ejakulat kann mit einem gewissen Druck herausspritzen oder auch langsam heraussickern. Bereits vor dem eigentlichen S. können durch kaum oder nicht spürbare Muskelkontraktionen Spermien in die Harnröhre und auch nach außen gelangen. Dies ist der Grund für die Unsicherheit des Coitus interruptus als Methode der ↗ Empfängnisverhütung. (↗ Schwangerschaft, ↗ Schwangerschaftsabbruch, ↗ Sexualität)

Samenfaden, das ↗ Spermium.

Samenfarne, ↗ Lyginopteridopsida.

Samenflüssigkeit, das ↗ Sperma.

Samenkanälchen, ↗ Hoden.

Samenkeimung, bei Pflanzen die sich an die ↗ Samenruhe anschließende Wachstumsphase, deren erstes sichtbares Merkmal der Durchbruch der Keimwurzel (*Radicula*) durch die Samenschale (*Testa*) ist. Ihm folgt das Erscheinen oberirdischer Pflanzenteile. Je nachdem, ob die beiden Keimblätter (*Kotyledonen*) der dicotyledonen Pflanzen (↗ Dicotyledonae) nach der Keimung in der Erde verbleiben oder aber oberirdisch ergrünen, spricht man von *hypogäischer K.* bzw. *epigäischer K.* Eine Sonderstellung nehmen die einkeimblättrigen ↗ Monocotyledonae ein, deren Keimblatt in das *Scutellum* umgewandelt ist. Spross- und Wurzelvegetationspunkt sind zudem von Scheiden (*Coleoptile*, *Coleorhiza*) umgeben, die während der Keimung durchstoßen werden müssen.

Bei der S. werden in Bezug auf das Sonnenlicht und den darin enthaltenen Rotlichtanteil (↗ Phytochrom) zudem zwei unterschiedliche Typen unterschieden, die als *Lichtkeimer* und *Dunkelkeimer* bezeichnet werden. Hinzu kommt, dass bei bestimmten Arten auch die Tageslänge die S. beeinflusst.

Die S. beginnt mit der Aufnahme von Wasser durch Quellung, an die sich unmittelbar eine Phase mit gesteigerter Wachstums- und Atmungsaktivität anschließt. Dies ist möglich, weil im trockenen Samen bereits Enzyme bzw. mRNA-Moleküle vorhanden sind, die nach der Wasseraufnahme sofort aktiv bzw. translatiert werden. Die erforderliche Energie wird dabei zunächst aus dem Abbau von Reservestoffen in den Speichergeweben bereitgestellt, bis die Keimlinge fotosynthetisch aktiv sind. Dabei werden *Hydrolasen* aktiv, welche die als Speicher dienenden Kohlenhydrate, Proteine oder Fette zu Zuckermolekülen, Aminosäuren und Nucleotiden umsetzen, die aus dem Speichergewebe in den Embryo transportiert werden. Bei Samen, in denen Fette als Reservestoffe vorkommen, findet die Synthese von Zuckern mittels ↗ Gluconeogenese statt.

Die S. wird durch verschiedene Phytohormone kontrolliert. So aktivieren ↗ Gibberelline das vegetative Wachstum des Embryos und sorgen für die Mobilisierung der gespeicherten Nährstoffe im Endosperm. Bei einer Reihe von Pflanzenarten fördert ↗ Ethylen die Samenkeimung. ↗ Abscisinsäure wirkt hingegen hemmend auf die S., indem es die ↗ Samenruhe aufrechterhält.

Samenleiter, *Spermadukt, Ductus deferens, Vas deferens* (Mehrzahl *Vasa deferentia*), der vom Hoden ausgehende, die Spermien ausleitende Kanal. Der S. ist bei Wirbellosen oft mit einer ↗ Samenblase versehen. Bei den Säugetieren einschließlich des Menschen sind die S. die paarigen Fortsetzungen der Nebenhodengänge (↗ Nebenhoden). Sie ziehen durch den Leistenkanal in den Bauchraum und münden in die ↗ Prostata ein, in der sie sich zu den *Spritzkanälchen* (*Ductus ejaculatorii*) verengen, die ihrerseits auf dem *Samenhügel* in die Harnröhre münden; diese wird ab diesem Punkt als *Harnsamenröhre* bezeichnet. Die Wandung der S. besteht aus zwei glatten Längsmuskelschichten und einer kräftigen Ringmuskelschicht; die Muskulatur ermöglich das Verkürzen und Verengen der S., die dadurch beim ↗ Samenerguss wie eine Saug-Druck-Pumpe arbeiten.

Samenmantel, ↗ Arillus.

Samenpakete, die ↗ Spermatophoren.

Samenpflanzen, ↗ Spermatophyta.

Samenräuber, Tierarten, die sich von Pflanzensamen ernähren und z. T. eine Vorratshaltung betreiben, z. B. ↗ Eichhörnchen, Eichelhäher (↗ Corvidae) oder Feldhamster (↗ Cricetinae).

Samenruhe, die unterschiedlich lange andauernde ↗ Ruheperiode pflanzlicher Samen, die den Zeitraum zwischen Ausbildung des Embryos und ↗ Samenkeimung umfasst. Der Zustand der S. ist vor allem durch einen geringen Wassergehalt der Samen (< 12 %), einen Minimalstoffwechsel und die hohe Widerstandsfähigkeit gegenüber Kälte oder Hitze gekennzeichnet. Die S. wird als *primäre S.* bezeichnet, wenn Samen bereits von ihren Mutterpflanzen als ruhend abgeworfen werden. Von *sekundärer S.* wird gesprochen, wenn die S. durch unzulängliche Umweltbedingungen ausgelöst wird. Verantwortlich für die S. sind dabei zwei unterschiedliche Mechanismen. Zum einen kontrolliert der *Embryo* selbst durch den Zustand seiner Reife bzw. Unreife oder aber durch Hemmstoffe bzw. fehlende Wuchsstoffe, die häufig in den Kotyledonen synthetisiert werden, die Samenkeimung. Von großer Bedeutung ist jedoch auch die *Samenschale* selbst, die z. B. das Eindringen von Wasser und somit den für die Keimung wichtigen Quellprozess verhindert; bei einigen Arten wird der Gasaustausch so reduziert, dass Sauerstoff zum limitierenden Faktor wird. Mikrobielle oder physikalische Prozesse im Boden tragen nach einer bestimmten Zeit dazu bei, dass die Samenschalen vieler Samen durchlässig werden. Die erwähnten Kontrollmechanismen der S. sind typisch für die so genannte *endogene S. (Dormanz)*, die sich von der *exogenen S.* dadurch unterscheidet, dass bei letzterer ausschließlich Umweltfaktoren wie Wasserverfügbarkeit ausschlaggebend sind (*Quieszenz*).

Die S. kann bei vielen Samen im gequollenen Zustand durch Kältebehandlung bei 0 - 10 °C (↗ Stratifikation) gebrochen werden. Auch Licht ist für die Beendigung der S. von Bedeutung (↗ Lichtkeimer, ↗ Dunkelkeimer). Ähnliche Effekte lassen sich durch die Gabe von ↗ Gibberellinen erzielen, da das Verhältnis von ↗ Abscisinsäure und Gibberellinen die S. kontrolliert. Dies wurde durch Untersuchungen einer Reihe von ↗ Arabidopsis-Mutanten mit gestörtem Phytohormon-Haushalt bestätigt. Schließlich führt das Quellen von Samen in Anwesenheit bestimmter Chemikalien wie Kaliumnitrat (KNO_3) zur Keimung, weil die Oberfläche der Samenschale dadurch angegriffen und durchlässiger wird.

Samenschale, *Testa*, äußere Umhüllung des Samens, die aus einem oder beiden Integumenten gebildet wird. (↗ Same)

Samenschuppen, ↗ Samenanlage und später Samen tragende Schuppe im ↗ Zapfen der ↗ Gymnospermae. S. sind homolog zu den Blüten der ↗ Angiospermae.

Samenspende, das Bereitstellen von ↗ Sperma zum Zweck der künstlichen Besamung (↗ Insemination). Das Sperma wird i. d. R. durch Masturbation gewonnen, in flüssigem Stickstoff tiefgefroren (↗ Kryokonservierung) und in so genannten Samenbanken aufbewahrt. (↗ Reproduktionsmedizin, Essay: ↗ Reproduktionsmedizin – Glück bringende Fortschritte oder unzulässige Eingriffe?)

Samentasche, das ↗ Receptaculum seminis.

Samenuntersuchung, ↗ Spermiogramm.

Samenzelle, das ↗ Spermium.

Sammelfrucht, ↗ Frucht.

Sammler, Bez. für tierische Organismen, die kleinere pflanzliche oder tierische Nahrung aus ihrer Umgebung aufnehmen, ohne diese zu jagen. (↗ Ernährung)

Samuelsson, *Bengt Ingemar*, schwed. Biochemiker, * 21.5.1934 Halmstad; ab 1962 Prof. am Karolinska-Institut in Stockholm. S. untersuchte vor allem Struktur und Wirkung der ↗ Prostaglandine. Er entdeckte 1975 die ↗ Thromboxane, die bei der ↗ Blutgerinnung eine wichtige Rolle spielen, und 1979 die ↗ Leukotriene. 1982 erhielt S. zusammen mit S.K. Bergström (* 1916) und J.R. ↗ Vane den Nobelpreis für Physiologie oder Medizin.

Sanarelli, *Guiseppe*, ital. Serologe, * 24.4.1864 Monte San Savino, † 6.4.1940 Rom; ab 1893 Prof. für Hygiene in Siena, 1895 in Montevideo (Uruguay), ab 1898 in Bologna und 1898 - 1935 in Rom. S. arbeitete u. a. über ↗ Gelbfieber, Typhus und ↗ Cholera. Er entdeckte den Erreger (*Leporipoxvirus myxomatosis*) der auch auf den Menschen übertragbaren Kaninchen-Myxomatose, entwickelte ein antiinfektiöses Serum zur Behandlung des Gelbfiebers (*Sanarelli-Serum*) und führte als Erster das Trennverfahren der Ultrafiltration unter Verwendung feinporiger kolloidaler Membranen sowie die nasale Impfung in die Praxis ein.

Sandaale, die Fam. ↗ Ammodytidae.

Sandboas, Gatt. der Riesenschlangen (↗ Boidae).

Sandböden, Böden mit über 40 % Sand und bis 15 % Ton. Sie zeichnen sich durch eine gute Wasserführung, einen geringen Nährstoffgehalt und gute Durchwurzelbarkeit aus. (↗ Boden)

Sanddorn, *Hippophaë rhamnoides*, Gatt. der ↗ Elaeagnaceae, die im eurasischen Bereich beheimatet ist. Die essbaren orangeroten Scheinfrüchte haben einen hohen Gehalt an Vitamin C.

Sandelholz, das aromatische, sehr feste Holz von Vertretern der im asiatischen Raum beheimateten Gatt. *Santalum* der Fam. ↗ Santalaceae. Die im Holz enthaltenen ↗ etherischen Öle werden bei Harnwegserkrankungen angewandt.

Sanderling, zu den Schnepfenvögeln (↗ Scolopacidae) gehörende Art.

Sandklaffmuschel, Art der ↗ Heterodonta.

Sandkultur, zur ↗ Hydrokultur analoge Aufzuchtmethode von Pflanzen in reinem Quarzsand unter Zusatz von Nährlösung.

Sandotter, Art der Grubenottern (↗ Viperidae).

Sandregenpfeifer, Art der ↗ Charadriidae.

Sanger, *Frederick*, engl. Biochemiker, * 13.8. 1918 Rendcomb (Gloucestershire); Prof. in Cambridge, ab 1944 am biochemischen Department des Medical Research Council der Universität Cambridge tätig, ab 1962 Leiter der Abteilung Protein-

und Nucleinsäurechemie des Medical Research Council Laboratory of Molecular Biology. Ihm gelang mit Hilfe von ihm neu entwickelter Methoden (z. B. Markierung mit Dinitrofluorbenzol, *Sanger-Reagenz*) die erste Aufklärung der vollständigen Primärstruktur (Aminosäuresequenz) eines Proteins, des ↗ Insulins, wofür er 1958 den Nobelpreis für Chemie erhielt. In den 1960er-Jahren entwickelte S. Methoden zur Sequenzanalyse von ↗ Ribonucleinsäure (Fingerprint-Methode) und in den 1970er-Jahren zur Sequenzanalyse von ↗ Desoxyribonucleinsäure. Für diese Arbeiten erhielt er im Jahr 1980 zum zweiten Mal den Nobelpreis für Chemie zusammen mit P. ↗ Berg und W. ↗ Gilbert.

Sanger-Methode, Bez. für das von F. ↗ Sanger und Mitarbeitern perfektionierte Verfahren zur ↗ DNA-Sequenzierung unter Verwendung von ↗ Didesoxynucleotiden.

Sanguis, das ↗ Blut.

Santalaceae, *Sandelholzgewächse*, weltweit, vor allem in den Tropen und Subtropen verbreitete Fam. mit ca. 500 Arten. Die Angehörigen dieser Fam. sind meist Halbparasiten. Wirtschaftlich genutzt wird das Holz der Gatt. *Santalum* (↗ Sandelholz).

Santalales, Ord. der ↗ Rosopsida, zu der Halb- und Vollparasiten gehören wie die ↗ Santalaceae, ↗ Loranthaceae und ↗ Viscaceae.

Santalum, Gatt. der ↗ Santalaceae.

Sapindaceae, *Seifenbaumgewächse*, hauptsächlich in den Tropen beheimatete Fam. mit ca. 1300 Arten. Wirtschaftlich wichtig ist ↗ Litschi (*Litchi chinensis*). Aus der Liane *Paullinia cupana* wird in Brasilien das Getränk ↗ Guaraná hergestellt.

Sapindales, Ord. der ↗ Rosopsida mit den Fam. ↗ Sapindaceae, ↗ Hippocastanaceae, ↗ Aceraceae und *Zygophyllaceae*. Kennzeichnend sind das Vorhandensein eines ↗ Diskus an Stelle von Sekretbehältern und Harzgängen und die Tendenz zu dorsiventralen Blüten.

Saponaria, Gatt. der ↗ Caryophyllaceae.

Saponine, Glykoside von tetra- oder pentazyklischen Alkoholen, die zu den häufigsten ↗ sekundären Pflanzenstoffen gehören. S. sind stark oberflächenaktiv und wirken hämolytisch, d. h. sie lösen die Membran der Erythrocyten auf. Auf Fische und Amphibien wirken sie stark toxisch. Beispiele für pflanzliche S. sind u. a. das *Digitonin* aus Pflanzen der Gatt. ↗ Fingerhut und das *Convallamarin* aus dem ↗ Maiglöckchen, die beide herzwirksame Glykoside sind. – S. treten jedoch nicht nur bei Pflanzen auf, sie werden auch von einigen marinen Wirbellosen als Abwehrstoffe gebildet, z. B. von Seegurken (↗ Holothuroida) und Seesternen (↗ Asteroida).

Sapotaceae, tropische Fam. der ↗ Rosopsida, die gekennzeichnet sind durch das Vorkommen von Guttapercha enthaltendem Milchsaft. Hauptlieferanten dafür sind der südostasiatische Guttaperchabaum (*Palaquium gutta*) und *Payena leerii*.

sapro-, in Zusammensetzungen: Fäulnis.

saprob, ↗ saprotroph.

Saprobie, *Saprobität*, die Intensität der Abbauprozesse in einem ↗ Fließgewässer. An dem Abbau sind Mikroorganismen und Tiere beteiligt. (↗ Saprobien, ↗ Saprobiensystem)

Saprobien, *Saprobionten*, *Fäulnisbewohner*, Organismen, die faulende Stoffe bewohnen, insbesondere stark verschmutzte, faulende Abwässer. Hierzu gehören Bakterien, Pilze, Algen sowie tierische Ein- und Mehrzeller. Viele Arten sind typische Leitorganismen (↗ Bioindikatoren), die die Stärke der Verunreinigung anzeigen und für eine Klassifizierung der untersuchten Gewässer herangezogen werden (↗ Saprobiensystem).

Saprobienindex, der bei der biologischen Wasseruntersuchung unter Verwendung der Häufigkeit, der Saprobienwerte und der Indikatorgewichtung von Leitformen (↗ Saprobien) ermittelte Wert zur Beurteilung der ↗ Gewässergüte (↗ Saprobiensystem). Unbelastetes Wasser hat einen S. von 1,0, sehr stark verschmutztes Wasser einen maximalen S. von 4,0.

Saprobiensystem, System zur Beurteilung der ↗ Gewässergüte von ↗ Fließgewässern, bei dem die einzelnen Gewässerabschnitte nach bestimmten Gewässerorganismen (↗ Saprobien) eingestuft werden. Die Saprobien werden vier Güteklassen zugeordnet:

Güteklassse I: oligosaprob (unbelastet bis sehr gering belastet); *Güteklasse II*: β-mesosaprob (mäßig belastet); *Güteklasse III*: α-mesosaprob (stark verschmutzt); *Güteklasse IV*: polysaprob (übermäßig stark verschmutzt). Zur genaueren Charakterisierung der Güteklassen und der Organismen dieser Stufen ↗ Gewässergüte.

Saprobiologie, befasst sich mit der biologisch-ökologischen Gewässerbeschaffenheit. Es werden Gewässergütekartierungen vorgenommen und ökologische Strukturgütekarten erstellt.

Saprobionten, die ↗ Saprobien.

Saprobität, die ↗ Saprobie.

Saprolegniales, zu den ↗ Oomycota gehörende niedere ↗ Pilze mit schlauchförmigem, querwandlosem, vielkernigem ↗ Mycel, deren meiste Arten auf Detritus im Wasser leben, andere in feuchter Erde; einige wachsen parasitisch auf geschwächten Fischen. Zur vegetativen Fortpflanzung schwellen Hyphenenden zu keulenförmigen *Zoosporocysten* an, in denen einkernige Mitosporen mit zwei ungleich langen apikalen Geißeln entstehen. Die Geißeln werden nach dem Schwärmen eingezogen und es entstehen kugelige, mit einer Wand umgebene Sporen, die auf geeignetem Substrat unter Bildung eines Keimschlauchs zu einem neuen Pilz auswachsen. Die *Gametangien* sind durch Querwände von den Traghyphen getrennt. Weibliche Gametangien bilden *Oogonien*, die anfangs vielkernig sind. Der größte Teil der Kerne geht zugrunde und die wenigen verbleibenden werden von einer Plasmahülle umgeben, die zu einem kugelrunden Ei kontrahiert. Die männlichen Gametangien legen sich als Ganzes um das Oogonium und treiben Befruchtungsschläuche bis zu den Eizellen, in die je ein männlicher Kern entlassen wird. Nach einer Ruhepause keimen die Zygoten mit einem vielkernigen Keimschlauch aus. Zu den S. gehört u. a. die Gatt. *Saprolegnia* mit einem relativ derbfädigen nur spärlich verzweigten Mycel. Die entleerten Sporocysten werden von ihren eigenen Trägerhyphen durchwachsen und bilden dann innerhalb der leeren Sporocyste eine neue aus.

Sapropel, ↗ Faulschlamm.

Saprophagen, *Saprozoen*, Tiere, deren Nahrungsgrundlage totes organisches Material (↗ Bestandsabfall) ist. Hierzu gehören Protozoen und Vertreter fast aller Tiergruppen einschließlich einiger Wirbeltiere. Viele S. leben im Boden (z. B. Regenwürmer, Collembolen) und auf dem Grund von Gewässern (z. B. Nematoden). Zu den S. gehören auch die *Koprophagen* (Kotfresser; ↗ Koprophagie) und *Nekrophagen* (Aasfresser). Die S. sind Bestandteil der ↗ Destruenten-Saprophagen-Nahrungskette. In der angloamerikan. Literatur wird die Bez. Saprophage synonym mit Detritivore (↗ Detritusfresser) verwendet, obwohl es sich beim ↗ Detritus nur um zerkleinerte Substratteile handelt.

Saprophyten, *Fäulnispflanzen*, *Moderpflanzen*, Bez. für Bakterien, Pilze und einige wenige Blütenpflanzen, die von totem organischem Material (↗ Bestandsabfall) leben. Die Bez. Fäulnis-„Pflanzen" und Moder-„Pflanzen" sind irreführend, da Bakterien und Pilze nicht zu den Pflanzen gerechnet werden. Zu den wenigen echten Fäulnispflanzen gehören z. B. die völlig chlorophyllfreien Arten der Gatt. Fichtenspargel, *Monotropa*. Die meisten Bakterien und Pilze sind Saprophyten. Als Substrate nutzen sie vor allem Kohlenhydrate, Fette und Eiweiße, aber auch andere organische Substanzen und verschiedene Abbauprodukte. Die S. sind von überragender Bedeutung für den Abbau des Bestandsabfalls. Von einigen Autoren wird die Bez. Saprophyten auch synonym mit ↗ Destruenten verwendet.

Saprozoen, die ↗ Saprophagen.

SAR, die Abk. für ↗ systemisch erworbene Resistenz.

Sarcina, *Sarcinen*, Gatt. der ↗ grampositiven Bakterien mit niedrigem ↗ GC-Gehalt. Es sind kugelförmige, paketförmig zusammenlagernde, unbewegliche, anaerobe Bakterien. In einem Päckchen sind acht oder mehr Zellen zusammengelagert.

Sarcinen, 1) Bez. für paketförmig angeordnete kugelförmige Bakterien (↗ Bakterienformen). 2) die Gatt. ↗ Sarcina.

Sarcodina, die ↗ Rhizopoda.

Sarcom, Bez. für einen ↗ Tumor mesodermalen Ursprungs (↗ Mesoderm).

Sardelle, Art der Heringsverwandten (↗ Clupeiformes).

Sardine, Art der Heringsverwandten (↗ Clupeiformes).

Sarkomer, die funktionelle Grundeinheit des ↗ Muskels.

sarkoplasmatisches Reticulum, Abk. *SR*, Bez. für das ↗ endoplasmatische Reticulum der Muskelzellen, das an der Muskelkontraktion maßgeblich beteiligt ist. Es zeichnet sich durch sehr hohe Ca^{2+}-Konzentrationen aus und steht mit der Plasmamembran der Muskelzellen in engem Kontakt. Das s. R. gibt nach elektrischer Anregung (Nervenimpuls) Calciumionen in das Cytosol ab, sodass es zur Muskelkontraktion kommt. Zahlreiche Pumpen in der Membran des s. R. können diese wieder aufnehmen, sodass der Muskel in den Ruhezustand zurückkehren kann. (↗ Muskel)

Satelliten-DNA, Bez. für im Genom häufig auftretende hochrepetitive DNA mit ausgedehnten Sequenzwiederholungen, die keine genetische Information enthält. So ist S. - D. beispielsweise in den Centromeren oder Telomer-Bereichen der ↗ Chromosomen vorhanden. Ihre Bez. rührt von der Methode her, mit der die S. - D. erstmals entdeckt wurde. Bei Untersuchungen der Dichteverteilung von DNA durch Gleichgewichts-Zentrifugation im Cäsiumchlorid-Dichtegradienten treten stets so genannte Satelliten-Fraktionen auf, die von der Hauptmenge der DNA abgetrennt sind, da ihre Dichte von dieser abweicht. S. - D. lässt sich in drei Gruppen einteilen: 1) *„klassische" S. - D.*: 100 bis 5000 kb große Sequenzwiederholungen, 2) *Minisatelliten-DNA*: 100 bp bis 20 kb und 3) *Mikrosatelliten-DNA*: meist kürzer als 150 bp und häufig aus Wiederholungen eines Dinucleotid-Sequenzmotivs (z. B. AC/GT) bestehend. Dieser Typ der S. - D. wird auch zur ↗ Genkartierung eingesetzt.

Sattelrobbe, Art der Seehunde (↗ Phocidae).

Sättigungszentrum, ↗ Hunger.

Satureja, Gatt. der ↗ Lamiaceae.

Saubohne, ↗ Ackerbohne.

Sauerampfer, ↗ Ampfer.

Sauerdorn, die ↗ Berberitze.

Sauerdorngewächse, die Fam. ↗ Berberidaceae.

Sauergräser, *Riedgräser*, die Fam. ↗ Cyperaceae.

Sauerkleegewächse, die Fam. ↗ Oxalidaceae.

Sauerkraut, Produkt, das unter Luftabschluss aus Weißkohl entsteht. Dabei geht der zusammengepresste und mit Kochsalz versetzte Weißkohl in eine spontane ↗ Milchsäuregärung über. An der

Gärung sind *Leuconostoc*-Arten und *Lactobacillus plantarum* beteiligt.

Sauermilch, entsteht durch spontane ↗ Milchsäuregärung oder unter Zusatz von ↗ Starterkulturen aus sterilisierter Milch. *Lactococcus lactis* wird dabei zur Herstellung von Dickmilch, Buttermilch, Sauerrahm, Kefir, Quark und Käse zugesetzt, *Streptococcus thermophilus* zur Joghurtproduktion. Durch die Milchsäure wird das Casein der Milch ausgefällt und das S.-Produkt gleichzeitig vor der Zersetzung durch Fäulnisbakterien geschützt. Weitere Gärungsendprodukte tragen zur Aromabildung bei.

Sauerstoff, *Oxygenium*, chemisches Symbol *O*, ein chemisches Element aus der sechsten Hauptgruppe des Periodensystems, der Sauerstoff-Schwefel-Gruppe oder Chalkogene. S. ist unter Normalbedingungen ein farb-, geruch- und geschmackloses Gas, das als *Disauerstoff* O_2 vorliegt, der stabilsten Existenzform des S. Daneben gibt es den *Trisauerstoff*, O_3, besser bekannt als ↗ Ozon sowie, unter bestimmten Bedingungen, angeregte Zustände des S., wie den *Singulettsauerstoff* (↗ reaktive Sauerstoffspezies). S. ist chemisch sehr reaktiv und verbindet sich mit anderen Elementen meist unter Wärmeabgabe zu *Oxiden*. Der Verbindungsvorgang heißt ↗ Oxidation. Er kann bei rascher Freisetzung hoher Energiemengen als Verbrennung ablaufen, bei langsamem Verlauf als Rosten von Eisen, Anlaufen von Metallen oder Verwesung von Biomasse.

S. ist am Aufbau der Erdkruste zu 50,5 % beteiligt und damit das auf der Erde am häufigsten vorkommende Element. Mit 20,9 Vol.-% ist es Bestandteil der Luft. Die Hauptmasse des Sauerstoffs ist gebunden an Wasserstoff im ↗ Wasser (H_2O) enthalten. Außerdem kommt S. in beträchtlichen Mengen in erz- und gesteinsbildenden Oxiden und Salzen von Sauerstoffsäuren vor, so z. B. im Magnetit (Fe_3O_4), Kalkstein ($CaCO_3$) u.a. Calciumverbindungen (vor allem Sulfate) und in zahlreichen Silikaten. Trotz des hohen Sauerstoffverbrauchs durch verschiedenartigste Verbrennungsprozesse in Industrie und Haushalt, durch Atmung, Verwesung und Verwitterung u. a. ist durch die ständige Bildung von S. bei der ↗ Fotosynthese der Sauerstoffgehalt der Atmosphäre weitgehend konstant.

Für den Ablauf insbesondere der Energie liefernden Reaktionen in biologischen Systemen, vor allem für die Atmung, ist die Anwesenheit von S. unverzichtbar. Er wird bei der biologischen Oxidation (↗ Atmung; ↗ Atmungskette) verbraucht und letztlich zu Wasser umgewandelt. Ein erwachsener Mensch verbraucht beim Atmen im Ruhezustand etwa 20 Liter S. in der Stunde. Atemluft mit einem Sauerstoffgehalt unter 7 % führt zu Bewusstlosigkeit, solche mit weniger als 3 % zum Tod durch Ersticken. Reiner S. hingegen kann, sofern der Druck 0,1 MPa nicht übersteigt, kurzzeitig ohne Schädigungen eingeatmet werden. S. ist Bestandteil fast aller Biomoleküle. Er bildet die reaktiven Zentren für metabolische Umwandlungen von Säuren, Aldehyden, Ketonen, Alkoholen und Ethern. Kohlenwasserstoffe sind erst dann biologisch abbaubar, wenn sie in Verbindungen überführt werden können, die eine Sauerstofffunktion tragen, z. B. durch Hydroxylierung. S. ist auch Bestandteil des Hydroxylapatits der Knochen. Die für alle Organismen wichtigste Sauerstoffverbindung ist wohl das Wasser.

Allg. kommt S. überall dort anstelle von Luft zur Anwendung, wo es bei Verbrennungsvorgängen auf die Erreichung möglichst hoher Temperaturen ankommt.

S. dient weiterhin u. a. zur Füllung von Atemschutzgeräten und mit S. angereicherte Luft kommt in der Medizin zur Unterstützung der Atmung zur Anwendung. Bedeutung hat S. auch in der biologischen Abwasserbehandlung.

Sauerstoffmangel, die ↗ Anoxie.

Sauerstoff entwickelnder Komplex, der im Fotosystem II (↗ Fotosysteme) vorhandene, manganhaltige Enzymkomplex auf der Innenseite der Thylakoidmembranen. Hier erfolgt die ↗ Fotolyse des Wassers, die mit dem ↗ S-Zustand-Mechanismus modellhaft beschrieben wird. (↗ Lichtreaktionen)

Sauerstoffmangel, ↗ Anoxie.

Sauerteig, enthält neben der Bäckerhefe *Saccharomyces cerevisiae* (↗ Saccharomyces) auch noch verschiedene ↗ Milchsäurebakterien wie z. B. *Lactobacillus plantarum* oder *Lactobacillus brevis*. Außer dem säuerlichen Aroma dienten die Milchsäurebakterien früher vor allem dem Schutz der Hefen vor Fäulniserregern.

Säuerungskulturen, Kulturen aus ↗ Milchsäurebakterien, die man zum Konservieren, Aufschließen und zur Geschmacksverbesserung von Nahrungs- und Futtermitteln einsetzt. Dies geschieht beispielsweise bei ↗ Sauerkraut, ↗ Sauerteig, ↗ Sauermilch und ↗ Silage. Die Herabsetzung des pH-Werts (↗ pH-Wert) unter anaeroben Bedingungen unterbindet das Wachstum der meisten Mikroorganismen, sodass durch einfaches *Pasteurisieren* eine dauerhafte ↗ Konservierung erreicht werden kann.

Säugen, der für die Säugetiere (↗ Mammalia) charakteristische Vorgang der Ernährung der neugeborenen Jungtiere durch das Sekret der ↗ Milchdrüsen, welches von den Jungen entweder an Zitzen aufgesaugt oder in Milchfeldern aufgeleckt wird. Beim Menschen wird dieser Vorgang als *Stillen* bezeichnet, und das Kind wird in der Zeit des Stillens *Säugling* genannt.

Säugetiere, *Säuger*, die ↗ Mammalia.

Saugmagen, 1) blindsackartig erweiterter ↗ Kropf vieler Schmetterlinge (↗ Lepidoptera), der dorsal dem Mitteldarm aufliegt und früher fälschlich als Saugpumpe angesehen wurde.

2) Bei Spinnen (↗ Araneae) ein im Vorderleib im Anschluss an eine enge Speiseröhre gelegenes Verdauungsorgan, das, mit einem kräftigen Muskel an der Rückendecke verankert, den nach extraintestinaler Vorverdauung vorbereiteten Nahrungsbrei in einen den ganzen Körper durchziehenden Verdauungstrakt pumpt.

Saugnapf, Saugorgan an der Körperoberfläche verschiedener Tiere, das dem Festsaugen an einem Untergrund (Substrat, Lebewesen) dient. Saugnäpfe sind napf-, gruben-, schalen- oder scheibenförmig ausgebildet. Die Saugwirkung entsteht unter anderem durch einen Unterdruck im Saugnapfraum infolge von Muskelkontraktionen. Sie kann (z. B. bei Kopffüßern) einem Zug von mehreren Kilogramm standhalten.

Saugorgane, spezielle Organe bei Pflanzen und Tieren, die dem Festhalten bzw. Festsaugen an einem Untergrund (↗ Haftorgane) oder dem Einsaugen von Nahrung bzw. (bei Pflanzen) von Nährstoffen und Wasser dienen (↗ Saugwurzeln). S. bei Pflanzen sind u. a. ↗ Haustorien und ↗ Scutellum, und bei Tieren z. B. ↗ Saugnapf, Saugrüssel (↗ Mundgliedmaßen), ↗ Saugmagen und Saugtentakel.

Saugreflex, zu den frühkindlichen Reflexen gehörender Reflex. Das Berühren der Lippen und der Mundumgebung des Säuglings führt zu kräftigen Saugbewegungen.

Saugrüssel, ↗ Mundgliedmaßen.

Saugwürmer, ↗ Trematoda.

Saugwurzel, bei ↗ Kormophyten kurze, dicht mit Wurzelhaaren besetzte oder von Mykorrhiza umgebene Wurzelverzweigungen im Boden, die der Wasser- und Nährstoffaufnahme dienen. Auch die ↗ Haustorien pflanzlicher Parasiten werden als S. bezeichnet.

Säure-Base-Reaktion, Die Reaktion von Säuren mit ↗ Basen. Je nach Säure-Base-Konzept (↗ Säuren) findet hierbei entweder eine Neutralisation statt, bei der durch Vereinigung von H^+-Ionen und OH^--Ionen Wasser entsteht (Arrhenius-Konzept), oder es wird zwischen Säure und Base ein Proton ausgetauscht (Brønsted-Konzept, Protolysereaktion), oder es entstehen Neutralisationsprodukte, in denen die Komponenten durch kovalente Bindung miteinander verbunden sind (Lewis-Konzept).

säureliebend, ↗ acidophil.

säuremeidend, ↗ acidophob.

Säuren, nach der Definition des schwed. Physikochemikers S. Arrhenius (1859 - 1927) Stoffe, die in wässriger Lösung unter Bildung von H^+-Ionen (Protonen) dissoziieren (↗ Basen bilden entsprechend OH^--Ionen). Dieses älteste Konzept ist mittlerweile weitgehend abgelöst worden von der von dem dän.

Chemiker J.N. Brønstedt (1879 - 1947) aufgestellten Definition, nach der S. Systeme sind, die Protonen abgeben, also als *Protonendonatoren* fungieren, und Basen entsprechend als *Protonenakzeptoren*. In diesem Konzept sind S. nicht auf wässrige System beschränkt, sondern können auch zur Beschreibung von Reaktionen in nichtwässrigen Lösungsmitteln und in der Gasphase dienen. Ein drittes Konzept, das von dem amerikan. Physikochemiker G.N. Lewis (1875 - 1946) aufgestellt wurde, bezeichnet als S. Moleküle oder Ionen, die über eine Elektronenlücke verfügen, also *Elektronenpaarakzeptoren* sind, und die mit Basen (die als *Elektronenpaardonatoren* ein Elektronenpaar zur Verfügung stellen) unter Knüpfung einer kovalenten Bindung reagieren können. Dieses Konzept findet vor allem breite Anwendung in der Diskussion von Reaktionsabläufen in der organischen Chemie.

saurer Regen, zum Schlagwort gewordene Bez. für Niederschläge (Regen, Schnee, Hagel) mit einem ↗ pH-Wert von unter 6,5. Ursache ist die Emission von Säure bildenden Luftschadstoffen in Form von Schwefel- und Stickstoffverbindungen aus Kraftwerken, Hausbrand, Verkehr und Intensivlandwirtschaft. Diese Stoffe reagieren mit Sauerstoff und Wasser zu Schwefelsäure und Salpetersäure. S. R. ist mitverantwortlich für das seit Beginn der 1980er-Jahre beobachtete z. T. großflächige ↗ Waldsterben. Besonders deutlich sind die Schadbilder an Tannen und Fichten, zunehmend sind jedoch auch Laubbäume betroffen. S. R. kann auch zur Versauerung von Seen beitragen (↗ Gewässerversauerung). Die Folgen sind ein starker Rückgang der Fischbestände und eine Verminderung der Artendiversität von Wassertieren und -pflanzen.

säuretolerant, ↗ acidotolerant.

Sauria, ↗ Squamata.

Saurier, umgangssprachliche Bez. für große fossile Reptilien (↗ Dinosaurier, ↗ Ichthyosauria, ↗ Ornithischia, ↗ Pterosauria, ↗ Saurischia).

Saurischia, *Echsenbecken-Dinosaurier*, von der Mitteltrias bis zur Oberkreide verbreitete ↗ Dinosaurier mit zweibeiniger oder vierbeiniger Fortbewegungsweise. Der Beckengürtel der S. ist dreistrahlig (triradiat) mit schräg nach vorn unten gerichtetem Schambein (Pubis). Das Schlüsselbein ist reduziert, jedoch meist vorhanden; bei fortschrittlichen Coelurosauriern sind beide Schlüsselbeine zum Gabelbein verwachsen wie bei den Vögeln. Die Haut besitzt einzelne knöcherne Osteodermen und bei den Sauropoda einen hornigen Rückenkamm. Die Hintergliedmaßen sind meist länger als die Vordergliedmaßen, die mehr oder weniger reduziert sein können. Zu den S. gehören die Unterord. Sauropodomorpha und *Theropoda*. Letztere waren carnivore, meist bipede S. mit stark reduzierten Vordergliedmaßen und verlängerten Hintergliedmaßen sowie einem langen Schwanz. Sie begannen in der Obertrias mit den zierlichen, bis 4 m langen und bipeden *Coelurosauriern*, die bis zur Oberkreide nachgewiesen sind. Ihre Vordergliedmaßen waren wenig reduziert und gingen in eine mit Schlagkrallen bewehrte Greifhand über. Aus den Coelurosauriern entstanden in der Trias größere Formen, die rein carnivoren *Carnosauria* mit großem Kopf und steakmesserähnlichen, gekerbten Zähnen, einem kurzen Hals und einem langen kräftigen Schwanz. Zu ihnen gehörten Großräuber wie z. B. *Megalosaurus* und *Tyrannosaurus*. Die zweite Unterord. waren die sehr großen *Sauropodomorpha* (Mitteltrias bis Oberkreide). Sie besaßen abgestumpfte Zähne und waren wohl eher Pflanzenfresser. In Jura und Kreide verbreitet waren die *Sauropoda*, z. T. riesige Formen mit kleinem Kopf, langem Hals, verkürztem Rumpf und einem sehr langen Schwanz. Mit bis über 25 m Länge sind sie die größten bekannten Landwirbeltiere. Hierzu gehören z. B. *Brontosaurus* und *Brachiosaurus*.

Sauropsida, von T. H. Huxley (1825-1895) vorgeschlagene Zusammenfassung von Reptilien und Vögeln in einer Klasse.

Savanne, Vegetationsform der semiariden Tropen und Subtropen, bei der Grasfluren von einzelnen Bäumen und Baumgruppen durchsetzt sind. Die Holzarten der S. haben den Standortbedingungen angepasste Wuchsformen wie die Schirmbaumform der Schirmakazien und die dicken, Wasser speichernden Stämme des Affenbrotbaums (Abb. ↗ Bombacaceae). Je nach Wasserhaushalt werden *Trocken-* und *Feucht-S.* unterschieden. In den afrikanischen (*Miombo*) und asiatischen S. sind die Bäume meist Laub abwerfend (*Acacia*), in den Llanos des Orinoco-Gebietes und den Campos serrados von Brasilien herrschen immergrüne Holzarten vor. Auf Lehmböden entwickelt sich die *Termiten-S.* In vorübergehend überschwemmten Niederungen wird die *Überschwemmungs-S.* ausgebildet. Bei mehr als zehn Monaten Trockenzeit findet sich der Übergang zur Halbwüste bzw. Wüstensteppe. Überweidung begünstigt die Verbuschung der S. mit Dornenbüschen. Wichtiger ökologischer Faktor sind die häufig auftretenden Buschbrände, die zum einen der Waldbildung entgegenwirken, zum anderen den kalk- und nährstoffarmen Böden durch Remineralisierung Nährstoffe verfügbar machen.

Zu den Säugetieren der afrikanischen S. gehören u. a. Giraffen, Löwen, Leoparden, Hyänen, zahlreiche Antilopenarten, Steppenzebra, Warzenschwein, Afrikanischer Elefant und Kaffernbüffel. Bei den Bestandsabfall fressenden Bodentieren dominieren die Termiten.

Saxifragaceae, *Steinbrechgewächse*, Fam. der ↗ Rosopsida mit ca. 450 Arten, meist in den gemä-

Saxifragaceae a Schattensteinbrech (*Saxifraga umbrosa*), b Bergenie (*Bergenia* sp.), c Rasiger Steinbrech (*Saxifraga rosaceae* Moench)

ßigten Gebieten. Überwiegend ausdauernde Kräuter oder Sträucher, aber auch Bäume und Lianen. Die Blätter sind meist wechselständig, einfach oder zusammengesetzt, die oft fünfzähligen zwittrigen Blüten i. d. R. radiär und in verschiedenartigen Blütenständen angeordnet. Die Früchte sind Kapseln oder seltener Balgfrüchte (↗ Frucht). Besonders Vertreter der Gatt. *Saxifraga* sind klimatisch äußerst widerstandsfähig und kommen im arktischalpinen Bereich bis zur klimabedingten Grenze der ↗ Tracheophyta vor. Wegen ihrer polsterartigen Wuchsform und der ansprechenden Blüten sind sie beliebte Steingartenpflanzen. Auch verschiedene Arten der Gatt. *Astilbe* werden häufig als Zierpflanzen kultiviert. Die Blätter der Art *Bergenia crassifolia* verwendet man in der Mongolei als Teesurrogat, die Wurzeln werden unter dem Namen *Badan* als Gerbstoff genutzt.

Saxifragales, Ord. der ↗ Rosopsidae mit den Fam. *Iteaceae*, ↗ Grossulariaceae mit der Gatt. *Ribes*, ↗ Saxifragaceae und *Haloragaceae*. Holzige bis krautige Pflanzen meist mit einfachen Blättern. Die i. d. R. radiäre Blütenhülle umgibt häufig zwei Kreise von Staubblättern und mehr oder weniger verwachsene Fruchtblätter. Die Früchte sind Kapseloder Beerenfrüchte (↗ Frucht).

Scala tympani, die Paukentreppe, ↗ Ohr.

Scala vestibuli, die Vorhoftreppe, ↗ Ohr.

Scandentia, *Spitzhörnchen*, Ord. der Säugetiere (↗ Mammalia) mit nur einer Fam., den *Spitzhörnchen* oder *Tupajas* (*Tupaiidae*) mit vermutlich 18 Arten von eichhörnchenähnlichem Aussehen, aber mit langer, spitzer Schnauze, die in den tropischen Wäldern Südostasiens und Indonesiens beheimatet sind. Ihre Kopfrumpf- und Schwanzlänge beträgt jeweils 15 - 20 cm; der Schwanz ist bei einigen Arten buschig behaart. Alle Zehen besitzen Krallen, die Daumen sind nicht opponierbar. Spitzhörnchen sind Pflanzen und Fleisch fressende Tagtiere (nur eine Art ist nachtaktiv); sie leben paarweise und markieren ihr Revier mit Drüsensekret aus Hals- und Bauchdrüse und mit Harn. Spitzhörnchen weisen viele ursprüngliche Merkmale auf und sind wahrscheinlich die Schwestergruppe der Herrentiere. An Spitzhörnchen wurden wichtige Erkenntnisse der Stressforschung gewonnen, insbesondere über die physiologischen Auswirkungen sozialer Unterlegenheit.

Scaphognathit, flächig ausgebildeter Epipodit der zweiten Maxille der ↗ Decapoda (↗ Crustacea), der in der Kiemenhöhle den Atemwasserstrom erzeugt (↗ Kiemen).

Scaphopoda, *Grabfüßer*, *Kahnfüßer*, Taxon der ↗ Conchifera mit rezent etwa 350 Arten, die in allen Weltmeeren vom Eulitoral bis in 7000 m Tiefe leben. Sie graben sich schräg in Sand- und Weichböden ein, sodass das dünnere Ende der Schale gerade über die Sedimentoberfläche ragt. Mantel und Schale bilden eine langgestreckte, äußerlich elefantenzahnähnliche Röhre; diese wird bis maximal 15 cm lang, ist aus drei Schichten aufgebaut und außen glatt oder skulptiert, oft längs gerippt. Der Kopf ist im Wesentlichen auf den Mundkegel reduziert. Aus diesem entspringen Büschel lang ausstreckbarer Fangfäden (*Captacula*), die an den Enden verdickt und ausgehöhlt sind. Mit den Endkolben wird das Sediment nach Beute abgesucht, die durch Drüsensekrete an der Endkeule festgeklebt und dann in die Mantelhöhle zur Mundöffnung gebracht wird. Im Mund wird sie zerdrückt und dann durch die Radula weiterbefördert. Im einfachen Magen wird extrazellulär verdaut, in den Mitteldarmdrüsen resorbiert. Der Darm bildet meist drei Schlingen und mündet hinter dem Fuß

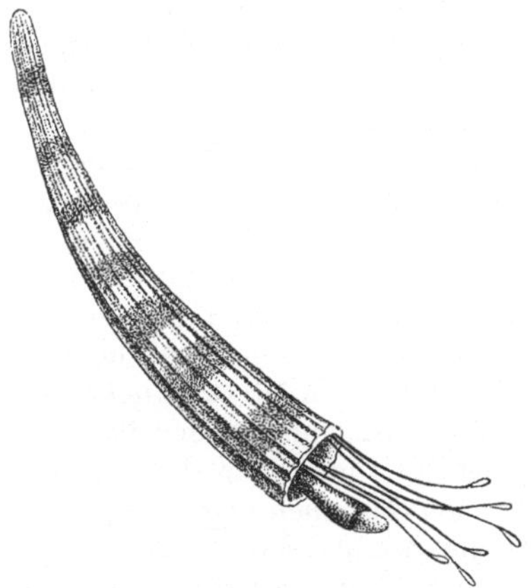

Scaphopoda   Vertreter der Gatt. *Dentalium*

in die Mantelhöhle. Der zylindrische Fuß dient als Grabfuß. In ihm befinden sich Statocysten. Daneben sind chemischer und Tastsinn nachgewiesen. Das Nervensystem umfasst paarige Cerebral-, Pedal-, Pleural- und Visceralganglien sowie weitere kleinere Ganglien. Die S. sind getrenntgeschlechtlich, die Entwicklung erfolgt über eine Schwimmlarve (*Hüllglockenlarve*), die zwei Mantelfalten und Schalenteile anlegt, die sich zu einer Röhre schließen.

Scapula, das Schulterblatt (↗ Schultergürtel).

Scarabaeidae, *Blatthornkäfer*, zu den ↗ Polyphaga gehörende Fam. der Käfer (↗ Coleoptera), die mit 30000 bis 40000 Arten (in Mitteleuropa etwa 210) eine der umfangreichsten Käferfam. ist, je nach Auffassung jedoch in eine Reihe weiterer Fam. aufgeteilt wird. Die Arten der S. sind sehr vielgestaltig; unter ihnen finden sich mit über 15 cm Körperlänge (Herkuleskäfer, *Dynastes hercules*) die größten Käfer überhaupt. Käfer und Larven (*Engerlinge*) sind überwiegend Pflanzenfresser, wobei die Larven an den Wurzeln, die Käfer meist an oberirdischen Pflanzenteilen fressen. Die Larven können sich auch von zersetzten Pflanzenstoffen, moderndem oder faulem Holz oder tierischen Exkrementen ernähren, wie z. B. Dung- und Mistkäfer (*Geotrupinae, Aphodiinae*) oder Pillendreher (*Scarabaeus*), andere leben von tierischen Eiweißen wie Hufen, Nägeln, Gehörnen, Federn. Zu den S. gehört u. a. der ↗ Maikäfer.

Scaridae, *Papageifische*, Fam. der Barschfische (↗ Perciformes) mit ca. 80 Arten. Papageifische haben ein endständiges Maul mit schnabelartig verwachsenen Zähnen, mit denen sie von Korallenriffen Algen abschaben oder Korallenzweige abbrechen, die von mühlsteinartigen Schlundzähnen zu feinem Sand zermahlen werden. Die langgestreckten, nicht selten um 1 m langen Papageifische vor allem der Gatt. *Scarus* sind meist prächtig gefärbt (oft unterschiedlich in der Jugend und im Alter). Mehrere Arten scheiden abends einen dicken Schleimkokon aus, in dem sie schlafen.

Schaben, die ↗ Blattariae.

Schachtelhalme, die ↗ Equisetales.

Schachtelhalmgewächse, 1) die Klasse ↗ Equisetopsida.

2) die Fam. ↗ Equisetaceae.

Schädel, *Cranium*, das Skelett des Kopfes der Wirbeltiere (↗ Vertebrata) und des Menschen. Die Bestandteile des Schädels werden nach Funktion, Herkunft und Lage unterschieden. a) Funktionell bildet der dorsal gelegene *Hirnschädel* (*Neurocranium*) eine das Gehirn umschließende Kapsel, an deren Außenseite in schützenden Einbuchtungen die Sinnesorgane Nase, Auge und Ohr liegen. Der ventral gelegene *Gesichtsschädel* (*Viscerocranium, Splanchnocranium*) besteht aus *Oberkiefer*

(*Maxilla*) und *Unterkiefer* (*Dentale* bzw. *Mandibel* beim Menschen), die im Kiefergelenk miteinander verbunden sind. Die Kiefer bilden das Skelett des Kauapparates und dienen der Befestigung der ↗ Zähne. b) Von ihrer Herkunft her sind die Skelettelemente des S. entweder *Knorpel* oder Ersatzknochen oder Deckknochen (↗ Knochen). Bei allen Knorpelfischen (↗ Chondrichthyes) ist das gesamte Skelett zeitlebens knorpelig. Ihr S. wird als *Chondrocranium* (Knorpelschädel) bezeichnet, im Gegensatz zum *Osteocranium* (Knochenschädel) der erwachsenen anderen Wirbeltiere. Deren S. wird embryonal aber ebenfalls knorpelig angelegt und in dieser Phase *Primordialcranium* (Erstschädel) genannt, um die im Gegensatz zu den Knorpelfischen nur vorübergehende knorpelige Ausbildung zu verdeutlichen. (Die Bildung von Knochen wurde bei den Knorpelfischen wahrscheinlich sekundär wieder aufgegeben.) Chondrocranium wie knorpeliges Primordialcranium entstehen aus zwei Paar Knorpelspangen, den neben dem Vorderende der ↗ Chorda dorsalis liegenden *Parachordalia* und den noch weiter vorn liegenden *Praechordalia* oder *Trabeculae* sowie becherartig um Nase, Auge, Ohr herum angelegten Sinnes(organ)knorpeln. Diese Elemente wachsen aus und formen bei Knorpelfischen eine geschlossene Kapsel um das Gehirn. Bei Knochen bildenden Wirbeltieren wird keine vollständige Kapsel gebildet, sondern nur eine Art „Wanne", die den Boden und die Seitenwände des Hirnschädels bildet. Schließlich verknöchern diese Elemente, es entstehen Ersatzknochen. Alle Ersatzknochen am S., einschließlich diejenigen der Kiefer, werden als *Endocranium* zusammengefasst, die Ersatzknochen des Hirnschädels allein als neurales Endocranium, um sie von denen des Kieferbereichs (viscerales Endocranium) klar zu trennen.

Von den Knochenfischen (↗ Osteichthyes) an weisen die rezenten Wirbeltiere auch Deckknochen (Hautknochen) auf. Sie gehen auf den Hautknochenpanzer der ältesten bekannten Wirbeltiere (Ostracodermi) zurück und werden ohne knorpeligen Vorläufer direkt im Corium (Mesoderm) der ↗ Haut gebildet. Man fasst sie als *Dermalskelett* zusammen, im Schädelbereich als *Dermatocranium* (Hautknochenschädel). Am S. überziehen Deckknochen die gesamte Außenfläche und kleiden auch die Mundhöhle aus. Sie bilden das *Schädeldach* (*Calvaria*, *Kalotte*) über dem nach oben offenen neuralen Endocranium und das (primäre) *Munddach* unterhalb von dessen Boden. Am Kieferschädel sind ebenfalls Deck- und Ersatzknochen beteiligt. Sie treten an die Stelle der knorpeligen Elemente Palatoquadratum (Oberkiefer) und Mandibulare (Unterkiefer) bei den Knorpelfischen. Bei Säugern sind nur noch Deckknochen im Kieferbereich erhalten (Praemaxillare, Maxillare, Denta-

le), die Ersatzknochen wurden reduziert oder durchliefen einen Funktionswandel, z. B. zu den im Mittelohr (Paukenhöhle) gelegenen ↗ Gehörknöchelchen. Hinsichtlich der Lage von Schädelelementen bezieht man sich auf Schädelregionen, die durch die Sinnesorgane und den Hinterhauptsbereich abgegrenzt sind. Von vorn nach hinten wird der S. in vier Regionen unterteilt: Nasenregion (Nasal- oder Ethmoidalregion), Augenregion (Orbital- oder Sphenoidalregion), Ohrregion (Oticalregion), Hinterhauptsregion (Occipitalregion). Die Region, in der die Befestigung des Oberkiefers am Neurocranium erfolgt, oder der Verlauf einer Beugungslinie sind Merkmale, die bei der Klassifikation herangezogen werden. Der Hinterhauptsbereich ist erst im Laufe der Stammesgeschichte durch Anlagerung von Wirbelanlagen an den S. entstanden, wobei bei verschiedenen Gruppen eine unterschiedliche Zahl von Wirbelanlagen beteiligt ist. Die ↗ Rundmäuler, die keine „echten" Wirbel besitzen, weisen auch keine Occipitalregion am S. auf.

Die wichtigsten Tendenzen in der Evolution des S. sind: 1) Vergrößerung des Hirnvolumens und Einbeziehung des Dermatocraniums in die Bildung des Hirnschädels; 2) nach Etablierung einer Vielzahl von Schädelknochen Reduktion oder Verschmelzung oder Funktionswandel einiger Elemente; 3) Bildung von inneren Nasenöffnungen (Choanen); 4) Entstehung eines sekundären Munddaches; 5) Bildung von Schläfenfenstern; 6) Entwicklung von Kraniokinetik, d. h. der Beweglichkeit von Schädelelementen; 7) Weiterentwicklung von Kiefer und Kiefergelenk.

Schädel des Menschen: Das ↗ Gehirn liegt in einer knöchernen Kapsel, die gebildet wird von *Stirnbein* (*Os frontale*; unpaar), *Scheitelbein* (*Os parietale*; paarig), *Hinterhauptsbein* (*Os occipitale*; unpaar), *Schläfenbein* (*Os temporale*; paarig) und *Keilbein* (*Os sphenoidale*; unpaar). Die paarigen Deckknochen *Nasenbein* (*Os nasale*), *Jochbein* (*Os zygomatikum*) und *Tränenbein* (*Os lacrimale*) gehören zwar stammesgeschichtlich zum Schädeldach, sind aber nicht an der Hirnkapsel beteiligt. Das unpaare *Siebbein* (*Os ethmoidale*) liegt zwischen Keilbein und Stirnbein; es lässt die Fortsätze der Riechnerven aus der Riechhöhle ins Gehirn durchtreten. In der Riechhöhle selbst liegen die *Turbinalia*, drei Paar aufgerollter, knöcherner oder knorpeliger Lamellen, die von den Seiten der Riechhöhle in deren Lumen hineinragen und der Oberflächenvergrößerung dienen. Das Keilbein weist eine Vertiefung auf, den *Türkensattel* (*Sella turcica*), in den vom Zwischenhirnboden die ↗ Hypophyse hineinragt. Das Hinterhauptsbein umfasst das *Hinterhauptsloch* (*Foramen magnum*), durch welches ↗ Rückenmark und Gehirn miteinander in Verbindung treten. Beidseits des Hinterhauptsloches liegt je ein Gelenkhöcker (Condylus) für das

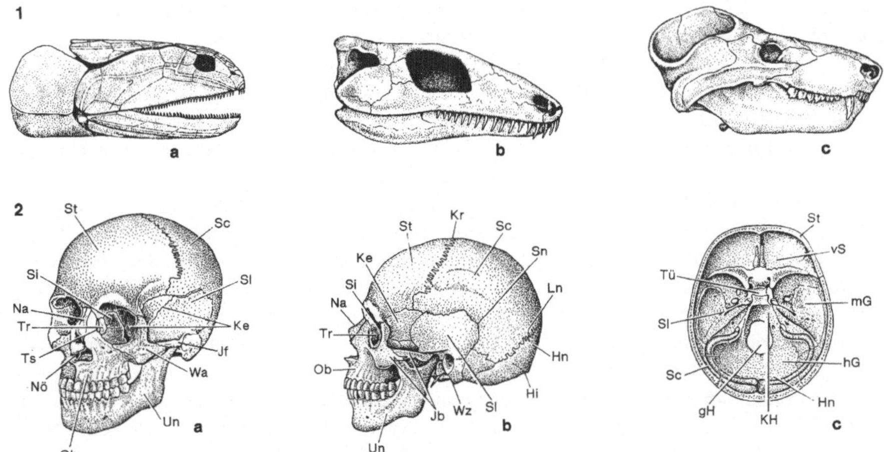

Schädel **1** Entwicklung des Schädels der Wirbeltiere. **a** ursprünglicher Fleischflosser *Osteolepis* (Mittel- und Oberdevon), **b** Anthracosaurier *Seymouria* (Unterperm von Nordamerika), **c** synapsides Reptil *Cynognathus* (mittlere Trias von Südafrika). **2** Schädel des Menschen. **a** von vorn, **b** von der Seite, **c** Schädelbasis (Innenansicht). Ge Gehörgang, gH großes Hinterhauptsloch, hG hintere Schädelgrube, Hi Hinterhauptsschuppe des Hinterhauptsbeins, Hn Hinterhauptsbein, Jb Jochbogen, Jf Jochfortsatz, Ke Keilbein, KH Keil- und Hinterhauptsbeinanteil, Kr Kranznaht, Ln Lambdanaht, mG mittlere Schädelgrube, Na Nasenbein, Nö vordere knöcherne Nasenöffnung, Ob Oberkieferknochen, Sc Scheitelbein, Si Siebbein, Sl Schläfenbein, Sn Schuppennaht, St Stirnbein, Tr Tränenbein, Ts Tränensackgrube, Tü Türkensattel, Un Unterkieferknochen, vS vordere Schädelgrube, Wa Wangenbein, Wz Warzenfortsatz

Hinterhauptsgelenk mit dem obersten Halswirbel (*Atlas*). In anderen Wirbeltiergruppen ist nur ein unpaarer *Hinterhauptshöcker* (*Condylus occipitalis*) ausgebildet, z. B. bei den meisten Reptilien.

Der *Oberkiefer* (*Maxilla*) ist beim Menschen ein einheitlicher Knochen, der aus den paarigen Deckknochen *Praemaxillare* (Intermaxillare) und *Maxillare* verschmolzen ist. Der *Unterkiefer* besteht nur aus dem paarigen Deckknochen *Dentale*. Hinsichtlich der Schläfenfenster ist der S. des Menschen, wie der aller Säuger, abgeleitet *synapsid*. Das bei Säugervorfahren ehemals vorhandene untere Schläfenfenster ist sekundär wieder verschlossen. Der *Jochbogen* wird von einem Fortsatz des Jochbeins sowie einem Fortsatz des Schläfenbeins gebildet. Mit einem zweiten Fortsatz schließt das Jochbein an das Stirnbein an und bildet mit diesem die Begrenzung der Augenhöhle. Der im Tränenbein mündende Tränen-Nasen-Gang ist aus der hinteren äußeren Nasenöffnung der Fische (↗ Nase) hervorgegangen. Das Munddach wird gebildet von der Gaumenplatte des Oberkiefers, an deren Hinterrand sich das paarige *Gaumenbein* (*Os palatinum*) anschließt, worauf noch als schmales unpaares Element das *Pflugscharbein (Vomer)* folgt. Diese Elemente gehören von ihrer Herkunft her zum Dermatocranium, obwohl sie tief in der Mundhöhle liegen. Die Schädelbasis bildet als unterer Teil des S. (ohne Unterkiefer) die „Auflagefläche" für das Gehirn in Form von vorderer, mittlerer und hinterer Schädelgrube. An der Schädelbasis sind alle Knochen des S. bzw. deren ventrale Abschnitte

beteiligt. Auch die Knochen des Munddaches werden dazu gezählt. Ein Schädelbasisbruch ist deshalb besonders gefährlich, weil meist auch Blutgefäße, Nerven, die durch die Schädelbasis durchtreten (↗ Hirnnerven), und Hirnsubstanz geschädigt werden.

Größe und Form des Neurocraniums werden vom Wachstum des Gehirns, die Größe des Viscerocraniums wird von der Funktion des Kauapparates stark beeinflusst. Weitere, die Schädelform beeinflussende Faktoren sind das Verspannungssystem der Dura mater (↗ Hirnhäute) und die verschiedenen Formen der *Schädelnähte*. Bei letzteren unterscheidet man im Bereich der Deckknochen drei Arten von Nähten, die *Sutura plana* mit glatten Rändern, die *Sutura serrata* (Zackennaht, z. B. die Kranznaht) mit stark gezackten Rändern und die *Sutura squamosa* (Schuppennaht) mit grob gezackten Rändern. Sie enthalten, zumindest solange das Schädelwachstum noch nicht abgeschlossen ist, Bindegewebe und sind daher als Sonderform der *Syndesmose*, einer Knochenverbindung durch kollagenes oder elastisches Bindegewebe, zu verstehen.

Schädelkapazität, das Volumen der Hirnkapsel; die S. wird bei fossilen Schädeln als Maß für das Gehirnvolumen angegeben. (↗ Anthropogenese, ↗ Endocranialausguss)

Schädellose, die ↗ Acrania.

Schadensschwelle, diejenige Befallsstärke einer Pflanze mit Krankheiten und Schädlingen, die unter wirtschaftlichen Gesichtspunkten gerade noch geduldet werden kann.

Schädling, i. e. S. Bez. für Organismen, die wirtschaftlich bedeutende Schäden an Nutzpflanzen, Zierpflanzen, Nutztieren und volkswirtschaftlich wichtigen Gütern anrichten. I. w. S. wird die Bez. auch für schädliche Pflanzen (Schmarotzerpflanzen) und Pilze benutzt sowie für Parasiten. Pflanzen-S. wirken schädigend, indem sie an Pflanzen fressen oder saugen und sie dadurch in ihrem Wachstum behindern oder zum Absterben bringen. Darüber hinaus können sie Krankheiten übertragen, z. B. fungieren Läuse als ↗ Vektoren von Viren. Zu den tierischen Pflanzen-S. gehören vor allem Insekten wie Käfer (↗ Coleoptera), Schmetterlingsraupen (↗ Lepidoptera), Thripse (↗ Thysanoptera) und Blattläuse (↗ Aphidina), aber auch Fadenwürmer (↗ Nematoda), Schnecken (↗ Gastropoda), Milben (↗ Acari), Vögel, Nagetiere und Wild. Ein gewisser S.-Befall an Pflanzen kann ohne Beeinträchtigung der Ertragsbildung toleriert werden (↗ Schadensschwelle).

Schädlingsbekämpfung, die Bekämpfung von ↗ Schädlingen durch chemische, physikalische, mechanische und biologische Maßnahmen. Die meisten gegen tierische Schädlinge eingesetzten Stoffe sind Nervengifte (↗ Neurotoxine).

Bei der *biologischen Schädlingsbekämpfung* dämmt man die Populationen schädlicher Tiere und Pflanzen ein, indem man die natürlichen Feinde der Schadorganismen fördert. Dies beinhaltet, dass man die jeweiligen Räuber, Parasiten oder Krankheitserreger künstlich einbringt oder deren Lebensbedingungen und damit ihre Vermehrung verbessert. Eine andere Methode ist das Aussetzen steriler Artgenossen der Schädlinge und somit die Verminderung der Vermehrungsrate. Ziel der biologischen S. ist immer das Wiederherstellen des ↗ ökologischen Gleichgewichts.

Zur *biotechnischen S.* gehören unspezifische physikalische Reize wie Licht und Schall, zur direkten Abwehr die ↗ Repellents oder artspezifische Lockstoffe (↗ Pheromone), die in Form von ↗ Pheromonfallen z. B. im Weinbau zur Bekämpfung der Traubenwicklerarten eingesetzt werden. Höchst wirksam gegen eine Vielzahl von Insekten (↗ Metamorphose) ist die Gruppe der *Endohormone*. Hierzu gehört das ↗ Juvenilhormon Neotenin, das eine Verpuppung und das Schlüpfen verhindert oder das Häutungshormon Ecdyson (↗ Ecdysteroide). Es bewirkt, dass Häutung und Schlüpfen in einem zu frühen Entwicklungsstadium eintreten. Werden diese Stoffe allerdings in Gewässer eingeschwemmt, können sie hier auch viele aquatisch lebende Gliederfüßer schädigen. Ebenso problematisch ist die – in Europa rückläufige – Verwendung von *Bioziden*. Die primär gegen einzelne Lebewesengruppen eingesetzten Umweltchemikalien (z. B. ↗ Fungizide, ↗ Herbizide, ↗ Insektizide) können sich u. a. über die ↗ Nahrungskette in anderen Organismengruppen anreichern und diese chronisch oder akut gefährden. Negativbeispiel hierfür ist ↗ DDT.

Analoga von Pflanzenhormonen beeinflussen Zellteilung und Zellstreckung und werden zur Unkrautvernichtung eingesetzt.

Die größte Rolle spielt gegenwärtig die *integrierte S.*, eine Kombination aus biologischen, chemischen, mechanischen und kulturtechnischen Maßnahmen: Nach einer Feststellung der ↗ Schadensschwelle und unter weitestgehender Vermeidung von Chemikalien versucht man, durch angemessene und optimierte Kulturmethoden eine Abwehrsteigerung zu erreichen. Erst wenn dies nicht greift, kommen biologische und neuerdings gentechnische Methoden zur Anwendung.

Große Erfolge wurden mittlerweile mit mikrobiellen Insektiziden erzielt.

Gentechnisch veränderte (transformierte) Organismen zeigen Resistenzen gegen Viren, Insekten oder phytopathogene Pilze. Die zu transformierenden Gene stammen meist aus Mikroorganismen und Viren, aber auch aus pflanzlichen Zellen (↗ pflanzliche Abwehr). Das insektizid wirkende Bt-Gen von ↗ Bacillus thuringiensis konnte erfolgreich in Kulturpflanzen (z. B. Baumwolle, Raps, Mais, Tabak, Tomate, Kartoffel, Reis) übertragen werden. Ein breiteres Wirkungsspektrum als das Bt-Gen haben Proteinase-Inhibitoren, die ebenfalls toxisch wirken. Entsprechendes gilt für die ebenfalls insektizid und teilweile fungizid wirkenden pflanzlichen ↗ Lektine. Transformierte Kartoffeln wurden damit z. B. resistenter gegen Blattläuse. Neben der gentechnischen Veränderung der Nutzpflanzen versucht man auch die Schädlinge direkt durch transgene ↗ Baculoviren zu schädigen, denen ein Gen induziert wurde, das für ein Neurotoxin codiert. Die Züchtung virenresistenter Nutzpflanzen durch *Präimmunisierung* oder ↗ antisense-Technik sowie die Übertragung einzelner Pathogenabwehrgene sind in der Entwicklung.

Schadstoffe, chemische Elemente und Verbindungen, die schädigend auf Organismen und/oder Ökosysteme (*Umweltgifte*) wirken, d. h. ihre Vitalität mindern oder sie zum Absterben bringen. Wichtige Schadstoffgruppen sind ↗ Schwermetalle, halogenierte ↗ Kohlenwasserstoffe (↗ Chlorkohlenwasserstoffe), ↗ polyzyklische aromatische Kohlenwasserstoffe, Salze, Stickoxide (↗ Stickstoffoxide), ↗ Schwefeldioxid. S. können in entsprechend hoher Konzentration direkt schädigen oder sich sowohl im Boden, als auch in Gewässern oder der Atmosphäre anreichern (↗ Akkumulation) und über die ↗ Nahrungskette das ↗ Aussterben von Arten mitverursachen oder zur Schädigung ganzer ↗ Ökosysteme führen (↗ saurer Regen,

↗ Waldsterben). Zu den natürlich vorkommenden Schadstoffen zählen ↗ Gifte und radioaktive Substanzen (↗ Radioaktivität).

Schafe, *Ovis*, Gattung der Böcke (↗ Caprini). Schafe haben bogenförmige Hörner, die bei weiblichen Schafen schwächer ausgeprägt sind oder ganz fehlen. Die wild lebenden S. (↗ Wildschafe) sind Gebirgs-, zum Teil Hochgebirgsbewohner mit daraus resultierender inselartiger Verbreitung, von Korsika über Vorder- und Innerasien bis ins westliche Nordamerika. Je nach Autor werden zwei bis acht Arten unterschieden. *Hausschafe* werden weltweit als Woll-, Fleisch- und Milchlieferanten in Herden gehalten. Sie wurden um 6000 v. Chr., wahrscheinlich an verschiedenen Orten und aus unterschiedlichen Unterarten des Wild-Schafes (*Ovis ammon*), domestiziert. Als Stammform des europäischen Hausschafes gilt der Mufflon, als Stammform des Merinoschafes und der asiatischen und afrikanischen Hausschafe das Argali.

Schafgarbe, *Achillea millefolium*, Art der Fam. ↗ Asteraceae, die ↗ etherische Öle und ↗ Azulene besitzt und in der Volksmedizin als Tee gegen Leber- und Magenleiden angewendet wird.

Schafhaut, *Amnion*, eine der ↗ Embryonalhüllen.

Schafstelze, Art der Stelzen (↗ Motacillidae).

Schakale, Wildhunde der Gattung *Canis*, die einzeln oder in kleinen Rudeln hauptsächlich offene Landschaften bewohnen und überwiegend nachtaktiv sind; ihre Kopfrumpflänge ist 60 bis 90 cm bei einer Schulterhöhe von 40 - 50 cm. Ihre Nahrung besteht aus Insekten, Wirbeltieren und Aas (Beutereste von Großkatzen und Hyänen) sowie Pflanzenteilen. Von den drei Arten ist der *Goldschakal (Canis aureus)* mit rost- bis goldbrauner Fellfärbung in mehreren Unterarten am weitesten verbreitet: von Südosteuropa über Vorder-, Mittel- und Südasien bis ins nördliche Hinterindien sowie im Norden und Osten Afrikas. Von Äthiopien bis zum nördlichen Südafrika kommt der scheue, rein nachtaktive *Streifenschakal (Canis adustus)* vor, mit bräunlich grauem Fell, das seitlich einen hellen Schrägstreifen hat. Kontrastreiche Fellzeichnung (unterseits rostrot, Rücken schieferfarben) und häufige Lautäußerungen (Heulen, Bellen) kennzeichnen den *Schabrackenschakal (Canis mesomelas)*, der die afrikan. Savannen südlich der Sahara bewohnt.

Schalenweichtiere, die ↗ Conchifera.

Schall, im Hörbereich liegende mechanische Schwingungen von ca. 16 bis 2×10^4 Hertz (Hz), die sich als Longitudinalwellen (*Schallwellen*) in elastischen Medien (z. B. Luft) ausbreiten. Schallwellen sind dadurch gekennzeichnet, dass die einzelnen Moleküle hin- und herpendeln und dabei Zonen mit einer Verdichtung von Teilchen (hoher Luftdruck) und Zonen mit einer Verdünnung von Teilchen (erniedrigter Luftdruck) erzeugen. Die Verdichtungszonen breiten sich dabei im Medium aus, nicht etwa die einzelnen Moleküle, die nur die Pendelbewegung durchführen. Die Geschwindigkeit der einzelnen Moleküle in der Mitte zwischen den Wendepunkten ihrer Pendelbahn, wird als *Schallschnelle* bezeichnet. Eine Schwingung ist gekennzeichnet durch ihre *Frequenz*, d. h. die Anzahl der Schwingungen pro Sekunde (physikalische Einheit: *Hertz*) und durch ihre Amplitude, das ist die Schwingungsweite. Frequenzen von etwa 10^{-4} bis 16 Hz werden als *Infraschall*, von 2×10^4 bis 5×10^8 Hz als *Ultraschall*, von 5×10^8 bis 10^{12} Hz als *Hyperschall* bezeichnet. Im Hörbereich bestimmt die Frequenz die *Tonhöhe*. Die *Amplitude*, die Differenz zwischen dem höchsten und dem tiefsten Luftdruck einer Schwingung, erzeugt die *Tonstärke*. S. kann gestreut, reflektiert, gebrochen und gebeugt (aber nicht polarisiert) werden, wobei Interferenz-Erscheinungen auftreten können. Bei den Gehörorganen im Tierreich unterscheidet man zwischen *Schallschnelle-Empfängern* und *Schalldruck-Empfängern*. Erstere sind Strukturen, die extrem leicht hin und her schwingen können (z. B. ↗ Hörhaare). In Schalldruck-Empfängern wird die Schallenergie mit einer Membran aufgefangen (z. B. ↗ Ohr, ↗ Tympanalorgane). ↗ Hören, ↗ Gehörsinn

Schallblasen, Ausstülpungen der Mundhöhle von männlichen Froschlurchen (↗ Anura), die bei der Lautbildung als Resonanzraum dienen.

Schally, *Andrew Victor*, polnisch-amerikan. Physiologe und Biochemiker, ✳ 30.11.1926 Wilna; ab 1960 Prof. in Houston, ab 1967 in New Orleans. Von S. stammen bedeutende Arbeiten zur Isolierung und Strukturaufklärung von Peptidhormonen in der ↗ Hypophyse. 1971 synthetisierte er das Hormon LHRH, das die Freisetzung des luteinisierenden Hormons und des Follikel stimulierenden Hormons veranlasst. 1977 erhielt S. zusammen mit R.C.L. ↗ Guillemin und R. ↗ Yalow den Nobelpreis für Physiologie oder Medizin.

Schalotte, Art der Fam. ↗ Alliaceae.

Schamberg, *Mons pubis*, *Venushügel*, bei der Frau der Bereich oberhalb der großen Schamlippen, der oberste Teil der ↗ Vulva. Der S. besitzt ein verstärktes Unterhautfettpolster und trägt ab der Pubertät Schamhaare.

Schamlippen, Bez. für die beiden paarigen Hautfalten der weiblichen ↗ Vulva, die großen *Schamlippen (Labia majora pudendi)* und die kleinen *Schamlippen (Labia minora pudendi)*. Die großen S. sind derbe Hautwülste, die vom Schamberg bis zum Damm ziehen und die Schamspalte bilden. Sie entsprechen dem Hodensack des Mannes, tragen stark sezernierende Schweiß- und Talgdrüsen und sind bei der geschlechtsreifen Frau pigmentiert und behaart. Die kleinen S. werden meist (außer bei sexueller Erregung) von den großen S. bedeckt. Sie begrenzen den Scheidenvorhof (↗ Vagina) und bedecken nach vorne zu den ↗ Kitzler als Vorhaut. Sie sind unbehaart, enthalten viele Talg- und Schleimdrüsen und sind, da sie viele Tastkörperchen besitzen, sehr empfindlich für Berührungsreize. Die kleinen S. entsprechen der Haut und dem Harnröhrenschwellkörper des ↗ Penis.

Scharlach, durch *Streptococcus pyogenes* verursachte ↗ Infektionskrankheit, bei der als typische Symptome ein rosaroter Ausschlag und Fieber auftreten. Bei Nichtbehandlung des S. können schwerwiegende Folgeerkrankungen auftreten, z. B. das *rheumatische Fieber*.

Scharrer, *Berta*, deutsch-amerikan. Neurobiologin, ＊ 1.12.1906 München, † 23.7.1995 New York; 1955-77 Prof. am Albert Einstein College of Medicine in New York. S. entwickelte das für die moderne Neuroendokrinologie fundamentale Konzept der Neurosekretion, wonach bestimmte Neuronen elektrische Information direkt in hormonale Information umwandeln. Sie forschte besonders über die peptidergen Nervenzellen der Wirbellosen und Wirbeltiere und später auch über Zusammenhänge zwischen Immunsystem und neuroendokrinem System.

Schattenblätter, verhältnismäßig große Laubblätter an der schattigen Nordseite und im Inneren der Krone von Bäumen. S. sind i. Allg. durch schwächere Entwicklung von ↗ Festigungsgewebe, ↗ Cuticula und ↗ Mesophyll sehr viel dünner und weniger differenziert als die Sonnenblätter (↗ Lichtblätter) derselben Pflanze und besitzen meist kein typisches Palisadenparenchym (↗ Parenchym).

Schattenfluchtreaktion, bei Pflanzen die Steigerung des Sprosswachstums bei Beschattung, z. B.

Schattenblätter Wichtige strukturelle und chemische Unterschiede zwischen Sonnen- und Schattenblättern

	Sonnenblatt	Schattenblatt
Atmung	stärker	geringer
Lichtkompensationspunkt	hoch (20–30 μmol m^{-2} s^{-1})	niedrig (< 10 μmol m^{-2} s^{-1})
Lichtsättigung	mittlere bis hohe PPFD	niedrige PPFD
Proteingehalt	hoch (vor allem Rubisco)	niedrig
Blattdicke	größer	gering
Palisadenparenchym	Zellen hoch, oft mehrschichtig	einschichtig, schwach ausdifferenziert
Chloroplasten	weniger stark ausgeprägte Granatstapel	stark ausgeprägte Granatstapel; hohe Pigmentdichte
Zahl der Thylakoide pro Granatstapel	geringer	höher
Zahl von Fotosystem I	hoch	gering
Zahl von Fotosystem II	gering	hoch
Elektronentransporte	hoch	niedrig
Vorhandensein von Stärkekörnern nach längerer Belichtung	höhere Zahl	geringere Zahl
Zahl der Plastoglobuli	hoch	niedrig
Verhältnis Chlorophyllgehalt zu Blatttrockenmasse	niedrig	hoch
Verhältnis Chlorophyllgehalt zu Blattfläche	hoch	niedrig
Verhältnis Chlorophyll a zu Chlorophyll b	hoch	niedrig
Verhältnis Chlorophyll a zu β-Carotin	niedrig	hoch
Aktivität des Xanthophyllzyklus	hoch	gering
Plastochinonkonzentration	niedrig	hoch
Fotosyntheseleistung	hoch	gering

durch Krümmung von Blattstielen, mit deren Hilfe die Blätter in Bereiche mit höherer Sonneneinstrahlung gebracht werden sollen. Die S. wird durch das Phytochrom-System (↗ Phytochrome) über das Verhältnis von hellrotem zu dunkelrotem Licht kontrolliert, wobei der Dunkelrotanteil mit zunehmender Beschattung zunimmt.

Schattenpflanzen, *Schwachlichtpflanzen, Skiophyten*, Pflanzen, die wegen ihres niedrigen Lichtkompensationspunktes obligatorisch oder fakultativ im Schatten wachsen können. Meist stellen sie ihre Blätter senkrecht zum stärksten Lichteinfall.

Scheibenfinger, Art der Fam. ↗ Gekkonidae.

Scheibenquallen, die ↗ Scyphozoa.

Scheide, die ↗ Vagina.

Scheidenbakterien, stäbchenförmige, Ketten bildende ↗ Proteobacteria, die in einer Hülle oder Scheide aus Schleimstoffen eingebettet sind. Aus den Fäden (Filamenten) können bewegliche oder unbewegliche Einzelzellen entlassen werden. Bei der Gatt. *Leptothrix* sind in die Scheide Eisenverbindungen oder Manganverbindungen eingelagert. Zu den S. gehören auch der im Abwasser verbreitete „Abwasserpilz", *Sphaerotilus natans* (Abb. ↗ Abwasserpilz), und der Brunnenfaden, *Crenothrix polyspora*.

Scheidenvorhof, *Vestibulum vaginae*, der Bereich zwischen ↗ Kitzler und Damm, der von den kleinen ↗ Schamlippen bedeckt wird. (↗ Vagina, ↗ Vulva)

Scheindolde, *Trugdolde, Pleiochasium*, gestauchter, geschlossener ↗ Blütenstand mit dichasialen oder monochasialen Verzweigungen.

Scheinfrucht, Fruchtstand, an dessen Aufbau nicht nur die einzelnen Fruchtknoten sondern auch andere Blütenorgane beteiligt sind, und der einer Einzelfrucht ähnelt. Die S. Erdbeere ist eine Sammelnussfrucht mit fleischig verdickter Blütenachse.

Scheinfüßchen, die ↗ Pseudopodien.

Scheitelbein, *Os parietale*, ↗ Schädel.

Scheitelgrube, durch verstärktes primäres Dickenwachstum entstehende Abflachung und Eindellung des ↗ Vegetationskegels bei Palmen, Kakteen und Rosettenpflanzen.

Scheitelmeristem, *Apikalmeristem*, mehrschichtige teilungsfähige Zellgruppe von Initialzellen bei Bärlappen (↗ Lycopodiopsida) und ↗ Spermatophyta. Bei Algen, Moosen und Farnen ist statt eines ganzen Meristems (↗ Meristem) eine einzelne ↗ Scheitelzelle ausgebildet.

Scheitelzelle, *Apikalzelle*, meristematische Zelle am Scheitel von Algen, Moosen und Farnpflanzen (mit Ausnahme der ↗ Lycopodiopsida), von der aus die Bildung des ↗ Thallus erfolgt. Je nach Teilungsmodus entstehen fadenförmige (bei einschneidiger S.), blattartige (bei zweischneidiger S.) oder dreidimensionale (bei drei- und mehrschneidiger S.) Vegetationskörper.

Schelf, *Kontinental-Schelf, Festlandsockel*, vom Meer überspülter, direkt der Küste vorgelagerter Bereich bis zum Abfall zur Tiefsee.

Schelfmeer, *Flachsee*, der Küstenstreifen des ↗ Meeres mit maximal 200 m Tiefe. Flächenmäßig kleiner (ca. 8 %) aber wirtschaftlich bedeutendster Teil des Meeres mit 90 % des Weltfischereiertrages und mehr als 30 % der weltweiten Erdölreserven.

Schellack, ein natürliches Harz tierischen Ursprungs, das kein einheitlicher Stoff ist, sondern ein Polyester verschiedener Alkohole mit Hydroxycarbonsäuren; darüber hinaus enthält S. noch 4 - 10 % Wachse sowie farbbildende Komponenten. S. wird aus verschiedenen Bäumen Ostasiens gewonnen. Erzeugt wird S. durch den Saugstich des Weibchens der Lackschildlaus *Tachardia lacca*, der bewirkt, dass sich die Säfte der Bäume z. T. in Harz umwandeln, das ausgeschieden wird und eine 3 - 8 mm dicke Kruste bildet. Diese wird abgekratzt und kommt, unterschiedlich bearbeitet, als S. in den Handel.

Schellfisch, *Melanogrammus aeglefinus*, Art der Dorschfische (↗ Gadiformes) mit Verbreitung im Nordatlantik. Er unterscheidet sich von allen anderen Dorschfischen durch einen schwarzen Fleck oberhalb der Brustflosse. Der S. ernährt sich von Weichtieren, Polychaeta, Schlangensternen und Fischen. Er unternimmt regelmäßig große Laichwanderungen. Die Larven sammeln sich oft in Gruppen unter Nesselquallen, bei denen sie Schutz finden, deren Eier sie aber auch fressen. Der S. ist neben ↗ Köhler und ↗ Kabeljau der wirtschaftlich bedeutendste Dorschfisch des Nordatlantik.

Scheltopusik, Art der Schleichen (↗ Anguidae).

Scherenasseln, *Tanaidacea*, zu den ↗ Peracarida gehörende Krebstiere.

Schermäuse, *Arvicola*, Gatt. der Wühlmäuse (↗ Arvicolidae) mit zwei bis drei Arten. Die tag- und nachtaktiven S. bauen Gangsysteme zum Teil dicht unter der Bodenoberfläche (erkennbar an der aufgewölbten Erde), zusätzlich benutzen sie Maulwurfgänge. S. sind gute Schwimmer (so genannte „Wasserratte"). Durch ihre Vorliebe für Pflanzenwurzeln als Nahrung können sie in Gärten schädlich werden. In Europa leben zwei Arten: Die *Westschermaus* (*Arvicola sapidus*; Kopfrumpflänge 17 - 22 cm) bewohnt das westliche Europa einschließlich der Iberischen Halbinsel und des südlichen Großbritanniens, die *Ostschermaus* (*Arvicola terrestris*; Kopfrumpflänge 12 - 20 cm) ist von Mitteleuropa einschließlich des nördlichen Großbritanniens und Skandinaviens bis Osteuropa und Asien verbreitet.

Scheuchzeriaceae, *Blasenbinsengewächse*, Fam. der ↗ Liliopsida mit der einzigen Art *Scheuchzeria palustris*, einer binsenähnlichen Hochmoorpflanze, die in der temperierten und subarktischen Zone Eurasiens verbreitet ist. Namen gebend waren die im Reifestadium blasig verdickten Fruchtblätter.

Schicht, ↗ Stratum.

Schichtung, *Stratifikation*, 1) Aufbau einer Pflanzengesellschaft aus übereinander befindlichen Schichten, die z. T. von der Lebensform der Arten abhängig ist.

2) bei ↗ Seen die Aufeinanderfolge von Wasserschichten mit unterschiedlicher Dichte und Temperatur.

Schiefblattgewächse, die Fam. ↗ Begoniaceae.

Schienbein, *Tibia*, ↗ Extremitäten.

Schienenechsen, die Fam. ↗ Teiidae.

Schierling, *Conium maculatum*, eurasische Art der Fam. ↗ Apiaceae mit hohem Gehalt an hochgiftigem *Coniin*, einem tödlich wirkenden Nervengift. (↗ Giftpflanzen)

schießen, bei vielen Pflanzenarten die Bez. für die Phase extrem schnellen Wachstums im Frühjahr. Der Begriff wird auch im Zusammenhang mit der durch Lichtmangel hervorgerufenen Wuchsform (Vergeilung, ↗ Etiolement) verwendet.

Schiffchen, in der Botanik Bestandteil der Schmetterlingsblüte (Abb. ↗ Fabaceae). ↗ Blüte

Schiffsbohrmuscheln, *Teredo*, zu den ↗ Heterodonta gehörende Muschelgatt., deren marine Arten weltweit verbreitet sind. S. haben einen wurmförmigen Körper, dessen Mantel zu einem langen Rohr verwächst. Die kleine Schale liegt am Vorderende und dient als Bohrwerkzeug; der gebohrte Gang wird mit Kalk ausgekleidet und kann so dicht verschlossen werden, dass die S. sogar einen mehrwöchigen Aufenthalt im Süßwasser überlebt. Durch im Mitteldarm gebildete Cellulasen und Glucosidasen können etwa 80 % der aufgenommenen Cellulose verdaut werden, Stickstoff und essenzielle Aminosäuren werden über symbiontische Bakterien aufgenommen, die an der Kiemenbasis leben. Die S. sind gefürchtete Schädlinge an Holzbauten unter Wasser.

Schiff'sche Basen, *Azomethine*, organische Verbindungen mit der allg. Formel $R_1–R_2–C=N–R_3$, wobei R_3 ein aromatischer oder aliphatischer Substituent sein kann. S. B. entstehen bei der Kondensation von Ketonen oder Aldehyden mit primären Aminen. Auf der Bildung einer S. B. zwischen dem Coenzym ↗ Pyridoxalphosphat und einer Aminosäure beruht die enzymatische ↗ Transaminierung (↗ Transaminasen).

Schiffshalter, die Fam. ↗ Echeneidae.

Schilddrüse, *Glandula thyreoidea*, *Thyreoidea*, bei allen Wirbeltieren ausgebildete endokrine ↗ Drüse, die beim Menschen die größte Hormondrüse ist und im unteren Halsbereich liegt. Sie besteht beim Menschen aus zwei ovalen Lappen, die beiderseits von Luftröhre und Kehlkopf liegen und durch eine Brücke (*Isthmus*) verbunden sind, die einen Fortsatz haben kann, der zum Zungenbein zieht (*Lobus pyramidalis*). Ursprünglich aus einer exokrinen Drüse hervorgegangen, besteht sie aus zahlreichen mit Speichersekret (Kolloid) gefüllten Drüsenfollikeln oder Alveolen (alveoläre Drüse), die keine Ausführgänge besitzen und, in lockeres Bindegewebe eingebettet, von einem dichten Blutkapillarnetz umsponnen sind. Ihre Sekrete, das *Triiodthyronin (T3)* und *Tetraiodthyronin (T4;* ↗ Thyroxin), stimulieren die Zellatmung und erhöhen so den ↗ Grundumsatz, fördern die Proteinsynthese und den Abbau von Kohlenhydraten. Außerdem fördert Thyroxin zusammen mit dem Wachstumshormon (↗ somatotropes Hormon) bei Kindern und auch bei vielen Jungtieren das körperliche Wachstum. In den Schilddrüsenfollikeln liegen T3 und T4 als Speicherform an ein globuläres Protein (*Thyreoglobulin*) gebunden vor und werden auf hormonale Signale (↗ Thyreotropin der ↗ Hypophyse) hin freigesetzt und in die Blutbahn abgegeben. – Unterfunktion der S. (*Hypothyreose*) führt beim Erwachsenen zur Verlangsamung aller Stoffwechselvorgänge, oft verbunden mit Kropfbildung und teigigem Aussehen der Haut (*Myxödem*). Bei Kleinkindern kommt es bei Hypothyreose zur schwerwiegenden körperlichen und geistigen Retardierung (*Kretinismus*). Bei einer Überfunktion der S., der *Hyperthyreose*, ist der

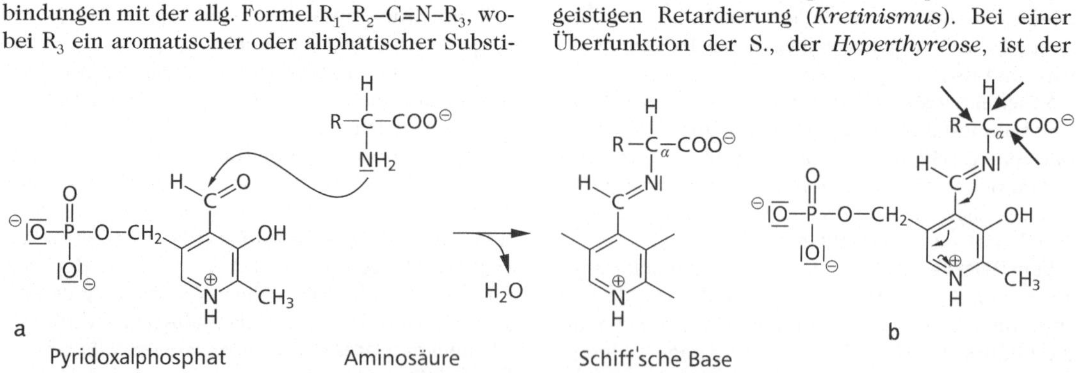

Schiff'sche Base a Die Bildung einer Schiff'schen Base aus Pyridoxalphosphat und einer Aminosäure im Verlauf einer enzymatischen Transaminierung. b Durch das Elektronendefizit des quartären Pyrimidin-Stickstoffs entsteht ein Elektronensog, der sich bis zum α-Kohlenstoffatom der gebundenen Aminosäure fortsetzt und so die Lösung einer der drei mit Pfeilen markierten Bindungen ermöglicht

Grundumsatz gesteigert, die Patienten erscheinen übererregt, gelegentlich kommt es bei starker Hyperthyreose zum Hervorquellen der Augäpfel (Exophthalmus), selten zur Kropfbildung. Häufig können bei Schilddrüsenüberfunktionen Autoantikörper nachgewiesen werden. Diese ↗ Autoimmunerkrankung wird *Morbus Basedow (Basedow'sche Krankheit)* genannt. Stammesgeschichtlich und ontogenetisch geht die S. aus dem ventralen Abschnitt des Kiemendarms hervor, einer drüsigen Wimpernrinne (*Endostyl*), die bereits bei den Manteltieren (↗ Tunicata), und beim Lanzettfischchen (↗ Acrania) und daher auch bei den Wirbeltierahnen einen iodhaltigen Schleim produziert und sich bei den ↗ Rundmäulern vom Endostyl abfaltet und den Charakter einer eigenständigen Drüse annimmt.

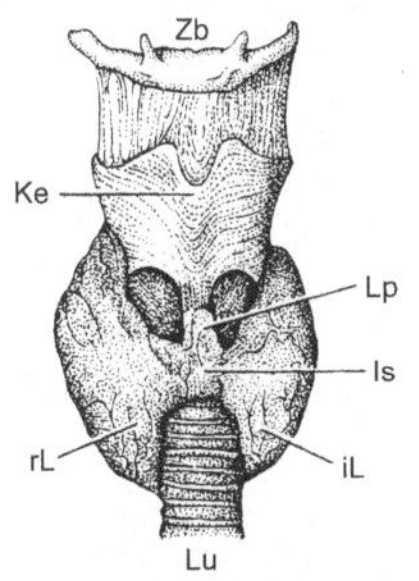 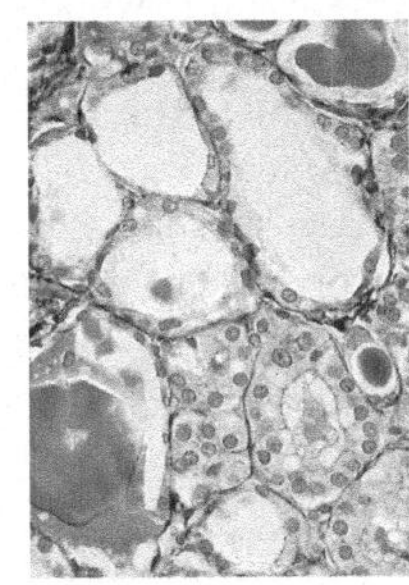

Schilddrüse 1 Schilddrüse des Menschen (Frontalansicht); 2 mikroskopische Aufnahme von Schilddrüsenfollikeln, teils mit Kolloid (Thyreoglobulin) gefüllt. Is Isthmus, Ke Kehlkopf, IL linker Lappen, Lp Lobus pyramidalis, Lu Luftröhre, rL rechter Lappen, Zb Zungenbein

Schildfüßer, *Caudofoveata*, Gruppe der ↗ Aplacophora.

Schildknorpel, *Cartilago thyreoidea*, ↗ Kehlkopf.

Schildkröten, die Ord. ↗ Chelonia.

Schildläuse, die ↗ Coccina.

Schilf, *Phragmites*, Gatt. der Fam. ↗ Poaceae mit drei Arten, von denen nur *Phragmites australis* weltweit verbreitet ist. Die Pflanzen sind charakteristisch für die Verlandungszone von Gewässern. Die jungen Sprosse sind essbar, die älteren Halme werden als Material zum Dachdecken verwendet oder als Rohstoff in der Celluloseindustrie.

Schimmelpilze, Bez. für ↗ Pilze aus verschiedenen taxonomischen Gruppen, die sehr schnell auf den Substraten (zum Beispiel Nahrungsmitteln) ein mit dem Auge sichtbares watteartiges Mycel (*Schimmel*) ausbilden, das oft durch Fruktifikationsorgane (Sporangien, Konidien) auffallend gefärbt ist. S. kommen im Boden, auf Früchten und anderen Nahrungsmitteln vor, sind Nahrungsmittelverderber (↗ Lebensmittelvergiftung), können hochgiftige Mykotoxine (↗ Aflatoxine) ausscheiden, sind Erreger von gefährlichen ↗ Mykosen

(z. B. Aspergillus und Vertreter der ↗ Zygomycetes) und werden zur Produktion von Antibiotika (↗ Penicillium) genutzt.

Schimpansen, *Pan*, Gatt. der ↗ Menschenaffen mit zwei Arten, dem Schimpansen (*Pan troglodytes*), der mit drei Unterarten im äquatorial-afrikanischen Waldgürtel nördlich des Kongoflusses verbreitet ist, und dem Zwergschimpansen oder Bonobo (*Pan paniscus*), mit Verbreitung in einem begrenzten Regenwaldgebiet Zaires. S. sind die nächsten lebenden Verwandten des Menschen. Sie sind baum- und bodenlebend und bewegen sich überwiegend vierfüßig (Finger einwärts gekrümmt) fort, nur manchmal aufrecht (z. B., um Nahrung in den Händen zu tragen). Tagsüber streifen S. in lockeren Gemeinschaften (mit Rangordnung) von bis zu 50 Tieren umher und ernähren sich hauptsächlich von Pflanzenteilen (vor allem Früchten), Insekten und Aas. Zahlreiche Laute, Mimik und Gesten dienen der innerartlichen Verständigung. S. benutzen (z. T. selbstgefertigte) Werkzeuge, z. B. Blätter als Schwamm, oder Ästchen zum Termiten angeln, oder Steine zum Nüsse knacken. Die Nacht verbringen sie in (meist auf Bäumen errichteten) Schlafnestern. S. können über 40 Jahre alt werden. Ihr wichtigster natürlicher Raubfeind ist der Leopard. Die Bestände der S. sind vor allem durch Lebensraumzerstörung und Bejagung gefährdet, der Bonobo ist vom Aussterben bedroht.

Literatur: Fouts, R. et al.: Unsere nächsten Verwandten, München 1998. – De Waal, F.: Unsere haarigen Vettern, München 1983. – Köhler, W.: Intelligenzprüfungen an Menschenaffen, Berlin 1921. – Van Lawick-Goodall, J.: Wilde Schimpansen, Hamburg 1971.

Schirmrispe, ↗ Blütenstand.

Schistosoma, *Pärchenegel*, zu den ↗ Digenea gehörende Gatt. der ↗ Plathelminthes, deren Arten als Parasiten in Blutgefäßen auch des Menschen (Endwirt) leben und dabei, je nach Befallsort, verschiedene Formen der *Bilharziose (Schistosomiasis)* verursachen. Der sich ausschließlich von Blut ernährende *S. mansoni* (Zentral- und Südostafrika, Ost- und Zentral-Südamerika), der Erreger der *Leber-* und *Darm-Bilharziose*, lebt als Adultform im Pfortadersystem und den Mesenterialvenen des Menschen. Das Männchen bildet eine Bauchtasche, in der das Weibchen liegt. Die Eier haben einen scharfen Stachel, sie dehnen das Endothel der Blutgefäße, insbesondere des Dickdarms, und ritzen es an. Die Eier gelangen durch die Gefäßwand in den Enddarm und werden mit dem Kot ausgeschieden. Kommen die Eier ins Wasser, so schlüpfen bereits nach wenigen Minuten bis Stunden die *Miracidien*; diese befallen Wasserschnecken (Gatt. *Biomphalaria*), in denen *Mutter-* und *Tochtersporocysten* und dann *Gabelschwanz-*

cercarien heranwachsen. Diese verlassen die Schnecken durch die Atemhöhle und suchen direkt den Endwirt auf, wobei chemische und Lichtreize eine Rolle für die Wirtsfindung spielen. Beim Eindringen durch die Haut wird der Schwanz abgeworfen. Die adulten Würmer dringen in Blutgefäße des Unterhautgewebes ein, durchlaufen Wachstumsphasen in Haut und Lunge und paaren sich im Pfortadersystem; die Weibchen werden erst nach der Paarung geschlechtsreif. In den Blutgefäßen der Blasenwand und des Urogenitalsystems lebt die Art *S. haematobium* (tropisches Afrika), die Erreger der *Blasen-Bilharziose* ist, *S. japonicum* (Südostasien) und *S. intercalatum* (Zentralafrika) befallen Blutgefäße des Darms. Die Bilharziose ist nach Malaria die bedeutendste Krankheit in warmen Ländern.

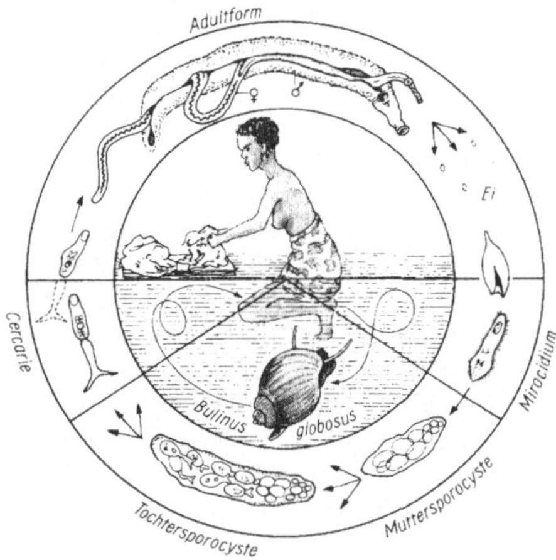

Schistosoma Entwicklungszyklus von *Schistosoma mansoni*

Schistostegales, Ord. der Unterklasse ⬈ Bryidae mit nur einer Art, dem ⬈ Leuchtmoos, *Schistostega pennata*.

Schizaeales, vorwiegend tropisch vorkommende Ord. der ⬈ Pteridopsida, die gekennzeichnet ist durch randständig sitzende Sporangien (⬈ Sporangium) mit einem dicht unter dem Scheitel quer verlaufenden ⬈ Anulus.

schizogen, durch Spaltung entstanden. Gegensatz: *lysigen*.

Schizogonie, bei ⬈ Einzellern die ungeschlechtliche Vermehrung durch Zerfall in viele Teilstücke. Vorher entsteht in der Zelle eine entsprechende Anzahl von Kernen. (⬈ Fortpflanzung)

schizokarp, bei der Fruchtreife auseinanderbrechend. S. sind Spalt- und Bruchfrüchte. (⬈ Frucht)

Schizomycetae, veraltet für ⬈ Bakterien.

Schizomycetes, veraltet für ⬈ Bakterien.

Schizonten, Stadium im Entwicklungszyklus der ⬈ Sporozoa.

Schizophyta, *Spaltpflanzen*, veraltet für ⬈ Bakterien.

Schlaf, veränderter Aktivitäts- und Bewusstseinszustand des Gehirns, der sich auch auf eine Reihe von Körperfunktionen auswirkt. Im allg. Sprachgebrauch wird S. als Entspannungs- und Erholungszustand des Gesamtorganismus bezeichnet; seine biologische Bedeutung ist jedoch noch nicht eindeutig geklärt. Beim Übergang vom Wach- in den Schlafzustand findet eine zunehmende Synchronisierung der Neuronenaktivität des Gehirns statt, verbunden mit einer Einschränkung des Bewusstseins, während im Gegensatz zur zentralnervösen Verarbeitung die Aufnahmefähigkeit der Sinnesorgane für Außenreize nicht verändert wird. Dennoch hat die neuronale Aktivität des Gehirns im S. eine ähnliche Komplexität wie im Wachzustand. Beim Einschlafen sinken sowohl Muskeltonus als auch Reflexerregbarkeit und die Herzfrequenz. Der Blutdruck sinkt, die Atmung verläuft langsamer, die Motorik des Magen-Darm-Trakts verringert sich. Hingegen ist die Aktivität der Wachstumshormone (⬈ somatotropes Hormon) größer, aber auch das ⬈ Prolactin und das ⬈ luteinisierende Hormon (vor allem während der Pubertät) werden vermehrt während des S. ausgeschüttet.

Außer in physiologischen Veränderungen zeigt sich der Schlafzustand auch im ⬈ Elektroencephalogramm (EEG). Delta-Wellen sind typisch für das Schlaf-EEG, Alpha- und Beta-Wellen für das Wach-EEG. Mit Hilfe des EEG's kann der Schlafverlauf in vier bis fünf Stadien eingeteilt werden, die drei- bis fünfmal in einer Nacht durchlaufen werden. Die Wellen im EEG werden mit zunehmender Schlaftiefe immer langsamer, d. h. synchronisierter. Das Stadium b nimmt eine Sonderstellung ein: Da das Aktivitätsmuster dem Wach- und Einschlaf-EEG gleicht, die Weckschwelle aber so hoch ist wie im Tiefschlaf, wird es auch *paradoxer* oder *„fast wave"- Schlaf* (*FW-Schlaf*) genannt. Besonderheiten dieses Stadiums sind die Instabilität vegetativer Funktionen (Puls und Blutdruck zeigen kurzfristige Schwankungen, die Atmung ist unregelmäßig), Absinken des Muskeltonus, Auftreten lebhafter Träume, die aktiv-handelnd und emotional sind, vor allem aber rasche, ruckartige Augenbewegungen, *rapid eye movements* (Abkürzung REM). Danach wird dieses Stadium heute meist als *REM-Schlaf* bezeichnet. In der REM-Phase ist die Gehirndurchblutung stärker als während des Wachzustandes. Außerdem scheint der REM-Schlaf für die Speicherung von Gedächtnisinhalten wichtig zu sein, denn Lernen z.B. erhöht die Dauer der REM-Phasen. Außerdem ist in diesen Phasen die neuronale RNS- und DNS-Syntheserate erhöht, die wichtig für das Langzeitgedächtnis (⬈ Gedächtnis) ist.

In Analogie dazu werden die anderen Stadien insgesamt *Non-REM-Schlaf* (*NREM-Schlaf*) genannt. Synonyme sind auch *orthodoxer* und *slow wave-Schlaf* (*SW-Schlaf*). Die Träume in diesen Phasen sind eher gedankenartig abstrakt. REM-Stadien treten normalerweise alle eineinhalb Stunden auf, dauern zu Beginn der Nacht zehn Minuten und steigern sich bis auf 40 bis 50 Minuten. Mit zunehmendem Lebensalter nimmt nicht nur allg. die Schlafdauer ab (Neugeborene 16 Stunden, Kinder zwölf bis acht Stunden, Greise sechs Stunden), sondern auch der Anteil des REM-Schlafs. Bei Neugeborenen nimmt er etwa 50 % in Anspruch, bei zwei bis drei Jahre alten Kleinkindern ist er auf 25 % abgesunken und somit fast auf den Wert eines Erwachsenen (20 %). Experimenteller REM-Schlafentzug führte in den darauffolgenden „Erholungsnächten" zur Zunahme des REM-Anteils, das Defizit musste anscheinend wieder aufgeholt werden. Totaler Schlafentzug über längere Zeit führt bei Mensch und Tier zum Tod, wobei für den Menschen offenbar die ersten NREM-REM-Phasen essenziell zu sein scheinen und daher als *Kernschlaf* bezeichnet werden.

Phylogenetisch tritt der REM-Schlaf erst spät auf. So konnte bei Fischen und Reptilien keine REM-Phase festgestellt werden, bei Vögeln ist sie nur kurz. Bei Säugern nimmt sie hingegen einen beträchtlichen Teil ein. Markant ist, dass der REM-Schlaf bei jagenden Tieren deutlich größer ist als bei gejagten Tieren. Träumen scheint ein universeller, regulatorischer Prozess zu sein. Die Beobachtung, dass bei poikilothermen Tieren keine charakteristische Abfolge von REM- und NREM-Schlaf nachzuweisen ist, führt zu der Vermutung, dass die REM-NREM-Phasen etwas mit der Temperaturregulation und der Stoffwechselrate zu tun haben.

Die Annahme, dass ein besonderes Schlafzentrum existiert, stützt sich auf den experimentellen Befund, dass Tiere durch elektrische Reizung bestimmter Zwischenhirnregionen in einen schlafähnlichen Zustand gebracht werden können. Dass der Hirnstamm (↗ Gehirn) auch an dem Wechsel von Wach- und Schlafzustand teilnimmt, zeigt die Reizung der ↗ Formatio reticularis, die zu einer Weckreaktion (arousal) eines schlafenden Tieres führt. Ausschalten des Systems hat eine Aktivitätsdämpfung zur Folge. Da durch aufsteigende aktivie-

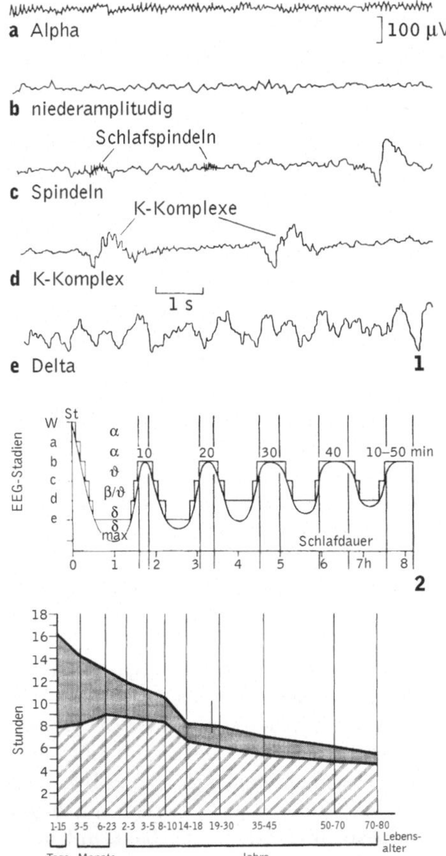

Schlaf 1 EEG der verschiedenen Schlafstadien. Während des ruhigen entspannten Wachseins herrscht ein α-Rhythmus vor (Stadium a), der beim Einschlafen (b) von flachen ϑ-Wellen verdrängt wird. Es kommen noch langsame Augenbewegungen vor, das Bewusstsein geht allmählich verloren. Beim Leicht-Schlaf (c) nimmt die Frequenz weiter ab, bis schließlich δ-Wellen vorherrschen, in die Gruppen von so genannten *Schlafspindeln* eingeschoben sind. Es wird angenommen, dass Schlafspindeln den Schlaf schützen, indem sie Außenreize vom Gehirn abschirmen. Es treten keine Augenbewegungen auf, der Muskeltonus ist niedriger als in den Stadien a und b. Während des mitteltiefen Schlafs (d) sind zwischen die δ-Wellen so genannte *K-Komplexe* eingeschoben, die dann auftreten, wenn das schlafende Gehirn Reize aus der Umwelt aufnimmt und darauf reagiert. Es treten keine Augenbewegungen auf, ebenso nicht im Tiefschlafstadium (e), das durch große, langsame δ-Wellen charakterisiert ist. Der Muskeltonus erniedrigt sich erneut. 2 Darstellung eines Schlaftiefenverlaufs innerhalb einer Nacht: Die einzelnen Stadien werden mehrfach durchlaufen, während die REM-Phasen (die außer beim Einschlafen mit dem Stadium b übereinstimmen) zum Morgen hin immer länger werden. Die Tiefschlafphasen (Stadium e) werden dagegen immer kürzer und zum Morgen hin nicht mehr erreicht. 3 Dauer des täglichen Schlafs und zeitliche Verteilung des REM- und NREM-Schlafs. Im Laufe des Lebens nimmt nicht nur die Schlafdauer ab, sondern auch der Anteil des REM-Schlafs am Gesamt-Schlaf innerhalb einer Nacht. Charakteristisch ist die starke Abnahme des REM-Schlaf-Anteils nach dem Kleinkindalter

rende Impulse ein für den Wachzustand nötiges Erregungsniveau erzeugt wird, spricht man auch von einem *aufsteigenden reticulären Aktivierungssystem* (Abk. *ARAS*). Neben diesen Mechanismen können grundsätzlich auch verschiedene Stoffe die Neuronenaktivität variieren. Neuere Untersuchungen ergaben, dass Gebiete der Raphe-Kerne im Hirnstamm durch hohen Serotonin-Gehalt gekennzeichnet sind, der mit dem Schlaf-Wach-Zustand schwankt. Die Loci coerulei in der lateralen Reticulärformation des Thalamus zeigen einen hohen Noradrenalin-Gehalt. Beide Stoffe sind ↗ Transmittersubstanzen des Hirnstamms. Wird die Serotonin-Produktion eingestellt, entsteht andauernde Schlaflosigkeit. Bei Entzug von ↗ Noradrenalin treten keine REM-Phasen mehr auf; ↗ Serotonin scheint für die Einleitung der NREM-Phase verantwortlich zu sein. Auch Vasotocin scheint an der Schlafsteuerung teilzunehmen; seine Wirkung wird durch Serotonin verstärkt. (↗ Schlaf-Wach-Rhythmus, ↗ Winterschlaf)

Schlafbewegungen, *nyktinastische Bewegungen*, die bei zahlreichen Pflanzen auffälligen periodischen ↗ Blattbewegungen (vielfach der Keimblätter oder Primärblätter), die sich vor allem als morgendliches Heben und abendliches Senken bemerkbar machen. Sie sind bei Leguminosen auf Turgoränderungen in den Blattgelenken (↗ Pulvinus) zurückzuführen. S. werden durch die ↗ innere Uhr kontrolliert, zu deren Erforschung S. in den Anfängen der ↗ Chronobiologie wesentlich beigetragen haben. Zu denjenigen Forschern, die sich intensiv mit S. befasst haben, zählte auch C. ↗ Darwin.

Schläfenbein, *Os temporale*, ↗ Schädel.

Schläfer, die Fam. ↗ Gliridae.

Schlafkrankheit, durch *Trypanosoma gambiense* hervorgerufene Krankheit (↗ Trypanosoma).

Schlafmohn, *Papaver somniferum*, ursprünglich aus Kleinasien stammende Art der Fam. ↗ Papaveraceae. Besonders die Kapseln (↗ Frucht) der krautigen einjährigen Pflanze enthalten alkaloidhaltigen Milchsaft. Pharmakologisch am wichtigsten sind dabei ↗ Morphin, sowie die Derivate ↗ Heroin und ↗ Codein. Die reifen Samen der vor allem im asiatischen Raum kultivierten Pflanze liefern Öl und dienen als Backzutat. (Abb. ↗ Papaveraceae)

Schlaf-Wach-Rhythmus, die Abfolge der verschiedenen Stadien des Schlafens und des Wachens. Der S. - W. - R. ist eine Erscheinung der endogenen circadianen Rhythmik (↗ Biorhythmik, ↗ innere Uhr). Wie viele physiologische und psychologische Funktionen, die ebenfalls der circadianen Rhythmik (also in etwa einer 24-Stunden-Rhythmik) unterliegen, wird auch der S. - W. - R. von endogenen Oszillatoren im Zentralnervensystem gesteuert. Unter Ausschluss der Umwelt stellt sich beim Menschen eine frei laufende Rhythmik von etwa 25 Stunden ein. Diese wird normalerweise von externen und internen Zeitgebern auf die 24-Stunden-Periodik der Außenwelt eingestellt. Beim Menschen sind helles Licht, aber auch das soziale Umfeld die stärksten Zeitgeber.

Die endogenen Oszillatoren, auf die die Zeitgeber einwirken, sind vermutlich Nervenzellen, die durch Änderung der Ionenverteilung ihrer Membran rhythmische Entladungsraten zeigen. Zentrale Struktur für den S. - W. - R. des Menschen ist der *Nucleus suprachiasmaticus*, der im ↗ Hypothalamus direkt unter der Sehnervenkreuzung (↗ Chiasma opticum) liegt und durch Abzweigungen des Sehnerven Informationen über den äußeren Hell-Dunkel-Rhythmus erhält. Es wird vermutet, dass der Nucleus suprachiasmaticus über die rhythmische Freisetzung von Hormonen sowie rhythmische Entladungsmuster seiner Neuronen auf andere Strukturen des Zentralnervensystems (subcorticale Kerngebiete und deren Transmittersubstanzen und Hormone) wirkt, die zusammen an der Aufrechterhaltung des S. - W. - R. beteiligt sind. Insgesamt liegt dem S. - W. - R. ein komplexes, noch nicht hinreichend aufgeklärtes Geschehen zugrunde. (↗ Gehirn, ↗ Schlaf)

Schlagadern, die ↗ Arterien.

Schlaganfall, *Apoplexie*, *Hirnschlag*, Symptomkomplex mit neurologischen Ausfällen unterschiedlichen Schweregrades, hervorgerufen durch eine akute Unterbrechung der Durchblutung eines begrenzten Hirnareals. In 85 % der Fälle ist die Ursache ein Blutgerinnsel, 15 % gehen auf das Zerreißen eines Gefäßes mit nachfolgender Gehirnblutung zurück. Die Symptome sind in höchstem Maße variabel, abhängig von Lokalisation und Größe des Infarktes. So können plötzliche Halbseitenlähmungen, Gesichtsfeldausfälle, Sehen von Doppelbildern, sensomotorische Ausfallserscheinungen, neuropsychologische Defizite, wie Sprachstörungen (Aphasie) oder Störungen von Handlungen und Bewegungsabläufen (Apraxie) sowie Bewusstseinstrübungen auftreten. Die Symptome können sich über Tage, Wochen und Monate teilweise oder vollständig zurückbilden. Hauptrisikofaktoren für S. sind Bluthochdruck, ↗ Rauchen, bestehende Herzerkrankungen und Stoffwechselstörungen wie z. B. erhöhte Blutfettwerte oder ↗ Diabetes mellitus.

Schlammfisch, *Kahlhecht*, *Amia calva*, einzige rezente Art der Kahlhechte; er lebt in ruhigen, oft pflanzenreichen und sauerstoffarmen Gewässern der mittleren und östlichen USA. Der S. kann mit seiner gekammerten, lungenähnlichen Schwimmblase atmosphärische Luft atmen. Das mit einem auffälligen Schwanzfleck gezeichnete Männchen baut zur Laichzeit ein schüsselförmiges Bodennest aus einer Matte von Wurzelfasern; es bewacht die Eier und die nach 8 - 10 Tagen geschlüpften Jungfische.

Schlammfliegen, die ↗ Megaloptera.

Schlammschnecke, Name zweier Arten der Wasserlungenschnecken (↗ Basommatophora).

Schlammspringer, die Fam. ↗ Periophthalmidae.

Schlängeln, Form der ↗ Fortbewegung.

Schlangen, die ↗ Serpentes.

Schlangenaale, die Fam. ↗ Ophichthidae.

Schlangengifte, *Ophiotoxine*, von Giftschlangen in den Giftdrüsen produzierte toxische Substanzen, die beim Biss mittels der ↗ Giftzähne übertragen werden und den Giftschlangen zum Beuteerwerb und zur Abwehr von Feinden dienen. Die Wirkung eines S. hängt von seiner Zusammensetzung, der beim Biss injizierten Menge sowie davon ab, ob Muskeln oder Blutgefäße getroffen wurden. Im Blut werden die S. rasch zum Herzen bzw. Gehirn transportiert, und hämolytische oder die ↗ Blutgerinnung beeinflussende Bestandteile können aktiv werden. Die Zusammensetzung der S. ist artspezifisch, sehr komplex und ändert sich jahreszeitlich. Hauptkomponenten sind toxische Proteine, darunter spezifische Toxine, die ein rasches Erlegen der Beute (Lähmung und Tötung) gewährleisten, sowie giftig wirkende Enzyme, deren Funktion in der Einleitung und Unterstützung der Verdauung des unzerkleinert verschlungenen Beutetieres liegt. Außerdem enthält die Giftdrüsenflüssigkeit unter anderem Nucleotide, freie Aminosäuren, Zucker, Lipide und Metallionen. *Neurotoxine* (Nervengifte) verursachen Lähmungserscheinungen durch präsynaptischen (Hemmung der Transmitterfreisetzung) oder postsynaptischen Angriff (Blockade von Rezeptoren) und Krämpfe, indem sie die Transmitterfreisetzung verstärken, z. B. durch Blockade der K^+-Kanäle, oder Hemmung der Transmitter-abbauenden Enzyme, wie z. B. der Acetylcholin-Esterase. *Cardiotoxine* (Herzmuskelgifte) verursachen Reizleitungsstörungen im Herzen. ↗ Phospholipasen bewirken ↗ Hämolyse und Hemmung der Acetylcholin-Freisetzung. Zudem enthalten S. blutgerinnungshemmende oder blutgerinnungsfördernde Faktoren sowie Hyaluronidase, die die Diffusion des injizierten S. im Gewebe beschleunigt; hämorrhagische Faktoren führen zu Blutungen und proteolytische Enzyme (↗ Proteasen) verursachen Nekrosen, d. h. örtliches Absterben von Zellen und Geweben.

Die S. vieler Giftnattern (↗ Elapidae) enthalten als wirksame Bestandteile vor allem Neurotoxine, die Gifte der ↗ Kobras Neurotoxine und Cardiotoxine. Die von Grubenottern (↗ Viperidae) gebildeten S. wirken hauptsächlich als Nerven- und Blutgifte. Die Neurotoxine und Cardiotoxine der S. sind Proteine mit meist 60 bis 70 Aminosäureresten und intramolekularen Disulfidbrücken. In vielen Fällen

ist die Primärstruktur dieser Toxine bekannt. Alle Proteinkomponenten der Schlangengifte sind antigen wirksam und können zur Gewinnung von spezifischen Antiseren (*Schlangenserum*) eingesetzt werden. Man erhält sie aus dem Blut von Pferden, die durch Einspritzen geringer Mengen von S. aktiv immunisiert wurden. S. dienen auch als Hilfsmittel in Neurophysiologie und Biochemie und finden als einzelne Komponenten oder standardisierte Präparate aufgrund ihrer Schmerz stillenden Wirkung und die Blutgerinnung beeinflussenden Eigenschaften therapeutische Anwendung. Man gewinnt S. durch „Melken" von in Schlangenfarmen gehaltenen Schlangen.

Schlangensterne, die ↗ Ophiuroida.

Schlauchalgen, *Siphoneen*, die Klasse ↗ Bryopsidophyceae.

Schlauchpilze, die ↗ Ascomycetes.

Schlauchthallus, ↗ Siphonoblast.

Schlehe, *Prunus spinosa*, in Eurasien verbreiteter strauchförmiger Vertreter der Fam. ↗ Rosaceae mit langen Sprossdornen. Die bläulich bereiften Steinfrüchte sind essbar.

Schleichen, die Fam. ↗ Anguidae.

Schleichkatzen, die Fam. ↗ Viverridae.

Schleie, Art der Fam. ↗ Cyprinidae.

Schleiereulen, *Tytonidae*, Fam. der Eulen (↗ Strigiformes).

Schleim, *Mucus*, Sammelbegriff für eine Reihe durch ihren hohen Gehalt an ↗ Polysacchariden stark wasseraufnahme- und quellungsfähiger, zähflüssig glitschiger oder klebriger Substanzen, die in unterschiedlicher chemischer Zusammensetzung sowohl von ↗ Bakterien wie von Pflanzen, Pilzen, Tieren und Mensch produziert werden und ein weites Spektrum an Funktionen erfüllen. Bakterielle und pflanzliche Schleime bestehen überwiegend aus Alginen (↗ Agar), ↗ Glykoproteinen, ↗ Pektinen, ↗ Hemicellulosen, bei Bakterien auch aus Teichonsäuren. Sie werden z.T. unmittelbar als Zellsekrete abgesondert oder entstehen durch allmähliches Verquellen von Zellwänden und dienen einerseits als mechanischer Schutz und Austrocknungsschutz, auch als osmotischer Puffer (Braunalgen), als Gleitschicht wachsender Wurzelspitzen, bei manchen Samen als Haft- und Klebschleim (Verbreitung), angereichert mit bakterio- und fungistatischen Sekreten und proteolytischen Enzymen auch als Infektionsschutz bei Verletzungen höherer Pflanzen und als Fangschleim bei ↗ carnivoren Pflanzen. Entsprechend weit ist auch das Funktionsspektrum tierischer Schleime, meist saurer ↗ Mucopolysaccharide, z. T. im Komplex mit Proteinen. Sie finden in der Tierwelt Verwendung als Gleitschleim und Schmiermittel (z. B. bei Plattwürmern und Schnecken oder die „Gelenkschmiere" bei Wirbeltieren), halten die Oberflächen der

↗ Schleimhäute schlüpfrig und feucht, wirken als chemische Puffersubstanzen (Dünndarmschleim, Spermaschleim), dienen als Vehikelsubstanzen und Fangschleim (Verkleben und Entfernen von Fremdpartikeln aus dem Atemtrakt, Fang und Transport von Nahrungspartikeln bei vielen Wirbellosen) und können wasserlebenden Tieren Schutz vor Austrocknung bieten (Amphibien). Die zelluläre Synthese der Schleimsubstanzen erfolgt in allen eukaryotischen Zellen im ↗ Golgi-Apparat.

Schleimaale, die ↗ Myxinoidea.

Schleimdrüsen, mucöse ↗ Drüsen, sekretorische Zellen oder Zellkomplexe bei Tieren und Mensch, nur mit Einschränkungen auch bei Pflanzen, die ↗ Schleim sezernieren. Im Tierreich treten sie als einzellige oder mehrzellige, in Epithelien eingestreute Drüsen oder als von den Epitheloberflächen in die Tiefe verlagerte Drüsenkomplexe vor allem in der Epidermis wasserlebender Tiere wie auch im Darm- und Atemtrakt und in den Geschlechtsgängen vor allem der Wirbeltiere auf. Funktionelle Einheit ist die einzelne Schleimzelle, die sich cytologisch durch einen stark ausgebildeten ↗ Golgi-Apparat auszeichnet, in dem die Synthese der Schleime stattfindet.

Schleimfische, die Fam. ↗ Blenniidae.

Schleimhaut, *Mucosa*, *Tunica mucosa*, aus mehreren Gewebsschichten aufgebaute Auskleidung nach außen sich öffnender Körperhöhlen, deren Oberflächen durch die Sekrete von ↗ Schleimdrüsen stets feucht und schlüpfrig gehalten werden. S. finden sich vor allem bei Wirbeltieren und Mensch in der Mundhöhle, im Darm- und Atemtrakt, den Geschlechtsgängen sowie den Augenlidtaschen, aber auch bei Weichtieren (Atemhöhle der Lungenschnecken). Unter dem Epithel, durch eine Basallamina von diesem abgegrenzt, folgt stets eine an Blut- und Lymphkapillaren reiche, von zahllosen Lymphocyten und Leukocyten durchsetzte (Abwehrfunktion der S.) Schicht lockeren Bindegewebes die bei Hohlorganen in ihrem äußeren Bereich noch von Lagen ringförmig, längs oder in scherengitterartigen Spiralen verlaufender glatter Muskulatur durchflochten sein kann. Nach außen hin gehen die S. kontinuierlich in eine derb bindegewebige Einbauschicht (*Adventitia*) über, die der S. eine gewisse Verschieblichkeit gegenüber den umgebenden Geweben verleiht, oder sie sind bei frei liegenden Hohlorganen (Darm) von einer stabilisierenden grobfaserigen, Gefäße führenden Bindegewebshülle (*Submucosa*) und einem derben Muskelmantel aus glatter Muskulatur (*Tunica muscularis*) umgeben.

Schleimpilze, Bez. für eine Organisationsstufe der ↗ Eucarya, die durch zellwandlose, vielkernige und amöboid bewegliche Plasmamassen (*Plasmodien*) gekennzeichnet ist. Diese Plasmodien können auf verschiedene Art und Weise entstehen: 1) einkernige, nackte und amöboid bewegliche Zellen (*Myxamöben*) kriechen zu Plasmaanhäufungen zusammen, behalten aber ihre Selbstständigkeit (*Aggregationsplasmodium*). 2) Myxamöben oder begeißelte *Myxoflagellaten* verschmelzen miteinander und bilden ein diploid-vielkerniges *Fusionsplasmodium*. 3) Das Plasmodium entsteht aus einer Einzelzelle durch Kernteilungen, aber ohne Zellteilungen. S. vermehren sich durch Sporen, die, außer bei endoparasitischen Formen, in besonderen Fruchtkörpern entstehen. Sie sind heterotroph und phagotroph, indem sie ganze Partikel aufnehmen. Es werden drei Abteilungen unterschieden, die untereinander keine direkten verwandtschaftlichen Beziehungen haben: *Acrasiomycota* mit der einzigen Klasse ↗ Acrasiomycetes, *Myxomycota* mit den Klassen ↗ Myxomycetes und Protosteliomycetes und *Plasmodiophoromycota* mit der einzigen Klasse ↗ Plasmodiophoromycetes. Aufgrund von Übereinstimmungen mit tierischen Einzellern (Phagotrophie, amöboide Stadien im Lebenszyklus, Fehlen von Zellwänden zumindest in den vegetativen Stadien) werden sie mitunter auch als *Mycetozoa* dem Tierreich zugeordnet.

Schlenke, wasserführende oder ausgetrocknete Senke im ↗ Hochmoor.

Schleuderbewegungen, ↗ Explosionsmechanismen.

Schliefer, die ↗ Hyracoidea.

Schließbewegungen, ↗ Hygronastie, ↗ Blütenbewegungen.

Schließfrucht, ↗ Frucht.

Schließzelle, ↗ Stomata.

Schlingpflanzen, ↗ Kletterpflanzen.

Schluckreflex, Bez. für den angeborenen, reflektorisch (↗ Reflex) gesteuerten Schluckvorgang. Dieser dient dem Transport der Nahrung aus der Mundhöhle in die Speiseröhre und wird durch Berührung der Gaumenbögen, des Zungengrundes oder der hinteren Rachenwand ausgelöst. Die mechanische Reizung der in diesen Bereichen gelegenen Rezeptoren wird über sensible Fasern dem oberhalb des Atemzentrums im Hirnstamm (↗ Gehirn) gelegenen *Schluckzentrum* zugeleitet. Dessen Erregung, die gleichzeitig eine Hemmung des Atemzentrums zur Folge hat (während des Schluckens setzt die Atmung aus), aktiviert über motorische Fasern die Schlundkopfmuskulatur. Dadurch wird sowohl die Atemröhre verschlossen als auch die Nahrung in die Speiseröhre transportiert, durch deren peristaltische Kontraktionen der Nahrungsbrei schließlich in den Magen gelangt. Versagt dieser Mechanismus, z. B. wenn versucht wird, gleichzeitig zu atmen und zu schlucken, tritt „Verschlucken" ein, da Nahrungspartikel in den Kehlkopf gelangen und durch Husten (↗ Hustenreflex) oder Würgen wieder

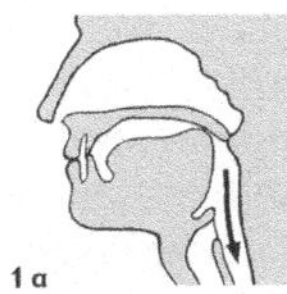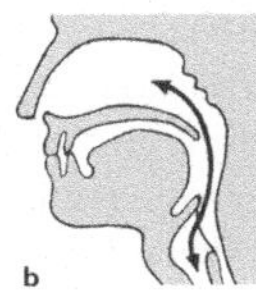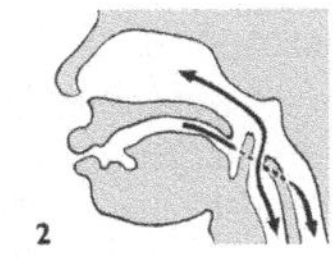

Schluckreflex 1 Schluckvorgang beim erwachsenen Menschen, a Schluckstellung, b Atemstellung. 2 Schluckstellung beim Säugling (der Kehlkopf steht höher als beim Erwachsenen)

herausbefördert werden. Der Schluckvorgang kann nicht willkürlich ausgelöst werden, auch ein so genanntes „Leerschlucken" wird nur bei Reizung der mechanischen Rezeptoren des Rachenraums durch Speichel ermöglicht.

Schlund, der ↗ Pharynx.

Schlundegel, *Pharyngobdelliformes*, Gruppe der ↗ Euhirudinea.

Schlundgeißler, die ↗ Cryptophyceae.

Schlupfwespen, die Fam. ↗ Ichneumonidae.

Schlüsselarten, Arten, die für die Wechselbeziehungen in einer ↗ Biozönose besonders bedeutsam sind oder im Stoffumsatz eine zentrale Rolle spielen.

Schlüsselbein, *Clavicula*, ein Knochen des ↗ Schultergürtels.

Schlüsselfaktor, in der ↗ Populationsökologie ein Faktor, der entscheidend die Dynamik und Dichte von Populationen bestimmt.

Schlüsselmerkmale, Bez. für Verhaltensweisen, Fähigkeiten oder strukturelle Merkmale, die es einer Organismenart ermöglichen, eine ↗ ökologische Zone zu erschließen. S. der Vögel, die den Luftraum erobert haben, sind z. B. die Flugfähigkeit, Flügel und Federn, solche, die es den Tetrapoda ermöglichten, an Land zu gehen, sind u.a. Lungenatmung, fleischige Flossen mit Skelett, ein stabiles Achsenskelett sowie Schulter und Beckengürtel. S. können sowohl ursprüngliche (plesiomorphe) Merkmale als auch neu entstandene, abgeleitete (apomorphe) Merkmale sein. Plesiomorphien können zu S. werden, indem sie in einen neuen Kontext gestellt werden, z. B. durch geänderte Verhaltensweisen, und dadurch eine Funktionserweiterung oder einen Funktionswechsel erfahren. Bei Tieren können daher Verhaltensweisen eine Schrittmacherfunktion bei der Entstehung von S. haben.

Schlüsselreiz, *Kennreiz*, einfacher für die jeweilige Situation charakteristischer Umweltreiz (oder eine Reizkombination) die über einen angeborenen ↗ Auslösemechanismus ein bestimmtes Verhalten in Gang setzt oder aufrecht erhält. Neben dieser auslösenden Wirkung kann ein S. auch die Orientierung einer Verhaltensweise (*Orientierungsreiz*) oder die Stimmungslage eines Tieres verändern (*motivierender Reiz*). Der Begriff ↗ Kennreiz wird

übergeordnet auch für S. in erlernten Situationen eingesetzt. Die so genannten Auslöser sind stammesgeschichtlich besonders entwickelte S., die in Form besonderer Verhaltensformen oder morphologischer Merkmale eine soziale ↗ Kommunikation ermöglichen. Eine Steigerung des S. ruft häufig eine stärkere Reaktion hervor. In ↗ Attrappenversuchen hat man dies mit in der Natur nicht vorkommenden *übernormalen* Reizen getestet.

Schmalnasenaffen, die ↗ Catarrhini.

Schmarotzer, der Parasit, ↗ Parasitismus.

Schmarotzertum, der ↗ Parasitismus.

Schmeißfliegen, die Fam. ↗ Calliphoridae.

schmelzen, der umgangssprachliche Begriff für die Überführung von doppelsträngiger DNA in Einzelstrang-DNA. (↗ Denaturierung)

Schmelzschuppen, die ↗ Ganoidschuppen.

Schmerlen, *Cobitidae*, Fam. der Karpfenfische (↗ Cypriniformes).

Schmerz, *Dolor*, ein unangenehmes Sinnesempfinden und meist unlustbetontes Gefühlserlebnis, das auftritt, wenn Körpergewebe so stark gereizt wird, dass eine Schädigung droht oder auftritt. Sinn des S. ist also in erster Linie der Schutz vor Schädigung. Je nach Lokalisation werden visceraler und somatischer S. unterschieden. In Abhängigkeit von der Dauer wird er als akuter oder chronischer S. bezeichnet, wobei letztere auch rein psychische Ursachen haben können und dadurch zu einem eigenen Krankheitsbild werden. Aber auch bei einem durch konkrete Schädigung verursachten S. spielt die Psyche eine große Rolle für das subjektive Schmerzempfinden. Dies zeigt sich einerseits darin, dass z. B. in Ekstase, durch Yoga, Meditation oder Hypnose das Schmerzempfinden vom Bewusstsein abgeschirmt werden kann, andererseits darin, dass chronischer S. zu einer Änderung der Gesamtpersönlichkeit führen kann.

Visceraler S. äußert sich als dumpfe, in der Tiefe empfundene Schmerzempfindung der Eingeweide. Beim *somatischen Schmerz* unterscheidet man Tiefen- und Oberflächenschmerz. Beim *Tiefenschmerz* handelt es sich ebenfalls um dumpfe Schmerzempfindungen, die meist schlecht lokalisierbar sind und in die Umgebung ausstrahlen. Diese betreffen Bindegewebe, Muskeln, Knochen und Gelenke. Zu ihnen gehört die wohl häufigste Schmerzform des Menschen, der Kopfschmerz. Tiefenschmerzen gehen mit motorischer Hemmung, Schonstellung (z. B. bei Knochenbrüchen) und passivem Zusammensinken einher. Der von der Haut ausgehende *Oberflächenschmerz* ist eine helle, gut lokalisierbare Empfindung, die nach Aufhören des Reizes schnell abklingt (*erster S.*). Sie löst entsprechend gerichtete Reaktionen aus, wie Abwehr oder Flucht. Bei hoher Reizintensität mit einer Dauer von mehr als 0,5 oder 1 s folgt eine zweite S.-Phase von dumpfem, brennendem Charakter, die langsam abklingt und schwer lokalisierbar ist (*zweiter S.*).

S. entstehen durch viele Arten von Reizen, sobald diese eine gewisse Intensität (Schmerzschwelle) überschreiten. Für die Wahrnehmung dieser Reize sind spezielle Rezeptoren, die ↗ Nozizeptoren, verantwortlich. Auch wenn die S.-Empfindung durch Wärme bzw. Hitze oder Druck ausgelöst wird, läuft die S.-Wahrnehmung über die Nozizeptoren. Auf der Haut liegen wesentlich mehr Schmerzpunkte als Druck- (Verhältnis 9:1) oder Kälte- bzw. Wärmepunkte (10:1). So befinden sich auf 1 cm^2 ↗ Haut bis zu 200 Schmerzpunkte. In der Haut wurden bisher rein mechanosensitive, rein thermosensitive sowie mechano- und thermosensitive Schmerzrezeptoren gefunden. Die Nozizeptoren, die beide Qualitäten erfassen, scheinen häufiger zu sein als die beiden anderen Typen. In den Hohlorganen der Eingeweide sind mechanosensitive Nozizeptoren zu finden. Sie reagieren z.T. auf passive Dehnung und zum Teil auf aktive Kontraktion der glatten Muskulatur. Auch fehlende Durchblutung (Ischämie) und bestimmte Gase oder Staubpartikel in der Lunge können zu Schmerzempfindungen führen. In der Skelettmuskulatur kommen chemo- und mechanosensitive Rezeptoren sowie eine Kombination von beiden vor. Die Nozizeptoren sind freie Nervenendigungen mit dünnen markhaltigen oder marklosen Nervenfasern, die auch unterschiedliche Schmerzqualitäten weiterleiten. An den hellen S.-Empfindungen sind die markhaltigen Nervenfasern beteiligt, an den schwer erträglichen dumpfen, brennenden S. die marklosen. Für durch Hitze verursachte S. ist zunächst die ↗ Denaturierung der Gewebeproteine an den Nervenendigungen verantwortlich. Diesem kurz andauernden hellen S. folgt nach einigen Sekunden eine lang andauernde Schmerzwelle, die nicht allein auf der langsameren Leitungsgeschwindigkeit der marklosen Nervenfasern beruht, sondern auch auf der verzögerten Bildung von so genannten *Schmerzstoffen*. Diese körpereigenen Stoffe werden bei Schädigungen des Gewebes freigesetzt und lösen den Schmerzreiz an den freien Nervenendigungen aus. So wirken winzige Flüssigkeitsmengen aus Brandblasen der Haut stark Schmerz erzeugend. Bekannte Schmerzstoffe sind ↗ Acetylcholin, ↗ Histamin, ↗ Serotonin und Plasmakinine (in Brandblasen und in durch Entzündungen abgesonderten Flüssigkeiten). Lokale Erhöhungen der Konzentration von H$^+$- und K$^+$-Ionen rufen ebenfalls S.-Empfindungen hervor. Im ↗ Gehirn werden Substanzen gebildet, die spezifisch an den Rezeptoren der Gehirnzentren, die für die S.-Empfindungen wichtig sind, angreifen. Diese Stoffe, die ↗ Endorphine, wirken bei S.-Empfindungen lindernd, sie werden auch als körpereigene Opiate bezeichnet. Sie sind Bestandteil eines endogenen S. hemmenden Systems, das in die S.-Weiterleitung (im Stammhirn und Rückenmark) eingreift. U. a. bestehen Beziehungen zur ↗ Formatio reticularis, zum Thalamus opticus und zum ↗ limbischen System. Das letztere, das seinerseits Schmerzinformationen vom Thalamus opticus erhält, spielt eine wichtige Rolle bei der Empfindung, Bewertung und Verarbeitung von S. In Stresssituationen wird das endogene S. hemmende System aktiviert, was die vorübergehende Schmerzfreiheit, z. B. nach schweren Unfällen, zu erklären vermag.

Eine Gewöhnung an einen Schmerzreiz und damit eine Verminderung der S.-Empfindung bei länger andauerndem Reiz ist nicht möglich. Die einzelnen Körperteile sind unterschiedlich schmerzempfindlich. Knochenhaut, Gelenke, Zähne (Pulpa) und Nerven sind sehr empfindlich, die kompakten Teile des Knochens, der Zahnschmelz oder die Gehirnrinde dagegen überhaupt nicht; die S.-Empfindung ist unabhängig von der Gefährlichkeit der Schädigung. Die S.-Intensität ist zudem von der subjektiven Einstellung zum S. abhängig bzw. von der Bedeutung, die der Schädigung beigemessen wird. Außerdem wird das Ausmaß des S. immer an der bisherigen Schmerzerfahrung gemessen. Durch Ablenkung und Gleichgültigkeit kann die Schmerzempfindung gesenkt, durch Erwartung, Spannung und Angst hingegen gesteigert werden. Die Wirkung von Suggestion (seelische Beeinflussung) und Tabletten ohne Wirkstoffe (so genannte Placebos) findet hier ihre Erklärung. Bei der Entstehung von chronischem S., vor allem des Bewegungsapparats, spielt oft ein sich bildender Teufelskreis eine wichtige Rolle. Aus überschießender Muskelerregung (Hypertonus der Muskulatur mit Hartspann) resultiert bei anhaltender Erregung der Nozizeptoren eine verminderte Sauerstoffversorgung des Gewebes und letztlich eine Gewebeschädigung. Da die Muskelinnervation meist multisegmental ist, kann die S.-Reaktion zudem auf andere Segmente übergreifen und sich so bei langer Krankheitsdauer ausbreiten, bis der S. unter Umständen generalisiert ist und weiterhin andauert, obwohl die ursprüngliche S. auslösende Schädigung längst ausgeschaltet ist. Zur Aufrechterhaltung des S. trägt auch bei, dass Reize vorerregte Bahnen bevorzugen und in häufig erregten Synapsen langsamer abklingen.

So können auch S.-Empfindungen auftreten, obwohl die S.-Rezeptoren nicht mehr vorhanden sind. Beinamputierte Menschen empfinden z.B. manchmal S. in der nicht mehr vorhandenen Extremität (so genannter *Phantomschmerz*). Das Phantomglied wird dabei fast immer in einer verkrampften und versteiften Haltung erlebt. Oft kann man nachweisen, dass diese S. völlig unabhängig von sensiblen Einflüssen der amputierten Extremität sind. Sie entstehen zentral, d. h., es liegen ihnen Verarbeitungsprozesse im Gehirn zugrunde. Auch die übertragenen oder projizierten S., bei denen S. innerer Organe (z. B. Gallenkoliken) auf Bereichen der Körperoberfläche (den so genannten *Head-Zonen*) lokalisiert werden können, haben ihre Ursache in den neuronalen Verschaltungen und Fehlinterpretationen. Nervenfasern, die u.a. die S.-Erregungen von den Eingeweiden zum Zentralnervensystem leiten, erhalten ebenfalls Information von bestimmten Hautarealen (die oftmals stärker innerviert sind), sodass diese auch erregt werden und zur S.-Empfindung führen können.

Die *Juckempfindung* ist wahrscheinlich eine besondere Form der S.-Empfindung. Einige Juckreize führen bei stärkerer Intensität zur S.-Empfindung, und die Unterbrechung von Schmerzleitungen wird von dem Ausfall der Juckempfindung begleitet. Diese Empfindung lässt sich aber nur in der äußeren Epidermis hervorrufen; für ihre Auslösung ist wahrscheinlich die Freisetzung von Histamin verantwortlich.

Die Beurteilung, bei welchen Tieren ein Schmerzsinn entwickelt ist, fällt um so schwerer, je weiter ein Tier verwandtschaftlich vom Menschen entfernt ist. Bei Säugetieren ist schon aus den Verhaltensweisen, mit denen die Tiere auf Schmerzreize reagieren, ein Sinn für Schmerzempfindungen zu erkennen. Aber schon bei niederen Wirbeltieren ist ein Schmerzsinn nicht nachgewiesen. Bei Säugetieren sind bestimmte Teile des Gehirns für die Verarbeitung von Schmerzreizen verantwortlich. Für die schnelle Verarbeitung von entsprechender Information ist besonders der Thalamus wichtig. Über ihn erhält die Hirnrinde ihre Informationen, und über schnell leitende Nervenfasern werden unwillkürliche Reaktionen und Bewegungen ausgelöst. Niedere Wirbeltiere besitzen zwar Nervenendigungen und Nervenzellen, die durch schädigende Einwirkungen erregt werden, doch sind Thalamus und andere für die Schmerzverarbeitung wichtige Gehirnareale kaum oder nicht ausgebildet. Daraus kann zumindest geschlossen werden, dass diese Tiere für Verletzungen und starke Reize weniger empfindlich sind als Säugetiere. Wirbellose scheinen keinen Schmerzsinn zu besitzen. Käfer mit einem zerquetschten Bein benutzen dieses weiterhin genauso wie die gesunden. Heupferde nagen weiter an einem Halm, obwohl ihr Hinterleib bereits abgefressen ist. Andererseits reagieren Insekten auf Hitzeeinwirkung, elektrische Schocks oder chemische Substanzen mit Flucht, vermeiden also schädigende Einflüsse.

Schmetterlinge, die ↗ Lepidoptera.

Schmetterlingsblütler, *Papilionaceae*, die Fam. ↗ Fabaceae.

Schmuckschildkröten, Gattungsgruppe der Sumpfschildkröten (↗ Emydidae).

Schmuckvögel, *Cotingidae*, Fam. der zu den Sperlingsvögeln gehörenden ↗ Tyranni.

Schnabelfliegen, die ↗ Mecoptera.

Schnabeltier, Art der ↗ Monotremata.

Schnabelwale, die Fam. ↗ Ziphiidae.

Schnaken, die Fam. ↗ Tipulidae.

Schnappschildkröten, die Fam. ↗ Chelydridae.

Schnarrschrecke, Art der Kurzfühlerschrecken (↗ Caelifera).

Schnecke, *Cochlea*, Teil des Gehörgangs (↗ Ohr).

Schnecken, die ↗ Gastropoda.

Schneeball, *Viburnum*, Gatt. der ↗ Viburnaceae.

Schneehase, Art der Fam. ↗ Leporidae.

Schneestufe, die ↗ nivale Stufe.

Schnegel, *Egelschnecken*, schalenlose Landlungenschnecken (↗ Stylommatophora).

Schnellkäfer, die Fam. ↗ Elateridae.

Schnepfenvögel, die Fam. ↗ Scolopacidae.

Schnirkelschnecken, *Cepaea*, Gatt. der Landlungenschnecken (↗ Stylommatophora).

Schnittlauch, Art der Fam. ↗ Alliaceae, deren Blätter als Gewürz verwendet werden.

Schnurfaden, die Gatt. ↗ Anabaena.

Schnurwürmer, die ↗ Nemertini.

Schock, i.e.S. *Kreislaufschock*, akute Störung der Kapillardurchblutung mit verminderter Sauerstoffversorgung des Gewebes. Dies führt zu Gewebsschäden (Nekrosen) in ↗ Leber, ↗ Niere (Schockniere), ↗ Lunge (Schocklunge), ↗ Gehirn und ↗ Herz. Ursachen können sein: akute Gefäßerweiterung (z. B. durch Vagusreiz), Volumenmangel (z. B. durch Blutverlust, exzessives Erbrechen oder Durchfälle), Pumpenversagen des Herzens (z. B. durch Herzinfarkt), eine Blutvergiftung (septischer Schock) sowie allergische Reaktionen (anaphylaktischer Schock, ↗ Anaphylaxie). Als Folge des Kreislaufversagens wird, um die Versorgung von Herz und Gehirn aufrechtzuerhalten, die zirkulierende Blutmenge auf diese Organe umverteilt (*Zentralisation*). Das minderversorgte Gewebe versucht, den Energiebedarf zunächst durch ↗ Glykolyse zu decken. Hierdurch entsteht unter anderem vermehrt Lactat (↗ Milchsäure) und somit eine metabolische ↗ Acidose. Es kommt zum Verlust der intravasalen Flüssigkeitsmenge, damit zur Bluteindickung (*Sludge-Phänomen*) und zur Ausbildung von Mikrothromben. In den betroffenen Organen und auf der Haut können Gewebsnekrosen entstehen, die mitunter zum Versagen des jeweiligen Organs führen. Klinische Symptome sind: blasse Haut, Kaltschweißigkeit, schwacher Pulsschlag, Brechreiz, Blutdruckabfall. Die Therapie erfolgt vor allem durch Volumensubstitution, z. B. Blut (Blutersatzflüssigkeit; außer bei Herzversagen), um das zirkulierende Volumen zu erhöhen, Blutdruck steigernde Mittel, Ausgleich der Acidose durch spezielle Blutpuffer, ↗ Heparin zur Auflösung der Mikrothromben, Sauerstoffzufuhr.

Scholle, *Pleuronectes platessa*, *Goldbutt*, auf der rechten Seite liegende Art der zu den Plattfischen (↗ Pleuronectiformes) gehörenden Fam. Schollen (Pleuronectidae), die in der Nordsee und der westlichen Ostsee verbreitet und ein wichtiger Nutzfisch ist. S. ernähren sich von bodenlebenden Wirbellosen und Fischen. Sie sind vorwiegend nachtaktiv und unternehmen in Gruppen Nahrungswanderungen. Bei den umfangreichen Laichwanderungen können bis zu 30 km pro Tag zurückgelegt werden. Ein Weibchen legt bis zu einer halben Million Eier, aus denen nach zehn bis 20 Tagen bilateralsymmetrische Larven schlüpfen.

Schöllkraut, *Chelidonium majus*, einzige Art der Gatt. in der Fam. ↗ Papaveraceae. Der an ↗ Alkaloiden reiche gelbe Milchsaft der auf der gesamten Nordhalbkugel verbreiteten Pflanze hat abführende und Harn treibende Wirkung und wird in der Volksheilkunde gegen Warzen angewandt.

Schönschrecke, Art der Kurzfühlerschrecken (↗ Caelifera).

Schonung, Wald mit jungem Baumbestand, der meist durch Umzäunung vor Wildverbiss geschützt ist.

Schonwald, der ↗ Bannwald.

Schopfbaum, Wuchsform verholzter Pflanzen mit einfachem oder wenig verzweigtem Stamm und rosettenartig angeordneten Blättern an der Spitze. Bekannte Vertreter finden sich bei den ↗ Asteraceae, ↗ Lobeliaceae, ↗ Agavaceae und ↗ Cyatheales.

Schopfhuhn, der ↗ Hoatzin.

Schössling, aus horizontal wachsenden Seitensprossen vegetativ entstandenes und daher erbgleiches Tochterindividuum der Ausgangspflanze.

Schote, ↗ Frucht.

Schraubel, ↗ Blütenstand.

Schraubenbaumgewächse, die Fam. Pandanaceae (↗ Pandanales).

Schraubengefäß, *Schraubentracheide*, Holzelement des ↗ Xylems mit schraubenförmig verdickter Leiste.

Schraubenziege, Art der Gattung ↗ Capra.

Schreckfärbung, *aposematische Färbung*, ↗ Abwehr.

Schreckstoffe, ↗ Schutzanpassungen.

Schrecktracht, ↗ Abwehr.

Schreitvögel, die ↗ Ciconiiformes.

Schrillorgane, ↗ Stridulationsorgane.

Schrittmacher, 1) *Neurophysiologie: Schrittmacherzellen*, Bez. für Zellen, die dazu befähigt sind, ↗ Aktionspotenziale zu generieren, die sich dann über ↗ Gap junctions von Zelle zu Zelle über das ganze umliegende Gewebe ausbreiten. Solche S. haben eine besonders niedrige Schwelle zur Entstehung von Aktionspotenzialen. Ihr Membranpotenzial zeigt langsame rhythmische Schwankungen (als *slow waves* bezeichnet), die von schnellen Aktionspotenzialen (*spikes*) überlagert werden. Dabei entstehen zuerst so genannte *Präpotenziale* oder *Schrittmacherpotenziale*, durch die die Membran bis zum Schwellenpotenzial depolarisiert wird; dies löst dann ein Aktionspotenzial mit dem Einstrom von Ca^{2+}-Ionen aus. Durch den Einstrom wird die Membran erst depolarisiert, dann auf Werte von bis zu 20 mV umpolarisiert. Nach der Repolarisation entsteht wieder ein Präpotenzial, das erneut ein Aktionspotenzial nach sich zieht; auf diese Weise können ganze Salven von Aktionspotenzialen entstehen, außerdem entsteht eine organeigene Rhythmik. Die Aktivität der S. kann durch das vegetative Nervensystem moduliert werden. S. sind vor allem glatte Muskelzellen z. B. im ↗ Darm, im Sinusknoten des Herzens (↗ Herz) befindliche Herzmuskelzellen oder bei elektrischen Fischen spezielle, im verlängerten Mark (Medulla oblongata; ↗ Gehirn) gelegene Zellen, die die Aktivität der ↗ elektrischen Organe steuern.

2) in der *Chronobiologie* Bez. für endogene (körpereigene) oder äußere Strukturen bzw. Phänomene, die eine Periodizität physiologischer Prozesse in Zellen, Geweben, Organen oder einem Organismus auslösen können. (↗ Biorhythmik, ↗ innere Uhr)

Schröter, die Hirschkäfer (↗ Lucanidae).

Schrotschuss-Verfahren, die deutsche Bez. für die ↗ Shotgun-Klonierung.

Schuhschnabel, Art der ↗ Ciconiiformes.

Schulp, Schalenrest von *Sepia* (↗ Decabrachia), der ins Körperinnere verlagert ist. Er ist aus Aragonitlamellen aufgebaut, die schräg übereinanderliegende, getrennte Kammern bilden. Hinten-unten haben die Kammern Kontakt mit der intensiv durchbluteten Siphuncularmembran, welche die Flüssigkeit aus den Kammern resorbieren und durch Gas (90 % N_2) ersetzen kann; dadurch werden Auftrieb und Neigungswinkel des S. und damit des Tieres reguliert. Der S. ist als Kalkquelle für Käfigvögel im Handel.

Schulterblatt, *Scapula*, ↗ Schultergürtel.

Schultergelenk, *Articulatio humeri*, vom Gelenkkopf des Oberarmknochens (*Humerus*) und der im Wesentlichen vom Schulterblatt (*Scapula*) gebildeten *Gelenkpfanne* (*Cavitas glenoidalis*) des Schultergürtels gebildetes Kugelgelenk bei Tetrapoden. Die relativ kleine knöcherne Kontaktfläche des S. wird durch eine rings um die Gelenkpfanne verlaufende, aus Faserknorpel bestehende *Gelenklippe* (*Labrum glenoidale*) vergrößert. Die Gelenksicherung und Gelenkführung werden überwiegend durch Muskeln bewirkt. Das S. hat als Kugelgelenk drei Freiheitsgrade und damit drei senkrecht aufeinander stehende Bewegungsachsen, durch die Rotation, Abduktion und Adduktion sowie Anteversion und Retroversion (Vor- und Rückführung des Arms) möglich sind. Beim Menschen ist das S. das Gelenk mit dem größten Bewegungsumfang. (↗ Gelenk)

Schultergürtel, Gesamtheit der Skelettelemente, die bei Wirbeltieren und Mensch der gelenkigen Verbindung der vorderen ↗ Extremitäten mit dem Rumpf dienen. Schultergürtel und Beckengürtel (↗ Becken) werden als *Extremitätengürtel* bezeichnet. Der S. enthält ursprünglich Deckknochen und Ersatzknochen. Im Gegensatz zum Beckengürtel tritt der S. bei keiner Gruppe (außer einigen Flugsauriern, ↗ Pterosauria) durch Gelenke oder Verschmelzungen mit der ↗ Wirbelsäule in Verbindung; er wird nur durch Bänder und Muskulatur insbesondere am ↗ Brustkorb befestigt. Der S. wurde stammesgeschichtlich in einzelne Elemente aufgelöst, die in verschiedener Weise abgewandelt wurden. Der den Ansatz der Vorderextremität bedeckende Schulterpanzer löste sich vom Schädelpanzer, und seine Elemente wurden gegeneinander beweglich. Nur bei Fischen und einigen Amphibien besteht noch eine Verbindung vom S. zum Schädeldach. Unter den rezenten Knochenfischen weisen ursprüngliche Vertreter folgende, jeweils paarige Deckknochen im S. auf: median die *Clavicula* (*Schlüsselbein*), nach lateral folgend das *Cleithrum* und ganz außen das *Supracleithrum*. Die Verbindung zum Schädeldach erfolgt über das Posttemporale. Die ursprüngliche Ausstattung mit Ersatzknochen bestand aus den ebenfalls paarigen Elementen *Coracoid* (*Rabenschnabelbein*) und *Scapula* (*Schulterblatt*). Bei einigen Gruppen tritt am Rand der Scapula eine knorpelige Suprascapula auf (z. B. bei Froschlurchen, ↗ Anura). In der Evolution des S. trat eine fortschreitende Reduzierung des Deckknochenanteils ein. Während fossile ursprüngliche ↗ Tetrapoda alle oben genannten Elemente aufweisen, haben die ↗ Amniota den Deckknochenanteil bis auf das Schlüsselbein reduziert. Ein Schlüsselbein gibt es bei den meisten Säugern einschließlich des Menschen; Huftieren und Raubtieren dagegen fehlt es. Dies steht wahrscheinlich in Zusammenhang mit dem ventralen Ansatz der Extremitäten und ihrer Bewegung nur in einer körperparallelen Ebene (analog bei Chamäleons). – Eine besondere Konstruktion entstand bei „Theropoden" in der Ahnenlinie der Vögel, indem beide Schlüsselbeine zu einem V-förmigen Knochen, dem *Gabelbein* (*Furcula*), verwachsen sind. Hier gab es Ansatzstellen für Muskulatur, aus der später in Anpassung an das Fliegen (↗ Vogelflug) Flugmuskulatur wurde. Das Gabelbein wirkt beim Fliegen als elastische Spange zwischen den Schultergelenken.

Schultze, *Max Johann Sigismund*, deutscher Biologe, ✳ 25.3.1825 Freiburg i.Br., † 16.1.1874 Bonn; ab 1854 Prof. in Halle, ab 1859 in Bonn. S. ist einer der bedeutendsten Vertreter der anatomischen und mikroskopischen Forschung des 19. Jh. Er ist Mitbegründer der Zellenlehre und der Protoplasmatheorie und Begründer der Keimblattlehre. In der Netzhaut unterschied er Stäbchen und Zapfen und verfasste eine Reihe von Arbeiten über Nervenendigungen in Sinnesorganen und über Komplexaugen. Er beschrieb als Erster die Blutplättchen (↗ Thrombocyten) und führte die physiologischen Lösungen als Blutersatzflüssigkeiten ein.

Schuppen, *Squamae*; 1) bei Vertretern verschiedenster Insekten-Gruppen auftretende Gebilde auf der ↗ Cuticula. Es handelt sich entweder um einfache abgeflachte Abscheidungen der Exo- und Epicuticula (z. B. Trichome), meist aber um stark abgeplattete, modifizierte Borsten oder echte ↗ Haare. Die Insektenschuppe ist ein lufterfüllter Hohlkörper, dessen Ober- und Unterseiten über Verstrebungen (*Trabekel*) verbunden sind. Auf der Oberseite verlaufen zahlreiche Längsrippen, die über feine Querrippen, zwischen denen sich viele Durchbrüche befinden, auf Abstand gehalten werden. Die S. selbst ist mit ihrem Stiel in der Cuticula gelenkig verankert und steht in Verbindung mit dem Schuppenbalg, der das Homologon von Gelenkmembran und Basalring der Insektenhaare ist. Die S. wird wie das Haar von nur einer einzigen Zelle als Abscheidung gebildet. Bei Schmetterlingen sind nahezu alle Haare als S. ausgebildet. Sie sind entweder Duft-S. oder Träger von Farben und Zeichnung. Im letzteren Fall sind sie entweder mit Pigmenten gefüllt oder aber als Schillerschuppen ausgebildet, die ihre Färbung über Interferenz-Erscheinungen erzeugen: In der S. befinden sich parallel geschichtete Strukturen, an deren Grenzflächen einfallende Lichtstrahlen reflektiert werden und sich überlagern. Welcher Farbeindruck entsteht, hängt vom Abstand dieser Schichten ab. Die Farbe reicht von Blau bis metallisch Grün. Einige Arten zeigen einen dritten Typ von Schuppen. Hier sind zusätzlich zu parallelen Schichten Pigmentkörner so eingelagert, daß an ihnen eine Streuung des Lichtes stattfindet und die Farbentstehung nach dem sogenannten Tyndall-Effekt erfolgt (bei einigen Bläulingen, ↗ Lycaenidae).

2) Bei Fischen meist rundliche, plättchenförmige Hartgebilde der Lederhaut (Corium oder Dermis, ↗ Haut), die oben oft von der dünnen, drüsenreichen Oberhaut (Epidermis) bedeckt sind. Bei den rezenten Fischen werden vier Haupttypen unterschieden: Zahnschuppen oder Plakoidschuppen, Schmelzschuppen oder Ganoidschuppen, Rundschuppen oder Cycloidschuppen und Kammschuppen oder Ctenoidschuppen. *Plakoidschuppen* sind kennzeichnend für die meisten Knorpelfische (↗ Chondrichthyes). Sie bestehen aus einer rhombischen Basalplatte und einem darauf sitzenden,

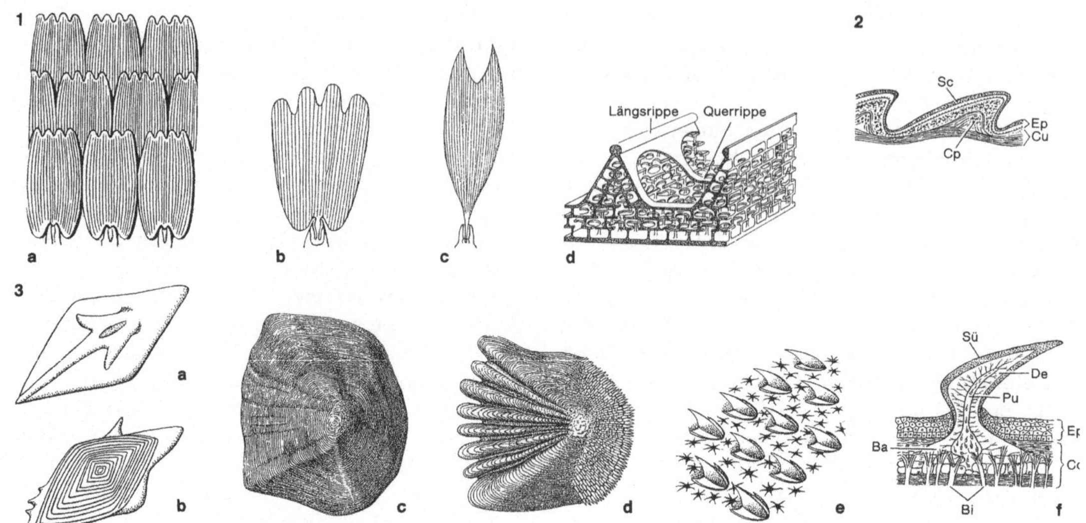

Schuppen 1 Beispiele für *Insekten-Schuppen*. a Schema der Flügel-Schuppen eines Tagfalters, b einzelne Schuppe von *Vanessa* spec., c von *Lasiocampa* spec., d Ausschnitt aus einer Schiller-Schuppe eines heimischen Bläuling-Männchens im Bereich der Schuppenspitze; die periodischen Schichten, an denen die Lichtstrahlen interferieren, befinden sich sowohl im Schuppenkörper als auch in den Rippen. 2 Beispiel für Reptilien-Schuppen: Schnitt durch die Haut einer Eidechse. 3 Beispiele für Fisch-Schuppen, a-d die vier Haupttypen der Schuppen bei rezenten Fischen. a Zahn- oder Plakoid-Schuppen, b Schmelz- oder Ganoidschuppen, c Rund-oder Cycloidschuppen, d Kamm- oder Ctenoidschuppen; e Anordnung der Plakoidschuppen (dazwischen sternförmige Pigmentzellen); f schematischer Längsschnitt durch eine Plakoidschuppe. Ba Basalplatte, Bi Bindegewebsverankerung, Co Corium, Cp Cutispapille, Cu Cutis, De Dentin, Ep Epidermis, Pu Pulpahöhles, Sc Schuppe, Sü Schmelzüberzug

sich oft konisch verjüngenden, zahnartigen Gebilde, das die Epidermis durchstößt und meist schwanzwärts abgebogen ist. Die zahnartige Erhebung hat innen eine von Blutgefäßen durchzogene Pulpahöhle, ist wie die Basalplatte aus Dentin (↗ Zahnbein) aufgebaut und außen von einer Schmelzschicht aus Vitro- oder Durodentin umgeben. Da Plakoidschuppen und die Zähne der Wirbeltiere nach Bau und Entwicklung sehr ähnlich sind, werden sie als homologe Organe (↗ Homologie) angesehen. ↗ Ganoidschuppen kommen bei den altertümlichen Strahlenflossern (↗ Actinopterygii) vor. Wie die Plakoidschuppe durchstößt die Ganoidschuppe die Epidermis. Die dünnen *Cycloidschuppen* und *Ctenoidschuppen* der Eigentlichen Knochenfische (↗ Teleostei) bestehen nur aus zwei dünnen Knochenschichten, einer unteren faserigen, lamellären und einer oberen spongiösen. Sie werden von Skleroblasten in Schuppentaschen des Coriums gebildet, liegen meist in regelmäßigen Reihen, überdecken sich nach hinten dachziegelartig, und ihr freies, hinteres Ende ist von der dünnen, schleimigen, oft chromatophorenreichen Epidermis überzogen. Die glattrandigen Rund- oder Cycloidschuppen kommen vor allem bei phylogenetisch früher abzweigenden Teleosteer-Gruppen mit weichen Flossenstrahlen (wie Herings-, Lachs- und Karpfenfische) vor, während die am freien, hinteren

Rand gezähnten Kamm- oder Ctenoidschuppen vorwiegend bei den hochspezialisierten, oft harte Flossenstrahlen besitzenden Teleosteern (z. B. Barsche) zu finden sind. Beide Schuppentypen wachsen an den Rändern und bilden je nach jahreszeitlich schwankendem Nahrungsangebot ringförmige Zuwachsstreifen, sodass sie sich wie die Otolithen (↗ Ohr) zur ↗ Altersbestimmung eignen. S. können auch teilweise oder ganz reduziert sein oder zu Hautpanzern umgebildet sein. Sie haben überwiegend mechanische Schutzfunktion, daneben tragen vor allem die nach hinten gerichteten Zähne der Plakoidschuppen und die gestreiften Enden der Ctenoidschuppen wahrscheinlich erheblich dazu bei, dass die Grenzschicht zwischen Körperoberfläche und umströmendem Wasser laminar bleibt, wodurch der Strömungswiderstand optimal herabgesetzt wird.

3) bei Sauropsiden (Reptilien, Vögel) und Säugetieren flächenförmige Verdickungen des Stratum corneum der Haut (abgestorbene verhornte Zellen) mit dazwischen liegenden, der Erhaltung der Beweglichkeit dienenden, weniger verdickten und somit elastischen Abschnitten. Zusammen mit Hautverknöcherungen können die Hornplatten einen sehr dauerhaften Schutz darstellen, z. B. der Panzer der Schildkröten (↗ Chelonia). Vögel haben neben ihrem Federkleid S., die besonders an den

Läufen gut ausgebildet sind. Bei den Säugetieren können S. in Resten an schwach behaarten Körperstellen vorhanden sein (z. B. an Schwanz und Pfoten von Schuppentieren, Nagetieren, Beuteltieren und Insektenfressern).

Schuppenbäume, ↗ Lepidodendrales.

Schuppenblatt, schuppenförmige, trockenhäutige ↗ Braktee in den Blütenköpfchen vieler ↗ Asteraceae und Kardengewächse (↗ Dipsacales).

Schuppentiere, die ↗ Pholidota.

Schuppenwurz, Gatt. *Lathraea* der Fam. ↗ Scrophulariaceae, die mit wenigen Arten in Europa und Asien vorkommt. Die krautigen Pflanzen besitzen kein ↗ Chlorophyll und sind Vollschmarotzer auf den Wurzeln anderer Pflanzen.

Schutzanpassungen, morphologische und physiologische Schutzeinrichtungen bei Tieren und Pflanzen, die dem Schutz vor Feinden und/oder ungünstigen Witterungsverhältnissen dienen. Bei ethologischen S. spricht man von ↗ Schutzverhalten. Im Tierreich unterscheidet man zwischen aktiven und passiven S. Zu ersteren zählen als Waffen einsetzbare Teile des Körpers wie Zähne, Gehörne und Geweihe oder chemische Stoffe wie Gifte und Schreckstoffe. Die Gifte werden meist im Körper synthetisiert, können aber auch aus Giftstoffen in der Nahrung akkumuliert werden. *Schreckstoffe* sind entweder abschreckend wirkende ↗ Pheromone oder in speziellen Wehrdrüsen produzierte Sekrete, wie z. B. die Schreckstoffe mancher Fische (Elritze). Passive Verteidigung kann auf unterschiedliche Weise erfolgen. Eine *Mimese* genannte *Tarnung* wird durch eine Anpassung der Färbung, Zeichnung und Körperform an die Umgebung erreicht. Beispiele hierfür sind Insekten, die Blätter oder Zweige imitieren. Auch Gegenstände aus der Umwelt können zur Tarnung des Körpers eingesetzt werden. Dies praktizieren beispielsweise manche Krabben. Im Unterschied zur Mimese geht es bei Mimikry darum, aufzufallen, aber durch Nachahmung von Signalen einen möglichen Räuber zu täuschen. Bei *Bates'scher Mimikry* wird eine wehrhafte, ungenießbare oder nur unter großem Energieaufwand zu erbeutende Art morphologisch und/oder durch Verhalten von einer ungeschützten Art nachgeahmt. Bekanntes Beispiel ist die Wespenmimikry verschiedener Insekten (z. B. Schwebfliege). Als *Müller'sche Mimikry* bezeichnet man Fälle, in denen mehrere z. B. ungenießbare Arten gleiche Warnsignale verwenden, etwa verschiedene Tagfalter „unter gleicher Flagge segeln". Eine *Schrecktracht* z. B. in Form von Augenflecken bei manchen Schmetterlingen, soll ein wesentlich größeres Tier vortäuschen und den Räuber erschrecken. Eine besondere Art der S. ist die *Autotomie*, die z. B. bei manchen Cephalopoden, Seesternen, Insekten, Eidechsen und Nagetieren vorkommt. Hierbei wird

ein Körperglied abgeworfen und der Räuber durch dessen Eigenbewegungen von der eigentlichen Beute abgelenkt. Das Tier kann so oft die Flucht ergreifen, der autotomierte Körperteil wird i. d. R. fast vollständig regeneriert. In diesem Zusammenhang steht auch die Schreckmauser vieler Vögel. S. im physiologischen Bereich sind Farbwechsel, mit denen sich das Tier seiner wechselhaften Umgebung anpasst und i. w. S. ↗ Immunität und ↗ Resistenz.

Pflanzliche S. sind in erster Linie auf die klimatischen Bedingungen ihres Habitats und die Bodenverhältnisse ausgerichtet, wirken teilweise aber auch sekundär gegen Pflanzenfresser. Hierzu zählen ↗ Dornen oder eine dicke ↗ Cuticula, beides vorrangig zum Schutz vor Austrocknung angelegt (↗ Xerophyten). Spezielle S. gegen Fraßfeinde sind ↗ Drüsenhaare oder ↗ sekundäre Pflanzenstoffe. (↗ Abwehr)

Schützenfische, die Fam. ↗ Toxotidae.

Schutzgruppen, Bez. für organische Gruppen, die dem vorübergehenden, reversiblen Schutz bestimmter funktioneller Gruppen eines Moleküls dienen und damit die gezielte Reaktion an den ungeschützten funktionellen Gruppen gewährleisten. Die Einführung und Abspaltung von S. muss möglichst unter milden Reaktionsbedingungen ohne Schädigung von Ausgangsverbindungen und Produkt erfolgen. Die systematische Entwicklung von S. erfolgte zuerst bei der Peptidsynthese, gefolgt von Gensynthese und der Synthese von Kohlenhydraten. Milde Bedingungen werden bei der enzymatischen Abspaltung von S. gewährleistet.

Schutzimpfung, ↗ aktive Immunisierung.

Schutzreflexe, allg. Bez. für verschiedenartigste ↗ Reflexe, die bestimmte Verhaltensweisen auslösen, die unmittelbar dem Schutz eines Organismus oder seiner Gliedmaßen bzw. Organe dienen. Beispiele sind u. a. ↗ Bauchdeckenreflex, ↗ Hustenreflex, ↗ Niesreflex, ↗ Totstellreflex.

Schutztracht, ↗ Abwehr.

Schutzverhalten, tierische Verhaltensweisen, die dem Schutz vor Feinden dienen. Sie können im Zusammenhang mit ↗ Schutzanpassungen stehen und diese ergänzen. So wird beispielsweise die Tarnfärbung der im Schilf lebenden ↗ Rohrdommel durch ihre aufrechte Haltung mit nach oben gestrecktem Schnabel verstärkt. Das Schutzverhalten kann eher passiv sein oder aus aktiver Verteidigung bestehen. Bei der Feindvermeidung wandern die Beutetiere in Gebiete ab, die frei von Raubfeinden sind oder wechseln ihr circadianes Aktivitätsmuster. Eine Herdenbildung schützt wegen des hohen Beuteangebots das Einzelindividuum und kann durch gemeinsames Sichern den Feind früher entdecken. Auch das *Fluchtverhalten* kann spezifische Ausprägungen annehmen. Als *proteisches Verhalten* bezeichnet man eine vom Verfolger nicht abzuschätzende Fluchtstrategie, wie sie z. B. das Hakenschlagen der Hasen darstellt.

Zur Feindablenkung zählt das *Verleiten* zahlreicher bodenbrütender Vögel. Durch auffällige Verhaltensweisen versucht der Altvogel dabei den potenziellen Feind vom Gelege oder den Jungen fortzulocken. Auch die *Akinese*, das Totstellverhalten fällt in diesen Zusammenhang. Das *Hassen* mancher Sperlingsvögel hingegen zielt auf die Vertreibung des Feindes hin. Dazu versammeln sich verschiedene Singvogelarten z. B. am Schlafplatz einer Eule und stoßen artübergreifende Alarmrufe aus. Wahrscheinlich ist dies kein angeborenes, sondern ein erlerntes Schutzverhalten.

schwache Wechselwirkungen, Bez. für verschiedene Formen der nichtkovalenten chemischen Bindung, die u. a. an der Aufrechterhaltung der Quartärstruktur von ↗ Proteinen und Struktur und Funktion der ↗ Nucleinsäuren maßgeblich beteiligt sind. Zu den s. W. gehören neben der ↗ Wasserstoffbrückenbindung, die *heteropolare Bindung* oder *elektrostatische Anziehung*, die sich zwischen Resten entgegengesetzter Ladung ausbildet; weiterhin die *apolare Bindung* oder *hydrophobe Wechselwirkung*, die sich zwischen eng benachbarten ungeladenen Gruppen (z. B. $-CH_3$ oder $-CH_2OH$) oder zwischen entfernter stehenden hydrophoben Gruppen wie z. B. Phenyl- und Leucylgruppen bilden. Die Stärke dieser hydrophoben Bindungen wird durch den Entropieeffekt der Abstoßung des umgebenden Wassers erhöht. Dadurch tragen diese Bindungen zur Stabilität der Proteinkonformation insbesondere bei erhöhten Temperaturen bei. Nur auf kurze Entfernungen wirken *Van-der-Waals-Kräfte*. Dies sind äußerst schwache elektrostatische Anziehungskräfte zwischen Atomen bzw. Molekülen, die dadurch entstehen, dass bei Atomen kurzzeitig unsymmetrische Ladungsverteilungen auftreten und eine Seite des Atoms eine etwas stärker negative, die andere eine etwas stärker positive Ladung besitzt. Das Atom wird in diesem Zustand als Dipol bezeichnet, da es einen positiven und einen negativen Pol hat. Nähern sich nun Atome mit solch unsymmetrischer Ladungsverteilung einander, dann treten elektrostatische Wechselwirkungen zwischen entgegengesetzt polarisierten Teilen der Atome auf. Van-der-Waals-Kräfte spielen eine wichtige Rolle bei der Basenstapelung in der DNA-Doppelhelix (↗ Desoxyribonucleinsäure).

Schwalben, die Fam. ↗ Hirundinidae.

Schwalbenschwanz, Art der Ritterfalter (↗ Papilionidae).

Schwalbenwurz, Gatt. *Vincetoxicum* der Fam. ↗ Asclepiadaceae. Die Wurzeln der Weißen Schwalbenwurz (*Vincetoxicum hirundinaria*) wurden wegen ihrer Brechreiz verursachenden und

Schweiß treibenden Wirkung früher bei Vergiftungen angewendet.

Schwalbenwurzgewächse, die Fam. ↗ Asclepiadaceae.

Schwalmvögel, die Ord. ↗ Caprimulgiformes.

Schwämme, die ↗ Porifera.

Schwammgurke, ↗ Luffa.

Schwammparenchym, zur Fotosynthese befähigtes Gewebe an der Blattunterseite. (↗ Blatt)

Schwäne, *Cygnus*, Gatt. großer, kräftiger Entenvögel (Anatidae) mit langem Hals und mächtigen Schwingen, die zu den ↗ Gänsen gehört. Alte S. haben ein weißes oder schwarz-weißes Gefieder, das Aussehen des Schnabels ist oft arttypisch. Sie leben paarweise in Dauerehe und brüten an größeren Gewässern mit reichem Pflanzenwuchs. Nach der Aufzucht der anfangs graubraunen Jungen vereinigen sie sich zu größeren Trupps. Der in Mitteleuropa häufig halbwild in Parks lebende, ca. 150 cm große *Höckerschwan (Cygnus olor)* ist am orangefarbenen Schnabel mit schwarzem Höcker zu erkennen; der Hals ist beim Schwimmen S-förmig gebogen, beim Fliegen erzeugt der Höckerschwan ein lautes Fluggeräusch. Der gleich große, im nördlichen Eurasien brütende *Singschwan (Cygnus cygnus)* überwintert auf mitteleuropäischen Gewässern; er ist sehr ruffreudig mit klangvoller gänseartiger Stimme. Der Schnabel ist gelbschwarz gefärbt, der Hals wird aufrecht gehalten. Sehr ähnlich ist der mit 122 cm Länge kleinere *Zwergschwan (Cygnus bewickii)*, der noch weiter nördlich brütet und vor allem in Küstengewässern überwintert.

Schwangerschaft, *Gravidität*, physiologischer Zustand der Frau nach ↗ Befruchtung einer Oocyte (*Empfängnis*) bis zur ↗ Geburt (bei Säugetieren als *Trächtigkeit* bezeichnet). Verschiedentlich wird die Schwangerschaftsperiode erst vom Zeitpunkt der Einnistung (↗ Nidation) der Eizelle in die Gebärmutterschleimhaut an gerechnet und dann zwischen einer *Progestations*- und einer *Gestationsphase* unterschieden. Zwischen Befruchtung und vollendeter Nidation vergehen etwa acht bis zehn Tage, nach weiteren vier Tagen beginnt die Differenzierung einer ↗ Placenta (↗ Embryonalentwicklung). Die S. dauert etwa 270 Tage und kann schon frühzeitig mittels verschiedener *Schwangerschaftstests* nachgewiesen werden.

Die S. geht mit tiefgreifenden hormonellen Umstellungen des Körpers einher, die zahlreiche Veränderungen an den Geschlechtsorganen, aber auch den anderen Organen der Frau hervorrufen und als *Schwangerschaftszeichen*, mehr oder weniger sicher diagnostizierbar, von der eingetretenen S. künden. So werden unter dem Einfluss von ↗ Progesteron, ↗ Estrogenen und ↗ Relaxin Gewebebereiche der Vagina, des Muttermundes und der Gebärmutter aufgelockert; ihre Konsistenzveränderung kann manuell ertastet werden. Des weiteren führen Ablagerungen von ↗ Melaninen zur dunklen Pigmentierung im Bereich der äußeren Genitalien, der Brustwarzen, der Linea alba (Sehnenstreifen zwischen den Bauchmuskeln) und z. T. im Gesicht. Verschiedentlich werden so genannte Schwangerschaftsstreifen (Striae gravidarum) an Bauch und Brüsten sichtbar, die von einer Schädigung der Bindegewebsfasern (durch eine Überproduktion von ↗ Glucocorticoiden während der S.) herrühren. Der Leibesumfang der Schwangeren vergrößert sich mit zunehmendem Wachstum der (glatten) Muskelzellen der Gebärmutter (die von etwa 50 g auf ca. 1000 g zunimmt) bis zum Ende der 36. Schwangerschaftswoche. Danach senkt sich die Gebärmutter mit dem Eintritt des kindlichen Kopfes ins kleine Becken. Die Kindslage und -größe können um diesen Zeitpunkt erfühlt werden (weit vorher jedoch schon mittels Ultraschalluntersuchungen ermittelt werden). Alle geschilderten Veränderungen unterliegen starken individuellen Schwankungen. Dies gilt in besonderem Maße für die unterschiedlichen psychischen Zustände sowie die bekannte morgendliche Übelkeit bzw. das Schwangerschaftserbrechen (Emesis gravidarum) in den ersten drei Schwangerschaftsmonaten und für die durch die vermehrte Herzarbeit (Herzminutenvolumen) auftretende Neigung zu Ödemen, Krampfadern und Hämorrhoiden. Generell ist der ↗ Grundumsatz in der Schwangerschaft um etwa 20 % erhöht, zusammen mit einer Erhöhung der Atemfrequenz.

Naturgemäß ist die S. zahlreichen potenziellen Komplikationen ausgesetzt, die sowohl die Mutter als auch den ↗ Fetus betreffen können. Ein befruchtetes Ei kann die Nidation im Uterus verfehlen und sich außerhalb des Uterus entwickeln (↗ Extrauteringravidität). Zahlreiche Medikamente und Gifte sind in der Lage, die Placentaschranke zu passieren und in den fetalen Stoffwechsel einzugreifen, gelegentlich mit fatalen Folgen, wie die Schädigungen durch Contergan (Thalidomid) gezeigt haben. Ebenso können Alkoholkonsum und Rauchen zu Schädigungen des Embryos führen. Von besonderer Bedeutung sind Komplikationen bei manifest oder latent diabetischen Schwangeren (↗ Diabetes mellitus). Schon bei gesunden Schwangeren kommt es häufig zu einer verminderten Glucoserückresorption in der ↗ Niere und damit zu einem erhöhten Zuckerverlust (renale Glucosurie, Schwangerschaftsdiabetes), eine Erscheinung, die nach Beendigung der Schwangerschaft jedoch verschwindet. Anders dagegen bei einem echten Insulin-Mangel der Mutter: Der erhöhte Glucosespiegel im mütterlichen Blut führt zu einem Überangebot von ↗ Kohlenhydraten an den Fetus

und damit zu gesteigerten Geburtsgewichten, die oft einen Kaiserschnitt notwendig machen. Da während der Schwangerschaft die Insulinproduktion des Fetus zumindest teilweise den Bedarf der Mutter decken kann, muss unmittelbar nach der Geburt auf einen rapiden Insulinabfall bei der Mutter geachtet werden. Verschiedentlich tritt in den letzten vier Schwangerschaftsmonaten eine Gelbsucht (Schwangerschaftsikterus) auf, hervorgerufen durch Abbauprodukte von fetalen Purinderivaten, die ungenügend zur Ausscheidung vorbereitet sind (mangelnde Sulfatisierung und Glucuronidbildung), in den mütterlichen Kreislauf übertreten und dort die Gallensekretion (↗ Galle, ↗ Gallensäuren) stören.

An den physiologischen Prozessen, die die Schwangerschaft beenden, sind sowohl der Körper der Schwangeren als auch der kindliche Organismus beteiligt, wobei die genauen hormonellen, die Geburt auslösenden Vorgänge noch nicht bekannt sind. Eine Rolle spielen der Progesteronabfall am Ende der Schwangerschaft, ferner möglicherweise eine erhöhte Sekretion von ↗ Oxytocin, die zu einer rhythmischen Kontraktion des Uterus führt, und die Ausschüttung von Relaxin. Wichtig scheint vor allem eine erhöhte Sekretion von C_{19}-Steroiden (Glucocorticoiden) aus der Nebennierenrinde des Fetus zu sein, die zu einer Umorientierung des Steroidstoffwechsels der Mutter führt, indem Estrogen aus Progesteron gebildet wird. Estrogene sind als wirksame Stimulatoren der Prostaglandinsynthese (↗ Prostaglandine) und -ausschüttung bekannt; Prostaglandin E seinerseits fördert die Uteruskontraktionen, weswegen es auch bei einem notwendigen Schwangerschaftsabbruch Verwendung findet. (↗ Empfängnisverhütung, ↗ Fetalentwicklung, ↗ Fruchtwasser, ↗ Fruchtwasseruntersuchung, ↗ Geschlechtsverkehr, ↗ Insemination, ↗ Reproduktionsmedizin und zugehöriges Essay: ↗ Reproduktionsmedizin – Glück bringende Fortschritte oder unzulässige Eingriffe?, ↗ Röteln, ↗ Schwangerschaftsabbruch)

Schwangerschaftsabbruch, *Abruptio, Interruptio,* durch einen Arzt künstlich herbeigeführte Fehlgeburt. Der umgangssprachlich für S. benutzte Begriff der *Abtreibung* meint im eigentlichen Sinne nur den rechtswidrigen S.

Ein S. wird entweder instrumentell, d. h. durch Ausschabung oder Absaugen der Frucht, oder medikamentös durchgeführt. Der medikamentöse S. kann in Deutschland seit November 1999 mit dem als *RU 486* bekannt gewordenen Präparat Mifegyne® durchgeführt werden. Dies ist ein künstliches Hormon, das in seiner Struktur dem ↗ Progesteron ähnlich ist, das unerlässlich für den Erhalt und die Entwicklung der ↗ Schwangerschaft ist. Mifegyne® blockiert die Wirkung von Progesteron, es kommt zu einer Blutung und zum S. Zusätzlich muss ein Prostaglandinpräparat (↗ Prostaglandine) eingenommen werden, das die Ausstoßung der abgestorbenen Frucht und der Fruchthüllen fördert. Der medikamentöse S. kann nur bis zum 49. Tag nach Beginn der letzten Monatsblutung angewendet werden.

Ein S. ist entweder zulässig, wenn eine ärztlich festgestellt Indikation vorliegt, oder – ohne Indikationsstellung – , wenn die schwangere Frau sich der gesetzlich vorgeschriebenen Beratung unterzogen hat und diese durch die Bescheinigung einer anerkannten Beratungsstelle bestätigt ist. Unter diesen Bedingungen darf der S. frühestens am vierten Tag nach Abschluss der Beratung vorgenommen werden und muss von einem Arzt/Ärztin bis zum Ende der zwölften Woche nach der Empfängnis (rechnerisch bis zum Ende der 14. Woche nach Beginn der letzten Menstruation) durchgeführt werden. In diesem Fall übernehmen die Krankenkassen lediglich die Kosten für die ärztliche Beratung vor dem S., für ärztliche Leistungen und Medikamente vor und nach dem Eingriff, die in erster Linie dem Schutz der Gesundheit dienen und, falls nötig, für die Behandlung von Komplikationen. Die Kosten für den Eingriff selber werden nur übernommen, wenn glaubhaft nachgewiesen werden kann, dass das Einkommen oder persönliche Vermögen der Schwangeren unterhalb einer bestimmten Grenze liegen.

Beim S. mit Indikation hingegen werden die Kosten des S. vollständig von den Kassen übernommen. Gesetzliche Indikationen sind die kriminologische Indikation und die medizinische Indikation. Eine *kriminologische Indikation* liegt vor, wenn die Schwangerschaft als Folge einer Straftat (Vergewaltigung) eingetreten ist. Auch hier darf der S. nur bis zum Ende der zwölften Woche nach Empfängnis durchgeführt werden. Keine gesetzliche Frist gibt es für die *medizinische Indikation*, die dann vorliegt, wenn die Fortsetzung der Schwangerschaft unter Berücksichtigung der gegenwärtigen und künftigen Lebensverhältnisse eine Gefahr für die körperliche und seelische Gesundheit der Schwangeren bedeutet. Sie kann auch in Betracht gezogen werden, wenn mit einer erheblichen gesundheitlichen Schädigung des Kindes zu rechnen ist (früher embryopathische oder eugenische Indikation), jedoch steht auch hier die Frage der Gefährdung der Schwangeren im Vordergrund.

Die Beratung muss „ergebnisoffen" sein, die Entscheidung liegt letztlich bei der Schwangeren. Sie soll aber auch dem Schutz des ungeborenen Lebens dienen, die Frau zur Fortsetzung der Schwangerschaft ermutigen und ihr Perspektiven für ein Leben mit dem Kind aufzeigen. Außerdem soll sie über Rechtsansprüche und mögliche Hilfen informieren. Weitere Informationen unter: www.profamilia.de

Schwann, *Theodor Ambrose Hubert*, deutscher Anatom und Physiologe, ✳ 7.12.1810 Neuss, † 14.1.1882 Köln; ab 1838 Prof. in Löwen, 1848 in Lüttich. Von S. stammen zahlreiche bedeutende Arbeiten zur Physiologie und Anatomie. Er entdeckte und stellte 1836 ↗ Pepsin dar, untersuchte die Wirkung der ↗ Galle mittels der von ihm erfundenen Gallenfistel, beschrieb die Schwann-Scheide der Nervenzelle (↗ Neuron) und wies nach, dass Gärungs- und Fäulnisprozesse durch „Keime" verursacht werden. Durch mikroskopisch-anatomische Arbeiten gelangte er zu einer Theorie der ↗ Zelle, die er als das gemeinsame Entwicklungsprinzip des pflanzlichen und tierischen Organismus erkannte.

Schwann-Zellen, ↗ Gliazellen.

Schwanz, *Cauda*, bei Wirbeltieren der von dem hinter dem Becken gelegenen Teil der ↗ Wirbelsäule gestützte schlanke, mehr oder weniger muskulöse Fortsatz des Rumpfes ohne Leibeshöhle und Eingeweide.

Schwänzeltanz, der ↗ Bienentanz.

Schwanzfächer, bei höheren Krebsen (↗ Malacostraca) fächerförmiger Anhang des Hinterleibs zum Höhensteuern und Rückstoßschwimmen. Der S. wird gebildet von der Schwanzplatte (*Telson*) und dem abgeplatteten letzten Beinpaar (*Uropoden*).

Schwanzlurche, die ↗ Urodela.

Schwarm, Bez. für einen großen, meist anonymen Verband von Vögeln, Fischen, Insekten oder Krebsen: z. B. ein Starenschwarm, Sardinenschwarm, Mückenschwarm usw. (↗ Schwarmverhalten)

Schwärmer, die Fam. ↗ Sphingidae.

Schwärmsporen, ↗ Zoosporen.

Schwarmtraube, ↗ Honigbiene.

Schwarmverhalten, Gesamtheit aller Verhaltensweisen, die dem Schwarm dienen. Als *Schwarm* bezeichnet man dabei einen einheitlich formierten, dreidimensionalen mobilen Verband flugfähiger oder Wasser bewohnender Tiere. Das S. beruht auf einer angeborenen sozialen Appetenz der Individuen dem Gesamtverband gegenüber und auf der Einhaltung bestimmter Positionen zwischen den Schwarm-Mitgliedern. In erster Linie ist das S. als Schutz vor Fressfeinden zu werten, zum einen dadurch, dass die Individuen gemeinsam den Feind eher entdecken und zum anderen durch den *Konfusionseffekt* für den Feind, d. h. die Schwierigkeit, ein einzelnes Beutetier zu fixieren. Zudem erleichtert es die Fortpflanzung, da sich im Schwarm meist genügend paarungsbereite Partner finden lassen. Der geringere Luftbeziehungsweise Wasserwiderstand erleichtert außerdem die Fortbewegung für die Einzelindividuen.

Schwarzbär, Art der Großbären (↗ Ursidae).

Schwarze Edelkorallen, die ↗ Antipatharia.

Schwarzerde, *Tschernosem*, sehr humusreicher (↗ Humus) und daher fruchtbarer Boden, der sich bei semiaridem Klima auf kalkhaltigem Untergrund entwickelt. S. trägt natürlicherweise Steppenvegetation.

Schwarzer Panther, Bez. für die Schwärzlinge des ↗ Leoparden.

Schwarze Witwe, Art der Kugelspinnen (↗ Theridiidae).

Schwarzkehlchen, Art der Drosseln (↗ Turdidae).

Schwarzkümmel, *Nigella*, vor allem im Mittelmeergebiet vorkommende Gatt. der Fam. ↗ Ranunculaceae. Die Samen des Echten S. (*Nigella sativa*) werden als Gewürz verwendet.

Schwarzrost, *Puccinia graminis*, Art der Rostpilze (↗ Uredinales).

Schwarzspecht, Art der Spechte (↗ Picidae).

Schwarzstorch, Art der Fam. ↗ Ciconiidae.

Schwarzwurzel, *Scorzonera hispanica*, in Eurasien und Nordafrika beheimatete, zu den ↗ Asteraceae gehörende Pflanze, deren Wurzeln als Gemüse gegessen werden.

Schwebfliegen, die Fam. ↗ Syrphidae.

Schwefel, *Sulfur*, chemisches Symbol S, ein chemisches Element der sechsten Hauptgruppe des Periodensystems, der Sauerstoff-Schwefel-Gruppe (Chalkogene). S. ist ein Nichtmetall, das abhängig von der Temperatur in mehreren festen, flüssigen und gasförmigen Zustandsformen vorkommt. Die bei Zimmertemperatur beständige Form ist der gelbe, rhombisch kristallisierende Schwefel.

Schwefel gehört zu den häufigeren Elementen in der Erdkruste. Er kommt in der Natur sowohl als Element sowie in Form von Sulfiden und Sulfaten vor. Wichtige Minerale sind u. a. Pyrit (FeS_2), Zinkblende (ZnS), Anhydrid ($CaSO_4$), Gips ($CaSO_4$ x 2 H_2O) und Schwerspat ($BaSO_4$). In Steinkohle, Braunkohle und Erdöl sind unterschiedliche, von der Herkunft abhängige Mengen an S. enthalten. In vulkanischen Gasen und Erdgasquellen kommt S. als Schwefelwasserstoff oder ↗ Schwefeldioxid vor. In der belebten Natur ist S. u.a. Bestandteil einiger proteinogener Aminosäuren (Cystin, ↗ Cystein, ↗ Methionin). Die Wirkung vieler Enzyme, insbesondere im Lipid- und Kohlenhydratstoffwechsel beruht auf SH-Gruppen, außerdem spielen Konjugate mit Schwefelsäure bei der ↗ Biotransformation eine wichtige Rolle. In heterozyklischen Verbindungen tritt S. in einigen Vitaminen (z. B. ↗ Thiamin, ↗ Biotin) und Antibiotika (z. B. ↗ Penicillin) auf. Ferner ist S. Bestandteil einiger sekundärer Pflanzenstoffe, so z. B. von Lauchölen (allg. Formel R-S-S-R) und Senfölen (allg. Formel R-N=C=S).

Schwefelassimilation, bei Pflanzen und Mikroorganismen die Synthese organischer schwefelhaltiger Biomoleküle aus anorganischen, in der Bodenlösung vorhandenen Schwefelverbindungen. Als *Makronährelement* übernimmt Schwefel bei Pflanzen wie im Stoffwechsel aller Lebewesen wichtige Funktionen; so sind z. B. Eisen-Schwefel-Komplexe am Elektronentransport beteiligt, und die aktiven Zentren zahlreicher Enzyme und Biomoleküle enthalten Schwefel (↗ Glutathion, ↗ Coenzym A, ↗ Thiamin, ↗ Biotin, Urease). Hinzu kommt, dass Struktur und Funktion vieler Proteine durch Disulfidbrücken (↗ Disulfidbindung) aufrechterhalten werden. Deshalb verwundert es nicht, dass bei Schwefelmangel der pflanzliche Proteinhaushalt gestört ist (↗ Mangelsymptome).

Bei der S. spielt vor allem die Sulfatreduktion eine wichtige Rolle, da Schwefel in der Bodenlösung überwiegend als Calciumsulfat vorliegt, das – von Düngung abgesehen - aus der Verwitterung von Muttergestein hervorgeht. Sulfat wird zunächst durch das Enzym *ATP-Sulfurylase* unter Bildung von Adenosin-5'-phosphosulfat (APS) und Pyrophosphat (PP_i) umgesetzt („aktiviert"), wobei die Hydrolyse des PP_i eine zusätzliche Antriebskraft der *Sulfataktivierung* darstellt. APS dient als Substrat einer Reihe verschiedener Stoffwechselwege, in denen über die verschiedenen Zwischenstufen Sulfid oder Thiosulfid, die mit O-Acetylserin reagieren, die Aminosäure ↗ Cystein gebildet wird. Die damit verbundenen Reduktionsprozesse machen die Übertragung von acht Elektronen notwendig, wobei sich die Oxidationsstufe des Schwefels von +6 auf −2 verändert. Elektronendonoren sind NAD(P)H, Glutathion, Ferredoxin, Thioredoxin oder O-Acetylserin. Die zweite S-haltige Aminosäure ↗ Methionin wird unter Beteiligung von drei weiteren Enzymen aus Cystein synthetisiert.

Ort der S. sind bei Pflanzen die Blätter, in denen durch die ↗ Lichtreaktionen der Fotosynthese u. a. reduziertes Thioredoxin und Ferredoxin sowie während der ↗ Fotorespiration auch Serin entstehen. Der assimilierte Schwefel wird vermutlich überwiegend von Glutathion über das Phloem zu Orten der Proteinsynthese transportiert.

Schwefelatmung, Form der ↗ anaeroben Atmung, bei der elementarer Schwefel als Elektronenakzeptor fungiert. Der Schwefel wird dabei zu Schwefelwasserstoff reduziert. Zu den Mikroorganismen mit S. gehören u. a. *Desulfuromonas acetoxidans* und mehrere extrem thermophile und hyperthermophile Arten der ↗ Archaebakterien (z. B. *Pyrodictium occultum*).

Schwefelbakterien, die ↗ Schwefel oxidierenden Bakterien.

Schwefeldioxid, chemische Formel SO_2, farbloses, stechend riechendes, zum Husten reizendes Gas, das bei der Verbrennung von ↗ Schwefel und insbesondere in großen Mengen von schwefelhaltigen fossilen Brennstoffen, wie ↗ Erdöl und ↗ Kohle entsteht. Es hat daher große Bedeutung als Luft verunreinigender Schadstoff. Schwefeldioxid-Emissionen, tragen erheblich zur Versauerung bei und schädigen damit die empfindlichen Ökosysteme (⌐ Gewässerversauerung, ⌐ saurer Regen, ⌐ Waldsterben). Sie können zudem zu schweren Schäden an Gebäuden und bei Personen mit Atemwegserkrankungen zu ernsten gesundheitlichen Beeinträchtigungen führen.

Mit Beschluss der dritten Verordnung zur Durchführung des Bundes-Immissionsschutzgesetzes im Oktober 2001 wurde die EU-Richtlinie über eine Verringerung des Schwefelgehalts bestimmter flüssiger Kraft- oder Brennstoffe in deutsches Recht umgesetzt. Danach werden die Schwefelgrenzwerte für schweres Heizöl ab 2003 verschärft und für leichtes Heizöl ab 2008 halbiert.

Schwefelkreislauf, Stoffkreislauf des Schwefels im biogeochemischen Kreislauf. Wichtigste Schwefelquellen hierbei sind das Schwefeldioxid (SO_2) aus der Luft sowie Sulfate aus Mineralien (vor allem aus Gips). Ein wichtiger Prozess im S. ist die anaerobe Sulfatatmung Sulfat- und Schwefel reduzierender Bakterien, denen das Sulfat als Elektronenakzeptor bei der anorganischen Veratmung organischer Substrate dient. (⌐ Schwefel reduzierende Bakterien). Grüne Pflanzen, andere fotoautotrophe Formen und die meisten Mikroorganismen nehmen Schwefel in Form von Sulfat (SO_4^2) auf und reduzieren es (aerob und anaerob) assimilatorisch zu Sulfid (*assimilatorische Sulfatreduktion*). Dieses wird dann in O-Acetyl-L-Serin eingebaut, woraus Cystein entsteht, das dann in Proteine eingebaut wird. Durch mikrobiellen Abbau organischer Substanzen unter anaeroben Bedingungen (*Mineralisation*) wird der

Schwefel als Schwefelwasserstoff (H_2S) wieder abgespalten. Diesen Prozess nennt man *Desulfuration*. Der Schwefelwasserstoff kann dann entweder anaerob durch ⌐ Schwefel oxidierende Bakterien oder aerob durch ⌐ Schwefelpurpurbakterien zu Sulfat oxidiert werden. Meist entsteht dabei als Zwischenprodukt elementarer Schwefel.

Die Gesamtmenge von SO_2 und dessen Folgeprodukten wird durch die Nutzung fossiler Brennstoffe extrem erhöht, und trägt wesentlich zur ⌐ Eutrophierung stehender Gewässer bei (⌐ Schadstoffe). Der überwiegende Teil der Sulfate gelangt schließlich in die Ozeane, wird in unlösliche Form überführt, sammelt sich am Meeresgrund und ist damit für die Biosphäre zunächst einmal verloren.

Schwefel oxidierende Bakterien, *Schwefelbakterien*, 1) chemolithotroph lebende Bakterien, die reduzierte Schwefelverbindungen (Schwefelwasserstoff, Sulfide, Thiosulfat) und elementaren Schwefel oxidieren. Der Schwefel wird entweder in den Zellen abgelagert oder nach außen abgegeben. Zu den Schwefelbakterien gehören u. a. Arten der Gatt. ⌐ Thiobacillus, ⌐ Beggiatoa, *Thermothrix* und *Thioploca*. Man unterscheidet acidophile Schwefelbakterien wie *Thiobacillus thiooxidans* und *Thiobacillus ferrooxidans* und Arten, die bei neutralem pH-Wert leben (z. B. *Beggiatoa*).

2) die ⌐ Grünen Schwefelbakterien.

Schwefelpurpurbakterien, Gruppe der fototrophen ⌐ Purpurbakterien, die Schwefelwasserstoff (H_2S) als Elektronendonator für die Reduktion von CO_2 in der Fotosynthese verwenden. Dabei wird

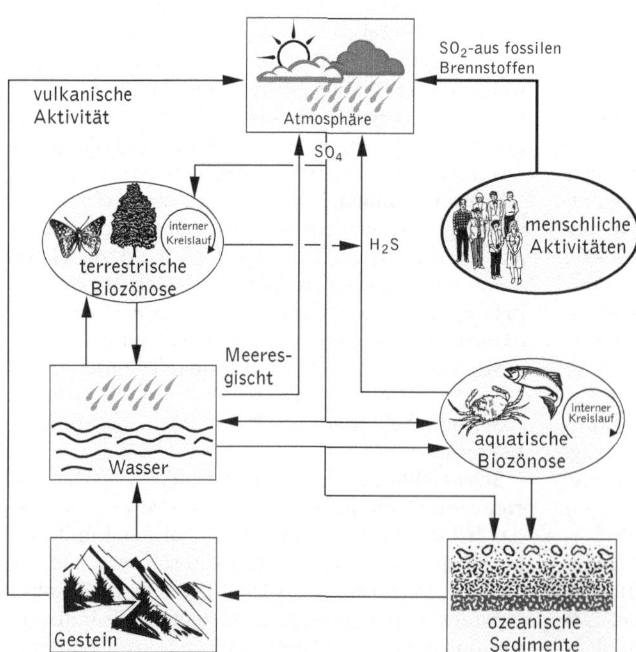

Schwefelkreislauf Schema des globalen Schwefelkreislaufs

Sulfid über elementaren Schwefel zu Sulfat oxidiert. Die Arten der Gatt. *Ectothiorhodospira* und *Halorhodospira* sind teilweise extrem halophil und lagern elementaren Schwefel außerhalb der Zelle ab. Bei anderen Gatt. wie *Chromatium*, *Thiococcus* und *Thiospirillum* wird der Schwefel intern in den Zellen abgelegt. Die S. leben in belichteten anaeroben Zonen von Seen und in schwefelreichen Quellen.

Schwefel reduzierende Bakterien, *Schwefelreduzierer*, Gruppe anaerober Bakterien der ↗ Proteobacteria, deren Vertreter elementaren Schwefel dissimilatorisch zu Sulfid reduzieren. Hierzu gehören Arten von *Desulfuromonas* und *Campylobacter*.

Schwefelreduzierer, die ↗ Schwefel reduzierenden Bakterien.

Schwefelwasserstoff, chemische Formel H_2S, ein farbloses, brennbares und selbst in äußerst geringer Konzentration unangenehm nach faulen Eiern riechendes Gas, das in vulkanischen Gasen sowie, in Wasser gelöst, in Schwefelquellen vorkommt. S. ist ein starkes Gift, dessen Toxizität derjenigen der Blausäure (↗ Cyanide) gleichkommt. Von Vorteil ist der intensive Geruch, der bereits zwei Zehnerpotenzen unterhalb der schädigenden Konzentration wahrgenommen wird; allerdings wird bei höheren S.-Konzentrationen der Geruchssinn blockiert. Vergiftungen mit S. führen zu Hustenreiz, Entzündung der Augenschleimhäute und Lungenödem, bei höheren Konzentrationen über Krämpfe und Bewusstlosigkeit zum Tod durch Atemlähmung.

Schweifaffen und Kurzschwanzaffen, Unterfam. der ↗ Cebidae.

Schweine, die Fam. ↗ Suidae.

Schweinebandwurm, ↗ Taenia.

Schweinepest, durch ↗ Flaviviren verursachte Erkrankung bei Schweinen, die mit Fieber, Ödemen, eitrigem Nasen- und Augenausfluss und Krämpfen einhergeht. Bei der akuten Form der S. besteht eine sehr hohe Letalität.

Schweinswale, die Fam. ↗ Phocoenidae.

Schweiß, *Sudor*, Sekret ausschließlich bei Säugern ausgebildeter Hautdrüsen (↗ Schweißdrüsen), das bei Primaten, besonders beim Menschen, überwiegend der ↗ Temperaturregulation dient (Verdunstungswärme), zusätzlich aber auch der ↗ Exkretion von Mineralien (K^+, Na^+, Cl^-) und stickstoffhaltigen Stoffwechselendprodukten (↗ Harnstoff, z. B. schaumiger S. beim Pferd). Bei starker Muskelarbeit enthält der S. des Menschen wechselnde Mengen an ↗ Milchsäure, wie überhaupt die relativen Konzentrationen gelöster Stoffe in dem dünnflüssig wässrigen S. der ekkrinen Schweißdrüsen je nach physiologischem Zustand des betreffenden Individuums beträchtlich variieren können. Ferner wird mit dem S. das Gewebshormon ↗ Bradykinin ausgeschüttet, das Gefäß

erweiternde Wirkung hat und damit die Wärmeabgabe fördert.

Schweißdrüsen, *Glandulae sudoriparae*, *Glandulae sudoriferae*, nur bei Säugern ausgebildete Hautdrüsen, welche sowohl Duftstoffe, als auch die Sekrete, die der ↗ Temperaturregulation (Verdunstungswärme) und ↗ Exkretion (Harnstoff, NaCl, KCl) dienen, abgeben (*schwitzen*). Je nach Funktion und Form unterscheidet man grundsätzlich zwei Typen von S., die so genannten Stoff- und Duftdrüsen mit apokriner Sekretion (↗ Drüsen) und die nur bei Primaten, vor allem beim Menschen, zusätzlich vorkommenden ekkrinen S. Die *apokrinen* S. stehen i. d. R. in enger Verbindung mit Haarbälgen; sie zeichnen sich durch weitlumige alveoläre oder verzweigt tubuläre Drüsenendstücke aus, die korbartig von einem Geflecht von Myoepithelzellen umsponnen sind (Speicherdrüsen mit diskontinuierlicher Sekretauspressung auf nervösen Reiz). Neben einer Exkretionsfunktion dienen ihre dickflüssigen, protein- und lipidreichen Sekrete vor allem als Sexuallockstoffe (z. B. Duftdrüsen der Achselhöhlen, der Brustwarzen- und Genitalregion), der Brutpflege (z. B. Milchleiste) sowie der Reviermarkierung und als Wehrsekrete (z. B. Stinkdrüsen beim ↗ Stinktier). Die *ekkrinen* S. der Primaten und vornehmlich des Menschen bestehen aus aufgeknäuelten, stets unverzweigten, englumigen Drüsentubuli, die ohne Beziehung zu Haaren stets durch Schweißporen auf der freien Epidermisoberfläche münden. Ihr dünnflüssig wässriges Sekret (↗ Schweiß) dient vor allem der Temperaturregulation; auf nervösen Reiz hin wird es kontinuierlich produziert und abgegeben. (↗ Haut)

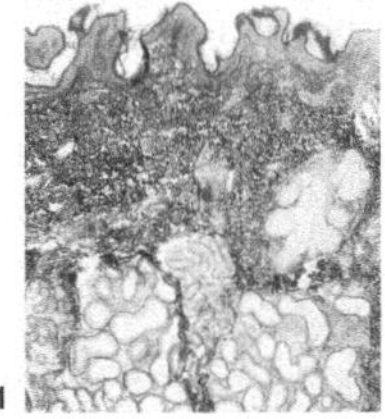 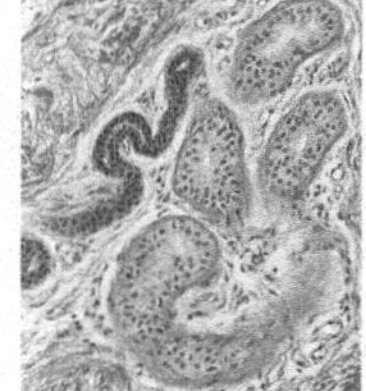

Schweißdrüsen 1 apokrine Schweißdrüse aus der Achselhöhle des Menschen (Duftdrüse); 2 ekkrine Schweißdrüse der Fingerbeere, Ausschnitt aus den Drüsentubuli

Schwellkörper, Bez. für anschwellbare Gewebsbereiche, vor allem diejenigen an den äußeren Genitalien der Säuger, deren Hohlräume sich bei sexueller Erregung mit Blut füllen. Bei männlichen Säugern (einschließlich dem Menschen) sind dies die paarigen Rutenschwellkörper oder Penisschwellkörper (*Corpora cavernosa penis*, ↗ Penis) und der Harnröhrenschwellkörper (*Corpus spongiosum penis*) und beim Weibchen der paarige Klitorisschwellkörper (*Corpora cavernosa clitoridis*, ↗ Kitzler). Der Penisschwellkörper hat eine besonders feste Bindegewebshülle und besteht aus einem Schwammwerk glatter Muskulatur mit vielen Bluträumen; sie sind ein Sonderfall von arteriovenösen ↗ Anastomosen. Der Harnröhrenschwellkörper liegt wie ein Schlauch um die Harnröhre herum, hat nur eine schwache Bindegewebshülle und besteht aus venösen Bluträumen. (↗ Erektion)

Schweresinn, der ↗ Gleichgewichtssinn.

Schweresinnesorgane, die ↗ Gleichgewichtsorgane.

Schwermetalle, Metalle mit einer Dichte von über 5 g/cm^3. In der Natur liegen S. fast ausschließlich in oxidierter Form vor. Wegen ihrer industriellen Nutzung und den daraus entstehenden Abfallprodukten zählen S. zu den ↗ Schadstoffen, die sich über die ↗ Nahrungskette in Ökosystemen anreichern können (↗ Bioakkumulation) und diese potenziell schädigen. Bestimmte S., z. B. Blei, Quecksilber, Cadmium und Kupfer sind toxisch. Die Toxizität dieser Metalle beruht i.Allg. darauf, dass sie irreversibel mit freien SH-Gruppen von Proteinen reagieren. Andererseits sind in Spuren viele S. als Bestandteile von Enzymen (*Spurenelemente*) lebensnotwendig, dies gilt insbesondere für ↗ Eisen, ↗ Mangan, ↗ Molybdän, ↗ Kupfer und ↗ Zink. In lebenden Organismen kommen sie gewöhnlich in stabilen organischen Komplexen vor. (↗ Metallothioneine)

Schwermetalltoleranz, *Schwermetallresistenz*, genetisch fixierte Eigenschaft von Organismen, höhere Konzentrationen von Schwermetallen in der Umwelt zu tolerieren. Die S. ist jeweils art-, populations- und metallspezifisch. Unterschiedliche Mechanismen können zu einer S. führen. Meist kommt es zu einer ↗ Akkumulation der ↗ Schwermetalle in bestimmten Organen oder Kompartimenten, ohne dass der Organismus dabei Schaden nimmt. Pflanzen produzieren häufig neue Akkumulationsorgane in Form neuer Blätter, die unter Umständen mehrmals jährlich abgeworfen werden. Teilweise kommt es auch zu einer Methylierung der Schwermetalle und anschließender Ausscheidung der nun flüchtigen Substanzen. Auch eine direkte Ausscheidung, z. B. über Salzdrüsen (↗ Halophyten) findet statt. In selteneren Fällen kommt es auch zu einer direkten Blockierung der Aufnahmerate. Bekannte S. bestehen im Tierreich bei Seescheiden gegenüber Vanadium und bei Asseln gegenüber ↗ Kupfer. Unter den Pflanzen sind die so genannten *Galmei*-Gesellschaften, zu denen mehrere Leimkrautarten gehören, besonders resistent gegen ↗ Zink, Serpentinpflanzen, z. B. der Serpentinstreifenfarn zeigen eine hohe Toleranz gegen ↗ Chrom und ↗ Nickel, manche Gräser gegen Kupfer, Aluminium und Blei

Schwertfische, die Fam. ↗ Xiphiidae.

Schwertliliengewächse, die Fam. ↗ Iridaceae.

Schwertschwänze, die ↗ Xiphosura.

Schwert- und Grindwale, die Fam. ↗ Globicephalidae.

Schwesterarten, ↗ Schwestergruppen.

Schwesterchromatiden, die während der ↗ Replikation in der S-Phase des ↗ Zellzyklus entstandenen identischen Kopien der ↗ Chromatiden. Sie garantieren, dass während der Zellteilung normalerweise beide Tochterzellen eine Chromatide eines jeden Chromosoms enthält.

Schwestergruppen, Bez. für mehrere Arten umfassende Taxa, die eine nur ihnen gemeinsame Stammart haben. S. sind aus so genannten *Schwesterarten* hervorgegangen, das sind zwei Arten, die aus einer Artspaltung entstanden sind, bei der die Stammart in zwei Tochterarten aufgegangen ist.

Schwestertaxon, *Adelphotaxon*, übergeordneter Begriff, der für Schwesterart oder ↗ Schwestergruppe steht.

Schwimmblase, *Nectocystis*, *Vesica natatoria*, großer, derbhäutiger, ein- oder mehrkammeriger, mit Gas prall gefüllter Sack zwischen Darm und Wirbelsäule der meisten Knochenfische, der es vor allem freischwimmenden Fischen ermöglicht, ihr spezifisches Gewicht (bzw. Dichte) dem des umgebenden Wassers anzupassen, sodass sie ohne besonderen Kraftaufwand frei schweben. Die S. geht wie die ↗ Lunge aus einer embryonalen Ausstülpung des Vorderdarms hervor und bleibt bei vielen ursprünglichen Teleosteern (z. B. Welsen, Lachsund Karpfenfischen) zeitlebens durch einen Gang (*Ductus pneumaticus*) mit dem Darm verbunden (*Physostomen*). Dieser wird vor allem bei hoch entwickelten Fischgruppen (z. B. Dorschfischen, Stichlingsartigen, Barschfischen und Kugelfischverwandten) nach der Larvenzeit reduziert (*Physoklisten*), doch geschieht auch bei ihnen die erste Luftfüllung meist über den noch durchgängigen Luftgang. Die unterschiedlichen Druckverhältnisse in verschiedenen Wassertiefen können durch Veränderung der Gasmenge in der S. kompensiert werden. Überdruck in der S. gleichen Physostomen durch Gasabgabe über den Luftgang (Gasspucken) aus, während sie Unterdruck wie die Physoklisten i. d. R. durch zusätzliche Gasbildung über eine gut durchblutete und mit einem ↗ Rete mirabile ausgestattete, besondere Gasdrüse, den roten Körper, an der vorderen, unteren Wand der S. kompensieren; die Gasdrüse erlaubt eine Füllung nach dem Prinzip des ↗ Gegenstromaustauschs. Die Verringerung der Gasmenge erreichen Physoklisten durch Gasresorption an der hinteren, dorsalen Innenwand im Bereich einer besonderen Tasche, dem Oval, deren Öffnung zur S. je nach Resorptionsbedarf durch Ring- und Radiärmuskeln verändert werden kann. – Neben der hydrostatischen Funktion erfüllt die S. manchmal zusätzliche Funktionen: z. B. die Übertragung von Schallreizen zum Labyrinth über die

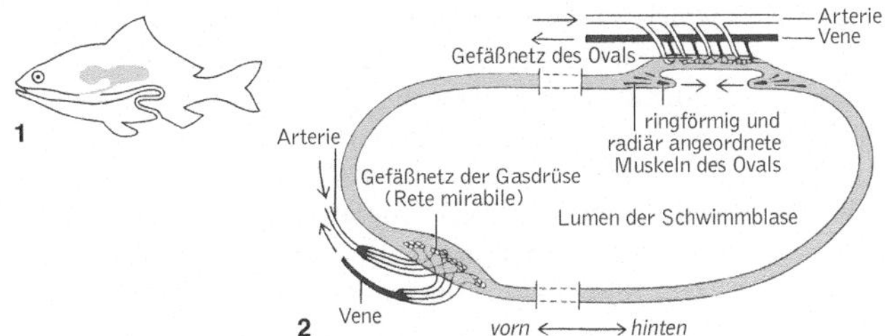

Schwimmblase **1** zweikammerige Schwimmblase mit Ductus pneumaticus bei einem Karpfenfisch. **2** Schematischer Längsschnitt durch die Schwimmblase eines physoklisten Knochenfisches mit Gasdrüse und Oval

Weber-Knöchelchen bei Karpfenfischen und Welsen oder direkt durch Schwimmblasenfortsätze bei Heringen, sowie die Lauterzeugung vor allem durch Vibrationen, die durch Trommelmuskeln erzeugt werden (z. B. Knurrhähne).

Schwimmen, Form der ↗ Fortbewegung im oder auf dem Wasser. Es lassen sich folgende Schwimmarten unterscheiden: 1) *Schwimmschlängeln* (z. B. wurmförmige Tiere, Schlangen), 2) *Ruderschwimmen* (mittels Extremitäten, Antennen mancher Krebse, Brustflossen der Fische), 3) *Wrickschwimmen* (Antrieb über die Schwanzflosse), 4) *Schwanzschwimmen* (z. B. bei Krokodilen), 5) *Flügelschwimmen,* 6) *Rückstoßschwimmen* (Ausstoß von Wasser bei den Cephalopoden und durch rhythmische Schalenbewegungen bei manchen Muscheln). Typische Schwimmbewegungen der landlebenden Tetrapoden sind Laufbewegungen; die großenteils im Wasser lebenden Biber und Seeottern benutzen Beine und Schwanz, Fischotter Rumpf und Schwanz zum Schwimmen. Die Extremitäten der Wassertiere bzw. der sich häufig im Wasser aufhaltenden Tiere sind meist breitflächig.

Schwimmfarne, ↗ Salviniales.

Schwimmpflanzen, ↗ Hydrophyten.

Schwingel, Gatt. *Festuca* der Fam. ↗ Poaceae mit ca. 200 Arten. Die Ährchen dieser Gatt. stehen meist in Rispen (↗ Blütenstand). Der Wiesenschwingel (*Festuca pratensis*) wird als wertvolles Futtergras in Europa viel kultiviert.

Schwingkletterer, die ↗ Brachiatoren.

Schwingkölbchen, die ↗ Halteren.

Schwingrasen, im Hochmoor (↗ Moor) durch Verlandung entstehende schwimmende Vegetationsdecke aus ↗ Torfmoos und den darin verwebten Rhizomen höherer Pflanzen.

schwitzen, *Hidrose, Hidrosis,* Abscheidung von dünnflüssig wässrigem ↗ Schweiß aus speziellen ↗ Schweißdrüsen auf der gesamten Körperoberfläche; S. dient der ↗ Temperaturregulation durch den Verbrauch von Verdunstungswärme (Kühlwirkung).

Scincidae, *Skinke, Glattechsen,* größte Fam. der Echsen (↗ Squamata) mit etwa 50 Gattungen und circa 800 Arten, von denen aber nur fünf in Europa vorkommen; Skinke sind vor allem in den Subtropen und Tropen besonders der Alten Welt und in Australien beheimatet. Sie sind Landbewohner, die in Höhlen, Gängen, am Boden, im Sand, auf Bäumen und Sträuchern leben. Die Körperlänge variiert von 5 bis 65 cm. Der kleine Kopf ist keilförmig zugespitzt, oberseits mit großen, symmetrisch angeordneten Schildern, der Körper ist walzenförmig. Die glatt anliegenden Schuppen sind oft glänzend, die Färbung ist meist unauffällig in Grau- oder Brauntönen. Kopf und Schwanz sind an ihrer Basis oft fast ebenso dick wie der Rumpf; der Schwanz kann an bestimmten Stellen abgeworfen (↗ Autotomie) und regeneriert werden. Skinke sind überwiegend Insektenfresser; nur einige größere Arten nehmen auch pflanzliche Nahrung zu sich. Die meisten S. legen Eier, manche Arten treiben Brutpflege, einige sind lebendgebärend (ovovivipar).

Scitamineae, ↗ Zingiberales.

Sciuridae, *Hörnchen,* Fam. der Nagetiere (↗ Rodentia) mit rund 260 Arten und vielen Unterarten in 50 Gatt. Hörnchen sind maus- bis mehr als katzengroß, mit einem walzenförmigen Körper und einem immer dicht behaarten, oft buschigen Schwanz. Die Oberlippe ist immer gespalten und die Nasenlöcher sind durch eine Furche getrennt. An der Schnauze, über den Augen und am Handgelenk befinden sich Tasthaare. Die Nagezähne sind meißelartig, die unteren Schneidezähne können stark gespreizt werden, da die beiden Unterkieferhälften beweglich miteinander verbunden sind. Der Gaumen zeigt zahlreiche Gaumenfalten. Einige Gruppen besitzen große Backentaschen. Die Hörnchen sind fast ausschließlich Pflanzenfresser. Alle Hörnchen geben Laute von sich, wobei das Pfeifen der Murmeltiere und das „Bellen" der Prairiehunde besonders bekannt sind. Typische Verhaltensweisen aller Hörnchenarten sind das „Männchen machen" und das „senkrechte Schwanzzucken". Zu den S. gehören u. a. die ↗ Eichhörnchen (*Sciurus*), die ↗ Gleithörnchen (*Petauristinae*), die ↗ Murmeltiere (*Marmota*), die ↗ Prairiehunde (*Cynomys*), die ↗ Streifenhörnchen (*Tamiini*) und die ↗ Ziesel (*Citellus*).

Sciurus, die Gatt. ↗ Eichhörnchen. (↗ Sciuridae)

Scleractinia, ↗ Madreporaria.

Sclerotinia, zu den ↗ Leotiales gehörende Gatt. der Schlauchpilze (↗ Ascomycetes), deren Fruchtkörper gestielt-schüsselförmig sind. Einige Arten sind Pflanzenparasiten, so z. B. *Sclerotinia fructigena*, deren Nebenfruchtform als *Monilia* bekannt ist, auf Apfel- und Birnbäumen, und *Sclerotinia fuckeliana*, die mit ihrer Nebenfruchtform ⁊ Botrytis cinerea, auf Weintrauben zur Edelfäule führt.

Scolex, der Kopfabschnitt der Bandwürmer (⁊ Cestoda).

Scolopacidae, *Schnepfenvögel*, formenreiche Fam. der Watvögel (⁊ Limicolae) mit 86 fast weltweit verbreiteten Arten, die vorwiegend in den arktischen Gebieten der Nordhalbkugel in der Tundra, in Mooren und Sümpfen brüten und an flachen Küsten überwintern. Ihre Nahrung besteht aus Wasserinsekten, Krebsen und Weichtieren, die stochernd im weichen Boden ertastet werden; die Schnabelspitze besitzt hierfür unter einer elastischen Hornscheide zahlreiche empfindliche Tastkörperchen. Da der arktische Sommer kurz ist, halten sich viele Schnepfenvögel nur wenige Monate im Brutgebiet auf und wandern über große Entfernungen in die Winterquartiere; spitze Flügel ermöglichen ihnen dabei eine hohe Fluggeschwindigkeit. Die meisten Schnepfenvögel ziehen nachts. Zur Zugzeit versammeln sich an geeigneten Rastbiotopen, z. B. den Meeresküsten und überschwemmten Flächen, Tausende von Schnepfenvögeln; ihr Tagesrhythmus wird an der Meeresküste durch den Gezeitenwechsel und nicht durch die Helligkeit bestimmt. In Deutschland kommen etwa 40 Arten vor, davon sind oder waren zwölf Brutvögel und etwa 14 regelmäßige Gäste. Hierzu gehören u. a. folgende Arten: Die mit rotbraunem, dunkel gebändertem und geflecktem Gefieder ausgesprochen tarnfarbene *Waldschnepfe (Scolopax rusticola*, Größe etwa 35 cm), die ⁊ Bekassine (*Gallinago gallinago*), weiterhin die *Uferschnepfe (Limosa limosa*; Größe etwa 44 cm), deren Männchen im Prachtkleid durch den rotbraunen Vorderkörper, einen weißen Bauch und einen weißen Schwanz mit breiter schwarzer Endbinde gut von der *Pfuhlschnepfe (Limosa lapponica)* zu unterscheiden ist; letztere besitzt einen leicht aufgebogenen Schnabel, einen schwarzweiß gebänderten Schwanz, im Prachtkleid sind Kopf und Unterseite des Männchens ziegelrot. ⁊ Brachvögel (Gatt. *Numenius)* haben einen abwärts gekrümmten Schnabel. Zu den Wasserläufern (Gatt. *Tringa)* zählt der etwa 29 cm große *Rotschenkel (Tringa totanus)* mit graubraunem, dunkel gesprenkeltem Gefieder und auffallend roten Beinen (Name!); er ist im Flug gut an den breiten weißen Hinterrändern der Flügel zu erkennen. Eher ein Wintergast an unseren Küsten ist der *Steinwälzer (Arenaria interpres*; Größe 24 cm), der im Prachtkleid ein schwarz-weiß-rostrot gefärbtes Gefieder und oran-

gefarbene Beine hat. Kennzeichnend ist das Wenden von Tang und Steinen mit schnellen Kopfbewegungen (Name!). Durch ihre auffallenden Halskrausen und Ohrbüschel sind die Männchen der *Kampfläufer (Philomachus pugnax)* im Prachtkleid unverkennbar. Ansonsten zeigen die 20 bis 30 cm großen Kampfläufer eine große Vielfalt an Farb- und Musterkombinationen. Zur Gatt. Strandläufer (*Calidris)* gehört der bei uns auch brütende, 20 cm große *Alpenstrandläufer (Calidris alpina)*, der häufigste kleine Strandvogel an unseren Küsten; das Männchen ist im Prachtkleid oberseits rotbraun und trägt einen schwarzen „Bauchschild". Wintergäste sind an unseren Küsten der im Prachtkleid ziegelrote *Knutt (Calidris canutus)* und der *Sanderling (Calidris alba)*, der im Winter an sandigen Stränden mit den Wellen trippelnd hin- und herläuft und angespülte Kleintiere aufpickt.

Scolopendra, Gatt. der Hundertfüßer (⁊ Chilopoda).

Scolopendromorpha, *Skolopender*, Gruppe der Hundertfüßer (⁊ Chilopoda).

Scolopidialorgane, die ⁊ Chordotonalorgane.

Scolopidium, Grundeinheit der ⁊ Chordotonalorgane.

Scolytidae, *Borkenkäfer*, zu den ⁊ Polyphaga gehörende Fam. der Käfer (⁊ Coleoptera) mit kleinen, wenige Millimeter bis maximal 1 cm langen Arten, die unter der Borke oder im Holz Gänge bohren. Borkenkäfer haben einen gedrungenen Körper mit stumpfem Hinterende und keulenförmige Fühler. Manche Arten kultivieren in gebohrten Gängen Pilze, die Art *Scolytus rugulosus* verschleppt Sporen des Pilzes *Ophiostoma ulmi*, der das Ulmensterben verursacht. Je nachdem, wo die Fraßgänge angelegt werden, können *Rindenbrüter*, die Gänge unter der Rinde anlegen und dadurch den Saftstrom im Baum unterbrechen, unterschieden werden von *Holzbrütern*, welche die Fraßgänge im Holz anlegen und dadurch den Holzwert mindern. Die meisten einheimischen S. gehören zu den Rindenbrütern.

Einige Arten sind wichtige Schädlinge in Baumbeständen. Dabei kann vor allem das Zusammenkommen einer für Borkenkäfer günstigen Witterung mit z. B. Sturm- oder Schneeschäden an Bäumen zu einer starken Massenvermehrung führen. Vor allem von geschwächten Bäumen geht eine starke Lockwirkung auf Borkenkäfer aus. Haben sich die Käfer eingebohrt, scheiden sie Aggregationspheromone aus, die weitere Borkenkäfer anlocken. Ist der Baum „überfüllt", werden benachbarte Bäume befallen, es entsteht ein so genanntes „Käferloch" im Baumbestand. Die Ausscheidung der Lockstoffe macht man sich bei der Bekämpfung zunutze, indem unentrindete, gefällte Bäume als „Fangbäume" ausgelegt werden und die Borkenkäferbrut vor dem Ausfliegen vernichtet wird. Auch Pheromonfallen mit den Aggregationspheromonen können zum Anlocken der Käfer genutzt werden. Langfristig ist ein gesunder Mischwald der beste Schutz gegen Massenbefall durch Borkenkäfer. Der gefährlichste Borkenkäfer bei uns ist der *Buchdrucker* (*Ips typographus*; Größe 4 - 5,5 mm); er befällt vor allem den dickrindigen Stammbereich in älteren Fichtenbeständen.

Scomber, Gatt. der Makrelen (↗ Scombridae).

Scomberesocidae, *Makrelenhechte*, Fam. der ↗ Cyprinodontiformes.

Scombridae, *Makrelen*, Fam. der Barschfische (↗ Perciformes) mit 45 Arten, die Hochseebewohner tropischer und gemäßigter Meere sind. Sie haben einen torpedoförmigen Körper mit vier bis neun kleinen Flossen jeweils hinter der zweiten Rückenflosse und der Afterflosse; die Schwanzflosse ist gegabelt. Alle S. haben ein stark bezahntes Maul und ernähren sich von Fischen. Zu den S. gehören eine Reihe wichtiger Speisefische, so u. a. die ↗ Bonitos, die ↗ Tunfische und die *Makrele* (*Scomber scombrus*), ein oberflächennah lebender Schwarm- und Zugfisch ohne Schwimmblase. Makrelen verfolgen vor allem Heringsschwärme, insbesondere nach dem Ablaichen. Im Winter halten sie sich in Bodennähe auf und nehmen keine Nahrung auf, im Frühjahr leben sie von größeren Planktonorganismen. Makrelen laichen im Sommer nahe der Wasseroberfläche ab, die Eier sind frei schwimmend.

Scophthalmus maximus, der ↗ Steinbutt.

Scopolamin, ein ↗ Tropan-Alkaloid, das aus Arten der Fam. ↗ Solanaceae, insbesondere aus *Datura metel* und *Scopola carniolica* isoliert werden kann. Neben ↗ Atropin ist S. das wichtigste Tropan-Alkaloid. Es hat ähnliche Wirkungen wie Atropin und ist ein hochgiftiges, anticholinerges Mittel. Aufgrund seiner lähmenden Wirkung diente das Hydrobromid des S. zur Beruhigung bei Psychosen, zur Narkosevorbereitung sowie als Mittel gegen Luft- und Seekrankheit.

Scorpaeniformes, *Drachenkopffischverwandte*, *Panzerwangen*, Ord. der Knochenfische. Kennzeichnend ist eine große Knochenplatte an den Wangen aus verschmolzenen Unteraugenknochen. S. haben meist einen großen, Stachel tragenden Kopf, zwei Rückenflossen, brustständige Bauchflossen und Brustflossen mit breiter Basis, wobei einzelne vordere Stachelstrahlen frei beweglich sein können. Viele der überwiegend marinen Arten sind giftig. Zu den S. gehören u. a. die *Drachenköpfe* (Fam. *Scorpaenidae*), überwiegend träge Bodenbewohner der Küstenbereiche in gemäßigten und tropischen Meeren. Sie haben ein breites Maul, Dornen an den Kiemendeckelrändern und große fächerartige Brustflossen; manchen Arten verleihen Hautlappen am Kopf ein bizarres Aussehen. Zu dieser Fam. gehören u. a. der als Speisefisch wirtschaftlich wichtige ↗ Rotbarsch (*Sebastes marinus*) sowie der auffällig rot-weiß gefärbte, giftige *Rotfeuerfisch* (*Pterois antennata*); die sehr giftigen, im tropischen Indopazifik lebenden *Steinfische* werden entweder ebenfalls zu den Drachenköpfen gezählt oder haben den Rang einer eigenen Fam. (*Synanceiidae*); zu ihnen zählen die giftigsten Fische überhaupt, ihr Gift ist auch für den Menschen tödlich. Ebenfalls zu den S. gehört die Fam. *Knurrhähne* (*Triglidae*); sie sind Bodenbewohner, deren freie und bewegliche Brustflossenstrahlen mit Geschmacksknospen besetzt sind. Knurrhähne können mittels Muskeln an der Schwimmblase Laute erzeugen (Name!). Weitere Fam. der S. sind die ↗ Groppen (Cottidae) sowie die *Cyclopteridae*, deren Bauchflossen zu einem Saugnapf umgeformt sind; der Rogen des *Seehasen* (*Cyclopterus lumpus*), eines im Nordatlantik lebenden, zu dieser Fam. gehörenden Bodenfischs, kommt, mit Salzlake behandelt und schwarz gefärbt, als „Deutscher Kaviar" in den Handel.

Scorpiones, *Skorpione*, landlebende Spinnentiere (↗ Arachnida) mit ca. 1400 Arten, deren mit bis 20 cm Länge größte Art, *Pandinus imperator*, in Westafrika vorkommt; die kleinste Art ist *Typhlochactas mitchelli* mit 9 mm Länge. Skorpione sind weltweit vor allem in den Trockengebieten der Tropen und Subtropen verbreitet, einige Arten auch in gemäßigten Breiten. Zu letzteren gehören die europäischen Arten der Gatt. *Euscorpius*, so z. B. die Art *Euscorpius flavicaudis*, die, nach Südengland eingeschleppt, dort eine stabile Population bildet.

Körperbau: An ein dorsal äußerlich unsegmentiertes Prosoma setzt ohne Taille ein gegliedertes Opisthosoma an, das seinerseits in ein Mesosoma mit sieben und ein *Metasoma* (Schwanz) mit fünf Segmenten gegliedert ist. Im Metasoma sind Pleuren, Sternite und Tergite ringförmig verschmolzen, an seinem Ende befindet sich ein Giftstachel, der nach allen Seiten beweglich ist. Das *Prosoma* trägt ein Paar Cheliceren, ein Paar Pedipalpen und vier Laufbeinpaare. Am *Opisthosoma* sind nur aus Beinanlagen hervorgegangene Beinhomologa vorhanden: Außer den Fächerlungen das plattenförmige unpaare Metasternum (erstes Opisthosomasegment), das Genitaloperculum und die Kämme (Pectines). Die beiden letzteren entstehen durch Spaltung der Beinanlagen des zweiten Opisthosomasegments.

Skorpione leben räuberisch, meist von anderen Arthropoden. Die Beute wird mit den Palpenscheren gepackt, mit den Cheliceren zerrissen und im Mundvorraum (gebildet von den Coxen der Pedipalpen und den ersten beiden Beinpaare) mit Hilfe von Verdauungssekret aufgelöst. Nur große wehrhafte

Beute wird mit dem Giftstachel gestochen und gelähmt. Der Nahrungssaft wird mit Hilfe einer Vorderdarmsaugpumpe aufgesogen und in den verästelten Teilen der Mitteldarmdrüse verdaut. Der After liegt kurz vor dem Giftstachel. Der Exkretion dienen neben einem Paar *Coxaldrüsen* (Mündung am dritten Laufbeinpaar) *Nephrocyten* und vor allem zwei Paar ↗ Malpighi'sche Schläuche.

In den Segmenten drei bis sechs des Mesosomas befinden sich je ein Paar *Fächerlungen* (↗ Lunge), die mit paarigen Stigmen ventral ausmünden. Das *Herz* liegt ebenfalls im Mesosoma als langer Schlauch mit sieben Ostienpaaren und neun Seitenarterienpaaren. Das *Nervensystem* besteht im Wesentlichen aus Ober- und Unterschlundganglion sowie Strickleiternervensystem (sieben freie Ganglienpaare). An Sinnesorganen finden sich ein Paar Medianaugen und zwei bis fünf Paar Seitenaugen; Hauptsinnesorgane sind mechanorezeptorische Organe in Form von ↗ Trichobothrien, Tasthaaren und ↗ Spaltsinnesorganen; besonders viele Rezeptoren liegen auf den Pectines.

Fortpflanzung und Entwicklung: Hoden und Ovarien sind netzförmig, die Hoden tragen akzessorische Drüsen sowie Paraxialorgane, in denen die Spermatophore gebildet wird. Das Männchen setzt eine Spermatophore ab, nachdem es das Weibchen oft stundenlang in einem Balztanz, an den Palpen gefasst, herumgeführt hat. Häufig sticht das Männchen seine Partnerin auch mit dem Giftstachel in die Intersegmentalhäute. Danach zieht es das Weibchen über die Spermatophore. Das Weibchen prüft sie mit den Pectines und nimmt mit der Genitalöffnung die beiden Samenpakete auf. Darauf lässt das Männchen die Umklammerung der Palpen los. Bei vielen Arten frisst das Weibchen den Stiel der Spermatophore. Die aus dotterreichen Eiern entstandenen Embryonen entwickeln sich im Ovidukt so weit, dass sie gleich nach der Eiablage die Eihülle sprengen (↗ Ovoviviparie) und den Rücken der Mutter ersteigen. Bei den Scorpionidae bleiben die dotterarmen Eier in den Follikeln. Diese werden schlauchförmig und nehmen Kontakt mit Zellen der Mitteldarmdrüse auf. Durch dieses Organ werden die Embryonen bis zur Geburt ernährt. Auch die Jungen der Scorpionidae werden vom Muttertier bis nach der ersten oder zweiten Häutung getragen.

Den Tag verbringen Skorpione unter Steinen, in Felsspalten (abgeflachter Körper!), Erdhöhlen oder selbstgegrabenen Bauten (Verdunstungsschutz). In der Nacht sind sie aktiv und gehen auf Beutefang. Skorpione sind nicht angriffslustig. Sie drohen mit hoch erhobenen Palpen und vorgeneigtem Giftstachel. Manche Arten stridulieren in dieser Situation (z. B. Cheliceren gegen Prosomadach, Stachel über Tergit). Der Giftstachel wird zum Beutefang, aber auch zur Abwehr eingesetzt. Bei starker Reizung

schlagen Skorpione mit dem Stachel wild um sich und treffen sich dabei auch in den eigenen Körper.

Skorpione sind die ursprünglichsten landlebenden Spinnentiere und haben viele Merkmale ihrer Vorfahren, die bereits seit dem Silur (*Palaeophonus*) bekannt sind, bis heute beibehalten. (↗ Chelicerata)

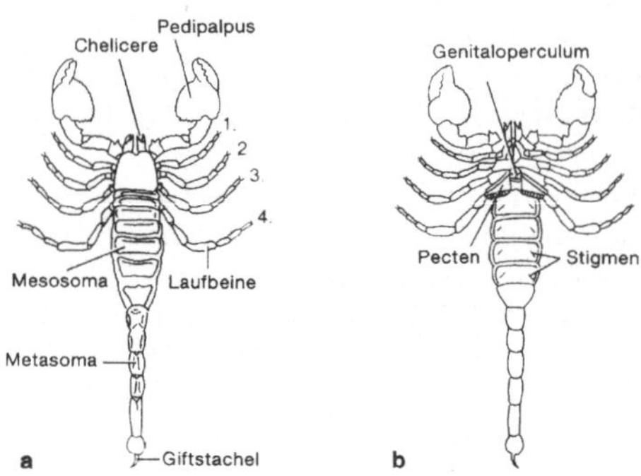

Scorpiones   Bauplan der Skorpione, a von dorsal, b von ventral gesehen

Scorzonera, Gatt. der ↗ Asteraceae.

SCP, *single cell protein*, Abk. für ↗ Einzellerprotein.

Scrapie, *Traberkrankheit*, tödlich verlaufende, durch ↗ Prionen verursachte Erkrankung des Zentralnervensystems von (vor allem überzüchteten) Schafen. Die Symptome sind u. a. Schreckhaftigkeit, schwankender, trabender Gang, Hinterbeinschwäche, Abmagerung, stierer Blick.

Screening, die im Laborjargon der Molekulargenetik verwendete Bez. für das Durchmustern von z. B. cDNA-Bibliotheken oder Mutantensammlungen mit dem Ziel, ein bestimmtes Gen bzw. eine bestimmte Mutante zu isolieren.

Scrophulariaceae, *Braunwurzgewächse, Rachenblütler*, mit 4450 Vertretern arten- und formenreiche Fam. der ↗ Rosopsida, die vor allem in den gemäßigten und subtropischen Bereichen verbreitet ist. Meist sind es Halbsträucher, Stauden und Kräuter. Es gibt Übergänge zum ↗ Parasitismus z. B. beim ↗ Augentrost (Gatt. *Euphrasia*) oder der ↗ Schuppenwurz (Gatt. *Lathraea*). Die ursprünglich fünfzähligen Blüten sind innerhalb der Fam. mannigfach abgewandelt, häufig ↗ dorsiventral und an verschiedene Bestäuber angepasst. Die ↗ Kronblätter sind oft zu einer Röhre verwachsen, die Zahl der Staubblätter und teilweise auch die der ↗ Fruchtblätter reduziert. Am Grund der ↗ Fruchtknoten sitzen häufig ↗ Nektarien. Die Blüten stehen nie endständig an einer vegetativen Sprossachse sondern entwickeln sich aus den Achseln von Laubblättern oder stehen in Ähren, Trauben oder Rispen (↗ Blütenstand). Als Fruchtformen (↗ Frucht) findet man Kapseln oder Steinfrüchte. Das Löwenmaul (*Antirrhinum majus*) hat als Objekt der Mutationsforschung die Kenntnisse über die Pflanzenevolution vorangebracht. *Digitalis lanata* ist wegen seiner Herz-Glykoside pharmakologisch wichtig, die Blüten der ↗ Königskerze (*Verbascum densiflorum*) werden als Tee gegen Erkältungskrankheiten eingesetzt. Einer der wenigen holzigen Vertreter ist die als Parkbaum geschätzte, ursprünglich aus Ostasien stammende *Paulownia tomentosa*.

Scrophulariales, Ordnung der ↗ Rosopsida mit zehn Familien und über 12000 Arten. Kennzeichnend ist eine Tendenz der Blüten zur Dorsiventralität (↗ dorsiventral), häufig eine Reduktion der Staubblätter (↗ Staubblatt) und meist nur noch zweiblättrige ↗ Fruchtknoten. Als ↗ Frucht findet man Kapseln oder Beeren. Hierzu gehören die Fam. ↗ Scrophulariaceae, ↗ Orobanchaceae, ↗ Plantaginaceae, ↗ Acanthaceae, ↗ Bignoniaceae, ↗ Pedaliaceae, ↗ Gesneriaceae, ↗ Lentibulariaceae, ↗ Callitrichaceae und die nussfrüchtigen Globulariaceae.

Scrotum, der Hodensack (↗ Hoden).

Scutellum, 1) *Botanik*: *Schildchen*, Bez. für das schildförmige Keimblatt bei den Gräsern, das dem stärkereichen Nährgewebe in der Grasfrucht (↗ Achäne) seitlich anliegt. Bei der Keimung gibt es Stärke mobilisierende Enzyme ins Endosperm ab und entnimmt als Saugorgan die aufgespeicherten Reservestoffe. Es entwickelt sich nicht mehr zu einem vollen Blatt, sondern verbleibt in der Achäne.

2) *Zoologie*: das hinterste Skelettteil (*Tergit*) der Rückenplatten der Brustsegmente bei Insekten (↗ Insecta), das am Mesothorax besonders bei Käfern (↗ Coleoptera) und Wanzen (↗ Heteroptera) als dreieckiges Gebilde zwischen den Deck- bzw. Halbdeckflügeln erkennbar ist.

Scutigera, Gatt. der Hundertfüßer (↗ Chilopoda).

Scutigeromorpha, Gruppe der Hundertfüßer (↗ Chilopoda).

Scyliorhinidae, *Katzenhaie*, Fam. der Haie (↗ Selachimorpha) mit 15 Gatt. und 96 Arten. S. sind meist kleine, langgestreckte, weltweit verbreitete, harmlose Bodenhaie vor allem der Küstenregionen. Sie haben eine abgerundete Schnauze, kleine, mehrspitzige Zähne, oft auffällige Färbung und rechteckige, hornschalige, etwa 8 cm lange Eikapseln, die an jeder Ecke spiralige Fäden zum Anheften haben. An europäischen Küsten häufig sind der bis 75 cm lange *Kleingefleckte Katzenhai* (*Scyliorhinus caniculus*), der bis 1,5 m lange *Großgefleckte Katzenhai* (*Scyliorhinus stellaris*) und der bis 75 cm lange *Fleckhai* (*Galeus melastomus*), der Tiefen zwischen 150 und 400 m bevorzugt. Die indopazifischen, um 80 cm langen *Schwellhaie* (*Cephaloscyllium*) schlucken bei Be-

drohung Wasser oder Luft und schwellen dabei stark an.

Scyphozoa, *Scheibenquallen*, Taxon der Nesseltiere (↗ Cnidaria) mit etwa 200 marinen Arten. Die größte Art, *Cyanea capillata*, erreicht 2 m Durchmesser. Scyphozoa treten in der Regel in zwei Morphen auf (Polyp und Meduse = Qualle), die beide einen charakteristischen Bau aufweisen und über einen Generationswechsel (↗ Metagenese) miteinander verbunden sind. Bei manchen Arten ist jedoch die Polypengeneration ganz unterdrückt.

Körperbau. Der *Scyphopolyp* ist klein (1 - 7 mm) und i. Allg. solitär lebend. Er besteht aus Rumpf und Mundscheibe, die von einem Kranz Tentakel umgeben ist. Der zentrale Gastralraum ist durch vier Septen (*Radialsepten*) in vier Taschen (*Gastraltaschen*) untergliedert. Von der Mundscheibe her stülpt sich in jedes Septum Ektodermmaterial ein (*Septaltrichter*) und setzt sich über einen Muskel bis zur Fußscheibe fort, die gemeinsam eine Kontraktion des Polypen ermöglichen. Scyphopolypen leben meist im flachen Wasser auf dem Untergrund festgeheftet. Sie ernähren sich von Plankton. Sie pflanzen sich ungeschlechtlich durch Knospung an der Rumpfwand oder einem Fortsatz fort (dabei entstehen neue, solitäre Polypen) sowie durch Querteilung im Bereich der Mundscheibe (↗ Strobilation), wobei junge Medusen, die *Ephyra-Stadien*, entstehen. Die Tentakel werden eingeschmolzen, und es wachsen acht Randlappen aus, die je ein Sinnesorgan (Rhopalium; ↗ Sinneskolben) enthalten. Nachdem auch die Gastralsepten mehr oder weniger verschwunden sind, löst sich die erste junge Meduse ab. Sie entwickelt sich zur *Scyphomeduse*. Diese ist durch entodermale Gonaden, zellhaltige Mesogloea, Fehlen eines Velums und ihre Größe charakterisiert. Der Schirm der Scyphomedusen kann hoch aufgewölbt (Wurzelmundquallen, Tiefseequallen) oder flach (Fahnenquallen) sein. Er entsteht dadurch, dass zwischen den acht Randlappen der Ephyra acht Velarlappen auswachsen und mit diesen mehr oder weniger verschmelzen. Der Mund der Scyphomedusen ist i. d. R. in vier lange

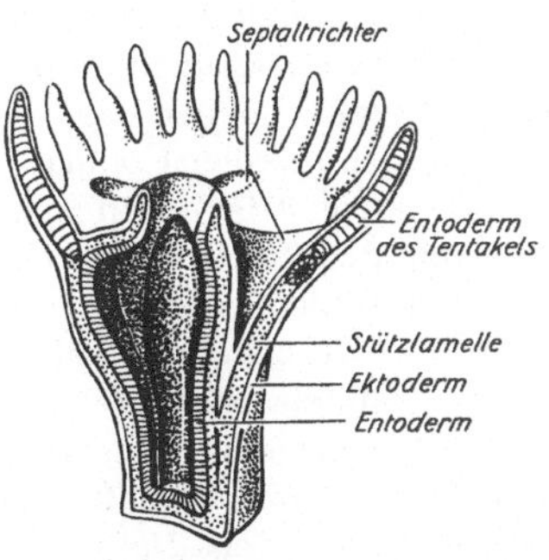

Scyphozoa   Schema eines Scyphopolypen

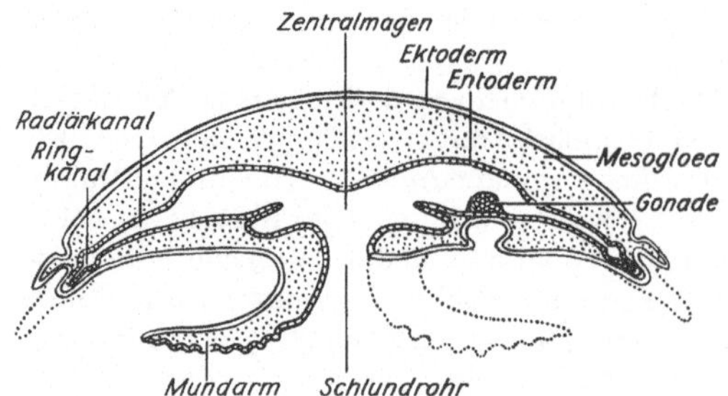

Scyphozoa   Schema einer Scyphomeduse

Mundlappen ausgezogen. Er führt in einen zentralen Magen, der bei den ursprünglichen Arten durch vier Septen, an denen Gastralfilamente sitzen, unterteilt ist (sie stammen noch vom Polypen). Bei den großen Arten führen stark verzweigte Radiärkanäle zu einem am Schirmrand verlaufenden Ringkanal (*Gastrovaskularsystem*).

Fortpflanzung und Entwicklung. Die Scyphomedusen sind die geschlechtliche Generation der S. Die vier Gonaden sind entodermal und hängen entweder in den Magen hinein oder, bei großen Arten, bruchsackartig neben den Mundarmen nach außen. Unter den Gonaden befindet sich auf der Subumbrella je eine Höhlung (*Subgenitalhöhle*), die den Septaltrichtern des Polypen entsprechen. Die Geschlechtsprodukte der meist getrenntgeschlechtlichen Scyphomedusen werden über den Mund ins Wasser abgegeben. Bei vielen Arten findet sich Brutpflege, indem die Eier sich im Ovar oder zwischen den Mundarmen entwickeln und erst Planula-Larven freigegeben werden.

Mit Hilfe rhythmischer Schwimmbewegungen (Antagonisten: Subumbrella-Ringmuskeln, Eigenelastizität der Mesogloea), die von Ganglienzellhaufen neben den Sinneskörpern am Schirmrand gesteuert werden, können die Scyphomedusen aktiv schwimmen (Ausnahme sind die Stauromedusida). Die meisten Arten sind Räuber, die mit Hilfe ihrer cnidenbesetzten Tentakeln und Mundarme andere Quallen, Fische, Krebse usw. erbeuten. Die Wurzelmundquallen sind Kleinpartikelfresser.

Zu den S. gehören die *Kranzquallen* (*Coronata*), die als die Gruppe der S. mit den ursprünglichsten Merkmalen angesehen wird und bei denen das Peridermgehäuse der Polypen an die fossilen Conulata (mittleres Kambrium bis obere Trias) erinnert. Während die Zugehörigkeit der halbsessilen *Becher-* oder *Stielquallen* (*Stauromedusida*) zu den S. umstritten ist, werden die Wurzelmundquallen (↗ Rhizostomea) und die Fahnenquallen (↗ Semaeostomea) eindeutig als abgeleitet betrachtet und aufgrund ihrer nahen Verwandtschaft als Schwestergruppen angesehen, die oft als „*Discomedusae*" zusammengefasst werden.

Literatur: Heeger, T.: Quallen. Gefährliche Schönheiten, Stuttgart 1998.

Se, chemisches Symbol für ↗ Selen.

Sebastes marinus, der ↗ Rotbarsch.

Secale, Gatt. der ↗ Poaceae.

Secernentea, *Phasmidia*, monophyletische Gruppe der ↗ Nematoda, bei deren Arten meist Schwanzsensillen (*Phasmiden*) vorhanden sind (Autapomorphie), wo sie fehlen, wird angenommen, dass die Phasmiden reduziert sind; im Unterschied zu den meisten ↗ Adenophorea fehlen den S. immer Schwanz- und Epidermaldrüsen. Die Männchen besitzen nur einen Hoden. Die Arten der S. leben entweder frei als Saprophagen, Diatomeenfresser, räuberisch oder als Pflanzen- bzw. Tierparasiten. Die frei lebenden Arten sind meist auf dem Land oder im Süßwasser zu finden. Aufgrund des Baus des Pharynx werden zwei Verwandtschaftsgruppen unterschieden: Die *Rhabditia* besitzen entweder einen rhabditiformen Pharynx mit Endbulbus, der mit einem Klappenapparat versehen ist (Rhabditia, Strongylida und Ascaridida) oder einen aus dem rhabditiformen hervorgegangenen filariformen Pharynx, der zylindrisch ist und keinen Klappenapparat hat (Camallanida, Spirurida). Außerdem wird bei den Rhabditia das dritte Jugendstadium unter ungünstigen Lebensumständen zur Dauerlarve mit reduziertem Stoffwechsel, die ihre Entwicklung erst bei Wiedereintritt günstigerer Lebensbedingungen fortsetzt. Der Pharynx der zu den Rhabditia gehörenden *Diplogastrida* hat immer einen vorderen muskulösen Teil mit Mittelbulbus und einen hinteren drüsigen Teil. Zu den S. gehören als Parasiten des Menschen u. a. die zu den Strongylida gestellten ↗ Hakenwürmer (*Ancylostoma, Necator*), weiterhin die Ascaridida mit ↗ Spulwurm (*Ascaris lumbricoides*) und ↗ Madenwurm (*Enterobius vermicularis*); zu den Camallanida gehört u. a. der ↗ Medinawurm (*Dracunculus medinensis*) und zu den Spirurida u. a. ↗ Wuchereria bancrofti. Pflanzenparasitische Arten sind u. a. der ↗ Rübennematode (*Heterodera schachtii*) und der ↗ Kartoffelnematode (*Globodera rostochiensis*), die beide den Tylenchida zugeordnet werden.

second messenger, *sekundäre Botenstoffe*, chemische Substanzen, die nach Stimulierung membrangebundener Rezeptoren einer Zelle durch ↗ Hormone oder andere erste Botenstoffe als Signalstoffe wirken. S. m. beeinflussen über ↗ G-Proteine intrazelluläre Regulationsmechanismen. Zu den s. m. gehören u. a. ↗ Calcium, IP_3 (↗ Inositolphosphate), cAMP (↗ Adenosinphosphate) und ↗ Diacylglycerol. (↗ Ionenkanäle, ↗ Signaltransduktion)

second site reversion, ↗ Suppression.

Sediment, Anhäufung von abgelagertem oder abgeschiedenem Lockergestein.

Sedimentbodengesellschaften, typische Lebensgemeinschaft von tierischen und pflanzlichen Organismen auf vom Meerwasser ständig oder zeitweise überspülten Sedimentböden. Es handelt sich um Sand- oder Schlickböden. Das Sediment wird nur sehr langsam zersetzt und Algen und Wasserpflanzen entnehmen ihre Nährstoffe i. d. R. direkt dem Wasser. Es bildet sich daher oft eine so genannte Nährstoffsenke. Dieses abgelagerte Material dient als Nahrungsgrundlage für viele heterotrophe Organismen, deren hoher Sauerstoffverbrauch einerseits für anaerobe Bedingungen sorgt, andererseits durch die beim Abbau frei werdenden Pflanzennährstoffe eine hohe Primärproduktion ermöglicht. Unter den pflanzlichen Besiedlern treten vor allem Kieselalgen und Seegräser sowie größere Grünalgen auf. Das *Sandlückensystem* wird von speziell angepassten Kleinstlebewesen wie Bakterien und Protozoen besiedelt, die wiederum Nahrungsgrundlage für die Makrofauna darstellen. Dazu gehören Muscheln (↗ Bivalvia), Kahnfüßer (↗ Scaphopoda), Krebstiere (↗ Crustacea), Bartwürmer (↗ Pogonophora), Eichelwürmer (↗ Enteropneusta), Lanzettfischchen (↗ Acrania) und einige zeitweise eingegraben lebende Knochenfische. In der regelmäßig gefluteten *Queller-Region* dominiert der

Namen gebende ↗ Queller. Auf den nur zeitweise überfluteten Salzwiesen (↗ Salzböden) tritt eine typische Vegetation von ↗ Halophyten auf, die Fauna ist von marinen Lebewesen wie Flohkrebsen (↗ Amphipoda) und Polychäten geprägt sowie von salztoleranten Insekten. Eine Sonderform der Sedimentbodengesellschaft ist die tropische ↗ Mangrove.

Sedoheptulose, ein in Arten der Fetthenne (Gatt. *Sedum*) vorkommendes Monosaccharid mit sieben C-Atomen. *Sedoheptulose-7-Phosphat* der S. ist ein Intermediärprodukt des ↗ Pentosephosphat-Wegs. Aus ihm entsteht unter enzymatischer Wirkung von Aldolase D-Erythrose-4-Phosphat, das eine Vorstufe in der Biosynthese von aromatischen Verbindungen ist. Sedoheptulose-7-Phosphat ist zudem ein Zwischenprodukt bei der Gärung von *Bifidobacterium* spec.

Sedum, *Fetthenne, Mauerpfeffer*, Gatt. der Fam. ↗ Crassulaceae, die vor allem auf der Nordhalbkugel verbreitet ist. Es handelt sich um z. T. Polster bildende, ein- oder zweijährige ↗ Blattsukkulenten, deren Blüten meist in Trugdolden stehen.

See, größeres stehendes Gewässer, das mit dem Meer nicht unmittelbar verbunden ist. Es gibt sowohl Süßwasser- als auch Salzwasserseen. Kleinere,

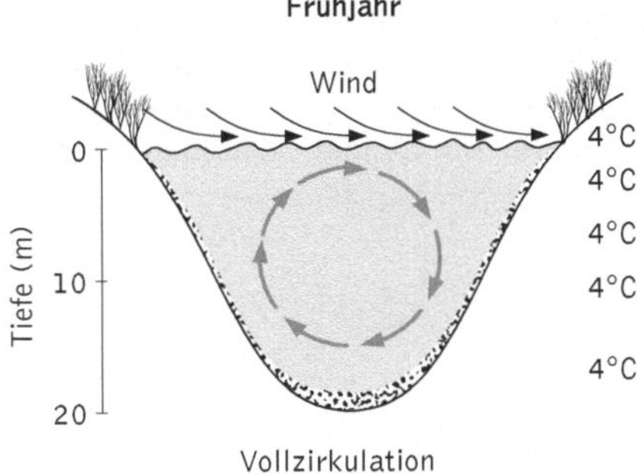

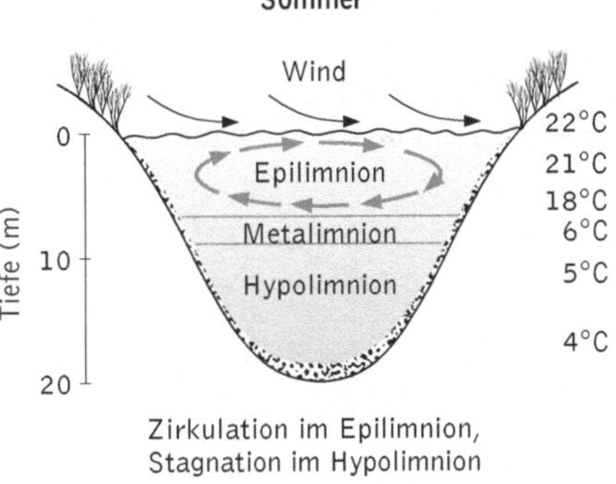

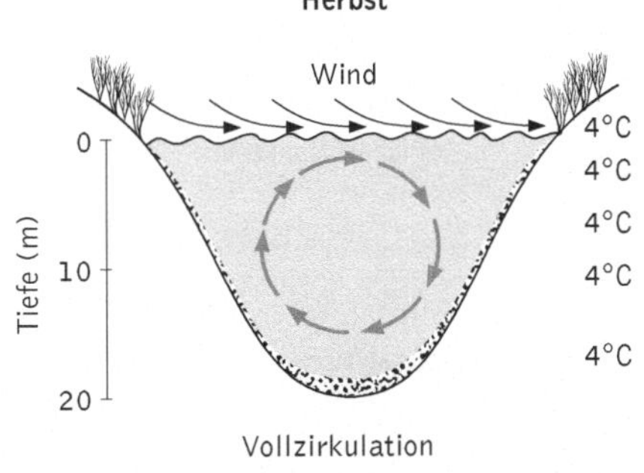

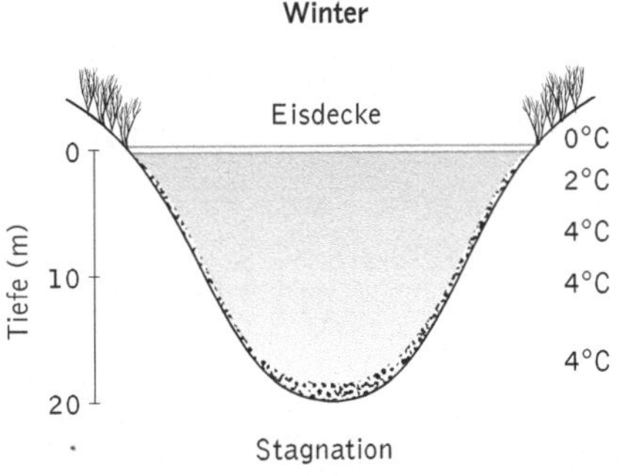

See Darstellung der jahresperiodischen Zirkulation und Stagnation in einem dimiktischen See der gemäßigten Breiten und mit einer windinduzierten Vollzirkulation des Wassers im Frühjahr und Herbst. Im Sommer wird das Wasser höchstens in den oberen Schichten durchmischt, im Winter bildet das Wasser mit einer Temperatur von 4 °C, das aufgrund seiner Dichte zu Boden sinkt einen Überwinterungsraum für die Lebewesen im See

meist flache stehende Süßgewässer nennt man ↗ Teiche oder ↗ Weiher. Nach ihrer Lage im Flussnetz unterteilt man: Quellseen ohne oberirdischen Zufluss, Durchgangsseen, Mündungsseen ohne Abfluss und Blindseen, denen sowohl oberirdisch als auch unterirdisch Zu- und Abflüsse fehlen. Auch die Entstehungsweise kann unterschiedlich sein. Ein *tektonischer S.* entsteht im Verlauf tektonischer Einbrüche (z. B. Kraterseen, Maare), ein *Dammsee* durch Gletscher- oder Moränen-Abdämmung (Toteissee, Endmoränensee) und ein *Ausräumungssee* durch Erosion wenig widerstandsfähiger Gesteine (z. B. Karseen, Talseen).

S. zeigen i. d. R. sowohl hinsichtlich physikalischer und chemischer Variablen als auch in Bezug auf verschiedene Lebensbereiche eine deutliche vertikale Schichtung: Die Lichtintensität nimmt durch die vorhandenen Mikroorganismen und Schwebstoffe mit der Tiefe rasch ab. Man grenzt die lichtdurchflutete *euphotische* bzw. *trophogene Zone*, in der Fotosynthese möglich ist, von der lichtlosen *aphotischen* bzw. *tropholytischen Zone* ab. Die Schichtung der Wassertemperatur ist besonders im Sommer gegeben und entsteht durch die Erwärmung des Oberflächenwassers durch die Sonne, während das kalte Wasser in der Tiefe verbleibt. Die warme Oberschicht, das *Epilimnion* wird durch die *Sprungschicht*, das *Metalimnion* oder *Thermokline* von der kalten Grundschicht, dem *Hypolimnion* getrennt. Im gemäßigten Klimabereich findet i. d. R. zweimal jährlich eine so genannte *Vollzirkulation* oder *Holomixis* statt. Sowohl im Frühjahr als auch im Herbst kommt es durch den Wind und bei gleichmäßiger Wassertemperatur von ca. 4 °C zu einer Durchmischung des Wassers und zu einer Umverteilung von Sauerstoff und Nährsalzen. Den stabilen Zustand der Schichtung im Sommer und im Winter bezeichnet man als *Stagnation*, einen See mit einem solchen Zirkulationstypus als *dimiktisch*.

Die verschiedenen Lebensbereiche sind von den oben genannten abiotischen Faktoren, von der Wassertiefe und der Entfernung zum Ufer abhängig. Man unterscheidet den Seeboden das ↗ Benthal, das in ↗ Litoral und ↗ Profundal gegliedert wird, vom Freiwasserbereich, dem ↗ Pelagial. Im flachen, gut durchlichteten, warmen und sauerstoffreichen Litoral ist die Artenvielfalt sehr hoch. Hier gedeihen bewurzelte und schwimmende Wasserpflanzen, eine Vielzahl festwachsender Algen, vor allem Kieselalgen (↗ Bacillariophyceae), Schnecken und Muscheln, Insekten, Krebstiere, Fische und Amphibien. Viele ↗ Wasserinsekten durchlaufen in diesem Bereich ihre aquatische Larvalphase. Das Phytoplankton des Pelagials besteht aus Algen und Cyanobakterien und stellt die Nahrungsgrundlage für das Zooplankton dar, im Süßwasser meist zusammengesetzt aus ↗ Rotatoria und kleinen Krebstieren. Hiervon ernährt sich dann eine Vielzahl von Fischen. Absinkender Detritus bildet auf dem Profundal eine Schicht aus Sinkschlamm. Destruenten bauen diesen ab und verbrauchen dabei

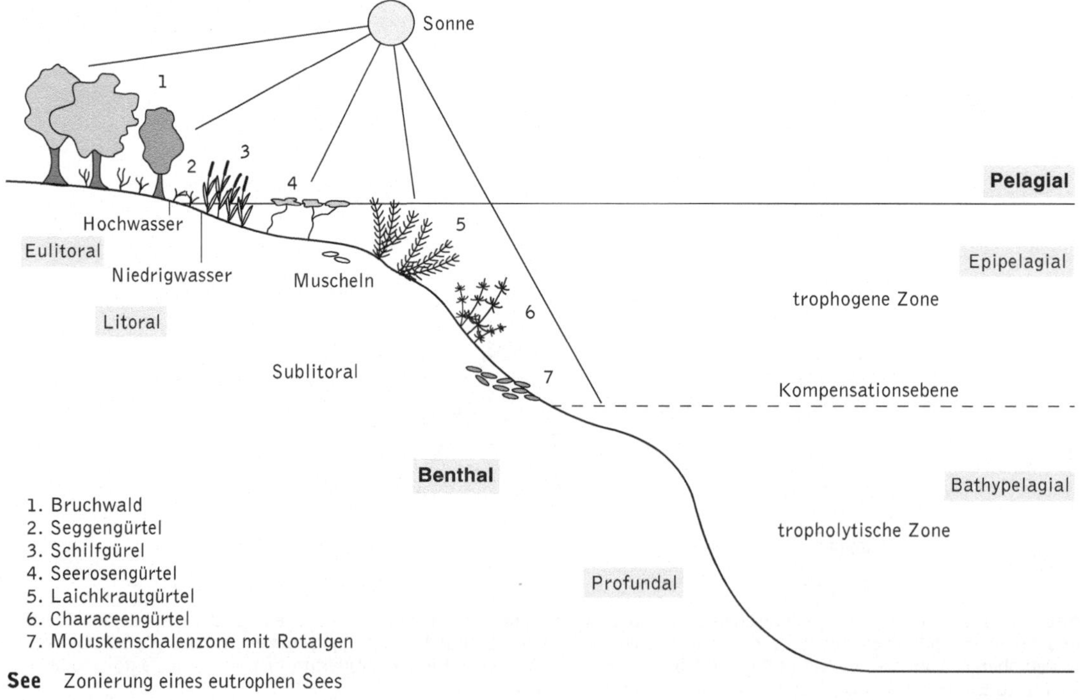

1. Bruchwald
2. Seggengürtel
3. Schilfgürel
4. Seerosengürtel
5. Laichkrautgürtel
6. Characeengürtel
7. Moluskenschalenzone mit Rotalgen

See Zonierung eines eutrophen Sees

für ihre Zellatmung eine große Menge an Sauerstoff. Die Zirkulation im Herbst ist notwendig, um die mineralischen Nährstoffe im Tiefenschlamm des S. in die oberen Schichten zu verlagern und einen ausreichenden Sauerstoffgehalt im Hypolimnion zu gewährleisten.

Nach ihren Primärproduktionsraten differenziert man eutrophe und oligotrophe Seen. Seentypus des mitteleuropäischen Flachlandes ist der *eutrophe S.* Er ist i. d. R. flach und nährstoffreich und enthält daher große Mengen an Phytoplankton. Das Wasser ist dadurch wesentlich trüber als das oligotropher Seen.

Diese haben tiefes Wasser und eine schmale Uferbank, und enthalten nur wenige Pflanzennährstoffe und Plankton. Aufgrund des Mangels an organischem Material ist auch in den tieferen Schichten des S. das ganze Jahr über genügend Sauerstoff vorhanden.

Seeadler, *Haliaeëtus*, Gatt. sehr großer Greifvögel aus der Fam. Habichtartige (↗ Accipitridae) mit mächtigem, scharf gekrümmtem Schnabel und breiten Segelflügeln. S. leben an felsigen Meeresküsten oder den Ufern großer Flüsse und Seen im Binnenland, wo sie verschiedene Wirbeltiere jagen, vor allem Wasservögel und Fische. Wie die anderen ↗ Adler sind sie gute Segelflieger. In Mitteleuropa ist der graubraune, im Alterskleid durch einen weißen Schwanz gekennzeichnete *Seeadler* (*Haliaeëtus albicilla*; Spannweite bis 2,5 m) sehr selten geworden (nach der Roten Liste vom Aussterben bedroht). Auch die Bestände des in Nordamerika lebenden Weißkopf-Seeadlers (*Haliaeëtus leucocephalus*), des Wappenvogels der USA, sind stark zurückgegangen.

Seeanemonen, die ↗ Actiniaria.

Seebader, die Fam. ↗ Acanthuridae.

Seebären, *Arctocephalinae*, Unterfam. der Ohrenrobben (↗ Otariidae).

See-Elefanten, *Mirounga*, Gatt. der Seehunde (↗ Phocidae).

Seefedern, die ↗ Pennatularia.

Seefrosch, *Rana ridibunda*, mit 15 cm größte einheimische Art der ↗ Grünfrösche. Die Bestände des S. in Deutschland sind gefährdet. (↗ Ranidae)

Seegurken, die ↗ Holothuroida.

Seehase, Fischart der ↗ Scorpaeniformes bzw. eine Art der Hinterkiemerschnecken (*Aplysia*; ↗ Seehasen).

Seehasen, *Anaspidea*, Gruppe der Hinterkiemerschnecken (↗ Opisthobranchia) mit z.T. großen Arten, die eine kleine, vom Mantel fast ganz bedeckte Schale besitzen. Der Fuß ist seitlich zu Lappen (*Parapodien*) verbreitert, die ähnlich wie Flügel der Fortbewegung im Wasser dienen können. Bei Arten der Gatt. *Aplysia* werden die Parapodien auf dem Rücken zu einem Rohr zusammengelegt, aus dem durch Kontraktion Wasser ausgestoßen wird und so das Tier durch Rückstoß antreibt. Arten der Gatt. *Aplysia* sind wegen ihrer Riesenaxone bevorzugte Versuchstiere in der Neurophysiologie. Die in kalifornischen Gewässern lebende Art *Aplysia vaccaria* ist mit 75 cm Länge die größte rezente Schnecke.

Seehunde, die Fam. ↗ Phocidae.

Seeigel, die ↗ Echinoida.

Seekühe, die ↗ Sirenia.

Seelachs, ↗ Köhler.

Seelilien und Haarsterne, die ↗ Crinoida.

Seelöwen, Unterfam. der Ohrenrobben (↗ Otariidae).

Seemaus, Art der ↗ Polychaeta (↗ Aphrodite).

Seenadeln, ↗ Syngnathiformes.

Seenadelverwandte, die ↗ Syngnathiformes.

Seenkunde, ↗ Limnologie.

Seeohren, *Haliotis*, Gatt. der ↗ Archaeogastropoda.

Seeotter, der ↗ Meerotter.

Seepferdchen, ↗ Syngnathiformes.

Seepocken, ↗ Cirripedia.

Seepurpur, das ↗ Rhodopsin.

Seeregenpfeifer, Art der ↗ Charadriidae.

Seerosengewächse, die Fam. ↗ Nymphaeaceae.

Seescheiden, die ↗ Ascidiacea.

Seeschlangen, *Hydrophiinae*, Unterfam. der Giftnattern (↗ Elapidae; mitunter auch als eigene Fam. Hydrophiidae geführt) mit ca. 16 Gattungen und über 50 bis 2,75 m langen Arten, die im Indopazifik, oft in Küstennähe leben. S. haben im Oberkiefer vorn ein Paar kurze, nicht umlegbare Giftzähne. Die Mundhöhle und die Kloake dienen auch der Atmung, die Lunge reicht bis zum After. Die äußeren Nasenöffnungen liegen auf der Schnauzenoberseite und sind durch eine Klappe verschließbar. Im Kopfbereich befinden sich Salzdrüsen, die überschüssig aufgenommenes Salz ausscheiden. Der Körper ist im hinteren Teil seitlich abgeplattet und mit einem Ruderschwanz versehen. Das Gift der S. ist ein starkes Nervengift, das die motorischen Endplatten an den Muskelfasern blockiert und so zu einer Lähmung der gesamten Muskulatur führt. Es ist auch für den Menschen gefährlich. S. nehmen ihre Beute vor allem mit dem Geruchssinn wahr.

Seeschmetterlinge, Taxon der Hinterkiemerschnecken (↗ Opisthobranchia).

Seeschwalben, *Sterninae*, Unterfam. der Möwenvögel (↗ Laridae).

Seesterne, die ↗ Asteroida.

Seetaucher, die ↗ Gaviiformes.

Seeteufel, Art der ↗ Lophiiformes.

Seewalzen, die ↗ Holothuroida.

Seewespen, Fam. der Würfelquallen (↗ Cubozoa).

Seewolf, *Anarhichas lupus*, *Kattfisch*, etwa 1 m lange Art der zu den Barschfischen (↗ Perciformes) gehörenden Fam. Anarhichadidae; der S. ist ein wichtiger Nutzfisch des Nordatlantik.

Seezunge, *Solea solea*, bis 60 cm lange Art der zu den Plattfischen (↗ Pleuronectiformes) gehörenden Fam. Soleidae (Seezungen). S. leben in 10 bis 60 m Tiefe auf sandigem oder schlammigem Meeresboden. Eier und Larven sind pelagisch, während die adulten Fische vorwiegend im Sand vergraben sind und dort vor allem nachts nach Beute suchen. Die S. ist ein wichtiger Speisefisch.

Segelflosser, Art der Buntbarsche (↗ Cichlidae).

Segelklappe, eine der Herzklappen (↗ Herz).

Segelquallen, die ↗ Velellina.

Segge, *Riedgras*, *Carex*, Gatt. der Fam. ↗ Cyperaceae mit ca. 1100 Arten, davon 90 einheimische. Überwiegend ausdauernde Pflanzen mit dreieckigen Stängeln. Die Blüten sind einfach, ↗ eingeschlechtig und in ährenartigen Blütenständen (↗ Blütenstand) angeordnet; in Ufer- und Sumpfgebieten, sowie auf Sauerwiesen oft Bestand bildend.

Segler, *Apodidae*, Fam. der ↗ Apodiformes.

Segmente, gleichförmige Körperabschnitte bei Tieren; ↗ Metamerie, ↗ Mesoderm.

Segregation, die während der ↗ Meiose erfolgende, zufallsmäßige Verteilung (Trennung) ursprünglich mütterlicher bzw. väterlicher ↗ Allele. Die Tatsache, dass bei Organismen mit sexueller Fortpflanzung Allele nicht nur zufällig und verschiedene Allelpaare unabhängig voneinander *segregieren*, spiegelt sich in den ↗ Mendel-Regeln wider.

Sehen, die Wahrnehmung von über optische Reize vermittelten Informationen über Form, Farbe, Beschaffenheit und Bewegung der Umwelt, einschließlich der in einem visuellen System stattfindenden zentralen Verarbeitung dieser Reize und der daraus folgenden Bedeutung für das Handeln. Hierzu müssen optische Signale wie Wellenlänge und Intensität des Lichts als adäquatem Reiz als Helligkeit bzw. Farbe Objekten zugeordnet werden

können, und außerdem muss die Möglichkeit bestehen, eine Abbildung von Objekten zu erzeugen. Diese Leistungen erbringen bei vielen Tieren und beim Menschen die Augen, insbesondere die Linsenaugen (↗ Auge).

Das Auge erzeugt mittels seines *dioptrischen Apparats*, der aus Hornhaut (Cornea), Kammerwasser, Linse und Glaskörper besteht und ein zusammengesetztes Linsensystem ist, bei dem mehrere Licht brechende Medien hintereinander geschaltet sind, ein verkleinertes und umgekehrtes reelles Bild eines betrachteten Gegenstands. Der Gegenstand muss sich, um scharf abgebildet zu werden, im *Gesichtsfeld* des Auges zwischen *Nahpunkt* und *Fernpunkt* befinden. Mithilfe der Mechanismen der ↗ Hell-Dunkel-Adaptation und des ↗ Pupillenreflexes sowie durch ↗ Akkommodation und mit Hilfe von Augenbewegungen (↗ Nystagmus, ↗ Sakkaden) und auch Kopf- und Körperbewegungen kann das Auge sich auf Helligkeit und Entfernung des Gegenstands einstellen.

Die Netzhaut des Auges bildet das Licht absorbierende System. Von außen nach innen wird sie gebildet vom Pigmentepithel, der Schicht der Fotosensoren (Zapfen und Stäbchen), den Horizontalzellen, Bipolarzellen und amakrinen Zellen sowie den Ganglienzellen, deren Axone die Sehbahn bilden. Die Zapfen sind über die Bipolarzellen direkt mit den Ganglienzellen verbunden, während die Stäbchen über Bipolarzellen und amakrine Zellen mit den Ganglienzellen verschaltet sind. Stäbchen und Zapfen enthalten den aus Retinal und Opsin bestehenden Sehfarbstoff ↗ Rhodopsin, der bei allen sehenden Tieren mit geringen Varianten der molekulare Komplex ist, der das Licht absorbiert und die Kaskade der Folgeprozesse auslöst. Größere Unterschiede gibt es bei verschiedenen Tierarten nur hinsichtlich der Membranbereiche, in denen Rhodopsin eingelagert ist. Bei den Wirbeltieren ist der Sehfarbstoff in den *Stäbchen* und *Zapfen* in Membranen eingelagert, die täglich neu gebildet,

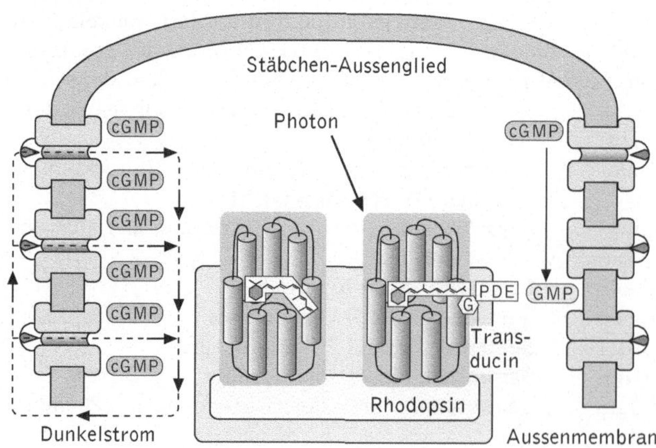

Sehen Schema der Signaltransduktion in einem Fotorezeptor (Zapfen oder Stäbchen) der Netzhaut eines Wirbeltiers (verändert nach W. A. Müller, Tier- und Humanphysiologie, 1998)

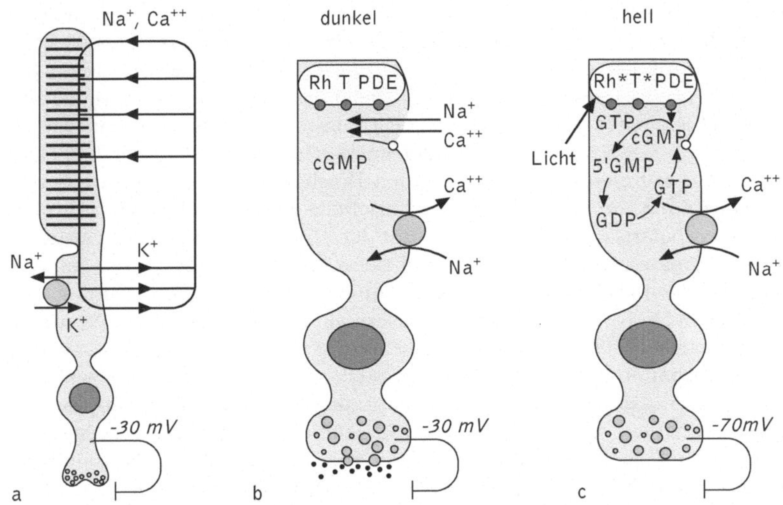

Sehen   a Bauweise eines Fotorezeptors (Stäbchen) mit Darstellung des Dunkelstroms. b, c Darstellung der wesentlichen Prozesse im Ruhezustand (b) und nach Auslösung der Signaltransduktionskette (c) bei Absorption eines Lichtquants. Am Fuß des Stäbchens sind das Membranpotenzial und die Freisetzung von Transmittersubstanzen gezeigt (verändert nach Schmidt, R. F., Neuro- und Sinnesphysiologie, 1998)

ins Zellinnere eingestülpt und in Form von Scheiben (*Disks*) übereinander gestapelt werden. Im Auge der Säugetiere enthalten die Stäbchen besonders viele Disks (etwa 1000 bis 2000 pro Stäbchen) und jeder Disk enthält rund eine Mio. Rhodopsinkomplexe. In den Disks liegt das *Retinal* vor dem Einfangen eines Lichtquants in einer gewinkelten Form, der *11-cis-Konfiguration*, vor. Nachdem es ein Lichtquant eingefangen hat, wandelt es sich in die gestreckte *all-trans-Form* um und ändert dadurch seine Absorptionseigenschaften, sodass es nur noch im UV-Bereich absorbiert und das vorher rötlichblaue Rhodopsin nun farblos erscheint. Während bei Insekten das Retinal durch ein zweites Lichtquant wieder in die gewinkelte Form zurückspringt, wird beim Wirbeltier das Retinal enzymatisch in die gewinkelte Form umgewandelt und muss dafür vorübergehend vom Opsin abgekoppelt werden Dieser Vorgang, der ATP verbraucht, kann Minuten bis Stunden dauern und spielt, über die Menge des jeweils aktivierbaren Rhodopsins, eine Rolle bei der Hell-Dunkel-Adaptation.

Die Fotosensoren haben im Dunkeln durch einen ständigen, im Vergleich zu anderen Zellen erhöhten Na⁺-Ca²⁺-Einstrom ein vergleichsweise etwas niedrigeres Ruhemembranpotenzial von – 30 mV. Dies ist darauf zurückzuführen, dass die Natrium-Kanäle der äußeren Stäbchenmembran durch je drei Moleküle cGMP (↗ Guanosinphosphate) etwas offen gehalten werden und daher dauernd Na⁺-Ionen in die Zelle eindringen können; gleichzeitig strömt eine entsprechende Menge K⁺-Ionen aus der Zelle heraus und ist als *Dunkelstrom* messbar. Die Konformationsänderung des Rhodopsins nach Einfangen ei-

nes Lichtquants führt zur Verminderung der Durchlässigkeit der äußeren Stäbchenmembran für Na⁺- und Ca²⁺-Ionen und somit zu einer *Hyperpolarisation* der Stäbchenmembran auf bis zu – 70 mV. Ein durch Licht aktivierter Rhodopsin-Komplex aktiviert nun rund 500 ↗ G-Proteine (hier *Transducine* genannt), die mit je 500 ↗ Phosphodiesterasen (PDE) gekoppelt sind. Diese hydrolyisieren cGMP, das als ↗ second messenger dient, zum 5'-GMP und zwar hydrolysiert jedes PDE-Molekül rund 2000 cGMP-Moleküle, sodass durch den beschriebenen Prozess der ↗ Signaltransduktion ein Verstärkungseffekt von 1:10⁶ erreicht wird. Die abnehmende Konzentration von cGMP-Molekülen führt nun zur Schließung der Na⁺-Kanäle und als Folge zur bereits beschriebenen Hyperpolarisation. Diese führt auch zu einer verminderten Ausschüttung von ↗ Transmittersubstanzen an den ↗ Synapsen der Fotosensoren. Hierauf reagieren wiederum die nachgeordneten Neuronen, die Bipolarzellen.

Die Netzhaut setzt sich aus *rezeptiven Feldern* (RF) zusammen. Ein rezeptives Feld ist der Bereich des Gesichtsfelds, dessen Reizung zu einer Reaktion eines retinalen Neurons führt. Die rezeptiven Felder der Netzhaut sind meist konzentrisch organisiert, d. h. ein *RF-Zentrum* wird von einer *RF-Peripherie* ringförmig umgeben. Rezeptive Felder benachbarter Neuronen überlappen sich. In der Netzhaut findet nun ein Signalfluss statt, der entweder direkt sein kann (Fotosensoren–Bipolarzellen–Ganglienzellen) oder indirekt, dann als lateraler Signalfluss bezeichnet, (Fotosensoren → Horizontalzellen → amakrine Zellen → Bipolarzellen → Ganglienzellen); *Horizontalzellen* und *amakrine*

Zellen haben dabei die Funktion von ↗ Interneuronen. Die rezeptiven Felder der verschiedenen Netzhaut-Neuronen sind in ihrem Antwortverhalten auf Belichtung und in ihrer Fähigkeit, die nachgeschalteten Neurone zu aktivieren oder zu hemmen, z. T. antagonistisch organisiert.

Belichtung löst bei den so genannten *On-Bipolarzellen* im RF-Zentrum eine Depolarisation, in der RF-Peripherie hingegen eine Hyperpolarisation aus. *Off-Bipolarzellen* verhalten sich genau spiegelbildlich. Die RF der Horizontalzellen werden, zumindest bei Wirbeltieren, grundsätzlich bei Belichtung hyperpolarisiert. Unter den amakrinen Zellen hemmen die *On-Amakrinen* nachgeschaltete On-Zentrum-Ganglienzellen und aktivieren Off-Zentrum-Ganglienzellen, *Off-Amakrinen* wirken wiederum genau spiegelbildlich. Unter den Ganglienzellen reagieren die *On-Zentrum-Ganglienzellen* auf Belichtung des RF-Zentrums mit Aktivierung und auf Verdunkelung mit Hemmung, bei Stimulation der RF-Peripherie ist die Reaktion spiegelbildlich: Hemmung bei Licht, Aktivierung im Dunkeln. Die RF-Zentren der *Off-Zentrum-Ganglienzellen* werden bei Licht gehemmt und im Dunkeln aktiviert, die RF-Peripherie reagiert wiederum spiegelbildlich. *On-off-Ganglienzellen* reagieren auf Hell-Dunkel-Kontraste, die durch ihr rezeptives Feld bewegt werden und sind daher besonders empfindlich für Bewegung.

Die Hyperpolarisation und dadurch verminderte Erregung der *Zapfen* wirkt nun direkt auf die Off-Zentrum-Bipolarzellen und über diese auf die Off-Zentrum-Ganglienzellen. *Stäbchen* werden durch Licht depolarisiert, erregen ihrerseits amakrine Zellen, die wiederum On-Bipolarzellen erregen und Off-Bipolarzellen hemmen und somit an den Ganglienzellen dieselben Lichtantworten wie die Zapfen auslösen. Beim Sehen mit den Zapfen (Tageslicht) wird das Stäbchensystem durch bestimmte, die Stäbchenamakrinen hemmende amakrine Zellen, gehemmt (*laterale Hemmung*), indem die Fortleitung der Stäbchenantwort unterbrochen wird. Ist die Empfindlichkeit der Zapfen durch Verminderung der Lichtstärke in der Dämmerung unterbrochen, fällt die Hemmung weg und das Stäbchensehen (↗ Dämmerungssehen) kommt zum Tragen. On-Zentrum- und Off-Zentrumzellen bilden zwei getrennte Systeme für die Hell- und Dunkelwahrnehmung, dabei wird das On-System durch die subjektive Helligkeit im Gesichtsfeld aktiviert und das Off-System gehemmt. Die Organisation der rezeptiven Felder und der Mechanismus der lateralen Hemmung sind wichtige Grundlagen des Wahrnehmens von Simultankontrasten, d. h. von Hell-Dunkel- und Farbgrenzen sowie für das Erkennen einfacher Strukturen, ihrer Orientierung und Bewegung.

Die Nervenfasern der Netzhaut-Ganglienzellen ziehen zur *Sehnervenkreuzung* (↗ Chiasma opticum) und von da im Wesentlichen zu einem Bereich im ↗ Thalamus, dem *Corpus geniculatum laterale (CGL)*. Durch Kreuzung der Nervenfasern im Chiasma opticum ist die linke Gesichtsfeldhälfte in der rechten Hirnhemisphäre repräsentiert und die rechte Gesichtsfeldhälfte in der linken Hirnhemisphäre; nur der zentralste Bereich des Gesichtsfeldes ist in beiden Hemisphären vertreten. Im CGL erfolgt eine monosynaptische Verschaltung der Sehnervenfasern auf Schaltzellen, deren Axone direkt in die *primäre Sehrinde* ziehen. Dabei werden benachbarte Stellen auf der Netzhaut sowohl im CGL als auch in der Sehrinde benachbart abgebildet (*retinotrope Abbildung*). Weitere wichtige Ziele der Axone der retinalen Ganglienzellen sind die unmittelbar unter dem hinteren Ende des Thalamus gelegenen *Colliculi superiores*. Sie sind bei Fischen die wichtigste Endigung der Sehbahn und beim Menschen die Zentren für Augenbewegungen und für Bewegungen des Rumpfes bei plötzlichen Lichtsignalen. Verbindungen der Netzhaut zum ↗ Hypothalamus vermitteln die Signale zur Steuerung des Hormonsystems und dienen der Verbindung des endogenen circadianen Rhythmus (↗ Biorhythmik, ↗ innere Uhr) und des ↗ Schlaf-Wach-Rhythmus mit dem Tageslichtwechsel; durch eine Verbindung zur ↗ Epiphyse beeinflusst die Netzhaut auch die Pigmentierung der Haut.

Literatur: Müller, W.A.: Tier- und Humanphysiologie, Heidelberg 1998. – Schmidt, R.F.: Neuro- und Sinnesphysiologie, Heidelberg 1998. – Schmidt, R.F. et. al (Hg.): Physiologie des Menschen, Heidelberg 2000.

Sehnen, *Tendines* (Einzahl *Tendo*), nur bei Insekten, Wirbeltieren und dem Menschen ausgebildete spezielle Gewebe zur Übertragung des Muskelzugs auf Anteile des Skeletts bzw. zur zugfesten Verbindung von Skelettteilen miteinander oder als flächige Verbindungen (*Aponeurosen*) zwischen den Abschnitten segmentierter Muskeln. Die S. der Insekten bestehen entweder aus spezialisierten, durch ↗ Tonofibrillen und cuticuläre Überzüge gegenüber Zugbelastungen stabilisierten einzelnen Epidermiszellen oder mehrzelligen epidermalen Einstülpungen (epidermale und cuticuläre S.) oder aus zapfenartigen Verdickungen der subepidermalen ↗ Basallamina (hypodermale oder subepidermale S.). Bei Wirbeltieren und Mensch sind die S. dicht gebündelte Stränge straffen ↗ Bindegewebes. Sie setzen sich aus Bündeln kollagener Fasern zusammen, die, in einem Schachtelsystem umkleidet von Gefäß führenden Hüllen lockeren Bindegewebes, zu größeren Einheiten unterschiedlicher Dicke zusammengefasst und schließlich von einer äußeren gemeinsamen Bindegewebshülle umgeben werden (*Enkapsis-*

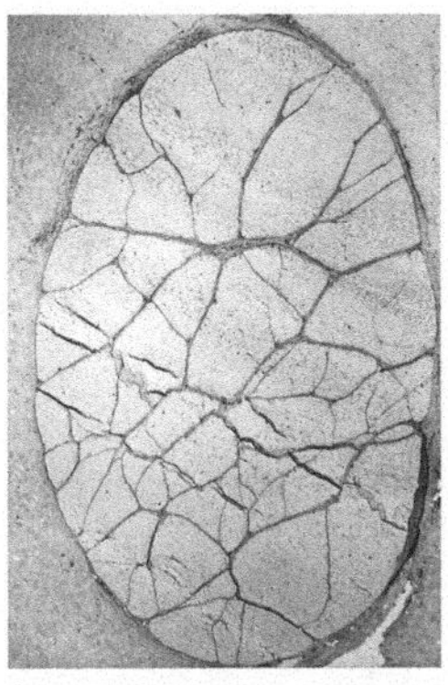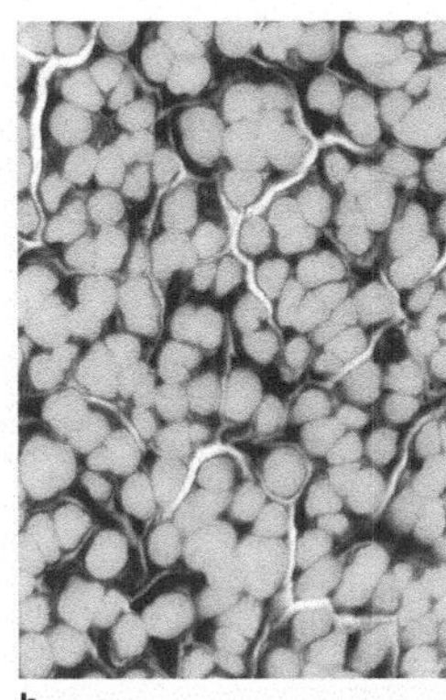

a   b

Sehnen a Querschnitt durch eine kollagene Sehne (Felderung = Enkapsisbauweise), **b** Querschnitt durch eine elastische Sehne (Ligamentum nuchae), die aus vernetzten Fasern besteht (keine Enkapsisbauweise)

bauweise). Muskelseitig strahlen die Kollagenfasern (↗ Kollagen) in die ↗ Faszien und das muskuläre Bindegewebe ein, während sie sich skelettseitig mit den Fasern der Knochenhaut und der äußeren Knochenlamellen (↗ Knochen) vereinen. Die S.-Zellen liegen in Reihen in den engen Zwischenräumen zwischen den kollagenen Primärbündeln und schmiegen sich eng an diese an. Ihres Querschnitts in Form sphärischer Dreiecke wegen werden sie als Flügelzellen bezeichnet. Derartige Zugsehnen sind absolut unelastisch, zeichnen sich aber durch hohe Reiß- und Dehnungsfestigkeit aus. Ein abgewandelter S.-Typ ist die zugleich druckbeanspruchte Gleitsehne, welche die Zugrichtung über einen Knochenvorsprung hinweg umleitet. Die hier erforderliche Druckelastizität wird durch Einlagerung von ↗ Knorpel zwischen die Faserbündel erreicht. Der elastischen Verbindung von Skelettteilen (z. B. Nackenband, Ligamentum nuchae) dienen elastische S., in deren dichtem Fasernetz ↗ Elastin an die Stelle des Kollagens tritt. Aufgrund der Vernetzung der elastischen Fasermassen zeigen sie keine Enkapsisbauweise. Elastische S. sind extrem dehnungsfähig bei geringer Zug- und Reißfestigkeit.

Sehnervenkreuzung, das ↗ Chiasma opticum.

Seide, 1) *Teufelzwirn*, ↗ Cuscutaceae.

2) *Naturseide*, von der Larve des Seidenspinners (*Bombyx mori*, ↗ Bombycidae) gebildeter und zur Verpuppung ausgesponnener Faden, der sich aus den Seidenproteinen ↗ Fibroin und *Sericin* sowie geringen Mengen von Farbstoff, Fett, mineralischen u. a. Bestandteilen zusammensetzt. Die Synthese der beiden Seidenproteine erfolgt in den darauf spezialisierten Speicheldrüsenzellen der Seidenspinner-Larve. Zur Herstellung des Puppen-Kokons presst die Raupe aus den paarigen Spinndrüsen einen aus Fibroin bestehenden Doppelfaden, der von Sericin als Kittsubstanz umgeben und verklebt

ist. Die Gesamtfadenlänge des Kokons beträgt bei Wildformen bis 200 m, bei domestizierten Formen bis 3,5 km. Die wichtigsten Schritte bei der Gewinnung sind: Abtöten der Puppen in den Kokons mit Wasserdampf oder heißer Luft, Erweichen des Sericins (Seidenleims) durch Eintauchen der Kokons in heißes Wasser, Aufwickeln der Seidenfäden (Roh-Seide) und Befreien der Fäden von Sericin durch Kochen in Seifenlösung (Entbastung). Für die Gewinnung von 1 kg Seide benötigt man 7 - 8 kg Kokons (ein Kokon wiegt 300 - 500 mg).

Seidelbast, *Daphne*, Gatt. der Fam. ↗ Thymelaeaceae. Die ziegelroten Beeren des einheimischen S. *Daphne mezereum* enthalten den Giftstoff *Mezerein*.

Seidelbastgewächse, die Fam. ↗ Thymelaeaceae.

Seidengewächse, die Fam. ↗ Cuscutaceae.

Seidenpflanzengewächse, die Fam. ↗ Asclepiadaceae.

Seidenspinner, die Fam. ↗ Bombycidae.

Seifenbaumgewächse, die Fam. ↗ Sapindaceae.

Seifenkraut, *Saponaria*, vorwiegend im Mittelmeerraum und Eurasien beheimatete Gatt. der ↗ Caryophyllaceae. *Saponaria officinalis* liefert die so genannte *Rote Seifenwurzel*, die als Harn treibendes Antirheumamittel verwendet wird.

Seismonastie, die bei bestimmten Pflanzen zu beobachtenden Bewegungsreaktionen auf Erschütterungsreize. Sie zählen zu den schnellsten Bewegungen im Pflanzenreich. Die Richtung der Bewegung wird dabei durch die Eigenschaften der seismonastisch reagierenden Pflanzenorgane bestimmt. So klappen die Fiederblättchen der Mimose (*Mimosa pudica*) nach Erschütterung zusammen, danach kommt es zum Einschlagen der Blattstiele. Für diese schnelle Reaktion sind Turgoränderungen im ↗ Pulvinus verantwortlich. S. tritt ferner bei *Staubblattbewegungen* einiger Pflanzenarten wie der Berberitze (*Berberis vulgaris*) oder der Zimmerlinde (*Sparmannia africana*) auf. Im Unterschied zur ↗ Thigmonastie, bei welcher ein die ↗ Nastie auslösender Reiz als Reibe- oder Kitzelreiz empfunden werden muss, führen bei der S. alle Arten von Erschütterung wie Stöße, aufprallende Regentropfen oder Wind zur Reaktion, die i. d. R. nach dem Alles-oder-Nichts-Prinzip in voller Stärke ausgeprägt ist (s. Abb. auf Seite 96).

Seisonida, Taxon der Rädertiere (↗ Rotatoria).

Seitenlinienorgane, Lateralisorgane, bei Fischen und im Wasser lebenden Amphibien vorhandene Strömungssinnesorgane, die der Wahrnehmung von Wasserbewegungen dienen. Diese Bewegungen können durch das Tier selbst, Feinde, Beutetiere, Artgenossen oder Hindernisse hervorgerufen werden, wobei die Tiere i. d. R. aufgrund der unterschiedlichen Eigenschaften dieser Wasserbewegungen deren auslösende Faktoren wahrnehmen und unterscheiden

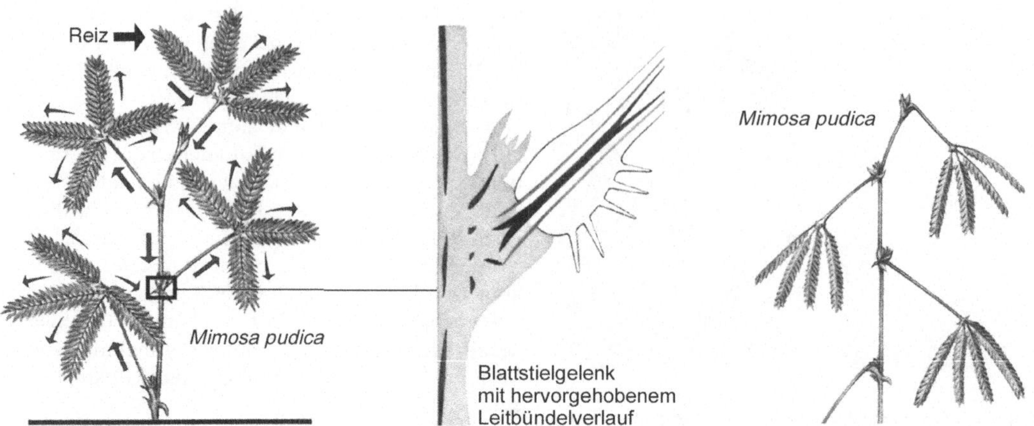

Seismonastie Verlauf der für die Mimose typischen seismonastischen Bewegungen (Zusammenklappen der Fiederblättchen, Einschlagen der Blattstiele). Der lokale Reiz breitet sich vom Reizort in alle Richtungen aus (links) und führt zu einer fortschreitend verlaufenden Reaktion, deren Ergebnis rechts abgebildet ist. In den Pulvini (Blattgelenken) sind die Leitbündel zu einem zentralen Strang zusammengefasst

können. Den S. kommt somit eine funktionelle Bedeutung bei der Beute- und Feinderkennung, der Orientierung und sozialen Kommunikation zu. Die Reiz aufnehmenden Organelle der S., die in Rinnen im Kopfbereich und längs des Rumpfes angeordnet sind, bestehen aus einer ↗ Cupula, die durch die Wasserbewegungen ausgelenkt wird, und ↗ Haarsinneszellen, deren Cilien in die Cupula hineinragen. Die Cilien (Stereocilien und ein Kinocilium) dieser Haarzellen, auch als *Neuromasten* bezeichnet, werden durch die Auslenkung der Cupula abgebogen und damit gereizt. Die Intensität der hierdurch ausgelösten Erregung ist nicht nur von der Stärke der Wasserbewegung, sondern auch von deren Richtung abhängig, sodass die Tiere auch die Richtung von Wasserbewegungen feststellen können.

Seitenspross, i. d. R. exogen aus Achselknospen hervorgehende seitliche Verzweigungen der ↗ Sprossachse. Je nach Verzweigungstypus entsteht entweder ein ↗ Monochasium oder ein ↗ Dichasium. (↗ Rhizom, ↗ Schössling)

Seitenwurzel, exogen aus dem Perikambium (bei ↗ Gymnospermae und ↗ Angiospermae) oder aus der innersten Rindenschicht (bei ↗ Pteridophyta) entstandene Verzweigung der ↗ Wurzel. (↗ Allorrhizie)

Seiwal, Art der Furchenwale (↗ Balaenopteridae).

Sekret, ökologisch oder physiologisch wichtiges Stoffwechselprodukt eines tierischen oder pflanzlichen Organismus. Bei der *äußeren Sekretion* wird das S. ausgeschieden oder in Körperhohlräume abgegeben, bei der *inneren Sekretion* gelangt es über Blut- oder Lymphgefäße sowie Nervenbahnen an seinen Wirkungsort. S. sind u. a. die ↗ Wachse der Pflanzenoberfläche, ↗ Nektar aus den Nektar-

drüsen der Blüte oder Verdauungsenzyme (↗ Verdauung) und ↗ Hormone.

Sekretäre, die Fam. ↗ Sagittariidae.

Sekretbehälter, mit ↗ Sekret gefüllte pflanzliche Gewebelücke. Man unterscheidet *lysigene* S., die durch Verschmelzung mehrerer sekretreicher Zellen zustande kommen und *schizogene* S., bei denen durch Auseinanderweichen von Drüsenzellen ein sekretgefüllter Interzellularraum entstanden ist.

Sekretgang, schizogener ↗ Sekretbehälter, in den Sekrete (↗ Sekret) abgeschieden werden. Bei den ↗ Apiaceae ist die arttypische Anordnung der S. auf den Früchten ein wichtiges Bestimmungsmerkmal.

Sekretin, *Secretin*, zu den ↗ gastrointestinalen Hormonen gehörendes Peptidhormon mit 27 Aminosäuren. S. wird aus der Schleimhaut des Zwölffingerdarms (Duodenum) der Säuger abgesondert, wobei seine Sekretion durch Übertritt des sauren Speisebreis in den Darmtrakt (bei pH-Wert < 4,5) aktiviert wird, in geringerem Maße noch durch ↗ Cholecystokinin und durch Vagusimpulse. S. stimuliert vor allem die Sekretion von Hydrogencarbonat-Ionen (HCO_3^-), neutralisiert zusammen mit diesem die Säure und hilft, den für die optimale Wirkung der Bauchspeicheldrüsenenzyme erforderlichen pH-Wert von 6 - 8 einzustellen.

Sekretion, 1) *Zoologie: Absonderung*, die Produktion bestimmter Stoffe (↗ Sekret) durch Zellen, die dann entweder ins Körperinnere (*innere S.*) oder nach außen (*äußere S.*) abgegeben werden. (↗ Drüsen)

2) bei *Pflanzen* die in Analogie zur bei Tieren üblichen drüsenartigen Ausscheidung verwendete Bez. für die Abgabe von Substanzen, die außerhalb der Zelle bestimmte Aufgaben z. B. als Lockstoffe für Blütenbestäuber oder Enzyme wahrnehmen

können. Die Trennung zwischen S. und der Ausscheidung von Stoffwechselendprodukten und anorganischen Verbindungen (↗ Exkretion) ist dabei nicht immer möglich.

Sekretionsgewebe, ↗ Absonderungsgewebe.

Sekretionsphase, Phase des ↗ Menstruationszyklus.

sekundäre Pflanzenstoffe, die Vielzahl chemischer Verbindungen, die von Pflanzen synthetisiert werden und nicht unbedingt für Wachstums- und Entwicklungsprozesse erforderlich sind. S. P. unterscheiden sich dadurch von Aminosäuren, Nucleotiden, einfachen Kohlenhydraten oder Chlorophyll, die als so genannte *Primärstoffe* Bestandteile des *Primärstoffwechsels* (z. B. Fotosynthese, Atmung und Nährstoffstoffassimilation) sind. S. P. unterscheiden sich noch in einem anderen wesentlichen Punkt von den zuvor genannten chemischen Verbindungen: sie kommen häufig nur bei bestimmten taxonomischen Gruppen vor und sind somit im Pflanzenreich nicht generell anzutreffen. S. P. lassen sich in drei Hauptgruppen unterteilen, die aus unterschiedlichen Vorläufer-Verbindungen des Primärstoffwechsels synthetisiert werden und im Pflanzenreich eine Vielzahl verschiedenster Funktionen wahrnehmen: Terpene, phenolische Verbindungen und stickstoffhaltige s. P.

1) *Terpene*. Bei den Terpenen, die die umfangreichste Klasse der s. P. darstellen, handelt es sich um Lipide (↗ Isoprenoide). Als Grundbausteine dienen Zwischenprodukte der ↗ Glykolyse und ↗ Acetyl-Coenzym A. Ihre Synthese erfolgt entweder über die *Mevalonsäure* (Acetat-Mevalonat-Weg) oder *3-Phosphoglycerat*, wobei in beiden Fällen der aktivierte C_5-Baustein der Terpenbiosynthese, das *Isopentenylpyrophosphat* (IPP, „aktiviertes Isopren") gebildet wird. Aus IPP und seinem Isomer *Dimethylallylpyrophosphat* entstehen durch ein (Zwischenprodukt: *Geranylpyrophosphat*) oder mehrere Kondensationsprozesse (Zwischenprodukte: *Farnesylpyrophosphat*, *Geranylpyrophosphat*) unterschiedlich viele C-Atome umfassende Moleküle, die als Monoterpene (C_{10}), Sesquiterpene (C_{15}), Diterpene (C_{20}), Triterpene (C_{30}) usw. bezeichnet werden.

Funktion: Terpene übernehmen wichtige Aufgaben bei der Abwehr von Fraßfeinden; bei den ↗ Pyrethrinen handelt es sich ebenso wie bei dem im Harz von Nadelbäumen enthaltenen Pinen um Monoterpenester, Diterpene schützen z. B. ↗ Euphorbiaceae (Wolfsmilchgewächse) und auch die so genannten *Phytoecdysone*, die die Entwicklung von Insekten hemmen zählen zu den Triterpenen. Zu den Terpenen gehören auch die *etherischen Öle* (Mono- und Sesquiterpene) und die Polyterpene ↗ Kautschuk und *Guttapercha*.

2) *Phenolische Verbindungen*. Diese recht heterogene Gruppe aromatischer Verbindungen wird über eine Reihe von Synthesewegen produziert, wobei vor allem der ↗ Shikimisäureweg bei höheren Pflanzen und der *Acetat-Malonat-Weg* bei Pilzen und Bakterien von Bedeutung sind. Als Vorstufe der meisten pflanzlichen Phenole dient die aromatische Aminosäure ↗ Phenylalanin, die durch das Enzym ↗ Phenylalanin-Ammonium-Lyase (PAL) zu *trans*-Zimtsäure umgesetzt wird. Je nach End-

sekundäre Pflanzenstoffe Die wichtigsten Gruppen pflanzlicher Sekundärverbindungen

Gruppe	Grundbausteine	Substanzklasse
Phenolische Verbindungen	Shikimat Phenylalanin Phenylalanin + Polyketid	Polyphenole einfache Phenole Phenylpropan-Derivate Flavonoide Stilbene
Isoprenoide Verbindungen	„aktives Isopren" (C_5)	Hemiterpene (C_5) Monoterpene (C_{10}) Sesquiterpene (C_{15}) Diterpene (C_{20}) Triterpene (C_{30}) Tetraterpene (C_{40}) Polyterpene
Pseudoalkaloide	Terpenoide, Polyketid	Terpenoid-Alkaloide einige Piperidin-Alkaloide
„echte" Alkaloide	Aspartat Lysin Ornithin, Arginin Tyrosin Tryptophan Glycin	Tabak-Alkaloide Lupinen-Alkaloide Pyrrolizidin-Alkaloide Tropan-Alkaloide Benzylisochinolin-Alkaloide Indol-Alkaloide Purin-Alkaloide

produkt schließen sich weitere enzymatisch katalysierte (Kondensations-)Reaktionen an, die zu den so genannten einfachen Phenolen (↗ Allelopathie), ↗ Anthocyanen, ↗ Flavonoiden, ↗ Lignin, ↗ Tanninen oder ↗ Phytoalexinen mit ihren vielfältigen Funktionen als Abwehr-, Farb- und Giftstoffe führen, mit denen sich Pflanzen vor Fraßfeinden und Pathogenen schützen können.

3) *Stickstoffhaltige Verbindungen.* Die Verbindungen dieser Gruppe leiten sich von Aminosäuren oder Zwischenprodukten des Aminosäurestoffwechsels ab. Wichtige Vertreter sind die ↗ Alkaloide, cyanogenen Glycoside, Glucosinolate (↗ Senfölglycoside) sowie eine Reihe nichtproteinogener Aminosäuren (z. B. Canavanin).

Funktionen: Vor allem die gegenüber Wirbeltieren giftige Wirkung vieler N-haltiger s. P. spricht für die Funktion als Abwehr- und Giftsubstanzen (z. B. ↗ Atropin, ↗ Codein, ↗ Strychnin). Viele sind deshalb auch von pharmakologischer Bedeutung, oder es handelt sich bei ihnen um Drogen (↗ Nicotin, ↗ Cocain, ↗ Morphin).

sekundäres Dickenwachstum, ↗ Dickenwachstum.

sekundäres Xylem, ↗ Holz.

sekundäre Zellwand, ↗ Zellwand.

Sekundärfollikel, ↗ Oogenese.

Sekundärkonsument, heterotropher (↗ heterotroph) Organismus eines Ökosystems, der sich von Organismen der ↗ Trophieebene der ↗ Primärkonsumenten ernährt.

Sekundärparasiten, Parasiten, die einen bereits von anderen Parasiten besiedelten Wirtsorganismus im Rahmen einer Sekundärinfektion befallen. (↗ Parasitismus)

Sekundärproduktion, die ↗ Produktion von Körpersubstanz der ↗ heterotrophen Organismen.

Sekundärreaktionen, Bez. für die Reaktionen des ↗ Calvin-Zyklus.

Sekundärstoffwechsel, die Stoffwechselreaktionen von Tieren, Pflanzen, Pilzen und Bakterien, die im Unterschied zum *Primärstoffwechsel* nicht an lebenswichtigen Funktionen beteiligt sind, sondern in Ruhephasen oder unter Limitierung verstärkt werden. Reaktionen des S. führen z. B. zur Synthese von Substanzen wie ↗ Pigmenten, ↗ Alkaloiden, ↗ Antibiotika, ↗ Terpenen, die nur in bestimmten Organismen, Organen, Geweben oder Zellen vorkommen und allg. als *Sekundärmetabolite,* speziell bei Pflanzen als ↗ sekundäre Pflanzenstoffe bezeichnet werden.

Sekundärstruktur, Bez. für die vorrangig durch ↗ Wasserstoffbrückenbindungen stabilisierte Kettenkonformation von Biopolymeren, insbesondere von ↗ Proteinen und ↗ Nucleinsäuren. Die wichtigsten S. sind die Helix (↗ Doppelhelix) und die ↗ Faltblattstruktur.

Sekundärvegetation, ↗ Vegetation, die sich nach einer Vernichtung der ursprünglichen Vegetation entwickelt.

Sekundärwald, Waldtyp, der sich nach einer Vernichtung des Primärwaldes durch Naturkatastrophen oder nach einer ↗ Rodung einstellt. I. d. R. besteht der S. nur aus wenigen, schnellwüchsigen Arten.

Sekundärwand, die sekundäre ↗ Zellwand der Pflanzen.

Selachimorpha, *Pleurotremata, Haie,* etwa 30 Fam. mit rund 360 Arten meist spindelförmiger Raubfische mit fünf bis sieben seitlichen Kiemenspalten und mit unterständigem Maul. Die Schwanzflosse ist im oberen Teil gewöhnlich verlängert, die Haut ist rau durch Plakoidschuppen. Die meist scharfen, dreieckigen Zähne sind in mehreren Reihen in den Kiefern angeordnet und wachsen von innen dauernd nach. Wichtigstes Sinnesorgan ist die Nase, die vor dem Maul auf der Kopfunterseite liegt. Die oft kleinen Augen sind mit Lidern verschließbar. Haie sind vor allem in den Meeren verbreitet, wenige Arten leben auch im Süßwasser (Braunhaie, ↗ Carcharhinus). Sie sind bis auf wenige Ausnahmen (Walhai, Riesenhai) räuberisch. Die Eizellen werden im Körperinneren befruchtet, wo sich auch bei vielen Arten die Embryonen in großen, von einer hornigen Schale umhüllten, dotterreichen Eiern entwickeln, sodass ↗ Ovoviviparie (neben ↗ Oviparie) häufig vorkommt; einige Arten sind vivipar und ernähren den Keim auf verschiedene Weise, manche bilden eine ↗ Dottersackplacenta.

Zu den S. gehören u. a. folgende Fam.: *Ammenhaie (Orectolobidae)* mit meist kleinen, in Küstengewässern lebenden Formen, die auf jeder Kopfseite einen Bartfaden tragende Nasolabialgruben besitzen. Drescherhaie (↗ Alopiidae), Carcharhinidae, Cetorhinidae, u. a. mit der einzigen Art ↗ Riesenhai (*Cetorhinus*), Grauhaie (↗ Hexanchidae), Makrelenhaie (Isuridae) mit dem ↗ Weißhai, *Sägehaie (Pristiophoridae)* mit zu einer „Säge" verlängertem Oberkiefer, Katzenhaie (↗ Scyliorhinidae), die Fam. *Hammerhaie (Sphyrnidae),* mit charakteristisch hammerartig verbreitertem Kopf, an dem die Augen bis zu 1 m Abstand haben können, weiterhin die Dornhaie (↗ Squalidae) und die rochenähnlichen, bis über 2 m langen *Meerengel (Squatinidae)* sowie die Fam. ↗ Rhincodontidae mit dem Walhai sowie einer erst kürzlich entdeckten Art.

Haie sind seit dem ↗ Devon (*Cladoselache*) und ↗ Karbon bekannt (*Xenacanthus*); die damals lebenden Haie hatten bereits ein Knorpelskelett und waren Raubfische, die im Süßwasser lebten. Erst seit der ↗ Trias besiedelten sie auch das Meer. Die rezenten S. werden mit den Rochen (↗ Batidoidi-

morpha) zu den *Elasmobranchii* zusammengefasst.

Selaginellales, *Moosfarne*, Ord. der Bärlappgewächse (↗ Lycopodiopsida), deren Vertreter vorwiegend in den Tropen vorkommen. Der Sporophyt
der krautigen Pflanzen hat Ähnlichkeit mit demjenigen der ↗ Lycopodiales, die Blätter haben aber
im Gegensatz zu denjenigen der Lycopodiales ein
Blatthäutchen (Abb. ↗ Lycopodiopsida). Sie sind
entweder schraubig oder kreuzgegenständig angeordnet, häufig sind verschiedene Ober- und Unter-
blätter entwickelt. Die jeweils nur ein Mega- oder
Mikrosporangium tragenden Sporophylle sind zu
endständigen Sporophyllständen angeordnet. Die
S. sind fossil seit dem Karbon bekannt. Die fossilen
Formen ähneln den rezenten Formen sehr stark.

Selbstbefruchtung, findet nach einer ↗ Autogamie als Form der sexuellen Fortpflanzung statt. S.
kann sowohl fakultativ als auch obligatorisch sein
und ist besonders bei Pionier- und Ruderalpflanzen
häufig, während sonst meist eine Selbststerilität
besteht. (↗ Selbstinkompatibilität)

Selbstbestäubung, die ↗ Autogamie.

Selbstinkompatibilität, die bei zwittrigen Blütenpflanzen vorkommende Unfähigkeit zur Selbstbefruchtung. Sie wird nicht durch Defekte der Gameten verursacht, sondern ist genetisch gesteuert, wobei eine multiallelische Kontrolle dafür sorgt, dass
die Pollenkeimung und das Wachstum des Pollenschlauches auf einer Narbe (Stigma) nicht erfolgen,
wenn dieselben Allele des so genannten *S-Locus*
exprimiert werden, der z. B. bei der Gattung *Brassica* mehrere polymorphe Gene enthält. An der S.
sind u. a. Glykoproteine auf der Pollenoberfläche
und Rezeptoren in den Zellen der Narbenoberfläche
beteiligt.

Selbstkompatibilität, bei Pflanzen die Nichtbehin-
derung der Auskeimung des eigenen Pollens auf der
eigenen Narbe, die somit zur Selbstbefruchtung
führt. Gegensatz: ↗ Selbstinkompatibilität

Selbstorganisation, ↗ self assembly.

Selbstregulation, die Fähigkeit von ↗ Populationen oder von ↗ Ökosystemen, Störungen mithilfe
eines Regelkreises auszugleichen und die Populationsdichte (↗ Abundanz) nahe einem bestimmten
Mittelwert oder einem den Umweltbedingungen
entsprechenden optimalen Wert zu erhalten.

Selbstreinigung, 1) *biologische Selbstreinigung*,
der in verschmutzten Gewässern durch biologische
Tätigkeit stattfindende Abbau fäulnisfähiger Stoffe.
Am Abbau der meist durch anthropogenen Einfluss
in die Gewässer gelangten organischen Substanz
sind Bakterien, Pilze, Algen, und Tiere (Protozoen
und Mehrzeller) beteiligt, die so genannten ↗ Saprobien. Die biologische S. wird auch durch chemische Prozesse (z. B. Oxidations- und Reduktions-
vorgänge) beschleunigt und durch physikalische
Faktoren (z. B. Fließgeschwindigkeit, Turbulenz)
unterstützt.

Nach der Einleitung organischer Substanzen in
ein Fließgewässer kommt es stromabwärts zu charakteristischen Veränderungen. In der am stärksten

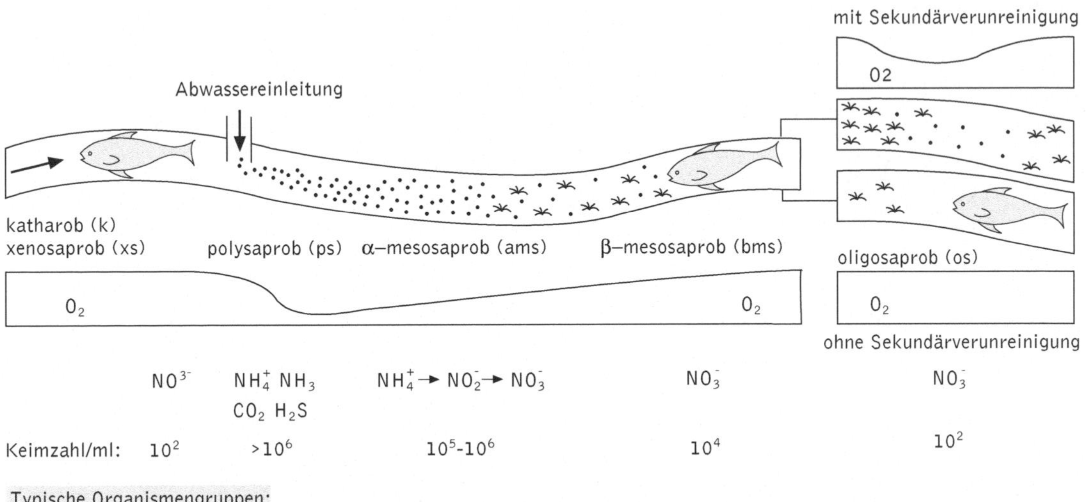

Selbstreinigung　Zuordnung von Reinwasserzonen und Selbstreinigungszonen eines Fließgewässers zu den Saprobiestu-
fen des Saprobiensystems, mit Angabe der für die jeweiligen Zonen typischen Organismengruppen. Die Keimzahl entspricht
der auf speziellen Nährböden (Koch'sches Plattengussverfahren) wachsenden Zahl von saprophytischen Bakterienkolonien

verschmutzten Zone, der *polysaproben* Stufe (Gewässergüteklasse IV), setzen zunächst physikalische Reinigungsprozesse ein (z. B. Ausflockung organischer Substanz). Der darauf folgende aerobe Abbau organischer Substanz führt kurz nach der Einleitung zu einer anoxischen Zone, die von anaeroben Bakterien besiedelt wird. Beim anaeroben Abbau organischer Substanzen entstehen CO_2, Alkohole, organische Säuren, Wasserstoff, Methan, Ammonium und Schwefelwasserstoff. An oxischanoxischen Grenzzonen können chemolithotrophe Mikroorganismen auftreten, da ständig reduzierte Substrate nachgeliefert werden. Oft kommt es zu einem Massenvorkommen des als ↗ Abwasserpilz bezeichneten Bakteriums *Sphaerotilus natans*. Auf die Bakterien folgen die Bakterien fressenden Tiere (hauptsächlich Einzeller, wenige Metazoen). Weiter stromabwärts beobachtet man infolge der Freisetzung mineralischer Nährstoffe durch die Bakterienfresser eine Zunahme der Fotosynthese. Damit nimmt das Angebot an Sauerstoff zu, wodurch wiederum die ↗ Nitrifikation begünstigt wird. Die Artenzahl der Tiere nimmt zu, da sie durch autotrophe Cyanobakterien und Algen ein reiches Futterangebot haben. Auch Massenvermehrungen einzelner Tierarten sind möglich. Diese Zone wird als *α-mesosaprobe* Zone (Güteklasse III) bezeichnet. Die darauf folgende *β-mesosaprobe* Zone (Güteklasse II) ist durch einen hohen Fischbestand

charakerisiert. Selten folgt auf die letztgenannte Zone eine *oligosaprobe* Zone (Güteklasse I), da es infolge einer erhöhten Primärproduktion zu einer sekundären Belastung durch organische Substanzen kommt.

(Zur genaueren Charakterisierung der Güteklassen und der ihnen entprechenden Organismen ↗ Gewässergüte, ↗ Eutrophierung)

2) die Entfernung von Spurenstoffen aus der ↗ Atmosphäre durch chemische Reaktionen, nasse (durch Niederschläge) und trockene Deposition (während der niederschlagsfreien Zeit und durch Nebel).

Selbsttoleranz, Bez. für das Phänomen, dass das ↗ Immunsystem nicht auf körpereigene Antigene reagiert. S. beruht im Wesentlichen darauf, dass die für das Abwehrsystem sehr wichtigen T- und B-Lymphocyten keine körpereigenen Produkte angreifen. Da unreife Lymphocyten zumindest in gewissem Maße auf körpereigene Antigene reagieren (d. h. autoreaktiv sein) können und daher eine potenzielle Bedrohung darstellen, werden sie während der Entwicklung im ↗ Thymus oder ↗ Knochenmark vernichtet oder inaktiviert, wenn sie autoreaktiv sind. Dasselbe geschieht bei reifen ↗ Lymphocyten, wenn sie auf körpereigene Antigene reagieren und dabei kein zusätzliches chemisches Signal empfangen. Für die Erkennung von ↗ Antigenen existieren drei verschiedene Sorten

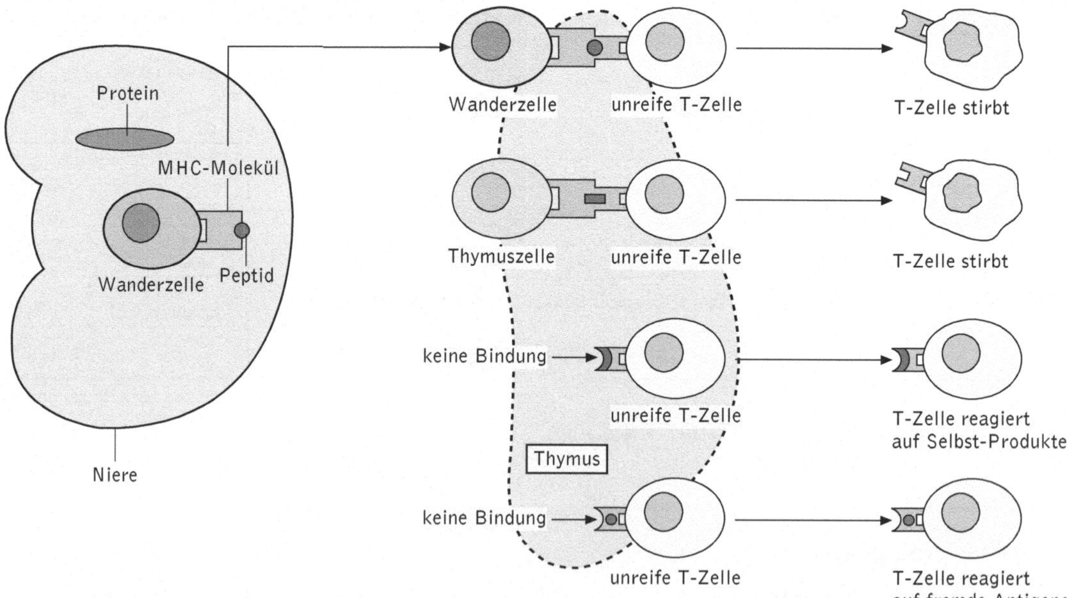

Selbsttoleranz Die Vernichtung unreifer T-Lymphocyten hindert diese daran, den eigenen Organismus anzugreifen. Die Auslese erfolgt im Thymus, wo sich die T-Lymphocyten entwickeln. Sie kommen dort mit den meisten Selbst-Antigenen in Verbindung, die entweder auch im Thymus gebildet oder durch bewegliche Zellen dorthin transportiert werden. Sobald die unreifen T-Lymphocyten an diese binden, werden sie vernichtet. Einige Selbst-Antigene erreichen jedoch niemals den Thymus, sodass einige autoreaktive T-Lymphocyten, die mit den Selbst-Antigenen reagieren, ausreifen. Gegen sie sind andere Mechanismen unwirksam

von Rezeptoren auf verschiedenen Lymphocyten. Bei den B-Zell-Rezeptoren handelt sich sich um ↗ Immunglobuline, die aus leichten und schweren Kettenpaaren bestehen, der T-Zell-Rezeptor wird je nachdem, ob er entweder eine α- und eine β-Kette oder eine γ- und eine δ-Kette enthält in zwei Typen unterschieden. Die Aminosäuresequenz der einzelnen Ketten variiert von Zelle zu Zelle, sodass nur selten identische Sequenzen in einzelnen Ketten vorkommen und der Körper durch zahlreiche verschiedene Antigen bindende Strukturen eine Vielzahl körperfremder Strukturen erkennen kann.

Das Immunsystem lernt nun erst während seiner Entwicklung zwischen „Selbst" und „Fremd" zu unterscheiden. Die heute allg. akzeptierte *Theorie der klonalen Deletion* von J. ↗ Lederberg, postuliert folgenden Mechanismus, nach dem selbstreaktive Lymphocyten vernichtet werden: T- und B-Zellen, die bei jedem Individuum lebenslang neu entstehen, sind während ihrer Entwicklung von einer Unzahl körpereigener Substanzen umgeben. Binden unreife Zellen über ihre Rezeptoren an solche körpereigenen Produkte, werden sie vernichtet. Daher gelangen nur solche Lymphocyten zur Reife, die nicht selbstreaktiv sind. Unreife Lymphocyten werden selbst dann zerstört, wenn sie ein körperfremdes Antigen binden, dies stellt sozusagen eine zusätzliche Sicherheitsmaßnahme dar. Reife Lymphocyten hingegen lösen in diesem Fall eine Immunantwort aus. Die Mechanismen scheinen für ↗ T-Lymphocyten mit α,β-Ketten und ↗ B-Lymphocyten sehr ähnlich zu sein. Für T-Zellen mit γ,δ-Ketten ist der Mechanismus, der zur S. führt, noch nicht bekannt. Ein Versagen dieser Mechanismen führt zum Entstehen von ↗ Autoimmunkrankheiten. (↗ Allergie, ↗ spezifische Immunantwort, ↗ unspezifische Immunantwort)

Selbstung, Bez. für die aus Züchtungsgründen erzwungene Selbstbefruchtung bei Pflanzen mit Fremdbestäubung.

Selektion, 1) *Evolutionsbiologie*: *(natürliche) Auslese, natürliche Zuchtwahl*, ein von der Merkmalsausprägung (↗ Phänotyp) der Individuen einer Art abhängiger Vorgang, der dazu führt, dass Individuen mit verschiedenen Phänotypen einen unterschiedlichen Fortpflanzungserfolg haben (*Individualselektion*). Über Generationen hinweg führt der Prozess der S. zur Veränderung von Anpassungen der Organismen und damit zu ihrer ↗ Evolution. Mit diesem Prinzip der Selektion hat C.R. ↗ Darwin (1859) eine rationale Erklärung für die Entstehung der zweckmäßigen Organisation (↗ Bauplan) der Organismen gefunden. Evolution durch S. ist ein Prozess, der in zwei Schritten erfolgt. Durch ↗ Mutation, ↗ Rekombination und andere zufällige Vorgänge wird eine unvorstellbar große genetische Variation erzeugt. Die Entstehung dieser Variation steht in keinem kausalen Zusammenhang zu den Erfordernissen, die dem Organismus von seiner Umwelt abverlangt werden. Durch unterschiedlichen Fortpflanzungserfolg der verschiedenen Varianten kommt es in einem zweiten Schritt zu einer den Erfordernissen der Umwelt entsprechend gerichteten Veränderung in der nächsten Generation.

Phänomene, wie die Evolution von so genanntem Altruismus waren zunächst nicht auf der Basis der Individualselektion mit eigenen Nachkommen kausal erklärbar. Durch einen altruistischen Akt gewinnt der Empfänger Fitness, während der Spender scheinbar einen Fitnessverlust erleidet. Erst durch das Konzept der *inclusive fitness* (Gesamteignung) und der *Kin selektion* (Sippen-Selektion, oder Verwandtenselektion) von W. Hamilton (1964), das den direkten Beitrag eines Individuums zur nächsten Generation über den Fortpflanzungserfolg nächster Verwandter berücksichtigte, wurde die phylogenetische Entstehung von Sozialverhalten verständlich. Da sich die S. durch die unterschiedlich erfolgreiche Auseinandersetzung der Individuen einer Art mit der Umwelt auswirkt, haben sich unter Umweltbedingungen, die durch unterschiedliche Konstanz und Vorhersagbarkeit gekennzeichnet sind, verschiedene Überlebensstrategien entwickelt, die als ↗ K- Strategie und ↗ r-Strategie bezeichnet werden. (↗ Darwinismus, ↗ Fitness, ↗ Evolutionstheorien, ↗ Soziobiologie)

2) *Genetik*: Die Anzucht von Bakterien, Zellen in Zellkultur oder Pflanzen in Gewebekultur in Anwesenheit eines ↗ Selektionsmarkers (z. B. Antibiotikum), sodass nur diejenigen überleben, die eine Resistenz aufweisen.

Selektionsdruck, die durch Umweltbedingungen erzwungene Veränderung der Anpassung. (↗ Analogie, ↗ Lebensformen)

Selektionstheorie, ↗ Darwinismus.

selektive Ionenaufnahme, *Ionenselektivität*, die Eigenschaft von ↗ Ionenkanälen, nur bestimmte anorganische Ionen aufzunehmen. Sie hängt von der Form, dem Durchmesser und der Ladung des jeweiligen Kanals ab.

Selen, chemisches Symbol *Se*, ein chemisches Element aus der VI. Hauptgruppe des Periodensystems, der Sauerstoff-Schwefel-Gruppe (Chalkogene). S. ist ein Halbmetall, das ähnlich wie ↗ Schwefel in mehreren Modifikationen existiert und auch im chemischen Verhalten Analogien zu Schwefel zeigt. S. kommt in der Natur in Form von Seleniden in geringer Konzentration als Bestandteil sulfidischer Erze vor. Als ↗ Spurenelement findet es sich in Bakterien, Pflanzen, Pilzen und tierischen Organismen, wobei es vor allem für Säugetiere, Vögel und viele Bakterien essenziell ist. S. ist essenzieller Baustein des Enzyms *Glutathion-Peroxidase*, das für den Schutz der Erythrocytenmembran u. a. Gewebe vor der Schädigung durch Peroxide zuständig ist. S. und seine Verbindungen wirken in höheren Konzentrationen giftig.

self assembly, *Selbstorganisation*, Bez. für die aufgrund von Moleküleigenschaften selbstständig auftretende Ausbildung höherer Struktureinheiten bei Biomolekülen. So sind die molekularen Wechselwirkungen innerhalb der Aminosäuren einer Peptidkette für die Ausbildung von *Sekundär-* und *Tertiärstrukturen* verantwortlich. S. a. führt auch zur Bildung von Polymeren, die aus gleichen oder unterschiedlichen Bausteinen aufgebaut sein können. Dies ist z. B. bei ↗ Mikrotubuli, ↗ Ribosomen und der ↗ Zellwand der Fall. (↗ Evolution)

Sellerie, *Apium graveolens*, zu den ↗ Apiaceae gehörende Pflanze, die in allen Teilen ein ↗ etherisches Öl enthält. Blätter, Blattstiele und Wurzel werden als Gemüse verwendet.

Selye, *Hans*, österr.-kanadischer Mediziner und Biochemiker, ✳ 26.1.1907 Wien, † 16.10.1982 Montreal (Kanada); ab 1934 Prof. in Montreal. Von S. stammen bedeutende Arbeiten über Reaktionen des Hormonsystems auf Umweltbelastungen. Er prägte den Begriff *Stress*, stellte die Theorie vom Adaptationssyndrom für durch ↗ Stress ausgelöste Körperreaktionen auf und ist damit der Begründer der Stressforschung.

Semaeostomea, *Fahnenquallen*, Gruppe der Scheibenquallen (↗ Scyphozoa), deren Arten z. T. zu den verbreitetsten in den europäischen Meeren gehören. Die Kanten des Manubriums sind in vier lange, faltige Lappen (*Mundfahnen*) ausgezogen, der gelappte Schirmrand trägt mitunter meterlange Tentakel. Zu den S. gehören u. a. die *Feuerquallen* (*Cyanea capillata* und *Cyanea lamarcki*), die sehr lange, feine und leicht abreißende Tentakel mit stark nesselnder Wirkung besitzen. Ihr Schirmdurchmesser beträgt bis 30 cm, bei antarktischen Arten über 2 m; in Nord- und Ostsee kann sie mitunter in Massen auftreten. Die bis 8 cm im Durchmesser große *Leuchtqualle (Pelagia noctiluca)* nesselt ebenfalls stark und verursacht auf der Haut großflächige Nekrosen; nach mechanischer oder elektrischer Reizung sendet sie ein bläuliches Licht aus (Name!). Die *Kompassqualle (Chrysaora hysoscella)* hat ihren Namen von der an eine Kompassrose erinnernden Zeichnung auf dem Schirm. Häufigste Qualle in Nord- und Ostsee ist die *Ohrenqualle (Aurelia aurita*; Durchmesser bis 40 cm); sie ist gut erkennbar an den vier violett durchscheinenden Gonaden („Ohren"), ihr Nesselgift ist für den Menschen harmlos.

semiautonome Organellen, Bez. für die ↗ Organellen der Eucyte, die als evolutionäres Erbe ihrer ursprünglich frei lebenden Vorfahren (↗ Endosymbiontentheorie) über ein eigenes Genom verfügen. S. O. sind demnach die Plastiden und Mitochondri-en, deren Genome als *Plastom* (↗ Plastiden-DNA) und *Chondrom* (Mitochondrien-DNA) bezeichnet werden. Die im Plastidenstroma und in der Mitochondrienmatrix als doppelsträngige, meist ringförmige Moleküle vorkommende DNA, enthält die genetische Information für eine Reihe von Proteinen, ribosomale RNAs und transfer-RNAs, sodass sie genetisch nicht völlig vom Zellkern abhängig und deshalb *semiautonom* sind.

Das Vorhandensein von DNA in Mitochondrien wurde erstmals 1963 nachgewiesen und lieferte die Erklärung für frühere Beobachtungen, die das Vorhandensein von cytoplasmatischen erblichen Faktoren postuliert hatten. Aufgrund der meist ↗ matroklinen Vererbung der Mitochondrien wird die Mitochondrien-DNA nicht gemäß den ↗ Mendel-Regeln vererbt.

Die Mitochondrien enthalten Hunderte bis Tausende DNA-Moleküle, wobei zwischen Arten beträchtliche Unterschiede in der Größe der Mitochondrien-DNA bestehen. Gewöhnlich sind alle Moleküle gleich groß (*Homoplasmie*), doch lässt sich bei Pflanzen eine Größenheterogenität beobachten, die durch intramolekulare Rekombinationsereignisse zwischen repetitiven Sequenzen zustande kommt. Aus einem so genannten Mastermolekül entstehen zwei kleinere DNA-Moleküle, die sich jedoch wieder zu einem großen Molekül zusammenfügen können. Auch die Anzahl der codierten Gene schwankt deutlich und kann zwischen lediglich fünf Genen beim Malariaerreger *Plasmodium falciparum* und über 50 beim Lebermoos *Marchantia polymorpha* betragen. Die erste vollständige Sequenzierung der menschlichen Mitochondrien-DNA wurde 1981 durch die Arbeitsgruppe von F. ↗ Sanger veröffentlicht und zeigte, dass das 16569 bp umfassende Genom äußerst ökonomisch mit Genen besetzt ist und 37 Gene für zwei rRNAs, 22 tRNAs und 13 Proteine enthält. Bei den Proteinen handelt es sich um sieben Untereinheiten des NADH-Dehydrogenase-Komplexes, drei Untereinheiten des Cytochrom-Oxidase-Komplexes, zwei Untereinheiten der ATP-Synthase sowie einer Untereinheit des Ubichinon-Dehydrogenase-Komplexes.

Die semikonservative Replikation der Mitochondrien-DNA erfolgt durch eine kerncodierte DNA-Polymerase, wobei zunächst der schwerere H-Strang und später der leichtere L-Strang synthetisiert wird. Für diese asymmetrische Replikation sind zwei Replikationsorigins vorhanden. Die ↗ Transkription mitochondrialer Gene erfolgt von den Promotoren des H- und L-Stranges, die in einem bestimmten Bereich, dem *D-Loop* lokalisiert sind. Die entstandenen polycistronischen Transkripte werden anschließend weiter prozessiert (*RNA-Editierung*). Interessanterweise kommt es

semiautonome Organellen　Unterschiede in der Größe mitochondrialer Genome

Art	Größe bp
Tiere	
Homo sapiens (Mensch)	16569
Bos taurus (Rind)	16338
Mus musculus (Maus)	16295
Gallus domesticus (Haushuhn)	16775
Xenopus laevis (Krallenfrosch)	17553
Cyprinus carpio (Karpfen)	16575
Drosophila yakuba (Taufliege)	16019
Caenorhabditis elegans (Nematode)	13794
Paramecium aurelia (Pantoffeltierchen)	40469
Pilze	
Saccharomyces cerevisiae (Hefe)	ca. 80000
Moose und Farne	
Physcomitrella patens (Laubmoos)	ca. 200000
Equisetum arvense (Schachtelhalm)	ca. 200000
Samenpflanzen	
Arabidopsis thaliana (Ackerschmalwand)	366924
Spinacia oleracea (Spinat)	ca. 327000
Zea mays (Mais)	ca. 570000
Cucumis melo (Melone)	ca. 2400000

Angaben basieren auf Totalsequenzen oder Schätzungen

bei der Mitochondrien-DNA zu Abweichungen vom „universellen" ↗ genetischen Code, wobei zwischen Arten Unterschiede bestehen können. Beim mitochondrialen Genom des Menschen wird z. B. die Aminosäure ↗ Methionin nicht nur durch das Codon AUG, sondern auch durch AUA codiert, was im Zellkern für ↗ Isoleucin steht. Auch in Bezug auf Stoppcodons bestehen Unterschiede Die Basentripletts AGA und AGG codieren normalerweise für ↗ Arginin, in Mitochondrien führen sie zum Ende der Translation.

Eine Reihe von Mutationen in mitochondrialen Genen rufen beim Menschen ↗ Erbkrankheiten hervor. Hierzu zählen z. B. das Leber-Syndrom, das zu einer Degeneration des Sehnervs führt, sowie eine Reihe von degenerativen Muskelerkrankungen, die aufgrund von Basenaustauschmutationen in einer Reihe von Genen entstehen.

Semibalanus, Gatt. der Rankenfüßer (↗ Cirripedia).

semikonservative Replikation, ↗ Replikation, ↗ Meselson-Stahl-Experiment.

Semilunarklappe, eine Herzklappe (↗ Herz).

Semipermeabilität, „*Halbdurchlässigkeit*", Bez. für die Eigenschaft von ↗ Biomembranen, kleine hydrophile Moleküle frei passieren zu lassen, wohingegen die Diffusion größerer Moleküle nicht möglich ist. Für diesen Ultrafiltrationseffekt wurden vor der allg. Etablierung des ↗ Flüssig-Mosaik-Modells hierfür Poren angenommen, deren Durchmesser ca. 0,4 nm betragen sollte. Heute geht man davon aus, dass vorübergehende Unregelmäßigkeiten in der Lipiddoppelschicht als Ursache der S. anzusehen sind. Die S. ist die Grundlage der auf ↗ Osmose basierenden physiologischen Phänomene wie z. B. der ↗ Osmoregulation oder des ↗ Turgors.

Sempervivum, Gatt. der ↗ Crassulaceae.

Seneszenz, 1) *Botanik*: die genetisch gesteuerten und spezifischen entwicklungsabhängigen oder von Umweltsignalen eingeleiteten Prozesse, die letztlich zum Absterben von Pflanzenorganen bzw. zum Tod des Organismus führen (*programmierter Zelltod*). Sie gehen mit zahlreichen, hintereinander ablaufenden cytologischen und biochemischen bzw. molekularen Schritten einher. Bei Pflanzen können S. und Wachstum bzw. Neuanlage von Organen parallel erfolgen: So wird durch S. ein Teil der für den Stoffwechsel benötigten Ressourcen aus alternden Blättern für die Bildung neuer Blätter am Sprossmeristem bereitgestellt. Häufig ist S. dabei auch mit der ↗ Abscission von Organen verbunden. Gut untersucht sind die Prozesse, die mit dem herbstlichen Blattabwurf der Laubbäume einhergehen. Ausgelöst durch Tageslänge und/oder Temperatur werden bei der Blatt-S. die Chloroplasten in Mitleidenschaft gezogen; gleichzeitig kommt es zur Expression von Genen, die für Chlorophyll abbauende Enzyme, Proteasen, Nucleasen und Lipasen codieren. Der Gehalt der meisten bereits vorhandenen mRNA-Moleküle nimmt hingegen ab. Eine Reihe von Phytohormonen beschleunigen (↗ Ethylen, ↗ Abscisinsäure) oder verzögern unter bestimmten Bedingungen die S. (↗ Cytokinine).

2) *Zoologie*: ↗ Altern.

Senf, Arten aus den Gatt. *Brassica* und *Sinapis* der Fam. ↗ Brassicaceae, die besonders reich an *Senfölglykosiden* sind. Der *Schwarze Senf* (*Brassica nigra*) wird weltweit angebaut, die Samen werden zur Mostrichbereitung und für medizinische Pflaster verwendet. Die Samen des *Weißen Senfs* (*Sinapis alba*) gebraucht man als Körner oder gemahlen ebenfalls als Gewürz.

Senföl-Glycoside, *Glucosinolate*, Bez. für neben den ↗ cyanogenen Glucosiden vorkommende pflanzliche Glucoside, die sich hauptsächlich in Kreuzblütlern (↗ Brassicaceae) finden und Gemüsesorten wie Kohl, Brokkoli oder Rettich den typischen Geruch und Geschmack vermitteln. Die Freisetzung der den Geruch verursachenden Isothiocyanate oder Nitrile wird durch das Enzym *Thioglucosidase (Myrosinase)* induziert. Der zuckerfreie Teil, das *Aglykon* wird dann spontan unter Sulfatabspaltung in die stechend riechenden Produkte umgelagert. Bei vielen Wildpflanzen üben S. - G. eine Schutzfunktion gegenüber Fraßfeinden aus und werden erst bei Verletzung des Pflanzengewebes freigesetzt, da Glucosinolate und hydrolytische Enzyme in verschiedenen Kompartimenten gespeichert vorliegen. Bestimmte herbivore Insektenarten wie der Kohlweißling haben sich jedoch an die Inhaltsstoffe ihrer Futterpflanzen angepasst.

sensibel, ↗ Somatosensorik.

Sensibilisierung, im Allg. die auf Erfahrung beruhende Erhöhung der Reaktionsbereitschaft eines Organismus gegenüber bestimmten Reizen. Diese können z. B. ein ↗ Antigen sein (↗ Allergie) oder auch ein Geräusch, wie z. B. quietschende Reifen. Der Begriff der S. kann auch auf Zellen angewendet werden, die z. B. eine S. gegen bestimmte Substanzen zeigen können.

Sensibilität, insbesondere in der klinischen Medizin gebrauchte Bez. für die allg. Fähigkeit des Nervensystems, adäquate Reize aufzunehmen.

sensible Phase, *kritische Periode*, begrenzter Zeitraum in der individuellen Entwicklung eines Tieres, in dessen Verlauf bestimmte Verhaltensweisen erlernt werden können. Diese Erfahrungen werden dann irreversibel in angeborene Verhaltensprogramme eingebaut. Nach erfolgter ↗ Prägung ist die s. P. beendet. Der Zeitpunkt der s. P. ist für verschiedene Verhaltensweisen unterschiedlich. Die s. P. für die Nachlaufprägung bei nestflüchtenden Vögeln ist innerhalb der ersten 20 Stunden nach dem Schlüpfen angesiedelt, die der sexuellen Prägung dauert bis zum siebten Lebenstag.

Sensillen, *Sensilla*, kleine Sinnesorgane in oder auf der Cuticula der Gliederfüßer (↗ Arthropoda) und anderer Wirbelloser, i. e. S. nur der Gliederfüßer. Hier unterscheidet man Haarsensillen und versenkte Sensillen (Loch-Sensillen). Bei den *Haarsensillen* wirken echte ↗ Haare sowie deren Bildungszellen sinnvoll mit den Reiz aufnehmenden primären ↗ Sinneszellen zusammen. Sie kommen überall am Integument, oft zu Gruppen zusammengestellt, vor. Eine Sonderform der S. sind die bei Schmetterlingen auf den Flügeln vorkommenden Sensilla squamiformia (Sinnesschuppen), bei denen es sich lediglich um spitz zulaufende ↗ Schuppen handelt.

Grundsätzlich besteht ein Insekten-Haarsensillum aus Sinneszellen mit jeweils einem dendritischen Fortsatz, der eine modifizierte Cilie ist. Diese werden von einer Scheiden bildenden, trichogenen (Haarschaftbildungszelle) und tormogenen Zelle (Balgzelle) umhüllt. Die cuticuläre Scheide umgibt

i. d. R. den Dendriten innerhalb eines so genannten Rezeptorlymphraums bis zum Eintritt ins Haar. Je nachdem, ob es sich um mechano-, thermo- oder hygrosensitive Sensillen handelt, finden sich jeweils spezifische Strukturen. Haarsensillen als Mechanorezeptoren haben eine Gelenkmembran in der Sockelregion. Im Innern der Dendriten befindet sich der *Tubularkörper*, der aus parallel verlaufenden, eng gepackten und durch eine elektronendichte Matrix verbundenen Mikrotubuli besteht. Die Reizperzeption erfolgt durch eine kompressionsbedingte Verformung des Tubularkörpers. Dieser befindet sich auch in den mechanosensitiven campaniformen Sensillen der Insekten und in den funktionsanalogen ↗ Spaltsinnesorganen der Spinnentiere. Bei Insekten und Krebstieren sind mit solchen Mechanorezeptoren meist Scolopidialorgane (↗ Chordotonalorgane) verknüpft. Zur Reizwahrnehmung genügt bereits eine Deformation von 3 - 100 nm, d. h. ab 0,5 % des Ruhedurchmessers. Spezielle Mechanorezeptoren sind die Fadenhaare (Trichobothrien).

Chemorezeptoren zeichnen sich i. d. R. durch Poren im cuticularen Apparat aus (Riechplatte). Diese können terminal oder seitlich liegen. Ein einzelner terminaler oder subterminaler Porus kennzeichnet Kontakt-Chemorezeptoren. Sensillen mit terminalem Porus sind meist Schmeckhaare, solche mit Wandporen Riechhaare. Chemorezeptoren sind auf den Mundgliedmaßen weit verbreitet. (↗ Johnston-Organ, ↗ mechanische Sinne, ↗ Tympanalorgane)

Sensor, ↗ Rezeptor 1).

Sensorpotenzial, ↗ Rezeptor 1).

Separation, allg. für Absonderung, Trennung. In der *Biogeografie* die Absonderung von Populationen (geografische Isolation), die zur allopatrischen ↗ Artbildung führen kann.

Sepia, 1) Gatt. der ↗ Decabrachia, u. a. mit der Gemeinen Tintenschnecke.

2) *Tinte*, das Sekret der Tintendrüsen der ↗ Cephalopoda.

Sepsis, *Septikämie*, *Blutvergiftung*, Sammelbez. für alle Infektionszustände, bei denen Erreger dauernd oder periodisch von einem Infektionsherd in den Blutkreislauf gelangen und sich vermehren. Dabei treten schwere systemische Symptome auf wie Fieber, Schüttelfrost und anschließende Erschöpfungszustände.

Septen , *Scheidewände*, Singular: *Septum*, Bez. für dünne Scheidewände häutiger, verkalkter, knorpeliger oder knöcherner Konsistenz in Hohlräumen tierischer (und menschlicher) Körper, z. B. Scheidewand zwischen beiden Nasenhöhlen (*Septum nasi*) oder des Herzens (*Septum atriorum* und *ventriculorum*), bei Pflanzen z. B. die Scheidewände coenokarper Fruchtknoten oder bei Pilzen die

Querwände septierter Hyphen, die von taxonomischer Bedeutung sind.

Septikämie, die ↗ Sepsis.

Sequenz, bei Makromolekülen wie ↗ Proteinen und ↗ Nucleinsäuren die Abfolge der monomeren Einheiten, wobei die *Aminosäuresequenz* (Primärstruktur) bzw. die *Basen-* oder *Nucleotidsequenz* für die jeweiligen Eigenschaften dieser Moleküle verantwortlich sind.

Sequestration, 1) die Ablösung toten Gewebes von lebendem Gewebe; dieses vom gesunden Gewebe rundherum abgetrennte tote Gewebe ist der *Sequester*.

2) Bei phytophagen Insekten die Entnahme von Molekülen beim Fraß aus der Wirtspflanze zur Verwendung in eigenen Abwehrstoffen.

Sequoia, Gatt. der ↗ Taxodiaceae.

Sequoiadendron, Gatt. der ↗ Taxodiaceae.

Ser, Abk. für ↗ Serin.

Serin, *L-Serin*, Abk. *Ser, (S)-2-Amino-3-hydroxypropansäure*, eine proteinogene ↗ Aminosäure, die insbesondere im Seidenfibroin (↗ Fibroin, ↗ Seide) vorkommt. Die Biosynthese von S. erfolgt aus 3-Phosphoglycerat oder ↗ Glycin und es kann zu Glycin oder Pyruvat (↗ Brenztraubensäure) abgebaut werden. L - S. ist Bestandteil des aktiven Zentrums zahlreicher Enzyme (*Serinproteasen*). D-Serin ist Ausgangsstoff für die Synthese des Antibiotikums Cycloserin. L - S. wird technisch durch Hydrolyse von Proteinen und mikrobielle Fermentation dargestellt und findet in der Herstellung von Infusionslösungen und Kosmetika Verwendung.

Serinus, die Gatt. ↗ Girlitze.

Serologie, die Lehre von den Eigenschaften des Blutes, insbesondere die immunologischen Eigenschaften betreffend. (↗ Blut, ↗ Blutgerinnung, ↗ Blutgruppen, ↗ spezifische Immunantwort, ↗ unspezifische Immunantwort)

Serosa, das *Chorion*, die äußere der beiden ↗ Embryonalhüllen der ↗ Amniota, dort auch als Zottenhaut bezeichnet. Bei den Insekten ebenfalls Bez. für die äußere Embryonalhülle, die aber der S. der Amniota nicht homolog ist.

Serotonin, *5-Hydroxytryptamin*, ein in pflanzlichen und tierischen Organismen vorkommendes Hormon, das durch Hydroxylierung von L-Tryptophan zu 5-Hydroxytryptophan und anschließende ↗ Decarboxylierung entsteht. S. wird im tierischen Organismus in Zentralnervensystem, Lunge, Milz und bestimmten Zellen der Darmschleimhaut synthetisiert und in ↗ Thrombocyten und Mastzellen des Bluts gespeichert. Es wirkt als Neurotransmitter (↗ Transmittersubstanzen), regt die Peristaltik des Darmtrakts an, und ruft eine dosisabhängige Konstriktion glatter Muskulatur hervor. Gleichzeitig bewirkt es die Freisetzung einer Gefäß erweiternden Substanz aus dem Endothel der Arterien, die seiner primären Konstriktionswirkung entgegen wirkt. S. ist eine Vorstufe des Hormons ↗ Melatonin. Inaktivierung und Abbau von S. erfolgen durch ↗ Monoamin-Oxidasen und Aldehyd-Oxidasen zu 5-Hydroxyindolessigsäure. (↗ Allergie, ↗ Depression, ↗ Ethanol, ↗ Gedächtnis, ↗ Schlaf, ↗ Schmerz)

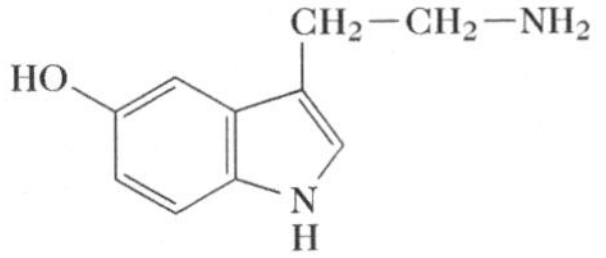

Serpentes, *Schlangen*, *Ophidia*, Unterord. der Eigentlichen Schuppenkriechtiere (↗ Squamata) mit zwölf Familien und ca. 2800 (in Europa nur knapp 30) Arten, die weltweit, vorwiegend jedoch in den Subtropen und Tropen verbreitet sind. Der Körper ist langgestreckt und ohne Gliedmaßen, nur ursprüngliche Formen (Python, Boa) tragen noch Stummel der Hinterbeine neben der Kloake und besitzen Reste des Beckengürtels. Die kleinste Schlange ist die Schlankblind-Schlange (*Leptotyphlops bilineata*) mit 11 cm, die größten Schlangen, Arten der Riesenschlangen oder Boidae, werden über 10 m lang. Die Haut trägt Schuppen, die bei den meisten Arten am Bauch nur eine Längsreihe stark verbreiterter, quer stehender Schilder (Schienen) bilden. Die verhornte Oberschicht der Haut wird mehrmals im Jahr gehäutet (hormonal gesteuerter Vorgang), wobei die Haut, auch die der durchsichtigen Augenlider, am Kopf beginnend, in einem Stück („*Natternhemd*") abgestreift wird. Alle Schädelknochen sind beweglich miteinander verbunden; das sehr dehnbare Maul ermöglicht das Verschlingen größerer Beutetiere. Die Augenlider sind unbeweglich, das untere ist als durchsichtiges „Fenster" über das Auge gezogen. Außenohr, Trommelfell und Paukenhöhle fehlen, Schlangen sind also taub. Hingegen sind Gesichtssinn (vor allem das Bewegungssehen) und Tastsinn (Sinnesgruben in den Schuppen und Schildern sowie an der langen zweizipfeligen, gespaltenen Zunge) gut entwickelt; letztere liegt in einer Scheide des Mundbodens und kann ohne Öffnen des Kiefers durch eine so genannte Rostralbrücke nach außen gestreckt werden. Die Zunge steht, in Verbindung mit dem ↗ Jacobson-Organ am Mundhöhlendach, auch im Dienst der Geruchswahrnehmung. Das Gebiss ist ↗ akrodont; es besteht aus spitzen, nach hinten gekrümmten Zähnen, bei Giftschlangen mit aufrichtbaren ↗ Giftzähnen. Die Zahl der Wirbel liegt bei 200 bis 400 (maximal 565 bei der fossilen Riesen-Schlange *Archaeophis proavus*). Schlangen bewegen sich durch Schlängeln (↗ Fortbewegung) fort.

Zur Paarungszeit scheidet das Weibchen Duftstoffe aus, auf die das Männchen aktiv reagiert. Bei der

Serotonin

Paarung, die bis zu mehrere Stunden dauert, umwinden sich die Partner und das Männchen führt eines seiner beiden Glieder in den weiblichen Kloakenspalt ein. Die Mehrzahl der Schlangen legt nach ca. vier Monaten sechs bis 40 harthäutige Eier in feuchtwarmen Verstecken ab und kümmert sich nicht mehr darum (einige wenige Arten treiben Brutpflege); die meisten Grubenottern sind lebendgebärend.

Schlangen sind fast ausschließlich Fleischverzehrer, wobei die Beute als Ganzes hinuntergeschlungen werden muss. Zwei Drittel der Schlangen erdrosseln ihre Beutetiere durch Umschlingen, ein Drittel töten sie mittels ihres Giftes. Schlangen sind oft ziemlich standorttreu. Ihre Körpertemperatur ist weitgehend von den Temperaturbedingungen der Umwelt abhängig. Bei kalten Temperaturen tritt eine hormonell gesteuerte Kältestarre ein; in dieser Zeit zehren die Schlangen dann vom Fettvorrat, der aber durch die starke Herabsetzung der Körpertemperatur und damit des Stoffwechsels nur wenig angegriffen wird.

Die ältesten fossilen Schlangenfunde (Argentinien) stammen aus der Zeit vor etwa 140 Mio. Jahren (oberer Jura). Von den rezent lebenden etwa 2800 Schlangenarten gehören nach herkömmlicher Systematik mindestens 2000 Arten zur größten Fam., den Nattern (↗ Colubridae), sie ist jedoch wohl keine monophyletische Gruppe. Zu den S. gehören außerdem die Riesenschlangen (↗ Boidae), die Giftnattern (↗ Elapidae) und die Grubenottern (↗ Viperidae). ↗ Reptilia

Literatur: Greene, H.W., Fogden, P., Fogden, M.: Schlangen – Faszination einer unbekannten Welt, Basel 1993.

Serpula, die Gatt. ↗ Hausschwamm.

Serradella, *Vogelfuß*, *Ornithopus*, Gatt. der Fam. ↗ Fabaceae, die mit wenigen Arten in Europa verbreitet ist. Der Große Vogelfuß (*S. sativus*) wird als Pflanze zur ↗ Gründüngung auf Sandböden angebaut.

Serranidae, *Zackenbarsche*, *Sägebarsche*, Fam. 3 cm bis 3 m großer (und dann über 400 kg schwerer) Raubfische, die meist als Stoßräuber vorwiegend im Küstenbereich warmer gemäßigter und tropischer Meere leben. Die Arten haben einen seitlich leicht abgeflachten, oft auffälligen, sehr variabel gefärbten Körper und ein großes Maul. Der im Westatlantik lebende *Gestreifte Zackenbarsch* (*Epinephelus striatus*) kann sein Farbmuster wie ein Chamäleon sehr schnell ändern.

Serratia, Gatt. der ↗ Enterobacteriaceae, deren Vertreter peritrich begeißelt sind und Glucose fermentieren. Viele Stämme bilden einen roten Farbstoff, das Prodigiosin. *S. marcescens* lebt im Wasser und im Boden und bildet gelegentlich auf Brot, Mehl usw. bluttropfenähnliche Kolonien („Hostienpilz").

Sertoli-Zellen, ↗ Hoden.

Sertularia cupressina, *Zypressenmoos*, zu den ↗ Hydroida gehörende Art, die bis 50 cm hohe Stöckchen bildet. Sie wird getrocknet als Seemoos (z. B. Laichsubstrat für Aquarien) gehandelt.

Serumkrankheit, nach ein- oder mehrmaliger Applikation von Antigenen (z. B. Arzneimittel, wie Penicilline) auftretende allergische Reaktion. Die S. äußert sich durch entzündliche Gewebeschäden, die durch Aktivierung des ↗ Komplementsystems nach Ablagerung von Antigen-Antikörper-Komplexen hervorgerufen werden. Symptome einer S. sind: Fieber, Ödeme, Juckreiz, Lymphknotenschwellungen, generalisierte Urticaria, eventuell anaphylaktische Reaktionen (↗ Anaphylaxie), ↗ Meningitis, Nierenentzündung, Durchfälle, Erbrechen. Die Symptome gehen nach ca. einer Woche zurück, wenn die Antigen-Antikörper-Komplexe durch ↗ Phagocytose eliminiert sind.

Sesam, *Sesamum indicum*, Kulturpflanze der ↗ Pedaliaceae, deren Ursprung in den Ländern um den Indischen Ozean liegt. Die Samen des einjährigen, bis 2 m hohen Krautes enthalten bis 53 % Öl.

Sesambein, *Os sesamoides*, allg. Bez. für einen (meist kleinen) Knochen, der in einer Sehne kurz vor deren Ansatz eingefügt ist. Ein S. bewirkt einen steileren Ansatz der Sehne und verbessert so die Zugwirkung des zugehörigen Muskels. Das größte S. des Menschen ist die Kniescheibe. Regelmäßig findet sich im Handwurzelbereich das *Erbsenbein*, daneben können weitere S. an der Handwurzel vorhanden sein, und häufig liegt neben den Kapseln der Fingergelenke ebenfalls je ein kleines S. Bis auf Kniescheibe und Erbsenbein sind Anzahl, Lage und Größe der S. bei verschiedenen Individuen unterschiedlich.

Sesamum, Gatt. der ↗ Pedaliaceae.

Sesquiterpene, aus drei Isoprenresten (↗ Isoprenoide) aufgebaute, also 15 C-Atome enthaltende Terpene. Es sind azyklische, mono-, bi- und trizyklische Vertreter bekannt. Grundkörper der S. sind die azyklischen Alkohole ↗ Farnesol und das isomere *Nerolidol*. S. finden sich insbesondere in Arten der ↗ Asteraceae.

sessil, *festsitzend*, Bez. für Tiere, die zur Lokomotion nicht oder nur eingeschränkt befähigt sind und die häufig Kolonien bilden oder am Substrat festgeheftete Gehäuse bewohnen. Sessile Tiere sind u. a. Seelilien (↗ Crinoida) und Korallen (↗ Anthozoa).

Seston, Gesamtmenge des Planktons (*Bioseston*) und der nicht lebenden Schwebstoffe (*Detritus*, *Abioseston*) im Wasser. Der Anteil des Biosestons am Seston insgesamt beträgt im Süßwasser bis zu 90 %, im Meer nur etwa 20 %.

Seta, Teil des am Sporophyten der Moose (↗ Bryophyta) sitzenden Stiels, der die Sporenkapsel trägt.

Setae, ↗ Borsten, ↗ Haare.

Setaria, Gatt. der ↗ Poaceae.

Seuchen, ↗ Infektionskrankheiten, für die eine Massenausbreitung (Endemie, ↗ Epidemie, Pandemie) und ein schwerer Verlauf typisch sind.

Sewall-Wright-Effekt, Gendrift.

Sex-Ratio, das ↗ Geschlechterverhältnis.

Sexualdimorphismus, der ↗ Geschlechtsdimorphismus.

Sexualerziehung, Bereich der Persönlichkeitserziehung, der die körperliche und seelische sexuelle Entwicklung von Kindern und Jugendlichen umfasst. S. soll ohne unnötige Tabus Wissen zu allen Fragen vermitteln, die in den jeweiligen Altersstufen zur körperlichen und seelischen Entwicklung und zum Erwachsenwerden, zum Umgang mit der eigenen ↗ Sexualität und der Sexualität in der Gesellschaft auftauchen. Sie soll zu einer positiven Einstellung zum Körper und zur Sexualität verhelfen, die Fähigkeit zum angemessenen sprachlichen Ausdruck im Bereich Sexualität fördern sowie Selbstwertgefühl, Wertempfinden, Toleranz und sittliche Entscheidungsfähigkeit fördern und zur Liebes- und Bindungsfähigkeit erziehen. Darüber hinaus kann S. als integrierter Teil der Gesamterziehung dabei helfen, sexuellem Missbrauch und Schwangerschaften bei Teenagern vorzubeugen. Welche Inhalte altersgemäß sind, sollten jeweils die Kinder und Jugendlichen selbst bestimmen können. Die Beantwortung der Fragen sollte immer offen und sachlich richtig sein, so früh wie möglich die richtige Benennung der Geschlechtsorgane mit einbeziehen und auch die Themen Liebe, Zärtlichkeit, geschlechtliche Vereinigung und Zeugung, Schwangerschaft und Geburt mit einschließen.

Die *elterliche S.* sollte direkt nach der Geburt beginnen, mit einer warmen, engen Eltern-Kind-Beziehung, die körperliche Nähe und Hautkontakt zwischen Säugling und Eltern zulässt. Wichtig ist darüber hinaus Geduld bei der Reinlichkeitserziehung und eine verständnisvolle Reaktion auf die Erforschung des eigenen Körpers (genitale Reizung/Masturbation) bzw. die gegenseitige Erkundung in Form der so genannten Doktorspiele. Kindliche Verliebtheit sollte von den Eltern ernst genommen werden. Rechtzeitig vor der ↗ Pubertät sollten die Kinder auf die körperlichen und seelischen Veränderungen, die mit der Pubertät einhergehen, vorbereitet werden. Eine wichtige Rolle bei der elterlichen S. und damit der künftigen Einstellung der Kinder zur Sexualität spielt ihre eigene Einstellung zur Sexualität.

Die *schulische S.* wird in den Lehrplänen der einzelnen Bundesländer, vor allem den Grundschulbereich betreffend, unterschiedlich gewichtet und wurde lange Zeit überwiegend eher vernachlässigt als gefördert. Erst seit die Öffentlichkeit zunehmend die weite Verbreitung sexuellen Missbrauchs von Kindern wahrnimmt, und auch bedingt durch das Auftreten der überwiegend durch sexuelle Kontakte übertragenen Krankheit ↗ Aids, wird auch schulische S. wieder wichtiger gesehen. Die Lehrkräfte, die Sexualkunde unterrichten, müssen als Voraussetzungen für ein Gelingen der schulischen S. neben umfassendem fachlichem Wissen auch Offenheit, Ehrlichkeit und Toleranz mitbringen. Sie sollten ihren eigenen Standpunkt im Bereich Sexualität reflektiert haben und die Fähigkeit besitzen, die Intimgrenze der Schüler, aber auch ihre eigene wahrzunehmen und zu wahren. Wichtig ist auch, dass die Lehrkräfte eine Atmosphäre schaffen können, in der über Sexualität und ihre Vielfältigkeit frei gesprochen werden kann und in der die aufkommenden Fragen zur Sexualität von den Schülern und Schülerinnen auch wirklich gestellt werden. (↗ Empfängnisverhütung, ↗ Geschlecht, ↗ Geschlechtshormone, ↗ Geschlechtsmerkmale, ↗ Geschlechtsorgane, ↗ Geschlechtsverkehr, ↗ Homosexualität, ↗ Menstruationszyklus, ↗ Schwangerschaft, ↗ Schwangerschaftsabbruch, ↗ Sexualverhalten und zugehöriges Essay ↗ Biologische Wurzeln im Sexualverhalten des Menschen, ↗ sexuell übertragbare Krankheiten)

Sexualhormone, die ↗ Geschlechtshormone.

Sexualindex, das ↗ Geschlechterverhältnis.

Sexualität, *Geschlechtlichkeit*, i. w. S. die Gesamtheit aller mit der Existenz zweier unterschiedlicher Geschlechter verbundenen morphologischen und physiologischen sowie psychologischen Erscheinungen, Funktionen und Beziehungen. I. e. S. bezeichnet S. die mit der sexuellen ↗ Fortpflanzung verknüpften Vorgänge. Rein biologisch gesehen ist die S. notwendig für die Erzeugung von Nachkommen und dient somit der Arterhaltung. Dabei hat die geschlechtliche Fortpflanzung gegenüber der ungeschlechtlichen vor allem den Vorteil, dass durch Zusammenkommen von väterlichem und mütterlichem Erbgut die Neukombination von Genen gewährleistet ist und somit die Variabilität der Individuen einer Art gesteigert wird. Eine höhere Variabilität wird als vorteilhaft für die Überlebenschancen der Art angesehen und ist eine Ursache der ↗ Evolution. Der Begriff der S. wurde vermutlich erstmals von dem Botaniker A. Henschel (1790 - 1856) wissenschaftlich, aber ausschließlich unter dem Fortpflanzungsaspekt, verwendet. Relativ bald flossen in die wissenschaftliche Bedeutung des Begriffes S. auch die bis dahin als Trieb, Wollust und Geschlechtslust bezeichneten Aspekte der S. mit ein.

Bei vielen Vögeln und Säugetieren hat die S. auch soziale Funktionen (Partnerbindung, Gruppenbindung) und zumindest bei den höheren Primaten mit dem Menschen, der sie von der Fortpflanzung abkoppeln kann, dient sie auch dem Lustgewinn.

Außer bei den Viren finden sich unterschiedliche Geschlechter auf allen Organisationsebenen von Organismen. Bereits bei der ↗ Konjugation der ↗ Bakterien gibt eine „männliche" Donorzelle *genetisches Material an eine „weibliche" Rezipientenzelle weiter*. In vielen Taxa der Einzeller kommt sexuelle Fortpflanzung vor, also die Kopulation zweier haploider Gameten oder Gametenkerne zu einer Zygote mit anschließender Karyogamie. Einzeller zeigen dabei im Vergleich zu den höheren Pflanzen und Tieren eine großeVariationsbreite der sexuellen ↗ Fortpflanzung.

Bei Pflanzen entstehen die Gameten i. Allg. infolge von Mitosen (Mitogameten bei Haplonten und Haplodiplonten) und nur selten aus einer vorhergehenden Meiose (Meiogameten bei Diplonten). Es kommen Isogamie, Anisogamie und Oogamie vor, bei vielen Algen sind die Gameten begeißelt. Im Anschluss an die Bildung der Zygote findet früher oder später meist durch eine Meiose Rückkehr zur Haploidie statt. Insbesondere bei vielen Algen wurden geschlechtsspezifische Wirkstoffe (↗ Gamone) nachgewiesen, die sowohl die sexuelle Differenzierung als auch die chemische Anlockung und die Kopulation der Gameten fördern. Bei den meisten Pflanzen kommen verschiedene Formen der ungeschlechtlichen und geschlechtlichen Fortpflanzung nebeneinander vor und es finden sich verschiedene Formen von Generationswechseln. Bei den Samenpflanzen (↗ Spermatophyta) steht die ↗ Blüte im Dienst der sexuellen Fortpflanzung. Die meisten Samenflanzen sind Zwitter, d. h. in der Blüte finden sich Staubblätter (↗ Staubblatt; enthalten die männlichen Gametophyten, die Pollen) und Fruchtblätter (bestehend aus ↗ Fruchtknoten, Griffel und Narbe), die den weiblichen Gametophyten (Embryosack mit Eizelle) enthalten. Befinden sich männliche und weibliche Geschlechtsorgane in getrennten Blüten, kann zwischen ↗ Monözie (beide Geschlechter auf einer Pflanze) und ↗ Diözie (es gibt männliche und weibliche Individuen) unterschieden werden. Zur Befruchtung kommt es bei den Samenpflanzen nach Übertragung des Pollens auf die Narbe (↗ Bestäubung). Dabei existieren verschiedene Mechanismen, die verhindern, dass monözische oder zwittrige Individuen sich selbst befruchten (↗ Selbstinkompatibilität); es gibt aber auch Fälle von Selbstbefruchtung (↗ Autogamie) als gelegentliche oder obligate Form der sexuellen Fortpflanzung bei Pflanzen (bei vielen einjährigen Kräutern, z. B. Ackerstiefmütterchen, Hirtentäschelkraut, Löwenzahn).

Bei den vielzelligen Tieren (↗ Metazoa) werden die Geschlechtszellen (↗ Gameten) durch besondere Geschlechtsorgane, die Keimdrüsen oder ↗ Gonaden produziert. Die i. d. R. durch ↗ Meiose entstehenden haploiden Gameten der Metazoa unterscheiden sich in kleine begeißelte und daher bewegliche männliche Keimzellen (*Spermium, Spermatozoon*) und große, unbewegliche weibliche Keimzellen (*Ovum*). Die meisten Tiere, insbesondere der höheren Taxa sind getrenntgeschlechtlich. Bei ↗ Plathelminthes, ↗ Oligochaeta, ↗ Hirudinea, ↗ Pulmonata und ↗ Tunicata ist Zwittertum (↗ Hermaphroditismus) eher die Norm, d. h. die Tiere besitzen gleichzeitig ↗ Hoden und ↗ Eierstöcke. Außerdem sind viele festsitzende (z. B. ↗ Cirripedia, ↗ Ascidiacea) und parasitisch lebende Tiere Zwitter. Ein Extremfall des Zwittertums ist die Zwittergonade (z. B. bei Pulmonata), in der sowohl Eizellen als auch Spermien gebildet werden. Bei einer ganzen Reihe von Tieren wechselt die sexuelle Fortpflanzung mit ungeschlechtlicher oder eingeschlechtlicher (↗ Parthenogenese) ab, sie zeigen einen ↗ Generationswechsel.

Zumindest in der Anlage besitzen alle höheren pflanzlichen und tierischen Organismen eine *bisexuelle Potenz*, d. h. sie können sich grundsätzlich männlich oder weiblich entwickeln. Bei den monözischen und den zwittrigen Pflanzen wird die Bildung von weiblichen und männlichen Fortpflanzungsorganen sowie diejenige der Gameten im Verlauf der Entwicklung durch innere Regulatoren bestimmt und ist oft auch von Umweltbedingungen abhängig; so bilden z. B. weibliche Lichtnelken bei Befall durch Brandpilze Staubblätter (*modifikatorische* oder *phänotypische Geschlechtsbestimmung*). Diözische Pflanzen zeigen eine *genotypische Geschlechtsbestimmung*; es wird jedoch vermutet, dass bei vielen diözischen Pflanzen auf den Geschlechtschromosomen lediglich so genannte Realisatorgene liegen, die die bisexuelle Potenz der Autosomen so beeinflussen, dass jeweils nur die Anlage des einen Geschlechts zur Ausbildung kommt.

Bei Tieren gibt es eine große Bandbreite an geschlechtsbestimmenden Mechanismen, die dafür sorgen, dass beim Embryo das eine oder andere Geschlecht ausgebildet wird, dies selbst bei Tieren, deren Geschlecht durch ↗ Geschlechtschromosomen genetisch bestimmt wird. So können sogar bei Wirbeltieren (z. B. Alligatoren, einige Fischarten) Umweltbedingungen Einfluss darauf nehmen, welches Geschlecht ausgebildet wird. Bei Säugetieren entwickeln sich genetisch männliche und genetisch weibliche Embryonen zunächst gleich (↗ Geschlechtsorgane). Erst in der achten Woche der Embryonalentwicklung beginnt z. B. beim Menschen die Geschlechtsdifferenzierung. Dabei werden in männlichen Individuen durch das Produkt des so genannten *SRY-Gens* (von engl. sex determining region), das auf dem kurzen Arm des Y-Chromosoms liegt, die Gene aktiviert, die aus der indifferenten Keimdrüsenanlage die Hoden entstehen lassen. Diese bilden zwei Hormone, das Anti-Müller-Hormon, das die Rückbildung der Anlagen der Müller'schen Gänge fördert, und das ↗ Testosteron, das für die Ausbildung der bis dahin ebenfalls indifferent ausgebildeten äußeren Geschlechtsorgane sorgt und die Umbildung der Wolff'schen Gänge zum ↗ Samenleiter fördert. Ohne die Aktivität des SRY-Gens differenzieren sich die Keimdrüsen zu Eierstöcken, wohl ausgelöst durch die Aktivität von Genen auf dem X-Chromosom. Die Eierstöcke beginnen ↗ Estrogene auszuschütten, welche die Ausdifferenzierung der Müller'schen Gänge in ↗ Eileiter, ↗ Gebärmutter und ↗ Vagina fördern. Im Unterschied dazu wird z. B. bei ↗ Drosophila melanogaster die Geschlechtsentwicklung jeder Zelle separat, und zwar über das Verhältnis von X-Chromosomen zu Autosomen und ohne eine globale hormonale Steuerung festgelegt. Fliegen (bzw. Zellen) mit einem X-Chromosom sind männlich, solche mit zwei X-Chromosomen weiblich. Enthält eine Zelle zwei X-Chromosomen, wird ein Weibchen-bestimmendes Gen angeschaltet, bei nur einem X-Chromosom bleibt dieses Gen inaktiv und das Individuum wird männlich. Die Gene auf dem Y-Chromosom spielen nur später bei der Differenzierung der Spermien eine Rolle. Da das Geschlecht in jeder Zelle separat bestimmt wird, können ursprünglich weibliche Individuen bei Verlust eines X-Chromosoms während der Entwicklung lokal begrenzt rein männliche Körperregionen ausbilden (↗ Gynander). Das Geschlecht wird bereits im Blastodermstadium festgelegt. Ähnlich sind die Mechanismen bei ↗ Caenorhabditis elegans. Auch hier ist die Zahl der X-Chromosomen der geschlechtsbestimmende Faktor, wobei bei zwei X-Chromosomen Hermaphroditen von weiblichem Habitus entstehen und bei einem X-Chromosom ein Männchen-bestimmendes Gen eingeschaltet wird, sodass der Embryo zum Männchen wird.

Untersuchungen an Säugetieren weisen darauf hin, dass auch eine geschlechtstypische Differenzierung des Gehirns stattfindet. ↗ Sexualverhalten und sexuelle Orientierung werden wohl überwiegend durch die vorgeburtliche Entwicklung bestimmter Teile des Zwischenhirns unter Einfluss der Geschlechtshormone festgelegt. In Bereichen des Gehirns, die eine hohe Dichte von Rezeptoren für Sexualhormone aufweisen, zeigen männliches und weibliches Gehirn anatomische Unterschiede. Es gibt Hinweise darauf, dass eine Region des ↗ Hypothalamus für die Organisation koordinierten Sexualverhaltens von der sexuellen Anziehung bis zur Kopulation wichtig zu sein scheint, zumindest aber beim männlichen Organismus in ihrer Funktion von der Produktion der männlichen Geschlechtshormone in den Keimdrüsen abhängig ist.

Die moderne Sexualwissenschaft sieht die sexuelle Partnerorientierung mehrdimensional, d. h. es gibt nicht nur die Unterscheidung in Heterosexualität (sexuelle Kontakte mit Partnern des anderen Geschlechts) und ↗ Homosexualität (sexuelle Kontakte mit Partnern des gleichen Geschlechts), sondern viele mögliche Varianten. Von manchen Autoren wird postuliert, dass auch in dieser Hinsicht zumindest der Mensch ein ursprünglich bisexuelles Potenzial habe und Heterosexualität wie Homosexualität lediglich sekundäre Erscheinungen seien, die sich daraus entwickeln.

(↗ Aids, ↗ Empfängnisverhütung, ↗ Geschlechtsbestimmung, ↗ Geschlechtsreife, ↗ Geschlechtsmerkmale, ↗ Geschlechtsverkehr, ↗ Hermaphroditismus, ↗ Homosexualität, ↗ Intersexualität, ↗ Menstruationszyklus, ↗ Orgasmus, ↗ Protandrie, ↗ Protogynie, ↗ Pubertät, ↗ Schwangerschaft, ↗ Schwangerschaftsabbruch, ↗ Sexualerziehung, Sexualverhalten und zugehöriges Essay ↗ Biologische Wurzeln im Sexualverhalten des Menschen, ↗ sexuell übertragbare Krankheiten, ↗ Transsexualität)

Sexuallockstoffe, zu den ↗ Pheromonen zählende Gruppe leicht flüchtiger chemischer Botenstoffe, die, über den ↗ Geruchssinn wahrgenommen, der innerartlichen Kommunikation dienen und von einem Organismus zur Anlockung und sexuellen Erregung des Partners eingesetzt werden (z. B. das ↗ Bombykol des Seidenspinners). S., die von Gameten abgegeben werden und auch nur zwischen diesen wirken, heißen ↗ Gamone.

Sexualorgane, die ↗ Geschlechtsorgane.

Sexualverhalten, *Paarungsverhalten*, zusammenfassende Bez. für alle Verhaltensweisen, die zur ↗ Fortpflanzung zwischen zwei geschlechtsverschiedenen Individuen führen und durch Neukombination der Gene der Arterhaltung dienen. Bei Tieren kann man das S. in verschiedene Stufen untergliedern: die Partnersuche, die Partnerwahl (↗ Balz) und die Kopulation (↗ Begattung). Bei der Balz läuft i. d. R. ein komplexes, artspezifisches Ritual ab, das aus einer ganzen Reihe von Erbkoordinationen besteht, die durch die jeweilige Reaktion des Partners in Gang gesetzt werden. Häufig besteht dann für eines oder beide Geschlechter die Möglichkeit, aus verschiedenen Partnern denjenigen auszuwählen, der die größte genetische ↗ Fitness zu haben scheint. Dies bezeichnet man als *sexuelle Selektion*. Je nach Elternaufwand bei der Aufzucht der Jungen gibt es sehr unterschiedliche Paarbeziehungen zwischen Männchen und Weibchen. Ist der Elternaufwand gering, kommt es zu keiner starken ↗ Paarbindung, diese Arten paaren sich *promiskuitiv*. Bei höherem Elternaufwand kommt es entweder zu stabilen *polygamen* Beziehungen, bei denen sich meist ein Männchen mit mehreren Weibchen verpaart oder zu einem *monogamen* Paarungssystem mit nur jeweils einem männlichen und einem weiblichen Partner. Den Abschluss des S. bildet entweder eine *Paarung* genannte Abgabe der Geschlechtszellen ins Wasser und anschließende äußere Befruchtung oder die *Kopulation*. Letztere setzt bestimmte Begattungsorgane voraus. Das meist als ↗ Penis bezeichnete Organ des Männchens wird dabei in die Scheide (↗ Vagina) des Weibchens eingeführt und es erfolgt durch Abgabe der männlichen Spermien oder einer Spermatophore eine innere ↗ Befruchtung.

Das S. des Menschen ist nicht ausschließlich an die Fortpflanzung gebunden und hat, wie auch bei manchen höher entwickelten Säugetieren, eine stark Partner bindende Funktion. (↗ Geschlechtsverkehr, ↗ Sexualität, Essay ↗ Biologische Wurzeln im Sexualverhalten des Menschen)

Biologische Wurzeln im Sexualverhalten des Menschen

Professor Manfred Dzieyk, PH Karlsruhe

Bei allem Variationsreichtum des sozialen und speziell des sexuellen Verhaltens hat der Mensch keine absolute Sonderstellung gegenüber dem Tierreich. Es finden sich vielfältige Erscheinungen, die typisch primatenhaft, z.T. sogar typisch für Säugetiere sind. Erkenntnisse vor allem der Primatologie und der Humanethologie, aber auch der Vergleich mit anderen Völkern und der Blick in die Kultur- und Sittengeschichte (auch ins Alte und Neue Testament) zeigen so viele Übereinstimmungen auch zwischen den Menschen, dass eine sinnvolle Erklärung nur die Gemeinsamkeit durch die Evolution ist, denn eine Parallelentwicklung in so vielen Details ist höchst unwahrscheinlich. Für Biologen ist außerdem unzweifelhaft, dass auch das Verhalten einer Art einschließlich dem, was gelernt werden kann, eine genetische Grundlage hat. Ebenso sicher ist, dass auch unsere Verwandten, die Tier-Primaten (vor allem die Großen Menschenaffen), nicht mehr starr instinktgebunden, sondern recht flexibel in ihrem Verhalten sind.

Nur Weniges ist dem Menschen eigen

Das Sexualverhalten als ein wichtiger Teil des Sozialverhaltens ist bei jedem Menschen individuell. Es gibt also nicht *das* Sexualverhalten. Nur der Mensch kann bewusst in der Bandbreite zwischen völliger sexueller Enthaltsamkeit und permanenter Ausschweifung wählen. Der Mensch kann als einzige Art bei seinen sexuellen Handlungen, wenigstens seit jüngster Zeit, die Fortpflanzung völlig ausschließen und allein aus Liebe und/oder Lustgewinn genießen oder es lassen. Zweifellos hat der Mensch in der Emotionalität und der Rationalität gegenüber den Menschenaffen eine ungleich größere Tiefe, zumindest die Möglichkeit dazu, im Positiven wie im Negativen, wobei viele Handlungen, vor allem in der Jugend und Adoleszenz, doch eher triebhaft und emotional motiviert sind, aber auch später oft erst nachträglich rational begründet werden.

Nur der Mensch entwickelt ein Schamgefühl und eine Intimsphäre, spätestens ab der Pubertät, wenn sie nicht vorher schon anerzogen wurden. Das gilt für alle Völker. Ein Blick in die abendländische Kulturgeschichte, auf andere Religionen und insbesondere auf nackt gehende Völker (z. B. Buschleute, Nuba, Pygmäen, Amazonas-Indianer, Papuas), deren Kultur noch nicht von der westlichen Zivilisation überformt ist, zeigt aber deutlich, dass der Inhalt des Schamgefühls außerordentlich verschieden sein kann und dass er jeweils gelernt wird. Auch dann ist er noch wandelbar, also nicht „natürlich" im Sinne von angeboren. Dabei ist allen Völkern gemeinsam, dass das Präsentieren der Vulva in der Öffentlichkeit tabuiert ist, denn es hat Aufforderungscharakter. Das ist aber nicht identisch mit dem Nacktgehen bei Völkern oder dem ungezwungenen Umgang mit Nacktheit in der Familie und in der Freikörperkultur: Die äußeren weiblichen Geschlechtsorgane sind beim Menschen im Stehen und Sitzen nicht sichtbar, weil sie mit der Evolution des Aufrechtgehens durch die Kippung des Beckens weiter bauchwärts zwischen die Beine gerückt sind. Dagegen ist die weibliche After-Genitalregion bei den beiden Schimpansenarten unbehaart und immer sichtbar, im Östrus sogar auffällig gerötet und geschwollen und dient als sexuelles Signal. Desmond Morris war wohl der erste, der die Hypothese aufgestellt hat, dass sich beim Menschen dafür im Gesicht das Lippenrot und die weiblichen Brüste entwickelt haben, die nur beim Menschen ab der Pubertät, insbesondere durch das zusätzlich eingelagerte Fettgewebe, immer vorgewölbt bleiben (bei den Affen nur während der Laktation). Das Gesäß behält aber doch seine erotische Wirkung. Männliche ↗ Genitalpräsentation ist beim Menschen ebenfalls tabuiert, findet sich aber bei Statuen analog zu dem Vorkommen bei Affen als Demonstration der Stärke und als Drohgebärde.

Noch eine Besonderheit des Menschen ist die Familiarisierung des Mannes. So kommt zur Mutter-Kind-Beziehung die Fürsorge des Vaters, vor allem in der Nahrungsbeschaffung und auch in der Erziehung für seine leiblichen Kinder hinzu, die es so bei den Affen (außer beim Springtamarin) nicht gibt. Sie dürfte daher mit der Bildung der Kernfamilie erst in der Stammesentwicklung des Menschen entstanden sein und ist aber daher, weil noch relativ jung, anscheinend genetisch noch nicht so fest verankert.

Gemeinsamkeiten mit den Tier-Primaten

Die allermeisten Grundmuster im Verhalten aber haben wir mit den Tier-Primaten gemeinsam, insbesondere mit den Großen Menschenaffen. Primaten sind ausgesprochene Augentiere, wenngleich bei ihnen der Geruch, auch der spezifische der Geschlechter, noch eine große Rolle spielt. Daher sind die sexuellen ↗ Schlüsselreize in Form der sekundären Geschlechtsmerkmale, der Mimik und Gestik vorwiegend optischer Natur. Dass auch wir dafür angeborene ↗ Auslösemechanismen haben können wir täglich, auch in der Werbung, erleben.

Die sexuelle Aktivität geht bei den Tier-Primaten von beiden Geschlechtern aus, und viele Kulturen zeigen, wie bei uns in jüngster Zeit, dass das auch für den Menschen gilt, wenn es nicht beim weiblichen Geschlecht durch Erziehung schon früh unterdrückt wird.

Die Werbung ist bei den Schimpansen wenig aufwendig und beim Gorilla wegen seiner Sozialform nicht notwendig. Das typische Imponiergehabe von Gorilla- und Schimpansenmännchen gegenüber männlichen Konkurrenten und den Weibchen findet bei nicht wenigen Männern abhängig vom Alter und sozialen Status seine Entsprechungen und kann ähnlich „primitiv" sein (Kraftmeierei, Lärm durch Aufheulenlassen des Motors u.ä.). Der Mensch hat aber die Möglichkeit kultivierter Werbung: durch Hervorheben der Attraktivität durch Kleidung (einschließlich Täuschung), sozialen Status, Sprache, Kunst und Musik.

Dass dann die Auswahl in Wirklichkeit vom weiblichen Geschlecht getroffen wird hat einen tiefen biologischen Sinn: das Tierweibchen wie die Frau haben eine wesentlich höhere physische und emotionale Investition zu leisten, wenn es zum Nachwuchs kommt, und das heißt für sie, sehr darauf zu achten, wer sich als Vater der Kinder mit seinen Genen und/oder sozialen Stellung gut oder besser

eignet. Dem dient das Locken wie das „Sprödigkeitsverhalten". Die Wahlmöglichkeit der Frau zwischen „guten Genen" und guter Versorgung kann durchaus zu Konflikten führen. Vor allem die Großen Menschenaffen handeln wie der Mensch auch nicht rein instinktiv, sondern zeigen auch in ihrem sexuellen Verhalten individuelle Bevorzugungen, Abneigungen und Ablehnungen gegenüber bestimmten Artgenossen.

Die Primaten sind die Tiergruppe mit dem umfangreichsten und am längsten andauernden Lernverhalten, die Kindheit der Großen Menschenaffen dauert um die acht Jahre und die soziale Reife erlangen sie erst wenige Jahre nach Abschluss der Pubertät. Pubertierende Weibchen und Männchen und die Erwachsenen unterscheiden sich in ihrem Verhalten und entsprechen in erstaunlicher Weise bis in Details dem menschlichen Rollenklischee, das wir mit „typisch männlich" und „typisch weiblich" bezeichnen. Selbst das Paarungsverhalten und die erfolgreiche Aufzucht des Kindes müssen gelernt werden.

Vieles in dem differenzierten und komplexen sozialen und sexuellen Verhalten der Tier-Primaten kann man nur mit menschlichen Begriffen beschreiben. Sie haben dementsprechende Fähigkeiten zur gegenseitigen Verständigung, Zuneigung, Missachtung, Rivalität, Eifersucht und Aggressivität, sie können schmollen usw. Es gibt so genanntes moralanaloges Verhalten wie auch Übertretungen des Gruppen-Codex nach dem Motto „sich nur nicht erwischen lassen", so z.B. heimliche, weil nicht erlaubte Paarungen, Strafen, wenn ein Gruppenmitglied gegen Regeln verstoßen hat und taktisches Verhalten mit Austricksen, scheinbarem Nicht-Hinschauen, Verstellen.

Die Paarung selbst dauert bei den ausgesprochen promisken Schimpansenarten nur immer relativ kurz, meist ohne Vor- und Nachspiel. Das bietet bei promisken Arten wegen der Rivalitäten einen Vorteil im Fortpflanzungserfolg, denn absichtliche Störungen, auch durch Weibchen und Kinder, sind häufig. Das verbreitete Phänomen, dass beim Menschen vor allem jüngere Männer meist schnell zum Koitus kommen wollen und dann oft sehr schnell den Orgasmus erleben (können), ist daher wohl ein Erbe aus der Evolution, kann aber durch Lernen verändert werden.

Menschenaffen paaren sich nicht nur wie die Tieraffen durch Aufreiten des Männchens, sondern auch in Gesicht-zu-Gesicht-Stellungen. Für die Bonobos ist dies sogar die Regel neben anderen spielerischen Stellungen, wobei sie sich auch anschauen, mit den Händen anfassen und Laute von sich geben können.

Während für viele Säugetiere die Fortpflanzungszeiten durch asexuelle Zeiten unterbrochen werden, meist saisonabhängig, gilt das für Affen zumindest in Gefangenschaft nicht. Diese sexuelle Daueraktivität haben sie mit dem Menschen gemeinsam. Außerdem haben sie in der Gefangenschaft auch mehr Zeit und Muße, weil Nahrungssuche und anstrengende Wanderungen wegfallen. Aber auch wir Menschen haben wenigstens bei uns heute ein wesentlich leichteres Leben als unsere Vorfahren und daher mehr Zeit auch für erotisch-sexuelles Handeln im weitesten Sinne.

Vor allem die Menschenaffen zeigen Sexualverhalten vom Handreichen über Küssen (mit vorgestreckten Lippen, bei Bonobos gibt es auch Zungenküsse), Umarmungen bis zur Paarung eingebettet in soziale Funktionen. Bei den Schimpansen und noch stärker bei den Bonobos dient Sexualverhalten auch der Begrüßung und dem Aggressionsabbau, somit dem Einander-Wohlgewogen-Sein und zur Befriedung in der ständig lebhaften, oft streitenden Gruppe. Oralgenitale, auch gleichgeschlechtliche Betätigungen, sowohl bei Männchen wie häufiger noch bei Weibchen durch Anfassen und Aneinanderreiben der Genitalregion, sind vor allem bei Bonobos häufig. Schimpansenweibchen bieten Kopulationen im Tauschgeschäft an um Vorteile zu erlangen (Schutz, Fleisch für sich und ihr Kind), Bonobomännchen kommen manchmal zu einem Weibchen mit einem Geschenk als Lohn für eine Kopulation. Weibchen der Schimpansenarten untersuchen bisweilen ihre Scheide, frustrierte Männchen hat man bei der Selbstbefriedigung und beim Spiel mit dem Penis beim Urinieren beobachtet.

Schlussfolgerung

Kaum eine menschliche Verhaltensstruktur scheint also unseren Verwandten fremd. Auch Aggression gegenüber Artgenossen, Vergewaltigung, Frauenraub, Kindstötung, ja Krieg und Mord im Sinne vorsätzlicher Tötung gibt es bei Tier- wie Menschenaffen. Selbst Paarungen mit artfremden Weibchen sind vereinzelt sogar bei einigen Säugetierarten außerhalb der Primaten, auch in freier Wildbahn, beobachtet worden. So ist unzweifelhaft, dass auch wir Menschen genetische Grundmuster für alle diese Verhaltensweisen haben und sie deshalb so verbreitet sind. So muss sich der Mensch in seiner jeweiligen Kultur Regeln und Normen geben, damit er sich möglichst human gegenüber seinen Mitmenschen verhält, und Erziehung und Strafandrohung sollen gewährleisten, dass diese Regeln eingehalten werden. Dabei ist der Erfolg in jeder menschlichen Gesellschaft immer begrenzt gewesen und wird es bleiben, weil die biologischen Wurzeln immer wieder durchschlagen. Aus dem Dargelegten ist es zumindest fragwürdig, wenn nicht falsch, wenn in der jeweiligen Gesellschaft nicht tolerierte Verhaltensweisen oder solches Verhalten einschließlich der Sozial- und Eheform bei anderen Völkern einfach als „unnatürlich" oder „widernatürlich" bezeichnet werden.

---

sexuell übertragbare Krankheiten, Abk. *STD* (von engl. sexually *t*ransmitted *d*iseases), zusammenfassende Bez. für alle Krankheiten, die überwiegend durch ↗ Geschlechtsverkehr übertragen werden. Hierzu gehören die nach dem „Gesetz zur Bekämpfung der Geschlechtskrankheiten" meldepflichtigen *„klassischen Geschlechtskrankheiten"* wie ↗ Gonorrhoe, ↗ Syphilis, venerische Lymphknotenentzündung und weicher Schanker, aber auch Krankheiten wie z. B. ↗ Aids, bestimmte Infektionen mit ↗ Chlamydien, Feigwarzen, ↗ Hepatitis, Herpes genitalis, Befall durch ↗ Filzlaus und unter Umständen durch die ↗ Krätzmilbe (Krätze), bestimmte Pilzinfektionen (z. B. durch ↗ Candida) und Infektionen mit Trichomonaden (↗ Trichomonadida). Auch einige dieser Krankheiten sind meldepflichtig (nach dem Bundes-Seuchengesetz), so z. B. Hepatitis und Aids. In den meisten Fällen erfolgt die Infektion, wenn der Erreger beim Geschlechtsverkehr in den menschlichen Körper gelangt, z. B. über Körperflüssigkeiten, durch kleinste Verletzungen. Bei manchen Erregern ist aber auch enger körperlicher Kontakt ausreichend. Behandelt werden die STD durch Fachärzte für Haut- und Geschlechtskrankheiten, für Gynäkologie, Andrologie und Urologie. Die Ärzte unterliegen der Schweigepflicht. Informationen zu den STD und darüber, wie man sich schützen kann, erteilen auch die Gesundheitsämter. Das Risiko einer Ansteckung wird durch den Gebrauch von Kondomen beim Geschlechtsverkehr stark verringert, während eine mangelhafte Intimhygiene das Infektionsrisiko zumindest bei bestimmten STD erhöhen kann. Im Krankheitsfall müssen immer beide Partner behandelt werden, damit die Behandlung dauerhaften Erfolg zeigt.

Sharp, *Phillip Allen*, amerikan. Chemiker und Molekularbiologe, * 6.6.1944 Falmouth (Kentucky); ab 1974 Prof. und ab 1985 Direktor des Krebsforschungszentrums am Department of Biology des Massachusetts Institute of Technology (MIT) in Cambridge (Massachusetts). S. erhielt 1993 zusammen mit R.J. ↗ Roberts den Nobelpreis für Physiologie oder Medizin für die (unabhängig von Roberts gemachte) Entdeckung der mosaikartig (diskontinuierlich) aufgebauten Gene.

Sherrington, Sir *Charles Scott*, engl. Neurophysiologe, * 27.11.1857 London, † 4.3.1952 Eastbourne; ab 1891 Prof. in London, 1895 in Liverpool, 1913-35 in Oxford. S. verfasste zahlreiche Arbeiten zur Physiologie des ↗ Nervensystems, der ↗ Reflexe und Synapsen sowie der Erregung und Hemmung im Nervensystem. Er teilte die Rezeptoren in Extero-, Intero- und Propriorezeptoren ein und prägte den Begriff der ↗ Synapse. Außerdem kartierte er die motorischen Felder der Großhirnrinde und ordnete den einzelnen motorischen Zentren die von ihnen abhängigen Körperregionen zu. S. erhielt 1932 zusammen mit E.D. ↗ Adrian den Nobelpreis für Physiologie oder Medizin.

Shigella, *Shigellen*, Gatt. der ↗ Enterobacteriaceae, deren Vertreter unbeweglich und stäbchenförmig sind. Die im Darmtrakt des Menschen und der Menschenaffen vorkommenden Bakterien rufen Durchfallerkrankungen hervor. Diese als *Bakterienruhr* bezeichnete Erkrankung beruht auf der Wirkung der von den Bakterien gebildeten Toxine.

Shigellen, die Gatt. ↗ Shigella.

Shigellose, die ↗ Bakterienruhr.

Shikimisäure, die für den *Shikimisäureweg* typische Zwischenverbindung (das Anion ist das *Shikimat*). Die Bez. leitet sich von der japanischen Bez. Shikimi-no-ki des Sternanisbaums (*Illicium anisatum*) ab, aus dem diese Verbindung erstmals isoliert wurde.

Shikimisäureweg, *Shikimat-Weg*, der bei Pflanzen und Mikroorganismen vorkommende Stoffwechselweg, in dem aus einfachen Kohlenhydratvorstufen Erythrose-4-phosphat und Phosphoenolpyruvat über die Namen gebende *Shikimisäure* (Shikimat) und *Chorismat* als Zwischenprodukte aromatische Aminosäuren oder pflanzliche Phenole (↗ sekundäre Pflanzenstoffe) synthetisiert werden. Tieren fehlt der S., sodass bei ihnen die aromatischen Aminosäuren ↗ Phenylalanin, ↗ Tryptophan und ↗ Tyrosin als *essentielle* Aminosäuren bezeichnet werden. Bei Pflanzen ist der S. in Plastiden lokalisiert. Viele der enzymatisch katalysierten Schritte sind inzwischen gut untersucht worden. Der S. ist auch von Bedeutung für den Pflanzenschutz, da das ↗ Herbizid *Glyphosat* (N-[Phosphonomethyl]glycin) das Enzym 5-Enolpyruvylshikimat-3-phosphat-Synthase inhibiert. Bei Pflanzen, die durch den Einsatz des Herbizids gegenüber Glyphosat unempfindlich geworden sind, wurden Mutationen in dem Gen für dieses Enzym nachgewiesen (s. Abb. rechts).

Shine-Dalgarno-Sequenz, Bez. für die ↗ Ribosomenbindungsstelle prokaryotischer mRNA-Moleküle.

short interspersed nuclear element, Abk. *SINE*, eine Form der im Genom verstreut auftretenden ↗ repetitiven DNA. Ein typisches Beispiel ist die beim Menschen auftretende ↗ Alu-Sequenz. Man nimmt heute an, dass die Verteilung von SINEs im Genom auf mittlerweile verloren gegangene Transpositionsereignisse (↗ Transposon) von ↗ Pseudogenen zurückzuführen sind. (↗ Satelliten-DNA)

Shotgun-Klonierung, *Schrotschuss-Verfahren*, ein Klonierungs-Verfahren (↗ Klonierung), bei dem das zu analysierende Genom in ähnlich große Fragmente gespalten und in ↗ Klonierungsvektoren

Shikimisäureweg Reaktionsschema des Shikimisäurewegs

einkloniert wird, wobei die vielen unterschiedlichen Fragmente im Idealfall das gesamte Genom abdecken. In der dadurch entstandenen ↗ Genbank kann nun durch ↗ Nucleinsäurehybridisierung ein gewünschter Abschnitt identifiziert werden. Die S.-K. wird auch zur Entschlüsselung (↗ DNA-Sequenzierung) ganzer Genome eingesetzt, wobei mit leistungsfähigen Computern überlappende Abschnitte der einzelnen Fragmente bestimmt werden können, sodass die Sequenz stückweise zusammengesetzt werden kann.

Si, chemisches Symbol für ↗ Silicium.

Sialinsäuren, *Acylneuraminsäuren*, von der Neuraminsäure abstammende Verbindungen, die Acylgruppen an der Aminogruppe oder an einer Hydroxygruppe gebunden haben. S. kommen glykosidisch gebunden als Bestandteil von ↗ Glykolipiden und ↗ Glykoproteinen (sialinsäurereiche Glykoproteide sind wichtige Schleimsubstanzen) fast ausschließlich in tierischen Organismen vor. S. sind endständig gebunden und können durch *Neuraminidasen* abgespalten werden. Diese Abspaltung ist vermutlich einer der Wege, auf dem der Körper „alte" ↗ Proteine markiert, damit sie abgebaut und ersetzt werden; ein ähnlicher Mechanismus scheint für überalterte ↗ Erythrocyten zu existieren, denn neu synthetisierte Erythrocyten tragen Oligosaccharid-Ketten mit endständigen S.-Resten. Werden diese experimentell entfernt, verschwinden die betreffenden Erythrocyten innerhalb von Stunden aus dem Blut. Außerdem sind S.-Reste der äußeren Zellmembran an wesentlichen Funktionen der Membran, wie Zell-Zell-, Zell-Virus- oder Zell-Wirkstoff-Wechselwirkungen beteiligt. Die am weitesten verbreitete S. ist die ↗ N-Acetyl-Neuraminsäure.

Sichel, ↗ Blütenstand.

Sichelzellenanämie, eine beim Menschen vor allem in Afrika auftretende autosomal-rezessive Erbkrankheit, die auf einer Mutation im ↗ Hämoglobin der betroffenen Patienten beruht. Abnormale physikochemische Eigenschaften führen unter Sauerstoffmangel bzw. bei körperlicher Anstrengung bei diesem so genannten *Sichelzellhämoglobin* (Hämoglobin S) zu dessen Kristallisation, die wiederum eine Formveränderung der Erythrocyten zur Folge hat, die die typische Sichelform annehmen. Molekulare Ursache ist der durch eine ↗ Mutation verursachte Austausch der Aminosäure Glutaminsäure in Valin an Postion 6 innerhalb der β-Ketten. Die *Sichelzellerythrocyten* sind funktionsuntüchtig und können keinen Sauerstofftransport mehr durchführen. Sie werden durch Phagocytose aus dem Blut entfernt, sodass sich *Anämie* (Blutarmut) einstellt. Die typischen Symptome der S. lassen sich vor allem bei Heterozygoten beobachten, weil homozygote Träger meist unmittelbar nach der Geburt sterben.

Symptome sind neben der Anämie selbst und der damit verbundenen schlechten Konstitution als *sekundäre Effekte* das Anschwellen der Hand- und Fußgelenke durch Verstopfungen der Kapillaren, auftretende Herzfehler und Schäden anderer Organe wie des Gehirns, der Nieren oder der Milz (↗ Pleiotropie).

Sichelzellanämie Bei Sauerstoffmangel treten die typisch geformten länglich-gekrümmten Sichelzellerythrocyten auf (Bildmitte), die sich deutlich von den rundlichen Erythrocyten unterscheiden

Trotz schwerwiegender Folgen für Betroffene haben diese in Gebieten mit Malaria einen Vorteil, da Sichelzellen vor einer Infektion schützen, indem die Malariaerreger zusammen mit den Sichelzellen phagocytiert werden. Dieser *Heterozygotenvorteil* (↗ Heterosis) verleiht betroffenen Individuen eine höhere ↗ Fitness. Die teilweise Überlagerung der Verbreitungsgebiete von S. und Malaria lässt sich dadurch erklären.

Siderophore, Eisen bindende Chelatbildner, die von vielen Mikroorganismen produziert und abgegeben werden. Schwer lösliche Fe-Verbindungen werden dadurch gelöst und können von den Mikroorganismen aufgenommen werden. Eine wichtige Gruppe der S. sind Derivate der Hydroxaminsäure. (↗ Phytosiderophore)

Siebbein, *Lamina cribrosa*, *Os ethmoidale*, ein unpaarer Knochen des ↗ Schädels der Säugetiere.

Siebenpunkt, *Coccinella septempunctata*, Art der Marienkäfer (↗ Coccinellidae).

Siebenschläfer, Art der Fam. ↗ Gliridae.

Siebhaut, *Decidua*, eine der ↗ Embryonalhüllen.

Siebold, *Karl Theodor Ernst* von, deutscher Arzt und Zoologe. * 16.2.1804 Würzburg, † 7.4.1885 München; ab 1840 Prof. in Erlangen, 1845 in Freiburg i.Br., 1850 in Breslau, ab 1853 in München. Von S. stammen zahlreiche Arbeiten zur vergleichenden Anatomie vor allem der ↗ Einzeller, sowie der ↗ Coelenterata, bei denen er die geschlechtliche Fortpflanzung der Ohrenqualle und die Weiterentwicklung ihrer Planula-Larve zum Polypen beschrieb, sowie diejenige parasitischer Würmer und der Insekten, wo er bei Bienen, Wespen und Schmetterlingen die Parthenogenese entdeckte. Auch wandte er sich gegen die Vorstellung von Urzeugung.

Siebplatte, 1) *Botanik*: Quer- oder Seitenwand einer ↗ Siebröhre, die infolge lokaler Zellwandauflösungen durchbrochen ist.

2) *Zoologie*: die Madreporenplatte der ↗ Echinodermata.

Siebporen, von einzelnen Plasmasträngen durchzogene Bestandteile einer ↗ Siebröhre, die die Zellwand durchbrechen und die Pflanzenzellen verbinden.

Siebröhre, ausdauernde, durch Zellfusion einzelner Siebröhrenglieder enstandene Zellfäden mit siebartig durchbrochenen Querwänden, die der Leitung der Assimilate dienen. S. sind Bestandteil des Phloems (↗ Phloem, ↗ Leitgewebe) der ↗ Angiospermae. Sie gehen durch inäquale Teilung gemeinsam mit den *Geleitzellen* aus der S.-Mutterzelle hervor. Im Gegensatz zu vielen anderen Elementen des Leitsystems ist die Zellwand bei S. nicht verdickt, da der Stofftransport unter Druck erfolgt.

Siebröhrenglieder, ↗ Phloem.

Siebzelle, langgestreckte Zelle im ↗ Phloem der ↗ Pteridophyta und ↗ Gymnospermae, die dem Stofftransport dient und deren Querwände teilweise durch Siebfelder durchbrochen sind. Diese stellen die Verbindung zu anderen S. her, die häufig in einer Längsreihe angeordnet sind. S. und Siebröhrenglieder unterscheiden sich in erster Linie durch die Anordnung und Differenzierung der Siebfelder. Die ↗ Angiospermae besitzen statt der S. ↗ Siebröhren.

Siegelbäume, die ↗ Sigillariaceae.

Sigillariaceae, *Siegelbäume*, zu den ↗ Lepidodendrales gehörende Fam., die vor 350 bis 250 Mio. Jahren verbreitet war und später ausstarb. Die Gatt. *Sigillaria* brachte bis 30 m hohe Schopfbäume hervor. Die S. sind wichtige Steinkohlebildner.

Signalerkennungspartikel, Abk. *SRP*, ↗ endoplasmatisches Reticulum.

Signal-Hypothese, von G. ↗ Blobel postulierter Verlauf des selektiven Transports von im Ribosom synthetisierten Sekretproteinen in die einzelnen Organellen (↗ endoplasmatisches Reticulum).

Signalpeptid, ↗ endoplasmatisches Reticulum.

Signalsequenzen, die für den Import und Export von Proteinen erforderlichen, aus 25 bis 30 Aminosäuren bestehenden und am N-Terminus gelegenen Abschnitte, die für den Transport an den Ort der Verwendung verantwortlich sind und anschließend durch *Signal-Peptidasen* entfernt werden. (↗ endoplasmatisches Reticulum)

Signaltransduktion, allg. Bez. für Mechanismen, die der Weiterleitung von Information über die Zellmembran hinweg ins Zellinnere dienen. Grundsätzlich werden bei der S. einer oder mehrere ↗ second messenger gebildet, die das ankomme Signal umcodieren, verstärken und seine Weiterleitung ermöglichen. Innerhalb der Zellen existieren mehrere Transduktionssysteme, die untereinander verbunden sind, sodass ein großes Spektrum an möglichen Reaktionen für die Weiterverarbeitung unterschiedlicher Signale bereitsteht. Bei allen Transduktionssystemen spielen ↗ Proteinkinasen eine wichtige Rolle. Die durch sie katalysierte Phosphorylierung kann je nach Substrat z. B. dazu führen, dass ↗ Ionenkanäle geöffnet oder geschlossen werden, ↗ Proteine aggregieren oder in ihre Einzelkomponenten zerfallen, ↗ Enzyme aktiviert oder blockiert werden, ↗ Transkriptionsfaktoren an die DNA andocken oder sich lösen.

Das wohl am längsten bekannte Transduktionssystem ist das *cAMP-PKA-System*, das u. a. die Wirkung von Peptidhormonen wie ↗ Glucagon, ↗ Adrenalin (wenn es an α_2- oder β-Rezeptoren bindet), ↗ Follikel stimulierendem Hormon und ↗ luteinisierendem Hormon sowie ↗ somatotropem Hormon vermittelt (zum Reaktionsablauf ↗ Hormone). Es gehört zu den Systemen der S., an deren Reaktionen ↗ G-Proteine beteiligt sind, second messenger ist cAMP (↗ Adenosinphosphate) und die zuständige Proteinkinase ist die Proteinkinase A (PKA).

Signalsequenzen Typische Signalsequenzen. Ein Bereich mit hydrophoben Aminosäuren ist unterstrichen

Signalfunktion	Signalsequenz
Import in ER	$^+H_3$N-Met-Met-Ser-Phe-Val-Ser-<u>Leu-Leu-Leu-Val-Gly-Ile-Leu-Phe-Trp-Ala</u>-Thr-Glu-Ala-Glu-Gln-Leu-Thr-Lys-Cys-Glu-Val-Phe-Gln-
Rücktransport im ER-Lumen	-Lys-Asp-Glu-Leu-COO$^-$
Rücktransport in die ER-Membran	Lys-Lys-X-X- oder X-X-Arg-Arg
ER zum Golgi-Apparat	Asp-X-Glu
Import in Mitochondrien	$^+H_3$N-Met-Leu-Ser-Leu-Arg-Gln-Ser-Ile-Arg-Phe-Phe-Lys-Pro-Ala-Thr-Arg-Thr-Leu-Cys-Ser-Ser-Arg-Tyr-Leu-Leu-, Helix-bildend
Import in Chloroplasten	30–75 AS, häufig positiv und hydroxilierte AS, aber sonst keine Gemeinsamkeiten, unbekannte Sekundärstruktur
Import in Peroxisomen	-Ser-Lys-Leu-

Komplexer ist das *PI-PKC-System*. Es vermittelt die S. z. B. von somatotropem Hormon und ⬈ Prolactin bei sich teilenden Zellen sowie diejenige von ⬈ Adiuretin, Adrenalin (wenn es an α_1-Rezeptoren bindet), ⬈ Acetylcholin (an muscarinergen Synapsen), bei der Stimulation von T-Zellen sowie der ⬈ Thrombocyten durch Thrombin und bei der Aktivierung der Eizelle während der ⬈ Befruchtung. Auch hier wird die Wirkung zuerst durch ein G-Protein vermittelt, das nun aber eine Phospholipase C aktiviert, die ihrerseits aus Phosphatidylinositolbisphosphat durch Spaltung die beiden second messenger IP_3 (⬈ Inositolphosphate) und ⬈ Diacylglycerol bildet. Diese aktivieren wiederum eine Proteinkinase, die Proteinkinase C (PKC).

Die PKC kann auch über einen Insulinrezeptor (vermittelt die Wirkung von ⬈ Insulin sowie vieler Wachstumsfaktoren), der die Information über *Transmembran-Tyrosinkinasen* in die Zelle bringt, aktiviert werden. Bei fast allen S.-Systemen sind Ca^{2+}-Ionen als intrazelluläre Messenger beteiligt und in vielen Fällen außer den G-Proteinen auch ⬈ Calmodulin und Transkriptionsfaktoren.

Signaltransmission, allg. Bez. für die Weitergabe von Information von Zelle zu Zelle, wie sie z. B. an einer ⬈ Synapse oder mittels ⬈ Aktionspotenzialen geschieht. (⬈ Erregungsleitung)

Signalverhalten, Form der Kommunikation zwischen zwei Individuen einer Art, bei der einer der Partner durch Verhaltensweisen wie z. B. Kotabgabe, Farbwechsel oder Aussenden akustischer, chemischer oder elektrischer Reize dem anderen Partner spezifische Informationen übermittelt.

Silage, mit Hilfe von ⬈ Milchsäurebakterien hergestelltes Viehfutter, das unter Luftabschluss aus dicht zusammengepressten Zuckerrübenblättern, Mais, Kartoffeln, Gras und Luzerne entsteht. In Form von S. können die genannten Ernteprodukte über einen längeren Zeitraum konserviert werden. (⬈ Milchsäuregärung, ⬈ Konservierung)

Silberdistel, *Carlina acaulis*, unter Naturschutz stehende Art der ⬈ Asteraceae mit silbrigen strohartigen ⬈ Hüllblättern, die Laubblätter stehen in einer ⬈ Rosette.

Silberfischchen, die ⬈ Zygentoma.

Silbermöwe, Art der Möwen (⬈ Laridae).

Silencer, die bei eukaryotischen Genen vorkommenden regulativen Sequenzmotive, welche deren Expression abschwächen oder hemmen. Die Wirkung von S. wurde u. a. im Zusammenhang mit der

Signaltransduktion Signale und Signaltransduktion. Eine Übersicht

Signal	Rezeptor	Mediator	Wirkort und Antwort
Adrenalin (Hormon)	adrenerger Rezeptor	Adenylat-Cyclase (cAMP)	Herz (Erhöhung der Herzschlagfrequenz), Muskel (Glykogenabbau), Fettzellen (Fettabbau)
Adrenocorticotropes Hormon (ACTH)	ACTH-Rezeptor	Adenylat-Cyclase (cAMP)	Nebennierenrinde (Cortisolsekretion)
Vasopressin (Hormon)	Vasopressin-Rezeptor (V_1) Vasopressin-Rezeptor (V_2)	Phospholipase C (IP_3, DAG, Ca^{2+}) Adenylat-Cyclase (cAMP)	glatte Muskulatur (erhöhter Blutdruck) Niere (vermehrte Wasserresorption)
Acetylcholin (Neurotransmitter)	Acetylcholinrezeptor	β/γ-Komplex eines G-Proteins	Herzmuskel (Erniedrigung der Herzschlagfrequenz, Gegenspieler des Adrenalins)
		Phospholipase C (IP_3, DAG, Ca^{2+})	glatter Muskel (Kontraktion), Bauchspeicheldrüse (Analysesekretion)
Thrombin (Hormon)	Thrombinrezeptor	Phospholipase C (IP_3, DAG, Ca^{2+})	Blutplättchen (Aggregation)
epidermal growth factor (EGF, Wachstumsfaktor)	EGF-Rezeptor	Ras	Epithelien und andere Gewebe (stimuliert Proliferation)
neural growth factor (NGF, Wachstumsfaktor)	NGF-Rezeptor	Ras	Nervenzellen (ermöglicht Überleben der Zellen, stimuliert Auswachsen von Axonen)
Bride of sevenless (Boss, Membranprotein)	Sevenless	Ras	Fotorezeptorvorläuferzelle R7 bei Drosophila (Induktion der Zelle zur UV-Fotorezeptorzelle)
Photonen	Rhodopsin	G-Protein (Transducin), cGMP	Fotorezeptorzellen (Membranpotenzialänderung)

Regulation des Paarungstyps bei *Saccharomyces cerevisiae* (↗ Backhefe) nachgewiesen. Gegensatz: ↗ Enhancer

Silene, Gatt. der ↗ Caryophyllaceae.

Silicium, chemisches Symbol *Si*, chemisches Element aus der IV. Hauptgruppe des Periodensystems, der Kohlenstoff-Silicium-Gruppe. S. ist ein Halbmetall mit Halbleitereigenschaften. Es ist nach Sauerstoff mit einem Anteil von 27,7 % das häufigste Element der Erdkruste. In der Natur findet es sich vor allem als *Siliciumdioxid (SiO₂)* sowie in einer großen Vielfalt von Silicaten und Alumosilicaten. Es ist ein essenzielles Spurenelement für den Menschen und viele tierische Organismen und spielt als quer vernetzendes Agens eine wichtige Rolle beim Aufbau des ↗ Bindegewebes sowie vermutlich auch bei der Knochenmineralisierung. Bei Radiolarien und bestimmten Schwämmen ist es wesentlicher Bestandteil des Skeletts. In Form von SiO₂ bzw. Kieselsäure findet sich S. unter den Pflanzen insbesondere in Kieselalgen, Schachtelhalmen, Farnen und Gräsern.

Silphidae, *Aaskäfer*, zu den ↗ Polyphaga gehörende Fam. der Käfer (↗ Coleoptera) mit 320 Arten, die vor allem in nördlichen gemäßigten Zonen verbreitet sind (in Mitteleuropa 26). Sie sind meist über 1 cm groß und überwiegend braun oder schwarz gefärbt. Aaskäfer leben von Aas oder sich zersetzenden pflanzlichen Stoffen. Der etwa 2 cm große *Gemeine Totengräber (Nicrophorus vespillo)* ist schwarz mit zwei orangefarbenen Flügelbinden). Finden erwachsene Käfer eine Leiche kleiner Wirbeltiere, so fressen sie nur einen Teil davon, paaren sich und bekämpfen sich anschließend, bis ein Pärchen übrigbleibt. Dieses vergräbt gemeinsam das Aas, zu einer Kugel gerollt, in einer Erdhöhle. Das Weibchen bleibt auf der Aaskugel sitzen und füttert die schlüpfenden Jungen, die später selbst vom Aas fressen. Nach einer Woche wandern sie zur Verpuppung ins nahe Erdreich aus.

Silur, *Silurium*, dritte Periode des ↗ Paläozoikums (vor etwa 443 - 417 Mio. Jahren). Die Untergliederung in Unter-, Mittel- und Obersilur erfolgt vor allem nach ↗ Graptolithina, außerdem auch nach ↗ Conodonten, ↗ Brachiopoda und ↗ Ostracoda.

Das Klima war vorwiegend feuchtwarm und wurde wohl gegen Ende trocken. Es existierten zwei mehr oder weniger geschlossene Kontinentblöcke, Laurasia (Norderde) und Gondwana (Süderde). Der Südpol lag in Südwestafrika und der Nordpol im nördl. Pazifik, der Äquator verlief durch den Tethysgürtel (↗ Tethys) von Südosteuropa nach Nordaustralien sowie durch Grönland und das mittlere Nordamerika. Entsprechend der Ausdehnung der Meere war die Fauna des S. durch marine Wirbellose geprägt, wie z. B. Graptolithina, ↗ Trilobita, Brachiopoda,

Conodonten, Ostracoda, Korallen sowie Seelilien und Haarsterne (↗ Crinoida), die ihre Blütezeit im S. erlebten, ebenso wie großwüchsige Algenformen. Krebse und Spinnentiere erreichten Größen von bis zu 2 m (↗ Eurypterida). An Wirbeltieren gab es lediglich Kieferlose (↗ Agnatha), Stachelhaie (↗ Acanthodii) u. a. Knochenfische sowie erste Knorpelfische. Gegen Ende des Silurs besiedelten mit den Ur- und Nacktfarnen (↗ Psilophytopsida) die ersten Pflanzen das Land und als erste Gliederfüßer Hundertfüßer (↗ Chilopoda) und Spinnentiere (↗ Arachnida), z. B. Skorpione (↗ Scorpiones).

Siluriformes, *Welse*, Ord. der Knochenfische (↗ Osteichthyes), die gemeinsam mit den Karpfenfischen (↗ Cypriniformes) Knochenverbindungen (*Weber-Knöchelchen*) zwischen ↗ Schwimmblase und Innenohr (↗ Ohr) besitzen und deshalb mit diesen zur Gruppe der Ostariophysi zusammengefasst werden. Die Ord. Welse umfasst 32 Familien mit etwa 2000 Arten. Welse sind überwiegend Boden bewohnende, weltweit verbreitete und vor allem in Südamerika häufige Süßwasserfische mit plumpem, massigem, schuppenlosem oder mit Knochenplatten bedecktem Körper, großem Kopf, der mehrere, manchmal durch Knorpel gestützte, geschmacksempfindliche Barteln trägt, einem mit dem Schädel verbundenen Schultergürtel, großem einheitlichem Schädelknochen und einem mit feinen Zähnen bewehrten, nicht vorstülpbaren Maul. Nur wenige Arten leben im Meer.

Zur Fam. Echte Welse (*Siluridae*) gehört u. a. der in Mittel- und Osteuropa heimische ↗ Europäische Wels (*Silurus glanis*). Parasitisch an den Kiemen anderer Fische lebt eine Reihe von Arten der *Parasitenwelse* (Fam. *Trichomycteridae*), die in Südamerika beheimatet sind. Die bis 6 cm lange, im Amazonasgebiet vorkommende Art *Vandellis cirrhosa* dringt auch in Harnröhre und Scheide von badenden Menschen und Säugetieren ein; sie hakt sich durch Aufstellen der Stacheln ihrer Kiemendeckel fest und kann starke Entzündungen hervorrufen. ↗ Elektrische Organe besitzen die zwei Arten der in Afrika verbreiteten, bis über 1 m langen *Elektrischen Welse (Malapteruridae)*.

Silurus glanis, der ↗ Europäische Wels.

Simiae, *Affen*, Unterord. der Herrentiere (↗ Primates) mit zwei Teilordnungen, den Neuwelt- oder Breitnasenaffen (↗ Platyrrhini) und den Altwelt- oder Schmalnasenaffen (↗ Catarrhini) mit insgesamt sieben Fam. Zu den S. gehören demnach alle Primaten (einschließlich des Menschen) mit Ausnahme der Halbaffen. (↗ Mensch)

Simuliidae, *Kriebelmücken*, *Gnitzen*, zu den ↗ Diptera gehörende Fam. mit insgesamt rund 1500, in Mitteleuropa ca. 70 Arten. Die Kriebelmücken sind von gedrungener, fliegenähnlicher Gestalt, überwiegend schwarz gefärbt und je nach Art

2 - 6 mm groß. Die kurzen Fühler bestehen aus neun bis elf Gliedern, die Komplexaugen stoßen nur bei den Männchen an der Stirnregion zusammen. Der Brustabschnitt ist stark gewölbt und trägt ein paar Flügel, die in Ruhe dachförmig über den Hinterleib gelegt werden. Die Männchen der meisten Arten ernähren sich von Pflanzensäften und Nektar; die Weibchen fast aller Arten ernähren sich von Säugetierblut und besitzen kurze, kräftige, borstenförmige Stechrüssel. Mit den Mandibeln wird eine flächige Wunde erzeugt, aus der das austretende Blut aufgesogen wird. Ein injiziertes Speichelsekret anästhesiert die Einstichstelle und verhindert die ↗ Blutgerinnung. Es ist zudem giftig und führt zu Schwellungen, Blutergüssen und starken Schmerzen. Befallenes Vieh kann innerhalb weniger Stunden an Erstickungsanfällen sterben. Da beim Stich vielfach ↗ Histamin abgegeben wird, kann es beim Menschen zu heftigen allergischen Reaktionen kommen. Besonders in tropischen Gebieten Westafrikas und Amerikas können S. als Zwischenwirt die Filarien eines parasitischen Fadenwurms (*Onchocerca*) übertragen, der beim Menschen die Onchocercose (Flussblindheit) verursacht. Die Larven leben im Wasser, filtrieren Algen und Detritus und entwickeln in verschmutzten Bächen Massenpopulationen.

Sinapis, Gatt. der ↗ Brassicaceae.

Singdrossel, Art der Drosseln (↗ Turdidae).

single cell protein, das ↗ Einzellerprotein.

Singvögel, die ↗ Passeres.

Sink-Gewebe, Bez. für alle pflanzlichen Gewebe und Organe, die selbst keine oder nicht genügend Fotosyntheseprodukte für ihr eigenes Wachstum oder zur Speicherung bilden. Sie sind auf eine Versorgung mit Assimilaten aus dem ↗ Source-Gewebe angewiesen. S. - G. sind demnach junge, noch nicht ausgewachsene Blätter, heranreifende Früchte sowie Wurzeln und Knollen.

Sinne, die Fähigkeit eines Organismus, ganz bestimmte Reizmodalitäten festzustellen, zu bewerten und gegebenenfalls darauf zu reagieren. Die ↗ Reize werden mittels ↗ Rezeptoren aufgenommen, die teilweise zu komplizierten ↗ Sinnesorganen zusammengefasst sein können. Die klassische Einteilung der Sinne richtete sich nach den menschlichen Sinnesorganen und umfasste lediglich den optischen und akustischen Sinn, den Tast-, Geruchs- und Geschmackssinn. Entsprechend der Art der adäquaten Reize, auf die die Rezeptoren ansprechen können, unterscheidet man heute überwiegend u. a. ↗ mechanische Sinne (↗ Tastsinn, ↗ Vibrationssinn, ↗ Gleichgewichtssinn und ↗ Gehörsinn), ↗ chemische Sinne (↗ Geruchssinn, ↗ Geschmackssinn), ↗ Temperatursinn, optischen Sinn (↗ Farbensehen, ↗ Sehen) und elektrischen Sinn (↗ elektrische Organe). Unberücksichtigt bleiben aber auch bei dieser Einteilung die Schmerzempfindung (↗ Schmerz), die durch viele Reizqualitäten hervorgerufen werden kann, oder Modalitäten, die nur indirekt bewusst werden, wie der osmotische Druck oder der pH-Wert des Blutes.

Literatur: Varjú, D.: Mit den Ohren sehen und den Beinen hören. Die spektakulären Sinne der Tiere. München 1998. – Campenhausen, C. von: Die Sinne des Menschen. Stuttgart ^{2}1993.

Sinnesepithel, epithelial angeordnete ↗ Sinneszellen (z. B. die Netzhaut des ↗ Auges) oder spezialisiertes ↗ Epithel mit zahlreichen eingestreuten Sinneszellen (Riechepithel), die der Perzeption meist einer bestimmten Reizqualität dienen.

Sinneskolben, *Rhopalien*, Sinnesorgane der Medusen der ↗ Scyphozoa. S. bestehen aus hohlen Ausstülpungen des Körpers, die von Ektoderm überzogen sind. Entodermzellen in der Spitze sind zu einer kristallinen Masse umgewandelt, die einen „Schwerekörper" bildet, dessen Ausschlag registriert wird. Im Ektoderm befindet sich ein gut entwickeltes Nervennetz. Häufig ist gleichzeitig ein Lichtsinnesorgan (Ocellus) entwickelt. Rhopalien finden sich stets zu mehreren am Schirmrand.

Sinnesmodalitäten, Bez. für Empfindungskomplexe wie Schmecken (↗ Geschmackssinn), Riechen (↗ Geruchssinn), ↗ Hören, ↗ Sehen. (↗ Sinne, ↗ Sinnesorgane)

Sinnesnervenzelle, ↗ Sinneszellen.

Sinnesorgane, *Organa sensuum*, zur Aufnahme von Informationen aus der Umwelt dienende Strukturen bei Organismen, die sich aus ↗ Rezeptor bzw. ↗ Sinneszelle und Hilfszellen oder -organellen zusammensetzen können. Im einfachsten Fall bestehen die S. aus nur einer Sinneszelle; i. Allg. sind mehrere bis viele Sinneszellen mit z. T. sehr komplexen Hilfseinrichtungen zu komplizierten S. vereinigt. S. im eigentlichen Sinn, wie ↗ Lichtsinnesorgane, (↗ Auge, ↗ Facettenauge), ↗ Gehörorgane (↗ Ohr) usw., sind durch Spezialisierung auf adäquate Reize charakterisiert, d. h., aus der Flut der Umwelteinflüsse werden ganz bestimmte Reize ausgewählt und der Sinneszelle zugeführt. Durch den speziellen Aufbau des S. wird der Reiz oft physikalisch umgeformt und in einen für die Sinneszelle „verständlichen" Reiz übersetzt. So werden z. B. im Ohr die Schallwellen in Schwingungen elastischer Membranen übertragen; erst diese können von den Sinneszellen verarbeitet werden. Lediglich überstarke inadäquate Fremdreize können ebenfalls zu einer Sinneswahrnehmung führen, aber nur mit einer dem S. entsprechenden Empfindung. So bewirkt ein Schlag auf das Auge, abgesehen von einer Schmerzempfindung, immer nur eine Lichtwahrnehmung („Sterne sehen"). ↗ Sinne

Sinnesphysiologie, Teilgebiet der Physiologie, das sich mit den Wahrnehmungsleistungen und Funktionen der ↗ Sinnesorgane, deren Nerven (↗ Neuron, ↗ Nervensystem) und den zentralnervösen Verarbeitungsprozessen bei Tieren und dem Menschen beschäftigt. Sie umfasst sowohl die objektiven organischen Grundmechanismen als auch die subjektive Komponente der Sinneserfahrungen (*Psychophysik*).

Sinneszellen, spezialisierte Zellen meist epithelialer Herkunft, die mit Hilfe bestimmter Rezeptorstrukturen (↗ Rezeptoren), häufig rudimentärer ↗ Cilien (Stäbchen und Zapfen der Lichtsinneszellen, Riechhaare der Riechzellen) oder ↗ Mikrovilli, von außen kommende chemische, elektrische oder mechanische Reize in nervöse Erregung umwandeln und diese auf nervöse Leitungselemente übertragen. Die ursprünglicheren *primären S.* leisten zusätzlich zur Reizperzeption auch selbst die Erregungsleitung zum Zentralnervensystem über einen eigenen Leitungsfortsatz (Axon, ↗ Neuron), wie z. B. die Stäbchen- und Zapfenzellen des ↗ Auges und die Riechzellen der Wirbeltiere. Hingegen sind die abgeleiteten *sekundären S.* reine Rezeptorzellen epithelialer Herkunft, von denen die Erregung über basale ↗ Synapsen zur Weiterleitung auf nachgeschaltete Nervenzellen übertragen wird; ein Beispiel sind die Geschmacksrezeptorzellen von Wirbeltieren und Mensch. Bei der *Sinnesnervenzelle* (neurosensorische Zelle) liegt das Perikaryon unter dem Epithel und sendet Dendriten zum Ort der Reizaufnahme. Die Dendriten können hier frei enden (freie Nervenendigung) oder von Hüllzellen umgeben sein. Ein Beispiel sind die Sinnesnervenzellen in den Spinalganglien der Wirbeltiere, deren somatosensorische Dendriten die ↗ Vater-Pacini-Lamellenkörperchen aufbauen.

Sinnpflanze, die ↗ Mimose.

Sinusdrüse, im Augenstiel am Eingang eines großen Blutsinus gelegenes Neurohämalorgan höherer Krebse, welches das von dem Medulla-terminalis-X-Organ (↗ X-Organ) gebildete häutungshemmende Neurosekret speichert und während der Zwischenhäutungsperioden in die Hämolymphe entlässt. (↗ Häutung, ↗ Y-Organ)

Sinushaare, *Vibrissen*, *Schnurrhaare*, besonders lange Tasthaare in verschiedenen Körperregionen, hauptsächlich in der Augen- und Mundgegend der meisten, vor allem nachtaktiven Säugetiere, die als Mechanorezeptoren (↗ mechanische Sinne) auf Berührungs- und Erschütterungsreize ansprechen. Ihre Wurzelkolben (Haarzwiebel, ↗ Haare) sind von freien Nervenendigungen umsponnen und ragen frei beweglich in einen sie umgebenden Blutsinus. Geringe Abbiegung der äußeren Haarspitzen oder deren Vibrationen werden als Scherkräfte an den basalen Nervenendigungen wahrnehmbar.

Sinusknoten, ↗ Herz.

Siphonaptera, *Flöhe*, zu den ↗ Insecta gehörendes Taxon mit etwa 2400 Arten, von denen 70 in Mitteleuropa bekannt sind. Flöhe sind 1,5 bis maximal 6 mm lang und leben als adulte Tiere durchweg als Blut saugende Ektoparasiten vor allem auf Säugetieren, wenige Arten auch auf Vögeln. Auf ihrem Wirt halten sie sich nur zur Nahrungsaufnahme auf, sonst sind sie in ihrem Nest. Typische Kennzeichen (Autapomorphien) sind der von einer festen, glatten Cuticula umgebene seitlich stark zusammengedrückte Körper, ein nach hinten gerichteter Zahnkamm (*Ctenidium*) am Kopf, die als Sprungbeine ausgebildeten Hinterbeine sowie eine Pygidialplatte am zehnten Abdominalsegment, die in Gruben stehende ↗ Trichobothrien trägt. S. sind immer flügellos. Alle Haare und Borsten sind nach

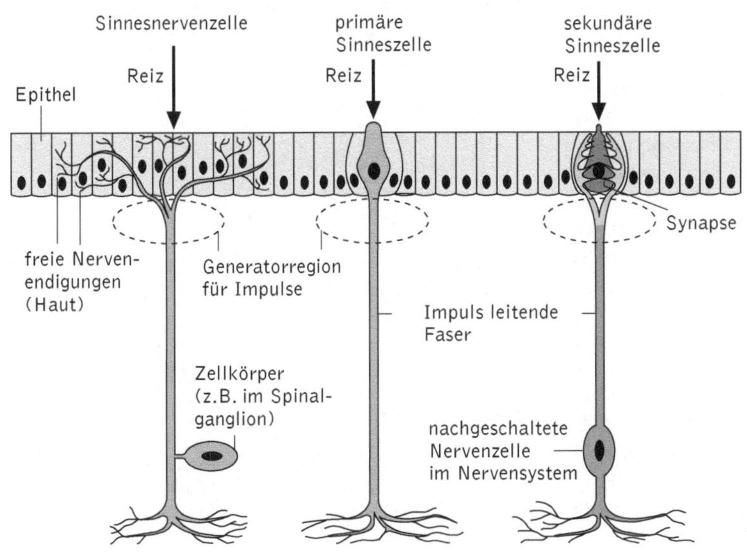

Sinneszellen Schematische Darstellung der nach ihrem Bau und ihrer Verschaltung unterschiedenen Typen von Sinneszellen. Der Zellkörper von *Sinnesnervenzellen* sitzt am oder im Zentralnervensystem, die Reiz empfangenden Endfasern sind oft stark verzweigt (als freie Nervenendigung) oder mit Hilfsstrukturen versehen. Bei der *primären Sinneszelle* (Mitte) wird der Reiz von sensiblen Zellfortsätzen aufgenommen und über das Axon der gleichen Zelle zum Zentralnervensystem weitergeleitet. *Sekundäre Sinneszellen* liegen im Sinnesepithel, haben kein eigenes Axon und übernehmen lediglich die Reizaufnahme

hinten gerichtet, sodass sich die Flöhe leicht im Haar- bzw. Federkleid des Wirts fortbewegen können. Die Mundwerkzeuge sind stechend-saugend. Bei der Kopulation sitzt das Weibchen auf dem Männchen. Nach Ablage der Eier ist eine Blutmahlzeit erforderlich. Die Larven sind 4 - 7 mm lang, gelbweiß und haben keine Augen und Beine. Die Entwicklung geht über drei Larvenstadien, wobei sich die Larven von organischem Substrat und dem ins Nest des Wirts abgegebenen bluthaltigen Kot der Imagines ernähren. Bekannteste Art ist der ↗ Menschenfloh (*Pulex irritans*).

Siphoneen, *Schlauchalgen*, die Klasse ↗ Bryopsidophyceae.

Siphonoblast, *Schlauchthallus*, aus vielkernigen plasmodialen Großzellen bestehender Organisationstyp mancher ↗ Thallopyten, wie er innerhalb der Algen bei den ↗ Chlorophyta und ↗ Heterokontophyta sowie Pilzen der Abt. Oomycota vorkommt.

Siphonogamie, *Pollenschlauchbefruchtung*, Bez. für die bei Gymnospermen und Angiospermen auftretende Form der ↗ Befruchtung, bei der der Pollenschlauch den Griffel durchwächst und dadurch die mehr oder weniger passiven Spermazellen bzw. deren Kerne zur Eizelle transportiert werden.

Siphonophora, *Staatsquallen*, Taxon der ↗ Hydrozoa, die frei schwimmende Kolonien bilden, aber keine frei schwimmenden Medusen. S. zeigen eine ausgeprägte Vielgestaltigkeit, die Einzeltiere sind so stark spezialisiert, dass sie sozusagen als „Organe" eines übergeordneten Organismus anzusehen sind. Ihre Basis ist ein unverzweigter, schlauchförmiger Stamm, an dem vom aboralen zum oralen Ende hin folgende spezialisierte „Individuen" oder Zooide unterschieden werden können: *Pneumatophoren* (Schwimmboje), mitunter mit Gasdrüsen, *Nectophoren* (Schwimmglocken), die den Auftrieb verstärken, *Phyllozooide* (Deckstücke), die Schutzfunktion haben, *Dactylozooide*, das sind mit Nesselfäden versehene Wehrpolypen, die zu Verdauungsorganen umgebildet sind, *Gastrozooide* und *Autozooide*, die als Fresspolypen an ihrer Basis Tentakeln tragen sowie *Gonozooide* als Geschlechtspolypen. Die Kolonien tragen meist männliche und weibliche Gonozooide; die Befruchtung erfolgt im freien Wasser, die Entwicklung erfolgt über eine Sterrogastrula zu Planulalarven, an denen spezifische Knospungen ablaufen. Die S. zeigen eine große Vielfalt an Larventypen. Man unterscheidet drei Subtaxa: die *Cystonectida* (mit differenziertem Pneumatophor, ohne Nectophoren und Phyllozooide), zu denen u. a. die ↗ Portugiesische Galeere (Physalia physalis) gehört, die *Physophorida* (mit Pneumatophor und meist auch Nectophoren) und die *Calycophorida* (ohne Pneumatophor, aber immer mit Gonaden bildenden Nectophoren).

Siphonostele, ↗ Stele.

Sipuncula, *Sipunculida*, *Spritzwürmer*, etwa 160 Arten ausschließlich mariner, bodenlebender Würmer mittlerer Größe (wenige Millimeter bis 60 cm Länge) mit wurstförmigem, warzigem Rumpf und einem die Rumpflänge oft überschreitenden Vorderkörper (*Rüssel*, *Introvert*), der handschuhfingerartig in den Rumpf eingestülpt werden kann. Die Färbung ist gewöhnlich olivbraun, seltener irisierend grauweiß oder braunrosa. S. leben entweder als Höhlenbewohner zwischen Steinen und in Korallenriffen, oft in leeren Schneckenhäusern, oder bohrend in Mudd-, Schill- oder Sandböden zwischen Seegraswurzeln. Ihre Nahrung besteht aus Algen oder Detritus und der bodenbewohnenden Kleinstfauna, die sie durch die von bewimperten fransenartigen Tentakeln umstandene Mundöffnung an der Introvertspitze in sich hineinschlingen. Die Fortbewegung erfolgt, indem sie sich mit dem ausgestreckten Introvert in den Boden oder in Gesteinslücken hineinbohren, durch Aufblähen der Introvertspitze verankern und den Rumpf nachziehen.

Die warzige und an Sinnespapillen reiche Körperwand besteht aus einer flexiblen, vor allem am Introvert mit Häkchen besetzten Glykoproteincuticula, einer drüsenreichen zellulären Epidermis, einer derben, kollagenfaserigen subepidermalen Bindegewebslage (Dermis) mit zahlreichen Pigmentzellen, einer Schicht schräg gestreifter Ring- und Längsmuskulatur (Hautmuskelschlauch) und einem dünnen Coelomepithel (Peritoneum), das eine geräumige, einheitliche und unsegmentierte Leibeshöhle (Coelom) umschließt. Ein mit Peritoneum ausgekleidetes Kanal- und Lakunensystem in der Dermis (Ersatz für ein Gefäßnetz) steht mit dem Coelom in Verbindung. Ein eigenes Hohlraumsystem ist am Vorderende ausgebildet. Es besteht aus einem dermalen

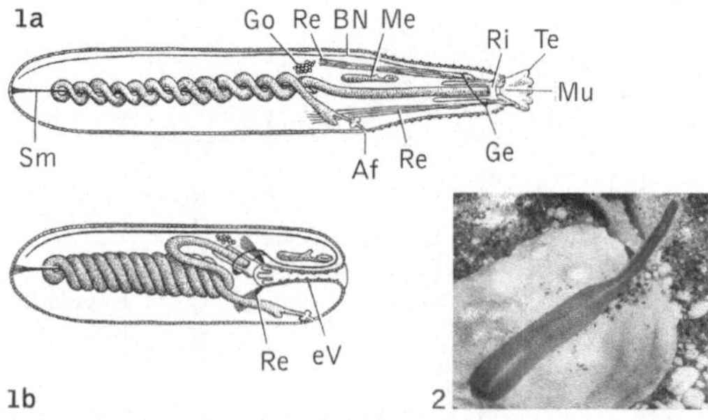

Sipuncula 1 Bauplan der Sipuncula, a mit ausgestülptem, b mit eingezogenem Vorderkörper. Af After, Bn Bauchnerv, eV eingestülpter Vorderkörper, Ge Gehirn, Go Gonade, Me Metanephridium, Mu Mund, Re Retraktormuskel, Ri Ringkanal, Sm Spindelmuskel, Te Tentakel. 2 *Phascolosoma elongatum*

Ringkanal rund um den Ösophagus, von dem aus jeweils kurze Kanälchen in die Tentakel eindringen und zwei längere Schläuche (*Poli'sche Blasen*) abzweigen, die sich beidseits dem muskulösen Ösophagus anschmiegen. Der Mitteldarm entbehrt in seiner ganzen Länge einer eigenen Muskulatur, besitzt aber durchgehend ein Flimmerepithel und eine ventrale Wimpernrinne. Vom Darmlumen her senken sich zahlreiche tubuläre Verdauungsdrüsen in das subepitheliale Bindegewebe der Darmwand ein. Ein oder zwei Paare von Introvert-Retraktormuskeln durchziehen die Leibeshöhle bis zur Rumpfmitte; durch deren Kontraktion wird das Introvert eingestülpt, während dessen Auspressen durch Kontraktion der Rumpfmuskulatur erfolgt.

In der Coelomflüssigkeit flottieren zahlreiche freie Zellen, sowohl kernhaltige, dem O_2-Transport dienende Blutzellen mit ↗ Hämerythrin als Atempigment, wie auch verschiedene Typen phagocytotisch aktiver Abwehr- und Exkretzellen. Eine charakteristische Bildung der S. sind die *Wimpernurnen*, die entweder als besonders geformte bewimperte Protuberanzen lokale Differenzierungen des Coelomepithels sind oder sich ablösen und frei in der Coelomflüssigkeit umherschwimmen. Sie ziehen eine von ihnen sezernierte Schleimfahne hinter sich her, in der sich selektiv vollgefressene Exkretzellen und Chloragogzellen fangen. Diese werden vermutlich den Nephridientrichtern zugetragen. Das Gehirn, ein zweilappiges Cerebralganglion (*Oberschlundganglion*) an der Introvertspitze, entsendet neben einigen Nerven zu den Sinnesorganen der Mundregion zwei Schlundkommissuren, die den Ösophagus umgreifen und sich ventral zu einem Markstrang vereinigen, der bis zum Rumpfende zieht. Er gibt alternierend Seitennerven zur Körperwand ab. Außerdem sind in Dermis und Darmwand Nervenplexus ausgebildet. Das Sinnessystem besteht aus zwei *Pigmentbecherocellen* im Gehirn, einer chemorezeptorischen Wimperngrube am Vorderende und zahlreichen *Sinnespapillen* an der gesamten Körperoberfläche, gehäuft in der Mundregion.

Die S. sind mit einer Ausnahme getrenntgeschlechtlich, zeigen aber keinerlei ↗ Geschlechtsdimorphismus. Nach der Befruchtung im freien Wasser entwickeln sich die Eier über eine echte Spiralfurchung zu trochophoraartigen Wimpernlarven, die allerdings keine ↗ Protonephridien haben. Ein abgeleiteter Larventyp einiger Arten mit verlängerter pelagischer Lebensphase ist die ursprünglich als eigene, planktische Gatt. der S. missdeutete *Pelagosphaera*. Bei manchen Arten der Gezeitenzonen ist das Larvenstadium zugunsten einer direkten Entwicklung reduziert. Das Regenerationsvermögen der Sipunculida ist recht hoch.

Die näheren Verwandtschaftsbeziehungen der S. sind bislang ungeklärt. Spiralfurchung, teloblastische Mesodermsprossung, Coelombildung durch Schizocoelie und Trochophoralarve weisen jedoch auf die nahe Verwandtschaft zu ↗ Annelida und ↗ Mollusca hin.

Sipunculida, die ↗ Sipuncula.

Sirenia, *Seekühe*, Ord. der Säugetiere (↗ Mammalia) mit zwei Fam. und insgesamt vier rezenten Arten. Da sich die S. stammesgeschichtlich von den Stammhuftieren ableiten, werden sie, obwohl wasserlebend, zu den Huftieren (Ungulata) gestellt. An den Fingerspitzen zeigen sie noch Überreste von abgerundeten Hufnägeln. Zur Fam. *Manatis (Rundschwanz-Seekühe, Trichechidae)* gehören drei Arten. Sie haben einen walzen- und gleichzeitig stromlinienförmigen, unbehaarten oder spärlich behaarten Körper und einen abgeplatteten und hinten abgerundeten waagerechten Schwanz. Die Oberlippe ist wulstig und muskulös und trägt kurze steife Borsten. Das Gebiss besteht aus Mahlzähnen, die vorne abgestoßen werden und von hinten ständig nachgeschoben werden. Die Vorderextremitäten sind zu Flossen umgewandelt, die Hinterextremitäten fast vollständig verkümmert. Manatis ernähren sich ausschließlich von Wasserpflanzen. Sie bewohnen Küstengewässer, Flussmündungen und Flüsse tropischer und subtropischer Regionen. Manatis können bis zu 24 Stunden untergetaucht bleiben und kommen dann nur für wenige Sekunden zum Atemholen nach oben. Sie leben überwiegend einzeln oder in lockeren Gruppen. Die zweite Fam. *Dugongs (Gabelschwanz-Seekühe, Dugongidae)* umfasst nur noch eine rezente Art, den *Dugong (Dugong dugong)*. Er ist äußerlich den Manatis ähnlich, jedoch ist der Schwanz hinten eingebuchtet. Die Schneidezähne der männlichen Tiere sind wie kleine Stoßzähne sichtbar. Sie ernähren sich vor allem von Algen der Gatt. *Cymodocea*. Dugongs halten sich dicht unter der Wasseroberfläche auf und tauchen alle ein bis zwei Minuten für wenige Sekunden zum Atemholen auf. Sie leben einzeln oder in großen Ansammlungen und bevorzugen ruhige Küstengewässer. Zu den Dugongs gehört auch die im 18. Jh. ausgerottete Steller'sche Seekuh (*Hydrodamalis gigas*).

Sisalagave, ↗ Agave.

site-directed mutagenesis, *site-specific mutagenesis*, deutsch: *ortsspezifische Mutagenese*, ein experimentelles Verfahren, mit dessen Hilfe einzelne Basen in einer bestimmten DNA-Sequenz ausgetauscht und somit die genetische Information gezielt verändert werden kann. Die s. - d. m. kann z. B. dazu eingesetzt werden, um Aminosäuren im katalytischen Zentrum eines Enzyms auszutauschen oder aber um bestimmte Sequenzmotive zu verändern, die im ↗ Promotor eines Gens liegen

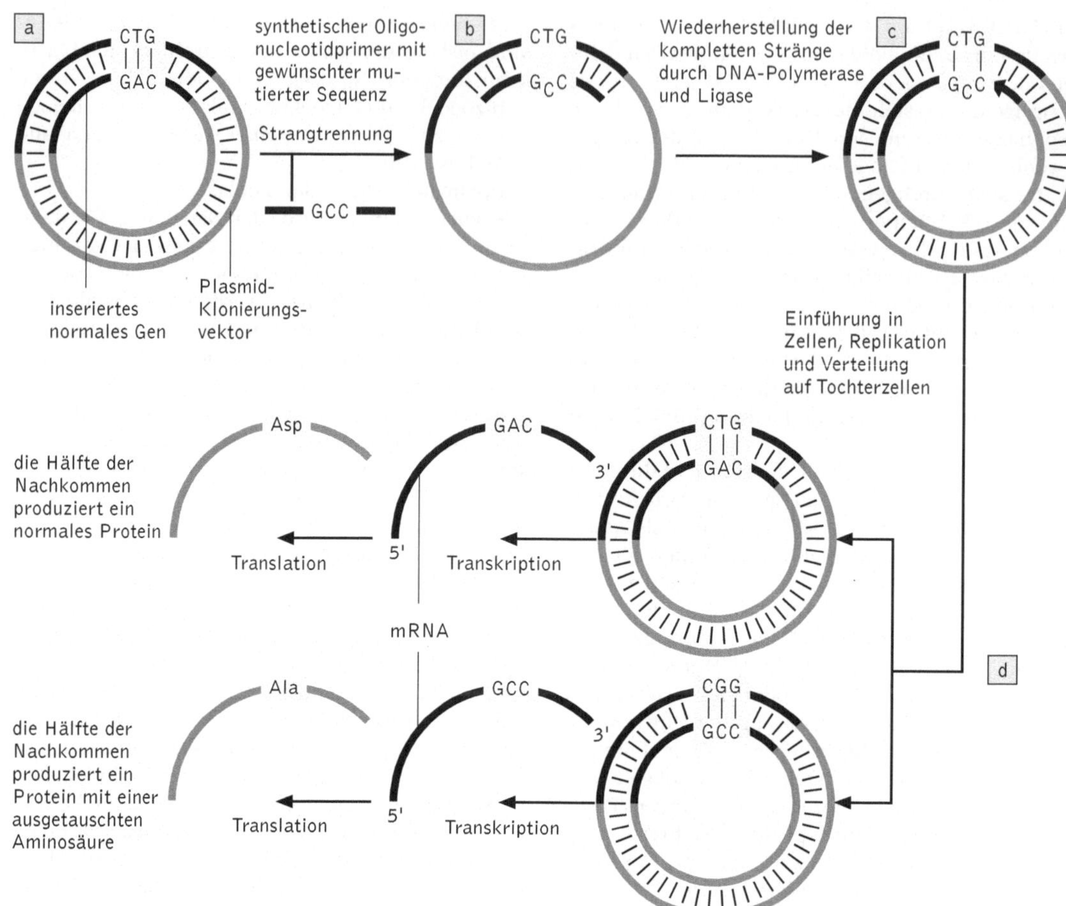

site-directed mutagenesis Dargestellt wird eine Variante des Verfahrens, bei dem ein Basenaustausch zu einer anderen Aminosäure führt. a Überführen des zu verändernden Gens in die Einzelstrangform, b Anlagerung des Oligonucleotids, c Synthese eines kompletten DNA-Moleküls, das die Mutation aufweist, d Expression des veränderten Gens. Die Zellen, die unterschiedliche Produkte produzieren, können durch weitere Schritte voneinander getrennt werden, sodass das veränderte Protein in Reinkultur produziert wird

(↗ DNA-bindende Proteine). Dabei werden In-vitro- und In-vivo-Techniken miteinander kombiniert. Das zu analysierende Gen wird zunächst in einen Klonierungsvektor einkloniert. Mit Hilfe eines synthetischen Oligonucleotids, das die gewünschte Punktmutation enthält, wird durch den Einsatz von ↗ DNA-Polymerasen und ↗ DNA-Ligasen ein mutierter DNA-Strang erzeugt, der nach Einschleusen in Zellen zur Bildung des gewünschten veränderten Genproduktes bzw. zur Untersuchung der Veränderung selbst verwendet wird.

Sittidae, *Kleiber*, Fam. der Singvögel (↗ Passeres) mit 25 Arten, die 10 bis 18 cm groß und kurzschwänzig sind. Kleiber klettern an Bäumen oder Felsen, ohne ihren Schwanz als Stütze zu gebrauchen; sie sind die einzigen einheimischen Vögel, die regelmäßig auch kopfabwärts klettern. Ihre Nahrung besteht aus Insekten, Samen und Nüssen, größere und härtere Futterstücke werden in Rin-

denspalten geklemmt und mit dem Schnabel bearbeitet. Kleiber sind Höhlenbrüter (meist Baumhöhlen), die einen zu weiten Eingang der Bruthöhle mit feuchtem Lehm einengen. Häufigste Art ist der über weite Teile Eurasiens verbreitete *Kleiber (Sitta europaea)*; er ist oberseits grau mit dunklem Augenstreif, unterseits je nach Region hell bis rostrot.

Situs inversus, *Inversion*, die spiegelbildlich umgekehrte Lage der Eingeweide im Bauch. Dieses Phänomen kann alle Organe (bei 0,01 % aller Menschen) oder auch nur bestimmte Organe betreffen (z. B. das Herz). Über die Ursache für das Entstehen eines S. i. ist noch sehr wenig bekannt. Ein *Nodal* genannter Botenstoff, der im Zellinneren für die Aktivierung des Transkriptionsfaktors *pitx2* steht, und dieser Faktor werden mit dem S. i. in Zusammenhang gebracht, da der Faktor Gene anschaltet, deren Produkte direkt auf die Organentwicklung und Organlage Einfluss nehmen.

Sivapithecus, Gatt. fossiler Menschenaffen, die aufgrund von acht Mio. Jahre alten Schädelfunden aus den Siwaliks (Nordindien) und Lufeng (Südchina), insbesondere wegen der Anatomie der Zähne und der Mund-Nase-Partie, in die verwandtschaftliche Nähe des ↗ Orang-Utan gestellt werden. Sie lebten vom Mittel- bis Obermiozän, vor ca. 15 bis acht Mio. Jahren.

Skalar, Art der Buntbarsche (↗ Cichlidae).

Skaliden, ↗ Kinorhyncha.

Skatol, *3-Methylindol*, eine heterozyklische Verbindung, die durch Decarboxylierung der Aminosäure ↗ Tryptophan entsteht und in den menschlichen ↗ Fäzes enthalten ist.

Skelett, *Gerippe*, den Körper stützendes Gerüst tierischer Organismen und des Menschen. S. trifft man bei Einzellern und Mehrzellern an, entweder als Binnen-S. (*Endoskelett*), so z. B. Achsenstäbe und Zentralkapseln bei ↗ Flagellata, ↗ Radiolaria und ↗ Heliozoa, Nadel-S. und subepidermale Plattenpanzer bei Schwämmen (↗ Porifera), manchen Tintenfischen (↗ Cephalopoda) und Stachelhäutern (↗ Echinodermata), parenchymatöse S. bei Strudelwürmern und anderen Wirbellosen sowie Knorpel- und Knochen-S. der Wirbeltiere und des Menschen. Als den Körper umhüllendes Außenskelett (*Exoskelett*) finden sich S. in Form organischer oder mineralischer Schalen z. B. bei den Foraminifera und den beschalten Amöben (↗ Testacea) bzw. als cuticuläres Korsett bei Gliederfüßern. (↗ Hydroskelett)

Skelettmuskel, ↗ Muskel.

Skinke, die Fam. ↗ Scincidae.

Skinner-Box, von dem amerikanischen Psychologen und Verhaltensforscher B.F. Skinner (1904 - 1990) entwickelte Versuchsapparatur zur operanten ↗ Konditionierung (↗ bedingter Reiz). Sie besteht aus einem Behälter für das Tier, einem Bedienungsteil, z. B. in Form eines Hebels, den das Tier drückt, und einer Belohnungseinrichtung, meist als Futterspender konstruiert. Das Tier muss nun in verschiedenen Durchgängen lernen, durch Betätigung des Hebels an die Futterbelohnung zu kommen. In der ersten *Spontanphase* erfolgt die Betätigung des Hebels nur zufällig, in der folgenden *Lernphase* ist das Verhalten noch unvollkommen und ineffektiv und in der abschließenden *Kannphase* kann das Versuchstier das Verhalten zielgerichtet und effektiv durchführen. Derartige Versuche geben Aufschluss über die Lerngeschwindigkeit eines Tieres.

Sklera, die Lederhaut des ↗ Auges.

Sklereide, ↗ Steinzelle, isometrische oder palisadenförmige abgestorbene Zelle des Sklerenchyms (↗ Festigungsgewebe) mit geschichteten sekundären Zellwänden. S. findet man in den harten Schalen vieler Früchte und im Rindengewebe von Holzgewächsen.

Sklerenchym, ausschließlich in ausdifferenzierten Pflanzenteilen vorkommendes pflanzliches ↗ Festigungsgewebe aus englumigen Zellen. Der Zellinhalt ist meist abgestorben. Im Gegensatz zum ↗ Kollenchym besitzt das S. verdickte und oft verholzte Sekundärwände, die von Tüpfelkanälen durchzogen sind. Man unterscheidet zwischen ↗ Sklereiden und S.-Fasern. Bei den ↗ Angiospermae stammen letztere aus dem ↗ Xylem und sind phylogenetisch von den ↗ Tracheiden abzuleiten. Die *extraxylaren* Fasern der ↗ Pteridophyta und ↗ Gymnospermae entstammen meist aus dem ↗ Phloem und gehören zu den längsten Zellen im Pflanzenreich. Fasern von ↗ Ramie können eine Länge von bis zu 50 cm erreichen. S.-Fasern stehen häufig in Verbindung zum ↗ Leitgewebe oder gehören diesem an. Bei einigen Pflanzenfamilien (z. B. ↗ Aristolochiaceae) ist das Leitgewebe von einem sklerenchymatischen *Perivaskularzylinder* umgeben. Nach Auflagerung der Sekundärwände können die Fasern auch durch Querwände unterteilt werden. Derart septierte Fasern behalten oft lange Zeit ihren Protoplasten und speichern Reservestoffe. Das Wachstum von S.-Fasern erfolgt z. T. *symplastisch* durch Streckung bei der Teilung benachbarter Zellen oder *intrusiv* durch Verlängerung ihrer Enden.

Sklerenchymfaser, ↗ Sklerenchym.

Sklerite, bei Gliederfüßern (↗ Arthropoda) die sklerotisierten, harten Chitinplatten der Segmente des Außenskeletts. Die einzelnen S. stehen durch Membranen oder gehärtete Nähte miteinander in Verbindung. Man unterscheidet *Tergite* (S. der Dorsalseite), *Sternite* (S. der Ventralseite) und *Pleurite* (S. der Lateralseite).

Sklerophylle, die ↗ Hartlaubgehölze.

Skleroproteine, *Faserproteine*, *Gerüstproteine*, *Strukturproteine*, Gruppe von wasserunlöslichen, faserförmig aufgebauten, tierischen ↗ Proteinen mit reiner Gerüst- und Stützfunktion. Gut untersuchte Skleroproteine sind ↗ Elastin, ↗ Fibroin, ↗ Keratine, ↗ Kollagen und Resilin. Bedingt durch ungewöhnliche Aminosäurezusammensetzungen, weisen Skleroproteine meist einheitliche bzw. stark dominierende Typen von Sekundärstrukturen auf. z. B. enthalten α-Keratine vorwiegend Aminosäuren mit sperrigen Seitenketten sowie Cysteinreste, weshalb helikale α-Strukturen und Disulfidbrücken dominieren. In S., die zu über 90 % aus den einfachen Aminosäuren ↗ Glycin, ↗ Alanin und ↗ Serin aufgebaut sind, wie z. B. α-Keratin und Fibroin, dominieren dagegen die β-Strukturen (↗ Faltblattstruktur). Als dritter Typ sind die S. mit Tripelhelixstruktur (Kollagen-Typ) zu nennen. Wegen ihrer Schwerlöslichkeit sind S. von Proteasen kaum abbaubar und daher schwer verdaulich. Aus diesem Grunde und wegen des Fehlens essenzieller Aminosäuren sind S. nicht als Nahrungsproteine geeignet. Gegensatz: ↗ Sphäroproteine

Sklerotien, *Dauermycel*, sterile, oft harte Überdauerungs- oder Speicherorgane von Pilzen, die aus fest verflochtenen, oft dickwandigen Hyphen bestehen; die Außenschicht ist durch ⊅ Melanine oft dunkel gefärbt. S. können auch der Verbreitung dienen (zum Beispiel bei ⊅ Mutterkornpilzen).

Sklerotom, ⊅ Mesoderm.

Skolopender, die Scolopendromorpha (⊅ Chilopoda).

Skorpione, die ⊅ Scorpiones.

Skotomorphogenese, das Entwicklungsprogramm von Pflanzen, das im Dunkeln abläuft und zu den typischen Merkmalen des ⊅ Etiolements führt. Gegensatz: ⊅ Fotomorphogenese

skotopisches Sehen, das ⊅ Dämmerungssehen.

Skunks, die ⊅ Stinktiere.

Smaragdeidechsen, ⊅ Lacertidae.

Smegma, Bez. für die Sekrete der Talgdrüsen von Eichel und Vorhaut (⊅ Penis) beim Mann sowie des ⊅ Kitzlers und der kleinen ⊅ Schamlippen bei der Frau. Das S. enthält außerdem noch abgeschilferte Hautzellen und hat eine käsige Beschaffenheit. Da es leicht durch Bakterien zersetzt wird, kann es zu unangenehmer Geruchsbildung und unter Umständen zu Entzündungen führen und sollte daher täglich durch Waschen entfernt werden.

Smith, *Hamilton Othanel*, amerikan. Biochemiker und Mikrobiologe, * 23.8.1931; von 1975-76 in Zürich, ab 1981 Prof. in Baltimore (Maryland). S. erhielt für seine von 1968 bis 1970 durchgeführten Forschungen über Restriktionsenzyme, mit denen er die Arbeiten von W. ⊅ Arber bestätigte, 1978 zusammen mit Arber und D. ⊅ Nathans den Nobelpreis für Physiologie oder Medizin.

Smith, *William*, brit. Geologe, * 23.3.1769 Churchill (Oxfordshire), † 28.8.1839 Northampton. S. erkannte als einer der ersten die Bedeutung der ⊅ Fossilien für die relative Altersbestimmung und Gliederung der geologischen Formationen (Prinzip der Leitfossilien) und begründete damit um 1871 die (Bio-)Stratigraphie.

Smog, ursprünglich zur Charakterisierung des berüchtigten Londoner Stadtnebels mit hohen Rauch-, Ruß- und Schwefeldioxidanteilen verwendeter Begriff. Mit S. wird heute allg. eine Akkumulation von artfremden Luftbeimengungen mit der meteorologischen Voraussetzung einer austauscharmen Wetterlage bezeichnet, die durch eine stabile vertikale Temperaturschichtung und geringe Windgeschwindigkeiten bei Hochdruckwetter charakterisiert ist. Der Rauch-Gas-Smog vom London-Typ wird hauptsächlich durch gas- und partikelförmig emittierte Schadstoffe aus der Kohleverbrennung mit ⊅ Schwefeldioxid als Leitgas hervorgerufen. Beim S. vom Los-Angeles-Typ sind aufgrund der Verbrennung von Erdöl und seinen Derivaten z. B. durch Kraftfahrzeuge neben Kohlenwasserstoffen und anderen oxidierenden Stoffen im Wesentlichen ⊅ Stickstoffoxide beteiligt. Unter dem Einfluss der UV-Strahlung der Sonne werden durch fotochemische Prozesse Fotooxidantien gebildet, mit ⊅ Ozon als Leitkomponente (*Foto-Smog*). Zum Schutz vor schädlichen Umwelteinwirkungen durch Luftverunreinigungen (Abgase, Luftverschmutzung, ⊅ Schadstoffe, ⊅ saurer Regen) in den industriellen Ballungsgebieten wurden in Deutschland Smog-Alarmpläne eingerichtet, nach denen auf der Basis von Messungen von SO_2, CO, NO_2 und Schwebstaub unter Berücksichtigung der meteorologischen Bedingungen abgestufte Maßnahmen ergriffen werden, wie Beschränkung des Kfz-Verkehrs, Auflagen bezüglich des Schwefelgehaltes von Brennstoffen bis zu Betriebsbeschränkungen.

Sn, chemisches Symbol für ⊅ Zinn.

SNARE-Hypothese, die von J. E. Rothman und Mitarbeitern im Jahr 1993 formulierte Hypothese zur Erklärung der beobachteten Fusion von Transportvesikeln mit ihren jeweiligen Zielmembranen. Dabei spielt eine Gruppe von als *SNARE* bezeichneten Transmembranproteinen eine wichtige Rolle, wobei unterschiedliche Organellen und Transportvesikeltypen durch verschiedene SNARE-Typen gekennzeichnet sind. In den Membranen der Transportvesikel befinden sich so genannte *v-SNARE* (v = Vesikel), die an *t-SNARE* an der Oberfläche der Zielmembran (t = target, engl.: Ziel) anbinden. Im Anschluss an dieses Andocken katalysiert ein Komplex von Membranfusionsproteinen an der Kontaktstelle beider Membranen deren Fusion, sodass der Inhalt des Vesikels in das Innere des Zielorganells gelangt.

Snell, *George Davis*, amerikan. Genetiker und Immunologe, * 19.12.1903 Haverhill (Massachusetts), † 6.6.1996 Bar Harbor (auf Mount Desert Island, Maine); 1935-69 Prof. am Jackson Laboratorium in Bar Harbor. S. erhielt für seine Arbeiten zur Genetik und Immunologie bei Gewebetransplantationen (er prägte u. a. den Begriff der Histokompatibilitäts-Antigene) im Jahr 1980 zusammen mit B. ⊅ Benacerraf und J.B.G. ⊅ Dausset den Nobelpreis für Physiologie oder Medizin.

snRNA, die Abk. für *small nuclear RNA*, eine aus relativ kleinen RNA-Molekülen bestehende Fraktion im Zellkern, die als Bestandteile der *snRNPs* (Abk. für *small nuclear ribonucleoproteins*) an der ⊅ Prozessierung von Primärtranskripten beteiligt sind (⊅ Spleißen, ⊅ Transkription).

snRNP, Abk. für *small nuclear ribonucleoprotein*, ⊅ snRNA.

Sojabohne, *Glycine max*, *Soja hispida*, aus Ostasien stammende domestizierte Art der ⊅ Fabaceae, die heute in allen gemäßigt warmen Gebieten angebaut wird. Die aus ⊅ Autogamie hervorgegangenen Samen enthalten bis zu 48 % Eiweiß, 11 %

verdauliche Kohlenhydrate und ca. 18 % hochwertiges Öl. Den Samen wird durch Pressung das Öl entzogen und der Presskuchen zu vielen Arten von Nahrungsmitteln weiterverarbeitet, u. a. zu Sojamehl, Sojamilch, Sojakäse, Sojaquark (Tofu) oder zu einer Art Kunstfleisch.

Solanaceae, *Nachtschattengewächse*, Fam. der ↗ Rosopsida mit ca. 2600 Arten, die ursprünglich hauptsächlich in Amerika verbreitet waren und heute weltweit verbreitet sind. Es sind Bäume, Sträucher und krautige Pflanzen mit schraubig angeordneten Blättern, die Blüten stehen häufig in Wickeln. Die Scheidewand des aus zwei Fruchtblättern verwachsenen Fruchtknotens steht fast immer quer zur Symmetrieebene der dorsiventralen und oft schwach asymmetrischen Blüten. Als ↗ Frucht findet man Beeren oder Kapseln. Die Pflanzenfam. wird von alters her vom Menschen verschiedentlich genutzt. Ihr gehören mystische Pflanzen an, wie die ↗ Alraune (Gatt. *Mandragora*). Rauschzustände hervorrufende Arten wie z. B. ↗ Tollkirsche (*Atropa belladonna*), Bilsenkraut (*Hyoscyamus niger*) oder ↗ Stechapfel (*Datura stramonium*) werden wegen ihres hohen Gehaltes an ↗ Tropan-Alkaloiden als Heilpflanzen verwendet. Von weltwirtschaftlicher Bedeutung sind die Nahrungsmittelpflanzen der Fam.: ↗ Kartoffel (*Solanum tuberosum*), ↗ Tomate (*Lycopersicon esculentum*), ↗ Paprika (*Capsicum annuum*), ↗ Aubergine (*Solanum melongena*) und die ↗ Judenkirsche (*Physalis alkekengi*) sowie als Genussmittelpflanze ↗ Tabak (*Nicotiana tabacum*). Als Gewürzpflanzen dienen der ↗ Cayennepfeffer (*Capsicum frutescens*) und der Gewürzpaprika (*Capsicum annuum* var. *annuum*).

Solanales, Ord. der ↗ Rosopsida mit den Fam. ↗ Solanaceae, ↗ Convolvulaceae und ↗ Cuscutaceae. Charakteristisch ist das Vorkommen von *Steroid-* und *Tropan-Alkaloiden* sowie abwärts gerichtete Samenanlagen. Eine anatomische Besonderheit der Ord. sind *bikollaterale Leitbündel* (↗ Leitgewebe).

Solanin, ↗ Solanum-Alkaloide.

Solanum, Gatt. der ↗ Solanaceae.

Solanum-Alkaloide, Steroidalkaloide, die in Pflanzen der Nachtschattengewächse (Fam. ↗ Solanaceae) vorkommen. Die S.-A. leiten sich vom Cholestan, dem Grundkörper der ↗ Sterole ab. Ihre beiden wichtigsten stickstoffhaltigen Grundkörper sind *Spirosolan* mit sekundärer und *Solanidan* mit tertiärer Aminogruppe. In der Pflanze liegen S.-A. meist als Glykoalkaloide vor (z. B. *α-Solanin* der Kartoffel und *α-Tomatin* der Tomate). Diese Glykoalkaloide zählen zu den ↗ Saponinen und sind oberflächenaktiv und hämolytisch wirksam. Mit ↗ Cholesterin bilden sie schwerlösliche Addukte. Ihre Biosynthese erfolgt aus Cholesterin. Bestimmte S.-A. sind Ausgangsstoffe zur Synthese von Steroidhormonen.

Solanum-Alkaloide   α-Solanin. Glc = D-Glucose, Gal = D-Galactose, Rha = L-Rhamnose

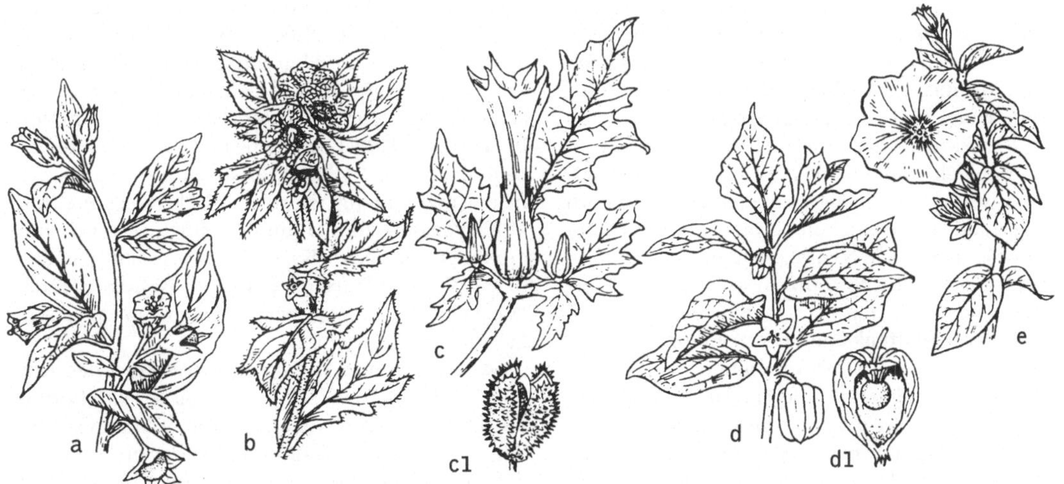

Solanaceae   a Tollkirsche (*Atropa belladonna*), b Bilsenkraut (*Hyoscyamus niger*), c Stechapfel (*Datura stramonium*) c1 Frucht aufgesprungen, d Blasenkirsche oder Judenkirsche (*Physalis alkekengi*), d1 Frucht mit geöffnetem Kelch, e Petunie

Solarplexus, *Sonnengeflecht*, *Plexus coeliacus*, *Plexus solaris*, ein zahlreiche Ganglien enthaltendes vegetatives Nervengeflecht, das beim Menschen am Abgang des Truncus coeliacus aus der Aorta im Retroperitonealraum liegt. Es umgibt die Ursprünge des Truncus coeliacus, der Arteria mesenterica superior und der Nierenarterien und erhält Fasern von den Eingeweidenerven (Nervi splanchnici) und dem ↗ Nervus vagus.

Solea solea, die ↗ Seezunge.

Soleidae, Fam. der Plattfische (↗ Pleuronectiformes) u. a. mit der ↗ Seezunge.

Solenocyte, ↗ Protonephridien.

Solenogastres, Gruppe der Wurmmollusken (↗ Aplacophora).

Solfatare, Austrittsstellen von 100 bis 200 °C heißem H_2S-haltigem Wasserdampf im Zusammenhang mit Vulkanismus.

Solifugae, *Solpugida*, *Walzenspinnen*, zu den *Arachnida* gehörende Spinnentiere, die mit mehr als 900 Arten überwiegend in Trockengebieten, Wüsten und Steppen leben. Walzenspinnen sind 10 bis 70 mm lang, mit sehr großen, zweigliedrigen Cheliceren, einem beweglichen Prosoma und einem walzenförmigen, weichhäutigen Opisthosoma. Das erste Beinpaar dient als Taster, sodass die S. auf den hinteren drei Beinpaaren laufen. Die Pedipalpen tragen am Ende ein Kleborgan, mit dessen Hilfe sich die S. auch auf glatten senkrechten Flächen bewegen können. Außerdem können sie gut graben, wobei die Cheliceren eingesetzt werden. Bei Gefahr wird mit angehobenen Cheliceren gedroht, manche Arten stridulieren dabei durch Aneinanderreiben der Cheliceren. Viele Arten sind tagaktive Räuber, die von großen Arthropoden und kleinen Wirbeltieren leben. S. haben keine Giftdrüsen. Sie atmen über ein Tracheensystem, das einzigartig bei den Arachnida ist, indem die Röhren miteinander verbunden sind und ebenso wie bei Insekten durch Atembewegungen ventiliert werden können. Zur Fortpflanzung werden die Spermatophoren vom Männchen direkt oder mit Hilfe der Cheliceren in die Geschlechtsöffnung des Weibchens gebracht, die Eier werden in selbst gegrabenen Brutkammern abgelegt und vom Weibchen bewacht. Die Entwicklung erfolgt über viele Nymphenstadien.

Solitärbienen, Bez. für einzeln und nicht in Tierstaaten lebende Bienen (↗ Apoidea).

Solnhofener Plattenkalke, bei Solnhofen in der Fränkischen Alb in Steinbrüchen abgebauter dünnplattiger und extrem feinkörniger Kalkstein, der aus dem oberen Malm (↗ Jura) stammt. Außer wegen ihrer Eignung als Lithographiesteine sind die S. P. auch als eine der weltweit bedeutendsten Fossilienfundstätten bekannt. Hier findet sich eine große Zahl sehr gut erhaltener Fossilien vor allem von Fischen und Krebsen sowie bislang 29 Arten von Flugsauriern (↗ Pterosauria), wobei aufgrund der günstigen Bedingungen im Kalkschlamm z. T. sogar Weichteile konserviert wurden. Zudem sind die S. P. die bisher bedeutendste Fundstelle von ↗ Archaeopteryx.

Solontschak, Salzboden in ariden Gebieten mit hohem Grundwasserspiegel mit einem hohen Anteil an Natriumsulfat und Natriumchlorid. Es kommt zur Ablagerung von Salzkrusten an der Oberfläche. Die Vegetation besteht ausschließlich aus ↗ Halophyten.

Solpugida, die ↗ Solifugae.

Solutréen, nach dem Fundort Solutré in Frankreich benannte Werkzeugkultur (vor 21000 bis 16000 Jahren) des europäischen ↗ Jungpaläolithikums. Das S. ist charakterisiert durch sehr sorgfältige flächenhafte Bearbeitung; besonders typisch sind die bis über 30 cm langen und kaum 1 cm dicken Blattspitzen.

Soma, allg. für Körper, vor allem für die meist diploiden Körperzellen (↗ somatische Zellen).

Somateria, die Gatt. ↗ Eiderenten.

somatisch, 1) körperlich, den Körper betreffend. 2) Bez. für Teile des Organismus bzw. Prozesse, die an der geschlechtlichen ↗ Fortpflanzung nicht unmittelbar beteiligt sind. (↗ Soma)

somatische Mutationen, Bez. für ↗ Mutationen, die nicht Zellen der ↗ Keimbahn, sondern ↗ somatische Zellen betreffen; sie werden dadurch nicht an die Nachkommen weitervererbt.

somatische Zelle, *Somazelle*, eine Zelle, die, außer bei vegetativer Fortpflanzung, nicht der Fortpflanzung dient und sich mittels ↗ Mitose teilt.

Somatogamie, Pseudomixis, Befruchtungsmodus bei Ständerpilzen (↗ Basidiomycetes) und einigen Schlauchpilzen (↗ Ascomycetes), bei dem sich zwei morphologisch nicht differenzierte vegetative Zellen wie Geschlechtszellen verhalten; sie verschmelzen zu einer dikaryotischen Zelle. Die Zellen können vom gleichen Organismus oder von verschiedenen Organismen der gleichen Art stammen; im letzteren Falle bestehen genetisch bedingte Verschiedenheiten. Charakteristisch für diesen Befruchtungsvorgang ist, dass ↗ Plasmogamie und ↗ Karyogamie zeitlich und räumlich getrennt voneinander erfolgen (Karyogamie in den Basidien bzw. Asci). Während der dazwischenliegenden Dikaryophase erfolgt bei Zellteilungen stets eine konjugierte Kernteilung.

Somatoliberin, *Somatotropin freisetzendes Hormon*, Abk. *SRH* oder *GRF* (von engl. *growth hormone-releasing factor*), ein im ↗ Hypothalamus gebildetes Peptid aus 44 Aminosäuren, das die Sekretion des Wachstumshormons (↗ somatotropes Hormon) stimuliert. (↗ Somatostatin)

Somatolyse, *Gestaltauflösung*, gestaltliche Form der Tarnung, vor allem bei Wirbeltieren, Weichtieren und Insekten, durch optische Auflösung der Körperkonturen. S. wird hauptsächlich erreicht durch die Fortsetzung linearer oder flächenhafter Muster des Tierkörpers über dessen Umriss hinaus in die natürliche Umgebung (z. B. Puffottern, Ziegenmelker, gefleckte und getigerte Katzen). Durch nervöse Steuerung ihres Farb- und Zeichnungsmusters können sich z. B. Sepien (↗ Decabrachia) und viele ↗ Kraken hervorragend und schnell der Umgebung anpassen. Die Muschel *Pterelectroma zebra* lebt an Hydrozoen-Stöckchen; sie bildet ein Streifenmuster, das dem ihrer Unterlage entspricht. Das Flecken- und Streifenmuster vieler mariner Nacktschnecken ist ebenfalls als S. zu deuten. Auch optische Kontrastbetonung, so genannte Grenzflächenkontraste (bei vielen Schmetterlingsarten), oder Körperanhänge (z. B. bei den Drachenköpfen, ↗ Scorpaeniformes) wirken in entsprechender Umgebung Gestalt auflösend.

Somatomedine, in Leber und Niere unter der Wirkung von ↗ somatotropem Hormon gebildete ↗ Peptidhormone mit ähnlicher Sequenz und biologischer Wirkung, die ins Blut freigesetzt werden und wachstumsfördernde Wirkung auf Knochen und Muskeln ausüben. Im Blut sind sie an S.-Bindungsproteine gebunden. S. wirken als Mitogene auf die Zellvermehrung und begünstigen auch die Synthese der extrazellulären Matrix. Da sie den Einbau von sulfatierten Proteoglycanen in die Knorpelsubstanz fördern, wurden sie auch als *sulfation factors* bezeichnet. Einige S. werden auch zu den so genannten *insulinähnlichen Wachstumsfaktoren* gezählt. Hohe Blutspiegel an S. werden während der Schwangerschaft beobachtet.

Somatosensorik, zusammenfassende Bez. für alle Empfindungen, die durch Reizung der verschiedenen Sensoren des Körpers hervorgerufen werden. Zur S. gehören die Sensorik der Körperoberfläche (durch die ↗ Rezeptoren der ↗ Hautsinne vermittelt), diejenige des Bewegungsapparats (durch ↗ Propriorezeptoren vermittelt) sowie die Sensorik der inneren Organe, die durch ↗ Enterorezeptoren vermittelt wird und der ↗ Schmerz (↗ Nozizeptoren). Die entsprechenden (afferenten) Nervenbahnen, die Signale aus der Peripherie zum Zentralnervensystem leiten, werden als *somatoafferent* oder *somatosensorisch* bezeichnet, veraltet, aber immer noch üblich, ist auch die Bez. *sensibel*.

Somatostatin, *Somatotropin-Freisetzung inhibierendes Hormon*, Abk. *SIH*, ein im ↗ Hypothalamus gebildetes, zyklisches, aus 14 Aminosäuren bestehendes Peptidhormon, das nicht nur die Sekretion des ↗ somatotropen Hormons hemmt, sondern auch hemmend in die Sekretion fast aller anderen vom Hypophysenvorderlappen gebildeten Hormone eingreift. Außerdem hemmt S. die Sekretion von Gewebshormonen des Magen-Darm-Traktes sowie die Insulin- und Glucagonfreisetzung in der Bauchspeicheldrüse. Dementsprechend findet sich S. außer in verschiedenen endokrinen Drüsen, in der Schleimhaut des Magen-Darm-Traktes und in den Langerhans-Inseln der Bauchspeicheldrüse sowie auch im zentralen und peripheren Nervensystem, wo es als Neurotransmitter wirkt.

somatotropes Hormon, Abk. *STH*, *Somatotropin*, *Wachstumshormon*, Abk. *GH* (von engl. *growth hormone*), ein aus 191 Aminosäuren bestehendes Peptidhormon, das im Hypophysenvorderlappen gebildet wird und zusammen mit anderen Hormonen (z. B. Insulin, Schilddrüsenhormone) Wachstum und Differenzierung beeinflusst. S. H. stimuliert insbesondere das Wachstum des Epiphysenknorpels und damit das Längenwachstum der Knochen. Die wachstumsfördernde Wirkung wird durch Somatomedine vermittelt, die durch den Einfluss von s. H. in Leber und Niere gebildet werden.

Somatotropin, ↗ somatotropes Hormon.

Somazelle, ↗ somatische Zelle.

Somiten, ↗ Mesoderm.

sommerannuelle Pflanzen, ↗ annuelle Pflanzen.

Sommergrippe, durch ↗ Coxsackieviren verursachte Erkältungskrankheit.

sommergrüner Laubwald, stellt die ↗ Klimaxgesellschaft in humiden, kühl-gemäßigten, ozeanisch beeinflussten Klimaten dar und ist demnach verbreitet in West- und Mitteleuropa, Teilen Ostasiens und Nordamerikas. Ein weiteres Klimakennzeichen ist eine ca. vier- bis fünfmonatige Vegetationsperiode, die sich mit einer kalten Winterperiode, in der das Pflanzenwachstum unterbrochen wird und die Bäume ihr Laub abwerfen, abwechselt. So kommt es zur Entstehung einer Laubstreuschicht, unter der die mit Humusstoffen angereicherte fruchtbare Verwitterungsschicht des Bodens liegt. Charakteristische Bodentypen sind die Braunerden. Der s. L. weist eine deutliche Schichtung aus Hochbaumschicht und niederer Baumschicht, Strauch- und Krautschicht auf. Der größte Teil der s. L. Mitteleuropas wird von Baumarten der Gattungen ↗ Buche, ↗ Hainbuche, ↗ Eiche, ↗ Linde, ↗ Ulme, ↗ Ahorn und ↗ Esche geprägt, wobei Buchen- und Buchenmischwälder vorherrschend sind.

Sommerruhe, *Sommerschlaf*, *Ästivation*, Form konsekutiver ↗ Dormanz. S. ist vergleichbar dem ↗ Winterschlaf und tritt vorwiegend in den Tropen und in anderen sehr warmen Klimaten sowohl bei Wirbeltieren als auch bei Wirbellosen während der trockenen Sommerzeit auf.

Sommersmog, ↗ Ozon.

Sommerwurz, *Orobanche*, Gatt. der Fam. ↗ Orobanchaceae mit ca. 100 Arten. Meist streng wirtsspezifische ↗ Parasiten. Bekannt sind der Kleeteufel (*Orobanche minor*) oder die Blutrote Sommerwurz (*Orobanche gracilis*), die an Hornklee und Ginster parasitiert.

Sommerwurzgewächse, die Fam. ↗ Orobanchaceae.

Sonde, ↗ Gensonde.

Sonnenblätter, die ↗ Lichtblätter.

Sonnenblume, *Helianthus annuus*, aus Peru stammende, heute vielfach in Südosteuropa und Amerika wirtschaftlich bedeutende Ölpflanze aus der Fam. ↗ Asteraceae. Die Röhrenblüten bilden als Samen die Sonnenblumenkerne, die bis zu 57 % fettes Öl enthalten, das gepresst als Speiseöl und zur Margarineherstellung verwendet wird. Die Kerne werden auch roh oder geröstet gegessen und dienen zudem als Tierfutter.

Sonnenlicht, ↗ Globalstrahlung, ↗ Licht.

Sonnenpflanzen, die ↗ Heliophyten.

Sonnenstern, Art der Seesterne (↗ Asteroida).

Sonnentau, *Drosera*, Gatt. der Fam. ↗ Droseraceae mit ca. 100 Arten, davon drei in Europa. Die S.-Arten sind ↗ carnivore Pflanzen des Moores, deren Blätter mit Verdauungsdrüsen und reizbaren Tentakeln besetzt sind, z. B. Rundblättriger S. (*Drosera rotundifolia*).

Sonnentaugewächse, die Fam. ↗ Droseraceae.

Sonnentierchen, die ↗ Heliozoa.

Sorbit, *D-Glucitol*, *Sorbitol*, ein Zuckeralkohol, der natürlich in vielen Früchten, vor allem denjenigen der Fam. ↗ Rosaceae, vorkommt. S. wird im Organismus in ↗ Fructose umgewandelt. Deshalb und wegen seines süßen Geschmacks verwendet man es als Süßmittel bei Nahrungsmitteln für Diabetiker (↗ Diabetes mellitus). Außerdem dient es in der pharmazeutischen Industrie und bei der Lebensmittelherstellung als Feucht- und Frischhaltemittel und ist Ausgangsprodukt der biotechnologischen Gewinnung von ↗ Ascorbinsäure (Vitamin C). Medizinisch wird es wegen seiner diuretischen (Harn treibenden) Wirkung verwendet.

Sorbus, Gatt. der ↗ Rosaceae.

Soredien, bei Laub- und Strauchflechten (↗ Lichenes) vorkommende, der vegetativen Vermehrung dienende Strukturen. S. sind von Pilzhyphen umsponnene Gruppen von Algenzellen, die meist an bestimmten Stellen des Thallus, den *Soralen*, gebildet werden. Sie werden durch den Wind verbreitet und wachsen auf geeigneter Unterlage wieder zu einer Flechte heran.

Sorghum, Gatt. der ↗ Poaceae.

Sorghumhirse, *Mohrenhirse*, *Durra*, *Sorghum bicolor*, aus der Äquatorregion Afrikas stammende Getreideart (↗ Poaceae) mit maisähnlichem Habitus. Die bis 5 m hohen Halme bestocken sich an der Basis. Die Rispen können locker sein oder kompakte runde Köpfe bilden. Die 4 bis 5 mm dicken, runden Samen sind je nach Art weiß, gelb oder rot. Im tropischen Afrika, in Indien und China ist S. ein wichtiges ↗ Getreide für die menschliche Ernährung. In den USA wird S. fast nur als Körnerfutter verwendet. S. gehört zu den ↗ C_4-Pflanzen. (↗ Hirsen)

Sori, ↗ Sorus.

Soricidae, *Spitzmäuse*, artenreichste Fam. der Insektenfresser (↗ Insectivora) mit insgesamt 265 kleinen, mausartigen Arten, die fast weltweit verbreitet sind. Sie haben eine spitze, weit über die Schneidezähne vorragende (rüsselartige) Schnauze und sind 3,5 (Etruskerspitzmaus, *Suncus etruscus*) bis 18 cm körperlang. Das kurze, dichte Fell ist oberseits dunkel graubraun, unten hellgrau bis weiß. Färbung und Form der 26 - 32 kleinen, spitzen Zähne dienen der Artbestimmung. Viele Arten besitzen Moschusdrüsen an den Flanken, der Speichel einiger Arten ist giftig. Spitzmäuse halten keinen Winterschlaf. Sie sind überwiegend Landtiere und bevorzugen bewuchsreiches Gelände. An das Leben am und im Wasser angepasst sind die Wasser-Spitzmäuse (z. B. *Neomys fodiens*) durch Borstensäume an Füßen und Schwanz; Schwimmhäute zwischen den Zehen besitzt die in Tibet beheimatete Gebirgsbachspitzmaus (*Nectogale elegans*). Wenige Spitzmäuse leben in Trockengebieten (z. B. die amerikanische Wüstenspitzmaus, Gatt. *Notiosorex*). Spitzmäuse sind ungesellige, überwiegend nachtaktive Tiere mit sehr ausgeprägtem Geruchs- und Tastsinn. Sie verständigen sich durch hohe Zirptöne, einige Arten benutzen Ultraschalltöne zur ↗ Echoorientierung. Ihre Nahrung besteht überwiegend aus Insekten, aber auch aus anderen Wirbellosen. Von den meisten Beutegreifern werden Spitzmäuse gemieden. Gefahr droht den Spitzmäusen (wie allen Insektenfressern) vor allem durch den Einsatz von Insektiziden in der Landwirtschaft. Da Spitzmäuse eine hohe Stoffwechselrate haben, müssen sie das Doppelte ihres Körpergewichts an Nahrung zu sich nehmen und sind daher dauernd auf Nahrungssuche. Der Körper zeigt einige Anpassungen an den hohen Stoffwechsel. So hat die Etruskerspitzmaus durch einen hohen Hämoglobinanteil und einen erhöhten Hämatokritwert (Anteil des Volumens der Erythrocyten am Gesamtblut) einen sehr viel höheren Sauerstoffgehalt als alle anderen Säugetiere. Ihr Herz schlägt 900 bis 1400mal pro Minute und es ist im Verhältnis zum Körpergewicht doppelt so schwer wie das aller anderen Säugetiere. – Die häufigste Art der S. bei uns ist die Waldspitzmaus (*Sorex araneus*), und die kleinste mitteleuropäische Art ist die 5 cm körperlange Zwergspitzmaus (*Sorex minutus*).

Sorte, *Varietät*, Bez. für eine Population von ↗ Kulturpflanzen, die sich durch bestimmte morphologische oder physiologische Eigenschaften von anderen Populationen einer Art unterscheidet. Diese sortentypischen Eigenschaften werden durch geschlechtliche oder ungeschlechtliche Vermehrung an die Nachkommengeneration weitergegeben. Für S. wird die Abkürzung *cv.* (für *Cultivar*) verwendet; sie erhalten vielfach eine zusätzliche Sortenbezeichnung, so z. B. die Erbsensorte *Pisum sativum* cv. „Kleine Rheinländerin".

Sorus, Plural *Sori*, in jüngerem Stadium von einem dünnen Häutchen (Indusium) überdeckte Gruppe von Sporangien (↗ Sporangium) auf der Blattunterseite der ↗ Pteridophyta. Sie können frei oder von Hüllen (eingekrümmter Blattrand oder hautartige Auswüchse der Blattepidermis = Indusien oder Schleier) bedeckt sein. Dieses Merkmal und die Verschiedenartigkeit von Gestalt und Anordnung sind unter anderem wichtige Merkmale für die Farnsystematik.

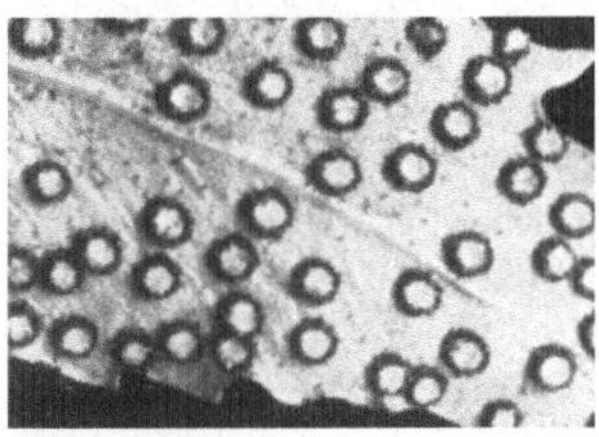

Sorus Sori auf der Unterseite von *Polystichum*

SOS-Reaktion, *SOS-Reparatur*, ↗ DNA-Reparatur.

Source-Gewebe, Bez. für alle Pflanzengewebe bzw. Organe, die fotosynthetisch erzeugte Assimilate über den Assimilatstrom im Phloem an ↗ Sink-Gewebe exportieren. Meist handelt es sich beim S. - G. um ausgewachsene, fotosynthetisch aktive Blätter, die mehr Fotosyntheseprodukte erzeugen, als sie selbst für ihren Stoffwechsel benötigen. Auch Speicherorgane wie die Wurzeln der wilden Rübe (*Beta maritima*) können als S. - G. fungieren. Interessanterweise durchlaufen sie während des zweijährigen Wachstums einen *Sink-Source-Wechsel*, da sie in der ersten Wachstumsphase Assimilate aus den Blättern importieren und speichern, wohingegen sie in der zweiten Wachstumsphase remobilisiert und zur Spross- und Samenbildung genutzt werden. Bei der Zuckerrübe (*Beta vulgaris*) wurde dieser Wechsel züchterisch eliminiert, sodass ihre Wurzeln während aller Entwicklungsphasen als Speicherorgan (Sink-Gewebe) fungieren.

Southern Blot, *Southern Blotting*, ein von E. M. Southern in der Mitte der 1970er-Jahre eingeführtes und nach ihm benanntes Transferverfahren von DNA aus einem Agarosegel auf eine Nitrocellulose- oder Nylonmembran. Die so übertragene und auf der Membran immobilisierte DNA kann dann durch Verfahren der ↗ Nucleinsäurehybridisierung analysiert werden. Der S. B. dient z. B. zum Nachweis der Kopienzahl eines Gens im Genom oder wird zur Analyse von ↗ Restriktions-Fragment-Längenpolymorphismen verwendet.

Soziabilität, *Geselligkeit*, in Pflanzengesellschaften übliches Strukturmerkmal, das sich auf das Verteilungsmuster der Pflanzen bezieht. Die S. wird in fünf Grade eingeteilt, von einzeln wachsend (1) bis große Herden bildend (5) und wird bei ↗ Vegetationsaufnahmen als zweite Ziffer hinter der Artmächtigkeit notiert.

Soziale Faltenwespen, die Fam. ↗ Vespidae.

soziale Hierarchie, die ↗ Rangordnung.

soziale Verständigung, bei Tieren Signale im Dienst der Gruppenbildung und Erhaltung (↗ Tierstaaten), z. B. bei der Balz, Beschwichtigungsverhalten zum Aggressionsabbau, Stimmfühlungslaute, Geruch, Stimmungsübertragung oder Warnrufe. Bei manchen Symbiosen (↗ Symbiose), beispielsweise einer Putzsymbiose ist auch eine zwischenartliche Verständigung erforderlich und möglich. (↗ Kommunikation)

Sozialverhalten, die Gesamtheit aller Verhaltensweisen, die auf einen interaktionsfähigen Partner gerichtet sind oder von diesem ausgelöst werden. S. findet i. d. R. innerartlich statt, kann aber in manchen Fällen, so z. B. bei einer Symbiose zweier Arten auch zwischenartlich vorkommen. Zum S. zählen agonistisches Verhalten (↗ Aggression), ↗ Stimmungsübertragung, soziale Körperpflege, partnerschaftliche Bindungen und Bindungen innerhalb einer Tiergruppe (↗ Tierstaaten) ↗ Imponierverhalten, ↗ Sexualverhalten, sozialer Werkzeuggebrauch und ↗ Spielverhalten.

Soziation, der ↗ Assoziation entsprechende Vegetationseinheit artenarmer Pflanzengesellschaften, die durch eine einzige oder nur wenige dominierende Arten gekennzeichnet ist. In artenreichen Pflanzengesellschaften ist eine Gliederung nach ↗ Differenzialart und Kennart sinnvoller.

Soziobiologie, Wissenschaft von der biologischen Grundlage und der Evolution des Sozialverhaltens. Im Mittelpunkt steht dabei der Versuch, individuelle Verhaltensweisen als durch die Selektion entstandene Anpassungen zu erklären. Sie stellt damit eine auf das Sozialverhalten von Lebewesen angewandte ↗ Evolutionsbiologie dar. Dabei vertreten Soziobiologen die Ansicht, dass alle sozialen Verhaltensweisen die biologische ↗ Fitness des Individuums steigern, also Selektionsvorteil haben.

Spadella, Gatt. der ↗ Chaetognatha.

Spadix, der ↗ Kolben.

Spaltalgen, veraltet für ↗ Cyanobakterien.

Spaltbein, die typische Extremität der Krebse (↗ Crustacea).

Spaltfrucht, ↗ Frucht.

Spaltöffnungen, die ↗ Stomata.

Spaltöffnungsapparat, *Stomakomplex*, funktionelle Einheit der ↗ Stomata aus zwei Schließzellen mit verdickten Zellwänden, die den Zentralspalt einschließen, und Nebenzellen.

Spaltöffnungsbewegungen, *Stomatabewegungen*, die der Regulation des Gasaustausches dienenden, aktiv durch physiologische Prozesse kontrollierten Veränderungen der Spaltöffnungsweite (Stomaapertur) mit dem Ziel, sowohl die CO_2-Gaswechselrate als auch die Transpiration zu optimieren. So schließen sich die Stomata z. B. bei Dürrestress. Die S. sind dabei letztlich auf Veränderungen des ↗ Turgors in den Schließzellen zurückzuführen, die durch eine Vielzahl von Umweltfaktoren wie z. B. Lichtintensität und Lichtqualität, Temperatur, relative Luftfeuchte und die intrazelluläre CO_2-Konzentration kontrolliert werden. Neben diesen exogenen Faktoren werden S. auch durch die ↗ innere Uhr kontrolliert. S. zählen durch ihre Reaktion auf die genannten Faktoren somit zu den ↗ Nastien.

Die Wirkung von *Blaulicht* (↗ Blaulichteffekte) und dem Phytohormon ↗ Abscisinsäure (ABA) auf das Öffnen und Schließen der Spaltöffnungen wurde u. a. mittels ↗ Patch-Clamp-Technik besonders gut untersucht. So führt die Bestrahlung mit Blaulicht zum Öffnen der Stomata, weil nach Wahrnehmung des Lichtsignals in den Chloroplasten der Schließzellen eine H$^+$-ATPase in deren Plasmamembran aktiviert wird und eine protonenmotorische Triebkraft für die Aufnahme osmotisch aktiver Ionen (K$^+$, Cl$^-$, Malat) und anderer Substanzen (z. B. Saccharose) erzeugt. ABA bewirkt hingegen den Stomaschluss, indem es eine intrazelluläre Signalkette in Gang setzt, an der Calcium und Inositol-1,4,5-triphosphat als *second messenger* beteiligt sind. Sie führt zu einer Blockierung bestimmter Ionenkanäle, sodass der Turgor der Schließzellen abnimmt und sich die Spaltöffnungen somit schließen.

Neben den bereits beschriebenen *fotonastischen S.* kommt es in Abhängigkeit von der relativen Luftfeuchtigkeit auch zu *hydronastischen S.* Eine *hydroaktive* Form, die mit einer durch Veränderung des Gehalts an osmotisch aktiven Verbindungen bedingten Turgoränderung einhergeht, wird unterschieden von einer hydropassiven Form. Die *hydropassive* Form wird nicht durch Änderungen des Turgors der Schließzellen selbst, sondern des Turgors der diese umgebenden Epidermiszellen verursacht. Bei starkem ↗ Dürrestress können sich die Spaltöffnungen zunächst öffnen, bevor sie hydroaktiv geschlossen werden. Dies lässt sich auch bei einem frisch abgeschnittenen Blatt beobachten. Die den S. zugrunde liegenden Mechanismen lassen sich als Rückkopplungssystem auffassen, bei dem unterschiedliche Faktoren parallel oder hintereinander wirksam werden. Ein Beispiel ist die *hydroaktive Rückkopplung*, die bei Dürrestress einen Stomaschluss durch die Synthese von ABA bewirkt. Ferner bewirkt die Bestrahlung eines Blattes mit Licht eine Erniedrigung der intrazellulären CO_2-Konzentration und dadurch ein Öffnen der Stomata.

Spaltpflanzen, *Schizophyta*, veraltet für ↗ Bakterien.

Spaltsinnesorgane, in der ↗ Cuticula als 1 - 2 µm breite und 8 - 200 µm lange Spalte sichtbare Sin-

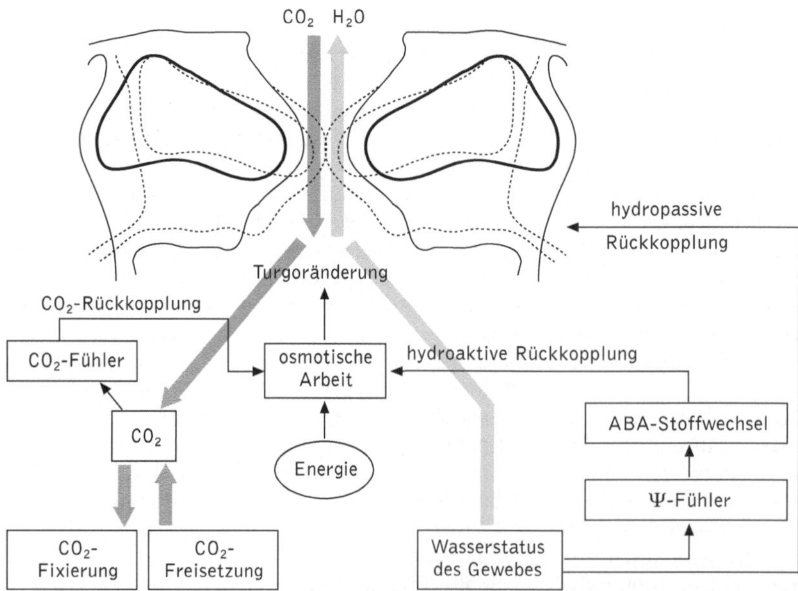

Spaltöffnungsbewegungen Schema des bei der Steuerung der Spaltöffnungsbewegungen wirkenden Rückkopplungssystems. Die direkte fotonastische und die thermonastische Steuerung sind nicht dargestellt

nesorgane der landlebenden Spinnentiere (↗ Chelicerata), die bei einigen Gruppen (z. B. Webspinnen) zu mehreren zusammengelagert sein können (*lyraförmiges* oder *lyriformes Organ*). S. reagieren auf Zug- und Druckänderungen in der Cuticula und orientieren das Tier z. B. über die Lage im Raum, Erschütterungen des Untergrunds (z. B. Substratschall) und Eigenbewegungen. S. befinden sich am ganzen Körper, in besonders großer Zahl aber an den Beinen.

Spaltung, Genetik: ↗ Segregation, ↗ Mendel-Regeln.

Spaltungsgesetz, ↗ Mendel-Regeln.

Spaltungsregel, ↗ Mendel-Regeln.

Spanische Artischocke, die ↗ Kardone.

Spanische Fliege, Art der Ölkäfer (↗ Meloidae).

Spanner, die Fam. ↗ Geometridae.

Spargel, *Asparagus officinalis*, Fam. ↗ Asparagaceae. Das ↗ Rhizom der Pflanze entwickelt im Frühjahr aufrecht wachsende Hauptsprosse, die durch Erdaufhäufelung bleich bleiben und als Gemüse gegessen werden. S. wirkt stark harntreibend.

Sparidae, *Meerbrassen*, Fam. der Barschfische (↗ Perciformes) mit rund 100 Arten in gemäßigten und tropischen Meeren. Ihr Gebiss ist kräftig mit Fang-, Mahl- oder Schneidezähnen, je nach bevorzugter Ernährung (Fische, Muscheln, Seeigel, Krebse). Ein geschätzter Speisefisch ist die in Atlantik und Mittelmeer lebende *Goldbrasse* oder *Echte Dorade (Sparus auratus)*.

Spatangoida, Gruppe der ↗ Euechinoida.

Spatha, *Blütenscheide*, großes z. T. farbiges Hochblatt (↗ Hochblätter) an der Basis eines Blütenstandes. Auffallend ist die S. bei den ↗ Araceae und ↗ Arecaceae.

Spätholz, ↗ Holz.

Spatzen, umgangssprachliche Bez. für Haussperling und Feldsperling (↗ Passeridae).

Spechte, die Fam. ↗ Picidae.

Spechtvögel, die ↗ Piciformes.

Species, die ↗ Art.

species diversity, die ↗ Artendiversität.

Speckkäfer, die Fam. ↗ Dermestidae.

Speiballen, andere Bez. für das ↗ Gewölle.

Speiche, *Radius*, einer der beiden Unterarmknochen (↗ Extremitäten).

Speichel, *Saliva*, Sekret der ↗ Speicheldrüsen der meisten Metazoa (↗ Mollusca, ↗ Onychophora, ↗ Tardigrada, ↗ Insecta, ↗ Chelicerata, ↗ Vertebrata mit Ausnahme der Fische), das in die Mundhöhle entlassen wird, die Nahrung für den Weitertransport gleitfähig macht und Reinigungs- sowie z. T. Verdauungsfunktion besitzt. Wichtigste Speichelsubstanzen sind ↗ Mucoproteine, ein Gemisch aus Mucoproteiden und ↗ Mucopolysacchariden, aber auch Verdauungsenzyme, wie die Kohlenhy-

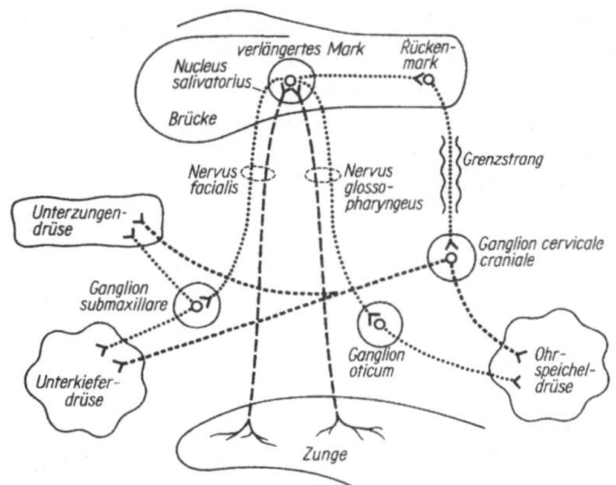

Speichel Schema der nervösen Steuerung der Speichelsekretion

drat spaltende α-Amylase (↗ Amylasen), und ↗ Hydrogencarbonat. Lipasen fehlen bei Säugetieren grundsätzlich, Proteasen sind selten (Giftschlangen). Oft sind zusätzlich Toxine und Antikoagulantien (bei Blut saugenden Tieren) enthalten, bei Fleisch fressenden Schnecken sogar Schwefelsäure zur Auflösung der Kalkschale von Beutetieren, sowie Klebsubstanzen zum Beutefang bei Tieren mit Schleuderzunge oder für den Nestbau.

Die Sekretion des S. wird beim Menschen von Zungenrezeptoren ausgelöst. Deren Erregungen werden über Fasern des Nervus facialis und des Nervus glossopharyngeus dem Reflexzentrum in der Medulla oblongata (verlängertes Mark) zugeleitet, und von dort über spezifische Nervenbahnen die Sekretion in den einzelnen Speicheldrüsen gesteuert.

Die tägliche Speichelproduktion beim *Menschen* beträgt mindestens einen Liter; der pH-Wert liegt bei etwa 6,5. Eine besonders hohe Speichelproduktion zeigen Wiederkäuer (↗ Ruminantia; bis zu 100 l pro Tag bei der Kuh); der Speichel ist bei ihnen reich an ↗ Harnstoff aus dem Exkretionsstoffwechsel und dient den im Wiederkäuermagen zahlreich vorhandenen Symbionten (↗ Pansensymbiose) als Stickstoffquelle. (↗ Lysozym, ↗ Verdauung)

Speicheldrüsen, bei vielen Tieren in den Mundraum (Mundspeicheldrüsen, *Glandulae salivales*) oder Vorderdarm, bei Wirbeltieren (und Mensch) auch in den Mitteldarm (↗ Bauchspeicheldrüse) einmündende ↗ Drüsen unterschiedlicher Funktion und Herkunft. I. d. R. sezernieren Speicheldrüsen Verdauungsenzyme (z. B. Ohrspeicheldrüsen, Unterkieferdrüse und Bauchspeicheldrüsen der Wirbeltiere), auch Gleitschleime (Unterzungendrüse der Wirbeltiere), in manchen Fällen aber auch Gifte im Dienst des Beutefangs (z. B. bei ↗ Nemertini, ↗ Arachnida, ↗ Cephalopoda, ↗ Serpentes).

Speichergewebe, das ↗ Speicherparenchym.

Speichernieren, *Nephrocyten*, bei Arthropoden vorkommende, der Ablagerung von Exkreten dienende Zellen, die einzeln oder in Klumpen in der Hämolymphbahn liegen.

Speicherparenchym, pflanzliches Grundgewebe (↗ Parenchym), dessen Zellen mit Reservestoffen angefüllt sind. Bei Pflanzen findet man das S. in ↗ Mark und ↗ Rinde von ↗ Sprossachse und ↗ Wurzel und v. a. in Speicherorganen wie ↗ Zwiebeln, ↗ Rüben und ↗ Knollen. Viele Samen speichern Reservestoffe in einem Nährgewebe, das als Endosperm bezeichnet wird. An seiner Stelle oder auch zusätzlich wird bei manchen ↗ Angiospermae auch der Nucellus als so genanntes *Perisperm* zu einem Speichergewebe.

Speichervakuole, Bez. für die ↗ Vakuole von Pflanzenzellen, die eine Speicherfunktion von z. B. Saccharose, organischen Säuren oder Proteinen ausübt. Als S. können bereits vorhandene Vakuolen („zentrale Vakuole") dienen, aber auch über das Endomembransystem der Zelle neue S. gebildet werden.

Speicherwurzeln, durch Vermehrung von ↗ Speicherparenchym zu Speicherorganen umgebildete Wurzeln mit ausgeprägtem sekundärem ↗ Dickenwachstum. Hierzu zählen unter Einbeziehung unterschiedlicher Sprossanteile die ↗ Rüben oder die Wurzelknollen vieler ↗ Orchidaceae. (↗ Wurzelmetamorphosen)

Speiseröhre, der ↗ Ösophagus.

Spelz, der ↗ Weizen.

Spelze, trockenhäutiges Vor-, Trag- oder Perigonblatt an ↗ Blüte und Frucht der ↗ Poaceae.

Spemann, *Hans*, deutscher Zoologe, ✳ 27.6.1869 Stuttgart, † 12.9.1941 Freiburg i. Br.; ab 1904 Prof. in Würzburg, ab 1908 in Rostock, 1913 Kaiser-Wilhelm-Institut für Biologie in Berlin-Dahlem, 1919-37 Prof. in Freiburg. S. erkannte an Wirbeltieraugen die ↗ Induktion verschiedener embryonaler Organanlagen. Außerdem entdeckte er Bereiche des Keims, die auf die Entwicklung benachbarter Keimbereiche Einfluss nehmen und bezeichnete sie als Organisator bzw. Organisationszentrum (*Spemann-Organisator*). Seine Arbeiten führten zu einer Schule der Entwicklungsphysiologie, in der erstmals die kausale Analyse von Entwicklungsvorgängen vorgenommen wurde. S. erhielt 1935 als erster Zoologe den Nobelpreis für Physiologie oder Medizin.

Spemann-Organisator, ↗ Induktion.

Sperber, Art der Habichte (↗ Accipiter).

Sperlinge, die Fam. ↗ Passeridae.

Sperlingsvögel, die ↗ Passeriformes.

Sperma, *Samen, Samenflüssigkeit, Semen, Ejakulat*, die Flüssigkeit, die bei einem ↗ Samenerguss aus der Harnsamenröhre austritt. Das S. besteht aus dem *Spermaplasma (Seminalplasma)*, der eigentlichen Flüssigkeit, die durch Sekrete der akzessorischen Geschlechtsdrüsen gebildet wird und den Spermien (↗ Spermium). Tiere mit äußerer ↗ Besamung geben das S. ins umgebende Wasser ab, z. B. die männlichen Fische als so genannte Milch. Tiere mit innerer Besamung übertragen das S. mit dem ↗ Penis oder anderen ↗ Begattungsorganen in die weibliche Geschlechtsöffnung hinein, oder sie setzen es als Spermatropfen oder als ↗ Spermatophore ab. Zum Zweck der künstlichen Besamung (artifizielle Insemination bei Nutztieren und Mensch) kann das S. tiefgefroren für viele Jahre aufbewahrt werden (↗ Kryokonservierung).

Beim Menschen ist das S. eine weißlich zähklebrige Flüssigkeit, die ihren charakteristischen Geruch durch ↗ Spermin und ↗ Spermidin erhält. Bei einem Samenerguss werden etwa 2 - 6 ml S. abgegeben, das im Normalfall etwa 200 bis 500 Mio. Spermien enthält, die maximal 10 % des Ejakulats ausmachen. Die Spermien sind vermischt mit Sekreten der ↗ Bläschendrüsen (etwa 60 %), der ↗ Nebenhoden (5 - 10 %) und der ↗ Prostata (etwa 30 %). Unmittelbar nach dem Samenerguss wird es durch die Aktivität einer Prostata-Proteinase gallertig-viskos. Dieses „geronnene" S. wird anschließend durch proteolytische Prozesse wieder verflüssigt, wobei Tri- und Dipeptide sowie freie Aminosäuren entstehen. Es ist leicht alkalisch, wodurch es die Spermien vor dem sauren Milieu der ↗ Vagina schützt. Das Spermaplasma enthält u. a. CO_2, diverse Ionen, Aminosäuren, Polyamine (Putrescin, Spermidin, Spermin), Kreatin, Ammoniak, Choline, Proteine, Eiweiß spaltende Enzyme, die ein besseres Durchdringen des Cervikalschleims im Muttermund ermöglichen, Kohlenhydrate (Fructose für den Energie-Stoffwechsel der Spermien), Lipide, Prostaglandine, die das Aufwärtsschwimmen der Spermien in der Gebärmutter und den Eileitern fördern sowie Hyaluronidase und Akrosin, die zum Eindringen in die Eizelle bei der ↗ Befruchtung notwendig sind. Das normale S. enthält außerdem einige weitere Zellsorten: Spermatogonien und Spermatocyten, Sertoli-Zellen, abgestoßene Epithelzellen und Leukocyten.

Folgen mehrere Samenergüsse rasch aufeinander, so wird der als Spermien-Speicher fungierende Nebenhoden entleert, und schon das dritte Ejakulat enthält kaum noch Spermien, auch nimmt die Menge der Sekrete ab. Etwa 10 % der Spermien sind missgestaltet, z. B. doppelköpfig als Folge unvollständiger Zellteilung, rundköpfig wegen fehlerhafter Zellstreckung, doppelschwänzig usw. Sie bleiben i. d. R. beim Aufwärtsschwimmen auf der Strecke, und nur etwa 300 bis 800 Spermien erreichen die Eileiter. Bei manchen Krankheiten (und allg. auch im hohen Alter) ist die Zahl der missgestalteten Spermien noch viel höher; ab 40 % wird von *Teratospermie* gesprochen. Bei Enthaltsamkeit nehmen Zahl und Dichte der Spermien bis zum zehnten Tag kontinuierlich etwa auf bis das 10fache zu, um dann wieder abzunehmen. (↗ Spermatogenese, ↗ Spermiogramm)

Spermatheka, das ↗ Receptaculum seminis.

Spermatiden, ↗ Spermatogenese.

Spermatium, Plural *Spermatien*, Bez. für die geißellose männliche Geschlechtszelle (Gamet) bei den Rotalgen (↗ Rhodophyta) und einigen Ord. der ↗ Pilze.

Spermatocyten, ↗ Spermatogenese.

Spermatogenese, *Spermiogenese, Spermienbildung*, der gesamte Vorgang der Bildung der männlichen Keimzellen von den Urkeimzellen (Ursamenzellen) bis zu den fertigen, d. h. ausdifferenzierten Spermien. Die S. kann in folgende fünf Abschnitte unterteilt werden, von denen Abschnitt eins bis vier im ↗ Hoden und der fünfte im ↗ Nebenhoden stattfinden. 1) Bildung von *Ursamenzellen* bereits während der frühen Embryonalentwicklung (beim Menschen am Ende der dritten Woche), die durch zahlreiche mitotische Teilungen in den Hodenkanälchen ein Keimepithel aus *Spermatogonien (Typ A)* bilden. 2) Vermehrung durch mitotische Proliferation der Spermatogonien. In dieser Phase werden bei semelparen (d. h. sich im Lauf des Lebens nur einmal fortpflanzenden) Arten alle Spermatogonien aufgebraucht; bei iteroparen Arten (mit mehrmaliger Fortpflanzung) wandeln sich nicht alle Spermatogonien in Spermatocyten um, sondern einige bleiben als „Stammspermatogonien" für spätere Fortpflanzungsperioden erhalten. Beim Menschen beginnt diese Phase in der Pubertät unter dem Einfluss der gonadotropen Hormone (FSH und ICSH) der ↗ Hypophyse. Bei diesen Teilungen bildet sich ein Stamm von etwa einer Mrd. *Spermatogonien (Typ B)*, die sich ständig weiter teilen. 3) Nach der letzten mitotischen Teilung wachsen die Spermatogonien in der Wachstumsphase zu *Spermatocyten I. Ordnung* heran. Spätestens mit Auftreten der ↗ synaptonemalen Komplexe ist der nächste Abschnitt erreicht. 4) In der Reifungsphase kommt es durch die oft langdauernde 1. Meiose (1. Reifeteilung) mit anschließender Zellteilung zur Bildung von *Spermatocyten II. Ordnung*, danach durch die meist schnell ablaufende 2. Meiose und Zellteilung zu insgesamt vier gleich großen *Spermatiden*, die i. Allg. ein Viertel des Volumens der Spermatocyte I. Ordnung haben. 5) In der Phase der *Spermiohistogenese* erfolgt die Umwandlung zu fertigen Spermien, d. h. eine Differenzierung ohne weitere Zellteilung; dabei laufen folgende, z. T. miteinander verknüpfte Vorgänge ab: a) Ausbildung eines proakrosomalen Vesikels aus einem spezialisierten ↗ Golgi-Apparat, später Umbildung zur Akrosom-Vakuole. b) Chromatin-Kondensation, Verkleinerung des Kern-Volumens, Kernstreckung und schließlich Abstoßung der Kernporen enthaltenden Bereiche der Kernhülle. c) Längsstreckung der Spermatide, meist mit besonderen Mikrotubuli-Systemen („Manschette"). d) Umgestaltung der Mitochondrien durch Fusion zu wenigen großen kugelförmigen Gebilden oder länglichen Nebenkernen. e) Auswachsen des Flagellums vom distalen Centriol aus. f) Abstoßung des Cytoplasmas als Restkörper oder cytoplasmatischer Tropfen. Dies erfolgt bei höheren Wirbeltieren zeitgleich mit dem Freiwerden (*Spermiation*) der Spermien ins Lumen der Hodenkanälchen. g) Veränderung der Spermien-Oberfläche, insbesondere beim Aufenthalt im Nebenhoden. h) Die ↗ Kapazitation der Spermien im weiblichen Organismus bildet den Abschluss, wird aber meist nicht mehr zur S. gerechnet.

Die Dauer der S. liegt bei vielen Tieren in der Größenordnung von Wochen, z. B. Schwämme (zwei Wochen), Maus (fünf Wochen), Hund (neun Wochen) und Mensch (elf Wochen). Bei manchen holometabolen Insekten findet der größte Teil der S. schon in den letzten Larvenstadien und im Puppenstadium statt. (↗ Oogenese, ↗ Spermium)

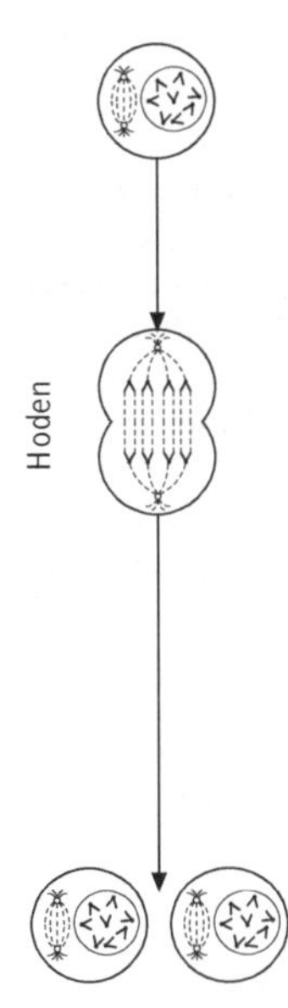

wandert vor der Geburt in den Hoden; durch vielfache Mitosen entsteht

Spermatogonien bilden Keimepithel vor der Geburt

Ab Pubertät werden durch Follikel stimulierendes Hormon (FSH) und Interstitialzellen stimulierendes Hormon (ICSH) ständig Mitosen erzeugt; dabei entstehen:

1. Reifeteilung

2. Reifeteilung

je zur Hälfte mit X- oder Y-Chromosomen

Spermienreifung mit Gestaltveränderung (Spermiohistogenese); der gesamte Vorgang dauert mehrere Wochen

Speicherung und weitere Reifung in den Nebenhoden

Spermatogenese   Schema der Spermatogenese

Spermatogonien, ↗ Spermatogenese.

Spermatophore, *Samenpaket*, *Spermienpaket*, eine mit Spermien gefüllte Kapsel, deren Wand aus erhärtetem Sekret der männlichen akzessorischen Geschlechtsdrüsen besteht. S. kommen nur bei Tieren mit innerer ↗ Besamung vor und sind dort vielfach konvergent entstanden. Ihre Größe liegt zwischen Bruchteilen von Millimetern (z. B. bei *Diarthrodes*, einem marinen Copepoden) und 1 m Länge (bei 1 cm Dicke, bei *Octopus dofleini*). Je nach Tiergruppe ist die Übertragung unterschiedlich: a) das Männchen schiebt die S. mit dem ↗ Penis oder einem anderen ↗ Begattungsorgan direkt in die weibliche Geschlechtsöffnung hinein (z. B. Weinbergschnecke, manche Cephalopoda, manche Insekten). b) Die S. wird dem Kopulationspartner auf die Haut gesetzt (dermale Kopulation); die Spermien dringen durch die Haut und wandern durch Leibeshöhle oder Bindegewebe bis zur Besamungsstelle (z. B. Blutegel, Onychophora). c) Das Männchen setzt die S. auf dem Untergrund ab und geleitet das Weibchen dorthin, gegebenenfalls mit komplizierter Balz (z. B. Molche, Skorpione; Pseudoskorpione). d) Die abgesetzte S. wird später vom Weibchen ohne Beteiligung des Männchen aufgenommen (z. B. manche Milben, Collembola).

Im weiblichen Genitaltrakt wird die S. entweder durch Sekrete des Weibchens aufgelöst oder platzt einfach aufgrund von Quellung, oder sie wird durch einen komplizierten Entleerungsmechanismus entleert (z. B. bei Cephalopoda). Bei einigen Krebsen enthält eine S. nur ein bis zwei Spermien, beim oben erwähnten *Octopus* sind es zehn Milliarden.

Spermatophyta, *Samenpflanzen*, veraltet: *Phanerogamen*, statt der früher üblichen Einteilung in zwei gleichwertige Unterabteilungen ↗ Gymnospermae und ↗ Angiospermae hat man aufgrund neuerer stammesgeschichtlicher Erkenntnisse die Nacktsamer von den *Progymnospermae* hergeleitet, die sich im ↗ Devon parallel zu den ↗ Pteridopsida aus den *Psilophyten* entwickelten. Da es schon seit dem Unterkarbon (↗ Karbon) zwei unterschiedliche Entwicklungslinien gab, ordnet man mittlerweile die Gymnospermae in zwei gleichwertige Unterabteilungen ein: die ↗ Coniferophytina, die alle gabel- und nadelblättrigen Nacksamer beinhalten, und die ↗ Cycadophytina, zu denen die fiederblättrigen Nacksamer zählen. Ihnen wird die stammesgeschichtlich jüngste Unterabteilung Angiospermae (*Magnoliophytina*, *Bedecktsamer*) gegenübergestellt, die erst seit der Unterkreide (↗ Kreide) fossil bekannt ist.

Spermatozoon, das ↗ Spermium.

Spermidin, Verbindung der chemischen Formel $H_2N–(CH_2)_3–NH–(CH_2)_4–NH_2$, ein zu den ↗ biogenen Aminen gehörendes aliphatisches Triamin, das unter anderem im ↗ Sperma vorkommt und (zusammen mit dem ↗ Spermin) dessen Geruch prägt.

Spermienbildung, die ↗ Spermatogenese.

Spermin, natürlich vorkommendes, weit verbreitetes ↗ biogenes Amin, das durch Alkylierung aus Putrescin gebildet wird. S., das z. B. in der Samenflüssigkeit (↗ Sperma), in ↗ Ribosomen und einigen ↗ Viren gefunden wurde, interagiert mit doppelsträngigen Nucleinsäuren.

Spermiogenese, die ↗ Spermatogenese.

Spermiogramm, *Spermatogramm*, das durch biochemische und mikroskopische Untersuchung des ↗ Spermas gewonnene Ergebnis. Ein S. wird i. d. R. bei Verdacht auf Unfruchtbarkeit (↗ Sterilität) des Mannes erstellt. Das nach mindestens fünf Tagen Enthaltsamkeit durch Masturbation gewonnene Sperma wird dabei auf Menge, Farbe, Geruch, Viskosität, pH-Wert, Anzahl der Spermien pro Milliliter, Beweglichkeit und Gestalt der Spermien sowie Prozentsatz missgebildeter und unreifer Spermien und Inhaltsstoffe, die für eine erfolgreiche Befruchtung notwendig sind, untersucht. Auf diese Weise lässt sich feststellen ob tatsächlich eine Unfruchtbarkeit vorliegt und worin genau die Ursache liegt. Weitere Erkenntnisse werden durch einen so genannten *Postkoitaltest* gewonnen, bei dem der Cervikalschleim der Frau nach dem Geschlechtsverkehr untersucht wird.

Spermiohistogenese, die letzte Phase der ↗ Spermatogenese.

Spermiozeugmen, *Spermatozeugmen*, bei einigen Vorderkiemerschnecken (↗ Prosobranchia) zur Spermienübertragung gebildete Komplexe aus einem atypischen und vielen typischen Spermien. Ersteres bildet eine Treibplatte mit einem Ansatzstück für die typischen Spermien, die sich nach abgeschlossener Differenzierung in großer Anzahl daran festheften. Neben der Transportfunktion haben die atypischen Spermien ernährungsphysiologische Funktionen und werden nach erfolgter Übertragung abgebaut. (↗ Spermatophore, ↗ Spermium)

Spermium, *Spermatozoon*, *Spermazelle*, *Samenzelle*, *Samenfaden*, Plural *Spermien*, die reife männliche Keimzelle (↗ Gameten) der Metazoa. Die S. sind meist kleine, durch eine Schubgeißel bewegliche Zellen mit relativ wenig Cytoplasma. Sie sind gegliedert in Kopf (5 - 10 μm lang) und Schwanz (ca. 50 μm), oft kann noch ein Mittelstück unterschieden werden, das den Hals und ein Verbindungsstück enthält (z. B. S. des Menschen). S. werden meist in sehr großer Zahl gebildet (↗ Spermatogenese).

Das einzige Spermien-spezifische Organell ist der Akrosom-Komplex. Er liegt an der Spitze des Kopfes und besteht aus dem eigentlichen Akrosom (Akrosom-Vakuole, Derivat des Golgi-Apparates der

Spermatide) und dem subakrosomalen Material (Actin-Mikrofilamente). Die Akrosom-Vakuole enthält lytische Enzyme zur Durchdringung der Eihüllen bei der ↗ Befruchtung, wobei das subakrosomale Material die innere Akrosom-Membran auf das Oolemma zuschiebt und die ↗ Plasmogamie einleitet. Der übrige Teil des Kopfes wird vom Kern eingenommen. Sein ↗ Chromatin ist i. Allg. chemisch verändert (meist sind die ↗ Histone durch ↗ Protamine ersetzt) und extrem dicht gepackt. Die Kernhülle hat keine Poren; sie wird nach der Plasmogamie abgebaut und gegebenenfalls durch eine vom ↗ endoplasmatischen Reticulum der Oocyte gebildete neue Kernhülle ersetzt; erst danach kommt es zur ↗ Karyogamie. Im Spermien-Mittelstück liegen 4 - 5 kugelförmige ↗ Mitochondrien, die während der Spermatogenese durch Verschmelzung aus vielen kleinen entstanden sind. Sie dienen der Bereitstellung von Energie für den Geißelapparat. Die ↗ Centriolen sind paarig (Diplosom) und stehen senkrecht zueinander. Die Centriol-Region der Spermien fungiert in der Zygote als Mikrotubulus-Organisationszentrum (↗ MTOC) und sie induziert die Furchungs-Spindeln. Das distale Centriol fungiert als Geißelbasis (↗ Basalkörper). Die Schubgeißel hat i. d. R. das übliche 9 + 2 - Muster des ↗ Axonems, umhüllt von der Cytoplasmamembran.

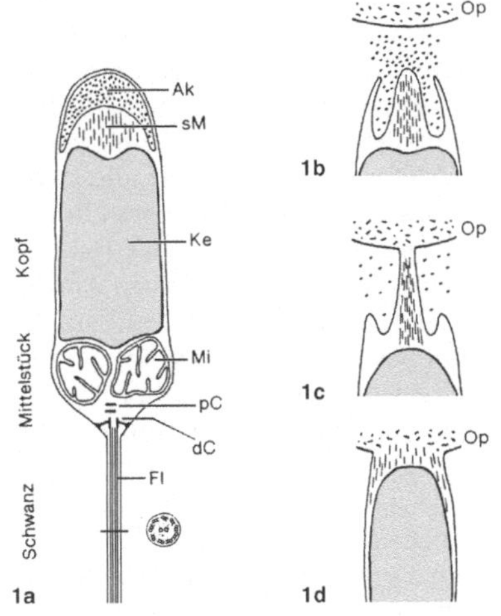

Spermium 1 Grundtyp des Spermiums. a Schema der Feinstruktur; b-d Akrosomreaktion und Plasmogamie. Ak Akrosom, dC distales Centriol, Fl Flagellum, Ke Kern, Mi Mitochondrien, Op Ooplasma, pC proximales Centriol, sM subakrosomales Material

Die bei den einzelnen Metazoengruppen vorkommenden S. können von der oben gegebenen allg. Charakteristik zum Teil stark abweichen. Die Größe der S. mit Flagellum liegt artspezifisch zwischen 5 µm und 15 mm (z.B. beim Rückenschwimmer und wenigen anderen Insekten). Der Spermienkopf ist bei vielen Tiergruppen relativ oder auch absolut länger und meist schlanker; er kann auch schraubig wie ein Korkenzieher sein. Beim Menschen ist der Spermienkopf spatelförmig flach, bei Nagetieren hat er oft eine gekrümmte Spitze. Das Akrosom fehlt bei vielen Tiergruppen (z. B. Porifera, Coelenterata, Nematoda, die meisten Plathelminthes). Das Kern-Chromatin kann locker sein; die Spermien-Kernhülle fehlt bei manchen Tiergruppen, z. B. bei Nematoda. Besonders unterschiedlich sind die Spermien hinsichtlich des Mittelstücks: bei Tieren mit äußerer Besamung (von den Schwämmen bis hin zu den niederen Wirbeltieren) gibt es nur vier bis fünf kugelförmige Mitochondrien (der für Metazoen ursprüngliche Zustand). Bei Tiergruppen mit innerer Besamung ist das Mittelstück langgestreckt (mehrfach konvergent entstanden) und enthält entweder viele einzelne, zum Teil schraubig gewickelte Mitochondrien oder zwei bis drei langgestreckte Mitochondrien-Derivate, die Nebenkerne, oft mit kristalliner Innenstruktur. Bei wenigen Tiergruppen, z. B. Bandwürmern, fehlen die Spermien-Mitochondrien völlig. Das Flagellum kann seitlich oder vorn am Kopf ansitzen; es kann mehr oder weniger ins Cytoplasma inkorporiert sein oder eine undulierende Membran bilden. S. können biflagellat sein, die S. einer Termiten-Gattung haben sogar ca. 100 Flagellen (multiflagellat: bei Metazoen einzigartig, bei pflanzlichen Spermatozoiden häufig). In manchen Spermien-Flagellen gibt es konstant abweichende Axonema-Muster, unter anderem 9 + 0 (z. B. bei Aalen) und 9 + 3 (z. B. bei allen Webspinnen). Schließlich fehlen nicht selten die Flagellen völlig (ebenfalls mehrfach konvergent entstanden), z. B. bei allen Nematoda (die z.T. amöboide Spermien besitzen) und verschiedenen Arthropoda. Manche dieser Spermien sind sehr bizarr, z. B. bei Krebsen die Heliozoen-artigen Spermien mancher Wasserflöhe, die „Wimpel-Spermien" der Peracarida und die „Explosions-Spermien" der Decapoda.

Viele Tierarten produzieren Spermien in großem Überschuss im Vergleich zur Zahl der schließlich besamten Oocyten. Bei Tieren mit äußerer Besamung, wie z. B. Stachelhäutern, ist dies erforderlich, damit eine Besamung als Folge eines zufälligen Zusammentreffens von Oocyten und Spermien überhaupt wahrscheinlich gemacht wird (vergleichbar der hohen Pollenproduktion bei ↗ Anemogamie). Bei mehreren Gruppen von Gliederfüßern und Würmern mit innerer Besamung hingegen kommen fast alle übertragenen Spermien auch zur Besamung. Den überhaupt größten Spermien-Überschuss im Tierreich gibt es jedoch bei den höheren Wirbeltieren, die ebenfalls innere Besamung haben. In neuerer Zeit sieht man den wesentlichen Grund für derartig hohe Spermien-Zahlen in der Spermien-

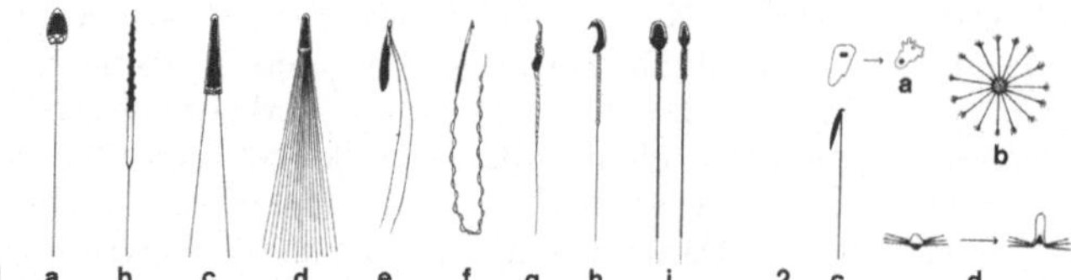

Spermium 1 Spermien mit Flagellum: a Seeigel, b Egel, c *Tomopteris* (Polychaeta), d *Mastotermes* (Termite), e Flösselhecht (*Polypterus*), f Schwanzlurche (Urodela), g Finken, h Maus, i Mensch (Flächen- und Seitenansicht). 2 Spermien ohne Flagellum: a Spulwurm (*Ascaris*), Umwandlung in die amöboide Form, b Wasserfloh (*Moina*), c Asseln u. a. Peracarida, d Explosions-Spermium der Reptantia (Decapoda)

konkurrenz. Kopuliert ein Weibchen, in dem gleichzeitig mehrere Eier reifen, mit mehreren Männchen, so hat dasjenige Männchen den höchsten Fortpflanzungserfolg, das die meisten Spermien übertragen hat (intrasexuelle Konkurrenz).

Spermogonien, eine Sporenform der Rostpilze (↗ Uredinales).

Spermophilus, die ↗ Ziesel.

Sperren, angeborenes Verhalten junger Singvögel, das aus dem weiten Aufsperren des Schnabels bei aufrecht gestrecktem Hals besteht. Das S. wird bei noch blinden Jungvögeln durch Erschütterungen am Nestrand ausgelöst. Eine durch das S. sichtbare Rachenzeichnung dient dem Altvogel als Auslöser zur Fütterung.

Spezialisten, Bez. für Tiere, die im Gegensatz zu den ↗ Generalisten an eng umgrenzte Lebensbedingungen angepasst sind oder nur ein beschränktes Nahrungsspektrum nutzen. S. sind deshalb aber auch meist extrem empfindlich gegenüber Umweltänderungen.

Speziation, Bez. für Vorgänge, die zu einer Neubildung von Arten führen (↗ Artbildung).

Spezies, die ↗ Art.

spezifische Immunantwort, das spezifische Erkennen und Unschädlichmachen von in den Körper eingedrungenen Antigenen (Mikroorganismen oder Fremdstoffe) durch das ↗ Immunsystem. Hierbei sind zwei Subsysteme wirksam, die unterschiedlich auf ↗ Antigene reagieren: das erste Subsystem ist die *humorale Immunität*, d. h. die Produktion von Antikörpern (↗ Immunglobuline), die von den ↗ B-Lymphocyten sezerniert werden und als lösliche Proteine im Blutplasma und in der Lymphflüssigkeit zirkulieren; das zweite Subsystem wird *zellvermittelte Immunität* genannt und beruht mehr auf der direkten Wirkung von Zellen (↗ T-Lymphocyten). Die zirkulierenden Antikörper wirken insbesondere gegen Toxine, freie Bakterien und Viren in den Körperflüssigkeiten, die T-Lymphocyten hingegen schützen gegen in Zellen eingedrungene Bakterien und Viren sowie gegen Pilze, Einzeller und Wurmparasiten; außerdem sind sie an der Bekämpfung von transplantiertem Gewebe und von Krebszellen beteiligt.

Spezifität und Diversität des Immunsystems und damit der Immunantwort sind abhängig von Rezeptoren auf den B- und T-Lymphocyten, die diese Zellen in die Lage versetzen, ein bestimmtes Antigen zu erkennen und darauf zu reagieren. Die Rezeptoren der B-Lymphocyten sind membrangebundene Antikörper und als solche spezifisch für ein bestimmtes Antigen. Diejenigen der T-Lymphocyten sind keine Antikörper, erkennen aber ihre jeweiligen Antigene genauso spezifisch. Grundsätzlich führt die Bindung eines Antigens an den spezifischen Rezeptor dazu, dass der Lymphocyt beginnt, sich zu teilen und zu differenzieren. Hieraus entsteht eine Population von *Effektorzellen*, die im weiteren Verlauf der Immunantwort das Antigen bekämpfen. Die Effektorzellen der humoralen Immunantwort werden als *Plasmazellen* bezeichnet. Im Rahmen der zellvermittelten Immunantwort entstehen zwei verschiedene Populationen von Effektorzellen, die *cytotoxischen T-Zellen* (T_C-*Zelle*), die infizierte Zellen und Tumorzellen töten und die *T-Helferzellen* (T_H-*Zelle*), die Cytokine abgeben, welche an der Regulation von B- und T-Zellen beteiligt sind. Die Fähigkeit des Immunsystems, auf eine unbegrenzte Vielfalt von Antigenen spezifisch reagieren zu können, beruht auf der großen Vielfalt antigenspezifischer Lymphocyten. Diese wird bereits während der Embryonalentwicklung festgelegt und durch den jeweiligen Antigen-Rezeptor nach außen vermittelt. Kommt nun ein Lymphocyt (meist ist eine ganze Lymphocytenpopulation betroffen) mit dem für ihn spezifischen Antigen in Berührung, so wird er zur Bildung einer großen Zahl (eines Klons) von Effektorzellen angeregt, die das eingedrungene Antigen spezifisch bekämpfen. Diese antigenspezifische Selektion und anschließende Bildung eines Klons von Lymphocyten wird als *klonale Selektion* bezeichnet. Sie bildet die *primäre Immunantwort* bei der ersten Begegnung mit einem Antigen und dauert bis zur maximalen Produktion von Effektorzellen etwa fünf bis zehn Tage. Wird der Organismus später erneut mit diesem Antigen konfrontiert, ist die nun folgende *sekundäre Immunantwort* erheblich schneller (drei bis fünf Tage) und hält

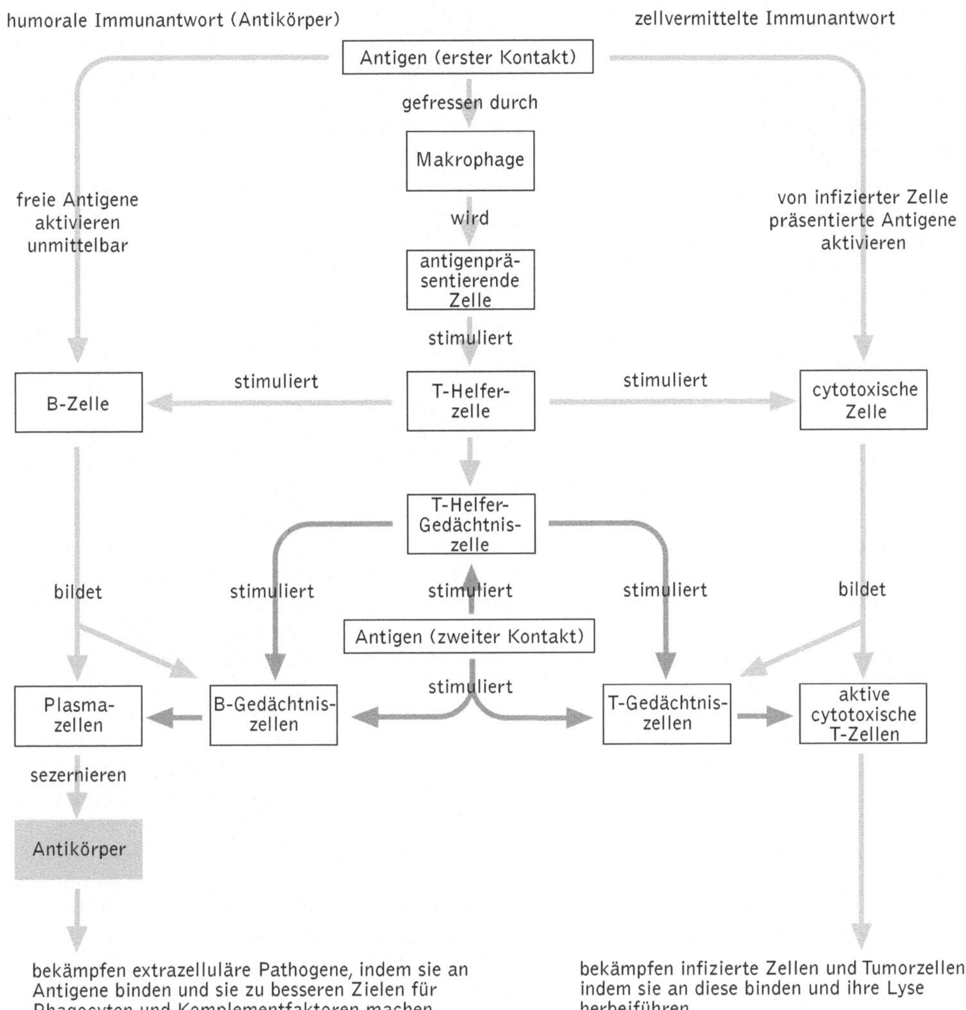

spezifische Immunantwort　schematische Darstellung der Reaktionen der spezifischen Immunantwort. Die hellen Pfeile kennzeichnen die primäre, die dunklen Pfeile die sekundäre Immunantwort

länger an. Diese Fähigkeit, ein Antigen wiederzuerkennen, wird als immunologisches Gedächtnis bezeichnet. Es basiert auf langlebigen *Gedächtniszellen*, die zusammen mit den Effektorzellen im Rahmen der primären Immunantwort gebildet werden. Dieser Mechanismus liegt der Entwicklung einer lebenslangen Immunität nach einer Krankheit, wie z. B. Windpocken, zugrunde.

Mechanismus der humoralen Immunantwort. Die Bindung eines Antigens an einen spezifischen Rezeptor auf der Oberfläche eines B-Lymphocyten und die anschließende Proliferation von Effektorzellen ist ein Schritt der humoralen Immunantwort. Ein zweiter Schritt bezieht Makrophagen und T-Helferzellen mit ein. Hat z. B. ein ↗ Makrophage einen Fremdkörper oder Mikroorganismus durch ↗ Phagocytose aufgenommen und verdaut, werden

Fragmente des Antigens von intrazellulären MHC-Klasse-II-Molekülen gebunden und der entstehende Komplex nach Integration in die Plasmamembran des Makrophagen an der Zelloberfläche präsentiert (*Antigen präsentierende Zelle*, Abk. *APC*). Kommt es zum Kontakt mit einer spezifischen T-Helferzelle, so proliferiert dieser zu einem T-Helferzellklon mit anschließender Sekretion von ↗ Cytokinen, die selektiv jene B-Lymphocyten aktivieren, die bereits mit dem Antigen Kontakt hatten und, ebenso wie der Makrophage, einige Antigenmoleküle phagocytiert hatten und Antigenfragmente, an MHC-Klasse-II-Moleküle gebunden, auf ihrer Oberfläche präsentieren. Diesen Komplex erkennt dann die T-Helferzelle. Während ein Makrophage als APC eine Vielzahl von Antigenen präsentieren kann, bindet die antigenspezifische B-Zelle lediglich einen einzigen Antigentyp; auch die T-Helferzelle ist spezifisch für einen Antigentyp.

Die von B-Lymphocyten gebildeten Effektorzellen, die Plasmazellen, produzieren in großer Menge Antikörper, die dazu dienen den Fremdkörper oder Mikroorganismus zu eliminieren. Sie binden dazu an das Antigen, und der Antigen-Antikörper-Komplex ist der Auslöser mehrerer Effektormechanismen. Einer dieser Mechanismen ist die *Neutralisation*, indem der Antikörper auf dem Antigen bestimmte Stellen blockiert und es damit unwirksam macht. Ein anderer Mechanismus ist die Verklumpung oder *Agglutination* von Bakterien durch Antikörper, die dann durch phagocytierende Zellen leichter aufgefunden werden. Ähnlich ist die *Präzipitation*, das Vernetzen löslicher Antigenmoleküle zu einem unbeweglichen Präzipitat, das ebenfalls phagocytiert werden kann. Einer der wichtigsten Mechanismen ist die Aktivierung des ↗ Komplementsystems durch den Antigen-Antikörper-Komplex, das Läsionen in Form von Poren in die Membran einer Fremdzelle einfügt und dadurch zu deren Lyse führt.

Mechanismus der zellvermittelten Immunantwort. Die zellvermittelte Immunantwort hat zur Aufgabe, Pathogene zu bekämpfen, die bereits in Zellen eingedrungen sind. Daher antworten T-Zellen ausschließlich auf antigene Epitope, die auf der Oberfläche von körpereigenen Zellen präsentiert werden. Ein Beispiel sind die aus Antigenfragmenten und MHC-Klasse-II-Molekülen bestehenden Komplexe, die von T-Helferzell-Rezeptoren erkannt werden. Die Rezeptoren der cytotoxischen T-Zellen erkennen hingegen Antigen-MHC-Klasse-I-Molekül-Komplexe. Die Interaktion zwischen einer T-Helfer-Zelle (T_H) und einer Antigen präsentierenden Zelle (APC) wird durch die Anwesenheit eines Oberflächenmoleküls mit der Bez. *CD4* stark intensiviert, indem dieses die Bindung zwischen TH und APC verstärkt; eine ähnliche Funktion haben *CD8*-Moleküle auf der Oberfläche der cytotoxischen Zellen. Außer der Stimulation von B-Zellen zur Sekretion von Antikörpern stimulieren T-Helfer-Zellen auch andere T-Zelltypen zum Aufbau einer zellvermittelten Immunität gegen ein Antigen.

Die cytotoxischen T-Zellen (T_C-Zellen) töten Zellen, die von Viren u. a. Mikroorganismen befallen sind. Dabei können cytotoxische T-Zellen an praktisch jede kernhaltige Körperzelle binden, indem sie mit MHC-Klasse-I-Molekülen assoziierte Antigene spezifisch erkennen. Bindet eine T_C-Zelle an eine infizierte Zelle, setzt sie *Perforin* frei, ein Protein, das Poren in der Plasmamembran der Zielzelle bildet, was schließlich zur Lyse der Zelle führt; dadurch wird der in der Zelle befindliche Krankheitserreger seiner Reproduktionsstätte beraubt und außerdem den zirkulierenden Antikörpern

ausgesetzt. Die T_C-Zelle überlebt die Zerstörung der Zielzelle und kann noch viele weitere infizierte Zellen abtöten. Auf gleiche Weise können T_C-Zellen auch Krebszellen, die als fremd erkannt werden, lysieren. (↗ Allergie und zugehöriges Essay: ↗ Allergien auf dem Vormarsch, ↗ Selbsttoleranz, ↗ unspezifische Immunantwort)

Sphaeriales, heterogene Ordnung der Schlauchpilze (↗ Ascomycetes). Die dunkelbraunen bis schwarzbraunen, flaschenförmigen Perithecien stehen einzeln oder im Stroma zusammen; die oben stumpfen Asci besitzen rund um den Apikalporus einen von der Scheitelpartie des Ascus gebildeten Wulst; sie sind in einem ↗ Hymenium angeordnet. Als Nebenfruchtform werden ein- oder zweizellige Konidien gebildet, die sich in Mycelpolstern (*Acervuli*) oder Perithecium-ähnlichen Pyknidien (*Conidiomata*) entwickeln. Die Arten leben als Saprobien, Pflanzenparasiten, Tierparasiten oder auch in Symbiose mit Grünalgen. *Neurospora crassa* und *Neurospora sitophila* verursachen den Roten Brotschimmel, *Nectria galligena* lebt parasitisch in der Rinde von Obstbäumen und verursacht dort Krebs. Aus den auf Reispflanzen parasitierenden Arten der Gatt. *Gibberella* wurden erstmals die ↗ Gibberelline isoliert. Die Arten *Podospora anserina*, *Sordaria fimicola* und *Sordaria macrospora* haben als Untersuchungsobjekte große Bedeutung für die genetische Forschung; in der Natur bewohnen sie Dung.

Sphaerocarpales, *Lebermoose*, innerhalb der ↗ Bryophyta Ord. der ↗ Marchantiopsida, mit einfachem, Rosetten bildendem ↗ Thallus und birnenförmiger Gametangienhülle.

Sphaeropsidales, ↗ Deuteromycetes.

Sphaerotheca, Gatt. der Echten Mehltaupilze (↗ Erysiphales).

Sphaerotilus natans, ↗ Scheidenbakterien.

Sphagnaceae, *Torfmoose*, alleinige Fam. der Unterklasse ↗ Sphagnidae der Klasse ↗ Bryopsida mit der einzigen Gatt. ↗ Sphagnum.

Sphagnidae, *Torfmoose*, durch ihren vegetativen Aufbau von den anderen Laubmoosen abweichende Unterklasse der ↗ Bryopsida, die weltweit an sumpfigen, kalkarmen Standorten mit niedrigem ↗ pH-Wert, also besonders in Mooren, dichte Polster bildet. Die Thalli haben die Form aufrechter Stämmchen mit spiralig stehenden blattähnlichen Auswüchsen. Charakteristisch ist auch die Ausbildung von *Hyalocyten*, speziellen abgestorbenen Zellen zur Wasserspeicherung. Die Arten der einzigen Gatt. ↗ Sphagnum liefern Torf.

Sphagnum, *Torfmoos*, Gatt. der ↗ Sphagnidae, mit über 200 Arten, die weltweit Charakterpflanzen der Hochmoore sind. Abgestorbene Moose bilden wegen der stark sauren, anaeroben Bedingungen im Moor schnell eine kompakte Schicht, den *Torf*. Dieser dient als Brennmaterial und als hochsaugfähiges Pflanzsubstrat in der Gärtnerei. In der Volksheilkunde verwendet man Absude und Extrakte von S. als Blut stillendes Mittel sowie als Heilmittel für viele Hautkrankheiten.

sphärische Aberration, ↗ Aberration 2).

Sphäroplasten, Bez. für die Protoplasten von (gramnegativen) Bakterien, an denen noch Reste der Zellwand vorhanden sind. S. können z. B. durch die Behandlung mit ↗ Lysozym erzeugt werden. Der Begriff wird gelegentlich in analoger Weise auch für die Protoplasten von Pflanzenzellen verwendet, deren Zellwand nicht vollständig enzymatisch entfernt wurde.

Sphäroproteine, *globuläre Proteine*, kugelförmige und in Wasser und verdünnten Salzlösungen lösliche ↗ Proteine. Dies beruht auf den an der Moleküloberfläche lokalisierten, geladenen, hydrophilen Aminosäureresten, die, umgeben von einer Hydrathülle, für einen engen Kontakt mit dem Lösungsmittel sorgen.

S-Phase, ↗ Zellzyklus.

Sphenisciformes, *Pinguine*, Ord. der Vögel mit 16 flugunfähigen Arten, die die kalten Meere der Südhalbkugel bewohnen, eine Art lebt auf den Galápagosinseln. Pinguine sind ausgezeichnet an das Leben im Wasser angepasst. Mit Hilfe der zu Flossen umgewandelten Flügel können sie unter Wasser kurzzeitig Geschwindigkeiten von über 50 km/h erreichen, Kaiserpinguine können bis zu 260 m tief tauchen. Pinguine ernähren sich vor allem von Fischen, Krebstieren und Tintenfischen. Die Füße setzen sehr weit hinten an, sodass die Pinguine an Land aufrecht gehen müssen; auf Schnee und Eis „rodeln" sie auf dem Bauch, indem sie sich mit Flügeln und Füßen abstoßen. Viele Pinguine bauen offene Nester auf dem Boden, in Felsspalten oder in Erdhöhlen, Kaiser- und Königspinguine halten das Ei zum Brüten auf den Füßen und bedecken es mit einer Falte der Bauchhaut. Pinguine brüten oft in großen Kolonien, bei Kaiserpinguinen brütet das Männchen alleine und verliert dabei bis zu einem Drittel seines Körpergewichts. Die größte Art ist mit 115 cm Standhöhe der Kaiserpinguin (*Aptenodytes forsteri*). Fossil sind die Pinguine seit dem oberen Eozän bekannt, die größten Formen erreichten eine Standhöhe von 150 cm.

Sphenodon punctatus, die ↗ Brückenechse.

Sphenophyllales, *Keilblattgewächse*, Ord. der ↗ Equisetopsida, die hauptsächlich vor ca. 300 Mio. Jahren verbreitet war und vor etwa 250 Mio. Jahren ausstarb. Kennzeichnend für die krautigen Pflanzen sind gabelnervige, oft keilförmige Blätter an dünnen, wenig verzweigten Stängeln. Es gab wahrscheinlich sowohl isospore (↗ Isosporie) als auch heterospore (↗ Heterosporie) Arten.

Sphenopsida, ↗ Equisetopsida.

Sphingidae, *Schwärmer*, Fam. der Schmetterlinge (↗ Lepidoptera) mit rund 1000 Arten, die vor allem in den Tropen verbreitet sind, in Mitteleuropa leben 21 Arten. S. haben Spannweiten bis 200 mm (Weibchen der amerikan. Art *Cocytius antaeus*). Am Kopf sitzen große Augen, die Fühler sind relativ kurz, kräftig und behaart bis kurz gekämmt, an der Spitze mit Häkchen. Der Rüssel ist lang (so z. B. bei der südamerikan. Art *Amphimoea walkeri* mit 28 cm) und ermöglicht so die Nektaraufnahme auch aus tiefkronigen Blüten. Es gibt aber auch Arten, bei denen der Rüssel verkümmert ist. Die schmalen, zugespitzten Flügel werden in Ruhe meist dachförmig gehalten. Die Färbung der Falter ist oft unscheinbar, seltener bunt oder mit auffallenden Augenflecken wie beim Abendpfauenauge (*Smerinthus ocellata*). Schwärmer sind exzellente und ausdauernde Flieger, die Geschwindigkeiten bis über 50 km/h erreichen; sie können kolibriartig im Schwirrflug vor Blüten stehen. Die meisten Arten sind nacht- oder dämmerungsaktiv, viele sind Wanderfalter. Die Raupen sind walzenförmig, nackt, meist mit charakteristischem aufgebogenem Afterhorn auf dem Hinterleibsende. Typisch ist die bei Beunruhigung eingenommene „Sphinxhaltung" vieler Arten durch Aufbiegen des Vorderkörpers (wissenschaftlicher Name!). Larven fressen an Kräutern und Gehölzen. Sie verpuppen sich meist in einer Erdhöhle, in der sie bei uns auch überwintern.

Sphingophospholipide, ↗ Phospholipide, ↗ Sphingosin.

Sphingosin, chemische Formel $C_{18}H_{37}NO_2$, ein zweiwertiger ungesättigter C_{18}-Aminoalkohol, der Baustein der Sphingomyeline (↗ Phospholipide) und der ↗ Glykolipide ist. S. kommt in Pflanzen und Tieren nur gebunden vor.

Sphinkter, *Sphincter*, *Musculus sphincter*, ringförmiger Muskel (Ringmuskel) zum Verkleinern oder Schließen (*Schließmuskel*) von Körper- oder Organöffnungen, z. B. der Schließmuskel des ↗ Magens.

Sphyraenidae, *Barrakudas*, Fam. der Barschfische (↗ Perciformes) mit 18 bis zu 2 m langen Arten. Barrakudas haben einen hechtähnlichen, gestreckten Körper mit spitzem Kopf und kräftigen Zähnen. Sie können sehr schnell schwimmen und leben räuberisch von Fischen. Große Arten in tropischen Meeren können auch dem Menschen gefährlich werden.

Sphyrnidae, *Hammerhaie*, Fam. der ↗ Selachimorpha.

Spica, die ↗ Ähre.

Spicula, Sammelbez. für meist winzige ein- oder mehrstrahlige spitze Hartstrukturen (*Sklerite*), die aus Kalk (selten aus Kieselsäure oder Strontiumsulfat) bestehen. S. können zusätzlich organische Cuticular-Bestandteile enthalten (selten bestehen sie nur daraus). S. ragen über die Körperoberfläche hervor, z. B. als Kalkschuppen bei Wurmmollusken (↗ Aplacophora) oder als Mantelstacheln bei Käferschnecken (↗ Polyplacophora). Bei manchen Einzellern (↗ Radiolaria, einige ↗ Heliozoa) liegen die S. im Cytoplasma. Bei Schwämmen (↗ Porifera) und ↗ Anthozoa liegen sie im Körperinnern und können durch Vernetzung ein *Spicular-Skelett* bilden. Bei Stachelhäutern (↗ Echinodermata) wachsen die großen Kalkplatten aus S. heran; bei Seewalzen (↗ Holothuroida) liegen S. in der Unterhaut. Relativ groß können die S. der männlichen Fadenwürmer (↗ Nematoda) sein, die zusammen mit dem Gubernaculum den *Spicular-Apparat*, einen Kopulationsapparat, bilden.

Spielverhalten, das Ausüben bestimmter eigenmotivierter Verhaltensweisen ohne erkennbaren *Ernstbezug*, d. h. diese Verhaltensweisen sind aus dem normalen Kontext herausgelöst. Zusammen mit Erkundungs- und Neugierverhalten ist das Spielen für eine normale Verhaltensentwicklung unerlässlich. Es kommt bei manchen Vögeln, den meisten höheren Säugetieren sowie dem Menschen vor. In der Jugendphase ist es besonders ausgeprägt, besteht aber auch oft noch bis ins Erwachsenenalter hinein. Nach der *Übungshypothese* ist das S. eine Form des Lernens, die es den Tieren ermöglicht Verhaltensweisen zu perfektionieren, die sie zu praktischen Zwecken benötigen.

In der Praxis gehen Erkunden, Neugier und Spielen fließend ineinander über: Ein Jungfuchs in „Spielstimmung" streift z. B. ungezielt umher (spontanes Erkunden), bis er ein bisher unbekanntes Objekt (z. B. eine große Feder) sieht. Die Feder wird gezielt und aktiv erkundet, z. B. mit der Pfote gestoßen, es wird hineingebissen usw. (Neugierverhalten). Ergeben sich irgendwelche Reaktionen, kommt es zum eigentlichen Spielen: Die Feder fliegt ein Stück, wenn er sie mit der Pfote stößt, und der Fuchs wiederholt dies, „fängt" die Feder, stößt sie wieder fort usw. Das Wechselspiel zwischen eigener Aktion und irgendeiner Reaktion der Umwelt bzw. des Partners sowie die Wiederholungstendenz gehören wesentlich zum Spielen. Nur durch die Wiederholung der eigenen Aktionen ist es möglich, zufällige von gesetzmäßigen Umwelteffekten zu unterscheiden und nützliche Information zu gewinnen. Nur die Wiederholung sichert auch die richtige Einübung eigener Bewegungskoordinationen. Die Art der im Spiel ausgeführten Aktionen ist dabei ungemein vielfältig und kann im Prinzip das gesamte Verhaltensrepertoire des Tieres einschließlich erlernten Verhaltens umfassen. Sämtliche Aktionen sind im Spiel jedoch einer speziellen Verhaltenssteuerung unterworfen, die zu erheblichen Unterschieden zum Ernstverhalten führt (Spielsteue-

Spielverhalten a Zwei Eipo-Kinder, die einander zum Spiel auffordern; indem sie sich mit offenen Armen und Spielgesicht begrüßen. b Auch Schimpansen zeigen das Spielgesicht, und sie verstehen damit auch den entsprechenden Ausdruck des Menschen, was zwischenartliches Spiel ermöglicht

rung). So gibt es eine eigene *Spielappetenz* sowie erlernte oder angeborene Signale als Spielaufforderung an Partner. So ist z.B. das *Spielgesicht*, ein spezielles Mimiksignal, das die Spielbereitschaft anzeigt. Es vermeidet Missverständnisse, indem es das folgende Verhalten als Spiel kennzeichnet. Ein Spielgesicht findet sich bei manchen Primaten und Raubtieren. Aber auch der Mensch, vor allem der Säugling und das Kleinkind, zeigen als Spielgesicht ein festes mimisches Programm, das während freudiger spielerischer Interaktionen, unterstützt durch heftige Körperbewegungen, eingesetzt wird.

Es scheint auch eine eigene *Spielbereitschaft* zu geben, da die Bereitschaften, denen die im Spiel gezeigten Aktionen normalerweise zugeordnet sind, oft mit Sicherheit nicht aktiv sind. Diese Spielbereitschaft ist anderen, vitalen Bereitschaften nachgeordnet, d. h., das Spielen tritt dann auf, wenn weder Hunger noch Durst noch Flucht- bzw. Verteidigungsbereitschaften aktiv sind. Es füllt so in sehr sinnvoller Weise die nicht unmittelbar benötigten Aktivitätsperioden der Tiere aus, wird aber von chronischen Mangelzuständen, Ängsten usw. auch gehemmt. Die Spielsteuerung verändert die benutzten Aktionen in charakteristischer Weise: Aggressive Aktionen sind „entschärft", z. B. lassen alle Katzen beim Kampfspiel die Krallen eingezogen. Hunde zeigen im Spiel selbst bei Nackenbiss (der im Ernstfall der Tötung des Gegners dient) eine Beißhemmung. Ohne diese Änderungen könnten Spielpartner nicht die Rolle von Beutetieren und Konkurrenten übernehmen und als Objekt spielerischen Jagens, Rivalenkampfes usw. dienen, die offenkundig ebenfalls eingeübt werden sollen. Auch die inneren Bedingungen des Verhaltens ändern sich im Spiel. So wird ein Verfolger im Ernstfall natürlich möglichst gemieden, im Spielen wird der Verfolger, wenn er aufgibt, eventuell wieder aufgesucht und zur erneuten Verfolgung aufgefordert. Auch können die Rollen von Jäger und Gejagtem sehr schnell gewechselt werden. Beide Beispiele zeigen, daß die angestrebte Endhandlung im Spielen selbst besteht und nicht, wie im Ernstfall, im Entkommen, Beute-Machen oder Ähnlichem.

Nur beim Menschen gibt es eine Spielkultur traditionellen Spielens für Kinder und für Erwachsene. Für den Menschen stellt die durch Spielen gewonnene Erfahrung ein unverzichtbares Stück seines gesamten nichtsozialen und sozialen Erfahrungserwerbs dar.

Spießente, Art der ↗ Gründelenten.

Spinacia, Gatt. der ↗ Chenopodiaceae.

spinale Kinderlähmung, die ↗ Poliomyelitis.

Spinalganglien, ↗ Rückenmark.

Spinalnerven, *Rückenmarksnerven, Nervi spinales*, segmental vom ↗ Rückenmark abgehende Nerven, die mit ihm jeweils über eine Vorderhornwurzel und eine Hinterhornwurzel in Verbindung stehen. Vom Vorderhorn des Rückenmarks ziehen über die Vorderhornwurzeln motorische (efferente) und vegetative Fasern zu den Spinalnerven, vom Hinterhorn über die Hinterhornwurzeln sensible (afferente) und auch vegetative Fasern. Die vegetativen Fasern ziehen im *Ramus communicans albus* zum ↗ Grenzstrang; einige kehren über den *Ramus communicans griseus* zum Spinalnerven zurück. Die Spinalnerven verzweigen sich schließlich in einen vorderen Ast, den *Ramus ventralis*, der die vordere Rumpfmuskulatur und die Extremitäten versorgt, und in den *Ramus dorsalis*, der zur tieferen Rückenmuskulatur zieht. (↗ Nervensystem)

Spinat, *Spinacia oleracea*, zur Fam. ↗ Chenopodiaceae gehörende weltweit verbreitete Pflanze, deren Blätter als Gemüse gegessen werden.

Spindel, 1) *Botanik*: Die ↗ Rhachis,

2) *Cytologie*: die Kernspindel im ↗ Spindelapparat bei ↗ Mitose und ↗ Meiose.

Spindelapparat, *Teilungsspindel*, Bez. für die sich zu Beginn der ↗ Mitose und ↗ Meiose bildende Struktur, die dafür sorgt, dass sich die Chromosomen in der *Äquatorialebene* der Spindel anordnen und die Chromatiden bzw. Chromosomen zu den *Kernpolen* transportiert werden. Der im Lichtmikroskop sichtbare S. besteht aus Bündeln von ↗ Mikrotubuli, wobei zwischen *polaren Mikrotubuli*, *nicht befestigten Mikrotubuli* und *Kinetochormikrotubuli* unterschieden wird. Dabei sind die Mikrotubuli mit dem Minusende zum ↗ Centriol hin orientiert. Die durch den S. erzeugte Chromatiden- bzw. Chromosomenbewegung wurde lange Zeit vor allem dadurch erklärt, dass die Mikrotubuli im Bereich des Centriols depolymerisieren und die dadurch hervorgerufene Verkürzung der Kinetochormikrotubuli die Wanderung verursacht. Inzwischen deuten experimentelle Befunde darauf hin, dass es durch die im ↗ Kinetochor vorhandenen Motorproteine (z. B. Dynein) zu einem Entlangwandern an den Spindelfasern kommt. Neben dieser Funktion

bestimmt der S. auch die Lage der Teilungsfurche bei tierischen Zellen bzw. die Phragmoplastenbildung bei der ↗ Cytokinese pflanzlicher Zellen.

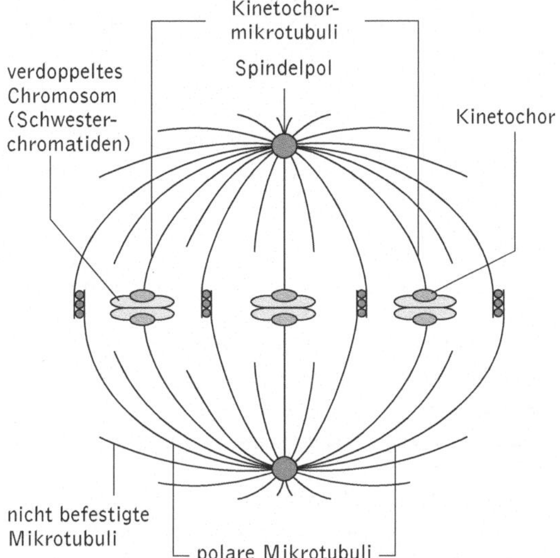

Spindelapparat Schematische, nicht maßstabgetreue Darstellung einer typischen Spindelstruktur mit angehefteten, verdoppelten Chromosomen und den drei verschiedenen Arten der Spindelmikrotubuli

Spindelbaumgewächse, die Fam. ↗ Celastraceae.

Spindelgifte, diejenigen Substanzen, die die Ausbildung und Funktion des ↗ Spindelapparates stören, sodass es bei der ↗ Mitose zu Fehlern der Chromosomenverteilung kommen kann. Das häufigste S. ist das ↗ Colchicin.

Spinndrüsen, Drüsen, die ein Sekret aus Proteinen ausscheiden, das an der Luft zum Spinnfaden erhärtet.

Bei den *Spinnen* (↗ Araneae) befinden sich die S. im Opisthosoma. Es können bis zu mehrere Tausend S. in einem Individuum vorkommen, die in bis zu sechs, unterschiedliche Fadenqualitäten liefernde Formen unterschieden werden können (bei Radnetzspinnen, ↗ Araneidae). Die Ausführgänge der S. münden in sehr beweglichen *Spinnwarzen* (abgewandelten Opisthosoma-Extremitäten) ventral auf dem Hinterleib. Jeder Drüsentyp sezerniert eine für eine bestimmte Funktion eingesetzte *Spinnseide*. Sie tritt meist aus der Spitze der Spinnwarzen aus feinsten, mit Regulationsventilen versehenen Düsen (*Spinnspulen*) aus. Die Spinnseide besteht aus Proteinen, deren Moleküle beim Austritt ausgerichtet werden und dadurch einen Spinnfaden bilden, dessen Durchmesser von 10 nm (*Cribellum-Wolle*) bis mehrere μm betragen kann (Durchmesser bei der Seidenspinne z. B. ca. 0,007 mm), und der enorm reißfest und gleichzeitig elastisch ist. Die Neusynthese erfolgt innerhalb weniger Minuten. Das Spinnvermögen wird für verschiedenste Funktionen eingesetzt: Auskleidung von Wohnröhren, Bau von Fanggeweben, Haltefäden, Bau von Häutungs-, Wohn- und Überwinterungsgespinsten, Bau von Eikokons.

Bei *Insekten* (↗ Insecta) sind die S. entweder modifizierte *Labialdrüsen* (z. B. bei Schmetterlingsraupen), die an der Spitze des Prämentums (↗ Mundgliedmaßen) münden, oder die Spinnsekrete werden am Hinterleibsende aus *Malpighi-Gefäßen* abgegeben; Tarsenspinner (↗ Embioptera) besitzen an den Tarsen der Vorderbeine Spinndrüsen.

Besondere S. sind die ↗ Byssusdrüsen der Muscheln.

Spinnenläufer, Art der Hunderfüßer (↗ Chilopoda).

Spinnentiere, ↗ Arachnida, ↗ Chelicerata.

Spinnmilben, die ↗ Tetranychidae.

Spinnwarzen, ↗ Spinndrüsen.

Spinnwebhaut, *Arachnoidea*, eine der ↗ Hirnhäute.

Spiraculum, das ↗ Spritzloch.

Spirale, umgangssprachliche Bez. für das Intrauterinpessar (↗ Empfängnisverhütung).

Spiralia, zusammenfassende Bez. für eine Reihe von Bilateria-Gruppen, die Spiralfurchung aufweisen (↗ Furchung). Hierzu gehören die ↗ Annelida (einschließlich ↗ Echiura), ↗ Mollusca, ↗ Sipuncula und unter Vorbehalt die ↗ Nemertini, ↗ Plathelminthes, ↗ Gnathostomulida, ↗ Kamptozoa. Die ↗ Arthropoda und ↗ Pogonophora werden nicht wegen ihres Furchungstyps, sondern aufgrund anderer abgeleiteter (apomorpher) Merkmale zu den S. gestellt.

Spirea, Gatt. der ↗ Rosaceae.

Spirillaceae, Fam. der β-Untergruppe der ↗ Proteobacteria, zu der nach neuerer Systematik die Gatt. ↗ Spirillum gehört.

Spirillen, 1) die Gatt. ↗ Spirillum.

2) Bez. für spiralförmige Bakterien (↗ Bakterienformen).

Spirillum, *Spirillen*, Gatt. der β-Untergruppe der ↗ Proteobacteria. Es sind gramnegative, bewegliche, spiralig gewundene Bakterien mit bis 60 μm langen Zellen. Sie kommen im Süß- oder Meerwasser vor. Meist tragen sie an beiden Zellenden Geißelbüschel.

Spirochaetales, Ord. der Bacteria mit den Fam. Spirochaetaceae (↗ Spirochäten), Serpulinaceae und Leptospiraceae.

Spirochäten, *Spirochaetaceae*, Ast der ↗ Bakterien, zu dessen Vertretern gramnegative, bewegliche, sehr schlanke, schraubenförmig gewundene Bakterien mit flexibler Zelle ohne starre Zellwand gehören. Die Zelle der S. besteht aus einem Protoplasmazylinder, Flagellen und einer äußeren Hüllmembran. Um den *Protoplasmazylinder* winden sich Flagellen, die in ihrer Gesamtheit als Achsenfaden bezeichnet werden. Die Flagellen entspringen aus jedem Pol und falten sich auf den Protoplasmazylinder zurück, wo sie im Periplasma der Zelle lokalisiert bleiben. Die Flagellen werden daher als *Endoflagellen* bezeichnet. Mit Hilfe der Flagellen können sich die S. fortbewegen. Frei lebende S. wie z. B. *Spirochaeta* sind an vielen aquatischen Standorten verbreitet (Tümpel, Teiche, Meer). Zu den parasitischen S. gehören z. B. der Erreger der ↗ Syphilis, *Treponema pallidum*, und Erreger fieberhafter Erkrankungen aus der Gatt. ↗ Borrelia.

Spirurida, parasitisches Subtaxon der ↗ Secernentea.

Spitzenwachstum, bei Pflanzen das einseitige Wachstum von Zellen und Organen. In der Spitzenzone des Vegetationskörpers und der Wurzeln findet S. in apikalen Wachstumszonen statt. Besonders deutlich zeigen dies die Wurzeln höherer Pflanzen, deren Wachstum auf eine schmale Zone direkt hinter der Wurzelspitze beschränkt ist. (↗ Streckungswachstum, ↗ Wachstum)

Spitzhörnchen, die ↗ Scandentia.

Spitzmaulnashorn, Art der Nashörner (↗ Rhinocerotidae).

Spitzmäuse, die Fam. ↗ Soricidae.

Spitzwegerich, *Plantago lanceolata*, Art der Fam. ↗ Plantaginaceae. Die getrockneten Blätter werden als Teezubereitung gegen Atemwegserkrankungen und Blasenleiden eingesetzt.

Splanchnopleura, *viscerales Blatt*, ↗ Peritoneum.

Spleißen, engl. *splicing*, Bez. für das Herausschneiden von ↗ Introns aus der ↗ hnRNA (*Primärtranskript*), sodass für die ↗ Translation geeignete ↗ messenger-RNAs entstehen. Das S. ist ein Teilschritt während der ↗ Prozessierung eukaryotischer Transkripte und kommt auch bei ribosomaler RNA und transfer-RNA vor. Für das korrekte S. dienen konservierte Nucleotidsequenzen (↗ Consensussequenzen), die den Übergang von ↗ Exons und Introns kennzeichnen. Bei Genen, die für Proteine codieren, bezeichnet man die Introns als so genannte GT-AG-Introns, da am 5'-Ende auf DNA-Ebene die Nucleotide GT und am 3'-Ende AG vorkommen.

Das S. erfolgt durch eine Reihe von RNA-Proteinkomplexen, die als *snRNPs* (sprich: „Snurps“ von engl. *small nuclear ribonucleoproteins*) bezeichnet werden. Sie enthalten so genannte *snRNAs* (engl.: *small nuclear RNAs*), die etwa 100 bis 200 Nucleotide lang sind. Beim S. binden unterschiedliche snRNPs an die DNA im Bereich des Introns und der Exon-Intron-Übergänge und führen unter Bildung eines *Spleißosoms* zur Spaltung der Phosphodiesterbindungen („Herausschneiden“) des Introns und gleichzeitiger Ligation der Exons. Dabei kommt es auch zu einer lassoförmigen als *Lariat* bezeichneten Schlingenbildung des Introns, das anschließend abgebaut wird.

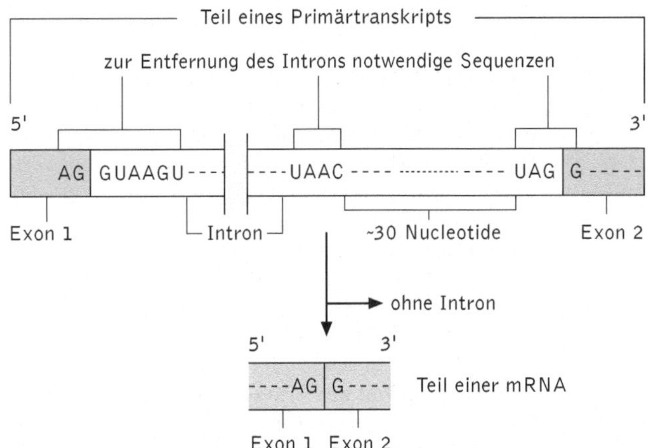

Spleißen Erkennungssequenzen für das Spleißen von GT-AG-Introns. Auf Ebene der RNA beginnt das Intron mit den Nucleotiden G und U und endet am 3'-Ende mit A und G

Bei einer Reihe von mRNA-Molekülen können durch *alternatives S.* großer Mosaikgene aus unterschiedlichen Exons bestehende Transkripte erzeugt werden, die wiederum zu Isoformen von Proteinen führen. (s. auch Abb. auf Seite 144)

Spleißosom, engl. *spliceosome*, der Komplex aus Ribonucleoproteinen, der am ⬈ Spleißen beteiligt ist.

Splen, die ⬈ Milz.

splicing, ⬈ Spleißen.

Splintholz, ⬈ Holz.

Spongia, Gatt. der Schwämme (⬈ Badeschwamm).

spontane Mutationsrate, ⬈ Mutationsrate.

Spontanmutationen, Bez. für ⬈ Mutationen, die ohne künstliche Induktion durch ⬈ Mutagene entstanden sind.

Sporangien, ⬈ Sporangium.

Sporangiophor, tischchenförmige Sporangienträger, die bei den Schachtelhalmgewächsen (⬈ Equisetopsida) zu zapfenförmigen, endständigen Ähren vereinigt sind. Bei manchen Pilzen (⬈ Mucorales) ist das S. eine Hyphe (⬈ Hyphen) mit endständigem ⬈ Sporangium.

Sporangium, Plural *Sporangien*, *Sporenbehälter*, Behälter, in dem ⬈ Sporen gebildet werden. Bei Algen und Pilzen sind es Einzelzellen, die sich nur in der Form von den Körperzellen unterscheiden. Bei den Moosen und Farnen ist das S. ein vielzelliges Gebilde, bei dem äußere, sterile Zellschichten das Sporen bildende Gewebe umschließen.

Sporen, Sammelbegriff für unterschiedliche einzellige Fortpflanzungs- und Vermehrungseinheiten der ⬈ Kryptogamen. Zu diesen zählen viele ⬈ Algen, Pilze, Moose (⬈ Bryophyta) und Farne (⬈ Pteridophyta). Je nach Entstehung unterscheidet man die aus einer ⬈ Mitose hervorgegangenen *Mitosporen* (⬈ Mitospore) und *Meiosporen*, die als Produkt einer ⬈ Meiose entstehen. Beide sind nur dann gut zu unterscheiden, wenn die Meiosporen in einer Tetrade vorliegen (*Tetrameiosporen*) und ihre Herkunft daher offensichtlich ist.

Die Mito-S. werden meist als *Endosporen* innerhalb eines ein- bis mehrzelligen Organs, des ⬈ Sporangiums, gebildet, sie können aber auch durch Sprossung außerhalb eines solchen entstehen und werden dann als *Exosporen* oder *Konidiosporen* bezeichnet. Man unterscheidet außerdem zwischen den durch das Wasser verbreiteten begeißelten ⬈ Zoosporen und den derbwandigen ⬈ Aplanosporen mit Windverbreitung. Im häufigsten Fall sind alle S. gleichartig, man spricht dann von ⬈ Isosporie. Bei der ⬈ Heterosporie mancher Farne und der ⬈ Spermatophyta entwickeln sich in unterschiedlichen Sporangien zwei Sorten von Meiosporen: im *Megasporangium* entstehen große *Megasporen*, die zu einem weiblichen Vorkeim werden und im *Mikrosporangium* kleinere männliche *Mikrosporen*. Das Megasporangium der Samenpflanzen wird als *Nucellus* bezeichnet.

Die S. der Moose, Farne und Samenpflanzen sind mit ihrer widerstandsfähigen Außenwand, dem ⬈ Sporoderm, gut für das Überdauern ungünstiger Verhältnisse eingerichtet.

Die außerordentlich hitze- und kältebeständigen Überdauerungszellen der ⬈ Schleimpilze und mancher ⬈ Bakterien werden ebenfalls als S. bezeichnet (⬈ Bakteriensporen).

Sporenbehälter, das ⬈ Sporangium.

Sporenbildner, Bez. für ⬈ Bakterien, die in ihrem Zellinneren eine *Endospore* (⬈ Bakteriensporen) bilden können. Zu den S. gehören hauptsächlich die ⬈ Clostridien und Bazillen. Die Gatt. ⬈ Streptomyces vermehrt sich durch ⬈ Exosporen.

Sporenkapsel, Teil des ⬈ Sporogons.

Sporenlager, das ⬈ Hymenium.

Sporenmutterzelle, die diploide Zelle, aus der sich im ⬈ Sporangium unter Meiose die *Meiosporen* bilden.

Sporenständer, die ⬈ Basidie.

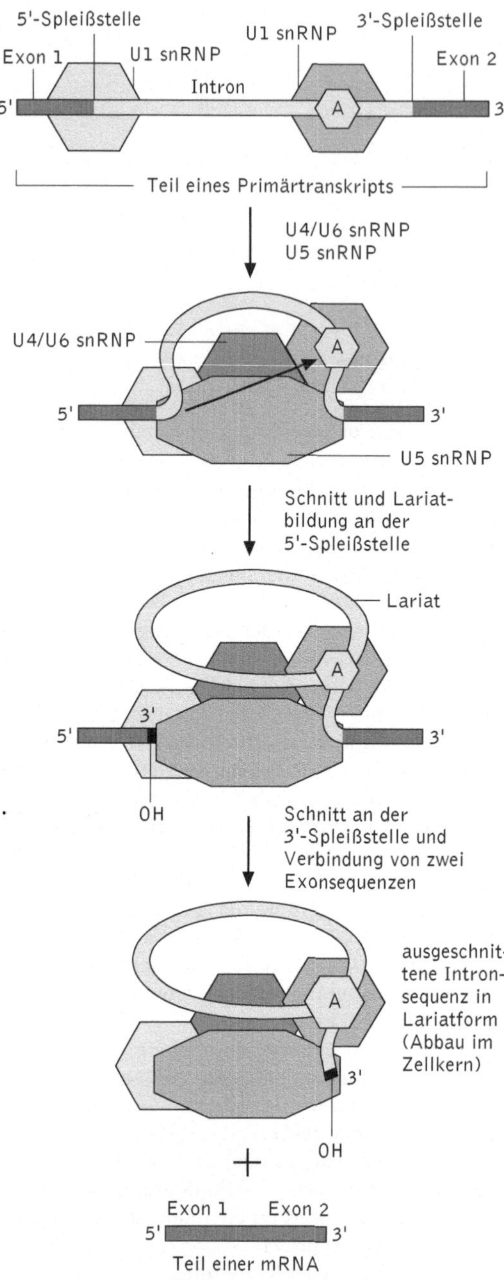

Spleißen Schematische Darstellung des Spleißens

Sporentierchen, die ↗ Sporozoa.

Spormogonium, Fruktifikationsform bestimmter Pilze, in der Spermatien (↗ Spermatium) gebildet werden.

Sporocyste, 1) Entwicklungsstadium der ↗ Sporozoa.

2) aus dem Miracidium oder einer Muttersporocyste hervorgehendes Entwicklungsstadium der ↗ Digenea.

3) Bez. für die Sporen bildenden Organe der ↗ Pilze.

Sporocytophaga, zu den ↗ Cytophaga gehörende, weitverbreitete, stäbchenförmige Bodenbakterien, die in ihrem chemotrophen Atmungsstoffwechsel ↗ Cellulose, ↗ Cellobiose und ↗ Glucose abbauen.

Sporoderm, widerstandsfähige Umhüllung der ↗ Pollen und der ↗ Sporen der ↗ Bryophyta und ↗ Pteridophyta, die sich in die äußere ↗ Exine und die aus Cellulose bestehende innen liegende ↗ Intine gliedern lässt. Das äußerst widerstandsfähige S. bietet einen effektiven Schutz und hat insbesondere bei den ↗ Spermatophyta oft ein spezifisches Oberflächenprofil aus Warzen, Stacheln und Leisten, das eine Artbestimmung anhand der Pollen ermöglicht.

sporogen, ↗ Sporen erzeugend.

Sporogon, die ↗ Sporen bildende Generation der Moose. Das S. besteht meist aus einem haustorialen Fuß, der die Verbindung zum Gametophyten darstellt, einem Stiel (*Seta*) und einer Kapsel, die oft eine ↗ Calyptra trägt. (Abb. ↗ Bryophyta)

Sporokarp, gestielter ovaler Sporangienbehälter, der durch gesteigertes Wachstum der Blattunterseite eingesenkt wird. S. findet man innerhalb der ↗ Pteridopsida bei den Wasserfarnen (↗ Hydropterides).

Sporophyll, ein Sporangien (↗ Sporangium) tragendes ↗ Blatt. Bei Farnen haben die S. häufig eine einfachere Gestalt als die assimilierenden Blätter (*Trophophylle*).

Sporophyt, diploide Generation der Pflanzen mit ↗ Generationswechsel. Hierzu zählen ↗ Algen, Moose (↗ Bryophyta) und ↗ Kormophyten, die unter ↗ Meiose haploide ↗ Sporen bilden.

Sporozoa, *Sporentierchen*, in der herkömmlichen Systematik Klasse der ↗ Einzeller, deren Vertreter durchweg als Endoparasiten entweder extrazellulär in Körperhöhlen (z. B. Darm, Leibeshöhle) oder intrazellulär (z. B. in roten Blutkörperchen) ihrer Wirte leben. Ihre Körpergestalt ist oval oder rundlich. Die Nahrung wird durch Mikroporen über die gesamte Oberfläche aufgenommen. Die Zellhülle ist meist sehr kompliziert gebaut. Einzige Stadien, die Bewegungsorganelle ausbilden können, sind die Mikrogameten (Geißeln). Stadien, die in Wirtszellen eindringen müssen, tragen am Vorderpol komplexe Strukturen (Conoid, Rhoptrien, Micronemen), die als Penetrationsorganelle gedeutet werden. Alle S. haben einen *haplohomophasischen Generationswechsel*. Geschlechtliche ↗ Fortpflanzung (Gamogonie) und ungeschlechtliche Fortpflanzung (Sporogonie) wechseln ab. Die Sporogonie ist eine Vielfachteilung, die zu sichelförmigen *Sporozoiten* (infektiöse Stadien) führt. Häufig sind diese zu mehreren in dickschaligen, widerstandsfähigen Cysten (*Sporocysten*, Sporen) eingeschlossen, die von den Zygoten gebildet werden. Die Sporen sind die Übertragungsstadien. Zusätzlich zu Gamogonie und Sporogonie machen viele S. eine weitere Vielfachteilung (*Schizogonie*) durch, die vom Sporozoit über den *Schizonten* zu *Merozoiten* führt, die erneut eine Schizogonie durchlaufen können. Nach mehreren Schizogonien erfolgt die Gamogonie und dann die Sporogonie.

In der phylogenetischen Systematik sind die S. als Taxon aufgelöst, die systematische Stellung der Teilgruppen der ehemaligen S. ist z. T. noch unklar. (➚ Apicomplexa, ➚ Coccidia, ➚ Gregarinida, ➚ Malaria, ➚ Myxozoa, ➚ Piroplasmida, ➚ Plasmodium)

Sprache, im eigentlichen Sinn die verbale Ausdrucksfähigkeit, die es erlaubt, Gedanken zu vermitteln, und die weder objekt- noch zeitgebunden ist. Die morphologischen Voraussetzungen für die Lautmodulation der Sprache sind ein Kehlkopf und bestimmte Klangräume, die durch Umformungen im Mund- und Rachenraum entstehen. Auch das Gehirn muss bestimmte Sprachzentren aufweisen. Diese Bedingungen erfüllt allein der Mensch. Alle menschlichen Sprachen haben bestimmte Prinzipien einer universalen Grammatik gemeinsam. Dies deutet auf eine genetische Grundlage hin.

Weiter gefasst ist S. eine Form der Informationsübermittlung, die nicht objektgebunden ist und sich bestimmter Symbole bedient. Hierzu zählt dann die Gebärdensprache Taubstummer, die in verschiedenen Versuchen auch manchen Menschenaffen beigebracht werden konnte. Diese gaben dann nicht nur das Erlernte wieder, sondern schufen durch Kombination erlernter Sprachelemente eigene Bez. unbekannter Gegenstände und stellten Sätze zusammen. Einzige bisher bekannte natürliche Tier-S. nach dieser Definition ist der Bienentanz (➚ Bienensprache).

Im weitesten Sinne werden unter S. alle Formen der tierischen ➚ Kommunikation verstanden. Beim Menschen gibt es neben den unterschiedlichen Lautsprachen angeborene Ausdrucksgesten und Affektlaute, die international verstanden werden. Zu ersteren zählen das Lächeln oder das Ballen der Faust, zu letzteren Weinen und Lachen.

Spreizklimmer, ➚ Kletterpflanzen.

Springaffen, Unterfam. der ➚ Cebidae.

Springbock, Art der Springantilopen (➚ Antilopinae).

springende Gene, die umgangssprachliche Bez. für ➚ Insertionselemente und ➚ Transposons.

Springfrucht, ➚ Frucht.

Springkraut, *Impatiens*, Gatt. der ➚ Balsaminaceae. Die Samen werden durch berührungsempfindliche Explosionskapseln (➚ Frucht) ausgeschleudert. Bekannte Arten sind das neophytische Rührmichnichtan (*Impatiens noli-tangere*) und

die Zierpflanze Fleißiges Lieschen (*Impatiens walleriana*).

Springkrautgewächse, die Pflanzenfam. ➚ Balsaminaceae.

Springmäuse, die Fam. ➚ Dipodidae.

Springschwänze, die ➚ Collembola.

Springspinnen, die Fam. ➚ Salticidae.

Spritzgurke, *Ecballium elaterium*, einzige Art der Gatt. aus der Fam. ➚ Cucurbitaceae. Nach der Reife lösen sich die Früchte vom Stiel, und aus der so entstandenen Öffnung werden die Samen und der Fruchtsaft meterweit herausgespritzt. Das Fruchtmus enthält das Glykosid Elaterin.

Spritzkanälchen, ➚ Samenleiter.

Spritzloch, *Spiraculum*, stark verkleinerte vorderste Kiemenspalte bei Knorpelfischen, die zwischen Mandibular- und Hyoidbogen liegt. Die im S. vorhandene Kieme (*Spritzlochkieme*, *Spiracularkieme*) ist anatomisch eine Halbkieme (Hemibranchie), da nur der Vorderrand der Kiemenspalte mit Kiemenlamellen besetzt ist. Bei Engelhaien (Fam. Squatinidae) und Rochen (Fam. ➚ Rajidae) ist das S. sehr groß. Es liegt dicht hinter dem Auge auf der Oberseite des Kopfes und dient als Einströmöffnung für das Atemwasser, da der Mund meist dem Boden aufliegt. Knochenfische besitzen kein S., die entsprechende Kiemenspalte ist verschlossen. Bei Tetrapoden ist die Verbindung zwischen Mittelohr und Rachen (➚ Eustachi-Röhre) ein Derivat des Spritzloches.

Spritzwürmer, die ➚ Sipuncula.

Spross, uneinheitlich verwendete Bez. für entweder die ➚ Sprossachse oder den gesamten oberirdischen Teil der ➚ Kormophyten aus Sprossachse und den daran wachsenden Blättern. Das unterirdisch wachsende ➚ Rhizom, ➚ Dornen, ➚ Sprossknollen und blattähnliche Sprosse (➚ Phyllokladium) stellen Metamorphosen des S. dar.

Sprossachse, meist aufrecht wachsender, gestreckter Teil des ➚ Kormus der ➚ Kormophyta, der die Blätter trägt (➚ Blatt) und durch eine entsprechende Blattstellung für eine günstige Position zum Lichteinfall sorgt und somit eine gute Fotosyntheserate gewährleistet. Weiterhin dient die S. zum Transport von Wasser und Nährstoffen aus der ➚ Wurzel in die Blätter. Diese Aufgaben können nur durch spezielle Festigungs- und Leitgewebe erfüllt werden.

Für die meisten Kormophyten ist die Ausbildung besonderer Apikalmeristeme (➚ Meristem) charakteristisch. Im einfachsten Fall handelt es sich dabei um einzelne *Scheitelzellen*, wie sie bei vielen Farnen (➚ Pteridophyta) vorkommen, meist ist jedoch eine ganze Gruppe teilungsfähiger *Initialzellen* zur *Initialzone* ausgebildet, welche die anschließende *Determinationszone* ständig mit ihren Zellen ergänzt. Die Differenzierung der jungen Zellen wird in diesem Bereich festgelegt. Die folgende *Differenzie-*

rungszone führt zu einer Gliederung des *Flanken-meristems* (↗ Meristem), das das innenliegende *Markmeristem* umschließt, in *Prokambium* und *Rindenmeristem*. Aus dem zuäußerst liegenden *Dermatogen* entwickelt sich die *Epidermis* (↗ Abschlussgewebe), aus dem Rindenmeristem die primäre ↗ Rinde, aus dem Prokambium das ↗ Leitgewebe und aus dem Markmeristem das ↗ Mark. Vom Meristem werden auch die Blattanlagen angelegt. Die Blätter entstehen dabei *exogen*, als seitliche Auswüchse der äußeren Zellschichten. In der zur Basis hin folgenden *Streckungszone* erlischt die Teilungsfähigkeit der Zellen; aus dem Prokambium bilden sich Elemente des ↗ Phloem und ↗ Xylem. Die Anordnung des Leitbündelsystems (↗ Stele) variiert innerhalb der Kormophyten sehr stark und lässt sich in den einzelnen Pflanzengruppen stammesgeschichtlich ableiten. Ein erstes, meist vom Markparenchym, seltener vom Rindenparenchym ausgehendes *Erstarkungswachstum* oder *primäres Dickenwachstum* erfolgt. Viele ↗ Gymnospermae und dikotyle ↗ Angiospermae machen daran anschließend eine weitere Wachstumsphase durch, das *sekundäre Dickenwachstum*. Hierbei handelt es sich um eine Vermehrung des vorhandenen Leit- und Festigungsgewebes. Embryonale, also noch teilungsfähige Zellen des Prokambiums, die *Kambiuminitialen*, geben nach innen *sekundäres Xylem* ab, das ↗ Holz, nach außen *sekundäres Phloem*, den ↗ Bast. Die stete Umfangserweiterung der Sprossachse hat zur Folge, dass die Epidermis reißt und durch ein sekundäres Abschlussgewebe ersetzt werden muss. Dies geschieht durch das aus der Epidermis oder tieferen Rindenschichten hervorgehende *Phellogen*, das nach außen ↗ Kork abgibt. Dieses stellt in vielen Fällen seine Tätigkeit aber rasch wieder ein, und seine Funktion wird von einer Reihe weiterer Korkkambien tieferer Rindenschichten und des Bastes übernommen. Die äußeren Gewebeschichten der Rinde und des Bastes bilden dann die Borke. Beim selten vorkommenden sekundären Dickenwachstum der Monokotyledoneae wird ein sekundäres Verdickungsmeristem aktiv, das die gesamte Stele umfasst und vor allem nach innen ↗ Parenchym mit sekundären Leitbündeln ausbildet.

Sprossdornen, ↗ Dornen.

Sprossknolle, *Tuber*, Sprossmetamorphose in Form eines rundlich verdickten Speicherorgans.

Hierzu zählen in erster Linie Hypokotylknollen (↗ Hypokotyl) wie man sie bei ↗ Rote Bete oder ↗ Radieschen findet, aber auch Reserveorgane der Stolonen (↗ Ausläufer) mit der ↗ Kartoffel als bekanntestem Beispiel.

Sprossparasit, parasitische Pflanze, die den ↗ Spross der Wirtspflanze anzapft, um aus dem ↗ Xylem des Wirts Wasser und organische Nährstoffe zu saugen. Dies geschieht entweder mit dem Wurzelsystem des S. oder mit sprossbürtigen ↗ Haustorien. Zu den S. zählen ↗ Misteln und verschiedene ↗ Cuscutaceae.

Sprosspilze, anderer Name der ↗ Hefen.

Sprossranke, Sprossmetamorphose bei manchen ↗ Kletterpflanzen (↗ Ranken).

Sprossscheitel, Apikalmeristem (↗ Meristem) an der Sprossspitze, das die Oberfläche der Pflanze vergrößert und die reproduktiven Organe bildet.

Sprossung, die ↗ Knospung.

Sprotte, Art der Heringsverwandten (↗ Clupeiformes).

Sprue, ↗ Gluten.

Sprungschicht, die ↗ Thermokline.

Spülsaum, Saum an Gewässerrändern, an den durch Wellen- oder Fließbewegungen des Wassers pflanzliches und tierisches Material angespült wird. Dies ist die Nahrungsgrundlage für eine Vielzahl von Kleintieren, wie z. B. Flohkrebsen, die auch Nahrung von Limikolen sind. Der S. stellt auch eine Markierung der unterschiedlichen Flutstände dar.

Spulwurm, *Ascaris lumbricoides*, in Menschen und Schweinen parasitierende Art der Fadenwürmer (↗ Nematoda). Beim Menschen werden larvenhaltige Eier des S. mit verunreinigten Lebensmitteln (z. B. rohem Gemüse, Salaten nach Kopfdüngung) in den Darm aufgenommen und setzen junge Würmer frei, die über Pfortader, Leber, Herz, Lungen, Bronchien und Schlund erneut in den Darm gelangen. Dort setzen sich die Würmer fest und reifen in ca. 1,5 Monaten aus. Ein weiblicher Wurm kann bis zu 200000 Eier pro Tag ablegen. Bei starkem Befall kommt es zu Leibschmerzen, Übelkeit und Erbrechen, in seltenen Fällen durch Wurmkonglomerate zu Darmverschluss. Während des Durchwanderns der Lunge bilden sich lokale Infiltrate, die mit Husten und Fieber einhergehen. *Ascaris lumbricoides* und der Pferdespulwurm, *Parascaris equorum*, sind Standardobjekte der zoologischen Forschung.

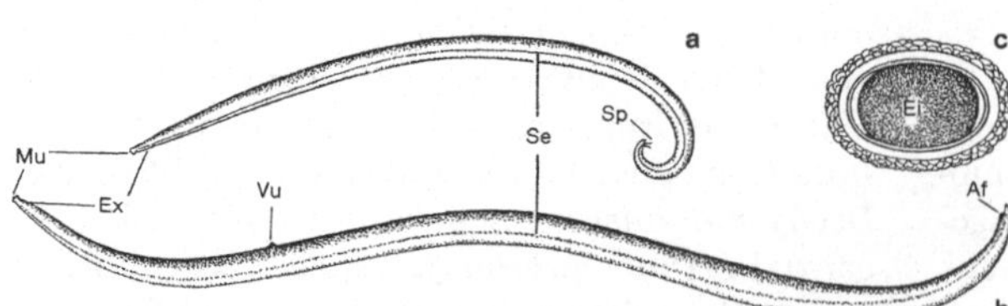

Spulwurm a Männchen, b Weibchen und c Ei. Af After, Ei Ei (optischer Schnitt), ca. 60μm lang, mit artspezifischer Runzelung der äußeren Hülle, Ex Exkretionsporus (ventral), Mu Mund, Se Seitenlinie (durchscheinende laterale Hypodermisleiste), Sp die aus der Kloake herausragenden Spicula am eingekrümmten Schwanz des Männchens, Vu Vulva

Spur, Bez. für die ↗ Fährte von Niederwild.

Spurbienen, ↗ Honigbiene.

Spurenelemente, *Mikroelemente*, Bez. für chemische Elemente, die von lebenden Organismen nur in kleinsten Mengen (Spuren) benötigt werden. Sie wirken selbst katalytisch oder sind Bestandteil katalytischer Systeme. Die Grenze zum ↗ Mineralstoff oder Makroelement ist nicht immer eindeutig zu ziehen (z. B. gilt das für ↗ Eisen), da einige S. in Mengen benötigt werden, die denjenigen von Mineralstoffen nahekommen. Bei Mangel an S. können Mangelerscheinungen oder Mangelkrankheiten auftreten. So ist z.B. ↗ Iod Bestandteil der Schilddrüsenhormone und für die Schilddrüsenfunktion essenziell (↗ Schilddrüse). Weitere wichtige S. sind ↗ Chrom, ↗ Kupfer, ↗ Magnesium, ↗ Mangan, ↗ Nickel, ↗ Selen, ↗ Silicium, ↗ Vanadium, ↗ Zink, ↗ Zinn.

Squalen, das wichtigste aliphatische Triterpen. Es wurde zuerst aus Fischleberölen isoliert und später auch in vielen Pflanzenölen nachgewiesen. S. entsteht aus zwei Molekülen Farnesylpyrophosphat und ist das Zwischenprodukt bei der Biosynthese aller ↗ Triterpene.

Squalidae, *Dornhaie*, vor allem im Nordatlantik beheimatete Fam. der Haie (↗ Selachimorpha) deren Vertreter kräftige Stacheln vor den Rückenflossen besitzen, die mit Giftdrüsen in Verbindung stehen. Der etwa 1 m lange *Dornhai (Squalus acanthias)* lebt auf Schlammgründen in Schwärmen von mehreren 1000 Tieren. Er ist als Speisefisch von Bedeutung ("Seeaal" und die geräucherten Bauchlappen als "Schillerlocken").

Squamata, *Eigentliche Schuppenkriechtiere*, Ord. der ↗ Reptilia mit den Unterord. Echsen (Sauria) und Schlangen (↗ Serpentes). Noch umstritten ist die systematische Stellung der Doppelschleichen (↗ Amphisbaenia). Zu den S. gehören über 5800 Arten. Die Schädelknochen sind gegeneinander beweglich, die Kiefer bezahnt und ohne Hornscheiden, die Zunge ist oft gespalten und dient vor allem der Übertragung von Geruchsstoffen an das paarige ↗ Jacobson-Organ. Gesichts- und Geruchssinn sind gut ausgeprägt. Der Körper ist langgestreckt und auf der Oberhaut, die regelmäßig entweder als Ganzes (Schlangen, manche Geckos) oder felderweise (viele Eidechsen) abgestreift wird (↗ Häutung), befinden sich Hornschuppen und Schilder. Einige Arten zeigen eine ausgeprägte Fähigkeit zum ↗ Farbwechsel (z. B. ↗ Chamaeleonidae). Charakteristisch sind die paarigen, vorstülpbaren Begattungsorgane (*Hemipenes*), die in der Schwanzwurzel liegen und den Begattungsorganen anderer Wirbeltiere analog sind; das Sperma kann im weiblichen Genitaltrakt Monate, vereinzelt auch Jahre gespeichert werden. Die Eier sind pergamentschalig oder kalkig, viele Arten sind lebendgebärend, wobei die Grenzen zwischen Eiablage, ↗ Ovoviviparie und ↗ Viviparie oft nicht scharf sind. Manche Arten (z. B. der Schlangen) bauen Nester oder Brutbauten und betreiben Brutpflege. ↗ Parthenogenese findet sich bei einigen Arten der Geckos (↗ Gekkonidae), Leguane (↗ Iguanidae), Agamen (↗ Agamidae), Chamaeleons (↗ Chamaeleonidae), Eidechsen (↗ Lacertidae), Tejus und ↗ Blindschleichen.

Bei den *Echsen (Sauria, Lacertilia)* fehlt immer der untere Jochbogen, während der obere meist noch vorhanden ist. Bei unterirdisch lebenden Formen sind die Extremitäten zurückgebildet, meist finden sich aber noch Reste der Extremitätengürtel. Die Schädelknochen sind oft noch fest verbunden, der Unterkiefer hat eine feste Symphyse. Viele Arten können ihren Schwanz autotomieren (↗ Autotomie, ↗ Regeneration). Ein Parietalauge ist oft noch erhalten. Die Lateralaugen haben meist bewegliche Augenlider und eine Nickhaut, einige Formen haben eine durchsichtige Stelle ("Fenster") im

---

Spurenelemente Einige Beispiele für die Funktion von Spurenelementen. Nicht alle Spurenelemente werden von jeder Zelle benötigt

Spurenelement	Symbol	Funtkion (Beispiele)
Mangan	Mn	Fotosystem II (Fotolyse von Wasser), einige Superoxid-Dismutasen
Kobalt	Co	Vitamin B_{12}
Kupfer	Cu	Cytochrom-c-Oxidase, Plastocyanin, einige Superoxid-Dismutasen
Nickel	Ni	Faktor F_{430}, viele Hydrogenasen, Kohlenstoffmonooxid-Dehydrogenase, Urease
Molybdän	Mo	Molybdän-Nitrogenasen, Nitrat-Reductase, Sulfit-Oxidase, einige Formiat-Dehydrogenasen
Selen	Se	Selenocystein, Formiat-Dehydrogenase, einige Hydrogenasen
Zink	Zn	Carboanhydrase, Alkohol-Dehydrogenase, RNA- und DNA-Polymerasen, viele DNA bindende Proteine
Vanadium	V	Vanadium-Nitrogenase

Augenlid. Es gibt Arten, die zum Gleitflug befähigt sind (*Draco*), und einige Arten können auf zwei Beinen rennen (z. B. einige Agamen).

Squatinidae, Meerengel, Fam. der Haie (↗ Selachimorpha).

SRP, Abk. für engl. *signal recognition particle*, deutsch: Signalerkennungspartikel, ↗ endoplasmatisches Reticulum.

SSB, die Abk. für ↗ Einzelstrang-Bindeproteine.

Staatenbildung, ↗ Tierstaaten.

Staatsquallen, die ↗ Siphonophora.

Stabbein, *Stenopodium*, ↗ Crustacea.

Stäbchen, 1) *Anatomie*: die hell-dunkel-empfindlichen Fotorezeptoren des ↗ Auges (↗ Sehen).

2) *Mikrobiologie*: die Stäbchenbakterien (↗ Bakterienformen).

Stäbchenbakterien, *Stäbchen*, ↗ Bakterienformen.

Stäbchensehen, ↗ Dämmerungssehen.

Stabheuschrecke, Art der Gespenstheuschrecken (↗ Phasmatodea).

Stachel, 1) *Botanik*: Im Unterschied zu ↗ Dornen sind S. Emergenzen der ↗ Epidermis und tiefer liegender Schichten des jeweiligen Tragorganes. Die Früchte der ↗ Rosskastanie tragen S., ebenso wie die Sprosse vieler ↗ Rosaceae.

2) *Zoologie*: mehr oder weniger nadelförmige Anhänge verschiedenen Ursprungs, z. B. ↗ Haare bei Igeln (↗ Erinaceidae) und Stachelschweinen (↗ Hystricidae), ↗ Schuppen bei bestimmten Fischen (z. B. Igelfische, ↗ Tetraodontiformes), die Hautzähne (Plakoidschuppen) der Rochen (↗ Rajidae) sowie Anhänge des Außenskeletts der meisten Stachelhäuter (↗ Echinodermata) und der Stachelapparat der Hautflügler (↗ Hymenoptera).

Stachelbeere, *Ribes uva-crispa*, Art der Fam. ↗ Grossulariaceae, die wegen der eiförmigen, saftigen und vitaminreichen Beeren kultiviert wird.

Stachelbeergewächse, die ↗ Grossulariaceae.

Stachelhaie, die ↗ Acanthodii.

Stachelhäuter, die ↗ Echinodermata.

Stachelschweine, die Fam. ↗ Hystricidae.

Stadtökologie, Ökologie von Organismen, Populationen und Ökosystemen in Städten und Ballungsgebieten. Als ↗ Ökosystem gelten dabei Häuser, Straßen, Parks, Müllhalden usw. Das Klima zeigt durch den anthropogenen Einfluss typische Veränderungen wie höhere Niederschläge, höhere Durchschnittstemperaturen oder geringere Sonneneinstrahlung. Durch ↗ Präadaptation und genetische Anpassung besitzt eine Vielzahl der Organismen eine erhöhte ↗ Resistenz gegenüber Umweltverschmutzung und diverse, vom Menschen verursachte Störfaktoren, wie z. B. Lärm und Licht. Auch der Mensch, in seinem Wohnumfeld als Empfänger, aber auch Verursacher von Umwelt schädigenden Einflüssen, ist Gegenstand der Stadtökologie.

Stagnation, stabile horizontale Schichtung von Wassermassen unterschiedlicher Temperatur (dimiktischer ↗ See). Gegensatz ist die *Zirkulation*, bei der das Wasser durchmischt wird und eine einheitliche Temperatur herrscht.

stagnikol, *lenitisch*, Bez. für Organismen, die ruhiges, stillstehendes Süßwasser bewohnen. Gegensatz: ↗ torrentikol

Stamen, Plural: *Stamina*, das ↗ Staubblatt.

staminat, Bez. für eine eingeschlechtige ↗ Blüte, die ausschließlich Staubblätter (↗ Staubblatt) ausbildet. Ausschließlich weibliche Organe ausbildende Blüten nennt man *karpellat*.

Staminodium, reduziertes ↗ Staubblatt, das keine fertilen ↗ Pollen ausbildet und häufig als ↗ Nektarium ausgebildet oder kronblattartig gestaltet ist.

Stamm, 1) *Systematik*: *Phylum*, die zweithöchste Kategorie der zoologischen Klassifikation (entspricht in der Botanik der ↗ Abteilung) zwischen ↗ Reich und ↗ Klasse.

2) *Mikrobiologie*: Untereinheit einer Art, die sich nur in einem oder wenigen Merkmalen von der Art unterscheidet. Eine Art besteht demnach aus mehreren Stämmen.

3) *Botanik*: *Truncus*, die das Astwerk tragende verholzte Hauptachse bei Bäumen und Sträuchern.

Stammart, allg. eine ↗ Art in der Vergangenheit, aus der andere Arten hervorgegangen sind; dies entweder durch ihre Spaltung in zwei Tochterarten (dieser Prozess der ↗ Artbildung wird durch eine Gabel im Stammbaum dargestellt) oder durch Bastardierung, wie es für manche Pflanzen nachgewiesen ist, wo zwei Stammarten Ausgangspunkt für eine neue (dritte) Art waren. Wenn von zwei Tochterarten die eine in den der Untersuchung zugänglichen (also eigentlich nur morphologischen) Merkmalen unverändert geblieben ist, spricht man bisweilen auch von der „überlebenden Stammart“ und bildlich von der „Abspaltung“ einer Tochterart. Mit „Stammart“ eines ↗ Monophylums wird die letzte gemeinsame Art aller Vertreter dieses monophyletischen Taxons bezeichnet.

Stammartmuster, die Merkmalsausstattung der letzten gemeinsamen Stammart einer monophyletischen Gruppe (↗ Bauplan, ↗ Grundmuster).

Stammbaum, 1) *Biologie*: a) i. w. S. jede Darstellung der Verwandtschaft mit Hilfe von Verbindungslinien, also einschließlich von Netzschemata.

b) S. i. e. S., *Dendrogramm*, Darstellung der phylogenetischen Beziehungen zwischen Arten und supraspezifischen Taxa (↗ Systematik) als Aufspaltungsschema. S. wurden im 19. Jh. (z. B. von E. ↗ Haeckel) noch in Baumgestalt mit Ästen und Zweigen dargestellt, heute haben sie mehr eine abstrakte Form. Früher wurden rezente Gruppen von anderen rezenten hergeleitet (z. B. Fische → Amphibien → Reptilien → Aufspaltung zu Vögeln

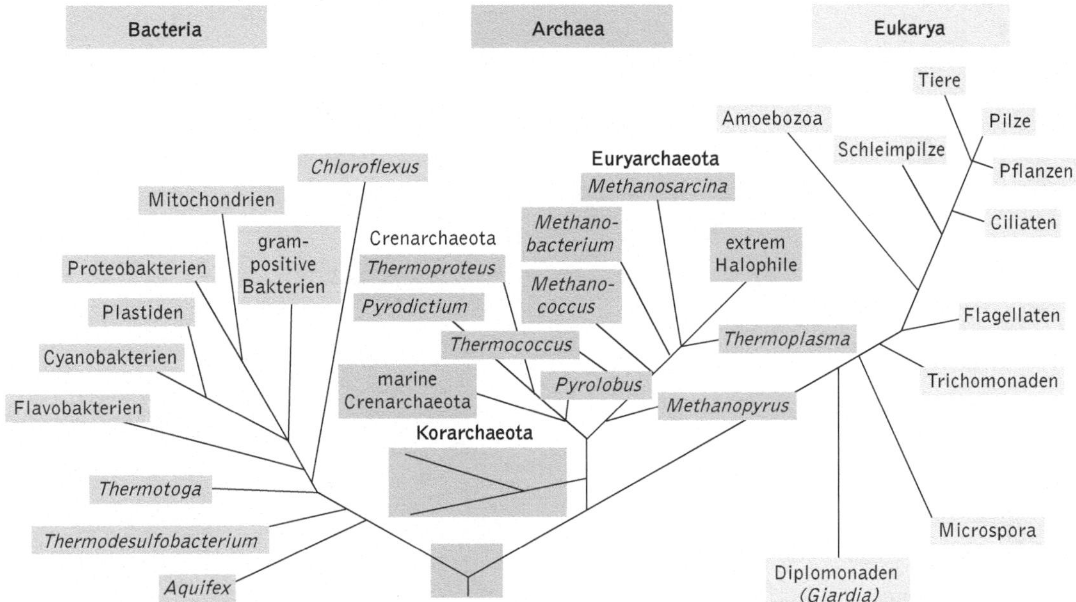

Stammbaum Der mit Hilfe von Sequenzierungsanalysen der 16S bzw. 18S rRNA ermittelte Stammbaum des Lebens, der alle prokaryotischen und eukaryotischen Lebewesen in drei Urreiche mit einem gemeinsamen Ursprung einordnet. Ergebnisse neuerer Untersuchungen lassen es naheliegend erscheinen, dass nicht ein gemeinsamer Vorfahr aller drei Entwicklungslinien existierte, sondern eine Population von Urzellen, aus der später die drei Urreiche bzw. Domänen hervorgingen (aus Madigan, M.T. et al.: Brock. Mikrobiologie, 2000)

und Säugetieren). Rezente Gruppen enthalten aber nicht die ↗ Stammart (z. B. ist unter den heutigen Menschenaffen nicht der Ahne des Menschen zu suchen), und deshalb werden heute die rezenten Taxa stets als (vorläufige) Endglieder oder terminale Taxa angeordnet. Die Ordinate dient meist als Zeitachse, seltener als Maß für die Organisationshöhe (Teilabb. 4) Die Abszisse zeigt grob (und oft sehr subjektiv) die Divergenz (Auseinanderentwicklung) an.

Ein *Kladogramm* ist ein Stammbaum der Kladistik (↗ phylogenetische Systematik); es zeigt die Aufspaltungen (Kladogenese) besonders deutlich und kann durch Angabe der ↗ Apomorphien auch die wesentlichen Argumente vorstellen (Teilabb. 1). Es wird keine Angabe über den absoluten Zeitpunkt der Aufspaltungen gemacht, jedoch über deren relative Abfolge. In der Paläontologie zeigen unterschiedlich dicke Stammbaum-Linien (Teilabb. 3) den jeweiligen Umfang als Zahl der fossilen Taxa je Zeiteinheit an. Die Organisationshöhe (↗ Anagenese) wird meist subjektiv unter Berücksichtigung einiger weniger wesentlicher Merkmalskomplexe gezeigt (Teilabb. 4). Ein *Phylogramm* (Teilabb.5) zeigt zusätzlich zur Kladogenese durch die unterschiedlichen Abstände der Taxa voneinander auch deren Divergenz und kann so anschaulicher sein als ein Kladogramm. Bei der Umsetzung vom Phylogramm in die evolutionäre Klassifikation geht die Information über die Kladogenese verloren (umgekehrt fehlt

bei der kladistischen Klassifikation die Divergenz völlig). Zusätzliche Information liefert eine Darstellung als *Szenario*, das ökologische, funktionsmorphologische, geografische und ähnliche Faktoren mit darstellt, z. B., wenn geografische Verbreitung und Nahrungspflanzen verzeichnet sind.

2) *Genealogie*: durch einen Baum dargestellte Nachkommenschaft einer Person, im Unterschied zur Ahnentafel, die die Vorfahren einer bestimmten Person zeigt. (s. Abb. auf Seite 150)

Stammbaumanalyse, die zur Erforschung von menschlichen ↗ Erbkrankheiten vielfach erforderliche Erstellung eines Stammbaums, der das Auftreten einer genetisch bedingten Krankheit über mehrere Generationen darstellt und bei der ↗ genetischen Beratung Aussagen darüber zulässt, mit welcher Wahrscheinlichkeit Nachkommen betroffen sind. Außerdem kann durch eine S. der Modus eines Erbgangs (z. B. dominant, rezessiv, autosomal, gonosomal) ermittelt werden. Die S. kann durch eine Reihe von Faktoren wie z. B. die ↗ genomische Prägung oder durch die große phänotypische Ähnlichkeit mehrerer Krankheiten (↗ Phänokopie) erschwert werden. (s. Abbildungen auf den Seiten 150 und 151)

Stammblütigkeit, die ↗ Cauliflorie.

Stammesentwicklung, die ↗ Phylogenese.

Stammhirn, Teil des ↗ Gehirns.

Stammlinie, Bez. für den Abschnitt eines ↗ Stammbaums, der ausschließlich fossile Taxa

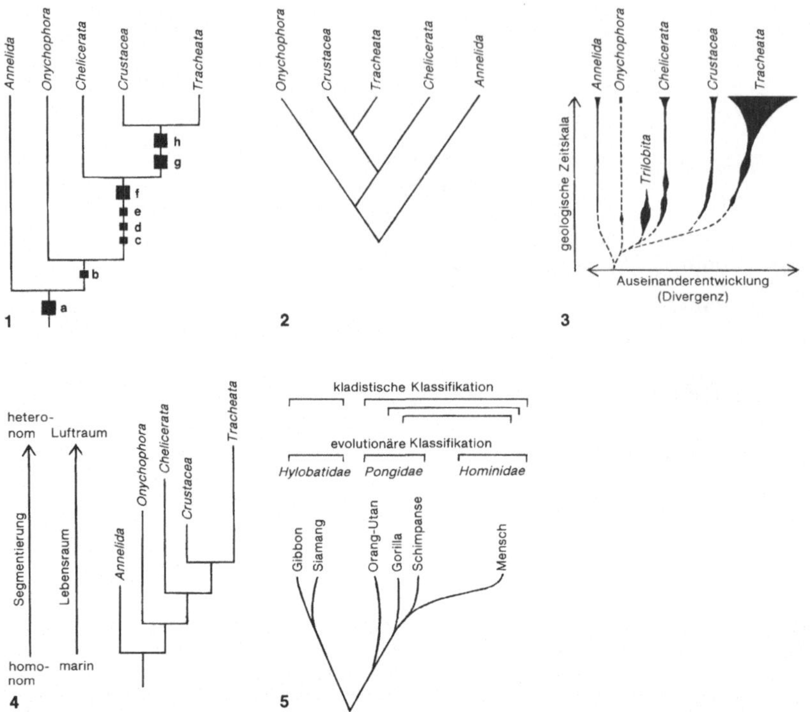

Stammbaum 1-4 Kladogramme bzw. Stammbäume der Articulata. **1** Kladogramm mit Angabe einiger wichtiger Autapomorphien (schwarze Kästchen; größere Kästchen symbolisieren „verlässlichere" Autapomorphien); **a** viele Segmente aus Sprossungszone, **b** Mixocoel, Perikardialsinus, **c** hartes Exoskelett, **d** Fehlen somatischer Cilien, **e** Medianaugen, **f** Facettenaugen, **g** spezifische Feinstruktur des Facettenauges, **h** Mandibel. **2** andere Darstellungsform eines Kladogramms. Da die Abszisse dimensionslos ist, können die „Stammbaumgabeln" um die Verzweigungspunkte gedreht werden: Abb. 1 und 2 sind in ihrer kladistischen Aussage identisch. **3** Stammbaum mit Berücksichtigung der Fossilien. **4** Stammbaum, der auch die Anagenese zeigt. **5** Phylogramm der Hominoidea

umfasst, die entweder Stammarten in der Ahnenlinie eines ↗ Monophylums sind oder aber deren ausgestorbene Seitenlinien.

Stammsukkulenten, ↗ Xerophyten, die zum Schutz vor Austrocknung die Sprossachse zu einem großvolumigen Wasserspeicher umfunktionieren. Meist sind zudem die Blattorgane reduziert und die Fotosynthese ist in die Sprossachse verlagert. Zu den S. zählen vor allem Kakteen (↗ Cactaceae), aber auch Vertreter der ↗ Euphorbiaceae und der ↗ Aristolochiaceae.

Stammzellen, bei Tieren die Bez. für undifferenzierte bzw. noch nicht völlig ausdifferenzierte Zellen, die die Vorläufer differenzierter Zellen darstel-

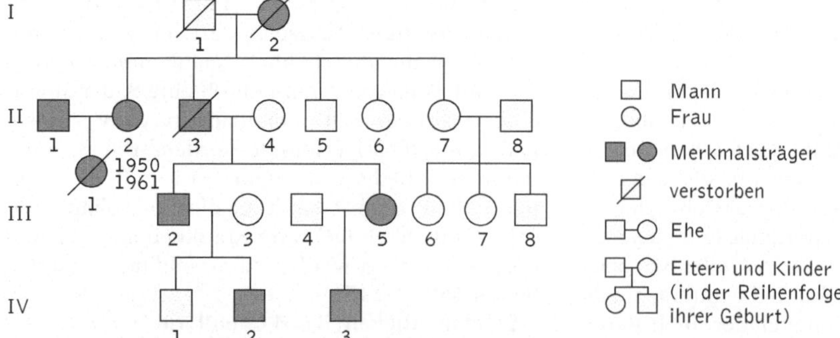

Stammbaumanalyse Stammbaum einer Familie mit Hypocholesterinämie als Beispiel für einen autosomal dominanten Erbgang. Es sind vier Generationen (I bis IV) erfasst, wobei die Urgroßeltern bereits verstorben sind. Das Individuum III-1 war homozygot (AA) für das dominante Allel und ist jung verstorben. Die anderen Merkmalsträger sind heterozygot (Aa)

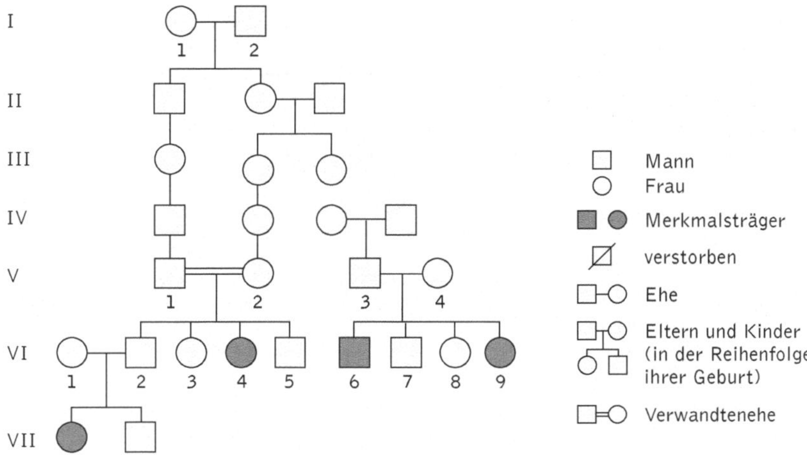

Stammbaumanalyse Stammbaum einer Familie als Beispiel für einen autosomal rezessiven Erbgang. In dieser Familie ist Verwandtenehe (=) in der fünften Generation dafür verantwortlich, dass das Individuum VI-4 homozygot für ein rezessives Allel ist. Das Allel ist höchstwahrscheinlich durch Spontanmutation in einem der beiden Eltern (I-1, I-2) in der ersten erfassten Generation entstanden. Auch wenn ein Merkmal selten ist, kommt es natürlich vor, dass auch bei Heirat mit einem nicht verwandten Überträger (V-4) homozygote Individuen entstehen (VI-6 und VI-9)

len. Neben ↗ embryonalen Stammzellen existieren im Körper die so genannten *adulten Stammzellen.* S. sind i. d. R. ↗ pluripotent und dienen dazu, in den allermeisten Geweben für Zellersatz zu sorgen. Sie können sich während der Lebensphase des Körpers unbegrenzt teilen, bevor sie zu bestimmten Zelltypen differenzieren. Gut untersuchte S. sind die S. im Knochenmark, die für die Regeneration der Blutzellen sorgen (↗ Hämatopoese). Siehe auch Essay: ↗ Die Forschung an embryonalen Stammzellen

Ständerpilze, die ↗ Basidiomycetes.

Standort, zusammenfassende Bez. für alle auf einen Organismus einwirkenden ökologischen Umweltfaktoren. Hierzu zählen Temperatur, Wasserversorgung, Sonneneinstrahlung und Nährstoffversorgung. Der Begriff S. ist bei Pflanzen synonym zu ↗ Biotop zu gebrauchen, und darf nicht mit dem geografischen Begriff ↗ Fundort gleichgesetzt werden.

Standortanalyse, Methode zur Unterscheidung grundsätzlich übereinstimmender ökologischer Gruppen. Hierbei untersucht man sämtliche Umweltfaktoren, um ökologische Gliederungen z. B. verschiedener Waldtypen vornehmen zu können.

Standvögel, Vögel, die während des ganzen Jahres im Brutgebiet bleiben und keine größeren Wanderbewegungen durchführen. (↗ Teilzieher, ↗ Vogelzug, ↗ Zugvögel)

Stängel, *Stengel*, unverholzte ↗ Sprossachse der ↗ Kormophyten, die eine Gliederung in ↗ Internodien und ↗ Nodien zeigt.

Stängelglied, das ↗ Internodium.

Stängelknöllchen, den ↗ Wurzelknöllchen analoge Ausbildung, die in tropischen Gebieten mit stickstoffarmen Böden an manchen Leguminosen (↗ Fabales) durch Infektion mit ↗ Knöllchenbakterien entstehen. Die symbiontische Beziehung zwischen der Leguminose und dem Bakterium (häufig: *Azorhizobium caulinodans*) ermöglicht eine ↗ Stickstoff-Fixierung. S. bilden sich normalerweise an Stängelabschnitten, die unterhalb der Wasserlinie oder nur knapp darüber liegen.

Stängelknoten, das ↗ Nodium.

Stangenbohne, die ↗ Gartenbohne.

Stanley, *Wendell Meredith*, amerikan. Biochemiker und Virologe, ✳ 16.8.1904 Ridgeville (Indiana), † 15.6.1971 Salamanca; ab 1948 Prof. und Direktor des Virus-Labors der University of California in Berkeley. S. vermutete, dass Viren auch an der Entstehung des Krebses beim Menschen beteiligt sind. 1935 isolierte und kristallisierte er als erster ein Virus (↗ Tabakmosaikvirus) und analysierte dessen molekulare Struktur. Außerdem arbeitete er u. a. über ↗ Influenzaviren. 1946 erhielt S. zusammen mit J.H. Northrop (1891-1987) und J.B. ↗ Sumner den Nobelpreis für Chemie.

Stapes, *Steigbügel*, eines der Gehörknöchelchen im ↗ Ohr.

Staphylococcus, Gatt. der grampositiven Bakterien mit niedrigem ↗ GC-Gehalt. Es sind fakultativ anaerobe kokkenförmige Bakterien mit einem respiratorischen Stoffwechsel. *S. aureus* verursacht eitrige Infektionen wie Abszesse und Hautgeschwüre. Neben *Escherichia coli* ist *S. aureus* der häufigste Erreger einer ↗ Sepsis. *S. epidermidis* ist eine nicht pathogene Form, die beim Menschen auf der Haut und den Schleimhäuten vorkommt.

Staphylokokken, 1) Bez. für kugelförmige Bakterien (Kokken), die in unregelmäßigen Trauben angeordnet sind (↗ Bakterienformen).

2) die Gatt. ↗ Staphylococcus.

Stare, die Fam. ↗ Sturnidae.

Stärke, *Amylum*, ein Gemisch pflanzlicher Reservepolysaccharide, die nur aus ↗ Glucose aufgebaut sind. S. ist ein weißes, nichtkristallines Pulver, das in kaltem Wasser unlöslich ist. Mit heißem Wasser wird Kleister gebildet, der beim Erkalten als Gel erstarrt. S. ist in pflanzlichen Organen, wie Samen, Wurzeln, Knollen oder Baummark, in Form von *Stärkekörnern* enthalten. Getreidekörner enthalten 50 bis 70 %, Reiskörner 70 bis 80 %, Kartoffeln 17 bis 24 % S. Aus den stärkehaltigen Pflanzenteilen kann S. durch Zerkleinern und Aufschlämmen mit Wasser gewonnen werden. Die Stärkekörner zeigen konzentrisch oder exzentrisch verlaufende Schichtungslinien und lassen sich außerdem in zusammengesetzte und einfache Stärkekörner unterscheiden. Sie werden in farblosen Pflanzenzellen in *Amyloplasten* abgelagert. Besonders klein sind die Stärkekörner der Reisstärke mit 4 - 6 µm, diejenigen der Kartoffelstärke sind z. B. mit bis 100 µm wesentlich größer.

S. besteht i. Allg. aus 15 bis 25 % Amylose und 75 bis 85 % Amylopektin. *Amylose* ist ein im Wesentlichen unverzweigtes α-D-Glucan mit einem durchschnittlichen Polymerisationsgrad von 10^3. Die Amylose der Getreidekörner hat einen höheren Polymerisationsgrad als diejenige der Kartoffelstärke. Die Glucankette ist als Helix angeordnet. Amylose ist ein weißes Pulver, das in heißem Wasser löslich ist. Mit Iod wird eine blau gefärbte Einschlussverbindung gebildet (*Iod-Stärke-Reaktion*), die u. a. als Stärkenachweis dient. *Amylopektin* ist ein baumartig verzweigtes Glucan, dessen durchschnittliche Kettenlänge bei 20 bis 25 Glucoseresten liegt. Der durchschnittliche Polymerisationsgrad beträgt 10^4 bis 10^5, ist also wesentlich höher als derjenige der Amylose. Die Verzweigungen kommen durch α(1→6)-Bindungen zustande. Amylopektin ist ein weißes Pulver, das mit heißem Was-

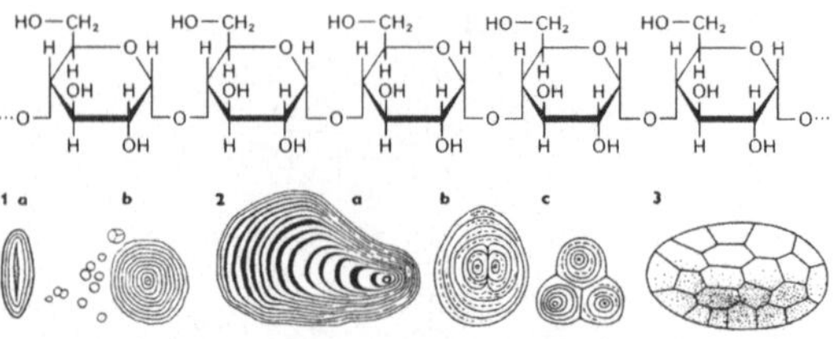

Stärke Oben ein Ausschnitt aus einem Stärkemolekül, eine Kette von α(1→4)-glykosidisch verbundenen Glucosemolekülen. Darunter verschiedene Formen von Stärkekörnern. 1 Weizen, a von der Kante, b von der Fläche gesehen; 2 Kartoffel, a großes Einzelkorn, b halb zusammengesetztes Korn, c ganz zusammengesetzter Körper, 3 zusammengesetztes Haferkorn

ser Kleister ergibt. Die Einschlussverbindung mit Iod ist rotviolett gefärbt.

Bei der Stärkesynthese dient Adenosindiphosphatglucose als Ausgangssubstanz. Enzymatisch abgebaut wird die S. durch ↗ Amylasen, die in Tieren (z. B. im ↗ Speichel und im Sekret der ↗ Bauchspeicheldrüse), in Pflanzen (z. B. Malzamylase) und in Mikroorganismen vorkommen.

S. dient in der Lebensmittelindustrie zur Herstellung von Puddingpulver, Kindernährmitteln, Soßen, Cremes u. a. Stärkeerzeugnissen. Sie wird ferner in der Süßwarenindustrie, als Füllstoff in der pharmazeutischen Technologie sowie in der Textilindustrie für Appreturen eingesetzt. Die lösliche S. dient durch ihre Blaufärbung mit Iod als Indikator in der Iodometrie, einer Methode der Redoxanalyse.

Stärkekörner, durch Einlagerung von ↗ Stärke als Reservekohlenhydrat in farblose Pflanzenzellen (*Amyloblasten*) entstehende körnige Strukturen.

Stärkepflanzen, Bez. für Pflanzen, die große Mengen Stärke als Reservekohlenhydrat speichern. S. sind weltweit von größter Bedeutung für die Nahrung des Menschen. Die ↗ Stärke wird dabei in unterschiedlichen Pflanzenteilen gespeichert. Die größte Bedeutung haben die ↗ Poaceae, die ihre Stärke in den Samen (*Karyopse*; ↗ Frucht) speichern. Hierzu gehören ↗ Weizen, ↗ Roggen, ↗ Gerste, ↗ Hafer, ↗ Reis, ↗ Mais und verschiedene Arten der ↗ Hirse. In ↗ Wurzelknollen wird die

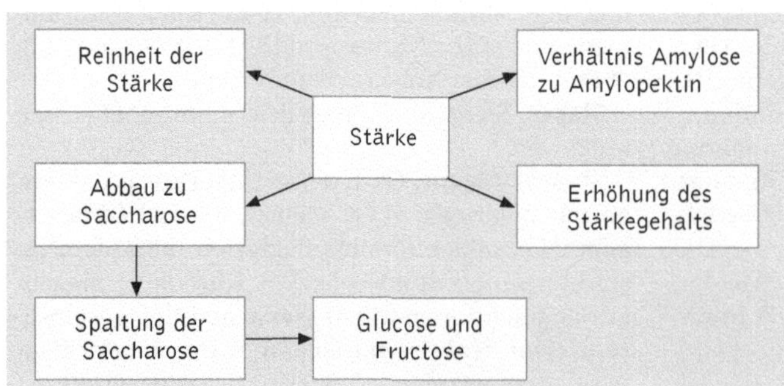

Stärke verschiedene Möglichkeiten der Stärkemodifikation in Pflanzen. Quantitative Modifikationen ändern den Stärkegehalt oder die Reinheit der Stärke (Verhältnis von Stärkeanteil zu Protein- und Fettanteil). Qualitative Modifikationen betreffen das Verhältnis von Amylose zu Amylopektin in der Stärke oder die Spaltung von beim Stärkeabbau entstandener Saccharose zu Glucose und Fructose

Stärke bei Süßkartoffel (↗ Batate), ↗ Maniok und ↗ Yams gespeichert, während das Reserveorgan der ↗ Kartoffel eine ↗ Sprossknolle ist. Bei der ↗ Sagopalme wiederum wird die Stärke im Markparenchym des Stammes gespeichert.

Starklichtpflanzen, die ↗ Heliophyten.

Startcodon, das ↗ Codon, das den Startpunkt für die ↗ Translation einer ↗ messenger-RNA kennzeichnet. Von Ausnahmen abgesehen, lautet es 5'-AUG-3' und codiert für die Aminosäure Methionin. (↗ Stoppcodon, ↗ genetischer Code)

Starterkulturen, *Säurewecker*, z. B. ↗ Milchsäurebakterien, die bei der industriellen Herstellung von Käse, Sauermilcharten und Butter zur Säuerung der Milch oder des Rahms oder zur Bildung von Aromastoffen zugegeben werden. Dabei handelt es sich meist um Stämme von *Lactococcus* und ↗ *Streptococcus*.

Statine, ↗ Hypothalamushormone.

stationäre Phase, Phase des ↗ mikrobiellen Wachstums.

statische Kultur, *diskontinuierliche Kultur*, *Batch-Kultur*, die ↗ Kultur von ↗ Mikroorganismen in einem geschlossenen System. Die Zellen wachsen dabei in einem festgelegten Volumen des Kulturmediums. Das Wachstum erfolgt nur so lange, bis ein Wachstumsfaktor ins Minimum gerät und das Wachstum begrenzt. Im zeitlichen Verlauf unterscheidet man eine Anlaufphase (lag-Phase), eine exponentielle Phase, eine stationäre Phase und eine Absterbephase (Details und Abb. ↗ mikrobielles Wachstum). Die s. K. wird z. B. eingesetzt bei der Produktion von ↗ Antibiotika in Groß-Fermentern. Gegensatz: ↗ kontinuierliche Kultur

statische Organe, die ↗ Gleichgewichtsorgane.

statischer Sinn, der ↗ Gleichgewichtssinn.

Statoblasten, Dauerstadien der ↗ Bryozoa.

Statocysten, *Statozysten*, ↗ Gleichgewichtsorgane vieler wirbelloser Tiere. S. sind im Prinzip mit Flüssigkeit gefüllte Blasen, in denen ein einzelner oder mehrere Körper aus massedichten Mineralien (↗ Statolithen) liegen, die bei Bewegung die Cilien von Sinneshärchen abbiegen.

statokinetische Reflexe, Bez. für *Muskelreflexe*, die durch eine Bewegung ausgelöst werden und dem Körper ermöglichen, bei jedweder Bewegung das Gleichgewicht zu halten und die jeweils adäquate Körperhaltung zu finden. S. R. sind z. B. dafür verantwortlich, dass eine Katze sich im Sprung oder freien Fall immer so dreht, dass sie in richtiger Körperhaltung landet. (↗ Reflex, ↗ Stehreflex, ↗ Stellreflex)

Statolithen, 1) *Botanik*: in Pflanzenzellen vorkommende, am ↗ Geotropismus beteiligte Partikel, die eine Wahrnehmung des Schwerefeldes der Erde ermöglichen. Die häufigste Form stellt die so genannte *Statolithenstärke* in den ↗ Amyloplasten von Zellen dar; bei der Armleuchteralge *Chara* fungieren so genannte *Glanzkörper* als S., die Bariumsulfat enthalten. Für die Wirkungsweise von S. werden unterschiedliche Modelle diskutiert, wie deren asymmetrische Verteilung in der Zelle, Bewegungserscheinungen oder aber die Ausübung von Druck auf plasmatische Strukturen.

2) *Zoologie*: in den ↗ Gleichgewichtsorganen vieler Wirbelloser fest oder frei beweglich eingelagerte, spezifisch schwere Körperchen (*Schweresteine*) aus Calciumcarbonat oder mehreren kleineren Steinchen, die dann als *Statoconien* bezeichnet werden. Die S. werden oft den Otolithen (Hörsteinen, Ohrsteinchen, Gehörsteinchen) bzw. Otoconien in den Gleichgewichtsorganen der Wirbeltiere (↗ Ohr) gleichgesetzt, wobei diese Übereinstimmung jedoch nur eine funktionelle ist.

Staubbeutel, die ↗ Anthere.

Staubblatt, *Stamen*, Plural *Stamina*, männlicher Bestandteil einer Blüte, der einem ↗ Mikrosporophyll homolog ist. Bei den ↗ Angiospermae ist ein S. gegliedert in den Staubfaden (*Filament*) und die Staubbeutel (*Antheren*). Letztere bestehen aus zwei durch ein *Konnektiv* verbundenen Pollensäcken (*Theken*). Bei den ↗ Gymnospermae sind meist mehrere Theken vorhanden. Alle S. einer ↗ Blüte bilden gemeinsam das Andrözeum.

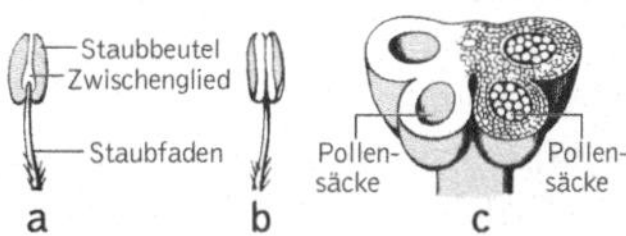

Staubblatt　Bau des Staubblatts bei Angiospermen vor Öffnung der Pollensäcke (Theken) a von hinten, b von vorn, c quer durchschnitten, mit je zwei Pollensäcken

Staubfaden, *Filament*, Stielzone des ↗ Staubblatts, die die ↗ Anthere trägt.

Staubläuse, die ↗ Psocoptera.

Stäublinge, die ↗ Lycoperdales.

Staude, perennierende krautige Pflanzen, deren oberirdische Teile nach Ende der Vegetationsperiode absterben. Der Neuaustrieb nach dem Winter erfolgt entweder mit Hilfe unterirdischer Organe (↗ Rhizom) oder mit oberirdischen *Erneuerungsknospen* an eng dem Boden anliegenden oberirdischen Sprossteilen.

Stauromedusida, Gruppe der Scheibenquallen (↗ Scyphozoa).

steady state, das ↗ Fließgleichgewicht.

Stearinsäure, *Octadecansäure*, $CH_3-(CH_2)_{16}-COOH$, eine höhere Monocarbonsäure. S. gehört neben ↗ Palmitinsäure zu den verbreitetsten natürlichen ↗ Fettsäuren und kommt in Form von Glycerinestern in fast allen tierischen und pflanzlichen ↗ Fetten und fetten Ölen vor. Ihre Salze und

Ester werden als *Stearate* bezeichnet. In freier Form ist S. im Kornfuselöl, in verschiedenen Pilzen, im Hopfen und in der Rindergalle enthalten. S. kann durch Fettspaltung oder durch katalytische Hydrierung von ↗ Ölsäure und Elaidinsäure gewonnen werden. Sie wird zur Herstellung von Kerzen, Seifen, Netz- und Schaummitteln und pharmazeutischen Präparaten sowie bei der Kautschukverarbeitung verwendet.

Steatopygie, ↗ Fettsteiß.

Steatornithes, *Fettschwalme*, Gatt. der Schwalmvögel (↗ Caprimulgiformes).

Stechapfel, *Datura stramonium*, hochgiftiger Vertreter der Fam. ↗ Solanaceae. Die in den Blätter und Samen enthaltenen ↗ Alkaloide werden in der Medizin als Hypnotikum und Krampf lösendes Mittel eingesetzt.

Stechhülsengewächse, die Fam. ↗ Aquifoliaceae.

Stechimmen, die ↗ Aculeata.

Stechmücken, die Fam. ↗ Culicidae.

Stechpalme, *Ilex aquifolium*, natürlich in Europa vorkommendes Ziergehölz der Fam. ↗ Aquifoliaceae mit im unteren Baumteil spitz gezähnten Blättern und roten Steinfrüchten.

Stechsauger, Bez. für Tiere, die tierische oder pflanzliche Gewebe anstechen, um Flüssigkeit zu entnehmen, wie Blut, Lymphe, Pflanzensäfte oder verflüssigte Gewebe. Beispiele sind Blattläuse (↗ Aphidina), Stechmücken (↗ Culicidae) und Flöhe (↗ Siphonaptera).

Stechwespen, die ↗ Aculeata.

Steckling, von der Mutterpflanze abgetrenntes Pflanzenteil, das, in die Erde gesteckt, ↗ Adventivwurzeln und/oder Adventivknospen bildet und zur neuen Pflanze heranwächst. Die Stecklingsvermehrung ist eine Form der ungeschlechtlichen Vermehrung (vegetative ↗ Fortpflanzung).

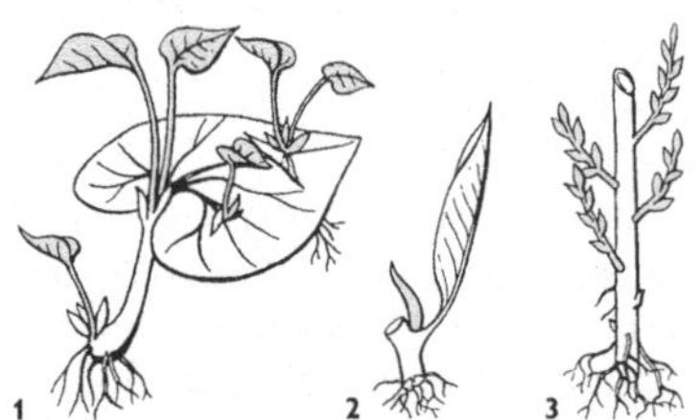

Stecklinge 1 Blattsteckling der Begonie, 2 Augensteckling vom Gummibaum, 3 Sprosssteckling einer Weide

stehende Gewässer, Gewässer ohne ständige, gerichtete Fließbewegung des Wassers. S. G. können entweder temporär sein, z. B. ↗ Tümpel, oder ausdauernd, z. B. ↗ See, ↗ Teich, ↗ Weiher.

Stehreflexe, Bez. für *Muskelreflexe*, die es dem menschlichen und tierischen Körper ermöglichen, über Steuerung des Tonus jedes einzelnen Muskels die jeweilige Körperhaltung zuverlässig einhalten zu können. Sie werden auch als *tonische Reflexe*

bezeichnet bzw. bei Beteiligung des Gleichgewichtsorgans (Labyrinth, ↗ Ohr) als *tonische Labyrinthreflexe*. S. werden zusammen mit den ↗ Stellreflexen als statische Reflexe bezeichnet, da sie von einer Haltung ausgelöst werden (↗ Reflex, ↗ statokinetische Reflexe)

Steigbügel, *Stapes*, eines der Gehörknöchelchen im ↗ Ohr der Säugetiere.

Stein, *William Howard*, amerikan. Biochemiker, ✳ 25.6.1911 New York, † 2.2.1980 New York; ab 1938 Prof. in New York am Rockefeller Institute of Medical Research. S. erhielt 1972 zusammen mit C.B. ↗ Anfinsen und S. ↗ Moore den Nobelpreis für Chemie für die gemeinsame Entwicklung von Methoden zur Bestimmung von Protein-Aminosäuren und Peptiden, insbesondere für die Strukturaufklärung (1961) des Enzyms ↗ Ribonuclease, der ersten Sequenzanalyse eines Enzyms.

Steinböcke, Bez. für zwei Arten der Gatt. *Capra*, den Spanischen Steinbock (*Capra pyrenaica*), der in den Hochgebirgsregionen der Iberischen Halbinsel verbreitet ist, und die in mehreren Unterarten vorkommende Art *Capra ibex*. Die bei uns bekannteste Unterart ist der *Alpensteinbock* (*Capra ibex ibex*), der in steilen, felsigen Hängen in Höhen zwischen 1600 und 3200 m vorkommt. Lediglich im Frühjahr steigen Alpensteinböcke für kurze Zeit in tiefere Lagen ab, um an schneefreien Stellen frisches Grün (Gräser, Kräuter, Holzgewächse) zu fressen (*äsen*) und dann, der Schneegrenze folgend, wieder aufzusteigen. Zudem unternehmen sie tageszeitliche Wanderungen zwischen tiefer gelegenen Äsungsplätzen und höher gelegenen Ruheplätzen. Die Böcke haben einen massigen Körper mit stämmigen Beinen und bis zu einem Meter langen, nach hinten gekrümmten Hörnern; die weiblichen Tiere (Geißen) sind kleiner; ihre Hörner sind lediglich bis 35 cm lang und ohne Knoten auf der Vorderseite. S. leben von Frühling bis Herbst in jeweils voneinander getrennten Bock- und Geißenrudeln (inklusive Jungtiere und ältere Tiere); nur während der Brunst (Dezember/Januar) schließen sich die Verbände zusammen. Weitere Unterarten sind der im äthiopischen Bergland verbreitete Äthiopische Steinbock (*Capra ibex walie*), der in Wüstengebieten Nordostafrikas und der arabischen Halbinsel lebende Nubische Steinbock (*Capra ibex nubiana*) sowie der in Zentralasien verbreitete Sibirische Steinbock (*Capra ibex sibirica*).

Steinbrand, *Stinkbrand*, ↗ Tilletiales.

Steinbrechgewächse, die Fam. ↗ Saxifragaceae.

Steinbutt, *Scophthalmus maximus*, bis 1 m große, fast kreisrunde Art der Plattfische (↗ Pleuronectiformes), die in küstennahen Zonen des östlichen Nordatlantiks bis zum Mittelmeer vorkommt. Der S. ernährt sich von Grundfischen,

Muscheln und Krebsen. Er ist ein beliebter Speisefisch, der auch in Kultur gehalten wird.

Steindattel, zu den ↗ Pteriomorpha gehörende Muschelart.

Steinfische, ↗ Scorpaeniformes.

Steinfliegen, die ↗ Plecoptera.

Steinfrucht, ↗ Frucht.

Steinkauz, Art der Eulenvögel (↗ Strigiformes).

Steinkohle, durch *Inkohlung* aus gepresstem pflanzlichem Material (vor allem Farne, Bärlappe, Schachtelhalme) hauptsächlich im oberen ↗ Karbon entstandener fossiler Brennstoff mit hohem Heizwert. Er besteht aus hochmolekularen substituierten Körpern und ungesättigten Verbindungen. (↗ Steinkohlewälder)

Steinkohlewälder, sumpfige Wälder vor allem des Oberkarbons und des ↗ Perms, aus denen ↗ Steinkohle entstanden ist. Ausgedehnte Waldflächen gab es damals in Europa, Nordamerika und Asien. Die S. setzten sich hauptsächlich zusammen aus Bärlappgewächsen (↗ Lepidodendrales), Schachtelhalmgewächsen (↗ Calamitaceae), Baumfarnen (↗ Marattiales), strauch- und baumförmigen ↗ Pteridospermae und krautigen ↗ Sphenophyllales sowie ↗ Cordaitidae.

Steinkorallen, die ↗ Madreporaria.

Steinläufer, Art der Hundertfüßer (↗ Chilopoda).

Steinpilze, *Boletus*, zu den ↗ Boletales gehörende Gatt. der ↗ Pilze mit jung weißen und im Alter gelbgrünlichen Poren; S. sind größere Pilze mit dickfleischigem Hut und derbem Stiel, oft bauchig, meist mit Adernetz. Alle Arten sind sehr gute Speisepilze. Bekannteste Art bei uns ist der *Steinpilz (Boletus edulis)*, dessen bis 35 cm breiter Hut anfangs weiß und später leber-, nuss- oder schwarzbraun wird. Das Fleisch ist rein weiß und wird beim Anschneiden nie blau. Der Steinpilz bevorzugt Sandböden mit Rohhumusauflage. Er lebt mit vielen Waldbäumen in Symbiose (↗ Mykorrhiza).

Steinschmätzer, Art der Drosseln (↗ Turdidae).

Steinwälzer, Art der Schnepfenvögel (↗ Scolopacidae).

Steinzeit, vorgeschichtliche Periode, in der Metalle noch unbekannt waren und der Mensch Werkzeuge und Waffen hauptsächlich aus Stein herstellte. Die S. begann vor 50000 bis 40000 Jahren und wird mit ihren immer komplexer werdenden Werkzeugkulturen als der Anfang der modernen kulturellen Entwicklung des Menschen angesehen. Die S. wird unterteilt in Altsteinzeit (↗ Jungpaläolithikum), Mittelsteinzeit (Mesolithikum) und Jungsteinzeit (↗ Neolithikum).

Steinzellen, ↗ Sklereide.

Steißbein, *Os coccyx*, ↗ Becken, ↗ Wirbelsäule.

Stele, die Gesamtheit der ↗ Leitbündel in Achsenorganen und Wurzeln im primären Zustand. Nach der *Stelärtheorie* lassen sich die unterschiedlichen Typen der S. auf einen gemeinsamen stammesgeschichtlichen Ursprung zurückführen. Diesen findet man in der *Protostele*, der ursprünglichsten Form des Leitsystems mit einem zentralen Xylemstrang, der von einem Phloemmantel umgeben ist. Sie ist bei den ältesten fossilen Landpflanzen, den ↗ Psilophytopsida, nachweisbar sowie bei zahlreichen rezenten jungen Pteridophyten.

Hiervon abzuleiten ist die *Aktinostele* der Urfarne und der Bärlappgewächse (↗ Lycopodiopsida). Das im Zentrum liegende ↗ Xylem ist hier im Querschnitt sternförmig und birgt zwischen seinen Strahlen das ↗ Phloem. Die *Plektostele*, häufigste S.-Form der Bärlappgewächse, ähnelt im Aufbau der Aktinostele, ist jedoch stärker zerklüftet. Eine fortschreitende Auflösung in viele konzentrische Leitbündel, die über den gesamten Sprossquerschnitt verteilt sind, zeigt die *Polystele*. Die letzten drei Stelen-Typen sind besonders bei den ↗ Pteridophyta verbreitet. Die rohrartige *Siphonostele* mit zentralem Mark ist als Vorläufer der netzartigen *Diktyostele* zu werten, dem typischen Bündelrohr der meisten Farne.

Den Typ der *Eustele* findet man bei allen krautigen dikotylen Pflanzen. Sie entspricht einem einzelnen konzentrischem Leitsystem mit eingeschlossenem ↗ Mark, das von einer ↗ Endodermis umhüllt ist.

Die *Ataktostele* stellt den Stelärtyp der monokotylen Pflanzen dar und besteht aus einzelnen kollateralen Leitbündeln, die sich von einem konzentri-

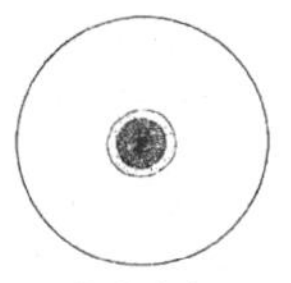
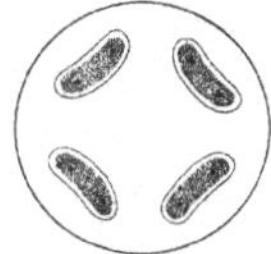
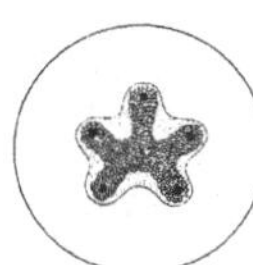
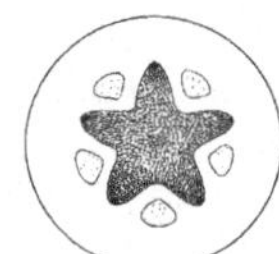

Protostele Polystele Aktinostele Aktinostele einer Wurzel

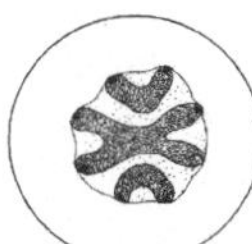
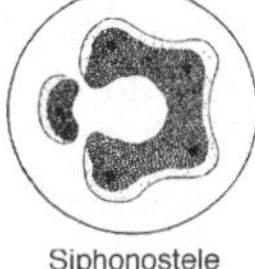

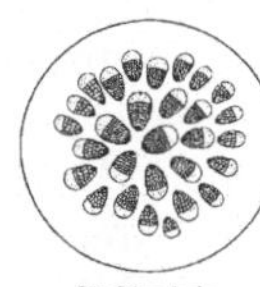

Plektostele Siphonostele Eustele Ataktostele

Stele Wichtigste Stelen-Typen mit ihrer unterschiedlichen Anordnung der Leitgewebe im Querschnitt. Das Protoxylem wird durch dunkle Punkte dargestellt, das Xylem als dunkler und das Phloem als heller Bereich

schen Leitbündelsystem ableiten lassen. Teilweise ist eine gemeinsame Gewebescheide angedeutet.

Stellaria, Gatt. der ↗ Caryophyllaceae.

Stellenäquivalenz, die Erscheinung, dass in verschiedenen geografischen Regionen sehr ähnliche Umweltlizenzen bestehen, die von unterschiedlichen Tier- und Pflanzenarten des gleichen ↗ Lebensformtypus genutzt werden. Der Lebensformtyp der kleineren Räuber wird z. B. in Asien u. a. von Steppenfuchs und Schakal gebildet, in Nordamerika hingegen u. a. von Präriewolf und Skunk. In Australien sind fast alle ökologischen Nischen von Beuteltieren gebildet, die sich konvergent zu plazentalen Säugern anderer Kontinente entwickelten.

Steller's Seekuh, ausgestorbene Art der Seekühe (↗ Sirenia).

Stellknorpel, *Cartilago arytaenoidea*, ↗ Kehlkopf.

Stellreflexe, Bez. für *Muskelreflexe*, die es dem (tierischen und menschlichen) Körper ermöglichen, aus einer ungewöhnlichen Haltung in die normale Körperstellung zu gehen. Dabei sind viele Reflexe wie in einer Kette hintereinander geschaltet; so kann zur Veränderung der Körperhaltung zuerst der Kopf in eine andere Stellung gebracht werden, was über Halsstellreflexe eine Veränderung der Haltung des Rumpfes nach sich zieht. S. werden zusammen mit ↗ Stehreflexen als statische Reflexe zusammengefasst, da sie durch eine Haltung ausgelöst werden. (↗ Reflex, ↗ statokinetische Reflexe)

Stellungsisomerie, Form der Strukturisomerie (↗ Isomerie).

Stelzen, ↗ Motacillidae.

Stelzwurzeln, sprossbürtige, aus dem Stamm schräg nach unten wachsende Wurzeln mit Stützfunktion. Sie sind charakteristisch für Gehölze der ↗ Mangrove und für ↗ Pandanaceae, kommen aber auch bei ↗ Mais oder manchen Bambus-Arten vor. (↗ Wurzelmetamorphosen)

Stemmata, lateral am Kopf von Larven holometaboler Insekten gelegene Einzelaugen (Ocellen, ↗ Lichtsinnesorgane). S. sind modifizierte und auf maximal sieben reduzierte Linsenaugen eines ursprünglichen ↗ Facettenauges.

Stempel, *Pistill*, Bez. für die Gesamtheit aus Fruchtknoten mit darin enthaltener Samenanlage, Griffel und Narbe.

steno-, in Zusammensetzungen: eng umgrenzt, eingeschränkt; steno- bezeichnet ein enges Toleranzspektrum. Gegensatz: ↗ eury-

stenohalin, Bez. für Organismen, die gegen Schwankungen im Salzgehalt des Wassers sehr empfindlich sind. Hierzu gehören z. B. die rezenten Arten der Seelilien und Haarsterne (↗ Crinoida). Gegensatz: ↗ euryhalin (↗ Osmoregulation)

stenohydrisch, Bez. für Pflanzen, die in ihrem Gewebe nur geringe Schwankungen des osmotischen Drucks (↗ osmotischer Druck) tolerieren oder für terrestrische Organismen, die nur geringe Feuchtigkeitsschwankungen der Umgebung vertragen. Hierzu gehören Wasserpflanzen, Kräuter und Laubbäume. Gegensatz: ↗ euryhydrisch

stenohygrisch, Bez. für Arten, die keine größeren Feuchtigkeitsdifferenzen tolerieren. Gegensatz: ↗ euryhygrisch

stenök, ↗ stenopotent.

Stenolaemata, Taxon der Moostierchen (↗ Bryozoa) mit ausschließlich marinen Arten, die seit dem Ordovizium nachgewiesen sind. Die Zooide sind zylinderförmig mit kreisförmig angeordneten Tentakeln und verkalkten Körperwänden. Die Individuen sind getrennt, aber durch Poren (Rosettenplatten) verbunden, und sie sind gleich gestaltet. Eine weltweit verbreitete, häufig auf Austern- und Wellhornschneckenschalen wachsende Art ist *Crisia eburnea* mit bis 3 cm großen, auffallend elfenbeinfarbigen, strauchähnlichen Kolonien.

stenophot, Bez. für Arten, die empfindlich gegenüber Veränderungen der Lichtintensität sind. Stenophote Tiere ohne Lichtschutz-Anpassungen sterben bei Überschreitung der Toleranzschwelle den Lichttod. Hierzu gehören Protozoen, Regenwürmer und manche Insekten. Gegensatz: euryphot. (↗ Licht, ↗ Lichtverschmutzung und zugehöriges Essay: ↗ Lichtverschmutzung und ihre fatalen Folgen für Tiere)

Stenopodium, *Stabbein*, ↗ Crustacea.

stenopotent, *stenök, stenözisch*, Bez. für Arten, die nur geringe Schwankungen von Umweltfaktoren tolerieren. Diese Organismen können aber einem oder mehreren Faktoren gegenüber stenopotent, anderen Faktoren gegenüber jedoch ↗ eurypotent reagieren. (↗ ökologische Potenz)

Stenorrhyncha, *Pflanzenläuse*, Taxon der ↗ Insecta mit rund 8000 Arten, davon etwa 1600 in Mitteleuropa. Pflanzenläuse sind 0,8 - 6 mm lang (die größte Art, *Aspidoproxus maximus*, in Südafrika, ist 35 mm lang). Charakteristisch ist der Saugrüssel, der nach hinten zwischen oder hinter die Vorderhüften verlagert ist. Weitere Autapomorphien sind: Verschmelzen von Radius, Media und Cubitus an der Basis zu einem einheitlichen Stamm, ein- oder zweigliedrige Tarsen, sägeförmiger Eisprenger auf der Stirn der Embryonen. Viele Formen sind flügellos. Pflanzenläuse saugen an Siebröhren und an Parenchym. Man unterscheidet vier Untergruppen, von denen die ↗ Aphidina (Blattläuse) und ↗ Coccina (Schildläuse) eine monophyletische Gruppe (*Aphidomorpha*) und die ↗ Psyllina (Blattflöhe) und ↗ Aleyrodina (Mottenschildläuse) eine ebensolche (*Psyllomorpha*) bilden.

stenotherm, Bez. für Arten, die keine großen Temperaturschwankungen tolerieren. Hierzu zählen z. B. Riffkorallen im Warmwasser oder Quellbewohner im Kaltwasser. Gegensatz: ↗ eurytherm

stenotop, Bez. für Arten, die nur in wenigen gleichartigen Biotopen vorkommen. Gegensatz: ↗ eurytop

Stentor, Gatt. der ↗ Trompetentierchen.

Steppe, typische Grasformation in den semiariden Bereichen der gemäßigten Klimazone. Die Jahresniederschläge liegen im Schnitt um 500 mm pro Jahr mit ausgeprägter Sommertrockenheit und Winterkälte. Bei weniger als 200 mm Niederschlag pro Jahr geht die *Gras-S.* in die *Wüsten-S.* über. In Steppengebieten mit hoher Verdunstung und leicht löslichen Bodensalzen entstehen verbreitet *Salz-S.* Zu den großen Steppenregionen zählt man die umfangreichen Grasländer Eurasiens, die *Prärie* Nordamerikas und die argentinische *Pampa*. Die *Pußta* Ungarns ist keine natürliche, sondern eine erst durch den Einfluss des Menschen entstandene Steppenlandschaft. In den klimatisch extremen kontinentalen Binnenräumen erweitert sich der Steppengürtel infolge der Abnahme der Niederschläge stark. Man unterscheidet die mit Bäumen durchsetzte *Wald-S.* als Übergangsregion zum Laubwald, der sich die *Strauch-* und *Busch-S.* anschließt, von der reinen *Gras-S.* Letztere ist gekennzeichnet durch Lössböden und teilweise darüberliegende sehr fruchtbare ↗ Schwarzerden. Sie wird daher oft in Ackerland überführt. Hauptarten der Vegetation einer typischen Grassteppe sind Schwingel (↗ Festuca) und Pfriemengräser (↗ Stipa). Die Fauna war ursprünglich geprägt von großen Herden wandernder Herbivoren wie dem europäischen Wisent oder dem amerikanischen ↗ Bison, zahlreichen Nagetierarten und bodenbrütenden Vögeln.

Steran, frühere Bez. für Gonan (↗ Steroide).

Sterbehilfe, Begriff, der zum einen die *Hilfe im Sterben* im Sinne von Sterbebegleitung meint und die Unterstützung Sterbender durch Pflege, Schmerz lindernde Behandlung und menschliche Zuwendung umfasst. Zum anderen ist mit S. die Hilfe zum Sterben gemeint, also das Sterben lassen oder Töten eines sterbenden, schwer kranken oder leidenden Menschens auf sein ausdrückliches Verlangen hin.

S. im Sinne von *Hilfe zum Sterben* wird meist in vier Formen unterschieden: a) *Passive S.* (Sterben lassen) durch Verzicht auf lebensverlängernde Maßnahmen. b) *Indirekte S.* durch Schmerz lindernde Maßnahmen unter Inkaufnahme des Risikos der Lebensverkürzung. c) Beihilfe zur Selbsttötung durch Hilfeleistung zur Selbsttötung bzw. die Beschaffung und Bereitstellung eines tödlich wirkenden Medikaments, und d) die *aktive S.* durch absichtliche und aktive Beschleunigung oder Herbeiführung des Todes, wobei hier, im Unterschied zu c) die letztentscheidende Tatherrschaft nicht beim Sterbenden selbst, sondern bei einem Dritten liegt.

Die Hilfe zum Sterben wird im Hinblick auf unterschiedliche Situationen diskutiert, die vom Sterbenden oder schwer bzw. unheilbar (körperlich oder seelisch) kranken und unerträglich leidenden oder im Weiterleben keinen Sinn mehr sehenden Menschen, über den dauerhaft bewusstlosen oder bewusstseinsgetrübten Patienten, der sich nicht mehr zu Weiterführung oder Abbruch lebensverlängernder Maßnahmen äußern kann, bis zum schwerst geschädigten Neugeborenen mit geringer Lebenserwartung oder der Aussicht auf ein Leben mit großem Leiden reicht.

Diskutiert wird die moralisch und strafrechtlich relevante Unterscheidung zwischen Tötung als aktiver Handlung und dem Sterben lassen als einer Unterlassung. Grundsätzlich wird in Betracht gezogen, dass jeder therapeutische, palliative (nicht der Heilung, sondern der Leidensminderung dienende) oder lebensverlängernde Eingriff einer Zustimmung des Patienten bedarf. I. Allg. wird dem Recht auf einen natürlichen Tod Rechnung getragen, d. h. der Arzt kann auf Verlangen des Patients außergewöhnliche lebensverlängernde Behandlungsmaßnahmen unterlassen, auch wenn dadurch der Tod früher eintritt. In der Diskussion der Frage der Zulässigkeit der Selbsttötung gibt es im Wesentlichen zwei Ansätze, die die Selbstbestimmung unterschiedlich begrenzen: Die Verfechter des einen Ansatzes gehen von einer Unantastbarkeit des menschlichen Lebens aus, die dieses auch der eigenen Verfügbarkeit grundsätzlich entzieht; sie wird vor allem von den Kirchen vertreten und lässt die Beihilfe zur Selbsttötung und die aktive S. keinesfalls zu. Verfechter des zweiten Ansatzes vertreten die Ansicht, dass eine selbstbestimmte Verkürzung des eigenen Lebens um der menschlichen Würde willen nicht unbedingt verboten werden darf, was sowohl für die passive als auch für die aktive S. gilt. Bei der aktiven S. stellt sich zusätzlich die Frage danach, ob die Tötung durch Dritte (Fremdtötung) überhaupt zulässig ist.

In vielen Ländern (so auch in Deutschland) gibt es bislang keine expliziten gesetzlichen Regelungen für die Frage der S., jedoch ist in den meisten Ländern die aktive S. verboten und damit strafbar (Stand Anfang 2002). Eine Ausnahme sind die Niederlande, wo seit Sommer 2001 ein Gesetz zur Zulassung der S. (das erste weltweit) in Kraft ist. (↗ Bioethik)

Sterberate, *Mortalitätsrate*, Maßzahl zur Berechnung des Populationswachstums. Die S. gibt die Zahl der gestorbenen Individuen einer Population pro definierter Zeiteinheit in Bezug auf eine definierte Individuenanzahl als Ausgangspopulation an.

Stercobilin, aus der Oxidation von *Stercobilinogen*, dem Hauptausscheidungsprodukt des ↗ Hämoglobins bei den meisten Wirbeltieren, entstandene Verbindung, die im normalen ↗ Harn und in normalen ↗ Fäzes nachgewiesen werden kann. (↗ Gallenfarbstoffe)

Sterculiaceae, *Kakaobaumgewächse*, tropische Fam. der Ord. ↗ Malvales mit ca. 1500 Arten. Das Vorherrschen von Bäumen und Sträuchern, z. T. Blüten ohne ↗ Kronblätter mit isolierten Fruchtblättern und Speicherstärke in den Samen lassen die Fam. als ursprünglich erscheinen. Es kommen viele verschiedene Fruchtformen vor. Wirtschaftlich wichtige Vertreter sind der ↗ Kakaobaum (*Theobroma cacao*), ↗ Kolabaum (verschiedene Arten der Gatt. *Cola*), und mehrere Arten der Gatt. *Sterculia* als Faserpflanzen und Holzlieferanten. *Sterculia urens* liefert das Karayagummi. Auffällig in der Wuchsform sind die in Australien heimischen Flaschenbäume der Gatt. *Brachychiton*. (s. Abb. auf Seite 152)

Stereoisomerie, Form der ↗ Isomerie.

Sterigma, ein stielartiger Auswuchs der Mycelzellen von Pilzen, an dessen Spitze Sporen gebildet werden. S. finden sich bei der Konidienbildung bei ↗ Aspergillus sowie bei der Basidiosporenbildung an den Basidien der Ständerpilze (↗ Basidiomycetes).

steril, 1) *Mikrobiologie*: das Fehlen von lebenden Keimen und vermehrungsfähigen Viren.

2) *Fortpflanzungsbiologie*: unfruchtbar (↗ Sterilität).

Sterilisation, 1) *Mikrobiologie*: *Entkeimung*, das Abtöten aller ↗ Mikroorganismen oder von deren Ruhestadien sowie die Inaktivierung von ↗ Viren in einem Wachstumsmedium. Bei einer *Teilentkeimung* (Pasteurisieren) werden nur die vegetativen Formen der Mikroorganismen abgetötet. Sterilisiert werden z. B. ärztliche Instrumente, Verbandsmaterialien, Nährböden für Mikroorganismen und Konserven. Eine S. oder Teilentkeimung erreicht man durch Hitze, Filtration, Strahlung oder chemische Mittel.

Trockene und feuchte Hitze. Die vegetativen Zellen von ↗ Bakterien und ↗ Pilzen werden bei Temperaturen um 60 °C innerhalb von 5 bis 10 min abgetötet, Hefe- und Pilzsporen sowie vegetative Zellen von hyperthermophilen Archaebakterien erst bei Temperaturen über 80 °C und ↗ Bakteriensporen erst bei über 120 °C. Feuchte Hitze ist wirksamer als trockene Hitze. Die S. mit feuchter Hitze wird in einem *Autoklaven* (Dampfdrucksterilisator) oder durch *fraktionierte S.* im strömenden Dampf bei 100 °C (*Tyndallisation*) durchgeführt. In einem Autoklaven erfolgt die S. durch Einwirkung von unter Druck stehendem Dampf bei Temperaturen von 120 bis 135 °C. Bei der fraktionierten S. wird in Abständen von je einem Tag dreimal auf 100 °C erhitzt. In der Zwischenzeit keimen die Endosporen aus und gehen in den vegetativen Zustand über. Die vegetativen Stadien werden durch 100 °C abgetötet. Eine Hitzebehandlung bei Temperaturen unter 100 °C , die nur zu einer teilweisen Entkeimung (Teilentkeimung) führt, ist die auf L. ↗ Pasteur zurückgehende *Pasteurisierung*. Hierbei wird für 5 bis 10 min auf 70 – 80 °C erhitzt. Bei der S. von Milch durch *Ultrahocherhitzung* (H-Milch) wird überhitzter Wasserdampf in die Milch injiziert, wobei für 1 bis 2 s eine Temperatur von 135 bis 150 °C erreicht wird. Gegen Hitze unempfindliche

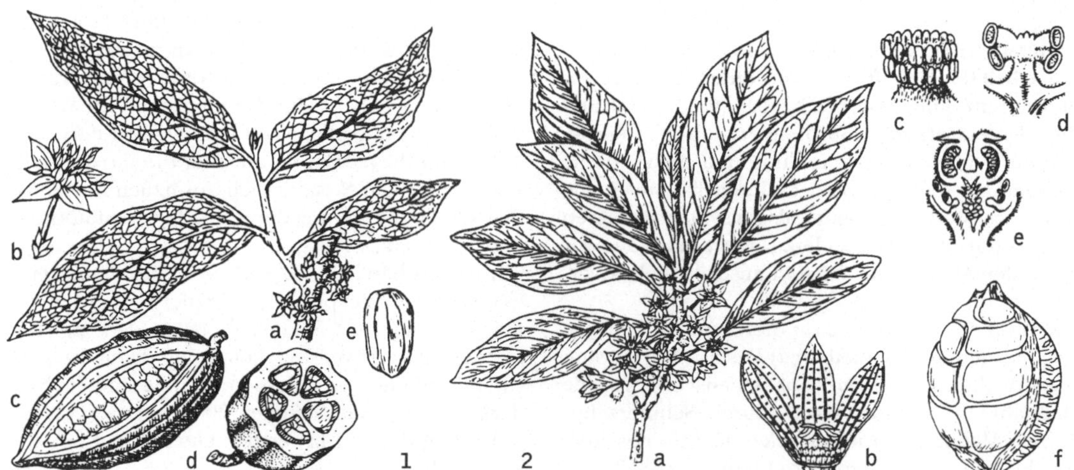

Sterculiaceae 1 Kakao: a blühender Sprossabschnitt, b Blüte, c geöffnete Frucht, d Fruchtquerschnitt, e Same; 2 Kolabaum: a blühender Zweig, b weibliche Blüte, c Staubblattsäule einer männlichen Blüte, d Längsschnitt einer männlichen Blüte, e Längsschnitt durch eine weibliche Blüte, f Frucht mit Samen (Kolanuss)

Sterilisation   Sterilisationsmethoden und ihre Anwendungsbereiche

Verfahrensart	Methode	Anwendungsbereiche
thermisch	Trockene Hitze (160–200 °C, 30–180 min)	Geräte aus Glas, Metall, Keramik, Teflon
thermisch	Feuchte Hitze (Autoklavieren: 121 °C, 2 bar, 15 min; 134 °C, 3 bar, 5 min)	Lösungen, Nährmedien, Gummi, einige Kunststoffe, infektiöses Material
chemisch	Ethylenoxid, Formaldehyd	Kunststoff-Einwegmaterial
Strahlung	γ-, β-Strahlen, Mikrowellen	empfindliches medizinisches Verbrauchsmaterial, Kunststoff-Einwegmaterial, Lebensmittel, sterile Werkbänke, Raumluft
Sterilfiltration	Filtration durch Filter mit einer Porengröße von nominal 0,02 μm	Impfstoffe, Seren, andere hitzelabile Lösungen, z. B. Vitamine, Gase

Geräte sterilisiert man für 2 h bei 160 °C (oder 30 min bei 180 °C) in einem Trockensterilisator. Dabei werden alle Bakteriensporen abgetötet. Durch Ausglühen oder Abbrennen in der Flamme werden Impfösen, Impfnadeln, Scheren, Messer u. a. sterilisiert.

Zur S. und Teilentkeimung werden UV-Strahlen, Mikrowellen, Röntgenstrahlen und Gammastrahlen eingesetzt. Lösungen, die wärmeempfindliche Substanzen (z. B. Vitamine, Zucker) enthalten, können durch Filtration entkeimt werden, z. B. durch ↗ Membranfilter aus Nitrocellulose.

Viele Verfahren der S. werden bei der ↗ Konservierung eingesetzt. (↗ Desinfektion)

2) *Medizin* und *Zoologie*: künstliche Unfruchtbarmachung durch operative Durchtrennung der Samenleiter bzw. der Eileiter als Maßnahme der ↗ Empfängnisverhütung (bzw. bei Haustieren zur Verhütung unerwünschter Trächtigkeit); die Keimdrüsen und ihre Funktion bleiben im Gegensatz zur ↗ Kastration erhalten.

Bei der S. des Mannes werden unter örtlicher Betäubung die direkt unter der Haut des Hodensacks liegenden Samenleiter durchtrennt, mit der Folge, dass keine Spermien mehr in den ↗ Samenerguss gelangen. Bei der Frau werden, meist unter Vollnarkose, die beiden Eileiter durchtrennt und verschorft oder mit Clips verschlossen, sodass die Oocyte sich nicht mehr mit einem Spermium vereinigen kann. Beide Verfahren haben den Vorteil, dass sie normalerweise keinen Einfluss auf die sexuelle Erlebnisfähigkeit haben und die sicherste Methode zur Empfängnisverhütung sind. Sie sind jedoch auch als endgültig zu betrachten, da die Versuche, eine Sterilisation rückgängig zu machen, in den meisten Fällen nicht gelingen.

Zur Bekämpfung von tierischen Schädlingen werden auch ionisierende Strahlen zur S. eingesetzt.

Sterilität, 1) *Medizin: Unfruchtbarkeit, Infertilität,* die Unfähigkeit zur ↗ Fortpflanzung durch eine ↗ Befruchtung. Ursachen können sein: die Unfähigkeit, befruchtungsfähige Keimzellen (↗ Gameten)

zu bilden, z. B. durch Störungen des Hormonhaushalts, die Unverträglichkeit der Gameten, Missbildungen der ↗ Geschlechtsorgane, ↗ Mutationen, Impotenz. Sterilität kann auch künstlich herbeigeführt werden (↗ Sterilisation, ↗ Kastration). Gegensatz: ↗ Fruchtbarkeit

2) *Mikrobiologie: Keimfreiheit,* ↗ Sterilisation 1).

Sterine, die ↗ Sterole.

Sternfrucht, im Querschnitt sternförmige, essbare Beerenfrucht von *Averrhoa carambola* aus der Fam. ↗ Oxalidaceae.

Sternit, vom Sternum der ↗ Insecta abgegliedertes Sklerit.

Sterntaucher, Art der ↗ Gaviiformes.

Sternum, das Brustbein (↗ Brustkorb).

Steroide, Verbindungen, die sich von dem tetrazyklischen Kohlenwasserstoff *Perhydro-1H-cyclopenta[α]-phenanthren* (Trivialname bei unbekannter Stereochemie *Steran,* bei trans-Stellung der Ringe B/C und C/D *Gonan*) ableiten. Wichtige Gruppen natürlich vorkommender S. sind die ↗ Sterine, die ↗ Gallensäuren, die ↗ Steroidhormone und Cardenolide (herzwirksame ↗ Glykoside) sowie verschiedene stickstoffhaltige ↗ Steroidalkaloide. Zu den S. gehören außerdem zahlreiche ↗ Saponine.

Die Ringe A/B, B/C und C/D können *cis* oder *trans* miteinander verbunden sein. Bei den natürlich vorkommenden S. sind die Ringe B/C immer *trans* verknüpft. Die meisten S. leiten sich vom Gonan ab. Bei den Cardenoliden und Bufadienoliden sind die Ringe C/D *cis* verknüpft. Zahlreiche S. enthalten jedoch Doppelbindungen in den Ringen A oder B und sind dadurch mehr oder weniger stark eingeebnet. Die meisten natürlich vorkommenden S. haben CH_3-Gruppen in 13- (z .B. Estran) bzw. 10- und 13-Stellung (z. B. Androstan) sowie eine Sauerstofffunktion (Hydroxy-, Oxogruppe) in 3-Stellung. Sie enthalten meist einen Alkylrest in 17-Stellung.

Die *Biosynthese* erfolgt, ausgehend von ↗ Squalen, über Squalenoxid und bei den Säugetieren über

Steroide Ringnomenklatur und Nummerierung der Kohlenstoffatome im Steroidmolekül. In den Ellipsen angezeigte Nummern entsprechen der IUPAC-Empfehlung von 1989, fettgedruckte der zuvor gültigen von 1969. Alle anderen Nummerierungen blieben unverändert

Lanosterin zum Cholesterin. Tiere und Pilze bilden als erstes zyklisches Produkt der Sterinbiosynthese das Lanosterin, Algen und höhere Pflanzen das Cycloartenol. Lanosterol und Cycloartenol werden wegen der drei zusätzlichen Methylgruppen (in 4,4 und 14-Stellung) als Methylsterine bezeichnet und zu den ↗ Triterpenen gezählt.

S. kommen in Tieren Pflanzen, Mikroorganismen und insbesondere in Pilzen vor. In letzteren sind die Sterine und Steroidcarbonsäuren der Ergostan- und Stigmastanreihe sowie Methylsterine enthalten. Verbreitetstes S. ist das ↗ Ergosterin. Die S. der Tiere werden aus ↗ Cholesterin gebildet. Aus dem Cholesterin entstehen in den Säugetieren bei weitestgehendem Abbau der Seitenkette am C17-Atom die Steroidhormone (Pregnan-, Androstan- und Estranreihe). Bei den Wirbellosen wirken die ↗ Ecdysteroide als Häutungshormone. Aubbauprodukte des Cholesterins sind die Gallensäuren, bei denen es sich um Steroidcarbonsäuren handelt. Die Struktur der pflanzlichen S. ist durch Vergrößerung der Alkylkette am C17-Atom (Stigmastanreihe), durch Bildung zusätzlicher O- und N-haltiger Ringe (Saponine, Steroidalkaloide) oder durch das Vorhandensein eines ungesättigten Lactonringes (Cardenolide, Bufadienolide) wesentlich vielfältiger. Pflanzliche S. liegen meist als Glykoside vor, wobei der Zuckerrest vorwiegend an der 3β-Hydroxygruppe gebunden ist.

Steroidsynthesen haben für die Bereitstellung von Arzneimitteln, insbesondere von Hormonen, große wirtschaftliche Bedeutung.

Steroidhormone, C_{21}-Steroide mit einer typischen Gerüststruktur aus vollständig hydrogenisierten Phenanthrenen (Ringe A, B, C), die mit einem Cyclopentan-Ring (Ring D) fusioniert sind (Gonan-Ringsystem; ↗ Steroide). Gemeinsam sind ihnen eine β-ständige Ketalseitenkette am C12-Atom sowie ein α-β-ungesättigtes Keton am Ring A. Bei ↗ Glucocorticoiden tritt zusätzlich eine 17α-Hydroxygruppe auf. Charakteristische Substitutionen, die für die biologische Wirksamkeit von Bedeutung sind, erfolgen an den Positionen 10, 13 und 17. Hauptbildungsorte der Steroidhormone bei Wirbeltieren und Mensch sind: die Nebennierenrinde (↗ Nebenniere) für ↗ Mineralocorticoide, die den Elektrolythaushalt regulieren, und für ↗ Corticosteroide, welche die ↗ Gluconeogenese stimulieren; in ↗ Hoden und Nebennierenrinde werden die männlichen Geschlechtshormone (↗ Androgene, ↗ Testosteron) gebildet, in den ↗ Eierstöcken die ↗ Estrogene, ferner in Eierstock und ↗ Placenta das die Uterusfunktion beeinflussende ↗ Progesteron (↗ Gestagene, ↗ Gelbkörperhormone). Außerdem gehören zu den S. noch das ↗ Calcitriol und die bei den Arthropoden und als sekundäre Pflanzenstoffe in Pflanzen vorkommenden ↗ Ecdysteroide.

Steroide Wichtige Stammkohlenwasserstoffe der Steroide

Name	R^1	R^2	R^3	Derivate
Gonan	H	H	H	
Estran	H	CH_3	H	Estrogene
Androstan	CH_3	CH_3	H	Androgene
Pregnan	CH_3	CH_3	C_2H_5	Gestagene, Corticoide
Cholan	CH_3	CH_3	$CH(CH_3)CH_2CH_2CH_3$	Gallensäuren
Cholestan	CH_3	CH_3	$CH(CH_3)CH_2CH_2CH(CH_3)_2$	Cholesterin
Ergostan	CH_3	CH_3	$CH(CH_3)CH_2CH_2CH(CH_3)CH(CH_3)_2$	Ergosterin
Stigmastan	CH_3	CH_3	$CH(CH_3)CH_2CH_2CH(C_2H_5)CH(CH_3)_2$	Stigmaserin u. a. pflanzliche Sterine

Synthese und Ausschüttung der S. aus den verschiedenen endokrinen Organen werden durch vorgeschaltete, so genannte *trope Hormone* gesteuert, die ihrerseits meist wiederum der regulatorischen Kontrolle von ↗ Hypothalamushormonen (↗ Releasing-Hormone) unterstehen. Die *Biosynthese* beginnt mit der Oxidation von ↗ Cholesterin über Pregnenolon zu Progesteron und erfolgt weiterhin durch Hydroxylierung und unter Abspaltung eines Isocapronsäurealdehyds (ein C_6-Körper) aus der Cholesterin-Seitenkette. Diese Reaktionen sind in den ↗ Mitochondrien und dem glatten ↗ endoplasmatischen Reticulum lokalisiert. Wirbellose, insbesondere Insekten, sind mangels eigener Biosynthese auf die Zufuhr des Steroidgerüsts mit der Nahrung angewiesen. (↗ Hormone)

Sterole, *Sterine*, ↗ Steroide mit einer 3β-Hydroxygruppe und Cholestan-, Ergostan- oder Stigmastangrundgerüst. S. kommen natürlich in freier Form oder als Fettsäureester (Wachse) vor. In Pflanzen und Mikroorganismen finden sich S., die sich von Ergostan oder Stigmastan ableiten. Wichtigstes S. der Wirbeltiere ist das ↗ Cholesterin.

Stetigkeit, die ↗ Präsenz.

STH, Abk. für ↗ somatotropes Hormon.

Stichkultur, Kultur von Mikroorganismen in Kulturröhrchen, die fast vollständig mit festem Nährboden, z.B. Nähragar gefüllt sind (*Hochschichtkultur*). Die Beimpfung erfolgt durch senkrechtes Einstechen des Impfdrahtes. An der Oberfläche des Nährbodens herrschen aerobe Bedingungen; zum Boden nimmt die Sauerstoffkonzentration ab. Dadurch lässt sich in der Stichkultur die Sauerstoffbedürftigkeit von Mikroorganismen feststellen. Stichkulturen dienen auch zum Aufbewahren anaerober (aber nicht O_2-empfindlicher) Mikroorganismen und zur Prüfung des Proteinabbaus durch Gelatineverflüssigung.

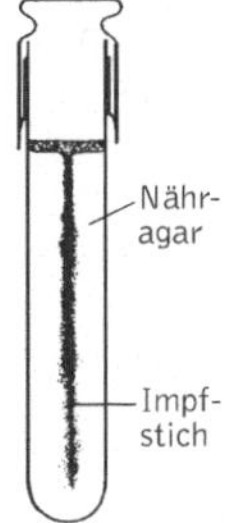

Stichkultur Hochschichtkultur aus Nähragar. Bei Stichkulturen mit anaeroben Kulturen ist das Kulturröhrchen fest verschlossen (z. B. mit einem Gummistopfen statt einer Kappe, wie abgebildet)

Stichlinge, die Fam. ↗ Gasterosteidae.

Stickland-Reaktion, Form der ↗ Gärung, an der zwei Aminosäuren paarweise umgesetzt werden, wobei eine Aminosäure als Elektronendonator und die andere als Elektronenakzeptor dient. Eine derartige Gärung findet sich u. a. bei *Clostridium sporogenes* (↗ Clostridien).

Stickoxide, die ↗ Stickstoffoxide.

Stickstoff, chemisches Symbol *N*, chemisches Element aus der fünften Hauptgruppe des Periodensystems, der Stickstoff-Phosphor-Gruppe. S. ist unter Normalbedingungen ein farb-, geruch- und geschmackloses Gas, das bei – 195 °C zu einer farblosen Flüssigkeit kondensiert. S. geht bevorzugt kovalente Bindungen ein, in denen er überwiegend in den Wertigkeiten III und V vorliegt. Üblicherweise liegt S. als *Distickstoff*, N_2, vor, der aufgrund der stabilen Dreifachbindung außerordentlich reaktionsträge ist.

Die Erdatmosphäre besteht zu 78,7 Vol.-% aus N_2, hingegen sind stickstoffhaltige Minerale selten. Für die belebte Natur sind zahlreiche organische S.-Verbindungen (↗ Proteine, ↗ Nucleinsäuren, ↗ Porphyrine usw.) von essenzieller Bedeutung. Diese werden von Pflanzen aus Ammonium- und Nitrationen aufgebaut, die von der Pflanze durch die Wurzeln aufgenommen werden. Die Fähigkeit, molekularen S. direkt in organische Verbindungen zu überführen, ist nur auf wenige Mikroorganismen beschränkt. Bei der Verwesung tierischen und pflanzlichen Materials werden die organischen Stickstoffderivate weitgehend zu Ammoniak bzw. Ammoniumsalzen abgebaut. (↗ Stickstoff-Fixierung, ↗ Stickstoffkreislauf, ↗ Stickstoffmonooxid, ↗ Stickstoffoxide)

Stickstoff fixierende Bakterien, *diazotrophe Bakterien*, frei lebende und in Symbiose mit Pflanzen lebende Bakterien, die in der Lage sind, elementaren Stickstoff zu fixieren (↗ Stickstoff-Fixierung). Zu den frei lebenden Stickstoff-Fixierern gehören u. a. die Gatt. *Calothrix, Azotobacter, Azospirillum, Beijerinckia, Derxia, Klebsiella*. In Symbiose mit Pflanzen leben u. a. ↗ Rhizobium, *Sinorhizobium, Azorhizobium*, ↗ Bradyrhizobium. *Photorhizobium* und ↗ Frankia.

Stickstoff-Fixierung, die Überführung elementaren ↗ Stickstoffs in chemische Verbindungen. Bei der *biologischen S. - F.* wird, vergleichbar der industriellen S. - F. (*Haber-Bosch-Verfahren*), molekularer Stickstoff (N_2) durch ↗ Stickstoff fixierende Bakterien in Form von Ammonium gebunden. Die industrielle S. - F. beträgt etwa 80 x 10^{12} g pro Jahr, die biologische ca. 190 x 10^{12} g pro Jahr. Die meisten Stickstoff-Fixierer sind frei lebende Bodenbakterien wie *Azotobacter, Azospirillum, Beijerinckia* und *Derxia*. Nur wenige Arten gehen Symbiosen mit höheren Pflanzen ein. Dabei erhält der Prokaryot von der Wirtspflanze Kohlenhydrate und Nährstoffe und versorgt seinerseits die Pflanze mit gebundenem Stickstoff. Derartige Symbiosen entstehen in ↗ Wurzelknöllchen (Abb. siehe dort), die

Stickstoff-Fixierung Frei lebende und symbiontische Stickstoff-Fixierer aus den verschiedenen prokaryotischen Gruppen

Gruppe	Gattung	N_2-Fixierung
Fototrophe	*Anabaena*	frei lebend
Fototrophe	*Heliobacterium*	frei lebend
Enterobakterien	*Klebsiella*	frei lebend
Sporenbildner	*Clostridium*	frei lebend
Chemolithotrophe (Bacteria)	*Alcaligenes*	frei lebend
Chemolithotrophe (Archaea)	*Methanococcus*	frei lebend
Knöllchenbakterien	*Sinorhizobium*	symbiontisch

in den Wurzeln von Leguminosen (↗ Fabales) und verschiedenen Nicht-Leguminosen gebildet werden und die Stickstoff bindenden Bakterien enthalten. Am häufigsten sind Symbiosen zwischen Leguminosen und Bodenbakterien der Gatt. ↗ Rhizobium, *Bradyrhizobium*, *Azorhizobium*, *Photorhizobium* und *Sinorhizobium*. Weit verbreitet ist auch die Symbiose zwischen verschiedenen Gehölzarten wie z. B. der Erle und Bodenbakterien der Gatt. ↗ Frankia. Derartige Symbiosen werden als *Actinorhiza* bezeichnet. Das Cyanobakterium ↗ Nostoc bildet Symbiosen mit unterschiedlichen Partnern (u. a. *Cycas* und *Gunnera*), das Cyanobakterium ↗ Anabaena azollae lebt symbiontisch mit dem Wasserfarn *Azolla*.

Die biologische S. - F. wird durch den *Nitrogenase-Komplex* katalysiert. Dieser besteht aus zwei Komponenten: der Dinitrogenase (enthält Eisen) und der Dinitrogenase-Reduktase (enthält Eisen und Molybdän). Die Summengleichung der S. - F. lautet:

$N_2 + 8\,e^- + 8\,H^+ + 16 - 24\,ATP \rightarrow 2\,NH_3 + H_2 + 16 - 24\,ADP + 16 - 24\,P_i$. In dem gesamten Prozess werden für 1 g fixierten Stickstoff etwa 12 g organi-

scher Kohlenstoff benötigt. Im Anschluss an die N_2-Fixierung wird das gebildete Ammonium noch in den Wurzelknöllchen in eine organische Form (Amide oder Ureide) umgewandelt und über das Xylem in den Spross transportiert.

Stickstoffkreislauf, der Kreislauf des ↗ Stickstoffs in der ↗ Biosphäre. Stickstoff liegt in der Biosphäre in verschiedenen Formen vor. In der ↗ Atmosphäre sind riesige Mengen an molekularem Stickstoff (N_2) enthalten. Dieser Stickstoff ist zum größten Teil nicht direkt für lebende Organismen verfügbar. Eine Nutzung des atmosphärischen Stickstoffs ist erst möglich, wenn die extrem stabile kovalente Dreifachbindung zwischen zwei Stickstoffatomen gespalten wird. Dies geschieht im Wesentlichen bei der biologischen ↗ Stickstoff-Fixierung durch ↗ Stickstoff fixierende Bakterien und bei der industriellen Stickstoff-Fixierung. Bei beiden Formen der Stickstoff-Fixierung entsteht Ammonium. Stickstoff kann auch atmosphärisch fixiert werden durch Blitzentladungen und fotochemische Umwandlung von molekularem Stickstoff in ↗ Nitrat. Nach der Bindung des Stickstoffs tritt dieser in einen biogeochemischen Kreislauf ein. Pflanzen und Mikroorganismen konkurrieren in diesem Kreislauf um Ammonium, das bei der Fixierung gebildet wird, oder um den Stickstoff, der durch den Abbau organischer Verbindungen (↗ Mineralisierung) im Boden freigesetzt wird. In den Pflanzen und Mikroorganismen wird der Stickstoff in Form von Aminosäuren, Proteinen und anderen Verbindungen festgelegt. Über die Phytophagen-Nahrungskette und die ↗ Destruenten-Saprophagen-Nahrungskette wird der Stickstoff wieder weitergegeben, bis die organischen Stickstoffverbindungen des ↗ Bestandsabfalls durch ↗ Ammonifikation wieder in Ammonium (NH_4^+) überführt werden. An der Ammonifikation sind Eiweiß abbauende Bakterien- und Pilzarten beteiligt. Eine Quelle für Ammonium sind auch stickstoffhaltige Ausscheidungsprodukte von Tieren.

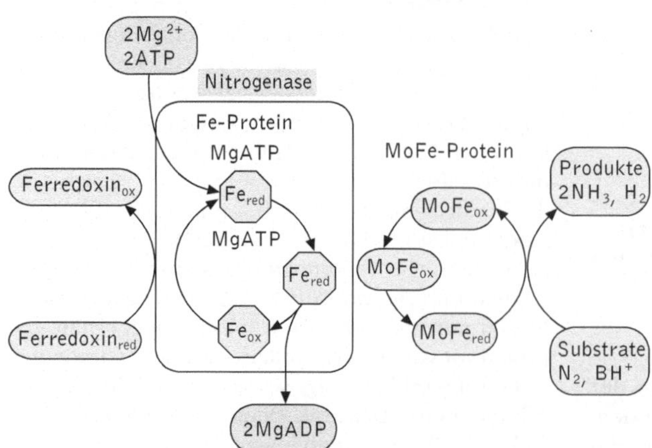

Stickstoff-Fixierung Schema der Stickstoff-Fixierung durch den Nitrogenase-Komplex

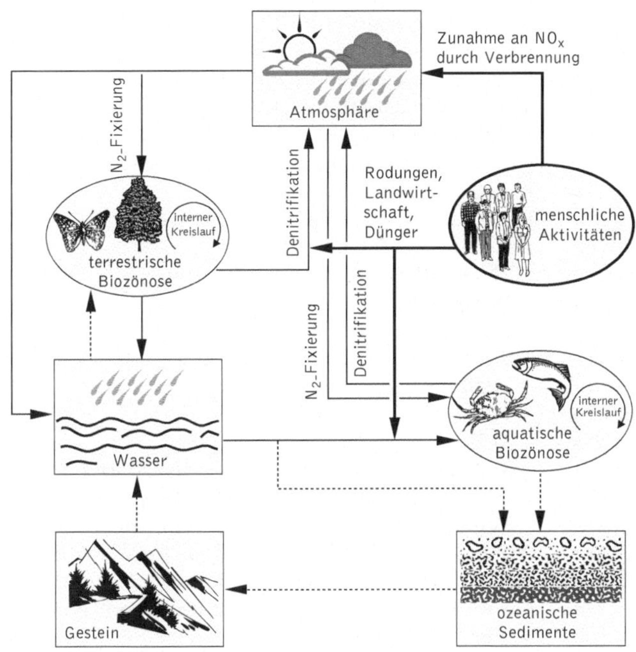

Stickstoffkreislauf   Stickstoffkreislauf in einem Landökosystem

Bei hohen pH-Werten kann das bei der Ammonifikation entstandene Ammonium in Ammoniak (NH$_3$) umgewandelt werden, das in die Atmosphäre gelangt. Ammonium kann von Pflanzen als anorganische Stickstoffquelle genutzt werden. Ein Teil des Ammoniums wird unter aeroben Bedingungen durch ↗ nitrifizierende Bakterien zu Nitrat oxidiert (↗ Nitrifikation). Das entstandene Nitrat ist für die meisten höheren Pflanzen die wichtigste Stickstoffquelle. Die Nitrifikation ist daher in allen Ökosystemen von besonderer Bedeutung. Auch die C-heterotrophen Bakterien nutzen Nitrat als Stickstoffquelle. Bei Sauerstoffmangel können einige Bakterienarten Nitrat als Wasserstoffakzeptor benutzen (↗ Nitratatmung). Man unterscheidet zwei Formen der Nitratatmung: eine ↗ Denitrifikation und eine ↗ Nitratammonifikation. Bei der Denitrifikation wird Nitrat zu Stickstoffoxiden (NO, N$_2$O) und Stickstoff (N$_2$) umgewandelt. Auf diese Weise gelangt der im Nitrat gebundene Stickstoff wieder in die Atmosphäre.

Ein großer Teil der N-Verbindugen in der Atmosphäre besteht aus ↗ Stickoxiden („NO$_x$"), die hauptsächlich aus Verbrennungsprozessen stammen. Die Stickoxide werden teilweise weiträumig verfrachtet und gelangen durch Niederschläge in terrestrische und aquatische Ökosysteme.

Stickstoffmonooxid, *Stickstoffmonoxid*, chemische Formel *NO*, ein natürlich vorkommendes Gas, das auf enzymatischem Weg im gesamten Organismenreich gebildet wird. S. besitzt ein ungepaartes Elektron und ist deshalb hochreaktiv. Es gibt nach jetzigem Kenntnisstand kaum einen physiologi-

schen oder pathophysiologischen Prozess, der nicht wenigstens indirekt durch NO beeinflusst wird.

Direkt metabolisch wirksam ist NO außer durch Aktivierung der Guanylyl-Cyclase durch Hemmung verschiedener Enzyme, so u. a. Glyceraldehyd-3-phosphatdehydrogenase, *cis*-Aconitase, Ribonucleotid-Reductase und Elektronentransportproteine der ↗ Atmungskette. Einmal gebildet, diffundiert NO frei durch das Gewebe, durch Zellmembranen offenbar nicht behindert. Sein Aktionsradius wird allerdings durch baldige Reaktion mit Fänger-Molekülen (unter anderem Hämgruppen, so vor allem durch das ↗ Hämoglobin des Blutes, aber auch SH-Gruppen und Superoxid) begrenzt und für das ZNS-Gewebe als auf wenige Zelldurchmesser begrenzt angesehen. Über Intermediärprodukte wird NO schließlich zu Nitrit und Nitrat oxidiert. Ein vor allem pathophysiologisch wichtiges NO-Derivat ist das *Peroxynitrit (ONOO$^-$)*, das sich in Form einer Adduktionsreaktion spontan aus NO und dem Superoxidradikal (O$_2^{2-}$) bildet. Peroxynitrit hat gegenüber NO ein weit höheres oxidatives und zugleich auch toxisches Potenzial.

Im Nervengewebe sind drei NO-Quellen von besonderer Bedeutung: Nervenzellen (↗ Neuron), Endothelzellen und Mikrogliazellen. Die Fähigkeit, NO zu synthetisieren, ist für Neuronen der Wirbeltiere je nach Ausstattung mit der neuronalen Isoform der *Stickoxid-Synthase* sehr unterschiedlich ausgeprägt. Von Neuronen des peripheren ↗ Nervensystems wird NO in einer transmitterähnlichen Funktion freigesetzt, so von Nervenendigungen der so genannten NANC-Neurone in den Wänden von Gefäßen und Bronchien (NO bewirkt Gefäßerweiterung durch Erschlaffung der glatten Muskulatur) oder in peripheren Organen zur Steuerung der Sekretproduktion. Das ↗ Darmnervensystem verfügt über auffallend viele NO-bildende Neurone, die die Darmmotilität und die Sekretion steuern. Im Zentralnervensystem gibt es Regionen mit hoher Dichte an NO-positiven Neuronen, so in der Kleinhirnrinde und in einigen Kerngebieten des Hirnstamms (↗ Gehirn). NO übernimmt hier vermutlich ebenfalls eine Transmitter-Funktion. Im übrigen sind die NO-bildenden Neurone über alle Hirnregionen hin verteilt (etwa 1 - 2 % der Neurone). Ihre Fortsätze bilden jedoch ein extrem dichtes Fasernetz, welches das gesamte Gehirn und ↗ Rückenmark durchzieht und vermutlich für die aktivitätsabhängige Steuerung der regionalen Durchblutung zuständig ist. Inwieweit NO als „retrograder Transmitter" an Langzeitpotenzierung (↗ Gedächtnis) und Langzeitdepression beteiligt ist, bedarf der weiteren Klärung. Ein neuromodulatorischer Effekt durch Beeinflussung der Transmitterfreisetzung von Glutamat (↗ Glutaminsäure), GABA (↗ γ-Aminobuttersäure) und ↗ Dopamin hingegen ist sehr wahrscheinlich. Auch wird dem NO eine Rolle bei der Bildung von Synapsen und der Angiogenese (Gefäßneubildung) zugeschrieben.

Gegenstand intensiver Forschung ist die Rolle von NO und seinen Folgeprodukten, vor allem des Peroxynitrits, bei neuropathologischen Prozessen, so bei neurodegenerativen Vorgängen (akut durch Ischämie, Hypoxie und Hypoglykämie, z. B. als Folge eines ↗ Schlaganfalls, wie auch chronisch bei primär neurodegenerativen Erkrankungen, so u. a. der Alzheimer-Krankheit und ↗ Parkinson-Krankheit, ↗ Chorea-Huntington, amyotropher Lateralsklerose), ferner bei ↗ Entzündungsreaktionen, chronischem ↗ Schmerz, Migräne und der Entstehung von ↗ Tumoren.

Wichtigste Gegenspieler von NO und Peroxynitrit sind antioxidative/antinitrosative Schutzsysteme enzymatischer (z. B. ↗ Superoxid-Dismutase) und nicht-enzymatischer Art (↗ Glutathion u. a. Sulfhydrylverbindungen, ↗ Ascorbinsäure und Vitamin E, ungesättigte ↗ Fettsäuren).

Für eine Reihe wirbelloser Tiere, vor allem die ↗ Arthropoda, (Pfeilschwanzkrebs, *Drosophila*, *Locusta*, Raubwanzen) ist ebenfalls eine neuronale NO-Produktion erwiesen. Neben cGMP-abhängigen werden auch cGMP-unabhängige Mechanismen bei der NO-vermittelten Neurotransmission diskutiert.

Stickstoffoxide, *Stickoxide*, zusammenfassende Bez. für die Oxide des Stickstoffs, die sich in der Natur durch Blitze bilden. Stickstoffdioxid ist ein giftiges starkes Oxidationsmittel. Stickstoffperoxide (der Oberbegriff für NO_3 sowie die dimeren Formen N_2O_6 und N_2O_4), wie sie bei industriellen Verbrennungsprozessen in großem Umfang entstehen, sind ↗ Schadstoffe und tragen erheblich zur allg. Luftverschmutzung (↗ Luftschadstoffe) bei. Sie sind an der Entstehung des sauren Regens (↗ saurer Regen) beteiligt, wirken als ↗ Fotooxidantien und sind ein wesentlicher Faktor bei der ↗ Eutrophierung von ↗ Ökosystemen.

Stickstoffzeiger, ↗ Zeigerpflanzen.

sticky ends, ↗ cohesive ends.

Stieglitz, Art der Finken (↗ Fringillidae).

Stielquallen, ↗ Scyphozoa.

Stielzellen, ↗ Ascus.

Stigma, Plural *Stigmen*, 1) die ↗ Narbe.
2) ↗ Augenfleck.
3) Öffnung des Tracheensystems (↗ Tracheen) verschiedener Gliederfüßer (↗ Arthropoda).

Stigmasterol, *Stigmasterin*, ein pflanzliches ↗ Sterol, das zu 12 bis 25 % im unverseifbaren Anteil des fetten Öls der Sojabohne vorkommt und ein wichtiges Ausgangsprodukt für Steroidsynthesen ist. (↗ Steroide)

Stigonematales, Ord. der ↗ Cyanobakterien, deren Vertreter durch echte Verzweigungen und vielreihige (multiseriale) Fäden charakerisiert sind. Diese kommen durch transversale und longitudinale Zellteilungen zustande. Zu den S. gehören die am stärksten differenzierten Formen der Cyanobakterien. Die Ord. umfasst u. a. die Gatt. *Stigonema*, *Hapalosiphon* und *Mastigocladus*.

stille Mutation, ↗ Genmutation.

stillen, ↗ säugen.

Stimmbänder, ↗ Kehlkopf.

Stimmbruch, *Stimmwechsel*, beim Menschen Senkung der Stimmlage beim männlichen Geschlecht in der Pubertät (um ca. eine Oktave), bedingt durch das rasche Wachstum des ↗ Kehlkopfs und die Verlängerung der Stimmbänder.

Stimmritze, ↗ Kehlkopf.

Stimmungsübertragung, *Handlungsangleichung*, im Sinne der sozialen Verstärkung, die Übernahme von Motivationen bzw. Verhaltensweisen durch die Mehrzahl der Gruppenmitglieder. Die S. dient der Synchronisation des Verhaltens innerhalb der Gemeinschaft. Wichtig ist dies dann, wenn z. B. eine schnelle Fluchtreaktion vor einem Raubfeind nötig ist oder gemeinsam eine Futter- oder Wasserstelle aufgesucht werden soll. Von der *Nachahmung* unterscheidet sich die S. dadurch, dass nicht ein beobachtetes Verhalten übernommen, sondern lediglich ein bestimmtes Verhaltensmuster angeregt wurde.

Stimulus, der ↗ Reiz.

Stinkmorchel, *Phallus impudicus*, häufig in Laub- und Nadelwäldern vorkommende Art der ↗ Phallales. Der Fruchtkörper ist in jungem Zustand weißlich und kugel- bis eiförmig und wird dann als *Hexenei* (Teufelsei) bezeichnet. Bei der Reife platzt die äußere Hülle auf und innerhalb weniger Stunden wächst ein kahler, sehr zerbrechlicher, kegelförmiger Stiel von bis 20 cm Länge empor, auf dessen Spitze ein etwa 3 cm hoher Hut sitzt. Auf diesem befindet sich außen die dunkelviolette, stinkende, schleimige Sporenmasse (↗ Gleba); sie tropft langsam ab oder wird von (Aas-)Fliegen, die durch den Geruch angelockt werden, verbreitet. Im jungen Zustand kann die S. gegessen werden.

Stinktiere, *Skunks*, *Mephitinae*, ausschließlich auf dem amerikan. Kontinent verbreitete Unterfamilie der Marder (↗ Mustelidae) mit einer Kopfrumpflänge von 25 - 45 cm, bis 40 cm langem, buschigem Schwanz und langhaarigem Fell, mit meist schwarzweißen Streifen oder Flecken. Insgesamt gibt es neun Arten in drei Gatt. Als Lebensraum bevorzugen S. Buschwald und Grasland, Sie sind Allesfresser, wobei tierische Kost überwiegt. Charakteristisch für S. ist ihr Verhalten bei Bedrohung: Das Stinktier biegt seinen Körper blitzschnell U-förmig, sodass Gesicht und After dem Angreifer zugewandt sind und gibt über paarige Drüsen in der Aftergegend ein Sekret ab, dessen Strahl meist auf das Gesicht des Angreifers gerichtet ist und auf bis 6 m Distanz sein Ziel noch erreichen kann. Der intensive und sehr unangenehme Geruch (Name!) wird hauptsächlich von Mercaptanen (schwefelhaltigen Alkohol-Analoga mit der funktionellen Gruppe –SH) hervorgerufen.

Stinte *Osmeridae*, Fam. der ↗ Salmoniformes.

Stipeln, *Stipulae*, ↗ Nebenblätter.

Stipulae, die ↗ Nebenblätter.

Stirnbein, *Os frontale*, ein unpaarer Knochen des menschlichen ↗ Schädels.

Stirnbeinhöhle, eine der ↗ Nasennebenhöhlen.

Stirnocellen, Typ der ↗ Medianaugen bei Insekten.

Stizostedion lucioperca, der ↗ Zander.

Stockente, Art der ↗ Gründelenten.

Stockschwämmchen, *Stockschüppling*, *Kuehneromyces mutabilis*, *Pholiota mutabilis*, essbarer Blätterpilz (↗ Agaricales), der an Laubholz-, seltener an Nadelholz-Stubben wächst. S. wachsen meist büschelig, die Stielbasis ist jeweils mit derjenigen anderer Fruchtkörper verwachsen. Der Hut ist kahl, honig-ockergelb oder feucht wässrig-zimtbraun und mit mehr oder weniger breiter, dunkler Randzone. Die Lamellen sind angewachsen und herablaufend. Der Stiel hat kleine, sparrige Schüppchen unterhalb des abstehenden Rings, auf dem sich die rostbraunen Sporen deutlich ablagern. S. riechen nach frisch gesägtem Holz. Sie lassen sich leicht auf Laubholz in Gärten züchten.

Stoffkreisläufe, die Kreisläufe chemischer Elemente in ↗ Ökoystemen. (↗ Kohlenstoffkreislauf, ↗ Stickstoffkreislauf, ↗ Phosphorkreislauf, ↗ Schwefelkreislauf)

Stoffmengenkonzentration, die ↗ Molarität.

Stoffwechsel, *Metabolismus*, übergeordnete Bez. für alle im Organismus von Pflanzen, Tieren und Menschen sowie in Mikroorganismen ablaufenden chemischen Reaktionen. Die Gesamtheit der Stoffwechselwege, die der Energiebereitstellung der Zelle dienen, wird als *Energiestoffwechsel* zusammengefasst. Grundsätzlich kann aufgrund der genutzten Energiequelle unterschieden werden zwischen *chemotrophen* Organismen, die ihre Energie aus der Oxidation chemischer Verbindungen gewinnen, und *fototrophen* Organismen (vor allem die grünen Pflanzen), die ihre Energie aus der Strahlungsener-

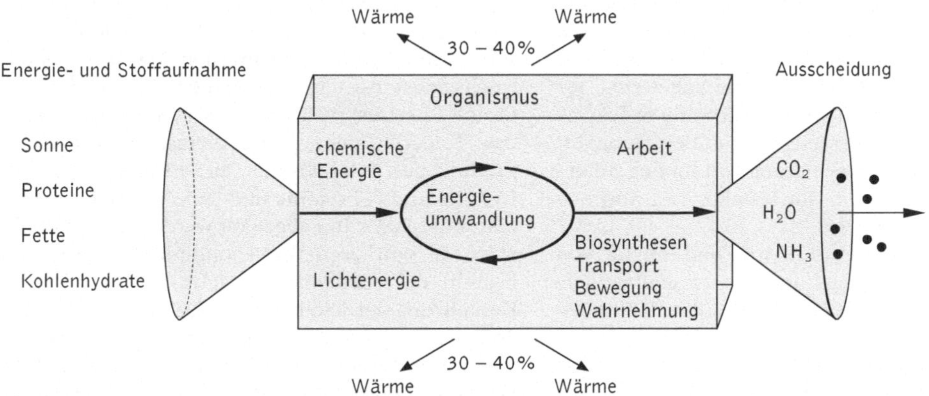

Stoffwechsel Lebende Organismen stehen mit ihrer Umgebung in einem Fließgleichgewicht. Energie wird aus der Umgebung in Form von Lichtenergie (fototrophe Organismen) oder als chemische Energie (chemotrophe Organismen) aufgenommen und in ATP umgewandelt. Die so gespeicherte Energie kann für verschiedenste Arbeitsleistungen der Zelle verwendet werden. Bei der Speicherung und der Nutzung der aufgenommenen Energie treten Energieverluste in Form von abgegebener Wärme von 30 bis 40 % auf. Die aufgenommenen Substrate werden z. T. auch als Biosynthesevorstufen genutzt, Abfallstoffe werden ausgeschieden

Stoffwechsel Beispiele für intrazelluläre Mechanismen der Stoffwechselregulation

Regulationstyp	Regulationsmechanismus
Regulation der Enzymmenge	»Grobkontrolle«
Regulation der Genaktivität	Induktion bzw. Derepression und Repression der Enzymsynthese (Negativkontrolle), Katabolitrepression (Positivkontrolle)
Veränderung der Aktivität der RNA-Polymerase	Transkriptionskontrolle z. B. durch höhere phosphorylierte Nucleotide
Regulation der »Reifung« der RNA und Proteinbiosynthese	Regulation der Prozessierung und der Translation auf den verschiedenen Stufen der Eiweißsynthese
Regulation der Proteolyse	Veränderung des Proteinturnovers durch Verschiebung des Verhältnisses von Enzymsynthese und -abbau (Inaktivierung) zugunsten des Letzteren
Regulation der Enzymaktivität	»Feinkontrolle«
Isosterie	kompetitive Hemmung durch Substratanaloga, Produkthemmung
Allosterie	physikalische Modifikation durch allosterische Effektoren (positive oder negative)
chemische Modifikation	Knüpfung oder Lösung kovalenter Bindungen (Phosphorylierung, Adenylylierung, Uridylylierung, ADP-Ribosylierung, Acetylierung, Methylierung, Oxidation von SH-Gruppen) interkonvertierbarer Enzyme durch spezifische Enzyme
limitierte Proteolyse	Demaskierung des aktiven Zentrums von Proenzymen und Bindungen des aktiven Enzyms
stöchiometrische Regulation	Regulation des Ablaufs chemischer Reaktionen durch Veränderung der Konzentration des – Adenylsäuresystems – $NAD^+/NADH$-Verhältnisses
Kompartimentierung	Untergliederung der Zelle in Kompartimente mit unterschiedlicher Enzymausstattung; Metabolitkompartimentierung (Poolbildung)
Membranbildung	Kompartimentierung, Regulation des Stoffaustausches, Schaffung von Konzentrations- und pH-Gradienten für Osmose und Phosphorylierung
Multienzymbildung, multifunktionelle Proteine	Enzymaggregation, Metabolitkompartimentierung

gie der Sonne erhalten (↗ Fotosynthese). Die Stoffwechselreaktionen dienen entweder dem Aufbau und der Speicherung von Körper- bzw. Zellsubstanz (Baustoffwechsel oder *Anabolismus*, ↗ Assimilation) oder ihrem Abbau (Betriebsstoffwechsel oder *Katabolismus*, ↗ Dissimilation). Katabolismus und Anabolismus sind eng miteinander verknüpft und werden hauptsächlich über den aktuellen Vorrat und Bedarf der Zellen an ATP (↗ Adenosinphosphate, ↗ Energieladung) geregelt. Generell fördert ein hoher ATP-Spiegel in der Zelle anabole Reaktionen und umgekehrt. Insgesamt hat ATP eine zentrale Rolle im S. inne, da es als Energielieferant für Biosyntheseleistungen, die Produktion von Wärme und Biolumineszenz, Erzeugung von Bewegung, Erzeugung und Aufrechterhaltung von Ionengradienten über Membranen sowie aktive Transportvorgänge verwendet wird.

Charakteristisch für den Auf- und Abbau von Substanzen im S. ist, dass diese Prozesse über viele Zwischenstufen erfolgen, wobei lange Reaktionsketten durchlaufen werden oder die Reaktionen in Form von *Stoffwechselzyklen*, bei denen Anfangs- und Endsubstanz identisch sind, ablaufen. Der biologische Sinn dieser vielfältigen Teilschritte und chemischen Umwege, um eine Substanz A in eine Substanz B umzuwandeln, liegt in der Möglichkeit zur Vernetzung der Wege im S. und der Verknüpfung von Anabolismus und Katabolismus durch gemeinsame Zwischenprodukte. Darüber hinaus wird über solche „Umwege" die Möglichkeit genutzt, die in chemischen Verbindungen konservierte Energie, die bei der direkten Reaktion nur als Wärme frei würde, über die Bildung von ATP zumindest z. T. in für den Organismus wieder nutzbare chemische Energie zu überführen (siehe z. B. ↗ Atmungskette).

Substanzen (*Metaboliten*), die vielen Stoffwechselwegen gemeinsam sind und deren momentane (stationäre) Konzentrationen in der Zelle von entscheidender Bedeutung für den jeweiligen Stoffwechselzustand des Organismus sind, bilden ein Stoffwechselreservoir (*metabolic pool*). So ist z. B. das ↗ Acetyl-Coenzym A gemeinsames Zwischenprodukt des Katabolismus der ↗ Fette, ↗ Kohlenhydrate und ↗ Proteine und kann entweder weiter zum Energiegewinn abgebaut werden oder als Substrat für Synthesen Verwendung finden. Dennoch besteht der Anabolismus nicht einfach in einer Umkehrung der katabolen Reaktionen, wenn auch Teilstücke der Stoffwechselketten bzw. -zyklen rückwärts durchlaufen werden. Vielmehr sind an verschiedenen Stellen andere Reaktionen eingebaut, die dann zu denselben Metaboliten führen. Dies hat zum einen energetische Gründe (z. B. die Umgehung thermodynamisch ungünstiger Reaktionen; ↗ Enthalpie), zum anderen besteht hierdurch die Möglichkeit einer getrennten Regulation von

Synthese und Abbau. Dieser *Stoffwechselregulation* dient auch der Umstand, dass beide Prozesse, obwohl gleichzeitig stattfindend, oft in verschiedenen Zellkompartimenten (↗ Kompartimente) ablaufen. Auch unter energetischen Gesichtspunkten sind lange Reaktionsfolgen im Stoffwechsel notwendig: Die einzelnen Reaktionen des Stoffwechsels sind enzymkatalysiert (↗ Enzyme) und damit den vielfältigsten Regulationen zugänglich. Elemente dieses Regelsystems sind die aktuellen Enzymkonzentrationen, die Neusynthese von Enzymen durch Aktivierung der entsprechenden Gene (↗ Genexpression, ↗ Translation), stationäre Konzentrationen der Metaboliten, An- oder Abwesenheit von metabolischen Effektoren (↗ allosterische Regulation) und die hormonelle Konstitution des Organismus (↗ Hormone). Auch hierbei ist charakteristisch, dass Hin- und Rückreaktionen, obwohl im Prinzip umkehrbar, dennoch häufig von verschiedenen Enzymen katalysiert werden. Aus dem

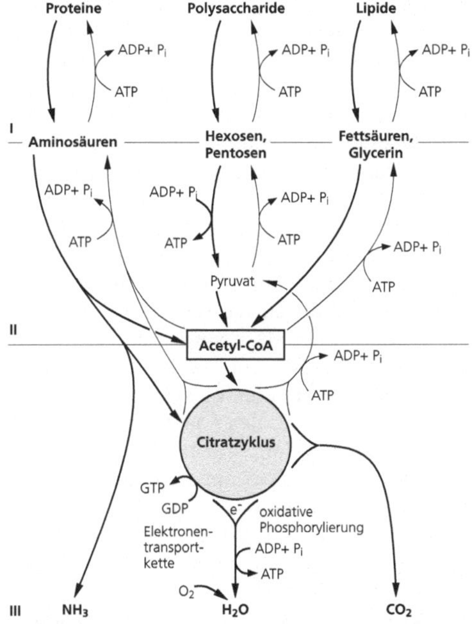

Stoffwechsel Anabole und katabole Stoffwechselwege können in drei Stufen unterteilt werden. Im Katabolismus werden in Stufe I die Makromoleküle zunächst zu Monomeren abgebaut. Anschließend werden diese in Stufe II zu kleineren Einheiten abgebaut, die eine zentrale Rolle im Stoffwechsel spielen (Pyruvat, Acetyl-Coenzym A oder Zwischenprodukte des Citratzyklus). Bereits hier wird etwas Energie in Form von ATP gewonnen. Stufe III besteht aus dem Citratzyklus und der oxidativen Phosphorylierung in der Atmungskette. Hier erfolgt die vollständige Oxidation zu H_2O und CO_2, wobei im Vergleich zu Stufe II große Mengen ATP synthetisiert werden. Die anabolen Stoffwechselwege verwenden Zwischenprodukte des Citratzyklus und der Glykolyse als Ausgangssubstrate und synthetisieren daraus unter Energieverbrauch Monomere und in Stufe I unter weiterem Verbrauch von ATP die benötigten Makromoleküle

Zusammenspiel der den Stoffwechsel regelnden Größen ergibt sich die jeweilige Stoffwechsellage, die aber nicht als stabiles, sondern als dynamisches Gleichgewicht oder ↗ Fließgleichgewicht aufzufassen ist.

Der komplizierte Verlauf anaboler und kataboler Stoffwechselwege kann gedanklich auf verschiedene Ebenen verteilt und damit geordnet werden. Auf der ersten Ebene stehen die großen Moleküle (↗ Kohlenhydrate, ↗ Nucleinsäuren, ↗ Proteine), weiterhin die Fette (↗ Fette und fette Öle), die entweder aus Biosynthesen hervorgegangen sind oder dem Organismus als Nahrung (↗ Ernährung) dienen und zu diesem Zweck in kleinere Bruchstücke (↗ Monosaccharide, ↗ Nucleotide, ↗ Aminosäuren, Monoglyceride, freie ↗ Fettsäuren) zerlegt werden (↗ Verdauung). Im weiteren Verlauf werden die Bruchstücke entweder direkt wiederverwendet (z. B. zum Wiederaufbau von Makromolekülen) oder durch weiteren Abbau derart umgewandelt und „vereinheitlicht", dass sie bei Bedarf in wenige Grundsubstanzen, wie z. B. Acetyl-Coenzym A, einmünden. Die auf diesen Stoffwechselwegen erzeugten zahlreichen Zwischenprodukte (*Intermediärprodukte*) können wiederum zu Synthesen herangezogen werden. Von Acetyl-Coenzym A schließlich führt im Katabolismus ein Weg (*gemeinsame Endstrecke*) zur Bildung phosphatgebundener chemischer Energie (oxidative Phosphorylierung oder Atmungskettenphosphorylierung) in Form von ATP. Im Anabolismus werden auf dieser dritten Ebene die Grundbausteine für die Synthese der Makromoleküle bereitgehalten (speziell Intermediärprodukte des ↗ Citratzyklus). Auf dieser Ebene gibt es auch Verknüpfungen zu speziellen Stoffwechselwegen, die der Synthese zur Ausscheidung (↗ Biotransformation, ↗ Harnstoffzyklus, ↗ Exkretion,) oder Speicherung vorgesehener Schlackenstoffe (stickstoffhaltige Endprodukte) dienen. Die Gesamtheit der zwischen dem Umbau der gespaltenen Makromoleküle und der Ausscheidung unbrauchbarer Schlackenstoffe liegenden Reaktionen bezeichnet man auch als *Intermediärstoffwechsel*.

Der bisher beschriebene, bei Mensch, Tieren und Pflanzen im Wesentlichen gleich verlaufende *Primär*- oder *Grundstoffwechsel* wird durch eine Fülle von speziellen Syntheseleistungen (↗ Sekundärstoffwechsel) ergänzt, die zu zahlreichen, z. T. hochkomplexen und oft pharmakologisch wirksamen Substanzen führen (z. B. ↗ sekundäre Pflanzenstoffe). ↗ Calvin-Zyklus, ↗ Gluconeogenese, ↗ Glykolyse, ↗ Glyoxylatzyklus, ↗ Pentosephosphat-Weg

Stolidobranchiata, Subtaxon der Seescheiden (↗ Ascidiacea).

Stolonen, 1) Botanik: ↗ Ausläufer.

2) *Pilze: Laufhyphe*, spezialisierte Hyphe eines Pilzmycels, die sich eine gewisse Strecke über das Substrat erhebt und zur schnellen Ausbreitung des Pilzes führt. An der Stelle des Substratkontakts dringen Rhizoide in das Substrat ein, und es werden Sporangien über dem Substrat gebildet. S. finden sich vor allem bei ↗ Mucorales.

3) *Zoologie*: der ungeschlechtlichen ↗ Fortpflanzung dienende Ausläufer, an denen neue Tiere ausknospen (↗ Knospung); Stolonen finden sich unter anderem bei Moostierchen (↗ Bryozoa), einigen Nesseltierpolypen (↗ Hydrozoa und ↗ Scyphozoa) sowie Feuerwalzen (↗ Pyrosomida), Salpen (↗ Thaliacea) und Seescheiden (↗ Ascidiacea).

Stoma, ↗ Stomata.

Stomata, *Spaltöffnungen*, Einrichtungen in der von einer ↗ Cuticula überzogenen ↗ Epidermis, die den Gasaustausch und die Transpiration ermöglichen. Man findet sie an den von Luft umgebenen assimilierenden Organen der ↗ Kormophyta, mancher ↗ Bryophyta und ↗ Pteridophyta. S. bestehen aus jeweils zwei bohnenförmigen *Schließzellen*, die einen schizogen entstandenen Interzellularspalt, den *Porus*, umschließen. Häufig sind sie von besonders gestalteten Epidermiszellen umgeben, die man als *Nebenzellen* bezeichnet. Der gesamte Komplex aus Nebenzellen und Schließzellen mit Porus wird als ↗ Spaltöffnungsapparat bezeichnet. Er stellt die Verbindung zwischen der Außenluft und der Luft des Interzellularsystems dar und mündet in einen besonders großen Interzellularraum (*substomatärer Hohlraum*, früher *Atemhöhle*) des Mesophylls bzw. des Rindengewebes. Im Gegensatz zu anderen Epidermiszellen enthalten die Schließzellen und teilweise auch deren Nebenzellen stärkehaltige Chloroplasten. Ihre unregelmäßig verdickten Zellwände führen bei Turgoränderungen dieser Zellen zu einer Gestaltänderung, die das Öffnen oder Schließen des Spalts bewirkt (↗ Spaltöffnungsbewegungen).

Je nach Bau unterscheidet man verschiedene S.-Typen. Die einfachste Bauweise zeigt der bei Moosen und Farnen verbreitete *Mnium-Typ* mit nur wenig verstärkten Zellwänden. Steigt der

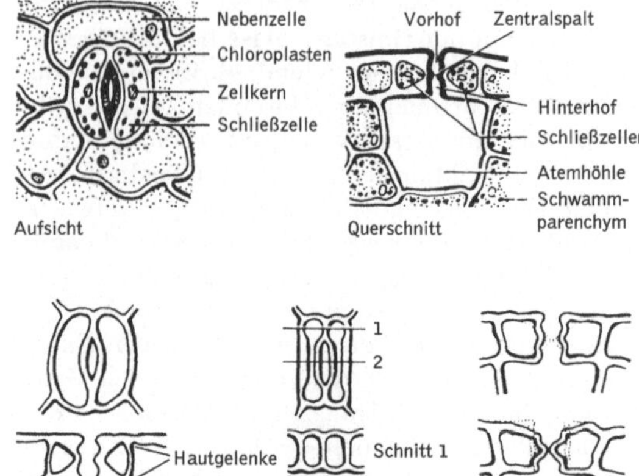

Stomata Spaltöffnungsapparat in Aufsicht und Querschnitt (oben) sowie Spaltöffnungstypen (unten)

Turgordruck an, werden Innen- und Außenwand voneinander entfernt. Durch Streckung der Bauchwand öffnet sich der Spalt. Der häufige *Helleborus-Typ* kommt bei vielen mono- und dikotylen ↗ Angiospermae vor. Er besitzt bohnenförmige Schließzellen mit leistenartigen Verstärkungen an der dem Spalt zugewendeten Wand, die Rückwand dehnt sich bei steigendem Turgor in Richtung der Nebenzellen aus. Den *Gramineen-Typ* findet man vor allem bei den ↗ Poaceae und ↗ Cyperaceae, aber auch innerhalb anderer Pflanzengruppen. Er ist durch hantelförmige Schließzellen gekennzeichnet. Der verfestigte Mittelteil der Schließzelle bleibt bei erhöhtem Druck formstabil, während sich die blasenförmigen Zellenden ausdehnen. Die S. des *Koniferen-Typs* sind tief in die Epidermis der Nadeln eingesenkt, die Nebenzellen nehmen aktiv an den Turgorbewegungen der Schließzellen teil.

Die *Wasserspalten* (↗ Hydatode) mancher ↗ Hygrophyten, die der Ausscheidung von Wasser dienen, sind den S. homolog.

stomatärer Widerstand, ↗ Stomata, ↗ Transpiration.

Stomatopoda, *Hoplocarida, Fangschreckenkrebse*, etwa 350 Arten ausschließlich mariner, vor allem in tropischen Flachwasserzonen lebender Krebse, die in selbst gegrabenen oder von anderen Tieren übernommenen Höhlen und Spalten harter Substrate leben. Die S. ernähren sich von Tieren, die sie am Höhleneingang lauernd erwarten und dann mit ihren kräftigen Raubbeinen blitzschnell schlagen. Fangschreckenkrebse sind 15 bis 340 mm lang. Die Raubbeine sind die zweiten Thoracopoden. Sie können mit einer Geschwindigkeit von zehn Metern pro Sekunde zuschlagen und innerhalb von nur vier bis acht Millisekunden zupacken; dies ist eine der

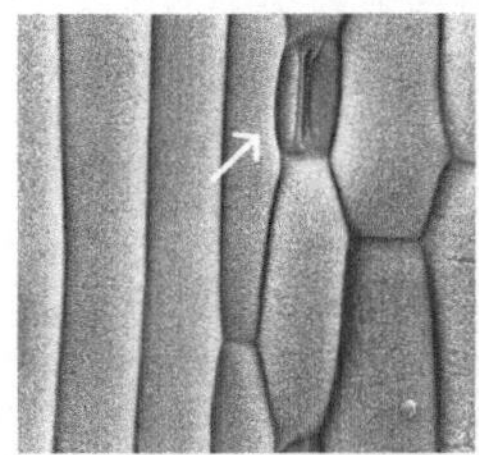 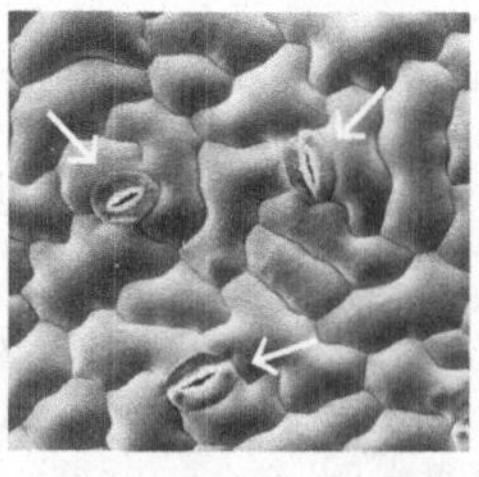

Stomata REM-Aufnahmen der Blattoberseite von Gerste (*Hordeum vulgare*, links) und der Zuckerrübe (*Beta vulgaris*). Die Spaltöffnungen sind durch weiße Pfeile gekennzeichnet

schnellsten Bewegungen im Tierreich überhaupt. Das Fangen geschieht entweder durch „Aufspießen" mit den Zähnen des *Dactylus*, des vordersten Gliedes des Fangbeins, das mit dem zweiten Glied (*Propodus*) eine Art Schere (*Subchela*) bildet, durch Einklemmen zwischen Dactylus und Propodus oder durch „Zertrümmern" mit einem Schlag des keulenförmig verdickten „Ellbogens" zwischen Propodus und Dactylus. Eine im Mittelmeer häufige Art, die auch als Speisekrebs gefangen wird, ist die bis 25 cm große *Squilla mantis*.

Stomium, Öffnungsstelle in der Wand der ↗ Sporangien der ↗ Pteridopsida und der Sporenkapseln der ↗ Bryophyta.

Stomocniden, ↗ Nematocysten.

Stomodaeum, *Vorderdarm*, ↗ Darm.

Stoppcodon, *Terminationscodon*, die Bez. für eines von drei ↗ Codons, die bei einer ↗ messengerRNA den Endpunkt der ↗ Translation bestimmen. Sie lauten normalerweise 5'-UAA-3', 5'-UGA-3' und 5'-UAG-3' und codieren im Unterschied zum ↗ Startcodon nicht für eine bestimmte Aminosäure. (↗ genetischer Code)

Stör, *Acipenser sturio*, mit bis 6 m Länge und über 200 kg Gewicht der größte einheimische anadrome Süßwasserfisch. Er war früher an den europäischen Küsten weit verbreitet (bis Anfang des Jh. kamen Störe noch im Rhein vor) und ist heute von der Ausrottung bedroht. Er steigt ab April flussaufwärts und legt im Juni/Juli seinen Laich (bis zu 2,5 Mio. Eier) in Kuhlen in der Flussmitte ab. Die Jungfische bleiben noch ein bis zwei Jahre im Süßwasser.

Störche, die Fam. ↗ Ciconiidae.

Storchenvögel, die ↗ Ciconiiformes.

Storchschnabelgewächse, die Fam. ↗ Geraniaceae.

Strahlenblüte, vergrößerte, am Rand des Köpfchens stehende Zungenblüte der ↗ Asteraceae und ↗ Dipsacaceae. (↗ Blüte)

Strahlenflosser, die ↗ Actinopterygii.

Strahlengriffelgewächse, die Fam. ↗ Actinidiaceae.

Strahlenpilze, ↗ Actinomycetales.

Strahlenpilzkrankheit, die ↗ Aktinomykose.

Strahlentierchen, die ↗ Radiolaria.

strahlig, ↗ aktinomorph.

Strahlung, die in Form von Strahlen sich räumlich ausbreitende Energie. Man unterscheidet dabei *Wellen*-S. (elektromagnetische S., Gamma-S. und Schall-S.) und *Korpuskel*-S. (α-S. und β-S.). Zur elektromagnetischen S. gehören u. a. Licht-, Radio- und Röntgenstrahlen.

Strandkrabbe, *Carcinus maenas*, bis 6 cm (Männchen) breite Art der ↗ Decapoda, die häufigste Krabbe in der Nordsee. Die Männchen der S. ernähren sich vorwiegend von Weichtieren (↗ Mollusca), deren Schalen sie mit ihren Scheren kna-

cken, die Weibchen bevorzugen kleine Würmer. Mit der Ebbe wandern die S. seewärts, um bei Flut wieder in Richtung Strand zu wandern. S. überwintern im Sand eingegraben.

Strandschnecken *Littorina*, Gatt. der ↗ Mesogastropoda.

Strasburger, *Eduard Adolf*, deutscher Botaniker, ✳ 1.2.1844 Warschau, † 19.5.1912 Bonn; ab 1869 Prof. in Jena und Direktor des Botanischen Gartens, 1881 in Bonn. Von S. stammen zahlreiche histologisch-cytologische Arbeiten über die Befruchtungsvorgänge bei Pflanzen sowie physiologische Untersuchungen zu den Mechanismen des Flüssigkeitstransports (Kapillarkräfte) in Pflanzenstängeln. Er erkannte (parallel zu O.W.A. ↗ Hertwig am Seeigelei) die Vereinigung der Kerne pflanzlicher Keimzellen als den eigentlichen Vorgang der ↗ Befruchtung und beschrieb die Funktion der vegetativen und der beiden generativen Kerne im Pollenschlauch der Angiospermen. Außerdem wies er die Kernteilung als Voraussetzung für die Zellteilung nach (1879). Sein 1894 (mit anderen) begründetes „Lehrbuch der Botanik für Hochschulen" gilt als eines der Standardwerke der Botanik.

Strategie, genetisch determiniertes Verhaltensmuster eines Organismus oder einer Population als Reaktionsmöglichkeit auf unterschiedliche Umweltbedingungen. S. dienen dazu, dem Individuum alle benötigten Ressourcen wie Nahrung, Geschlechtspartner usw. verfügbar zu machen. Der aus der Spieltheorie entlehnte Begriff impliziert kein bewusstes Handeln, das Anpassungsverhalten ist vielmehr durch natürliche Selektion entstanden.

Stratifikation, 1) *Pflanzenphysiologie*: Bez. für das durch eine Kälteperiode induzierte Brechen der ↗ Samenruhe. Dabei sind i. d. R. Temperaturen um den Gefrierpunkt wirksam. Die S. lässt sich nur bei gequollenen Samen durchführen. Dauer und Zeitpunkt der S. sind artabhängig. Die Behandlung von gequollenem Saatgut mit ↗ Gibberellinen kann häufig die S. ersetzen.

2) *Ökologie*: die vertikale Schichtung eines Lebensraums in deutlich voneinander abgrenzbare Horizonte (↗ Stratum). In terrestrischen Lebensräumen ist die S. durch die Vegetation vorgegeben. In Gewässern sind die einzelnen Schichten durch Lichteinfall, Temperatur und Sauerstoffgehalt bestimmt. Viele Arten von Lebewesen sind auf bestimmte Schichten spezialisiert (↗ ökologische Nische), andere Arten bewohnen mehrere Schichten oder wechseln je nach Tages- oder Jahreszeitenlauf von einer Schicht zur anderen.

Stratigraphie, Teilgebiet der *Geologie*, das die räumliche und zeitliche Aufeinanderfolge von Gesteinsschichten und deren Gesteins- und Fossilieninhalt untersucht.

stratigraphische Einheiten, *Systeme*, in der *Geologie* Bez. für die Schichtenfolgen, die jeweils während längerer Zeiträume der Erdgeschichte (Perioden) abgelagert wurden. S. E. sind durch ↗ Leitfossilien gekennzeichnet. Die Bestimmung des Alters s. E. anhand von ↗ Fossilien wird als *Biostratigraphie* bezeichnet, im Unterschied zur *Lithostratigraphie*, die direkt das Alter der Gesteine einer s. E. bestimmt, z. B. durch radiometrische Methoden (↗ Altersbestimmung). Beide genannten Verfahren ergänzen sich bei der Altersbestimmung s. E. und werden ihrerseits ergänzt durch die *Geochronologie*, die das erdgeschichtlich-geotektonische Geschehen beschreibt und die Ergeschichte durch gebirgsbildende Vorgänge gliedert.

Stratiomyidae, *Waffenfliegen*, Fam. der Fliegen (↗ Brachycera) mit rund 1600 Arten, davon in Mitteleuropa ca. 100. Sie sind 5 - 16 mm lang, mit meist breitem, abgeflachtem Hinterleib. Am Hinterrand des Thorax befinden sich bei vielen Arten Dornen (Name!). Die Waffenfliegen ernähren sich von Nektar und Pollen, die teils im Boden, teils im Wasser lebenden Larven von pflanzlichem Substrat. Eine einheimische Art ist die etwa 1,5 cm große *Chamäleonfliege (Stratiomys chamaeleon)*, deren wasserlebende Larven am Hinterleibsende eine Atemröhre besitzen, mit einer paarigen Öffnung, die von einem unbenetzbaren Härchenkranz umgeben ist.

Stratozönose, ↗ Stratum.

Stratum, *Schicht, Horizont*, Bez. für die einzelnen Schichten eines vertikal zonierten Lebensraums. Bei einem Wald unterscheidet man z. B. die folgenden Schichten: *Bodenschicht, Streuschicht, Krautschicht, Strauchschicht* und *Baumschicht (Stamm-* und *Kronenschicht)*. Diese Schichten können noch weiter aufgegliedert werden. Die Lebewelt dieser Schichten wird als *Stratozönose* bezeichnet. Die Stratozönosen setzen sich aus verschiedenen ↗ Choriozönosen zusammen.

Strauch, *Busch*, ausdauernde Holzpflanze mit mehreren von Grund an verzweigten Holzstämmen. Ein S. bildet im Gegensatz zum Baum keine einzelne Hauptachse aus. S. mit einer Höhe von weniger als 50 cm nennt man *Zwergsträucher*. (↗ Halbstrauch)

Straucherbse, *Cajanus cajan*, Fam. ↗ Fabaceae, ursprünglich afrikanische, heute weltweit angebaute Nahrungspflanze, die auch zur ↗ Gründüngung genutzt wird. Die reifen Samen sind reich an ↗ Kohlenhydraten (47 %) und ↗ Proteinen (20 %).

Strauchflechten, ↗ Lichenes.

Strauße, ↗ Struthioniformes.

Straußgras, *Agrostis*, als Futtergras geschätzte Gatt. der Fam. ↗ Poaceae mit ca. 200 Arten.

Strecker, die ↗ Extensoren.

Streckreflex, Reflex, der zur Aktivierung der Extensoren (Streckmuskeln) einer Extremität führt.

Ein S. tritt oft zusätzlich zu einem Beugereflex (Wegziehreflex) auf der kontralateralen Seite (*gekreuzter S.*) auf, um die Körperhaltung trotz des Wegziehreflexes zu stabilisieren. (↗ Reflex)

Streckungswachstum, bei Pflanzen das *Längenwachstum* von Wurzeln und Sprossachse, das auf einer Zellstreckung (*Dehnungswachstum*) und nicht auf Teilungsprozessen beruht. Im Unterschied zum ↗ Spitzenwachstum ist die damit verbundene Wanddehnung über die Zelloberfläche gleichmäßig verteilt. Sowohl das Wachstum der Coleoptilen von Gräsern als auch die Sprossstreckung sind typische Phänomene des S., bei dem Spitzenwerte von bis zu 57 cm/Tag (Bambussprosse) erreicht werden können. Das S. unterscheidet sich somit vom *Plasmawachstum*, bei dem Strukturbestandteile der Zelle vermehrt werden; es steht in unmittelbarem Zusammenhang mit einem *Teilungswachstum* durch Zellteilung. Es wird durch Umweltfaktoren (Licht, Wasserverfügbarkeit) und Phytohormone (↗ Auxine, ↗ Gibberelline) gesteuert.

Durch osmotisch kontrollierte Wasseraufnahme kommt es beim S. zu einer Volumenzunahme, die zusammen mit einem „Erweichen" der Zellwand zur Streckung der Zellen führt. Eine wichtige Voraussetzung hierfür ist die *Druckentspannung* der Zellwand, die nach der so genannten *Säurewachstumshypothese* durch ein Ansäuern der Zellwand erfolgt. Die Verminderung des Wanddrucks führt zu einer Absenkung des ↗ Wasserpotenzials der Zelle, die wiederum einen Wassereinstrom zur Folge hat. Die säureinduzierte Zellwandlockerung wird durch die Wirkung von Auxin in Verbindung mit einer Gruppe von Zellwandproteinen (*Expansine*) kontrolliert. Experimentell lässt sich zeigen, dass Auxin einen Protonenausstrom aus dem Protoplasten in die Zellwand induziert und gleichzeitig die Aktivität von Enzymen induziert, die an der Synthese von Zellwandmaterial beteiligt sind. Expansine katalysieren eine vom pH-Wert abhängige Dehnung der Zellwand, vermutlich, indem sie Wasserstoffbrücken zwischen den Polysacchariden der Zellwand lösen. Zellstreckungen werden auch durch ↗ Gibberelline (GA) gefördert. Bei Rosettenpflanzen führt eine GA-Gabe zu einer raschen Bildung der Infloreszenz (↗ Schießen). Allerdings erfolgt die Wirkung dieses Hormons nach einem anderen Mechanismus als die Auxinwirkung, da GA nicht an der Kontrolle der osmotisch bedingten Wasseraufnahme beteiligt ist. Mehrere Experimente deuten darauf hin, dass das S. durch GA vor allem auf der Ebene der Zellwanddehnung erfolgt, wobei genaue Mechanismen noch untersucht werden müssen. (↗ Wachstum)

Streifenhörnchen, *Backenhörnchen*, *Tamiini*, Gatt.-Gruppe der Hörnchen (↗ Sciuridae) mit nur einer rezenten Gatt. (*Tamias*). In der Paläarktis verbreitet ist nur der *Burunduk (Sibirisches Streifenhörnchen, Tamias sibiricus)* mit einer Kopfrumpflänge von 13 - 15 cm und einer Schwanzlänge von 8 - 10 cm. Der Rücken ist grau mit fünf schwarzbraunen Längsstreifen. In Deutschland wild lebende S. sind Nachkommen entwichener Zuchttiere, die sich unter günstigen Bedingungen gut halten.

Streifenkörper, das ↗ Corpus striatum.

Strepsiptera, *Fächerflügler,* zu den ↗ Insecta gehörendes Taxon mit bislang über 500 bekannten Arten, davon rund 60 in Mitteleuropa. S. sind klein (Männchen 1,5 - 7,5 mm, Weibchen bis 30 mm). Sie besitzen keine Ocellen, haben stark reduzierte Mundwerkzeuge, kein Prothoracalstigma und mehr oder weniger reduzierte Abdominalstigmen. Der rudimentäre Darmkanal ist nach hinten blind geschlossen, Malpighi-Schläuche fehlen. Auffällig ist der Geschlechtsdimorphismus. Nur die Männchen haben Flügel, wobei die Vorderflügel zu *Pseudohalteren* reduziert sind. Die großen häutigen Hinterflügel können fächerartig ausgefaltet werden. Die Antennen sind kammförmig, die Facettenaugen groß, die Beine als Klammerorgane ausgebildet. Die Männchen haben nur eine Lebensdauer von wenigen Stunden, in denen sie die Weibchen aufsuchen. Die Weibchen sind immer ungeflügelt und ohne Facettenaugen, haben einen sackförmigen Hinterleib und keulenförmige Antennen. Die Beine sind reduziert oder ganz zurückgebildet. Bei einigen Arten sind im Abdomen der Weibchen nur noch Geschlechtsorgane vorhanden. Die Weibchen sind vivipar. Die Larven dringen in die Larve eines Wirts (verschiedene Insektengruppen) ein und entwickeln sich in deren Abdomen, die Verpuppung erfolgt teilweise außerhalb des Wirts. Insekten, die von Fächerflüglern befallen sind, werden als *stylopisiert* bezeichnet. Es werden zwei Subtaxa unterschieden, die *Mengenillidia,* bei denen die Weibchen frei leben und Beine und Antennen haben, und die *Stylopidia,* bei denen die bein- und antennenlosen Weibchen nur innerhalb des Wirts leben.

Strepsirhini, zu den Halbaffen (Prosimiae) zählende Gruppe, in der die Primaten mit Nasenspiegel zusammengefasst werden; hierzu zählen die Lemuren (↗ Lemuridae) sowie die Loris (↗ Lorisidae) und die Galagos (↗ Galagidae).

Streptococcaceae, Fam. der ↗ grampositiven Bakterien mit niedrigem ↗ GC-Gehalt, zu der nach neuer Systematik u. a. die Gatt. ↗ Streptococcus und *Lactococcus* gehören.

Streptococcus, Gatt. der ↗ grampositiven Bakterien mit niedrigem ↗ GC-Gehalt. Es sind kokkenförmige, in Ketten oder Paaren auftretende homofermentative ↗ Milchsäurebakterien, die Milchzucker und andere Kohlenhydrate zu Milchsäure vergären. Die Arten kommen in saurer Milch, auf

Pflanzen, in Silage oder im Magen-Darm-Kanal vor. *S. thermophilus* wird bei der Herstellung von ↗ Joghurt verwendet. *S. cremoris* wird als Starterkultur in der Butter- und Käseproduktion eingesetzt. Andere Arten können als Krankheitserreger auftreten. Milchstreptokokken werden neuerdings mit dem Gatt.-Namen *Lactococcus* und Darmstreptokokken mit *Enterococcus* bezeichnet.

Streptokokken, 1) Bez. für in Ketten angeordnete kugelförmige Bakterien (↗ Bakterienformen).

2) die Gatt. ↗ Streptococcus.

Streptomyces, *Streptomyzeten,* artenreiche Gatt. der ↗ Actinomycetales, deren Vertreter durch hyphenartige Zellfäden und die Bildung von Sporen (Arthrosporen) an Luftfäden gekennzeichnet sind. Die Filamente wachsen an den Spitzen und verzweigen sich oft, sodass ein kompaktes, verschlungenes Mycel entsteht. Die Bakterien leben hauptsächlich im Boden und sind für den erdigen Geruch von Böden verantwortlich (↗ Geosmine). Sie können zahlreiche Kohlenstoffquellen verwerten. Aus zahlreichen S.-Arten werden ↗ Antibiotika wie z. B. Tetracyclin und Neomycin gewonnen.

Streptomycetaceae, Fam. der ↗ Actinomycetales, die hauptsächlich Bodenorganismen sind, aber auch in aquatischen Biotopen vorkommen. In der vegetativen Phase bildet sich ein verwobenes Mycel aus, mit zunehmender Alterung entsteht ein Luftmycel mit langen Sporenketten, so genannten *Conidien* (Arthrosporen). Mit ca. 500 Arten wichtigste Gattung ist ↗ Streptomyces.

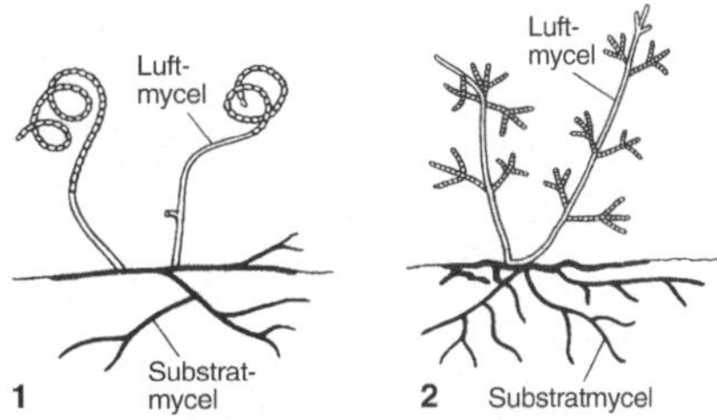

Streptomycetaceae 1 Luftmycel mit Sporenketten bei *Streptomyces.* 2 Luftmycel mit wirtelig angeordneten Sporenketten bei *Streptoverticillium*

Streptomycin, ↗ Antibiotika.

Streptomyzeten, die Gatt. ↗ Streptomyces.

Streptoneurie, die ↗ Chiastoneurie.

Stress, ein von H. ↗ Selye entdecktes und (1936) mit diesem Namen bezeichnetes Syndrom vielfältiger physiologischer Anpassungen an unspezifische innere und äußere Reize (Stressoren oder Stressfaktoren), das im Anfangsstadium als „körperlicher Ausdruck einer allg. Mobilmachung der Verteidigungskräfte im Organismus" (Selye) verstanden wird. S. ist ein Phänomen, das sowohl im Tier- als auch im Pflanzenreich anzutreffen ist; die Stressfaktoren sind häufig die gleichen.

Beim S. der *Tiere* und des *Menschen*, der besonders gut an Säugern (insbesondere an Spitzhörnchen, die der Stressforschung als Tiermodell dienen) untersucht ist, lösen Infektionen, Verletzungen, Operationen, emotionale Belastungen (die sowohl positiv als auch negativ betont sein können, z. B. ↗ Angst), Krankheiten aller Art und vor allem sozialer Stress eine Stressreaktionskette aus, innerhalb derer drei Phasen unterscheidbar sind, die mit einer tiefgreifenden Umstellung im Hormonsystem (↗ Hormone) einhergehen. Insbesondere für den Menschen als sozialem Wesen spielen Störungen seiner psychosozialen Beziehungen eine tragende Rolle bei der Auslösung von Angst und S. Dabei muss die Bedrohung nicht real sein, sie kann auch „nur" in der Vorstellung existieren. Als entscheidend für die Dauer und Intensität einer Stressreaktion wird ihre Bewertung als kontrollierbar (d. h. bewältigbar) oder als nicht kontrollierbar angesehen. Für die drei Phasen der körperlichen Reaktion auf S., Alarmreaktion, Widerstandsstadium und Erschöpfungsstadium, prägte Selye den Begriff *allg. Anpassungssyndrom* oder *Adaptationssyndrom*.

Können bestimmte Wahrnehmungen nicht mit bereits gespeicherten Gedächtnisinhalten zur Deckung gebracht oder durch spezifische Reaktionen beantwortet werden, kommt es zu einer unspezifischen Aktivierung von Neuronen des assoziativen Cortex, die sich weiter in das ↗ limbische System ausbreitet und u. a. zur Aktivierung des zentralen und peripheren noradrenergen Systems führt. Die dadurch verstärkte Ausschüttung von ↗ Noradrenalin verstärkt die Aktivität der Neuronen im Cortex und im limbischen System noch und führt zu einer „Filterung" der einlaufenden Erregungen im Sinne einer fokussierten Aufmerksamkeit. Kann auf diese Weise keine geeignete Problemlösestrategie gefunden werden, schaukelt sich das Erregungsmuster weiter auf und führt durch direkte Wirkung auf den ↗ Hypothalamus zur Ausschüttung von ↗ Adiuretin und Corticotropin-Releasing-Hormon (Releasing-Hormone), das seinerseits in der ↗ Hypophyse die Abgabe von ↗ adrenocorticotropem Hormon (ACTH) sowie β-Endorphin auslöst (*Alarmreaktion*). Unter der Wirkung des ACTH produziert die gleichzeitig vergrößerte ↗ Nebenniere ↗ Glucocorticoide (vor allem ↗ Cortisol), die kurzfristig die ↗ Gluconeogenese stimulieren und damit (auf Kosten von Proteinen und Aminosäuren) die schnell verfügbaren Kohlenhydratreserven erhöhen (Anstieg des ↗ Blutglucosespiegels). Glucocorticoide werden daher auch als *Stresshormone* bezeichnet. Zusammen mit einer Erhöhung des Adrenalinspiegels (↗ Adrenalin), einer Steigerung des ↗ Blutdrucks und Erhöhung der Blutzirkulation („Herzklopfen") sowie einer Kompartimentierung des Blutflusses mit vermehrter Versorgung des Muskels auf Kosten der Eingeweide und der Haut

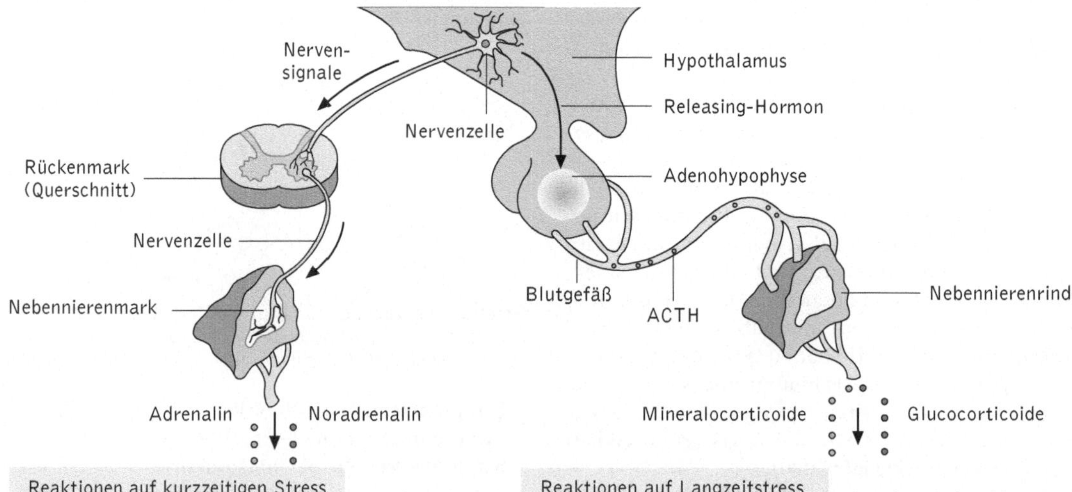

Reaktionen auf kurzzeitigen Stress

1. Glycogen wird zu Glucose abgebaut; Blutglucosespiegel erhöht sich dadurch
2. Blutdruckerhöhung
3. Atmung wird verstärkt
4. Stoffwechsel beschleunigt sich
5. Veränderung des Blutflusses führt zu erhöhter Alarmbereitschaft und herabgesetzter Tätigkeit von Verdauungstrakt und Nieren

Reaktionen auf Langzeitstress

1. Retention von Natriumionen und Wasser durch die Nieren
2. Erhöhung des Blutvolumens und erhöhter Blutdruck
3. Abbau von Proteinen und Fetten und deren Umwandlung zu Glucose. Blutglucosespiegel erhöht sich dadurch
4. Immunsystem wird möglicherweise supprimiert
5. Herz-Kreislauf-Erkrankungen
6. Unterdrückung der Produktion von Geschlechtshormonen (Zyklusstörungen, verringerte Spermatogenese)
7. Nierenversagen

Stress Physiologische Reaktionen des menschlichen Organismus auf kurzzeitigen Stress bzw. Langzeitstress

(„blass vor Schreck") stellt dieses Stadium eine Anpassung an Gefahren mit der Möglichkeit zu schneller Reaktion dar. Selbst die Gerinnungsfähigkeit des Blutes wird erhöht, was als Anpassung an einen etwaigen Blutverlust nach Verletzungen gedeutet wird. Zugleich ist aber die Gefahr einer Thrombose (↗ Blutgerinnung) oder gar eines Herzinfarkts vergrößert. Unter der Einwirkung von Cortisol wird die zellgebundene Immunabwehr (↗ spezifische Immunantwort) geschwächt und damit die Gefahr von Infektionen erhöht; entzündliche Abwehrmechanismen werden zunächst unterdrückt. Noch Wochen nach einem Stressereignis ist z. B. beim Menschen die Proliferationsrate der ↗ T-Lymphocyten vermindert. Aus solchen Befunden resultiert auch die Vorstellung vom Zusammenhang zwischen Stress (hier verminderte Tumorabwehr) und ↗ Krebs.

Im Stadium der *Widerstandsreaktion* kommt es zu einer Vermehrung der ↗ Mineralocorticoide, die normalerweise durch das ↗ Renin-Angiotensin-System veranlasst wird, aber auch eine Spätwirkung ständiger ACTH-Ausschüttung ist. Die Glucocorticoidbildung wird unterdrückt, sodass jetzt ↗ Entzündungsreaktionen auftreten. Solche Anpassungskrankheiten äußern sich z. B. als Magen- oder Darmgeschwüre und werden dem psychosomatischen Bereich zugeordnet.

Schließlich kommt es bei Persistenz des zweiten Stadiums zum *Erschöpfungsstadium*, in dem die hormonelle Steuerung zusammenbricht und die Nebennierenrinde atrophiert. Der stressbedingte Tod des Organismus kann dann wiederum im Einzelnen vielfältige Ursachen haben.

Generell hängt es von Intensität und Dauer der Einwirkung der Stressoren ab, wie weit diese drei Stadien auftreten. Insgesamt wirkt die vermehrte Noradrenalinausschüttung bei wiederholten, kontrollierbaren Belastungen (Herausforderungen) unterstützend bei der Bahnung und Stabilisierung der neuronalen Verschaltungen, die zum Finden einer Bewältigungsstrategie beitragen. Die mit langanhaltenden, unkontrollierbaren Belastungen einhergehende vermehrte Sekretion von Cortisol trägt hingegen zur Destabilisierung bereits angelegter neuronaler Verschaltungen und damit zur Auflösung bisher genutzter erfolgreicher Bewältigungsstrategien bei. Stressfaktoren und S. haben zumindest in mäßiger Intensität eine wichtige biologische Funktion, indem sie die Anpassungsfähigkeit und Widerstandskraft des Organismus erhöhen (Trainingseffekt). Andererseits ermöglicht unkontrollierbarer S., die alten eingefahrenen Bahnen des Denkens zu verlassen und nach neuen Lösungsmöglichkeiten und Bewältigungsstrategien zu suchen.

Bei *Pflanzen* werden als S. die äußeren Einflüsse bezeichnet, die sich auf ihr Überleben, ihr Wachstum und bei Nutzpflanzen auf ihren Ertrag negativ auswirken. Neben *abiotischen Stressfaktoren* wie Frost, Kälte, Dürre, hohe Salzkonzentrationen, Nährstoffmangel und *biotischen Stressfaktoren* wie pflanzenpathogenen Mikroorganismen und Fraßfeinden können auch mechanische Belastungen (Wind, Schnee, Eis) für Pflanzen zum Stressfaktor werden. Die Symptome von S. ähneln dabei häufig, weil sie mit einer Senkung des ↗ Wasserpotenzials einhergehen, dem ↗ Dürrestress. Neben physiologisch bedingten Stresssymptomen (geringer Wuchs, Welken, ↗ Mangelsymptome) kommt es auch zu anatomisch-morphologischen Veränderungen (↗ Morphosen).

Literatur: Brunold, C. u. a. (Hg.): Stress bei Pflanzen. Bern 1996. – Hüther, G.: Biologie der Angst. Wie aus Streß Gefühle werden, Göttingen 1997. – Miketta, G.: Netzwerk Mensch. Den Verbindungen von Körper und Seele auf der Spur, Reinbek 1994. – Schedlowski, M. u. Tewes, U.: Psychoneuroimmunologie, Heidelberg 1996. – Selye, H.: Stress, Reinbek 1977.

Stresstoleranz, die Fähigkeit von Pflanzen, durch unterschiedliche abiotische bzw. biotische Faktoren ausgelösten ↗ Stress zu ertragen. Bezüglich Art und Wirksamkeit der S. bestehen Unterschiede zwischen einzelnen Pflanzenarten und den jeweiligen Stressformen. Hinzu kommt, dass sich Pflanzen z. B. gegenüber hohen oder niedrigen Temperaturen akklimatisieren können (↗ Akklimatisierung).

Streufrucht, ↗ Frucht.

Streuschicht, *L-Horizont*, oberster Bodenhorizont, der aus weitgehend unzersetztem Bestandesabfall der Vegetation besteht. Von Mikroorganismen und Kleintieren wird die S. zu ↗ Humus abgebaut.

Strickleiternervensystem, ↗ Nervensystem.

Stridulationsorgane, bei den ↗ Arthropoda, insbesondere bei Insekten, weit verbreitete Organe, die der Lauterzeugung (*Stridulation*) dienen, indem zwei gegeneinander bewegliche Cuticulapartien gerieben werden. Diese Abschnitte sind dann entsprechend differenziert in eine *Pars stridens* (*Schrillleiste*, *Schrillfläche*) und ein *Plectrum* (*Schrillkante*). Erstere ist meist der komplexere Teil und besteht aus einer Fläche mit feinen Rillen, Rippen, Zähnchen u. Ä., die meist hochgeordnet und in definierten Abständen verteilt sind. In vielen Fällen ist die Schrillleiste der Ort der Lautentstehung. Das Plectrum besteht oft aus einer Kante, Reihen von Chitinborsten, Zähnchen u. Ä.. Die Laute werden erzeugt, indem das Plectrum über die Pars stridens gerieben wird; gelegentlich ist es auch umgekehrt. Solche S. können an den verschiedensten Teilen des Körpers vorkommen, soweit gegeneinander bewegliche Strukturen vorhanden sind. Zur Beschreibung und Benennung wird der Körperteil, der die Pars stridens trägt, demjenigen

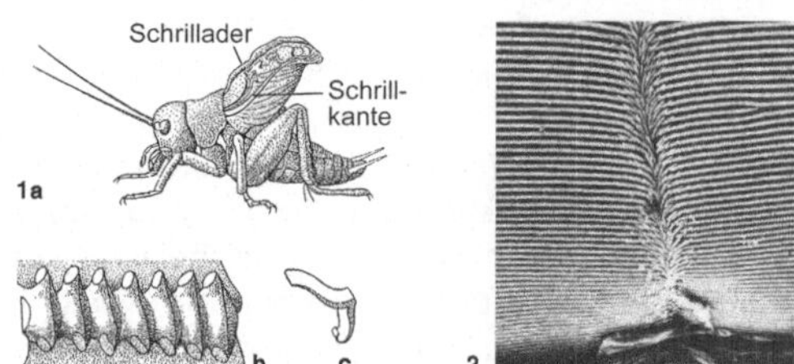

Stridulationsorgane 1a Feldgrille (*Gryllus campestris*, Männchen) in Stridulationsstellung. b Ausschnitt aus der Schrillader (stark vergrößert); c Querschnitt der Schrillkante. 2 Rasterelektronenmikroskopische Aufnahme eines Ausschnitts aus dem Stridulationsorgan des Spargelhähnchens (Gatt. *Crioceris*). Die Pars stridens besteht aus exakt parallel verlaufenden Cuticula-Rippen, die einen Abstand von ca. 1,8 μm haben; sie liegt auf dem siebten Hinterleibssegment

mit dem Plectrum vorangestellt. So spricht man von einem abdominoelytralen S., wenn die Pars stridens auf dem Abdomen, das Plectrum auf der Innenseite der Elytren (manche Käfer, ↗ Coleoptera) liegt. Bei den Insekten (↗ Insecta) gibt es zahlreiche solcher Typen, die z. T. gruppenspezifisch sind. So haben Grillen (Grylloida) und Laubheuschrecken (↗ Tettigonioida) ihr S. an der Basis der Vorderflügel. Hier befindet sich die Pars stridens auf der Innenseite des linken Vorderflügels. Symmetrisch dazu, aber funktionslos, liegt dasselbe Organ auch im rechten Flügel. Das Plectrum befindet sich auf der Außenkante des rechten Flügels. Einige Gruppen der Feldheuschrecken haben das Plectrum auf der Innenseite der Hinterschenkel, während die Pars stridens die Vena radialis media auf dem Vorderflügel darstellt. Die größte Fülle an S.-Typen findet sich bei Käfern. Hier gibt es Arten mit Organen im Kopfbereich (Reibung von Maxille gegen Mandibel, bei Larven von Blatthornkäfern), Gula des Kopfes gegen Innenkante des Prosternums (bei einigen Schwarzkäfern), Hinterkopf gegen Innenkante des Pronotums (bei Schwarzkäfern). Sehr verbreitet ist das mesonoto-pronotale S. (viele Bockkäfer, einige Blattkäfer) oder der abdominoelytrale Apparat (Totengräber, Hähnchen unter den Blattkäfern, einige Laufkäfer u. a.).

S. finden sich auch bei Spinnen: Reibung von Cheliceren gegen Pedipalpen oder Coxa der Hinterbeine gegen seitliche Bauchseite des Hinterleibs. Bei Krebstieren haben vor allem viele Decapoda Stridulationsorgane. Hier wird die Seite des Cephalothorax-Hinterrands gegen die Innenkante des ersten Abdominalsegments gerieben. Manche Krabben reiben die Basis des großen Scherenbeins gegen die Innenkante des vorderen Carapax.

Stridulation steht im Dienste der Kommunikation. Bei Grillen und Heuschrecken dient sie im Paarungsverhalten der Partnerfindung und -erkennung. Hier können, besonders bei Feldheuschre-

cken, sehr komplexe Gesänge ausgebildet sein (spontane Rufgesänge, Werbe-, Abwehrgesänge), die mit ihren Lauten vor allem im Bereich von auch für den Menschen hörbaren Frequenzen liegen. Bei den Käfern hingegen dient die Stridulation überwiegend der Abwehr.

Strigidae, *Eulen*, Fam. der ↗ Strigiformes.

Strigiformes, *Eulenvögel*, Ord. der Vögel mit rund 145 Arten, die 15 - 80 cm groß sind. Eulenvögel haben einen großen Kopf mit nach vorn gerichteten, fast unbeweglichen und von einem Federkranz, dem Schleier, umgebenen Augen, ein weiches, lockeres Gefieder, das durch die aufgeraute Flügelkante einen nahezu lautlosen Flug ermöglicht, und einen greifvogelartig gekrümmten Schnabel. Die Füße sind befiedert und haben gebogene und spitze Krallen, die Außenzehe ist eine Wendezehe. Eulenvögel sehen sehr gut und haben ein ausgezeichnetes Hörvermögen, die Innenohren sind oft unsymmetrisch und verschieden groß. Fast alle Arten jagen in der Dämmerung oder nachts; Beutetiere sind vor allem Kleinsäuger, aber auch Vögel, Insekten, Würmer, zwei in Afrika bzw. Asien beheimatete Arten leben von Fischen. Unverdauliche Reste wie Knochen, Haare usw. werden als *Gewölle* wieder ausgewürgt. Mit Ausnahme der Sumpfohreule (*Asio flammeus*), die trockene Pflanzenteile als Nistunterlage sammelt, bauen die S. keine Nester, sondern brüten am Boden, in Höhlen oder verlassenen Nestern anderer Vögel. Die Jungen schlüpfen asynchron, da die Bebrütung mit dem ersten oder zweiten Ei beginnt; bei Nahrungsmangel verhungern die später geschlüpften Jungeulen als erste. Viele Eulenvögel verfügen über ein umfangreiches Stimmrepertoire.

Man unterscheidet zwei Fam., die Eulen (*Strigidae*) und die Schleiereulen (*Tytonidae*) mit zwölf Arten. Die auch in Deutschland heimische *Schleiereule* (*Tyto alba*) kommt in fast allen Regionen der Erde vor und besiedelt vor allem tief gelegene waldarme Siedlungsgebiete; sie brütete ursprünglich vermutlich in Höhlen an zerklüfteten Felsen, heute in Mitteleuropa besonders in Kirchtürmen, Ruinen und Scheunen. Häufigste Eule bei uns ist der 37 - 39 cm große *Waldkauz (Strix aluco)*, der in einer rotbraunen und einer grauen Farbvariante vorkommt. Ursprünglich ein Waldvogel, brütet er auch mitten in Städten in Bäumen, alten Gebäuden und Friedhofsanlagen. Bekannteste der kleinen Eulenarten ist der 21 - 23 cm große *Steinkauz (Athene noctua)*, der auch tagaktiv ist. Die größte Eule in Mitteleuropa ist der *Uhu (Bubo bubo)* mit 60 - 75 cm Größe. Der Revierruf des Männchens ist ein dumpfes „u-hu". Er kommt in sehr unterschiedlichen Lebensräumen Eurasiens und Nordafrikas vor und brütet vorwiegend in Felsnischen.

Strobilation, eine Form der ungeschlechtlichen Fortpflanzung bei den Scyphozoa. Die festsitzenden Polypen erzeugen durch Knospung frei schwimmende Quallen, indem sie an ihrem freien oberen Ende durch ringförmige Einschnürungen kleine scheibenförmige Quallenvorstufen bilden. Letztere können sich sofort ablösen oder auch an dem Polypen sitzen bleiben, bis eine größere Anzahl der Scheiben gebildet ist. Da diese wie ein Satz Teller übereinanderstehen, hat das Gebilde eine gewisse Ähnlichkeit mit einem Tannenzapfen (S. kommt von griech. strobilos für Tannenzapfen). Die abgelösten Scheiben schwimmen als junge Quallen (Ephyra) im Wasser.

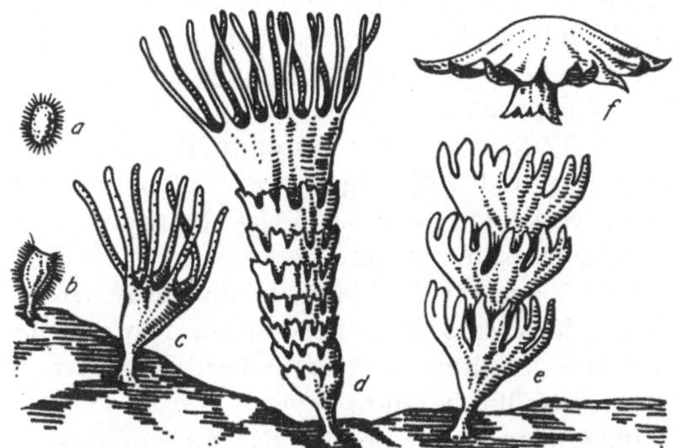

Strobilation bei der Ohrenqualle *Aurelia aurita*. a schwimmende Wimperlarve, b sich festsetzende Larve, c junger Polyp, d Strobilastadium, e Abschnürung der Quallen, f frei schwimmende junge Qualle (Ephyra)

Stroma, bei *Pflanzen* die Bez. für die plasmatische Phase der ↗ Plastiden (*Plastoplasma*). Im S. der ↗ Chloroplasten sind z. B. die Enzyme des ↗ Calvin-Zyklus lokalisiert.

stromabwärts, *downstream*, in Richtung des 3'-Endes eines Nucleinsäuremoleküls gelegen.

Stroma-Lamellen, ↗ Thylakoide.

Stromareaktionen, veraltete Bez. für den ↗ Calvin-Zyklus.

Stromatolithen, „*Algenkalke*", knollige oder säulenförmige, riffartige Kalkablagerungen, die aus Lebensprozessen primitiver Algen und/oder Bakterien (vermutlich ↗ Cyanobakterien) hervorgegangen sind. S. gehören zu den häufigsten und ältesten Fossilien überhaupt; ihre Lebensdauer umfasst ca. drei Mrd. Jahre, ihre Blütezeit hatten sie bereits im Präkambrium. In jener Periode bildeten sie mächtige Ablagerungen von Kalk und Dolomit auf der ganzen Erde. Die äußere Gestalt der S. wechselt in weiten Grenzen zwischen flach-lagerartig bis gewölbt-domartig oder säulig. Hauptmerkmal ist ihre innere Schichtung als Folge rhythmischen Wachstums. Rezente S. finden sich vor allem in den Gezeitenbereichen tropischer Meere (z. B. an der Westküste Australiens und bei den Bahamas). Grundeinheit rezenter S. ist ein Algenfilm aus mo-

no- oder polyspezifischen Gesellschaften blaugrüner Algen und/oder Bakterien.

stromaufwärts, *upstream*, in Richtung des 5'-Endes eines Nucleinsäuremoleküls gelegen. Als Promotor eines Gens wird i. d. R. der DNA-Abschnitt bezeichnet, der s. vom Transkriptionsstart liegt.

Strongylida, parasitisches Subtaxon der ↗ Secernentea.

Strongyloides stercoralis, der ↗ Zwergfadenwurm.

Strophantus, Gatt. der ↗ Apocynaceae.

Strophantine, neben Digitalis (↗ Digitalis-Glykoside) die wichtigsten herzwirksamen ↗ Glykoside. S. werden in den Samen von *Strophantus*-Arten (↗ Apocynaceae) gebildet.

Strudelwürmer, die ↗ Turbellaria.

Strudler, Bez. für Tiere, die einen Wasserstrom mit suspendierter Kleinnahrung an oder in den Körper strudeln, wobei der Wasserstrom meist durch Wimpern erzeugt wird. (↗ Ernährung)

Strukturfarben, Farben, die aufgrund bestimmter zellulärer Strukturen ohne Beteiligung von ↗ Pigmenten zustande kommen. Bei den Strukturfarben unterscheidet man zwischen schillernden und nicht-schillernden Farben. Letztere beruhen auf der Streuung des Lichts an zellulären Partikeln. Das leuchtende Tyndall-Blau (z. B. der Bläulinge, ↗ Lycaenidae) entsteht dadurch, dass die kurzen Wellenlängen an genügend kleinen Partikeln stärker gestreut werden als die langen und als reflektierte blaue Farbe vor einem dunklen Hintergrund (z. B. durch Melanine) erscheinen. Die langen Wellenlängen treten hindurch und ergeben ein durchscheinendes Rot. Totalreflexion an größeren Partikeln führt zu weißen Strukturfarben. Kombination mit Pigmentfarben kann zu weiteren Farbschattierungen führen. Schillernde Strukturfarben (*Schillerfarben*, meist blau, grün, violett) entstehen durch Dünnschichtinterferenz. Die verschiedenen Wellenlängen des Lichts werden beim Durchtritt durch übereinander liegende dünne Schichten unterschiedlich stark gebeugt und reflektiert (z. B. bei manchen Vogelfedern). Im reflektierten Licht kommt es deshalb durch Phasenverschiebungen zur Auslöschung bestimmter Wellenlängen und zu Farberscheinungen. Welche Wellenlängen gelöscht werden, hängt von der Schichtdicke ab, also indirekt auch vom Winkel des einfallenden Lichts und vom Blickwinkel des Betrachters. Die zellulären Strukturen bei Tieren und Pflanzen, die dünne Schichten bilden, an denen schillernde Strukturfarben entstehen können, bezeichnet man als *Iridosomen*.

Strukturgen, Bez. für ein Gen, das für ein Protein codiert, welches nicht an der Regulation der Genexpression (↗ Regulatorgene) beteiligt ist, sondern bei dem es sich z. B. um ein Enzym oder Strukturprotein handelt. S. unterscheiden sich somit auch von Genen, die für ⌐ ribosomale RNA und ⌐ transfer-RNA codieren.

Strumpfbandnattern, *Thamnophis*, zu den häufigsten Schlangen Nordamerikas gehörende Gatt. der Nattern (⌐ Colubridae) mit zahlreichen Arten, die bis 1,5 m lang werden. S. sind oft schlank und dunkel mit drei hellen Streifen. Sie sind von Südkanada bis Mexiko verbreitet und ernähren sich von Kleintieren, vor allem von Regenwürmern, teilweise von Fröschen. S. sind beliebte Terrarientiere.

Struthioniformes, *Strauße*, Fam. der Vögel mit nur einer rezenten Art, die heute nur noch in den Steppen und Savannen Afrikas südlich der Sahara vorkommt. Strauße sind flugunfähig und mit einer Scheitelhöhe von bis über 2,5 m die größten lebenden Vögel. Sie sind Allesfresser, oft bilden Sukkulenten die bevorzugte Nahrung. Der kräftige Muskelmagen enthält viele Steine zum Zerreiben der harten Nahrung. Die Schlüsselbeine fehlen und der Fuß hat nur eine 3. und 4. Zehe. Strauße leben in kleinen Gruppen mit einem Männchen und mehreren Weibchen. Meist legen mehrere Weibchen ihre Eier in ein gemeinsames Nest, das Brüten und das Führen der Jungen werden vom Männchen übernommen. Die Schmuckfedern an den kurzen Flügeln werden von den Männchen während der Balz zur Schau gestellt. Strauße werden in Farmen gezüchtet.

Strychnin, ein zu den Strychnos-Alkaloiden zählendes Indolalkaloid, das zusammen mit *Brucin (2,3 Dimethoxystrychnin)* der Hauptinhaltsstoff der Samen u.a. Pflanzenteile des in Südostasien beheimateten Baumes *Strychnos nux-vomica* (⌐ Loganaceae) ist. S. regt als Analeptikum in therapeutischen Dosen Kreislauf und Atmung an und erhöht den Muskeltonus. In giftigen Dosen erzeugt es Krämpfe und führt zum Tod durch Atemlähmung.

Strychnos, Gatt. der ⌐ Loganaceae.

Strychnos nux-vomica, der ⌐ Brechnussbaum.

Stubenfliege, Art der Echten Fliegen (⌐ Muscidae).

Stummelfüßer, die ⌐ Onychophora.

stumme Mutation, alternativ verwendete Bez. für *stille Mutation* (⌐ Genmutation).

Sturmmöwe, Art der Möwen (⌐ Laridae).

Sturmvögel, die ⌐ Procellariiformes.

Sturnidae, *Stare*, Fam. mittelgroßer, kräftig gebauter Singvögel mit spitzem Schnabel, kurzem Schwanz und meist schwarzer oder brauner Grundfärbung, die Geschlechter sind gleich. Die 111 Arten waren ursprünglich nur in der Alten Welt verbreitet, einige wurden jedoch in Amerika und Australien eingebürgert und haben sich dort z. T. beträchtlich vermehrt. Stare ernähren sich von Insekten und deren Larven, von Würmern, Weichtieren, gelegentlich Wirbeltieren sowie

Früchten und Samen verschiedenster Pflanzen. Vor allem außerhalb der Brutzeit sind sie sehr gesellig. Der 22 cm große *Star (Sturnus vulgaris)* wurde vom Menschen aus seinem eurasischen Brutgebiet nach Nordamerika, Australien, Neuseeland und Südafrika eingebürgert; er bewohnt baumbestandenes Gelände jeder Art. Die Gefiederfärbung verändert sich im Laufe des Jahres: Nach der ⌐ Mauser im Anschluss an die Brutzeit geben ihm die hellen Spitzen der sonst dunklen Federn ein gepunktetes Aussehen („*Perlstar*"); bis zum Frühjahr nutzen sich die Spitzen ab, das Gefieder ist dann schwarz mit grünem und purpurnem Schillerglanz. Der abwechslungsreiche Gesang ist gekennzeichnet durch quietschende und pfeifende Laute und enthält oft imitierte Stimmen anderer Vögel. Der Star nistet in Baumhöhlen, Nistkästen und Höhlungen von Gebäuden. Im Herbst versammeln sich riesige Schwärme zu Schlafgemeinschaften und nächtigen in Schilfflächen oder auch in Parkbäumen mitten in Großstädten. In wärmeren Gegenden überwintern die Stare, sonst halten sie sich in Deutschland von Februar bis Oktober auf.

Stützgewebe, in der Botanik das ⌐ Festigungsgewebe.

Stygobionten, Bez. für Organismen, die fast ausschließlich im Grundwasser leben.

Stylommatophora, *Landlungenschnecken*, landlebende Lungenschnecken (⌐ Pulmonata), deren Augen an den Enden des hinteren einstülpbaren Fühlerpaares liegen. S. atmen über die Wand der Lungenhöhle, das Gehäuse und Schleim schützen gegen übermäßige Verdunstung, doch können S. auch hohe Wasserverluste (Weinbergschnecke bis 50 %, Nacktschnecken bis 80 %) für mehrere Tage überleben. Dem Gehäuse fehlt ein Dauerdeckel, es wird durch den Mantelwulst verschlossen. Die Nacktschnecken erscheinen zwar äußerlich symmetrisch, doch befinden sich Atem- und Geschlechtsöffnung nur auf der rechten Seite. Zu den S. gehören u. a.: *Bernsteinschnecke (Succinea putris)*, eine in Nord- und Mitteleuropa verbreitete amphibische, bis 2,2 cm lange Art der S. Sie sind zwittrig; bei der Paarung fungiert jeweils ein Partner nur als Männchen, der andere als Weibchen. Ein gefürchteter Schädling in Bananenplantagen u. a. Pflanzungen ist die *Achatschnecke (Achatina fulica)*, die, ursprünglich im tropischen Afrika beheimatet, mittlerweile weltweit verschleppt wurde. Eine der häufigsten Nacktschnecken in Europa ist die *Große Schwarze Wegschnecke (Arion ater)*, die bis 13 cm lang werden kann. Sie kann bei Massenvermehrung in Pflanzungen schädlich werden, ebenso wie die *Ackernetzschnecke (Deroceras reticulatum)*, die eine netzartige Zeichnung auf blassbräunlichem Grund zeigt, und der *Große*

Schnegel (Limax maximus), der bis 20 cm lang ist und Schalenreste als Kalkplättchen unter dem Mantelschild trägt. Die *Bänder-* oder *Schnirkelschnecken* (Gatt. *Cepaea*) zeigen sowohl sehr unterschiedliche Größen, als auch Farb- und Bänderungsmuster ihrer Gehäuse. Sie ernähren sich von Blättern. Bekannteste Art der S. bei uns ist die ↗ Weinbergschnecke *(Helix pomatia)*.

Stylonychia, zu den Wimpertierchen (↗ Ciliata) gehörende Gatt., deren Arten in allen Gewässertypen und in Heuaufgüssen häufig vorkommen. Bekannteste Art ist *Stylonychia mytilus, Muschel-* oder *Waffentierchen*, einer der wenigen Einzeller, für die komplexes Verhalten nachgewiesen ist. Der Konjugation geht ein „Paarungsspiel" voraus, bei dem die Partner mehrfach Kreisbewegungen ausführen, sich dann aneinander aufrichten und die Mundfelder aneinanderlegen.

Stylus, 1) *Botanik:* der ↗ Griffel.

2) *Zoologie:* griffelartige Auswüchse an Beinen oder an deren Stelle bei ↗ Antennata.

subalpine Stufe, die zwischen montaner und alpiner Stufe liegende ↗ Höhenstufe.

Subarachnoidalraum, ↗ Hirnhäute.

Subcutis, das Unterhautbindegewebe (↗ Haut).

Suberin, äußerst dauerhaftes organisches Polymerisat, das durch die Veresterung von Fettsäuren mit Wachsalkoholen entsteht. Als sekundäre Wandschicht bildet das S. den Hauptanteil des Korks (↗ Kork) und macht diesen wegen seiner semihydrophoben Eigenschaften zwar benetzbar, aber fast wasserundurchlässig.

Subimago, nur bei den Eintagsfliegen (↗ Ephemeroptera) vorkommendes geflügeltes Stadium, das aus dem letzten Larvenstadium schlüpft und sich zur ↗ Imago häutet (↗ Larve, ↗ Metamorphose)

Subitaneier, *Sommereier*, Eier, die ohne Befruchtung (↗ Parthenogenese) sofort mit der ↗ Embryonalentwicklung beginnen. S. werden u. a. bei Saugwürmern (↗ Trematoda), Rädertieren (↗ Rotatoria), Blattläusen (↗ Aphidina), meist in Zusammenhang mit hoher Vermehrungsrate unter guten Lebensbedingungen gebildet. Gegensatz: ↗ Dauereier

Subkultur, in der Mikrobiologie eine ↗ Kultur, die von einer bereits vorhandenen Kultur abstammt. Eine S. entsteht z. B. durch Überimpfen einer bestehenden Kultur auf einem sterilen Nährboden.

submontane Stufe, die zwischen kolliner und montaner Stufe liegende ↗ Höhenstufe.

subnivale Stufe, die zwischen alpiner und nivaler Stufe liegende ↗ Höhenstufe.

Suboscines, die ↗ Tyranni.

Subspezies, *Unterart*, ↗ Rasse.

Substanz P, zu den Neuropeptiden gehörendes basisches Polypeptid aus elf Aminosäuren, mit im Detail nicht genau bekannter biologischer Funktion. Es hat eine modulatorische Wirkung, d. h. es bewirkt unmittelbar keine Leitfähigkeitsänderung in den synaptischen Membranen, beeinflusst aber die Intensität und Wirkungsdauer der klassischen Überträgerstoffe. Substanz P spielt eine Rolle bei der Vermittlung der Schmerzempfindung und wird z. B. bei Entzündungsreaktionen durch Nozizeptoren freigesetzt; es beeinflusst dann vermutlich durch Verstärkung der Wirkung lokaler Entzündungsmediatoren den Verlauf der Entzündung. Außerdem scheint sie im Magen-Darm-Trakt als Transmitter von hemmend wirkenden *nicht-adrenergen-nicht-cholinergen* Neuronen (NANC-Neurone) des ↗ Parasympathikus zu wirken.

Substitution, 1) *Biochemie:* in chemischen Verbindungen der Ersatz eines oder mehrerer Atome bzw. einer oder mehrerer Atomgruppen durch andere Atome oder Atomgruppen.

2) *Evolutionsbiologie:* der funktionelle Ersatz einer Struktur oder Verhaltenweise durch eine andere.

Substrat, 1) *Biologie:* Material, auf oder in dem Tiere bzw. Mikroorganismen *(Nährsubstrat)* leben und sich entwickeln, bzw. Stoffe (z. B. Zucker), die sie im Stoffwechsel abbauen. (↗ Nährböden)

2) *Chemie:* allg. der Reaktionspartner eines Reagens, der umzusetzende Stoff. In der *Biochemie* ist ein S. die durch die katalytische Wirkung eines Enzyms umzusetzende Verbindung (↗ Enzyme).

Substratanaloga, Bez. für Substanzen, die aufgrund ihrer strukturellen Ähnlichkeit mit dem ↗ Substrat eines Enzyms an das aktive Zentrum des Enzyms binden. Substratanaloga können zur Hemmung des Enzyms, zur Markierung des aktiven Zentrums und zur Aufklärung der Funktionsweise von Enzymen verwendet werden.

Substratfresser, Bez. für Tiere, die in Wasser, Boden oder sich zersetzenden Stoffen leben und die Nahrung mit dem umgebenden Substrat aufnehmen (z. B. Regenwürmer, Seegurken, Meeräschen)

Substratkettenphosphorylierung, die direkte Übertragung eines Phosphatrestes von einer energiereichen Verbindung auf ADP unter Bildung von ATP (↗ Adenosinphosphate). Die S. findet beispielsweise in der ↗ Glykolyse und im ↗ Citratzyklus statt, wobei in letzterem das dem ATP energie-äquivalente GTP aus GDP (↗ Guanosinphosphate) gebildet wird. (↗ oxidative Phosphorylierung)

Substratspezifität, ↗ Enzyme.

Subtropen, Klimazone zwischen den Tropen und den gemäßigten Zonen der mittleren Breiten, die sich polwärts ca. vom 30. bis zum 45. Breitengrad ausdehnt. Die S. sind gekennzeichnet durch trockene Sommer und milde, regenreiche Winter.

subtropischer Regenwald, Regenwald, der hauptsächlich in den Gebieten vorkommt, in denen jahreszeitlich wechselnde Winde den Regen heranführen. In Südostasien sind die *Monsunwälder* verbreitet, mit dem Teakbaum als Charakterart. Auf dem amerikan. Kontinent findet man stellenweise die *Passatwälder*, die auch als *Alisiowälder* bezeichnet werden. Der afrikan. und teilweise der indische s.R. ist in vielen Gebieten vom Menschen gerodet worden, an seine Stelle sind so genannte Feuchtsavannen getreten.

Succinat, Bez. für das Anion bzw. die Salze und Ester der ↗ Bernsteinsäure.

Succinat-Dehydrogenase, eine membrangebundene mitochondriale Oxidoreduktase, welche die Dehydrierung von ↗ Bernsteinsäure (das Anion heißt *Succinat*) zu *Fumarsäure* katalysiert (*Citratzyklus*). Sie besteht aus zwei Untereinheiten, von denen die Flavoproteinkomponente kovalent gebundenes FAD enthält und die andere Untereinheit ein Eisen-Schwefel-Protein mit drei Eisen-Schwefel-Zentren. Bei der Dehydrierung von Succinat fungiert FAD als Elektronenakzeptor, vom entstehenden $FADH_2$ werden sodann zwei Elektronen auf die Eisen-Schwefel-Zentren übertragen. Dadurch wird $FADH_2$ wieder oxidiert und die Elektronen können über Coenzym Q in die ↗ Atmungskette eintreten.

Succinylsäure, die ↗ Bernsteinsäure.

Sucht, allg. zusammenfassender Begriff, der sowohl stoffgebundene Abhängigkeiten im Sinne einer Drogenabhängigkeit als auch stoffungebundene Verhaltensstörungen, wie z. B. gestörtes Essverhalten (↗ Bulimie, ↗ Magersucht), Spielsucht, Arbeitssucht, Kaufsucht, Sexsucht u. a. beinhaltet.

Sucht im Sinne der *Drogenabhängigkeit* ist nach Definition der Weltgesundheitsorganisation (WHO) ein Zustand der körperlichen und psychischen Abhängigkeit von einer Substanz mit zentralnervöser Wirkung, die zeitweise oder fortgesetzt eingenommen wird. Mit der S. verbundene Phänomene sind: psychische Abhängigkeit als unbezwingbares, gieriges Verlangen, die Droge fortgesetzt einzunehmen und sie sich zu beschaffen, eine körperliche Abhängigkeit, die zu Entzugserscheinungen führt sowie die Schädlichkeit der Droge(n) als Summe körperlicher Wirkungen, aber auch nachteiliger sozialer Folgen für den Abhängigen und die Gesellschaft. Unter die oben stehende Definition fallen nicht nur die illegalen Drogen (↗ Ecstasy, ↗ LSD u. a. Halluzinogene, ↗ Cocain, ↗ Heroin sowie ↗ Designer-Drogen), sondern auch ↗ Nicotin (↗ Rauchen), Alkohol (↗ Ethanol), Medikamente, wie z. B. ↗ Barbiturate sowie Lösungsmittel, Lachgas und Anästhetika, sofern sie als Suchtmittel missbraucht werden. Charakteristischstes und der Abhängigkeit von allen genannten Substanzen gemeinsames Merkmal ist die psychische Abhängigkeit im Sinne eines „Nicht mehr aufhören können". Körperliche Abhängigkeit wird insbesondere

bei Morphin-Abkömmlingen (Heroin, ↗ Opium), Cocain, Barbituraten und Ethanol beobachtet.

Unter *Drogenmissbrauch* wird nach WHO-Definition die Verwendung jedweder Art von Drogen ohne medizinische Indikation bzw. in übermäßiger Dosierung verstanden. Die Abgrenzung zum Phänomen der Drogenabhängigkeit ist schwierig, der Drogenmissbrauch wird in der praktischen Drogenarbeit als eine Vorstufe in der Entstehung der Drogenabhängigkeit gesehen. Zur Entstehung von S. gibt es eine Vielzahl von Theorien bzw. Theorie-Entwürfen, die grob in vier Klassen eingeteilt werden können: 1) Theorien, deren Ausgangspunkt die Beziehung eines Menschen zu sich selbst ist, 2) Theorien, deren Ausgangspunkt die Beziehung des Menschen zu anderen Personen ist, 3) Theorien, die die Beziehung des Menschen zur Gesellschaft als Ausgangspunkt nehmen sowie 4) solche, deren Ausgangspunkt die natürliche Befindlichkeit des Menschen ist, wobei sich insbesondere letztere auf die Entstehung der Drogenabhängigkeit bezieht.

Zum Konsum von Drogen und damit unter Umständen zur Drogenabhängigkeit können ganz unterschiedliche Motive führen, wie z. B. Konfliktsituationen, Isolation, der Wunsch nach Steigerung des Lebensgenusses, Neugier, mangelndes Selbstwertgefühl, Milderung von Spannungen usw. Die Beweggründe für Drogenkonsum können grob drei Gruppen zugeordnet werden: 1) Der Konsum von Drogen gehört zum Umgang in der Gruppe, der eine Person angehört, 2) der Konsum einer Droge dient der Milderung von Spannungen, 3) der Konsum ist eine Form von Selbstbelohnung. Vor allem von Kindern und Jugendlichen wird Drogenkonsum i. d. R. über Nachahmung gelernt; dies betrifft insbesondere das ↗ Rauchen sowie den Konsum von Alkohol (↗ Ethanol), aber auch die so genannten Partydrogen, zu denen in erster Linie Ecstasy, aber auch Cannabis und LSD zählen. Die Entwicklung von S. ist dabei nicht nur eine Frage des Angebots, sondern auch der Nachfrage. Der Umkehrschluss ist, dass S. nicht allein dadurch verhindert werden kann, dass Kinder und Jugendliche nicht mit Drogen in Berührung kommen. Im Mittelpunkt der Drogenpolitik und auch der Erziehung (sowohl in der Schule als auch im Elternhaus) steht daher die *Suchtprävention*. Dies bedeutet, Bedingungen zu schaffen, die die Entwicklung von Suchtverhalten möglichst verhindern. Für die Suchtprävention ist es genauso wichtig, über einzelne Suchtstoffe aufzuklären, wie auch ursächliche Zusammenhänge, in denen Abhängigkeit entsteht, bewusst zu machen. Darüber hinaus müssen Einstellungen, Fähigkeiten und Verhaltensweisen von Kindern und Jugendlichen, die vor Suchtverhalten schützen, gefördert werden. Dazu gehören Eigenverantwortung und Eigenaktivität, Selbstachtung, Erlebnisfähigkeit, Konfliktfähigkeit, eine gesunde Selbsteinschätzung, Frustrationstoleranz, die Möglichkeit, ein sinnerfülltes Leben zu führen und die Fähigkeit, „nein" sagen zu können, notfalls auch gegen Gruppendruck.

Drogenabhängigkeit wird (wie viele andere Süchte auch) als Krankheit anerkannt, die durch eine Heilbehandlung behoben, gelindert oder zumindest vor einer Verschlimmerung bewahrt werden kann. Die Behandlung einer Suchterkrankung ist unabhängig davon, ob das Suchtmittel illegal oder legal ist. Während früher absolute Drogenfreiheit (Abstinenz) alleiniges Ziel der *Drogenhilfe* war, wird jetzt in erster Linie eine Minimierung der gesundheitlichen, sozialen und psychischen Risiken für Drogenkonsumenten angestrebt (so genannte akzeptanzorientierte Drogenarbeit). Drogenhilfe in diesem Sinne basiert auf Freiwilligkeit und versteht sich als zusätzliches Hilfsangebot zu den Einrichtungen, die Abstinenz anstreben. Es wird versucht, möglichst viele Drogenabhängige zu erreichen, indem möglichst wenig Hemmschwellen Drogenkonsumenten von der Inanspruchnahme von Hilfsangeboten abschrecken sollen. Zu den Maßnahmen in diesem Rahmen gehören u. a. die Substitutionstherapie (vor allem mit Methadon) und die Heroin gestützte Therapie von Langzeitabhängigen sowie die Einrichtung von Drogenkonsumräumen (mit dem Betäubungsmittel-Änderungsgesetz vom 28.3.2000), die nur für Langzeitkonsumenten vorgesehen sind. Sie sollen die Behandlungsbereitschaft von Abhängigen wecken, die Gesundheitsgefahren (insbesondere die Infektionsgefahr mit HIV und Hepatitisviren) mindern helfen und der sozialen Verelendung entgegenwirken.

Das *Strafrecht* (Betäubungsmittelgesetz) sieht für den Drogenkonsumenten Milde vor, hingegen wird angestrebt, Kontrolle und Repression vor allem auf den Drogenhandel zu konzentrieren. Der Gebrauch von ⌐ Haschisch und Marihuana ist durch den so genannten Haschisch-Beschluss des Bundesverfassungsgerichts (April 1994) teilweise entkriminalisiert worden, Ecstasy und Amphetaminpräparate sind hingegen nach dem Betäubungsmittelgesetz illegale Drogen, werden in der Rechtsprechung jedoch als nicht so gefährlich angesehen wie Heroin und Kokain.

Weitere Informationen bei:

Bundesgesundheitsministerium: www.bmgesundheit.de/themen/drogen

Bundeszentrale für gesundheitliche Aufklärung (BzgA): www.bzga.de

Deutsche Hauptstelle gegen die Suchtgefahren: www.dhs.de

Landeskriminalamt NRW: www.lka.nrw.de/aktuell/Drogen.htm

INDRO e.V., Institut zur Förderung qualitativer Drogenforschung, akzeptierender Drogenarbeit und rationaler Drogenpolitik e.V. (Münster): E-Mail: INDROeV@t-online.de

Sucrose, die ⌐ Saccharose.

Südbuche, *Nothofagus*, in der Südhemisphäre vorkommende Gatt. der ⌐ Nothofagaceae, die bis zur Baumgrenze vordringt und ausgedehnte Wälder bildet. S. sind wertvolle Holzlieferanten.

Südbuchengewächse, die Fam. ⌐ Nothofagaceae.

Südkaper, Art der Glattwale (⌐ Balaenidae).

Suidae, *Schweine*, Fam. der Paarhufer (⌐ Artiodactyla) mit neun Arten in fünf Gatt., die in weiten Teilen der Alten Welt verbreitet sind. Schweine haben einen großen Kopf, der auf einem kurzen Hals sitzt und kurze Beine. Sie sind Allesfresser und haben ein weitgehend unspezialisiertes Gebiss mit großen, nach oben gebogenen Eckzähnen. Die rüsselartige bewegliche Schnauze mit fast unbehaarter Rüsselscheibe dient den S. zum Wühlen im Boden. Auf der Rüsselscheibe sitzen zahlreiche Tastkörperchen, außerdem münden hier die Nasenöffnungen. Viele Arten haben Gesichtswarzen (z. B. das in den Steppen und Savannen südlich der Sahara verbreitete *Warzenschwein, Phacochoerus aethiopicus*). Das Haarkleid besteht aus kräftigen Borsten. Alle Arten leben gesellig.

Mit zu den buntesten Säugetieren gehören vor allem die west- und zentralafrikanischen, kontrastreich gefärbten Unterarten des *Buschschweins* (*Potamochoerus porcus*), die wegen der pinselartigen Haarbüschel an den Ohren auch Pinselohrschweine genannt werden. Auffälligstes Merkmal des *Hirschebers* oder *Babirusa* (*Babyrousa babyrussa*) sind die Eckzähne. Während die unteren Eckzähne seitlich aus dem Maul nach oben ragen, wachsen die bis zu 30 cm Länge erreichenden oberen Eckzähne gleichfalls nach oben, durch die Rüsseldecke; diesen, an ein Geweih erinnernden Zähnen verdankt der Hirscheber seinen Namen. Zu wichtigen Haustieren wurden einige Formen des ⌐ Wildschweins (*Sus scrofa*).

Sukkulenten, *Saftpflanzen*, Pflanzen trockener Habitate (⌐ Xerophyten), die über eine größere Menge an Wasserspeichergewebe verfügen. Man unterscheidet ⌐ Blattsukkulenten, ⌐ Stammsukkulenten und ⌐ Wurzelsukkulenten. (⌐ Sukkulenz)

Sukkulenz, Ausbildung fleischig-saftiger Wasserspeichergewebe. Je nach Lage dieses Gewebes unterscheidet man Stammsukkulenz (⌐ Stammsukkulenten), Wurzelsukkulenz (⌐ Wurzelsukkulenten) und Blattsukkulenz (⌐ Blattsukkulenten). S. ist als Anpassung an extrem trockene Standorte zu sehen und dient der Überdauerung von Dürreperioden aber auch als Schutz vor Überhitzung. I. d. R. geht sie mit anderen morphologischen Umwandlungen einher, die den Wasserverlust einschränken.

Dazu gehört eine Verkleinerung der Oberfläche durch Reduktion der Blattflächen (↗ Dornen) und Seitentriebe (↗ Areole), oft Ausbildung einer Walzen- oder Kugelform und eine Verminderung der Anzahl der ↗ Stomata. Unterschiedliche Pflanzenfamilien zeigen als ökologische Anpassung eine konvergente Entwicklung zur S. (↗ Konvergenz).

Sukzession, die gesetzmäßige zeitliche Abfolge von Lebensgemeinschaften innerhalb eines Lebensraums. Bei der *primären S.* handelt es sich um die Erstbesiedlung eines neuen Lebensraumes, der z. B. durch Vulkanismus, den Rückzug eines Gletschers oder Bildung eines neuen Gewässers entstanden ist. Bei gleich bleibenden Klimafaktoren treten zunächst *Pioniergesellschaften*, anschließend *Folgegesellschaften* und letztendlich die so genannte ↗ Klimaxgesellschaft auf. *Sekundäre S.* sind die Wiederherstellungsprozesse, nachdem die ursprünglichen Lebensgemeinschaften durch natürliche Faktoren wie z. B. Feuer, Überschwemmungen und Muren (Überschüttungen an Hängen) oder durch menschliche Eingriffe wie Kahlschlag

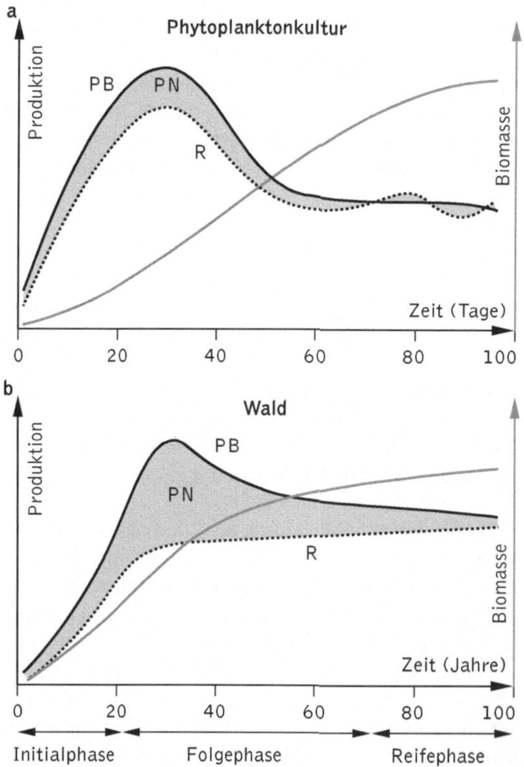

Sukzession Vergleich der Sukzessionsmuster einer Phytoplanktonkultur und eines Waldes: Die Initial- und Folgephase sind durch Wachstum der Biomasse gekennzeichnet, die in der Reifephase (Klimax) ein Plateau erreicht, da Auf- und Abbau von Biomasse ausgeglichen sind. Auf die Reifephase kann eine Zerfallsphase folgen und die Sukzession anschließend neu starten

oder Brandrodung zerstört sind. Räumlich und zeitlich begrenzte Sukzessionsprozesse findet man auch bei der Besiedlungsfolge von Organismen beim Abbau von Kadavern oder Kot.

Im sommergrünen europäischen Urwald läuft eine typische S. in vier Phasen ab: In der *Jugendphase* besteht die Vegetation vorwiegend aus Kräutern, Sträuchern und Baumsämlingen mit großem pflanzlichem und tierischen Artenreichtum. In der zweiten Phase schließt sich das Kronendach, die Krautschicht wird durch zunehmende Beschattung reduziert. Die anschließende *Hochwaldphase* zeigt eine typische ↗ Stratifikation mit entsprechenden ↗ Stratozönosen, der letztendlich die *Altersphase* mit dem Absterben von Bäumen folgt, woraufhin der Prozess von vorn beginnt.

Sulfatatmung, *dissimilatorische Sulfatreduktion*, Form der mikrobiellen anaeroben Atmung, bei der Sulfat als Elektronenakzeptor fungiert. Die Elektronen kommen aus der Oxidation von organischen Verbindungen (z. B. Lactat) oder von Wasserstoff als Elektronendonor. Als Hauptprodukt entsteht dabei Schwefelwasserstoff. Zur S. sind u. a. die Gatt. ↗ Desulfovibrio und *Desulfuromonas* befähigt.

Sulfate, 1) die Salze der Schwefelsäure (H_2SO_4). Als zweibasige Säure bildet diese zwei Reihen von Salzen, die sauren Sulfate oder Hydrogensulfate ($MHSO_4$) und die neutralen Sulfate (M_2SO_4).

2) die Ester der Schwefelsäure, d. h. die Diester, $(RO)_2SO_2$ und die Monoester, RO-SO_3H und deren Salze. Wichtige Vertreter sind die Alkylsulfate und das Dimethylsulfat.

Sulfatide, ↗ Glykolipide.

Sulfat reduzierende Bakterien, Gruppe anaerober Bakterien der ↗ Proteobacteria oder Archaea (↗ Archaebakterien), die Sulfat (SO_4^{2-}) zu Schwefelwasserstoff (H_2S) reduzieren. Als Elektronendonoren verwenden diese Bakterien organische Verbindungen oder H_2. Zu den S. r. B. gehören u. a. Arten der Gatt. ↗ Desulfovibrio und *Desulfobacter*. In anaeroben aquatischen und terrestrischen Ökosystemen sind die Sulfatreduzierer weit verbreitet.

Sulfhydrylgruppe, die Thiolgruppe (↗ Thiole).

Sulfolobus, Gatt. der Crenarchaeota (↗ Archaebakterien), deren Vertreter in schwefelreichen heißen Quellen bei Temperaturen von bis zu 90 °C und pH-Werten von 1 bis 5 leben. Die aeroben chemolithotrophen Bakterien sind in der Lage, Schwefelwasserstoff und elementaren Schwefel zu Schwefelsäure zu oxidieren und als einzige Kohlenstoffquelle CO_2 zu verwenden.

Sulidae, *Tölpel*, Fam. der ↗ Pelecaniformes.

Sultaninen, getrocknete Früchte der ↗ Weinrebe.

Sumach, verschiedene Arten der Gatt. *Rhus* und *Cotinus* der Fam. ↗ Anacardiaceae, deren Blätter und Rinde zur Gerbstoffgewinnung kultiviert werden. Der *Giftsumach* (*Rhus toxicodendron*) verursacht wegen seines hohen Phenolgehaltes schwere Hautentzündungen.

Sumachgewächse, die Fam. ↗ Anacardiaceae.

Sumatra-Nashorn, Art der ↗ Rhinocerotidae.

Summation, in der *Neurobiologie* die Addition postsynaptischer Effekte, die durch zwei oder mehrere präsynaptische Vorgänge bewirkt wurden. An der S. sind alle lokalen postsynaptischen Potenziale beteiligt, die zu einem eben ablaufenden Potenzial addiert werden. Eine S. kann folglich nur stattfinden, wenn ein späterer synaptischer Prozess eintritt, während der frühere noch im Gange ist. Da das neue postsynaptische Potenzial (EPSP) von einem positiveren Ausgangspotenzial startet, erreicht es insgesamt eine höhere Depolarisation als das erste. Dieser Effekt wird *zeitliche S.* genannt, weil er nur bei rascher Aufeinanderfolge der EPSP's zustande kommt. Im Unterschied zur postsynaptisch stattfindenden S. ist die ↗ Bahnung ein präsynaptischer Prozess. Werden an einer Zelle an zwei verschiedenen Synapsen gleichzeitig zwei EPSP's ausgelöst, so addieren sich diese ebenfalls und somit auch die durch sie ausgelöste Depolarisation. Diese Form der S. wird als *räumliche S.* bezeichnet, da sich die EPSP's räumlich verschiedener Synapsen addieren.

Sumner, *James Batcheller*, amerikan. Biochemiker, ✳ 19.11.1887 Canton (Massachusetts), † 12.8.1955 Buffalo (New York); ab 1929 Prof. in Ithaca (New York). S. isolierte und kristallisierte 1919 aus der Schwertbohne (*Canavalia ensiformis*) die ↗ Lektine Canavalin und Concanavalin A und B sowie als erstes Enzym überhaupt im Jahr 1926 die Urease, und wies nach, dass Enzyme Proteine sind. 1937 stellte er das Enzym ↗ Katalase kristallin dar. S. erhielt 1946 zusammen mit J.H. Northrop (1891-1987) und W.M. ↗ Stanley den Nobelpreis für Chemie.

Sumpf, ↗ Feuchtgebiete.

Sumpfdeckelschnecken, *Viviparus*, Gatt. der ↗ Mesogastropoda, die in ruhigen oder wenig bewegten Süßgewässern aller Kontinente außer Südamerika leben (in Mitteleuropa fünf Arten). Sie haben eine 2 - 6 cm hohe kreiselförmige Schale mit bauchigen Windungen mit Deckel (Operculum). Der rechte Fühler des Männchens fungiert als Begattungsorgan. S. sind lebendgebärend (Name *Viviparus*).

Sumpfdotterblume, *Caltha palustris*, ↗ Ranunculaceae.

Sumpfgas, das ↗ Biogas.

Sumpfmeise, Art der Meisen (↗ Paridae).

Sumpfohreule, Art der Eulenvögel (↗ Strigiformes).

Sumpfpflanzen, die ↗ Helophyten.

Sumpfquelle, die ↗ Helokrene.

Sumpfschildkröten, die Fam. ↗ Emydidae.

Sumpfzypressengewächse, die Fam. ↗ Taxodiaceae.

Superdominanz, ein Fall der ↗ Dominanz, bei dem der Phänotyp der Heterozygoten in seinen Eigenschaften die elterlichen Phänotypen übertrifft. (↗ Heterosis)

Superfekundation, *Überschwängerung*, die ↗ Befruchtung von zwei Oocyten derselben Ovulationsperiode mit Spermien aus verschiedenen Begattungsakten. S. kommt bei manchen Säugetieren (z. B. Pferd, Hund) regelmäßig vor. Beim Menschen ist sie sehr selten (↗ Zwillinge).

Superfetation, *Nachempfängnis*, der Beginn einer zweiten während einer noch bestehenden ↗ Schwangerschaft (bzw. Trächtigkeit), durch Befruchtung von Eiern aus verschiedenen Ovulationsperioden. S. kommt bei einigen Tieren regelmäßig vor (z. B. Feldhase). Beim Menschen ist sie äußerst selten (↗ Zwillinge).

Superhelix, *Tripelhelix,* 1) eine tertiäre DNA-Struktur, die durch weitere helikale Verdrillung der DNA-Doppelhelix (die Sekundärstruktur) gebildet wird. Die S. ermöglicht es dem großen DNA-Molekül einen kleinen Raum einzunehmen und ist essenziell für die Bildung der DNA-Histon-Komplexe des ↗ Chromatins. (↗ Desoxyribonucleinsäure, ↗ Doppelhelix)

2) eine Tertiärstruktur bei Proteinen (↗ Kollagen).

Superovulation, die ↗ Ovulation einer außergewöhnlich großen Anzahl von Follikeln infolge Hormongabe. (↗ Reproduktionsmedizin und zugehöriges Essay: ↗ Reproduktionsmedizin – Glück bringende Fortschritte oder unzulässige Eingriffe?)

Superoxid-Dismutasen, Abk. *SOD*, metallhaltige Proteine, die als Oxidoreduktasen die Umwandlung von Hyperoxid („Superoxid") in Wasserstoffperoxid und Sauerstoff katalysieren:

$$2\,O_2^- + 2\,H^+ \rightarrow H_2O_2 + O_2$$

Es können zwei Haupttypen von S. - D. unterschieden werden: cyanidempfindliche Cu- und Zn-haltige Enzyme und cyanidunempfindliche Fe- oder Mn-haltige Enzyme. S. erfüllen eine enzymatische Schutzfunktion der Zellen gegen toxische Sauerstoffradikale. S. - D. sind immer mit Enzymen gekoppelt, die das anfallende, ebenfalls cytotoxische H_2O_2 weiter umsetzen können, so z. B. Ascorbat-Glutathion-Redoxkette (Chloroplasten), ↗ Katalase (Peroxisomen, Mitochondrien), Peroxidase (Cytosol, Mitochondrien, Zellwandraum). ↗ Radikale, ↗ reaktive Sauerstoffspezies

Superposition, *Motivationsüberlagerung,* verschiedene Handlungsbereitschaften hemmen sich gegenseitig, sodass sich in den meisten Fällen nur die stärkste Motivation durchsetzt. Erst nach deren Abhandeln und den daraus sich ergebenden physiologischen Veränderungen (z. B. Sättigungsgefühl nach Nahrungsaufnahme) können andere Motivationen zum Durchbruch kommen.

Superpositionsauge, Typ des ↗ Facettenauges.

Superspecies, Gruppe sich im Raum ersetzender, nächst verwandter Arten, die in getrennten Arealen (allopatrisch) oder mit einer schmalen Kontaktzone parapatrisch (ohne Bastardierung) vorkommen und recht ähnliche ↗ ökologische Nischen bilden. Bei den Taxa in Allopatrie ist der Artstatus nicht sicher feststellbar: es könnte sich auch um ↗ Rassen handeln.

Supination, Auswärtsdrehung der Extremitäten bzw. nichtüberkreuzte Stellung von Elle und Speiche (↗ Ellbogengelenk). Die beiden Unterarmknochen liegen dabei parallel zueinander, die Handfläche weist nach oben, der Daumen nach außen. Gegensatz: ↗ Pronation

Suppenschildkröten, Gatt. der Meeresschildkröten (↗ Cheloniidae).

Suppline, *Wachstumsfaktoren*, Bez. für organische Stoffe, die von vielen Mikroorganismen ergänzend zu den Mineralien, den Kohlenstoff- und Energiequellen benötigt werden. Die S. gehören drei Stoffgruppen an: Aminosäuren, Purine und Pyrimidine sowie Vitamine. Die Organismen, die für ihr Wachstum S. benötigen, werden auch als *auxotroph* bezeichnet. (↗ Auxotrophie)

Suppression, *second site reversion*, das Aufheben („Unterdrückung") des Phänotyps einer Mutation. Im Gegensatz zur ↗ Rückmutation wird die S. durch eine zweite Mutation an einer anderen Stelle des Genoms verursacht. Sie gleicht den Defekt der Mutation aus, sodass der Phänotyp des ↗ Wildtyps ausgeprägt ist (*kompensierende Mutation*). Die S. wird auf molekularer Ebene entweder durch Mutationen hervorgerufen, die z. B. das ursprüngliche ↗ Leseraster wieder herstellen, oder durch so genannte *Suppressor-Gene* vermittelt. Diese bewirken durch Mutationen verursachte Effekte, wie z. B. ein vorzeitiges Ende der ↗ Translation durch ein ↗ Stoppcodon im codierenden Bereich eines Gens. Eine Reihe von Genen, die für ↗ transfer-RNA codieren, können zu Suppressor-Genen werden, wenn ihre mutierten Anticodons mit einem der drei Stoppcodons interagieren und somit einen Kettenabbruch verhindern, indem eine bestimmte Aminosäure in die wachsende Polypeptidkette eingebaut wird. In ähnlicher Weise können nicht nur Stoppcodons, sondern auch *Unsinn-Mutationen* (↗ Genmutation) und die damit einhergehenden Phänotypen supprimiert werden.

Suppressor-Mutanten, i. e. S. Mutantenstämme, die ein oder mehrere *Suppressor-Gene* enthalten (↗ Suppression). I. w. S. wird der Begriff auch für Mutanten gebraucht, die zur Erforschung von Signalketten dienen, wobei durch das Auftreten des

ursprünglichen Phänotyps Gene identifiziert werden können, die für die Entstehung eines bestimmten Mutantenphänotyps verantwortlich sind.

Supralitoral, ↗ Litoral.

Suprarenin, das ↗ Adrenalin.

Surfactant-Faktor, *Anti-Atelektase-Faktor*, Bez. für eine Mischung aus Phospholipiden, Proteinen und Kohlenhydraten, die sich als grenzflächenaktive Substanz wie ein Film über die Epitheloberfläche der Lungenalveolen legt und damit die Alveolaroberflächenspannung zwischen dem Lungenepithel und der Luft herabsetzt. Der S. - F. verhindert, dass die Alveolen beim Ausatmen kollabieren und die Epithelien verkleben. Die Bestandteile des Surfactant-Factors werden im ↗ endoplasmatischen Reticulum und im ↗ Golgi-Apparat der Pneumocyten gebildet und als Sekret von den Zellen durch Exocytose abgegeben.

Suricata suricatta, das ↗ Erdmännchen.

Sus, ↗ Wildschwein.

Suspensor, bei den Samenpflanzen (↗ Spermatophyta) die Bez. für den *Embryoträger*, der während der ↗ Embryonalentwicklung durch Differenzierung des Proembryos in den gegen die Embryosackbasis (Chalaza) gerichteten Embryo und den in Richtung Mikropyle orientierten S. entsteht.

Süßgräser, *Gramineae*, die Fam. ↗ Poaceae.

Süßholz, *Glycyrrhiza glabra*, Fam. ↗ Fabaceae. Im Mittelmeergebiet beheimatete Staude, aus deren holziger gekochter Wurzel man Lakritz gewinnt. S. wird in der Süßwarenindustrie und als Heilpflanze genutzt.

Süßkartoffel, ↗ Batate.

Süßwasser, Wasser mit einem Salzgehalt unter 0,05 %. Die ↗ Salinität liegt somit unter der von ↗ Brackwasser und ↗ Salzwasser. Nur 0,032 % des auf der Erde vorhandenen Wassers sind Süßwasser.

Süßwasserbryozoen, die ↗ Phylactolaemata.

Sustainability, die ↗ Nachhaltigkeit.

sustainable development, *nachhaltige Entwicklung*, ↗ Nachhaltigkeit.

Sutherland, *Earl Wilbur*, amerikan. Physiologe, * 29.11.1915 Burlington (Kansas), † 9.3.1974 Miami (Florida); zunächst Prof. in St. Louis (Missouri), ab 1953 in Cleveland (Ohio), ab 1963 in Nashville (Tennessee). S. arbeitete über Hormone, insbesondere über die Regulation des Glykogenstoffwechsels in der Leber. Er entdeckte 1957 das cAMP (↗ Adenosinphosphate). 1971 erhielt S. den Nobelpreis für Physiologie oder Medizin.

Sutur, *Sutura*, Naht, anatomische Bez. für naht- oder furchenartige Strukturen an der Oberfläche von Körperteilen oder Organen, z. B. die Schädelnähte (↗ Schädel).

Swammerdam, *Jan*, niederländ. Arzt und Naturforscher, * 12.2.1637 Amsterdam, † 15.2.1680 Amsterdam; neben A. van ↗ Leeuwenhoek und M.

↗ Malpighi war S. einer der großen Mikroskopiker des 17. Jh. und Mitbegründer der mikroskopischen Anatomie. Mit seinen Untersuchungen der Fortpflanzungsorgane der Insekten lieferte er einen Beitrag zur Widerlegung der Urzeugung und schuf das erste System der Insekten nach Kriterien der ↗ Metamorphose. 1658 entdeckte S. die roten Blutkörperchen. Er entwickelte spezielle Präparationstechniken und Instrumente, um z. B. durch Injektion farbiger Flüssigkeiten mit Hilfe von Glaskanülen das Blutgefäß- und Tracheensystem von Insekten sichtbar zu machen.

Swietenia, Gatt. der ↗ Meliaceae.

Sycontyp, ↗ Porifera.

Sylviidae, *Grasmücken*, Fam. der Singvögel (↗ Passeres) mit rund 400 Arten, die meist unscheinbar grau gefärbt sind und einen schlanken Schnabel haben. Grasmücken ernähren sich überwiegend von Insekten. Die Geschlechter sind gleich oder nur wenig verschieden. Die Arten der Gatt. Grasmücken i. e. S. (*Sylvia*), die buschreiches Gelände bewohnen und neben Insekten auch Beeren fressen, sind sehr stimmbegabte Sänger, die ein ausgeprägtes Territorialverhalten zeigen. Sie sind Zugvögel, die z. T. bis nach Südafrika ziehen. Häufigste Art in Deutschland ist die 14 cm große *Mönchsgrasmücke (Sylvia atricapilla)*; die Männchen tragen eine schwarze und die Weibchen eine braune Kopfplatte. Sie bewohnt buschreiche Wälder und Gärten, ebenso wie die gleichgroße einfarbig braungraue *Gartengrasmücke (Sylvia borin)*. Die etwas kleinere *Klapper-* oder *Zaungrasmücke (Sylvia curruca)* ist durch dunkle Kopfseiten gekennzeichnet. Ihr Gesang ist ein leises Zwitschern und ein lautes schnelles Klappern (Name!). Die bevorzugt in Feldgehölzen lebende *Dorngrasmücke (Sylvia communis)* trägt ihren rauen Gesang häufig in einem tänzelnden Singflug vor. Weitere Gatt. der S. sind u. a. die ↗ Goldhähnchen (*Regulus*), die ↗ Laubsänger (*Phylloscopus*), die ↗ Rohrsänger (*Acrocephalus*) und die Schwirle (*Locustella*), deren am weitesten verbreitete Art der 13 cm große oberseits olivbraune und dunkel gestreifte *Feldschwirl (Locustella naevia)* ist; sein Gesang ist ein monotones hohes insektenartiges Schwirren.

Symbiont, an einer ↗ Symbiose beteiligter tierischer oder pflanzlicher Organismus. Bei einer ↗ Endosymbiose lebt der kleinere Partner als S. im größeren *Wirt*.

symbiontische Stickstoff-Fixierung, ↗ Stickstoff-Fixierung.

Symbiose, enge Form von Vergesellschaftung zwischen zwei Organismenarten, die für beide Partner von Nutzen ist und i. d. R. zu einer dauerhaften Lebensgemeinschaft führt. Man unterscheidet zwischen *Ektosymbiose,* bei der der kleinere Symbiont außerhalb des größeren Wirtskörpers lebt, und *Endosymbiose,* bei der der Symbiont im Körperinneren des Wirtes lebt. Die Mehrzahl der S. steht im Zusammenhang mit Ernährung, Schutz vor Feinden oder Fortpflanzung.

Eine morphologisch-anatomische Besonderheit stellt die S. zwischen Pilzen und Algen dar. Sie bilden als Doppelorganismen die Flechten (↗ Lichenes) und können in dieser Lebensgemeinschaft Standorte besiedeln, an denen sie einzeln nicht lebensfähig wären. Die Pilzhyphen schützen dabei die Algen vor Austrocknung, die Alge produziert fotoautotroph die für den Pilz notwendigen Kohlenhydrate. Eine weitere *Phytosymbiose* aus pflanzlichen Partnern ist die als ↗ Mykorrhiza bezeichnete Gemeinschaft aus Pilzen und Samenpflanzen. Hier, wie auch bei den Wurzelknöllchenbakterien in Vergesellschaftung mit den ↗ Fabales (↗ Rhizobium, ↗ Stickstoff-Fixierung), ist die gegenseitige Nährstoffzufuhr Grundlage der S. Beispiele für endosymbiontische *Zoophyto-S.* sind die Lebensgemeinschaften zwischen chlorophyllhaltigen Algen und niederen Tieren wie Rhizopoden, Ciliaten, Schwämmen u. a., die ↗ Zoochlorellen. Auch diese S. steht im Zusammenhang mit dem Nährstoffaustausch zwischen Fotosyntheseprodukten des pflanzlichen Partners und Stickstoffverbindungen des heterotrophen Organismus.

Eine überaus wichtige Rolle beim Aufschließen ansonsten schwer verdaulicher Nahrung (z. B. Blut, ↗ Cellulose), haben die endosymbiontischen Bakterien und Ciliaten bzw. Geißeltierchen bei Insekten oder Huftieren. Außerdem wird ein Teil der Symbionten selbst verdaut und stellt dabei eine wesentliche Quelle für Eiweiß und Vitamin B dar. Die Grenze zum Parasitismus ist dabei fließend. Eine ektosymbiontische Nahrungsbeziehung ist die Pilzzucht vieler Insekten, wie z. B. mancher Ameisen, Termiten und Käfer. Die Tiere tragen die Pilzsporen auf ein geeignetes Nährsubstrat, tragen also zur Ausbreitung des Pilzes bei und ernähren sich im Gegenzug von den auskeimenden Hyphen.

Mit einem hohen Grad wechselseitiger Anpassung ist die S. von Samenpflanzen und Bestäubern verbunden. Im Dienste der Fortpflanzung sind der Bau der Blüten sowie die Produktion von Nektar, Pollen und Lockstoffen an bestimmte Bestäuber angepasst. Diese wiederum haben spezifische Mundwerkzeuge und Sammelvorrichtungen sowie bestimmte Verhaltensweisen (Zeitpunkt des Blütenbesuchs, Schweben vor der Blüte etc.) entwickelt.

Der Schutz vor Feinden ist für das Eingehen einer S. ebenfalls ein wichtiger Faktor. In der *Zoo-S.* zwischen Ameisen und Blattläusen ernähren sich die Ameisen von dem durch die Läuse abgegebenen Honigtau und verteidigen diese. Auch Einsiedler-

Symbiose Typen und Beispiele symbiotischer Beziehungen

Symbiose-Typ	Beschreibung	Symbiont A Vorteil für A	Symbiont B Vorteil für B
Allianz	Lockere Partnerschaft	1A: Kuhreiher genießen Schutz	1B: Weidende Huftiere werden von Ungeziefer befreit
Mutualismus (Nutznießertum)	Regelmäßige, aber nicht lebensnotwendige Symbiose	2A: Ameise frisst nahrhaftes Samenanhängsel (Elaiosom) 3A: Einsiedlerkrebs genießt Schutz durch Nesselkapseln	2B: Samenpflanze wird verbreitet 3B: Seerose wird transportiert und frisst mit
Eusymbiose	Lebensnotwendiges Zusammenleben	4A: Termiten wird die Holzverdauung ermöglicht 5A: Mykorrhiza – Pilze erhalten organische Stoffe	4B: Darmflagellaten haben Nahrung und Lebensraum 5B: Waldbäume erhalten Mineralstoffe

Quelle: Munk Bd. 1, S. 16–18

krebse bilden eine Schutzgemeinschaft. Auf dem Gehäuse haftende Aktinien bieten durch ihre Nesselfäden einen effektiven Schutz vor Fressfeinden und profitieren selbst von den Nahrungsabfällen des Krebses.

In vielen Fällen führt die starke Anpassung beider Partner zu einer ↗ Koevolution.

Symmetrie, die geordnete Wiederholung gleicher Strukturelemente. Sie wird überall dort beobachtet, wo es einander zugeordnete, aufeinander bezogene Ähnlichkeiten gibt. S. äußert sich im Auftreten regelmäßiger Muster. Die Musterelemente können gedanklich durch so genannte Deckoperationen aufeinander abgebildet werden. Die meisten Organismen lassen auffällige S. erkennen. In der gegenseitigen Abhängigkeit der Musterelemente spiegelt sich der Systemcharakter aller Organismen wider.

Ursprünglich existierten in der Symmetrielehre drei Grundformen der S.: Metamerie, Radiär- und Spiegelsymmetrie. Bei der *Metamerie (Segmentierung)* sind identische/ähnliche Strukturelemente entlang einer Linie in immer gleicher Orientierung und gleichen Abständen aufgereiht. Im einfachsten Fall ist diese Linie eine Gerade, und alle Strukturelemente sind nicht nur gleich gestaltet, sondern auch gleich groß (*homonome Segmentierung*). Stetige Vergrößerung oder Verkleinerung der Metameren und/oder ihrer Abstände sowie ihre Differenzierung führen zu *heteronomer Segmentierung*. So ist, z. B. bei den Zweigen von Sträuchern und Bäumen, die sonst meist homonome Metamerie der Sprossachsen (Knoten/Internodien) durch unterschiedlich kräftiges Austreiben von Achselknospen gewöhnlich in heteronome Metamerie verwandelt. Ein anderes Beispiel sind die durch metamere Aneinanderreihung globulärer Proteineinheiten entstehenden Protofilamente (F-Actin, Protofilamente der Mikrotubuli usw.). Die Krümmung der Metamerie-Linie in einer Ebene führt zusammen mit heteronomer Segmentierung zu spiraligen Mustern, wie sie z. B. bei

den Schalen von Weichtieren beobachtet werden können.

Radiär- oder *Rotationssymmetrie (Strahlensymmetrie, Aktinomorphie)* ist gegeben, wenn Symmetrieelemente durch Drehung um eine Symmetrieachse zur Deckung gebracht werden können. Die geläufigsten Beispiele radiärsymmetrischer Biostrukturen werden von Blattwirteln und Blüten geliefert. Auch die Fruchtkörper und Mycelien vieler Pilze sind radiärsymmetrisch. Im Tierreich ist diese Symmetrieform selten; sie beschränkt sich hier vor allem auf sessile oder nur langsam sich bewegende Formen (z. B. Korallen; Thekamöben; Seeigel und Seesterne) oder auf planktontisch lebende Arten (z. B. Radiolaria, Heliozoa, Quallen).

Die dritte der klassischen Symmetrieformen ist die *Bilateral-* oder *Spiegelsymmetrie*. Deckoperation der Bilateralsymmetrie ist die Spiegelung, die Zahl der Symmetrieelemente ist 2. Bilateralsymmetrie ist im Tierreich vorherrschend; mehr als 95 % der Tierarten zählen zu den ↗ Bilateria. Fast stets ist die Spiegelsymmetrie gepaart mit *Dorsoventralität*, d. h. unterschiedlicher Formung einer Ober- und Unterseite. Spiegelsymmetrie bestimmt auch die Körpergestalt des Menschen sehr weitgehend. Für viele Pflanzen-Fam. sind zygomorphe Blüten typisch (Orchideen; Veilchen, Lippen- und Rachenblütler usw.). Blattorgane sind fast immer bilateralsymmetrisch. Von vielen Biomolekülen gibt es enantiomorphe Formen (↗ Enantiomere), von denen im Stoffwechsel gewöhnlich nur eine verwertet wird (z. B. α-Aminosäuren, D-Glucose).

Wiederholungen von Abläufen entlang der Zeitachse (*zeitliche S.*) sind als Rhythmen bekannt. Solche zeitlichen Metamerien können ohne weiteres als räumliche dargestellt werden (Tierfährten; Spinnennetze; Segmentierung als Folge von Entwicklungsrhythmen). Viele biologische Vorgänge sind rhythmisch, zugleich auf Rhythmen der Umwelt (Tages- und Jahreszeiten, Mondphasen und Gezeiten) abgestimmt oder durch sie einreguliert

(↗ Biorhythmik, ↗ innere Uhr). Eine zeitliche Metamerie von grundlegender Bedeutung für alle Lebewesen ist die Generationenfolge. Die zyklische Rückkehr zu einer einfachsten Ausgangssituation (befruchtete Eizelle, Spore, Brutknospe usw.) führt dazu, dass jedes Entwicklungsstadium im Fortpflanzungs-(Lebens-)Zyklus zugleich Folge und auch wieder Ursache der Ausgangskonstellation ist.

Die Besonderheiten lebender Systeme bringen es mit sich, dass es bei ihnen Symmetrie- und Musterformen gibt, die der Mineralogie/Kristallographie fehlen. Wichtig sind Ergänzungssymmetrie sowie stochastische und funktionale S. Bei diesen Symmetrieformen wird die Bedingung der Ähnlichkeit von Musterelementen bzw. der Gleichheit ihrer Anordnung teilweise oder ganz aufgegeben. Die S. äußert sich hier darin, dass aus dem Vorhandensein von Musterelementen die Existenz und die Orientierung eines oder mehrerer weiterer Elemente postuliert werden kann. Dadurch wird der Systemcharakter der Organismen unterstrichen. Unter *Ergänzungssymmetrie (Antisymmetrie)* ist das gesetzmäßige Zugeordnetsein von unähnlichen, aber komplementären Einheiten zu verstehen. Bei Organismen stehen antisymmetrische Strukturen häufig im Dienste von Erkennung und/oder Fortpflanzung (Enzym/Substrat; Rezeptor/Ligand; Antigen/ Antikörper). Aus dem makroskopischen Bereich sind der Bau der bei männlichen und weiblichen Tieren korrespondierenden Begattungsorgane (Schlüssel-Schloss-Prinzip) oder die Gelenke der Wirbeltiere zu nennen. Übermolekulare Biostrukturen werden i. Allg. zwar ähnlich, aber nicht identisch ausgebildet (z. B. die Blätter eines Baumes, die Zellen eines Flimmerepithels oder die Mitochondrien einer einzelnen Zelle). Die Schwankungen und Ungleichheiten ergeben sich daraus, dass die Neubildung solcher Musterelemente nicht einem starren Organisationsschema folgt, sondern aus dem Ineinandergreifen von Regulationsprozessen mit entsprechenden statistischen Fluktuationen resultiert. Die fertigen Musterelemente sind in Grenzen variabel: *stochastische (statistische) S.* An die Stelle echter Kongruenz treten hier die Gleichartigkeit und die morphologische/physiologische Gleichwertigkeit der Musterelemente. *Funktionale S.* ist morphologisch nicht fassbar; sie ist eine unanschauliche, aber für lebende (und technische) Systeme besonders typische Form der S., die auf Ketten und Netzen funktionaler Antisymmetrien beruht. Je mehr Elemente involviert sind, desto komplexer können die Leistungen eines Systems sein, desto niedriger wird aber zugleich die morphologische S. Damit hängt der i. Allg. niedrige Symmetriegrad von Zellstrukturen zusammen, die jedoch gleichzeitig höchste funktionale S. aufweisen.

Sympathikus, *sympathisches Nervensystem*, neben dem ↗ Parasympathikus wichtigster Teil des vegetativen ↗ Nervensystems, mit hauptsächlich antagonistischer Wirkung zum Parasympathikus. Die Nervenfasern des S. entspringen entlang der Rückenmarkssegmente (↗ Rückenmark) C8-L3 in den Spinalnerven und werden in so genannten sympathischen Grenzstrangganglien, jeweils ein ↗ Grenzstrang links und rechts der Wirbelsäule gelegen, umgeschaltet. (Abb. siehe Parasympathikus). Die Erregungsübertragung in diesen Ganglien erfolgt (ebenso wie beim Parasympathikus) durch ↗ Acetylcholin als Neurotransmitter über nicotinerge Acetylcholinrezeptoren. Am Erfolgsorgan wirkt (im Gegensatz zum Parasympathikus) als ↗ Transmittersubstanz hauptsächlich ↗ Noradrenalin über adrenerge Rezeptoren (α-, β-Adrenozeptoren). Die Wirkung des S. ist ergotrop, d. h., er fördert den abbauenden (katabolen) ↗ Stoffwechsel, dient der Bereitstellung von ↗ Energie und steigert die Aktionsbereitschaft des Organismus. Pharmakologisch lässt sich der S. im Wesentlichen auf zwei Wegen beeinflussen: zum einen können die nicotinergen Acetylcholinrezeptoren der sympathischen Ganglien durch ganglionär wirksame Substanzen erregt oder gehemmt werden, zum anderen lassen sich die adrenergen Rezeptoren am Erfolgsorgan durch so genannte Sympathikomimetika bzw. Sympathikolytika erregen bzw. hemmen.

Sympatrie, das gleichzeitige Vorkommen zweier Arten im selben geografischen Gebiet, d. h. innerhalb ihrer Paarungsradien ohne dass es zu einer ↗ Bastardierung kommt. Gegensatz: ↗ Parapatrie

Symphilie, ein echtes Gastverhältnis, bei dem die Gäste (*Symphilen*) essbare Ausscheidungen anbieten und dafür von den Angehörigen eines Tierstaates (insbesondere Ameisen und Termiten) gepflegt und gefüttert werden. Eine derartige Beziehung besteht z. B. bei den echten ↗ Ameisengästen.

Symphorie, der ↗ Symphorismus.

Symphorismus, Form der ↗ Karpose, bei der eine Tierart (der *Symphoriont*) einen Partner als ständigen *Transporteur* nutzt. Bestimmte Seepocken (↗ Cirripedia) z. B. leben auf verschiedenen Meereslebewesen wie Schildkröten, Walen und Robben, manche festsitzende Ciliaten (↗ Ciliata) kommen ausschließlich auf Wasserinsekten vor. Eine gelegentliche, kurzfristige Transportbeziehung wird als ↗ Phoresie bezeichnet. Es gibt Übergänge zu ↗ Kommensalismus und ↗ Parasitismus. (↗ Wechselbeziehungen zwischen Lebewesen)

Symphyla, *Zwergfüßer*, etwa 150 Arten blinder und pigmentloser Bodenarthropoden, die in Mulm, Dung und unter Steinen leben und sich von pflanzlichem Substrat ernähren. Die S. sind maximal 8 mm lang, mit flachem Kopf und zwölf weitgehend identischen Laufbeinpaaren am Rumpf; am Hinterende befinden sich ein Paar *Spinngriffel* (*Cerci*) sowie ein Paar ⬈ Trichobothrien. Einzigartig ist die Art und Weise der Spermaübertragung: Die Männchen ziehen einen Sekretstiel aus und setzen darauf einen Spermatropfen ab. Das Weibchen nimmt diesen mit den Mundwerkzeugen und speichert ihn in Taschen im Mundvorraum. Die Eier werden dann bei Ablage mit dem Sperma aus dem Mundvorraum benetzt und dabei besamt. – Bei Massenauftreten können S. in Gewächshäusern und Pflanzungen schädlich werden.

Symphyse, ⬈ Becken.

Symphyta, *Pflanzenwespen*, zu den Hautflüglern (⬈ Hymenoptera) gehörende, paraphyletische Gruppe, die diejenigen Fam. umfasst, bei denen der Hinterleib im Gegensatz zu der „Wespentaille" der ⬈ Apocrita breit an der Brust ansetzt. In Symbiose mit Pilzen, die bei der Eiablage übertragen werden, lebt die 25 - 40 mm lange *Riesenholzwespe* (*Urocerus gigas*) mit schwarz-gelb gezeichnetem Körper. Sie legt ihre Eier in Holz ab, wobei der Gang mit einem Legebohrer gebohrt wird; die Larven fressen sich ihre Gänge selber.

Symphytum, Gatt. der ⬈ Boraginaceae.

Symplast, bei vielzelligen Pflanzen die Gesamtheit der durch ⬈ Plasmodesmen verbundenen ⬈ Protoplasten lebender Zellen, die somit ein Kontinuum des Cytoplasmas der Einzelzellen pflanzlicher Gewebe darstellen. Der Begriff wurde von G. Haberlandt (1854-1945) zu Beginn des 20. Jh. eingeführt und durch E. Münch (1876-1946) zur Beschreibung von Transportwegen innerhalb von Pflanzen verwendet (⬈ Druckstromtheorie). Gegensatz: ⬈ Apoplast

symplastischer Transport, Bez. für Stofftransporte, die im Gegensatz zum *apoplastischen Transport* innerhalb des durch ⬈ Plasmodesmen verbundenen Cytoplasmas der Zellen pflanzlicher Gewebe (⬈ Symplast) erfolgt. (⬈ Assimilattransport)

Symplesiomorphie, das Vorkommen eines gemeinsamen, ursprünglichen Merkmals bei mehreren Taxa, z. B. ist die Wirbelsäule eine S. aller Säugetiere. (⬈ Plesiomorphie, ⬈ Synapomorphie)

Sympodium, *Scheinachse*, Verzweigung des Sprosses, bei der das Wachstum der Seitenachse stärker gefördert wird als das derAbstammungsachse. Häufigster Fall eines S. ist das ⬈ Monochasium, seltener sind ⬈ Dichasium oder ⬈ Pleiochasium.

Symport, Form des ⬈ Transports von Ionen oder Molekülen durch Membranen, bei dem zwei unterschiedliche gelöste Substanzen in dieselbe Richtung transportiert werden. So dient in tierischen Zellen ein Na^+-Gradient, bei Pflanzen, Pilzen und Bakterien ein Protonengradient als Antriebskraft für diese Form des Membrantransports.

Symptom, 1) *allg*: Anzeichen, Kennzeichen.

2) *Medizin*: ein typisches Krankheitszeichen. Die Deutung von S. führt zur Diagnose einer Krankheit.

symptothermale Methode, eine Methode der natürlichen ⬈ Empfängnisverhütung.

Synanceiidae, Fam. der ⬈ Scorpaeniformes.

Synangium, Bez. für zu Gruppen miteinander verwachsene ⬈ Sporangien bei manchen ⬈ Pteridophyta.

Synanthropie, Vergesellschaftung von Organismen mit dem Menschen. Syanthrope Arten leben z. T. unmittelbar mit dem Menschen in Siedlungen zusammen oder werden durch seine Umwelt verändernden Maßnahmen derart gefördert, dass sie von ihm abhängig werden. Beispielhaft sind die Stubenfliege (⬈ Muscidae), die ⬈ Wanderratte oder Parasiten des Menschen. (⬈ Kulturfolger)

Synapomorphie, der gemeinsame Besitz eines abgeleiteten Merkmals bei Schwestertaxa. Diese können nur als solche bezeichnet werden, wenn sich mindestens eine S. nachweisen lässt, die den Schluss auf eine ihnen gemeinsame ⬈ Stammart zulässt, die dieses Merkmal bereits als ⬈ Autapomorphie besaß.

Synapse, Bez. für verdickte Endigungen von Nervenzellen (⬈ Neuron), die den Kontakt zu anderen Nerven- sowie Muskel- oder Drüsenzellen herstellen. Dabei sind die S. nicht mit diesen verwachsen, sondern durch den *synaptischen Spalt*, der mit ⬈ Mucopolysacchariden gefüllt ist, getrennt. Innerhalb der S. befinden sich neben ⬈ Mitochondrien einige hundert bis mehrere tausend *synaptische Bläschen* oder *synaptische Vesikel*, in denen die Transmitter-Moleküle (⬈ Transmittersubstanzen), gespeichert sind. Hinsichtlich ihrer Arbeitsweise unterscheidet man elektrische und chemische S.

Bei der *elektrischen Erregungsübertragung* fließt der Aktionsstrom (⬈ Aktionspotenzial) direkt in die nachgeschaltete Struktur, ohne dass eine Transmitter-Freisetzung erforderlich ist. Demgemäß ist der synaptische Spalt sehr eng, und zwischen präsynaptischer und postsynaptischer Membran befinden sich Strom leitende Strukturen, so genannte ⬈ Gap junctions. Die Übertragung eines Aktionspotenzials unterscheidet sich demnach kaum von der Fortleitung entlang einer Membran (⬈ Erregungsleitung). An vielen elektrischen S. ist eine Erregungsübertragung in beiden Richtungen möglich, wenngleich der Stromfluss i. d. R. nur in eine Richtung erfolgt. Da die synaptische Verzögerung bei der elektrischen Übertragung im Vergleich zur chemischen kürzer ist, findet man diesen Typ häufig in den so genannten „Schnelleitungssystemen", z. B. den Riesenfasern des Regenwurms, oder wenn es auf die Synchronisation der Aktivität ganzer Zellgruppen ankommt, z. B. beim Herzmuskel des Wirbeltier-Herzens (⬈ Herz) oder den ⬈ elektrischen Organen von Fischen.

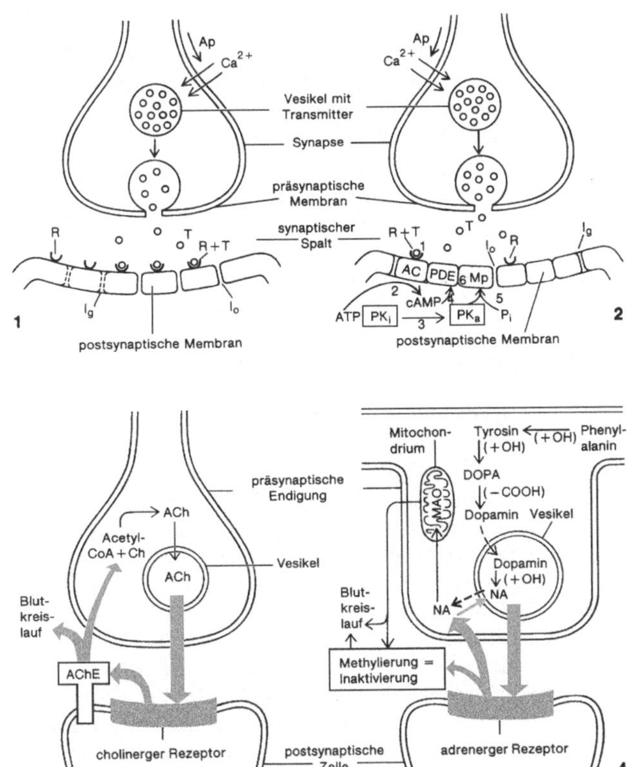

Synapse **1** Wirkungsmechanismus bei *direkt wirkenden Neurotransmittern*: Transmitter binden an die Rezeptoren der postsynaptischen Membran und bewirken die Öffnung von Ionenkanälen, die den Einstrom unter anderem von Na^+-, K^+- und Cl^--Ionen aus dem extrazellulären Raum in die nachgeschaltete Zelle ermöglichen. **2** Wirkungsmechanismus bei *indirekt wirkenden Neurotransmittern*: 1) Transmitter bindet an Rezeptor; 2) Adenylat-Cyclase synthetisiert aus ATP cAMP; 3) cAMP aktiviert Proteinkinase; 4) Phosphodiesterase baut cAMP wieder ab; 5) aktive Proteinkinase phosphoryliert Membranprotein; 6) phosphoryliertes Membranprotein öffnet Ionenkanäle. AC Adenylat-Cyclase, Ap Aktionspotenzial, ATP Adenosintriphosphat, Ca^{2+} Calciumionen, cAMP zyklisches Adenosinmonophosphat, Ig Ionenkanäle geschlossen, Io Ionenkanäle offen, Mp Membranprotein, P_i anorganisches Phosphat, PDE Phosphodiesterase, PK_a Proteinkinase aktiv, PK_i Proteinkinase inaktiv, R Rezeptor, T Transmitter. **3** Transmittervorgänge an einer *cholinergen Synapse*: Der präsynaptisch freigesetzte Transmitter Acetylcholin (ACh) wird von einem an der Oberfläche der postsynaptischen Membran gelegenen Enzym, der Acetylcholinesterase (AChE), durch Hydrolyse in Essigsäure und Cholin (Ch) gespalten. Dieses wird von der präsynaptischen Endigung wieder aufgenommen und zusammen mit Acetyl-CoA durch das Enzym Cholinacetyl-Transferase wieder zu Acetylcholin reacetyliert. **4** Transmittervorgänge an einer *adrenergen Synapse*: Der Transmitter Noradrenalin (NA) wird aus der Aminosäure Phenylalanin synthetisiert und in synaptischen Vesikeln gespeichert. Nach Freisetzung wird ein Teil des NA von der präsynaptischen Endigung wieder aufgenommen; der Rest wird methyliert, dadurch inaktiviert und mit dem Blut abtransportiert. Im Cytoplasma befindliches NA wird entweder in synaptische Vesikel aufgenommen oder von dem mitochondrialen Enzym Monoamin-Oxidase (MAO) inaktiviert

Bei der *chemischen Erregungsübertragung* führen an den S. ankommende Aktionspotenziale zu einer Öffnung von Calciumkanälen, durch die extrazelluläre Ca^{2+}-Ionen in die S. strömen. Sie binden dort an ein Protein (diskutiert wird zurzeit ↗ Calmodulin), das die Wanderung der Vesikel zur präsynaptischen Membran, deren Anheftung dort sowie ihre Öffnung zum synaptischen Spalt hin bewirken soll, wobei Transmittermoleküle in diesen entlassen werden. Letztere diffundieren zur postsynaptischen Membran und binden dort an Rezeptoren, wodurch bestimmte Ionenkanäle (Na^+, K^+, Cl^-) geöffnet werden. Der nachfolgende Ionen-Einstrom führt zur Depolarisation der postsynaptischen Membran und damit zur Entstehung des postsynaptischen Potenzials (PSP), das bei ausreichender Stärke an der nachfolgenden Zelle ein fortgeleitetes Aktionspotenzial auslöst. Durch die Freisetzung des Transmitters an der präsynaptischen Membran und dessen Bindung an die Rezeptoren der postsynaptischen Membran ist die Erregungsleitung in nur eine Richtung gewährleistet. Die postsynaptischen Potenziale können auf die nachgeschalteten Zellen aktivierend oder hemmend (hemmende S.) wirken. Im ersten Fall werden diese als excitatorische oder ↗ erregende postsynaptische Potenziale (EPSP), im zweiten als inhibitorische oder *hemmende postsynaptische Potenziale* (IPSP) bezeichnet. Hinsichtlich ihrer Funktionsweise unterscheidet man bei Transmittern direkt wirkende (z. B. Acetylcholin) und indirekt wirkende (z. B. Adrenalin, Noradrenalin, Dopamin). Bei *direkt wirkenden Transmittern* führt die Bindung des Transmitters an den Rezeptoren der postsynaptischen Membran direkt zur Depolarisation und damit zur Entstehung des postsynaptischen Potenzials. Die Freisetzung *indirekt wirkender Transmitter* hat zunächst die Synthese eines ↗ second messengers zur Folge, der ein in der postsynaptischen Membran lokalisiertes Protein aktiviert, das nun die Öffnung der Porenkanäle und damit die Depolarisation der Membran bewirkt. Die Transmitter werden nach Ablösen von den Rezeptoren entweder gespalten (↗ Acetylcholinesterase) oder inaktiviert, wobei die Produkte z. T. wieder in die Synapsen aufgenommen werden, z. T. aber auch über den Kreislauf abgeführt werden.

Eine Sonderform der S. sind die ↗ motorischen Endplatten, die den Kontakt zu den Muskelzellen (↗ Muskel) herstellen.

Im Nervensystem kommt den S. aus mehreren Gründen eine zentrale Bedeutung zu. Ohne ihre gerichtete Erregungsübertragung wäre eine geordnete Tätigkeit des Nervensystems nicht denkbar. Weiterhin sind S. in ihrer Effizienz modifizierbar, d. h., bei hoher neuronaler Aktivität funktioniert die Übertragung besser als bei geringer oder seltener Aktivität. Sie zeigen somit eine gewisse Plastizität und besitzen Lernfunktionen (↗ Lernen) sowie Gedächtnisfunktionen (↗ Gedächtnis). Zudem sind sie Angriffsort vieler Gifte (Neurotoxine) und Pharmaka (u. a. Psychopharmaka, ↗ Drogen).

synaptonemaler Komplex, *synaptischer Komplex*, der während des *Pachytäns* der ↗ Meiose zu beobachtende, etwa 10 nm breite, proteinhaltige Komplex, welcher die homologen Chromosomenpaare miteinander verbindet. Er besteht aus zwei lateralen Elementen und einem Zentralelement, wobei leiterartig angeordnete Querelemente die beiden Lateralememente verbinden. Er ist die Voraussetzung für ↗ Crossing over und die Ausbildung von Chiasmata (↗ Chiasma). (s. Abb. rechts unten)

Synarthrose, Form der Knochenverbindung, bei der die Beweglichkeit der Knochen gegeneinander i. d. R. sehr gering ist. Folgende S. werden unterschieden: *Syndesmose* (*Bandhaft, Articulatio fibrosa*), bei der die Knochenverbindung durch straffes kollagenes Bindegewebe zustande kommt; eine Sonderform ist die Naht (Sutura, ↗ Schädel), weiterhin *Synchondrose* (*Knorpelhaft, Articulatio cartilaginea*), bei der das verbindende Gewebe aus hyalinem oder Faserknorpel (↗ Knorpel) besteht

(z. B. die Zwischenwirbelscheiben, die Symphyse des ↗ Beckens) sowie *Synostose* (*Knochenhaft*), die entsteht, wenn das Zwischengewebe einer S. durch Knochengewebe ersetzt wird (z. B. bei der Verknöcherung der Schädelnähte oder der Epiphysenfugen der langen Röhrenknochen).

Syncarida, zu den Malacostraca gehörendes Taxon der Krebstiere mit einem auf den Kopf beschränkten Carapax. Sie sind Süßwasserbewohner, wobei die 20 Arten der *Anaspidacea* nur in Australien, Neuseeland und dem südlichen Südamerika vorkommen, die 160 Arten der *Brunnenkrebse* oder *Bathynellacea* sind hingegen im Grundwasser aller Kontinente außer der Antarktis anzutreffen.

Syncerebrum, ↗ Arthropoda.

Synchondrose, Typ der ↗ Synarthrose.

Synchorologie, Lehre von der geografischen Verbreitung der Pflanzengesellschaften auf der Erde und deren Ursachen. Teilgebiet der Geobotanik.

Synchronisation, zeitliche Koordination von Vorgängen zwischen Artgenossen oder innerhalb eines Organismus in Abhängigkeit von physiologischen oder saisonalen Einflüssen. Hierzu zählt u. a. die S. von Muskelzellen im Rahmen der Fortbewegung. Für Organismen ist es notwendig ihren Entwicklungszyklus mit den notwendigen Nahrungsressourcen und Umweltbedingungen zu synchronisieren. Dies geschieht sowohl über endogene als auch über exogene Faktoren wie Licht und Temperatur. Im Rahmen des Schutzverhaltens ist die S. des Schlüpftermins für alle Eier eines Geleges bei Nestflüchtern zu sehen. Die ↗ Biorhythmik synchronisiert auch Verhaltensweisen innerhalb einer Population wie z. B. den ↗ Vogelzug.

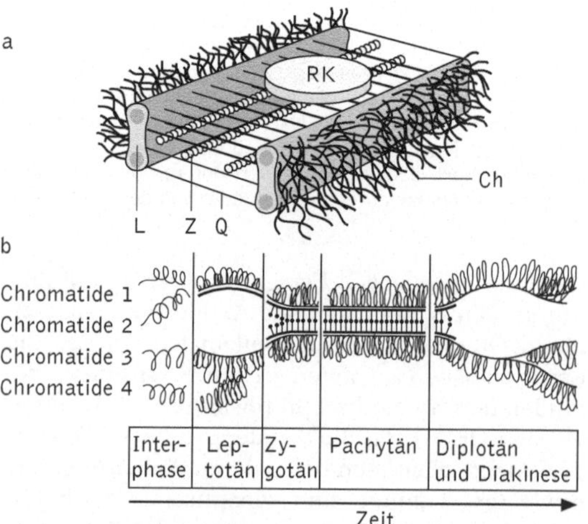

synaptonemaler Komplex Bauprinzip (a) und zeitliches Auftreten (b) des synaptonemalen Komplexes während der Meiose. L laterales Element, Z zentrales Element, Q Querelement, RK Rekombinationsknoten, Ch Chromatidfibrillen

Syncytien, Singular: *Syncytium*, die Verschmelzungsprodukte ursprünglich voneinander getrennter, einkerniger Zellen zu einem polyenergiden (vielkernigen) Plasmakörper. S. sind bei Einzellern wie z. B. den ↗ Schleimpilzen („Fusionsplasmodium") und in bestimmten Gewebetypen der Metazoa wie z. B. der quer gestreiften Muskulatur (↗ Muskel) der Wirbeltiere vorhanden.

Syndesmose, Typ der ↗ Synarthrose.

Syndrom, *Symptomenkomplex*, eine Gruppe von Symptomen, die zusammen ein charakteristisches Krankheitsbild ergeben.

Synergiden, bei den Bedecktsamern (↗ Angiospermae) die Bez. für die beiden Hilfszellen des Embryosacks (↗ Embryonalentwicklung). Sie sind somit Bestandteile des weiblichen Gametophyten und bilden zusammen mit der Eizelle in der Samenanlage den so genannten *Eiapparat*. In eine dieser Zellen entleert der Pollenschlauch seinen Inhalt, sodass die beiden Kerne der Spermazellen die Eizelle und den Embryosackkern erreichen können (doppelte ↗ Befruchtung).

Syngameon, Bez. für einen Komplex nah verwandter, miteinander kreuzender Arten oder Semispezies (Übergangsformen zwischen Populationen, die als Rassen definiert werden und Arten, ↗ Artbildung).

Syngamie, Form der geschlechtlichen ↗ Fortpflanzung.

Syngnathiformes, *Seenadelverwandte*, Ord. der Knochenfische, deren Arten ein röhrenförmiges, zahnloses Maul haben, mit dem sie Kleinkrebse u. a. Planktonorganismen einsaugen. Die Haut ist oft mit Knochenplatten versehen. Die Männchen tragen die Eier entweder am Bauch oder in einer Bruttasche. Zu den S. gehört u. a. die Fam. *Syngnathidae* (Seenadeln und Seepferdchen) mit 150 Arten, die überwiegend in warmen Meeren vorkommen. Sie sind entweder mäßig langgestreckt mit pferdeähnlich nach ventral abgewinkeltem Kopf (*Seepferdchen*, Gatt. *Hippocampus*) oder stabförmig und ohne Schuppen, dafür mit Knochenschilden bedeckt (*Seenadeln*, Gatt. *Syngnathus*). Zur Fam. gehört außerdem der in Tangwäldern lebende *Fetzenfisch* (Gatt. *Phyllopteryx*), der mit seinen lappenartigen Fortsätzen wie eine Tangpflanze aussieht und so perfekt getarnt ist.

Synöken, ↗ Synökie.

Synökie, *Synözie*, Zusammenleben zweier oder mehrerer Organismen in der gleichen Behausung, wobei die Gemeinschaft den Wirtstieren nutzt oder schadet. Die Gasttiere werden als *Synöken* (*Inquilinen*) bezeichnet. Synöken sind z. B. viele ↗ Ameisengäste und der Muschelwächter, *Pinnotheres pisum*.

Synökologie, Teilgebiet der ↗ Ökologie, das sich mit den Beziehungsgefügen der Organismengemeinschaften (Biozönosen) innerhalb ihrer Lebensräume (↗ Biotope, ↗ Ökosysteme) befasst. Ergänzende Teilgebiete sind die ↗ Autökologie und die ↗ Demökologie.

synökologisches Optimum, der günstigste Bereich der ökologischen Existenz einer Art in einer ↗ Biozönose.

Synözie, die ↗ Synökie.

synözisch, *gemischtgeschlechtlich*, Bez. für Pflanzen, die sowohl weibliche als auch männliche Geschlechtszellen oder Geschlechtsorgane ausbilden.

Synthasen, ↗ Lyasen.

Synthetasen, ↗ Ligasen.

Synthetische Theorie der Evolution, Evolutionstheorie, die in der ersten Hälfte des 20. Jh. entwickelt wurde, indem populationsgenetische Evolutionsfaktoren (↗ Gendrift, ↗ Genfluss, Meiotic drive) ergänzt wurden Sie geht davon aus, dass Populationen aus variierenden Individuen bestehen und auch die Variationsbreite an die jeweiligen Umweltbedingungen angepasst sind. ↗ Mutation und genetische Rekombination sind das Rohmaterial, an dem die ↗ Selektion ansetzen kann. Negativ wirkende Mutationen verschwinden nach dieser Theorie in einer Population, während sich positiv wirkende Mutationen schnell durchsetzen. Eine weitere zentrale These ist, dass die Faktoren, welche die Entstehung von Arten (*Mikroevolution* oder *intraspezifische Evolution*) begünstigen, auch ausreichend sind, die Entstehung neuer Baupläne charakteristisch für Gatt., Fam. und Ord. (*Makroevolution* oder *transspezifische Evolution*) zu erklären. An der Entwicklung der Synthetischen Theorie der Evolution waren im Wesentlichen T. ↗ Dobzhansky, J. Huxley (1887-1975), G. Heberer (1901-1973), E. ↗ Mayr, B. ↗ Rensch und G.G. Simpson (1902-1984) beteiligt. (↗ Darwinismus, ↗ Evolution, ↗ Evolutionstheorien).

syntrophe Bakterien, Mikroorganismen einer Art, die mit einer anderen Art kooperieren, um bestimmte Stoffwechselleistungen erbringen zu können. (↗ Syntrophie). Hierzu zählen Vertreter der Gatt. *Syntrophomas* und *Syntrophobacter*.

Syntrophie, die gegenseitige Abhängigkeit zweier verschiedener Mikroorganismen-Arten oder Stämme auf bestimmten Nährmedien, zum Abbau bestimmter organischer Verbindungen. Dabei werden benötigte Wachstumsfaktoren (↗ Suppline), die im Nährmedium fehlen, vom anderen Mikroorganismen-Stamm gebildet. S. kommt z. B. zwischen auxotrophen Bakterienmutanten vor (↗ Auxotrophie).

Syntrophismus, die ↗ Syntrophie.

Synusie, kleinere Vergesellschaftungseinheiten innerhalb einer ↗ Biozönose, die räumlich und teilweise auch zeitlich begrenzt auftreten. Es handelt sich um Arten mit ähnlichen ↗ Lebensformtypen wie z. B. die Organismengemeinschaft an einem Kadaver oder an Totholz. In der Botanik versteht man darunter die ökologisch übereinstimmenden Pflanzengesellschaften einer Schicht (↗ Stratum) oder anderer Teillebensräume.

Syphilis, *Lues*, in Stadien verlaufende chronische Geschlechtskrankheit (↗ sexuell übertragbare Krankheiten), die durch *Treponema pallidum* verursacht wird. Im *Primärstadium* bildet sich an den Genitalien ein lackartiges, hartes Geschwür, der so genannte *Schanker*. Danach folgt eine allg. Lymphknotenschwellung. Das *Sekundärstadium* ist durch Hautaffektionen und Haarausfall gekennzeichnet. Nach ca. drei bis fünf Jahren bilden sich in der Haut braune Knoten mit aufbrechenden Geschwüren (*Tertiärstadium*). Auch die inneren Organe können befallen sein. Ein Befall des Zentralnervensystems äußert sich u. a. in Halbseitenlähmung, Krämpfen und Persönlichkeitsverfall.

Syrinx Organ der Stimmbildung bei Vögeln, das sich an der Gabelungsstelle der Trachea in die Stammbronchien befindet. Der eigentliche ↗ Kehlkopf (Larynx), mit dem im Gegensatz hierzu die Säuger die Stimme erzeugen, ist reduziert und dient lediglich noch der Sicherung des Atemvorgangs. Die S. besteht aus verknöcherten Tracheal- und Bronchialringen unterschiedlicher Anzahl, aus schwingfähigen Membranen zwischen Innen- und Außenseite der Bronchien (innere und äußere *Paukenhaut*), sowie aus einem komplexen Muskelsystem, das die Bewegungen und Spannungen für die Lauterzeugung ermöglicht. Die Luftröhre kann stark verlängert sein und liegt dann in Schlingen, wie bei Singschwänen, Kranichen und Paradiesvögeln; als Resonanzräume fungieren außerdem Erweiterungen der Speiseröhre, Luftsäcke oder Knochenblasen. Relativ kompliziert gebaut ist die S. der Singvögel. Sie ermöglicht eine sehr variable Stimmbildung. Die unterschiedliche Geometrie und Einspannung der Paukenhäute, die in tonfrequente Schwingungen gebracht werden, tragen zur stimmlichen Vielfalt bei. Stimmlippen im Bereich der Membranen verengen unter Muskeleinwirkung den Querschnitt der Luftwege. Die S. ist unmittelbar von einem Luftsack umgeben, durch dessen Überdruck die Paukenhäute elastisch gehalten und in die Lage versetzt werden, Schwingungen in Töne umzuwandeln.

Syrphidae, *Schwebfliegen*, Familie der Fliegen (↗ Brachycera) mit ca. 5000 über die ganze Erde verbreiteten Arten, in Mitteleuropa ca. 300. Die meisten der bis 20 mm großen Schwebfliegen sind lebhaft schwarz-gelb und damit bienen- oder wespenähnlich (Mimikry; ↗ Abwehr, ↗ Schutzanpassungen) gefärbt, während der Körperbau im Wesentlichen dem Grundtypus der Fliegen entspricht. Der Hinterleib kann sehr verschiedenartig ausgestaltet

sein, von spitz kegelförmig bis breit abgeflacht. Der größte Teil des Kopfes wird von den halbkugeligen Augen eingenommen, die bei den Männchen größer sind und am Scheitel zusammenstoßen. Die meisten Imagines nehmen mit einem i. d. R. kurzen Saugrüssel Nektar von flachgründigen Blüten auf. Namen gebend ist der ausdauernde, oft von blitzschnellem Ortswechsel begleitete Schwebflug der Schwebfliegen. Die Larven sind je nach Lebensweise außerordentlich vielgestaltig, es gibt Abfallfresser, Pflanzenfresser und Räuber. Zu den Larven, die sich von zersetzendem Material ernähren, gehört die ca. 20 mm große, gelbliche „Rattenschwanzlarve" der etwa 13 mm großen, schwarz und gelbrot gezeichneten *Schlammfliege* oder *Mistbiene (Eristalis tenax)*, die ihre Atemluft über ein bis 10 cm langes Atemrohr aus der Atmosphäre bezieht; die Ernährung erfolgt durch Filtrieren von faulenden Stoffen am Grund von Jauchegruben, schlammigen Tümpeln und Ähnlichem. Die Imagines der ca. 14 mm großen, pelzig behaarten *Hummelschwebfliege (Volucella bombylans)* treten in Farbvarianten auf, die denen ihrer Wirte ähneln. Wenig wirtsspezifisch in Nestern verschiedener sozialer Faltenwespen leben die anderen, weniger behaarten Arten der Gatt. *Volucella*. Neben vielen Arten, die Larven von Schmetterlingen und Käfern aussaugen, sind die meisten räuberischen Schwebfliegen-Larven Blattlausvertilger. Ein Individuum der assel- bis pfriemförmigen, oft bunt gefärbten Larven kann pro Tag bis zu 100 Blattläuse anstechen und aussaugen.

Systematik, Fachgebiet der Biologie, das die Mannigfaltigkeit der Organismen gegeneinander abgrenzt, sie beschreibt und die so gewonnenen Gruppen (Taxa, Singular ↗ Taxon) in einem hierarchischen System ordnet (*Klassifikation*). Ein solchermaßen aufgestelltes System soll alle Ergebnisse biologischer Forschung berücksichtigen und logisch gegliedert sein, es soll den Zugriff zu biologischen Daten ermöglichen und eine große Zahl prüfbarer Aussagen ermöglichen. Während manche Wissenschaftler (z. B. P. Ax) die Begriffe S. und Taxonomie gleichsetzen, unterscheiden andere (z. B. E. ↗ Mayr) die Systematik als Wissenschaft von der Vielgestaltigkeit der Organismen, von der ↗ Taxonomie als der Theorie und Praxis der Klassifikation. Die theoretischen Ansätze zur Errichtung eines Systems sind auch heute noch nicht einheitlich. Dementsprechend gibt es eine konsequent ↗ phylogenetische Systematik, eine evolutionäre Klassifikation und eine numerische Taxonomie. Die phylogenetische Systematik lässt nur monophyletische Taxa (↗ Monophylum) zu, d. h. solche, deren Arten eine geschlossene Abstammungsgemeinschaft bilden und die durch abgeleitete Merkmale (Apomorphien) gekennzeichnet sind. Die *evolutionäre Klassifikation* berücksichtigt dagegen bei der Zuordnung zu übergeordneten Taxa auch den Grad der genetischen Übereinstimmung und das Ausmaß des phylogenetischen Wandels zwischen den verschiedenen Artengruppen. Sie akzeptiert daher neben monophyletischen auch ↗ paraphyletische Taxa. Entsprechend werden von ihr die Krokodile dem paraphyletischen Taxon Reptilia zugeordnet und die Vögel (Aves) abgetrennt, obwohl sie die Schwestergruppe der Krokodile sind. Die *numerische Taxonomie (Phänetik)* verzichtet ganz auf die „subjektive" Beurteilung von Merkmalen als homolog, konvergent, abgeleitet oder ursprünglich, misst jedem Merkmal den gleichen Wert bei und versucht, Verwandtschaftsgrade nach dem rechnerisch bestimmten Grad der Übereinstimmung „objektiv" zu bestimmen. Problematisch ist jedoch, dass die Merkmalsauswahl dennoch subjektiv ist, eine unterschiedliche Wertigkeit von Merkmalen nicht beachtet wird, verschiedene Rechenverfahren bei gleichen Ähnlichkeitswerten zu verschiedenen Klassifikationen führen, eine nachträgliche Einbeziehung von Taxa oder zusätzlicher Merkmale nicht möglich ist, da diese zur Umstellung des Systems führen, und dass kein logischer Zusammenhang zur Evolutionstheorie der Organismen besteht und daher keine monophyletischen Gruppen erkannt werden können. (↗ Art, ↗ Evolution, ↗ Nomenklatur, ↗ Stammbaum, Essay: ↗ Systematik – Rekonstruktion der Stammesgeschichte)

Literatur: Ax, P.: Das phylogenetische System. Stuttgart, New York 1984. – Hennig, W.: Phylogenetische Systematik. Berlin, Hamburg 1982. – Mayr, E.: Grundlagen der zoologischen Systematik. Berlin, Hamburg 1975. – Sudhaus, W. Rehfeld, K.: Einführung in die Phylogenetik und Systematik, Stuttgart 1992.

Systematik – Rekonstruktion der Stammesgeschichte

Professor Dr. Walter Sudhaus, Freie Universität Berlin

Geschichte

Es ist ein Grundbedürfnis des Menschen, zu systematisieren. Dadurch schafft er es, Vielfalt zu ordnen und damit die darin steckende Information zu beherrschen. Hierbei hilft ihm sein Erkenntnisapparat, der in langer Evolutionskette von Säugetier- und Primaten-Ahnen in Auseinandersetzung mit deren jeweiliger Umwelt entstanden ist. Dieser ist auf das Erkennen von Unverwechselbarem innerhalb von Strukturen und Gestalten mit fließenden Grenzen ausgerichtet, die sehr oft der belebten Welt entstammen. Von Anbeginn der Menschheit kann eine im Sozialverband praktizierte kollektive Systematisierung und mit Entstehen der Sprache dann auch Benennung angenommen werden. Schon in ältesten Schriften findet sich eine Systematisierung von Organismen, welche diese gegeneinander abgrenzt und Gruppen hierarchisch ordnet. Systematik ist somit die älteste wissenschaftliche Disziplin in der Biologie. Üblicherweise beginnend mit Aristoteles' zoologischen Schriften (um 340 v. Chr.), der aufgrund von Ähnlichkeiten sechs Gruppen der „Bluttiere" (Wirbeltiere) sowie vier Gruppen der „Blutlosen" (Wirbellose) unterschied, erreichte sie mit Carl von Linné (1753, 1758) in der Systematisierung aller damals bekannten ca. 6000 Pflanzen- und ca. 4000 Tierarten einen ersten Höhepunkt.

Grundvorgang des Systematisierens

Aufgabe der Naturwissenschaft ist es, die Gegebenheiten und Vorgänge in der Natur zu erkennen und dann zu erklären. Die Grundannahme einer wissenschaftlichen Systematik ist eine in der Natur bestehende Ordnung, die es zu erkennen und durch Beschreibung abzubilden gilt. Gäbe es nur Chaos, gäbe es keine Systematik als Naturwissenschaft. Der naturgegebenen „Ordnung des Lebendigen" entsprechend muss auch das biologische System sein. Die Lebewelt tritt uns in Individuen und Populationen entgegen, die in Arten und Artengruppen mit jeweils charakteristischen Eigenschaften hierarchisch geordnet sind (wir werden gleich sehen, warum). Wenn wir überzeugt sind, eine solche in der Natur existierende Einheit erkannt zu haben, die wir aufgrund von Merkmalen auch wiedererkennen können, so bilden wir diese als „natürliches" Taxon oder (in der Botanik) als Sippe ab und beschreiben in einer Diagnose die Unterschiede zu bereits bekannten ähnlichen Taxa. Die Abbildung einer natürlichen Einheit in ein Taxon ist ein Grundvorgang des Systematisierens. Dabei können uns Fehler unterlaufen, so dass darum immer erneut mit wissenschaftlichen Methoden und Konzepten gerungen werden muss. Im Vorgriff sei gesagt, dass wir nach monophyletischen und jeweils alle Abkömmlinge einer Stammart und nur diese umfassenden Taxa suchen, die wir durch eine evolutive Neuheit ihrer letzten gemeinsamen Stammart begründen können. Ein neues Taxon erhält einen eindeutigen und durch Nomenklaturregeln geschützten Namen, damit wir uns darüber mit Fachkollegen international verständigen können. Taxa oberhalb der Art-Ebene haben *einen* Namen (z. B. *Musca*, Muscidae, Diptera, Insecta). Der wissenschaftliche Name einer Art dagegen besteht seit Linné aus *zwei* Namen, einem Gattungsnamen, der über die systematische Einordnung informiert, und einem Beiwort oder Epitheton (z. B. *Musca domestica* für die Stubenfliege).

Evolution der Organismen

Seit Charles Darwin (1859) wissen wir, dass die heute existierenden Organismen eine Evolution durchlaufen haben und genealogisch durch abgestufte Verwandtschaftsbeziehungen miteinander verknüpft sind. Systematik muss diese Erkenntnisse berücksichtigen, was in letzter Konsequenz erst 90 Jahre nach Darwin's Werk durch Willi Hennig (seit 1950) vollzogen wurde. Drei Grundvorgänge in der Evolution bestimmen die zu systematisierende Lebewelt: Artenbildung, Abänderung der Eigenschaften und Aussterben von Arten.

Artenbildung oder Speziation ist die sich in evolutiven Zeiträumen vollziehende Spaltung einer durch Wechselwirkungen mit ihrer Umwelt und i. d. R. durch Fortpflanzungsbeziehungen gekennzeichneten evolutiven Linie oder Art in zwei in ökologischer, die Fortpflanzung betreffender und historischer Hinsicht eigenständige Arten. Bei der Artspaltung entstehen aus einer Stammart zwei Tochterarten, die zueinander Schwesterarten sind. Durch evolutive Prozesse ändern sich die Eigenschaften in einer Linie beinahe von Generation zu Generation, selbst wenn es in beobachtbaren Zeiträumen ziemlich unmerklich ist und uns die Arten (wie zu Linné's Zeiten) nahezu „konstant" erscheinen. Solche evolutiven Änderungen in der Generationenfolge betreffen den Umbau vorhandener Strukturen (Transformation), den Abbau und schließlich Verlust bestimmter Eigenschaften (Reduktion) und das Hinzutreten und die Weiterentwicklung neuer Strukturen oder Eigenschaften (evolutiver Neuerwerb). Durch diese drei Vorgänge werden Organismen in einer evolutiven Linie verschieden von ihren Ahnen.

Nur den wenigsten in der Evolution irgendwann durch Artspaltung entstandenen Linien gelingt es, über sehr lange Zeit vertreten zu bleiben. Zu allen Zeiten sterben Arten aus, und in manchen „Zeitwenden" (die als Faunen- oder Florenschnitte Grenzen von Erdzeitaltern bestimmen) geschieht dies besonders gehäuft. Mit dem Aussterben der letzten Art einer Artengruppe, deren Vertreter letztlich alle auf dieselbe Stammart zurückgehen, erlischt eine unter Umständen über lange Zeiträume erfolgreiche und einst artenreich vertretene Organismen-Gruppe (z. B. die Ammoniten). Rückblickend erscheinen solche Linien wie abgestorbene Seitenzweige an dem auf ständige Artspaltungen zurückgehenden und sich damit vielfach verzweigenden Abstammungsbaum.

Durch das ständige Aussterben wurden große Lücken in den genealogischen Baum gerissen. Rückschauend von den heutigen Arten gibt es dadurch zwischen den zu größeren Gruppen und Vertretern verschiedener Baupläne führenden Ästen oder Linien deutliche Abstände. Eine Linie zwischen zwei Aufzweigungen zu heute lebenden Organismen entspricht real fast immer einer Vielzahl aufeinander folgender Stammarten. Diese sind jeweils durch Spaltungsereignisse voneinander getrennt, deren einer Ast erloschen ist und – falls er fossil belegt ist – nun als Seitenast erscheint. In dieser Kette von Stammarten eines Abschnitts der Ahnenlinie ereigneten sich additiv und subtraktiv die besprochenen Abänderungen von Eigenschaften, die sich insgesamt zu so deutlichen Unterschieden der Organismen akkumulieren konnten, dass wir sie dann als Bauplan-Unterschiede bewerten.

Da alle von einer älteren Stammart abstammenden Arten einen größeren Kreis umfassen als alle auf eine jüngere Stammart zurückgehenden Arten, ist die natürliche Ordnung hierarchisch. Umfassende Abstammungsgemeinschaften schließen kleinere Abstammungsgemeinschaften ein. Die Abbildung dieser vorhandenen Ordnung der Natur ergibt ein enkaptisches (geschachteltes) System mit abgestuften sytematischen Einheiten. Zum Beispiel schließen die Wirbeltiere die Säugetiere ein, diese wiederum die Plazentatiere, jene die Nagetiere und so fort. Diese hierarchische Gliederung der Taxa versuchte man in vor-evolutionären Systemen durch über- und untergeordnete kategoriale Ränge zu fassen, was sich bis in unsere Zeit hielt und mancherorts verteidigt wird, wenngleich dies hinderlich wirkt wie ein selbstverpasstes Korsett. Linné verwendete zunächst nur fünf Kategorien, viele weitere kamen später hinzu, was schon zeigt, dass es keine objektiven Kriterien für Familie, Ordnung, Klasse, Stamm usw. gibt. Da diese den Gruppen oberhalb der Art-Ebene angehängten Rangabzeichen künstlich sind, wird in phylogenetischen Systemen seit über 20 Jahren auf Kategorien völlig verzichtet. Die reale hierarchische Gliederung der Taxa kann dennoch völlig problemlos dargestellt werden.

Phylogenetische Systematik

Neben der Erfassung und Beschreibung von Arten und monophyletischen Gruppen, die jeweils alle

Folgearten einer Stammart und ausschließlich diese umfassen, ist es Aufgabe der Systematik, die Verwandtschaftsbeziehungen dieser Taxa zu klären. Dies bedeutet, die konkret abgelaufene Stammesgeschichte (Phylogenese) unter Nutzung aller verfügbaren Information der verschiedensten Quellen zu rekonstruieren. Ziel ist also ein Stammbaum, der diesen historischen Prozess abbildet. Die theoretische und methodische Grundlage dafür verdanken wir Hennig, der damit die Systematik revolutionierte und morphologisch-systematische Arbeiten in allen Organismengruppen stimulierte. Seine phylogenetisch-systematische Methodik und sein Begriffssystem (Apomorphie, Synapomorphie, Plesiomorphie) gehören inzwischen zum Standard der vergleichenden Biologie und Systematik. Nur auf dieser Grundlage war es in den letzten 30 Jahren möglich, präzise Vorstellungen über die Verwandtschaftsbeziehungen und die Schritte von Umbildung, Neuerwerb und Verlust von Eigenschaften in der Phylogenie der einzelnen Taxa, also ihrer additiven Typogenese, zu erzielen.

Die Methodik setzt an einzelnen Merkmalen an. Alle Organismen bestehen aus einem Mosaik ursprünglicher (plesiomorpher) und abgeleiteter (apomorpher) Eigenschaften, ja jede komplexere Eigenschaft selbst zeigt ein solches Mosaik. Nur deshalb lässt sich der stammesgeschichtliche Zusammenhang der Taxa überhaupt rekonstruieren. Es gibt also weder „ursprüngliche Gruppen" oder „primitive Taxa" in dem Sinne, dass alle ihre Merkmale plesiomorph seien, noch „höhere Gruppen" oder „abgeleitete Taxa" in dem Sinne, dass sie nur apomorphe Merkmale hätten. Der Mensch beispielsweise hat ein hoch entwickeltes Großhirn und ein vorspringendes Kinn (apomorph), blieb aber weitgehend ursprünglich im Bau seiner fünffingerigen Hand (plesiomorph), von seiner Leber nicht zu reden. Da von allen heute lebenden Taxa keines der Vorfahre eines anderen sein kann, ist ausgehend von einem beliebigen Taxon (sei dies eine Blütenpflanze, ein Plattwurm, ein Insekt oder ein Wirbeltier) nur nach abgestufter Verwandtschaft zu fragen, also nach der Reihenfolge der Abzweige hin zu diesem Taxon. Der nächste Verwandte ist das auf einen Spaltungsprozess der letzten gemeinsamen Stammart zurückgehende Schwestertaxon (Schwesterart oder Schwestergruppe).

Der zentrale Schritt in der stammesgeschichtlichen Rekonstruktion ist also, Schwestertaxa anhand von abgeleiteten (synapomorphen) Eigenschaften (Merkmalen) zu erkennen, die nur diese beiden Taxa teilen und die somit Indiz für eine nur ihnen gemeinsame Stammart sind, bei der diese Merkmale als evolutive Neuheiten (Apomorphien) entstanden. Durch die Hennig'sche Methode der

„Suche nach dem Schwestertaxon" für ein bestimmtes Taxon werden also Kladogramme oder Stammbäume ausgehend von einem bestimmten (meist dem heutigen) Zeithorizont absteigend rekonstruiert, das heißt, gegen die Evolutionsrichtung von oben nach unten, wenngleich sie dann in der Darstellung in der Zeit von unten nach oben gelesen und interpretiert werden. Soweit die stark eingeschränkt überlieferten Merkmale dies zulassen, ist die ausschließliche Verwendung fossil belegter Taxa bzw. ihre Einbeziehung in die Stammbaumrekonstruktion mit heutigen Taxa ohne Schwierigkeiten möglich. Ein so erstelltes begründetes Verwandtschaftsdiagramm, in dem jede Gabelung ein Artenbildungsereignis oder die Spaltung einer Stammart darstellt, bleibt eine Hypothese, doch erfüllt sie alle Anforderungen an eine wissenschaftliche Aussage, indem ihre Argumente offen gelegt, nachvollziehbar, überprüfbar, kritisierbar und falsifizierbar sind. Die Suche nach dem Schwestertaxon über die Suche nach der Synapomorphie ist die einzige überprüfbare Methode der Rekonstruktion von Verwandtschaftsbeziehungen. Sie führte zur Überwindung typologischer Gruppierungen nach Ähnlichkeiten, die auf Plesiomorphien beruhen wie bei den „Reptilien" bzw. auf Konvergenzen wie bei den „Geiern" (bestehend aus Altwelt- und Neuweltgeiern), oder fasste manchmal sehr Unähnliches nahe zusammen wie die Schwestertaxa Krokodile und Vögel, auch wenn sich unser Erkenntnisapparat anfänglich dagegen sträubte.

Systematik schafft die Grundlage und einen Informationsspeicher für alle biologischen Disziplinen. Die erkannten Arten und monophyletischen Gruppen und ihre rekonstruierten Verwandtschaftsbeziehungen bilden das Bezugssystem für generalisierende Aussagen in der Biologie. Ein Kladogramm ist die notwendige Voraussetzung für weiterführende und dann erst erklärende Erörterungen über evolutive Änderungen oder Stabilisierungen der Baupläne vom Genom über Entwicklungsvorgänge bis hin zu komplexen Funktions- und Verhaltensstrukturen sowie deren biologische Rolle in der ökologischen Auseinandersetzung und bei der Fortpflanzung. Das Kladogramm ist zudem die Grundlage jeglicher Untersuchung über die Verbreitungsmuster von Organismen (Biogeografie), über die ↗ Koevolution der in Wechselbeziehung miteinander stehenden Organismen und über die Beurteilung von Biodiversität (Artenvielfalt) in Zeit und Raum. Damit hat eine lange und einst hitzig geführte Debatte um das geschriebene System und die Benennung oder Auflösung paraphyletischer Gruppen, die nicht alle Folgearten ihrer Stammart einschließen wie die „Reptilia" ohne die Vögel, an Bedeutung verloren.

Molekulare Datensätze

Stammesgeschichte rekonstruieren heißt, historisch abgelaufene Vorgänge in der Natur so wirklichkeitsgetreu wie möglich darzustellen. Dabei sind Irrtümer möglich oder gar unvermeidlich. Eine ständige Überprüfung bisheriger Stammbäume durch neue Daten sowie funktionelle und evolutionsökologische Untersuchungen ist also erwünscht. Die Rekonstruktion der Stammesgeschichte nach der Methode der phylogenetischen Systematik ist seit fast 30 Jahren allg. akzeptiert. Nur sind bisher nicht annähernd sämtliche Organismen-Gruppen nach dieser Methode durchgearbeitet, sodass es zahlreiche traditionelle und oft typologische Klassifizierungen vor allem in Lehr- und Schulbüchern gibt. Hier besteht weiterhin ein reiches Betätigungsfeld für Systematiker. Aber auch dort, wo es Bearbeitungen gibt, ist keineswegs eine Stabilität erreicht. Jedes Kladogramm ist eine Hypothese, die einen bestimmten Satz von Merkmalen in sich widerspruchsfrei darstellen soll. Dieser Merkmalssatz hängt oft von der verwendeten Methode ab (z. B. elektronenmikroskopische Untersuchung von Ultrastrukturen, Aufklärung von Entwicklungsprozessen, Sequenzierung von Nucleinsäuren). Letztlich muss Systematik sämtliche Ergebnisse aus anderen Teilgebieten der Biologie zusammentragen und integrieren.

Während dies mit Merkmalen der Morphologie, Ultrastruktur und des Verhaltens bisher schon gut gelang, gibt es neuerdings viele divergierende Stammbaumhypothesen aufgrund von Sequenzdaten. Automatisierung in der Aufschlüsselung von Nucleinsäure-Sequenzen und Computerprogramme zu ihrer Analyse, aber auch der Glaube an die Verlässlichkeit berechneter sparsamer Verzweigungsdiagramme zur Erklärung quantifizierbarer Molekülunterschiede sowie breite Förderung so genannter „moderner" Methoden im Wissenschaftsbetrieb haben die „molekulare Phylogenetik" zu einem expandierenden Gebiet gemacht, wo mancher „Weizen" noch von sehr viel „Spreu" umgeben ist. Zum kritischen Umgang mahnt, dass mit verschiedenen Rechenmethoden analysierte Sequenzdaten und andere Alinierungen unterschiedliche Diagramme ergaben, desgleichen verschiedene Sequenzstücke derselben Oganismen. Komplette Genome oder auch nur längere Sequenzen kennt man nur von wenigen Modellorganismen. Außer dem grundsätzlichen Problem der Alinierung, wirklich gleiche Positionen in einer Basen-Sequenz zu vergleichen, sind – wie bei morphologischen Strukturen – Reduktionen, starke Transformationen sowie unabhängig entstandene und fälschlich für homolog gehaltene Übereinstimmungen (Konvergenzen) Feinde der Rekonstruktion des Verzweigungsmusters. Hinzu kommt in bisherigen molekularen Analysen, dass eine Unterscheidung von Plesiomorphien und Apomorphien weitestgehend unterlassen wird. Wie in der vergleichenden Morphologie muss man erst lernen, dass der quantifizierbare Grad der Ähnlichkeit der Sequenzstücke kein exaktes Maß für den Grad phylogenetischer Verwandtschaft ist.

Es gab aber nur eine Stammesgeschichte, und es kann daher nur einen Stammbaum geben. Neue Argumente aus einer Detailuntersuchung müssen stets mit dem gesamten bisher existierenden Datenmaterial konfrontiert werden, und es muss eine Hypothese gefunden werden, die alle Daten konfliktfrei und sparsamst im Hinblick auf Zahl und Kompliziertheit der zu fordernden Evolutionsschritte erklärt. Ein Problem ergibt sich also immer dann, wenn nur mit Sequenzen arbeitende Forscher den bisher mit anderen Methoden erarbeiteten Datensatz komplett ignorieren und sich nicht die Konsequenzen vor Augen führen. Hin und wieder gibt es aber auch den sehr positiven Anstoß, Strukturdaten und ihre Stichhaltigkeit zur Begründung bisheriger Vorstellungen neu zu überprüfen. Um ein Beispiel zu geben, fragen wir nach dem Schwestertaxon des Menschen. Aufgrund molekularer Daten ist dies die Gruppe der zwei bis drei Schimpansenarten einschließlich des Bonobo.

Dagegen sprach der Knöchelgang, den es außer bei den Schimpansen auch beim Gorilla gibt. Eine Möglichkeit diesen Konflikt aufzulösen ist, dass der Knöchelgang zweimal unabhängig entstand, wogegen die Komplexität dieses Anpassungssyndroms spricht. Für die zweite Möglichkeit, dass der Knöchelgang samt aller Anpassungen daran in der Linie zum Menschen verloren ging, sprechen Übereinstimmungen mit den Knöchelgängern im Bau von Speiche und Handgelenk bei frühen fossilen Vertretern der Menschenlinie (*Australopithecus afarensis, Australopithecus anamensis*). Hier können also Fossilien helfen, eine der beiden Hypothesen überzeugender zu machen.

Vielerorts kommt es derzeit zu einem integrierenden Ansatz, der sowohl Moleküldaten als auch Strukturdaten berücksichtigt und damit wechselseitig die sich ergebenden und konkurrierenden Kladogramme überprüft. Durch „totale Evidenz" unterstützte Bereiche und nur schwach begründete Stellen im Kladogramm werden so deutlich. Die Rekonstruktion der Stammesgeschichte kann erst dann als abgeschlossen gelten, wenn die Gesamtheit der Merkmale von der Molekülebene bis zu Strukturen aus Morphologie, Entwicklung, Stoffwechsel und Verhalten in einem einzigen begründeten Stammbaum zusammengefasst ist. Damit ist Systematik zur Synthese verpflichtet, Daten aus sämtlichen Teilbereichen der Biologie zusammenzuführen. Sie hat somit wohltuende integrierende Funktion in einem Fach, das in seinen sonstigen Teildisziplinen auf Zersplitterung angelegt ist.

Systemin, ein bei Pflanzen vorkommendes, aus 18 Aminosäuren bestehendes Peptidhormon, das von verletzten Zellen als Verwundungssignal freigesetzt wird und bei Tomatenpflanzen umfassend untersucht wurde. Die Zielzellen produzieren ↗ Jasmonsäure, die wiederum die Aktivierung von Genen zur Synthese von *Proteinaseinhibitoren* induziert, um Schädlingsfraß zu begegnen. S. wird aus einem ca. 200 Aminosäuren umfassenden *Prosystemin* durch proteolytische Spaltung freigesetzt.

systemisch erworbene Resistenz, *systemische Resistenz*, Abk. *SAR* (von engl. systemic *acquired resistance*), ein Mechanismus der pflanzlichen Abwehr, der nach einem zunächst lokal erfolgten Pathogenbefall zu einem *systemischen* Schutz, d. h. einem Schutz der Gesamtpflanze, führt. Als Signale dienen hierbei ↗ Salicylsäure, ↗ Jasmonate und ↗ Systemin. Die s. e. R. entwickelt sich i. d. R. innerhalb mehrerer Tage nach einem Pathogenbefall und kann die Resistenz gegenüber weiterem Befall durch Krankheitserreger schützen.

Systemtheorie der Evolution, auf der Basis des ↗ Darwinismus und der ↗ Synthetischen Theorie der Evolution entwickelte ↗ Evolutionstheorie, die zusätzlich zu den selektiv wirkenden Faktoren der Umwelt auch innere, selektiv wirkende Faktoren postuliert, die selektiv wirken, bevor äußere Faktoren ansetzen. Unter dieser *inneren Selektion* wird die Gesamtheit der Selbstregulierungsvorgänge (Rückkopplung, Selbstorganisation) verstanden, die einem Organismus zu eigen sind und es ihm ermöglichen, bestimmte Außeneinwirkungen zu kompensieren. Struktur und Funktion eines Organismus beeinflussen sich gegenseitig. Nach dieser Theorie bedingen nicht nur die ↗ Gene ↗ Merkmale, sondern umgekehrt können Merkmale auch auf die Gene zurückwirken. (↗ Evolution)

Systole, die Kontraktionsphase des Herzens (↗ Herz).

Syzygium, Gatt. der ↗ Myrtaceae.

Syzygium aromaticum, der ↗ Gewürznelkenbaum.

Szent-Györgyi, eigentlich *S. - G. von Nagyrapolt, Albert*, ungarisch-amerikanischer Biochemiker, * 16.9.1893 Budapest, † 22.10.1986 Woods Hole (Massachusetts); ab 1930 Prof. in Szeged, 1945 - 47 in Budapest, ab 1947 Direktor des Instituts für Muskelforschung am Biologischen Laboratorium der amerikan. Marine in Woods Hole, 1962-66 Prof. an der Dartmouth Medical School, ab 1966 in Waltham (Massachusetts). S. - G. isolierte 1928 die ↗ Ascorbinsäure und legte durch Entdeckung einiger Reaktionsschritte im intermediären Stoffwechsel (um 1935) den Grundstein für die Aufklärung des ↗ Citratzyklus durch H.A. ↗ Krebs. 1942 isolierte er das Actomyosin, das er als Proteinkomplex aus ↗ Actin und ↗ Myosin erkannte. S. - G. erhielt 1937 den Nobelpreis für Physiologie oder Medizin.

S-Zustand-Mechanismus, ein Modell, das die während der ↗ Lichtreaktionen bei Organismen mit oxygener Fotosynthese auftretende ↗ Fotolyse des Wassers beschreibt. Es geht von fünf aufeinander folgenden Zuständen aus, die als S_0 bis S_5 bezeichnet werden und mit den zunehmend oxidierten Formen des ↗ Sauerstoff-entwickelnden Komplexes übereinstimmen. Der Wechsel von einem Zustand zum nächsten wird durch die Absorption von Licht hervorgerufen. Dies bestätigten Experimente, in denen dunkeladaptierte Chloroplasten mit einer Serie kurzer Lichtblitze bestrahlt wurden. Nach dem ersten Blitz wird dabei wenig Sauerstoff freigesetzt, nach dem dritten Blitz und dann nach jedem vierten weiteren Blitz tritt maximale Sauerstoffentwicklung auf. Interessanterweise pendelt sich die Ausbeute nach ca. 20 Blitzen auf einen Wert ein. Diese erstaunliche Beobachtung wird damit erklärt, dass die Synchronisierung der ↗ Fotosysteme aufgrund von Fehlreaktionen verloren geht. Im Dunkeln sind die Zustände S_2 und S_3 instabil; sie zerfallen in den dunkelstabilen Zustand S_1. Im Dunkeln liegen somit 75 % der Komplexe im S_1-Zustand vor und 25 % im S_0. Dunkeladaptierte Chloroplasten produzieren deshalb beim ersten Bestrahlungszyklus nach bereits drei Blitzen den meisten Sauerstoff.

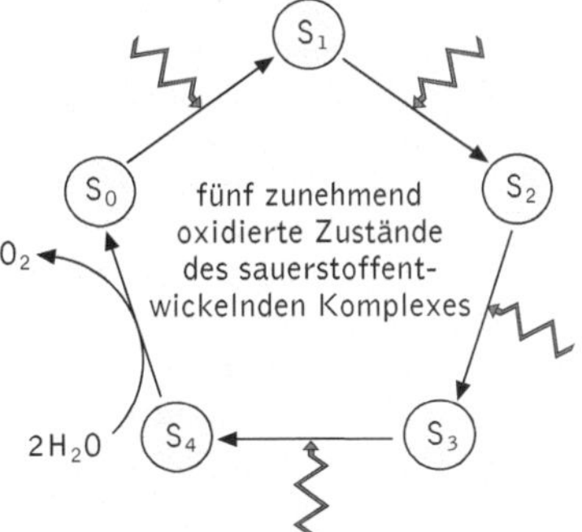

S-Zustand-Mechanismus Modell der verschiedenen S-Zustände, die durch die Absorption von Photonen durch das Fotosystem II (Zickzackpfeile) ineinander überführt werden. S_4 ist instabil und reagiert mit zwei Wassermolekülen unter Bildung von Sauerstoff (O_2)

T, 1) Abk. für ↗ Thymin.

2) Ein-Buchstaben-Symbol für die Aminosäure ↗ Threonin.

T₃, Abk. für Triiodthyronin (↗ Thyroxin).

T₄, Abk. für ↗ Thyroxin.

Tabak, *Nicotiana*, ursprünglich im tropischen und subtropischen Amerika heimische Gatt. der Fam. ↗ Solanaceae mit ca. 70 Arten. Wegen der in allen Teilen der meist krautigen Pflanzen vorkommenden ↗ Alkaloide, insbesondere dem *Nicotin*, hat Tabak als Genussmittelpflanze große wirtschaftliche Bedeutung. Wichtigste Art der Gatt. ist der Virginische T., *Nicotiana tabacum*, der in vielen Kultursorten angepflanzt wird.

Tabakmosaikvirus, weltweit verbreitetes pflanzenpathogenes Virus. Das stäbchenförmige ↗ Virion besteht aus einsträngiger RNA ohne Membranhülle. Es enthält 2130 identische *Capsomere* (↗ Capsid), die eine helikale Symmetrie zeigen. Die Virusreplikation erfolgt im Cytoplasma, oftmals lagern sich die ↗ Viren zu kristallinen Gebilden zusammen. In den Zellen befallener Wirtspflanzen können bis zu zehn Mio. Viruspartikel konzentriert sein. Ein *systemischer* Befall der gesamten Pflanze führt zu starken Wachstumseinschränkungen, verursacht mosaikartige Schädigungen der Gewebe und führt zu gelbgrünen Flecken auf den unelastisch gewordenen Blättern der Pflanze. Neben dem Hauptwirt Tabak zählen auch Tomaten- und Paprika-Pflanzen zu den potenziellen Wirtsorganismen, sowie seltener Obstbäume und Weinreben. Das äußerst infektiöse Virus wird mechanisch übertragen und ist gegenüber Austrocknung, Erhitzung und vielen chemischen Agenzien sehr widerstandsfähig. Es kann sowohl im Pflanzensaft als auch im fermentierten Tabak jahrelang seine Infektiosität erhalten.

Das T. ist eines der klassischen Objekte der Virusforschung. Bereits 1892 fand der russ. Mikrobiologe D. Iwanowski heraus, dass die Mosaikkrankheit durch einen Presssaft ausgelöst wird, der bakteriendichte Filter passiert hatte. 1935 wurde das Virus isoliert und kristallisiert und 1956 wurde festgestellt, dass die virale RNA allein infektiös ist und somit der Beweis für die RNA als Überträger genetischer Information erbracht. Der Replikationszyklus verläuft bei allen RNA-Viren im Wesentlichen gleich. Zunächst gelangen die infizierenden Viruspartikel über Verletzungen in die Zelle. Dort wird ein Teil des Proteins der *Nucleokapsel* abgestreift und ein Cistron freigelegt, das frühe Proteine ko-

diert. Eines dieser Proteine induziert eine im Wirtsgenom kodierte RNA-Polymerase, die die virale RNA repliziert. Zunächst wird eine als *RF-Form* bezeichnete, doppelsträngige RNA gebildet, später dann RNA, die der RNA der infizierenden Partikel gleicht. Während der anschließenden Phase der exponentiellen Replikation setzt gleichzeitig die Translation der Capsomere ein. Etwa 20 Stunden nach der Infektion ist die Replikation im Protoplasten der Wirtszelle nahezu abgeschlossen.

Tabanidae, *Bremsen*, Fam. der Fliegen (↗ Brachycera) mit weltweit über 3500 Arten, davon rund 90 in Mitteleuropa. Bremsen sind meist dunkel mit großen, oft grünen oder in vielen Farben schillernden Augen, die den größten Teil des Kopfes einnehmen. Die Weibchen der meisten Arten saugen Blut an Wirbeltieren, die Männchen ernähren sich von Blütennektar. Der kurze Stechrüssel ist von zwei halbkreisförmigen Labellen umgeben, die das Blut aufsaugen. Im Unterschied zu den Stechmücken, werden von Bremsen kleine Blutgefäße zerrissen und nicht nur angestochen. Da hierbei oft auch Nerven verletzt werden, schmerzt der Stich häufig. Bremsen stechen oft artspezifisch an unterschiedlichen Körperteilen. So bevorzugen die Goldaugenbremsen (*Chrysops*) beim Menschen die Hals- und Kopfregion, während die Gatt. *Tabanus* Arme, Hände und Oberkörper bevorzugt. Eine Reihe von Bremsenarten überträgt Krankheitserreger, außerdem können sie bei Weidevieh durch das Blutsaugen aber auch die dauernde Beunruhigung zu Abmagerung und Rückgang der Milcherträge führen. Die Larven sind Wasserbewohner oder leben auf dem Land und ernähren sich von toter organischer Substanz oder auch räuberisch. Die Art *Tabanus sudeticus* ist mit bis 25 mm Körperlänge die größte Fliege in Mitteleuropa.

Tabulata, *Bödenkorallen*, ausgestorbene, vermutlich heterogene Gruppe der ↗ Anthozoa. Die T. waren meist Kolonie bildend und durch viele horizontale Böden (*Tabulae*) gekammert. Septen waren nur schwach entwickelt, z. T. in Gestalt von Septalleisten oder -dornen. Die Wände waren meist perforiert. Ihre Blütezeit war im Alt-Paläozoikum.

Tachyglossidae, die Ameisen- oder Schnabeligel (↗ Monotremata).

Tadorna tadorna, die ↗ Brandgans.

Taenia, zu den Cyclophyllida gehörende Gatt. der Bandwürmer (↗ Cestoda), zu der u. a. der Schweinebandwurm (*Taenia solium*) und der Rinderbandwurm (*Taenia saginata*) gehören. Endwirte für letzteren sind der Mensch u. a. Fleisch fressende Säugetiere; die Proglottiden des 4 - 6 m langen Bandwurms werden vom Endwirt mit dem Kot ausgeschieden; sie sind durch Muskelkontraktionen beweglich. Wenn sie länger der Luft ausgesetzt sind, trocknen sie ein oder zerfallen und die Eier werden

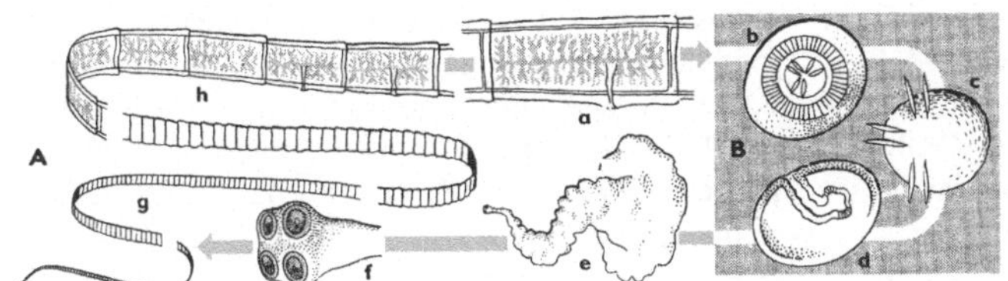

Taenia Entwicklungszyklus des Rinderbandwurms (*Taenia saginata*): **A** Endwirt (Mensch), **B** Zwischenwirt (Rind); **a** reife Proglottide, **b** Embryo in Embryonal- und Eischale, **c** freie Hakenlarve, **d** Muskelfinne, **e** Finne mit ausgestülptem Scolex, **f** Scolex, **g** Vorderteil des Bandwurms, **h** reifende Glieder

freigesetzt. Diese werden von Rindern (seltener anderen Wiederkäuern) aufgenommen; im Zwischenwirt schlüpft das *Oncosphaera*-Stadium im Dünndarm, durchdringt das Darmepithel und wandert über die Blutbahn in die Muskulatur, wo sie sich als *Finne* (*Cysticercus*) festsetzt. Nimmt ein Endwirt das Fleisch des Zwischenwirts roh oder unzureichend gegart auf, so stülpt der Cysticercus im Dünndarm des Endwirts seinen Scolex um und setzt sich mit dessen Hilfe am Darmepithel fest; gleichzeitig beginnt die Halsregion, *Proglottiden zu* produzieren. Die Proglottiden des Schwinebandwurms, der einen sehr ähnlichen Entwicklungszyklus hat, sind nicht eigenbeweglich. Ihr Zwischenwirt ist das Schwein, seltener können auch der Mensch oder andere Säugetiere Zwischenwirte sein. Der Befall kann für den Menschen gefährlich sein, da die Finne sich auch im Nervengewebe festsetzt (*Cysticercose*).

Taenidien, ↗ Tracheen.

Tafelente, Art der ↗ Tauchenten.

tagaktive Tiere, zeigen nur während der Lichtphase des täglichen Hell-Dunkelwechsels Aktivität. Teilweise benötigen diese Tiere (vor allem solche die ↗ poikilotherm sind) die höheren Tagestemperaturen für ihre biologischen Leistungen. (↗ Biorhythmik)

Tagesperiodik, die ↗ circadiane Rhythmik.

Tagesrhythmik, die ↗ circadiane Rhythmik. (↗ Biorhythmik, ↗ innere Uhr)

Tagmata, morphologisch abgegrenzte Abschnitte eines primär homonom gegliederten Körpers (↗ Homonomie, ↗ Metamerie). T. finden sich vor allem bei Ringelwürmern (↗ Annelida) und Gliederfüßern (↗ Arthropoda). Die Entstehung der Arthropoda führte in ihrer frühen Evolution zunächst über die Bildung der T. Kopf (Verschmelzung von sechs Segmenten; ↗ Cephalisation) und Rumpf. Bei Insekten (↗ Insecta) bildeten sich außer dem Kopf noch die T. Thorax und Abdomen.

tagneutrale Pflanzen, Pflanzen, deren ↗ Blütenbildung im Unterschied zu ↗ Kurztagpflanzen und ↗ Langtagpflanzen sowohl unter Kurztag- als auch unter Langtagbedingungen erfolgt und somit die Länge von Tag bzw. Nacht für die Blühinduktion nicht von Bedeutung ist. Typische t. P. sind Reis, Mais, Tomate und das Alpenveilchen. (↗ Fotoperiodismus)

Taiga, ↗ borealer Nadelwald.

Talgdrüsen, *Glandulae sebaceae*, ausschließlich bei Säugern vorkommende holokrine Hautdrüsen. T. sind Derivate des mehrschichtigen verhornten Epithels (↗ Drüsen), mit schmierig-fettigem Sekret (*Talg, Sebum cutaneum*), das die Oberhaut fettet und geschmeidig erhält. Meist sind die T. Anhänge von Haarbälgen (Balgdrüsen, ↗ Haare). Sie entwickeln sich dann aus einer seitlichen Knospe an der jungen Haaranlage unmittelbar unterhalb des Ansatzes der Haarbalgmuskeln und wachsen in der Folge zu ästig verzweigten Epithelzapfen (*Talgkolben*) aus. In manchen Körperregionen, so an der Grenze von verhorntem Epithel zu Schleimhäuten, wie im Lippenrot, um den After, an den kleinen Schamlippen sowie der Glans penis und dem Praeputium, ebenso rund um die Brustwarzen und in den Gehörgängen (Ohrenschmalz), finden sich freie, unmittelbar aus der Epitheloberfläche eingesenkte T. Besonders groß sind die T. der Nasennebenhöhlen und die *Meibom-Drüsen* im oberen Augenlid.

Im Zuge der Sekretbildung füllt sich das Zellplasma der Drüsenzellen mit Fetttröpfchen als Produkten des ↗ Golgi-Apparats, bis die Zellen schließlich absterben. Zwischen den sekretorischen Zellen bleibt ein Gerüst von nicht an der Sekretion beteiligten Epithelzellen erhalten, das der Drüse die Form gibt und gleichzeitig den Zellnachschub sichert. Die Talgbildung wird durch androgene Hormone (↗ Testosteron) stimuliert. Die Sekretausschüttung erfolgt bereits aus den lebenden Zellen, entgegen früheren Annahmen, dass die sekretgefüllten Zellen als ganzes abgestoßen und durch die Haarbalgmuskeln ausgepresst würden. Mit dem flüssig-öligen Sekret werden die Zelltrümmer der oberflächlichen abgestorbenen Zellen ausgeschwemmt. Verklumpende Zellreste und abgeschilferte Haarbalgzellen können als talgiger Pfropf den Sekretabfluss stauen und sogenannte *Mitesser* (*Komedonen*) bilden, die in den Talgdrüsen der Augenlider besonders groß sind und als *Hagelkorn* (*Chalazion*) bezeichnet werden.

Talpidae, *Maulwürfe*, Familie der Insektenfresser (↗ Insectivora) mit vier bis fünf Unterfamilien und insgesamt 19 (nach anderer Einteilung 27) Arten. T. sind in Eurasien von 63 ° nördlicher Breite nach Süden bis zum Mittelmeerraum und Himalaya, in Nordamerika von Südkanada bis Nordmexiko verbreitet. Der Körper der Maulwürfe ist gedrungen, walzenförmig (Kopfrumpflänge 6 - 21 cm), der Schwanz meist kurz. Die Nase ist rüsselartig verlängert, Augen und Ohrmuscheln sind klein. Bei fast allen Maulwürfen sind die Vorderpfoten als „Grabhände" ausgebildet. Zu den Altwelt-Maulwürfen (Unterfamilie *Talpinae*) gehören vier (nach anderer Auffassung 13) Arten, darunter der in weiten Teilen Eurasiens verbreitete *Europäische* oder *Eurasische Maulwurf* (*Talpa europaea*). Er hat eine Kopfrumpflänge von 11 - 15 cm, das Fell ist schiefergrau bis schwarz. Der Maulwurf bewohnt nahezu alle Bodenarten, bevorzugt jedoch lockere und fruchtbare Feld- und Waldböden; im Gebirge kommt er bis in etwa 2000 m Höhe vor. Maulwürfe sind Einzelgänger; sie leben die meiste Zeit unterirdisch in selbstgegrabenen Gängen und Kammern, die bis in 60 cm Tiefe reichen. Sie graben hauptsächlich am Tage; die aus den Gängen herausgestoßene Erde bildet die „Maulwurfhügel". Hauptnahrung der Maulwürfe sind Regenwürmer und Insektenlarven, die mittels des besonders empfindlichen Vibrations-, Gehör- und Tastsinns aufgespürt werden. In einer mit Pflanzenteilen ausgepolsterten Nestkammer kommen im Mai i. d. R. vier bis fünf Junge zur Welt, die nach zwei Monaten selbstständig und mit zwölf Monaten ausgewachsen sind. Maulwürfe halten keinen Winterschlaf, für die Wintermonate sammeln sie Nahrungsvorräte. Als lebender Nahrungsvorrat dienen hauptsächlich Regenwürmer (oft mehrere 100 pro Vorratskammer), die durch Abbeißen oder Verletzen des Kopfendes am Fortkriechen gehindert sind.

Talsperre, Bauwerk, das durch Errichtung eines Damms oder einer Staumauer ein Tal in seiner gesamten Breite absperrt und dadurch ein Fließgewässer aufstaut, sodass ein künstlicher ↗ See entsteht.

Tamaricaceae, asiatisch-mediterrane Fam. der ↗ Tamaricales mit ca. 80 Arten in vier Gattungen, z. B. *Tamarix* und *Myricaria*.

Tamaricales, Ordnung der ↗ Rosopsida mit der einzigen Familie ↗ Tamaricaceae. Krautige bis holzige ↗ Halophyten mit Salz ausscheidenden Drüsen.

Tamarinde, *Tamarindus indica*, zu den ↗ Caesalpiniaceae gehörender immergrüner Baum der Tropen und Subtropen. Das breiig-faserige Fruchtfleisch der Hülsenfrüchte (↗ Frucht) wird in Form von Mus oder Saft als Nahrungsmittel verwendet.

Tamarindus, Gatt. der Fam. ↗ Caesalpiniaceae.

Tamariske, Gatt. der Fam. ↗ Tamaricaceae, die im Mittelmeergebiet, Ostasien und Südafrika verbreitet ist. Die kleinblütigen Sträucher und Bäume mit schuppenartigen Blättern werden häufig als Ziergehölze kultiviert.

Tamarix, Gatt. der Fam. ↗ Tamaricaceae.

Tamiini, die ↗ Streifenhörnchen.

Tanaidacea, *Scherenasseln*, ↗ Peracarida.

Tandemwiederholungen, Bez. für direkte Sequenzwiederholungen, die ohne andere dazwischen liegende DNA-Sequenzen aneinandergereiht sind.

Tange, Bez. für Vertreter der Braunalgen (↗ Phaeophyceae), deren Gewebethalli (↗ Thallus) eine den ↗ Kormophyten ähnelnde Gliederung aufweist.

Tanne, *Abies*, Gatt der Fam. ↗ Pinaceae, die mit ca. 50 Arten in der Nordhemisphäre verbreitet ist. Die immergrünen bis 80 m hohen Bäume sind wichtige Holzlieferanten. Sie haben abgeflachte, meist zweireihig angeordnete Nadeln, die am Grund verschmälert sind und in einer verbreiterten Basis enden. Die weiblichen Zapfen stehen aufrecht an den Zweigen und zerfallen bei der Reife. Die Samen sind i. d. R. einseitig geflügelt. Einzige in Mitteleuropa heimische Art ist die Weiß-T., *Abies alba*.

Tannenmeise, Art der Meisen (↗ Paridae).

Tannine, pflanzliche ↗ Gerbstoffe, die Tierhaut in Leder umwandeln. T. sind natürlich vorkommende Verbindungen, die genügend phenolische ortho-Dihydroxygruppen enthalten, um Quervernetzungen zwischen Makromolekülen wie Proteinen, Cellulose und/oder Pektin ausbilden zu können.

Tantulocarida, Taxon der Krebse (↗ Crustacea) mit etwa 25 Arten, die ausnahmslos Ektoparasiten bei anderen Krebstieren (z. B. ↗ Copepoda, ↗ Ostracoda, ↗ Isopoda) sind und in allen Weltmeeren verbreitet sind. Die T. sind sehr klein (Männchen und normale Weibchen unter 0,5 mm, parthenogenetische Weibchen unter 1 mm). Die innere Anatomie der T. ist noch weitgehend unbekannt. Männchen und normale Weibchen nehmen keine Nahrung auf, das parthenogenetische Weibchen ist mit einer Mundscheibe permanent am Wirt befestigt. Männchen und Weibchen entwickeln sich aus der *Tantulus*-Larve, die erst frei schwimmt und dann Wirtstiere befällt, wobei nach Festheftung am Wirt sofort die Körper- und Beinmuskulatur degeneriert. Alle adulten Stadien entstehen in einem von der Larve gebildeten Sack, wobei die Männchen aus einer Masse dedifferenzierter Larvenzellen entstehen, die sich reorganisieren. Wie die Weibchen genau entstehen ist nicht bekannt.

Tanzfliegen, die Fam. ↗ Empididae.

Tapetum lucidum, im Auge u. a. vieler Plattwürmer (↗ Plathelminthes), Gliederfüßer (↗ Arthropoda) und einiger Wirbeltiere (↗ Vertebrata) gelegene reflektierende Schicht, die meist aus Guaninkristallen besteht und beim ↗ Dämmerungssehen die Lichtausbeute erhöht. Bei den Wirbeltieren liegt sie hinter den lichtempfindlichen Strukturen fast immer in der Aderhaut. Das einfallende Licht erregt die Rezeptoren, wird anschließend am T. l. reflektiert und erregt, da es senkrecht auf das T. l.

fällt, erneut dieselben Rezeptoren. Die Helligkeit und der Kontrast zwischen den stärker und schwächer beleuchteten Retinapartien werden so erhöht (der Zuwachs an Licht ist bei hellen Regionen bedeutend größer). Bei den ↗ Facettenaugen der Arthropoda liegt das T. l. zwischen den Ommatidien und kommt erst zur Geltung, wenn sich die Pigmente im dunkel adaptierten Auge in den Augenhintergrund zurückgezogen haben. Schräg auftreffende Strahlen können dann mehrfach reflektiert werden. Bei Insekten wird das Tapetum i. d. R. durch dicht gelagerte ↗ Tracheen gebildet. Eine auffällige Nebenwirkung des T. l. ist das Augenleuchten vieler Nachtfalter und nachtaktiver Wirbeltiere (z. B. der Katzen).

Taphonomie, die Wissenschaft von der Einbettung und Fossilisierung ausgestorbener Pflanzen und Tiere (↗ Fossilien, ↗ Fossilisation).

Taphozönose, Grabgemeinschaft fossiler Organismen, z. B. im ↗ Bernstein.

Taphrinomycetidae, Unterklasse der Schlauchpilze (↗ Ascomycetes), deren Arten parasitisch auf Pflanzen leben. Neuerdings gehört zu den T. nur eine Gatt. (*Taphrina*), etwa 100 Arten, die eine hohe Wirtsspezifität zeigen. Bei der Keimung der Sporen werden Sprosszellen gebildet, die saprobisch wachsen; durch mitotische Kernteilung entsteht ein Paarkernmycel, das nun parasitisch in der Wirtspflanze lebt und somit im Unterschied zu den Echten Schlauchpilzen (Unterklasse Ascomycetidae) ernährungsphysiologisch selbstständig ist (ähnlich den ↗ Basidiomycetes). Die Asci entwickeln sich in einer mehr oder weniger geschlossenen Schicht, nicht in Fruchtkörpern (Ascomata), über dem myceldurchwachsenen Wirtsgewebe. Im Gegensatz zu den Asci der anderen Schlauchpilze werden die Ascosporen durch einen Schlitz am Scheitel freigesetzt. Verschiedene *Taphrina*-Arten können auf befallenen Pflanzen Missbildungen hervorrufen; so erzeugen einige Arten *Hexenbesen*, *Taphrina deformans* erzeugt die *Kräuselkrankheit* der Pfirsichblätter und *Taphrina pruni* wandelt den Fruchtknoten der Pflaume in hohle Gallen (*Narrentaschen*) um.

Tapioka, aus ↗ Maniok gewonnene Stärke, die gewalzt oder zu *Perlsago* weiterverarbeitet wird.

Tapire, die Fam. ↗ Tapiridae.

Tapiridae, *Tapire*, ursprünglichste Fam. der Unpaarhufer (↗ Perissodactyla), deren Blütezeit im Tertiär lag. Heute gibt es noch vier Arten der Gatt. *Tapirus*, die oft als „lebende Fossilien" bezeichnet werden und in Lateinamerika (drei Arten) und Südostasien beheimatet sind. Sie haben eine Kopfrumpflänge von 180 - 250 cm und eine Schulterhöhe von 75 - 120 cm. Tapire sind plump aussehende Waldtiere, die mit ihrer rüsselartig verlängerten Oberlippe pflanzliche Nahrung abpflücken; sie sind hauptsächlich dämmerungs- und nachtaktiv. Unterarm- und Unterschenkelknochen der Tapire sind nicht miteinander verwachsen. Ihre Vorderextremitäten haben vier, die Hinterextremitäten drei hufbewehrte Zehen. Einzige altweltliche Art ist der vorn und hinten schwarze und in der Rumpfmitte hellgraue Schabrackentapir (*Tapirus indicus*) Südostasiens. – Die ältesten echten Tapire (Gatt. *Protapirus*) stammen aus dem Oligozän Europas und Nordamerikas. Ihre Aufspaltung in zwei Äste (Amerika/Asien) erfolgte im Miozän. Zu Beginn des Pleistozäns gelangten Tapire aus Nordamerika über die mittelamerikanische Landbrücke nach Südamerika; in Europa starben sie aus.

Taq-Polymerase, Bez. für die ursprünglich aus dem extrem thermophilen gramnegativen aeroben Bakterium *Thermus aquaticus* isolierte *thermostabile* ↗ DNA-Polymerase, die bei der ↗ Polymerasekettenreaktion (PCR) von zentraler Bedeutung ist, weil sie aufgrund des Lebensraums der Bakterien (heiße Quellen) bei den für das Schmelzen der DNA (d. h. Überführung der Doppelhelix in die Einzelstränge) erforderlichen Temperaturen von 90 bis 95 °C nicht denaturiert und ein Reaktionsoptimum der DNA-Synthese von ca. 70 - 80 °C aufweist.

Taranteln, im Mittelmeergebiet verbreitete, große Wolfsspinnen (↗ Lycosidae) der Gatt. *Lycosa*; T. erreichen eine Körperlänge von fast 3 cm und zeigen eine Musterung mit den Farben Braun, Beige und Schwarz. T. leben in Erdröhren; am Eingang befinden sich meist trockene Pflanzenteile, die wie ein Schornstein angeordnet sind. Nachts verlassen sie die Wohnröhre und gehen auf Beutefang. Der schmerzhafte Biss der T. gilt seit dem Altertum zu Unrecht als besonders gefährlich. Ihren Namen haben die T. von der süditalienischen Stadt Tarent (Apulien). Dort trat im Mittelalter der so genannte *Tarantismus* auf: angeblich Gebissene (meist fahrende Leute) tanzten „zur Heilung" bis zum Zusammenbruch („Tarantella"). Dieses Verhalten war wahrscheinlich an die mitleidige Landbevölkerung gerichtet, welche die „Kranken" danach für eine Weile aufnahm und verköstigte.

Taraxacum, Gatt. der Fam. ↗ Asteraceae.

Tardigrada, *Bärtierchen*, rund 600 Arten kleiner (meist bis 1 mm langer) wasserlebender Metazoa, die wasserhaltige Lückensysteme, Algen, verrottendes Laub, Pflanzenteile, untergetauchte Moospolster, andere Wirbellose (manche als Parasiten) usw. bewohnen. Die Individuenzahlen können, je nach klimatischen Bedingungen, außerordentlich hoch sein. Man unterscheidet zwei große Subtaxa, *Heterotardigrada* und *Eutardigrada*. Der walzenförmige Körper, der aus Kopf und vier Rumpfsegmenten besteht, ist von einer oft artspezifisch skulpturierten und mit faden- oder flügelförmigen Anhängen

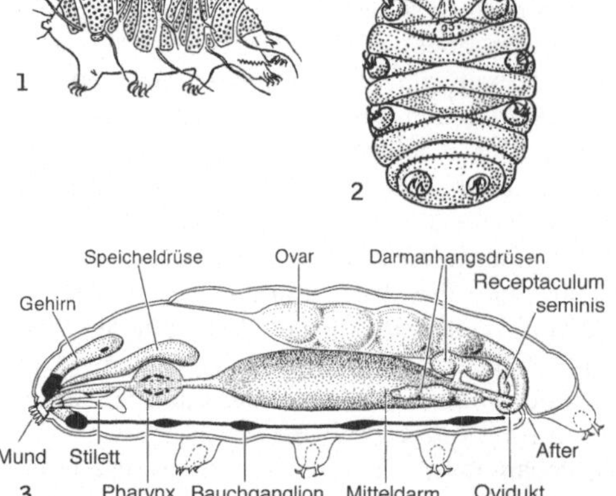

Tardigrada **1** Die Art *Echiniscus scrofa* in Seitenansicht (das Vorderende befindet sich links); **2** Tönnchen eines Vertreters der Gatt. *Hypsibius;* **3** Anatomie eines Vertreters der Eutardigrada

versehenen Cuticula bedeckt, die für Wasser durchlässig ist. Die T. sind etwas durchsichtig und, je nach Darminhalt und Pigmentierung, farblos, gelb, bräunlich oder grün. Die meisten Arten besitzen acht paarige, äußerlich ungegliederte Laufbeine mit Krallen. Im Mundraum befindet sich ein durch Drüsen abgeschiedenes, kalkhaltiges *Stilett,* das dem Anstechen der pflanzlichen oder tierischen Nahrung dient, die dann ausgesaugt wird. Der muskulöse Pharynx fungiert als Saugpumpe. Am Übergang vom Mitteldarm zum Enddarm münden bei Eutardigrada „Drüsen" mit Zellen, die zahlreiche Mitochondrien und eine vergrößerte Oberfläche besitzen, und vermutlich der Exkretion und der Osmoregulation dienen. Das Nervensystem besteht aus je einem Oberschlundganglion und einem Unterschlundganglion sowie einer Bauchganglienkette mit vier Ganglienpaaren. Heterotardigrada besitzen innervierte Kopfanhänge (Cirren, Papillen, keulenförmige Strukturen), Eutardigrada haben mindestens vier Sinnesfelder am Kopf, die eventuell Chemo- oder Mechanorezeptoren tragen. Im Oberschlundganglion liegt beidseits meist ein einfacher Pigmentbecherocellus mit einer Sehzelle. T. haben keinen Blutkreislauf und keine Atmungsorgane.

T. sind getrenntgeschlechtlich. Die Eier werden während einer Häutung entweder in die abgestreifte Cuticula oder frei abgelegt. Die Befruchtung erfolgt meist bereits im Ovar, bei Süßwasserbewohnern und landlebenden Arten ist Parthenogenese verbreitet. „Landlebende" T., deren Lebensstätten austrocknen können, sind zur *Kryptobiose* befähigt. Hierbei kontrahieren die Tiere und bilden ein *Tönnchen* mit einer extrem verkleinerten Oberfläche. In diesem Zustand ist vermutlich kein Stoffwechsel mehr möglich; er ermöglicht die Überdauerung selbst mehrerer Jahre dauernder Trocken-

perioden. Süßwasser bewohnende T. haben die Fähigkeit zur Cystenbildung, indem sie nach einer Häutung die alte Cuticula nicht verlassen. Die Entwicklung ist direkt.

Die verwandtschaftlichen Beziehungen zu anderen Taxa sind umstritten. Aufgrund von Segmentierung, Strickleiternervensystem und paarigen Extremitäten sind sie eindeutig ↗ Articulata. Daneben gibt es Merkmale, die eine engere Verwandtschaft mit den ↗ Arthropoda nahe legen und einige, die an ↗ Nematoda und ↗ Loricifera erinnern. Zur Bestimmung der T. werden vor allem Merkmale des Mundapparates, die Skulpturierung der Cuticula und die Krallen herangezogen.

Tarnfärbung, Form möglicher ↗ Schutzanpassungen gegenüber Raubfeinden.

Tarntracht, Form möglicher ↗ Schutzanpassungen gegenüber Raubfeinden.

Tarnung, ↗ Schutzanpassungen.

Taro, *Colocasia esculenta,* in den Tropen verbreitete Art der ↗ Araceae, deren knollige Rhizome Stärke liefern.

Tarsenspinner, die ↗ Embioptera.

Tarsus, Bez. für unterschiedliche distale Bereiche von ↗ Extremitäten: a) der Fuß der Gliederfüßer (↗ Arthropoda), b) die Fußwurzel der Wirbeltiere (↗ Vertebrata).

Taschenklappe, *Semilunarklappe,* eine der Herzklappen (↗ Herz).

Tasmanischer Tiger, der ↗ Beutelwolf.

Tastsinn, *Fühlsinn,* mechanischer Sinn, der bei Tieren und Mensch zur aktiven oder passiven ↗ Orientierung in der Umwelt und dem Erkennen von Oberflächenstrukturen oder speziellen Objekten dient. Die die Berührungsreize vermittelnden *Tastsinnesorgane* (Tastorgane, Tangorezeptoren) sind i. Allg. über den ganzen Körper verteilt, liegen aber in bestimmten Körperregionen bes. konzentriert vor, z. B. an den Fingerspitzen beim Menschen, an der Schnauze bei den Boden durchwühlenden Tieren (z. B. Schweinen und Maulwurf) oder an den ↗ Antennen der Arthropoda. Tastsinnesorgane können bei Wirbeltieren freie Nervenendigungen (↗ Sinneszellen) oder spezialisierte Organe sein, wie die ↗ Meißner-Tastkörperchen oder die ↗ Vater-Pacini-Lamellenkörperchen. Bei den Arthropoda treten vor allem cuticuläre Haarsensillen und campaniforme ↗ Sensillen als Tastsinnesorgane auf. Sie finden sich oft in Kombination mit Geschmacksorganen, z. B. an den ↗ Mundgliedmaßen. (↗ Trichobothrien)

Tastsinnesorgane, *Organa tactus,* ↗ Tastsinn.

TATA-Box, *Minus-25-Box,* Bez. für ein Sequenzmotiv im ↗ Promotor eukaryotischer Gene, das ca. 25 Nucleotide stromaufwärts vom Transkriptionsstartpunkt liegt und dessen Consensus-Sequenz 5'-TATAAT-3' ist. Die T. - B. ist für die Initiation der

⬈ Transkription essenziell, da sie für die Interaktion der RNA-Polymerase II mit der DNA verantwortlich ist. Sie ähnelt in Sequenz und Funktion der ⬈ Pribnow-Box prokaryotischer Gene.

Tatum, *Edward Lawrie*, amerikan. Biochemiker und Genetiker, * 14.12.1909 Boulder (Colorado), † 5.11.1975 New York; ab 1945 Prof. in New Haven (Connecticut), ab 1948 in Palo Alto, ab 1957 in New York. T. zeigte zusammen mit G.W. ⬈ Beadle durch Forschungen am Schimmelpilz *Neurospora crassa*, dass jede biochemische Reaktion bzw. jedes Enzym durch ein Gen kontrolliert wird und stellte 1940/41 die *Ein-Gen-Ein-Enzym-Hypothese* auf. 1958 erhielt er zusammen mit Beadle und J. ⬈ Lederberg den Nobelpreis für Physiologie oder Medizin.

Tauben, *Columbidae*, Fam. der ⬈ Columbiformes.

Taubenvögel, die ⬈ Columbiformes.

Täublinge, *Russula*, Gatt. der ⬈ Russulales.

Tauchen, Fortbewegung Luft atmender Tiere (und des Menschen) unter Wasser. Das T. ist mit einer Reihe von physiologischen Belastungen verbunden, die auf physikalischen Phänomenen beruhen. So wird eine Gasblase oder ein Luftbehälter mit gasdurchlässiger Wand mit zunehmender Tiefe komprimiert (Boyle-Mariotte-Gesetz) und zudem werden Gase an das umgebende Wasser abgegeben (Gesetz von Henry). Dies bedeutet z. B., dass ein tauchendes Insekt nicht zu tief tauchen darf, wenn es eine Luftblase am Körper als Atemvorrat mitnimmt, da die Luft sonst ins Wasser diffundiert und die Luftblase sich auflöst. Wasserinsekten verhindern z.B. über mechanische Verstrebungen (Plastron) das Schrumpfen der Luftblase. Umgekehrt ist bei einer Druckentlastung eine Flüssigkeit rasch mit Gas übersättigt, mit der Folge, dass sich Gasbläschen absondern, die umso größer werden, je weiter der Druck nachlässt; dies führt z. B. beim zu schnellen Auftauchen zur *Dekompressionskrankheit*, da sich Gasbläschen aus der Flüssigkeit der Zellen und aus dem Blut abscheiden. Im Extremfall tritt durch Luftembolie der Tod ein. Ein weiteres Problem ist die Wirkung des zunehmenden Drucks auf den Körper. In 50 m Wassertiefe ist der Druck bereits sechsmal so hoch wie an der Luft. Während der Blutdruck gleichermaßen mit dem Außendruck zunimmt und diesen dadurch ausgleicht, schrumpft die Lunge, die ja mit komprimierbarem Gas gefüllt ist (nach den Prinzipien von Boyle-Mariotte und Henry). Bei einer Tiefe von etwa 40 m hat die Lunge ihr Residualvolumen erreicht, d. h. sie kann nicht weiter schrumpfen, da durch den starren Brustkorb Grenzen gesetzt sind. Wird beim weiteren Tauchen der Druck in der Lunge geringer als der hydrostatische Druck des Blutes (der demjenigen des umgebenden Wassers entspricht), dringt Wasser vom Blut in die Lungenalveolen und man ertrinkt, ohne Wasser zu schlucken. Der Mensch löst diese Probleme durch technische Hilfen, Pressluftgeräte mit Lungenautomat, der automatisch bei jedem Atemzug die Luftmenge und den Druck der Atemluft den äußeren Gegebenheiten anpasst und so auch das Kollabieren der Lungen verhindert, spezielle Atemgasgemische, die den durch höhere Löslichkeit von Stickstoff im Blut unter hohem Druck ausgelösten Tiefenrausch verhindern helfen, spezielle Tauchanzüge, die vor Unterkühlung des Körpers schützen und langsames Aufsteigen mit allmählicher Dekompression zur Vermeidung der Dekompressionskrankheit und des Platzens luftgefüllter Hohlräume, speziell der Lunge.

Tauchende Tiere haben eine Reihe von Mechanismen entwickelt, um diese physikalischen Probleme zu lösen. Sie tauchen mit ausgeatmeten Lungen und erreichen, da der Brustkorb weniger starr ist, ein Residualvolumen von nahezu null, d. h. es können sich weniger Luftgase im Blut lösen. Luftbläschen, die sich beim Auftauchen aus der Körperflüssigkeit abscheiden, werden z. B. bei manchen Delfinen in einem besonderen Kapillarnetz gefangen und können so nicht ins Gehirn gelangen. Bei Walen wird vermutet, das der Blas außer Atemluft und Wasserdampf auch feinverteiltes Öl enthält; dieses könnte dazu dienen, den in großen Tiefen besser löslichen Stickstoff, der sich bevorzugt in lipophilen Substanzen löst, zu sammeln und nach dem Auftauchen abzublasen. Ein Tauchreflex bewirkt, dass der Herzschlag verlangsamt wird (Bradykardie) und gleichzeitig vor allem Gehirn und Herz gut durchblutet werden, auf Kosten aller anderen Organe und Körperteile. Tauchende Tiere haben zudem einen hohen Sauerstoffvorrat im Muskel in Form von sauerstoffbeladenem Myoglobin und hohe Energievorräte in Form von Kreatinphosphat; zudem können sie im Notfall in größerem Ausmaß als Landbewohner auf anaerobe Energiegewinnung umstellen.

Tauchenten, die Arten der Gatt. *Aythya*; kurzhalsige Enten, die ihre Nahrung tauchend suchen, im Unterschied zu den ⬈ Gründelenten. Ihre Schwimmsilhouette zeigt eine charakteristisch abfallende Rückenlinie. Die Männchen sind weit auffälliger gefärbt als die Weibchen, die das Brutgeschäft allein übernehmen. Zu den T. gehört u. a. die schwarz-weiß gefärbte *Reiherente* (*Aythya fuligula*), die am Hinterkopf einen Federschopf trägt, der beim braunen Weibchen nur angedeutet ist; sie brütet an stehenden und langsam fließenden Gewässern mit dichter Ufervegetation; überwintert auf eisfreien Gewässern zwischen Südskandinavien und Nordafrika, in großer Zahl auch auf Stauseen; beim Tauchen erbeutet sie überwiegend tierische

Nahrung. Sie rastet oft gemeinsam mit der *Tafelente* (*Aythya ferina*), die zur Brutzeit allerdings flachere und eutrophere Gewässer bevorzugt; das Männchen besitzt einen kastanienbraunen Kopf, ein schwarzes Vorder- und Hinterende und eine graue Oberseite, das Weibchen ist insgesamt blasser gefärbt. Die kleinere *Moorente* (*Aythya nyroca*) gilt in Deutschland nach der ↗ Roten Liste als „ausgestorben"; ihre Verbreitung erstreckt sich auf den Mittelmeerraum und Westasien, wo sie an vegetationsreichen stehenden Gewässern nistet; als seltener Durchzügler erscheint sie meist mit anderen Tauchenten. Sie ist durch eine rotbraune Grundfärbung und eine weiße Schwanzunterseite gekennzeichnet. Zwischen den verschiedenen Arten der T. und der Kolbenente (*Netta rufina*) kann es, vor allem in Gefangenschaft, zu Bastardierungen kommen.

Taufliegen, die Fam. ↗ Drosophilidae.

Taurin, eine Aminosulfonsäure, die aus der Aminosäure ↗ Cystein entsteht. Sie bildet in der ↗ Leber mit Cholsäure die *Taurocholsäure* und ist in dieser Form Bestandteil der ↗ Galle.

Tausendfüßer, Myriapoda (↗ Antennata).

Tausendgüldenkraut, *Centaurium erythraea*, auf Waldlichtungen und Wiesen wachsendes einjähriges Kraut der Fam. ↗ Gentianaceae (Abb. siehe dort) mit länglich-eiförmigen Blättern in grundständiger Rosette und hellroten Blüten in Doldenrispen (↗ Blütenstand).

Tautomerie, Form der Strukturisomerie (↗ Isomerie).

Taxaceae, *Eibengewächse*, zur Klasse der ↗ Pinopsida gehörende Fam., die fast ausschließlich auf die Nordhemisphäre beschränkt ist. T. sind Bäume oder Sträucher mit meist schraubig gestellten Nadeln und einhäusig verteilten Blüten. In Europa ist die ↗ Eibe weit verbreitet.

Taxis, *Taxie*, Pl. *Taxien*, die durch einen Umgebungsreiz hervorgerufene Orientierungsbewegung frei beweglicher Organismen und Zellen, die entweder zur Reizquelle hin (*positive T.*) oder von dieser weg (*negative T.*) erfolgen kann. Nach Art der Reizquelle (u. a. Licht: ↗ Fototaxis, Berührung: ↗ Thigmotaxis, chem. Substanzen: ↗ Chemotaxis, Feuchtigkeit: *Hydrotaxis*, Wasserströmung: *Rheotaxis*) und Art der Reizwirkung (z. B. Schreckreaktion: *Phobotaxis*, Einstellreaktionen: *Topotaxis*) lassen sich T. unterschiedlich beschreiben. (↗ Nastie, ↗ Tropismus)

Taxodiaceae, *Sumpfzypressengewächse*, Fam. innerhalb der ↗ Pinopsida. Die insgesamt 14 Arten dieser Fam. sind Reliktformen einer im Tertiär und der Kreide (↗ Erdzeitalter) weit verbreiteten Gruppe. Es handelt sich um Bäume mit spiralig angeordneten pfriemlichen, schuppen-, nadel- oder sichelförmigen Blättern. Die Pollenkörner besitzen keine Luftsäcke. Die zwei bis neun Samenanlagen der weiblichen Zapfen sind schraubig angeordnet, meist aufrecht stehend und nur am Grunde angeheftet. Bei der Reife verholzen die aus Samenwulst und Deckschuppe bestehenden Zapfenschuppen. Die bekanntesten Vertreter der T. sind die ↗ Mammutbäume. Die in Nordamerika und Mexiko heimische Sumpfzypresse (*Taxodium distichum*) ist ein charakteristischer sommergrüner Baum der Flussniederungen und Sümpfe. Er wird in Argentinien als Holzlieferant genutzt und in Europa als Parkbaum kultiviert. In Asien werden Arten der Gatt. *Cunninghamia* (Spießtanne) und *Cryptomeria* (Sicheltanne) forstlich genutzt.

taxodont, Bez. für einen Scharniertyp der Muschelschale (↗ Bivalvia).

Taxon, eine Gruppe von Organismen, die von anderen Organismengruppen unterscheidbar und die durch bestimmte, verallgemeinernde Aussagen beschreibbar ist. Ein T. bildet somit eine Einheit der Natur ab und ist Teil des Systems.

Taxonomie, das Bestimmen, Beschreiben und Ordnen der Artenvielfalt nach bestimmten Gesichtspunkten. Mitunter wird der Begriff T. synonym mit demjenigen der ↗ Systematik verwendet.

Tayassuidae, *Pekaris*, in Mittel- und Südamerika lebende Familie der Paarhufer (↗ Artiodactyla) mit Kopfrumpflängen von 75 - 110 cm. Pekaris sehen den altweltlichen Schweinen äußerlich ähnlich (Rüssel, Borstenkleid); zugleich weisen anatomische Merkmale (Gebiss, Magen, Fuß) auf verwandtschaftliche Nähe zu den Wiederkäuern hin. Eine Drüse am Rücken („Nabelschwein") sondert ein moschusähnliches Sekret ab. Die oberen Eckzähne sind raubtierähnlich nach unten gerichtet. Pekaris leben gesellig in deckungsreichen Landschaften und ernähren sich von Pflanzenkost und Kleintieren. Ihr Fleisch und ihre Haut werden genutzt. Es gibt nur drei rezente Arten, das Halsbandpekari (*Tayassu tajacu*) mit einem gelbweißen Band vom Widerrist zur Kehle, das sehr ähnliche Chacopekari (*Catagonus wagneri*) und das Weißbartpekari oder Moschus- bzw. Bisamschwein (*Tayassu albirostris*) mit leuchtend weißem Kehlfleck.

Tay-Sachs-Syndrom, eine automal rezessive Erbkrankheit (↗ Erbkrankheiten) des Menschen, die sich bereits bei Neugeborenen bemerkbar macht und i. d. R. bis zum dritten Lebensjahr zum Tod führt. Die Krankheit äußert sich durch raschen psychomotorischen Abbau, muskuläre Hypotonie bis zur generalisierten Lähmung, Blindheit, Taubheit, Krämpfe und einen kirschrotem Fleck im Augenhintergrund (Netzhaut). Ursache des T. - S. - S. ist ein Defekt des am Gangliosid-Stoffwechsel beteiligten Enzyms Hexosaminidase A, sodass es im Gehirn betroffener Patienten zu Ablagerungen von Gangliosiden kommt.

Tbc, *Tb*, Abk. für ↗ Tuberkulose.

T-DNA, der Abschnitt des ↗ Ti-Plasmids von ↗ Agrobacterium tumefaciens, der während des Gentransfers in das Pflanzengenom integriert und dort zur Bildung eines Pflanzentumors (*Wurzelhalsgallenkrebs*) führt, in dessen Gewebe die Synthese von ↗ Opinen erfolgt. Zur Erzeugung ↗ transgener Pflanzen können die Gene, die bei Wildtyp-Stämmen vorhanden sind, durch jedes beliebige Gen ersetzt werden, das dadurch in das Genom eines Modellorganismus wie ↗ Arabidopsis thaliana oder einer landwirtschaftlichen Nutzpflanze übertragen wird.

Teakholzbaum, *Tectona grandis*, zur Fam. ↗ Verbenaceae gehörender bis 40 m hoher tropischer Baum. Das gelblich-braune Teakholz zeichnet sich durch seine Härte und Dauerhaftigkeit aus.

technische Biologie, Erforschung des Struktur-Funktions-Zusammenhangs lebender Organismen unter Verwendung ingenieurwissenschaftlicher und physikalischer Methoden. (↗ Bionik)

Tectona, Gatt. der Fam. ↗ Verbenaceae.

Tectum, *Tectum opticum*, *Mittelhirndach*, übergeordnetes Zentrum im Wirbeltiergehirn, in dem von den Augen kommende Nervenimpulse verarbeitet werden. Bei allen Nichtsäugern besteht es aus zwei kleinen Hügeln (*Lamina bigemina*) am Dach des Rautenhirns an der Grenze zum Zwischenhirn. Bei Säugern hat sich durch Anlagerung seitlicher Rautenhirnkerne eine Vierhügelplatte (*Lamina quadrigemina*) gebildet. Entsprechend seiner Bedeutung als primäres Sehzentrum kann das T. bei überwiegend optisch orientierten Tieren, wie z. B. den Vögeln, beachtliche Größe besitzen. Es zeigt einen komplizierten Aufbau aus bis zu 14 Zellschichten. Das T. der Säugetiere ist zu einem untergeordneten Zentrum für optische und akustische Reflexe geworden. (↗ Gehirn)

Teestrauch, *Camellia sinensis*, zur Fam. der ↗ Theaceae gehörender, ursprünglich in Indien beheimateter Strauch, dessen getrocknete und erhitzte Blätter den *Grünen Tee* liefern. Bei der Herstellung von *Schwarzem Tee* werden die Blätter einem Fermentierungsprozess unterzogen, wodurch glykosidisch gebundene ↗ etherische Öle frei werden, die dem Tee das typische Aroma verleihen. Die Pflanze enthält außerdem zahlreiche Gerbstoffe und ↗ Alkaloide. Hauptanbauländer sind China, Japan, Indien und Sri Lanka.

Teestrauchgewächse, die Fam. ↗ Theaceae.

Teff, *Zwerghirse*, *Eragrostis tef*, wichtigste Getreideart (↗ Poaceae) Nordäthiopiens. Die 40 bis 80 cm hohen Gräser bilden eine 15 bis 35 cm lange Rispe aus. Die Körner sind nur 1 bis 1,5 mm dick. (↗ Hirsen)

Teich, künstlich angelegtes Wasserbecken, das in der Größe einem ↗ Weiher entspricht, und einen regulierbaren Zu- und Abfluss besitzt. T. werden oft für die Fischzucht angelegt, aber auch in Form der so genannten *Schönungsteiche* zur Nachbehandlung bereits geklärter Abwässer.

Teichfrosch, *Wasserfrosch*, *Rana esculenta*, bei uns bekannteste Art der Fam. ↗ Ranidae. T. sind bis auf wenige Populationen eigentlich keine eigenständige Art, sondern Hybride zwischen Seefrosch (*Rana ridibunda*) und Tümpelfrosch (*Rana lessonae*). Die meisten Populationen des T. haben eine stark eingeschränkte Fruchtbarkeit; neben diploiden gibt es auch triploide Populationen, selten sind reine, und dann fertile *Rana esculenta*-Populationen. Meist kommt der T. mit einer der beiden Elternarten vor, insbesondere *Rana lessonae*. Hierbei erhält sich die *Rana esculenta*-Population durch *Hybridogenese*: Von *Rana esculenta* produzierte Gameten enthalten nur das *ridibunda*-Genom, das *lessonae*-Genom wird bei der Gametenbildung eliminiert. Dadurch entstehen bei Rückkreuzungen mit *Rana lessonae* immer wieder Hybride mit *ridibunda*- und *lessonae*-Genom. Dass der T. trotz eingeschränkter Fertilität der häufigste Grünfrosch Mitteleuropas ist, wird darauf zurückgeführt, dass er eine größere Vitalität und Anpassungsfähigkeit als die beiden Elternarten hat und ein kleiner Anteil einer Elternart in einer Population zur Produktion neuer *Rana esculenta* ausreicht.

Teichhuhn, Art der Rallen (↗ Rallidae).

Teichmuschel, Art der ↗ Palaeoheterodonta.

Teiidae, *Schienenechsen*, Fam. der Echsen (↗ Squamata) mit ca. 45 Gatt. und 200 Arten, die ausschließlich neuweltlich in Wüsten, Steppen und Regenwäldern verbreitet sind. Sie sind 7 - 140 cm lang und zeigen viele äußere Übereinstimmungen mit den altweltlichen Eidechsen, die sie in ihrem Verbreitungsgebiet vertreten, aber die Kopfschilder sind nicht mit den Schädelknochen verwachsen und die Zähne am Grund nicht ausgehöhlt. Die Form der Zähne ist je nach Ernährungsweise sehr vielgestaltig. Bei einigen Taxa sind die Extremitäten reduziert. Am Bauch befinden sich regelmäßige Schienen und Schilder (Name!). T. sind meist Eier legend.

Teilentkeimung, ↗ Sterilisation.

Teilungsgewebe, das ↗ Meristem.

Teilungsspindel, der ↗ Spindelapparat.

Teilzieher, Vögel, bei denen ein Teil der Individuen im Winter die nördlichen Bereiche des Brutgebiets verlässt. Bei T. gibt es auch geschlechtsspezifische Unterschiede, wie z. B. beim ↗ Buchfinken, dessen Weibchen überwiegend abziehen, während die Männchen großenteils zurückbleiben.

Telegrafenpflanze, *Desmodium gyrans*, in Indien beheimatete und zur Fam. der ↗ Fabaceae gehörende krautige Pflanze mit dreizähligen Fiederblättern. Die kleinen Seitenfiedern führen bei ausreichenden Licht- und Temperaturbedingungen schnelle, autonome, mitunter ruckartige Bewegungen durch, die durch Turgoränderungen in den Gelenkpolstern der Blätter bewirkt werden. (s. Abb. Blattbewegungen)

Telencephalon, *Endhirn*, Teil des ↗ Gehirns.

Teleomorphe, die sich sexuell fortpflanzende Hauptfruchtform mancher Pilze. (↗ Pleomorphismus)

Teleostei, *Eigentliche Knochenfische*, mit rund 25000 Arten die erfolgreichste Fischgruppe mit vielen Ord., die fast alle Knochenfischarten (bis auf 51 Arten) beinhaltet und in nahezu allen Lebensräumen der Meere und der Süßgewässer vorkommt. Die T. sind gekennzeichnet durch ein völlig verknöchertes Skelett, amphicoele Wirbel (↗ Wirbelsäule), Fleischgräten in der Muskulatur, eine meist vorhandene unpaare ↗ Schwimmblase, die durch Anpassung ihres Gasgehalts ein Schweben im Wasser ohne Muskelarbeit ermöglicht, durch Ablösung einiger Schädelknochen und eine damit verbundene größere Beweglichkeit des Oberkiefers und des Mundes sowie durch die Ausbildung kleiner, knöcherner Elasmoidschuppen in Form von Cycloid- oder Ctenoidschuppen (↗ Schuppen). Die Systematik der T. kann noch nicht befriedigen. Zu ihnen gehören u. a. die ↗ Anguilliformes, ↗ Clupeiformes, ↗ Cypriniformes, ↗ Cyprinodontiformes, ↗ Gadiformes, ↗ Lampriformes, ↗ Lophiiformes, ↗ Perciformes, ↗ Pleuronectiformes, ↗ Salmoniformes, ↗ Scorpaeniformes, ↗ Siluriformes, ↗ Syngnathiformes und ↗ Tetraodontiformes. (↗ Crossopterygii, ↗ Dipnoi, ↗ Fische)

Teleutosporen, *Wintersporen*, eine Sporenform der Rostpilze (↗ Uredinales).

Teloblasten, Bildungszellen, die durch inäquale Teilungen in dieselbe Richtung ↗ Blasteme entstehen lassen, ohne selbst in deren Differenzierung einbezogen zu werden. T. sind in der Phase der inäqualen Teilungen meist größer als ihre abgeschnürten Tochterzellen; sie bleiben als Folge der konstanten Lage der Teilungsebene am Ende der aus ihnen entstandenen Zellreihen liegen (Name!). T. kommen bei Gliedertieren (↗ Arthropoda) vor und können ↗ Ektoderm (*Ekto-Teloblasten*) oder ↗ Mesoderm (*Meso-Teloblasten*) bilden.

Teloconch, *Teloconcha*, *Adultschale*, die von den Schalenweichtieren (↗ Conchifera) im Anschluss an den ↗ Protoconch gebildete Schale. Sie ist meist in ihrer Struktur vom Protoconch verschieden und zeigt außer Dicken- auch Flächenzuwachs.

telolecithal, Bez. für dotterreiche Eier, bei denen der Dotter an einem Pol konzentriert ist, z. B. die Eier der ↗ Amphibia. (↗ Furchung)

Telom, ungegliederter, zylindrischer und stängelförmiger Vegetationskörper der ↗ Psilophytopsida. Das T. besteht aus einer einfachen ↗ Stele, einem

Rindenmantel aus Grundgewebe und einer cutinisierten Epidermis mit einfachen ↗ Stomata.

Telomere, die Enden der ↗ Chromosomen, die aus kurzen, repetitiven DNA-Sequenzen bestehen; beim Menschen findet sich das Sequenzmotiv TTAGGG über einen Bereich von bis zu 12 kb tausendfach hintereinander. Bedingt durch die ↗ Replikation der nichtlinearen Chromosomen kommt es mit jeder Replikationsrunde zu einer sukzessiven Verkürzung der Telomeren, weil die Bereiche, in denen sich am Folgestrang der für die ↗ Replikation erforderliche RNA-Primer befindet, nicht durch DNA ersetzt werden kann. Diesem Verlust wirkt die ↗ Telomerase entgegen.

Telomerase, eine ↗ DNA-Polymerase, die der durch die DNA-Replikation bedingten Verkürzung der ↗ Telomere entgegenwirkt, indem sie am dabei entstehenden einzelsträngigen 3'-OH-Ende eine je nach Art verschiedene, kurze DNA-Sequenz synthetisiert. Auf diese Weise bleibt die Länge der Telomeren in etwa erhalten. T. bestehen aus einer Protein- und einer RNA-Komponente, die die in den äußeren Telomerenenden vorkommenden G-reichen Einzelstränge erkennen. Die im Ribonucleoprotein vorhandene RNA scheint dabei Sequenzen aufzuweisen, die zur Grundsequenz der Telomeren komplementär sind.

Die Bedeutung der T. ist vor allem im Zusammenhang mit Tumorzellen (↗ Tumor) und biologischen Alterungsprozessen Gegenstand der molekularbiologischen Forschung. Im Gegensatz zu sich fortwährend teilenden Tumorzellen nimmt in sich normal entwickelnden somatischen Zellen (Körperzellen) die T.-Aktivität mit zunehmendem Alter ab, wobei Zellen absterben, sobald sie eine kritische Telomerenlänge erreicht haben. Experimente, in denen durch gentechnische Verfahren Zelllinien oder Organismen mit einer erhöhten oder verminderten T.-Aktivität hergestellt wurden, dienen der Erforschung der genauen Funktion von Telomeren und Telomerase.

Telomtheorie, Erklärungsmodell für die phylogenetische Entstehung eines echten in ↗ Wurzel, ↗ Spross und ↗ Blatt gegliederten ↗ Kormus der ↗ Kormophyten aus blattlosen Telomen (↗ Telom) in fünf grundlegenden *Elementarprozessen*. Diese einzelnen Prozesse vollzogen sich in der Stammesgeschichte mehrfach und unabhängig voneinander oder auch in unterschiedlichen Kombinationen der Einzelprozesse und führten so zu den unterschiedlichen Kormussystemen der verschiedenen pflanzlichen Großgruppen.

In der ersten Phase der *Übergipfelung* wird eine Arbeitsteilung ursprünglich gleichwertiger Triebe in tragende Hauptachsen und seitliche Nebenachsen eingeleitet. Die Hauptachsen übergipfeln durch einen größeren Wachstumsimpuls die Nebenach-

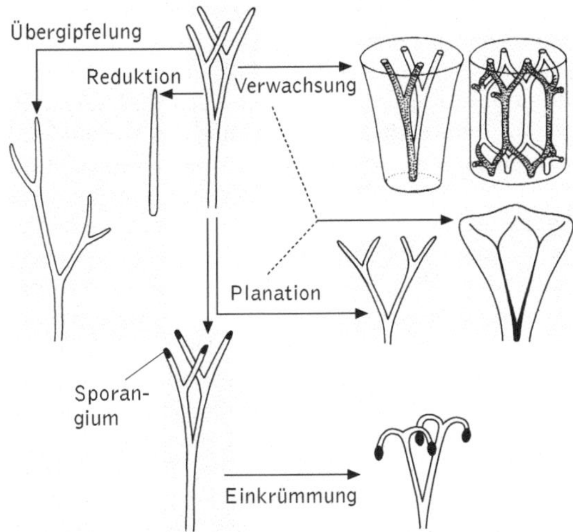

Telomtheorie Die auf W. Zimmermann (1892-1980) zurückgehende Telomtheorie beschreibt die fünf Elementarprozesse, die von ursprünglichen, gabelig aufgebauten Landpflanzen, wie sie z. B. durch *Rhynia* repräsentiert werden, zum Bauplan der heutigen Vertreter der Farnpflanzen und der Samenpflanzen überleiten (nach Jacob, F. et al.: Botanik, [4]1994)

sen, die die Assimilation übernehmen. In der zweiten Phase, der *Planation* richten sich die Seitenachsen in einer Ebene aus. Die anschließende *Verwachsungs*-Phase ist dadurch gekennzeichnet, dass die in einer Ebene befindlichen Seitentriebe durch Bildung parenchymatischen Gewebes miteinander verwachsen. Dies kann sowohl zwischen zweidimensional angeordneten Telomen erfolgen und führt dann zu mehrnervigen, flächigen Blättern oder aber zwischen dreidimensional angeordneten Telomen, woraus Sprossachsenformationen resultieren. Der darauf folgende Prozess der *Reduktion* spielt für die Entstehung der Nadelblätter der Gymnospermen (↗ Gymnospermae) eine Rolle. Nach der Übergipfelung werden gabelige Seitentelome auf Resttelome reduziert. So kann man die Entstehung ein- oder zweinerviger Blätter erklären oder auch die achselständige Anordnung der Sporangien bei den Bärlappen (↗ Lepidodendrales). Die randständige oder unter- und flächenständige Anordnung der Sporangien bei den Sporophyllen der Schachtelhalme (↗ Equisetopsida) und Farne (↗ Pteridopsida) oder des Fruchtblatts der Bedecktsamer (↗ Angiospermae) lässt sich von dem abschließenden Prozess der *Einkrümmung* herleiten.

Telophase, ↗ Meiose, ↗ Mitose.

Telson, letzter, postsegmentaler Körperabschnitt bei Gliederfüßern (↗ Arthropoda), homolog dem Pygidium der Ringelwürmer (↗ Annelida). Das T. tritt bei den Krebsen (↗ Crustacea) in zwei unterschiedlichen Formen auf: Bei Nicht-Malacostraca und wenigen ursprünglichen ↗ Malacostraca trägt es paarige Anhänge (*Furca*), bei den meisten Malacostraca bildet es als „Schwanzplatte" zusammen mit den Uropoden einen *Schwanzfächer*.

TEM, die Abk. für Transmissionselektronenmikroskop (↗ Mikroskop).

Temin, *Howard Martin*, amerikan. Biologe, ＊ 10.12.1934 Philadelphia (Pennsylvania), † 9.2. 1994 Madison (Wisconsin); ab 1964 Prof. in Madison. T. klärte durch Untersuchungen der von Tumorviren befallenen Zellen den chemischen Mechanismus der Virusreplikation auf und erkannte die Funktion des an diesem Prozess beteiligten Enzyms ↗ Reverse Transkriptase. Er erhielt 1975 zusammen mit D. ↗ Baltimore und R. ↗ Dulbecco den Nobelpreis für Physiologie oder Medizin.

Temperatur, einer der wesentlichen ↗ abiotischen Faktoren, der entscheidend die Lebensprozesse der Organismen beeinflusst, ihre Verteilung bedingt und zu speziellen Anpassungs- und Regulationsmechanismen geführt hat. Die Temperaturunterschiede an und in der Erdoberfläche haben verschiedene Ursachen, u. a. die Lage des Biotops je nach geografischer Breite und Höhe über dem Meer, die Auswirkungen der Kontinentalität, jahres- und tageszeitlicher Wechsel, mikroklimatische Effekte oder die Tiefe im Wasser oder im Boden. Das Wachstum und die Entwicklung der Organismen ist innerhalb einer unterschiedlichen Schwankungsbreite stark temperaturabhängig. Während *eurytherme* Organismen innerhalb eines weiten Temperaturbereichs leben und große Temperaturdifferenzen ertragen können, ist das Überleben *stenothermer* Organismen nur innerhalb eines engen Temperaturbereichs möglich. Die Verbreitung der meisten Arten hängt jedoch viel stärker von den gelegentlich auftretenden *Extremwerten* der T. ab als von den mittleren *Minimal-* oder *Maximalwerten*. Für die Mehrzahl der Organismen liegt der Bereich der Körpertemperatur, bei der ein aktives Leben möglich ist, zwischen 0 °C und 50 °C. Während oberhalb dieser T. ohne besondere Anpassungen (↗ Hitzeresistenz) die Proteine des Körpers koagulieren, kommt es bei T. unter dem Gefrierpunkt zur Eisbildung des zellulären und extrazellulären Körperwassers (↗ Frostresistenz). I. Allg. liegt zwischen dem artspezifischen minimalen und dem maximalen tolerierbaren Temperaturbereich das *Temperaturoptimum*, bei dem die Lebensvorgänge am effektivsten ablaufen. Bei *homoiothermen* Tieren nennt man dieses Optimum auch *thermoneutrale Zone*; innerhalb derer keine Stoffwechselenergie zur ↗ Temperaturregulation aufgewendet werden muss.

Da das Wasser ab einer bestimmten Tiefe nur geringe T.-Schwankungen aufweist, die auch nur langsam und stetig erfolgen, müssen die Organismen dieses Lebensraumes nur wenige Anpassungen an unterschiedliche T. entwickeln. Im Gegensatz dazu sind die T.-Schwankungen terrestrischer Lebensräume wesentlich abrupter und weniger vorhersehbar, sodass die Anpassungsmechanismen weitaus vielfältiger sein müssen.

Außer auf die physiologischen Prozesse hat die T. auch Einfluss auf andere abiotische Faktoren, z. B. die Verfügbarkeit von Wasser und dem darin enthaltenen Sauerstoff, da die Löslichkeit des Sauerstoffs im Wasser mit höheren Temperaturen abnimmt. Auch die relative Luftfeuchtigkeit ist ein wichtiger, von der T. abhängiger Faktor im Leben terrestrischer Organismen, da sie mitentscheidend für den Wasserverlust des Organismus ist. Dies gilt in besonderem Maße für Tiere, die sich im Bezug auf ihren Wasserhaushalt „aquatisch" verhalten, wie z. B. Amphibien (↗ Amphibia), terrestrische Asseln (↗ Isopoda), Regenwürmer (↗ Regenwurm) oder Weichtiere (↗ Mollusca).

Die T. wirkt im Zusammenhang mit anderen abiotischen Faktoren auch als Stimulus auf die Entwicklung von Organismen; so benötigen manche Pflanzen beispielsweise eine bestimmte Kälteperiode, damit in der anschließenden Phase der Temperaturerhöhung der Wachstums- und Entwicklungszyklus beginnen kann, oder es ist dazu ein Zusammenwirken zwischen Temperaturschwankungen und *Fotoperiode* notwendig.

Temperaturregulation, *Thermoregulation, Wärmeregulation*, bei lebenden Organismen unterschiedlich gut ausgebildete Fähigkeit, eine ausgeglichene Bilanz zwischen Wärmeaufnahme, -abgabe und -produktion, zu erreichen. Auf der „Einnahmeseite" stehen dabei von außen herangeführte Wärmestrahlung (Sonnenstrahlung, ↗ Energiefluss), deren Absorption durch entsprechend gefärbte ↗ Pigmente an der Körperoberfläche gefördert oder abgeschwächt werden kann; ferner die im Zellstoffwechsel produzierte Wärme, die je nach Art der Energie liefernden Prozesse zwischen 40 % und 80 % der gesamten freien Energie (↗ Enthalpie, ↗ Entropie) der metabolisierten Stoffe betragen kann. Durch besondere Mechanismen (Entkopplung der ↗ Atmungskette) gelingt es sogar, die gesamte Stoffwechselenergie als Wärme freizusetzen, was zu einer raschen Erwärmung des Organismus führt (↗ Winterschlaf). Auf der „Ausgabenseite" sind Wärmeverluste durch ↗ Transpiration oder allg. entlang eines Temperaturgradienten zu berücksichtigen. Zwischen beiden Seiten vermitteln Wärmetransportprozesse wie Konduktion (Wärmeübertragung durch Molekülbewegung) und Konvektion (Wärmetransport durch Strömung eines Mediums). Bei den meisten Organismen ist die Fähigkeit zur T. gar nicht oder nur partiell ausgebildet (Pflanzen, alle Tiere mit Ausnahme der Vögel und Säuger;

↗ poikilotherm); nur die letzteren beiden Tiergruppen verfügen über ein Temperaturregulationszentrum im Gehirn, das die ↗ Körpertemperatur auf einen bestimmten Sollwert einregelt und konstant hält (↗ homoiotherm). Auch ohne das Vorhandensein eines Temperaturregulationszentrums gibt es durch spezielles Verhalten oder morphologische Anpassungen Möglichkeiten zur T.: die so genannten ↗ Kompasspflanzen vermögen den Strahlungseinfall durch Profilstellung ihrer Blätter zu vermindern; Wüsteneidechsen besitzen eine Art „zentralnervösen Temperatur-Fühler", der das Verhalten dahingehend steuert, dass durch Aufsuchen kälterer oder wärmerer Plätze die Körpertemperatur auf etwa 35 °C konstant gehalten wird; eine Pythonschlange (↗ Boidae) kann durch Aktivierung ihres Stoffwechsels ihre Körpertemperatur beim Ausbrüten der Eier um bis zu 7 °C über die Umgebungstemperatur ansteigen lassen. Viele (insbesondere große) Insekten, wie z. B. Hummeln, Schwärmer, Libellen oder Käfer erzeugen durch schnelle Kontraktionen der Thoraxmuskulatur („Pumpen") und Flügelschwirren Stoffwechselwärme und heizen so den Flugapparat auf. Sie können damit auch bei niedrigen Umgebungstemperaturen fliegen und erreichen Thoraxtemperaturen von bis zu 42 °C, die nur wenige Grad unter der Letaltemperatur (46 - 47 °C liegen). Da es sich bei dieser Wärmeproduktion um einen Vorgang mit positiver Rückkopplung handelt, der leicht zu einer Überhitzung führen kann, muss auch für eine Abfuhr der überschüssigen Wärme gesorgt werden. Dies geschieht durch eine Steigerung des Hämolymphstroms vom gut isolierten Thorax zu dem nur mit einer dünnen Cuticula bedeckten Abdomen, über das die Wärme abgegeben werden kann. Für die Wärmeabgabe bzw. -aufnahme ist generell das Oberflächen-Volumen-Verhältnis des Körpers eine bestimmende Größe (↗ Bergmann-Regel). Bei poikilothermen Tieren wird daher die Aktivität bei kleinen Formen (mit relativ großer Oberfläche) hauptsächlich von der eingestrahlten Wärme bestimmt, bei größeren Formen geht die Stoffwechselwärme als wichtiger Aktivitätsfaktor ein, insbesondere dann, wenn sie durch morphologische Strukturen konserviert werden kann. Solche Strukturen sind neben den erwähnten Isolationsschichten Vorrichtungen zum ↗ Gegenstromaustausch, die in ihrer perfektesten Ausgestaltung als ↗ Rete mirabile arbeiten. Gegenstromaustauscher und Rete sind auch bei homoiothermen Organismen weit verbreitet (Rete des Tunfischs, Gegenstromaustauscher in den Beinen von Stelzvögeln, Rete im Gehirn verschiedener Säuger).

Homoiotherme Tiere besitzen zwei Zentren der Temperaturregulation im ↗ Hypothalamus, ein wärmeaktivierbares im vorderen Teil und ein kälteaktivierbares im hinteren Teil. Beide sind reziprok über hemmende ↗ Interneurone verschaltet. Periphere Wärme- und Kälterezeptoren (Wärmepunkte und Kältepunkte, ↗ Temperatursinn) in der ↗ Haut melden über afferente Bahnen Temperaturveränderungen an die entsprechenden Zentren, die ihrerseits über efferente Bahnen eine Reihe von thermoregulatorischen Reaktionen veranlassen. Neben den Hautrezeptoren sind Kerntemperaturrezeptoren im Bereich des Hypothalamus selbst gefunden worden, die auf Erwärmung ansprechen und dabei synergistisch mit den Hautrezeptoren wirken. Bei Ansteigen der Körper-Kerntemperatur, wie sie z. B. unmittelbar nach Beginn schwerer körperlicher Arbeit eintritt, können sofort Abkühlungsmechanismen in Gang gesetzt werden, noch bevor die Körperschale erwärmt wird. Bei den peripheren thermoregulatorischen Mechanismen selbst kann zwischen Wärmeproduktion und Steuerung der Wärmeabgabe unterschieden werden. Wärme wird entweder über aktive Muskelarbeit (so genanntes *Kältezittern*, bei starkem Frieren) produziert – ausgelöst durch vom hinteren Hypothalamus caudalwärts ziehende somatomotorische Nerven (so genannte zentrale Zitterbahnen) – oder durch Aktivierung des Fettabbaues im braunen Fett (*zitterfreie Thermogenese*) über die Ausschüttung von ↗ Noradrenalin aus sympathischen Endigungen autonomer Nerven. Diese Art der Wärmeerzeugung spielt insbesondere bei neugeborenen Tieren (einschließlich des menschlichen Säuglings) sowie beim Aufwachen aus dem Winterschlaf eine Rolle. Schließlich wird über das ↗ Thyreotropin-Releasing-Hormon aus dem Hypothalamus die ↗ Hypophyse zur Ausschüttung des ↗ Thyreotropins und damit zur Stimulation der ↗ Schilddrüse veranlasst, was eine generelle Stoffwechselaktivierung zur Folge hat. Zur Steuerung der Wärmeabgabe wird die Durchblutung insbesondere der „Akren" (Finger, Hand, Ohren, Lippen, Nase), des Kopfes und der Extremitäten über noradrenerge sympathische Nerven variiert, wobei Kältebelastung zur Gefäßverengung (Vasokonstriktion) und Wärmebelastung zur Gefäßerweiterung (Vasodilatation) und damit zur Durchblutungssteigerung führt. Speziell über arteriovenöse ↗ Anastomosen kann Wärme abgegeben werden (konvektiver Wärmetransport). Über cholinerge sympathische Nerven wird ferner die Schweißsekretion reguliert (↗ schwitzen); das mit dem ↗ Schweiß ausgeschiedene ↗ Gewebshormon ↗ Bradykinin fördert ebenfalls die Vasodilatation. Tiere ohne oder mit nur wenigen, auf bestimmte Areale verteilten ↗ Schweißdrüsen erzeugen zur Wärmeabgabe einen Luftstrom über die Mundschleimhaut und den oberen respiratorischen Trakt (↗ Hecheln), wobei meist auch die Speichelabsonderung erhöht wird.

Bei verschiedenen Vögeln (Tauben) wird die Hechel-Wärmeabgabe durch Anpressen der Trachea an ein oesophageales Rete noch verbessert. In manchen Fällen (Känguru) wird der Speichel über den ganzen Körper verteilt und so die Erzeugung von Verdunstungskälte gefördert. Schließlich kann, ebenfalls über sympathische Nerven, die Stellung von Federn oder Fellhaaren (aufgerichtet oder angelegt, „Aufplustern") und damit die Größe des isolierenden eingeschlossenen Luftpolsters kontrolliert werden (↗ Gänsehaut).

Bei neugeborenen Säugern ist die Fähigkeit zur T. noch unvollständig ausgeprägt, z. T. (junge Mäuse) verhalten sie sich Änderungen der Umgebungs-Temperatur gegenüber wie poikilotherme Organismen. Der menschliche Säugling hat nach der Geburt ein Oberflächen-Volumen-Verhältnis, das etwa dreimal so groß wie das des Erwachsenen ist. Zusammen mit einem nur dünnen Fettpolster zwingt dies zu einem hohen Energieumsatz. Die Temperatur-Neutralzone liegt beim Neugeborenen bei 32 - 34 °C; schon bei 23 °C ist die untere Grenze des Regelbereichs erreicht (beim Erwachsenen erst bei 0 - 5 °C). Das Neugeborene zeigt zwar ansteigende Aktivität, wenn es Kälte- oder Wärmebelastung ausgesetzt wird, kann aber nur über zitterfreie Thermogenese im braunen Fettgewebe Wärme produzieren. Die so erzeugte Stoffwechselwärme beträgt nur etwa die Hälfte der von Erwachsenen erzeugten Wärme. Die Gefahr einer Unterkühlung (Hypothermie) ist daher für das Neugeborene besonders groß. Auch das Vermögen, zu schwitzen, ist erst unzureichend vorhanden und bei Frühgeburten noch gar nicht ausgebildet. Babies besitzen mit etwa 415 Schweißdrüsen/cm^2 etwa 6,5 mal soviel wie Erwachsene, produzieren aber nur ein Drittel der Schweißmenge eines Erwachsenen. Beim älteren Menschen vermindert sich die Fähigkeit zur T. wieder, sodass auch bei Körper-Kerntemperaturen von 35 °C oder weniger noch kein Kältezittern einsetzt (obwohl subjektiv die niedrigere Temperatur wahrgenommen wird).

Temperatursinn, *Wärmesinn*, *Thermorezeption*, die Fähigkeit von Tieren und Mensch, Unterschiede bzw. Änderungen der Umgebungstemperatur wahrzunehmen. Der T. ist für die Organismen von großer Bedeutung, da das Temperatur-Intervall, in dem tierisches und menschliches Leben möglich ist, relativ klein ist. Abgesehen von wenigen Ausnahmen, können insbesondere wechselwarme Tiere (↗ poikilotherm) nur in einem Bereich von ca. 0 °C bis etwa 50 °C aktiv sein. Bei Temperaturen unter 0 °C fallen die Tiere in eine ↗ Kältestarre, aus der sie wieder erwachen können, wenn die Temperatur nicht zu stark absinkt, d. h. den Kältetod zur Folge hat. Der Hitzetod tritt i. d. R. bei Temperaturen oberhalb 50 °C ein (↗ Hitzeresistenz). Für gleichwarme Tiere (↗ homoiotherm) liegen die Verhältnisse anders, da diese sich durch ↗ Temperaturregulation von der Außentemperatur weitgehend unabhängig gemacht haben.

Vermutlich verfügen alle Tiere über *Temperatur-* oder *Thermorezeptoren*, wenngleich diese nur in wenigen Fällen bekannt sind. In der menschlichen ↗ Haut gibt es kleinflächige Regionen, deren Rezeptoren entweder auf Kälte (*Kälterezeptoren, Kältepunkte*) oder auf Hitze (*Wärmerezeptoren, Wärmepunkte*) besonders sensibel reagieren, wobei ihre Verteilung auf der Körperoberfläche unterschiedlich ist. So besitzt der Mensch auf der Zunge 16 - 19 Kältepunkte/cm^2, auf der Handfläche aber nur ein bis fünf. Die Wärmepunkte sind meist seltener und fehlen in vielen Regionen. Temperaturen über 45 - 50 °C werden nicht als Hitze, sondern als ↗ Schmerz empfunden. Über das Vorkommen von Temperaturpunkten bei anderen homoiothermen Organismen weiß man sehr wenig, wie auch die genauere Morphologie der Temperatur-Rezeptoren, abgesehen davon, dass es sich meist um *Sinnesnervenzellen* (↗ Sinneszellen) handelt, weitgehend unbekannt ist. Als Wärmerezeptoren werden die *Krause-Endkolben* angesprochen, wohingegen die auch auf Dehnung ansprechenden *Ruffini-Körperchen* auf Kälte reagieren (Kälterezeptoren). Weiterhin spielen freie Nervenendigungen eine Rolle bei der Temperatur-Perzeption.

Besondere Temperatursinnesorgane sind die paarigen, zwischen Augen- und Nasenöffnung gelegenen Grubenorgane der Grubenottern (↗ Viperidae; insbesondere ↗ Klapperschlangen) und die Lippenorgane der Riesenschlangen (↗ Boidae). In den Grubenorganen befindet sich eine stark durchblutete und vom ↗ Nervus trigeminus reichlich innervierte Membran, die in den Lippenorganen fehlt. Hier ist der Grubengrund stark innerviert und durchblutet. Der adäquate Reiz für diese Organe ist die von einem Objekt ausgehende Wärmestrahlung, wobei Wellenlängen zwischen 1 und 3 μm bis hin zum Infrarot perzipiert werden können. Thermorezeptoren reagieren auf die durch Wärmestrahlung hervorgerufenen Temperaturänderungen in den Organen, wobei noch Temperatur-Unterschiede von drei Tausendstel Grad Celsius wahrgenommen werden können. Durch diese enorme Empfindlichkeit, die paarige Anordnung der Organe und die Verteilung der Rezeptoren in den Organen ist eine genaue Richtungslokalisation möglich, welche die Schlangen auch bei vollständiger Dunkelheit zum Beutefang befähigt. Über ebenso leistungsfähige Temperatursinnesorgane verfügen die australischen Großfußhühner (↗ Megapodiidae). Sie legen ihre Eier in Hügel aus Sand und organischem Material. Die Brutwärme wird durch Sonneneinstrahlung und Gärprozesse erzeugt. Durch Einführen des

Schnabels wird die Wärmeentwicklung gemessen („Thermometerhuhn") und durch Abtragen oder Vergrößern des Hügels oder durch Erzeugen und Verschließen von Öffnungen auf 33 ± 1 °C konstant gehalten, obwohl die Außentemperaturen zwischen − 8 °C und + 44 °C schwanken können.

Temperaturtoleranz, Widerstandsfähigkeit gegenüber extremen Temperaturen. Man unterscheidet ↗ Hitzeresistenz, das ist die Fähigkeit, hohe Temperaturen unbeschadet zu überstehen, ↗ Kälteresistenz als Toleranz gegenüber niedrigen Temperaturen oberhalb des Gefrierpunktes und ↗ Frostresistenz, bei der der Organismus sogar Temperaturen unterhalb des Gefrierpunktes verträgt.

temperente Phagen, DNA-Viren, die Bakterienzellen infizieren, jedoch nicht gleich vermehrt werden und die Zelle somit auch nicht schnell lysieren. Dieses temperente (gemäßigte) Verhalten beruht darauf, dass die Phagen-DNA in das Wirtsgenom integriert wird. Sie wird in diesem Stadium als *Prophage* bezeichnet, das Wirtsbakterium als *lysogen*. Die ↗ Lysogenie beinhaltet zwei Möglichkeiten: den *lysogenen* Weg und den *lytischen Weg*. Beim lysogenen Weg wird nur ein einziges Gen der Phagen-DNA aktiviert, dessen Repressor-Protein die weiteren Aktivitäten des Phagengenoms blockiert und dazu führt, dass die Phagen-DNA nicht exprimiert, sondern an einer bestimmten Stelle in das Bakteriengenom integriert wird. In diesem Prophagen-Stadium wird das Virusgenom gemeinsam mit dem Genom der Bakterienzelle repliziert und an die Nachkommen der ursprünglich infizierten Zelle weitergegeben. Diese sind folglich alle lysogen. Durch äußere Einwirkungen, wie z. B. ↗ ultraviolette Strahlung und/oder ↗ Mutagene oder auch durch natürlich vorkommende Mutationen kann eine einzelne Zelle oder eine ganze Zellpopulation in den lytischen Zustand übergehen. Es kann auch ein spontaner Übergang zum lytischen Zustand erfolgen (etwa 1x10^4 Zellteilungen). Das Bakterium bildet zur Reparatur seiner DNA-Schädigung bestimmte Enyme, von denen eines auch das Repressor-Protein abbaut, das die ↗ Transkription der Phagen-DNA in mRNA blockiert. Mit Beginn der Transkription werden an den bakteriellen Ribosomen phagenspezifische Enzyme synthetisiert. Die Bakterien-DNA wird abgebaut und die daraus entstehenden Bausteine werden zur Synthese der Phagen-Nucleinsäuren verwendet. Alle Bestandteile der Wirtszelle arbeiten jetzt nach Informationen der Phagen-DNA, die Zelle produziert Strukturproteine, die replizierte Phagen-DNA wird in die Köpfe eingeführt und anschließend erfolgt Zusammenbau der einzelnen Strukturproteine zum reifen Phagen. Ein von der Phagen-DNA codiertes *Lysozym* führt durch *Lyse* der Zelle zur Freisetzung der infektiösen

Phagen und dadurch zum Tod der Wirtszelle. Zu den t. P. gehört der *Phage Lambda* des Bakteriums *Escherichia coli*.

temperente Viren, Bez. für Viren, die ihr Genom gemeinsam mit demjenigen der Wirtszelle replizieren. Dieser Zustand wird als ↗ Lysogenie bezeichnet und führt nicht zum Absterben der Wirtszelle.

temporäre Gewässer, Gewässer, die zeitweilig austrocknen. Hierzu zählen ↗ Tümpel sowie seichte Wasseransammlungen nach starken Regenfällen, Schneeschmelze oder Überschwemmungen

Tenebrionidae, *Schwarzkäfer*, zu den ↗ Polyphaga gehörende Fam. der Käfer (↗ Coleoptera) mit weltweit über 20000, bei uns nur 68 Arten. Die sehr vielgestaltigen und in ihrer Lebensweise sehr vielfältigen Arten sind vor allem Bewohner trockener Steppen und Halbwüsten und haben sogar mit nicht wenigen Arten die echten Wüsten erobert. Sie leben überwiegend von absterbendem pflanzlichem Material. Schwarzkäfer sind u. a. an den randförmigen Erweiterungen der Wangen, unter denen die Fühler eingelenkt sind, i. d. R. leicht erkennbar. Die Käfer sind meist schwarz oder düster gefärbt. Die einheimischen Arten sind 1,5 - 31 mm groß, meist flugunfähig, und ihre Elytren sind in der Mitte verwachsen. Viele Arten haben pygidiale Wehrdrüsen (*Pygidialdrüsen*), aus denen sie vor allem Benzochinone abgeben können (ähnlich wie Bombardierkäfer, ↗ Carabidae). An Getreide-, Mehl- und Kleievorräten ist oft in großer Zahl der 3 mm große, rotbraune, langgestreckte *Palorus depressus* anzutreffen; ebenso leben in solchen Vorräten die heute überwiegend kosmopolitisch verbreiteten Reismehlkäfer (*Tribolium confusum*, *Tribolium constructor*) und die Vierhornkäfer (*Gnathocerus cornutus*), die bei Massenvermehrungen schädlich werden können. Im Mulm alter Bäume lebte ursprünglich auch der *Mehlkäfer* (*Tenebrio molitor*), der dunkelbraun ist, mit fadenförmigen Fühlern; Käfer und Larven („*Mehlwürmer*") sind heute meist synanthrop verbreitet in Bäckereien, Getreidespeichern und Ähnlichem. Mehlwürmer werden auch als Tierfutter für Vögel, Frösche und Reptilien genutzt. Bei gleichmäßigen Temperaturen produziert der Mehlkäfer zahlreiche Generationen im Jahr.

Tentaculata, *Lophophorata*, *Kranzfühler*, sessile und ausschließlich wasserlebende Tiere mit bewimperten Tentakeln, die dem Herbeistrudeln von Nahrung (Planktonorganismen) dienen. Rezent sind etwa 5000 Arten bekannt, von denen die meisten zu den Moostierchen (↗ Bryozoa) gehören, nur etwa 15 Arten zu den Hufeisenwürmern (↗ Phoronida) und etwa 330 Arten zu den Armfüßern (↗ Brachiopoda). Der Körper ist in *Prosoma* (oberlippenartiges Epistom), *Mesosoma* und *Metasoma* gegliedert und von einem Außenskelett umgeben. Der Tentakelträger (*Lophophor*) ist ursprünglich hufeisenförmig, bei den Phoronida und den Brachiopoda sind die Enden der Träger spiralig aufgerollt, wodurch eine größere Zahl Tentakel Platz findet. Der Darmkanal ist U-förmig, Mund und After sitzen an dem zum freien Wasser gerichteten Vorderende. Alle T. besitzen primär ein zweigliedriges Coelom.

Die T. durchlaufen in ihrer Entwicklung ein mehr oder weniger Trochophora-ähnliches Larvenstadium, das sich in z. T. tiefgreifender ↗ Metamorphose in das Adulttier verwandelt. Es gibt gute Gründe, die T. – so sie denn monophyletisch sind – als Schwestergruppe der Deuterostomia anzusehen. Unter den T. stellen die Phoronida den ursprünglichsten, die Brachiopoda den am weitesten abgeleiteten Organisationstyp dar. Der monophyletische Ursprung der T. ist derzeit noch umstritten. Einzig die Ausbildung des Prosomas als oberlippenartiges Epistom wird als mögliche Autapomorphie gewertet. Die T. sind seit dem Kambrium bekannt.

Tentaculifera, Gruppe der Rippenquallen (↗ Ctenophora).

Tentakel, 1) *Botanik*: gestielte, von einem kräftigen Tracheiden-Strang durchzogene Drüsen auf der Blattspreite der ↗ Droseraceae. Die T. scheiden zum Insektenfang klebrige Schleimtropfen ab. (↗ carnivore Pflanzen)

2) *Zoologie*: längliches, meist bewegliches Organ am Körper verschiedener Tiere, das häufig in Mehrzahl auftritt und dem Fang von Nahrung dient, seltener der Kontaktaufnahme mit Artgenossen oder mit dem Substrat. T. finden sich bei zahlreichen Tiergruppen, u. a. bei ↗ Tentaculata, ↗ Pogonophora, ↗ Pterobranchia, ↗ Holothuroida, ↗ Cephalopoda und ↗ Coelenterata.

Tentorium, Bez. für anatomische Strukturen.

1) chitiniges Innenskelett im Kopf der Insekten, das der Stütze der Kopfkapsel und vor allem als Muskelansatz für die Muskeln der ↗ Mundgliedmaßen dient.

2) *Tentorium cerebelli*, *Kleinhirnzelt*, ein Blatt der Dura mater (↗ Hirnhäute), das sich zwischen Großhirn (Cerebrum) und Kleinhirn (Cerebellum) zwischen den Kanten der Felsenbeinpyramide aufspannt. (↗ Gehirn)

Tepalen, gleich gestaltete Blätter eines Perigons (↗ Perigon), die ursprünglich als Kelchblätter oder Blütenkronblätter angelegt wurden. (↗ Blüte)

Teratologie, Teilbereich der Medizin und Toxikologie, der sich mit der Erforschung von ↗ Missbildungen und deren Ursachen befasst.

Teratom, eine durch Störungen der Embryonalentwicklung verursachte, aus mehreren Geweben bestehende Geschwulst, die auch bei Erwachsenen z. B. in den Keimdrüsen (Ovar: Dermoidzyste, Hoden) oder der Bauchhöhle vorkommt. T. neigen zur Bildung von ↗ Tumoren.

Terebrantes, *Legewespen*, ↗ Apocrita.

Teredo, die Gatt. ↗ Schiffsbohrmuscheln.

Tergit, bei Gliederfüßern (↗ Arthropoda) vom *Tergum* (dem sklerotisierten Rückenschild) abgegliedertes ↗ Sklerit.

Termination, Bez. für die Beendigung der Synthese von polymeren Biomolekülen wie ↗ Nucleinsäuren und ↗ Proteinen, die durch Signalsequenzen bzw. Signalstrukturen ausgelöst wird. (↗ Transkription, ↗ Translation)

Terminationscodon, ↗ Stoppcodon.

Termiten, die ↗ Isoptera.

Terpene, *Terpenoide*, umfangreiche Gruppe von Naturstoffen, die sich, wie auch die ↗ Steroide, vom Isopren ableiten (↗ Isoprenoide). Nach der Anzahl der zum Aufbau verwendeten Terpen-Einheiten unterscheidet man Monoterpene, Diterpene, Triterpene, Tetraterpene (↗ Carotinoide), Sesquiterpene, und Polyterpene (↗ Gutta, ↗ Kautschuk). Terpene können als ↗ Kohlenwasserstoffe, ↗ Alkohole, Ether, ↗ Aldehyde oder ↗ Ketone und in azyklischer, monozyklischer oder bizyklischer Form vorliegen. Sie sind im Tier- und Pflanzenreich weit verbreitet. Ihre gesamte Vielfalt findet sich jedoch nur in höheren Pflanzen, z. B. in ↗ etherischen Ölen, ↗ Harzen und ↗ Balsamen. Einige besitzen wichtige biologische Funktionen als ↗ Pigmente (Carotinoide), ↗ Pheromone, ↗ Phytohormone (↗ Gibberelline, ↗ Abscisinsäure) oder natürliche ↗ Insektizide (↗ Pyrethrine und Cinerine). T. finden u. a. Verwendung als Riechstoffe, Arzneimittel und Rohstoffe für die Industrie.

Terpene Einteilung der Terpene

Gruppe	Anzahl der C_5-Einheiten	typische Vertreter
Hemiterpene	1	„aktives Isopren"
Monoterpene	2	Citral, Iridoide, Campher
Sesquiterpene	3	Abscisinsäure, Proazulene
Diterpene	4	Gibberelline, Harzsäuren
Sesterterpene	5	Cochliobolin
Triterpene	6	Steroide, Steride, Ecdysone
Tetraterpene	8	Carotinoide
Polyterpene	bis 10.000	Kautschuk, Gutta, Polyprenole

Terrapene, *Dosenschildkröten*, Gatt. der Sumpfschildkröten (↗ Emydidae).

Terrarium, Behälter zur Haltung und Beobachtung von hauptsächlich Reptilien und Amphibien (auch kleineren Säugetieren), der meist aus Glas oder Drahtgeflecht mit einem Metallrahmen besteht. Die Einrichtung eines Terrariums sollte, soweit möglich, dem natürlichen Biotop der gehaltenen Tierart ähneln. Wichtig ist die Aufrechterhaltung bestimmter abiotischer Faktoren, so z. B. (meist hohe) Temperatur oder ein bestimmter Feuchtigkeitsgrad.

Terra rossa, im Mittelmeergebiet häufig auftretender ↗ Boden vom Typ einer Kalksteinroterde. Die unterschiedlichen Terra-Böden sind meist völlig entkalkt und besitzen einen durch Eisenhydroxide gefärbten B-Horizont.

terrestrisch, dem Festland zugehörig. Terrestrische Organismen leben ausschließlich auf dem Land, während *semiterrestrische* (bzw. semiaquatische, amphibische) teilweise auch das Wasser bewohnen.

terrestrische Ökosysteme, ↗ Ökosysteme.

Territorialverhalten, *Revierverhalten*, alle Verhaltensweisen, die dem Erwerb, der Markierung, der regelmäßigen Kontrolle und der Verteidigung des Reviers gegenüber Konkurrenten dienen. Sowohl beim Erwerb als auch bei der Verteidigung des Reviers wird zunächst ↗ Drohverhalten eingesetzt bevor es dann gegebenenfalls zum Kampf kommt. Aggressionshandlungen sind beim Erwerb wesentlich häufiger, da ein einmal besetztes ↗ Revier zwischen benachbarten Tieren häufig kampflos respektiert wird. Das *Markierverhalten* kann aus bestimmten Verhaltensweisen (z. B. auffälliges Präsentieren an der Reviergrenze), Lautäußerungen (bei Vögeln und vielen Amphibien) oder chemischen Duftmarken bestehen. Sowohl das Markierverhalten als auch das Drohverhalten und die regelmäßige Kontrolle sind für die Erhaltung eines Reviers unerlässlich. Wie stark das R. ausgeprägt ist und gegen wen es sich richtet, hängt von der jeweiligen Funktion des Reviers ab.

Territorium, *Revier*, ein begrenztes Gebiet innerhalb der für eine bestimmte Tierart typischen Lebensstätte, von dem ein Einzeltier, eine Familie oder eine Sippe Besitz ergriffen hat. Das T. wird gegenüber Eindringlingen verteidigt. Bindung an ein T. kann vorübergehend sein, wie bei vielen Vögeln während der Brutzeit oder beim Aufsuchen von Schlaf- und Überwinterungsplätzen bei Insekten oder Fledermäusen. Eine ständige Bindung an das T. zeigt sich bei einigen Fischen, der Feldmaus, der Wanderratte oder dem Murmeltier. Der Wahl und Inbesitznahme eines T. folgt bei höheren Tieren meist die Markierung des Territoriums, z. B. durch Duftstoffe bei Säugetieren oder durch Lautäußerungen bei Vögeln. Mit der festen Bindung an das T., der *Ortstreue*, ist häufig ein hochentwickeltes Heimkehrvermögen verbunden, z. B. bei Brieftauben, Lachsen und Amphibien.

Die Größe des Reviers kann je nach Nahrungsangebot schwanken und reguliert als ein Faktor der intraspezifischen ↗ Konkurrenz die Populationsdichte (↗ Abundanz).

Tertiär, *Braunkohlezeit*, ältere Periode der Erdneuzeit (↗ Känozoikum) von ca. 63 Mio. Jahren Dauer. Im stratigraphischen System gliedert sich die T.-Periode in *Paleozän, Eozän, Oligozän, Miozän* und *Pliozän*. Die Zweiteilung des Tertiärs in *Paläogen* (Alt-Tertiär) und *Neogen* (Jung-Tertiär) resultiert aus der geländemäßigen Signifikanz der hellen mio-pliozänen Kalke gegenüber den andersfarbigen älteren Ablagerungen im Bereich der Tethys. Wichtig für die stratigraphische Einteilung sind Mikrofossilien (z. B. Foraminiferen, Pollen, Sporen) sowie Weichtiere (Mollusca) und Wirbeltiere (Vertebrata).

Im Laufe des Tertiärs zog sich das Meer schrittweise auf seine heutigen Grenzen zurück, auch die Pole und Kontinente näherten sich ihrer heutigen Lage. Mit Ausnahme der Tethys-Region (↗ Kontinentalverschiebung) finden sich tertiäre Meeresablagerungen vorwiegend in der Nähe heutiger Meeresküsten; Landablagerungen sind beträchtlich weiträumiger überliefert als aus älteren erdgeschichtlichen Systemen. Teile von Norddeutschland und Dänemark waren unter Wasser. Dort kann das Tertiär Schichtmächtigkeiten bis zu 3,5 km erreichen. Auf dem südlich anschließenden Mitteleuropäischen Festland entstanden weite Verebnungsflächen mit rötlichen (Laterit) oder weißlichen (Kaolin) Verwitterungsdecken. Karstspalten füllten sich neben Bohnerzen und Roterden mit Säugetierresten, die, weil oftmals verkieselt, meist vorzüglich erhalten sind.

Die mesozoische Wärmezeit der Erde erreichte im Eozän einen neuen Höhepunkt. Von hier ab bis ins Miozän fanden üppige Braunkohlenwälder (↗ Braunkohle) hervorragende Standortbedingungen, aus denen bis zu 20 m dicke Kohleflöze (vor allem Braunkohle) entstanden. Bis zum Pleistozän folgte jedoch beständige Abkühlung. Nahe dem Tiefseeboden sanken die Temperaturen von 10 °C im Oligozän auf 7 °C im Miozän und 1,5 °C in der Gegenwart. Die Wärme liebenden ↗ Korallenriffe, im Eozän noch in Südengland und im Miozän im Wiener Becken heimisch, zogen sich auf die Äquatorialregion zurück. Der Ersatz tropischer Wälder durch gemäßigte Grassteppen hatte auch intensivere Veränderungen in der Tierwelt zur Folge (z. B. Umstellung von Laub- auf Grasnahrung). Das Herannahen phasenhafter Abkühlungen, wie sie für das ↗ Pleistozän charakteristisch sind, kündigte sich bereits im Spätmiozän an.

Die Tier- und Pflanzenwelt zeigte gegenüber der vorhergehenden Kreide starke Veränderungen infolge des letzten, vermutlich durch eine Katastrophe ausgelösten Faunenschnitts, nach dem vor allem Belemniten, Ammoniten und Saurier verschwanden (↗ Dinosaurier). Wichtige Leitfossilien sind Groß-Foraminiferen, wie Nummuliten oder Alveolinen. Korallenriffe und Moostierchen (Tardigrada) waren sehr formenreich, Krabben eroberten alle Meeresbereiche. Knochenfische zeigten alle wichtigen rezenten Gruppen, Knorpelfische sind durch Haifischzähne belegt. Den größten Aufschwung zeigten die Säugetiere, die sich nach dem Aussterben der Saurier reich entfalteten. Im Eozän sind die ersten Halbaffen, im Miozän die ersten Menschenaffen und gegen Ende des T. die ersten Australopithecinen (↗ Australopithecus) nachgewiesen.

Unter den Pflanzen waren die Nacktsamer Wald bildend. Vor allem aus dem Harz der Bernsteinkiefer entstand der ↗ Bernstein der Ostseeküste. Die Bedecktsamer entfalteten sich, unter Umständen gefördert durch die starke Entwicklung der Insekten und Vögel, die als Bestäuber sowie durch Verfrachtung von Samen für ihre Verbreitung sorgten. Weiden-, Birken-, Buchengewächse, Nussbäume, Ulmen und Ahorn verbreiteten sich zunehmend. Wärme liebende Pflanzen Mitteleuropas zogen sich aufgrund der Abkühlung in wärmere Breiten zurück.

Tertiärfollikel, ↗ Oogenese, ↗ Eisprung.

Tertiärstruktur, die spezifische dreidimensionale Faltung linear aufgebauter Makromoleküle (↗ Proteine, ↗ Nucleinsäuren) zu übergeordneten, räumlichen Strukturen, wobei ↗ Primärstruktur und ↗ Sekundärstruktur erhalten bleiben. (↗ Konformation)

Testa, ↗ Samenschale.

Testacea, *beschalte Amöben, Schalenamöben*, oft auch *Thekamöben* genannt, in der herkömmlichen Systematik Ord. der Wurzelfüßer (↗ Rhizopoda). In der phylogenetischen Systematik werden die beschalten Amöben als polyphyletische Gruppe unbestimmter Zuordnung als *Testalobosea* zusammengefasst. Hierher gehören einzellige Organismen deren Zellkörper teilweise von einer Schale oder zumindest von einem komplexen Hüllmaterial umgeben ist; die Schale besteht aus einer organischen Matrix, die bei den meisten Arten mit Fremdpartikeln (Diatomeenschalen, Sandkörner) oder selbstgebildeten, regelmäßig angeordneten Hartteilen (Kieselplättchen) verstärkt wird; häufig werden Stacheln gebildet. Der Zellkörper füllt die Schale und entsendet ↗ Pseudopodien durch eine große Öffnung und/oder durch wenige feine Poren (*Filopodien*). Die Fortpflanzung ist eine ungeschlechtliche Zweiteilung; bei weicher Schale wird diese durchgeschnürt, bei harter Schale tritt aus der Öffnung Plasma aus, um das eine neue Schale angelegt wird; erst danach erfolgt die Teilung. Die T. sind vielge-

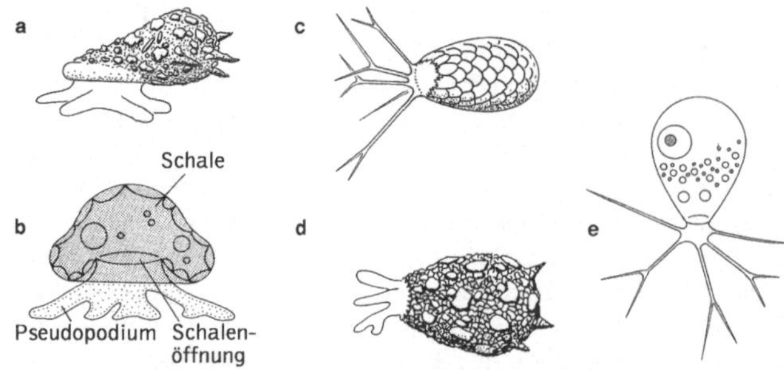

Testacea Einige Formen der Testacea.
a *Centropyxis*, b *Arcella*, c *Euglypha*,
d *Difflugia*, e *Pamphagus*

staltige Bewohner des Süßwassers, besonders der Moosrasen und Moore. Bekannt sind die Uhrglasamöben der Gatt. *Arcella* sowie *Difflugia* mit Fremdkörperschale. (↗ Amoebina)

testikuläre Feminisierung, Form der ↗ Intersexualität bzw. des ↗ Hermaphroditismus, bei der das chromosomale Geschlecht eindeutig männlich ist und auch ↗ Hoden ausgebildet sind, durch die Wirkung weiblicher ↗ Hormone der neugeborene männliche Säugling jedoch wie ein Mädchen aussieht. Der t. F. liegt ein Gendefekt zugrunde, infolgedessen ↗ Testosteron nicht die Zielgewebe erreicht, weil diesen der Testosteron-Rezeptor fehlt. Die durch die Hoden ebenfalls gebildeten ↗ Estrogene kommen nun alleine zur Wirkung und führen dazu, dass sich weiblich aussehende äußere ↗ Geschlechtsorgane bilden. Die Hoden verbleiben in den großen ↗ Schamlippen, es wird eine kurze, blind endende ↗ Vagina gebildet und in manchen Fällen sogar auch eine ↗ Gebärmutter. In der ↗ Pubertät entwickeln sich die Jugendlichen zur Frau mit meist schlanker Figur, aber ohne Achsel- und Schambehaarung, weil auch das in den Nebennieren gebildete Testosteron nicht zur Wirkung kommt. Sie haben auch keine Menstruation und sind immer unfruchtbar.

Testis, der ↗ Hoden.

Testorganismen, ↗ Bioindikatoren.

Testosteron, *17β-Hydroxy-androst-4-en-3-on*, ein C_{18}-Steroid, das als männliches ↗ Geschlechtshormon (↗ Androgene) in den interstitiellen Zellen (Leydig-Zwischenzellen) des ↗ Hodens, aber in geringen Mengen auch im ↗ Eierstock sowie in der ↗ Nebenniere aus Progesteron über 17-Hydroxyprogesteron und Androstendion gebildet wird. T. bewirkt zusammen mit seinem fünfmal stärker wirksamen Hydrierungsprodukt *Dihydrotestosteron (DHT)* das Wachstum und die Entwicklung des gesamten männlichen Erscheinungsbildes, also die Ausbildung der männlichen ↗ Geschlechtsorgane und der sekundären ↗ Geschlechtsmerkmale sowie Förderung der ↗ Spermatogenese und bei Tieren Auslösung der ↗ Brunst. Angriffsort ist wie bei allen Steroidhormonen unter Vermittlung von Steroidhormon-Rezeptoren (↗ Transkriptionsfakto-

ren) der Zellkern (↗ Hormone), wo Testosteron die RNA-Synthese (↗ Transkription) bestimmter Gene stimuliert. Infolge seiner anabolen Wirkung vermag T. (sowie das noch stärker anabole, synthetisch hergestellte *19-nor-T.*) die Proteinsynthese zu steigern und damit u. a. das Muskelwachstum besonders zu fördern; T. bzw. synthetische Analoga werden daher mitunter als Dopingmittel missbraucht.

Bei der Frau ist es trotz der geringen gebildeten Mengen ebenfalls wichtig für Wachstum und Entwicklung. Zu hohe T. - Produktion äußert sich in Symptomen der Vermännlichung, wie vermehrter und männlicher Behaarung, Bartwuchs, Wachstum des ↗ Kitzlers und Ausbildung einer ↗ Akne.

Testudines, die Schildkröten (↗ Chelonia).

Testudinidae, *Landschildkröten*, Fam. der Halsberger-Schildkröten (↗ Chelonia) mit ca. 40 Arten in fast allen wärmeren und gemäßigten Teilen der Erde. Die T. bewohnen Orte mit dichtem Pflanzenbewuchs, seltener Wüsten und Steppen. Der Schnabel hat scharfe Hornscheiden, die Augenlider können geschlossen werden. Landschildkröten haben einen gut entwickelten Geruchssinn. Der Rückenpanzer (*Carapax*) ist gewölbt und mit dem flacheren Bauchpanzer (*Plastron*) durch eine knöcherne Brücke verbunden. Die Zehen sind bis zum Nagelglied unbeweglich miteinander verwachsen, vorn meist mit fünf, hinten stets mit vier Nägeln. Die T. sind prinzipiell Allesfresser, ernähren sich jedoch bevorzugt vegetarisch (Pflanzenteile aller Art). Sie sind sehr wärmebedürftig; in der kühleren Zeit halten sie Winterruhe in selbstgegrabenen Erdlöchern; einige tropische Arten halten eine sommerliche Ruhezeit. Sie legen zwei bis 20 Eier in selbstgegrabenen Löchern im Boden ab. Die Arten der Gatt. *Eigentliche Landschildkröten (Testudo)* sind im Aussehen (Panzer olivbraun bis braungelb, Hornplatten dunkel gemustert) und in der Lebensweise einander sehr ähnlich; in Europa ist die Gatt. mit drei Arten vertreten., darunter die sehr bekannte Griechische Landschildkröte (*Testudo hermanni*; Panzerlänge bis 20 cm) und die etwas größere Maurische Landschildkröte (*Testudo graeca*); letztere findet sich häufiger im Tierhandel und ist wärmebedürftiger als die relativ selten gewordene *Testudo* *hermanni*. Die größten Arten der T. sind die schwarze Galápagos-Riesenschildkröte (*Chelonoidis elephantopus*; Panzerlänge bis 1,2 m, über 200 kg schwer), die heute nur noch auf wenigen Inseln der Galápagos lebt, und die Seychellen-Riesenschildkröte (*Aldabrachelys elephantina*, früher *Testudo gigantea*) mit einer Panzerlänge von bis 1,5 m.

Testudo, Gatt. der Landschildkröten (↗ Testudinidae).

Tetanus, der ↗ Wundstarrkrampf.

Tetanustoxine, thermolabile Exotoxine, die durch *Clostridium tetani* bei anaeroben Wundinfektionen (Tetanus, ↗ Wundstarrkrampf) gebildet werden. *Tetanolysin* wirkt hämolytisch und *Tetanospasmin* (das eigentliche T.) ausschließlich auf Nervenzellen. Tetanospasmin ist nach dem ↗ Botulinustoxin das zweitstärkste Bakterientoxin. Durch Formalin kann es in ein ungiftiges Toxoid überführt werden, das zur Herstellung von Impfstoffen dient. Das Toxin wird in der Bakterienzelle gebildet und teils durch Sekretion, teils bei der Autolyse der Zelle freigesetzt. Eine orale Aufnahme des T. oder ein Wachstum des Erregers im Darm von Mensch und Tier wird ohne Schaden ertragen.

Tethys, das Ost-West-gerichtete, erdumspannende zentrale Gürtelmeer der Erdgeschichte. Anfangs durchschnitt es den Urkontinent Pangaea nur an der Ostflanke, später zerlegte es ihn in einen Nord- (Laurasia) und einen Süd-Kontinent (Gondwanaland). Die T. bestand vermutlich vom Präkambrium bis zur Wende Paläo-/Neogen (↗ Tertiär). ↗ Kontinentalverschiebung

Tetrabranchiata, ↗ Cephalopoda.

Tetracycline, ↗ Antibiotika.

Tetrade, Bez. für die in der Prophase der ↗ Meiose auftretenden Vierergruppen zusammenliegender ↗ Chromatiden, die von den Paaren sich zusammenlagernder, homologer Chromosomen gebildet werden.

Tetrahydrofolat, FH_4, *Folat-H_4, Coenzym F*, Abk. *THF*, das Anion der *5,6,7,8-Tetrahydropteroylglutaminsäure*. T. bindet, aktiviert und überträgt aktive Einkohlenstoff-Einheiten (C1-Einheiten, wie Methyl-, Methylen-, Methenyl-, Formyl- bzw. Formimino-Gruppen) mit Ausnahme von Kohlenstoffdioxid (↗ Biotin). Als Zwischenprodukte treten dabei *Methyl-T.*, *Methylen-T.*, *Methenyl-T.* und *Formimino-T.* auf, die durch Redoxreaktionen (bzw. Aminierung bei Formimino-T.) wechselseitig ineinander umwandelbar sind. Formyl-T. kann sich auch direkt aus Ameisensäure und Tetrahydrofolsäure unter ATP-Verbrauch bilden, weshalb Formyl-T. als *aktivierte Ameisensäure* (entsprechend Methylen-T. als *aktivierter Formaldehyd*) bezeichnet wird. – T. wird aus ↗ Folsäure durch enzymatische Reduktion gebildet. (↗ Gruppen übertragende Coenzyme)

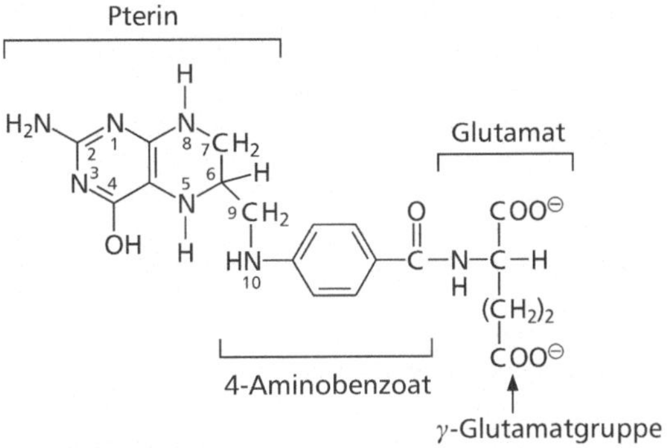

Tetrahydrofolat

Tetrahydrofolsäure, *5,6,7,8-Tetrahydropteroylglutaminsäure*, aus ↗ Folsäure durch enzymatische Reduktion entstehende Verbindung, die Einkohlenstoff-Einheiten überträgt (↗ Tetrahydrofolat).

Tetramastigota, Taxon der ↗ Einzeller, zu dem Flagellen tragende Organismen gehören, die als Grundmuster vier Geißeln in Zweiergruppen tragen. Außerdem zeigen sie Übereinstimmungen in der Anordnung der Basalapparate. Zu den T. gehören u. a. die ↗ Diplomonadea und die ↗ Hypermastigida.

Tetranychidae, *Spinnmilben*, Fam. winziger (0,26 - 0,8 mm), weichhäutiger Milben (↗ Acari), die an Pflanzen parasitieren. In modifizierten Speicheldrüsen wird ein Spinnsekret produziert, das zwischen den stilettförmigen Cheliceren und der Oberlippe abgegeben wird. Viele Arten leben in großen Kolonien und bilden waagerechte Gewebedecken besonders auf der Unterseite der Blätter. Die Tiere leben geschützt zwischen Gewebe und Blatt. Alle Entwicklungsstadien (Larven, Protonymphen, Deutonymphen, Adulte) stechen mit den Cheliceren Blattzellen an und saugen sie aus. Spinnmilben (z. B. die Rote Spinne, *Tetranychus urticae*) können in Kulturen und Gewächshäusern großen wirtschaftlichen Schaden anrichten.

Tetraodontidae, *Kugelfische*, größte Fam. der Kugelfischverwandten (↗ Tetraodontiformes) mit 19 Gatt. und 121 Arten. Meist untersetzt gebaute, rundliche, 6 - 90 cm lange Fische mit schuppenloser, oft aber mit kleinen Stacheln besetzter Haut, die sich bei Gefahr durch Schlucken von Wasser oder Luft in eine sehr dehnbare, dünnwandige Magenausstülpung kugelförmig aufblähen können (Name!). K. haben in beiden Kiefern jeweils zwei Zahnplatten, die einen kräftigen papageiartigen Schnabel bilden, mit dem hartschalige Beutetiere (wie Krebse, Schnecken und Muscheln) geknackt und selbst kleine, mit Polypen besetzte Äste von Korallen abgebissen werden können. Kugelfische leben vor allem im Flachwasser der Küstenbereiche von tropischen und subtropischen Meeren, einige Arten auch im Süßwasser. Viele Kugelfische sind giftig. Ihr für den Menschen unter Umständen tödliches Gift, das *Tetrodotoxin*, beeinflusst die Natriumkanäle in Zellmembranen. Trotzdem gelten sie in Japan nach Zubereitung durch besonders ausgebildete Köche als Delikatesse („Fugu").

Tetraodontiformes, *Kugelfischverwandte*, Ord. der Knochenfische, die früher Haftkiefer (*Plecto-gnathi*) genannt wurden, da Zwischen- und Ober-kieferknochen (Praemaxillare und Maxillare) fest miteinander verwachsen sind. Die stark speziali-sierten, ca. 340 Arten in etwa 100 Gatt. zeigen eine große Vielfalt hinsichtlich Körperbau, Größe und Lebensweise; sie kommen vor allem am Grund von Küstengewässern der tropischen bis gemäßigten Breiten vor. Zwölf Arten leben ausschließlich im Süßwasser. T. haben meist ein vorspringendes, spit-zes Maul, aus umgebildeten Schuppen entstandene Stacheln, Schilde und Platten auf der Haut, zahlrei-che Schleimdrüsen, eine kleine spaltartige Kiemen-öffnung, weit hinten stehende Rücken- und After-flosse und oft eine Schwimmblase, die keinen Ver-bindungsgang zum Darm hat. Während bei den meisten Fischen der Schwanz das Hauptantriebsor-gan ist und die paarigen Flossen Steuerorgane sind, übernehmen bei vielen T. vor allem die Brustflossen durch propellerartige Bewegungen den Antrieb und der Schwanz das Steuern. Viele sind prächtig ge-färbt und leben in Korallenriffen; mehrere Arten können mit knirschenden Zähnen oder vibrieren-der Schwimmblase Geräusche erzeugen. Zu den T. gehören u. a. die Kugelfische (↗ Tetraodontidae), die Igelfische (*Diodontidae*), deren Haut mit auf-richtbaren Stacheln besetzt ist, die Kofferfische (*Ostraciidae*) mit fast vollständig gepanzertem Kör-per, die Drückerfische (↗ Balistidae) und die Moli-dae mit dem ↗ Mondfisch (*Mola mola*).

Tetraoninae, *Raufußhühner*, früher Fam. (Tetra-nidae) der Hühnervögel (↗ Galliformes), heute als Unterfam. der Fasanenvögel (↗ Phasianidae) ge-führt. Die T. sind mit 17 Arten in kalten und gemä-ßigten Breiten der Nordhalbkugel verbreitete Standvögel. Sie besitzen in Anpassung an die kalten und schneereichen Winter des Brutgebietes ein dichtes Federkleid, befiederte Läufe, Füße und z. T. Zehen sowie mit Federn bedeckte Nasenlöcher. Die größeren Männchen tragen ein auffallendes Brut-kleid und lebhaft gefärbte nackte Hautstellen an Kopf und Hals. Die tarnfarben braunen Weibchen brüten allein. Raufußhühner ernähren sich von Beeren, Knospen, Blättern, Insekten und vor allem im Winter von Nadeln der Nadelholzbäume; dabei zerreiben kleine Quarzsteinchen, die mit der Nah-rung aufgenommen werden, in einem kräftigen Muskelmagen harte Partikel. Die schwer verdauli-chen, cellulosehaltigen Bestandteile werden in dem ungewöhnlich langen Blinddarm chemisch aufge-schlossen; der Blinddarmkot („Falzpech") unter-scheidet sich vom normalen Kot durch seine schwarzbraune Farbe und zähe Konsistenz. Die größte Art der Raufußhühner ist mit 60 - 87 cm Größe das *Auerhuhn* (*Tetrao urogallus*); die Hähne versammeln sich im Frühjahr auf traditionellen Balzplätzen und tragen zunächst in Baumkronen, später auf dem Boden ihren charakteristischen Balzgesang vor. Der Bestand des vor allem in borea-len und subarktischen Waldgebieten Eurasiens ver-breiteten *Birkhuhns* (*Lyrurus tetrix*) hat in mittel-europäischen Brutgebieten (Moore, Gebirgswälder) katastrophal abgenommen (nach der ↗ Roten Liste vom Aussterben bedroht). Unterholzreiche Wälder an warmen Hängen bewohnt das als stark gefährdet eingestufte, unscheinbar gefärbte *Haselhuhn* (*Te-trastes bonasia*); der balzende Hahn hat eine mei-senartig hohe wispernde Stimme. Besonders an das Leben in schneereichen Regionen sind die Schnee-hühner (*Lagopus*) angepaßt, zu denen das vor al-lem Hochgebirgsregionen bewohnende Alpen-schneehuhn (*Lagopus mutus*) gehört. Amerikan. Steppenbewohner sind die Präriehühner (*Centro-cercus, Tympanuchus*).

Tetrapanax, Gatt. der Fam. ↗ Araliaceae.

Tetraploidie, eine Form der ↗ Polyploidie, bei der die betroffenen Organismen einen vierfachen Chro-mosomensatz besitzen.

Tetrapoda, *Vierfüßer, Landwirbeltiere*, monophy-letische Gruppe der Wirbeltiere (↗ Vertebrata) mit knapp 22000 Arten. T. sind im Adultzustand Land bewohnende Tiere, von denen einige Gruppen se-kundär völlig zum Wasserleben übergegangen sind, so z. B. ↗ Ichthyosauria, Wale (↗ Cetacea), Seekü-he (↗ Sirenia). Die typischen Merkmale der T. ste-hen im Zusammenhang mit Anpassungen an das Landleben. Dazu gehören Lungenatmung (nur eini-ge wasserlebende ↗ Amphibia und vor allem ihre Larven atmen durch ↗ Kiemen); völlige Teilung der Herzvorkammer (bei Vögeln, Krokodilen und Säu-gern auch der Herzkammer) durch eine Scheide-wand (↗ Blutkreislauf, ↗ Herz); Verhornung der obersten Schichten der Epidermis der ↗ Haut (Ver-dunstungsschutz). Die typischen vier Laufextremi-täten der Vierfüßer stützen den Körper. Sie sind bezüglich ihres Skeletts gleichartig gebaut (↗ Ex-tremitäten) und enden in einem ursprünglich fünf-strahligen *Autopodium* (pentadaktyle Extremität). Das Becken gewann mit dem neu hinzutretenden Darmbein (Ilium) über zunächst eine Rippe (Sa-kralrippe) Anschluss an die ↗ Wirbelsäule, mit der es eine gelenkige Verbindung herstellte und so zur Stütze für die Hinterextremität wurde. Durch Ver-wachsung auf der Ventralseite in einer Symphyse wurde der Beckengürtel (zusammen mit der Sakral-region der Wirbelsäule) zu einem knöchernen Ring.

Die Wirbelsäule ist bei den Vierfüßern aus Wirbeln zusammengesetzt, die über Prae- und Post-Zygapophysen tragfähig miteinander verbunden sind, ohne ihre Gelenkigkeit zu verlieren. Durch die Ausbildung eines Hals-Abschnitts wurde der Kopf gegenüber dem Rumpf beweglich. Die bei den Fischen vorhandene Verbindung des ↗ Schultergürtels mit dem Kiemenskelett (Branchialskelett) oder dem ↗ Schädel ist aufgegeben. Der Kiefer-Apparat ist direkt am Schädel befestigt (Autostylie), wodurch das bei den Fischen als „Kieferstiel" dienende Hyomandibulare frei und zum ersten Gehörknöchelchen (Columella der Amphibien) werden konnte. Dieses liegt im Mittelohr, das aus einer embryonal angelegten vorderen Kiementasche (homolog dem Spritzloch der Haie) hervorging und mit einem Trommelfell verschlossen ist. Durch Luft-Schall in Schwingungen versetzt, werden diese von ↗ Gehörknöchelchen auf das Innenohr übertragen (↗ Gehörsinn, ↗ Gehörorgane, ↗ Ohr).

Tetrapyrrole, aus vier, über Methin- oder Methylenbrücken miteinander verbundenen Pyrrolringen aufgebaute Naturfarbstoffe, zu denen z. B. ↗ Chlorophylle, ↗ Cytochrome, das ↗ Häm des ↗ Hämoglobins und die ↗ Gallenfarbstoffe gehören.

Tetrodotoxin, *Tetraodontoxin*, *Spheroidin*, *Fugutoxin*, ein in vielen Tiergruppen vorkommendes Neurotoxin, das sich insbesondere in Haut, Eierstöcken, Leber und Darm von Igelfischen, Sonnenfischen und Kugelfischen (↗ Tetraodontiformes) findet. T. zählt zu den stärksten Nicht-Protein-Giften. Die neurotoxische Wirkung beruht auf einer selektiven Blockierung der offenen Natriumkanäle, sodass der Natriumionen-Transport durch die Zellmembran verhindert wird. Bei Vergiftungen durch T. treten Lähmungen und Krämpfe auf und schließlich tritt nach sechs bis 24 Stunden der Tod durch Atemlähmung ein. Spezifische Gegenmittel sind nicht bekannt. Aufgrund seiner selektiven Wirkung auf Natriumkanäle wird T. bei der Erforschung neurophysiologischer Prozesse eingesetzt.

Tetrose, allg. ein Monosaccharid, das aus vier Kohlenstoffatomen aufgebaut ist, so z. B. Threose, Erythrulose. T. sind, gewöhnlich in Form ihrer Phosphate, Zwischenprodukte beim Kohlenhydratstoffwechsel.

Tettigonioida, *Laubheuschrecken*, zu den Langfühlerschrecken (↗ Ensifera) gehörendes Taxon mit sechs Fam. und insgesamt über 5000 Arten, davon nur 30 in Mitteleuropa. Der linke Vorderflügel besitzt eine Schrillader und liegt stets über dem rechten. Bekannteste Art bei uns ist das *Große Grüne Heupferd* (*Tettigonia viridissima*, Körperlänge 28 - 42 mm). Die Männchen lassen einen sehr lauten und ausdauernden Gesang ertönen. Die Ernährung ist vorwiegend räuberisch, aber auch

pflanzlich. Heupferde bewohnen vor allem die Baum- und Strauchschicht.

Teufelskirsche, die ↗ Tollkirsche.

Teufelsrochen, die Fam. ↗ Mobulidae.

Teufelszwirn, *Cuscuta*; Gatt. der Fam. ↗ Cuscutaceae mit ca. 170 Arten. Es handelt sich meist um einjährige, nahezu chlorophyllfreie, windende Vollparasiten. In Mitteleuropa häufig anzutreffen sind die Thymian-Seide (*Cuscuta epithymum*), deren Unterart, die Kleeseide (*Cuscuta epithymum* ssp. *trifolii*) sowie die Hopfenseide (*Cuscuta europaea*).

Teufelszwirngewächse, die Fam. ↗ Cuscutaceae.

TGF, Abk. für ↗ transformierender Wachstumsfaktor.

Thalamus, in der Wand des Zwischenhirns (Diencephalon) gelegenes Kerngebiet, das funktionell die letzte Verrechnungs- und Integrationsstelle sensorischer Informationen vor dem Großhirn ist. Der T. ist mit allen Teilen des Großhirns reziprok verschaltet. (↗ Gehirn, ↗ Hypothalamus)

Thalassämie, *Mittelmeeranämie*, eine besonders im Mittelmeerraum verbreitete autosomal-rezessive ↗ Erbkrankheit, die mit einer verminderten Bildung oder dem Fehlen der α- oder β-Ketten des Hämoglobins einhergehen. Dadurch kommt es zu Blutarmut (Anämie) und Schwellungen der Milz. Die homozygote *Thalassaemia major* führt häufig schon früh zum Tod. Das Krankheitsbild beginnt bei Kindern im zweiten Lebensjahr mit starker Blässe und einer Milzvergrößerung. Die körperliche Entwicklung wird beeinträchtigt. Das Knochenmark nimmt beträchtlich zu, was zu einem abnormen Knochenwachstum führen kann. Dies führt zu einer charakteristischen Vergrößerung des Schädels; das normale Körperwachstum kommt zum Stillstand und ohne Behandlung tritt der Tod bereits in früher Kindheit ein. Die heterozygote Form (*Thalassaemia minor*) beeinträchtigt die Lebensqualität der Betroffenen hingegen kaum. Die Krankheit wird durch Punktmutationen im ↗ Promotor, der codierenden Sequenz oder an den Erkennungssequenzen von ↗ Introns verursacht.

Thaliacea, *Salpen*, zu den Manteltieren (↗ Tunicata) gehörendes Taxon. Salpen sind Planktontiere, besonders wärmerer Meere, und Filtrierer. Der Körper ist meist tonnenförmig mit Ein- und Ausstromöffnung an den Polen; der ↗ Kiemendarm, der den Hauptteil des Körpers einnimmt, öffnet sich mit einer bis vielen Spalte(n) in den *Peribranchialraum*, der in die Kloake übergeht; der Darm ist meist U-förmig gekrümmt und mit den Eingeweiden in einem Knäuel (*Nucleus*) zusammengedrängt. Die Muskulatur umgibt den Körper in Form mehr oder weniger starker ringförmiger oder ventral offener Bänder; die Fortbewegung erfolgt durch Rückstoß oder permanenten Ausstrom von Wasser. Viele Arten besitzen Leuchtvermögen. Typisch ist der Generationswechsel der T.: eine solitäre, ungeschlechtliche Generation (*Oozooide*; Ammengeneration) bringt durch Knospung (*Blastogenese*) eine geschlechtliche, ständig (*Kettensalpen*) oder teilweise soziale Generation (*Blastozooide*, Geschlechtstiere) hervor. T. zeigen eine charakteristische Knospenbildung von einem ventralen „*Stolo prolifer*" aus. Zu den T. gehören u. a. die Feuerwalzen (↗ Pyrosomida), die ↗ Doliolida (Cyclomyaria), und die ↗ Salpida (Desmomyaria).

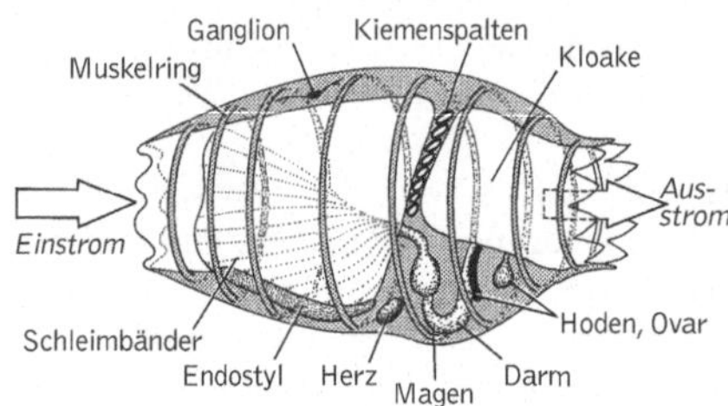

Thaliacea   Bauplan einer Salpe

Thallophyten, *Lagerpflanzen*, ↗ poikilohydrische, vielzellige Organismen, deren Vegetationskörper nicht die für ↗ Kormophyten typische Gliederung in Wurzel, Spross und Blatt aufweist. Hierzu gehören die mehrzelligen ↗ Algen, Flechten (↗ Lichenes) und Moose (↗ Bryophyta) sowie die ↗ Pilze.

Thallus, vielzelliger oder auch vielkerniger Vegetationskörper der ↗ Thallophyten. Wegen des Fehlens von Festigungselementen, fällt der T. nach Herausnahme aus wässrigem Milieu meist zusammen und bildet ein so genanntes *Lager*. Die Thalli reichen in ihrer Komplexität von einfachen verzweigten Fäden bis hin zu echten Geweben. Wie bei den Kormophyten können aneinandergrenzende Zellen durch ↗ Plasmodesmen miteinander verbunden sein.

Einfachste Organisationstypen eines Thallus sind der aus einer einzigen großen Zelle bestehende *Zell-T.* (z. B. bei den ↗ Dasycladales) und der vielkernige *Schlauch-T.*, wie man ihn bei manchen ↗ Chlorophyceae und ↗ Xanthophyceae findet. Einfachster trichaler Organisationstyp ist das *Haplonema*, der *Faden-T.*, der aus einer einfachen eindimensionalen Aneinanderreihung einkerniger Zellen besteht. Teilweise findet bereits eine morphologische Differenzierung in eine der Befestigung dienende Fußzelle, das ↗ Rhizoid statt und in flächige T.-Ausbildungen, die man als ↗ Phylloide bezeichnet. Das Wachstum des T. erfolgt durch eine apikal gelegene ↗ Scheitelzelle. Eine komplexe Gliederung dieses Faden-T. findet man bei den Rotalgen (↗ Rhodophyta). Den höchsten Diffenzierungsgrad zeigen die ↗ Charaphyceae und die ↗ Phaeophyceae. Bei letzteren können die Thalli

bis über 100 m lang werden und gliedern sich in Rhizoide, achsenanaloge *Kauloide* und Phylloide. Es handelt sich hierbei um den Typus eines *Gewebe-T.* der eine Zelldifferenzierung in Abschluss-, Rinden- und Markgewebe erlaubt. Auch das Mycel der Pilze stellt einen T. dar, der sich bei der Ausbildung der Fruchtkörper zu einem typischen ↗ Plektenchym (*Flechtthallus*) verdichtet. Die Thalli mancher Lebermoose (↗ Marchantiopsida) und die der Laubmoose (↗ Bryopsida) sind in so genannte „Blätter" und „Stämmchen" differenziert, die jedoch nicht denen der ↗ Kormophyten homolog sind, da sie in der gametophytischen Generation vorkommen und kein ↗ Xylem oder ↗ Phloem besitzen. Sie bilden die nächsten Verwandten der Kormophyten.

Thamnolia, *Wurmflechte*, Gatt. der Klasse ↗ Ascolichenes. (↗ Lichenes)

Thamnophis, die ↗ Strumpfbandnattern.

Theaceae, *Teestrauchgewächse*, haupsächlich in Asien, Mittel- und Südamerika verbreitete Fam. der ↗ Theales mit ca. 520 Arten in 30 Gatt. Es sind meist immergrüne Bäume oder Sträucher mit einfachen, wechselständigen Blättern. Durch einen hohen Anteil an Steinzellen (↗ Sklereide) sind die Blätter oft derb-ledrig. Die stets rädiären, weißen, gelblichen oder rötlichen Blüten stehen in der Achsel der Blätter. Die doppelte Blütenhülle (aus Kelchblättern und Blütenblättern) ist meist fünfzählig (↗ Blüte) Es sind vier bis zahlreiche Staubblätter vorhanden, der aus zwei bis fünf Fruchtblättern verwachsene Fruchtknoten wird zu einer Kapsel, Steinfrucht oder Beere (↗ Frucht). Zur wichtigsten Gatt. *Camellia* gehören der ↗ Teestrauch und mehrere Arten der als Ziersträucher angepflanzten *Kamelie*.

Theales, *Teestrauchartige*, Ord. der ↗ Rosopsida mit sieben Familien und ca. 3000 Arten. Innerhalb der Ord. ist der ↗ Fruchtknoten meist oberständig, die Samenanlagen (↗ Samenanlage) sind mehr oder weniger reduziert und die ↗ Pollen liegen als Einzelpollen vor. Wirtschaftlich bedeutendste Fam. der Ord. ist die Fam. ↗ Theaceae.

Thecata, Gruppe der ↗ Hydroida.

Thecodontia, von den *Eosuchia* abstammende ausgestorbene Gruppe carnivorer und insectivorer Reptilien von großem Formenreichtum. Den Namen haben sie von der ↗ thekodonten Zahnbefestigung. Vier Subtaxa werden unterschieden: die im oberen ↗ Perm und der tieferen ↗ Trias verbreiteten, quadrupeden *Proterosuchia*, die eidechsenähnlichen, in der Trias verbreiteten *Pseudosuchia*, die schwer gepanzerten *Aetosaurier* der mittleren und oberen Trias und die ebenfalls in der Trias verbreiteten, äußerlich den Krokodilen ähnlichen *Parasuchia*. Von den T. stammen die ↗ Ornithischia und die ↗ Saurischia ab.

Thecosomata, Taxon der ↗ Opisthobranchia.

Theileria, Gatt. der ↗ Piroplasmida.

Thein, frühere Bez. für das im Teestrauch enthaltene ↗ Coffein.

Theka, zwei Pollensäcke enthaltende Hälfte der ↗ Anthere die durch das ↗ Konnektiv mit der anderen T. verbunden ist.

Thekamöben, ↗ Testacea.

thekodont, *thecodont*, Art der Befestigung von Zähnen im Kiefer von Säugern und manchen Reptilien durch ein bis (seltener) zwei in Höhlen (Alveolen) steckende Wurzeln. Die feste Verbindung erfolgt nur über das Zahnperiost. (↗ Zähne)

T-Helfer-Zellen, Typ der ↗ T-Lymphocyten (↗ spezifische Immunantwort).

Theobroma, Gatt. der Fam. ↗ Sterculiaceae.

therapeutisches Klonen, ↗ Klonen, ↗ embryonale Stammzellen und Essay: ↗ Die Forschung an embryonalen Stammzellen.

Theraphosidae, *Aviculariidae*, *Vogelspinnen*, Fam. der Webspinnen mit ca. 800 Arten. Vogelspinnen sind in den Tropen und Subtropen verbreitet, artenreich vor allem in Südamerika. Es sind stets große Spinnen (6 - 10 cm); sie sind langlebig (10 - 20 Jahre) und stark behaart. An den Laufbeinen befinden sich Büschel oder ganze Flächen mit Hafthaaren, welche die Vogelspinnen befähigen, sich auch in der Vegetation und an glatten Flächen gut zu bewegen. Die meisten Arten sind nachtaktiv und erbeuten Insekten und Tausendfüßer, große Arten auch kleine Wirbeltiere. Werden sie bedroht, nehmen sie eine Abwehrhaltung ein, indem sie den Vorderkörper, die beiden Vorderbeinpaare, Pedipalpen und Cheliceren aufrichten. Viele Arten stridulieren dabei laut. Vogelspinnen gelten allg. zu Unrecht als sehr giftig, dies gilt nur für wenige Arten. Die meisten besitzen nur kleine Giftdrüsen und töten ihre Beute vor allem mechanisch. Gefährlicher sind feine Haare, die bei Bedrohung mit den Hinterbeinen beidseits vom Opisthosoma abgerieben werden und, da sie auch Widerhaken besitzen, einem Angreifer in den Augen und beim Einatmen in den Bronchien erheblichen Schaden zufügen. Die Lebensweise der einzelnen Arten und Gattungen ist sehr unterschiedlich. Manche leben unter Steinen und/oder Rinde, viele in selbstgegrabenen Röhren im Boden. Viele Arten sind gewandte Jäger, andere eher träge Tiere, die auf Beute lauern. Der Schlupfwinkel wird fast stets mit Spinnseide ausgekleidet. Bei der Paarung richtet das Weibchen den Vorderkörper auf, das Männchen steht ihm gegenüber und inseriert den Taster von frontal. Der Eikokon wird oft im Schlupfwinkel bewacht, von einigen Arten aber auch mitgetragen.

therapsid, Bez. für den u. a. bei den Säugetieren entwickelten Schädeltyp, der gekennzeichnet ist durch ein Schläfenfenster und den vom Os jugale und vom Os squamosum gebildeten Jochbogen.

Therapsida, *Therosuchia*, ausgestorbene paraphyletische Gruppe von Stammlinien-Vertretern der Säugetiere mit bereits etlichen Merkmalen der Kronengruppe. Der Schädelbau war synapsid, ein sekundärer Gaumen war ausgebildet und das Dentale auf Kosten der anderen Unterkieferknochen verstärkt, das Gebiss war heterodont. Die T. waren vom mittleren Perm bis in die mittlere Trias vor allem auf Gondwanaland verbreitet.

Theria, *Zitzentiere*, monophyletische Gruppe der Säugetiere (↗ Mammalia), die sich aus ↗ Marsupialia und ↗ Placentalia zusammensetzt.

Theridiidae, *Kugelspinnen*, artenreiche Familie der Webspinnen (↗ Araneae) mit mehr als 2000 Arten, in Mitteleuropa ca. 70, deren Vertreter in allen Klimazonen der Erde verbreitet sind; manche Arten sind Kosmopoliten, manche Kulturfolger, wie z. B. die Gewächshausspinne (*Theridium tepidariorum*); einige Arten leben sozial. Kugelspinnen sind klein (2 - 5 mm, selten bis 15 mm), der kugelige Hinterleib (Name!) ist nicht für alle Arten charakteristisch. Manche tropischen T. haben ein schlank ausgezogenes oder mit Stacheln besetztes Opisthosoma. Kugelspinnen bauen Gewebedecken, die je nach Lebensweise in der Vegetation mit einem Gewirr von Fäden nach oben verankert sind oder Spannfäden mit Leim zum Boden hin aufweisen. Es werden entweder Fluginsekten oder am Boden laufende Insekten gefangen. Zur Überwältigung der Beute „wirft" die Spinne mit Hilfe eines Borstenkamms am ersten Tarsenglied des vierten Laufbeinpaares Leimsekret aus speziellen Spinndrüsen über die Beute. So werden auch wehrhafte Gegner vor dem Giftbiss stillgelegt. Typisch sind auch Schlupfwinkel aus Spinnseide in der Nähe des Netzes, welche die Form eines Fingerhuts haben. Dort bewacht das Weibchen auch den Eikokon und bei vielen Arten die Jungen. Brutpflege bis hin zu Mund-zu-Mund-Fütterung und Aussaugen der Mutter ist innerhalb der Fam. entwickelt worden. Zu den Kugelspinnen gehört u. a. die *Schwarze Witwe* (*Latrodectus tredecimguttatus*, *Latrodectus mactans*), deren Giftbiss auch dem Menschen gefährlich werden kann.

thermische Schichtung, Schichtung größerer Wassermassen (↗ See, ↗ Meer) in kaltes Tiefenwasser und wärmeres Oberflächenwasser. Die *jahreszeitliche Thermokline* (↗ Thermokline) in Meeren der gemäßigten Zonen liegt in etwa 15 bis 40 m Tiefe. Bei der *Zirkulation* im Herbst wird das Wasser in flachen Meeren vollkommen durchmischt. Bei größeren Meerestiefen ist häufig eine zweite, sogenannte *permanente Thermokline* in einer Tiefe zwischen 500 bis 1500 m ausgebildet. Sie stellt die

Grenze der jahreszeitlich bedingten Durchmischung des Wassers dar.

Thermoacidophile, thermophile Bakterien, die zudem ↗ acidophil sind. Hierzu gehören z. B. *Sulfolobus acidocaldarius*, das bei ca. 84 °C und einem ↗ pH-Wert von ca. 1 wächst oder Arten der Gatt. *Picrophilus* und *Thermoplasma*.

Thermocycler, ein Gerät zur Durchführung der ↗ Polymerasekettenreaktion, das vollautomatisch in der Lage ist, die Reaktionsansätze innerhalb kurzer zeitlicher Übergänge auf die erforderlichen Temperaturen für *Denaturierung*, *Annealing* (Anlagerung der PCR-Primer) und *DNA-Synthese* zu bringen. Leistungsfähige T. gehören zur Grundausstattung molekulargenetischer Labors und sind die Grundvoraussetzung für die Durchführung von Routineuntersuchungen und Großprojekten wie der kompletten Sequenzierung ganzer Genome.

Thermodynamik, *Wärmelehre*, die Lehre von den durch Zufuhr und Abfuhr von Wärmeenergie verursachten *Zustandsänderungen* (Prozessen) sowie von Systemgleichgewichten innerhalb definierter Stoffmengen (*chemisches Gleichgewicht*). Mit *System* wird in der T. die Gesamtheit der beteiligten Vorrichtungen und Stoffe bezeichnet. Die T. gibt Auskunft über die Änderungen von Druck, Volumen, Temperatur sowie über die bei einem Prozess verbrauchte oder aufgenommene Arbeit und die in einem System enthaltene innere Energie, über die ↗ Entropie und ↗ Enthalpie. Die statistische T. deutet die Wärme als ungeordnete Molekülbewegung (Brown'sche Molekülbewegung; ↗ Diffusion) und die Entropie als das Maß der Wahrscheinlichkeit eines Zustandes.

Thermogenin, *uncoupling protein*, in der inneren Mitochondrienmembran von Zellen des braunen Fettgewebes lokalisiertes dimeres Protein, das als Protonen-Translokator und natürlicher *Entkoppler* wirkt. Aufgrund der durch T. hervorgerufenen Entkopplung der ↗ oxidativen Phosphorylierung wird die bei der Oxidation von NADH frei werdende Energie als Wärme freigesetzt. Die Regulation der Aktivität von T. erfolgt über seine Synthese. Bei an Wärme adaptierten Tieren ist nur wenig T. im braunen Fettgewebe nachweisbar. Bei der Anpassung an Kälte steigt die Synthese von T. stark an, bei Kälteadaptierten Tieren schließlich kann T. über 10 % der mitochondrialen Membranproteine ausmachen. (↗ Atmungskette, ↗ Temperaturregulation)

Thermokline, *Sprungschicht*, *Metalimnion*, in stehenden Gewässern (↗ See, ↗ Meer) die Zone zwischen dem warmen Wasser der Oberfläche und dem kalten Tiefenwasser. Im Winter ist entweder keine T. vorhanden oder sie liegt unmittelbar unterhalb der Eisfläche.

Thermometerhuhn, *Leipoa ocellata*, in Trockengebieten Australiens lebende Art der Großfußhüh-

ner (↗ Megapodiidae). Das Männchen überwacht 10 bis 11 Monate mit seinem Schnabel ständig die Kompostierungstemperatur des in den Boden eingegrabenen Bruthaufens und reguliert diese durch Freischarren und Verschließen von Öffnungen (Name!). Die dort in Abständen abgelegten Eier brauchen etwa 60 Tage zur Entwicklung.

Thermomorphose, bei Pflanzen eine durch Temperatur hervorgerufene ↗ Morphose, die zu Veränderungen des Aussehens (Gestalt) führt. So führen hohe Nachttemperaturen bei Tomaten zu einer Blockierung der Fruchtbildung. Hohe Temperaturen während der Entwicklung der Blütenknospen veranlassen Petunien zur Synthese von ↗ Anthocyanen, sodass ihre Blüten nicht weiß, sondern blau gefärbt sind. In ähnlicher Weise beeinflusst die Temperatur die Form von Möhren: bei tiefen Temperaturen sind sie länglich, bei hohen kurz und gedrungen.

Thermonastie, eine Form der ↗ Nastie als Reaktion auf Temperaturänderungen, die vor allem bei Blüten häufig zu beobachten ist (↗ Blütenbewegungen).

thermophil, *wärmeliebend*, Bez. für Organismen, die eine warme Umgebung bevorzugen oder benötigen. (↗ Hitzeresistenz)

thermophile Bakterien, Bez. für ↗ Bakterien und ↗ Archaebakterien (*Archaea*), deren Temperaturoptimum zwischen 40 und 70 °C liegt. Oberhalb dieser Temperaturen leben nur noch ↗ Hyperthermophile. Diese Hitzestabilität wird durch hitzestabile Makromoleküle mit spezifischer Faltung erreicht. Lebensräume t. B. sind heiße Quellen, sonnige Moorböden, Salzlaken von Wüsten, selbsterhitzendes Pflanzenmaterial wie z. B. feuchtes Heu oder künstliche Lebensräume wie Heizungsrohre. Zu den t. B. gehören *Streptococcus thermophilus*, *Geobacillus stearothermophilus* und *Thermus aquaticus*.

Thermoregulation, ↗ Temperaturregulation.

Thermorezeptoren, *Temperaturrezeptoren*, ↗ Temperatursinn. (↗ Temperaturregulation)

Thermosbaenacea, *Pancarida*, kleine, etwa 20 Arten umfassende Gruppe zu den ↗ Malacostraca gehörender Krebse (↗ Crustacea), die im Lückensystem mariner Sandstrände, im Grundwasser und in Höhlen leben. Sie sind bis 5 mm lang und kommen bis auf eine Ausnahme in den gemäßigten bis tropischen Regionen der Nordhalbkugel vor. Die Art *Thermosbaena mirabilis* lebt in bis 47 °C heißen Quellen in Tunesien und stirbt bei Wassertemperaturen unter 30 °C.

thermotolerante Bakterien, sind Mikroorganismen, die bis zu einer Temperatur von 50 °C noch zu wachsen vermögen. Beispiele sind *Methylococcus capsulatus* oder *Halobakterium* spec., das sogar ein Maximum von 55 °C unbeschadet übersteht.

Therophyta, die ↗ Therophyten.

Therophyten, ↗ annuelle Pflanzen, die die für sie ungünstigen Jahreszeiten (Hitze, Trockenheit) als Samen im Boden überdauern und so auch relativ lebensfeindliche Standorte besiedeln können. (↗ Lebensformen)

THF, Abk. für ↗ Tetrahydrofolat.

Thiamin, *Aneurin, Vitamin B₁, antineuritisches Vitamin, Antiberiberifaktor*, ein in der belebten Natur weitverbreitetes, besonders in Getreidekeimlingen und Hefe vorkommendes, wasserlösliches, schwefelhaltiges Vitamin, das aus zwei Ringsystemen (Pyrimidin und Thiazol) aufgebaut ist. Der menschliche Organismus kann T. nicht aufbauen, weshalb er auf die Zufuhr von 1,0 bis 1,5 mg pro Tag durch die Nahrung angewiesen ist. In phosphorylierter Form, als ↗ Thiaminpyrophosphat, ist Thiamin ↗ prosthetische Gruppe mehrerer Enzyme des Kohlenhydratstoffwechsels. Bei ungenügender Zufuhr zeigen sich Mangelsymptome, die sich dementsprechend als Störungen im Kohlenhydratstoffwechsel äußern. Diese gehen mit hohen Blutkonzentrationen an Oxosäuren (vor allem Pyruvat) einher, was auf die Rolle des Thiaminpyrophosphats als Coenzym der Pyruvat-Dehydrogenase zurückzuführen ist. Die typische Mangelkrankheit ist *Beriberi*; sie ist gekennzeichnet durch Störungen im zentralen und peripheren Nervensystem. Medizinisch wird T. bei Herzinfarkten und anderen Herzfunktionsstörungen sowie bei diabetischer ↗ Acidose und gegen Sekundärsymptome des Alkoholismus (↗ Ethanol) eingesetzt.

Thiaminpyrophosphat, *Aneurinpyrophosphat*, Abkürzung *TPP* bzw. *APP*, die mit Pyrophosphat veresterte Form des ↗ Thiamins. T. ist die ↗ prosthetische Gruppe der Enzyme Pyruvat-Decarboxylase, Pyruvat-Dehydrogenase, α-Ketoglutarat-Dehydrogenase und Transketolase und daher essenziell für den Ablauf oxidativer Decarboxylierungs-Reaktionen im Rahmen der ↗ Glykolyse und des ↗ Citratzyklus sowie für die wechselseitige Umwandlung von Zuckern innerhalb des ↗ Calvin-Zyklus und des ↗ Pentosephosphat-Weges.

Thienemann, *August Friedrich*, deutscher Zoologe, ✳ 7.9.1882 Gotha, † 22.4.1960 Plön; ab 1915 Prof. in Kiel und 1917 Direktor der Hydrobiologischen Anstalt in Plön. Von T. stammen zahlreiche Untersuchungen zur Ökologie und Biologie von Binnengewässern („Seetypen"), die zur Begründung der ↗ Limnologie als Teilgebiet der ↗ Ökologie führten.

thigmische Reize, Berührungsreize, die bei Pflanzen und Tieren zu gerichteten Bewegungserscheinungen führen können (z. B. ↗ Thigmotaxis, ↗ Thigmonastie).

Thigmomorphose, bei Pflanzen eine durch Berührungsreize verursachte ↗ Morphose, die z. B. bei manchen Ranken zur Ausbildung von Haftscheiben führt.

Thigmonastie, *Haptonastie*, eine durch Berührungsreize ausgelöste Bewegungsreaktion, die sich bei vielen ↗ Ranken beobachten lässt. Die durch einen Berührungsreiz erzeugte positiv thigmonastische Krümmung erfolgt dabei durch einen schnellen Verlust des ↗ Turgors an der gereizten Flanke, der mit einer Turgorerhöhung der Außenflanke einhergeht, und mit dort einsetzenden Wachstumsprozessen. Neben chemonastischen Bewegungen ist T. bei Arten des Sonnentaus (Gattung *Drosera*, ↗ carnivore Pflanzen) auch für die Bewegung der Fangtentakel verantwortlich.

Thigmotaxis, die durch Berührungsreize erzeugte, gerichtete Bewegung frei beweglicher Organismen (hauptsächlich Tiere und Einzeller) zu einer Reizquelle hin *(positive T.)* oder von dieser weg *(negative T.)*. Asseln zeigen als Anpassung an ihren Lebensraum unter Steinen, Holzstücken usw. T., indem sie in einem Gefäß stets bemüht sind, an dessen Rand entlang zu laufen. (↗ Taxis)

Thigmotropismus, *Haptotropismus*, eine Krümmungsbewegung (↗ Tropismus) als Folge eines Berührungsreizes, an der Wachstumsprozesse und Veränderungen des ↗ Turgors beteiligt sein können. Ein typischer T. bei Pflanzen sind Krümmungsbewegungen von Ranken. (↗ Thigmonastie)

Thiobacillus, Gatt. ↗ Schwefel oxidierender Bakterien mit meist aerobem, obligat oder fakultativ

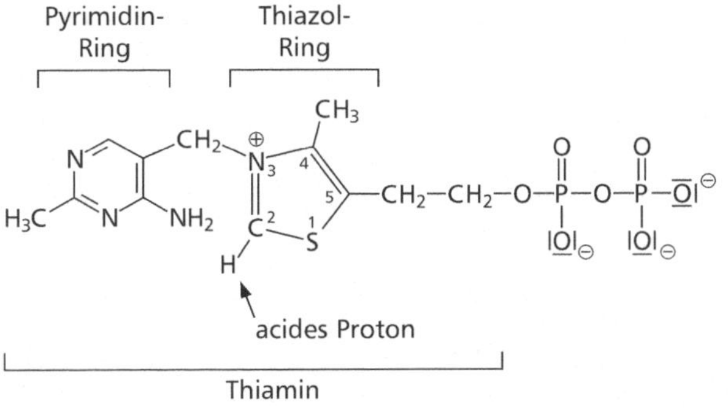

Pyrimidin-Ring   Thiazol-Ring

CH_3

CH_2 — N — H_3C — N — NH_2 — C — H — S — CH_2—CH_2—O—P—O—P—OI

acides Proton

Thiamin   **Thiaminpyrophosphat**

chemolithotrophem Stoffwechsel. Die Gatt. *Thiobacillus* i. e. S. gehört zu den β-Proteobakterien. Neuere molekulargenetische Untersuchungen haben gezeigt, dass einige Arten fälschlicherweise der Gatt. T. zugeordnet wurden. Diese gehören zu den α- und γ-Unterabteilungen der Proteobacteria. Als anorganische Elektronendonatoren dienen hauptsächlich H_2S, $S_2O_3^{2-}$ und elementarer Schwefel. Mehrere T.-Arten sind obligat acidophil und produzieren selbst den niedrigen pH-Wert ihrer Umgebung, indem sie in ihrem Energiestoffwechsel Schwefelsäure freisetzen. Einige Arten wie z. B. *T. ferrooxidans* können Fe^{2+} zu Fe^{3+} oxidieren und sind an der mikrobiellen *Erzlaugung* beteiligt.

Thioester, *Acylmercaptan*, eine Verbindung der allg. Formel RS-CO-R_1. Die Thioester-Bindung ist energiereich. Ein T. ist z. B. das ↗ Acetyl-Coenzym A als Prototyp einer aktivierten Fettsäure. Bei der ↗ Substratkettenphosphorylierung an der Triosephosphat-Dehydrogenase in der ↗ Glykolyse wird intermediär ein energiereicher T. unter Vermittlung der Thiolgruppe des Enzymproteins gebildet.

Thiole, *Mercaptane*, Schwefelverbindungen der allg. Formel RSH, z. B. L-Cystein, ↗ Coenzym A. Die funktionelle Gruppe der T. ist die *Sulfhydrylgruppe* (–SH).

Thiomargarita, zu den ↗ Schwefel oxidierenden Bakterien gehörende Gatt. von Prokaryoten, die mit einer Zellgröße von bis zu 0,75 mm mit bloßem Auge sichtbar sind. (↗ Riesenbakterien)

Thionine, eine Gruppe niedermolekularer, auf phytopathogene Bakterien und Pilze toxisch wirkender pflanzlicher Proteine mit einem Molekulargewicht von ca. 5 kDa, die bei einer Reihe von Pflanzen in deren Samen und anderen Geweben gebildet werden. T. sind reich an Cystein und können aufgrund struktureller Eigenschaften in vier Klassen eingeteilt werden, die im Endosperm vieler Gräser (Typ I), in Blättern („Blatt-T.", Typ 2), bei der Mistel *Viscum album* („Viscotoxine, Typ 3) und beim abyssinischen Kohl *Crambe abyssinica* („Crambin", Typ 4) vorkommen. Die Wirkung der T. wird durch die Raumstruktur der Moleküle erklärt, die sich in hydrophile und hydrophobe Bereiche untergliedert, sodass T. ihre cytotoxische Wirkung durch Porenbildung in den Membranen ausüben. Experimente, bei denen T. der Modellpflanze ↗ Arabidopsis thaliana durch ↗ Überexpression in großen Mengen im Blattgewebe transgener Pflanzen vorhanden waren, zeigten, dass die Proteine diese vor Pilzbefall schützen können.

Thioredoxin, bei Bakterien, Tieren und Pflanzen vorkommende metallfreie Proteine mit einem Molekulargewicht von 12 kDa, deren katalytisches Zentrum zwei eng benachbarte Cysteinreste enthält. Neben ↗ Glutathion sind T. an einer Reihe von Redoxprozessen beteiligt. Die oxidierte Form enthält eine Disulfidbrücke, die reduzierte Form besitzt hingegen zwei SH-Gruppen (Sulfhydryl-Gruppen). Das Enzym *T.-Reductase* katalysiert unter Verwendung von Ferredoxin oder NADPH die folgende Reaktion:

$NADPH + H^+ + Thiored_{ox} \rightarrow NADP^+ + Thiored_{red}$

Bei Pflanzen kommen im Unterschied zu anderen Organismen nicht nur ein T., sondern drei verschiedene T. vor. Sie sind u. a. über das *Ferredoxin-Thioredoxin-System* an der lichtabhängigen Kontrolle von Enzymaktivitäten beteiligt (↗ Fotosynthese, ↗ Lichtreaktionen). Bei Tieren ist T. an vielfältigen Prozessen wie der Embryogenese, der Entwicklung der Immunantwort und der zellulären Abwehr von oxidativem Stress beteiligt.

Thiotrix, Gatt. ↗ Schwefel oxidierender Bakterien mit sternförmig angeordneten Filamenten. Physiologisch gesehen liegt ein mixotropher Stoffwechsel vor, bei dem reduzierte Schwefelverbindungen als Elektronendonoren dienen und organische Verbindungen als Kohlenstoffquelle. An T. wurde die Oxidation von Sulfid zu elementarem Schwefel erstmals beobachtet.

Thoracica, Gruppe der Rankenfüßer (↗ Cirripedia).

Thoracopoden, *Thorakopoden*, bei den Krebsen (↗ Crustacea) die am ↗ Thorax ansetzenden ↗ Extremitäten.

Thorax, 1) der mittlere Körperabschnitt der Articulata. Bei den Insekten (↗ Insecta) ist der T. das Bruststück und besteht aus den drei, dem Kopf folgenden Segmenten *Prothorax*, *Mesothorax* und *Metathorax*. Die entsprechenden Rückenteile (*Tergite*) werden als *Pronotum* (Halsschild), *Mesonotum* und *Metanotum*, die Seitenteile als *Propleurum*, *Mesopleurum* und *Metapleurum* und die Bauchteile (*Sternum*) als *Prosternum*, *Mesosternum* und *Metasternum* bezeichnet. An den drei Thoraxsegmenten befindet sich je ein Beinpaar. Bei geflügelten Insekten tragen Meso- und Metathorax die Flügel.

2) bei ursprünglichen Krebsen (Entomostraca) ist der T. der allein ↗ Extremitäten (*Thoracopoden*) tragende Rumpf, dessen Segmentzahl bei den einzelnen Gruppen schwankt. Bei den ↗ Malacostraca besteht der T. konstant aus acht Segmenten. Vordere Thoraxsegmente können in unterschiedlicher Zahl (gelegentlich auch alle, z. B. bei Eucarida) mit dem Kopf zum *Cephalothorax* verwachsen. Der restliche Thorax wird dann *Peraeon* genannt, seine Extremitäten sind *Peraeopoden*. (↗ Crustacea)

3) bei Wirbeltieren der ↗ Brustkorb.

Thr, Abk. für ↗ Threonin.

Threonin, *2-Amino-3-hydroxybuttersäure*, Abk. *Thr* oder *T*, in fast allen Proteinen enthaltene Aminosäure, die zu den essenziellen ⟋ Aminosäuren zählt. Der Aufbau von T. geht von ⟋ Asparaginsäure aus, wobei Homoserin als Zwischenstufe entsteht. Der Abbau von T. erfolgt entweder durch Spaltung zu ⟋ Acetaldehyd und ⟋ Glycin (katalysiert durch das Enzym Threonin-Aldolase) oder durch ⟋ Desaminierung (katalysiert durch das Enzym Threonin-Desaminase) zu α-Ketobuttersäure. Diese kann entweder in mehreren Stufen zu ⟋ Isoleucin umgewandelt werden oder durch oxidative ⟋ Decarboxylierung zu Propionyl-CoA und dann in den Abbauweg der ungeradzahligen ⟋ Fettsäuren eingeschleust werden.

Threskiornithidae, *Ibisse*, Fam. der Vögel (⟋ Aves), deren rund 30 Arten etwa brachvogel- bis reihergroß sind und in Sümpfen, Ufergebieten oder Steppen wärmerer Gebiete der Alten und Neuen Welt leben. Sie fliegen mit vorgestrecktem Hals. Alle T. leben und brüten gesellig. Nördlich der Alpen brütet nur an wenigen Stellen der *Löffler (Platalea leucorodia)*; er ist weiß, mit schwarzen Beinen und einem schwarzen, an der Spitze löffelartig (Name!) verbreiterten Schnabel. Bekannteste Art ist der *Heilige Ibis (Threskiornis aethiopica)*, mit weißem Gefieder, lediglich die Spitzen der Schwingen, der kahle Kopf und Hals sowie die Beine sind schwarz. Er war bei den Ägyptern das Symbol des Mondgottes Thot. Heute kommt der Heilige Ibis nur noch im südlichen Irak vor.

Thripse, ⟋ Thysanoptera.

Thrombin, eine in der Wirkung dem ⟋ Trypsin ähnliche Protease mit einer Schlüsselfunktion bei der ⟋ Blutgerinnung. T. besteht aus zwei Polypeptidketten mit 49 (A-Kette) und 259 (B-Kette) Aminosäureresten. Letztere trägt die funktionellen Epitope eines Enzyms und zeigt das typische Faltungsmuster von Serin-Proteasen. T. wird aus dem Zymogen *Prothrombin* (582 Aminosäuren) durch proteolytische Spaltung freigesetzt, wobei die A- und B-Kette durch eine Disulfidbrücke verbunden bleiben. Es ist ein Na^+-abhängig allosterisch reguliertes Enzym. In der Blutgerinnungskaskade induziert T. die Umwandlung des Fibrinogens in das unlösliche ⟋ Fibrin, fördert die Aggregation der Blutplättchen und die Stabilisierung des sich bildenden Gerinnsels durch Aktivierung des Faktors XIII, und es verstärkt die Rückkopplung der eigenen Bildung aus Prothrombin durch Aktivierung der Faktoren V, VIII und XI. Aufgrund der Wechselwirkung mit Antithrombin III hat T. im Blut nur eine Halbwertszeit von wenigen Minuten, wobei ⟋ Heparin diesen Prozess stark beschleunigt.

Thrombocyten, *Blutplättchen*, durch Abschnürung aus Megakaryocyten entstandene Blutkörperchen (keine echten Zellen), die eine wichtige Rolle bei der ⟋ Blutgerinnung spielen, indem sie zunächst durch Verklumpen eine Wunde verschließen, ferner eine Gefäßverengung mittels ausgeschütteter ⟋ Mediatoren im Wundbereich hervorrufen und schließlich die Gerinnung auslösen. Durch ihre (unspezifische) phagocytotische Aktivität (⟋ Phagocytose) unterstützen sie zudem die Immunabwehr. Die T. des Menschen haben ca. 1,2 - 4 µm Durchmesser, ihre Lebensdauer beträgt nur etwa zwei bis zehn Tage.

Thrombocytopoese, *Thrombocytopoiese*, die Bildung der ⟋ Thrombocyten im Knochenmark. Aus Megakaryoblasten entstehen im Verlauf der T. Promegakaryocyten und daraus *Megakaryocyten*, deren Zellkern etwa 20 isolierte Kernteile enthält. Die Thrombocyten werden in den Randzonen der Megakaryocyten kontinuierlich abgeschnürt und gehen ins periphere Blut über. Die Kernteile verbleiben im Knochenmark und werden vom ⟋ retikuloendothelialen System phagocytiert.

Thrombose, Bildung eines haftenden Gerinnsels (*Thrombus*) im Blutgefäßsystem infolge Gefäßwandveränderung, verlangsamter Blutzirkulation oder erhöhter Gerinnungsneigung. T. treten häufig nach Operationen und Geburten auf, bevorzugt in den Becken- und Beinvenen. Die größte Gefahr bei der T. ist die ⟋ Embolie. (⟋ Blutgerinnung)

Thromboxane, von den ⟋ Prostaglandinen abstammende Verbindungen. T. induzieren die Aggregation der ⟋ Thrombocyten, die Bildung von Blutgerinnseln und die Kontraktion glatter Muskeln. Die unmittelbare Vorstufe der T. ist Prostaglandin H_2, das von ⟋ Arachidonsäure abstammt. Man unterscheidet zwei Formen, *Thromboxan A_2 (TXA$_2$)* und *Thromboxan B_2 (TXB$_2$)*, von denen das TXA$_2$ die aktivere Form ist, aber schnell in TXB$_2$ übergeführt wird.

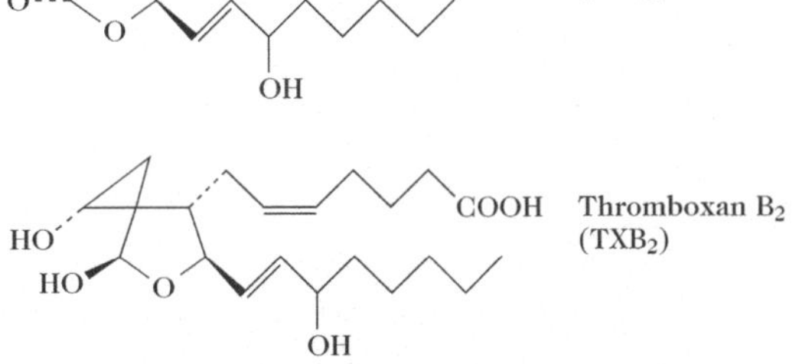

Thromboxane Strukturformeln von Prostaglandin H_2, Thromboxan A_2 und Thromboxan B_2

Thuja, Gatt. der ⟋ Cupressaceae mit zwei nordamerikan. und vier ostasiatischen Arten. Es handelt sich um immergrüne Bäume oder Sträucher mit abgeflachten Zweigen und schuppenförmigen, dachziegelartig angeordneten Blättern. In Europa werden Vertreter der Gatt. als Ziergehölze angebaut.

Thunfische, die ↗ Tunfische.

Thunnus, ↗ Tunfische.

Thylacinus cynocephalus, der ↗ Beutelwolf.

Thylakoide, das Endomembransystem der ↗ Chloroplasten, in dem die fotosynthetischen ↗ Lichtreaktionen ablaufen. Ihre Membranen enthalten deshalb auch ↗ Chlorophylle und ↗ Carotinoide als Fotosynthesepigmente. Der Begriff T. wird auch für die intracytoplasmatischen Membranen von ↗ Cyanobakterien und fototrophen Bakterien verwendet. Die T. der Chloroplasten leiten sich von der inneren Hüllmembran ab, stehen mit dieser jedoch nicht mehr in Verbindung, sodass sie als dritte plastidäre Membran aufgefasst werden können. Sie liegen entweder einzeln im Stroma (*Stromathylakoide*) oder aber zu mehreren Membranstapeln (*Grana*) zusammengefasst und bilden ein von der Thylakoidmembran umgebenes, geschlossenes System, dessen Inneres als *Thylakoidlumen* bezeichnet wird. T. unterscheiden sich in Bezug auf das Lipidmuster deutlich von pro- und eukaryotischen Plasmamembranen und der inneren Mitochondrienmembran, da sie vor allem Galactolipide und Sulfolipide enthalten. Die für die chemischen Prozesse der Lichtreaktionen erforderlichen Proteinkomplexe für den Elektronen- und Protonentransport (Fotosysteme PS I und PS II, Cytochrom b_6f-Komplex, ATPase) und die Elektronen übertragenden Proteine (Plastochinon) sind größtenteils integrale Bestandteile der T.-Membran. Dabei kommt es wie bei anderen Energie konservierenden Membranen (z. B. Mitochondrien) auch zu einer vektoriellen Anordnung in der Membran, sodass bestimmte Prozesse nur an der Stromaseite, andere hingegen an der dem Lumen zugewandten Seite ablaufen.

Die an der Fotosynthese beteiligten Komplexe sind bei höheren Pflanzen nicht gleichmäßig in den Thylakoiden verteilt. Untersuchungen mittels ↗ Gefrierätztechnik ergaben, dass eine *laterale Unsymmetrie* der Verteilung von PS I, PS II und der ATPasen besteht. PS II kommt vor allem in den Grana vor, wohingegen PS I und ATPasen in den Stromathylakoiden lokalisiert sind. Um eine gleichmäßige Bestrahlung beider Fotosysteme zu gewährleisten, kommt es in der Thylakoidmembran zudem zu einer lateralen Wanderung der ↗ Lichtsammelkomplexe des PS II (LHC II) zwischen beiden Fotosystemen. Schließlich sind Pflanzen dazu in der Lage, das Verhältnis von Grana- zu Stromathylakoiden in Abhängigkeit von den Lichtverhältnissen zu

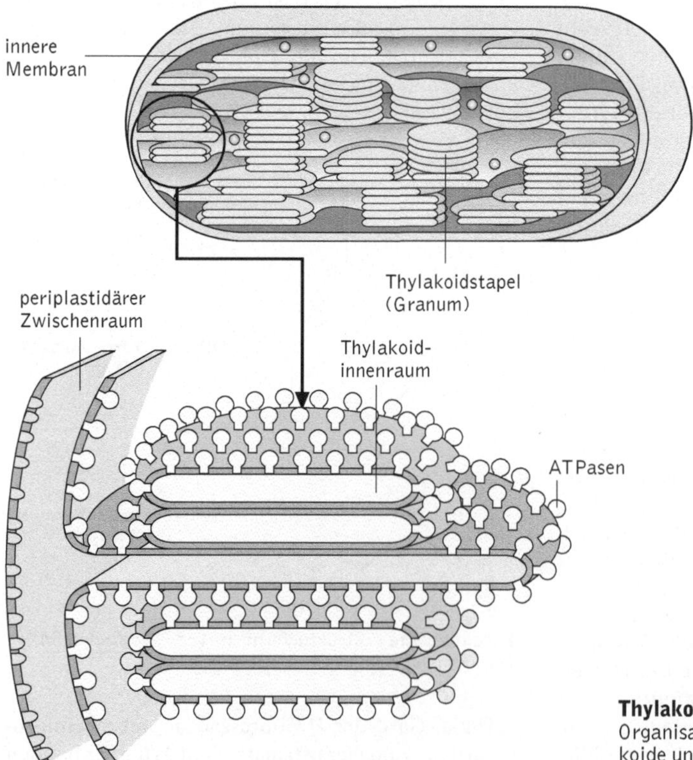

Thylakoide Schematische Übersicht der inneren Organisation eines Chloroplasten; die Stromathylakoide und Granabereiche sind deutlich zu erkennen

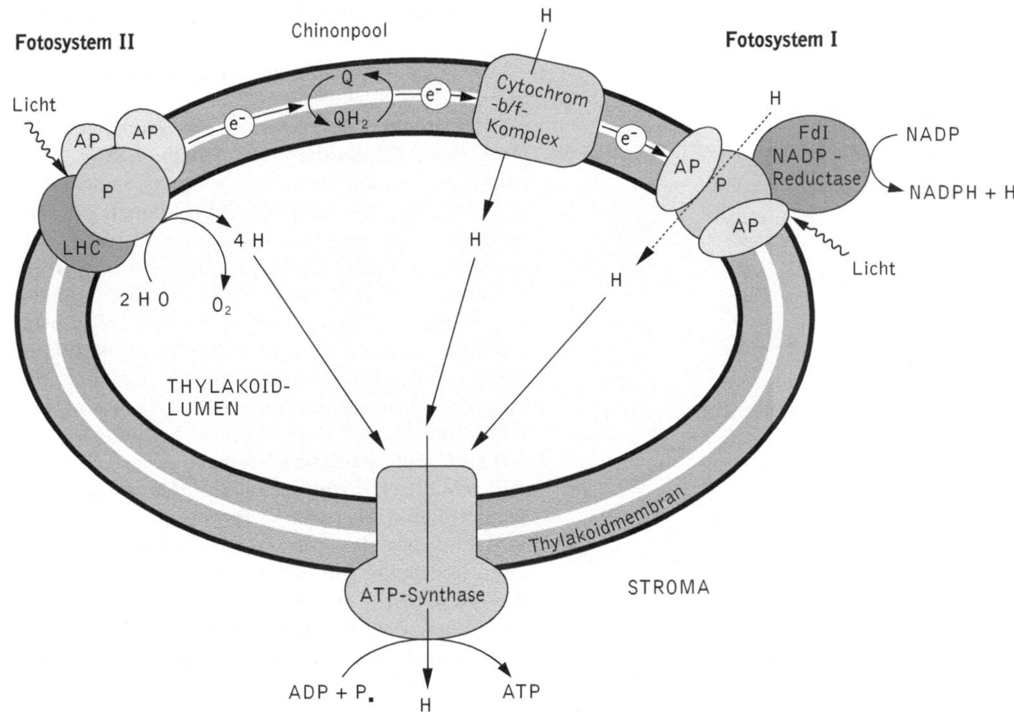

Thylakoide Die Anordnung der Elektronentransportkette in der Thylakoidmembran. Am Fotosystem II wird das einfallende Licht von Antennenpigmenten (AP) und vom Lichtsammelkomplex (LHC von engl. light harvesting complex) gesammelt und zum Reaktionszentrum P_{680} weitergeleitet. Dort wird H_2O unter Einwirkung von Licht gespalten und dabei O_2 gebildet und Protonen freigesetzt. Die Elektronen werden über den Chinonpool zum Cytochrom-bf-Komplex transportiert und weitere Protonen vom Stroma in das Thylakoidlumen gepumpt. Im Fotosystem I findet die zweite Lichtreaktion statt, wobei das Licht von Antennenpigmenten zum Reaktionszentrum P_{700} geleitet wird. Die Elektronen werden auf $NADP^+$ übertragen, das dabei zu NADPH reduziert wird. Auch dieser Prozess führt zur Einschleusung von Protonen aus dem Stroma ins Thylakoidlumen. Das so aufgebaute elektrochemische Potenzial über die Thylakoidmembran wird zur Synthese von ATP genutzt

verändern; Schattenblätter zeichnen sich durch deutlich stärker ausgebildete Grana aus als Sonnenblätter.

Thylakoidreaktionen, Bez. für die ↗ Lichtreaktionen der ↗ Fotosynthese.

Thylle, Holzparenchymzelle (↗ Holz), die unter blasiger Auftreibung der Schließhäute durch die Tüpfel in eine Gefäßzelle einwächst.

Thymallidae, *Äschen*, Fam. der ↗ Salmoniformes.

Thymelaeaceae, *Seidelbastgewächse*, einzige Fam. der Thymelaeales mit ca. 720 Arten meist in tropischen Regionen. Es handelt sich überwiegend um Sträucher mit ganzrandigen Blättern. Die Blüten sind meist als ↗ Blütenstand in Form einer Rispe oder Traube angeordnet. Die Kronblätter sind i. d. R. stark reduziert, die Kelchblätter blütenblattartig ausgebildet. Zu den T. gehört der in Europa heimische giftige ↗ Seidelbast sowie die zur Papierproduktion verwendeten tropischen Gatt. *Edgeworthia* und *Wikstroemia*. (s. Abb. auf Seite 224)

Thymelaeales, Ord. der ↗ Rosopsida mit der einzigen Fam. ↗ Thymelaeaceae.

Thymian, *Thymus vulgaris*, zu den ↗ Lamiaceae gehörender Halbstrauch mit hohem Gehalt an ↗ etherischen Ölen. T. wird als Gewürz und wegen seiner bakteriostatischen Wirkung als Heilpflanze verwendet.

Thymin, *5-Methyluracil*, Abkürzung *Thy* oder *T*, vom Pyrimidin-Gerüst abgeleitete organische Base (↗ Pyrimidinbasen), die als Baustein der ↗ Desoxyribonucleinsäuren weit verbreitet ist. T. kommt seltener auch als modifizierte Base in ↗ Ribonucleinsäuren vor.

Thymus, 1) *Botanik*: Gatt. der Fam. ↗ Lamiaceae.
2) *Anatomie*: *Thymusdrüse*, *Brustdrüse*, *Bries*, früher irrtümlich als endokrine Drüse angesehenes, besonders bei Säugern stark ausgebildetes ↗ lymphatisches Organ, das sich in zwei langgestreckten Lappen, eingebettet in das lockere Bindegewebe des vorderen Mediastinums, hinter dem Brustbein vom Schlüsselbeinansatz bis etwa zum Ansatz des vierten Rippenpaares erstreckt. Größe und Struktur des T. sind altersabhängig; während der Zeit seiner stärksten Ausbildung in der Jugendphase

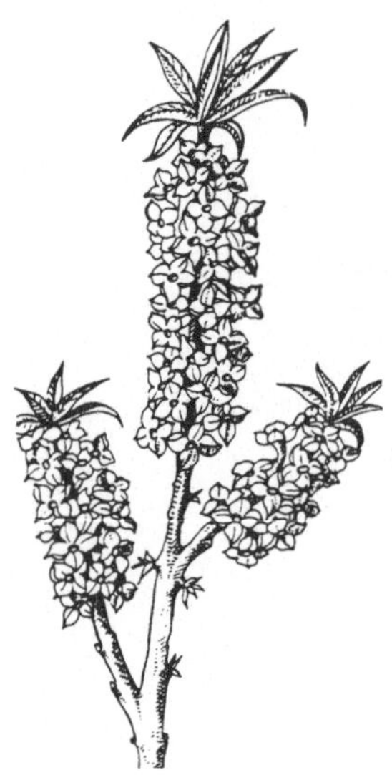

Thymelaeaceae Blühender Zweig des Seidelbast (*Daphne mezereum*)

erreicht er beim Menschen ein Gewicht von etwa 30 - 40 g, degeneriert aber nach Eintritt der Geschlechtsreife unter dem Einfluss der Geschlechtshormone weitgehend zu einem Fettgewebskörper mit vereinzelten eingestreuten Inseln restlicher T.-Zellen (*Thymusinvolution*). Bindegewebssepten untergliedern die T.-Lappen in einzelne T.-Läppchen, deren jedes im histologischen Schnitt eine lymphocytenreiche Rindenregion und eine zellärmere Markregion aus retikulärem ⌐ Bindegewebe zeigt; in der Markregion bilden sich, abhängig von der Aktivität des T., so genannte *Hassal'sche Körperchen*, Nester konzentrisch geschichteter, degenerierender Markzellen (differentialdiagnostisches Kriterium). Aufgabe des T. ist die Vermehrung und immunspezifische Prägung einwandernder undeterminierter ⌐ Lymphocyten zu den immunologisch kompetenten ⌐ T-Lymphocyten (T-Zellen). T.-Tumoren oder T.-Hyperplasien können zu Störungen der muskulären Erregbarkeit (Myasthenia gravis) führen, während eine T.-Unterfunktion oder T.-Hypoplasie in der Jugend zu verringerter Infektabwehr und zu Entwicklungsstörungen bis hin zum Tod führen kann.

Ontogenetisch geht der T. aus mehreren Epithelknospen im ventrocaudalen Bereich der dritten und vierten Kiementasche hervor und kann daher später oft Anteile der aus dem gleichen Ursprungsgewebe entstehenden ⌐ Nebenschilddrüse umschließen. Stammesgeschichtlich finden sich bereits bei Knorpel- und Knochenfischen, ebenso bei Amphibien, Reptilien und Vögeln im Dorsalbereich aller Kiementaschen Inseln lymphatischen Gewebes vergleichbarer Funktion, die sich aber i. d. R. nicht zu einem Organ zusammenschließen.

Thyreoidea, *Glandula thyreoidea*, die ⌐ Schilddrüse.

thyreotropes Hormon, andere Bez. für ⌐ Thyreotropin.

Thyreotropin, *Thyrotropin, thyreotropes Hormon, thyreoidstimulierendes Hormon*, Abk. *TSH*, ein Proteohormon, das vom Hypophysenvorderlappen unter der Wirkung des Thyroliberins (⌐ Thyreotropin-Releasing-Hormon) gebildet wird. Die Freisetzung von T. wird durch Neuromedin B, ⌐ Estrogen, ⌐ Testosteron, β-Endorphin und Somatostatin gehemmt, hingegen durch ⌐ Prostaglandine, Vasopressin und ⌐ Calcitriol stimuliert. T. seinerseits stimuliert die Bildung und Ausschüttung der Schilddrüsenhormone ⌐ Thyroxin und Triiodthyronin. (⌐ Hypophyse, ⌐ Schilddrüse)

Thyreotropin-Releasing-Hormon, Abk *TRH*, *Thyroliberin, Thyreotropin freisetzendes Hormon*, ein Tripeptidamid, das vom ⌐ Hypothalamus gebildet wird und den Hypophysenvorderlappen zur Synthese und Sekretion des die ⌐ Schilddrüse stimulierenden Hormons ⌐ Thyreotropin anregt. Darüber hinaus wird durch TRH auch ⌐ Prolactin freigesetzt, wobei Estrogen die Freisetzung stimuliert und Testosteron hemmend wirkt. TRH wird diagnostisch zur Schilddrüsen- und Hypophysenfunktionsprüfung sowie zur Differenzialdiagnose von Fruchtbarkeitsstörungen eingesetzt.

thyreoidstimulierendes Hormon, das ⌐ Thyreotropin.

Thyrotropin, das ⌐ Thyreotropin.

Thyroxin, *3,5,3',5'-Tetraiodthyronin*, Abk. T_4, ein für Wachstum und Entwicklung unentbehrliches Schilddrüsenhormon, das zusammen mit dem zweiten Schilddrüsenhormon, dem *3,5,3'-Triiodthyronin*, (Abk. T_3) aus L-Thyrosinresten des *Thyroglobulins* entsteht, das den Hauptteil des Schilddrüsenfollikels bildet. Synthese und Freisetzung von T_3 und T_4 werden durch das vom Hypophysenvorderlappen gebildete ⌐ Thyreotropin stimuliert. Parallel dazu kommt es zu einer gesteigerten Iodaufnahme in die ⌐ Schilddrüse. Beide Hormone werden im Blut transportiert, z. T. in freier Form und z. T. an Präalbumin und Glykoprotein gebunden. Die Wirkung des T. (wobei die aktivere Form das Triiodthyronin ist) ist außerordentlich vielseitig und besteht in einer generellen Aktivierung des Kohlenhydrat-, Fett- und Proteinstoffwechsels und somit Stimulation des Sauerstoffverbrauchs (Erhö-

Thyroxin

hung des Grundumsatzes und damit der Stoffwechselintensität). In physiologischer Dosis wirken beide Hormone steigernd auf die RNA- und Proteinsynthese, in hoher Dosis mit negativer Stickstoffbilanz hingegen Protein abbauend, außerdem werden Fettdepots abgebaut. Unabhängig vom kalorigenen Effekt beschleunigt T. Zelldifferenzierung und ↗ Metamorphose (z. B. die Umwandlung von der Kaulquappe zum Frosch).

Der Abbau von T. erfolgt durch Deiodierung (Wiederverwertung eines Teils des Iods in der Schilddrüse), Desaminierung und Bindung an Glucuronsäure oder Schwefelsäure in der Leber.

Thysanoptera, *Fransenflügler*, *Blasenfüße*, Taxon der ↗ Insecta mit rund 4500 Arten, von denen etwa 300 in Mitteleuropa vorkommen. T. sind zwischen 0,5 und 2 mm groß. Sie leben bevorzugt in Blüten, unter Borke oder in Blattscheiden von Gräsern und saugen Pflanzensäfte, eine Reihe von Arten saugt an Blattläusen (↗ Aphidina), Schildläusen (↗ Coccina), Milben (↗ Acari) oder anderen T. Außerdem gehören Pollen, Nektar und Pilzsporen zum Nahrungsspektrum. T. haben einen schlanken und abgeflachten Körper von brauner, schwarzer oder gelber Färbung. Die Mundwerkzeuge sind asymmetrisch: Die rechte Mandibel ist rudimentiert, Labrum und Labium sind zu einem Kegel verwachsen, der drei Stechborsten (linke Mandibel und Maxillen) umgibt, die ein Saugrohr bilden. Die Flügel besitzen am Hinterrand lange bewegliche, fransenartige Haare (Name!). Manche Arten pflanzen sich parthenogenetisch fort, bei manchen gibt es Ovoviviparie. Die Metamorphose ist eine *Neometabolie*, die praktisch nur bei den T. vorkommt, mit zwei „Larvenstadien" ohne Flügelanlagen, einem Pronymphenstadium und einem oder zwei Nymphenstadien mit äußeren Flügelanlagen. Man unterscheidet zwei Subtaxa, die *Terebrantia*, bei denen die Weibchen einen aus zwei Paar Valven bestehenden Legebohrer besitzen, die Pronymphe Flügelanlagen zeigt und nur ein Nymphenstadium vorkommt, und die *Tubulifera*, bei denen die Weibchen keinen Legebohrer besitzen und die Pronymphen keine Flügelanlagen, und bei denen zwei Nymphenstadien auftreten. – Manche Arten sind als Pflanzenschädlinge bekannt („Thrips").

Tibia, Bez. für Strukturen von ↗ Extremitäten.

1) *Schiene*, Abschnitt der Extremitäten bei Gliederfüßern (Arthropoda), insbesondere bei Insekten.

2) *Schienbein*, Ersatzknochen des Unterschenkels der tetrapoden Wirbeltiere.

Tieflandflussregion, das ↗ Potamal.

Tiefsee, Meeresbereich, der nicht mehr von Wind- und Wärmeverhältnissen der Oberfläche beeinflusst wird. Sie ist charakterisiert durch niedrige Temperaturen, hohen Druck, wenig Wasserbewegung, geringen bis keinen Lichteinfall, sehr niedrige Populationsdichte und Nährstoffarmut. Auch die Salinität des Wassers schwankt nur in engen Grenzen. Pflanzliche Organismen fehlen aufgrund der mangelhaften Lichtverhältnisse völlig, es gibt lediglich ↗ Konsumenten und ↗ Destruenten, die sich von absinkendem ↗ Plankton und ↗ Detritus ernähren. Als Anpassung an den Lichtmangel sind die Lichtsinnesorgane der Tiere entweder verkümmert oder extrem groß und leistungsfähig. Ein häufig auftretendes Phänomen ist die ↗ Biolumineszenz. Sie dient wahrscheinlich ebenso dem Beutefang wie dem Auffinden eines Geschlechtspartners. Bei blinden Formen sind die Tastsinnesorgane in Form verlängerter Beine, Fühler, Flossenstrahlen und Barteln häufig besonders gut ausgebildet oder die Anzahl der Sinneshärchen ist erhöht. Da der Außendruck dem Innendruck entspricht, ist die Schwimmblase der Tiefseefische oft zurückgebildet. Bedingt durch die geringe Wasserbewegung und den Kalkmangel in der T. sind die Skelett- und Stützelemente (Schalen, Knochen, Panzer) nur schwach entwickelt. Die schwachen Strömungen erlauben auch eine besondere Größenentwicklung und die Ausbildung gallertiger, stark wasserhaltiger Körpergewebe, die bei Planktontieren die Schwebfähigkeit verbessern. Die Nährstoffarmut führt zur Ausbildung von regelrechten Fangapparaten aus Riesenmäulern mit gewaltigen Zähnen. Viele T.-Bewohner steigen nachts in die nährstoffreiche lichterfüllte Zone auf oder durchlaufen dort einen Teil ihres Entwicklungszyklus. Mit zunehmender Tiefe nimmt der Artenreichtum stark ab: Fische kommen bis zu einer Tiefe von maximal 8000 m vor, Schwämme (↗ Porifera) bis zu einer Tiefe von mehr als 8000 m und Vertreter der Seegurken (↗ Holothuroida), ↗ Foraminifera, ↗ Anthozoa, ↗ Nemertini, ↗ Echiura, ↗ Polychaeta, Krebse (↗ Crustacea), Stachelhäuter (↗ Echinodermata) und einzelne Weichtiere (↗ Mollusca) in bis über 10000 m Tiefe.

Tiefseetafel, das ↗ Abyssal.

Tiefwurzler, zeigen eine starke vertikale Ausbildung ihres Wurzelsystems. Man findet sie hauptsächlich an Standorten mit oberflächlich trockenen Böden, und in der Tiefe verlaufenden Grundwasseradern. Die Pfahlwurzeln mancher ↗ Tamaridaceae reichen bis zu einer Tiefe von 30 m.

Tierbauten, *Tierbaue*, vom Tier hergestellte Einrichtungen, die als Wohnung, zur Brutpflege oder zum Nahrungserwerb genutzt werden, meist in einer Kombination dieser Funktionen. Strittig ist die Bez. T. für Schalen, Hüllen, Kokons und Gespinste u. a. Gebilde, die durch körpereigene Bildungen entstehen, wie z. B. die Riffbildungen der Korallen aus den Außenskeletten der einzelnen Polypen.

Wohnbauten sind im Tierreich häufig zu finden. Beispiele innerhalb der Wirbellosen sind die Röhren mancher Ringelwürmer (↗ Annelida), oder die Wohnröhren, die viele Insekten in der Erde oder in Pflanzen anlegen. Eindrucksvoll sind die Röhren der Köcherfliegen-Larven (↗ Trichoptera) aus Steinchen und Holz. Der ↗ Ameisenlöwe nutzt seinen trichterförmigen Bau auch als Beutefalle. Das Anlegen von Bauen ist besonders bei Vögeln und Säugetieren verbreitet. Hier dienen sie auch der Brutpflege. Oftmals werden dazu zusätzlich besondere Kammern angelegt und mit Nistmaterial ausgestattet. Teilweise werden die T. mit pflanzlichem oder anorganischem Material, wie z. B. Sand oder Steinen gefertigt. Bekannt sind die Bauten der Biber (↗ Castoridae) und Fischotter (↗ Mustelidae), deren Eingänge sich unter Wasser befinden. Vögel bauen neben den Nestern zur Brutpflege z. T. auch Schlaf- und Spielnester. Bodenbrüter, deren Junge meist Nestflüchter sind, legen oft nur einfache Nester an, während Nesthocker ein aufwändigeres Nest benötigen. Dieses wird meist aus Pflanzenmaterial gefertigt, Schwalben (↗ Hirundinidae) und die südamerikanischen Töpfervögel (↗ Tyranni) verwenden auch mit Speichel vermischten Schlamm und Lehm. Besonders kunstvoll sind die Nester der Webervögel (↗ Passeres); die Siedelweber bauen riesige Gemeinschaftsnester für bis zu 100 Brutpaare. Die Laubanhäufungen der Großfußhühner (↗ Megapodiidae), in denen die Eier durch Gärungswärme ausgebrütet werden, sind reine Brutbauten. Manche Insektenarten nutzen Blätter bzw. Blattstückchen zum Bau ihres Nestes. So z. B. die Blattschneiderbienen und manche Ameisen (↗ Formicidae).

Beeindruckend sind auch die aus sechseckigen Wachszellen bestehenden Waben der Honigbienen (↗ Apoidea), die ursprünglich in ausgehöhlten Baumstämmen angelegt wurden. Sie dienen der Brutpflege aber auch dem Anlegen von Nahrungsvorräten. Wespen (↗ Vespidae) bauen ebenfalls wabenartige Nester, die allerdings aus zerkautem Pflanzenmaterial bestehen, das mit Speichel, Holz oder Erde vermischt ist. Ameisen legen oft umfangreiche Hügel an, die sowohl Wohnung als auch Brutstätte sind und in denen manche zum Nahrungserwerb umfangreiche Pilzzuchten anlegen. Zu den größten T. zählen die mächtigen, bis zu 6 m hohen Termitenbaue (↗ Isoptera), die teilweise mit speziellen Regendächern versehen sind und über ein ausgeklügeltes Belüftungssystem verfügen, um die Temperatur im Inneren konstant zu halten.

Tierbestäubung, die ↗ Zoogamie.

Tierblütigkeit, ↗ Bestäubung.

Tiere, *Animalia*, die zum Tierreich („regnum animalium") gehörigen Organismen. Alle Tiere sind, wie die Pflanzen, Eukaryoten (Eucarya) und ihre Zellen, die in Ein- oder Vielzahl ihren Körper aufbauen, daher ↗ Eucyten. Tiere und Pflanzen gehen stammesgeschichtlich auf gemeinsame einzellige Ahnenformen vom Lebensformtyp der Flagellaten zurück. Tiere sind für ihren ↗ Stoffwechsel auf das von den Pflanzen produzierte Material angewiesen, sie sind heterotroph. Während die Pflanzenzelle i. d. R. von einer ↗ Zellwand aus ↗ Cellulose umgeben ist, fehlt den tierischen Zellen eine solche (eine Cellulose-ähnliche Substanz kommt als ↗ Cuticula bei den Seescheiden vor). Die Stabilität vielzelliger Tiere wird im Wesentlichen durch ↗ Bindegewebe mit mehr oder weniger gallertiger Grundsubstanz (Interzellularsubstanz) erreicht und/oder durch kollagene und elastische Fasern. Grundsubstanzreiches Bindegewebe kann (vor allem bei den ↗ Chordata) auch als ↗ Knorpel bzw. ↗ Knochen entwickelt sein und ein Innenskelett (Endoskelett) bilden. Manche Stämme entwickeln ein Außenskelett (Exoskelett) in Form einer Cuticula, in die Chitin eingelagert sein kann (wie bei den Arthropoda) oder aber auch Kalk (wie z. B. bei den Schalen der Mollusca). Der Stoffaustausch findet bei vielzelligen Tieren im Innern des Körpers statt, weshalb Tiere eine reichere innere Gliederung aufweisen als Pflanzen (↗ Darm, ↗ Lungen, ↗ Tracheen). In der Individualentwicklung ist das ↗ Wachstum der Tiere nach Ende einer Wachstumsphase stark eingeschränkt (z. B. bei Weichtieren) oder abgeschlossen, die Tiere sind dann „ausgewachsen". Dieser Abschluss des Wachstums tritt häufig mit dem Erreichen der ↗ Geschlechtsreife ein. Lebenslang aktiv bleibende Wachstumszonen, wie sie die Pflanzen haben, fehlen den vielzelligen Tieren. Die Fortpflanzungsorgane (↗ Gonaden, ↗ Geschlechtsorgane) werden bei Tieren i. d. R. im Körperinnern geborgen, bei Pflanzen dagegen liegen sie an der Oberfläche. Die ↗ Fortpflanzung kann sowohl geschlechtlich als auch ungeschlechtlich erfolgen; auch können beide Formen sich in einem als ↗ Metagenese bezeichneten ↗ Generationswechsel abwechseln. Die ungeschlechtliche Fortpflanzung der vielzelligen Tiere geht stets von einem Zellverband aus. Einzige Ausnahme könnte die ungeschlechtliche Fortpflanzung der „Larvenstadien" (Sporocysten, Redien) der Saugwürmer (↗ Trematoda) sein. Im Unterschied zu den vielzelligen Pflanzen, die i. d. R. ortsfest „verwurzelt" sind, leben vielzellige Tiere primär freibeweglich (↗ Fortbewegung), können jedoch sekundär zu einer festsitzenden (sessilen) Lebensweise übergehen. Diese ist jedoch nur wasserlebenden Formen möglich, da nur dort entweder eine äußere ↗ Besamung der in das Wasser abgegebenen Eier oder ein Herbeistrudeln der Spermien möglich ist. Auch planktontische Nahrung kann im Wasser herbeigestrudelt werden; viele sessile Tiere sind daher

Strudler (z. B. Schwämme, Kamptozoa, Tentaculata; ↗ Ernährung). Im Zusammenhang mit der (zumindest primären) freien Beweglichkeit der Tiere steht, dass diese im Gegensatz zu den Pflanzen Muskelzellen besitzen, die sich zu Muskelgewebe verbinden können (↗ Muskel) und eine rasche Kontraktion ermöglichen. Auch die ↗ Erregungsleitung erfolgt bei Tieren über spezialisierte Nervenzellen (↗ Neuron), die zu einem ↗ Nervensystem verbunden und zu ↗ Sinnesorganen differenziert sein können und so den Tieren eine rasche und bei höherer Organisation auch komplexe Reaktion (ein Verhalten) ermöglichen. Im Zusammenhang mit den aus Beweglichkeit und komplexer Nervenleitung sich bei Tieren ergebenden höheren Anforderungen an den Stoffwechsel steht bei vielzelligen Tieren das verbreitete Vorkommen eines Kreislaufsystems (↗ Blutkreislauf) und eines Exkretionssystems (↗ Exkretion, ↗ Exkretionsorgane), die in dieser Form den Pflanzen fehlen.

Systematisch gliedert man das Tierreich in die beiden Großgruppen einzellige Eukaryota oder ↗ Einzeller und ↗ Metazoa oder vielzellige Tiere, und letztere in die Subtaxa ↗ Parazoa, ↗ Placozoa, ↗ diploblastische Eumetazoa, ↗ triploblastische Eumetazoa, wobei deren weitere Untergliederung je nach Auffassung unterschiedlich ausfällt.

Für den Menschen sind Tiere in vielfacher Hinsicht von großer Bedeutung. Vor allem in höher organisierten Tieren (Wirbel-Tieren) erkennt der Mensch verwandte Geschöpfe, denen gegenüber er eine „Tierliebe" empfinden kann. Viele ↗ Haustiere werden aus diesem Grund gehalten und gezüchtet. Daneben hat das Tier dem Menschen von Beginn seiner stammesgeschichtlichen Entwicklung an Nahrung, Kleidung und Werkzeuge (aus Knochen und Zähnen) geliefert. Mit der Übernahme von Wild-Tieren in den Hausstand (Haustierwerdung oder Domestikation) begann die Viehzucht, die den Menschen (ähnlich wie der Ackerbau) im Hinblick auf seine Ernährung unabhängiger gemacht hat. Tiere können auch Arzneimittel (z. B. Schlangengifte; Tiergifte) liefern, aber auch als Produzenten von Immunseren dienen. (↗ Bioethik, ↗ Leben, ↗ Tierschutz, ↗ Tierversuche und zugehöriges Essay: ↗ Alternativen zu Tierversuchen)

Tier fangende Pflanzen, ↗ carnivore Pflanzen.

Tiergärten, ↗ zoologische Gärten.

Tiergemeinschaft, die ↗ Zoozönose.

Tiergeografie, *Zoogeografie*, Teilgebiet der ↗ Biogeografie, die Wissenschaft von der Verbreitung der Tiere auf der Erde und deren historischer und ökologischer Ursachen. Die Beschreibung der geografischen Verbreitung der Tierwelt hat zur Gliederung verschiedener Zonen (↗ biogeografische Regionen) geführt. Bei dem Versuch, die gegenwärtige Verteilung der Tiere zu erklären, berück-

sichtigt man Erkenntnisse aus der ↗ Ökologie, indem man die Bindung an bestimmte Lebensräume betrachtet, sowie aus der Stammesgeschichte der Lebewesen (↗ Paläontologie) in Verbindung mit den geschichtlichen Veränderungen der Erdoberfläche, wie ↗ Kontinentalverschiebung, Landbrücken zwischen einzelnen Kontinenten oder Relikten der Eiszeiten. So kann auch die disjunkte Verbreitung von Tierarten oder -gruppen in weit getrennten Gebieten erklärt werden. Da ↗ Artbildung oft im Zusammenhang mit geografischer Trennung einzelner Populationen erfolgt, spielt die T. auch eine Rolle für die ↗ Evolutionstheorie (↗ Evolution).

tiergeografische Regionen, ↗ biogeografische Regionen.

tierische Zelle, der bei Tieren und Menschen vorkommende Grundtyp der ↗ Eucyte, der in den verschiedenen Geweben und Organen unterschiedliche Formen und Funktionen wahrnimmt. (↗ Totipotenz, ↗ Pflanzenzelle, ↗ Zelle)

Tierkunde, die ↗ Zoologie.

Tierläuse, die ↗ Phthiraptera.

Tiermehl, ein aus Schlachthaus-Abfällen, toten Nutztieren und verendeten Haus- und Wildtieren hergestelltes Futtermittel, das als preiswerter Eiweißlieferant dem Futter von Nutztieren zugesetzt wird. Die Tierüberreste werden gemahlen, mit Hilfe der Drucksterilisation gekocht, getrocknet und zu Futterpellets gepresst. Vermutlich durch Verfütterung von ungenügend erhitztem Tiermehl an Rinder, das Überreste von an ↗ Scrapie erkrankten Schafen enthielt, hat sich der Erreger der ↗ Bovinen Spongiformen Encephalopathie (BSE) unter Überwindung der Artschranke ausgebreitet. In Deutschland darf T. wegen BSE bereits seit 1994 nicht mehr an Wiederkäuer (Rinder, Schafe), wohl aber an Schweine und Geflügel verfüttert werden. Seit einiger Zeit dürfen innerhalb der EU so genannte BSE-Risikomaterialien (Gehirn, Rückenmark, Augen) nicht mehr bei der Herstellung von T. als Futtermittel verwendet werden.

Tierökologie, *Zoo-Ökologie*, Wissenschaft von der ↗ Ökologie der Tiere. Sie beschäftigte sich zunächst mit den Lebensansprüchen einzelner Arten (*Autökologie*), später dann auch mit dem Aufbau, der Dynamik (*Demökologie*) und der Struktur von Tiergemeinschaften (*Synökologie*).

tierpathogene Viren, Bez. für Viren, die im tierischen Organismus krankheitserregend wirken. T. V. werden meist durch Endocytose als gesamtes ↗ Virion in die Zelle aufgenommen, die Trennung des Virusgenoms von seiner Proteinhülle findet erst innerhalb der Wirtszelle statt. Die Auswirkungen des Virus auf die Zelle sind unterschiedlich. Eine *lytische Infektion* führt durch Lyse der Wirtszelle i. d. R. zu deren Tod; in manchen Fällen erfolgt allerdings die Freisetzung der ↗ Virionen so allmählich, dass die Zelle nicht lysiert wird. Als *persistierend* bezeichnet man Infektionen, bei denen die Zelle zwar beständig Viren produziert, aber dennoch über einen längeren Zeitraum lebensfähig bleibt. Bei *latenten Infektionen* kommt es zu einer Verzögerung zwischen dem Zeitpunkt der Infektion und dem Auftreten der ersten Symptome. Einige t. V. verursachen die *Transformation* der Wirtszelle zu einer Krebszelle (↗ Krebs, ↗ Tumorviren).

Zur Gruppe der positivsträngigen RNA-Viren gehört die Fam. der *Picornaviren*. Die virale RNA wirkt hier direkt als mRNA und bewirkt die Produktion eines langen Polyproteins, das durch Enzyme in kleinere Bestandteile gespalten wird, die zur Vermehrung der Nucleinsäure und für den Zusammenbau des Virus benötigt werden. Hierzu zählen die für den Menschen pathogenen Polioviren (↗ Poliomyelitis), die ↗ Rhinoviren und das Hepatitis-A-Virus (↗ Hepatitis, ↗ Hepatitisviren). Auch der Erreger der ↗ Maul-und-Klauen-Seuche gehört zu den Picornaviren. Negativsträngige RNA-Viren kopieren die virale RNA durch eine RNA-Polymerase erst in eine mRNA um. Sie beinhalten einige der gefährlichsten t. V., z. B. die *Rhabdoviren* einschließlich des Tollwutvirus (↗ Tollwut), *Orthomyxoviren* einschließlich der ↗ Influenzaviren und das ↗ Ebola-Virus. Eine wichtige Fam. t. V. ist diejenige der *Reoviren*, deren Genom aus doppelsträngiger RNA besteht und die meist im Kern der Wirtszelle replizieren. Unter den DNA-Viren findet man die Tumor erzeugenden *Papovaviren*, die ↗ Herpesviren, die ↗ Pockenviren und die ↗ Adenoviren. Die komplexesten aller t. V. gehören zu den ↗ Retroviren. Mittlerweile bedeutendster Vertreter ist das ↗ Aids verursachende HI-Virus (HIV).

Zu den t. V. gehören auch die Insektenviren. Wesentlicher Unterschied zu den Viren, die Insekten lediglich als ↗ Vektoren nutzen, ist, dass sich diese Viren in ihren Wirtsorganismen vermehren. Die meisten dieser streng wirtsspezifischen Viren sind *Baculoviren*, die in besondere Einschlusskörper aus kristallisiertem Protein eingehüllt sind und dadurch jahrelang infektiös bleiben. Sie werden zur selektiven biologischen ↗ Schädlingsbekämpfung eingesetzt. Auch andere t. V. werden vom Menschen gezielt verwendet: Das zur Pockengruppe gehörende Myxomatose-Virus ruft bei Kaninchen u. a. bösartige Tumoren im Unterhautgewebe hervor. Es wurde in Australien gegen die eingebürgerten europäischen Wildkaninchen eingesetzt, die als Nahrungskonkurrenten der riesigen Schafherden auftraten. Etwa 90 % der infizierten Tiere fielen der Seuche zum Opfer.

Tierphysiologie, Teilgebiet der ↗ Physiologie, das sich in exemplarischer oder vergleichender Weise mit den Stoffwechselfunktionen und -reaktionen (*Stoffwechselphysiologie*) sowie den Nerven- und Sinnesleistungen (↗ Neurophysiologie und ↗ Sinnesphysiologie) der Tiere befasst (speziell mit der Physiologie des Menschen befasst sich die *Humanphysiologie*). Je nach Forschungsrichtung werden dabei die physiologischen Prozesse eines Tieres innerhalb seines Lebensablaufs untersucht (↗ Entwicklungsbiologie, Fortpflanzungsphysiologie, Altersphysiologie, ↗ Altern), oder es wird das Augenmerk auf die Auseinandersetzung mit einer sich wandelnden Umwelt gerichtet (Anpassungsphysiologie, Ökophysiologie, ↗ Autökologie, ↗ Verhaltensphysiologie). ↗ Biologie

Tierschutz, umfasst alle Aktivitäten, deren Ziel ist, Leben und Wohlbefinden von Tieren zu schützen, sie vor Leiden, Angst und Schäden zu bewahren und ihnen in der Obhut des Menschen ein artgerechtes Leben zu bereiten und einen schmerzlosen Tod zu ermöglichen. Demgemäß beschäftigt sich T. mit allen Bereichen, in denen Tiere den Interessen des Menschen dienen. Hierzu gehören der Artenschutz, die Nutztierhaltung, der Bereich Tierversuche, die Gentechnologie soweit sie gentechnische Manipulationen an Tieren betrifft, Tierhaltung in Privathaushalten sowie in zoologischen Gärten und im Zirkus, die Jagd, die Verwendung von Tieren im Sport, die Kürschnerei sowie die Rettung verölter Seevögel nach Ölkatastrophen. Besondere Problembereiche des T. sind nach wie vor die Nutztierhaltung (↗ Landwirtschaft und Essay: ↗ Tierquälerei in der Landwirtschaft) und der Bereich ↗ Tierversuche (Essay: ↗ Alternativen zu Tierversuchen). Aber auch in der Haltung von Tieren, sei es als Heimtiere, im Zirkus oder in zoologischen Gärten, werden ihnen oft noch Leiden und Schmerzen zugefügt und ihre Bedürfnisse z. B. in Bezug auf Lebensraum, Pflege, artgerechte Ernährung und Sozialkontakt vernachlässigt. Dies geschieht bei Haustieren oft aus Unwissenheit, Gedankenlosigkeit oder weil sie vermenschlicht werden. In der Hobbyzucht von Hunden, Katzen, Vögeln u. a. Tieren werden mitunter immer noch Zuchtziele angestrebt, die für die solchermaßen gezüchteten Tiere gesundheitliche Schäden und unter Umständen lebenslanges Leiden mit sich bringen.

Der *gesetzliche T.* in Deutschland wird im Wesentlichen durch das *Tierschutzgesetz* geregelt, das für alle den T. betreffenden Bereiche gesetzliche Rahmenbestimmungen enthält, die durch Rechtsverordnungen konkret geregelt werden müssen. Für den Vollzug des T. sind die Bundesländer verantwortlich, Vollzugs- und Kontrollorgane sind die staatlichen Veterinärbehörden. In der Neufassung des Gesetzes von 1986 wurde erstmals festgehalten, dass der Mensch das Wohlbefinden und Leben des Tieres als Mitgeschöpf zu schützen hat. Konkrete

Verbote betreffen das Aussetzen und Zwangsernähren von Tieren, das Hetzen von Tieren auf andere Tiere, das Abverlangen unverhältnismäßiger Leistungen sowie das Töten von Wirbeltieren ohne vorherige Betäubung. Die Strafe bei Verstoß kann je nach Fall ein Bußgeld oder eine Freiheitsstrafe sein. 1990 wurde im BGB durch den § 90a festgelegt, dass Tiere keine Sachen, sondern Lebewesen sind; dennoch können z. B. Haustiere, die einen hohen Wert besitzen, auf Antrag und nach Interessenabwägung gepfändet werden und gentechnisch veränderte Tiere patentiert werden. Auch lässt das Tierschutzgesetz zu, dass Tieren Schmerzen oder Schäden zugefügt werden, sofern ein vernünftiger Grund (der der Prüfung im Einzelfall vorbehalten ist) vorliegt.

Die novellierte Fassung des Tierschutzgesetzes, die am 1.6.1998 in Kraft trat, wurde zum einen um konkrete Ge- und Verbote für Tierhalter ergänzt. Z. B. wird nun für eine Reihe von Aktivitäten mehr eine tierschutzrechtliche Erlaubnis gefordert, die Altersgrenze für Personen, die Wirbeltiere erwerben dürfen, wurde einheitlich auf 16 Jahre festgelegt, die Vorschriften über Eingriffe und Behandlungen an Tieren (z. B. das Kupieren von Schwänzen bei Hunden) wurden strenger gefasst. Weiterhin gibt es schärfere Anforderungen bei der Einfuhr von Tieren oder tierischen Erzeugnissen aus Drittstaaten. Darüber hinaus wurde der Personenkreis, der im Umgang mit Tieren Sachkunde nachweisen muss, ausgedehnt. Im Bereich Tierversuche besteht nun in Deutschland ein grundsätzliches Verbot von Tierversuchen bei der Entwicklung von Kosmetika, eine Ausweitung der Beteiligung des Tierschutzbeauftragten, dessen Obhut nunmehr alle Wirbeltiere, die zu wissenschaftlichen Zwecken gehalten werden, unterstellt sind, eine Anzeigepflicht für Verfahren zur Herstellung und Aufbewahrung von Stoffen, Produkten oder Organismen, die belastend für die verwendeten Tiere sind, sowie u. a. die Verpflichtung zur Erhebung umfassender statistischer Daten über die Verwendung von Wirbeltieren nicht nur im Bereich der Tierversuche, sondern auch in anderen tierschutzrelevanten Bereichen von Wissenschaft, Lehre und biomedizinischer Produktion, und außerdem gibt es neue Vorschriften zur Regelung von Ein- und Ausfuhr von Tieren und zur Durchführung freiwilliger Prüfungen von Stalleinrichtungen.

Über diese Regelungen hinaus wurde seit 1997 EU-weit eine Reihe von Empfehlungen, Verordnungen und Durchführungsbestimmungen erlassen, so u. a. die Tierschutz-Transportverordnung, die Tierschutz-Schlachtverordnung, die Hennenhaltungsverordnung sowie eine Novellierung der Kälberhaltungsverordnung. Wirkung auf das Tierschutzgesetz hat die Einführung eines Gesetzes zur Bekämpfung gefährlicher Hunde (2000), durch das u. a. die Zucht gefährlicher Hunderassen und das Verbringen erbdefekter Tiere, einschließlich übersteigert aggressiver Hunde, ins Inland verboten sind und ein Sachkundeausweis für alle Tierhalter verlangt wird.

Die *Tierschutzorganisationen* sehen ihre Aufgabe zum einen in der direkten Hilfe für in Not geratene Tiere (z. B. ausgesetzte oder durch eine Ölpest geschädigte Tiere), aber auch in der Aufklärung über und Sensibilisierung der Bevölkerung für Tierquälerei und unangemessenen Umgang mit Tieren, sowie in der Einflussnahme auf und der Auseinandersetzung mit Politikern und Parteien, um auf politischer und Gesetzesebene eine stetige Verbesserung des T. zu erreichen.

Literatur: Bekoff, M., Meany, C.A.(Hg): Encyclopedia of animal rights and animal welfare, London 1998. – Caspar, J.: Tierschutz im Recht der modernen Industriegesellschaft. Eine rechtliche Neukonstruktion auf philosophischer und historischer Grundlage, Baden-Baden (1999). – Geschäftsbericht des Deutschen Tierschutzbundes e.V. für den Zeitraum 1997-1999, Bonn 1999. – Kluge H.G. (Hg): Kommentar zum Tierschutzgesetz, Stuttgart 2002. – Lorz, A., Metzger E.: Tierschutzgesetz. Kommentar, München [5]1999. – Tierschutzbericht der Bundesregierung, Bonn 2001. – Warren, M.A.: Moral Status. Obligation to Persons and other living things, Oxford 1997.

Tiersoziologie, *Zoosoziologie*, Wissenschaftszweig der ↗ Ethologie, der sich mit dem Sozialverhalten und der Errichtung und Erhaltung sozialer Strukturen in Tiergemeinschaften beschäftigt. Im Mittelpunkt steht dabei als Voraussetzung zur Ausbildung solcher Gemeinschaften die Fähigkeit der einzelnen Gruppenmitglieder zur ↗ Kommunikation und deren Mechanismen. Die *Soziobiologie* untersucht dagegen die Anpassungen von Sozialstrukturen an die Umweltbedingungen. (↗ Tierstaaten)

Tierstaaten, stellen den höchstentwickelten Familienverband innerhalb des Tierreichs dar. Innerhalb des Staates kommt es zu einer Arbeitsteilung der Individuen, die morphologisch und physiologisch manifestiert ist, die einzelnen Morphen werden dabei als *Kasten* bezeichnet. Ein T. besteht oft jahrelang und stellt gewissermaßen einen Organismus höherer Ord. dar. Staatenbildung kommt fast ausschließlich innerhalb der Insekten (↗ Insecta) bei Termiten (↗ Isoptera), Ameisen (↗ Formicidae), Wespen (Vespidae) und Bienen (↗ Apoidea) vor. Marine Tierstöcke (↗ Tierstock) können durch Arbeitsteilung der Einzelindividuen ebenfalls zu einem T. werden. Dies ist beispielweise bei den Staatsquallen (↗ Siphonophora) der Fall. Einziges bekanntes Staaten bildendes Säugetier ist der afrikanische Nacktmull (*Heterocephalus glaber*), in dessen Familienverband ein einziges fertiles Weibchen für die Fortpflanzung sorgt, also den Status einer „Königin" einnimmt. Daneben gibt es viele sterile Weibchen (Arbeiterinnen) sowie viele fertile Männchen, die sowohl als Arbeiter als auch als Geschlechtstiere dienen. Durch im Urin enthaltene ↗ Hormone werden die ↗ Gonaden der Arbeiterinnen klein gehalten, erst mit dem Ausfall der Königin kommen die Weibchen allesamt in den ↗ Östrus und durch Rangordnungskämpfe (↗ Rangordnungsverhalten) wird eine neue Königin ermittelt.

Während Termiten und Ameisen allesamt Staaten bildend sind, gibt es innerhalb der Bienen-Verwandtschaft alle Übergänge von solitären zu Staaten bildenden Lebensweisen. *Solitärbienen* haben ein jeweils eigenes Nest und versorgen ihre Brut allein. Eine Vorstufe zum sozialen Verband findet man bei kommunalen Bienen und manchen tropischen Grabwespen. Hier bewohnen die Tiere zwar ein gemeinsames Nest, es sind jedoch alle Weibchen fruchtbar und bei der Brutpflege findet keine Kooperation statt. *Quasisozial* nennt man Verbände, bei denen noch keine Arbeitsteilung stattfindet, aber bereits eine gemeinsame Brutpflege. Bei *semisozialen* Arten findet dagegen eine Arbeitsteilung in Fortpflanzungs- und Arbeitstiere statt, die Nester werden jedoch nur über eine Brutsaison aufrechterhalten. Die am weitesten entwickelte Form ist die *Eusozialität* mit strikter Arbeitsteilung, bei der die Nester über mehrere Jahre bestehen und viele Generationen im selben Nest leben. Dies ist bei manchen Bienen sowie allen Ameisen und Termiten der Fall. Es gibt dabei innerhalb des T. drei Tierformen: eine oder wenige geschlechtsreife ↗ Königinnen (bei Termiten ein Königspaar), die ausschließlich für die Fortpflanzung zuständig sind und durch Abgabe eines ↗ Pheromons, der *Königinsubstanz*, die Rückbildung der Gonaden aller anderen Weibchen des Stocks bewirken, die dann als Arbeiterinnen fungieren, sowie geschlechtsreife Männchen zur Begattung der Königin. Bei den Bienen werden diese Männchen *Drohnen* genannt und bei Futterknappheit oder beim Einstellen der Nachzucht neuer Königinnen aus dem Stock vertrieben. Die Arbeiterinnen verrichten alle im Verband anfallenden Arbeiten wie Ernährung, Errichten der Wohnbauten und Brutpflege. Schutzfunktion haben bei Ameisen und Termiten spezielle männliche *Soldaten* mit größeren Köpfen und stark ausgebildeten Mandibeln (↗ Mundgliedmaßen). Bei den Bienen übernehmen auch diesen Part die Arbeiterinnen. Die Aufgaben der Arbeiterinnen wechseln bei den Bienen mit der unterschiedlichen Ausbildung der Drüsen in verschiedenen Lebensabschnitten (*Alterspolyethismus*). So bestehen die Haupttätigkeiten in den ersten 10 Lebenstagen aus Zellenputzen, Brutpflege und Ammendienst, vom 10. bis 20. Tag in der Wachserzeugung, dem Wabenbau, der Versorgung der Futtervorräte und Wachdienst. Anschließend sammeln sie als *Trachtbienen* bis zu ihrem Tod Nektar und Pollen.

Die Differenzierung der einzelnen Kasten ist bei den Bienen z. T. genetisch, z. T. nahrungsbedingt. Aus unbefruchteten Eiern entwickeln sich innerhalb von 24 Tagen männliche Tiere, aus befruchteten Eiern Weibchen, die sich durch entsprechende Fütterung (bei Honigbienen mit ↗ Gelee royale) in 15 bis 17 Tagen zu fruchtbaren Weibchen, also neuen Königinnen entwickeln. Larven aus befruchteten Eiern, die ausschließlich mit Honig und Pollen gefüttert werden, entwickeln sich in 21 Tagen zu Arbeiterinnen. Bei Termiten sind auch die männlichen Tiere diploid.

Bei starker Vermehrung kommt es bei dauerhaften Staaten zur Abgliederung eines Teilstaates. Bei Honigbienen schwärmt beispielsweise die Hälfte des Volkes mit der alten Königin aus, nachdem vorher eine neue Königin herangezogen wurde. Diese schlüpft jedoch erst, nachdem die alte Königin den Stock verlassen hat. Während des *Hochzeitsfluges* wird die neue Königin von zumeist mehreren Drohnen begattet. Die Samenzellen werden von ihr in einer Samentasche gespeichert und reichen für die gesamte Dauer ihrer Legetätigkeit aus.

Bei Ameisen gründen die neuen Königinnen entweder allein oder gemeinsam mit anderen Königinnen ein Nest, legen erste Eier und versorgen sie, bis diese als Arbeiterinnen die Brutpflege und andere Aufgaben übernehmen können. Dies bezeichnet man als *unabhängige Nestgründung*. Im häufigeren Fall der *abhängigen Nestgründung* ist die neue Königin bei der Versorgung der ersten Brut auf Hilfe angewiesen. Schließt sie sich einer anderen Königin der selben Art an, die bereits ein Nest besitzt, spricht man von *Adoption*, während die Versorgung der Brut durch andersartliche Ameisen eine Form des *Sozialparasitismus* (↗ Parasitismus) darstellt.

Das Zusammenleben zahlreicher Individuen erfordert leistungsfähige Sinnesorgane und Assoziationszentren im Gehirn sowie eine hoch entwickelte ↗ Kommunikation. Hierbei dienen optische, chemische und mechanische Signale der gegenseitigen Erkennung und Verständigung. Besonders differenziert ist die ↗ Bienensprache.

Tierstock, dauerhafter Verband von genetisch identischen Tieren, die sich nach vegetativer Vermehrung durch ↗ Knospung nicht voneinander gelöst haben. Teilweise findet man innerhalb des T. eine Arbeitsteilung, die auch morphologisch erkennbar ist. T. bilden u. a. Hohltiere (↗ Coelenterata), ↗ Anthozoa und Moostierchen (↗ Bryozoa).

Tierverband, ↗ Verband.

Tierversuche, laut Definition des Tierschutzgesetzes alle Eingriffe an und Behandlungen von Tieren, die mit Schmerzen, Leiden oder Schäden für diese

Tiere, bzw. Eingriffe ins Erbgut von Tieren, wenn sie mit Schmerzen, Leiden oder Schäden für die erbgutveränderten Tiere oder deren Trägertiere (die i. d. R. nicht genetischen Muttertiere) verbunden sind. Kriterien für die Einordnung als Tierversuch sind: 1) Der Eingriff findet mit dem Ziel des Erkenntnisgewinns zu einem noch nicht hinreichend gelösten Problem statt (zu Versuchszwecken) und 2) für die Tiere besteht die Gefahr einer Beeinträchtigung in Form von Schmerzen, Leiden oder Schäden. Demnach fallen *nicht* unter den Begriff des T. im Sinne des Tierschutz-Gesetzes: Die Entnahme von Organen oder Geweben für wissenschaftliche Untersuchungen, wenn das Tier vorher im Hinblick auf die weiteren Untersuchungen nicht behandelt wurde, Eingriffe und Behandlungen zu Demonstrationszwecken bei der Aus-, Fort- oder Weiterbildung (diese Verfahren sind jedoch im sechsten Abschnitt des Tierschutzgesetzes geregelt) sowie Eingriffe und Behandlungen im Rahmen der Herstellung und Gewinnung von Produkten, z. B. von Immunseren oder der „Aufbewahrung" von Organismen wie Viren, Bakterien oder Parasiten (diese Verfahren sind jedoch im siebten Abschnitt des Tierschutzgesetzes geregelt) und die Entnahme von Organen an zuvor getöteten Tieren. Das Tierschutzgesetz erlaubt T. nur dann, wenn sie aus gesundheitlichen Gründen, zur Erkennung von Umweltgefährdungen oder für die Grundlagenforschung unerlässlich sind. Außerdem sind sie nur dann zulässig, wenn die zu erwartenden Beeinträchtigungen und Leiden des Tieres im Hinblick auf die angestrebten Ergebnisse ethisch vertretbar sind. Aus der Sicht der Tierschutzorganisationen ist der Aspekt der ethischen Vertretbarkeit eines der Hauptprobleme in der Tierversuchsdiskussion. Bemängelt werden Defizite in der praktischen Umsetzung der gesetzlichen Auflagen bei der Bewertung von Anträgen auf Genehmigung nach dem deutschen Tierschutzgesetz und der Prüfung ethischer Aspekte von Anträgen auf Forschungsförderung durch die Europäische Kommission. Kritisiert werden vor allem die unbefriedigenden formalen und praktischen Rahmenbedingungen, der unzureichende Informationsgehalt vieler Anträge sowie die unausgewogene Zusammensetzung und mangelnde Entscheidungskompetenz der Prüfgremien.

Verboten sind T. zur Entwicklung und Erprobung von Waffen sowie grundsätzlich zur Entwicklung von Tabakerzeugnissen, Waschmitteln und mit der Novellierung des Tierschutzgesetzes vom 1.6.1998 grundsätzlich auch solche zur Entwicklung von Kosmetika.

Nicht nur Tierversuchsgegner stellen die Übertragbarkeit vieler T. auf den Menschen und damit deren Aussagekraft infrage. Wiederholt zeigte sich, dass die anatomischen, physiologischen und biochemischen Unterschiede zwischen Tier und Mensch schwerwiegende Folgen haben. Immer wieder führen vor allem Medikamente zu Schäden (im schlimmsten Fall zum Tod) die im Tierversuch nicht festgestellt werden konnten. Das bekannteste Beispiel ist wohl Contergan, das bei ungeborenen Kindern zu schwersten körperlichen Missbildungen führte (viele dieser schädlichen Wirkungen können anhand von menschlichen Zellkulturen übrigens einwandfrei nachgewiesen werden). Eine 1990 von R. Heywood durchgeführte Studie, in der Nebenwirkungen von Arzneimitteln analysiert wurden, zeigte, dass schädliche Wirkungen bei Menschen mit den Ergebnissen aus Tierversuchen nur in fünf bis 25 Prozent aller Fälle übereinstimmen. Dies kann auch zur Folge haben, dass die Entwicklung oder Einführung von wirksamen und beim Menschen nebenwirkungsarmen Medikamenten unter Umständen verzögert oder behindert wird. Ein Beispiel ist Propanolol, der erste erfolgreich eingesetzte Betablocker, der beinahe nicht in die klinischen Studien kam, da er bei Ratten Kollaps und bei Hunden starkes Erbrechen auslöste. H. Florey, der Penicillin zur therapeutischen Anwendungsreife entwickelte, erklärte, dass es wohl nie klinisch getestet worden wäre, wenn die ersten Versuche statt mit Mäusen mit Meerschweinchen gemacht worden wären, da Penicillin auf diese stark toxisch wirkt.

Trotz vieler bereits vorhandener Möglichkeiten, T. sowohl in der Grundlagenforschung und der klinischen Forschung, der Stoff- und Produktprüfung, als auch in Lehre und Ausbildung zu ersetzen, ist ein generelles Verbot von T. zurzeit aus vielerlei Gründen politisch nicht durchsetzbar. (↗ Tierschutz, Essay: ↗ Alternativen zu Tierversuchen)

Literatur: Akademie für Tierschutz (Hg.): Gelbe Liste Tierversuche – Alternativen, Bdd. 1 und 2, Bonn 1987 - 1990. – Akademie für Tierschutz (Hg.): Gelbe Liste Tierversuche - Alternativen, Teil 4: Tierverbrauchsfreie Verfahren in der Ausbildung von Biologen, Medizinern und Veterinärmedizinern, Köllen Verlag, Bonn 1995. – Geschäftsbericht des Deutschen Tierschutzbundes e. V. für den Zeitraum 1997-1999. – Heywood, R. in: Animal Toxicity Studies: Their Relevance for Man, hg. von: Lumley, C.E. und Walker, S.R., Quay Publishing, 1990.

Alternativen zu Tierversuchen

Roman Kolar, Akademie für Tierschutz, Neubiberg

Warum Alternativen zu Tierversuchen?

Seit der Mensch systematisch Tiere zu Forschungszwecken einsetzt, werden auch ethische und wissenschaftliche Probleme von Tierversuchen diskutiert. Ausgehend von einer Mitgeschöpflichkeit der Tiere, welche als ethischer Grundsatz z. B. im Deutschen Tierschutzgesetz, aber auch in vielen anderen nationalen und internationalen Regelwerken verankert ist, hat der Mensch die Verpflichtung, Tiere vor Schmerzen, Leiden oder Schäden zu bewahren. Dem steht eine Verwendung von Tieren zu wissenschaftlichen Zwecken, die immer mit einer Einschränkung ihres Wohlbefindens einhergeht, diametral gegenüber. Daher existiert ein breiter Konsens in unserer Gesellschaft darüber, dass wir nach Wegen suchen müssen, von der experimentellen Verwendung empfindungsfähiger Lebewesen wegzukommen und nach ethisch vertretbaren Alternativen zu suchen.

Aus wissenschaftlicher Sicht repräsentieren Tierversuche eines von vielen Verfahren zum Erkenntnisgewinn. Ihre Relevanz (insbesondere für Fragestellungen in Bezug auf die menschliche Gesundheit) bleibt aber nie frei von Zweifeln. Tierversuche repräsentieren zudem eine Methodik, die sich etabliert hat, bevor die biologischen Wissenschaften all jene bahnbrechenden Entdeckungen und Erfindungen verbuchen konnten, welche unsere heutigen Kenntnisse und technischen Möglichkeiten begründen.

Daher ist es eine wissenschaftliche Notwendigkeit, zur Beantwortung wissenschaftlicher Fragestellungen das vorhandene Potenzial zu nutzen und die bestmöglichen Verfahren zur Anwendung zu bringen, die dem Stand der Wissenschaft und Technik entsprechen. Hier liegt die große Chance von In-vitro-Methoden (biochemischen Verfahren, Zell- und Gewebekulturen etc.), Computermodellen und anderen modernen Techniken. Deren prinzipieller Vorteil liegt u. a. darin, dass sie nicht auf einem komplexen (Fremd-)Organismus basieren, der eine Vielzahl z. T. spezies- und individuell bedingter Parameter in das System einbringt, welche in ihrer Gesamtheit weder erfasst noch gesteuert werden können.

Die *Drei R*: Replacement, Reduction, Refinement

Aus Sicht des Tierschutzes ist nur der vollständige Ersatz von Tierversuchen durch Verfahren, die sich schmerzfreier Materie bedienen, als echte Tierversuchsalternative anzusehen. Eine breitere Definition des Begriffs „Alternativmethode" basiert im Wesentlichen auf den Überlegungen, welche die englischen Wissenschaftler W.M.S. Russel und R.L. Burch bereits 1959 publizierten. Darin prägten sie das Prinzip der „*3R*", mit denen der Ersatz (*Replacement*), die Verringerung (*Reduction*) sowie die Leidensverminderung (*Refinement*) von Tierversuchen gemeint sind. Der Begriff „*3R-Methode*" wird mittlerweile weitläufig synonym zu „Alternativmethode" verwendet.

Erste Forderungen nach Alternativmethoden in diesem Sinne wurden übrigens lange vor der 3R-Definition aufgestellt: Beispielsweise postulierte der Stuttgarter Stadtpfarrer C.A. Dann schon 1822, dass auf Tierversuche verzichtet werden sollte, wenn man die entsprechenden Untersuchungen auch an menschlichen Leichen vornehmen könne. Damit war eine Variante des Replacements beschrieben. Das Refinement wurde ebenfalls schon Anfang des 19. Jh., z. B. von dem sächsischen Oberhofprediger F.V. Reinhard avisiert. Er verlangte, dass bei Tierversuchen „mit möglichster Ersparung aller unnötigen Qualen verfahren" werden sollte.

Das Prinzip der 3R hat – wenngleich nicht immer explizit – Eingang in verschiedene nationale und internationale Codices (z. B. die Deklaration von Helsinki), aber auch verbindliche Vorschriften und Gesetze (z. B. die EU-Tierversuchsrichtlinie 86/609) gefunden. Danach sind Wissenschaftler gehalten, die 3R in vollem Umfang anzuwenden.

Die EU-Richtlinie 86/609 verpflichtet zudem die Europäische Kommission und die EU-Mitgliedsstaaten zur Entwicklung und Förderung von Alternativmethoden. Auf dieser Grundlage sind u. a. offizielle Institutionen entstanden, die sich ausschließlich mit der Entwicklung, Prüfung, Erfassung und Anerkennung von Alternativmethoden beschäftigen. Auf EU-Ebene ist dies das Europäische Zentrum für die Validierung von Alternativmethoden (European Centre for the Validation of Alternative Methods, ECVAM), in Deutschland die Zentralstelle zur Erfassung und Bewertung von Ersatz- und Ergänzungsmethoden zum Tierversuch (ZEBET).

Beispiele für Alternativmethoden

Zahllose Alternativmethoden sind in der Fachliteratur dokumentiert. Viele sind auf eine spezifische wissenschaftliche Fragestellung zugeschnitten. Ein „klassisches" (Replacement-) Testsystem stellen z. B. Zellkulturverfahren dar. Mit ihrer Hilfe lassen sich biologische Phänomene schnell und effektiv untersuchen. 1999 wurde eine solche Zellkulturmethode, ein Fototoxizitätstest, der auf der Neutralrotaufnahme von Zellen einer permanenten Mauszelllinie basiert (3T3-NRU-PT-Test), von der EU offiziell als Prüfverfahren anerkannt.

Das Reduction-Prinzip beruht i. d. R. auf einer durchdachten, biostatistisch fundierten Versuchsplanung, die auf die Verwendung der geringstmöglichen Anzahl von Tieren abhebt. Es war die Grundlage für den Ersatz des LD50-Tests (↗ letale Dosis) zur Prüfung auf akute orale Toxizität innerhalb der Prüfrichtlinien der Organisation für wirtschaftliche Zusammenarbeit und Entwicklung (OECD), welche weltweit angewendet werden. Als Alternative für dieses anachronistische Verfahren wurden von der OECD drei Methoden (Acute-Toxic-Class-Methode, Fixed-Dose-Verfahren, Up-and-Down-Methode) anerkannt, die u. a. mit weniger Tieren (6 - 10 statt über 40 Tiere) auskommen.

Refinement-Ideen können sicherlich für nahezu jede wissenschaftliche Verwendung von Tieren verfolgt werden. Sie haben z. B. eine möglichst artgerechte Haltung von Versuchstieren oder die Verwendung so genannter humaner Endpunkte (z. B. Versuchsabbruch und Euthanasie schon bei Vorliegen erster spezifischer Symptome und nicht Abwarten des qualvollen Todes des Tieres) zum Ziel.

Defizite bei der Entwicklung, Anerkennung und Anwendung von Alternativmethoden

Trotz der dokumentierten Vorteile, die Alternativmethoden aufweisen, vollzieht sich der Ersatz von Tierversuchen nur äußerst mühsam. Bis zum Jahr 2001 hat beispielsweise die EU für die *Sicherheitsbewertung von Substanzen und Produkten* ganze drei Alternativmethoden offiziell anerkannt – gegenüber zahllosen in ihren offiziellen Prüfrichtlinien festgeschriebenen Tierversuchen. In solchen mussten im Jahr 2000 allein 730 721 (40 %) der in der BRD laut offizieller Statistik verwendeten 1 825 215 Versuchstiere ihr Leben lassen.

Ein Grund für die unbefriedigende Anwendung von Alternativmethoden liegt darin, dass für ihre behördliche Anerkennung umfangreiche Studien unter Einbeziehung einer Vielzahl von Testsubstanzen und verschiedener Labors notwendig sind. Eine solche so genannte Validierung ist ein aufwendiges und kostspieliges Unterfangen. Der Zeitraum von der Entwicklung einer Alternativmethode bis zu ihrer behördlichen Anerkennung wird mit nicht weniger als zehn Jahren veranschlagt. Problematisch sind zudem auch manche Kriterien für die erfolgreiche Bewertung einer Alternativmethode. So sollen Alternativmethoden Ergebnisse (Zahlenwerte) liefern, die denen aus Tierversuchen, die selbst nie validiert wurden, möglichst nahe kommen. Daher scheiterte beispielsweise die Validierung von Alternativmethoden zum berüchtigten Draize-Augenreizungstest am Kaninchen an der katastrophalen Qualität der Daten, die man über Jahrzehnte mit diesem Test produziert hatte (Gettings et al., 1991).

In der *kommerziell orientierten Grundlagenforschung* haben sich Alternativmethoden in großem Maßstab durchgesetzt. Ihre offizielle Akzeptanz ist in diesem Bereich nicht notwendig, da ihre Ergebnisse nicht behördlichen Zwecken dienen sollen. Daher sind in diesem Bereich andere Faktoren – bessere Reproduzierbarkeit, verkürzte Testdauer und geringerer logistischer Aufwand – ausschlaggebend für die Anwendung von Alternativmethoden. Allerdings hat gerade beim Screening von potenziell pharmakologisch wirksamen Substanzen die Möglichkeit, eine um das Vielfache größere Zahl von Stoffen zu prüfen, unter dem Strich die Reduktion der Tierversuchszahlen bei der Prüfung jeder einzelnen Substanz wieder aufgewogen.

Die *universitäre Grundlagenforschung* hat es bis heute nicht verstanden, ihrem zukunftsweisenden Anspruch gerecht zu werden. Zu sehr wird insbesondere in den biologischen Fachdisziplinen Wert auf Tradition, auch hinsichtlich der Methodik, gelegt. Die Bereitschaft zur Reflexion über das, was sich seit langem scheinbar bewährt hat, und zur Hinwendung zu neuen Perspektiven scheint im akademischen Umfeld gering zu sein. Folge: In der BRD stagnieren ausschließlich im Bereich der Grundlagenforschung die Tierversuchszahlen seit Jahren und steigen im Verhältnis zur Gesamtzahl sogar an (Anteil in der BRD im Jahr 2000: 37 %).

Die *Lehre* stellt einen besonders sensiblen Bereich dar, in welchem Tiere eingesetzt werden. Insbesondere bei Verwendungszwecken, die i. d. R. nicht auf neue wissenschaftliche Erkenntnisse, sondern auf die Reproduktion bekannter Inhalte abzielen, besteht Anlass, außer Tierversuchen i. e. S. (d. h. an lebenden Tieren) auch solche Verwendungen zu berücksichtigen, für die Tiere vorher eigens getötet werden. Hier müssen schwere Defizite in puncto Vorbildfunktion, pädagogische Qualität und Fortschrittlichkeit seitens der Hochschulen konstatiert werden. Obwohl zahllose Dokumentationen die Existenz moderner und effektiver Alternativmethoden von Computersimulationen über schmerzlose Selbstversuche oder Filmmaterial bis hin zu Plastikmodellen zur Vermittlung von Lehrinhalten belegen (siehe z. B. Akademie für Tierschutz, 1995; Zinko et al., 1997), finden diese immer noch keine weitgehende Anwendung.

Das in der BRD grundgesetzlich garantierte Recht auf freie Forschung und Lehre trägt dazu bei, dass sich in beiden Bereichen Alternativmethoden bislang nur sehr begrenzt durchsetzen konnten. Trotz der Vorgabe des Tierschutzgesetzes, Tierversuche nur dann als zulässig zu bewerten, wenn „der verfolgte Zweck nicht durch andere Methoden oder Verfahren erreicht werden kann", haben Experimentatoren letztlich die freie Wahl der Methode. Dabei bleiben allzu oft wissenschaftliche und ethische Aspekte, die für die Alternativmethoden sprechen, unberücksichtigt.

Ausgewählte Literatur: Akademie für Tierschutz (Hg.): Gelbe Liste Tierversuche – Alternativen, Teil 4: Tierverbrauchsfreie Verfahren in der Ausbildung von Biologen, Medizinern und Veterinärmedizinern, Köllen Verlag, Bonn 1995. – Gettings, S. D., Teal, J. J., Bagley, D. M. et al.: The CTFA evaluation of alternatives program: an evaluation of in vitro alternatives to the Draize primary eye irritation test. In Vitro Toxicology 4, 247-288, 1991. – Kolar, R.: Die Abwägung der ethischen Vertretbarkeit von Tierversuchen: Theorie und Praxis. ALTEX 17, 4/00, 227-234, 2000. – Rusche, B.: Die Entwicklung von Alternativmethoden - kritisch betrachtet. In: Forschung ohne Tierversuche 1997. H. Schöffl, H. Spielmann, J. Döhmer, A.F. Götschel, F.P. Gruber, M. Liebsch, H. Juan (Hg.), Springer-Verlag, Wien, New York 1998, 1-6, erschienen in der Reihe Ersatz- und Ergänzungsmethoden zu Tierversuchen, hg. von H. Schöffl, H. Spielmann, H.A. Tritthart. – Russel, W. M. S. and Burch, R. L.: The principles of humane experimental technique. London: Methuen & Co Ltd., 1959 (Special Edition 1992. Herts: Universities for Animal Welfare). – Zinko, U., Jukes, N. and Gericke, C.: From guinea pig to computer mouse; alternative methods for humane education. EuroNICHE, 1997.

Weitere Informationen unter:
Altweb (Alternatives to Animal Testing Web Site): http://altweb.jhsph.edu/

Tierwanderungen, aktive, gerichtete und meist periodisch wiederkehrende Ortsveränderungen ganzer Populationen. Bewegen sich nur einzelne Individuen oder Teile von Populationen spricht man von *Migration*. Die Wanderungen afrikanischer Tierherden, die ständig neue Weidegründe aufsuchen, bezeichnet man als *Nomadismus*. T. werden teilweise durch endogene Rhythmen hervorgerufen. Dies ist beispielsweise bei den tageszeitlichen Wanderungen des Zooplanktons in verschiedenen Wasserschichten der Fall aber auch bei den jahreszeitlichen Wanderungen der Zugvögel und mancher Schmetterlinge. Auch bei vielen Amphibien gibt es jahreszeitliche Wanderungen zu den Überwinterungsplätzen im Herbst und zurück zu den Laichplätzen im Frühjahr. Teilweise erfolgt im Lebenszyklus einer Tierart nur eine Wanderung und erst die Nachkommen kehren zurück – ein Beispiel hierfür ist der Apollo-Falter – oder das Tier wandert im Jugendstadium in andere Gebiete ab und kehrt als adultes Tier in die Brutgebiete zurück. Hierzu gehören Aale und Lachse. Der biologische Sinn solcher T. ist unterschiedlich. Zum Teil weichen die Tiere den ökologisch ungünstigen Bedin-

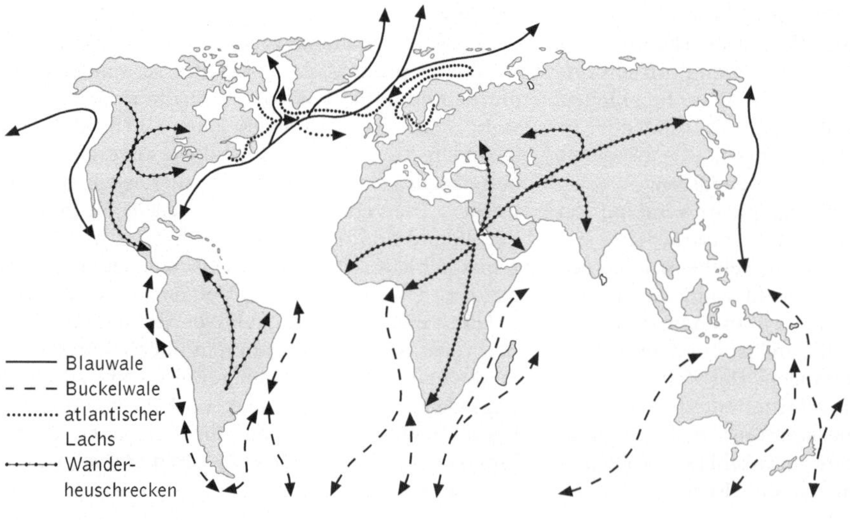

Tierwanderungen
Einige Beispiele für die Wanderrouten von Tieren

gungen aus oder suchen Gebiete auf, in denen zum gegebenen Zeitpunkt bessere Voraussetzungen zur Nahrungsgewinnung oder zur Jungenaufzucht vorhanden sind. Wenn die Populationsdichte über ein bestimmtes Maß hinaus ansteigt erfolgen Ausbreitungsbewegungen, z. T. auch die Neubesiedlung eines bisher von dieser Art noch nicht bewohnten Gebietes. Dieser Vorgang wird als *Kolonisierung* bezeichnet.

Tierzucht, *Tierzüchtung*, die Gesamtheit der Maßnahmen zur Verbesserung und Erhaltung der genetisch fixierten Eigenschaften von Nutztieren (↗ Haustiere). Die Tierzüchtung bedient sich grundsätzlich der gleichen Züchtungsmethoden wie die Pflanzenzüchtung, so z. B. der *Erhaltungszüchtung*, bei der durch Auslese der sich fortpflanzenden Individuen gewünschte Eigenschaften eines Nutz- oder Haustieres erhalten werden und verhindert werden soll, dass Rassen-Degenerierung aufgrund spontaner Mutationen oder von Rückkreuzungen stattfindet; eine weitere Methode ist die *Kreuzungszüchtung* (*Kombinationszüchtung*), bei der auf verschiedene Elternformen verteilte Erbanlagen durch Kreuzung und Auslese zu einem neuen Genotyp kombiniert werden und durch weitere Kreuzungen erblich konstante Populationen zu erzeugen, die möglichst homozygot für die neukombinierten Erbanlagen sind. Bei der ↗ Hybridzüchtung wird im Wesentlichen der Heterosiseffekt (↗ Heterosis) ausgenutzt, um in der F1-Generation Nachkommen mit höherer Vitalität und höherer Fruchtbarkeit zu erzeugen. Prinzip der *Mutationszüchtung* schließlich ist die Erweiterung der genetischen Variabilität durch künstlich induzierte ↗ Mutationen und die nachfolgende, an einem bestimmten Zuchtziel orientierte Auslese und weitere züchterische Bearbeitung der neu entstandenen Genotypen (↗ Mutanten). Allerdings sind Kreuzungs- und Mutationszüchtung wegen langer Generationsdauer bzw. häufiger Letalität von Mutanten in der T. erschwert. Relativ neu, aber mittlerweile z. T. übliche Praxis ist die Anwendung von Verfahren der Reproduktionsmedizin in der T. wie Embryotransfer oder In-vitro-Befruchtung (↗ künstliche Besamung) sowie die Anwendung gentechnologischer Verfahren (↗ Klonen, ↗ transgene Tiere).

Tiger, *Neofelis tigris*, größte aller heute lebenden Großkatzen (Kopfrumpflänge des Sibirischen Tigers: 1,4 - 2,8 m), von kräftig muskulösem Körperbau und mit besonders starken Pranken und Krallen. Die Fellfärbung ist oberseits ocker- bis rötlichgelb mit schwarzer Querstreifung, die Bauchseite ist weiß. Der T. war einst über weite Teile Asiens verbreitet; heute sind alle acht Unterarten in ihrem Bestand gefährdet. Wenig Ansprüche stellen T. an Lebensraum und Klima, sofern ausreichende Deckungsmöglichkeiten, Wasser und genügend Beutetiere vorhanden sind. So ist zu verstehen, dass T. in sehr unterschiedlichen Lebensräumen wie Regenwäldern, Savannen, Mangrovesümpfen und im Bergland (z. B. im Himalaya bis in 4000 m Höhe) vorkommen können. Für den Menschen gefährlich werden T., die durch Alter oder Krankheit geschwächt sind oder ein zu geringes Beuteangebot vorfinden (so genannte „man eater").

Tight junction, *Zonula occludens*, Bez. für besonders bei tierischen Epithelzellen charakteristische Zell-Zell-Verbindungen. Dabei sind die Plasmamembranen benachbarter Zellen unmittelbar durch integrale Membranproteine (so genannte *Occludine*) reißverschlussartig miteinander verbunden. T. j. stellen dadurch eine Barriere dar, die die Diffusion von Substanzen zwischen Epithelzellen hindurch nicht gestattet. So verhindern sie z. B., dass der Harn durch das Harnblasenepithel in den Bauchraum gelangt; auch die Blut-Hirn-Schranke ist auf T. j. zurückzuführen.

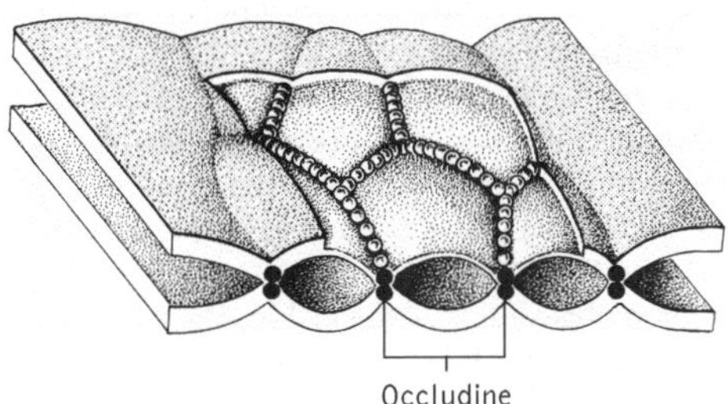

Tight junction   Schematische Darstellung

Eine strukturelle Analogie der T. j. bei höheren Pflanzen ist der ↗ Caspary-Streifen. (↗ Transcytose)

Tiliaceae, *Lindengewächse*, zur Ordnung der ↗ Malvales gehörende Fam. mit vorwiegend tropischen Holzpflanzen und nur wenigen Kräutern in über 700 Arten. Die meist einfachen, ganzrandigen Blätter sind wechselständig und zweizeilig angeordnet. Die 4 - 5-zähligen, radiären Blüten sind i. d. R. zwittrig und in rispenartigen Blütenständen (↗ Blütenstand) vereinigt. Bei den T. haben die Blüten nur selten fünf bis zehn Staubblätter, meist sind Staubblattbündel vorhanden, die mit dem 2 - 5-blättrigen Fruchtknoten zu einem *Androgynophor* verwachsen. Die ↗ Frucht reift zu einer Schließfrucht oder Kapsel heran. Durch Auflösung von Zellwänden entstehen im Parenchymgewebe für die Fam. charakteristische *Schleimbehälter*. Wichtigste Gatt. der gemäßigten Zonen ist die ↗ Linde. In den Tropen werden nach einem Röstvorgang aus den Stängeln der Rundkapseljute (*Corchorus capsularis*) und der Langkapseljute (*Corchorus olitorius*) spinnbare *Jute*-Fasern gewonnen. (s. Abb. auf Seite 236)

Tillandsia, Gatt. der ↗ Bromeliaceae.

Tiliaceae a Winterlinde (*Tilia cordata*), b Sommerlinde (*Tilia platyphyllos*), c Jute (*Corchorus*)

Tilletiales, zu den Heterobasidiomycetidae gehörende Gruppe der Ständerpilze (↗ Basidiomycetes), deren Basidien keine Querwände besitzen und die an ihrem Scheitel meist vier oder acht langgestreckte Basidiosporen anlegen. Nur zur Abgrenzung gegen die Probasidie („*Brandspore*") werden ein oder mehrere Septen gebildet. Zwischen Basidiosporen entgegengesetzten Kreuzungstyps entstehen Kopulationsbrücken, über die Plasma und Kern der einen Spore in die andere wandern. Von dem sich bildenden paarkernigen Mycel teilen sich dikaryotische Konidien ab, die als so genannte Ballistokonidien abgeschleudert werden. Die Arten der T. verursachen bei Pflanzen *Brandkrankheiten* (*Brandpilze*). *Tilletia caries* ist der Erreger des *Stein-* oder *Stinkbrandes* beim Weizen, *Urocystis tritici* verursacht den *Blattstreifenbrand* des Weizens. Früher wurden durch *Tilletia caries* 20 bis 60 % des Körnerertrags vernichtet. Der Pilz wird durch kurzes Einlegen befallenen Saatgutes in heiße oder giftige Beizen oder durch Bestäuben mit giftigen Substanzen bekämpft. Arten der Gatt. *Entyloma* befallen vor allem Arten der ↗ Asteraceae. (↗ Ustilaginales)

Timotheegras, das ↗ Wiesenlieschgras.

Tinbergen, *Nikolaas (Niko)*, niederländisch-brit. Zoologe, ✳ 15.4.1907 Den Haag, † 21.12.1988 Oxford; ab 1947 Prof. in Leiden, ab 1949 in Oxford. T. ist Mitbegründer der modernen Verhaltensforschung. Er schuf mit seinem Werk „The Study of Instinct" (1950) das erste zusammenfassende Lehrbuch der vergleichenden Verhaltensforschung. T. erhielt 1973 zusammen mit K. von ↗ Frisch und K. ↗ Lorenz den Nobelpreis für Physiologie oder Medizin.

Tineidae, *Echte Motten*, Fam. der Schmetterlinge (Lepidoptera) mit ca. 2400 vor allem in wärmeren Zonen verbreiteten Arten, davon in Mitteleuropa über 60. Eine Reihe von Arten der T. sind z. T. weltweit verschleppte Vorrats- und Materialschädlinge. Die Falter sind klein bis mittelgroß, mit dicht beschupptem Kopf und schwach entwickelten Mundwerkzeugen. Die Flügel sind schmal lanzettlich, befranst und oft bunt. Die Larven besitzen Kranzfüße; sie leben in Gespinströhren oder in z. T. transportablen Köchern. Natürliche Lebensräume sind an und in Pilzen, Flechten, modrigem Holz, Gewöllen, Kot, Nestern, Haaren und anderen Materialien. Entwicklungsdauer und Generationenzahl sind stark temperaturabhängig, in Häusern lebende Individuen sind z. T. ganzjährig aktiv. Bekanntester Vertreter ist die *Kleidermotte (Tineola bisselliella*, Spannweite bis 15 mm). Die Falter haben strohgelbe Vorderflügel, die Raupen sind weißlich und leben in beidseitig offenen Gespinströhren, die an der Unterlage festgesponnen sind. Die Larve häutet sich bis zu zwölfmal; die Verpuppung erfolgt in einem festen Kokon; alle Stadien sind lichtempfindlich. Kleidermotten sind schädlich durch Lochfraß an Stoffen aus tierischem Material wie Wolle, Pelze, Teppiche und Ähnlichem, auch an Federn oder Haaren.

Tinte, *Sepia*, das Sekret der Tintendrüse der ↗ Cephalopoda.

Tintendrüse, ↗ Cephalopoda.

Tintenfische, die ↗ Cephalopoda.

Tintenschnecken, die ↗ Cephalopoda.

Tintlinge, *Coprinus*, Gatt. der ↗ Agaricales. Die Arten haben einen faltig gefurchten Hut und braunes bis schwarzes Sporenpulver. Im Alter zerfließen (bis auf wenige Ausnahmen) die Lamellen, oft auch der Hut vom unteren Rand, und bilden eine durch die Sporen schwarzgefärbte, tintenartige Flüssigkeit (Name!), die vom Fruchtkörper abtropft. Die Stiele sind unberingt oder mit Ring (*Velum partiale*; ↗ Velum). T. kommen auf nährstoffreichen Böden, Dunghaufen, Pflanzenresten, bisweilen auch auf Humus vor. In Europa gibt es ca. 100 Arten. Einige sind jung essbar.

Ti-Plasmid, die bei ↗ Agrobacterium tumefaciens vorkommenden ringförmigen DNA-Moleküle (↗ Plasmid), die für die durch dieses Bodenbakterium verursachten, als *Wurzelhalsgallenkrebs* bezeichneten Gewebewucherungen verantwortlich sind. Die Bez. Ti steht für „Tumor induzierend"

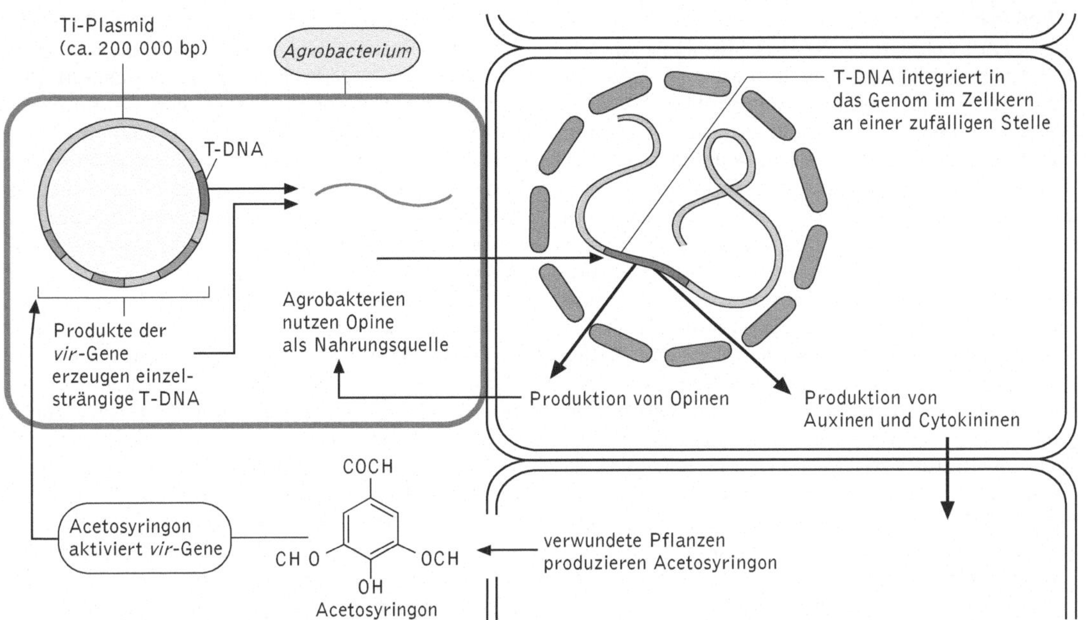

Ti-Plasmid Schematische Darstellung einer Pflanzentransformation mittels *Agrobacterium tumefaciens,* die durch die Übertragung der T-DNA des Ti-Plasmids erfolgt

(engl. tumor inducing) und weist auf den erstmals 1974 bemerkten Zusammenhang zwischen „Pflanzenkrebs" und den für Plasmide äußerst großen DNA-Molekülen hin. Die Tatsache, dass die Fähigkeit von Agrobakterien, Tumoren zu induzieren, auf einem Plasmid lokalisiert ist, erklärt auch die experimentellen Befunde, dass diese Fähigkeit verloren geht, wenn virulente Bakterien bei Temperaturen über 28 °C angezogen werden. Bei höheren Temperaturen werden die Plasmide aus den Bakterien eliminiert.

Wildtyp-Ti-P. sind bis zu über 250000 Basenpaare groß. Während der Infektion einer verwundeten Pflanze kommt es zur Übertragung eines bestimmten Bereiches des Ti-P. in das Genom von Pflanzenzellen, wo es stabil integriert. Die so genannte *T-DNA* enthält die Gene für Enzyme des Opinstoffwechsels (↗ Opine) sowie für die Synthese von ↗ Auxinen und ↗ Cytokininen, die als Phytohormone pflanzliches Wachstum und die Differenzierung von Geweben kontrollieren. Je nachdem, welches Opin durch die Pflanzen produziert wird, können Ti-P. in Octopin- und Nopalin-Typen eingeteilt werden, die sich in Bezug auf Sequenzhomologien deutlich voneinander unterscheiden.

Die für den Gentransfer erforderlichen Gene sind nicht in der T-DNA selbst enthalten, jedoch in einem anderen Bereich des Ti-P., der als *vir-Region* (Virulenz) bezeichnet wird. Die Genprodukte dieser Gene nehmen unterschiedliche Funktionen während des Gentransfers wahr, indem sie Substanzen, die von verwundeten Pflanzen abgegeben werden, in das Bakterieninnere transportieren, die Expression weiterer *vir*-Gene aktivieren und die T-DNA in Einzelstrangform aus dem Ti-P. lösen und in das Pflanzengenom transferieren.

Die Eigenschaften von Ti-P. als „natürliche Genfähren" werden inzwischen für die Pflanzentransformation genutzt, indem zahlreiche so genannte „entwaffnete" (engl. disarmed) Ti-P. zur Verfügung stehen, deren Tumor induzierende Eigenschaften eliminiert wurden. Dabei sind Transformationsvektoren entstanden, die durch das Vorhandensein von für die ↗ Replikation erforderlichen Sequenzen sowie Antibiotikaresistenzgenen sowohl in *Escherichia coli* als auch in *Agrobacterium tumefaciens* repliziert werden, sodass die zu übertragende DNA zunächst mit mikrobiologischen und genetischen Standardverfahren bearbeitet werden kann, bevor die Ti-P. dann in Agrobakterien transformiert werden (↗ Transformation). T-DNA und *vir*-Gene müssen nicht auf demselben Plasmid lokalisiert sein, sodass diese Gene vielfach auf einem separaten, so genannten *Helfer-Plasmid* in für die Pflanzentransformation gebräuchlichen Agrobakterienstämmen vorliegen (*binäre Vektoren*). Auf diese Weise kann die Größe der Ti-P. deutlich reduziert werden, was die Handhabung im Labor wesentlich erleichtert.

Die mit *Agrobacterium tumefaciens* verwandte Bakterienart *Agrobacterium rhizogenes* erzeugt durch ihr so genanntes *Ri-Plasmid* die verstärkte Bildung von Wurzelhaaren. Zwischen Ti-P. und Ri-Plasmiden (Ri von engl. *root inducing,* Wurzeln bildend) bestehen keine Sequenzhomologien.

Tipulidae, *Schnaken*, Fam. der Mücken (↗ Nematocera) mit weltweit ca. 2000, in Mitteleuropa etwa 180 Arten. Mit bis zu 4 cm Körperlänge und 5 cm Flügelspannweite sind die T. die größten Mücken. Die meist unscheinbar grau bis braun gefärbten Imagines haben einen langen, schlanken Körper und sehr lange, gewinkelte, im Brustabschnitt eingelenkte, leicht abbrechende Beine. Der kleine Kopf trägt häufig nach unten geneigte, schnauzenförmige Mundwerkzeuge, mit denen, wenn überhaupt, nur flüssige Nahrung, wie z. B. Blütennektar, aufgenommen werden kann; die T. stechen nicht. Die elf- bis 19-gliedrigen Fühler sind bei den Männchen vieler Arten mit verschiedenartigen Fortsätzen versehen. Die zwei langen, häufig gefleckten, stark geäderten Flügel befähigen die T. zu einem nur trägen Flug. Der lange Hinterleib ist bei den Männchen am Ende durch die Kopulationsorgane verdickt und endet bei den Weibchen in einer pfriemförmigen Legeröhre. Damit werden die meist dunklen, länglichen Eier in die Erde oder in Gewässer abgelegt. Die bis zu 5 cm langen Larven unterscheiden sich je nach Art in Lebensweise, Körperbau und Färbung. Bei den wasserlebenden Arten beziehen die meisten terrestrischen Larven ihre Atemluft durch zwei an der Hinterleibsspitze gelegene Stigmen. Die Larven der T. ernähren sich je nach Art räuberisch, meist jedoch von faulenden Stoffen; manche terrestrischen Arten werden bei Massenauftreten durch Fraß an Kulturpflanzen schädlich. Die Imagines schlüpfen bei uns im April bis Juli. Häufig sind in Deutschland die gelbliche, ca. 25 mm große Wiesenschnake (*Tipula paludosa*) und die etwa gleich große Graue Kohlschnake (*Tipula oleracea*).

T-Lymphocyten, *T-Zellen*, ↗ Lymphocyten, die im ↗ Thymus heranreifen, wo autoreaktive T - L. eliminiert werden (↗ Selbsttoleranz) und die T - L. ihre MHC-Restriktion erwerben, d. h. die Fähigkeit erhalten, ihr spezifisches Antigen-Fragment nur gleichzeitig mit einem körpereigenen Histokompatibilitäts- (MHC-) Molekül zu erkennen. T - L. sind für die zellvermittelte Immunität verantwortlich, aber auch für die Differenzierung und das Wachstum der ↗ B-Lymphocyten, welche die humorale Immunität vermitteln (↗ spezifische Immunantwort).

Nach ihrer Reifung im Thymus verlassen die T - L. dieses Organ und wandern als rezirkulierende T - L. zwischen ↗ Blut, ↗ Lymphe und sekundären ↗ lymphatischen Organen. Die Einwanderung in die sekundären lymphatischen Organe wird durch spezielle Rezeptoren vermittelt, die an die Endothelzellen der postkapillären Venulen dieser Organe binden. Die T - L. wandern von hier aus in die T-Zell-Gebiete der ↗ Lymphknoten und der ↗ Milz. Reife T - L. lassen sich aufgrund ihrer Oberflächenmoleküle in CD4 tragende und in CD8 tragende T - L. unterteilen (CD kommt von engl. cluster of differentiation, und kennzeichnet die Oberflächenrezeptoren). Allg. gilt, dass T - L. ihr spezifisches Antigen mittels ihres Antigen-Rezeptors, des *T-Zell-Rezeptors*, nur als Komplex mit den körpereigenen Histokompatibilitäts(MHC)-Molekülen (↗ Haupthistokompatibilitätskomplex) auf der Oberfläche der Antigen-präsentierenden Zelle erkennen. Die CD4- und CD8-Moleküle sind selber an der Interaktion zwischen dem T-Zell-Rezeptor und dem MHC-Antigen-Komplex beteiligt. Meist werden die CD4 tragenden T - L. als *Helfer-T - L.* (*T-Helfer-Zellen*) und die CD8 tragenden T - L. als *cytotoxische T - L.* (*T-Killerzellen*) bezeichnet. Mittlerweile werden aber immer mehr Ausnahmen von dieser Regel

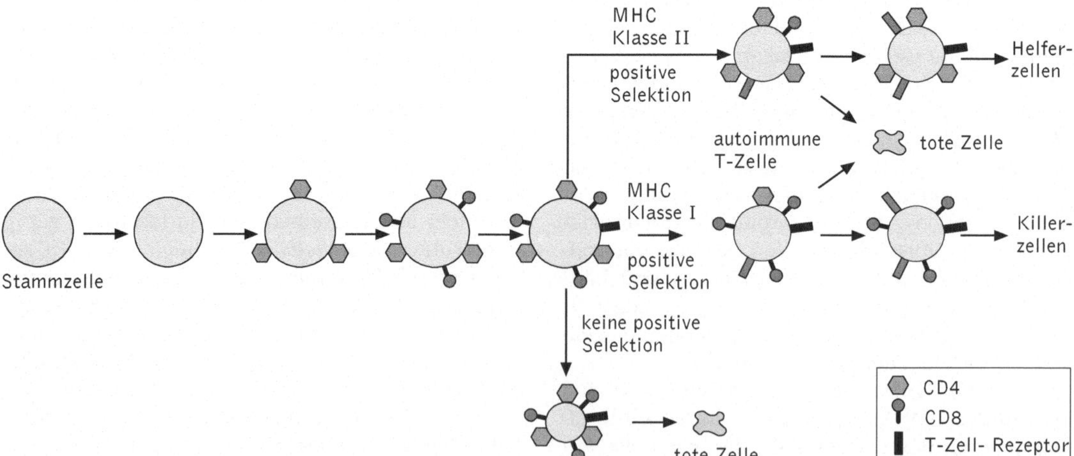

T-Lymphocyten Schema der Bildung von T-Lymphocyten aus Stammzellen des Knochenmarks. Zellen, die bevorzugt an MHC-Klasse-II-Komplexe binden werden überwiegend zu T-Helfer-Zellen und solche, die bevorzugt an MHC-Klasse-I-Komplexe binden, werden überwiegend zu T-Killer-Zellen. T-Lymphocyten, die zu heftig mit körpereigenen Zellen reagieren oder auch solche, die keinen Kontakt zu MHC-Molekülen herstellen können, verkümmern und sterben

gefunden. Ein Molekül, das auf allen T - L. gefunden wird, ist der CD3-Marker, der einen Komplex mit dem T-Zell-Rezeptor bildet. Neben den beschriebenen T-L. gibt es noch *T-Suppressorzellen*, die auf die Bildung von B-L. und cytotoxischen T.-L. hemmend wirken und somit durch negative Rückkopplung eine Endlosstimulation verhindern. Es wird darüber hinaus vermutet, dass sie an der Vernichtung solcher T- und B.-L. beteiligt sind, die körpereigene Proteine angreifen. Als vierte Gruppe sind die *T-Gedächtniszellen* zu nennen, das sind langlebige T-L., die bereits Kontakt mit einem bestimmten Antigen hatten und bei erneutem Kontakt mit diesem Antigen für eine sehr schnelle und effektive Immunantwort sorgen. (↗ Allergie)

TMV, Abk. für das ↗ Tabakmosaikvirus.

Tochterarten, Bez. für die bei der Artspaltung aus der Stammart neu enstehenden Arten. (↗ Artbildung)

Tochterzwiebel, ↗ Brutzwiebel.

Tocopherol, *Vitamin E*, *Antisterilitätsfaktor*, Name einer ganzen Gruppe fettlöslicher ↗ Vitamine, die einen Chromanring mit einer Isoprenoidseitenkette enthalten. Bisher sind acht Verbindungen dieser Gruppe bekannt, die sich durch Zahl und Stellung von Methylgruppen unterscheiden und als α-, β-, γ-T. usw. bezeichnet werden. Das biologisch wichtigste T. ist das *α-T.* Es kann leicht zu einem Chinon, dem *Tocochinon*, oxidiert werden. Dadurch wirkt T. als natürlich vorkommendes Antioxidans. Es verhindert die spontane Oxidation stark ungesättigter Stoffe, z. B. bestimmter Fettsäuren. T. besitzt jedoch noch weitere, bislang nicht im Detail bekannte biologische Funktionen. Es kommt z. B. in Weizenkeimlingen vor, woraus es als Weizenkeimöl isoliert wurde, außerdem im Kopfsalat, in Sellerie, Kohl, Mais, Palmöl, in Erdnüssen, Sojabohnen, Rizinusöl und Butter. Mangelkrankheiten sowie Hypervitaminosen sind beim Menschen nicht bekannt.

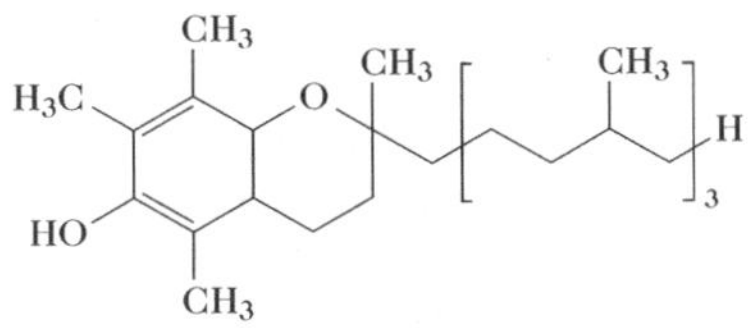

Tocopherol die Vitamin-E-aktiven Verbindungen α-Tocopherol und Tocochinon

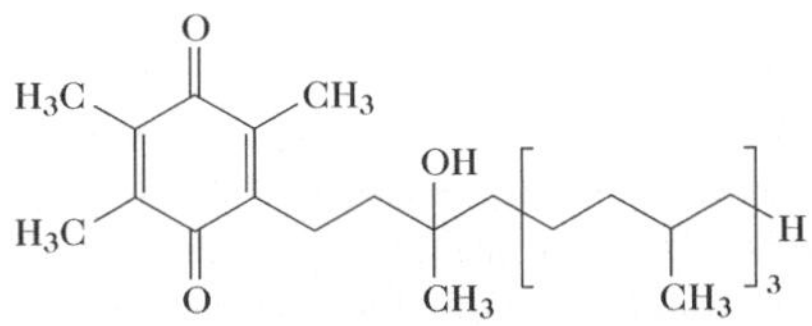

Tod, *Exitus*, allg. der Zustand eines Organismus nach Erlöschen aller Lebensfunktionen. Unter phylogenetischen Gesichtspunkten ist der T. nach erfolgter ↗ Fortpflanzung eine unabdingbare Voraussetzung für die Abfolge von Generationen und damit für die ↗ Evolution der Organismen und das Einwirken der ↗ Selektion. Die durch den T. bedingten Generationenfolgen sind bei Metazoen immer durch Alterungsprozesse bestimmt (↗ Altern), bei ↗ Einzellern hingegen auch allein durch zufällig eintreffende Umwelteinflüsse (Katastrophen). Die so genannte „potenzielle Unsterblichkeit" (A. ↗ Weismann) einzelner Einzeller ist allerdings ein höchst instabiler Zustand, der durch abiotische oder biotische Faktoren leicht in eine endliche Lebensspanne, die dann auch durch Alterungsprozesse charakterisiert ist, überführt werden kann. Auch ein Wechsel von asexueller zu sexueller Fortpflanzung vermag (speziell bei Ciliaten) den Übergang von einer scheinbar unbegrenzten Lebensdauer mit fortgesetzten Teilungen, ohne irgendwelche Alterungserscheinungen, zu typischen Alterungsprozessen und Tod herbeizuführen.

In der Humanmedizin ist es unter bestimmten Umständen (z. B. bei Organentnahmen für Transplantationen) notwendig, den genauen Zeitpunkt des Eintritts des T. zu kennen und zu definieren. Man unterscheidet den *biologischen T.*, der definiert ist als der Zeitpunkt, in dem die Gehirnfunktion erlischt (*Hirntod*, messbar über das ↗ Elektroencephalogramm) vom *klinischen T.* als dem Zeitpunkt, zu dem Atmung und Herzschlag aussetzen. Zwischen biologischem und klinischem T. kann, insbesondere bei künstlicher Aufrechterhaltung von Atmung und Kreislauf, eine gewisse Zeitspanne vergehen, die für Organentnahmen nutzbar ist. Später (eine halbe bis eine Stunde nach Eintritt des T.) eintretende Todesmerkmale oder *Todeszeichen* sind Toten- oder Leichenflecken, hervorgerufen durch ein Abfließen des Blutes in tief gelegene Körperbereiche, und die ↗ Totenstarre.

Als *Scheintod* wird ein tiefschlafartiger Zustand bezeichnet, in dem bei oberflächlicher Betrachtung keine Lebenszeichen, speziell keine Atmung und Herzaktion, mehr wahrnehmbar sind; z. B. bei Überdosierung von Schlaf- und Narkosemitteln, nach Ertrinken und nach elektrischen Unfällen. Scheintod ist auszuschließen durch die Feststellung der sicheren Todeszeichen. (↗ Leben, ↗ Sterbehilfe, ↗ Transplantation)

Todeswurm, Art der ↗ Hakenwürmer.

Togaviren, *Togaviridae*, Fam. tier- und humanpathogener Viren mit ikosaederförmigem Nucleocapsid (↗ Viren) mit positivsträngiger RNA. Teilweise vermehren sich die Viren in Insekten oder Wirbeltieren und werden durch beißende oder stechende Insekten übertragen, der Mensch ist oft nur zufälliger Wirt. Zu den von T. verursachten Infektionen zählen verschiedene fiebrige Erkrankungen mit Hautausschlägen und Arthritis (*Chikungunya*-Virus, *Bebaru*-Virus, *Sindbis*-Virus u. a.).

Toleranzbreite, die ↗ ökologische Potenz.

Tollbeere, die ↗ Tollkirsche.

Tollkirsche, *Atropa*, Gatt. der ↗ Solanaceae mit fünf Arten im gemäßigten Europa. Bekannteste Art ist die *Schwarze T.* (*Atropa bella-donna*), deren schwarze glänzende Beerenfrucht durch einen hohen Alkaloidgehalt (↗ Alkaloide, ↗ Atropin) stark giftig ist.

Tollwut, *Rabies*, durch das ↗ Tollwutvirus hervorgerufene akute Encephalomyelitis, die meist Carnivoren wie Füchse, Wölfe, Fledermäuse und Ratten aber auch Haustiere befällt. Die Übertragung auf den Menschen erfolgt durch den Biss eines tollwütigen Tieres. Symptome der ohne Behandlung meist tödlich verlaufenden Krankheit sind Kopfschmerzen, erhöhte Sekretion stark virushaltigen Speichels, Muskelkrämpfe bis zur Herzlähmung, aggressive Anfälle und Wahnvorstellungen. Durch die lange Inkubationszeit, die von zwei Wochen bis zu sechs Monaten betragen kann, ist eine ↗ aktive Immunisierung nach der Infektion möglich.

Tollwutvirus, zu den *Rhabdoviren* gehörendes, stäbchenförmiges Virus mit negativsträngiger RNA, das der Erreger der ↗ Tollwut ist.

Tölpel, *Sulidae*, Fam. der ↗ Pelecaniformes.

Toluidinblau, ein Thiazinfarbstoff, der vor allem in der Mikroskopie verwendet wird. T. färbt DNA blau und RNA rotviolett, sodass durch Färbung mit T. z. B. Transkriptionsprozesse mikroskopisch nachgewiesen werden können. Außerdem dient es als Antidot bei Vergiftungen mit Substanzen (z. B. Anilin), die zur Methämoglobin-Bildung führen.

Tomate, *Lycopersicon esculentum*, Art der ↗ Solanaceae, eine ursprünglich aus Südamerika stammende einjährige Nutzpflanze. Die essbare ↗ Frucht ist eine vielsamige Beere.

Tomatin, *α-Tomatin*, ein zur Gruppe der ↗ Solanum-Alkaloide gehörendes Hauptalkaloid der ↗ Tomate, das auch in anderen *Lycopersicon*- und *Solanum*-Arten vorkommt. T. wirkt fraßvergällend gegen Kartoffelkäferlarven und schützt so die Pflanze vor Befall. Außerdem zeigt es antibiotische Wirkung u. a. gegen die Erreger der Tomatenwelke.

Tonegawa, *Susumu*, japan. Molekularbiologe, * 5.9.1939 Nagoya; ab 1981 Prof. am Krebsforschungszentrum im Massachusetts Institute of Technology (MIT) in Cambridge. T. erhielt 1987 den Nobelpreis für Physiologie oder Medizin für die Entdeckung der genetischen Grundlagen des Variationsreichtums der Antikörper.

Ton-Humus-Komplex, unentmischbare organo-mineralische Verbindungen aus Humusstoffen mit anorganischem Bodenmaterial (Ton). Sie stellen den wesentlichsten Bestandteil des Mulls (↗ Mull) dar und entstehen vor allem durch die zersetzende und durchmischende Tätigkeit der Regenwürmer (↗ Regenwurm), Asseln (↗ Isopoda) und Doppelfüßer (↗ Diplopoda). Bodeneigenschaften wie Krümelbildung, Sorptions- und Austauschkapazität sowie Durchlüftung werden durch T. - H. - K. verbessert.

tonische Muskeln, ↗ Muskel.

Tönnchen, das Trockenstadium der Bärtierchen (↗ Tardigrada).

Tönnchenpuppe, die ↗ Puppe der cyclorrhaphen Zweiflügler.

Tonofibrillen, die in Epithelzellen der Oberhaut (z. B. Vögel, Säugetiere) vorhandenen ↗ Intermediärfilamente, die *Cytokeratine* enthalten und dem Gewebe dadurch eine hohe mechanische Belastbarkeit und Zugfestigkeit verleihen. (↗ Cytoskelett)

Tonoplast, bei Pflanzenzellen die Membran, welche die ↗ Vakuolen umgibt. Der T. besitzt für den Transport eine Vielzahl an ↗ Translokatoren. Neben Membranproteinen für einen beschleunigten Wassertransport (*Aquaporine*) sind im T. auch bestimmte ATPasen zur Erzeugung eines Protonengradienten sowie Proteinkomplexe vorhanden, die am Transport bestimmter Metabolite oder Giftstoffe beteiligt sind, deren Endlagerung in der Vakuole erfolgt.

Tonsillen, *Tonsillae*, die ↗ Mandeln.

Topinambur, *Helianthus tuberosus*, aus Amerika stammende ausdauernde Staude der Fam. ↗ Solanaceae. Die ↗ Sprossknollen werden als Gemüse gegessen oder zur Alkoholherstellung verwendet, das Kraut dient als Viehfutter.

Topoklima, *Ökoklima*, Klima bodennaher Luftschichten, das sich durch die unterschiedliche Vegetation und Geländestruktur herausbildet.

Tordalk, Art der Alken (↗ Alcidae).

Torf, Form des ↗ Humus in Mooren. Er entsteht unter Luftabschluss aus huminifiziertem, nicht abgebautem Pflanzenmaterial, vor allem aus Torfmoosen (↗ Sphagnidae) der Gatt. ↗ Sphagnum und Gräsern. Die Pflanzenstruktur bleibt erhalten und ist noch deutlich zu erkennen. Der T. bildet i. d. R. zwei Schichten: eine obere helle Schicht aus weniger zersetztem Material (*Faser-T.*) und eine unten liegende, dunkle, bröcklige Schicht (*Speck-T.*), in der die Zersetzung der Pflanzensubstanz weiter fortgeschritten ist.

Torfmoose, ↗ Sphagnidae.

Tornaria, *Tornarialarve*, zum Plankton gehörende Schwimmlarve der Eichelwürmer (↗ Enteropneusta). Sie besitzt mehrere verschlungene Wimpernbänder, die den Körper umziehen und als Fortbewegungsorgan dienen;

Torpedinidae, *Zitterrochen, elektrische Rochen*, Fam. der Rochen (↗ Batidoidimorpha), mit rund 35 bis 180 cm langen Arten, die in den Meeren der warmen und gemäßigten Tropen verbreitet sind. Sie haben aus Muskeln entstandene, an den Seiten des Kopfes und des Vorderkörpers gelegene ⬀ elektrische Organe, die dem Lähmen oder Töten von Beutetieren und der Abwehr von Feinden dienen. Zitterrochen sind ovovivipar. Der bis 60 cm lange, gelbliche, dunkelbraun gefleckte *Marmor-Zitterrochen* (*Torpedo marmorata*) kommt im Ostatlantik von Frankreich bis Südafrika vor.

Torpor, bei Landvögeln und kleinen Säugern ausgeprägter inaktiver Starrezustand als Antwort auf Temperatur- und Trocken-Stress (Trockenstarre), in dem die Stoffwechselintensität und damit die Körpertemperatur stark absinkt (daher auch als *Heterothermie* bezeichnet). Der T. ist eine physiologische Anpassung an das ungünstige Oberflächen-Volumen-Verhältnis kleiner homoiothermer Tiere, das zu einer häufigen Nahrungszufuhr zwingt, die (insbesondere in der Nacht) nicht immer gewährleistet ist; z. B. verbraucht ein Kolibri, der während des Nachtschlafes in T. fällt nur 7,6 kcal pro 24 Stunden statt 10,4 kcal pro 24 Stunden. Demgemäß ist die Häufigkeit, mit der ein T. bei einer Tierart eintritt, abhängig von den im Tier vorhandenen Energiereserven und reicht von täglichen Torporzyklen bis zu gelegentlichem Starrezuständen. Die physiologischen Prozesse während des T. ähneln denen im ⬀ Winterschlaf.

torrentikol, *lotisch*, Bez. für Lebewesen, die Sturzbäche und andere Stellen mit starker Wasserströmung bewohnen, z. B. die Brandungszone von Seen. Diese Organismen haben einen besonders hohen Sauerstoffbedarf und zeigen spezielle morphologische Anpassungen an die starken Wasserbewegungen. Hierzu zählen in erster Linie die Abflachung des Körpers zum Herabsetzen des Strömungswiderstands (u. a. bei manchen Schnecken und Larven von Käfern und Eintagsfliegen) und die Ausbildung von Halteeinrichtungen, beispielsweise Saugnäpfen (bei Insektenlarven, Fischen wie dem Panzerwels und manchen Kaulquappen). Spezielle Verhaltensweisen wie eine positive Thigmotaxis, ⬀ Taxis) sind ebenfalls typisch. Gegensatz: ⬀ stagnikol

Tortricidae, *Wickler*, Fam. der Schmetterlinge (⬀ Lepidoptera) mit weltweit 5000 Arten, davon in Mitteleuropa ca. 450. Unter den T. befinden sich viele Arten mit wirtschaftlicher Bedeutung, einige Schädlinge sind durch Verschleppung kosmopolitisch verbreitet. Die Falter sind klein mit Spannweiten bis 25 mm, die Vorderflügel breit mit Schräg- und Querstreifung und Flecken, bisweilen bunt und metallisch glänzend. Die Flügel sind in Ruhe dachförmig gefaltet. Die Falter sind meist dämmerungs- oder nachtaktiv. Die farblosen Raupen spinnen oder rollen (Name!) in charakteristischer Weise Blätter zusammen und verpuppen sich darin. Wich-

tige Schädlinge sind u. a. Apfelwickler (*Cydia pomonella*), Eichenwickler (*Tortrix viridana*), Erbsen-Wickler (*Laspeyresia nigricana*), Pflaumenwickler (*Laspeyresia funebrana*) und Bekreuzter Trauben-Wickler (*Lobesia botrana*).

Torulopsis, ⬀ Candida.

Tote Mannshand, Art der Lederkorallen (⬀ Alcyonaria).

Totengräber, Arten der Aaskäfer (⬀ Silphidae).

Totenkopfaffen, Unterfam. der ⬀ Cebidae.

Totenstarre, *Leichenstarre*, *Rigor mortis*, die bei einer Leiche nach etwa zwei bis zwölf Stunden nach Eintritt des Todes eintretende Muskelstarre, die durch Anreicherung saurer Stoffwechselprodukte (vor allem ⬀ Milchsäure) aufgrund des Stillstands der Blutzirkulation nach dem ⬀ Tod eintritt. Außerdem bleibt es infolge des Mangels an ATP (⬀ Adenosinphosphate) bei der irreversiblen Verknüpfung von ⬀ Actin und ⬀ Myosin durch Querbrücken (⬀ Muskel). Die T. löst sich nach zwei bis sechs Tagen wieder infolge der mikrobiellen Abbauprozesse.

Totipotenz, die Fähigkeit von Zellen, einen vollständigen bzw. eigenständigen Organismus zu bilden. Bei Säugetieren sind nur frühe Embryonen (i. d. R. bis zum 8-Zellstadium) *totipotent*; danach wird die Fähigkeit, sich in die unterschiedlichsten Zelltypen zu differenzieren, als *pluripotent* bezeichnet. Pflanzenzellen behalten, von Ausnahmen wie zellkernlosen Zellen des Phloems abgesehen, ihre T. bei; isolierte Einzelzellen können z. B. durch die Behandlung mit Phytohormonen dazu gebracht werden, eine neue Pflanze zu bilden („regenerieren").

Totstellreflex, ein Schutzreflex, der i. d. R. als Schutz gegen Fressfeinde dient. Tiere, die einen T. haben, verhindern die Stimulierung des Tötungsreflexes ihres Fressfeindes, indem sie sich „totstellen", d. h. in einer bestimmten Haltung unbeweglich verharren. Ein T. findet sich z. B. bei Opossums, afrikan. Erdhörnchen sowie vielen Käfern und Heuschrecken.

Toxine, organische Substanzen (oder Produkte) von Organismen (z. B. ⬀ Bakterien, ⬀ Giftpflanzen, Giftpilzen, ⬀ Gifttieren), die schädlich oder tödlich für Zellen, Zellkulturen oder Organismen sind (natürliche ⬀ Gifte). T. wirken meist immunogen, und sie sind i. d. R. wasserlöslich, haben eine bestimmte Inkubationszeit und eine spezifische Wirkung (Unterschied zu chemischen Giftstoffen).

Toxizität, schädigende oder tödliche Giftwirkung einer Substanz auf einen lebenden Organismus. Man unterscheidet zwischen der *akuten T.*, die unmittelbare Wirkung zeigt, der *chronischen T.*, bei der die Schäden erst nach längerer Expositionsdauer eintreten und der *ökologischen T.*, die Einfluss auf ganze Populationen oder Ökosysteme hat. Die

Anreicherung vieler ↗ Schadstoffe in Luft und Boden fällt in diesen Bereich. Die T. eines Stoffes hängt oft wesentlich von seiner Konzentration ab, die wiederum durch äußere Einflüsse verändert werden kann. So hat der ↗ pH-Wert des Bodens Einfluss auf die Konzentration von Toxinen: bei pH-Werten unter 4 - 4,5 enthalten Mineralböden eine für Pflanzen toxische Menge an Aluminium. Auch die ansonsten essentiellen Pflanzennährstoffe Eisen und Mangan kommen bei niedrigen pH-Werten in toxischer Konzentration vor. – Bei der Prüfung chemischer Stoffe wird die T. anhand des Grades der Schädigung eines Organismus oder der Todesrate innerhalb einer Population gemessen.

Toxoplasma, zu den ↗ Coccidia (Coccidea) gehörende Gatt. der Einzeller mit einer Art, *Toxoplasma gondii*, die als Parasit weltweit verbreitet ist. Die Parasiten befallen im Zwischenwirt (Fleisch fressende Säuger, Mensch) nach Durchdringen der Darmwand vor allem die Zellen des lymphatischen Systems, wo sie eine Reihe fortgesetzter Zweiteilungen (*Endodyogenie*) unter Bildung zahlreicher Parasitenzellen durchführen, die im späteren Verlauf der Infektion im Gehirn oder im Muskelgewebe so genannte Gewebecysten mit verdickter Wandung bilden. Wird mit Gewebecysten infiziertes Muskelgewebe von einem anderen Zwischenwirt aufgenommen, beginnt ein neuer Zyklus von Zweiteilungen. Erst wenn die Gewebecysten in den Endwirt (Katze) gelangen, wird der Entwicklungskreislauf durch Schizogonie und Gamogonie vollendet. Der Mensch kann sich entweder mit Gewebecysten (rohes Fleisch von Schlachtvieh) oder mit Oocysten (Katzenkot) infizieren. Jedoch treten ernsthafte

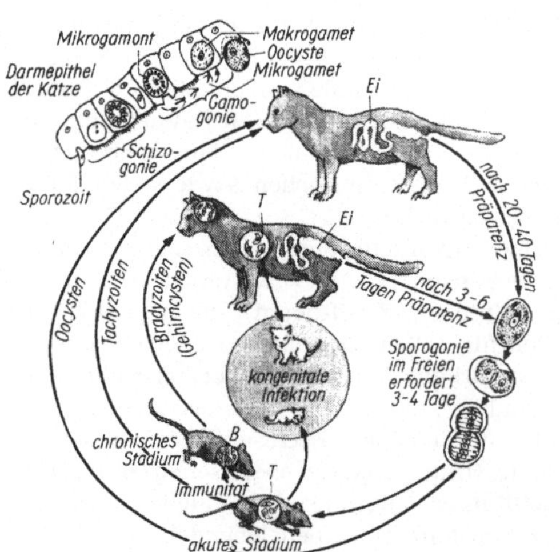

Toxoplasma Entwicklungszyklus von *Toxoplasma gondii*, dem Erreger der Toxoplasmose. Natürlicher Zwischenwirt ist die Maus, potenzielle Zwischenwirte sind viele Warmblüter, einschließlich des Menschen. Endwirt ist die Katze. Ei Enteroepitheliale Infektion (nur in der Katze)

Krankheitssymptome (*Toxoplasmose*) nur bei Menschen mit geschwächtem Immunsystem auf und bei Feten, wenn die Mutter im letzten Drittel der Schwangerschaft eine Erstinfektion mit Toxoplasma erleidet. Im letzteren Fall kommt es zu einer ernsthaften Erkrankung des Säuglings.

Toxoplasmose, durch *Toxoplasma gondii* (↗ Toxoplasma) hervorgerufene Erkrankung.

Toxotidae, *Schützenfische*, Fam. der Barschfische (↗ Perciformes) mit vier Arten in der Gatt. *Toxotes*, die im indoaustralischen Raum beheimatet sind. Über eine Rinne im Gaumendach werden durch Druckerzeugung mit der Zunge und dem Kiemendeckel Wassertropfen auf Insekten außerhalb des Wassers abgeschossen, die dann herunterfallen und gefressen werden. Der Schützenfisch (*Toxotes jaculator*) ist ein Aquarienfisch, der allerdings nur aus Freilandfängen in den Handel kommt.

TPP, Abk. für ↗ Thiaminpyrophosphat.

Trab, eine ↗ Gangart bei Tetrapoden (i. e. S. bei Pferden), bei der das sich diagonal gegenüberstehende Fußpaar gleichzeitig den Boden berührt, während das andere Paar vorgreift. Dadurch sind beim Pferd im Gegensatz zum ↗ Galopp nur zwei Hufschläge zu hören. Der Trab ist für die meisten Pferderassen die förderlichste (energetisch günstigste) Gangart. (↗ Paßgang)

Trabekel, *Trabeculae*, allg. anatomischer Begriff für cuticuläre, bindegewebige oder muskuläre, bzw. bei Pflanzen aus Festigungsgewebe bestehende Stützstrukturen in tierischen bzw. pflanzlichen Organen.

Trachea, die ↗ Luftröhre.

Tracheata, die ↗ Antennata.

Tracheen, 1) *Botanik*: *Gefäße*, wasserleitendes Element des ↗ Xylem.

2) *Zoologie*: röhrenförmige Einstülpungen des Integuments, die im Körper verschiedener Gliederfüßer (↗ Arthropoda), ein Röhrensystem bilden, das der ↗ Atmung dient, indem der Gasaustausch durch die Wände der T. erfolgt. Eine T. setzt sich aus einer einschichtigen Matrix (*T.-Epithel, Exotrachea*) zusammen, der außen eine Grundmembran anliegt. In das Lumen wird eine ↗ Cuticula abgeschieden. Sie besteht aus Pro- und Epicuticula und wird meist als *Intima* (*Endotrachea*) bezeichnet. Um ein Kollabieren der Tracheenröhre zu verhindern, sind innen Spiralfäden oder *Taenidien* ausgebildet, sklerotisierte exocuticulare Leisten. Diese können auch gegabelt, einfach ringförmig oder gitterartig angeordnet sein. Bei höher entwickelten Formen (↗ Insecta) verzweigt sich eine T. in immer feinere Äste und endet schließlich in einer *T.-Endzelle* (*Transitionszelle*), die eine differenzierte Matrixzelle ist. Diese dringt mit fingerförmigen Fortsätzen an oder zwischen das Gewebe, um über weniger als 1 µm im Durchmesser betragende *T.*-

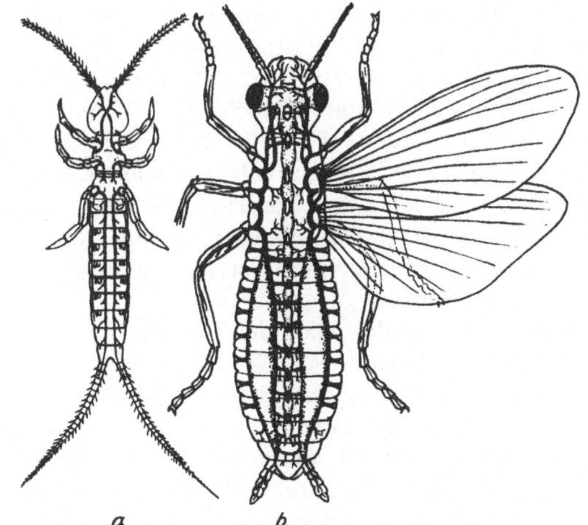

Tracheen Grundschema des Tracheensystems der Insekten. **a** primär flügelloses Insekt (Campodea) von der Bauchseite, **b** geflügeltes Insekt

Kapillaren (Tracheolen) den Sauerstoff per ↗ Diffusion abzuliefern. Die Öffnungen der T. nach außen sind die *Stigmen*. Das *Stigma (Atemloch, Trema, Peritrema, Spiraculum)* ist primär eine einfache Öffnung, die jedoch vielfach komplexe Schutzvorrichtungen und Verschlussmechanismen entwickelt hat. Bei Insekten werden primär zehn Stigmenpaare angelegt. Diese befinden sich in den Pleuren. Kopf und Prothorax tragen primär keine Stigmen, jedoch gibt es sekundär Stigmen am Kopf mancher Collembola und Pauropoda. Der Hinterleib trägt ursprünglich acht Stigmenpaare. Bei wenigen Vertretern gibt es auch zusätzliche Stigmen (*Japyx*, ↗ Diplura), sie werden als *Hyperpneustia* bezeichnet. Viele Insektengruppen verschließen oder reduzieren Stigmen, besonders, wenn sie wasserlebend oder sehr klein sind. *Hemipneustia* sind solche Insekten, die zwar zunächst alle Stigmen anlegen, später aber wieder verschließen. Sonderbildungen des T.-Systems finden sich bei ↗ Wasserinsekten. Viele wasserlebende Larven besitzen zum Gasaustausch reich mit T. ausgestattete ↗ Tracheenkiemen, Eintagsfliegenlarven in der Wandung des Enddarms (siehe Abb. auf Seite 244).

T. sind innerhalb der Arthropoda mehrfach unabhängig entstanden. Bei den ↗ Onychophora gibt es pro Segment bis zu 70 Stigmen, von denen jeweils dichte Büschel von nicht anastomosierenden Tracheenästchen ausgehen. Bei den Tausendfüßern (Myriapoda) sind möglicherweise Tracheen ebenfalls unabhängig von denen der Insekten evoluiert (Gruppen Notostigmophora und Pleurostigmophora der ↗ Chilopoda). Bei den Spinnentieren (↗ Chelicerata) finden sich als Atmungsorgane neben so genannten ↗ Fächerlungen (fälschlich oft auch Fächertracheen genannt) auch Röhrentracheen. Diese treten in Form von Siebtracheen (bei einigen Webspinnen, ↗ Araneae, bei den ↗ Pseudoscorpiones und den Kapuzenspinnen, ↗ Ricinulei), oder als einfache, unverzweigte Luftröhren auf (einige Araneae sowie Milben, ↗ Acari). Bei den Siebtracheen handelt es sich sozusagen um Fächerlungen mit röhrenförmigen Atemtaschen. Bei den Weberknechten (↗ Opiliones) und Walzenspinnen (↗ Solifugae) sind schließlich den Insekten vergleichbare T.-Systeme ausgebildet, indem alle Tracheenäste anastomosieren. Meist gehen hier die Röhrentracheen vom Hinterkörper aus, wo ihre Stigmen (ein bis drei Paare) in der Intersegmentalhaut der Sternite liegen. Selten gibt es auch Stigmen am Vorderkörper (alle Walzenspinnen, Kapuzenspinnen und viele Milben) oder gar auf Laufbeinen (Weberknechte).

Tracheenglieder, weitlumige, kurze Zellen, die unter Polyploidisierung ihrer Zellkerne in die Breite wachsen und im Verband die ↗ Tracheen bilden. (↗ Xylem)

Tracheenkiemen, *Pseudobranchien*, bei im Wasser lebenden Insektenlarven oder -puppen mit geschlossenem Tracheensystem dem Gasaustausch dienende, dünnwandige, mit feinen Tracheenzweigen versehene Anhängsel, die fadenförmig, büschelig oder blattförmig sein können. Sie sind möglicherweise den Extremitäten homolog, z. B. bei abdominalen Kiemen der Larven von Eintagsfliegen (↗ Ephemeroptera), Schlammfliegen (↗ Megaloptera) und Netzflüglern (↗ Planipennia), oder umgebildete Sklerite (Paraprocte) des elften Abdominalsegments (Libellenlarven), einfache

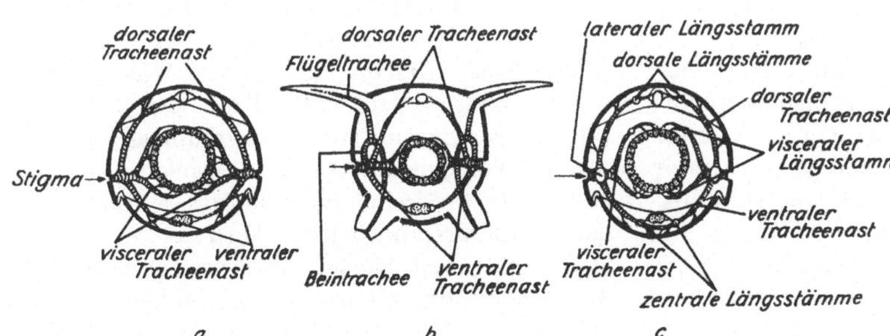

Tracheen Anordnung des Tracheensystems eines Insekts im Querschnitt. **a** Grundschema im Hinterleibsegment, **b** Grundschema im Brustsegment, **c** sekundär kompliziert, mit Längsstämmen und Querverbindungen

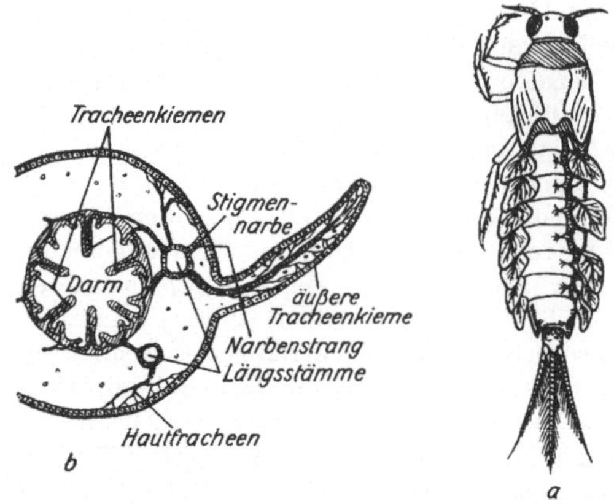

Tracheenkiemen Tracheenkiemen der Insekten. a blattförmige Tracheenkiemen einer Eintagsfliegenlarve (*Siphlurus*), b kombiniertes Schema der Tracheenkiemen bei geschlossenem Tracheensystem

Hautausstülpungen am Thorax (Larven von Steinfliegen, ⌐ Plecoptera) oder Abdomen (Larven der Köcherfliegen, ⌐ Trichoptera).

Tracheenlungen, *Buchlungen*, gebräuchliche, aber sprachlich nicht korrekte Bez. für die ⌐ Fächerlungen.

Tracheiden, abgestorbene langgestreckte Zellen, die wie die Tracheen der Wasserleitung dienen. (⌐ Xylem)

Trachemys, Gatt. der zu den Sumpfschildkröten (⌐ Emydidae) gehörenden Schmuckschildkröten.

Tracheolen, die Tracheenkapillaren (⌐ Tracheen 2).

Tracheophyta, die ⌐ Gefäßpflanzen.

Trachinidae, Fam. der Barschfische (⌐ Perciformes) mit vier bis 45 cm langen Arten, die im Pazifik und Atlantik leben. Sie sind meist im Sand eingegraben und lauern auf Beute. Die Stacheln der vorderen Rückenflosse sowie ein Dorn am Kiemendeckel sind mit Giftdrüsen verbunden. An den europäischen Küsten kommen das Kleine Petermännchen (*Trachinus vipera*) und das Große Petermännchen (*Trachinus draco*) vor.

Trachom, durch Infektion mit *Chlamydia trachomatis* (⌐ Chlamydien) hervorgerufene schwere Augenerkrankung, die durch Vaskularisierung und Vernarbung der Hornhaut häufig zur Erblindung führt.

Tradition, Übertragung individuell erworbener Verhaltensweisen oder Fähigkeiten von einem Individuum auf ein anderes bzw. von einer Generation zur nächsten. Erfolgt diese Übertragung durch Nachahmung eines erfahrenen Individuums, spricht man von *direkter Traditionenbildung*. Sie kann entweder durch direkte gegenständliche Vorführung *objektgebunden* ablaufen oder in *nicht objektgebundener* Form durch Symbole. Die *indirek-*

te Traditionenbildung ist vom Individualkontakt unabhängig, sie erfolgt stattdessen über Mechanismen der ⌐ Prägung. So kehrt z. B. das auf einer Wirtspflanze geschlüpfte Weibchen eines Pflanzenparasiten als adultes Tier zur Eiablage auf eine Pflanze der gleichen Art zurück. T. spielen u. a. bei der Nahrungssuche, dem Vogelzug oder Dialektbildungen bei Vogelgesang eine wichtige Rolle. Starke Umweltveränderungen können zu einem *Traditionsabriss* führen.

Tragant, *Astragalus*, Gatt. der ⌐ Fabaceae mit ca. 2000 Arten weltweit. Von Vorderasien bis Griechenland kommt die Art *Astragalus gummifer* vor, die bei Verletzungen eine gummiartige Flüssigkeit, den Tarant-Gummi (⌐ Gummi) absondert. Er wird vorwiegend als Bindemittel und Emulgator in der Textil-, Farben- und pharmazeutischen Industrie verwendet.

Tragblatt, ⌐ Braktee.

Tragelaphinae, *Waldböcke*, Unterfam. der Hornträger (⌐ Bovidae) mit je nach Auffassung acht bis zehn Arten in drei Gatt. Die Verbreitungsgebiete der acht Arten der Gatt. *Tragelaphus* sind auf Afrika südlich der Sahara beschränkt. Während bei der Elenantilope (*Tragelaphus oryx*) und dem Bongo (*Tragelaphus euryceros*) beide Geschlechter Hörner tragen, besitzen bei den anderen Arten nur die Männchen schraubig gewundene Hörner. Alle Waldböcke haben weiße Abzeichen (Zwischenaugenstreifen und Wangenflecken) im Gesicht. Sie leben in deckungsreichem Gelände, z. T. bis in große Höhen (Buschbock, *Tragelaphus scriptus*, bis in 4000 m Höhe) und fast immer in Wassernähe. Die Nahrung ist pflanzlich, wobei je nach Art unterschiedliche Pflanzenteile bevorzugt werden. Über die Zugehörigkeit der beiden indischen Arten Nilgauantilope (*Boselaphus tragocamelus*) und der Vierhornantilope (*Tetracerus quadricornis*), bei der die Männchen vier Hörner besitzen können (Name!), zur Unterfam. T. besteht Uneinigkeit.

Traglinge, Bez. für Jungtiere, die sich schon bald nach der Geburt reflektorisch an der Mutter festklammern und von ihr getragen werden. Zu den Traglingen gehören die Jungen der Primaten (⌐ Primates) einschließlich des Menschen, Fledermäuse (⌐ Microchiroptera), einige Beuteltiere (⌐ Marsupialia) und manche Faultiere (⌐ Bradypodidae). ⌐ Nestflüchter, ⌐ Nesthocker

Tragulidae, *Hirschferkel*, zu den Wiederkäuern (⌐ Ruminantia) gehörende Fam. der Paarhufer (⌐ Artiodactyla) mit zwei Gatt. und insgesamt vier Arten, davon eine in West- und Zentralafrika und die anderen drei in Indien und Südostasien. Die T. werden als die ursprünglichsten Vertreter der Wiederkäuer angesehen. Sie sind etwa hasengroß, mit gedrungenem Körper, kurzem Hals und kleinem spitz zulaufendem Kopf. Das Gebiss besteht aus 34 Zähnen, wobei die oberen Eckzähne der Männchen säbelförmig verlängert sind und aus dem Mund ragen. Das Fell ist kurzhaarig und dicht anliegend, mit braun-weißer Musterung an Hals und Brust und bei zwei Arten auch an den Körperseiten. Hirschferkel ernähren sich vorwiegend von pflanzlicher Nahrung, nehmen aber z. T. auch Insekten, kleine Säuger, Krebse, Fische u. a. tierische Kost zu sich. Sie sind dämmerungs- und nachtaktiv und leben bevorzugt in dichter Vegetation, oft in der Nähe von Gewässern.

Trampeltier, Art der ↗ Kamele.

Tränenbein, *Lakrimale*, *Os lacrimale*, Deckknochen des ↗ Schädels der Wirbeltiere und des Menschen.

Tränendrüsen, ↗ Auge.

trans-acting factors, *trans-wirkende Faktoren*, ↗ Transkriptionsfaktoren. Gegensatz: ↗ cis-acting elements

Transaldolase, zu den ↗ Transferasen gehörendes Enzym, das eine C_3-Einheit von einem Ketosedonor auf einen Aldoseakzeptor überträgt. Im ↗ Pentosephosphat-Weg katalysiert die T. im nichtoxidativen Zweig die reversible Umwandlung: Sedoheptulose-7-phosphat + Glycerinaldehyd-3-phosphat $\rightleftharpoons$ Fructose-6-phosphat + Erythrose-4-phosphat. Die T. enthält keine ↗ prosthetische Gruppe. Die Reaktion verläuft über eine Aldolspaltung, die durch Ausbildung einer ↗ Schiff'schen Base zwischen der Carbonylgruppe des Ketosedonors und der ε-Aminogruppe eines spezifischen Lysinrests im aktiven Zentrum des Enzyms und nachfolgender Protonierung der Schiff'schen Base eingeleitet wird. Bei der Spaltung entstehen Erythrose-4-phosphat und ein enzymgebundenes (C3)-Carbanion, das sich an das Carbonyl-C-Atom des Glycerinaldehyd-3-phosphats anlagert und dabei Fructose-6-phosphat bildet.

Transaminasen, eine Gruppe von ↗ Transferasen, die die reversible Übertragung der Aminogruppe einer bestimmten Aminosäure auf eine bestimmte Oxosäure katalysieren, wobei eine neue Aminosäure und eine neue Oxosäure gebildet werden. ↗ Coenzym der T. ist ↗ Pyridoxalphosphat, das mit seiner Carbonylgruppe über die ε-Aminogruppe eines Lysinrests des Apoenzyms in Form einer ↗ Schiff'schen Base an die jeweilige T. gebunden ist.

Während des mehrstufigen Transaminierungsvorgangs lagert sich die zu desaminierende Aminosäure durch Verdrängung des Lysinrests aus seiner Aldiminbindung an die Carbonylgruppe des Coenzyms an und bildet eine primäre Schiff'sche Base. Durch eine weitere Umlagerung entsteht eine sekundäre Schiff'sche Base, die zur neuen Oxosäure und zu Pyridoxamin-5'-phosphat hydrolysiert wird. Die Aminogruppenübertragung wird vollendet, indem eine andere Oxosäure mit Pyridoxamin-5'-phosphat kondensiert und die Reaktions-

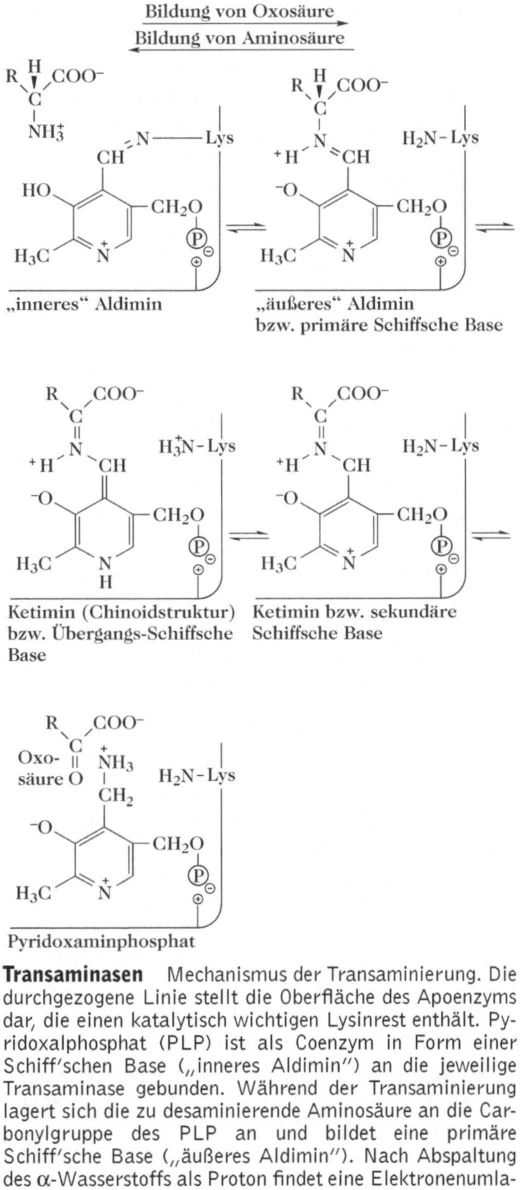

Bildung von Oxosäure

Bildung von Aminosäure

„inneres" Aldimin

„äußeres" Aldimin bzw. primäre Schiffsche Base

Ketimin (Chinoidstruktur) bzw. Übergangs-Schiffsche Base

Ketimin bzw. sekundäre Schiffsche Base

Pyridoxaminphosphat

Transaminasen Mechanismus der Transaminierung. Die durchgezogene Linie stellt die Oberfläche des Apoenzyms dar, die einen katalytisch wichtigen Lysinrest enthält. Pyridoxalphosphat (PLP) ist als Coenzym in Form einer Schiff'schen Base („inneres Aldimin") an die jeweilige Transaminase gebunden. Während der Transaminierung lagert sich die zu desaminierende Aminosäure an die Carbonylgruppe des PLP an und bildet eine primäre Schiff'sche Base („äußeres Aldimin"). Nach Abspaltung des α-Wasserstoffs als Proton findet eine Elektronenumlagerung statt, wodurch ein chinoides Ketimin (Schiff'sche Base als Zwischenstufe) entsteht. Durch eine weitere Umlagerung entsteht ein nichtchinoides Ketimin (sekundäre Schiff'sche Base), das zur neuen Oxosäure und zu Pyridoxamin-5'-phosphat hydrolysiert wird.

folge in umgekehrter Reihenfolge durchlaufen und so eine neue Aminosäure gebildet wird. Die gegenseitige Umwandlung der tautomeren Schiff'schen Basen ist der geschwindigkeitsbestimmende Schritt der T.

Fast alle Aminosäuren können an Transaminierungsreaktionen teilnehmen, doch ist es aufgrund der Spezifität der meisten T. erforderlich, dass ein Reaktionspartner eine saure Aminosäure (Glutamat oder Aspartat) ist bzw. deren korrespondierende Oxosäure.

Tierische Gewebe, insbesondere Leber und Herzmuskel, enthalten sehr hohe Aktivitäten an *Glutamat-Oxalacetat-T.* (Abk. *GOT*) und *Glutamat-Pyruvat-T.* (Abk. *GPT*). GPT kommt in der Leber als cytosolisches Enzym vor und zeigt im Herzmuskel nur geringe Aktivität, während die GOT-Aktivität im Herzmuskel höher ist. GOT ist zu etwa gleichen Teilen im Cytosol und in den Mitochondrien beider Organe vorhanden. Die Aktivität der T. im Normalserum ist sehr gering. Bei bestimmten Krankheiten, die mit einer Zellschädigung einhergehen, treten die T. ins Blut über. Höhe und Verhältnis der GOT- und GPT-Aktivität im Blutserum geben daher wertvolle diagnostische Hinweise bei der Früherkennung und Verlaufskontrolle verschiedener Lebererkrankungen und beim Herzinfarkt.

Transaminierung, die reversible Übertragung der Aminogruppe –NH_2 von ↗ Aminosäuren auf α-Oxocarbonsäuren. Diese durch ↗ Transaminasen katalysierte Reaktion ist für den Stoffwechsel der α-Aminosäuren im lebenden Organismus von großer Bedeutung. Die T. ist ein vollkommen reversibler Prozess, d. h. es wird weder eine energiereiche Verbindung (z. B. ATP) gebildet noch benötigt, und die Transaminierungsrichtung hängt nur vom Massenwirkungsgesetz der beteiligten Substrate ab. In der ↗ Leber werden überschüssige Aminosäuren durch T. in Oxosäuren überführt, die dem Kohlenhydratstoffwechsel zugeführt werden. Die Aminogruppen treten in Form von Glutamat oder Aspartat auf und werden anschließend in Harnstoff inkorporiert (↗ Harnstoffzyklus). Bei Pflanzen und Bakterien beziehen die meisten Aminosäure-Synthesewege auch die Bildung von Oxosäuren ein, die schließlich zur benötigten Aminosäure transaminiert werden (gewöhnlich durch Glutamat). Auf keiner Transaminierungsstufe wird freier ↗ Ammoniak gebildet. Der Aminostickstoff ist immer kovalent in einer Aminosäure oder im Pyridoxaminphosphat-Coenzym gebunden.

Transcytose, *Cytopempsis*, der rezeptorvermittelte Transport von Makromolekülen durch eine Zelle hindurch. Extrazelluläre Moleküle können so polar strukturierte Zellen durchqueren. Dies ist z. B. bei Epithelzellen der Fall, die durch ↗ Tight junctions miteinander verbunden sind. Ähnliche Prozesse laufen beim Transport durch Zellen des Darmepithels ab.

Transdifferenzierung, Vorgang, bei dem sich eine bereits ausdifferenzierte Zelle zu einem anderen Zelltyp differenziert, z. B. eine Pigmentzelle zu einer Linsenzelle.

Transducin, G_T, an molekularen Mechanismen des Sehprozesses beteiligtes Protein, das in einer aktiven GTP-Form und einer inaktiven GDP-Form vorliegen kann. Die biochemische Funktion des T. besteht in der Kopplung der Erregung des Fotorezeptors ↗ Rhodopsin an die Aktivierung einer cGMP-abbauenden Phosphodiesterase. (↗ Sehen)

Transduktion, 1) *Genetik*: Die Übertragung von genetischer Information in Form von DNA durch Bakteriophagen u. a. Viren, wobei diese i. d. R. in das Genom des Wirtsorganismus stabil integriert wird (↗ Transfektion, ↗ Transformation).

2) *Physiologie*: Die Weiterleitung eines Signals durch intrazelluläre Signalkaskaden (↗ Signaltransduktion)

3) In der *Sinnesphysiologie* bezeichnet T. die Umwandlung eines aufgenommenen Reizes in eine Erregung.

Transfektion, die Übertragung proteinfreier DNA in Bakterienzellen, die sich von der ↗ Transduktion durch das Fehlen intakter Viruspartikel unterscheidet. Ein klassisches Beispiel für die T. ist das *Hershey-Chase-Experiment*, bei dem durch die Übertragung gereinigter und somit von Proteinen getrennter Bakteriophagen-DNA der Beweis erbracht wurde, dass die DNA der Träger der genetischen Information ist.

Transferasen, die zweite Hauptgruppe der ↗ Enzyme. Durch T. werden Molekülgruppen übertragen. Wichtige Vertreter der T. sind z. B. die ↗ Transaminasen, die Phospho-Transferasen (↗ Kinasen) sowie die ↗ Polymerasen.

Transferrin, ein im Serum vorkommendes Nicht-Häm-Eisenprotein, das beim Menschen etwa 5 % der Plasmaproteine ausmacht und bei der ↗ Elektrolyse in der β-Globulinfraktion mitwandert. T. ist ein Eisen-Transportprotein, das zwei Fe^{3+}-Ionen reversibel komplex bindet; diese werden bei der Bildung der roten Blutkörperchen (↗ Erythropoese) in der Milz benötigt und beim Abbau der ↗ Erythrocyten wieder frei. Während T. durch Rezeptor-vermittelte ↗ Endocytose in die Zielzellen aufgenommen wird, gelangt nach Abgabe des Eisens in den Endosomen das eisenfreie Apotransferrin durch ↗ Exocytose wieder in die extrazelluläre Flüssigkeit.

transfer-RNA, Abk. *tRNA*, kleine Ribonucleinsäure-Moleküle, die während der ↗ Translation als Adaptormoleküle („Vermittler") zwischen der in der ↗ messenger-RNA (mRNA) gespeicherten genetischen Information und der Aminosäuresequenz des entstehenden Polypeptids fungieren. Dies ist möglich, weil für jede proteinogene Aminosäure mindestens eine, meist jedoch bis zu sechs t-RNA-Spezies existieren (so genannte *Isoakzeptoren*). Die hohe Spezifität wird durch die als *Anticodon* bezeichnete Sequenz im tRNA-Molekül ermöglicht, die alleine für den Einbau der mit der tRNA verbundenen Aminosäure verantwortlich ist (↗ Wobble-Hypothese). Im Unterschied zu den anderen beiden

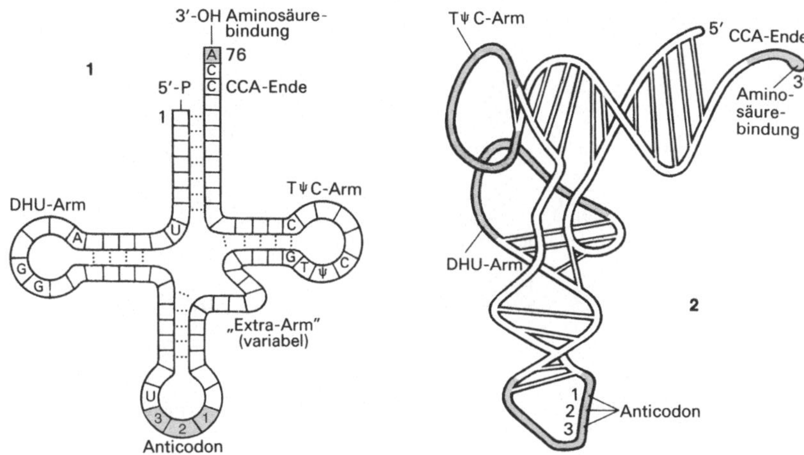

transfer-RNA   1 *Sekundärstruktur* („Kleeblattstruktur") einer transfer-RNA mit den wichtigsten Merkmalen, die für die Funktion des Moleküls verantwortlich sind. 2 *Tertiärstruktur* („L-Form"), die durch nicht eingezeichnete Wasserstoffbrücken stabilisiert wird, wodurch der Akzeptor-Arm, an den die Aminosäurebindung erfolgt, und der Anticodon-Arm an den äußersten Enden der dreidimensionalen Struktur liegen

RNA-Spezies kommen bei tRNAs zahlreiche Modifikationen vor, die auf Methylierung (Guanosin → 7-Methylguanosin), Desaminierung (Guanin → Inosin), Schwefelsubstitution (Uridin → 4-Thiouridin), Basenumlagerungen (Uridin → Pseudouridin) und auf die Sättigung vorhandener Doppelbindungen (Uridin → Dihydrouridin) zurückzuführen sind.

Das Vorhandensein von tRNAs wurde in den 1950er-Jahren erstmals von F. ↗ Crick vermutet; in den 1960er-Jahren gelang es R. ↗ Holley die vollständige Sequenz einer tRNA zu ermitteln.

Die Sekundärstruktur der zwischen 73 und 95 Nucleotiden umfassenden tRNA-Moleküle wird aufgrund von intramolekularen Basenpaarungen auch als *Kleeblattstruktur* bezeichnet und gliedert sich in bestimmte Domänen, die unterschiedliche Funktionen wahrnehmen. So ist der aus den beiden Enden bestehende, sieben Basenpaare umfassende Bereich, der als Stamm oder Akzeptor-Arm bezeichnet wird, für die Anbindung der jeweiligen Aminosäure verantwortlich. Der *Anticodon-Arm* enthält die für die Translation erforderliche Information, wohingegen die anderen beiden Arme aufgrund des Vorhandenseins modifzierter Nucleotide als *DHU-Arm* (Dihydrouracil) und *T ΨC-Arm* (Pseudouracil) bezeichnet werden. Sie dienen vor allem der Stabilisierung der tRNA-Moleküle. Die *Tertiärstruktur* der tRNAs wurde durch Röntgenstrukturanalyse bestimmt und wird als so genannte *L-Form* bezeichnet.

Die *Aminoacylierung* oder *Beladung* der tRNAs erfolgt durch die Bildung einer kovalenten Bindung zwischen der Carboxylgruppe am C-Terminus der Aminosäure und einer OH-Gruppe am 3'-Ende der tRNA. Diese Reaktion wird durch so genannte *Ami-*

noacyl-tRNA-Synthetasen katalysiert, wobei für jede Aminosäure ein eigenes Enzym existiert; Isoakzeptoren werden somit durch dasselbe Enzym beladen. Die Enzyme stellen eine heterogene Gruppe dar, deren Reaktion sich wie folgt beschreiben lässt:

Aminosäure + ATP + tRNA → Aminoacyl-tRNA + AMP + PP_i

Dabei entsteht zunächst ein Anhydrid zwischen der Aminosäure und dem AMP; die so aktivierte Aminosäure wird anschließend auf die OH-Gruppe der Ribose am 3'-Ende der tRNA übertragen (Esterbildung). Die dabei entstehende energiereiche Bindung wird später während der Translation zur Bildung der Peptidbindung zwischen der Aminosäure und der wachsenden Polypeptidkette genutzt. Aminoacyl-tRNA-Synthetasen lassen sich in zwei Klassen einteilen, wobei *Klasse I* die Aminosäuren mit der 2'-OH-Gruppe der Ribose am 3'-Ende verknüpft, Enzyme der *Klasse II* hingegen die Veresterung mit der 3'-OH-Gruppe katalysieren.

Prokaryotische und eukaryotische tRNAs werden durch ↗ RNA-Polymerasen als Vorläufer-tRNAs (Precursor) transkribiert und anschließend einer ↗ Prozessierung unterzogen. Bei *Escherichia coli*

5' GCGGAUUUAGCUCAGDDGGGAGAGCGCCAGACUGAA
                                    └─┘
                                  Anticodon

YAΨCUGGAGGUCCUGUGTΨCGAUCCACAGAAUUCGC

ACCA 3'

transfer-RNA   Lineare Nucleotidsequenz eines tRNA-Moleküls. Die Lage von DHU-Arm, Anticodon-Arm, TΨC-Arm und dem CCA-Ende, an dem die Aminoacylierung erfolgt, sind von links nach rechts (5'-3'-Richtung) hervorgehoben

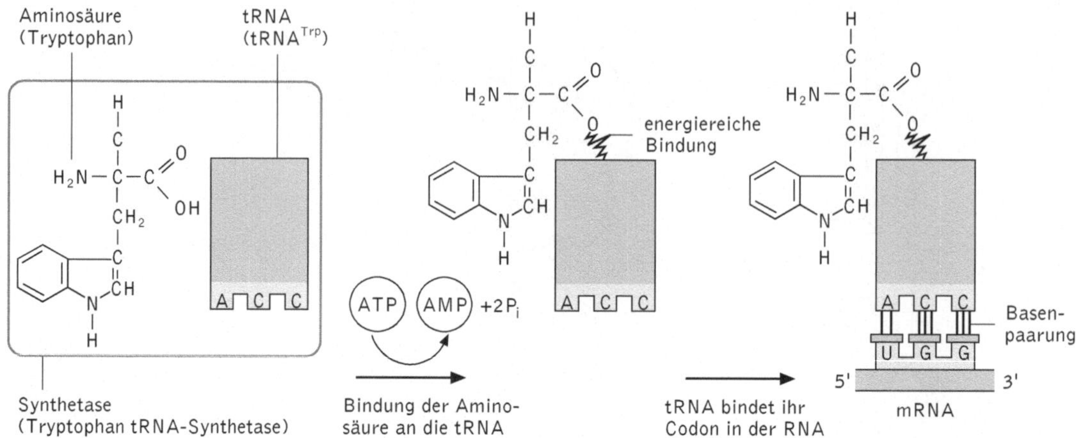

transfer-RNA Aminoacylierung („Beladung") einer transfer-RNA mit einer Aminosäure am Beispiel von Tryptophan. Die Spezifität der Beladung garantiert, dass während der Translation durch eine Codon-Anticodon-Erkennung die richtige, d. h. dem genetischen Code eines Gens entsprechende Aminosäure für die Proteinsynthese verwendet wird

kommen 80 tRNA-Gene vor, die teilweise in den Transkriptionsabschnitten für ↗ ribosomale RNA vorliegen. Für eine Reihe von tRNA's, die häufige Codons bedienen, liegt im Bakteriengenom somit mehr als eine Kopie vor.

Transformation, 1) allg. die Bez. für die Übertragung von genetischer Information durch Aufnahme freier DNA. Ursprünglich bezeichnet T. die natürliche Fähigkeit mancher Bakterienarten, freie DNA aus der Umgebung durch ihre Zellwand hindurch aufzunehmen. In der Gentechnik wird die T. häufig dazu benutzt, um DNA in Zielorganismen einzuschleusen. Die T. von *Escherichia coli* mit ↗ Plasmiden stellt ein molekularbiologisches Standardverfahren dar, weil dadurch DNA-Moleküle in ausreichender Menge vervielfältigt werden können. Zu diesem Zweck werden zunächst so genannte *kompetente Zellen* hergestellt; die Aufnahme der Plasmid-DNA erfolgt i. d. R. durch eine kurze Inkubati-

on des DNA-Bakterien-Gemisches bei 42 °C oder durch Anlegen eines elektrischen Feldes (*Elektroporation*).

Der Begriff wird auch bei der Erzeugung transgener Pflanzen und Tiere sowie der stabilen oder transienten (vorübergehenden) T. von Zelllinien benutzt, wobei prinzipiell jedes gewünschte Gen in einen anderen Organismus übertragen werden kann. Je nach Art der zu transferierenden DNA und des Zielorganismus existieren eine Vielzahl an T.-Protokollen.

Die T. von apathogenen Pneumokokken mit der isolierten DNA von zuvor durch Hitzebehandlung abgetöteten pathogenen Pneumokokken durch O.T. ↗ Avery ist ein Meilenstein in der Geschichte der Molekulargenetik, weil mit diesem Experiment der Beweis erbracht wurde, dass die DNA und nicht Proteine Träger der genetischen Information ist. (↗ Transduktion, ↗ Transfektion)

2) ↗ Tumorzellen.

transformierender Wachstumsfaktor, 1) *TGF-α, transforming growth factor 1* (Abk. *TGF-1*), im Urin und Plasma nachweisbares, vor allem von transformierten Zellen gebildetes ↗ Cytokin, das nahe mit dem epidermal growth factor (EGF; ↗ Wachstumsfaktoren) verwandt ist und auch an den EGF-Rezeptor bindet. TGF-α fördert die Gefäßneubildung (Angiogenese) vor allem in Tumoren, wirkt Mitose auslösend auf Endothelzellen, Keratinocyten, Tumorzellen und Epidermiszellen, fördert die Knochenneubildung, den Knochenumbau und die Knochenreparatur und ist an der Regeneration von Lebergewebe beteiligt. Die biologische Wirkung von TGF-α wird über den EGF-Rezeptor vermittelt. TGF-α wird zur Herstellung von Cytokin-gekoppel-

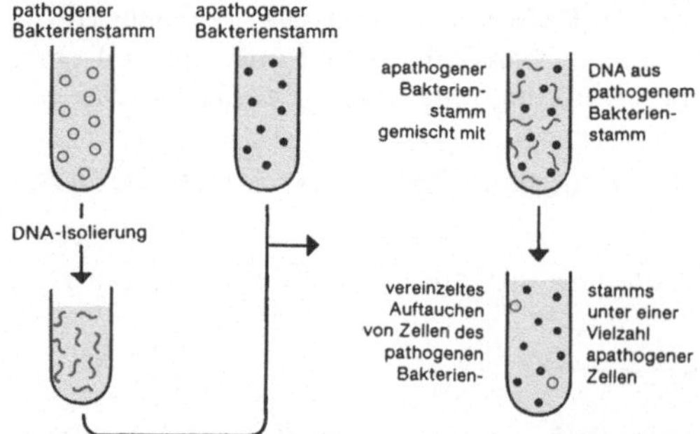

Transformation Gezeigt wird die Aufnahme isolierter Bakterien-DNA, wie sie O.T. Avery durchführte. In derselben Weise lässt sich die Transformation mit rekombinanter Plasmid-DNA durchführen

ten Toxinen verwendet. Man hofft, solche TGF-α-Toxine zur Krebsbehandlung einsetzen zu können.

2) *TGF-β, transforming growth factor 2* (Abk. *TGF-2*), *tumor inducing factor 1* (Abk. *TIF-1*), vor allem von Thrombocyten, Knochen- und Milzgewebe, aber auch von vielen anderen embryonalen, adulten, transformierten und normalen Zellen gebildete Gruppe von Cytokinen, deren Freisetzung u. a. durch nerve growth factor, Interleukin 1 und Vitamin D$_3$ stimuliert und durch Glucocorticoide, FSH, Calcium inhibiert werden kann. TGF-β ist ein potenter Wachstumsinhibitor für eine Vielzahl von Zellen (Epithelzellen, Endothelzellen, Fibroblasten, Blutzellen, Keratinocyten), wobei TGF-β je nach Zelltyp eine partielle bis totale Proliferationshemmung bewirken kann. Auch der mitogene Effekt anderer Cytokine kann abgeschwächt oder sogar aufgehoben werden. Bei bestimmten Tumorzellen und einigen anderen Zellen wirkt TGF-β allerdings auch als autokrines Mitogen. Außerdem spielt TGF-β eine wichtige Rolle bei der Bildung der extrazellulären Matrix, bei der Metastasierung von Tumoren, bei der Unterdrückung von Immunprozessen (Hemmung der Antikörper- und Akut-Phase-Protein-Produktion, der T- und B-Zell-Proliferation), bei der Wundheilung und der Heilung von Knochenbrüchen und wirkt stark chemotaktisch auf neutrophile Granulocyten und Makrophagen. Die biologische Wirkung der TGFs der β-Gruppe wird über spezifische Rezeptoren vermittelt. Über den Mechanismus der Signaltransduktion ist noch nichts bekannt.

Transfusionsgewebe, aus lebenden Parenchymzellen (↗ Parenchym) und toten ↗ Tracheiden bestehendes Gewebe, das den Stofftransport zwischen Leitelementen und ↗ Mesophyll in den Nadelblättern der ↗ Gymnospermae vermittelt.

Transgen, die Bez. für ein durch ein gentechnisches Verfahren übertragenes Gen, das i. d. R. in dem *transgenen Organismus* nicht bzw. nicht in derselben Form vorkommt.

transgene Pflanzen, Bez. für gentechnisch veränderte Pflanzen, die ein oder mehrere ↗ Transgene („Fremdgene") enthalten, die stabil im Genom vorhanden sind und an die Nachkommen weitergegeben werden. Bei t. P. handelt es sich einerseits um gentechnisch veränderte Pflanzenarten, die wie Tabak, Petunien oder Ackerschmalwand (↗ Arabidopsis thaliana) als Modellorganismen in der Grundlagenforschung eingesetzt werden, um z. B. die Funktion bestimmter Gene mittels ↗ Antisense-Technik oder ↗ Überexpression zu untersuchen oder aber ihre Promotoren z. B. durch ↗ Deletionsanalysen zu charakterisieren. Von zunehmender Bedeutung sind andererseits auch transgene Nutzpflanzen, die mit dem Ziel hergestellt werden, die Qualität dieser Arten zu verbessern.

transgene Pflanzen Anwendungspotenzial transgener Pflanzen

Anwendungsbereich	Ziel der gentechnischen Veränderung
Ertragssteigerung	Stoffwechsel und Entwicklung
Ertragssicherung	Resistenz gegen Pathogene, Herbizide, abiotische Stressfaktoren
Zierpflanzenbau	Veränderung von Wuchsform, Blütenform, Blütenfarbe
Nachwachsende Rohstoffe	Veränderung von Qualität und Quantität von Inhaltsstoffen
Phytoremediation	Abbau von toxischen Substanzen Anreicherung von Schwermetallen

Für die Herstellung t. P., die so genannte *Pflanzentransformation*, stehen in Abhängigkeit der zu transformierenden Pflanzenarten unterschiedliche Verfahren zur Verfügung. Eines der gängigsten Verfahren zur *Transformation* von zweikeimblättrigen Pflanzen erfolgt mittels ↗ Agrobacterium tumefaciens, wobei das zu übertragende Gen zunächst in das ↗ Ti-Plasmid einkloniert werden muss (↗ Klonierung). Bei dieser Technik, die die Fähigkeit dieser Bodenbakterien ausnutzt, Pflanzenzellen genetisch zu verändern, werden Blattscheiben in einer Agrobakteriensuspension inkubiert und anschließend auf ein Wachstumsmedium umgesetzt, das nicht nur ein Antibiotikum enthält, um transformierte und untransformierte Pflanzen voneinander zu unterscheiden (↗ Marker), sondern durch eine Kombination von ↗ Phytohormonen auch die Spross- und Wurzelbildung induziert. Nach einiger Zeit können die aus transformierten Zellen entstandenen Pflanzen auf Erde umgesetzt werden. Von dieser *Blattscheibentechnik* gibt es für unterschiedliche Pflanzenarten verschiedene Abwandlungen. Bei der für *Arabidopsis thaliana* verwendeten so genannten *in planta-Transformation* werden die Blüten im Vakuum mit einer Agrobakterienlösung infiltriert, sodass die erfolgreiche Transformation bei den später gebildeten Samen überprüft werden muss. Einkeimblättrige Pflanzen wie die Getreide lassen sich auf diese Weise nur sehr schlecht bis gar nicht gentechnisch verändern, sodass bei ihnen bevorzugt die ↗ biolistische Transformation („Genkanone") zum Einsatz kommt.

Transgene landwirtschaftliche Nutzpflanzen werden u. a. in Nordamerika großflächig angebaut. Dabei handelt es sich vor allem um Mais, Soja und Baumwolle, die mittels Gentechnik entweder gegenüber bestimmten Herbiziden tolerant sind oder aber nach Gentransfer eines bakteriellen Gens das ↗ Bt-Toxin exprimieren, sodass diese Sorten vor ihren Fraßfeinden (Schmetterlingsraupen) ge-

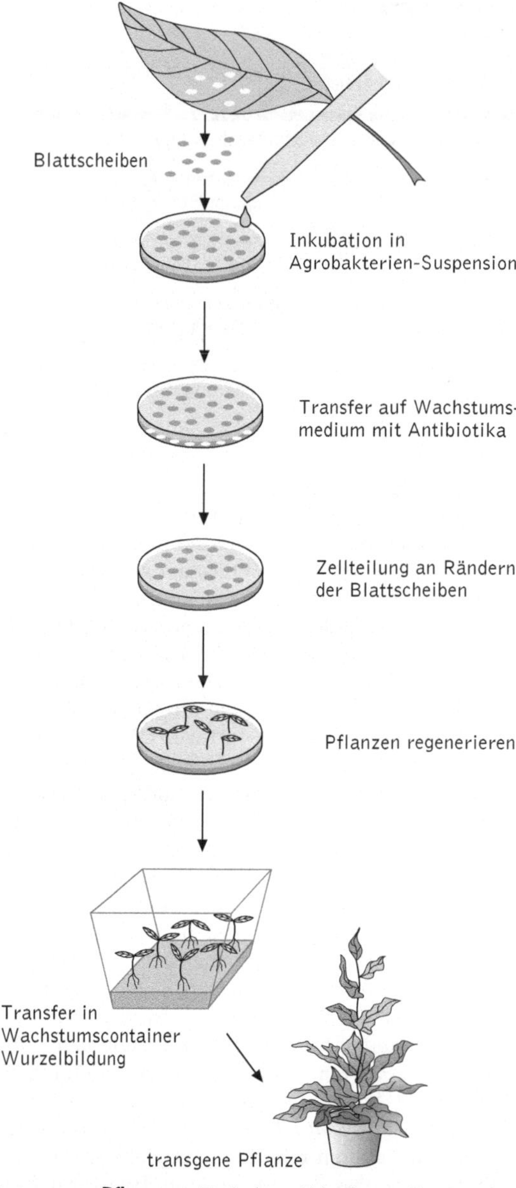

transgene Pflanzen Typischer Ablauf zur Erzeugung transgener Pflanzen durch Blattscheibentransformation

schützt sind. Das Potenzial t. P. ist nach Ansicht der Befürworter der „Grünen Gentechnik" noch lange nicht ausgeschöpft, da Pflanzen auch als Bioreaktoren zur Produktion pharmazeutisch bzw. industriell interessanter Substanzen genutzt werden könnten. (↗ Grüne Gentechnik und zugehöriges Essay: ↗ Grün ist die Hoffnung – durch oder für Gentechpflanzen?)

transgene Tiere, Bez. für durch gentechnische Verfahren veränderte Tiere. Wie bei ↗ transgenen Pflanzen, werden t. T. beispielsweise als *Krank-*

heitsmodelle sowohl für die medizinische und biowissenschaftliche Grundlagenforschung, aber auch für die Produktion bestimmter pharmazeutisch relevanter Stoffe genutzt. Auch im Zusammenhang mit der so genannten ↗ Xenotransplantation (Transplantation nichtmenschlicher Gewebe oder Organe auf den Menschen) werden Experimente mit t. T. durchgeführt.

Die Herstellung t. T. kann auf unterschiedliche Weise erfolgen. DNA lässt sich in vitro durch Mikroinjektion in befruchtete Eizellen im Pronucleus-Stadium in einen der beiden Vorkerne injizieren, sodass bei einem geringen Teil die Fremd-DNA in das Genom integriert. Die Zellen werden anschließend in pseudoschwangere Tiere übertragen, sodass t. T. heranwachsen können. Alternativ kann ein DNA-Fragment zunächst in ↗ embryonale Stammzellen eingebracht werden, die bei erfolgreicher Integration in deren Erbgut in ↗ Blastocysten übertragen werden. Nach Durchlaufen der ↗ Embryonalentwicklung in der Gebärmutter einer „Leihmutter" befinden sich unter den Neugeborenen sowohl Individuen, bei denen das Transgen in somatischen Zellen vorhanden und exprimiert wird, aber auch solche, deren Keimbahn genetisch verändert ist, sodass das Transgen weiter vererbt wird.

Mit den beschriebenen Verfahren ist es prinzipiell möglich, das Genom eines Tieres in dreifacher Hinsicht zu verändern. 1) Durch *Addition* eines Gens kann wie bei transgenen Pflanzen ein neuartiges oder mutiertes arteigenes Gen dem Genom hinzugefügt werden, wobei es zu einer zufälligen Integration im Genom kommt. Dieses einfache Verfahren führt häufig zur Übertragung von vielen Kopien. Ein Beispiel für diese Technik ist die bereits Anfang der 1980er-Jahre geglückte Übertragung des Gens für ein menschliches Wachstumshormon auf Mäuse, deren Körpergröße aufgrund von um den Faktor 100 höheren Hormonkonzentrationen stark zunahm. 2) Mittels *homologer Rekombination* ist es bei einer Reihe von Tierarten möglich, ein Fremdgen nicht zufällig, sondern gezielt an einer bestimmten Stelle im Genom zu platzieren. Auf diese Weise kann z. B. ein mutiertes Gen durch ein Wildtyp-Gen ersetzt werden, um nachzuweisen, dass eine Krankheit durch einen Defekt in eben diesem Gen verursacht wird. 3) In ähnlicher Weise kann durch Einführen einer ↗ Deletion die Genfunktion ausgeschaltet werden. So genannte *Knockout-Mäuse* sind wichtige Tiermodelle zur Erforschung von Krankheiten wie Diabetes, Multiple Sklerose oder Immunkrankheiten.

Die Erzeugung transgener Nutztiere diente bislang vor allem der Produktion pharmazeutischer Produkte. So ist es gelungen, Schafe, Ziegen und Rinder so zu verändern, dass ihre Milchdrüsen Pro-

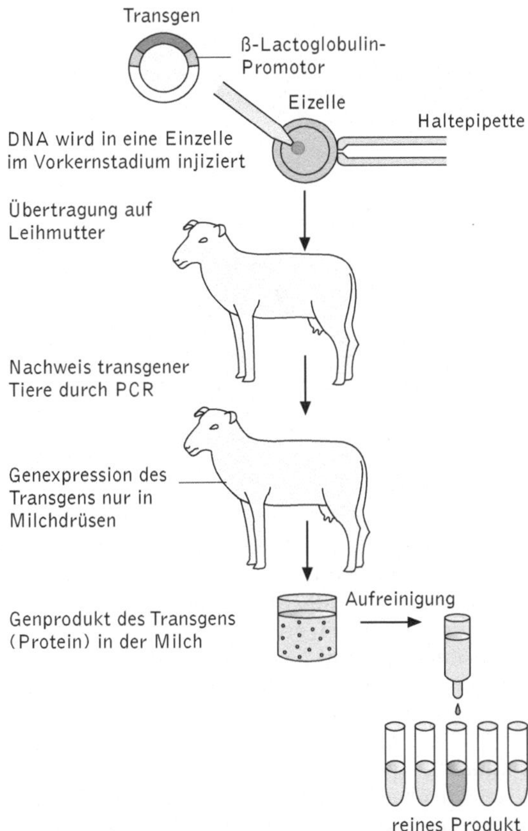

transgene Tiere   Erzeugung transgener Tiere durch Mikroinjektion des gewünschten Gens sowie eines passenden Promotors in eine befruchtete Eizelle im Vorkernstadium. Im Beispiel wurde das übertragene Gen so gewählt, dass seine Expression auf die Milchdrüsen beschränkt ist, sodass das korrespondierende Protein in der Milch der transgenen Schafe vorhanden ist und aus dieser angereichert werden kann. Auf diese Weise können pharmazeutisch relevante Proteine gewonnen werden

teine wie z. B. Blutgerinnungsfaktoren produzieren.

Trans-Golgi-Netzwerk, ↗ Golgi-Apparat.

Transition, eine Form der ↗ Genmutation (Punktmutation), bei der eine Purinbase (z. B. Adenin) durch eine andere Purinbase (z. B. Guanin) oder eine Pyrimidinbase (z. B. Cytosin) durch eine andere Pyrimidinbase (z. B. Thymin) ausgetauscht wird. Gegensatz: ↗ Transversion

Transitionsgebiet, das ↗ Übergangsgebiet.

transitorische Bildungen, Bez. für Strukturen oder Organe, die nur vorübergehend (z. B. während Larvalstadien oder der Embryonalentwicklung) ausgebildet werden. Ein Beispiel ist der Kiemendarm der Larven der parasitischen Neunaugen (↗ Petromyzonta).

Transketolase, ein Enzym des ↗ Calvin-Zyklus und des ↗ Pentosephosphat-Wegs, das ↗ Thiamin-

pyrophosphat als Coenzym enthält und C_2-Einheiten von einer Ketose auf das C1-Atom einer Aldose überträgt.

Transkript, Bez. für das Produkt der ↗ Transkription, d. h. die RNA-Kopie eines Gens, wobei der Begriff häufig synonym für die ↗ messenger-RNA verwendet wird. Bei Eukaryoten werden dabei zunächst so genannte *Primärtranskripte* erzeugt, die erst eine ↗ Prozessierung durchlaufen müssen, damit sie ihre jeweiligen intrazellulären Aufgaben erfüllen können.

Transkription, der 1. Schritt der ↗ Genexpression, bei dem es, von bestimmten RNA-Viren abgesehen, zu einer DNA-abhängigen Synthese der ↗ Ribonucleinsäuren kommt, die durch ↗ RNA-Polymerasen katalysiert wird und zur Bildung von ↗ messenger-RNA, ↗ transfer-RNA, ↗ ribosomaler RNA und einer Reihe weiterer RNA-Spezies führt. Die T. ähnelt der DNA-Replikation (↗ Replikation) dahingehend, dass eine matrizenabhängige Synthese von ↗ Nucleinsäuren aus Nucleosidtriphosphaten erfolgt; sie unterscheidet sich von dieser aber auch in wesentlichen Merkmalen: Bei der T. wird nur ein DNA-Strang (Matrizenstrang, codogener Strang, Template) und von diesem nur ein kleiner Teil in RNA umgeschrieben; hinzu kommt, dass RNA-Polymerasen die Fähigkeit zum *Proof-reading* fehlt. (↗ DNA-Polymerasen)

Zwischen der T. prokaryotischer und eukaryotischer Zellen bestehen, was die biochemischen Grundlagen der RNA-Synthese anbelangt, generell keine Unterschiede. Jedoch sind an der T. bei beiden Zelltypen verschiedene Strukturen und Proteinfaktoren auf unterschiedliche Weise wirksam. So kommt z. B. bei Eukaryoten mehr als eine RNA-Polymerase vor, sodass die verschiedenen RNA-Spezies durch unterschiedliche Enzyme synthetisiert werden. Hinzu kommt, dass die Verpackung eukaryotischer DNA in Chromosomen die T. beeinflusst. Allg. lässt sich die T. in drei Teilschritte unterteilen, die *Initiation* („Kettenstart"), bei der es zur Wechselwirkung des zu transkribierenden Gens mit der RNA-Polymerase kommt, die *Elongation* („Kettenverlängerung") als Phase der RNA-Synthese und die *Termination* („Kettenabbruch"), die zur Beendigung der T.-Prozesse und Freigabe der RNA führt.

Initiation. Zu Beginn der T. kommt es zu einer Erkennung bestimmter Sequenzmotive im ↗ Promotor eines Gens durch die RNA-Polymerase. Sie wird durch gerichtete Diffusion der RNA-Polymerase entlang der DNA-Doppelhelix möglich, wobei elektrostatische Wechselwirkungen sowie Interaktionen des Enzyms mit Wasserstoffdonoren und -akzeptoren der DNA auftreten. Bei Prokaryoten erfolgt die spezifische Erkennung mittels des so genannten *Sigma-Faktors*, bei eukaryotischen Zel-

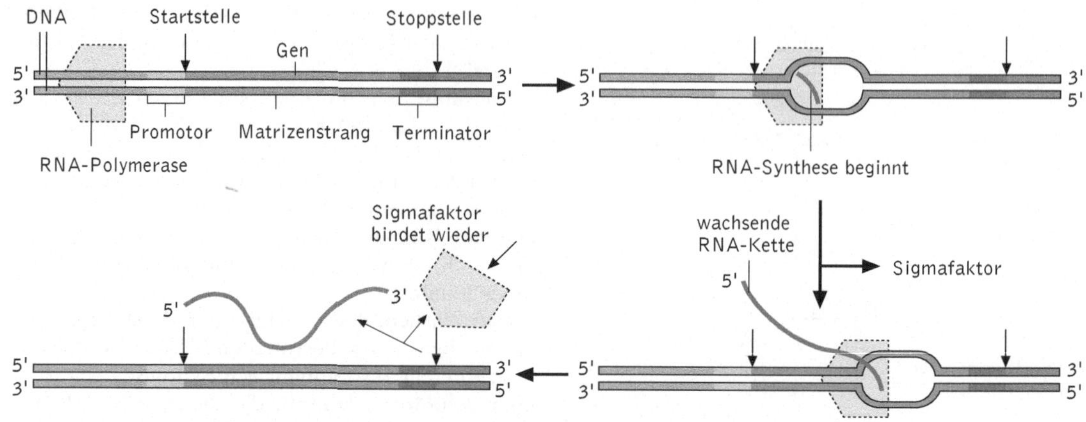

Transkription Schema der Transkription bei Prokaryoten

len wird diese durch ↗ Transkriptionsfaktoren wie z. B. TBP (= *TATA-Box* bindendes *Protein*) vermittelt. Der Sigma-Faktor ist Bestandteil des bakteriellen RNA-Polymerase-Holoenzyms und erkennt spezifische Motive in der doppelsträngigen DNA. Bei diesen handelt es sich um Sequenzen, die als Minus-10-Region (*Pribnow-Box*) und Minus-35-Box bezeichnet werden, da sie 10 bzw. 35 Nucleotide stromaufwärts vom *Transkriptionsstart*, der das erste Nucleotid der RNA darstellt, lokalisiert sind. Im Anschluss an diese Prozesse deckt die RNA-Polymerase einen Bereich von –50 bis +20 Basenpaaren ab. Dieser so genannte *geschlossene Komplex* wird abschließend durch partielles Entwinden der DNA in den *offenen Komplex* überführt. Nach erfolgter Initiation dissoziiert der Sigma-Faktor von der RNA-Polymerase, die eine Konformationsänderung durchläuft und mit der RNA-Synthese beginnt.

Elongation. In dieser Phase bewegt sich die RNA-Polymerase in 5'-3'-Richtung an der DNA entlang, wobei es am Matrizenstrang (codogenen Strang) zur RNA-Synthese in 5'-3'-Richtung kommt. Innerhalb des DNA-RNA-Proteinkomplexes, der *Transkriptionsblase*, kommt es vor dem 3'-Ende der entstehenden RNA zu einer Entwindung von jeweils 17 Basenpaaren der DNA, der eine Verdrillung folgt, nachdem die RNA-Polymerase einen DNA-Ab-

schnitt abgelesen hat. Durch die wiederentstehende Doppelhelix wird die RNA aus der zunächst entstandenen DNA-RNA-Helix verdrängt.

Termination. Die T. erfolgt so lange, bis die RNA-Polymerase auf eine Terminatorsequenz stößt, an der es zum Anhalten der RNA-Synthese kommt und sich die RNA und das Enzym vom Komplex lösen. Bei Prokaryoten sind zwei verschiedene Arten der Termination bekannt, die sich dahingehend unterscheiden, ob an ihr der *Rho-Faktor* beteiligt ist. Bei der *Rho-unabhängigen Termination* verursacht ein GC-reicher Bereich die Entstehung einer Haarnadel-Struktur (engl. *hairpin loop*) in der RNA, wobei angenommen wird, dass sich die T.-Rate aufgrund einer langsameren Entwindung der GC-reichen Sequenz ebenfalls verlangsamt und die Bildung der Haarnadel-Struktur fördert. An den GC-reichen Bereich schließt sich stets eine aus sechs Nucleotiden bestehende polyA-Sequenz an. Die auf Ebene der RNA vorhandene polyU-Sequenz bildet mit der polyA-Sequenz der DNA nur relativ schwache Wechselwirkungen, sodass es schließlich zu einem Lösen der RNA vom Matrizenstrang und somit zur Beendigung der T. kommt. Bei der *Rho-abhängigen Termination* bindet der Rho-Faktor zunächst an die entstehende RNA und bewegt sich durch ATP-Hydrolyse auf der RNA entlang zur Polymerase, wo es

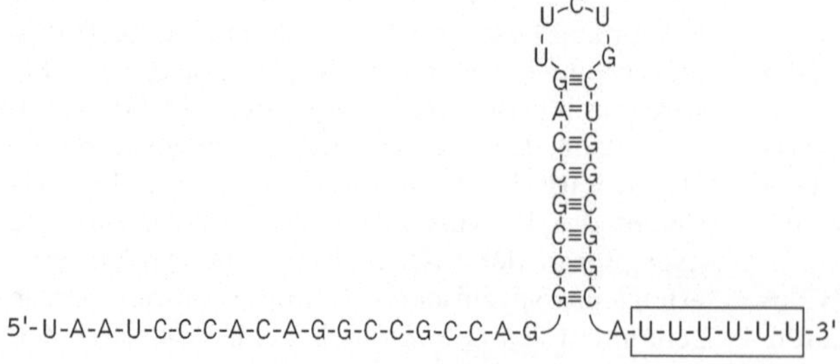

Transkription Haarnadelförmige Sekundärstruktur im 3'-nichtcodierenden Bereich einer prokaryotischen mRNA. Links ist ein Stoppcodon für die Translation (UAA) zu erkennen

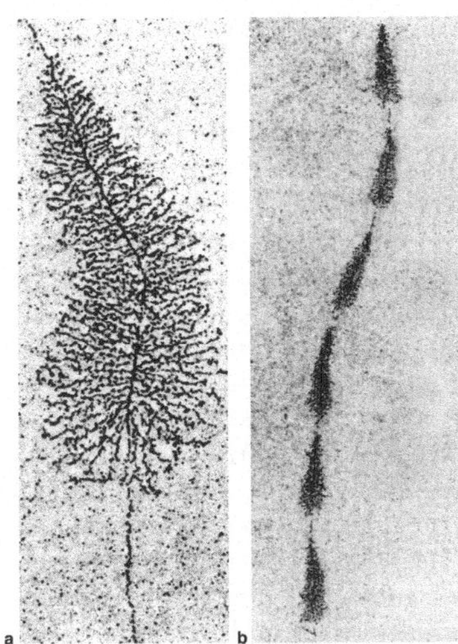

Transkription Elektronenmikroskopische Aufnahmen, die die Transkription von ribosomaler RNA (rRNA) entlang eines rDNA-Gens zeigen. **a** Mit zunehmender Entfernung vom Transkriptionsstart (oben) sind die rRNA-Transkripte gut zu erkennen, da die Transkription durch viele RNA-Polymerasen gleichzeitig erfolgt. **b** Bei geringerer Vergrößerung ist die Anordung der für rRNA codierenden Gene gut zu erkennen

zur Entwindung der DNA-RNA-Helix und letztlich zur Auflösung der Transkriptionsblase kommt. Bei *Eukaryoten* erfolgt die Termination der T. analog zur faktorenunabhängigen Termination. Im Unterschied zu detaillierten Kenntnissen über die Struktur eukaryotischer Promotoren und Trankriptionsfaktoren, liegen über eukaryotische Terminatoren weniger Informationen vor.

Die *differenzielle Genexpression*, d. h. die Tatsache, dass Zellen Gene zu unterschiedlichen Entwicklungsstadien und Zeiten exprimieren, wird bei Eukaryoten durch ↗ Transkriptionsfaktoren, ↗ Enhancer und ↗ Silencer kontrolliert, wohingegen bei Prokaryoten verschiedene Sigma-Faktoren existieren, die eine spezifische Anbindung an bestimmte Promotoren ermöglichen. Während der nach seinem Molekulargewicht von 70 kDa genannte σ^{70}-Faktor für die T. eines breiten Spektrums von Genen verantwortlich ist, kontrollieren andere Sigma-Faktoren die Expression bestimmter Gene bzw. Gruppen von Genen. Besonders gut untersucht ist z. B. der σ^{32}-Faktor, der spezifisch für die Promotoren von Hitzeschockgenen ist. In gleicher Weise erkennt σ^{54} Gene, die im Zusammenhang mit der Nutzung alternativer Stickstoffquellen stehen und σ^{32} Gene, die für die Bildung von bestimmten Proteinen der Flagellenstruktur zuständig sind, die an chemotaktischen Prozessen beteiligt sind (↗ Chemotaxis).

An die T. schließen sich je nach Art der entstandenen RNA unterschiedliche Prozesse an (↗ Prozessierung, ↗ Spleißen, ↗ Translation).

Transkriptionsfaktoren, ↗ DNA-bindende Proteine, die bei Eukaryoten an der Kontrolle der ↗ Transkription beteiligt sind, indem sie mit hoher Spezifität an jeweils passende Bereiche eines Promotors oder Enhancers binden. Da sie i. d. R. ihre Wirkung weit entfernt von der Lage ihres eigenen Gens entfalten, werden sie auch als *trans-acting factors* bezeichnet.

Translation, *Proteinsynthese*, der sich während der ↗ Genexpression von Proteine codierenden Genen an die ↗ Transkription und ↗ Prozessierung der Primärtranskripte anschließende Prozess, bei dem die in der ↗ messenger-RNA (mRNA) als Abfolge von Nucleotiden („Basensequenz") gespeicherte genetische Information umgesetzt wird. Die Synthese von Proteinen erfolgt vom Aminoterminus zum Carboxyterminus des jeweiligen Moleküls. Nach dem ↗ genetischen Code codieren jeweils drei Nucleotide für eine Aminosäure. Die T. erfolgt an den ↗ Ribosomen und lässt sich in drei Phasen unterteilen, wobei die *Initiation* mit der Positionierung des Startcodons (AUG) beginnt und dadurch die mRNA in Dreiereinheiten (Codons) festgelegt und somit das Leseraster bestimmt wird. Während der sich anschließenden *Elongation* findet eine schrittweise Verknüpfung von Aminosäuren unter gleichzeitiger Entstehung einer Polypeptidkette statt. Im Anschluss an ein Stoppcodon kommt es schließlich zur *Termination* der T. An allen drei Phasen sind sowohl bei Prokaryoten, als auch bei Eukaryoten eine Reihe von Proteinfaktoren beteiligt, die teilweise unter Hydrolyse von GTP Einzelschritte kontrollieren. Zwischen prokaryotischen und eukaryotischen Zellen bestehen mechanistisch gesehen keine Unterschiede in der T. Neben der Tatsache, dass sich beide Zellformen im Aufbau ihrer Ribosomen und in der Art und Weise der Genexpression unterscheiden (z. B. polycistronische Transkripte bei Prokaryoten, monocistronische Transkripte bei Eukaryoten), sind bei Eukaryoten teilweise wesentlich mehr Proteinfaktoren beteiligt. Die T. von für den Transport aus der Zelle bestimmten Proteinen erfolgt an Ribosomen des rauen *endoplasmatischen Reticulums*; cytoplasmatische Proteine, Kernproteine sowie Proteine weiterer Organellen werden i. d. R. an freien Ribosomen im Cytoplasma synthetisiert und *posttranslational* an ihren Zielort transportiert.

Initiation. Sie beginnt mit der Erkennung des Start-Codons, an der bei Prokaryoten neben der mRNA und der Initiations-tRNA (↗ transfer-RNA) für Formyl-Methionin (fMet-tRNA^{fMet}) drei Initiationsfaktoren (IF) und die kleine ribosomale Untereinheit (30S-UE) beteiligt sind. Dabei erfolgt die Bindung der mRNA an die kleine ribosomale UE über die ↗ Shine-Dalgarno-Sequenz. Der so entstandene 30S-Initiationskomplex bildet unter Anla-

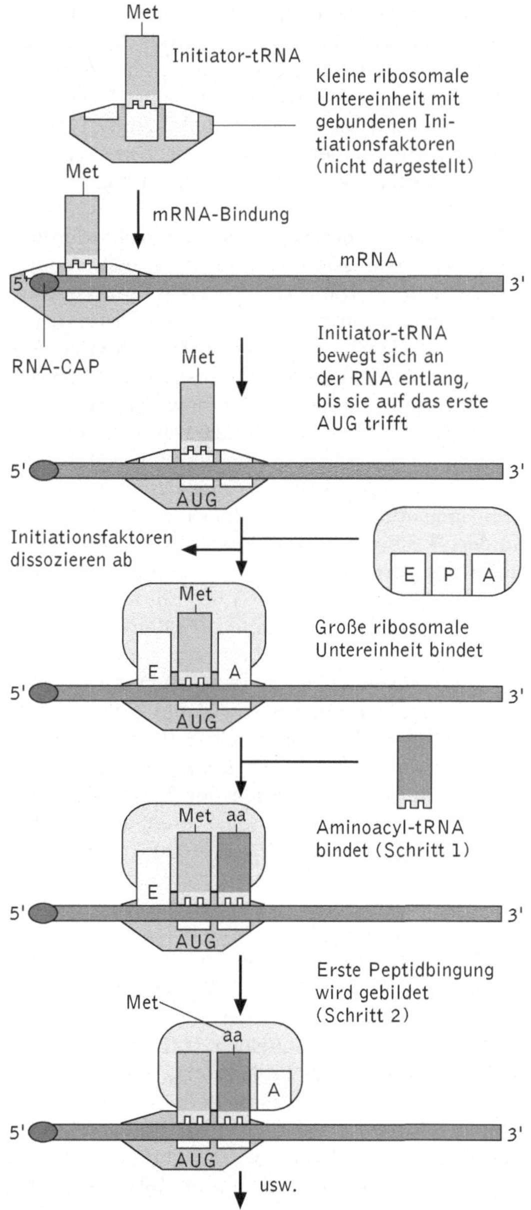

Translation Schematische Darstellung der Initiationsphase bei Eukaryoten

gerung der großen ribosomalen UE anschließend den 70S-Initiationskomplex. Bei Eukaryoten erfolgt die Ribosomenbindung und Erkennung des Startcodons anhand der *7-Methylguanosin-Cap*; hier ist die Initiations-tRNA auch nicht formyliert.

Elongation. Während der Elongationsphase laufen mehrere Reaktionen (Aminoacyl-tRNA-Bindung, Peptidyltransfer, Translokation) zyklisch hintereinander ab. Die Ribosomen wandern dabei an der mRNA in 5'-3'-Richtung entlang und katalysie-

ren die schrittweise Verknüpfung von Aminosäuren an wachsende Polypeptide. Zunächst bindet eine mit einer Aminosäure beladene tRNA, die *Aminoacyl-tRNA* (AA-tRNA) aufgrund ihres *Anticodons* an die *Aminoacyl-* oder *Acceptor-Bindestelle* (A-Stelle); diese Bindung erfolgt als ein ternärer Komplex der AA-tRNA mit einem Elongationsfaktor (EF) und GTP. Im Anschluss daran kommt es zur Übertragung der bereits bestehenden, als Peptidylrest bezeichneten Peptidkette von der sich in der P-Stelle (Peptidyl-Bindestelle) befindlichen Peptidyl-tRNA (PP-tRNA) auf die Aminoacylgruppe der AA-tRNA. Diese durch die *Peptidyl-Transferase*-Aktivität der Ribosomen katalysierte Reaktion führt somit zur Verlängerung des wachsenden Polypeptids um eine Aminosäure. Durch die sich anschließende Translokation des Ribosoms um drei Nucleotide gelangt die deacylierte tRNA in die E-Stelle (*Exit*) und löst sich vom Ribosom, um erneut mit einer Aminosäure beladen zu werden. Gleichzeitig wird die A-Stelle wieder frei, weil sich die verlängerte PP-tRNA nun in der P-Stelle befindet. An diesen Prozessen sind ebenfalls EFs beteiligt, die erforderliche Energie wird durch die Hydrolyse von GTP bereitgestellt. Die Geschwindigkeit der Elongation liegt pro Sekunde und Ribosom zwischen zehn und 20 Aminosäuren bei Prokaryoten und bei ca. zwei Aminosäuren bei Eukaryoten, wobei eine Fehlerrate von einer falsch eingebauten Aminosäure pro Tausend erzielt wird, die als ein evolutionärer Kompromiss zwischen Genauigkeit und Energieaufwand angesehen wird.

Termination. Trifft ein sich an der mRNA entlang bewegendes Ribosom auf eines der drei Stoppcodons, kommt es zunächst zum Stillstand der T., da keine passenden tRNA-Moleküle vorhanden sind (↗ Suppression). An ihre Stelle treten so genannte *Terminations-* oder *Release-Faktoren* (RFs), die an die A-Stelle binden und die Substratspezifität der Peptidyl-Transferase dahingehend verändern, dass ein Wassermolekül anstelle einer AA-tRNA aktiviert wird. Durch dessen nucleophilen Angriff auf die Bindung zwischen Peptidkette und tRNA kommt es schließlich zur Freisetzung des synthetisierten Proteins und zur Trennung der mRNA vom Ribosom, das wiederum in seine zwei Untereinheiten dissoziiert.

Die T. lässt sich durch ↗ Antibiotika inhibieren, die unterschiedliche Schritte der Proteinbiosynthese beeinflussen. So hemmt Streptomycin die Besetzung der A-Stelle, Tetracyclin die Besetzung von A- und P-Stelle, wohingegen der Peptidyltransfer bei Prokaryoten durch Chloramphenicol und bei Eukaryoten durch Cycloheximid gehemmt wird. Teilweise sind nur prokaryotische Systeme betroffen, was den Einsatz der Antibiotika als Medikamente erklärt.

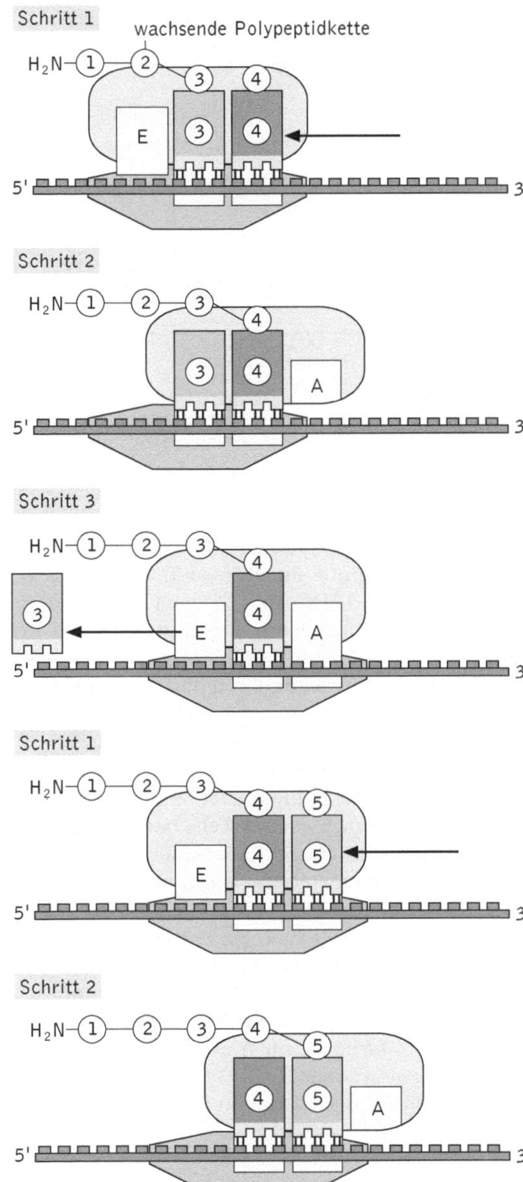

Translation Der während der Elongationsphase auftretende Zyklus aus drei Schritten wird so lange wiederholt, bis das Ribosom auf eines der drei Stoppcodons trifft. Im 1. Schritt bindet die Aminoacyl-tRNA an die A-Stelle, im 2. Schritt wird eine Peptidbindung geknüpft unter gleichzeitiger Übertragung der wachsenden Peptidkette auf die gerade hinzugekommene tRNA, die im 3. Schritt nach der Translokation des Ribosoms um drei Nucleotide wieder freigesetzt wird. Die Translation erfolgt in 5'-3'-Richtung, wobei immer der N-Terminus des Proteins zuerst translatiert wird

Im Anschluss an die T. können Proteine eine Reihe von Modifikationen (z. B. Glykosylierungen) durchlaufen.

Translokation, *Genetik*: 1) ↗ Chromosomenmutationen.

2) ↗ Robertson-Translokation.

3) ↗ Translation.

Translokatoren, *Transportproteine*, Bez. für Proteine, die den spezifischen ↗ Transport von Ionen und Molekülen durch ↗ Biomembranen ermöglichen. Der Begriff bezieht sich sowohl auf *Kanalproteine* (↗ Ionenkanäle, ↗ Ionenpumpen) als auch auf Transportproteine, die nicht Ionen, sondern die verschiedensten geladenen oder ungeladenen Moleküle transportieren und häufig auch als *Carrier* bezeichnet werden. Der durch T. vermittelte Transportvorgang durch eine Membran zeichnet sich durch eine Reihe von Eigenschaften aus, die an enzymatische Reaktionen (↗ Enzyme) erinnern. So ist der Transport i. d. R. *substratspezifisch*, *saturierbar* und vielfach durch Substratanaloga und toxische Verbindungen inhibierbar. Für T. werden zudem K_M- und V_{max}-Werte angegeben. Von natürlichen und künstlichen ↗ Ionophoren abgesehen, die als *mobile Carrier* Ionen in einer Art Shuttle-Mechanismus durch Membranen hindurchschleusen können, arbeiten alle T. nach demselben Prinzip, indem sie einen Kanal durch die Zellmembran bilden. Bei den meisten T. handelt es sich um amphipathische α-Helices, welche die Membran durchspannen.

Die beiden T.-Hauptklassen lassen sich funktionell wie folgt voneinander unterscheiden: Ein Ionenkanal zeichnet sich durch eine offene oder geschlossene Konformation aus, wobei der Transport nur im offenen Zustand möglich ist. Carrierproteine durchlaufen beim Transport eine Reihe von Konformationsänderungen, während derer Bindungsstellen zwischen der Membranaußenseite und Membraninnenseite wechseln, um einen gelösten Stoff durch Bindung und Freisetzung zu transportieren. Es kommen sowohl Carrier vor, die *passiven Transport* ermöglichen, als auch solche, bei denen der Transport mit Energieverbrauch gekoppelt ist (*aktiver Transport*). Zur ersten Gruppe zählen neben den spannungsabhängigen Ionenkanälen der höheren Eukaryoten auch die *Aquapori-*

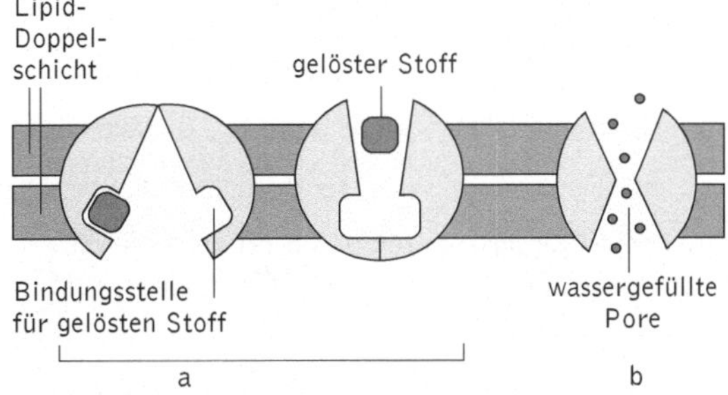

Translokatoren Die zwei Hauptklassen von Transportproteinen sind a *Carrier* und b *Ionenkanäle*

ne. Sie steigern die Permeabilität von Plasmamembranen bei Tieren (z. B. Nierentubuli, Blasenepithel, Erythrocyten) und Pflanzen (z. B. Tonoplast) für Wasser. Auch die *Porine* der Bakterienzellwand gramnegativer Bakterien und der äußeren Membranen von Mitochondrien und Chloroplasten zählen zu den T., die passiven Stofftransport vermitteln.

Wichtige T. für primären aktiven Transport sind eine Reihe verschiedener ATPasen, deren Vorkommen z. T. von Bakterien bis hin zu Säugetieren konserviert ist. Wichtige *Transport-ATPasen* sind die *P-Typ-ATPasen* (P von Phosphorylierung/Dephosphorylierung eines Aspartatrestes während des Transportprozesses), die anorganische Kationen transportieren und durch Vanadat hemmbar sind (Bakterien bis Säuger), die *F-Typ-ATPasen* (F für F_0/F_1-Faktor), die als ATP-Synthasen einen Protonengradient nutzen und in der Plasmamembran von Eubakterien, der inneren Mitochondrienmembran und den Thylakoiden vorkommen, sowie die

Translokatoren Translokatoren der inneren Mitochondrienmembran

Translokator	Erläuterungen
Adenylat-Translokator	Antiport von ATP^{4-} und ADP^{3-}
Enkopplungsprotein	Transport von H^+ in die Matrix unter Wärmeerzeugung
Phosphat-Translokator	Symport von P_i und H^+ bzw. Antiport von P_i und OH^-
Pyruvat-Translokator	Symport von Pyruvat und H^+
Dicarboxylat-Translokator	Antiport von Malat, Succinat, Phosphat u. a.
α-Ketoglutarat-Translokator	Antiport von α-Ketoglutarat und Malat
Aspartat/Glutamat-Translokator	Antiport
Citrat-Translokator	Antiport von Citrat und Malat
Acyl-Carnitin-Translokator	Antiport von Carnitin und Acyl-Carnitin (Fettsäuren)
Ornithin-Translokator	Antiport von Ornithin (in die Matrix) und Citrullin (ins Cytoplasma), die Ornithin-Carbamyltransferase des Harnstoffzyklus ist mitochondrial
Glutamin-Translokator	Symport mit H^+, Glutamin liefert NH_4^+ für Carbamylphosphat zur Citrullinsynthese
Glutamat-Translokator	Antiport gegen H^+, entfernt das aus Glutamin entstandene Glutamat

DNA-Sequenzierungen haben gezeigt, dass es noch weitere Mitglieder dieser Familie mit bisher unbekannten Funktionen gibt. Im sequenzierten Hefe-Genom sind 35 Gene für diese Translokator-Familie gefunden worden

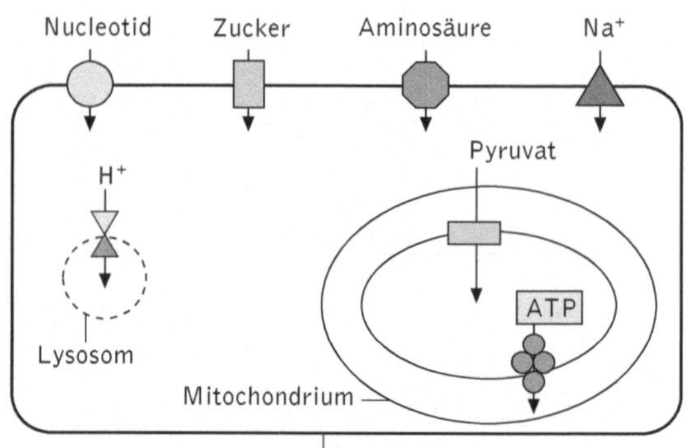

Translokatoren Passiver Transport eines gelösten Stoffes (Glucose) über einen Carrier. Dargestellt ist die hierfür erforderliche Konformationsänderung des Transportproteins

V-Typ-ATPasen (V für vakuolär), die bei fast allen Lebewesen Protonengradienten über Membranen errichten. Eine große Anzahl von T. werden als so genannte *ABC-T.* (ABC Abk. für engl. *ATP binding cassette*) zusammengefasst. Sie transportieren Ionen, Zucker, Peptide und Giftstoffe. Zahlreiche weitere T. dienen dem sekundären aktiven Transport, indem sie Ionengradienten für *Symport* oder *Antiport* nutzen und dadurch Zucker, Aminosäuren usw. transportieren können.

Membranen unterschiedlicher ↗ Kompartimente, aber auch verschiedener Zell- bzw. Gewebetypen sind mit für sie charakteristischen T. ausgestattet. Die ↗ Plasmamembran, die innere Mitochondrienmembran sowie die Membranen der Plastidenhülle und Thylakoide enthalten T. für anorganische Kationen, wie die bei Tieren vorkommende *Natrium-Kalium-ATPase*, die *Calcium-ATPasen* im ↗ sarkoplasmatischen Reticulum von Muskelzellen, ferner T. für Anionen wie den *Chlorid-Hydrogencarbonat-T.* der Erythrocytenmembran und die T. der CLC-Familie (CLC von engl. *chloride channel*) sowie schließlich zahlreiche Me-

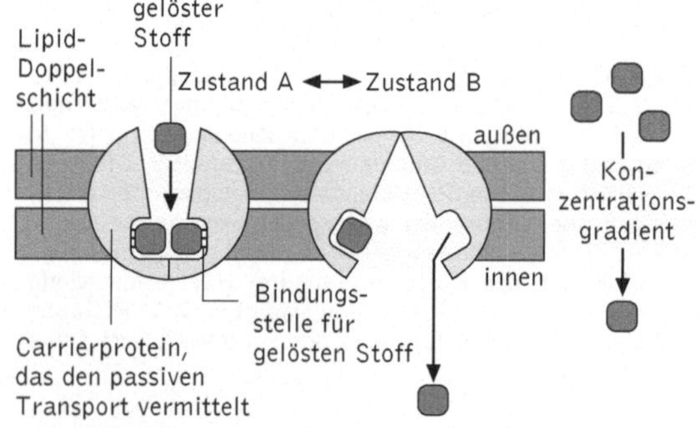

Translokatoren Auswahl von Stoffen, die mit Hilfe von Translokatoren transportiert werden. Membranen zeichnen sich durch für die jeweiligen Funktionen erforderliche Transportproteine aus

tabolit-T. Zu dieser Gruppe zählen z. B. der *Glucose-T.* (Erythrocyten), der pflanzliche *Saccharose-H⁺-T.* (Phloembeladung), der *Adenylat-T.* (Mitochondrien) sowie der *Phosphat-T.* in der Hüllmembran der Plastiden.

Transmission, die auf Übertragung von synaptischer Erregung beruhende Weitergabe von Information von einer Rezeptorzelle an eine Nervenzelle und von dieser weiter an weitere Nervenzellen. (↗ Synapse, ↗ Transduktion)

Transmissionselektronenmikroskop, ↗ Mikroskop.

Transmittersubstanzen, i. w. S. Substanzen, die Informationen übertragen, i. e. S. die *Neurotransmitter*. Dies sind kleine, diffusionsfähige Moleküle,

wie z. B. ↗ Acetylcholin, ↗ Noradrenalin, Aminosäurederivate oder auch Peptide wie ↗ Substanz P oder ↗ Enkephaline, die an Nervenenden, ↗ Synapsen und ↗ motorischen Endplatten durch elektrische Erregung aus synaptischen Vesikeln freigesetzt werden. Sie fungieren als Aktionssubstanzen, die auf chemischem Weg die Erregung, d. h. die Information von einer Nervenzelle auf eine andere oder auf das Erfolgsorgan übertragen. Adrenerge Neurotransmitter, wie Noradrenalin und ↗ Adrenalin sind an sympathischen, postganglionären Synapsen zu finden, cholinerge Neurotransmitter, wie Acetylcholin, an prä- und postganglionären Synapsen des parasympathischen Nervensystems. Im

Transmittersubstanzen   Neurotransmitter und Synapsen

Neurotransmitter	Synapse und Rezeptoren
Acetylcholin	Nicotinische cholinerge Synapse in den motorischen Endplatten mit Acetylcholin-Rezeptor mit Ionenkanal; Agonist ist Nicotin Muscarinische cholinerge Synapse in vom Parasympathicus innervierten Zellen, auch in einigen vom Sympathicus innervierten sowie im ZNS; Rezeptor mit sieben Membrandurchgängen; Agonist ist Muscarin aus *Amanita muscaria* (Fliegenpilz), Antagonist ist Atropin aus *Atropa belladonna* (Tollkirsche)
Glutamat	Glutamaterge Synapsen im ZNS; hetero- oder homooligomere Rezeptoren mit Ionenkanal; drei Familien, nach ihren Agonisten NMDA- (N-Methyl-D-Aspartat), AMPA- (α-Amino-3-hydroxy-5-methyl-4-isoxazol-Propionsäure) und Kainat-Rezeptoren genannt; der NMDA-Typ wird mit Langzeitpotenzierung (Gedächtnis) in Zusammenhang gebracht
Serotonin	Serotonerge Synapsen im ZNS; Serotonin = 5-Hydroxytryptamin (5-HT); zahlreiche an G-Proteine gekoppelte Rezeptoren, die die Adenylat-Kinase aktivieren oder inaktivieren und die Phospholipase C aktivieren; an Vorgängen wie Schlaf, Appetit, Bewegung, Temperaturregulation, sexuelle Aktivität u. a. beteiligt 5-HT3-Rezeptor mit Ionenkanal
Glycin	Glycinerge Synapsen, inhibitorische Synapsen des Rückenmarks; Rezeptor mit Cl⁻-Kanal; Antagonist ist das Alkaloid Strychnin aus *Strychnus*-Arten
GABA	GABAerge Synapsen (γ-Aminobuttersäure), inhibitorische Synapsen im ZNS; GABA$_A$-Rezeptor ähnlich Glycin-Rezeptor, mit Cl⁻-Kanal; Benzodiazepine wie Valium und Librium sowie Barbiturate binden an Untereinheiten des Rezeptors und verstärken seine Wirkung; Antagonist ist Bicullin GABA$_B$-Rezeptor mit sieben Membrandurchgängen und an G-Protein assoziiert; kann Adenylat-Cyclase und K^+-Kanäle aktivieren und spannungsabhängige Ca^{2+}-Kanäle inaktivieren
Dopamin	Dopaminerge Synapsen im ZNS; Rezeptoren D_1 und D_2, an G-Proteine assoziiert; D_1 führt zu einer Aktivierung der Adenylat-Cyclase, D_2 zu einer Hemmung; bei der Parkinson'schen Krankheit werden dopaminerge Zellen in der Substantia nigra zerstört
Noradrenalin	Adrenerge Synapsen an glatten Muskelzellen (vom Sympathicus innerviert) und im ZNS; mit Adrenalin (Hormon produziert im Nebennierenmark) und Dopamin zu den Catecholaminen zusammengefasst; α- und β-adrenerge Rezeptoren, an G-Proteine gekoppelt, oft mit gegensätzlicher Wirkung; Amphetamine stimulieren die Freisetzung von Noradrenalin in Synapsen
Opiate	Opiat-Rezeptoren im ZNS, an G-Proteine gekoppelt; natürliche Liganden Met-Enkephalin (Tyr-Gly-Gly-Phe-Met), Leu-Enkephalin (Tyr-Gly-Gly-Phe-Leu) und β-Endorphin (31 AS), vermindern die Schmerzempfindung (Nozizeption) und werden deshalb auch als endogene Opiate bezeichnet; Antagonist ist Naloxon; natürliche Agonisten als Analgetika eingesetzt führen wie die Morphinalkaloide zu Abhängigkeit und Toleranz
Adenosin	Adenosin ist ein Neuromodulator, der von vielen Zellen gebildet und bei pathologischen Zuständen ausgeschüttet wird und über prä- und postsynaptische Rezeptoren sedativ wirkt; man kennt die Adenosin-Rezeptoren A_1, A_{2a}, A_{2b} und A_3, die alle an G-Proteine gekoppelt sind; auch ATP kann an solche Rezeptoren binden; Astrocyten enthalten ebenfalls Adenosin-Rezeptoren; Coffein blockiert die Rezeptoren

Quelle: Kleinig, Maier: Zellbiologie, S. 376 Tab. 15-1

Zentralnervensystem gibt es zusätzliche T., die erregend, wie z. B. ↗ Glutaminsäure oder hemmend, wie z. B. ↗ γ-Aminobuttersäure, wirken oder beide Effekte zeigen, wie z. B. ↗ Dopamin und ↗ Serotonin. (↗ Erregungsleitung, ↗ Parasympathikus, ↗ Signaltransduktion, ↗ Sympathikus)

Transpiration, bei Pflanzen Bez. für die aufgrund von ↗ Diffusion erfolgende Abgabe von Wasserdampf an die Umgebung, die im Unterschied zur ↗ Evaporation überwiegend über die Spaltöffnungen (*stomatäre T.*) und in geringem Umfang über die Cuticula (*cuticuläre T.*) erfolgt und durch deren Öffnungszustand bzw. Struktur kontrolliert werden kann (↗ Spaltöffnungsbewegungen). Die T. ist für Pflanzen nicht nur ein am Standort in Kauf zu nehmender Nachteil, der unter Umständen zum wachstumsbegrenzenden Faktor werden kann, sondern bietet Blättern und Spross auch Schutz vor Überhitzung (Verdunstungskälte).

Bei höheren Pflanzen erfolgt die T. vor allem als Dampfabgabe in die Interzellularen der Blätter, wobei die *Transpirationsrate* vom Unterschied des Wasserpotenzials bzw. Dampfdrucks (Wasserdampfkonzentration) im Blattinnern und der Atmosphäre und der Summe der Diffusionswiderstände abhängt. In Analogie zum Elektronenfluss in einem Stromkreis führen der *Stomatawiderstand* (rs) und der Grenzschichtwiderstand (rb; ↗ Grenzschicht) zu mehr oder weniger großen *Transpirationsströmen.* Die *Transpirationsrate* E lässt sich somit wie folgt beschreiben:

$$E = \frac{(c_i - c_a)}{(r_s + r_b)}$$

Die treibende Kraft der T. ist das niedrige Wasserpotenzial der nicht wasserdampfgesättigten Luft, wobei die Pflanze zwischen dem hohen Wasserpotenzial des Bodens und dem niedrigen Wasserpotenzial der Luft „eingespannt" ist. Das vorhandene Potenzialgefälle, d. h. der Unterschied in der Wasserkonzentration innen (c_i) und außen (c_a), erzeugt somit einen Transpirationsstrom ohne dabei eigene Energie aufzuwenden. Mit ihm werden nicht nur die oberirdischen Pflanzenteile über das Xylem mit Wasser versorgt, sondern durch ihn gelangen auch Nährstoffe aus dem Boden in die Pflanzen hinein. Faktoren, die dieses Potenzialgefälle steigern, führen zu einer Steigerung der T. Temperaturerhöhungen vermindern z. B. bei gleichbleibender absoluter Luftfeuchtigkeit den Wasserdampfdruck in der Luft und erhöhen somit die T. Eine Steigerung erfolgt ebenso bei Wind, da es zu Veränderungen von r_b kommt. In derselben Weise beeinflussen Faktoren, die das Öffnen und Schließen der ↗ Stomata kontrollieren, die T. Die durch T. abgegebene Wassermenge kann bei höheren Pflanzen in Abhängigkeit von der Oberfläche der Blätter, die als Hauptorgane der T. fungieren, beträchtlich sein. Eine Birke kann an einem Sonnentag bis zu 70 l, an heißen, trockenen Tagen sogar bis zu 400 l Wasser verdunsten. Dabei kommt es i. d. R. zu einem typischen Tagesgang, bei dem die T. morgens aufgrund der lichtinduzierten Öffnung der Spaltöffnungen und vormittags bedingt durch die Erwärmung der Blattoberfläche zunimmt. Mittags fällt die T. dann meist wieder ab (Stomaschluss) und kommt bis zum Abend dann zum Erliegen. Kommt die T. aufgrund von hoher Luftfeuchtigkeit zum Erliegen, wird der Wasserstrom innerhalb der Pflanze durch ↗ Guttation aufrecht erhalten. (↗ Dürrestress, ↗ Welken)

Transpirationskoeffizient, ein art- bzw. sortenspezifisches Maß für die Wasserökonomie von Pflan-

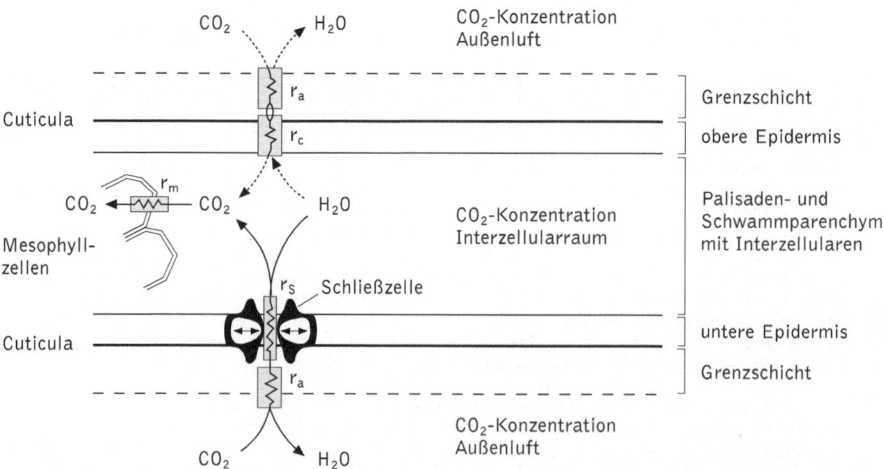

Transpiration Übersicht über die beim Gasaustausch eines Blatts bestehenden Diffusionswiderstände. Der Austausch von O$_2$ ist aus Gründen der Übersichtlichkeit nicht berücksichtigt. r$_s$ stomatärer Widerstand, r$_c$ cuticulärer Widerstand, r$_a$ Grenzschichtwiderstand, r$_m$ Mesophyllwiderstand (nur bei O$_2$)

zen, das angibt, wie viel Milliliter Wasser durch ↗ Transpiration an der Blattoberfläche als Wasserdampf abgegeben werden, um 1 g Trockensubstanz zu synthetisieren. Je niedriger der T. einer Pflanzenart an ihrem Standort ist, desto ökonomischer ist der Wasserhaushalt. Zwischen ↗ C_3-Pflanzen und ↗ C_4-Pflanzen bestehen Unterschiede, wobei letztere aufgrund ihrer Anpassungen an heiße Standorte im direkten Vergleich über deutlich niedrigere T. verfügen. Bei dichten Pflanzenbeständen, an denen die Evaporation des Bodens vernachlässigbar ist, kann der T. mit dem Koeffizienten der *Evapotranspiration* gleichgesetzt werden. Häufig wird anstatt des T. sein reziproker Wert als so genannte *Effektivität des Wasserverbrauchs* (engl. *water use efficiency*) verwendet.

Transplantation, 1) *Medizin*: Gewebs- bzw. Organverpflanzung, (operative) Übertragung von Geweben (z. B. Hornhaut), Organen (z. B. ↗ Herz, ↗ Niere), aber auch von Zellen oder Zellteilen (z. B. ↗ Zellkern). Nach dem Verwandtschaftsgrad von Spender und Empfänger unterscheidet man: *Auto-T.* oder *autoplastische T.* (Übertragung auf einen anderen Körperteil des gleichen Individuums); *Iso-T.* (Übertragung auf ein anderes, genetisch gleiches Individuum, d. h. zwischen eineiigen Mehrlingen); *allogene T.* oder *homoplastische T.*, die Übertragung auf ein anderes Individuum der gleichen Art; sowie die *xenogene T.*, oder ↗ Xenotransplantation, die Übertragung auf ein Individuum einer anderen Art. Nach Herkunfts- und Transplantationsort unterscheidet man: *homotope T.*, die Übertragung auf den gleichen Ort) von der *heterotope T.*, der Übertragung auf einen anderen Ort.

Mit Hilfe von T. können z. B. Eigenschaften und Wechselwirkungen zwischen Zellteilen, Zellen und Geweben unterschiedlichen Alters und unterschiedlicher Körperregionen untersucht werden. Eine bedeutende Rolle spielt die T. heute in der Medizin. Mangelnde Gewebsverträglichkeit oder ↗ Histokompatibilität (↗ Haupthistokompatibilitätskomplex) führt i. d. R. zu Abwehrreaktionen des ↗ Immunsystems im Empfänger und damit zur Abstoßung des Transplantats.

Auto-T. findet z. B. Anwendung bei der Übertragung von Haut, Knochen (-spänen), Gefäßen, Faszien; Homo-T. z. B. bei der Übertragung von Blutkonserven (Bluttransfusion), Hornhaut, Knochen, konservierten Blutgefäßen, Herz, Niere, Bauchspeicheldrüse, Leber, Lunge u. a. Durch Einsatz moderner *Immunsuppressiva*, z. B. von Cyclosporin A, konnten die Transplantationsresultate in den letzten Jahren erheblich verbessert werden.

2) *Pflanzen*: ↗ Pfropfung.

transponierbare Elemente, die auch als *mobile genetische Elemente* oder umgangssprachlich als „*springende Gene*" bezeichneten DNA-Abschnitte, die ihre Position innerhalb des Genoms selbstständig verändern können. Sie sind im Genom i. d. R. mehrfach enthalten. Einfache t. E. sind die ↗ Insertionselemente, komplexere die ↗ Transposons.

Transport, 1) *Membrantransport*, der mit dem Durchtritt von Biomembranen verbundene Austausch anorganischer und organischer Substanzen zwischen zellulären Kompartimenten sowie Zellen und ihrer Umgebung. Aufgrund der physikochemischen Eigenschaften der verschiedenen Membranen (↗ Semipermeabilität) kann dabei generell zwischen durch so genannte *einfache* oder *freie Diffusion* (↗ Diffusion) erfolgendem T. von sehr kleinen ungeladenen hydrophilen Molekülen wie z. B. Wasser, Sauerstoff, Kohlenstoffdioxid oder Ethanol und *spezifischem T.* unterschieden werden, bei dem integrale Membranproteine als so genannte ↗ Translokatoren bestimmte Ionen oder Moleküle durch Membranen transportieren.

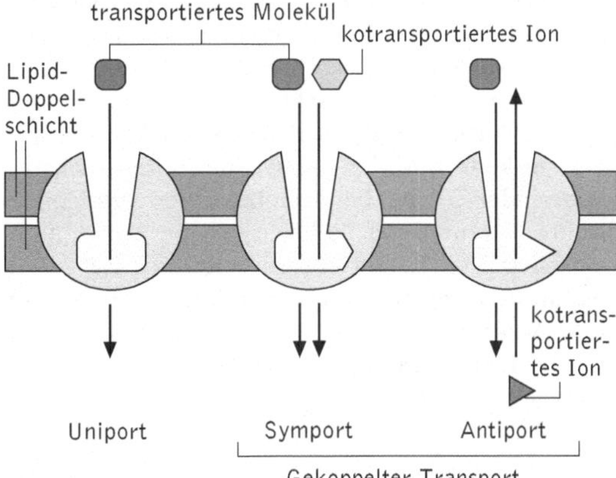

Transport   Vergleich der Formen des spezifischen Transports

Der spezifische T. kann dabei mit dem Konzentrationsgradienten erfolgen, sodass die Funktion des Translokators darin besteht, den T. durch die Membran zu ermöglichen. Bei diesen T.-Prozessen ist keine weitere Antriebskraft erforderlich, sodass in diesen Fällen von *passivem T.*, gelegentlich auch von *erleichterter Diffusion* oder *katalysierter Diffusion* gesprochen wird. Passiver T. erfolgt über eine Reihe verschiedener Translokatoren, die sowohl geladene (↗ Ionenkanäle, ↗ Ionenpumpen) als auch ungeladene Substanzen (*Carrier*) dem Konzentrationsgradienten folgend transportieren.

Werden Substanzen unter Verbrauch von Energie entgegen ihrem Konzentrationsgradienten transportiert, wird dieser Stofftransport als *aktiver T.* bezeichnet. Auf diese Weise ist eine Anreicherung von Ionen oder Molekülen in bestimmten Kompartimenten überhaupt erst möglich. Dabei wird zwischen *primärem aktivem T.*, bei dem T. und Energieverbrauch direkt aneinander und stöchiome-

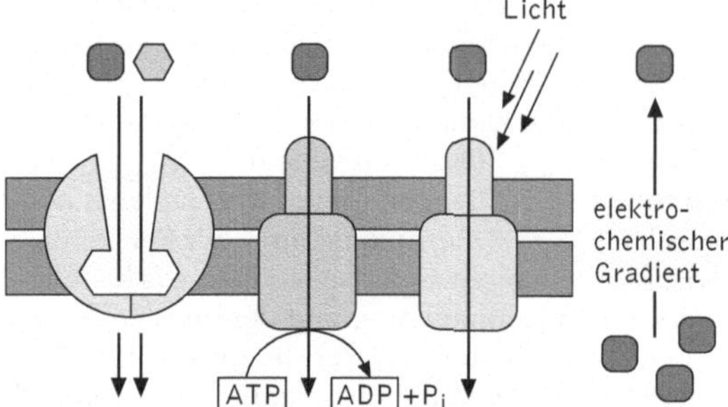

Transport Die für den *aktiven Transport* erforderliche Energie kann auf verschiedene Weise bereitgestellt werden

trisch gekoppelt sind und *sekundärem aktivem T.*, bei dem beide Prozesse indirekt, aber stöchiometrisch miteinander verbunden sind, unterschieden. Formen des primär aktiven T. sind 1) Transportprozesse, bei denen der Translokator selbst als ATPase fungiert und durch Hydrolyse von ATP Energie freisetzt; dies ist die häufigste Form des primär aktiven T. 2) die Ausnutzung von Redoxpotenzialen in der Atmungskette und der fotosynthetischen Lichtreaktion oder 3) die bei Halobakterien erfolgende direkte Nutzung von Lichtenergie für den Ionentransport. Der T. von H^+, Na^+, K^+ und Ca^{2+} und bestimmten organischen Verbindungen erfolgt auf diese Weise. Dahingegen werden beim sekundären aktiven T. H^+- und Na^+-Gradienten, die durch pri-

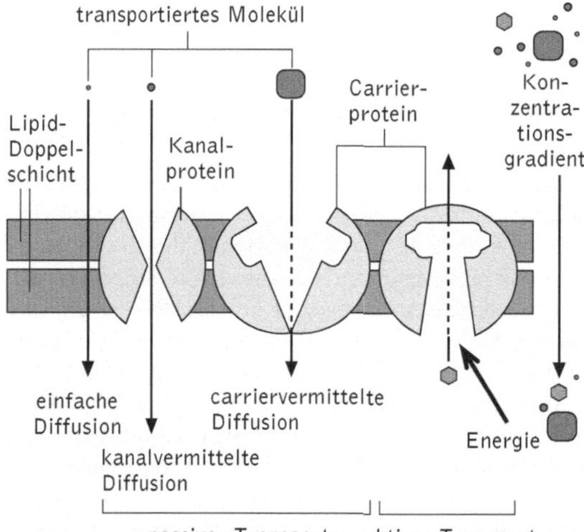

Transport Schematischer Vergleich zwischen den unterschiedlichen Transportarten, mit denen Substanzen mit oder gegen den über einer Biomembran bestehenden Konzentrationsgradienten transportiert werden können. Neben einfachem Transport sind es vor allem spezifische Transportprozesse durch Translokatoren, die am Membrantransport von Zellen beteiligt sind. Ionen gelangen dabei über Kanalproteine, andere Moleküle über Carrierproteine durch Membranen hindurch

mären aktiven Transport aufgebaut wurden, verwendet, um ein Molekül durch die Membran zu schleusen. Diese Form des T. wird vor allem für Zuckermoleküle und Aminosäuren genutzt, wobei tierische Zellen vor allem Na^+-Gradienten, Pflanzen, Pilze und Prokaryoten hingegen überwiegend H^+-Gradienten nutzen.

Bei beiden Formen des spezifischen T. kommen unterschiedliche Typen vor, die Anzahl der zu transportierenden Substanzen und die Transportrichtung betreffend. Wird nur ein Ion oder Molekül transportiert, bezeichnet man diesen T. als *Uniport*. Bei gekoppelten T.-Vorgängen wird zwischen *Symport* und *Antiport* unterschieden, je nachdem ob zwei Moleküle gemeinsam in dieselbe oder in entgegengesetzte Richtung transportiert werden. Werden elektrisch geladene Substanzen durch eine Membran transportiert, die das Membranpotenzial beeinflussen können, spricht man von *elektrogenem Transport* (↗ chemiosmotische Theorie, ↗ Ionophoren)

2) Transportprozesse, bei denen Makromoleküle oder Zellen bzw. Zellbestandteile von anderen Zellen aufgenommen, abgegeben oder durch sie hindurch transportiert werden (↗ Endocytose, ↗ Exocytose, ↗ Transcytose).

Transport-ATPasen, Bez. für eine Reihe von ↗ ATPasen, die an Transportprozessen durch Biomembranen beteiligt sind (↗ Translokatoren). ↗ Transport

Transportproteine, ↗ Translokatoren.

Transposase, Bez. für Enzyme, die für die Bewegung ↗ transponierbarer Elemente und somit deren „Springen" im Genom verantwortlich sind. Die T. codierenden Gene sind in den transponierbaren Elementen enthalten.

Transposition, Bez. für den Vorgang, bei dem mobile genetische Elemente (↗ transponierbare Elemente) ihre Lage im Genom oder zwischen Genomen verändern können. Der Begriff geht auf B. ↗ McClintock zurück, die dieses Phänomen in den 1940er-Jahren zuerst bei Mais beschrieb (↗ Transposon). Die Verlagerung erfolgt, ohne dass zwischen den Sequenzen der „springenden Gene" und dem Integrationsort Homologien bestehen. Der zugrundeliegende Mechanismus der T. unterscheidet sich von anderen Rekombinationsmechanismen, da spezielle Sequenzmotive zusammen mit von den transponierbaren Elementen codierten Enzymen (↗ Transposasen) die T. ermöglichen. Eine T. kann somit als eine *unspezifische* oder *illegitime Rekombination* bezeichnet werden.

Transposon, Plural *Transposons* oder *Transposonen*, Abk. *Tn*, bei Prokaryoten und Eukaryoten vorkommender Typ eines mobilen genetischen Elements, das im Unterschied zu ↗ Insertionselementen nicht nur genetische Information für am Prozess der *Transposition* beteiligte Enzyme wie *Transposase* und *Resolvase*, sondern auch weitere genetische Information enthalten kann.

Eine Transposition erfolgt stets über eine *illegitime Rekombination*, d. h. zwischen der Sequenz am Integrationsort im Genom und der des T. besteht keinerlei Homologie. Sie kann nach dem „Ausschneidemechanismus" erfolgen, bei dem das T. seine bisherige Position im Genom verlässt und an einer anderen Stelle integriert. Alternativ wird bei bestimmten T. eine Kopie erzeugt, die an einer anderen Stelle im Genom integriert, wohingegen sich das mobile genetische Element nicht verlagert (*replikative Transposition*). Die Transposasen erkennen die Enden der T. und führen dort und an der Integrationsstelle zu Einzelstrangbrüchen. Der Einbau eines T. erzeugt am Integrationsort eine kurze Duplikation, die je nach T. unterschiedlich viele Basenpaare umfasst. T., die in den codierenden Bereich eines Gens springen, führen i. d. R. zu dessen Inaktivierung; kommt es hingegen zur Integration im ↗ Promotor oder anderen regulatorischen Elementen, kann die Genexpression je nach T. - Art entweder an- oder abgeschaltet werden.

T. von Bakterien enthalten meistens Gene, die eine Antibiotikaresistenz vermitteln. Sie können vom Bakterienchromosom auch auf ↗ Plasmide übertragen werden und zwischen diesen ringförmigen DNA-Molekülen weitergegeben werden; auf diese Weise ist die Entstehung neuer Resistenzplasmide möglich. T. können so auch zwischen einzelnen Zellen übertragen werden. Man unter-

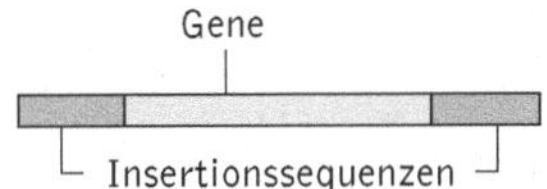

a   zusammengesetztes Transposon (2,5 – 10,0 kb)

b   Tn3 (ca. 5kb)

c   Bakteriophage Mu (38kb)

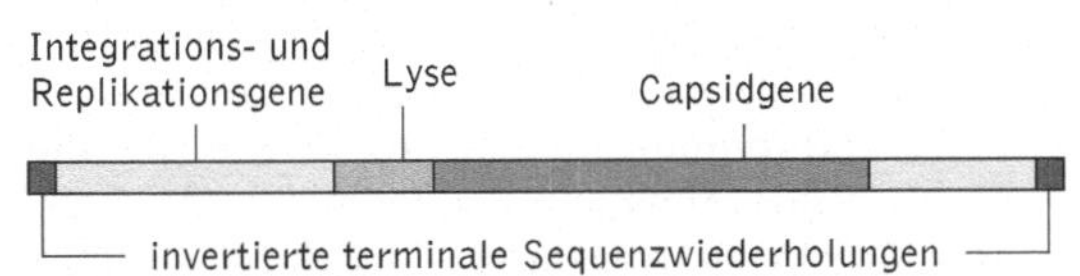

Transposon Schematische Darstellung verschiedener bakterieller Transposontypen

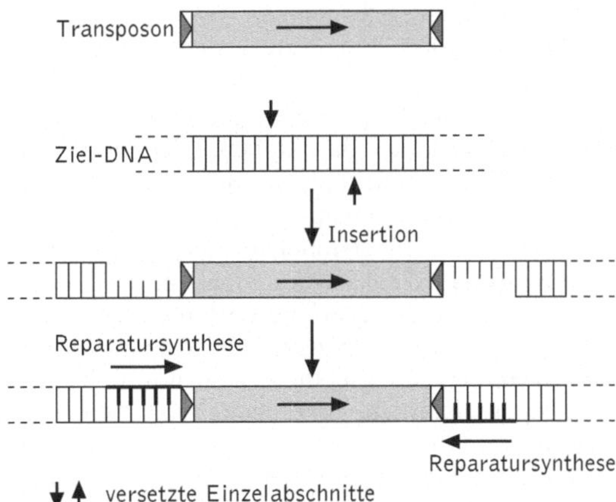

Transposon Molekulare Ereignisse bei der Integration eines Transposons in die Ziel-DNA

scheidet zwischen *einfachen T. (Klasse II-T.)* wie Tn3 (Ampicillinresistenz), *zusammengesetzten T. (Klasse I-T.)* wie Tn5 (Kanamycinresistenz) und Tn9 (Chloramphenicolresistenz), bei denen ein Gen von zwei Insertionssequenzen (IS) flankiert wird, und *transponierbaren Phagen*, die sich wie der Phage Mu nicht nur in die DNA der Wirtszelle integrieren, sondern auch innerhalb dieser bewegen können.

Bei Eukaryoten wurde das Vorhandensein von T. zunächst durch die Arbeiten von B. ↗ McClintock in den 1940er- und 1950er-Jahren postuliert. Ihre Untersuchungen beim Mais zeigten einen Zusammenhang von T. mit Veränderungen der Färbung der Maiskörner, die zur Entdeckung des *Ac/Ds-Systems* führten. Das Ac-Element („Activator") von Mais ist 4563 bp groß und codiert für die Transposase; die Ds-Elemente („Dissociation") unterscheiden sich von diesen durch mehr oder weniger lange Deletionen im zentralen Bereich und können nur in Anwesenheit des Ac-Elementes ihre Position im Genom verändern. An beiden Enden befinden sich 11 bp umfassende *inverted repeats*, welche für die Transposition wichtig sind. Mittlerweile sind nicht nur bei Mais, sondern auch bei anderen Pflanzenarten (Löwenmäulchen, Reis, Ackerschmalwand) T. bekannt. Zu den T., die bei Tieren beschrieben wurden, zählen die *P-Elemente* und *Copia-Elemente* der Taufliege *Drosophila melanogaster*. Wie auch beim Mais führt die Integration eines P-Elementes zur Inaktivierung der Genexpression des betroffenen Gens.

Die Copia-Elemente stellen einen besonderen T. - Typ dar. Als so genannte *Retrotransposons* erfolgt ihre Replikation und Transposition über RNA-Zwischenstufen. Zu diesem Zweck enthalten sie die genetische Information für das Enzym ↗ Reverse

Transkriptase. Auch bei Säugetieren wurden Transpositionsereignisse repetitiver DNA-Sequenzen nachgewiesen.

T. stellen eine Hauptursache für spontan auftretende ↗ Mutationen dar. Neben Genmutationen führt ihre Integration auch zu Chromosomenmutationen, die sich auf molekularer Ebene als Brüche, Deletionen oder Inversionen bemerkbar machen. Schätzungen für Prokaryoten ergaben, dass bis zu 40 % aller Mutationen auf die Wirkung mobiler genetischer Elemente zurückzuführen sind. Aus diesem Grund werden T. beim ↗ Transposon-Tagging inzwischen auch zur Erzeugung von Mutanten (↗ Mutagenese) eingesetzt.

Transposon-Tagging, ein Verfahren zur Erzeugung von Mutanten, das vor allem bei Pflanzen erfolgreich eingesetzt wird. Zu diesem Zweck lässt man ↗ Transposons im Genom einer Pflanze transponieren ("springen") und sucht in einer ausreichend großen Anzahl von Pflanzen nach solchen, die einen gewünschten Phänotyp (Farbdefekte, veränderte Organe etc.) aufweisen, der auf die Markierung (engl. tag = Anhängeschildchen), d. h. die Integration des Transposons zurückzuführen ist. Anhand der bekannten Sequenzen des Transposons kann das betroffene Gen z. B. mittels ↗ Polymerasekettenreaktion identifiziert werden. (↗ Mutagenese)

Transsexualität, bei manchen Menschen auftretende Erscheinung, dass das psychische Geschlecht im Gegensatz zum körperlichen Geschlecht steht. Transsexuelle Menschen sind eindeutig männlich oder weiblich, fühlen sich aber psychisch eindeutig dem anderen Geschlecht zugehörig. Um den oft bereits in der Kindheit entstehenden großen Leidensdruck zu vermindern, streben viele transsexuelle Menschen eine körperliche Angleichung an das psychisch empfundene Geschlecht an, die durch Operationen und durch Hormonbehandlungen bis zu einem gewissen Grad erreicht werden kann. T. muss streng getrennt werden von ↗ Homosexualität (die meisten transsexuellen Menschen sind heterosexuell orientiert) und von Transvestismus, d. h. dem Bedürfnis, durch Kleidung, Make up und Gestik in die Rolle des jeweils anderen Geschlechts zu schlüpfen.

transversal, Bez. für Ebenen, die senkrecht zur Mediosagittalebene (↗ sagittal) und zu einer Frontalebene liegen. Bei aufrechtem Stand verlaufen transversale Ebenen horizontal durch den Körper.

Transversal-Tubuli, *T-Tubuli*, ↗ Muskel.

Transversion, eine ↗ Genmutation (Punktmutation), bei der eine ↗ Purinbase durch eine ↗ Pyrimidinbase ausgetauscht wird oder umgekehrt. Gegensatz: ↗ Transition

Trapaceae, *Wassernussgewächse*, Fam. innerhalb der ↗ Rosopsida mit der einzigen Gatt. *Trapa*. Es handelt sich um einjährige Wasserpflanzen mit Schwimmrosetten aus rhombischen Blättern. Die unscheinbaren vierzähligen Blüten stehen in den Achseln der Laubblätter. Die Kelchblätter werden in die Fruchtbildung einbezogen und bilden spitze Hörner an den steinfruchtartigen Nüssen (↗ Frucht). In Asien wird *Trapa bicornis* wegen der essbaren Früchte kultiviert. *Trapa natans* wurde in früheren Jahrhunderten auch in Europa angebaut.

Trappen, die Fam. ↗ Otididae.

Traube, ein ↗ Blütenstand mit gestielten Einzelblüten an der verlängerten Hauptachse.

Traubenzucker, die *Glucose*.

Trauerschnäpper, Art der Fliegenschnäpper (↗ Muscicapidae).

Trebouxiophyceae, ↗ Pleurastrophyceae.

Trehalose, ein aus 1,1-verknüpften Glucoseresten aufgebautes, nichtreduzierendes Disaccharid, das insbesondere von ↗ Bakterien, ↗ Hefen u. a. ↗ Pilzen sowie ↗ Algen synthetisiert wird, und der "Blutzucker" der Insekten ist. ↗ Backhefen akkumulieren im Verlauf der Hitzestress-Antwort T., die als chemisches Chaperon (Polypeptidketten bindendes Protein) die Denaturierung von Proteinen verhindern soll. Die schützenden Eigenschaften der T. werden auf starke Interaktionen des Zuckers mit Lipidmembranen und hydrophilen Proteindomänen zurückgeführt. In Organismen, die wie die Bäckerhefe ausgedehnte Phasen der ↗ Anhydrobiose überdauern können, kann T. bis zu 20 % des Trockengewichts ausmachen.

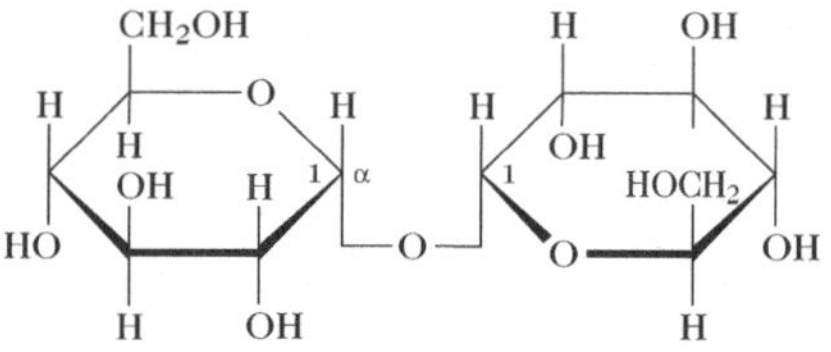

Trehalose

Treibhauseffekt, *Glashauseffekt*, Eigenschaft der Erdatmosphäre (aber auch der anderer Planeten), die kurzwellige Sonnenstrahlung durchzulassen, im Boden zu absorbieren und kaum mehr abzugeben. Der in der Atmosphäre vorhandene Wasserdampf und CO_2 haben gegenüber kurzwelliger Strahlung nur eine geringe Absorptionswirkung, die vom Boden abgestrahlten langwelligen Infrarotstrahlen werden jedoch in großem Umfang absorbiert. Eine Aufwärmung der Atmophäre und der Temperaturausgleich zwischen Tag und Nacht sind die Folge. Steigt durch anthropogenen Einfluss, wie z. B. die Verbrennung fossiler Brennstoffe oder die fortschreitende Abnahme der Biomasse, die Konzentration der ↗ Treibhausgase stark an, so führt dies zu einem Wärmestau und einer zunehmenden globalen Temperaturerhöhung. Deren ökologische

Auswirkungen sind jedoch noch nicht umfassend geklärt. ($\nearrow$ Schadstoffe)

Treibhausgase, Gase, die am Zustandekommens des $\nearrow$ Treibhauseffektes beteiligt sind. Hierzu gehören in erster Linie CO_2 und in geringerem Maße Methan (CH_4), Lachgas (N_2O) und chemisch hergestellte Treibgase.

Trematoda, im eingeengten Sinne *Saugwürmer*, zu den $\nearrow$ Neodermata gehörendes Taxon der $\nearrow$ Plathelminthes, dessen Vertreter durchweg endoparasitisch leben, wobei sie als ersten Wirt meist eine Schnecke, seltener eine Muschel befallen. Ihre An-heftungsstrukturen besitzen keine Häkchen. Zu den T. gehören die *Aspidobothrii*, die durch die große, ventral-caudal gelegene Saugscheibe gekennzeichnet sind. Die Eier werden ins freie Wasser abgegeben. Die Entwicklung, die je nach Art und Umweltbedingungen wenige Stunden bis mehrere Wochen dauern kann, verläuft teilweise ohne Wirtswechsel und immer ohne Generationswechsel. Einige Arten benötigen obligatorisch ein Wirbeltier als Endwirt, um geschlechtsreif werden zu können. Insgesamt ist die Wirtsspezifität der Aspidobothrii gering. Die zweite große Gruppe der T. sind die $\nearrow$ Digenea.

METHODEN

Trennverfahren

Im Zusammenhang mit der Erforschung der verschiedensten biologischen Phänomene stoßen Wissenschaftler immer wieder auf komplexe Gemische von Biomolekülen, deren Wirkung nur dann besser verstanden werden kann, wenn auch die einzelnen Bestandteile eines Gas- oder Flüssigkeitsgemisches bekannt sind. Zu diesem Zweck werden nicht nur die üblichen Standardtrennverfahren wie $\nearrow$ Chromatographie oder $\nearrow$ Elektrophorese eingesetzt, sondern auch Kombinationen dieser Methoden untereinander bzw. mit anderen Analyseverfahren wie z. B. von immunlogischen und spektroskopischen Methoden.

Zu den wichtigen Trennverfahren für Biomoleküle gehört die *Hochleistungs-Flüssigkeits-Chromatographie* (*HPLC*, engl. *high performance liquid chromatography*), die sich durch eine hohe Trennfähigkeit von kleinsten Probemengen im Pico- bis Femtogramm-Bereich (10^{-12} g bis 10^{-15} g) innerhalb kürzester Zeit auszeichnet und z. B. für die qualitative und quantitative Analyse von Proteinen und Kohlenhydraten geeignet ist. Dabei wird unter Verwendung geeigneter Pumpsysteme mit hohem Druck (bis über 10^7 Pa) und einer stabilen Phase gearbeitet, deren Partikelgröße zwischen 5 und 10 μm beträgt. Die HPLC kann, je nach deren Beschaffenheit, folglich mit einer Vielzahl von Chromatographietypen eingesetzt werden (z. B. Adsorptionschromatographie, Gelfiltration usw.), wobei auch die zur Trennung und Aufreinigung erforderliche *Gradientenelution* möglich ist.

Eine Kombination mehrerer Analyseverfahren stellt die Kopplung von $\nearrow$ Gaschromatographie und *Massen-*

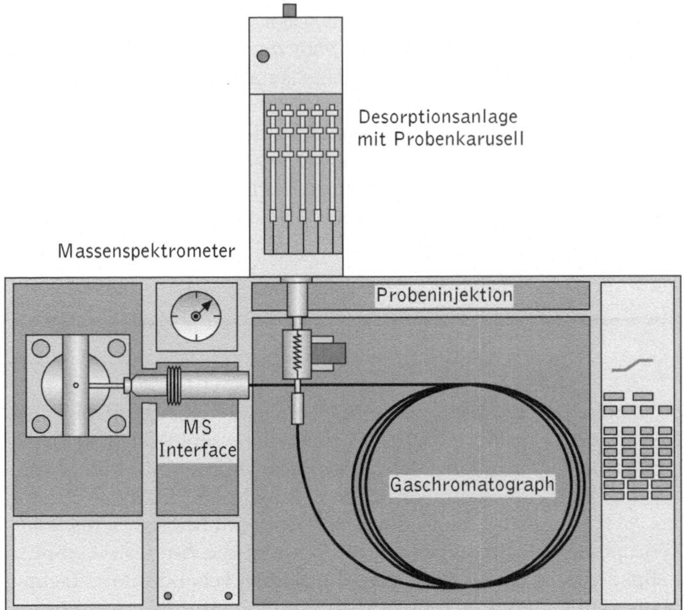

Trennverfahren Schematischer Aufbau einer GC-MS-Anlage. Die Probe wird zunächst in den Gaschromatographen eingespritzt und gelangt dann in das Massenspektrometer. Flüchtige Verbindungen, die durch Adsorption an einem inerten Trägermaterial für die Analyse gesammelt wurden, müssen zunächst aus einer Desorptionsanlage freigesetzt werden

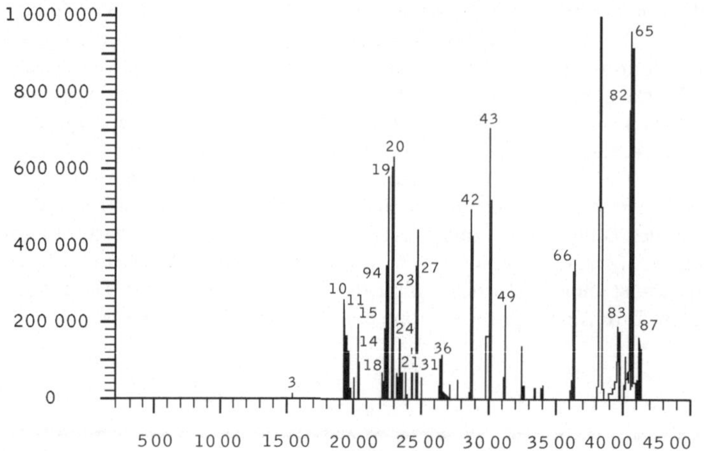

Trennverfahren Massenspektrum als Ergebnis einer GS-MS-Analyse. Die Höhe der *Peaks* gibt die relative Menge einer Verbindung bzw. eines Fragmentes an. Nummern über den *Peaks* dienen der individuellen Identifizierung einzelner Linien

spektroskopie dar, die ursprünglich vor allem zur *Strukturaufklärung* verwendet wurde. Das so genannte *GC-MS-Verfahren* wird inzwischen routinemäßig in vielen Labors eingesetzt, wenn Gemische flüchtiger oder leicht zu verflüchtigender Verbindungen untersucht werden müssen. Die hohe Empfindlichkeit erlaubt es dabei, nur sehr geringe Mengen deutlich unter dem μg- und μl-Bereich als Probenmaterial einzusetzen.

Die durch Gaschromatographie getrennten Substanzen gelangen im Anschluss in ein Massenspektrometer. Hier werden die organischen Verbindungen durch Elektronenbeschuss oder Reaktion mit Ionen organischer Kohlenwasserstoffe ionisiert, wobei Moleküle häufig in positiv geladene Fragmente verschiedener Massen zerschlagen werden. Das Prinzip der Massenspektroskopie beruht auf der Tatsache, dass ein bewegtes Ion durch ein magnetisches Feld als Funktion von Masse und Geschwindigkeit abgelenkt wird. Ionen mit einer größeren kinetischen Energie werden dabei weniger abgelenkt als Ionen mit niedrigerer Energie. Das Massenspektrometer misst, wie stark eine in der *Ionisationskammer* ionisierte Gasmischung durch ein im *Analysator* angelegtes Magnetfeld abgelenkt wird, an dessen Ende sich ein Ionenkollektor befindet, der Signale an einen Verstärker weiterleitet. Massenspektren bestehen aus einer Reihe von Linien und so genannten *Peaks*, die Werte des Masse-Ladungs-Verhältnis m/e angeben und

deren Höhe der relativen Menge einer Substanz entspricht. Die *Spaltungsmuster* vieler Verbindungen sind bekannt und liegen als Datensätze bzw. Diagramme vor, sodass eine vergleichende Analyse zwischen Gasgemisch und Referenzen möglich ist. Ein Beispiel für GS-MS-Untersuchungen ist in untenstehender Abbildung gezeigt, die das Ergebnis einer Analyse von Blüteninhaltsstoffen darstellt.

Eine Weiterentwicklung in Bezug auf Empfindlichkeit und Anzahl der innerhalb eines Zeitraums zu analysierenden Proben stellt die so genannte *Matrix-Assisted-Laser-Desorption-Ionisation-Time-of-Flight- (MALDI-TOF)-Massenspektroskopie* dar. Bei ihr werden die zu analysierenden Proben in eine geeignete Matrix eingebettet und durch einen kurzen Laserimpuls freigesetzt und ionisiert (MALDI). Das in der Gasphase befindliche Ion wird durch eine angelegte Spannung beschleunigt und die Flugzeit bis zum Detektor gemessen (TOF). Das Verfahren wurde entwickelt, um z. B. Biomoleküle mit großen Massen wie DNA zu analysieren. Eine Messung ist in Sekundenbruchteilen abgeschlossen, sodass sich sehr viele Proben in kurzer Zeit analysieren lassen. Darüber hinaus eignet sie sich dazu, die Sequenz der Bausteine eines DNA-Moleküls zu bestimmen. Außerdem lassen sich mittels MALDI-TOF Protein- und DNA-Fragmente aufgrund ihres Molekulargewichts genau identifizieren.

Trenngewebe, aus kleinen Parenchymzellen (↗ Parenchym) mit wenig Interzellularen bestehendes Gewebe, das an der Basis des Blattstiels gebildet wird und Laubabwurf (↗ Abscission) ermöglicht.

Trentepohliophyceae, Klasse der ↗ Chlorophyta mit fädigen, heterotrichen Thalli (↗ Thallus), die verzweigt sein können. Die kriechenden Fäden sind teilweise zu einer flachen Scheibe verklebt. Charakteristisch sind zusätzliche säulenförmige Strukturen im Geißelapparat sowie bilaterale kielförmige Vertiefungen in den Geißeln (↗ Flagellen). Häufig sind die T. durch in Öltropfen gelöste Carotinoide gelb bis rot gefärbt. Die meisten Arten sind epiphytische Luftalgen, die Namen gebende Gatt. *Trentepohlia* ist häufiger Symbiont in Flechten. *Trente-*

pohlia iolithus kommt auf Silikatgestein vor und riecht in feuchtem Zustand veilchenartig („Veilchensteine").

Treponema, Gatt. der ↗ Spirochäten, mit gramnegativen (↗ gramnegativ), flach wellenförmigen Zellen. Die meisten Arten sind kommensalisch mit Tieren oder dem Menschen vergesellschaftet. Hierzu zählen die in der Mundhöhle des Menschen vorkommenden Arten *T. denticola, T. macrodentium* und *T. oralis.* Die im Pansen (↗ Ruminantia) von Rindern lebende, obligat anaerobe Art *T. saccharophilum* vergärt pflanzliche Polysaccharide zu Fettsäuren und bietet so dem Wirtsorganismus eine wichtige Energiequelle. Wichtigste für den Menschen pathogene Art ist *T. pallidum*, der Erreger der ↗ Syphilis.

Trespe, *Bromus*, Gatt. der Fam. ↗ Poaceae deren Arten wichtige Futtergräser sind.

TRH, Abk. für ↗ Thyreotropin-Releasing-Hormon.

Trias, älteste Periode des ↗ Mesozoikums von ca. 40 Mio. Jahren Dauer zwischen ↗ Perm und ↗ Jura. Der Name (T. bedeutet Dreiheit) stammt von der germanischen T., die sich von Süddeutschland bis zu den Brit. Inseln (Germanisches Becken) erstreckte und in *Buntsandstein, Muschelkalk* und *Keuper* gegliedert wird. Leitfossilien sind ↗ Conodonten, ↗ Ceratitida, Muscheln, Schnecken und untergeordnet u. a. Pflanzen, Brachiopoda, Crinoida und Reptilien.

An der Verteilung von Land und Meer hat sich seit dem jüngeren ↗ Paläozoikum wenig geändert: Der Kontinentalblock Pangaea beginnt erst an der Wende Trias/Jura zu zerfallen (↗ Kontinentalverschiebung), der Nordpol verbleibt im Gebiet von Kamtschatka, der Südpol rückt an den Rand von Antarktika, der Äquator quert Nordafrika und das südliche Nordamerika. In Nordwest-Deutschland entstanden an den tiefsten Stellen die größten Schichtmächtigkeiten (z. B. 1500 m Buntsandstein im Solling). Gegen Ende der Buntsandsteinzeit wurde die Nordseestraße geschlossen; eine Verbindung über die Schlesisch-Mährische Pforte zur ↗ Tethys hin ermöglichte das Vordringen des Muschelkalkmeeres nach Westen. In der jüngeren Muschelkalkzeit öffnete sich im Süden eine weitere Verbindungsstraße zur Tethys. Mit der T. begann eine Zeit ausgeglichenen Klimas, die bis ins ↗ Tertiär andauerte. Hölzer mit Jahresringen weisen regional jahreszeitliche Schwankungen aus. Die Pole waren frei von Eiskappen. Das arktisch-nordpazifische Meer gilt als Region kühlen Wassers. Kontinentalen Ablagerungen wird überwiegend semiarides Klima zugeschrieben. Der Wärmehöhepunkt fällt in die mittlere Trias.

In der T. entwickelten sich vor allem die Reptilien. Die ↗ Thecodontia entfalteten sich und die ersten ↗ Ichthyosauria und ↗ Dinosaurier erschienen. Die ↗ Therapsida wurden säugetierähnlicher und aus der oberen T. stammen die ersten Funde von Säugetieren. Unter den Fischen gab es vor allem Strahlenflosser (↗ Actinopterygii), Elasmobranchii, Quastenflosser (↗ Crossopterygii) und Lungenfische (↗ Dipnoi). Hexacorallia bildeten Riffe. Die Vegetation war gekennzeichnet durch Schachtelhalmgewächse (*Schizoneura, Equisetites*), Nadelhölzer (*Voltzia*), Bärlappgewächse und ab dem Keuper Cycadales (u. a. Benettitales). Ginkgogewächse und Samenfarne (Caytoniales, *Lepidopteris*) waren weit verbreitet.

Tricarbonsäurezyklus, der ↗ Citratzyklus.

Triceratops, rund 6 m Länge und 2,60 m Höhe erreichender, zu den ↗ Ornithischia gehörender ↗ Dinosaurier, der durch seine drei Hörner (Name!) auf Nase und Postfrontalia ein Nashorn-artiges Aussehen hatte. Parietalia und Squamosa bildeten einen verlängerten, halbrunden Nackenschild, dadurch kamen Schädellängen von bis über 2 m zustande; die Extremitäten waren plump. T. lebte in der oberen Kreide von Nordamerika.

Trichine, *Trichinella spiralis*, zu den Fadenwürmern (↗ Nematoda) gehörender Parasit, der im Dünndarm Fleisch fressender Tiere und des Menschen lebt. Die Weibchen sind ca. 4 mm, die Männchen 1,5 mm lang. Die Infektion mit T. erfolgt durch rohes Fleisch mit eingekapselten Larvenstadien. Die Larven entwickeln sich nach mehrmaliger Häutung im Darm zum Adulttier (*Darm-Trichine*); die viviparen Weibchen bohren sich in die Darmwand und bringen bis zu 1000 und mehr 0,1 mm lange Larven hervor, die über Blutstrom und Lymphe in die Muskulatur gelangen. Nur Larven in gut durchbluteter quergestreifter Muskulatur (bei Haustieren vor allem Zwerchfell, Kaumuskulatur) entwickeln sich weiter. Sie bohren sich in das Muskelgewebe ein, zersetzen es und induzieren die Bildung einer zitronenförmigen Kapsel (*Muskel-Trichine*). So können sie bis zu 30 Jahre leben, bis sie wieder durch Verzehr in den Darm eines Tieres gelangen. Auf diese Weise wird jeder Endwirt zwangsläufig auch zum Zwischenwirt für die neue

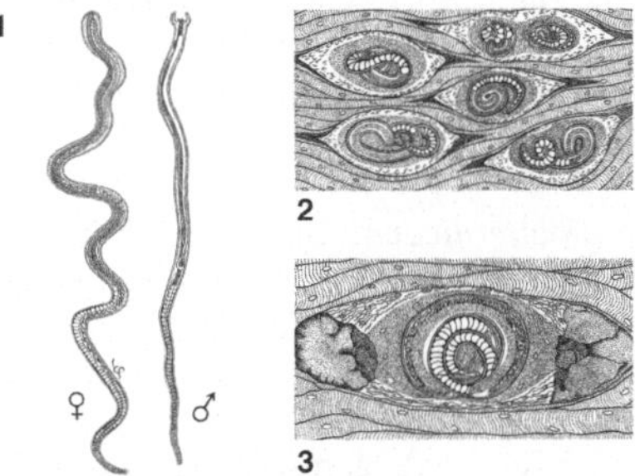

Trichine 1 Darmtrichine, 2 eingekapselte Muskeltrichine und 3 beginnende Verkalkung

Generation. – Massenbefall beim Menschen (*Trichi-nose*) führt zum Tod, tritt jedoch aufgrund der Fleischbeschau von Schlachtvieh bei uns nur noch selten auf.

Trichoblast, durch inäquale Teilung einer Rhizo-dermiszelle (➚ Rhizodermis) entstandenes ➚ Me-ristemoid, das zu einem ➚ Wurzelhaar auswächst.

Trichobothrium, *Becherhaar*, ein auf die Wahr-nehmung feinster Luftbewegung spezialisiertes Haar bei landlebenden Arthropoda. Das Haar ist sehr dünn und in der ➚ Cuticula in einem ring-wulstartigen Becher eingelenkt (Abb. ➚ Tastsinn), der dem T. eine große Auslenkung ermöglicht. T. finden sich bei ➚ Arachnida, manchen Tausendfü-ßern (Myriapoda) und vielen ➚ Insecta. Gelegent-lich dienen sie als Hörhaare durch Wahrnehmen von Luftschall, so z. B. auf den Cerci von Schaben (➚ Blattaria).

Trichocephalida, die ➚ Trichosyringida.

Trichom, fadenförmig angeordnete Zellen vieler ➚ Cyanobakterien, die nicht vollständig voneinan-der getrennt sind, sondern durch *Mikroplasmodes-men* miteinander in Verbindung stehen.

Trichome, ➚ Pflanzenhaare.

Trichomhydatoden, modifizierte ➚ Hydatoden in Form vielzelliger Haare.

Trichomonadida, zu den *Axostylata* gehörendes Taxon der Einzeller mit meist nur 5 - 25 μm klei-nen, überwiegend begeißelten (typischerweise vier bis sechs Geißeln) Arten. Neben dem für die Axo-stylata typischen *Axostyl*, einem aus zahlreichen quervernetzten Mikrotubuli bestehenden Organell, das die Fortbewegung unterstützt, besitzen die mehrgeißligen Formen noch einen, ebenfalls die Bewegung unterstützenden kontraktilen Stab (*Co-sta*) sowie eine undulierende Membran, die von der rückwärts schlagenden Geißel und der Zelloberflä-che gebildet wird. Im Urogenitalsystem des Men-schen kann *Trichomonas vaginalis* Entzündungen mit schleimigem Ausfluss (*Trichomoniasis*) her-vorrufen.

Trichomycteridae, *Parasitenwelse*, Fam. der ➚ Si-luriformes.

Trichophyton, zu den ➚ Deuteromycetes (Moni-liales) gestellte Gatt., zu der u.a. der Erreger des *Fußpilzes* (*Trichophyton rubrum*) gehört. Die In-fektion erfolgt über feinste, am Boden liegende und mit Pilzmycel bewachsene Hautschuppen. (➚ Der-matophyta)

Trichoptera, *Köcherfliegen*, Taxon der ➚ Insecta mit insgesamt über 7000 Arten, in Mitteleuropa etwa 300. Sie sind die Schwestergruppe der Schmetterlinge (➚ Lepidoptera) und werden mit diesen als *Amphiesmenoptera* zusammengefasst. Die Imagines der Köcherfliegen sind je nach Art 3 - 60 mm groß und von unscheinbarer Färbung. Der kleine Kopf trägt zwei fast körperlange, nebenein-ander nach vorne gestreckte, dünne Fühler; die stark gewölbten Komplexaugen liegen seitlich. Die Mundwerkzeuge sind nur verkümmert ausgebildet. Die drei Paar Beine am Brustabschnitt sind als Laufbeine angelegt, die Klauen tragen Haftlappen. Die behaarten zwei Paar Flügel werden in Ruhe dachartig übereinandergelegt. Durch Hakenappara-te werden die kürzeren Hinterflügel mit den Vorder-flügeln während des Fluges verbunden. Die Imagi-nes werden nur ca. einen Monat alt, den Hauptteil ihres Lebens verbringen die Köcherfliegen als Larve im Wasser. Der Kopf der Larve ist länglich gestreckt, trägt zurückgebildete Fühler und kleine Larval-augen. Die Vorderbrust ist stark chitinisiert, wäh-rend Mittel- und Hinterbrust variieren. Der Hinter-leib ist weichhäutig. Die meisten Arten atmen über faden- oder büschelförmige Tracheenkiemen. Etwa die Hälfte aller Larven der Köcherfliegen baut Ge-häuse, die aus verklebtem Speichel und verschiede-nen Fremdmaterialien, wie Holzstückchen, Sand-körnern und Ähnlichem, bestehen (*Köcherlarven*). Andere Köcherfliegenlarven leben auf Steinen oder an Pflanzen und bauen trichterförmige Fangnetze, mit denen sie Beute aus dem Wasserstrom fangen. Arten mit transportablem Köcher suchen die Beute aktiv auf. Keine Wohnröhre bauen räuberische Gatt. z. B. der Familie *Rhyacophilidae*. Zur Verpup-pung schließen sich alle ausgewachsenen Larven in einen Köcher ein. Die letzte Häutung vollzieht sich an der Wasseroberfläche, nachdem die freigliedrige Puppe sich aus dem Köcher befreit und schwim-mend oder kriechend nach oben gelangt ist.

Literatur: Wichard, W.: Die Köcherfliegen, NBB 512, 1988.

Trichosyringida, *Trichocephalida*, den ➚ Adeno-phorea zugeordnetes Taxon der Fadenwürmer (➚ Nematoda), dessen Vertreter ausschließlich zooparasitisch sind. Kennzeichnend sind sekundä-re Pharyngealdrüsen (*Stichocyten*), die in die Lei-beshöhle ragen und in den Pharynx münden. Zu den T. gehören u. a. die ➚ Trichine und der ➚ Peit-schenwurm.

Trichromasie, Form der ➚ Farbenfehlsichtigkeit.

Trichtermündung, ➚ Ästuar.

Trichuris trichiura, der ➚ Peitschenwurm.

Tricladida, den ➚ Turbellaria zugerechnetes Ta-xon der ➚ Plathelminthes. Kennzeichnend ist ein dreischenkliger Darmkanal. Drei Untergruppen werden unterschieden, die vorwiegend marinen *Maricola*, die Süßwasserplanarien (*Paludicola*) und die landlebenden Formen (*Terricola*). Typisch für das Kopulationsverhalten sind komplexe Bewe-gungsmuster, die Eier werden in Kokons abgelegt. Viele Arten vermehren sich auch asexuell durch ➚ Architomie. Diese und das ausgeprägte Regenerationsvermögen basieren auf der Differen-zierung pluripotenter Stammzellen (*Neoblasten*);

hierbei scheinen ⌐ Homöobox-Gene eine Rolle zu spielen. In Europa weit verbreitete Süßwasserformen sind die bis 2,5 cm lange Art *Dendrocoelum lacteum* und die dunkelbraune, bis 13 mm lange *Planaria torva*, letztere auch im Brackwasser der Ostsee. Zur Gatt. *Dugesia* gehört die in zoologischen Praktika häufig gezeigte Art *Dugesia gonocephala*.

Tridacna gigas, die Riesenmuschel (⌐ Heterodonta).

Trieb, der junge ⌐ Spross.

Triele, Fam. der Watvögel (⌐ Limicolae).

Trifolium, Gatt. der Fam. ⌐ Fabaceae.

Triglidae, *Knurrhähne*, Fam. der ⌐ Scorpaeniformes.

Triglyceride, *Triglycerole, Triacylglyceride, Triacylglycerole*, ⌐ Fette und fette Öle.

Trigonella, Gatt. der ⌐ Fabaceae.

3,4,5-Trihydroxybenzoesäure, die ⌐ Gallussäure.

2,6,8-Trihydroxypurin, die ⌐ Harnsäure.

Triiodthyronin, ⌐ Thyroxin.

Trilobita, *Trilobiten*, eine ausgestorbene Gruppe ausschließlich mariner paläozoischer Arthropoda. Die T. waren meist 3 - 8 cm, maximal bis 75 cm lang. Ihr Name bezieht sich auf eine doppelte Dreigliederung: längs in Cephalon, Thorax und Pygidium; quer in eine zentrale Achse (*Rhachis*, Spindel) und beiderseits anschließende Seitenteile (*Pleuren*). Ein Dorsalpanzer aus mineralisiertem Chitin schützte Rücken und randliche Teile, die Ventralseite hingegen war weich und ist deshalb selten überliefert. Das *Cephalon* (Kopfschild) besaß i. d. R. etwa einen halbkreisförmigen Umriss. Es war ein Verschmelzungsprodukt aus sieben Segmenten. Die drei vorderen (Akron, Praeantennal- und Antennalsegment) waren im proximalen Glabella-Lobus vereint; die vier hinteren (Glabella und Nackenring) trugen ventral Laufbeinpaare. *Glabella* wird eine mediane Aufwölbung in proximaler Verlängerung der Spindel genannt; sie überragte die flacheren Seitenteile (Wangen, Genae). Diese teilten sich an den beiden der Häutung dienenden Gesichtsnähten in feste (innen) und freie (außen) Wangen; hinten-außen endeten sie oft jederseits in einem Wangenstachel, zu dem median ein Nackenstachel hinzutreten konnte. Auf den Wangen lagen die nach außen gerichteten ⌐ Facettenaugen auf erhöhten Augenhügeln; sie konnten durch eine Augenleiste mit der Glabella verbunden sein. Im Prinzip ähnelten die Augen denjenigen anderer Gliederfüßer, jedoch leisteten die aus einem orientierten Kalkspatkristall bestehenden Linsen (zwischen 2000 und 15000) eine viel bessere Abbildung der Umwelt. Manche T. waren augenlos. Die Zahl der gelenkig verbundenen *Thorax*-Segmente schwankte zwischen zwei und über 40. Ebenfalls gelenkig verbunden und oft bestachelt war das *Pygidium* (Schwanzschild), das ein Verschmelzungsprodukt aus bis über 40 Segmenten darstellte und randlich manchmal von einem glatten Saum umgeben wurde. Wesentliche Teile des Verdauungstrakts waren auf das Cephalon konzentriert. Der undifferenzierte Darmkanal endete im letzten Pygidialsegment. Die Körperanhänge der Ventralseite bestanden im Bereich des Cephalons aus einem Paar Antennen und vier bis drei Laufbeinpaaren. Die Coxen (Hüften) der beiden hinteren Paare waren medial gezackt und dienten als Kauwerkzeuge. Thorax und Pygidium besaßen pro Segment, außer dem letzten, je ein Paar „Spaltfüße", die aus einem innen gelegenen siebengliedrigen Telopoditen (Laufbein) mit Trochanter, Praefemur, Femur, Patella, Tibia, Tarsus und borstenbesetztem Praetarsus sowie einem außen gelegenen „Kiemenast" (Praeepipodit) bestanden. Dem Praeepipoditen wird neuerdings eher Schwimm- und Filterfunktion zugeschrieben als Kiemenfunktion. – T. besaßen z. T. die Fähigkeit, sich einzurollen, um dadurch die weiche Unterseite zu schützen.

Die T. lebten vorwiegend am Boden küstennaher Flachmeere vom ⌐ Kambrium bis zum ⌐ Perm, wobei sie ihre Blütezeit im Oberkambrium und im

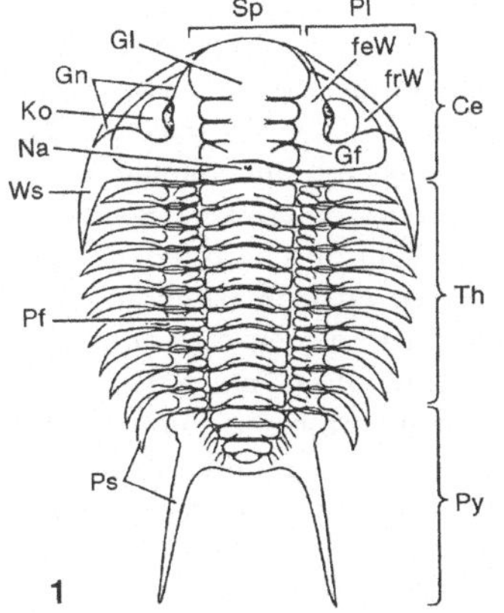

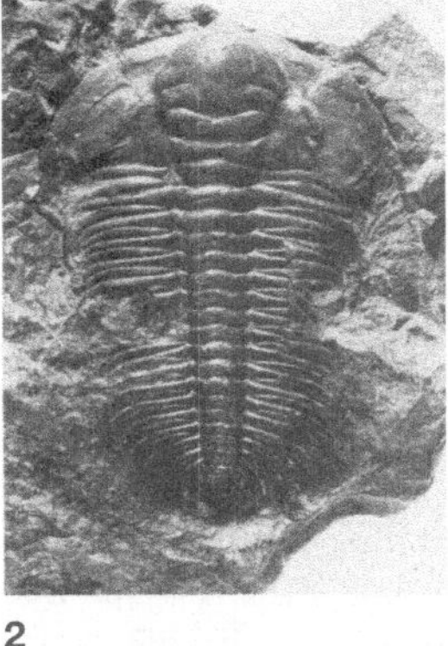

Trilobita 1 Körpergliederung eines Trilobiten (*Ceraurinella intermedia* aus dem Ordovizium Westeuropas); Ce Cephalon, feW feste Wange, frW freie Wange, Gf Glabellarfurche, Gl Glabella, Gn Gesichtsnaht, Ko Komplexauge, Na Nackenring, Pf Pleuralfurche, Pl Pleura, Ps Pleuralstacheln, Py Pygidium, Sp Spindel, Th Thorax, Ws Wangenstachel. 2 Fossil von *Paradoxides gracilis*, einem Leitfossil des Mittelkambriums Böhmens

↗ Ordovizium hatten. Insgesamt sind über 100000 Arten bekannt. Viele T. sind wichtige Leitfossilien zur Gliederung des Kambriums. Häufigstes Fundgut sind ↗ Exuvien.

Über die systematische Einteilung der T. bestehen nach wie vor sehr unterschiedliche Ansichten.

Trimeresurus, Gatt. der Grubenottern (↗ Viperidae).

Trimerophytaceae, ↗ Trimerophytales.

Trimerophytales, ausgestorbene Ord. der ↗ Psilophytopsida, die als Ahnengruppe der ↗ Gymnospermae gedeutet wird. Die Gatt. *Psilophyton* gilt als Vorläufer der Bärlappgewächse (↗ Lycopodiopsida).

Trimethylamin, chemische Formel $(CH_3)_3N$, tertiäres Methylderivat des ↗ Ammoniaks, das u. a. bei der Zersetzung von Eiweißen in Hefe, Käse und Fischen (↗ Exkretion) entsteht.

Trinkwasser, für den Menschen trinkbares Wasser. Bei einer Temperatur zwischen 8 und 11 °C muss es geruchlos, klar und farblos sein sowie frei von Krankheitserregern und gesundheitsschädlichen Konzentrationen an chemischen und radioaktiven Stoffen. Außerdem muss es Mindestkonzentrationen an Calcium-, Magnesium- und Hydrogencarbonat-Ionen und relativ viel gelösten Sauerstoff enthalten. (↗ Trinkwasseraufbereitung)

Trinkwasseraufbereitung, Aufbereitung des natürlich vorkommenden *Rohwassers* aus süßwasserführenden Oberflächengewässern, Quellen und Grundwasser, um die Anforderungen an die Trinkwasserqualität (↗ Trinkwasser) zu erreichen. Die Behandlung richtet sich in Deutschland dabei nach den Güteansprüchen der *Trinkwasser-Verordnung*. Während das Grundwasser oft sogar ohne weitere Aufbereitung genutzt werden kann, ist in den meisten anderen Fällen eine aufwändige Bearbeitung erforderlich. Zunächst wird das Wasser durch Filtration in rotierenden Mikrosieben von Planktonorganismen befreit, eine anschließende *Ozonung* dient der Oxidation von organischem Material und der Entkeimung. Im Folgenden wird das Wasser filtriert, indem man es durch *Sandfilter* aus mehreren Metern dicken Quarzsand-Schichten spült. Vor dem Einspeisen in das Leitungssystem wird noch als Schutz vor Verkeimung eine so genannte *Nachchlorung* (*Vorratschlorung*) durchgeführt. Wasser mit einem niedrigen ↗ pH-Wert wird durch Kalkung auf einen pH-Wert von ca. 8 gebracht, um Korrosionen im Leitungssystem zu vermeiden.

Stark verschmutztes Flusswasser reinigt man über mehrere Filter zunächst vor, anschließend wird es über einen *Schluckbrunnen* in den Boden eingebracht und nachdem man sich die Filterwirkung des Bodens zunutze gemacht hat, als Grundwasser wieder gefördert. Potenziell gefährliche Stoffe können zum Teil durch *Ionenaustauscher* entfernt werden, Nitrate entfernt man durch ↗ Denitrifikation in speziellen Bioreaktoren (↗ Fermenter). Durch Entsalzung lässt sich auch aus ↗ Brackwasser und Meerwasser Trinkwasser gewinnen.

Triosen, mit drei C-Atomen die einfachsten Monosaccharide (Glycerinaldehyd und Dihydroxyaceton). Ihre Phosphate (*Triosephosphate*) sind wichtige Zwischenprodukte im Stoffwechsel, vor allem der ↗ Glykolyse und der ↗ alkoholischen Gärung. Beide Triosephosphate stehen über die gemeinsame Enolform in einem Gleichgewicht, das zu 96 % Ketotriosephosphat enthält. Die Reaktion wird durch die *Triosephosphat-Isomerase* katalysiert. Über die Stufe der Triosephosphate verlaufen u. a. die Glucoseneubildung und die fotosynthetische CO_2-Fixierung.

Tripelhelix, die ↗ Superhelix.

Triplett, ↗ Basentriplett.

triploblastische Eumetazoa, anderer Name der ↗ Bilateria, der auf die Tatsache zurückgeht, dass bei allen Bilateria im Verlauf der ↗ Gastrulation ein drittes Keimblatt (↗ Keimblätter), das Mesoderm, angelegt wird, das sich i. d. R. aus dem Entoderm bildet und zwischen Entoderm und Ektoderm schiebt.

Triploidie, eine Form der ↗ Polyploidie, bei der die betroffenen Organismen einen dreifachen Chromosomensatz besitzen. Aufgrund der ungeraden Zahl kommt es bei triploiden Organismen während der Meiose zu Störungen, sodass sich triploide Pflanzen i. d. R. nur vegetativ vermehren lassen.

Triplo-X-Syndrom, eine gonosomale ↗ Aneuploidie bei Menschen, bei der die betroffenen Individuen drei X-Chromosomen besitzen. Sie zeichnen sich durch weibliche Geschlechtsmerkmale aus, wobei der Phänotyp durch Skelettabnormalitäten und leichten Schwachsinn gekennzeichnet sein kann. (↗ Erbkrankheiten)

Tripper, die ↗ Gonorrhoe.

Tripton, ↗ Detritus.

Trisetum, Gatt. der Fam. ↗ Poaceae.

Trisomie, eine Form der ↗ Aneuploidie, die sich bei diploiden Organismen dadurch bemerkbar macht, dass ein Chromosom dreifach vorhanden ist; die T. stellt somit den Fall der *Hyperploidie* dar. Beim Menschen sind mehrere autosomale T. bekannt, welche die Chromosomen 13, 18 und 21 (Trisomie 21, ↗ Down-Syndrom) betreffen (↗ Erbkrankheiten). Bei einigen Pflanzenarten sind eine ganze Reihe von trisomen Formen bekannt. Beim Stechapfel (*Datura stramonium*, Fam. Solanaceae) führen die verschiedenen Formen zu charakteristischen Formen der Früchte, anhand derer sich ableiten lässt, welches Chromosom dreifach vorliegt (s. Abb. auf Seite 269).

Tritanopie, Form der ↗ Farbenfehlsichtigkeit.

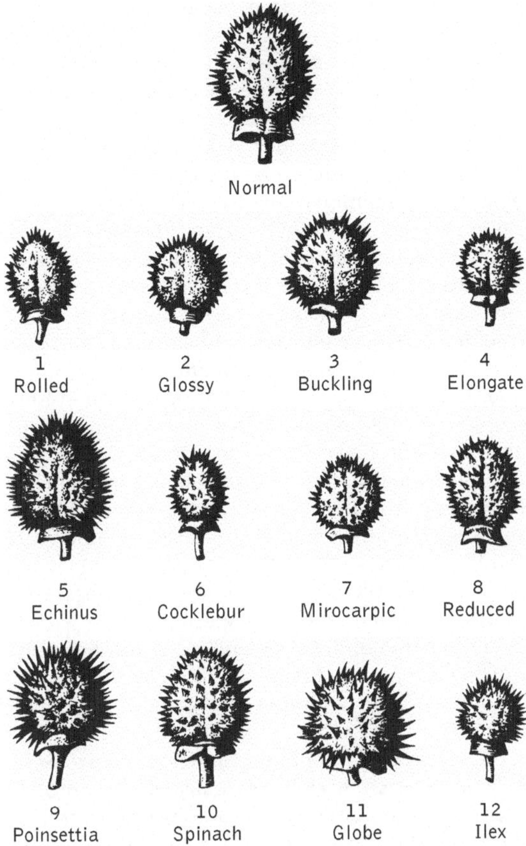

Trisomie Unterschiedliche Fruchtformen beim Stechapfel *Datura stramonium* bei Vorliegen jeweils unterschiedlicher-Trisomien. Das zusätzlich vorhandene Chromosom ist angegeben. Die engl. Bez. beziehen sich auf jeweils charakteristische Merkmale (aus Hagemann, R.: Allgemeine Genetik, 1999)

Triterpene, eine umfangreiche Gruppe von ↗ Terpenen, die aus sechs Isopreneinheiten (C_5H_8; ↗ Isoprenoide) aufgebaut sind. Zu den T. gehören neben dem azyklischen Kohlenwasserstoff ↗ Squalen überwiegend polyzyklische Verbindungen. T. sind feste, schwer flüchtige Verbindungen, die nicht in etherischen Ölen enthalten sind, sich jedoch frei, verestert oder verethert in Pflanzenextrakten, ↗ Harzen, ↗ Balsamen und als Bausteine von

Triterpene Grundstrukturen der Triterpene

↗ Saponinen finden. Die Methylsterine, die sich vom Perhydrocyclopentanophenanthren ableiten, und deren Abkömmlinge, die ↗ Steroide, werden auch von Mikroorganismen und tierischen Organismen gebildet.

Triticale, Gattungshybride aus der Kreuzung von Weizen und Roggen. Der Name T. leitet sich von *Triticum* (↗ Weizen) und *Secale* (↗ Roggen) ab. T. ist frostresistenter als Weizen.

Triticum, Gatt. der Fam. ↗ Poaceae.

Tritocerebrum, Teil des Oberschlundganglions der ↗ Arthropoda (↗ Gehirn).

Triturus cristatus, der ↗ Kamm-Molch.

Trivialname, ein Begriff der biologischen ↗ Nomenklatur mit zwei unterschiedlichen Bedeutungen: 1) bei Linné der eigentliche Artname (das Epitheton, ↗ binäre Nomenklatur), der als praenomen triviale hinter dem cognomen gentilitium (Gattungs-Name) steht. 2) der landessprachliche Name.

tRNA, Abk. für ↗ transfer-RNA.

Trochanter, Bez. für Strukturen der ↗ Extremitäten.

1) *Rollhügel*, zwei höckerartige Knochenvorsprünge (*T. major* und *T. minor*) am oberen Ende des Femurs der Tetrapoda, an denen die meisten Hüftmuskeln bzw. der Lendenmuskel ansetzen.

2) zweites Beinglied der Extremitäten der Insekten u. a. Arthropoda.

Trochilidae, die Kolibris (↗ Apodiformes).

Trochodendrales, entwicklungsgeschichtlich alte, isoliert stehende Ord. der ↗ Rosopsida mit zwei ostasiatischen Familien, die jeweils nur eine Gattung mit einer Art beinhalten. *Trochodendron araloides* ist ein immergrüner, *Tetracentron sinense* ein sommergrüner Baum.

Trochophora, *Trochophoralarve*, von B. ↗ Hatschek (1878) eingeführte Bez. für die Larve der Ringelwürmer (↗ Annelida) und der Igelwürmer (↗ Echiurida). Ein der Fortbewegung dienender präoraler Wimperkranz (*Prototroch*) teilt den annähernd kugelförmigen Körper in eine vordere Epi- und eine hintere Hyposphäre. Hinzu kommen können ein postoraler Wimperkranz (*Metatroch*) und ein Wimperschopf am Hinterende (*Telotroch*). Auch die Episphäre trägt ein Wimperbüschel, das sich von einer ein Sinnesorgan bildenden Scheitelplatte erhebt. Unter der Epidermis liegt ein Nervennetz und unter dem Prototroch ein Nervenfaserring. Lichtsinnesorgane sind als paarige Ocellen vorhanden. Der Darm ist durchgehend. Die Exkretionsorgane sind ↗ Protonephridien. Zwischen Integument und Darm liegt die primäre Leibeshöhle; sie ist von Flüssigkeit erfüllt und wird von Parenchymsträngen durchzogen. Die T. bildet die entscheidende Apomorphie für das Taxon Trochozoa. Innerhalb dieser Gruppe wurde sie abgewandelt zur

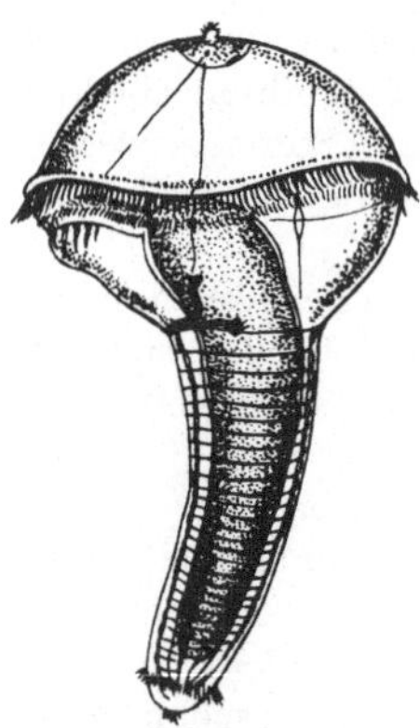

Trochophora Trochophora-Larve eines Vielborsters (Polychaeta) mit beginnender Segmentbildung

Pelagosphaera-Larve bei den Spritzwürmern (↗ Sipuncula), zur Veliger-Larve innerhalb der Weichtiere (↗ Mollusca) sowie zur Larve der ↗ Kamptozoa.

Trockenhefe, gewaschene, gepresste und anschließend bei 25 - 30 °C im Vakuum getrocknete Hefe (↗ Hefen) der Art *Saccharomyces cerevisiae*. Das Dauerpräparat enthält noch zu etwa 30 % lebende Zellen.

Trockenlufttiere, Tiere, die durch einen geringen Wasserbedarf an Wassermangel angepasst sind. Als Verdunstungsschutz dienen bei Säugetieren Haare oder Knochenplatten, bei Reptilien Hornschuppen oder bei Insekten der Chitin-Panzer. Die Ausscheidungsprodukte von T. sind i. d. R. wasserarm. Teilweise begnügen sich die Organismen auch mit dem Wasser, das ihr eigener Stoffwechsel produziert. Manche Tiere, wie z. B. die Oryx-Antilope, können bei Hitze und Wassermangel ihre Körpertemperatur erhöhen. Der normale Wärmefluss von innen nach außen bleibt dann bestehen und es wird ein Hitzestau im Körper vermieden, ohne dass deswegen eine höhere Verdunstung zur Abkühlung notwendig ist. Die Fortpflanzung von T. erfolgt meist in regenreicheren Zeiten, und die Entwicklung verläuft sehr rasch. Bestimmte Verhaltensweisen wie Nachtaktivität, Sommerschlaf oder das Aufsuchen eines Baus während der heißen Zeit senken ebenfalls den Wasserbedarf. (↗ Feuchtlufttiere)

Trockenpflanzen, die ↗ Xerophyten.

Trockenrasen, außerhalb der Steppe liegendes trockenes gehölzfreies oder gehölzarmes Grasland der mittleren Breiten. Charakteristisch sind xeromorphe Pflanzen (↗ Xerophyten) und Halbsträucher (↗ Halbstrauch). Die Böden sind flachgründig und mager.

Trockenresistenz, ↗ Dürreresistenz.

Trockenstress, ↗ Dürrestress.

Trockentoleranz, *Trockenresistenz*, *Dürreresistenz*, die Fähigkeit von Pflanzen, Dürreperioden zu überdauern. Die T. ist zum Teil genetisch fixiert und

durch Umweltbedingungen beeinflussbar. Die Anzucht von Sämlingen unter trockenen Bedingungen beispielsweise führt zu einer erhöhten T. der Pflanze, ständige optimale Wachstumsbedingungen dagegen zu einer verminderten Resistenz.

Die höchste Form der T. kommt bei vielen ↗ Thallophyten vor: Sie können ohne Schaden zu nehmen, vollkommen austrocknen. Thallophyten zählen zu den *poikilohydrischen* Pflanzen, die ihren Wasserhaushalt nicht selbsttätig regeln können, sondern als Quellkörper ihren Wasserhaushalt der angrenzenden Umgebung passiv anpassen. Austrocknungsfähig sind viele ↗ Bakterien, ↗ Algen und Flechten (↗ Lichenes), manche Pilzmycelien und diverse Moose (↗ Bryophyta). Bei den ↗ Kormophyten sind Sporen, Pollen und Samen oft trockenresistent. Selbst vegetative Organe wie Blätter und Sprossachse sind bei manchen Farnpflanzen (z. B. dem Milzfarn *Ceterach officinarum*, ↗ Leptosporangiatae), manchen ↗ Gesneriaceae und einigen Vertretern der ↗ Scrophulariaceae sowie manchen südamerikan. Gräsern austrocknungsresistent. Unter den ↗ Gymnospermae sind jedoch keine austrocknungsresistenten Arten bekannt. Auf physiologischer Ebene zeigt sich die T. in einem erhöhten Wasserbindungsvermögen des Protoplasmas und einem erhöhten osmotischen Wert.

Die meisten Kormophyten sind *homoiohydrisch*, d. h., sie können ihren Wasserhaushalt aktiv regeln. Dies geschieht durch eine Steuerung der Transpiration über die ↗ Stomata. Ihre plasmatische T. ist meist weniger ausgeprägt als bei den Thallophyten, dafür erreichen die Kormophyten ihre T. durch bestimmte morphologische Besonderheiten. So entwickeln viele einen xeromorphen Typus mit Reduktion der transpirierenden Oberfläche, ↗ Sukkulenz, Ausbildung dicker Wachs- und Cuticulaschichten zum Einschränken des Wasserverlustes und z. T. Ausbildung eines verstärkten Wurzelsystems. Dieses ist entweder sehr flach und ausgedehnt und kann im Extremfall die Nebelfeuchte nutzen (z. B. *Welwitschia mirabilis* in der Namib-Wüste) oder im Gegenteil besonders tiefwurzelnd. Bei manchen Arten kann das Wurzelsystem bis zu sechs Mal länger sein als der oberirdische Spross (z. B. beim Feld-Mannstreu *Eryngium campestre*, ↗ Apiaceae). Der Wirkungsbereich des Wurzelsystems kann durch ↗ Mykorrhiza noch zusätzlich erweitert werden. Andere Maßnahmen zum Schutz vor einem erhöhten Wasserverlust sind das Falten oder Einrollen der Blätter oder deren Abwurf in Dürrezeiten. (↗ Xerophyten)

Troglobionten, die ↗ Höhlenbewohner.

Troglodytidae, *Zaunkönige*, vorwiegend in der Neuen Welt verbreitete Fam. der Singvögel (↗ Passeres) mit kleinen, kurzschwänzigen Arten. Einzige holarktische Art ist der nur 9,5 cm große *Zaun-*

könig (Troglodytes troglodytes), mit brauner, dunkel gebänderter Oberseite, unterseits heller; typisch ist der fast immer hochgestellte Schwanz. Der Zaunkönig hält sich bevorzugt in dichtem Gebüsch in Bodennähe auf. Sein Gesang ist eine laute Folge schmetternder Triller. Die Männchen bauen mehrere kugelförmige Nester, von denen eins von einem Weibchen ausgewählt wird. Zaunkönige sind Teilzieher, die bis in den nördlichen Mittelmeerraum ziehen. Bei uns überwinternde Individuen können in kalten Nächten Schlafgemeinschaften an geschützten Stellen bilden.

Trogoniformes, *Trogons*, Ord. der Vögel mit 37 in tropischen Regionen verbreiteten Arten, die einen langen Schwanz und prächtig gefärbtes Gefieder haben. Zu den T. gehört u. a. der von den Indianern Mittelamerikas als heilig verehrte Quetzal (*Pharomachrurus mocina*).

Trombiculidae, *Herbstmilben, Laufmilben*, Fam. der Milben (↗ Acari) mit bodenlebenden, räuberischen Arten. Ihre so genannten Larven schlüpfen im Spätsommer und parasitieren an Säugetieren einschließlich dem Menschen. Das Gewebe rund um die Einstichstelle wird durch ihren Speichel aufgelöst und von der Milbe aufgesaugt; es bilden sich stark juckende Papeln, wobei der Juckreiz noch einige Tage nach dem Befall anhält. Der Befall durch die in Eurasien und Nordamerika beheimatete, bis 2 mm große *Erntemilbe (Trombicula autumnalis)* erfolgt oft in Gärten mit liegengebliebenem Rasenschnitt und unsachgemäß angelegten Komposthaufen, da diese einen optimalen Lebensraum für die Milben bilden.

Trommelfell, 1) *Tympanum*, die schwingende Membran in den ↗ Tympanalorganen der Insekten. 2) *Membrana tympani*, häutige Membran des Säugerohres (↗ Ohr), die den Gehörgang zum Mittelohr hin abschließt.

Trommelfellorgane, die ↗ Tympanalorgane.

Trompetentierchen, *Stentor*, Gatt. der zu den ↗ Ciliata (Ciliophora) gehörenden Heterotricha. T. sind Wimpertierchen mit trompetenartig erweitertem Mundfeld und schlankem, am Substrat verankertem Hinterkörper; sie können sich vom Substrat loslösen und mit abgekugeltem Körper herumschwimmen. Im Süßwasser leben mehrere häufige Arten. *Stentor roeseli* (bis 1 mm) hat ein stielförmiges Hinterende, das in einem Gallertgehäuse sitzt. *Stentor polymorphus* (1 - 2 mm) lebt in nährstoffreichen Gewässern und ist durch Zoochlorellen grün gefärbt. *Stentor coeruleus* (1 - 2 mm) kommt oft massenhaft in organisch verschmutzten Gewässern vor; im Plasma liegen Pigmentkörnchen, die dem Tier die blaugrüne Färbung verleihen.

Tropaeolales, Ord. der ↗ Rosopsida mit dorsiventralen, gespornten Blüten und Spaltfrüchten. Zur einzigen Fam. Tropaeolaceae gehört die als Zierpflanze bekannte Kapuzinerkresse (*Tropaeolum majus*).

Tropan, *8-Methyl-8-azabicyclo[3.2.1]octan*, der Grundkörper der ↗ Tropan-Alkaloide.

Tropan-Alkaloide, *Tropa-Alkaloide*, Esteralkohole, bei denen die vom ↗ Tropan abgeleiteten bizyklischen Aminoalkohole *Tropin*, *Ψ-Tropin* und *Ecgonin* mit verschiedenen organischen Säuren verestert sind. Nach ihrem Vorkommen unterscheidet man: 1) *Solanaceen-Alkaloide* (Belladonna- oder Datura-Alkaloide), die sich vom Tropin ableiten. Hierzu gehören u. a. Hyoscyamin, ↗ Atropin und ↗ Scopolamin. 2) *Coca-Alkaloide*, die sich vom Ecgonin bzw. Ψ-Tropin ableiten und zu denen u. a. ↗ Cocain gehört.

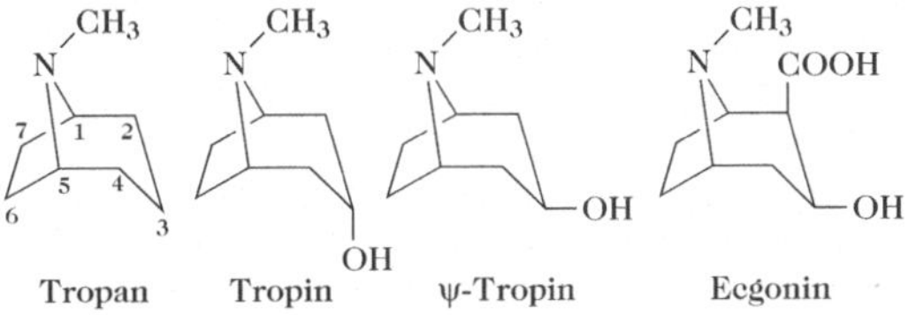

Tropan-Alkaloide Die wichtigsten Grundkörper der Tropan-Alkaloide

Tropen, durch die beiden Wendekreise (23,5° nördlicher und südlicher Breite) begrenzte Klimazone beiderseits des Äquators mit geringen oder fehlenden jährlichen Temperaturschwankungen, höheren Schwankungen innerhalb eines Tages und hohen Niederschlägen im Kerngebiet um den Äquator.

Trophie, in der ↗ Limnologie die Menge der Biomasse und die Intensität der fotoautotrophen Organismen eines Gewässers, also die Höhe der ↗ Primärproduktion. Gegensatz: ↗ Saprobie

Trophieebene, *Ernährungsstufe*, eine Stufe in der ↗ Nahrungskette oder im ↗ Nahrungsnetz eines Ökosystems. In einer T. werden alle Organismen mit gleicher Ernährungsweise zusammengefasst. Die unterste T. bilden die ↗ Produzenten, ihnen folgen ↗ Konsumenten verschiedener Ordnung.

Trophieklassen, bei Seen und Talsperren nach Phosphatgehalt, Phytoplanktondichte, Sichttiefe und Sauerstoffsättigung unterteilte Stufen der unter anthropogenem Einfluss entstandenen Eutrophierung. Man unterscheidet extrem nährstoffarme *ultra-oligotrophe* Seen, *oligotrophe* also nährstoffarme, klare Seen mit wenig Phytoplankton, *mesotrophe* Seen mit geringem Nährstoffgehalt und geringer Trübung aber erhöhter Phytoplanktonproduktion, *eutrophe* d. h. nährstoffreiche, trübe Seen mit hoher Phytoplanktonproduktion und stark getrübte Seen mit Nährstoffüberschuss und extremer Entwicklung von Phytoplankton, die man als *hypertroph* bezeichnet.

trophische Beziehungen, ↗ Nahrungsbeziehungen.

trophischer Koeffizient, *Futterkoeffizient*, Maß für den Grad der Umwandlung der Nahrung in körpereigene Biomasse.

Trophobiose, *Nährsymbiose*, symbiontische Beziehung, bei der eine Art der anderen nährstoffreiche Exkremente oder Sekrete als Futter anbietet und dafür von der wehrhaften anderen Art gegen Fressfeinde geschützt wird. T. findet man u. a. bei verschiedenen Ameisen und Pflanzensaft saugenden Insekten wie Blattläusen, Schildläusen und Zikaden. Die Ameisen erhalten von den Blattläusen zuckerhaltigen Honigtau, der in Borsten in der Aftergegend präsentiert wird. Im Gegenzug werden diese gegen Feinde geschützt und ihre Eier und Jungtiere von den Ameisen gepflegt.

Trophoblast, ↗ Blastocyste.

Trophocyten, *Nährzellen*, *nurse cells*, Zellen, die der heranwachsenden Eizelle (Oocyte) Biosyntheseprodukte liefern. Zur Bewältigung der enormen Syntheseleistung während der Oogenese wird die Eizelle über cytoplasmatische Verbindungen insbesondere auch mit mRNA versorgt. Bei Insekten sind Nährzellen meist Schwesterzellen der Oocyte; der Verband aus Eizelle und Nährzelle entsteht durch ein- oder mehrfache unvollständige Teilung einer Keimbahnzelle und enthält daher 2n Zellen (n = Zahl der Mitosen). Die Tochterzellen bleiben durch Cytoplasmabrücken verbunden, durch die der Stofftransport zur Oocyte erfolgt. (↗ Oogenese)

Trophoektoderm, äußere Zellschicht im frühen Säugetierembryo, die sich zu extraembryonalen Strukturen wie der ↗ Placenta entwickelt. (↗ Furchung)

trophogene Zone, oberste lichtdurchflutete Zone eines Gewässers, in der es durch fotoautotrophe Organismen zu einer Primärproduktion kommt. Gegensatz: ↗ tropholytische Zone

tropholytische Zone, tiefere undurchlichtete Wasserschichten, in denen die in der ↗ trophogenen Zone gebildeten organischen Bestandteile abgebaut werden.

Trophomorphose, bei Pflanzen Bez. für eine nährstoffbedingte Veränderung der Gestalt der gesamten Pflanze oder einzelner Pflanzenorgane (↗ Morphose).

Trophosom, bei allen ↗ Pogonophora vorhandenes, hochspezialisiertes Gewebe, das chemolithotrophe Bakterien enthält, die vermutlich die Hauptnahrungsquelle der Pogonophora sind.

trophotrop, auf die Ernährung (Trophik) gerichtet, der Erholung des Organismus dienend. Gegensatz: ↗ ergotrop

Tropine, die ↗ glandotropen Hormone.

tropischer Regenwald, im Wesentlichen auf die äquatoriale Zone beschränktes, artenreichstes terrestrisches ↗ Biom, dessen Klima gekennzeichnet ist durch kaum schwankende Temperaturen (im Mittel zwischen 24 und 28 °C) und eine jährliche Niederschlagsmenge von 2000 bis über 6000 mm, meist ohne ausgeprägte Trockenzeit. Charakteristisch ist ein ausgeprägtes Tageszeitenklima mit Temperaturschwankungen von bis zu 12 °C. Die Luftfeuchtigkeit kann nach den täglichen Regengüssen annähernd 100 % betragen und bei starker Sonneneinstrahlung auf bis zu 25 % absinken. Die nährstoffarmen Böden mit einem außerordentlich geringen Gehalt an Calcium, Stickstoff und Phosphor sind meist Roterden (↗ Latosol). Fast das gesamte Nährstoffpotenzial dieses Ökosystems ist in der üppigen Vegetation enthalten, abgestorbene Pflanzenteile werden – begünstigt durch das Klima – rasch wieder mineralisiert und von dem oberflächlich angelegten Wurzelsystem der Regenwaldbäume wieder aufgenommen. Eine wirtschaftliche Nutzung der Tropenwälder durch Rodung führt demnach zu einer schnellen Mineralisierung und anschließender Auswaschung der Nährstoffe aus dem Boden, die damit unwiederbringlich verloren sind.

Da das flache Wurzelsystem keine ausreichende Verankerung der Bäume im Boden gewährleistet, haben sich vielfach ↗ Brettwurzeln zur Abstützung ausgebildet. An besonders nassen Standorten ist auch die Ausbildung von ↗ Stelzwurzeln typisch. Als Anpassung an den täglichen Wechsel zwischen Strahlungsintensität und Regengüssen sind die Blätter glatt, lederartig und mit einer Träufelspitze versehen. Häufig findet man unter den klimatischen Bedingungen des Regenwalds eine *Laubausschüttung*, das Flächenwachstum der Blätter erfolgt sehr rasch. Da das ↗ Festigungsgewebe und auch das ↗ Chlorophyll erst allmählich gebildet werden, sind diese neuen Blätter zunächst weißlich und hängen schlapp nach unten. Die bei Regenwaldbäumen der unteren Baumschicht ebenfalls häufige ↗ Cauliflorie wird als Anpassung an die Bestäubung durch Fledermäuse gewertet.

Man unterscheidet den artenärmeren *Tiefland-Regenwald* vom höher gelegenen *Gebirgsregenwald* in nebelreichen Lagen. Ab etwa 2500 bis 4000 m werden die montanen Regenwälder von den *subalpinen Nebelwäldern* abgelöst. Das dichte Kronendach des Tiefland-Regenwalds erlaubt wegen des geringen Lichteinfalls nur einen geringen Unterwuchs, während im lichteren Gebirgsregenwald eine Vielzahl von Sträuchern, Kräutern, ↗ Epiphyten und Lianen (↗ Kletterpflanzen) mit deutlicher Schichtung zu finden ist. Unter den Epiphyten findet man zahlreiche Farne, in Südamerika aber auch eine Vielzahl Ananas-Gewächse (↗ Bromeliaceae), Orchideen (↗ Orchidaceae) und sogar Vertreter der Kakteen (↗ Cactaceae). Auch das

Tropischer Regenwald Schema der verschiedenen Schichten des tropischen Regenwalds. 1 hartblättrige Epiphyten (z. B. Bromeliaceae), 2 weichblättrige Epiphyten (z. B. Begoniaceae), 3 epiphytische Orchideen, 4 Palmen, 5 Spreizklimmer, 6 obere Baumschicht (Höhe 40 bis 60 m), 7 Lianen, 8 weichblättrige Kräuter, 9 Farne, 10 Cauliflorie, 11 Riesenstauden (z. B. Banane), 12 Baumwürger (z. B. *Ficus*), 13 niedrige Kräuter (Nach: Klötzli, Ökosysteme, [3]1993)

Vorkommen so genannter *Hemiepiphyten* ist häufig. Darunter versteht man Pflanzen, die zunächst als Epiphyten keimen, später aber ↗ Luftwurzeln ausbilden, die den Boden erreichen. Hierzu gehören die *Würgerbäume*, deren Luftwurzeln den Tragstamm umgeben, ihn am Dickenwachstum hindern und so zum Absterben bringen. Das Luftwurzel-Gerüst wird dann zum Stammsystem eines selbstständigen Baumes. Die Artendichte ist sehr hoch (im Durchschnitt 100 bis 200 Arten pro Hektar) und kann in Extremfällen bis zu 400 Arten pro Hektar betragen, die Individuendichte ist jedoch sehr gering und erfordert daher effektive Bestäubungs- und Verbreitungsmechanismen.

Die Schichtung des Waldes führt zu einer Vielzahl verschiedener Biotope mit unterschiedlichen mikroklimatischen Bedingungen, die Lebensraum für eine unüberschaubare Anzahl tierischer Lebewesen bietet. Bemerkenswert ist, dass einzelne Baumarten über spezielle Tiergesellschaften verfügen, die mehrere Tausend Arten umfassen können. Eine sehr große Artenvielfalt haben neben den Gliederfüßern (↗ Arthropoda) auch die Amphibien (↗ Amphibia), während bei Reptilien, Vögeln und Säugetieren die Vielfalt geringer ist.

Das größte zusammenhängende Regenwaldgebiet ist das Tiefland des Amazonas und seiner Nebenflüsse in Südamerika. Seine Ausdehnung umfasst von West nach Ost 3600 km, von Nord nach Süd 2800 km. Ein kleineres Regenwaldgebiet befindet

sich als Gürtel an der Ostküste Brasiliens. Auch im tropischen Asien gibt es ein großes Regenwald-Areal, das sich von Nord-Indien, Burma, Indochina und Thailand über die malaiisch-indonesisch-philippinische Inselwelt bis zur nordostaustralischen Küste ausdehnt. In Afrika ist der Regenwald auf ein Gebiet im Kongo-Becken beschränkt, ansonsten gibt es verstreut nur kleinere Waldgebiete.

Die tropischen Regenwälder gehören zu den besonders stark gefährdeten Ökosystemen. Holznutzung und die im Wanderfeldbau angewandte ↗ Brandrodung haben zahlreiche Gebiete stark gestört oder zerstört. An diesen Stellen bilden sich artenärmere typische Ersatzgesellschaften, die man als *Sekundärwald* bezeichnet.

Tropismus, eine durch Umweltreize erzeugte Orientierungsbewegung festsitzender Organismen, die sich vor allem bei Pflanzen, aber auch bei sessilen Tieren beobachten lässt. Je nachdem, ob sich zur Reizquelle hin oder von dieser weg gerichtet wird, unterscheidet man *positiven T.* und *negativen T.* Wichtige Formen des T. sind ↗ Chemotropismus, ↗ Fototropismus, ↗ Geotropismus und ↗ Thigmotropismus.

Tropomyosin, ein Protein, das mit ↗ Actin, sowohl im ↗ Muskel als auch im Cytoskelett anderer Zellarten, verknüpft ist. T. ist ein Heterodimer aus zwei umeinander gewundenen, selbst helikalen, fibrillären Untereinheiten von etwa 40 nm Länge und einem Gesamtdurchmesser von 2 nm. Im quer gestreiften Muskel spielt es zusammen mit ↗ Troponin eine wichtige Rolle bei der Regulation der Kontraktionszyklen des Muskels. In anderen Geweben ist T. mit einem Teil der Mikrofilamente assoziiert, wodurch möglicherweise F-Actin stabilisiert wird.

Troponin, ein gemeinsam mit ↗ Myosin, ↗ Actin und ↗ Tropomyosin im Skelettmuskel der Wirbeltiere enthaltener löslicher Komplex aus drei Proteinen, von denen eines mit ↗ Calmodulin und Parvalbuminen strukturell verwandt ist und die Ca^{2+}-Sensitivität des gesamten Komplexes vermittelt. Bei Erregung erfährt T. durch Anlagerung von Ca^{2+}-Ionen eine Konformationsänderung, wodurch T. und Tropomyosin eine Bewegung ausführen, Tropomyosin die entsprechende Bindungsstelle auf dem Actin zugunsten von Myosin freimacht und sich der Komplex aus Actin und Myosin bildet (↗ Muskel).

Tropophyten, an wechselfeuchte Standorte, d. h Standorte mit einem periodischen Wechsel zwischen Regen- und Trockenzeit oder Jahreszeiten mit ausgesprochenen Vegetationsperioden und vegetationsfeindlichen Perioden angepasste Pflanzen. Mit Ausnahme der xeromorph gebauten Pflanzen wird während der ungünstigen Jahreszeit der Entwicklungsgang der Pflanze unterbrochen. Dies geschieht entweder durch Laubabwurf (↗ Abscission) sommergrüner Bäume und Sträucher, durch Absterben bis auf die Erneuerungsknospen (↗ Kryptophyten, ↗ Hemikryptophyten) oder durch Samenbildung. Zu den T. zählen viele Steppen- und Wüstenpflanzen, aber auch die meisten einheimischen Pflanzen.

Trottellumme, Art der Alken (↗ Alcidae).

Trp, Abk. für ↗ Tryptophan.

Trüffel, *Echte Trüffel*, *Tuber*, zu den ↗ Pezizales gehörende Gatt. der Schlauchpilze (↗ Ascomycetes) mit rund 50 Arten, die in warmen Wäldern Europas und Nordamerikas in Mykorrhiza-Symbiose mit Waldbäumen leben. Der kartoffelähnliche Fruchtkörper hat eine raue, dunkle Rinde und wächst unterirdisch. T. sind seit dem Altertum als Speisepilze geschätzt. Sie werden mit Hilfe von abgerichteten Hunden und Schweinen aufgespürt.

Trugdolde, die ↗ Scheindolde.

Trughirsche, *Odocoilinae*, Unterfam. der Hirsche (↗ Cervidae). ↗ Elch, ↗ Rehe, ↗ Rentier

Truncus , 1) *Botanik*: der ↗ Stamm.

2) *Zoologie*: anatomische Bez. für den Hauptteil (Stamm) von Blutgefäßen, Nerven (z. B. Truncus sympathicus, der ↗ Grenzstrang) oder des Körpers, den Rumpf.

Truncus sympathicus, der ↗ Grenzstrang.

Trupiale, Fam. der Singvögel (↗ Passeres).

Truthühner, die Fam. ↗ Meleagrididae.

Trypanosoma, Gatt. der ↗ Trypanosomatidea, in der sich eine Reihe wichtiger Krankheitserreger bei Wirbeltieren befindet. Überträger und Zwischenwirte sind meist Fliegen (↗ Tsetsefliegen u. a. Arten der ↗ Muscidae), aber auch Raubwanzen (übertragen z. B. *Trypanosoma cruzi*) und Bremsen (übertragen z. B. *Trypanosoma equinum*). Einige Arten

Trypanosoma Auswahl wichtiger Krankheitserreger der Gatt. *Trypanosoma* (verändert nach Mehlhorn und Piekarski, 1955)

Art	Wirte	Verursachte Krankheit	Symptome	Überträger
T. brucei brucei	Pferde, Schweine, Nagetiere, Wiederkäuer	Nagana-Seuche	Fieber, Meningoencephalitis, Lähme	Tsetsefliegen *(Glossina)*
T. brucei gambiense	Mensch, Affen	Schlafkrankheit	Schwellung der Nackenlymphdrüsen, Ödeme	Arten der Gatt. *Glossina*
T. brucei rhodesiense	Mensch, im Experiment auch Ratten	Schlafkrankheit	Meningoencephalitis, Fieber, Schlafsucht	Arten der Gatt. *Glossina*
T. congolense	Wiederkäuer, Raubtiere	Nagana-Seuche	Anämie	Arten der Gatt. *Glossina*
T. cruzi	Mensch, Haustiere	Chagas-Krankheit	Ödeme, Myokarditis, Schädigungen des Zentralnervensystems	Raubwanzen-Gatt. *Triatoma* und *Rhodnius*
T. equiperdum	Pferde	Beschälseuche	Schwellung der Genitalien, Lähmungen	mechanisch bei der Kopulation
T. braziliensis	Mensch	Schleimhautleishmaniasis	Läsionen an Haut, Schleimhäuten und Knorpel	Arten der Gatt. *Phlebotomus*

durchlaufen in den Zwischenwirten tiefgreifende morphologische Veränderungen, wie z. B. Veränderungen der Geißelansatzstelle oder Änderungen in der Mitochondrienstruktur. Während die promastigote und die epimastigote Form vorwiegend in Wirbellosen ausgebildet werden, findet sich die trypomastigote Form und intrazellulär das amastigote Stadium bei Wirbeltieren. Die Infektion des Wirts erfolgt durch Speichel, erbrochenen Darminhalt während des Saugakts, über Kontakt mit Fäzes, durch Geschlechtsverkehr bzw. Kopulation (bei Nutztieren) und durch Bluttransfusion. Die pathogene Wirkung ist bei Blutparasiten im Wesentlichen auf giftige Stoffwechselprodukte und bei intrazellulären Parasiten auf Zell- und Gewebeschädigungen zurückzuführen.

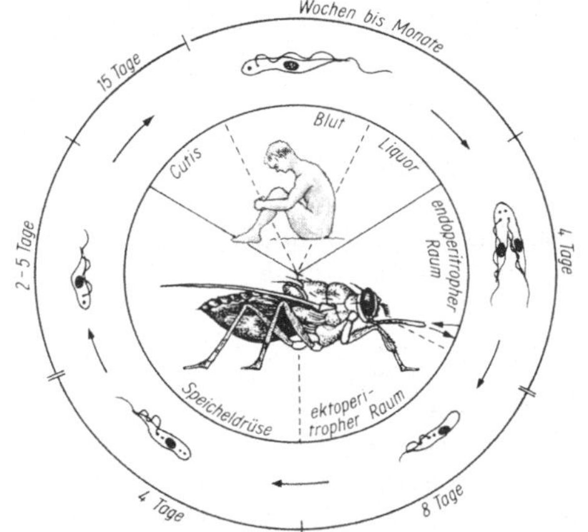

Trypanosoma Entwicklungszyklus von *Trypanosoma gambiense*, dem Erreger der Schlafkrankheit. Der innere Kreis zeigt die Wirte, der äußere die jeweiligen Parasitenstadien. Die Zeitangaben sind die jeweiligen Mindestentwicklungszeiten (nach Dönges 1980)

Trypanosomatidea, Taxon ausschließlich endoparasitisch lebender ↗ Einzeller mit nur einer glatten Geißel, die entweder frei schwingt oder über mehrere Punkte mit der Zelloberfläche in Kontakt ist, die dadurch zu einer undulierenden Membran wird. T. sind sehr vielgestaltig, typische Morphen sind: *amastigote* Form (*Leishmania-Form*), runde Zellen, bei denen die Geißel nicht aus dem Geißelsäckchen hervortritt und daher lichtmikroskopisch nicht sichtbar ist; *promastigote* Form (*Leptomonas-Form*) mit einer Geißel am Vorderende der länglichen Zelle; *epimastigote* Form (*Crithidia-Form*) mit einer in der Zellmitte der länglichen Zelle ansetzenden Geißel und *trypomastigote* Form (*Trypanosoma-Form*) mit einer am Hinterende ansetzenden Geißel, die mit der Zelloberfläche eine undulierende Membran bildet. T. sind vor allem in den tropischen und subtropischen Regionen verbreitet und befallen Tiere und Pflanzen, wobei sie

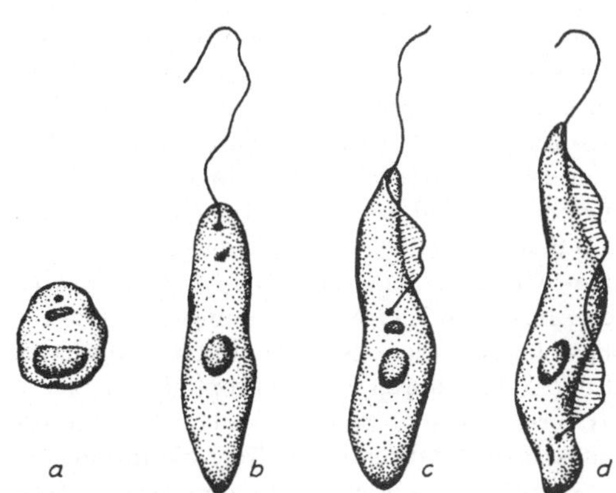

Trypanosomatidea Nomenklatur der verschiedenen Morphen (die alte Bez. steht in Klammern). a amastigot (*Leishmania-Form*), b promastigot (*Leptomonas-Form*), c epimastigot (*Crithidia-Form*), d trypomastigot (*Trypanosoma-Form*)

z. T. gefährliche Erkrankungen hervorrufen (↗ Leishmania, ↗ Trypanosoma). Die pflanzenparasitischen Arten der Gatt. *Phytomonas* können wirtschaftlich bedeutende Schäden in Kaffeepflanzungen und an Kokospalmen verursachen.

Trypanosomiasis, Überbegriff für Krankheiten, die durch einzellige Parasiten der Gattung ↗ Trypanosoma hervorgerufen werden.

Trypsin, ein zu den Serinproteasen gehörendes Protein spaltendes Verdauungs-Enzym, das von der ↗ Bauchspeicheldrüse in Form der inaktiven Vorstufe *Trypsinogen* gebildet, in den Dünndarm sezerniert und durch Abspaltung eines Hexapeptids in die aktive Form übergeführt wird. T. spaltet als Endopeptidase (↗ Proteinasen) bevorzugt denaturierte Proteine an den Positionen der basischen Aminosäuren ↗ Arginin und ↗ Lysin. Aufgrund dieser Spezifität ist T. ein wertvolles Hilfsmittel zur Sequenzanalyse von Proteinen. Die Aminosäuresequenz (223 Aminosäuren bei Rinder-T.) und Kettenkonformation des T. zeigt Homologie zu anderen Proteasen, wie ↗ Chymotrypsin und ↗ Elastase, die im aktiven Zentrum besonders ausgeprägt ist. Dem T. ähnliche Enzyme finden sich auch bei zahlreichen Wirbellosen wie Krebsen und Insekten.

Trypsinogen, die inaktive Vorstufe (Zymogen) von ↗ Trypsin.

Tryptamin, *β-Indolyl-(3)-ethylamin*, ein biogenes Amin, das durch Decarboxylierung aus der Aminosäure ↗ Tryptophan entsteht. T. wirkt stimulierend auf die glatte Muskulatur von Blutgefäßen und Gebärmutter sowie auf das Zentralnervensystem.

Tryptophan, Abk. *Trp* oder *W*, *α-Amino-β-indolylpropionsäure*, eine der 20 proteinogenen ↗ Aminosäuren. Aufgrund der β-Indolyl-Seitenkette zählt T. zu den aromatischen Aminosäuren. Der menschliche Organismus kann T. nicht selbst aufbauen, weshalb es zu den essenziellen Aminosäuren gerechnet wird. Vorstufen zur Biosynthese des T. sind Erythrose-4-phosphat und Phosphoenolpyruvat, die in mehreren Stufen über ↗ Shikimisäure und Chorisminsäure zu Anthranilsäure umgewandelt werden. Diese reagiert mit 5-Phosphoribosyl-1-pyrophosphat zu Indolglycerin-3-phosphat, das im letzten Schritt, katalysiert durch das Enzym Tryptophan-Synthetase, mit Serin zu T. umgesetzt wird. Durch Abbau von T. entstehen mehrere stoffwechselphysiologisch wichtige Metaboliten. Eingeleitet wird der Abbau durch die Tryptophan-Pyrrolase-katalysierte, oxidative Spaltung zu Formyl-Kynurenin, das über Kynurenin, Hydroxykynurenin, 3-Hydroxyanthranilsäure und Chinolinsäure zu Nicotinsäure und NAD bzw. zu den Ommochromen umgewandelt werden kann. Ferner können aus Tryptophan das ↗ Tryptamin durch ↗ Decarboxylierung, das pflanzliche Hormon Indol-3-essigsäure (↗ Auxine), ↗ Serotonin und ↗ Melatonin entstehen. T. ist in Nahrungsproteinen in relativ geringer Menge enthalten, besonders arm an T. sind Maisproteine.

Tryptophan

Tryptophan-Operon, das bei *Escherichia coli* vorkommende ↗ Operon, das die fünf Gene enthält, die für die Biosynthese der Aminosäure ↗ Tryptophan aus Chorismat erforderlich sind. Bei Abwesenheit von Tryptophan im Wachstumsmedium wird die Expression der Gene angeschaltet; ist die Aminosäure hingegen vorhanden, fungiert sie als *Corepressor* und bindet zusammen mit dem *trp-Repressor* an den Operator des Operons. Neben diesem negativen Regulationsmechnismus zeichnet sich das T. - O. durch einen weiteren Kontrollmechanismus aus, der als *Attenuation* (Abschwächung) bezeichnet wird und der Feinabstimmung der Biosynthese dieser Aminosäure dient. Er basiert auf der Kontrolle der Transkriptionsrate durch intramolekulare Sekundärstrukturen in der polycistronischen mRNA des Operons. Diese bilden sich wiederum in Abhängigkeit der Translationsrate und somit der Verfügbarkeit der Aminosäure Tryptophan. Fehlt sie, kommt es zur Fortsetzung der mRNA-Synthese, weil die Sekundärstrukturen nicht gebildet werden. Die Translationsgeschwindigkeit wird somit durch die Konzentration des Endproduktes reguliert. (↗ Arabinose-Operon, ↗ Lactose-Operon)

Tschermak, (*Czermak*), *Erich, Edler von Seysenegg*, österr. Botaniker, ✳ 15.11.1871 Wien, † 11.10.1962 Wien; ab 1906 Prof. in Wien. T. gehört mit C.E. ↗ Correns und H. de ↗ Vries zu den Wiederentdeckern der ↗ Mendel-Regeln (1900). Er wandte als einer der ersten die Erkenntnisse der klassischen Genetik konsequent auf die Pflanzenzüchtung an und züchtete zahlreiche landwirtschaftlich und gärtnerisch wichtige Pflanzenhybride.

Tschernosem, Bodentyp einer ↗ Schwarzerde.

Tsetsefliegen, *Glossina*, Gatt. der Fliegen (↗ Brachycera) mit 25 Arten im tropischen Afrika bzw. einer Art in Südarabien. T. sind 6,5 - 12 mm lang und meist braunschwarz oder braungrau. In Ruhehaltung halten sie ihren Stechrüssel waagerecht nach vorne gestreckt. Beide Geschlechter saugen Blut an Wirbeltieren, einige auch am Menschen, T. nehmen gelegentlich jedoch auch Nektar auf. Beim Stechvorgang können T. Parasiten der Gatt. ↗ Trypanosoma auf die Wirtstiere übertragen.

TSH, Abk. für *thyreoidstimulierendes Hormon* (↗ Thyreotropin).

Tsuga, Gatt. der Fam. ↗ Pinaceae.

T-Suppressorzellen, ↗ T-Lymphocyten.

T-Tubuli, *Transversal-Tubuli*, ↗ Muskel.

Tuba auditiva, *Tuba eustachi*, die ↗ Eustachi-Röhre.

Tuba uterina, *Ovidukt*, der ↗ Eileiter.

Tuber, die Gatt. ↗ Trüffel.

Tuberkelbakterien, ↗ Tuberkulose.

Tuberkulose, Abk. *Tb* oder *Tbc*, *Schwindsucht*, durch *Mycobakterium tuberculosis* (↗ Mycobakterium) hervorgerufene Infektionskrankheit. Die Ansteckung erfolgt dabei meist durch Tröpfcheninfektion, seltener durch Schmierinfektion. Die Primärinfektion führt zunächst zur Bildung von *Tuberkeln*, das sind Aggregate aktivierter Makrophagen, in denen sich die Tuberkelbakterien intrazellulär vermehren. Diese heilen meist folgenlos ab und führen dann zu einer lebenslangen ↗ Immunität, können aber auch jahrelang in den Makrophagen überleben und bei einer Abwehrschwäche des Organismus zu einer Ausbreitung in der Lunge und in anderen Organen des Körpers führen. Bei einer *offenen T.* werden aus Herden an der Oberfläche des Lungenepithels durch Auswurf oder Speichel Bakterien abgegeben, eine *geschlossene T.* hat sich dagegen abgekapselt und ist nicht mehr infektiös. Die Krankheit ist heute durch chirurgische Maßnahmen und die Einnahme von ↗ Antibiotika beherrschbar, die früher übliche Schutzimpfung (↗ aktive Immunisierung) wird nicht mehr angewandt.

Tubifex, zu den ↗ Oligochaeta gehörende Gatt. der Ringelwürmer (↗ Annelida). Die Arten sind Bewohner der obersten Schlammschichten der Gewässer, meist limnisch, seltener marin. Sie bauen Röhren aus Hautschleim und Schlamm und leben von organischen Zersetzungsstoffen im Schlamm. Die bekannteste Art bei uns ist *Tubifex tubifex*, der *Schlammröhrenwurm*. Er ist 2,5 - 8,5 mm lang, weltweit verbreitet und euryök und kommt besonders auch in stark verschmutzten Gewässern vor, denn Tubifex vermag noch unter extrem schlechten Sauerstoffbedingungen zu atmen. Die Sauerstoffaufnahme erfolgt über den Enddarm, weshalb die Tiere ihr Hinterende aus der Röhre herausstrecken und mit schlängelnden Bewegungen Wasser heranpumpen; sie können auch ohne Sauerstoff bis zu 48 Stunden auskommen, wobei sie die Energie durch ↗ Glykolyse gewinnen. *Tubifex tubifex* ist als käufliches Lebendfutter bei Aquarianern beliebt.

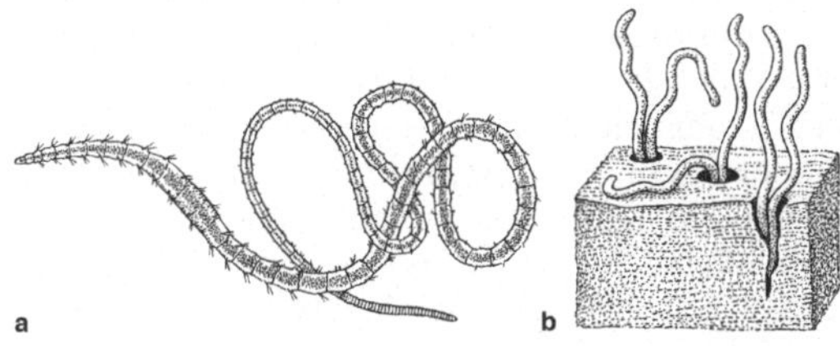

Tubifex a Schlammröhrenwurm (*Tubifex tubifex*), b mit dem Vorderende in ihrer Schlammröhre steckende Schlammröhrenwürmer

Tubificida, Gruppe der ↗ Oligochaeta. (↗ Tubifex)

Tubulidentata, *Röhrchenzähner*, Ord. der Säugetiere (↗ Mammalia) mit einer einzigen rezenten Art, dem in Afrika südlich der Sahara verbreiteten *Erdferkel (Orycteropus afer)*. Die T. gehören systematisch zu den Huftieren, unter denen sie eine Sonderstellung innehaben. Erdferkel haben einen plumpen Körper (Körperlänge etwa 110 cm) mit stark gewölbtem Rücken und bis 70 cm langem, muskulösem Schwanz. Die hinteren Extremitäten sind länger als die vorderen, die Hinterfüße haben fünf Zehen, die zu Grabklauen umgewandelten Vorderfüße vier. Die Zehen haben lange und kräftige Nagelhufe. Die Haut ist grau bis rosa und nur spärlich behaart. Der lange Kopf hat eine schweineähnliche Schnauze. Das Gebiss besteht nur aus Backenzähnen, deren Feinstruktur einzigartig unter den Säugetieren ist: Jeder Zahn besteht aus etwa Tausend senkrecht stehenden Dentinröhrchen (Name!), die von außen durch eine durchgehende Zementschicht zusammengehalten werden. Erdferkel ernähren sich überwiegend von Termiten u. a. Insekten, manchmal auch von Kürbissen. Sie sind nachtaktiv und verbringen den Tag in selbstgegrabenen unterirdischen Bauen. Sie sind Einzelgänger, die sehr unterschiedliche Lebensräume bewohnen.

Tubulin, der monomere Proteinbaustein der ↗ Mikrotubuli, die sich als lange steife Polymere durch das Cytoplasma erstrecken und die Lage der membranumhüllten Organellen u. a. Zellbausteine steuern. T. ist ein Dimer aus zwei weitgehend identischen globulären Proteinen, die als α-T. und β-T. bezeichnet werden.

Tukane, Fam. der Spechtvögel (↗ Piciformes).

Tulipa, Gatt. der Fam. ↗ Liliaceae.

Tulpe, *Tulipa*, ursprünglich in Asien heimische Gatt. der ↗ Liliaceae. Meist einblütige Zwiebelpflanze mit dreizähliger radiärer Blüte. Die T. wird in zahlreichen Sorten schon seit dem 12. Jh. als Zierpflanze kultiviert.

Tulpenbaum, *Liriodendron tulipifera*, zu den ↗ Magnoliaceae gehörender sommergrüner Baum mit großen sechslappigen Blättern und tulpenähnlichen Blüten. Der T. ist in Mitteleuropa ein beliebter Parkbaum.

Tumor, 1) allg. Bez. für eine krankhafte Schwellung eines Organs.

2) eine Gewebewucherung, die auf übermäßige Zellvermehrung zurückzuführen ist (Geschwulst). T. entstehen aus einer einzigen entarteten Zelle (↗ Tumorzellen) und sind somit monoklonal. Je nach Herkunft dieser Zelle spricht man von *Carcinomen* (ektodermal) oder *Sarcomen* (mesodermaler Ursprung). Während die meisten T. feste Strukturen aufweisen, handelt es sich bei ↗ Leukämien um Tumorzellen, die als Einzelzellen vorkommen.

3) ↗ Pflanzentumoren.

Tumordiagnostik, Sammelbez. für die zum Nachweis von Tumoren verwendeten Verfahren. Sie umfassen cytogenetische Verfahren wie die Fluoreszenz-in situ-Hybrisisierung (FISH; ↗ In-situ-Hybridisierung), mit deren Hilfe der Nachweis bestimmter DNA-Sequenzen auf Chromosomen erbracht werden kann, biochemische Nachweismethoden unter Verwendung bestimmter Tumormarker oder Tumorantigene und molekularbiologische Verfahren, mit deren Hilfe mutierte Gene z. B. durch ↗ Polymerasekettenreaktion direkt nachgewiesen werden können. (↗ Krebs, ↗ Tumorzellen)

Tumorpromotoren, ↗ Tumorzelle.

Tumorsuppressoren, *Tumorsuppressorgene*, Gene, die die Bildung von ↗ Krebs fördern, da sie durch Mutationen zur Entstehung von ↗ Tumorzellen führen. Unter normalen Bedingungen kontrollieren sie wie die ↗ Onkogene auch das Wachstum von Geweben und Organen, wobei sie im Unterschied zu ihnen dafür sorgen, dass die Wachstumsprozesse zum richtigen Zeitpunkt beendet werden. Wird die wachstumshemmende Wirkung der T. durch Mutationen verändert oder ausgeschaltet, tritt der für Tumorzellen typische Verlust der *Proliferationskontrolle* auf. T. unterscheiden sich von den wachstumsfördernden Onkogenen auch in einer weiteren wichtigen Eigenschaft. Bei ihnen müssen beide Allele betroffen sein, damit es zur Tumorbildung kommen kann;

eine genetische Prädisposition ist somit gegeben, wenn ein mutiertes Allel bereits über die Keimbahn ererbt wurde. Dadurch lässt sich die *erbliche Form* bestimmter Tumoren wie z. B. Mammacarcinom (Brustkrebs) erklären. Eines der ersten T., das entdeckt wurde, ist das *Rb*-Gen, dessen Genprodukt maßgeblich an der Kontrolle des Zellzyklus beteiligt ist und zuerst beim ↗ Retinoblastom nachgewiesen wurde.

Tumorviren, Bez. für Viren, die die *Transformation* einer normalen Zelle in eine Tumorzelle mit unkontrolliertem Zellwachstum bewirken. Krebszellen (↗ Krebs) haben im Vergleich zu normalen Zellen geringere Wachstumsanforderungen. Daher proliferieren sie stark und bilden große Zellmassen, die man als *Tumoren* bezeichnet. Bösartige (*maligne*) Tumoren zerstören Körpergewebe und Organe. Sie können sich im Körper ausbreiten und Tochtergeschwülste, so genannte *Metastasen* bilden. Gutartige (*benigne*) Tumoren dagegen können vom Körper abgegrenzt werden und vermehren sich nicht. Bei der virusinduzierten Krebsentstehung gibt es verschiedene Wirkmechanismen. Teilweise sind virusspezifische Gene und Proteine für die onkogene Wirkung verantwortlich, teilweise wird aber auch ein im Wirtsgenom vorhandenes zelluläres Onkogen aktiviert oder es wird ein virales Onkogen in die Zelle eingeführt, das einem der zellulären ↗ Onkogene des Wirts homolog ist. Möglicherweise wirken manche T. auch durch das Auslösen von ↗ Mutationen von zellulären Onkogenen krebserregend. Nach der Infektion wird das Genom der meisten T. als *Provirus* in das Genom der Wirtszelle integriert. Bei RNA-Viren ist dies durch eine integrierte ↗ Reverse Transkriptase möglich, die spezifische doppelsträngige DNA synthetisiert. In dieser Beziehung ähneln die T. den ↗ temperenten Phagen der Bakterienzelle. Sämtliche T. sind artspezifisch und nur in bestimmten Organen und Geweben onkogen wirksam. Ein Zusammenwirken von genetischen Faktoren und Umwelteinflüssen wird bei dem zur Familie der Herpesviridae (↗ Herpesviren) gehörenden ↗ Epstein-Barr-Virus deutlich. In Europa und Nordamerika führt es bei nichtimmunen Personen zum gutartig verlaufenden *Pfeiffer'schen Drüsenfieber*, in Afrika dagegen bei bestehender Infektion mit einem Malaria-Erreger (↗ Malaria) und einer ↗ Chromosomenmutation zum bösartigen *Burkitt-Lymphom*. In Asien ruft es ein ebenfalls bösartiges Nasenrachenkarzinom hervor. Weitere menschliche T. sind das zu den Papovaviridae gehörende *Papillomvirus*, das Haut- und Gebärmutterhalskrebs hervorruft, das zu den ↗ Hepatitisviren zählende *Hepatitis-B-Virus*, das mitverantwortlich für die Entstehung des *primären Leberzellkarzinoms* ist und das retrovirale *HTLV 1-Virus*, das die *adulte T-Zell-*

Leukämie bewirkt. Zusätzlich können einige Virusinfektionen durch eine nachhaltige Schwächung des Immunsystems indirekt zu einem erhöhten Krebsrisiko führen. Dies könnte beispielsweise der Grund dafür sein, dass eine Infektion mit dem ↗ Aids verursachenden *HI-Virus* das Risiko für bestimmte Krebsarten erhöht.

Tumorzellen, *Krebszellen*, durch Mutationen genetisch veränderte Zellen, die aufgrund uneingeschränkter Teilung und der Fähigkeit, sich über Lymph- und Blutgefäße zu verbreiten und somit in anderen Geweben anzusiedeln, zur Bildung von Tumoren führen und deshalb häufig als „entartet" (↗ Krebs) bezeichnet werden. Der Verlust von *Proliferationskontrolle* und *Positionskontrolle* sind auf den *Transformation* genannten Vorgang zurückzuführen, bei dem es zu zahlreichen Veränderungen der T. kommen kann. So zeichnen sich T. neben einer häufig aufgrund eines reduzierten Cytoskeletts veränderten Morphologie durch eine hohe Kern-Plasma-Relation aus und weisen deutlich sichtbare Nucleoli auf. Sie neigen zudem zur so genannten Fokusbildung, d. h. sie sind nicht mehr kontaktinhibiert, sodass es zu Überwachsungen kommen kann. Hinzu kommt, dass sich T. vielfach nicht mehr funktionsgerecht verhalten und durch *Dedifferenzierung* ihre ursprünglichen Aufgaben nicht mehr wahrnehmen können. In ihren Plasmamembranen sind neue, so genannte Tumorantigene vorhanden, die in der Tumordiagnostik von Bedeutung sind. Mit bei T. auftretenden Veränderungen in der Genexpression und im Stoffwechsel und damit einhergehenden Veränderungen von intrazellulären Signalketten ist auch das Auftreten von *Tumormarkern* verbunden, mit deren Hilfe sich das Vorhandensein eines Tumors in Körperflüssigkeiten nachweisen lässt.

T. entstehen durch eine Reihe von mutationsauslösenden energiereichen Strahlen sowie Chemikalien, die Tumoren selbst auslösen können (↗ Carcinogene) oder deren Wirkung potenzieren, wenn sie mit diesen gleichzeitig vorhanden sind (*Tumorpromotoren*). Schließlich sind eine Reihe von ↗ Retroviren in ihrer Eigenschaft als *Tumorviren* für die Entstehung von T. verantwortlich. Die Mutationen manifestieren sich dabei vor allem in zwei Gruppen von Krebs fördernden Genen, die als ↗ Onkogene und ↗ Tumorsuppressoren bezeichnet werden. Viele dieser Gene sind während der Embryonalentwicklung aktiv und steuern die Zellproliferation. Sie müssen später inaktiviert werden. Hinzu kommt, dass T. auch durch Mutationen in Genen, die die DNA-Replikation (↗ Replikation) und ↗ DNA-Reparatur negativ beeinflussen, Chromosomenveränderungen erzeugen. Sie werden auch als *Mutatorgene* bezeichnet.

Literatur: Raem, A. M. u. a. (Hg.) Gen-Medizin. Eine Bestandsaufnahme, Heidelberg 2001.

Tümpel, flaches, stehendes Gewässer, das nur zeitweise Wasser führt (periodische Gewässer). Die Wasserverhältnisse wie Temperatur und Sauerstoffgehalt schwanken ständig. (↗ Tümpelbewohner)

Tümpelbewohner, sind charakterisiert durch kurze Entwicklungsphasen. Meist besitzen sie Dauerstadien zum Überdauern von Trockenperioden. Hierzu gehören viele niedere Krebse (↗ Anostraca), deren Dauereier sogar mehrere Jahre Trockenzeit überstehen. Weitere T. findet man unter Vertretern der ↗ Einzeller, Rädertierchen (↗ Rotatoria) und Fadenwürmer (↗ Nematoda). Unter den Insekten (↗ Insecta) sind vor allem die Larven der Stechmücken (↗ Culicidae) typisch; viele Köcherfliegen (↗ Trichoptera) der Fam. Limnephilidae haben eine synchrone Anpassung ihrer Entwicklung an Tümpel mit sommerlicher Austrocknung und überdauern die Trockenzeit als Imagines (↗ Imago) oder im Eistadium.

Tundra, im Norden an die ↗ Taiga angrenzender baumloser Biomtyp (↗ Biom), der durch eine kurze Vegetationsperiode gekennzeichnet ist (*arktische T.*). Die Vegetation ist geprägt von Zwergsträuchern, Moosen, Gräsern oder Flechten. In weiten Teilen herrscht im Boden Dauerfrost, lediglich im Sommer taut die oberste Schicht auf. Im Gebirge bezeichnet man die alpine Höhenstufe oberhalb der Baumgrenze als *alpine T.*

Tunfische, *Thunfische*, *Thunnus*, Gatt. der Fam. ↗ Scombridae (Makrelen), zu der der bis 3 m lange, als Speisefisch geschätzte *Tunfisch (Thunnus thynnus)* gehört. Er lebt pelagisch als Schwarm- und Zugfisch in warmen Meeren und hält sich meist nahe der Wasseroberfläche auf. T. ernähren sich von kleineren Fischen. Zum Laichen wandern sie im Sommer vom Atlantik ins Mittelmeer, die Larven schlüpfen zwei Tage nach der Eiablage; die Eltern wandern zur Nahrungssuche anschließend bis in den Nordatlantik und dann in das Gebiet um die Azoren. T. werden intensiv befischt.

Tungölbaum, *Aleurites cordata*, sommergrüne ostasiatische Baumart der ↗ Euphorbiaceae, aus deren Samen man das zur Herstellung von Lacken verwendete *Tungöl* gewinnt.

Tunica, 1) *Zoologie*: der Mantel der Manteltiere (↗ Tunicata).

2) *Anatomie*: meist bindegewebige und/oder muskuläre Hüllschicht von Organen, bei Hohlorganen auch die innere Auskleidung (meist in Form von Schleimhaut, *Tunica mucosa*).

Tunicata, *Urochordata*, *Manteltiere*, marine, sackartige, sessile oder pelagisch lebende, mikrophage Nahrungsstrudler. Zu den T. gehören die sessilen Seescheiden (↗ Ascidiacea) mit 2000 Arten, die pelagischen Salpen (↗ Thaliacea) mit 50 Arten und die pelagischen ↗ Appendicularia mit 70 Arten. Außer bei den Appendicularia ist der Schwanz mit ↗ Chorda dorsalis und ↗ Neuralrohr bei den Adulten abgebaut bzw. reduziert. Der Mund (Ingestionsöffnung) führt in den ↗ Kiemendarm, der sehr gut entwickelt sein kann, mit vielen hundert cilienbesetzten Kiemenbögen. Die Cilien erzeugen einen Wasserstrom, der Sauerstoff und Nahrung (Geschwebe) bringt; der Kiemendarmboden bildet in einer Falte (*Endostyl, Hypobranchialrinne*) Schleim, der durch Wimpernschlag im Kiemendarm verteilt wird und Nahrung festhält; Schleim und Nahrung sammeln sich gegenüber (*Epibranchialrinne, Dorsalorgan*) und werden von dort dem verdauenden Darmteil zugeführt; das Wasser fließt in einen *Peribranchialraum*, der den Kiemendarm umgibt und in den auch der Enddarm und oft die Gonaden münden; die Abgabe erfolgt nach außen durch eine Egestionsöffnung. Blutbahnen sind besonders in der Kiemendarmwand (Gasaustausch) entwickelt, antreibendes Organ für das Blut ist ein schlauchförmiges, ventrales Herz im Restcoelom (Perikard); die Blutstromrichtung ist umkehrbar. Der Körper wird von einem gallertigen Mantel bekleidet, in den mesodermale Zellen einwandern, sodass er bindegewebigen Charakter gewinnt; seine Epidermis scheidet eine mehr oder weniger mächtige (celluloseartige) Cuticula ab, die den Namen gebenden *Mantel (Tunica)* bildet. Manteltiere sind fast ausnahmslos Zwitter; auch ungeschlechtliche Fortpflanzung ist möglich, die oft zur Bildung von Kolonien führt (*Synascidien*; Feuerwalzen, ↗ Pyrosomida), nur die Arten der Appendicularia pflanzen sich ausschließlich sexuell fort. Ein Generationswechsel (↗ Metagenese) kommt vor und ist oft mit der Ausbildung verschiedener Morphen derselben Art verbunden. Die Larven der Manteltiere sind typische Schwanzlarven mit muskulösem Ruderschwanz, die frei im Plankton schwimmen, sich dann festsetzen und eine ↗ Metamorphose zum sessilen Tier durchmachen.

Tunika, ein bis mehrere Zellreihen starke periphere Schicht, die den zentralen Gewebekomplex (↗ Corpus) des Sprossscheitels (↗ Sprossscheitel) schützend einhüllt. Die Zellen teilen sich ausschließlich antiklin und sind daher hauptsächlich für das Oberflächenwachstum verantwortlich.

Tunnelproteine, die ↗ Ionenkanäle.

Tupajas, die Spitzhörnchen (↗ Scandentia).

Tüpfel, Bez. für die Aussparungen in den sekundären und tertiären Wandschichten (↗ Zellwand) pflanzlicher Vielzeller. Sie entstehen dadurch, dass einzelne Stellen in der Sekundärschicht von der zentripetalen Wandverdickung durch Apposition ausgespart bleiben und im weiteren Verlauf der Wandverdickung röhrenförmige Kanäle (*Tüpfelkanäle*) entstehen. Die T. benachbarter Zellen beginnen dabei auf beiden Seiten der Mittellamelle an genau gegenüberliegenden Stellen. Eine so ge-

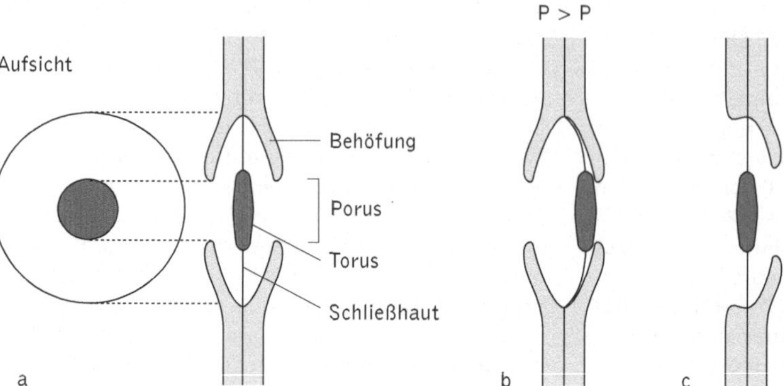

Tüpfel Hoftüpfel im Holz der Koniferen. a Aufsicht auf und Längsschnitt durch einen zweiseitig behöften Hoftüpfel, wie er zwischen zwei Leitelementen vorkommt. b Der Hoftüpfel verhindert die Ausbreitung von Luftblasen, da auf Grund der elastischen Eigenschaften der Schließhaut der Torus den Porus bei Druckunterschieden nach Art eines Tellerventils verschließen kann. c Einseitig behöfter Tüpfel, wie er z. B. zwischen einer Tracheide und einer Zelle des Xylemparenchyms vorkommt

nannte Schließhaut schließt die Tüpfelkanäle gegen die Nachbarzelle ab. Sie besteht aus der Mittellamelle und den beidseitig aufgelagerten Primärwänden und ist ihrerseits siebartig durchbrochen und von feinen ↗ Plasmodesmen durchsetzt. In den toten Wasserleitbahnen der höheren Pflanzen sind die T. bei der Schließhaut breiter angelegt und verschmälern sich zentripetal, sodass sie in der Aufsicht in Form zweier konzentrischer Kreise erscheinen. Sie werden *Hoftüpfel* genannt. Bei den Nadelhölzern ist ihre Schließhaut in der Mitte verdickt zu dem so genannten *Torus*, am Rande durchlöchert. Bei den Angiospermen besitzt sie keine mikroskopisch nachweisbaren Lücken, sodass sie hier dem Wassertransport über die T. einen wesentlich erhöhten Widerstand entgegensetzt.

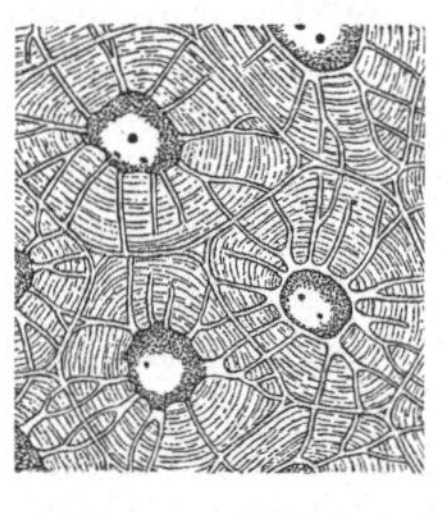
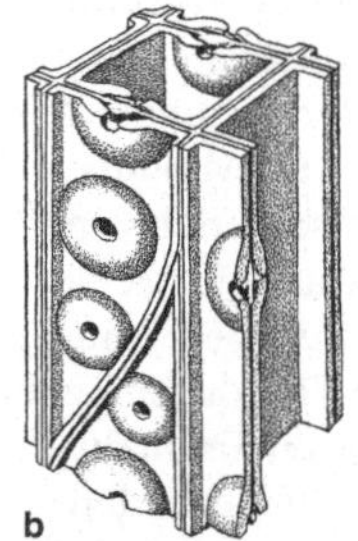

Tüpfel a Die großen Tüpfelkanäle in den Steinzellen der Birne und b die Hoftüpfel der Tracheiden von Fichtenholz

Tüpfelsumpfhuhn, Art der Rallen (↗ Rallidae).

Turakos, Fam. der Kuckucksvögel (↗ Cuculiformes).

Turbellaria, *Strudelwürmer*, Taxon, in dem traditionell alle frei lebenden ↗ Plathelminthes zusammengefasst wurden, das mittlerweile jedoch als paraphyletisch erkannt wurde. Die bisher als Strudelwürmer zusammengefassten Gruppen umfassen etwa 3400 Arten, die vor allem im Meer, aber auch im Brack- und Süßwasser leben und mit einigen Formen feuchte Landbiotope besiedeln. Die meisten leben frei, einige ekto- oder endoparasitisch und nicht wenige kommensalisch. Ihr im Querschnitt runder, ovaler oder abgeflachter Körper ist i. Allg. tropfen-, spindel- oder band- bis blattförmig. Die unter T. zusammengefassten Subtaxa sind u. a.: ↗ Acoelomorpha, ↗ Catenulida, ↗ Rhabditophora (u. a. mit den ↗ Tricladida).

Turdidae, *Drosseln*, Fam. der Singvögel (↗ Passeres) mit etwa 60 Gatt. mit rund 300 Arten, die nahezu weltweit verbreitet sind. Die Arten der T. haben einen langen, spitzen Schnabel, relativ lange Beine und einen langen, abgestutzten Schwanz. Sie ernähren sich überwiegend von Insekten, fressen teilweise aber auch Früchte, Schnecken und Würmer. Viele Arten sind Zugvögel. Bekannte Gatt. und Arten der Fam. T. sind u. a. ↗ Rotschwänze (*Phoenicurus*), Steinschmätzer (*Oenanthe oenanthe*), der als einziger Vertreter der Gatt. *Oenanthe* in unserer Region brütet, Blaukehlchen (*Luscinia*

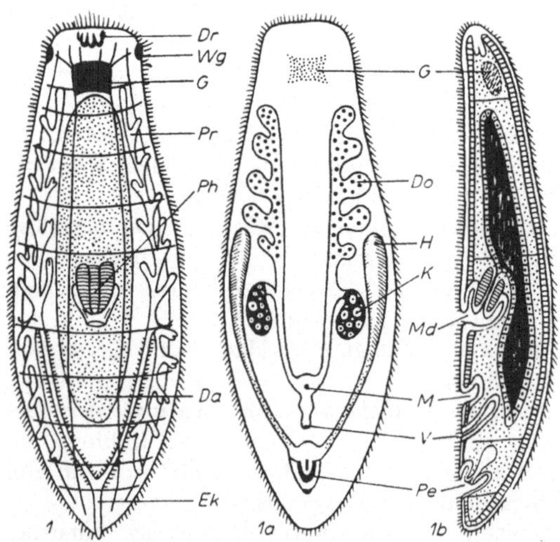

Turbellaria Bau eines Strudelwurms. 1 und 1a Rückenansicht, 1b Längsschnitt. Da Darm, Do Dotterstock, Dr Frontaldrüse, Ek Mündung des Exkretionssystems, G Gehirn, H Hoden, K Keimstock, M Eileitermündung, Md Mund, Pe Penis, Ph Pharynx, Pr Protonephridien, V Begattungsöffnung, Wg Wimpergrube. (Nach Remane)

svecica) mit charakteristischer blauer Kehle mit weißem oder rotem „Stern", die zur selben Gatt. gehörende ↗ Nachtigall (*Luscinia megarhynchos*), das ↗ Rotkehlchen (*Erithacus rubecula*), die zur Gatt. Wiesenschmätzer (*Saxicola*) gehörenden Arten Schwarzkehlchen (*Saxicola torquata*) mit auffällig schwarz-weiß-rostrotem Brutkleid und Braunkehlchen (*Saxicola rubetra*) mit rostfarbener Kehle und markantem hellem Augenstreif. Zu den Drosseln i.e.S. (Gatt. *Turdus*) gehören neben der ↗ Amsel (*Turdus merula*) die *Singdrossel* (*Turdus philomelos*), die in Wäldern, Parks, aber auch in Ortschaften vorkommt, mit braunem Rücken und heller, schwarz gefleckter Unterseite, weiterhin die ähnlich gefärbte, aber etwas größere *Misteldrossel* (*Turdus viscivorus*), die sich u. a. von den Früchten der Mistel (Name!) ernährt, zu deren Verbreitung sie wesentlich beiträgt. Die *Wacholderdrossel* (*Turdus pilaris*) ist mit grauem Kopf, Nacken und Bürzel und rotbraunem Rücken und Schultern recht bunt; sie brütet in lockeren Kolonien; früher galt sie als Leckerbissen („Krammetsvogel"). Ein Wintergast und Durchzügler aus dem Norden ist die *Rotdrossel* (*Turdus iliacus*) mit roten Flanken und Unterflügeldecken; ihr Ruf, ein hohes „zieh", ist vor allem im Oktober/November von ziehenden Trupps häufig auch nachts zu hören.

Turdus merula, die ↗ Amsel. (↗ Turdidae)

Turgor, *Turgordruck, Turgeszenz, Saftdruck*, bei Pflanzen die Bez. für den positiven hydrostatischen Druck innerhalb der Zellen, der auf die Zellwand ausgeübt wird und für zahlreiche physiologische Prozesse wie Zellvergrößerung, Gasaustausch oder Transportprozesse von Bedeutung ist (↗ Turgorbewegungen). Darüber hinaus ist der T. bei krautigen Pflanzen auch für die mechanische Stabilität und Festigkeit des Gewebes verantwortlich. Der T. wird durch die im Zellsaft der ↗ Vakuole gelösten Stoffe erzeugt, die einen auf ↗ Osmose basierenden Wassereinstrom in die Vakuole verursachen, mit der Folge, dass der diese umgebende Protoplasmaschlauch gegen die Zellwand gedrückt wird. Dabei können Werte von 0,7 bis 40 bar erreicht werden. (↗ Plasmolyse, ↗ Wasserpotenzial)

Turgorbewegungen, bei Pflanzen durch eine Veränderung des Turgordrucks (↗ Turgor) hervorgerufene, vielfach reversible Bewegungserscheinungen. Zu ihnen zählen u. a. ↗ Nastien, ↗ Spaltöffnungsbewegungen und die als ↗ Schlafbewegungen bezeichneten Blattbewegungen vieler Leguminosenarten. Nicht reversibel sind hingegen Explosionsbewegungen und Blütenbewegungen.

Turgordruck, der ↗ Turgor.

Türkentaube, Art der Tauben (↗ Columbiformes).

Turmfalke, Art der Falken (↗ Falconidae).

Turmschnecke, Art der Mittelschnecken (↗ Mesogastropoda).

Turner-Syndrom, eine Form der gonosomalen ↗ Chromosomenmutation, die durch eine Monosomie der Geschlechtschromosomen mit dem Genotyp X0 gekennzeichnet ist. Die betroffenen Individuen des bei weiblichen Neugeborenen mit einer Häufigkeit von 1:25000 auftretenden T. - S. sind kleinwüchsig und aufgrund unterentwickelter Keimdrüsen steril.

Turnover-Zeit, Zeitraum, in dem im Zuge der Faunenveränderung ein Wechsel der Artenzusammensetzung stattgefunden hat, oder im Sinne der Verweildauer der Zeitraum, in dem Angehörige einer Population durch die nachfolgende Generation ausgewechselt werden.

Turteltaube, Art der Tauben (↗ Columbiformes).

Tussilago, Gatt. der Fam. ↗ Asteraceae.

Two-Hybrid System, *yeast two-hybrid system*, ein experimentelles Verfahren zum Nachweis von Protein-Protein-Interaktionen in vivo, d. h. innerhalb lebender Hefezellen. Es können z. B. zwei bekannte Proteine dahingegend untersucht werden, ob sie miteinander interagieren. Die Bez. beruht auf der Tatsache, dass ↗ Transkriptionsfaktoren aus einer DNA-bindenden Domäne und einer aktivierenden Domäne bestehen. Diese werden voneinander getrennt und mit jeweils einem der zu untersuchenden Proteine fusioniert; die Herstellung dieser Fusionsproteine erfolgt unter Verwendung besonderer Klonierungsvektoren. Kommt es zu Wechselwirkungen zwischen den Proteinen, werden die beiden Transkriptionsfaktor-Domänen in unmittelbare Nachbarschaft gebracht und können dann ein in bestimmten Hefestämmen vorhandenes ↗ Reportergen aktivieren. In ähnlicher Weise kann das T. - H. S. auch dazu verwendet werden, mit einem bestimmten Protein als „Köder" (engl. bait) in einer speziell konstruierten Genbank potenzielle, bislang noch unbekannte Interaktionspartner nachzuweisen.

Tylenchida, Nematoden-Gruppe der ↗ Secernentea.

Tympanalorgane, *Trommelfellorgane*, Gehörorgane bei Insekten (↗ Insecta) mit einem Trommelfell (*Tympanum*) und diesem anliegenden Scolopidien (Scolopidium), häufig auch mit benachbarten ↗ Chordotonalorganen aus ganzen Batterien von Scolopidialorganen. T. finden sich vor allem bei solchen Arten, die selbst Laute erzeugen, bei Schmetterlingen und Florfliegen auch lediglich zur Wahrnehmung der Ultraschallaute der Fledermäuse (↗ Echoorientierung). ↗ Gehörorgane, ↗ Gehörsinn (s. Abb. auf Seite 282)

Typhaceae, *Rohrkolbengewächse*, stammesgeschichtlich alte, weltweit verbreitete Fam. der Typhales mit einer Gatt. und 35 Arten. Die Pflanzen kommen in der Verlandungszone seichter Gewässer vor und bilden stärkereiche unterirdische Rhi-

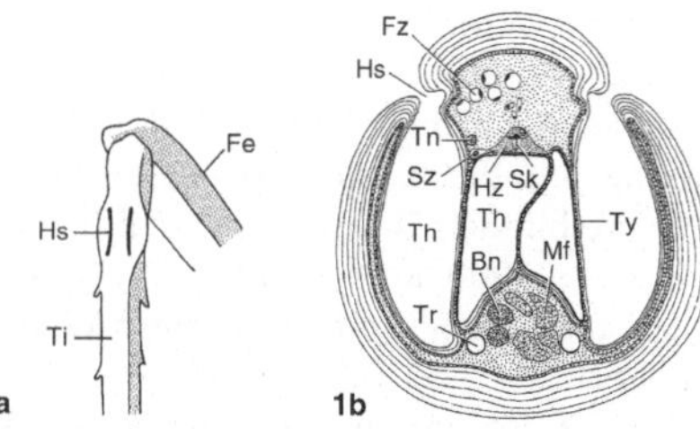

Tympanalorgane **1a** Lage der Tympanalorgane im Vorderbein einer Laubheuschrecke; **1b** Querschnitt durch das Tympanalorgan im Vorderbein der Laubheuschrecke *Decticus*. Bn Beinnerv, Fe Femur, Fz Fettzelle, Hs Hörspalt (Öffnungsschlitz der Tympanalhöhle), Hz Hüllzelle, Mf Muskelfaser, Sk Skolops, Sz Sinneszelle, Th Tympanalhöhle, Ti Tibia, Tn Tympanalnerv, Tr Trachee, Ty Tympanum

zome. Die kolbenartigen endständigen Blütenstände (↗ Blütenstand) setzen sich aus mehreren Teilblütenständen zusammen. Im unteren Teil des Blütenstandes findet man ausschließlich weibliche Blüten, die männlichen Blüten bilden die Spitze des Kolbens. Bekannteste einheimische Art ist der oft Bestand bildende Schmalblättrige Rohrkolben (*Typha angustifolia*).

Typhales, Ord. der ↗ Liliopsida mit der einzigen Fam. ↗ Typhaceae.

Typhlopidae, *Blindschlangen*, Fam. der Schlangen (↗ Serpentes) mit rund 200 meist 15 - 30 cm langen Arten, die in warmen Regionen weltweit verbreitet sind. Die T. sind wurmähnliche, gelblichbraune, meist unterirdisch lebende Schlangen mit einem von vorn bis hinten gleich dicken Rumpf und einem kurzen Schwanz, der oft einen Endstachel trägt, mit dem sich die Schlangen im Boden verankern. Der Kopf ist nicht vom Rumpf abgesetzt, nur die Oberkiefer tragen Zähne, und die rückgebildeten Augen sind von größeren Kopfschildern bedeckt. Die T. ernähren sich von Insekten, insbesondere von Termiten und Ameisen.

Typhus, *Abdominal-Typhus*, fiebrige Durchfall-Erkrankung, die durch *Salmonella typhi* (↗ Salmonellen) hervorgerufen wird. Infektionsquellen sind durch Fäkalien verunreinigte Nahrungsmittel und Wasser. Nach überstandener Krankheit, die zu lebenslanger ↗ Immunität führt, werden bis zu 5 % der Patienten Dauerausscheider (↗ Ausscheider).

Typogenese, das Entstehen neuer Baupläne bzw. Grundmuster im Verlauf der ↗ Evolution.

Tyr, Abk. für ↗ Tyrosin.

Tyramin, *β-(4-Hydroxyphenyl)ethylamin*, ein biogenes Amin, das sowohl in Pflanzen (z. B. Mutterkorn, Ginster, Erbsenpflanzen) als auch in tierischen Organismen (u. a. in Blut, Harn, Galle, Le-

ber) vorkommt und durch ↗ Decarboxylierung von L-Tyrosin (↗ Tyrosin) entsteht.

Tyranni, *Suboscines*, sehr vielgestaltige Gruppe der Sperlingsvögel (↗ Passeriformes), deren gemeinsames Merkmal ein relativ einfach gebauter Syrinxapparat (↗ Syrinx) ist. Zu den T. gehören insgesamt 13 Fam., darunter die in den altweltlichen Tropen verbreiteten Pittas (Pittidae), die in Lateinamerika verbreiteten Töpfervögel (Furnariidae), die oft sehr große Nester aus Erde und Pflanzenteilen bauen, die ebenfalls in Lateinamerika lebenden Ameisenvögel (Formicariidae), die mitunter den Zügen der Wanderameisen folgen (Name!) und die Schmuckvögel (Cotingidae), deren Name auf das oft sehr bunte Gefieder mit Hauben zurückzuführen ist.

Tyrannosaurus, bis 15 m langer und 6 m hoher, zu den ↗ Saurischia gehörender, bipeder Raubsaurier, von dem mehrere vollständige Exemplare vorliegen. Der Schädel war bis 1,5 m, die Zähne eventuell über 15 cm lang, Die Vorderextremitäten waren weitgehend verkümmert und kurz, die Hinterextremitäten hingegen kräftig. Sie besaßen drei Zehen mit kräftigen Krallen, die erste Zehe war rückwärts gerichtet. T. gehört zu den größten landbewohnenden Räubern aller Zeiten. Er war in der Oberkreide von Nordamerika und Ostasien verbreitet. Die bekannteste Art ist *Tyrannosaurus rex*.

Tyrosin, Abk. *Tyr* oder *Y*, *α-Amino-β-(p-hydroxyphenyl)-propionsäure*, eine aromatische, proteinogene Aminosäure, die nicht essenziell ist, da sie vom Menschen durch Hydroxylierung von ↗ Phenylalanin aufgebaut werden kenn. Die genetisch bedingte Störung dieser Umwandlung führt zur ↗ Phenylketonurie. T. wirkt ketoplastisch, d. h. ↗ Ketonkörper bildend. T. ist eine wichtige Vorstufe von ↗ Melanin, ↗ Dopamin, ↗ Adrenalin, ↗ Noradrenalin und ↗ Thyroxin sowie weiterer Verbindungen. L - T. wird bei bestimmten Störungen der Schilddrüsenfunktion als Therapeutikum eingesetzt.

Tyrosin

Tytonidae, *Schleiereulen*, Fam. der Eulenvögel (↗ Strigiformes).

T-Zellen, die ↗ T-Lymphocyten.

U, 1) Abk. für ↗ Uracil sowie für einen Nucleotidrest (in einer Nucleinsäure), in der als Base Uracil vorliegt und für *Uridin*, z. B. im Uridindiphosphat, UDP).

2) Abk. für *Unit*, die Enzymeinheit (↗ Enzyme).

Überaugenwulst, *Torus supraorbitalis*, oberhalb von Augenhöhlen und Nasenwurzel durchgehender Knochenwulst am Schädel inbesondere des ↗ Neandertalers, von ↗ Homo erectus sowie der Menschenaffen (vor allem ↗ Gorilla und ↗ Schimpanse). ↗ Anthropogenese

Überdüngung, Anreicherung von Düngemitteln, vor allem von Nitraten, im Boden durch Ausbringen zu hoher Düngermengen oder Düngung zu ungünstigen Zeiten. Die Düngemittel können nicht gänzlich von den Pflanzen aufgenommen werden, und die Ausschwemmung durch Niederschläge hat eine erhöhte Belastung des Grundwassers zur Folge.

Übereinkommen über den internationalen Handel mit bedrohten Arten, das ↗ Washingtoner Artenschutzübereinkommen.

Überexpression, die Bez. für ein gentechnisches Verfahren, bei dem ein Gen in transgenen Organismen so stark exprimiert wird, dass sein Genprodukt (meist ein Protein) in großer Menge vorhanden ist (↗ Genexpression). Die hierfür verwendeten Promotoren werden deshalb als *starke Promotoren* bezeichnet. Ü. wird bei Mikroorganismen genutzt, um z. B. in *Escherichia coli*-Kulturen ein bestimmtes Protein in ausreichender Menge für weitere Untersuchungen zu produzieren. In transgenen Pflanzen und Tieren wird Ü. neben der Produktion bestimmter pharmazeutisch oder wirtschaftlich wichtiger Substanzen auch dazu verwendet, um die Funktion eines Proteins zu untersuchen und gegebenenfalls aus Veränderungen im Phänotyp der transgenen Organismen Rückschlüsse zu ziehen.

Übergangsformen, ↗ Zwischenformen.

Übergangsgebiet, *Ökoton*, Grenzbereich zwischen zwei oder mehreren ↗ Biotopen bzw. ↗ Biozönosen, z. B. der Waldrand zwischen ↗ Wald und ↗ Wiese oder ein Gewässerrand. Auf relativ engem Raum variieren die Außenbedingungen stark (z. B. abwechslungsreich strukturierte Vegetation, mikroklimatische Bedingungen und vielfältiges Nahrungsangebot), sodass es zu hoher struktureller Vielfalt kommt, die in Wechselwirkung zwischen den Organismen und ihrer Umwelt häufig zu einer besonders hohen Individuen- und Artendichte führt. In der Ökologie wird dies als *Randeffekt* bezeichnet.

Übergangszustand, *aktivierter Komplex*, ein Begriff aus der Reaktionskinetik. Bei biochemischen Reaktionen wird durch eine exakt definierte Orientierung der Substratmoleküle im aktiven Zentrum des Enzyms ein Ü. stabilisiert, aus dem durch Verlagerung einzelner Atome oder Molekülgruppen die Reaktionsprodukte freigesetzt werden.

überhängende Enden, ↗ cohesive ends.

Überlebensstrategien, Anpassungen von Organismen an ungünstige Umweltfaktoren durch die ihre Überlebensfähigkeit erhöht wird, und Fähigkeiten zur Gewinnung aller notwendigen Ressourcen wie Nahrung, Nistplatz oder das Auffinden eines Geschlechtspartners. Eine Ü. besteht in einem Repertoire mehrerer Möglichkeiten – welche zum Zug kommt, hängt von den jeweiligen Selektionsbedingungen ab. Die Strategien können auf Verhaltensniveau ablaufen oder in morphologischen und physiologischen Anpassungen bestehen, wobei sich enge Beziehungen zum ↗ Polymorphismus ergeben. Eine mögliche Ü. ist die *Konformität*, bei der die Organismen Schwankungen der Umgebungsfaktoren wie Temperatur oder Wasser ohne Regulationsvorgänge mitmachen. Dies ist z. B. bei Organismen der Fall die ↗ poikilotherm oder ↗ poikilohydrisch sind (↗ Konformer). Die dazu gegensätzliche Ü. ist die *Emanzipation*, bei der sich die Organismen (*Regulierer*) durch Regulationsvorgänge wie ↗ Thermoregulation oder ↗ Osmoregulation von der Einwirkung ungünstiger Faktoren unabhängiger machen. Eine weitere Strategie besteht in der *Avoidance*, d. h. die Organismen entgehen den Stressfaktoren durch Ortswechsel oder zeitliche Verlagerung der Aktivitätsphasen innerhalb des Lebensraums. Hierzu zählt die Nachtaktivität in trockenheißen Klimaten. Eine andere Form der Vermeidung stellt die *Dormanz* dar, eine Ruheperiode in der Entwicklung von Pflanzen z. B. als ↗ Samenruhe oder als ↗ Winterschlaf bei Tieren. Die *Migration*, also die regelmäßige jahreszeitlich bedingte Wanderung bei Tieren ist eine weitere Möglichkeit, das Überleben zu sichern und ungünstigen Bedingungen zu entgehen. Eine Form der ↗ r-Strategie stellt der *Opportunismus*, die Gelegenheitsnutzung, dar. Unter Einwirkung von Extremfaktoren verschwindet die betreffende Art aus dem Lebensraum, besiedelt ihn aber bei günstigeren Bedingungen rasch wieder und breitet sich dort stark aus. Die Populationsdichte ist dementsprechend starken Schwankungen unterworfen.

Überpflanzen, die ↗ Epiphyten.

Überschwängerung, die ↗ Superfekundation.

Übersprungshandlung, in einer Konfliktsituation plötzlich auftretende Verhaltensweise in falschem

Funktionszusammenhang. Meist sind diese Ü. häufig ausgeführte Gebrauchshandlungen aus den Bereichen Nahrungsaufnahme, Komfortverhalten oder Fortpflanzung. Aus dem Kontext herausgelöst, bleiben sie jedoch meist erfolglos. Beispielsweise picken gleich starke, kämpfende Hähne in Kampfpausen auf dem Boden, ohne Nahrung aufzunehmen.

Überträger, *Vehikel*, Pathogenquelle durch die sich eine Vielzahl von Menschen infizieren kann. Man unterscheidet zwischen einer *direkten* Übertragung der Infektionskrankheiten von Mensch zu Mensch und einer *indirekten* Übertragung durch Transportmedien wie z. B. Nahrungsmittel und Wasser oder ↗ Vektoren. Direkte Übertragungen können durch Kontakt- oder Tröpfcheninfektion erfolgen, vertikal über die Placenta auf den Fetus oder iatrogen, d. h. bedingt durch medizinische Maßnahmen.

Übertragung, in der ↗ Phytopathologie, *Parasitologie* (↗ Parasitismus) und *Medizin* die Verbreitung von Krankheitserregern oder Parasiten auf neue Wirte. Die Ü. kann dabei *indirekt* über ↗ Vektoren oder Transportmedien, so genannte *Vehikel* erfolgen. Dabei handelt es sich in erster Linie um Wind oder Wasser. Eine *direkte Ü.* findet bei Kontakt statt. *Autonome Ü.* kommen bei sich aktiv ausbreitenden eigenbeweglichen Schadorganismen vor. Das Befallen des Wirtsorganismus kann *perkutan* (über die Haut) erfolgen, *diaplacentar* (über die Plazenta) von der Mutter auf den Fetus, *galactogen* (über die Muttermilch), *transovarial* (über die Gebärmutter), *oral* (durch Aufnahme über den Mund), *inokulativ* (durch Biss oder Stich eines Vektors) oder *kontaminativ* über Verunreinigungen.

Übertragungswege, ↗ Übertragung.

Überweidung, durch zu hohen Tierbesatz an Weidegängern erfolgende Zerstörung der nicht schnell genug nachwachsenden Pflanzendecke. In überweideten Gebieten ist die Gefahr der ↗ Erosion des Bodens besonders hoch.

Ubichinon, *Coenzym Q*, Abk. *Q*, eine niedermolekulare Komponente in der Elektronentransportkette der Atmungskette. U. ist ein *2,3-Dimethoxy-5-methylbenzochinon*, das eine aus Dihydroisopreneinheiten aufgebaute, isoprenoide Seitenkette enthält (↗ Isoprenoide). Aufgrund der unterschiedlichen Länge dieser Seitenkette werden verschiedene U. unterschieden, die nach der Anzahl der C-Atome bzw. der Dihydroisopreneinheiten in der Seitenkette benannt werden; z. B. hat U.-50 eine Seitenkette aus 50 C-Atomen bzw. aus 10 Dihydroisoprenresten und wird deshalb auch als Q-10 oder Coenzym Q_{10} bezeichnet. Die Bez. U. leitet sich aus der weiten (ubiquitären) Verbreitung der Verbindung ab.

U. und Dihydro-U. bilden ein Redoxpaar in der ↗ Atmungskette, wobei die reversible Reduktion schrittweise vollzogen wird: Durch einen Einelek-

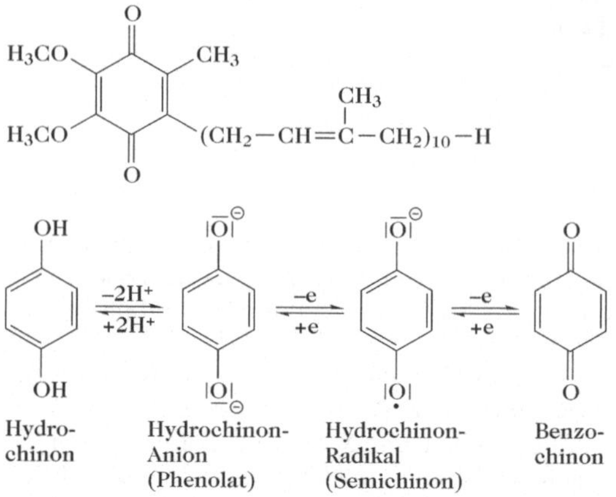

Ubichinon Oben die Strukturformel von Coenzym Q_{10}, darunter die einzelnen Schritte der (reversiblen) Oxidation von Ubichinon

tronenübergang wird zunächst das Semichinon (Hydrochinon-Radikal), durch einen weiteren Einelektronenübergang das Hydrochinon-Anion bzw. Phenolat gebildet, das zwei Protonen unter Bildung des Hydrochinons aufnimmt. Die Rückreaktion, die Dehydrierung des Hydrochinons zum Chinon, wird duch Dissoziation des Hydrochinons zum Hydrochinon-Anion durch Abgabe von zwei Protonen eingeleitet. Dann wird zweistufig durch Elektronenentzug oxidiert.

ubiquitär, Bez. für Organismen, die in einem weiten Spektrum verschiedener Lebensräume vorkommen und dort leben können. Es handelt sich ausschließlich um extrem ↗ euryöke Arten mit großer ↗ ökologischer Potenz.

Ubiquitin, ein in allen Zellen von Eukaryoten (↗ Eucarya) vorkommendes, aus 76 Aminosäuren aufgebautes, hochkonserviertes Protein. Die Primärstruktur von U. ist z. B. bei Insekten, Forelle, Rind und Mensch fast identisch. Durch *Ubiquitinierung* werden Proteine spezifisch für den Abbau durch Proteasomen (hochmolekulare ↗ Proteasen) gekennzeichnet.

UDP-Glucose, Abk. für ↗ Uridindiphosphat-Glucose.

Uexküll, *Jakob Johann*, Baron von, baltischer Zoologe, * 8.9.1864 Gut Keblas (Estland), † 25.7. 1944 Capri; nach Arbeiten am Physiologischen Institut in Heidelberg (1892 - 1909) und an der Zoologischen Station in Neapel, von 1925 - 44 Prof. in Hamburg, wo er das Institut für Umweltforschung einrichtete. U. wurde vor allem bekannt als Begründer der Umweltforschung. Er definierte in seiner Umwelttheorie den Begriff „Funktionskreis" als Wechselbeziehung bestimmter Organe und Verhaltensweisen eines Tieres zu Teilen seiner Umgebung. 1921 prägte U. die Begriffe „Umwelt" (aus naturwissenschaftlicher Sicht), „Merkwelt" und „Wirkwelt".

Uferschnepfe, Art der Schnepfenvögel (↗ Scolopacidae).

Uferschwalbe, Art der Fam. ↗ Hirundinidae.

Uhu, Art der Eulenvögel (↗ Strigiformes).

Ulmaceae a Feldulme (*Ulmus minor*), b Zürgelbaum (Gatt. *Celtis*)

Ulmaceae, *Ulmengewächse*, Fam. der ↗ Rosopsida, die mit ca. 150 Arten über die Tropen, Subtropen und gemäßigten Zonen verbreitet ist. Die Fam. besteht ausschließlich aus Bäumen und Sträuchern. Die unscheinbaren zwittrigen Blüten sind oft in einfachen doppelwickligen Blütenständen (↗ Blütenstand) vereinigt. Die Blütenhülle besteht aus drei bis sieben freien oder verwachsenen Blättern und ebenso vielen Staubblättern (↗ Staubblatt). Der ↗ Fruchtknoten ist *pseudomonomer*, d. h. er scheint aus nur einem ↗ Fruchtblatt zu bestehen, ist aber aus zwei Karpellen gebildet. Die Bestäubung erfolgt durch den Wind, die ↗ Frucht ist eine Nuss oder eine Steinfrucht. Wichtige Nutzholzlieferanten sind die Gatt. *Ulmus* (↗ Ulme) und *Celtis* (Zürgelbaum).

Ulme, *Ulmus*, *Rüster*, Gatt. der Fam. ↗ Ulmaceae. Die häufig doppelt gesägten Blätter der U. sind an der Basis meist unsymmetrisch und zweizeilig wechselständig angeordnet. Die unscheinbaren, in Blütenständen angeordneten Blüten erscheinen oft vor den Blättern. Wichtige einheimische Arten sind die in Berg-Mischwäldern auftretende Berg-Ulme (*Ulmus glabra*), die breitkronige Feld-Ulme (*Ulmus minor*) und die Flatter-Ulme (*Ulmus laevis*) in Wäldern und Flussauen niedriger Lagen.

Ulmengewächse, die Fam. ↗ Ulmaceae.

Ulmensterben, durch den Pilz *Ophiostoma ulmi* (↗ Microascales) hervorgerufene Krankheit der ↗ Ulme.

Ulmus, die Gatt. ↗ Ulme (↗ Ulmaceae).

Ulotrichales, die ↗ Codiolales.

Ultimobranchialkörper, verstreut im Kiemendarm- bzw. im Halsbereich bei Fischen, Amphibien und Reptilien vorkommende kleine Hormondrüsen, deren Inkret (↗ Parathormon) den Calcium-Stoffwechsel reguliert. Ontogenetisch entstehen die U. aus dem Grund der fünf embryonal angelegten Kiementaschen und sind den Epithelkörperchen (↗ Nebenschilddrüse) der Vögel und Säugetiere homolog. (↗ Schilddrüse)

Ultrafiltration, Verfahren zur Abtrennung von Kolloiden aus Lösungen oder Gasen oder zur Reinigung von Kolloiden von molekulardispersen Stoffen. Man benützt dazu Filter (*Ultrafilter*) oder Membranen, deren Porengröße kleiner als der Durchmesser der Teilchen ist. Die Membranen bestehen meist aus Cellulosenitrat oder -acetat oder aus Polyvinylalkohol. Eine Kombination zwischen U. und ↗ Dialyse oder Elektrodialyse ist die *Dia-Ultrafiltration* bzw. die *Elektro-Ultrafiltration*. Die Methoden der U. und Elektrofiltration werden in Biologie, Biotechnologie, Bakteriologie und Medizin angewendet. – Die Harnbereitung in der ↗ Niere beginnt ebenfalls mit einem Prozess der U., das abgepresste *Ultrafiltrat* ist der Primärharn (↗ Harn).

Ultramikrotom, ein feinmechanisches Präzisionsgerät zur Herstellung extrem dünner Schnittpräpa-

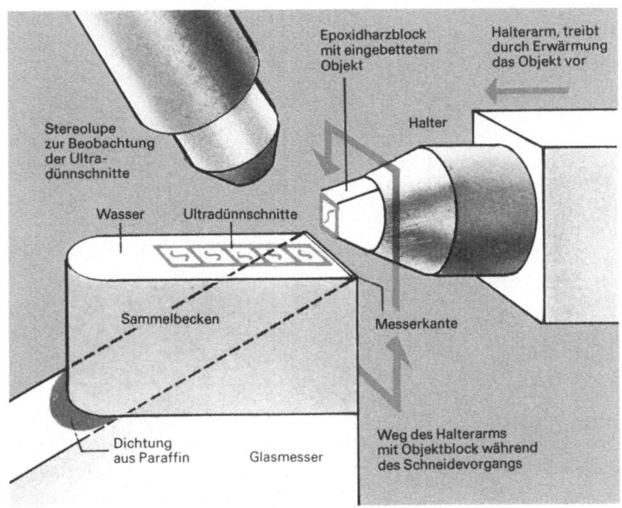

Ultramikrotom Schematische Darstellung des Aufbaus des Messerbereiches eines Ultramikrotoms. Die Schnittführung wird mit einer Stereolupe verfolgt

rate, wie sie für die Untersuchung von Proben im Transmissionselektronenmikroskop erforderlich sind (↗ Mikroskop). Die Schnittdicken liegen im Unterschied zu *Dünnschnitten* eines Mikrotoms für die Lichtmikroskopie (Dicke ca. 5 µm) zwischen 25 und 100 nm, damit sie elektronenoptisch durchstrahlbar sind. Die eingebetteten Objekte werden in einem Präparatehalter fixiert, wobei der Vorschub durch Erwärmung des Haltearms gesteuert wird. Als Messer kommen beim U. Glas- oder Diamantmesser zum Einsatz. Die *Ultradünnschnitte* werden in einem Wassertrog aufgefangen und können anschließend auf Objektträger übertragen werden.

Ultraschall, ↗ Schall.

ultraviolette Strahlung, *UV-Strahlung,* elektromagnetische, stark ionisierende und für das menschliche Auge unsichtbare Strahlung mit Wellenlängen von ca. 30 bis 400 nm. Sie schließt sich an den kurzwelligen Teil des sichtbaren Spektrums an und geht ab ca. 30 nm in den Bereich der Röntgenstrahlung über. Die u. S. ist Bestandteil der ↗ Globalstrahlung. Sie regt viele Stoffe zur ↗ Fluoreszenz an und erzeugt chemische Reaktionen, wie z. B. die Bildung von Vitamin D aus Ergosterin oder die Pigmenterzeugung in der Hautoberfläche. Eine zu hohe u. S. wirkt dagegen schädigend.

Ultrazentrifugation, ein erstmals 1925 durch T. Svedberg eingeführtes Trennverfahren (↗ Zentrifugation), bei dem durch besonders hohe Umdrehungszahlen von über 70000 Umdrehungen pro Minute Fliehkräfte erzeugt werden, die ihrerseits das 500000-fache der natürlichen Schwerkraft erzeugen können. Auf diese Weise lassen sich Zellen, Zellbestandteile („Fraktionen") und Makromoleküle voneinander trennen, da ihre Sedimentationsgeschwindigkeiten während der U. von Größe, Form, Dichte und ihrem Molekulargewicht abhängen. Bei einer *Sedimentationsgeschwindigkeitsanalyse* werden mittels U. die *Sedimentationskoeffizienten* oder S-Werte zellulärer Bestandteile ermittelt. Bei ↗ Ribosomen lassen sich auf diese Weise die 70S- und 80S-Formen und ihre Untereinheiten voneinander unterscheiden.

Die *Ultrazentrifuge* kann aber auch für eine *Dichtegradientenzentrifugation* eingesetzt werden. DNA lässt sich z. B. in einem Cäsiumchloridgradienten analysieren, wobei Banden an bestimmten Stellen im Gradienten entstehen, an denen die Schwebedichten der DNA mit der des Gradienten

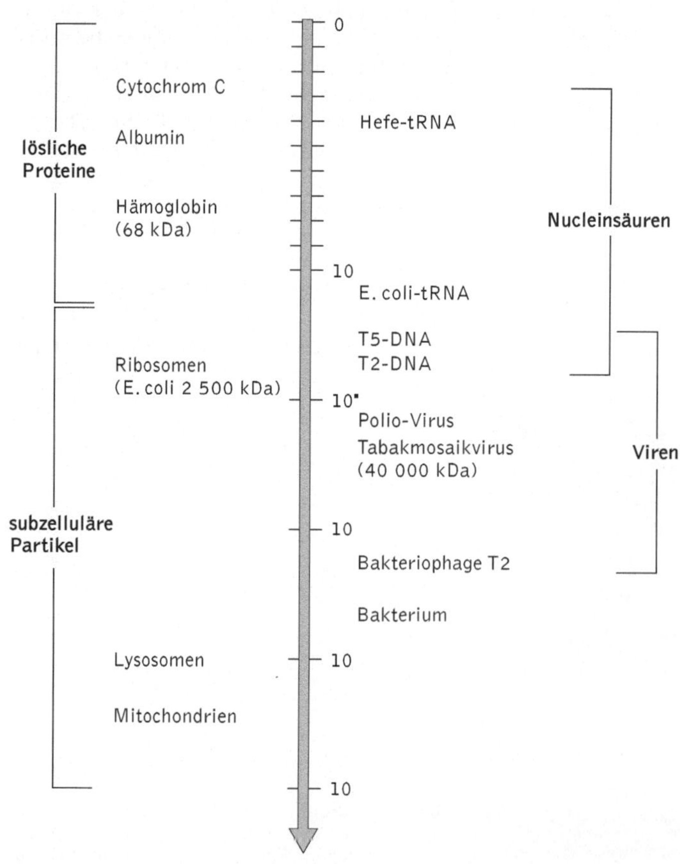

Ultrazentrifugation Übersicht über die Svedberg-Einheiten verschiedener biologischer Strukturen

übereinstimmen. Durch U. kann DNA somit nicht nur von Proteinen und RNA abgetrennt werden, sondern es ist auch möglich z. B. Plasmide von genomischer DNA zu trennen.

Ulva, Gatt. der ↗ Ulvophyceae.

Ulvales, Ord. der ↗ Ulvophyceae mit den Gatt. *Ulva* (Meersalat) und *Enteromorpha* (Darmtang). In dem heterophasischen, isomorphen ↗ Generationswechsel ist eine diploide Sporophytenphase (↗ Sporophyt) eingeschlossen, die morphologisch nicht vom Gametophyten zu unterscheiden ist. Die Gatt. *Enteromorpha* unterscheidet sich von der Gatt. *Ulva* durch ↗ Anisogamie. Die kleineren männlichen Gameten enthalten gelbgrüne Chloroplasten, weibliche Gameten dagegen grüne.

Ulvophyceae, Klasse eukaryotischer Algen mit einzelligen, vielzelligen und Aggregationsverbände bildenden oder fädigen siphonocladalen (↗ Siphonoblast) Arten. Mit Ausnahme der Keimzellen sind alle Zellen unbegeißelt. Die Querwände der Zellen sind nicht durch ↗ Plasmodesmen verbunden, die Zellwände enthalten ↗ Polysaccharide. Die Thalli (↗ Thallus) bestehen meist aus unverzweigten Fäden auf *trichaler Organisationsstufe*, d. h. die Fäden verlängern sich durch Querteilung der Zellen. Blattartige Thalli findet man innerhalb der Ord. ↗ Codiolales in der Gatt. *Monostroma* und in der Ord. ↗ Ulvales in den Gatt. *Ulva* und *Enteromorpha*. Die vegetative Fortpflanzung erfolgt durch ↗ Zoosporen, die geschlechtliche durch ↗ Kopulation begeißelter ↗ Gameten. Die Entwicklung verläuft teilweise rein haplontisch, mit zygotischem ↗ Kernphasenwechsel, teilweise auch als heterophasischer ↗ Generationswechsel.

Umbelliferae, die Fam. ↗ Apiaceae.

Umbilicus, der ↗ Nabel.

Umbo, ↗ Wirbel 1).

Umfallkrankheit, häufigste und typische Keimlingskrankheit bei Pflanzen. Erreger sind verschiedene Bodenpilze (z. B. *Olpidium brassicae*, ↗ Chytridiomycetes). Angegriffen wird ausschließlich das Hypokotyl in der Nähe der Bodenoberfläche; durch hydrolysierende Enzyme wird das Gewebe zerstört; es wird zuerst glasig-wässrig und vertrocknet dann unter braun-schwarzer Verfärbung. Der Keimling knickt dadurch an der Infektionsstelle um. Ältere Pflanzen sind gegen den Pilzbefall resistent.

Umgebungsfeuchte, abiotischer Faktor des ↗ Mikroklimas. Die U. kann in *Bodenfeuchte*, also den Wassergehalt des Bodens, und die *Luftfeuchte* unterteilt werden. Letztere gibt den Gehalt der Luft an Wasserdampf an. Sie hat für den Wasserhaushalt terrestrischer Pflanzen und Tiere große Bedeutung.

umgekehrter Elektronentransport, eine Umkehr der Atmungskettenphosphorylierung (↗ Atmungskette), wobei NAD$^+$ durch einen rückläufigen, ATP-abhängigen Elektronentransport reduziert wird. Der u. E. kommt bei Organismen vor, die Wasserstoffdonatoren oxidieren, deren Redoxpotenzial positiver ist als das der Pyridinnucleotidenzyme, und er dient der Oxidation NAD-unspezifischer Substrate. Ein Beispiel ist die Reaktion:

$$\text{Succinat} + \text{NAD}^+ \rightarrow \text{Fumarat} + \text{NADH} + \text{H}^+.$$

Das Redoxpaar Succinat/Fumarat hat gegenüber dem Redoxpaar NAD$^+$/NADH ein um 320 mV positiveres Redoxpotenzial. Die Elektronen fließen von Succinat zum Flavoprotein in der Atmungskette und dann über die NADH-Dehydrogenase zu NAD$^+$. Der u. E. konnte bei ↗ Nitrobacter, in den Mitochondrien der Flugmuskeln von Insekten und unter anaeroben Bedingungen in Nierenmitochondrien nachgewiesen werden. Er ist ein Merkmal der bakteriellen ↗ Fotosynthese.

Umkehrosmose, *negative Osmose*, ein Trennverfahren, bei dem das reine Lösungsmittel aus einer homogenen Lösung heraustransportiert wird, sodass eine angereicherte Lösung übrigbleibt. (↗ Osmose)

Umkippen, durch ↗ Eutrophierung eines Gewässers findet eine erhöhte ↗ Primärproduktion statt. Der Abbau der erhöhten toten Biomasse durch aerobe Bakterien führt zu Sauerstoffmangel. „Das Gewässer kippt um" und bildet unter anaeroben Bedingungen ↗ Faulschlamm und Giftgase.

UMP, Abk. für *Uridinmonophosphat* (↗ Uridinphosphate).

Umstimmung, Bez. für die während der ↗ Blütenbildung erfolgenden Übergänge des apikalen Sprossmeristems vom Juvenilstadium zum adulten vegetativen Stadium und von diesem zum adulten reproduktiven Stadium.

Umwelt, *Milieu*, nach der ursprünglichen Definition, die J.J. von ↗ Uexküll 1921 aufgestellt hat, umfasst die U. den Teil der Umgebung, den ein Organismus mit seinen Sinnesorganen erfassen kann. Diese „Merkwelt" wird heute als *psychologische U.* bezeichnet. Spätere Definitionen der U. zielen auf denjenigen Ausschnitt der Umgebung eines Organismus hin, der auf irgendeine Weise auf ihn einwirkt („Wirkwelt"). Als *minimale U.* bezeichnet man dabei alle für die Existenz eines Organismus notwendigen biotischen und abiotischen Faktoren (↗ biotische Faktoren, ↗ abiotische Faktoren). Die Gesamtheit aller auf den Organismus einwirkenden Faktoren, einschließlich der nicht lebensnotwendigen, bezeichnet man als *physiologische U.*; hierzu gehören beispielsweise die Fressfeinde. Ein noch weiter gefasster Begriff ist derjenige der *ökologischen U.*, zu der alle direkt und indirekt einwirkenden U.-Einflüsse zählen. Der über allem stehende Begriff der *kosmischen U.* beinhaltet alle Faktoren des Weltzusammenhangs, die letztendlich – auch indirekt – auf alle Organismen einwirken. Der U.-Begriff ist sowohl auf Individuen als auch auf ganze Populationen anwendbar.

Umweltansprüche, die Anforderungen eines Organismus an bestimmte biotische und abiotische Faktoren (↗ biotische Faktoren, ↗ abiotische Faktoren) seines Lebensraums, ohne die er nicht existieren und sich fortpflanzen kann.

Umweltbelastung, durch den Menschen bedingter negativer Einfluss auf die ↗ Biosphäre und die darin lebenden ↗ Biozönosen. Diese Einflüsse können sowohl in Aktionen als auch im Eintrag von Umweltschadstoffen bestehen und letztendlich wiederum dem Menschen selbst schaden (↗ Umweltkrankheiten). Besonders gravierende Umwelteingriffe sind die Belastungen durch *Umweltverschmutzungen*, z. B. Luftverschmutzung durch Emissionen aus Industrie und Haushalten, die zum ↗ Treibhauseffekt und ↗ sauren Regen und somit zum ↗ Waldsterben führen, die ↗ Eutrophierung oder Verschmutzung von Gewässern, welche sogar ein ↗ Umkippen zur Folge haben können oder das Erzeugen abbauresistenter Abfälle.

Umweltbeziehungen, *ökologische Beziehungen*, Beziehungen von Organismen, einer ↗ Population oder ↗ Biozönose zu ihrer Umwelt. Die Gesamtheit dieser U. kann aus trophischen, energetischen, chemischen, mechanischen oder psychischen Teilaspekten bestehen. Nach der Wirkrichtung unterscheidet man *Relation*, *Korrelation* und *Interrelationen*. Die Relation stellt eine irreziproke, also einseitige Beziehung dar, z. B. die Abhängigkeit der Lebensprozesse von der Temperatur. Bei der Korrelation handelt es sich um reziproke Beziehungen. Beispiele hierfür sind ↗ Symbiosen oder Konkurrenz. Interrelationenn schließlich beinhalten wechselseitige Beziehungen zwischen Organismen und Stoffen.

Umweltbiologie, erweiterte ↗ Ökologie, die die Organismengruppen einzelner Lebensräume über die reinen Umweltbeziehungen hinaus betrachtet und insbesondere den Einfluss des Menschen auf die Umwelt mit einbezieht, z. B. bei der Stadtbiologie.

Umweltbundesamt, seit 1974 bestehende Fachinstitution der BRD mit vorwiegend gutachterlichen Aufgaben im Bereich der Ökotoxikologie oder des technischen Umweltschutzes. Die Aufgaben des Naturschutzes beinhaltet das Ressort des Bundeslandwirtschaftsministers.

Umweltchemikalien, chemische Produkte, die bei ihrer Herstellung, während oder nach ihrer Anwendung in die Umwelt gelangen. I. d. R. bleiben sie in der Natur nicht unverändert, sondern werden abgebaut oder in andere Verbindungen eingebaut. Die Abbauwege können dabei je nach äußeren Umständen, wie ↗ Klima oder ↗ Bodentyp, oder den physiologischen Gegebenheiten des abbauenden Organismus unterschiedlich sein. Teilweise sind die dabei entstehenden Abbauprodukte (*Metabolite*) giftiger als die ursprüngliche Substanz. Zu den U. zählen ↗ Herbizide, ↗ Insektizide oder schwer abbaubare Detergenzien aus Waschmitteln.

Umweltfaktoren, *ökologische Faktoren*, die Gesamtheit aller *biotischen* und *abiotischen* Gegebenheiten, die auf einen Organismus oder eine ↗ Biozönose innerhalb des Lebensraumes einwirken. Bei Pflanzen unterteilt man häufig in *primäre* und *sekundäre* Faktoren. Die primären beinhalten dann Wärme, Licht und Wasser, chemische und mechanische Beeinflussung wie Verfügbarkeit der Nährstoffe oder Windexposition und Beweidung, zu den sekundären U. zählen klimatische, orographische, edaphische und alle biotischen Faktoren. Als *edaphische* Faktoren bezeichnet man physikalische und chemische Bodeneigenschaften, als *orographische* Faktoren die besondere Landschaftsstruktur und ihre Höhenlage.

Umweltgifte, die ↗ Umweltschadstoffe.

Umweltgutachten, aufgrund einer ↗ Umweltverträglichkeitsprüfung erstelltes Gutachten über die Umweltverträglichkeit einer Maßnahme.

Umweltkapazität, das maximale biologische Fassungsvermögen eines Lebensraumes für eine tragbare Zahl an Individuen oder die Größe der ↗ Biozönose eines ↗ Biotops. Sie wird bestimmt durch Angebot und Verfügbarkeit limitierter Ressourcen.

Umweltkatastrophen, extreme, irreversible oder nur sehr langsam rückgängig zu machende Schädigung von ↗ Ökosystemen. U. sind meist auf menschlichen Einfluss zurückzuführen und mit dem Eintrag von ↗ Umweltchemikalien verbunden. Hierzu zählen Ölunfälle größeren Ausmaßes oder Unfälle in chemischen Fabriken mit Austritt schädlicher Substanzen.

Umweltkonferenz, Konferenz der Vereinten Nationen für Umwelt und Entwicklung in Rio de Janeiro 1992, die sich mit den weltweiten Problemen des Umweltschutzes und Wegen zu deren Lösung befasste. Als Aktionsprogramm ging daraus die ↗ Agenda 21 hervor.

Umweltkrankheiten, Krankheiten des Menschen, die durch mittelbare oder unmittelbare Einwirkung von Giftstoffen aus der Umwelt hervorgerufen werden. Hierzu gehört die *Minimata-Krankheit*, eine chronische Quecksilbervergiftung.

Umweltlizenzen, *ökologische Lizenzen*, die Lebensmöglichkeiten, die eine bestimmte Umwelt einer Art oder Population bietet. (↗ ökologische Nische, ↗ ökologische Zone)

Umweltmedizin, Teilbereich der Medizin, der sich mit den Auswirkungen der Umweltbelastung (↗ Umwelttoxikologie) und den daraus entstehenden ↗ Umweltkrankheiten beschäftigt. Das Teilgebiet der *Umwelthygiene* befasst sich mit Vorsorgemaßnahmen, um diese Umweltkrankheiten zu verhindern.

Umweltmikrobiologie, Wissenschaftszweig, der sich mit der Thematik befasst, wie Mikroorganismen dazu beitragen können, ↗ Schadstoffe aus der Umwelt zu entfernen. Statt energieaufwändiger Verfahren zur ↗ Abwasserreinigung und dem Abbau vieler toxischer Abfallstoffe kann man eine *Biodegradation* mit gentechnisch veränderten Bakterien durchführen, die Plasmide (↗ Plasmid) für den Abbau dieser Stoffe besitzen. Genspender sind dabei meist Bakterienstämme, die man aus entsprechend kontaminierten Biotopen isoliert hat.

Umweltorganisationen, Verbände, die sich dem Schutz der Umwelt i. Allg. oder besonderen Teilbereichen bzw. Organismengruppen widmen. In Deutschland zählen hierzu u. a. der *BUND* (↗ Bund für Umwelt und Naturschutz in Deutschland), der sich, neben Fragen des Naturschutzes i. e. S. auch allg. Aufgaben des Umweltschutzes widmet; weiterhin der *Deutsche Bund für Vogelschutz* mit ursprünglich rein ornithologischer Zielsetzung, der sich 1991 in *Naturschutzbund Deutschland (NABU)* umbenannte, da er mittlerweile auch verstärkt Biotopschutzaufgaben wahrnimmt; der *Deutsche Naturschutzring* ist die Dachorganisation vieler überregionaler U. International tätige Organisationen sind u. a. ↗ Worldwide Fund For Nature (WWF) und ↗ Greenpeace.

Umweltschadstoffe, ↗ Schadstoffe.

Umweltschutz, Erkennung von Umweltgefahren und deren Vermeidung oder Verminderung durch Ergreifen geeigneter Maßnahmen. Vorrangiges Ziel ist dabei die dauerhafte Erhaltung eines natürlichen Fortbestandes aller Lebewesen und die Sicherung eines gesunden, menschenwürdigen Daseins. Teilbereiche des U. sind dabei u. a. Landschaftspflege, Strahlen-, Emissions- und Lärmschutz, Gewässerschutz und Abfallbeseitigung, Kontrolle chemischer Bodenaufbereitungs- und Pflanzenschutzmittel.

Umweltstress, auf Individuen, ↗ Populationen oder gesamte ↗ Ökosysteme einwirkende Belastungen, die nicht zum normalen Haushalt eines ökologischen Systems gehören. U. kann natürlich oder anthropogen bedingt sein. Beispiele sind Feuer, Beweidung, Trittbeanspruchung oder außergewöhnliche Dürrezeiten.

Umwelttoxikologie, Wissenschaft, die sich mit dem Vorkommen, der Wirkung und der Dynamik (Austrag, Abbau) von ↗ Umweltchemikalien in ↗ Ökosystemen beschäftigt.

Umweltverschmutzung, ↗ Umweltbelastung.

Umweltverträglichkeitsprüfung, Abk. *UVP*, nach einer seit 1990 bestehenden EU-Richtlinie durchgeführte behördliche Prüfung öffentlicher oder privater Maßnahmen auf die Umwelt- und damit Naturverträglichkeit des Vorhabens. Sie ist u. a. bei raumbedeutsamen Bauvorhaben wie Fernstraßen, Kanalbauten oder Ansiedlung von Großbetrieben gefordert, aber auch bei der Genehmigung der Herstellung und dem Vertrieb neuer Produkte.

Unabhängigkeitsregel, die dritte der ↗ Mendel-Regeln.

unbedingter Reflex, angeborene, und somit im Gegensatz zum ↗ bedingten Reflex lernunabhängige Verhaltensreaktion auf einen ↗ unbedingten Reiz. Zu den u. R. gehören z. B. Atmung, Klammerreflex bei ↗ Traglingen, die Körperhaltung oder elementare Schutzreaktionen. (↗ Reflex)

unbedingter Reiz, ein Reiz, dessen biologische Bedeutung entweder angeborenermaßen oder aufgrund einer Objektprägung erkannt wird (↗ Schlüsselreiz, ↗ Kennreiz). ↗ bedingter Reiz

Unechte Karettschildkröte, Art der Meeresschildkröten (↗ Cheloniidae).

Unfruchtbarkeit, die ↗ Sterilität.

ungeschlechtliche Fortpflanzung, Form der ↗ Fortpflanzung.

Unguis, der ↗ Nagel.

Ungula, der ↗ Huf.

Ungulata, die ↗ Huftiere.

unifazial, Bez. für ein *Rundblatt* (↗ Blatt), das entsteht, wenn die Blattunterseite stärker wächst als die Blattoberseite, sodass diese schließlich verschwindet. Unifaziale Blätter findet man z. B. bei Binsen (↗ Juncaceae) oder beim ↗ Schnittlauch.

Uniformitätsregel, die erste der ↗ Mendel-Regeln.

Unio, *Flussmuscheln*, Gatt. der ↗ Palaeoheterodonta.

Uniport, Form des ↗ Transports von Ionen oder Molekülen durch Membranen, bei dem nur eine Substanz durch diese hindurch transportiert wird. (↗ Antiport, ↗ Symport)

Unken, *Bombina*, Gattung der Scheibenzüngler (Discoglossidae) mit sechs Arten von krötenähnlichem Habitus. Der Rücken ist meist unscheinbar grau-braun oder grünlich mit körnig-warziger Haut, die Bauchseite ist leuchtend gelb bis rot gemustert. Diese Warnfarben werden in der als *Unkenreflex* bezeichneten Schreckhaltung einem möglichen Räuber präsentiert. Die Hautsekrete der U. enthalten eine Reihe verschiedener Gifte (z. B. *Bombesin*, ein ↗ Neuropeptid). U. leben vorwiegend im Wasser und sind tagaktiv. Als Wärme liebende Tiere besiedeln sie nur gut besonnte Gewässer. Während der Balz treiben die Männchen an der Wasseroberfläche und lassen ihre dumpf glockenartigen Rufe hören. Bei der Paarung wird das Weibchen in der Lendenregion geklammert (↗ Klammerreflex), und die Eier werden in kleinen Portionen meist an Wasserpflanzen geheftet. Die kalte Jahreszeit verbringen die U. außerhalb des Wassers verborgen in gut drainierten, lockeren Böden. Europäische Arten sind die nach der ⌐ Roten Liste vom Aussterben bedrohte Rotbauch- oder Tieflandunke (*Bombina bombina*) und die als gefährdet eingestufte Gelbbauch- oder Bergunke (*Bombina variegata*).

Unkraut, *Segetalpflanzen*, Bez. für Pflanzen, die aus Sicht des Menschen an unerwünschten Standorten wachsen. Dies sind vor allem landwirtschaftliche Kultur- oder andere Nutzflächen. Das Wachstum und der Ertrag der Nutzpflanzen werden dabei durch Konkurrenz der Nutzpflanzen mit dem U. um die optimale Nährstoffversorgung, Licht und Wasser wesentlich beeinträchtigt. Die meisten U. sind ⌐ Therophyten, sie werden auch als *Samen-U.* bezeichnet, die eine kurze Generationszeit haben, bis zu drei Generationen im Jahr hervorbringen und eine außerordentlich hohe Samenproduktion aufweisen. Hierzu gehören u. a. viele Vertreter der ⌐ Asteraceae, ⌐ Brassicaceae und ⌐ Chenopodiaceae. Ihnen stellt man die ausdauernden *Dauer-U.* gegenüber, zu denen beispielsweise Vertreter der ⌐ Convolvulaceae gehören.

Literatur: Kästner, A., Jäger, E.J., Schubert, R.: Handbuch der Segetalpflanzen Mitteleuropas, Heidelberg 2001.

Unkrautbekämpfung, Maßnahmen zur Vernichtung oder Eindämmung von ⌐ Unkraut. Einfachste Möglichkeiten der U. sind eine dichte Aussaat der Kulturpflanzen und damit starke Beschattung der keimenden Unkräuter und ständige Bodenbearbeitungsmaßnahmen wie Jäten und Hacken. Auch Versuche einer biologischen U. mit phytophagen Insekten zeigen Erfolg. Im biologischen Landbau sind dies die Mittel der Wahl während in der konventionellen Landwirtschaft häufig der Einsatz von ⌐ Herbiziden praktiziert wird.

Unkrautvernichtungsmittel, *Unkrautvertilgungsmittel*, die ⌐ Herbizide.

Unpaarhufer, die ⌐ Perissodactyla.

unspezifische Immunantwort, zusammenfassende Bez. für eine Reihe von unspezifischen und nicht adaptiven Abwehrmechanismen des Körpers gegen pathogene Mikroorganismen und Fremdstoffe. Bei der u. I. können zwei Stufen unterschieden werden. Die erste Stufe, die ein eindringender Mikroorganismus oder Fremdstoff sozusagen überwinden muss ist die natürliche Barriere, die durch die ⌐ Haut und die ⌐ Schleimhäute mit ihren Sekreten gebildet wird. So können Mikroorganismen i. d. R. in die Haut nur über Verletzungen eindringen. Auch sorgen die Sekrete der Talg- und ⌐ Schweißdrüsen, die einen pH-Wert zwischen 3 und 5 haben, dafür, dass sich, außer den daran angepassten, zur natürlichen Hautflora gehörenden Mikroorganismen, keine pathogenen Mikroorganismen ansiedeln können. Sekrete wie Tränen, ⌐ Speichel und Schleim dienen der Reinigung der Haut- und Schleimhautoberflächen und entfernen dabei viele Mikroorganismen.

Sie enthalten Schutzstoffe, wie z. B. das ⌐ Lysozym, das vor allem im oberen Atemtrakt und im Bereich der Augen vorkommt, und durch enzymatische Auflösung der Bakterienzellwand viele Bakterien abtötet. Der von Schleimhautzellen abgesonderte Schleim schließt Fremdkörper, mit denen er in Kontakt kommt, ein und hilft so, sie zu entsorgen. Dies gilt insbesondere für den oberen Atemtrakt. Keime und Fremdkörper die dort eindringen, werden vom Schleim abgefangen und entweder verschluckt und dann dem sauren Magensaft ausgesetzt, oder ausgespuckt (⌐ Hustenreflex). Das Wimpernepithel der Bronchien sorgt dafür, dass in Schleim eingepackte Keime nach außen transportiert und so von der Lunge ferngehalten werden.

Die nächste Stufe, die eingedrungene Keime oder Fremdkörper überwinden müssen, sind zur Phagocytose befähigte ⌐ Lymphocyten, die antimikrobiellen Proteine des ⌐ Komplementsystems und die Fähigkeit geschädigter Gewebe zu ⌐ Entzündungsreaktionen.

Zu den unspezifischen Abwehrmechanismen gehörende, phagocytierende Lymphocyten sind die *Neutrophilen* (60 - 70 % aller Lymphocyten), die, durch chemische Signale angelockt, in infiziertes Gewebe einwandern und eingedrungene Erreger vernichten. Dabei zerstören sie sich i. d. R. selbst, haben also eine nur kurze Lebensdauer. Noch wirkungsvoller sind die *Monocyten* (5 % der Lymphocyten), die nach ihrer Reifung erst im Blut zirkulieren, dann in die Gewebe einwandern und sich zu ⌐ Makrophagen verwandeln, die besonders effizient phagocytieren und sehr langlebig sind. Nicht alle Makrophagen sind beweglich. Manche sind stationär in bestimmten Geweben, z. B. den Alveolen der ⌐ Lunge oder in den Kupffer'schen Sternzellen der ⌐ Leber sowie besonders gehäuft in den ⌐ Lymphknoten und der ⌐ Milz. Die *Eosinophilen* (etwa 1,5 % der Lymphocyten) haben zwar nur begrenzte Phagocytose-Aktivität, besitzen dafür aber große Mengen an lytischen, d. h. abbauenden Enzymen. Sie wehren vor allem größere Krankheitserreger ab, wie z. B. parasitische Würmer, indem sie sich an deren Außenseite heften und die lytischen Enzyme freisetzen. Als letzte Gruppe der Lymphocyten des unspezifischen Abwehrsystems sind die *natürlichen Killerzellen* zu nennen, die infizierte körpereigene Zellen zerstören. Sie greifen daher insbesondere durch ⌐ Viren infizierte Zellen an, aber auch zu ⌐ Tumorzellen entartete Körperzellen. Sie phagocytieren nicht, sondern greifen die Plasmamembran der Zellen an und bringen diese zum Platzen. Phagocytierende Zellen, Komplementsystem und Entzündungsreaktionen zusammen verleihen dem Organismus eine *angeborene Immunität*, im Unterschied zur erworbenen Immunität, die erst im Laufe des Lebens aufgebaut wird und sehr spezifisch reagiert (↗ spezifische Immunantwort). ↗ Allergie, ↗ Antigene, ↗ Autoimmunkrankheiten, ↗ Immunglobuline, ↗ lymphatische Organe, ↗ Selbsttoleranz

Unterart, *Subspezies*, ↗ Rasse.

untere Bergwaldstufe, ↗ Höhenstufen.

Unterhaare, die *Wollhaare*, ↗ Haare.

Unterhaut, *Corium, Dermis, Lederhaut*, ↗ Haut.

unterirdische Gewässer, entstehen größtenteils durch versickerndes Niederschlagswasser, teilweise auch im Umkreis von Flüssen, Seen und Meeren durch Eindringen von Oberflächenwasser in den Boden. Diese sich unterirdisch über einer undurchlässigen Schicht ansammelnde Wassermasse wird als ↗ Grundwasser bezeichnet. In Karstgebieten (↗ Karst) bilden sich auch unterirdische Fließ- und Höhlengewässer. Diese bilden aufgrund ihres höheren Sauerstoffgehalts den Lebensraum für viele ↗ Höhlenbewohner.

Unterkiefer, 1) bei Gliederfüßern (↗ Arthropoda) die Maxillen (↗ Mundgliedmaßen).

2) unterer der beiden im Kiefergelenk der Wirbeltiere und des Menschen verbundenen Hebel. Die Wirbeltieranatomie bezeichnet den (einzigen) Unterkieferknochen aller Säuger als *Dentale*, in der Humananatomie heißt der Unterkieferknochen des Menschen *Mandibel*. (↗ Kiefer, ↗ Schädel)

Unterkieferdrüse, ↗ Speicheldrüsen.

Unterlage, Bez. für eine Pflanze (Sämling, ↗ Steckling oder ↗ Ableger), auf die bei einer ↗ Pfropfung das Pfropfreis transplantiert wird.

Unterleib, ↗ Abdomen.

Unterschlundganglion, *Subösophagealganglion*, der die Mundgliedmaßen innervierende Gehirnteil bei Gliedertieren (↗ Arthropoda), bestehend aus den Ganglien des Mandibel-, ersten Maxillen- und des Labialsegments (bei Insekten und Tausendfüßern). Bei Spinnentieren (↗ Chelicerata) ist das U. die unter dem Ösophagus liegende Unterschlundmasse, die das Pedipalpenganglion und die Ganglien aller Laufbeine beinhaltet. (↗ Gehirn, ↗ Nervensystem)

Unterzungendrüse, ↗ Speicheldrüsen.

unvollständige Dominanz, ↗ Dominanz.

unvollständige Penetranz, ↗ Penetranz.

Upupidae, *Wiedehopfe*, Fam. der Rackenvögel (↗ Coraciiformes).

Uracil, Abk. *U* oder *Ura*, *2,4-Dihydroxypyrimidin*, eine ↗ Pyrimidinbase, die als Baustein der ↗ Ribonucleinsäure ubiquitär verbreitet ist. U. entsteht durch Abbau von U.-Nucleotiden und Nucleosiden und ist der Ausgangspunkt für den reduktiven und oxidativen Pyrimidinabbau. U. kommt als Phosphorsäureester des Uridins natürlich vor.

Uranoscopidae, *Himmelsgucker*, Fam. der Barschfische (↗ Perciformes) mit 25 Arten, die in allen tropischen und gemäßigten Meeren verbreitet sind. Die U. haben einen großen Kopf mit am Scheitel sitzenden Augen (Name!). Viele Arten besitzen schwach ↗ elektrische Organe hinter den Augen (aus umgewandelten Augenmuskeln). Vor allem am Kiemendeckel sitzen Giftstacheln, deren Gift auch für den Menschen tödlich sein kann.

Urat-Oxidase, die ↗ Uricase.

Urbecher, die ↗ Archaeocyatha.

Urdarm, *Archenteron, Progaster*, in der ↗ Gastrula (↗ Gastrulation) die ins ↗ Blastocoel eingestülpte innere Gewebeschicht. Der U. umschließt die Urdarmhöhle und stellt die Anlagen für ↗ Entoderm und ↗ Mesoderm.

Urease, eine vor allem in Pflanzensamen und Mikroorganismen sowie bei Wirbellosen (Krebse, marine Muscheln) vorkommende, Harnstoff spaltende Hydrolase von hoher katalytischer Wirksamkeit. U. katalysiert die Spaltung von ↗ Harnstoff in ↗ Ammoniak, ↗ Kohlenstoffdioxid und Wasser nach der Formel:

$$CO(NH_2)_2 + 2\ H_2O \rightarrow 2\ NH_3 + CO_2 + H_2O.$$

Die Substratspezifität ist groß, da außer Harnstoff nur noch Harnstoffderivate, wie Hydroxy- und Dihydroxyharnstoff, die gleichzeitig als nichtkompetitive Inhibitoren der U. wirken, von U. umgesetzt werden. Die U. aus der Sojabohne war das erste Enzym, das in kristallinem Zustand isoliert wurde (↗ Sumner 1926). U. besteht aus acht Untereinheiten, die aus je zwei kovalent verbundenen Ketten bestehen.

Uredinales, *Rostpilze*, Ord. der Ständerpilze (↗ Basidiomycetes, Unterklasse Heterobasidiomycetidae), deren Vertreter quergeteilte *Phragmobasidien* entwickeln. Die U. sind mit mehreren tausend Arten weltweit verbreitet und leben in der Natur ausschließlich parasitisch auf Samenpflanzen (↗ Spermatophyta) und Farnen (↗ Pteridopsida), wobei sie meist streng an ihre Wirtspflanzen gebunden sind. Die Rostpilze zeigen eine ausgeprägte Spezialisierung; so finden sich viele Varietäten, die, morphologisch nicht unterscheidbar, aber auf unterschiedliche Pflanzenarten spezialisiert sind, und zahlreiche ↗ physiologische Rassen (bei *Puccinia graminis* var. *tritici* mehr als 300), die sich morphologisch gleichen, jedoch nur bestimmte Rassen einer einzelnen Sorte einer Kulturpflanze befallen. Die U. verursachen bei ihren Wirten die Rostkrankheiten. Für diese charakteristisch sind die meist rostfarbigen, punkt-, strich- oder ringförmigen Lager der *Aecidio-* oder *Uredosporen*, die an Blättern oder Stängeln gebildet werden. Der Name Rostpilze bezieht sich auf die Farbe bestimmter Sporenlager.

Rostpilze besitzen mannigfaltige *Entwicklungszyklen*; es gibt Formen mit obligatem Wirtswechsel (*Heterözie*, haploide und dikaryotische Phase benö-

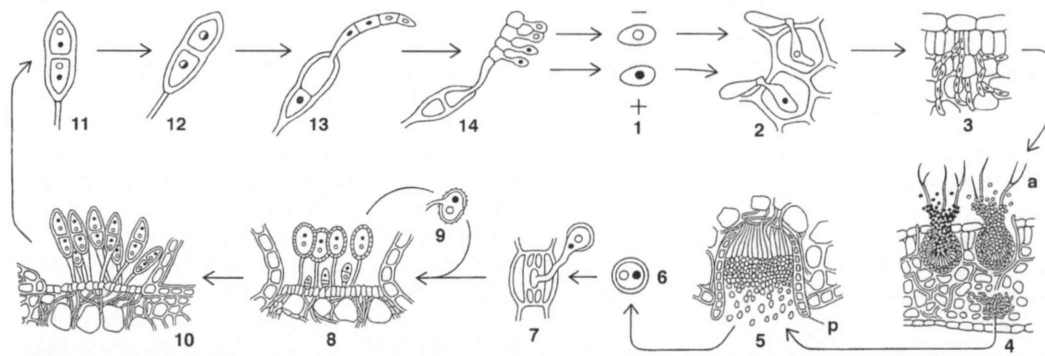

Uredinales Entwicklungszyklus mit Wirtswechsel des Rostpilzes *Puccinia graminis*, dem Erreger des Getreide-Schwarzrostes. 1 Basidiosporen bilden auf einer Wirtspflanze (Berberitze) Keimhyphen, die die Cuticula durchbrechen (2) und mit einem einkernig-haploiden Mycel das Wirtsgewebe durchwuchern (3). Nahe der Blattoberfläche bilden sich krugförmige Spermogonien, die *Pyknosporen* abschnüren (4). Diese sind nicht infektionsfähig und bilden kein Mycel aus, sondern übertragen männliche Kerne auf weibliche Empfängnishyphen (4a). Gleichzeitig verknäulen sich an der Blattunterseite die Hyphen zu Aecidien, in die die gegengeschlechtlichen Kerne von den Empfängnishyphen einwandern. Es bilden sich dikaryotische Zellen, die zu becherförmigen, orange gefärbten Aecidien auswachsen, die die Blattunterseite durchbrechen (5). Sie bilden zahlreiche *Aecidiosporen*, die mit dem Wind verfrachtet werden (6), worauf ein Wirtswechsel erfolgt, denn die Aecidiosporen keimen nur auf Getreide (7). In Abhängigkeit von der Witterung bilden sich aus dem sich entwickelnden dikaryotischen Mycel mehrere Generationen von Sporenlagern, die die Epidermis durchbrechen und in großer Zahl gelbliche Sommersporen (*Uredosporen*) bilden (8). Diese infizieren neue Getreidepflanzen (9). Zum Herbst hin entwickelt das gleiche Paarkernmycel in fast schwarzen Uredolagern die auf Stielen sitzenden Wintersporen (*Teleutosporen*, 10), die braun, dickwandig und gegen Trockenheit und Kälte widerstandsfähig sind (11). In den Zellen verschmelzen die Kernpaare miteinander (Karyogamie, 12). Die Teleutosporen überwintern, und im Frühjahr keimt jede der diploiden Zellen (Probasidie) nach einer Meiose zu einer Basidie aus (13). In dieser werden zwischen den vier haploiden Kernen Querwände eingezogen, und jede der vier Zellen entwickelt sich durch Sprossung zu einer *Basidiospore* (14)

tigen eine andere Wirtspflanze); bei anderen Formen verläuft die gesamte Entwicklung auf einem Wirt (*Autözie*); es gibt Arten mit vollständigem Entwicklungszyklus (fünf Sporenformen, oft mit 0 - IV benannt) und solche, die eine oder mehrere Sporenformen unterdrücken. Diese verkürzte Entwicklung tritt besonders häufig in Klimazonen mit kurzer Vegetationsperiode auf. Die Entwicklung kann auch durch Wiederholung einzelner Generationen, häufig der Uredosporenentwicklung, verlängert werden. Es gibt sogar imperfekte Rostpilze, von denen nur die Uredosporen bekannt sind. Echte Fruchtkörper werden bei Rostpilzen nicht gebildet; Ansätze zu einer Fruchtkörperbildung sind bei einigen Arten in den gallertartigen oder stielförmig erhobenen Teleutosporenlagern zu erkennen.

Die U. werden nach der Bildung der *Teleutosporen* (Wintersporen; gestielt, ungestielt, einzeln, in Ketten) und der Ausbildung der Aecidien (↗ Aecidium) in mehrere Familien gegliedert. Die Aecidien sind normalerweise von einer dauerhaften Pseudoperidie umgeben; fehlt diese, wird das Sporenlager *Caeoma* (Mehrzahl Caeomata) genannt; wächst die Pseudoperidie weit über die Blattoberfläche empor (z. B. beim Gitterrost, *Gymnosporangium*), spricht man vom *Roestelia-Typ*, und ist die Pseudoperidie nicht becher- oder schüsselförmig, sondern ohne besondere Differenzierung, unregelmäßig, rundlich oder sackförmig, wird das Lager auch *Peridermium* genannt.

Unter den *Rostkrankheiten* sind insbesondere die *Getreideroste* wirtschaftlich wichtig, z. B. *Schwarzrost* (verursacht durch den wirtswechselnden Rostpilz *Puccinia graminis*) und *Gelbrost* (Streifenrost, verursacht durch *Puccinia strigiformes* = *Puccinia glumarum*) des Weizens und anderer Getreidearten. Ebenfalls weit verbreitet sind der durch *Uromyces pisi* verursachte *Erbsenrost* und der autözisch verlaufende *Bohnenrost* (Erreger: *Uromyces phaseoli*). Bei starkem Befall kann es zum Kümmern der befallenen Blätter und sogar zum Absterben der Pflanzen kommen. Man unterscheidet die Rostkrankheiten nach ihren morphologischen Merkmalen (z. B. Sporenformen), den Wirtspflanzen (Haupt- und Zwischenwirt) und den an den Pflanzen verursachten Symptomen (z. B. Missbildungen). Eine Bekämpfung der Rostkrankheiten wirtswechselnder Rostpilze durch Ausrotten des Zwischenwirts (z. B. ↗ Berberitze beim Schwarzrost) hat nur teilweise zum Erfolg geführt, da bei den meisten Arten auch die Uredosporen überwintern können oder die Sporen bereits im Herbst die junge Saat des Wintergetreides oder verschiedene Kulturgräser infizieren. Uredosporen werden außerdem länderweit durch den Wind verbreitet. Die Züchtung resistenter Pflanzensorten bereitet durch die große Zahl physiologischer Rassen unter den U. große Schwierigkeiten, zumal durch Mutation und Neukombination bei Kreuzungen immer wieder neue Rassen entstehen, welche die Pflanzenresistenz überwinden können. Eine chemische Bekämpfung ist möglich, doch umstritten, und die Spritzungen müssen in der Regel mehrfach wiederholt werden. Epidemien durch Rostkrankheiten haben in früheren Zeiten oft zu Hungersnöten geführt.

Rostpilze sind stammesgeschichtlich eine sehr alte Pilzgruppe. In Fossilien aus dem ↗ Karbon (vor ca. 300 Millionen Jahren) konnten Farnparasiten nachgewiesen werden, die eine überraschende Übereinstimmung mit heutigen, ursprünglichen, an Koniferen lebenden Formen aufweisen. Im Mesozoikum gingen die Rostpilze auf Gymnospermen, besonders Koniferen, und von der Oberkreide an auf Angiospermen über; damit entwickelte sich ein Wirtswechsel zwischen Gymno- und Angiospermen. Die mit dicken Wänden versehenen Teleutosporen (Probasidien) sind wahrscheinlich als Anpassung beim Vordringen in kühlere Klimate entstanden.

Uredosporen, *Protosporen*, ovale bis kugelförmige, i. d. R. einzellige, dikaryotische Sommersporen der Rostpilze (↗ Uredinales).

5-Ureidohydantoin, ↗ Allantoin.

Ureizellen, *Oogonien*, ↗ Urkeimzellen, ↗ Oogenese.

ureotelische Tiere, *Harnstoffausscheider*, Tiere, die das im Proteinstoffwechsel anfallende primäre Endprodukt ↗ Ammoniak unter Energieaufwand zu ↗ Harnstoff umwandeln (↗ Harnstoffzyklus) und in dieser Form ausscheiden. (↗ Exkretion)

Ureter, der Harnleiter (↗ Harnblase).

Urethra, die Harnröhre (↗ Harnblase).

Urfarngewächse, die Klasse ↗ Psilophytopsida.

Urgeschlechtszellen, die ↗ Urkeimzellen.

Uricase, *Urat-Oxidase*, eine kupferhaltige aerobe ↗ Oxidase, die in Gegenwart von Sauerstoff aus der schwerlöslichen ↗ Harnsäure bzw. ihren Salzen das leichtlösliche ↗ Allantoin sowie Wasserstoffperoxid bildet. U. kommt bei allen Wirbeltieren (einschließlich des Menschen) sowie mit Ausnahme der meisten Insekten (nur die Fliegen und Verwandte besitzen U.) auch bei allen Wirbellosen vor. Hauptort des Harnsäureabbaus ist die ↗ Leber, in der U. in besonderen Zellorganellen, den *Uricosomen*, gespeichert wird. U. dient in der klinischen Diagnostik zum Nachweis von Harnsäure.

uricotelische Tiere, *Harnsäureausscheider*, Tiere, häufig trockener Habitate, deren stickstoffhaltige Exkretionsprodukte des Proteinstoffwechsels hauptsächlich aus ↗ Harnsäure bestehen. (↗ Exkretion)

Uridin, ein Nucleosid aus D-Ribose und der Pyrimidinbase ↗ Uracil (↗ Nucleoside).

Uridin-5'diphosphat, Abk. *UDP*, ↗ Uridinphosphate.

Uridindiphosphat-Glucose, Abk. *UDP-Glucose* oder *UDPG*, *„aktive Glucose"*, ein energiereiches Nucleotidderivat der ↗ Glucose, das insbesondere

bei der Synthese von ↗ Glykogen, ↗ Murein, ↗ Chitin, im Stoffwechsel der ↗ Galactose aber auch im allg. Kohlenhydratstoffwechsel eine wichtige Rolle spielt.

Uridin-5'-monophosphat, Abk. *UMP*, ↗ Uridinphosphate.

Uridinphosphate, zu den ↗ Nucleotiden zählende Phosphorsäureester des Uridins. *Uridin-5'-monophosphat (UMP, Uridylsäure)* entsteht bei der Pyrimidinbiosynthese oder beim Abbau der Nucleinsäuren. UMP ist Ausgangspunkt für die Synthese anderer Pyrimidinnucleotide. Besondere Bedeutung haben *Uridin-5'-diphosphat (UDP)* als Coenzym der Glykosidierung und *Uridin-5'-triphosphat (UTP)* als strukturanaloge Verbindung des ATP (↗ Adenosinphosphate). *Zyklisches Uridin-3',5'-monophosphat (cyclo-UMP, cUMP)* ist ein zyklisches Nucleosid, das ähnlich dem zyklischen Adenosin-3',5'-monophosphat an bestimmten Regulationsprozessen der Zelle beteiligt ist.

Uridin-5'-triphosphat, Abk. *UTP*, ↗ Uridinphosphate.

Urin, der ↗ Harn.

Urkeimzellen, *Urgeschlechtszellen*, diejenigen Zellen (Ursamenzellen, Ureizellen) im tierischen und menschlichen Organismus, deren Abkömmlinge Keimzellen (↗ Gameten) bilden können. (↗ Gametogenese, ↗ Keimbahn, ↗ Oogenese, ↗ Spermatogenese)

Urmund, *Blastoporus*, Öffnung des ↗ Urdarms am Ort der Einstülpung des vegetativen Blastulabereiches ins ↗ Blastocoel. Der U. bildet bei den ↗ Protostomia die Anlage des Mundes und Afters, bei den ↗ Deuterostomia nur die Anlage des Afters. (↗ Gastrulation, ↗ Keimblätter)

Urmundtiere, die ↗ Protostomia.

Urmützenschnecken, die ↗ Monoplacophora.

Urnenpflanze, im tropischen Asien und Australien heimische Gatt. der ↗ Asclepiadaceae. Die epiphytisch lebenden Pflanzen (↗ Epiphyten) haben meist eiförmige, fleischige Blätter, die teilweise zu großen schlauchförmigen Taschen umgebildet sind. Diese dienen als Wasserbehälter für die hineinwachsenden ↗ Adventivwurzeln.

Urniere, *Mesonephros*, (↗ Niere).

Urobilin, *Mesobilin*, zu den ↗ Gallenfarbstoffen zählendes orangegelbes Abbauprodukt des ↗ Bilirubins, das an der Färbung der Fäkalien beteiligt ist. Farblose Vorstufe des Urobilins ist das *Urobilinogen (Mesobilirubinogen)*.

Urochordata, die ↗ Tunicata.

Urochrome, Bez. für Verbindungen (u. a. ↗ Gallenfarbstoffe), die die natürliche Färbung des ↗ Harns verursachen.

Urocystis, Gatt. der ↗ Tilletiales.

Urodela, *Schwanzlurche, Caudata*, Ord. der ↗ Amphibia, bei deren Vertretern, im Gegensatz zu den Froschlurchen (↗ Anura) und Blindwühlen (↗ Gymnophiona), zeitlebens ein Schwanz erhalten bleibt. Der Körper ist langgestreckt, der Kopf flach, die Extremitäten sind vorne und hinten ähnlich, wie bei allen armtragenden Amphibien allerdings nur mit vier Fingern. Bei einigen Arten ist die Körperform aalähnlich. Das Skelett ist teilweise knorpelig, die Wirbel sind meist amphicoel. Die Augen sind meist klein, Mittelohr und Trommelfell sind nicht vorhanden. Der Gehörsinn ist von untergeordneter Bedeutung; Lauterzeugung ist bei einigen Arten möglich, steht aber nicht im Dienst der innerartlichen Kommunikation, sondern der Feindabwehr (Schrecklaute). Wichtig sind der chemische Sinn und, bei wasserlebenden Tieren (z. B. bei den Molchen während der aquatischen Phase), das Seitenliniensystem. Im Unterschied zu den meisten Froschlurchen haben die Schwanzlurche mit Ausnahme der Riesensalamander (↗ Cryptobranchidae) und Winkelzahnmolche (Hynobiidae) eine innere Besamung: Nach einem oft komplizierten Paarungsvorspiel setzt das Männchen eine Spermatophore ab, der das Weibchen das Sperma entnimmt. Die Eier werden Tage bis Monate später und meist im Wasser abgelegt. Ihnen entschlüpft eine langgestreckte Larve mit Kiemenspalten, drei Paar äußeren Kiemen, einem paarigen Haftorgan am Kopf und, im Gegensatz zu den Larven der Froschlurche, echten Zähnen. Sie ernähren sich räuberisch. Anders als bei den Frosch-Kaulquappen entwickeln sich bei den Larven der U. zuerst die Vorderbeine. Viele Arten, besonders unter den lungenlosen Salamandern (Plethodontidae), legen terrestrische Eier mit direkter Entwicklung, manche Arten, wie ↗ Feuersalamander und ↗ Alpensalamander, sind lebendgebärend. Einige Arten behalten zeitlebens larvale Merkmale (↗ Neotenie). Beim Axolotl (↗ Ambystomatidae) und neotenen Bergmolch-Populationen lässt sich die ↗ Metamorphose durch ↗ Thyroxin auslösen, bei Olmen (↗ Proteidae), Armmolchen (Sirenidae) und anderen dagegen nicht. Die Schwanzlurche sind holarktisch verbreitet. Die meisten Arten sind an niedrige Temperaturen angepasst, einige vertragen sogar Einfrieren. Auch die z. B. in Südeuropa und Südasien vorkommenden Arten sind empfindlich gegen hohe Temperaturen; sie sind entweder winteraktiv oder leben in Höhlen oder im Gebirge. Man unterscheidet sieben oder acht Familien, je nachdem, ob die Armmolche zu den Schwanzlurchen gerechnet oder als eigene Gruppe (Ord. *Meantes*; in vier Unterord. zusammengefasst) abgetrennt werden.

Urogenitalsystem, *Urogenitaltrakt*, *Harn-Geschlechts-Apparat*; werden bei Tieren die Geschlechtsprodukte und die Exkrete ganz oder teilweise über gemeinsame Ausführgänge (ursprünglich ↗ Nephridien) ausgeleitet, spricht man von

einem U. Ein U. findet sich bei Ringelwürmern (↗ Annelida) und ursprünglich bei allen Wirbeltieren im männlichen Geschlecht, außer bei ↗ Rundmäulern und (sekundär) Knochenfischen. Bei Säugern münden die zunächst getrennten Ausführwege des ↗ Hodens und der ↗ Niere im ↗ Penis in einer gemeinsamen Harn-Samen-Röhre.

Urokinase. *Plasminogen-Aktivator*, aus Blut und Harn isolierbare, aber auch gentechnisch hergestellte Serin-Protease. U. ist ein Glykoprotein, das aus zwei durch Disulfidbrücken verbundenen Ketten besteht. Sie wird aus der einkettigen *Pro-U.* durch Einwirkung von Kallikrein (↗ Kallikrein-Kinin-System) oder ↗ Plasmin gebildet. Die endogene U. wirkt als Aktivator für die Bildung der Protease Plasmin aus Plasminogen und ist damit dem System der physiologischen Inhibitoren der ↗ Blutgerinnung zuzuordnen.

Uromyces, Gatt. der ↗ Uredinales.

Uronsäuren, aus Aldosen durch Oxidation der entständigen primären Alkoholgruppe entstehende Aldehydcarbonsäuren, die durch Anfügen der Endung *-uronsäure* an den Stamm des betreffenden Monosaccharids bezeichnet werden (z. B. D-Glucuronsäure, D-Galacturonsäure, D-Mannuronsäure). Aufgrund ihrer glykosidischen Hydroxygruppe zeigen die U. die typischen Reaktionen der ↗ Monosaccharide. Sie neigen zur Lactonbildung, wobei γ-Lactone bevorzugt werden. U. sind weit verbreitet als Bestandteile von Glykosiden sowie von Polyuroniden, ↗ Polysacchariden, ↗ Mucopolysacchariden sowie zahlreichen pflanzlichen Schleimen und Gummiharzen, wie Tragant-Gummi (↗ Tragant), ↗ Gummi arabicum, den ↗ Pektinen oder der ↗ Alginsäure.

Urophyse, ein ↗ Neurohämalorgan, das am hinteren Ende des ↗ Rückenmarks vor dem Filum terminale liegt und nur bei Knochenfischen vorkommt. Es sezerniert zwei Peptidhormone, *Urotensin I* und *Urotensin II*, deren Sequenz an diejenige des ↗ Somatostatins erinnert. Ihre Funktion ist bislang unbekannt, vermutet wird eine Beteiligung am Wasser- und Mineralhaushalt der Fische.

Uropoden , bei den ↗ Malacostraca die abgewandelten Extremitäten des sechsten Pleomers, die meist zusammen mit dem Telson den Schwanzfächer bilden.

Uropygi, *Geißelskorpione*, zu den Spinnentieren (↗ Arachnida) gehörendes Taxon mit etwa 180 tropischen und subtropischen Arten, die auf zwei sehr unterschiedliche Subtaxa verteilt sind: die bis 7,5 cm langen, die Regenwälder der indopazifischen und neotropischen Region bewohnenden *Thelyphonida* mit ungeteiltem Prosomarücken und die bis 1,8 cm langen im Lückensystem des Bodens oder in Höhlen lebenden, augenlosen *Schizomida* mit dreigeteiltem Prosomarücken. Der Habitus der U. erinnert an denjenigen der Skorpione (↗ Scorpiones), jedoch besteht das Metasoma der U. nur aus drei Segmenten und hat eine lange Schwanzgeißel (*Flagellum*), die als hinterer Fühler dient. An der Basis des Flagellums sitzen große Wehrdrüsen, deren Sekret einem Angreifer bis zu 80 cm weit direkt entgegengespritzt werden kann. Das überwiegend aus Essigsäure bestehende Sekret verursacht Schmerzen in Augen und Schleimhäuten und brennt auf der Haut. Die U. laufen nur auf drei Beinpaaren, da das erste Beinpaar zu Tastorganen umgebildet ist. Als Exkretionsorgane dienen zwei Paar *Coxaldrüsen*, ein Paar ↗ Malpighi-Schläuche und *Nephrocyten*. Die U. atmen mit *Fächerlungen*. Zur Fortpflanzung wird eine Spermatophore entweder direkt in die Geschlechtsöffnung des Weibchens gedrückt oder sie wird abgesetzt und das Weibchen darüber gezogen. Die Eier werden vom Weibchen in einem Brutsack an der Geschlechtsöffnung getragen. Die Praenymphen halten sich mit besonderen Haftlappen am Opisthosoma der Mutter fest. Nach vier Nymphenstadien und fünf Häutungen sind die Tiere geschlechtsreif.

Urpferd, *Urpferdchen*, *Hyracotherium*, *Eohippus*, die Stammform der Pferde. Die U. sahen nicht wie rezente Pferde aus, sondern waren fuchs- bis rehgroße, laubfressende Waldtiere, die eher an hornlose Duckerantilopen oder Zwerghirsche erinnern. Von *Hyracotherium* nahm die Entwicklung vom Waldtier zum schnell laufenden Steppentier ihren Ausgang, in deren Verlauf sich der mehrstrahlige Fuß durch Betonung der Mittelzehe und Reduktion der anderen Zehen allmählich zum Einhuf wandelte. Zudem wurden mit dem Übergehen von Laub- zu Grasnahrung die ursprünglich niedrigen, vierhöckerigen Backenzähne hochkronig und die Kaufläche wurde durch Verdichtung der Schmelzfalten widerstandsfähiger. Die Stammesgeschichte

der Pferde spielte sich hauptsächlich in Nordamerika ab. Von dort aus gelangten mehrmals Pferde in die Alte Welt. Bereits in der zweiten Hälfte des Paleozäns (↗ Tertiär) wanderten kleinwüchsige Urpferdchen, Abkömmlinge von *Hyracotherium* (*Eohippus*), über die Nordatlantik-Landbrücke nach Eurasien ein; sie starben dort Ende des Eozäns wieder aus. (Aus dem Oligozän findet man keine Pferde in der Alten Welt.). Weitere Entwicklungsschritte in der Stammesgeschichte der Pferde in Nordamerika gingen über *Mesohippus* (Oligozän), *Merychippus* (Miozän), *Pliohippus* (Pliozän), dem ältesten Einhufer unter den Pferden zu *Equus* (↗ Quartär, ↗ Equidae). Die Gatt. *Equus* erreichte erst kurz vor Beginn des Pleistozäns (vor etwa drei Mio. Jahren) aus Nordamerika über die Bering-Landbrücke Asien und Europa. Während diese Gatt. in Amerika im Postglazial ausstarb, überlebte sie in der Alten Welt. Dort gewann der Mensch aus dem Wildpferd das Hauspferd, das die Europäer nach der Entdeckung Amerikas in die Neue Welt brachten, wo es zum Teil wieder verwilderte (*Mustangs*).

Ursamenzellen, ↗ Urkeimzellen, ↗ Spermatogenese.

Ursidae, *Großbären*, Fam. der Raubtiere (↗ Carnivora) mit sieben Arten, zu denen, mit Kopfrumpflängen von 1 - 3 m und bei den großen Arten bis zu 300 kg Gewicht, die größten Landraubtiere überhaupt gehören. Ihr Körper ist kräftig gebaut, der Kopf ist breit mit langer Schnauze, kurzen, abgerundeten Ohren und kleinen Augen. Bären haben einen gut entwickelten Geruchssinn. Das Gebiss zeigt mit flachkronigen Backenzähnen und nur schwachen Reißzähnen eine Anpassung an die überwiegend gemischte Ernährung der Großbären mit einem hohen Anteil an pflanzlicher Kost (eine Ausnahme ist der Fleisch fressende Eisbär). Sie sind Sohlengänger mit fünf gleichlangen Zehen, de-

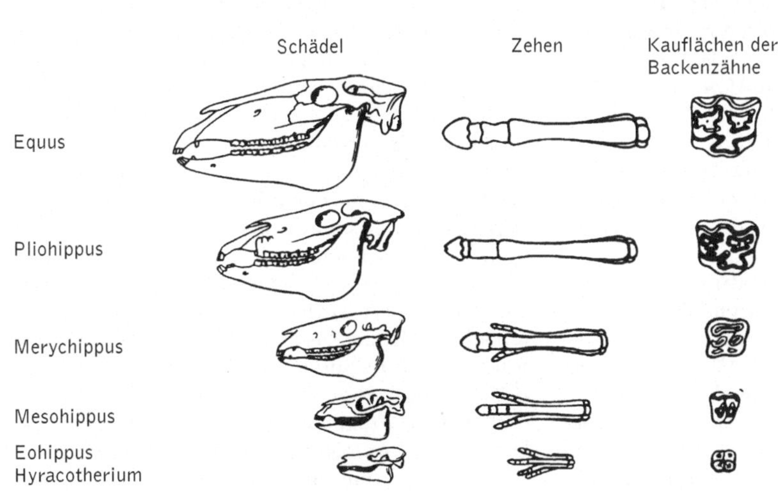

Urpferd Die Entwicklung der Pferdeartigen. Alle Umbildungen im Verlauf ihrer Evolution stehen im Zusammenhang mit dem Übergang vom Wald- zum Steppentier. Unter Rückbildung der Zehen I, II, IV und V entstand im Verlauf von etwa 55 Mio. Jahren aus der ursprünglich fünfzehigen Extremität eine einzehige. Weitere Entwicklungen in diesem Zusammenhang betreffen die Größenzunahme des Körpers und des Schädels. Auch die Kauflächen der Backenzähne änderten sich in Anpassung an das sich verändernde Nahrungsangebot

ren Krallen nicht einziebar sind. Bären sind ausdauernde Läufer, und die meisten Arten können gut klettern. Kurz vor Einbruch des Winters suchen oder graben Bären selbst Höhlen ins Erdreich bzw. die Eisbären in Eis und Schnee, um einen ein bis vier Monate währenden Winterschlaf zu halten. In den Schlafhöhlen werden in der kältesten Jahreszeit aber auch die etwa rattengroßen Jungen geboren, die nackt zur Welt kommen und zunächst durch den Körper der Mutter gewärmt werden. Paarungszeit ist von Frühjahr bis Ende Juli. Nach frühen Paarungen entwickelt sich der Keim nur bis zur Blastula und tritt dann in eine Keimruhe ein, die erst zum Sommerende beendet ist. Männliche Großbären sind außerhalb der Paarungszeit Einzelgänger, die Weibchen leben mit ihren Jungen in kleinen Mutterfamilien.

Artenreichste Gatt. sind die Echten Bären (*Ursus*) mit vier Arten, von denen der in weiten Teilen Eurasiens und Nordamerikas lebende *Braunbär* (*Ursus arctos*) die wohl bekannteste ist. Seine Unterarten *Kodiakbär* (*Ursus arctos middendorffi*) und *Grizzly* (*Ursus arctos horribilis*) sind die größten Bären und damit die größten Landraubtiere überhaupt. Nahe verwandt mit dem Braunbär ist der *Eisbär* (*Ursus maritimus*), der an den Küsten und auf dem Treibeis des Nordpolargebiets lebt. Er kann ausgezeichnet schwimmen und tauchen und ernährt sich fast ausschließlich von Robben. Die häufigste der Bärenarten ist der *Baribal* oder *Nordamerikanische Schwarzbär* (*Ursus americanus*), von dem auch grau, braun oder weiß gefärbte Formen bekannt sind. Eine asiatische Art der Echten Bären ist der *Kragenbär* (*Ursus thibetanus*) mit Namen gebender verlängerter Behaarung an Schultern, Halsseiten und Nacken und einer weißen Brustzeichnung. Zwei weitere asiatische Arten sind der sehr gut kletternde, in den Wäldern Indiens und Sri Lankas lebende *Lippenbär* (*Melursus ursinus*), der sich außer von Pflanzenkost von Termiten, Ameisen, Bienen und Honig ernährt, die er mit seiner beweglichen Schnauze aufsaugt, und der in Ost- und Südostasien verbreitete *Malaienbär* (*Helarctos malayanus*), der mit bis 1,4 m Kopfrumpflänge die kleinste Art der U. ist. Die Regenwälder der nordwestlichen Anden bewohnt der *Brillen-* oder *Andenbär* (*Tremarctos ornatus*), der eine charakteristische brillenförmige weiße Zeichnung im Gesicht trägt.

Ursprungszentren, die ↗ Genzentren.

Ursuppe, Bez. für die aminosäurehaltige Lösung, die der amerikan. Chemiker S. Miller (✳ 1930) Anfang der 1950er-Jahre erhielt, als er Wasser in einer Atmosphäre aus Methan, Ammoniak und Wasserstoff elektrischen Funkentladungen ausssetzte. Die so erhaltene Mischung wird als modellhaft angesehen für den Zustand der Ozeane in der Frühzeit der Erde, in denen die ersten Bio-Makromoleküle in vergleichbarer Weise entstanden sein könnten. (↗ Evolution, ↗ Hyperzyklus, ↗ Leben, ↗ Koazervate, ↗ Mikrosphären) (s. Abb. auf Seite 297)

Urtica, die Gatt. ↗ Brennnessel.

Urticaceae, *Brennnesselgewächse*, Fam. der ↗ Rosopsida mit ca. 1000 vorwiegend krautigen Arten, die hauptsächlich in den Tropen verbreitet sind. Die fast immer eingeschlechtlichen, unscheinbaren Blüten sind entweder in unterschiedlicher Art und Weise auf der Pflanze verteilt oder die Pflanzen sind zweihäusig (↗ Diözie). Die einfache aus zwei bis fünf Blättern bestehende Blütenhülle umgibt ebensoviele oder weniger Staubblätter (↗ Staubblatt), der ↗ Fruchtknoten besteht aus nur einem ↗ Fruchtblatt und bildet eine einzelne aufrechte Samenanlage. Die Gatt. *Urtica* ist durch den Besitz von ↗ Brennhaaren gekennzeichnet. Als ↗ Faserpflanzen sind die ↗ Brennnessel und die asiatische *Boehmeria nivea* bekannt, die die *Ramie-Fasern* liefert.

Urticales, Ord. der ↗ Rosopsida mit überwiegend verholzten aber auch krautigen Vertretern. Charakteristisch sind kätzchenartige Blütenstände (↗ Blütenstand), zapfenförmige Zellwandverdickungen (*Cystolithen*) und teilweise Milchsaftgefäße. Die oberständigen ↗ Fruchtknoten werden meist aus zwei Fruchtblättern (↗ Fruchtblatt) gebildet, sind ungekammert und enthalten oft nur eine Samenanlage, aus der sich eine Nuss oder Steinfrucht (↗ Frucht) entwickelt. Zu den U. gehören die Fam. ↗ Ulmaceae, ↗ Moraceae, ↗ Cannabaceae und ↗ Urticaceae.

Urtierchen, frühere Bez. für die ↗ Einzeller.

Urvogel, der ↗ Archaeopteryx.

Urwald, naturbelassener, vom Menschen nicht beeinflusster Wald mit typischer horizontaler Vegetationsstruktur, die mosaikartig differenziert ist. Flächen mit jungem Baumbestand wechseln mit Altholzflächen ab. Charakteristisch ist auch das Nebeneinander vieler toter Baumstämme in verschiedenen Abbaustadien, die im Totholz enthaltenen Stoffe kommen durch die Rezyklierung dem Nachwuchs zugute. Dem U. wird der ↗ Wirtschaftswald gegenübergestellt.

Urzelle, *Progenot*, in der Zellevolution Bez. für den letzten gemeinsamen Vorfahren der Bakterien, Archaebakterien und Eukaryoten. Für die Existenz einer U., deren Nachkommen alle heute lebenden Zellen bzw. Organismen darstellen, spricht die Tatsache, dass diese in vielen molekularen, biochemischen und physiologischen Eigenschaften übereinstimmen. (↗ Evolution, ↗ Koazervate, ↗ Leben, ↗ Mikrosphären)

Urzeugung, *Progenot, Archigonie, Archiogenesis, Archigenese, Autogonie, Abiogenesis*, Entstehung von Lebewesen aus unbelebter Materie. Die U. wur-

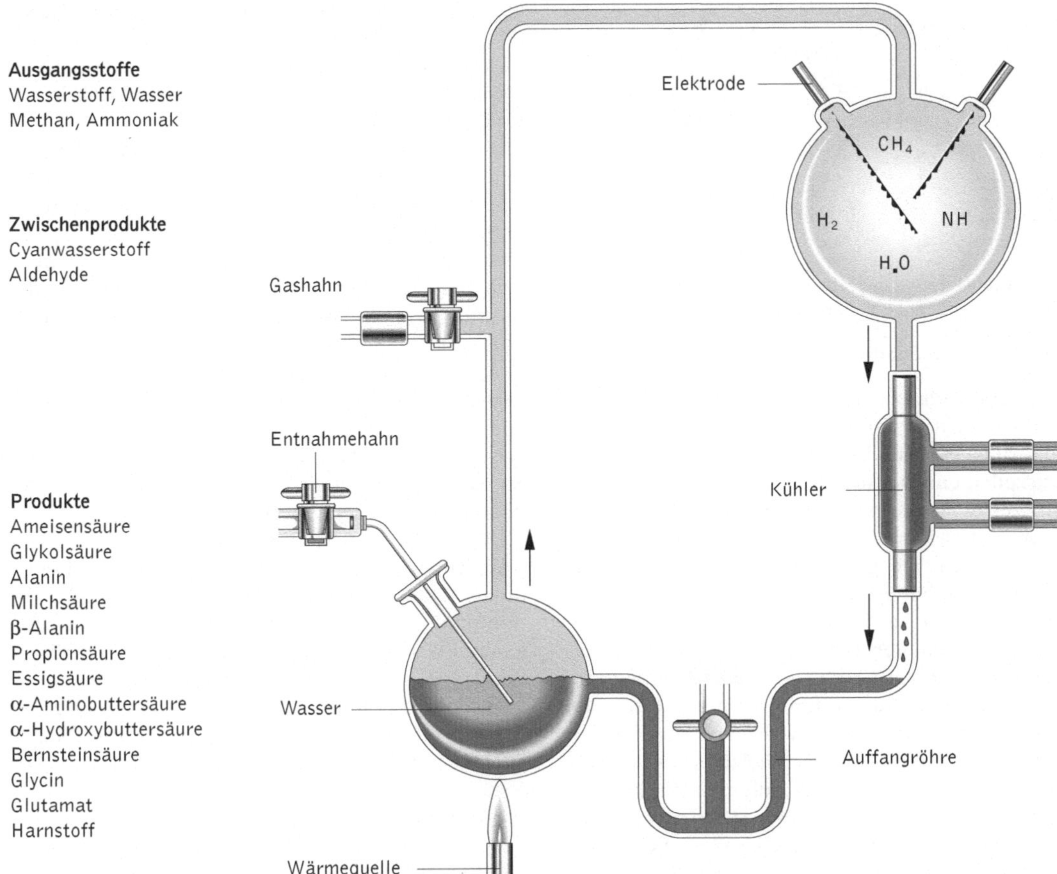

Ursuppe Darstellung der Apparatur, mit der S.L. Miller und H.C. Urey Anfang der 1950er-Jahre eine simulierte Uratmosphäre elektrischen Entladungen aussetzten. Dabei entstanden chemische Substanzen (unter Produkte aufgeführt), die Bestandteile lebender Zellen sind. Die entstehende wässrige Lösung dieser Substanzen („Ursuppe") sollte in ihrer Zusammensetzung derjenigen der Urozeane gleichen

de für Metazoen im 17./18. Jh. widerlegt, für Einzeller erst durch L. ⌐ Pasteur; sie ist jedoch heute anerkannt für den Beginn des ⌐ Lebens im Archaikum. Moderne Hypothesen gehen von der Annahme aus, dass vor der Urzeugung in der ⌐ Uratmosphäre während der chemischen ⌐ Evolution organische Substanzen entstanden (*abiotische Synthese*). Die *Koazervat-Hypothese* (⌐ Koazervate, ⌐ Mikrosphären) von A. Oparin (1894-1980) postuliert die Zusammenlagerung vieler organischer Moleküle zu wasserarmen Tröpfchen; die *Membranhypothese* nimmt als ersten Schritt die Zusammenlagerung verschiedener Moleküle und deren gemeinsame Begrenzung durch eine Membran zu so genannten Protobionten an. – Gegensatz zur U. ist die *Tokogenie* oder *Tokogonie* (Elternzeugung), d. h. die Erzeugung neuer Individuen durch geschlechtliche oder ungeschlechtliche ⌐ Fortpflanzung bereits vorhandener Organismen.

Usnea, die Gatt. ⌐ Bartflechte. (⌐ Lichenes)

Ustilaginales, *Brandpilze*, Ord. der Ständerpilze (⌐ Basidiomycetes, Unterklasse Heterobasidiomycetes) mit mehreren hundert weltweit verbreiteten Arten. Diese sind sämtlich Pflanzenparasiten, die überwiegend Angiospermen befallen und bei diesen Brandkrankheiten verursachen. Insbesondere durch den Befall von Getreide u. a. Kulturpflanzen sind sie von großer wirtschaftlicher Bedeutung.

Im Unterschied zu den immer obligat parasitischen Rostpilzen (⌐ Uredinales), haben die U. zwei Myceltypen, ein saprophytisches, haploides, meist hefeartiges Sprossmycel, das auf künstlichen Nährböden gezüchtet werden kann und ein dikaryotisches, obligat parasitisches Mycel, das streng an bestimmte Wirtspflanzen gebunden ist. Fruchtkörper oder besondere Geschlechtsorgane werden nicht ausgebildet. Die Infektion der Wirtspflanze durch das dikaryotische ⌐ Mycel erfolgt meist an jungem Gewebe (z. B. Keimling, Blüte) und wächst

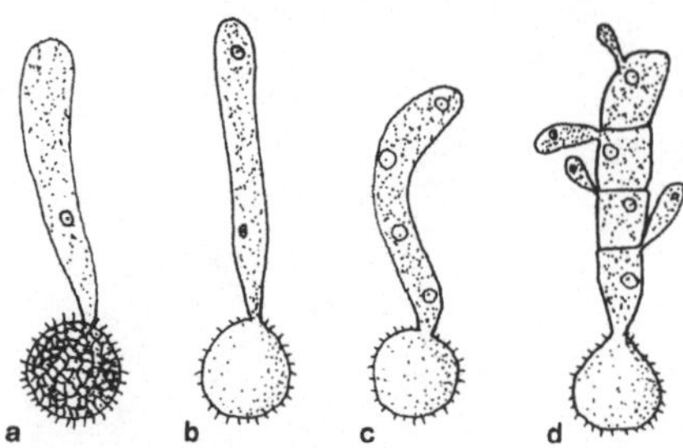

Ustilaginales Keimung einer Brandspore von *Ustilago scabiosa*; es entsteht ein vierkerniger Keimschlauch (a-c), aus dem sich ein vierzelliges Promycel entwickelt, dessen Zellen jeweils ein Sporidium ausbilden (d)

i. d. R. interzellulär, ohne dass äußerlich wesentliche Krankheitssymptome zu erkennen sind. Die Ernährung erfolgt über ↗ Haustorien, die in die Wirtszellen einwachsen. Abhängig von der Art des Brandpilzes verdichten sich die ↗ Hyphen in bestimmten Organen der Pflanze (z. B. Blütenanlage, Blätter), legen viele Querwände an und zerfallen in viele dickwandige *Brandsporen*, die meist dunkel gefärbt sind. Diese rußartige Masse von Sporenlagern (Sori) gibt den befallenen Pflanzen ein verbranntes Aussehen (daher der Name Brandkrankheiten). Nach der Ausbreitung, die meist durch den Wind erfolgt („*Flugbrand*"), wächst im kommenden Frühjahr nach der Kernverschmelzung aus der jetzt diploiden Brandspore eine Keimhyphe (Probasidie) aus, in der die Reduktionsteilung stattfindet und die sich dann zu einem kurzen, meist vierzelligen *Promycel* umbildet, von dem Sprosszellen (*Sporidien*) abgegliedert werden. Das infektiöse (parasitische) dikaryotische Mycel, das oft Schnallen besitzt, entsteht artspezifisch entweder durch Kopulation von Sporidien, Fusion komplementärgeschlechtlicher Promycelien oder durch Sprosszellen.

Die von *Brandkrankheiten* befallenen Pflanzen fallen oft durch Missbildungen, verkrümmte Triebe oder Gallen auf. Bei manchen Arten führt der Befall zur völligen Zerstörung und Umbildung der Wirtsblüte oder des Samens (*Brandbutte, Brandbeule*). Abhängig von Parasit und Wirt werden verschiedene Pflanzenteile befallen (Keimlinge, Triebe, Blüten). Mit Brandpilzen verseuchtes Getreide kann zu Vergiftungen bei Menschen und Tieren führen. Andererseits werden in Ostasien junge Brandgallen von *Ustilago esculenta* von Schossen des Wasserreises und in Ostafrika unreife Brandbeulen von *Sorosporium holci sorghi* auf Mohrenhirse als Delikatessen gegessen. (↗ Tilletiales)

Uterus, die ↗ Gebärmutter.

Utricularia, *Wasserschlauch*, Gatt. der ↗ Lentibulariaceae, deren tropische Arten im Wasser, in Sümpfen oder als ↗ Epiphyten leben. Die wurzellosen Fleisch fressenden Pflanzen (↗ carnivore Pflanzen) besitzen an ihren Blättern blasenförmige, durch Reusenhaare und einen Deckel verschließbare Fallen. Häufigste einheimische Art ist der Gemeine Wasserschlauch (*Utricularia vulgaris*).

Utriculus, ↗ Ohr.

UVP, Abk. für ↗ Umweltverträglichkeitsprüfung.

UV-Strahlung, die ↗ ultraviolette Strahlung.

V, 1) chemisches Symbol für Vanadium.

2) Ein-Buchstaben-Symbol für die Aminosäure ↗ Valin.

Vaccinium, Gatt. der ↗ Ericaceae.

Vagina, 1) Gewebsscheide oder -hülle, bindegewebige Hülle von Organteilen, z. B. *Vagina synovialis*, die Sehnenscheide.

2) *Scheide*, der letzte Abschnitt der ausführenden Gänge der weiblichen ↗ Geschlechtsorgane, der bei der Begattung das männliche Glied (↗ Penis), Genitalfüße oder ähnliche ↗ Begattungsorgane aufnimmt. Bei den ↗ Arthropoda ist die V. ektodermalen Ursprungs und dementsprechend mit ↗ Cuticula ausgekleidet. Bei Wirbeltieren einschließlich des Menschen beginnt die V. an der Kloake bzw. am Scheidenvorhof (↗ Vulva) und führt zur Gebärmutter. Sie wird während der Ontogenese vom Endabschnitt der Müller'schen Gänge (↗ Geschlechtsorgane) gebildet.

Beim Menschen ist die V. ein elastischer, häutigmuskulöser Schlauch der bei der erwachsenen Frau etwa 7 - 11 cm lang ist. Sie ist nur bei passiver Dehnung ein Hohlorgan, im Ruhezustand liegen Vorder- und Hinterwand aufeinander. Sie hat innen Querfalten und ist in ihrem unteren Teil gegen das benachbarte Gewebe beweglich, während sie am oberen Ende über Bindegewebe und Scheidewände mit ↗ Harnblase und Harnröhre verwachsen ist. Am oberen Ende ragt auch die ↗ Gebärmutter mit dem Muttermund in die V. Der untere Teil wird von drei willkürlichen Muskeln umgeben, durch die V., Harnröhre und After verengt werden können. Die Wand der V. besteht aus drei Schichten, von denen die innere ein mehrschichtiges Plattenepithel ist, dessen Zellen viel ↗ Glykogen enthalten. Durch das dauernde Abschilfern der Zellen wird das Glykogen frei und dient den Milchsäurebakterien der ↗ Vaginalflora als Substrat; diese bilden Milchsäure, die für das saure, vor Infektionen schützende Scheidenmilieu verantwortlich ist. Das bei sexueller Erregung abgegebene Vaginalsekret ist eine dem Blutserum ähnliche Flüssigkeit, die reflektorisch aus den Venen und Lymphgefäßen ausgepresst wird.

Die Scheidenwand ist bis zur ↗ Pubertät sehr dünn und daher leicht verletzlich, da sie noch kein Plattenepithel besitzt. Daher ist bei noch nicht geschlechtsreifen Mädchen aufgrund einer bakteriellen Mischflora das Milieu der V. basisch und nur wenig gegen pathogene Mikroorganismen ge-schützt. (↗ Eierstöcke, ↗ Eileiter, ↗ Jungfernhäutchen, ↗ Geschlechtsverkehr)

Vaginalflora, physiologisch wichtige, charakteristische (*residente*) Flora von Mikroorganismen in der weiblichen Vagina. Die mikrobielle Säurebildung führt zur Absenkung des ↗ pH-Wertes und bietet dadurch einen Schutz vor Ansiedlung pathogener Keime. Die V. schwankt abhängig vom Hormonstatus. Vor der ↗ Pubertät, während der Schwangerschaft und nach der Menopause (↗ Wechseljahre) finden sich in der V. vermehrt Keime der Haut und Dickdarmflora. Bei erwachsenen Frauen besteht die V. hauptsächlich aus ↗ Lactobazillen (*Döderlein'sche Stäbchen*), z. B. *Lactobacillus acidophilus,* und ↗ Streptokokken, in der Schwangerschaft kann man häufig die Ansiedlung von Hefen beobachten.

Vakuole, Bez. für bei Pflanzen und Tieren vorkommende, mit Flüssigkeit gefüllte Hohlräume.

1) *Pflanzen*: Für die meisten Pflanzenzellen sind V. ein charakteristisches Merkmal, wobei bei ausgewachsenen Zellen bis zu 90 % des Zellvolumens durch die so genannte *zentrale* V. ausgefüllt sein kann. Sie enthält Wasser, gelöste anorganische Ionen, Zucker, organische Säuren, Enzyme und eine Vielzahl sekundärer Pflanzenstoffe, die eine Rolle als Farbstoffe und bei der pflanzlichen Abwehr spielen können. Die V. wird von einer *Tonoplast* genannten Biomembran umgeben, die für Transportvorgänge zwischen dem Cytoplasma und dem im Innern befindlichen sauren Inhalt der V. (*Zellsaft*, pH-Wert unter 5,5) unterschiedliche ↗ Translokatoren enthält. Neben *Aquaporinen*, die den beschleunigten Wassertransport ermöglichen, sind Translokatoren vorhanden, die durch Protonentransport für eine Ansäuerung der Vakuole sorgen (z. B. V-Typ-ATPasen, H^+-Pyrophosphatase). Eine wichtige Bedeutung kommt der zu den ABC-Translokatoren gehörenden *Glutathion-Pumpe* zu, die Konjugate von Xenobiotika und Glutathion in die V. transportiert. Eine wichtige Funktion von V. ist dabei die Endlagerung von toxischen Substanzen und Stoffwechselendprodukten, sowie von wasserlöslichen Pflanzenpigmenten wie Anthocyanen und Flavonolen. Andererseits kommt V. auch eine Speicherfunktion zu, indem sie meist tagesperiodisch Saccharose oder Malat (↗ CAM-Pflanzen) akkumulieren. Eine Abweichung findet sich allerdings bei Zuckerrübe und Zuckerrohr, in deren V. Saccharose langfristig gespeichert wird, wobei Konzentrationen von 600 mmol pro Liter erreicht werden. Neben Zucker und organischen Säuren können V. in Knollen, Kotyledonen oder dem Endosperm auch der Proteinspeicherung dienen.

Neben lytischen Aktivitäten, für die das Vorhandensein von Proteinasen und Glykosidasen im Zellsaft spricht, kommt der V. eine große Bedeutung bei der Erzeugung und Aufrechterhaltung des ↗ Turgors zu. Die zahlreichen, im Zellsaft gelösten organischen und anorganischen Verbindungen erzeugen einen osmotischen Druck, der für Pflanzen lebenswichtig ist, da zahlreiche physiologische Prozesse mit Turgoränderungen verbunden sind (↗ Plasmolyse).

Die Herkunft des Tonoplasten ist das Trans-Golgi-Netzwerk, wobei zunächst kleine *Provakuolen* entstehen, die während der Zellentwicklung fusionieren und dadurch eine große V. bilden können. Die Proteine des Tonoplasten und im Innern der V. entstammen dem ↗ endoplasmatischen Reticulum und gelangen über ↗ coated vesicles und den Golgi-Apparat an ihren Bestimmungsort. Welche Signalstrukturen der Proteine dabei eine Rolle spielen, ist im Unterschied zu anderen Kompartimenten noch nicht geklärt.

2) *Tiere*: Bei tierischen Zellen (↗ Phagocytose) und ↗ Einzellern dienen V. der Nahrungsaufnahme (*Nahrungs-V.*) und der Verdauung (*Verdauungs-V.*) sowie der ↗ Exkretion und ↗ Osmoregulation (↗ kontraktile Vakuole). ↗ Endocytose

Vakzination, die ↗ Impfung.

Vakzine, der ↗ Impfstoff.

Val, Abk. für die Aminosäure ↗ Valin.

Valerianaceae, *Baldriangewächse,* eine Fam. der ↗ Rosopsida mit ca. 400 Arten, die vorwiegend auf der Nordhalbkugel und in Südamerika beheimatet sind. Die meist krautigen Vertreter der Fam. zeigen fortschreitende Rückbildungen bei Staub- und Fruchtblättern (↗ Staubblatt, ↗ Fruchtblatt). Die fünfzählige, meist asymmetrische Blütenkrone ist häufig gespornt und umgibt ein bis vier Staubblätter

Valerianaceae Echter Baldrian (*Valeriana officinalis*), blühender Zweig und Blatt

und einen dreifächrigen ↗ Fruchtknoten, in dem aber nur ein Fach fruchtbar bleibt. Aus der Samenanlage entwickelt sich eine einsamige Nuss (↗ Frucht). Häufig vorhandene Säume, Haken oder Haarborsten an der Frucht dienen der Verbreitung. Wichtigste einheimische Art ist der pharmazeutisch genutzte Echte ↗ Baldrian, *Valeriana officinalis.* Die einjährige Gatt. *Valerianella* wird als Feld- oder Vogerlsalat gegessen. Die im Himalaja und südwestlichen China vorkommende *Echte Narde (Nardostachys jatamansii)* ist eine uralte japanische Heilpflanze, deren ↗ etherische Öle auch kosmetisch verwendet werden.

$$\overset{\text{COO}^{\ominus}}{\underset{\underset{H_3C\quad CH_3}{CH}}{\overset{\oplus}{H_3N}-C-H}}$$

Valin

Valin, Abk. *Val, L-α-Aminoisovaleriansäure,* chemische Formel $(CH_3)_2CH–CH(NH_2)–COOH$, eine aliphatische, neutrale, proteinogene Aminosäure, die essenziell ist und glucoplastisch wirkt. Sie kommt insbesondere (etwa 15 %) im ↗ Elastin vor. Unzureichende V.-Zufuhr führt zu Bewegungsstörungen, Überempfindlichkeit, Muskeldegeneration und Krämpfen. Der Abbau von V. erfolgt über ↗ Transaminierung und oxidative ↗ Decarboxylierung zu Succinyl-Coenzym A. V. ist Bestandteil der ↗ Antibiotika Penicillin und Valinomycin. Es wird in Infusionslösungen zur parenteralen Ernährung verwendet.

VAM, ↗ Mykorrhiza.

VA-Mykorrhiza, ↗ Mykorrhiza.

Vanadium, *Vanadin,* chemisches Symbol V, chemisches Element aus der fünften Nebengruppe des Periodensystems. V. ist in reinem Zustand ein hellweißes, hämmer- und walzbares Schwermetall. Es ist ein biologisch bedeutsames ↗ Spurenelement. V. wird in fünfwertigem Zustand (V^{5+}) mit der Nahrung aufgenommen und im Zellinnern von V^{5+} zu V^{3+} reduziert. Ein V.-Mangel verursacht erhöhte Konzentrationen von ↗ Cholesterin und Triglyceriden im Plasma. V. stimuliert die Oxidation von Phospholipiden und unterdrückt die Synthese von Cholesterin durch Hemmung der Squalen-Synthase, eines mikrosomalen Enzymsystems der Leber. Außerdem stimuliert V. die Acetoacetyl-CoA-Deacylase in Lebermitochondrien und soll eine Rolle bei der Knochenbildung spielen. Einige Seescheiden (↗ Ascidia) zeigen die Fähigkeit, V. aus dem umgebenden Meerwasser zu konzentrieren. Bestimmte Grünalgen (↗ Chlorophyta) benötigen V. für ein optimales Wachstum und die ↗ Stickstoff-Fixierung durch ↗ Azotobacter kann durch V. gesteigert werden.

Van-der-Waals-Kräfte, ↗ schwache Wechselwirkungen.

Vane, Sir *John Robert*, brit. Pharmakologe, * 29.3.1927 Tardebigg (County Hereford and Worcester); 1966-73 Prof. am Royal College of Surgeons in London, ab 1973 Forschungsleiter der Wellcome Foundation (London), ab 1986 des William Harvey Research Institute in London. V. entdeckte Mitte der 1970er-Jahre die Blutgefäß erweiternde und Blutgerinnsel verhindernde Wirkung der Prostacycline. Er zeigte, dass die Synthese der ↗ Prostaglandine und damit deren entzündungsfördernde Wirkung von Aspirin durch Hemmung der Prostaglandin-Synthase inhibiert wird, was zu einer neuen Hypothese über den Wirkungsmechanismus entzündungshemmender Pharmaka führte. V. erhielt 1982 zusammen mit S.K. Bergström (* 1916) und B.I. ↗ Samuelsson den Nobelpreis für Physiologie oder Medizin.

Vanellus, Gatt. der ↗ Charadriidae.

Vanilla, Gatt. der ↗ Orchidaceae (↗ Vanille).

Vanille, *Vanilla*, tropische Gatt. der ↗ Orchidaceae. Wirtschaftlich wichtigste Art ist die *Echte Vanille* (*Vanilla planifolia*), deren zu Beginn der Reife geerntete Früchte die Vanillestangen liefern.

Vanillin, *3-Methoxy-4-hydroxybenzaldehyd*, im Pflanzenreich vor allem in Vanilleschoten (1 - 4 % der Trockensubstanz) vorkommende Verbindung, die für das typische Vanillearoma verantwortlich ist und, synthetisch hergestellt (*Vanillinzucker*), vor allem als Aromastoff verwendet wird.

Varanidae, *Warane*, Fam. der ↗ Reptilia mit 31 Arten und zahlreichen Unterarten, deren Verbreitungsgebiet sich über Afrika, Südasien und die indonesischen Inseln bis Australien erstreckt. Sie sind 0,2 bis 3 m lang, mit relativ langem, mehr oder weniger zugespitztem Kopf. Die Augen haben runde Pupillen und bewegliche Lider; eine Ohröffnung ist deutlich erkennbar. Die Zunge der V. ist tief gespalten, mit zwei hornigen Spitzen; sie liegt zurückgezogen in einer Hautfalte und kann weit vorgestreckt werden. Auf den Kiefern sitzen kräftige Zähne. Der Hals der V. ist lang und schlank, der Körper massig mit kleinen, sich nicht überlappenden Schuppen. Die fünfzehigen Gliedmaßen sind kräftig und bekrallt, der dicke, mehr als körperlange Schwanz kann als Ruder-, Steuerorgan oder Kletterhilfe bzw. als Waffe benutzt werden. Warane leben als Höhlen- und Baumbewohner sowie am Boden in Wüsten und Steppen, gern auch an oder in Gewässern (elegante Schwimmer, die gut tauchen); sie sind vorwiegend tagaktiv. Ihre Nahrung besteht vorwiegend aus Eiern sowie aus Nagetieren, Kleinvögeln, Eidechsen, Schlangen, Fröschen, Schnecken und Insekten. Das Weibchen vergräbt die weichen, pergamentschaligen Eier im Erdreich oder in Baumhöhlen. Fleisch und Eier der Warane sind besonders in Südostasien geschätzt; ihre Haut wird zu Leder verarbeitet. Wie Fossilfunde beweisen, gab es vor etwa 60 Mio. Jahren in Nordamerika und Europa ebenfalls Warane. Die größte lebende Echsenart ist der bis 3 m lange graugelbliche bis grünliche *Komodo-Waran* (*Varanus komodoensis*; streng geschützt), der erst 1912 erstmals beschrieben wurde; zu seiner Beute gehören auch große Wirbeltiere wie Wildschweine und Hirsche, außerdem frisst er Aas; er lebt auf Komodo sowie wenigen kleinen Inseln im indoaustralischen Raum.

Variabilität, Bez. für die Veränderlichkeit des ↗ Phänotyps eines Organismus oder seiner Organe, die auf genetische Veränderungen (↗ Mutation) oder Umwelteinflüsse (↗ Modifikation) zurückzuführen sind. Die auf die V. zurückgehende Vielfalt der Ausprägungen eines Merkmals in der Population wird als ↗ Variation, die bestimmte Ausprägung eines Individuums als *Variante* bezeichnet. (↗ Morphosen, ↗ Reaktionsnorm)

Variante, 1) *Pflanzengeografie*: kleinste durch ↗ Differenzialarten unterscheidbare Vegetationseinheit. Sie ist charakterisiert durch eine bestimmte, oft wiederkehrende Artenverbindung.

2) *Genetik*: ↗ Variabilität.

Variation, die Mannigfaltigkeit unterschiedlicher Ausbildungen eines Merkmals bei einer ↗ Art. V. ist das Ergebnis der ↗ Variabilität der einzelnen Eigenschaften, die sich im ↗ Phänotyp manifestieren. Ein Individuum zeigt jeweils als Variante eine bestimmte Eigenschaftsausprägung in der Variation aller Eigenschaftsausprägungen der Art. Die Variationsbreite gibt das Ausmaß der Variabilität einer Eigenschaft an. Wie bei der Variabilität kann man unterscheiden: a) modifikatorisch, d.h. durch Außeneinflüsse bedingte V. (↗ Modifikation). Als modifizierende Außeneinflüsse wirken dabei besonders Ernährungsbedingungen, Temperatur, Licht, Tageslänge (↗ Fotomorphose, ↗ Morphosen). Solche Variationen sind häufig kontinuierlich; b) genetisch bedingte V., die auf Erbunterschieden beruht. Sie kann kontinuierlich und diskontinuierlich sein; c) ontogenetische V., die vorliegt wenn unterschiedliche Merkmalsausprägungen zu verschiedenen Zeiten der Individualentwicklung (↗ Ontogenese) auftreten.

Varietät, *varietas*, Abk. *var.* oder *v.*, die einzige ursprünglich von C. von ↗ Linné anerkannte taxonomische Untereinheit der ↗ Art. Der Begriff V. wurde auf sehr verschiedene Phänomene bezogen und bezeichnete jegliche Abweichung vom „idealen" Arttypus, bezogen sowohl auf einzelne Individuen (z. B. Schwärzlinge) als auch auf ↗ Populationen, die man heute als Unterarten (Subspezies, ↗ Rasse) abtrennt. Auch wurden sowohl erbliche als auch nicht erbliche (modifikatorische) Abweichungen (die man heute als ↗ Aberration bezeichnet) darunter verstanden. Wegen dieser Heterogenität wird der Begriff V. in der Taxonomie heute nur noch selten zur Kennzeichnung von Phänotypen unterhalb der Subspezies verwendet. In der zoologischen ↗ Nomenklatur sind eigene Namen für eine Varietät (Abk. *var.*) heute ohne Bedeutung, in der botanischen Nomenklatur finden sie noch Verwendung. Bei Kulturpflanzen entspricht der Varietät die Einheit ↗ Sorte (*Cultivar*, Abk. *cv.*).

Varizella-Zoster-Virus, durch Tröpfchen- oder Kontaktinfektion übertragenes, humanpathogenes Virus aus der Gruppe der ↗ Herpesviren. Die Erstinfektion führt zu einer Erkrankung an ↗ Windpocken, in Nervenzellen persistierende Viren rufen bei einer späteren Aktivierung eine ↗ Gürtelrose hervor.

Varmus, *Harold Eliot*, amerikan. Mediziner und Mikrobiologe, ∗ 18.12.1939 Oceanside (New York); ab 1979 Prof. an der University of California School of Medicine (San Francisco). V. erhielt 1989 zusammen mit M.J. ↗ Bishop den Nobelpreis für Physiologie oder Medizin für die Entdeckung des zellulären Ursprungs der retroviralen ↗ Onkogene. Er konnte nachweisen, dass die genetische Information, die zur Induktion eines Tumors durch ein Virus notwendig ist, in allen normalen Zellen des Tieres vor der Infektion mit dem Virus schon vorhanden ist.

Varroamilbe, *Varroa jacobsoni*, etwa 1 mm große Art der Milben (↗ Acari), die als Ektoparasit an Honigbienen sowie deren Larven und Puppen lebt. Sie hält sich mit Hilfe von an den Tarsen sitzenden Haftapparaten an ihrem Wirtstier fest und saugt Hämolymphe. In ältere Larven dringt die V. ein und legt zwei bis sechs Eier, die sich in der Larve entwickeln. Die zuerst in Asien entdeckte V. hat sich mittlerweile fast weltweit ausgebreitet und ist als Schädling in Bienenzuchten gefürchtet.

Vas deferens, der ↗ Samenleiter.

Vasoactive intestinal peptide, *vasoaktives intestinales Polypeptid*, Abk. *VIP*, ein ↗ Gewebshormon, das in den D1-Zellen des Magen-Darm-Trakts gebildet wird. Seine Hauptfunktion ist die Gefäßerweiterung im Bauchraum und eine damit verbundene Durchblutungssteigerung. Außerdem hemmt es die Magensaft-Sekretion und stimuliert die Sekretion der ↗ Bauchspeicheldrüse. (↗ gastrointestinale Hormone, ↗ Villikinin)

Vasodilatation, *Medizin* und *Physiologie*: die Gefäßerweiterung.

Vasokonstriktion, *Medizin* und *Physiologie*: die Gefäßverengerung.

Vasopressin, das ↗ Adiuretin.

Vasotonin, das ↗ Adrenalin.

Vater-Pacini-Lamellenkörperchen, *Vater-Pacini-Körperchen*, der Empfindung von Vibrationen dienende Endkörperchen in der Subcutis (↗ Haut) vor allem der Handinnenfläche und der Fußsohle, aber auch z. B. an ↗ Faszien, der Knochenhaut (Periost), ↗ Sehnen, Blutgefäßen, in der ↗ Bauchspeicheldrüse. V. - P. - L. sind bis zu 4 mm lange birnenförmige Gebilde, die aus bis zu über 50 wie Zwiebelschalen geschichteten Bindegewebszellen bestehen, die einen Innenkolben umgeben. Dieser ist eine Nervenendigung, die dicht von Schwann-Zellen umwickelt ist. (↗ mechanische Sinne)

Vaterschaftsnachweis, *Vaterschaftsuntersuchung*, zusammenfassende Bez. für Methoden, die zur Feststellung einer Vaterschaft dienen. Herkömmliche Methoden für den V. sind das *Blutgruppengutachten*, bei dem Blut- und Serummerkmale sowie Enzymgruppen der Eltern und des Kindes nach verschiedenen Methoden untersucht werden, sowie das *anthropologisch-erbbiologische Gutachten*, bei dem das mindestens dreijährige Kind auf gemeinsame Merkmale (u. a. Ausprägungen von Kopf, Gesicht, Augen, Mund, Ohren sowie Pigmentierung und Behaarung) untersucht wird. Diese Methoden haben mittlerweile an Bedeutung verloren, da i. Allg. zum B. eine Identitätsanalyse (↗ genetischer Fingerabdruck) gemacht wird, die auf der Untersuchung hochvariabler DNA-Regionen (DNA-Marker), basiert, mit deren Hilfe eine Aussage über die Verwandtschaftsverhältnisse zwischen dem Kind und dem möglichen Vater mit einer Treffsicherheit von nahezu 100 % möglich ist. Zur Untersuchung werden mittlerweile nur noch wenige Zellen von Mutter, Kind und möglichem Vater benötigt, die z. B. durch einen Abstrich von der Wangenschleimhaut gewonnen werden können.

Vegetarismus, speziell beim Menschen Bez. für eine Ernährungsweise, die tierische Produkte weitgehend oder ganz ausschließt. Bei vegetarischer Ernährung wird unterschieden zwischen *ovolactovegetabiler Ernährung*, die Eier und Milchprodukte zulässt und einer *veganen Ernährung*, bei der ausschließlich pflanzliche Produkte gegessen werden. Vor allem bei letzterer Form ist eine sorgfältige Auswahl und Zusammenstellung der pflanzlichen Nahrungsmittel notwendig, um Mangelernährung insbesondere in Bezug auf ↗ Proteine (bzw. bestimmte Aminosäuren) und ↗ Folsäure zu gewährleisten.

Vegetation, Gesamtheit aller in einem Gebiet vorkommenden Pflanzen, i. e. S. die Pflanzendecke. Die V. setzt sich aus verschiedenen ↗ Pflanzengesellschaften zusammen. Man unterscheidet zwischen *natürlicher, aktueller, potenziell natürlicher* und *ursprünglicher Vegetation*.

Die *natürliche V.* ist die gegenwärtig vorhandene, vom Menschen nicht beeinflusste Vegetation, die im ökologischen Gleichgewicht mit den klimatischen Faktoren und Standortgegebenheiten steht. Hierzu gehören beispielsweise Salzwiesen und

Röhrichtgesellschaften, Moor- und Dünenvegetation. Vielfach findet man diese natürliche V. jedoch nur noch auf Reliktflächen innerhalb der Kulturlandschaft. Die vom Menschen geprägte *aktuelle V.* besteht vor allem aus so genannten ↗ Ersatzgesellschaften, wie man sie u. a. in Form von Wiesen, Weiden oder Wirtschaftswäldern (↗ Wirtschaftswald) findet. Unter der *potenziell natürlichen V.* versteht man die V., die sich herausbilden würde, wenn der Mensch keinen weiteren Einfluss auf die bestehende V. ausüben würde. Durch die inzwischen vielfach durch menschliche Tätigkeit hervorgerufenen irreversiblen Standortveränderungen ist die potenziell natürliche nicht mit der natürlichen V. gleichzusetzen. Die *ursprüngliche V.* ist diejenige vor dem Auftreten des Menschen und daher nur fossil zu erforschen.

Vegetationsaufnahme, tabellarische Zusammenstellung der Arten einer Pflanzengesellschaft in einer definierten Probenfläche. Es werden Angaben über die Menge der einzelnen Arten (*Artmächtigkeit*) und ihre Häufungsweise (↗ Soziabilität) gemacht, sowie über Standortfaktoren, Vitalität der Arten, Bestandsschichtung und Nutzung. Die allmähliche Veränderung der Artenzusammensetzung entlang bestimmter ökologischer Gradienten wird mit *Vegetationsprofilen* dargestellt.

Vegetationsgebiete, die ↗ Vegetationszonen.

Vegetationsgeografie, Teilgebiet der Biogeografie, das sich mit der Grundlagenforschung der Vegetationsverteilung auf der Erde wie Arealformen, Struktur der Vegetation und Verbreitungsursachen beschäftigt sowie landschaftskundlichen Aspekten. Die Erkenntnisse der V. führten zur Abgrenzung bestimmter ↗ Vegetationszonen der Erde.

Vegetationsgürtel, die ↗ Vegetationszonen.

Vegetationskegel, kegelförmiges Apikalmeristem (↗ Meristem) des Sprossscheitels und der Wurzelspitze bei der Mehrzahl der höheren Pflanzen. An der Sprossspitze bringt der V. unmittelbar unterhalb des Scheitels aus oberflächlichen Zellwucherungen neue *Blattprimordien* hervor, die zu Blättern oder Seitensprossen heranwachsen. Da die Blätter zunächst schneller wachsen als der ↗ Spross umhüllen sie den V. als Knospenschuppen. Der V. der Wurzel wird von der ↗ Calyptra bedeckt und bildet keine Blattanlagen aus. Im Gegensatz zu Sprossspitzen verzweigen sich Wurzelspitzen nicht. Seitenwurzeln entstehen nicht exogen wie die Seitensprosse sondern endogen in bereits ausdifferenzierten Bereichen.

Vegetationskunde, die ↗ Pflanzensoziologie.

Vegetationsperiode, im Jahreslauf periodisch wiederkehrender Zeitraum, in dem die Pflanzen wachsen, blühen, fruchten und reifen. Die mittleren Tagestemperaturen liegen dabei über 10 °C. In der Zeit der *Vegetationsruhe* findet kein oder nur äußerst begrenztes Wachstum statt.

Vegetationspunkt, Initialzone, aus der sich das Bildungsgewebe (↗ Meristem) der pflanzlichen Spross- und Wurzelspitze (↗ Spross, ↗ Wurzel) entwickelt.

Vegetationsruhe, ↗ Vegetationsperiode.

Vegetationsschichtung, ↗ Schichtung.

Vegetationsstufen, die ↗ Höhenstufen.

Vegetationszeit, die ↗ Vegetationsperiode.

Vegetationszonen, *Vegetationsgürtel*, Gebiete der Erde, die durch bestimmte Pflanzenformationen gekennzeichnet sind. Diese Gebiete verlaufen parallel der Breitenkreise und entsprechen in etwa den Klimazonen. Die wichtigsten Vegetationszonen sind vom Äquator ausgehend nach Norden oder Süden: ↗ tropischer Regenwald, ↗ subtropischer Regenwald, ↗ Savanne, ↗ Halbwüste und ↗ Wüste, Hartlaubzone (↗ Hartlaubgehölze), laubwerfende Wälder der gemäßigten Zonen, ↗ Steppe, ↗ borealer Nadelwald (*Taiga*) und ↗ Tundra. Die Vegetation der Gebirge ist unabhängig von den V. durch eine charakteristische Höhengliederung (↗ Höhenstufen) gekennzeichnet. (s. Tabelle auf Seite 304)

vegetativ, 1) ungeschlechtlich, nicht mit der geschlechtlichen ↗ Fortpflanzung in Zusammenhang stehend (z. B. vegetative Fortpflanzung).

2) nicht vom Willen beeinflussbar, autonom, z. B. ↗ vegetatives Nervensystem.

vegetative Fortpflanzung, die ungeschlechtliche ↗ Fortpflanzung.

vegetativer Pol, *vegetaler Pol*, der dem ↗ animalen Pol gegenüberliegende Eipol. Bei telolecithalen Eiern ist der vegetative Pol dotterreich und liefert unter anderem Material für die Darmanlage. (↗ Furchung)

vegetatives Nervensystem, *autonomes Nervensystem*, Teil des ↗ Nervensystems bei Wirbeltieren und Menschen, der sowohl sensibel die Eingeweide (Rezeption des Blutdrucks im Herzen und den Gefäßen, Füllung von ↗ Magen und ↗ Darm, Lungenausdehnung usw.) als auch effektorisch das ↗ Herz, die ↗ Drüsen und die glatte Muskulatur (z. B. die des Darms und des Harnapparats) versorgt. Somit regelt das v. N. das innere Milieu des Organismus, ist aber nicht völlig autonom, sondern zentral mit dem so genannten animalen Nervensystem verknüpft. Daher können Reize von außen auch vegetative Reaktionen hervorrufen. Morphologisch sind beide Systeme im Zentralnervenbereich nicht zu trennen. In der Peripherie unterscheidet man beim vegetativen Nervensystem drei Teilstrukturen, ↗ Sympathikus, ↗ Parasympathikus, die meist antagonistisch wirken, und das ↗ Darmnervensystem.

Veilchengewächse, die Fam. ↗ Violaceae.

Veilchenschnecke, eine Art der Mittelschnecken (↗ Mesogastropoda).

Vegetationszonen Charakteristik terrestrischer Vegetationszonen

Fachbegriff	Vegetation	Geographische Region	Klima	Boden
Hylaea	immergrüne, tropische Regenwälder und Nebelwälder	Äquatorialgebiete der Erde: Amazonasgebiet, mittleres Afrika, Teile Madagaskars, Südostasien, NO-Australien	äquatoriales Klima mit Tageszeitenklima (tropisch-äquatorial, heiß, immerfeucht)	ferralitische Böde, Braunlehme, Roterde, Laterit (mineralstoffarm)
Semihylaea (und Savanne)	regengrüne und halbimmergrüne tropische Wälder (Saisonwald, zeit- oder teilweise laubabwerfend)	Südamerika, Monsunwälder Indiens und Südostasiens (nach Abholzung oder Bränden: Savanne)	tropisch-saisonales Klima mit Sommerregen (hydroperiodisch, heißer feuchter Sommer, warmer trockener Winter)	Rotlehme oder Roterden, Vertisole (Savannenböden)
Pseudohylaea	temperierte Regenwälder (immergrün)	Ostasien, Neuseeland, Südost-Australien, Südchile	ozeanisches Klima (warmtemperiert, ohne ausgesprochene Trockenperiode)	gelbe oder rote podsolige Böden
Skleraea	Hartlaubwälder, Trockenwälder, Trockenstrauchheide, xeromorphe Trockengehölze	mediterrane Steineichen- und Kiefernwälder (nach Abholzung: Macchie), Chaparrals Kaliforniens, Hartlaubformationen in Chile und Südafrika	winterfeuchtes Klima mit Sommerdürre (hydroperiodisch, arid humid, trockene warme Sommer, milde feuchte Winter)	Braunerden, Rendzina, Mediterran-Ranker
Silvaea	sommergrüne Laub- und Mischwälder	Osten der USA, West- und Mitteleuropa, Ostasien	nemorales Klima (kühltemperiert, mit kurzer Frostperiode, thermoperiodisch)	Wald-Braunerden, Graue Waldböden
Taiga	boreale Nadelwälder	Gürtel durch Sibirien, Schottland, Westküste von Nordamerika	boreales Klima (kaltgemäßigt mit kühlen Sommern, thermoperiodisch)	Podsole (Rohhumus-Bleicherden)
Steppe	Steppenvegetation winterharte, dürreverträgliche Gräser, keine Bäume	osteuropäisch-sibirische Steppe, nordamerikanische Prärie, ostargentinische Pampa	kontinentales Klima (arid-gemäßigt, mit kalten Wintern, warmen Sommern, geringe Niederschläge)	Tschernoseme, Seroseme, Brunizeme
Tundra (und Kältewüste)	Tundravegetation keine Bäume, Polsterpflanzen, Flechten, Grasheiden, Zwergstrauchheiden	Polargebiete (Hochgebirge)	polares Klima (kurze Vegetationszeit, mit langem Polartag, Dauerfrostböden)	humusreiche Tundraböden mit Solifluktion
Hitze- und Trocken-Wüste	Wüstenvegetation (spärlich, sklero- und sukkulent-xeromorphe Pflanzen)	Erdgürtel entlang der Wendekreise: Zentralaustralien, Südwestafrika, Süden und Südwesten Nordamerikas, südamerikanische Westküste	Wüstenklima (subtropisch arid, sehr geringe oder keine Niederschläge)	Sieroseme, Syroseme, rötlich brauner Halbwüstenboden, z. T. Salzböden

Veillonellaceae, Gatt. der Acidaminococcaceae. Es handelt sich um ↗ gramnegative anaerobe Kokken (↗ Bakterienformen), von denen einige zur physiologischen ↗ Mundflora und ↗ Darmflora des Menschen gehören. Die im Pansen der Wiederkäuer (↗ Ruminantia) vorkommenden V. sind für den Umsatz von Milchsäure zu Propionat und Acetat verantwortlich.

Veitstanz, ↗ Chorea-Huntington.

Vektoren, 1) Lebewesen, die Pathogene übertragen. Meist handelt es sich um Arthropoden (↗ Arthropoda) und unter diesen vor allem um saugende Insekten, wie Stechmücken (↗ Culicidae), Milben und Zecken (↗ Acari) oder Flöhe (↗ Siphonaptera). Pflanzenpathogene Viren werden entsprechend von Pflanzensaugern wie Blattläusen (↗ Aphidina) oder Zikaden (↗ Auchenorrhyncha) übertragen. In manchen Fällen dienen als V. auch Nematoden

(↗ Nematoda), Boden bewohnende parasitische Pilze oder Seide-Arten (↗ Cuscutaceae). Die Vektorarthropoden nehmen die Pathogene mit ihrer Nahrung (Blut, Pflanzensaft) zusammen auf und übertragen sie wiederum durch Biss oder Stich auf das nächste Wirtsindividuum. Sie selbst sind dabei nicht unbedingt Wirtsorganismus und werden durch die Pathogene nicht geschädigt. Nach ihrem Verhältnis zum jeweiligen Vektor unterteilt man die Pathogene in zwei Gruppen. *Persistente* Pathogene bleiben nach einer bestimmten *Latenzzeit* sehr lange infektiös. In der Latenzperiode gelangt das Pathogen aus dem Verdauungstrakt des V. über das Blut in die Speicheldrüse und wird beim Saugvorgang mit dem Speichel in den nächsten Wirt injiziert. Das Pathogen kann sich dabei auch in dem V. vermehren. *Nichtpersistente* Pathogene, vor allem Viren, können sofort nach Aufnahme durch den V. übertragen werden, verlieren aber auch bald wieder ihre Infektionsfähigkeit. (↗ Pest, ↗ Malaria, ↗ Trypanosoma)

2) ↗ Klonierungsvektoren.

Velamen, *Velamen radicum*, mehrschichtiges ↗ Absorptionsgewebe aus großporigen, abgestorbenen Zellen an den ↗ Luftwurzeln mancher ↗ Epiphyten, das der Wasseraufnahme dient.

Velellina, *Segelquallen*, zu den ↗ Hydroida gehörendes Taxon, deren Polypengeneration an der Oberfläche der Ozeane treibende, scheibenförmige Kolonien mit infolge Arbeitsteilung verschiedengestaltigen Polypen bildet. Die Unterseite (oraler Pol) befindet sich im Wasser und wird aus verschiedenen Zooiden gebildet, die Oberseite (aboraler Pol) ragt als Schwimmfloß, das aus zahlreichen luftgefüllten, konzentrischen Röhren besteht, aus dem Wasser und trägt bei manchen ein aufrechtes Segel. Die tiefblau bis blaugrün gefärbten Kolonien können sich nicht aktiv bewegen, sondern treiben an der Wasseroberfläche, wobei sie oft riesige Schwärme bilden. Die Medusen entstehen an auch der Ernährung dienenden Zooiden durch seitliche Knospung und sind frei schwimmend.

Veliconcha, aus der ↗ Veligerlarve mariner Muscheln (↗ Bivalvia) hervorgehende Larve, die außer der Schalenanlage bereits die Anlagen der Adultorgane aufweist; sie schwimmt zunächst noch, geht aber mit fortschreitendem Wachstum zum Bodenleben über und wird zum Kriechstadium.

Veligerlarve, *Veliger*, *Segellarve*, Schwimmlarve der ↗ Conchifera (größte Gruppe der Weichtiere, ↗ Mollusca) mit einem bis drei Wimperkränzen am ellipsoiden Körper; sie entsteht nach der Spiralfurchung und ist durch lappenartige, bewimperte Fortsätze gekennzeichnet (*Segellappen* oder *Velarlappen*), mit denen sie schwimmt und Nahrung heranstrudelt. Als planktische Larve ist sie für die Verbreitung der Arten verantwortlich, da sie mit Hilfe der Wasserströmungen weitaus größere Entfernungen zurücklegen kann als die adulten Tiere. Äußere Ähnlichkeiten und konstruktive Übereinstimmungen mit der ↗ Trochophora werden oft als Argument für stammesgeschichtliche Verwandtschaft von Ringelwürmern (↗ Annelida) und Mollusca gewertet. (↗ Larven)

Velum, 1) *Pilze:* eine besondere Schutzhülle, die bei manchen jungen Blätterpilzen (↗ Agaricales) vorhanden ist, und die das junge Hymenium schützt. Die meisten jungen Fruchtkörper der Agaricales zeigen eine Verbindung des Hutrandes mit dem Stiel (*Velum partiale*). Die Lamellen bzw. Röhren mit dem Hymenium bilden sich in der Ringhöhle zwischen Hut und Stiel. Bei der Entfaltung des Hutes reißt das V. partiale am Hutrand ab und bleibt als Ring oder faserige Ringzone (*Cortina*) am Stiel zurück. Es ist nach unten abziehbar und wird daher als *Anulus inferius* bezeichnet (z. B. Kulturchampignon, ↗ Champignon). Das V. kann aber auch den ganzen jungen Fruchtkörper umschließen (*Velum universale*). Beim Strecken des Fruchtkörpers bleiben die Reste oft als Hautfetzen auf dem Hut (z. B. ↗ Fliegenpilz) oder als Knolle am Grund des Stiels (z. B. ↗ Knollenblätterpilze, daher der Name) sowie als Ring am Stiel, der als Rest des Velumteils zwischen Hymenophor und Stiel vom oberen Rand des Fruchtkörpers herabhängt und daher nach oben abziehbar ist (*Anulus superius*). Die häutige Teilhülle kann auch am Hutrand hängen bleiben. Bei einigen Arten finden sich fädige Teilhüllen, bei anderen verschleimt das V., sodass bei jungen Pilzen eine dicke Schleimschicht zwischen Hut und Stiel liegt.

2) *Zoologie:* bei den Medusen der ↗ Hydrozoa ein vom Schirmrand zum Zentrum vorspringender ek-

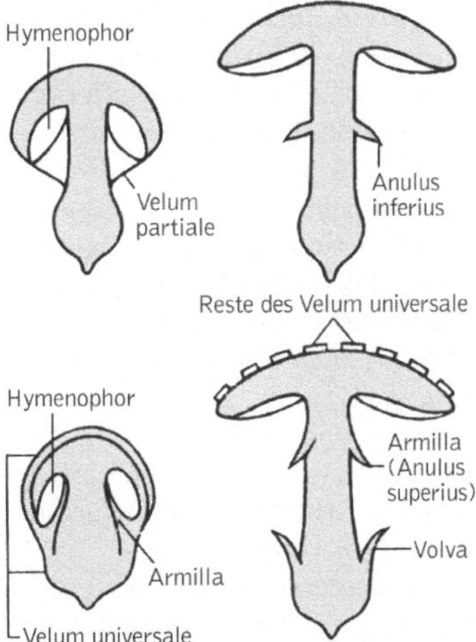

Velum Schematische Darstellung des Velum partiale (oben) und des Velum universale (unten), jeweils links am jungen Fruchtkörper und rechts nach Entfaltung des Hutes

todermaler Saum mit einer kräftigen Ringmuskulatur zur Einengung des Schirmrandes.

Venen, 1) *Botanik*: im Mesophyll eines Laubblattes (↗ Blatt) liegende und von Sklerenchymscheiden (↗ Sklerenchym) umgebene ↗ Leitbündel, die der Stoffleitung und der Festigung der Blattspreite dienen. Die V. treten an der Blattunterseite häufig reliefartig hervor.

2) *Zoologie, Medizin*: ↗ Blutgefäße.

Venolen, *Venulen*, die kleinsten venösen ↗ Blutgefäße.

ventral, bauchwärts, in der Bauchregion gelegen.

Ventralisierung, in der Embryonalentwicklung die verstärkte Ausbildung von ventralen Strukturen auf Kosten von dorsalen Strukturen, sodass die ventralen Strukturen im Vergleich zum normalen Embryo überwiegen. (↗ Dorsalisierung)

Ventriculus, *Ventrikel*, 1) Hohlraum oder Kammer von Organen, z. B. Herzkammer (↗ Herz) und Ventrikel des ↗ Gehirns; 2) bauchartige Ausstülpung oder Verdickung von Körperteilen oder Organen; 3) der ↗ Magen.

Venusfliegenfalle, *Dionaea muscipula*, zu den ↗ Droseraceae gehörende ↗ carnivore Pflanze, die in Nordamerika in den Mooren Nord- und Süd-Carolinas beheimatet ist. Sie fängt ihre Beute durch einen Klappmechanismus der Blätter.

Verband, 1) *Botanik*: floristisch definierte vegetationssystematische Bezugseinheit innerhalb von Pflanzengesellschaften. Der V. umfasst dabei im pflanzensoziologischen System mehrere Assoziationen (↗ Assoziation) mit gemeinsamen ↗ Charakterarten.

2) *Zoologie*: Tiergesellschaft, sozialer Verband von Tieren, der durch spezifische Reaktionen der Individuen auf ihre Artgenossen, als Gesamtheit über einen gewissen Zeitraum aufrechterhalten wird. Man unterscheidet *individualisierte* V. (z. B. *Rudel*), in denen sich die einzelnen Individuen kennen, von *anonymen* V. (z. B. *Schwarm, Herde*). Letztere können für fremde Tiere zugänglich sein und werden dann als *offene* V. bezeichnet. Keinen neuerlichen Zugang ermöglichen *geschlossene* V. Innerhalb des V. muss zur Koordination des gegenseitigen Verhaltens eine Form der ↗ Kommunikation vorhanden sein. Höchste Form des V. ist die ausschließlich bei Vögeln und Säugetieren vorkommende *individualisierte Gruppe*, innerhalb derer sich die Mitglieder kennen und über ein spezifisches – wenn auch veränderliches – soziales Verhaltensrepertoire und eine gewisse Arbeitsteilung verfügen.

Verbascum, Gatt. der ↗ Scrophulariaceae.

Verbenaceae, *Eisenkrautgewächse*, überwiegend tropische, holzige Fam. der ↗ Rosopsida mit ca. 250 Arten. Hierzu gehören der indomalaiische ↗ Teakholzbaum und als einzige einheimische Art das Echte ↗ Eisenkraut.

Verbergetracht, ↗ Schutzanpassungen.

Verbreitung, *Distribution*, Vorkommen einer Tier- oder Pflanzenart weltweit oder in einem bestimmten Areal. Die V. ist abhängig von den ↗ Umweltansprüchen der Art, die V.-*Grenzen* werden dementsprechend dort erreicht, wo einer oder mehrere dieser Ansprüche nicht mehr erfüllt werden. Der möglichen (*potenziellen*) V. steht die *tatsächliche* V. gegenüber, die durch die Wirkung konkurrierender Arten häufig eingeschränkt ist. Bei Pflanzen wendet man den Begriff der V. häufig auch auf die Ausbreitung generativer oder vegetativer Teile an.

Verbreitungsgebiet, das ↗ Areal.

Verbreitungskarte, *Arealkarte*, grafische Darstellung der ↗ Verbreitung einer Tier- oder Pflanzenart bzw. -sippe in Form einer geografischen Karte. Man unterscheidet *Punktkarten*, die jedes Einzelvorkommen dokumentieren und somit auch die Häufigkeit widerspiegeln, *Flächen-V.* die das ↗ Areal flächig markiert zeigen und *Umriss-V.*, bei denen die äußersten Vorkommen durch eine Linie verbunden werden. *Gitternetz-Karten* ermöglichen eine Rasterkartierung und zeigen dadurch wesentlich genauer als Flächen- und Umrisskarten die tatsächliche Verbreitung an.

Verbuschung, das Überhandnehmen von Dornsträuchern nach Buschbränden in der ↗ Savanne oder die Zunahme der Strauchvegetation auf ungedüngten ↗ Trockenrasen und Halbtrockenrasen, die früher mit Schafen beweidet oder regelmäßig gemäht wurden.

Verdauung, 1) *Digestion*, die enzymatische Spaltung von in der Nahrung enthaltenen ↗ Kohlenhydraten, Fetten (↗ Fette und fette Öle), Proteinen u. a. Stoffen in resorbierbare Bruchstücke. Alle ↗ Enzyme (*Verdauungsenzyme*), die diese Nahrungsaufbereitung katalysieren, zählen zur Gruppe der ↗ Hydrolasen. Solche Verdauungsenzyme werden auch von Fleisch fressenden Pflanzen (↗ carnivore Pflanzen) produziert. Zur Verdauung der wasserunlöslichen Fette und zu deren Resorption werden Emulgatoren als Emulsionen und Micellen bildende Hilfsstoffe benötigt.

Die phylogenetisch älteste Form der V. ist die *intrazelluläre* V. in Nahrungsvakuolen, wie sie ausschließlich bei ↗ Einzellern und Schwämmen (↗ Porifera) vorkommt (siehe unter 2). Bereits bei Hohltieren (↗ Coelenterata) wird ihre alleinige Verdauungsfunktion durch die Sekretion von Enzymen in Hohlräume ergänzt. Mit der Ausbildung von Darmrohren (↗ Darm) wird eine spezialisierte Form der V., die außerhalb der Zelle stattfindende (*extrazelluläre*) V., erreicht. Die einzelnen Verdauungsschritte werden auf diese Weise zeitlich geordnet und sind an bestimmte Darmabschnitte gebunden, in welche die Produkte von „Hilfsorganen" der

Verdauung Die Verdauungsenzyme der Wirbeltiere

Enzyme	M_r [kDa]	Angriffsstelle ($\downarrow$)	pH-Optimum
(I) Proteasen			
1. *Proteinasen*			
a) *Magen*			
Pepsin A (Alkali-labil)	34,5	Gly$\downarrow$Tyr–Phe, Glu$\downarrow$Phe	1,8
Pepsin B (Gelatinase)	36	hydrolysiert nur Gelatine	
Pepsin C (Gastriscin)	31,5	Tyr$\downarrow$Ser, Phe$\downarrow$Ser	3,0
Rennin	30,7	Phe$\downarrow$Met (in κ-Casein)	4,8
b) *Bauchspeicheldrüse*			
Trypsin	23,4	Arg$\downarrow$R, Lys$\downarrow$R	8,0
Chymotrypsin A (α und γ)	25,17	Tyr$\downarrow$R, $\downarrow$Phe-R, $\downarrow$Tyr-R, $\downarrow$Met-R	8,0
δ-Chymotrypsin	25,4	wie Chymotrypsin A	
Chymotrypsin B	25,4	wie Chymotrypsin A	
Chymotrypsin C	23,9	wie Chymotrypsin A, zusätzl. Leu$\downarrow$R, Glu(Asp)$\downarrow$R	8,0
Elastase	25,7	R-neutrale Aminosäure$\downarrow$R	8,0
Kollagenase	?	hydrolysiert nur Kollagen	5,5
c) *Zwölffingerdarm*			
Enterokinase	196	H_2N-Val-(Asp)$_{2-5}$Lys$_6\downarrow$Ile$_7$-Trypsin-COOH	8,0
2. *Peptidasen*			
a) *Bauchspeicheldrüse*			
Carboxypeptidase A	34,4	Peptidyl$\downarrow$Phe, $\downarrow$Tyr, $\downarrow$Trp, $\downarrow$Leu	8,0
Carboxypeptidase B	34,4	Peptidyl$\downarrow$Lys, $\downarrow$Arg	8,0
b) *Zwölffingerdarm*			
Leucin-Aminopeptidase	300	H_2N-Leu$\downarrow$Peptid, oder $\downarrow$Polypeptid	8,9
Aminotripeptidase	300	Ala $\downarrow$Dipeptid	8,0
Dipeptidase	100	Gly$\downarrow$Gly, Gly$\downarrow$Leu, Cys$\downarrow$Gly	7,8
Prolidase	?	Gly$\downarrow$Pro	7,8
Prolinase	?	Pro$\downarrow$Gly	7,8
(II) Glykosidasen			
a) *Speichel- und Bauchspeicheldrüsen-Amylase*, die in der Mundhöhle, im Magen und Zwölffingerdarm wirkt			
α-Amylase	50	α-glykosidische 1→4-Bindungen	6,5
b) *Zwölffingerdarm*			
α-Glykosidasen			
5 spezifische Maltasen	200	α-glykosidische 1→4-Bindungen	7,0
eine spezifische Saccharase	200	α-glykosidische 1→4-Bindungen	7,0
eine Trehalase	200	α-glykosidische 1→1-Bindungen	7,0
α-1,3-Glykosidase	200	α-glykosidische 1→3-Bindungen	7,0
β-Galactosidase (Lactase)	200	β-glykosidische 1→4-Bindungen	6,0
Oligo-α(1→6)Glucosidase	200	α-glykosidische 1→6-Bindungen in Stärke und Glykogen	7,0
(III) Esterasen			
a) *Magensekretion*			
Magen-Lipase	35	Esterbindungen in Triacylglycerinen, insbesondere Milchfett	5,0
b) *Bauchspeicheldrüse*			
Pankreas-Lipase	35	Esterbindungen in Triacylglycerinen	7,5
Phospholipase A + B	14	Esterbindungen in Phospholipiden	7,5
Cholesterinesterase	400	Cholesterinfettsäureester	7,5
c) *Zwölffingerdarm*			
Monoacylglycerin-Lipase	?	Esterbindungen von Monoacylglycerinen	7,5
Carbonsäure-Esterase	160	Ester aliphatischer Fettsäuren	7,8
Alkalische Phosphatase	140	Phosphatesterbindungen	9,0
(IV) *Bauchspeicheldrüsen*-Nucleasen			
Ribonuclease	13,7	3′-Phosphatesterbindungen	7,3
Desoxyribonuclease	31	3′-Phosphatesterbindungen	7,0

Verdauung (↗ Leber, ↗ Bauchspeicheldrüse, ↗ Mitteldarmdrüse) sezerniert werden können. Neben der extrazellulären V. wird bei vielen Tieren die ursprüngliche intrazelluläre V. beibehalten (viele Plattwürmer, ↗ Plathelminthes) oder sekundär neu erworben (z. B. Lanzettfischchen, ↗ Acrania). Eine besondere Form der extrazellulären V. ist die bei Spinnentieren (↗ Arachnida) und verschiedenen Insektenlarven vorkommende *extraintestinale V.*, bei der über die Beute ergossene oder in sie hinein injizierte Verdauungssäfte die Nahrung verflüssigen und in dieser vorverdauten Form zur Aufnahme bereit machen. Die Endverdauung erfolgt dann intraintestinal (extra- oder/und intrazellulär). Die Enzyme der extrazellulären V. arbeiten, die späteren Verdauungsschritte betreffend, generell im alkalischen Milieu (und unterscheiden sich damit von den lysosomalen Enzymen); bei Wirbeltieren ist, im Gegensatz zu den Wirbellosen, eine Anfangsverdauung im sauren Milieu die Regel. Verschiedene Stachelhäuter (↗ Echinodermata) und Weichtiere (↗ Mollusca) scheiden allerdings z. T. starke Säuren aus, um damit die Kalkschalen ihrer Opfer aufzulösen.

Innerhalb der einzelnen Etappen der V. gibt es zahlreiche morphologische und physiologische Anpassungen. Am Ort der Nahrungsaufnahme dienen oft spezifisch ausgebildete Mundwerkzeuge (↗ Mund, ↗ Mundgliedmaßen, ↗ Radula, ↗ Zähne) zum Zerkleinern oder Aufsaugen der Nahrung. In den Mundraum sezernierter Speichel (↗ Speicheldrüsen) macht zerkleinerte Nahrung gleitfähig, enthält aber auch z. T. Verdauungsenzyme (↗ Amylase) und Gifte. Der sich anschließende ↗ Ösophagus kann zu einem ↗ Kropf differenziert sein oder als riesige Gärkammer symbiontische Mikroorganismen beherbergen (↗ Pansensymbiose). Vögel (↗ Aves) sezernieren Amylasen in den Kropf, ↗ Amphibia Zymogene von ↗ Proteasen, die im sauren Milieu des Magens aktiviert werden. Im ↗ Magen selbst trifft man bei verschiedenen Gliederfüßern (↗ Arthropoda) komplizierte sklerotisierte und chitinhaltige Zähne an; wegen ihrer ektodermalen Herkunft werden sie bei ↗ Häutungen mitgehäutet. Entsprechende Zerkleinerungseinrichtungen schaffen sich Vögel, verschiedene Fische und Krokodile über die Aufnahme von Sand oder Steinchen (↗ Muskelmagen). Der Mageninhalt von Wirbeltieren und Mensch ist stark salzsauer, was zum einen der Sterilisierung des Nahrungsbreies, zum anderen der Aktivierung der entweder am Ort oder schon vorher sezernierten Zymogene dient. Nahrungsproteine, die bei diesen sauren ↗ pH-Werten denaturiert (↗ Denaturierung) werden, sind leichter verdaulich als in nativem Zustand. Die Salzsäure-Produktion wird durch die Hormone ↗ Gastrin und ↗ Sekretin reguliert, des

weiteren spielen ↗ Serotonin und eine Reihe von ↗ Neuropeptiden eine Rolle, die über Vagusreize zentralnervös die Sekretion der Magensäure beeinflussen und wahrscheinlich eine Schutzfunktion (z. B. gegen Stress-induzierte Magengeschwüre) besitzen. Die bekannte Tatsache, dass die Magensaftsekretion wie auch die Sekretion von Pankreasenzymen von psychischen Faktoren mit abhängt, kann über die Wirkung von Neuropeptiden erklärt werden. Darüber hinaus sind in den letzten Jahren mindestens 19 verschiedene endokrine Zelltypen im Verdauungsapparat der Wirbeltiere entdeckt worden, die eine Fülle von verschiedenen Neuropeptiden sezernieren und bei zahlreichen Krankheitsbildern verändert erscheinen. Diese „gastro-entero-pankreatischen" endokrinen Zellen werden auch als *„diffuses endokrines epitheliales Organ"* bezeichnet und gehören zusammen mit Zellen des ↗ Hypothalamus, der ↗ Hypophyse, der ↗ Epiphyse, der Nebenschilddrüse sowie Placentazellen, Inselzellen der Bauchspeicheldrüse, Zellen der Lunge, des Nebennierenmarks, des ↗ Sympathikus und der Melanoblasten zum so genannten *Apud-System (Amin precursor uptake and decarboxylation-system)*. Als Schutz vor Selbstverdauung des Magens dient eine ↗ Glykokalyx, die u. a. oberflächenaktive Phospholipide enthält. Deren Bildung wird durch ↗ Prostaglandine angeregt. Muscheln (↗ Bivalvia) und einige Schnecken (↗ Gastropoda) besitzen in ihrem Magen mit dem *Kristallstiel* eine sehr eigentümliche Einrichtung der Enzymproduktion (besonders Amylasen und Lipasen; neuerdings sind auch Chitinasen in dem gallertigen Enzymträger nachgewiesen worden). Ein kompliziertes Kanalsystem ist an den rotierenden Kristallstiel angeschlossen und sorgt mittels Flimmerhaarbewegung für An- und Abtransport der Nahrungspartikel.

Der nächste Abschnitt des Verdauungssystems, je nach Vorkommen als *Mitteldarm* oder als *Dünndarm* bezeichnet, ist funktionell dadurch gekennzeichnet, dass Hilfsorgane der V. hier ihre Sekrete entleeren und z. T. auch schon resorbiertes Material aufnehmen. Derartige Hilfsorgane sind Mitteldarmdrüsen, Leber und Bauchspeicheldrüse. Besonders gut untersucht ist die Verdauungstätigkeit der Bauchspeicheldrüse, deren azinöse Zellen etwa 20 Enzyme, größtenteils in Form von Zymogenen, produzieren. Ihre Ausschüttung wird durch ↗ Acetylcholin (über den ↗ Parasympathikus) oder ↗ Cholecystokinin stimuliert. Daneben sind mindestens sechs Klassen von Zellmembran-Rezeptortypen an den azinösen Zellen vorhanden, die im Wesentlichen auf Neuropeptide ansprechen. Die Retention der Zymogengranula steht ferner unter der Kontrolle von ↗ Glucocorticoiden und ↗ Estrogenen, die zusammen mit ↗ Somatostatin eine im einzelnen noch nicht genau bekannte Hemmung auf die Sekretion ausüben. Eine weitere Eigentümlichkeit des Mitteldarms ist schließlich die *peritrophische Membran*, wie sie bei zahlreichen Arthropoda u. a. Wirbellosen vorkommt. Im hinteren Bereich des Mitteldarm-Dünndarm-Komplexes (Intestinum der Wirbeltiere) liegt der Ort der Endverdauung und ↗ Resorption; demgemäß imponiert er insbesondere bei Wirbeltieren durch eine starke Oberflächenvergrößerung. In die im Wesentlichen aus ↗ Mucopolysacchariden bestehende Glykokalyx sind so genannte intrinsische Verdauungsenzyme geordnet eingelagert. Auch die pankreatischen Zymogene werden locker auf der Oberfläche der Glykokalyx gebunden. Endverdauung und Resorption liegen daher räumlich direkt nebeneinander. Für die Resorption der wasserlöslichen Endprodukte der V. sorgen aktive und passive Transportprozesse (↗ Transport), wobei erstere bei Wirbeltieren größere Bedeutung erlangen als bei Wirbellosen. Kohlenhydrate werden nahezu ausschließlich als ↗ Monosaccharide resorbiert, entweder über einen Na⁺-abhängigen Carrier-Transport (unter anderem ↗ Glucose und ↗ Galactose) oder durch Diffusion (↗ Mannose) bzw. ↗ beschleunigte Diffusion (↗ Fructose). Proteine werden fast vollständig zu ↗ Aminosäuren gespalten resorbiert. Bei Wirbeltieren sind dabei vier stereospezifische, Na⁺-abhängige aktive Transportsysteme nachgewiesen worden. Bei Neugeborenen werden auch ungespaltene Proteine resorbiert und finden sich als mütterliche Globuline im Blutplasma, wodurch ihr noch nicht voll funktionsfähiges ↗ Immunsystem unterstützt wird. Die Resorption der Fette erfordert einen besonderen Modus: Nur kurz- und mittelkettige ↗ Fettsäuren können direkt über Diffusionsprozesse resorbiert werden. Die übrigen ↗ Lipide werden nach ihrer Spaltung als einfache oder gemischte Micellen je nach Art des Emulgators und der zu resorbierenden Lipidbruchstücke am Mikrovillisaum des Darmepithels in noch nicht eindeutig geklärter Weise in die Zelle aufgenommen, anschließend zu körpereigenen Lipiden resynthetisiert (wobei zumindest die ↗ Gallensäuren und deren Derivate einem enterohepatischen Kreislauf unterliegen), durch Bindung an Proteine in die Transportform der ↗ Lipoproteine gebracht und über das ↗ Lymphgefäßsystem und den Ductus thoracicus ins Blut transportiert. Das vermehrte Auftreten von Lipoproteinen im Blut nach einer fetthaltigen Kost macht sich durch eine Trübung des Plasmas bemerkbar und wird als Verdauungshyperlipidämie bezeichnet. Mit der Resorption der Lipide werden auch die fettlöslichen ↗ Vitamine in den Körper aufgenommen; z. T. werden sie mit den ↗ Chylomikronen transportiert. Für das Vitamin B₁₂ (↗ Cobalamin) aus der Gruppe der wasserlöslichen Vitamine, die im übrigen durch Diffusion resorbiert werden, bedarf es der Anwesenheit des so genannten ↗ Intrinsic factors. Wasser und Salze werden gemäß der im Darmlumen und im Gewebe herrschenden osmotischen Verhältnisse nach beiden Richtungen transportiert (besonders im Dünndarm und anschließenden Dickdarm-Bereich), sodass der Darminhalt plasmaisoton gehalten werden kann. Im Enddarm werden die unverdaulichen Nahrungsreste für die Ausscheidung vorbereitet (↗ Defäkation). Neben den Wirbeltieren – und in noch stärkerem Ausmaß als diese – gewinnen Insekten an dieser Stelle den größten Teil des Wassers aus dem bisher dünnflüssigen Verdauungsbrei zurück. Bei ihnen, wie auch bei anderen Wirbellosen, ist der Enddarm ektodermaler Herkunft und somit von einer Cuticula ausgekleidet. Auf diese Weise wird verhindert, dass zur Ausscheidung bestimmte Stoffe (auch Gifte), die sich durch die Eindickung des Kots in unter Umständen hohen Konzentrationen hier anreichern, wieder in die den Darm umspülende Hämolymphe und damit zurück in den Körper gelangen können. Ohne verschiedene symbiontische Mikroorganismen (↗ Darmflora) könnte das große Angebot an pflanzlicher Nahrung mit der β-glykosidischen Struktur der ↗ Cellulose nur höchst unzureichend genutzt werden, da das Cellulose verdauende System (↗ Cellulasen) bei Wirbeltieren überhaupt nicht, bei Wirbellosen selten komplett vorhanden ist. Fast immer wirken bei Pflanzenfressern Endosymbionten an der Verdauung mit, die entweder eine Nahrungsfermentierung vor der Endverdauung (z. B. Termiten, ↗ Isoptera und Wiederkäuer, ↗ Ruminantia) oder nach der Hauptverdauung (z. B. Hasentiere, ↗ Lagomorpha) bewerkstelligen. Ferner werden von Mikroorganismen sezernierte Enzyme zur Cellulosespaltung als „Hilfsenzyme" in Anspruch genommen. Auch die Kultivierung verschiedener cellulolytischer Pilze von Termiten und Holzwespen dient neben der Proteinversorgung diesem Zweck (↗ Pilzgärten).

2) *intrazelluläre Verdauung*, zusammenfassende Bez. für die in der Zelle stattfindenden Verdauungsprozesse, bei denen das lysosomale System (↗ Lysosomen) eine besondere Rolle spielt. Makromolekulare Stoffe werden durch ↗ Pinocytose und ↗ Phagocytose in die als Phagosomen bezeichneten Vakuolen aufgenommen, die mit *primären Lysosomen* zu Verdauungsvakuolen (*sekundäre Lysosomen*) verschmelzen. Intrazellulär verdaut werden sowohl von außen zugeführte (exogene) Substrate als auch endogene Zellbestandteile. Demzufolge wird zwischen *Heterophagie* und *Autophagie* unterschieden. Die ↗ Autolyse kann ebenfalls als eine Form der Autophagie betrachtet werden; sie kann sich in lebenden Zellen in der V. ganzer Cytoplasmabezirke äußern.

Verdauungsorgane, *Verdauungssystem*, die Gesamtheit der an der ⤢ Verdauung beteiligten Organe. Dies sind im Wesentlichen alle Bereiche des Magen-Darm-Trakts mit ⤢ Mund, ⤢ Pharynx, ⤢ Ösophagus, ⤢ Magen und ⤢ Darm sowie die akzessorischen Drüsen wie ⤢ Leber, ⤢ Bauchspeicheldrüse, ⤢ Mitteldarmdrüse.

Verdauungstrakt, der Magen-Darm-Trakt (⤢ Verdauungsorgane). ⤢ Verdauung

Verdrängung, nach dem ⤢ Konkurrenzausschlussprinzip der Ersatz einer Art in einer ⤢ Biozönose durch eine andere, in der *interspezifischen* ⤢ Konkurrenz überlegene Art. Hält man beispielsweise zwei Arten der im Wasser treibenden Wasserlinsen (⤢ Lemnaceae) in einer Mischkultur, so dominiert die Art *Lemna gibba* über die Art *Lemna polyrhiza*, weil sie Luftkammern in ihrem Gewebe besitzt, die sie an der Wasseroberfläche halten und die Blätter der einen Art diejenigen der anderen Art beschatten. Letztendlich führt die Konkurrenz um das Licht zu einer V. der unterlegenen Art.

Verdünnungsaussstrich, zur Isolierung von Bakterien und Hefen angewandte Technik. Mit einer sterilen Impföse streicht man eine kleine Menge der Zellsuspension in mehreren parallelen Strichen auf ein festes Nährmedium. Die aufeinander folgenden Ausstriche führen zu einer zunehmenden Verdünnung. Idealerweise enthalten die letzten Striche nur noch einzelne Zellen, die zu isolierten Kolonien heranwachsen.

Verdünnungsreihe, schrittweises Herabsetzen der Mikroorganismenkonzentration aus einer ⤢ Anreicherungskultur durch Verdünnen in flüssigen Nährmedien über mehrere aufeinanderfolgende Stufen. Das Verdünnen in Dezimalschritten (1:10, 1:100, 1:1000) ist am gebräuchlichsten.

Verdünnungsreihentest, dient der Bestimmung der minimalen Hemmkonzentration eines Antibiotikums (⤢ Antibiotika). Verschiedene Antibiotikum-Konzentrationen werden mit derselben Menge des Testorganismus beimpft und seine Wachstumshemmung anhand der Trübung ermittelt. Die Sensitivität gibt man meist als *höchste Verdünnung* (niedrigste Konzentration) an, bei der das Antibiotikum das Wachstum noch vollständig hemmt.

Verdunstung, 1) allg. der langsame Übergang eines flüssigen Stoffes in den gasförmigen Zustand unterhalb der Siedetemperatur des jeweiligen Stoffes. Die V. ist temperaturabhängig und nimmt mit steigender Temperatur zu. Bei der V. wird Wärme verbraucht, die der Flüssigkeit und der Umgebung entzogen wird; dieser Wärmeentzug bewirkt Verdunstungskälte (⤢ schwitzen, ⤢ Temperaturregulation). Die V. des Wassers bestimmt in der Natur die Luftfeuchtigkeit.

2) In der *Pflanzenphysiologie* versteht man unter V. Abgabe von Wasser als Wasserdampf in Form der ⤢ Evaporation oder ⤢ Transpiration. Die Gesamtmenge der Transpiration durch Pflanzen und der Evaporation von Boden und Wasserfläche in einem Pflanzenbestand nennt man *Evapotranspiration*. Dabei ist die Rate in Wäldern wesentlich höher als im ⤢ Grasland oder der ⤢ Heide.

Verdunstungsschutz, morphologische und physiologische Anpassungen bei Pflanzen und Tieren, um eine zu starke Wasserdampfabgabe zu vermeiden. Bei den ⤢ Kormophyten erfolgt die ⤢ Transpiration an den äußeren Oberflächen des Sprosses und an den Grenzflächen der Zellen im Inneren des ⤢ Kormus, die an die Interzellularen grenzen, wobei der Wasserdampf durch die ⤢ Stomata oder ⤢ Lentizellen (bei verkorktem Gewebe) hinausdiffundiert. Entsprechend setzt an diesen Stellen der V. an: Die Außenwände der Blattepidermiszellen werden durch Cutineinlagerungen (⤢ Cutin) verstärkt, was zu einer Hartlaubigkeit führt. In vielen Fällen wird auch die ⤢ Cuticula durch Auflagerung weiterer Wachsschichten verstärkt oder es erfolgt eine starke Korkbildung (⤢ Kork). Transpirationshemmend wirkt auch eine dichte Behaarung, da hierdurch windstille, wasserdampfgesättigte Räume entstehen. Dies wird auch durch eine Versenkung der Stomata erreicht. ⤢ CAM-Pflanzen halten ihre Stomata tagsüber geschlossen und vermeiden so einen starken Wasserverlust. Da wegen der großen Oberfläche der Wasserverlust durch Transpiration bei beblätterten Pflanzen oft sehr bedeutend ist, kommt es bei Pflanzen trocken-heißer Klimate häufig zum Einrollen der Blätter oder gar zu einer Reduktion der Blattflächen bis zur Verdornung. Auch der Blattabwurf (⤢ Abscission) ist ein wirksamer Transpirationsschutz in trockenen Perioden. Bei Pflanzen trockener Standorte (⤢ Xerophyten) sind oft mehrere dieser Einrichtungen miteinander kombiniert.

Das Problem der Austrocknung betrifft auch alle terrestrischen Tiere. Wesentliche evolutionäre Anpassungen sind daher verhornte Epithelien oder die Ausbildung einer Cuticula. Bei Insekten ist der Cuticula eine zusätzliche Wachsschicht aufgelagert, Landwirbeltiere haben oft mehrere Schichten toter, cutinisierter Hautzellen. Verhaltensgesteuerte Anpassungen wie z. B. Nachtaktivität (⤢ Nachttiere) sind ebenfalls wichtige Mechanismen landlebender Tiere. Zum V. zählen auch die physiologischen Möglichkeiten der ⤢ Thermoregulation. Die Niere und andere Exkretionsorgane terrestrischer Tiere zeigen häufig Anpassungen, die helfen, Wasser zu sparen. Hierzu gehören die ausschließlich bei Säugern und Vögeln vorkommenden Nephrone mit Henle'scher-Schleife (⤢ Niere). Einige Tierarten sind so gut an die Reduktion des Wasserverlustes angepasst, dass sie ohne zu trinken überleben können. Die in nordamerikanischen Wüstengebieten lebende Kängururatte (*Dipodomys merriami*) deckt ihren Wasserbedarf zu 90 % aus metabolisch in der Zellatmung (↗ Atmungskette) gewonnenem Wasser und scheidet hochkonzentrierten Harn und staubtrockenen Kot aus.

Vererbung, die Weitergabe der genetischen Information von einer Generation auf die nächste. Die chromosomale V. folgt den ↗ Mendel-Regeln, wohingegen die ↗ plasmatische Vererbung, d. h. die Vererbung der genetischen Information von Mitochondrien und Plastiden, von dieser durch mehrere Eigenschaften abweicht. Neben dem *Nicht-Mendeln*, d. h. einem anderen zahlenmäßigen Auftreten eines Phänotyps unter den Nachkommen der Elterngeneration, kommt es zu *Reziprokenunterschieden*, je nachdem ob die Merkmalsträger weiblich oder männlich sind. (↗ Geschlechtschromosomen-gebundene Vererbung, ↗ matrokline Vererbung, ↗ patrokline Vererbung)

Vererbungslehre, die ↗ Genetik.

Vererbungsregeln, ↗ Mendel-Regeln, ↗ plasmatische Vererbung.

Vergeilung, das ↗ Etiolement.

vergleichende Verhaltensforschung, die ↗ Ethologie.

Verhalten, Gesamtheit aller von außen wahrnehmbaren Bewegungen, Körperhaltungen, Formen der ↗ Kommunikation und Reaktionen auf Reize. Außerdem zählt hierzu das Absetzen körpereigner Produkte (↗ Fäzes, ↗ Sekrete, ↗ Pheromone, Fortpflanzungszellen und Nachkommen), sowie innere Vorgänge wie Emotionen oder Motivationen.

Verhaltensbiologie, die ↗ Ethologie.

Verhaltenskatalog, das ↗ Ethogramm.

Verhaltensökologie, *Ethoökologie*, Verhaltensforschung im Rahmen ökologischer Zusammenhänge. Sie beschäftigt sich hauptsächlich mit der Funktion des Verhaltens bei der Einpassung in die Umwelt. Hierzu zählen die Wege des Nahrungserwerbs oder Verhaltensweisen, die Einfluss auf die Populationsdichte von Tieren haben, wie das ↗ Territorialverhalten.

Verhaltensphysiologie, Untersuchung der physiologischen Grundlagen des Verhaltens auf der Basis neuronaler Vorgänge in Sinnesorganen und dem Zentralnervensystem im Hinblick auf Motivation sowie Speicherung und Filterung eingehender Reize. Auch die hormonelle Steuerung des Verhaltens ist Bestandteil dieser Forschungsrichtung.

Verhaltensprogramm, Spektrum des möglichen Verhaltens, aus dem – entsprechend der aktuellen Situation – das für den Organismus optimale Verhalten abgerufen werden kann. V. bestehen meist aus genetisch fixierten Anteilen und im Gedächtnis gespeicherten Erfahrungen, die während der Individualentwicklung erworben wurden.

Verhaltensreaktionen, Sammelbez. für alle Verhaltensweisen, die im Gegensatz zur *Aktion* allein durch Reize aus der Umgebung ausgelöst werden.

Verhaltenssequenz, zeitlich und in ihrer Reihenfolge genetisch fixierte Reihe einzelner Verhaltenselemente. V. können durch *Sequenzanalysen* untersucht und ihre Regelhaftigkeit über bestimmte Strukturmaße wie Zahl der Verhaltenselemente und Wiederholungshäufigkeit der einzelnen Elemente beschrieben werden. Beispiele für V. sind Körperpflege-Abfolgen oder das Futtervergraben bei Hunden.

Verholzung, die Einlagerung von ↗ Lignin in die interfibrillären Räume der ↗ Zellwand des Leitungs- und Festigungsgewebes in ↗ Spross und Wurzel. Als Mischpolymere bilden die Lignine ein Netzwerk, das mit den Zuckern der Zellwand kovalente Bindungen eingeht. Die ursprüngliche Zellwandmatrix wird im Laufe der Zeit durch das Ligninpolymer ersetzt. Durch die V. erhöht sich die mechanische Festigkeit gegenüber Druckbelastung, gleichzeitig hat sie aber den Verlust an Elastizität zur Folge.

Verhütungsmittel, im allg. Sprachgebrauch Bez. für Mittel zur ↗ Empfängnisverhütung.

Verklappen, Beseitigen von Sonderabfällen durch Versenken oder Einleiten ins offene Meer. Dies ist ökologisch bedenklich, auch wenn sich die Auswirkungen dieser Belastungen durch die hohe Elastizität der marinen Ökosysteme oft erst mit erheblichem Zeitverzug zeigen.

Verkorkung, die Anlagerung (*Akkrustation*) einer lipophilen Suberinschicht (↗ Suberin) an das Saccoderm der ↗ Zellwand spezieller Korkzellen. Die V. stellt in erster Linie einen Transpirationsschutz dar. (↗ Kork)

Verlandung, Verringerung der freien Wasserfläche von Gewässern vom Ufer her durch autogene ↗ Sukzession der Wasser- und Sumpfpflanzen. Gefördert wird dies zusätzlich durch die Sedimentation von organischem Material. Häufig bildet sich als Zwischenstufe ein Flachmoor (↗ Moor). (s. Abb. auf Seite 312)

verlängertes Mark, ↗ Medulla oblongata.

Vermehrung, 1) die Erzeugung von mehr als einem Nachkommen pro Einzelzelle oder Individuum, sodass nach deren bzw. dessen Tod das Aussterben der Population verhindert wird. Vielfach wird der Begriff als Synonym für ↗ Fortpflanzung verwendet, wobei nicht jedes Fortpflanzungsereignis eine V. im eigentlichen Sinne darstellen muss.

2) Bei Populationen wird deren *Wachstumsrate* häufig auch als *V.-rate* bezeichnet.

3) Unter dem Begriff *vegetative V.* wird neben der ungeschlechtlichen Fortpflanzung auch die bei Nutz- und Zierpflanzen künstlich durchgeführte

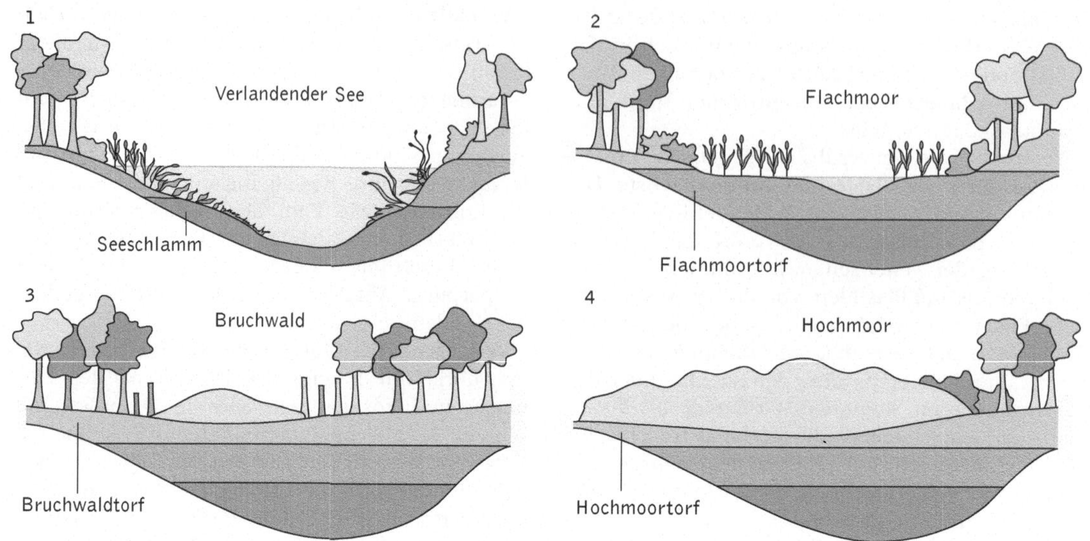

Verlandung Schematische Darstellung wichtiger Sukzessionsstadien der Verlandung eines Sees

Vermehrung durch ↗ Ableger und ↗ Stecklinge verstanden. (↗ Fortpflanzung)

Vermeidungskonditionierung, *bedingte Aversion*, Form der operanten ↗ Konditionierung, bei der das Versuchstier lernen muss, durch sein Verhalten einer Bestrafung – meist in Form eines kurzen Elektroschocks – zu entgehen. Bei der Negativdressur wird nach diesem Prinzip verfahren.

Vermeidungsverhalten, genetisch fixierte oder z. T. erlernte Vermeidungsreaktion gegenüber Reizen, mit denen das Individuum schlechte Erfahrungen (z. B. Schmerz, Schreck, vegetative Störungen) gesammelt hat. Das V. kann aus einer Hemmung der Annäherung oder Berührung oder aus aktiver Flucht bestehen. Eine besonders große Rolle kommt dem V. im Bereich der Nahrungsaufnahme zu. Hier sind besonders Arten mit weitem Nahrungsspektrum betroffen, wie z. B. Ratten. Eine einmalige schlechte Erfahrung führt meist zu einer Vermeidung dieses Nahrungsmittels.

Vernalisation, bei Pflanzen die Bez. für die Blühinduktion durch eine art- und sortenspezifische meist mehrwöchige Kälteperiode bei Temperaturen zwischen 0 °C und 10 °C, die bei unterschiedlichen Arten in unterschiedlichen Abschnitten ihres Lebenszyklus wahrgenommen werden können. Wintergetreide-Sorten, die im Herbst ausgesät werden und im darauf folgenden Frühjahr blühen, und andere einjährige Pflanzen können bereits als wassergesättigte Samen *vernalisiert* werden. Bei zweijährigen Pflanzen, die häufig im ersten Jahr Blattrosetten ausbilden und im folgenden Sommer blühen, kommt es vielfach erst im Rosettenstadium zur V., an die sich die mit Streckungswachstum verbundene Bildung der Sprossachse und Blüten anschließt (↗ schießen). Orte der Kältewahrnehmung sind die Sprossspitze des Embryos bzw. die meristematische Zone des Sprossapex. In Experimenten, in denen nur dieser Bereich gekühlt wurde, kam es zur Blüte, auch wenn die restliche Pflanze bei höheren Temperaturen angezogen wurde. Die V. kann durch höhere Temperaturen vielfach aufgehoben werden (*Devernalisation*), wobei eine *Revernalisation* nach erneuter Kältebehandlung möglich ist. Dabei spielt die Dauer der Kälteperiode eine Rolle, da sich in Experimenten eine Sättigung erzielen lässt; nach einer bestimmten Zeit ist die V. jedoch dauerhaft wirksam. Auf molekularer Ebene werden im Zusammenhang mit der V. Methylierungs- und Demethylierungsprozesse der DNA diskutiert.

Zwischen V. und ↗ Fotoperiodismus besteht bei vielen Arten ein unmittelbarer Zusammenhang, wobei Bedingungen des Frühlings der gemäßigten Breiten, d.h. die Kombination aus Kältephase und sich daran anschließenden Langtagen, am häufigsten auftritt. Andererseits sind bei einigen Pflanzen Kurztage als Ersatz für die V. möglich, sodass V. und Fotoperiode alternative Wege der Blühinduktion darstellen.

Versalzung, in ariden Gebieten auftretende Anreicherung von Salzen im Boden bei hochstehendem ↗ Grundwasser oder als Folge künstlicher Bewässerung. Zur V. kommt es hauptsächlich dann, wenn die Bodenkapillaren Verbindung zum Grundwasser haben und ständig Wasser zur Oberfläche ziehen, das dort verdunstet.

Verschiedenwurzeligkeit, die ↗ Allorrhizie.

Verschleppung, die passive Verbreitung von Organismen oder ↗ Diasporen durch Wind, Meeresströmungen oder Tiere. Parasiten werden z. B. durch ihre Wirte verschleppt oder Pflanzensamen und -früchte im Fell von Säugern. Besonders der Mensch trägt zur V. von Organismen bei. Wirtschaftliche Bedeutung hat die V. von Schädlingen an Kulturpflanzen. So wurden z. B. der Kartoffelkäfer (↗ Chrysomelidae) und die Reblaus aus Nordamerika nach Europa verschleppt, oder die San-José-Schildlaus von Asien nach Nordamerika.

Verseifung, i. w. S. jede hydrolytische Spaltung eines organischen Moleküls durch Reaktion mit Wasser, so z. B. die ↗ Hydrolyse von Proteinen in Aminosäuren oder von Polysacchariden in einfache Zucker. I. e. S. die Spaltung von Carbonsäureestern in alkalischer Lösung in Carbonsäuresalz und Alkohol. Die Bez. V. geht auf die Spaltung von ↗ Fetten und fetten Ölen in ↗ Glycerin und ↗ Fettsäuren durch Kochen mit Alkalien zurück, wobei Fettsäurealkalisalze, die *Seifen*, gebildet werden.

Verständigung, ↗ Kommunikation.

Vertebrae, die ↗ Wirbel 2).

Vertebrata, *Wirbeltiere*, *Craniota* (Schädeltiere), Subtaxon der ↗ Chordata und Schwestergruppe der ↗ Acrania. Wirbeltiere sind bilateralsymmetrische ↗ Deuterostomier mit einer vom mittleren Keimblatt, dem ↗ Mesoderm, ausgehenden Segmentierung (↗ Metamerie), die sich in der metameren Seitenrumpfmuskulatur mit quer gestreiften Muskelfasern (↗ Muskel) sowie in der Anordnung der Wirbel und der Rückenmarksnerven (↗ Spinalnerven) zu erkennen gibt. Der Körper wird durch ein knorpeliges oder knöchernes inneres Achsenskelett in Form von Spangen (nur bei einigen ↗ Rundmäulern) oder einer aus intersegmental angeordneten Wirbeln aufgebauten ↗ Wirbelsäule gestützt, welche die ↗ Chorda dorsalis mehr oder weniger verdrängt. Große Teile auch des übrigen Skeletts werden beim Embryo (↗ Embryonalentwicklung) zunächst knorpelig (↗ Knorpel) angelegt und dann durch ↗ Knochen ersetzt. Das Zentralnervensystem (↗ Nervensystem) ist als dorsal gelegenes ↗ Rückenmark entwickelt, das sich im Kopf zu einem fünfgliedrigen ↗ Gehirn differenziert, von dem zehn (bei Rundmäulern) bzw. zwölf ↗ Hirnnerven abgehen. Als typische Sinnesorgane sind paarige ↗ Geruchsorgane (↗ Nase), die bei Rundmäulern sekundär unpaar geworden sind, und paarige stato-akustische Organe (Labyrinth mit Bogengängen; ↗ Gleichgewichtsorgane, ↗ Hören, ↗ Ohr) entwickelt. Dem Zwischenhirn entspringen als ↗ Lichtsinnesorgane paarige, laterale, inverse Augen (↗ Auge, ↗ Sehen) mit von der Epidermis gelieferter Linse sowie unpaare, dorsale, everse Blasenaugen, die als Parietalorgan (Scheitelauge) und Pinealorgan bezeichnet werden. Das Pinealorgan wird sekundär zu einer endokrinen Drüse (Zirbeldrüse, ↗ Epiphyse).

Der Körper der Wirbeltiere ist von einer mehrschichtigen ↗ Epidermis überzogen (Wirbellose haben eine einschichtige Epidermis), die bei den ↗ Tetrapoda verhornen kann (↗ Haut). Er ist in Kopf, Rumpf und Schwanzregion gegliedert. Der Schwanz enthält keine Eingeweide, jedoch (Schwanz-)Wirbelsäule und Muskulatur. Er kann sekundär fehlen, so z. B. bei Fröschen, Menschenaffen und beim Menschen. Der Kopf mit dem Gehirn und den von ihm versorgten Sinnesorganen ist von einem knöchernen oder knorpeligen ↗ Schädel geschützt. An den Hirnschädel (Neurocranium) werden bei den ↗ Gnathostomata die vordersten Wirbelanlagen als Hinterhauptsregion (Occipitalregion) angeschmolzen. Im Kopf liegen ↗ Mund und Rachenraum (↗ Pharynx) mit ↗ Kiemendarm, der durch ein Kiemenskelett (Branchialskelett) gestützt wird. Aus einem vorderen Kiemenbogen wird bei den Kiefermündern ein Kieferskelett (mit Ober- und Unterkiefer; ↗ Kiefer) entwickelt. Der Rumpf beginnt mit dem ersten Wirbel und endet mit dem After. Er ist bei den Rundmäulern noch ohne ↗ Extremitäten, bei allen Kiefermündern sind zwei Paar Rumpfextremitäten ausgebildet. Sekundär können ein Paar (z. B. Hinterextremitäten der Wale, ↗ Cetacea, und Seekühe, ↗ Sirenia) oder beide (z. B. Schlangen, ↗ Serpentes) rückgebildet sein. Die Extremitäten der Tetrapoda sind primär fünfzehig (pentadaktyl), doch kann die Zahl bis auf Einzehigkeit (z. B. Unpaarhufer, ↗ Perissodactyla) reduziert sein. Der Rumpf beherbergt das Coelom als einheitliche ↗ Leibeshöhle, von der sich um das ↗ Herz ein Herzbeutel (Perikard) abfaltet, sowie die meisten Eingeweide. Bei den Säugetieren (↗ Mammalia) wird der Rumpf durch die Ausbildung des Zwerchfells in einen Brustraum (↗ Brustkorb, ↗ Brusthöhle) und ein ↗ Abdomen, das die Verdauungsorgane und die Urogenitalorgane enthält, getrennt. Anhangsdrüsen des Mitteldarms sind die für Wirbeltiere typische ↗ Leber und die ↗ Bauchspeicheldrüse.

Der Darmtrakt (↗ Magen, ↗ Darm) bildet im Bereich des Kiemendarms als ↗ Atmungsorgane primär ↗ Kiemen (bei Rundmäulern, Fischen und Amphibienlarven), sekundär paarige ↗ Lungen aus, z. T. schon bei Fischen, generell aber bei den Tetrapoden. Am Boden des Kiemendarms entsteht aus dem Endostyl durch Abfaltung die ↗ Schilddrüse. Das ↗ Blutgefäßsystem ist geschlossen. Ursprüngliche Kiemenbogengefäße (bei den Fischen) werden auch in der Embryonalentwicklung der Tetrapoda angelegt, dann aber zu Aortenbögen und Lungenarterien differenziert (↗ Blutkreislauf). Ein ventral gelegenes, muskulöses Herz bewegt das ↗ Blut mit hämoglobinhaltigen (↗ Hämoglobin) roten Blutkörperchen (↗ Erythrocyten), die bei den Säugetieren kernlos sind.

Als ↗ Exkretionsorgane fungieren ein Paar ↗ Nieren, die sich aus segmental angeordneten Abschnitten des Rumpfmesoderms entwickeln und als exkretorische Elemente zahlreiche Nephrone, je mit Glomerulus, enthalten. Funktionell stehen die Harnorgane meist mit den Geschlechtsorganen in engem Zusammenhang und werden daher mit diesen gemeinsam oft als Urogenitalsystem bezeichnet. Die Keimdrüsen (↗ Gonaden) sind bei Wirbeltieren stets nur in einem Paar (↗ Hoden oder ↗ Eierstöcke) entwickelt, im Gegensatz zu den Acrania, die jeweils mehrere besitzen. Während bei den Rundmäulern die Geschlechtsprodukte frei in die Leibeshöhle abgegeben werden und durch Abdominalporen austreten, die sich nur zur Fortpflanzungszeit bilden, entwickeln alle anderen Wirbeltiere ↗ Eileiter (oft mit offenem Wimpertrichter) bzw. ↗ Samenleiter, die sich meist aus den Anlagen der Harnorgane (primärer Harnleiter) differenzieren (z. B. gemeinsamer Harnsamenleiter bei ↗ Amphibia). Die Geschlechtsprodukte werden primär (Fische, Amphibien) ins freie Wasser abgegeben, wo es zur äußeren ↗ Besamung kommt. Molche setzen ↗ Spermatophoren ab, die vom Weibchen mit der ↗ Kloake aufgenommen werden, sodass innere Besamung stattfinden kann. Bei allen Amniota (aber unabhängig auch bei einigen Fischarten) wird das ↗ Sperma bei einer Kopulation (↗ Begattung) in die weiblichen Geschlechtsorgane übertragen.

Die Wirbeltiere sind i. d. R. getrenntgeschlechtlich, doch kommt Zwittrigkeit (↗ Hermaphroditismus) bei bestimmten Fischen und Jungfernzeugung (↗ Parthenogenese) bei Fischen und einigen Eidechsen vor. Die Mehrzahl der Wirbeltiere legt dotterreiche Eier (↗ Oviparie) und der Embryo entwickelt einen großen ↗ Dottersack. Dies gilt sogar noch für die Kloakentiere unter den Säugetieren. Alle anderen Säugetiere sind lebendgebärend (↗ Viviparie) und haben nur einen winzigen Dottersack. Bei den anderen Taxa der Wirbeltiere kommt Viviparie nur bei einigen wenigen Teilgruppen vor. Die ↗ Amniota (Reptilien, Vögel, Säugetiere) sind im Gegensatz zu Fischen und Amphibien durch die Ausbildung von ↗ Embryonalhüllen gekennzeichnet.

Literatur: Chaline, J.: Paläontologie der Wirbeltiere, Heidelberg 2000. – Kaestner, A., Fiedler, K.: Lehrbuch der speziellen Zoologie, Bd. 2/2 Wirbeltiere, Heidelberg 1991. – Kaestner, A., Starck, D.: Lehrbuch der speziellen Zoologie, Bd. 2/5, Wirbeltiere (2 Teil-Bde.), Heidelberg 1995 – Piechocki, R. Altner, H.J.: Makroskopische Präparationstechnik, Teil1 Wirbeltiere, Heidelberg 1998. – Romer, A.S., Parsons, T.S.: Vergleichende Anatomie der Wirbeltiere, Berlin 1991. – Stresemann, E. et.al: Exkursionsfauna von Deutschland, Bd. 3, Wirbeltiere, Heidelberg 1995. – Westheide, W. Rieger, R.: Spezielle Zoologie, Bd. 2, Wirbeltiere, Heidelberg 2002.

Verticillatae, die ↗ Casuarinales.

Verwandtenselektion, ↗ Selektion.

Verwandtschaftskoeffizient, quantitatives Maß für die Gesamtfitness. Der V. gibt den Anteil der Gene an, die bei zwei Individuen aufgrund gemeinsamer Abstammung identisch sind. Eltern und Kinder haben 50 % ihrer Gene gemeinsam, der V. beträgt hier 0,5.

Verwesung, unter Mitwirkung von aeroben Bakterien erfolgender oxidativer Abbau organischer Verbindungen, insbesondere von Eiweiß, zu einfachen Verbindungen wie Ammoniak, Kohlenstoffdioxid, Wasser, Nitraten und Sulfaten. (↗ Fäulnis)

Verwitterung, zerstörende oder zersetzende Veränderung oberflächennaher Gesteine und Mineralien durch Faktoren wie Sonneneinstrahlung, Wasser, Frost oder die Tätigkeit von Organismen wie z. B. dem Wachstumsdruck von Pflanzen oder der Grabtätigkeit von Tieren.

Verzweigtketten-α-Keto-Dehydrogenase-Komplex, ein ↗ Multienzymkomplex, der die oxidative ↗ Decarboxylierung von α-Ketoisocapronat, einem Zwischenprodukt des Abbaus von ↗ Leucin, zum Isovaleryl-CoA katalysiert. Die α-Ketosäuren, die durch Transaminierung der beiden anderen verzweigtkettigen Aminosäuren ↗ Valin und ↗ Isoleucin gebildet werden, sind ebenfalls Substrate dieses Enzymkomplexes.

Verzweigung, *Ramifikation*, die Ausbildung neuer Glieder des Vegetationskörpers. Dies geschieht entweder durch Teilung des Apikalmeristems bei der *dichotomen V.* (↗ dichotom) oder bei *seitlicher V.* durch Ausbildung neuer Spross-Vegetationspunkte in den Achseln der Blattanlagen. Bei ↗ Thallophyten gibt es sowohl die dichotome als auch die seitliche V., bei den Kormophyten überwiegt die seitliche V., *Dichotomie* ist fast ausschließlich auf die Bärlappgewächse (↗ Lycopodiopsida) beschränkt. Bleiben die Seitenzweige in ihrem Wachstum der Hauptachse untergeordnet, spricht man von einem *Monopodium* (z. B. ↗ Tanne und ↗ Fichte). Ein *Sympodium* entsteht, wenn die Hauptachse von den Seitentrieben übergipfelt wird, weil sie im Wachstum zurückbleibt oder dieses ganz einstellt. Man unterscheidet verschiedene sympodiale Verzweigungsweisen: Setzt nur jeweils ein Seitentrieb die Entwicklung fort, entsteht ein *Monochasium*, das häufig eine scheinbare monopodiale Achse bildet. Bei zwei sich entwickelnden Seitentrieben spricht man von einem *Dichasium*, mehrere Triebe bilden ein *Pleiochasium*.

Vesica fellea, die ↗ Gallenblase.

Vesica urinaria, die ↗ Harnblase.

Vesikel, 1) Bez. für membranumschlossene Strukturen im Cytoplasma von Zellen, die auf elektronenmikroskopischen Aufnahmen sichtbar werden, und unterschiedliche Funktionen wahrnehmen. Beispiele sind die *Golgi-V.* (↗ Golgi-Apparat) oder *synaptische V.* (↗ Synapse). I. w. S. müssen alle ↗ Biomembranen als V. aufgefasst werden, da sie aufgrund ihrer physikochemischen Eigenschaften in sich geschlossen sind.

2) ↗ Mykorrhiza.

vesikulär-arbuskuläre Mykorrhiza, ↗ Mykorrhiza.

Vespertilionidae, *Glattnasen*, mit rund 320 Arten weltweit verbreitete Fam. der Fledermäuse (↗ Microchiroptera), zu der 18 der insgesamt 22 in Deutschland beheimateten Fledermausarten gehören. Glattnasen haben kein Nasenblatt (Name!), die Nasenöffnungen befinden sich an der Schnauzenspitze. Die Ohren sind unterschiedlich groß und mit Deckel (Tragus), der Schwanz ragt nicht oder nur wenig über die Schwanzflughaut hinaus. Glattnasen ernähren sich fast ausschließlich von Insekten, vom *Riesenabendsegler (Nyctalus lasiopterus)* ist mittlerweile bekannt, dass er auch Kleinvögel frisst. Die Mausohrfledermäuse (Gatt. *Myotis*) sind hauptsächlich Höhlenbewohner, halten sich aber auch in Dachstühlen auf. Größte einheimische Art aller Glattnasen ist das *Große Mausohr (Myotis myotis)* mit einer Kopfrumpflänge von bis 8 cm und einer Flügelspannweite bis 30 cm; die Art lebt gesellig und fliegt erst spät am Abend aus. Zu den Zwergfledermäusen (Gatt. *Pipistrellus*) gehört die kleinste aller europäischen Glattnasen, die bis 4,5 cm körperlange Art *Pipistrellus pipistrellus*. Obwohl bei uns noch eine der häufiger vorkommenden Fledermausarten, ist sie nach der ↗ Roten Liste als gefährdet eingestuft. Sie lebt in der Nähe menschlicher Siedlungen und verlässt ihren Schlafplatz schon kurz nach Sonnenuntergang. Auch die Abendsegler (Gatt. *Nyctalus*), die mit zwei Arten (Großer Abendsegler, *Nyctalus noctula* und Kleiner Abendsegler, *Nyctalus leisleri*) bei uns vertreten sind, fliegen meist früh aus. Charakteristisch für die in Deutschland sehr seltene *Mopsfledermaus (Barbastella barbastellus)* ist die kurze, breite Schnauze. Sie ist bei uns vom Aussterben bedroht.

Vespidae, *Papierwespen, soziale Faltenwespen*, Fam. der Hautflügler (↗ Hymenoptera) mit ca. 3000 bekannten Arten, in Mitteleuropa etwa 60. Zu den V. gehören die umgangssprachlich als *Wespen* bezeichneten, typisch schwarz-gelb oder schwarz-braun gefärbten, bis 35 mm großen (Hornisse, *Vespa crabro*) Staaten bildenden Insekten. Der längliche Kopf mit typisch nierenförmigen, großen Augen trägt 12- bzw. 13gliedrige (Männchen) Fühler und kräftige, beißendkauende Mundwerkzeuge. Die zwei Paar Flügel an den hinteren Brustsegmenten sind durch Häkchenreihen miteinander verbunden und werden in der Ruhe durch je eine Längsfalte (Name!) in den Vorderflügeln schmal zusammengelegt. Der Hinterleib setzt an dem Brustabschnitt mit einer tiefen Einschnürung (*Wespentaille*) an, durch die lediglich die Speiseröhre, einige Nervenstränge und Sehnen ziehen. Der gut bewegliche Hinterleib endet in einem Wehrstachel, dessen Giftdrüsen ein Gemisch von Proteinen, Aminosäuren sowie ↗ Histamin, ↗ Serotonin und ↗ Acetylcholin enthalten. Der Stich der V. ist durch die lokale Giftwirkung (Schwellung, Rötung) schmerzhaft, aber außer bei allergischen Personen oder bei Stich in den Mund-Rachen-Raum für den Menschen nicht gefährlich. Der Stachel bleibt durch den Aufbau der Widerhaken im Gegensatz zu dem der ↗ Honigbiene nicht in der menschlichen Haut stecken.

Wie bei der ↗ Honigbiene, den Ameisen (↗ Formicidae) und den ↗ Hummeln gibt es hier eine sterile Kaste: Die *Königin* des Staates und die *Arbeiterinnen* entstehen aus befruchteten Eiern; die Arbeiterinnen haben unvollständig ausgebildete Eierstöcke und sind steril. Die *Männchen* entstehen aus unbefruchteten, haploiden Eiern der Königin. Die befruchtete, überwinternde Königin gründet im Frühjahr alleine den neuen Wespenstaat. Bis zum Schlüpfen der ersten Brut muss sie allein für den Nestbau und die Ernährung sorgen. Die dann schlüpfenden Individuen sind Arbeiterinnen; sie übernehmen alle Arbeiten im und außerhalb des immer individuenreicher werdenden Nestes, während die Königin nun im Staat verbleibt. Die Brut und auch die Imagines sind Allesfresser; die Nahrung wird von den Arbeiterinnen in Stücke zerschnitten oder zerkaut herbeigebracht und/oder erbeutet und im Nest an die Larven und andere Mitglieder des Staates verfüttert. Die Larven geben ihrerseits ein Sekret ab, das von den Imagines aufgeleckt wird. Im Spätsommer entwickeln sich aus den Larven Männchen und Weibchen; in unseren Breiten stirbt der Staat im Spätherbst mit Ausnahme der begatteten jungen Königinnen ab; diese überwintern in Schlupfwinkeln und gründen im nächsten Frühjahr neue Staaten. Das Nest der V. wird aus Papier (deshalb „*Papierwespen*") gebaut, das die Arbeiterinnen aus zerkautem Pflanzenmaterial herstellen; dieses wird mit Speichel und oft mit Holzstückchen oder Erde vermischt. Die Farbe variiert je nach Herkunft des Baustoffes von Grau bis Braun (Holz). Mehrere Stockwerke von waagerecht angeordneten Waben, deren Zellen bei einheimischen Arten nach unten geöffnet sind, werden entweder mit Säulchen untereinander gehängt (*stelocyttarer Nesttyp* einheimischer Arten) oder an der Außenwand befestigt (*phragmocyttarer Nesttyp* vieler tropischer Arten). Die Waben werden nach außen oder unten für neue Brutzellen erweitert. Das ganze Nest wird zur Isolierung mit mehreren Schichten Papier nach außen umschlossen. Für den Ort, an dem ein Nest angelegt wird, sind artspezifische Vorlieben für Licht, Wärme und Feuchtigkeit ausschlaggebend; es gibt Nester in der Erde, in Bäumen und in Mauerritzen und anderen Hohlräumen. Trotz ihrer Warnfärbung werden die V. und ihre Nester von zahlreichen Feinden heimgesucht: Vögel, wie z. B. Wespenbussard, Neuntöter oder Bienenfresser beißen den Hinterleib mit dem Stachel vor dem Fressen ab; auch Raubfliegen und Spinnen erbeuten V. Neben Fächerflüglern, Dickkopffliegen, Schlupfwespen u. a. Insekten parasitieren die zu den V. gehörenden Kuckucksfaltenwespen (Gattungen *Pseudovespula* und *Vespula*), die selbst keine Arbeiterinnen-Kaste ausbilden, in den Staaten anderer Arten. Von den einheimischen Arten sind insbesondere vier Arten zu Kulturfolgern geworden, dies sind die beiden Langkopfwespen-Arten *Dolichovespula saxonica* und *Dolichovespula sylvestris*, die meist frei hängende Nester in Dächern, Schuppen, mitunter auch in Rollladenkästen bauen, und zwei Arten der Kurzkopfwespen (*Vespula vulgaris* und *Vespula germanica*), die ihre Nester oft im Boden, z. B. in Mauselöchern, die sie erweitern, anlegen.

Literatur: Bellmann, H.: Bienen, Wespen, Ameisen. Hautflügler Mitteleuropas, Stuttgart 1995.

Vestibularapparat, ↗ Ohr.

Vestibulum, *Vorhof*, anatomische Bez. für die Eingangs-Erweiterung zu einem Organ-Hohlraum, z. B. der ↗ Scheidenvorhof (*Vestibulum vaginae*) oder der Vorhof im Innenohr (Teil des knöchernen Labyrinths, der vorn mit der Schnecke, hinten mit den Bogengängen in Verbindung steht und in dem Utriculus und Sacculus liegen; ↗ Ohr).

Vestimentifera, *Obturata*, Subtaxon der Bartwürmer (↗ Pogonophora).

Vibracularien, spezialisierte Einzelindividuen der Moostierchen (↗ Bryozoa).

Vibrationssinn, *Erschütterungssinn*, einer der ↗ Tastsinne, dessen adäquater Reiz mechanische Schwingungsenergie mit einem periodischen Zeitverlauf ist. Fast alle Insekten bis auf die ↗ Diptera und die Käfer (↗ Coleoptera) haben als Rezeptororgane (Vibrorezeptoren) *Subgenualorgane* in den Tibien der Beine, Käfer und Zweiflügler dagegen ↗ Chordotonalorgane in den Tarsen bzw. zwischen Tibia und Tarsus oder cuticuläre Borsten in den Beingelenken (↗ Sensillen). Vielfach fungiert auch in den ↗ Antennen das ↗ Johnston-Organ als Vibrationsorgan zum Hören oder bei manchen Schlupfwespen zum Orten der Fraßgeräusche ihrer im Holz fressenden Käferlarvenwirte. Spinnentiere (↗ Chelicerata) besitzen über den ganzen Körper verteilt oder nur an den Beinen ↗ Trichobothrien und ↗ Spaltsinnesorgane. Bei den Wirbeltieren sind wahrscheinlich alle Mechanorezeptoren der ↗ Haut beteiligt, vor allem aber die ↗ Vater-Pacini-

Lamellenkörperchen, bei Katzen zusätzlich die Vibrissen oder Schnurrhaare (↗ Sinushaare). Der Mensch registriert eine Vibration am besten bei einer Frequenz von 200 Hz. (↗ mechanische Sinne, ↗ Gehörorgane)

Vibrio, ↗ Vibrionaceae.

Vibrionaceae, ↗ gramnegative, fakultativ anaerobe Bakterien mit meist polar begeißelten, stäbchen- oder kommaförmigen Zellen. Im Atmungs- und Gärungsstoffwechsel werden organische Substrate verwertet. Zu den V. gehören u. a. die Gatt. ↗ Photobacterium und *Vibrio*. Letztere beinhaltet gefährliche Krankheitserreger des Menschen: *Vibrio cholerae* ist der Erreger der ↗ Cholera, *Vibrio parahaemolyticus* ruft vor allem in Asien schwerste Brechdurchfall-Erkrankungen hervor. Die Infektion erfolgt über kontaminierte Fische und Meeresfrüchte.

Vibrionen, kommaförmig gebogene ↗ Bakterien, z. B. Vertreter der ↗ Vibrionaceae. (↗ Bakterienformen)

Vibrissen, die ↗ Sinushaare.

Viburnaceae, Fam. der ↗ Rosopsida mit etwa 150 vorwiegend in Asien beheimateten Arten. Die radiären Blüten, deren Blütenhülle nur schwach verwachsen ist, stehen oft in dichten schirmartigen Thyrsen (↗ Blütenstand). Die Gatt. *Viburnum* besitzt strahlige Blüten und bildet Steinfrüchte (↗ Frucht) aus. Der eurasische Echte Schneeball (*Viburnus opulus*) ist ein häufig kultiviertes Ziergehölz.

Viburnum, Gatt. der ↗ Viburnaceae.

Vicia, Gatt. der ↗ Fabaceae.

Victoria amazonica, *Victoria regia*, im Amazonasgebiet heimische Art der ↗ Nymphaceae. Charakteristisch sind die kreisrunden Schwimmblätter, die einen aufgebogenen Rand besitzen und einen Durchmesser von bis zu 2 m erreichen können. Die Blüten sind nur zwei Nächte lang geöffnet, beim ersten Erblühen weiß, beim zweiten dunkelrot. Die Samen reifen unter Wasser.

Vielborster, die ↗ Polychaeta.

Vielfraß, *Järv*, *Gulo gulo*, zu den Mardern (↗ Mustelidae) gehörendes Raubtier in Nordeuropa (Skandinavien), Nordasien und Nordamerika; Der V. ist größer und hochbeiniger als die Eigentlichen ↗ Marder (Gatt. *Martes*), mit einer Kopfrumpflänge von 65 - 80 cm. Er bevorzugt ausgedehnte Wälder und bewaldete Gebirge als Lebensraum. Breite Fußsohlen mindern sein Einsinken im Schnee. V. setzen mit dem Sekret von Prägenitaldrüsen sowie mit Harn und Kot ausgiebig Duftmarken im Gelände. Gegen Feinde verteidigen sich V. mit dem stinkenden Sekret ihrer Analdrüsen.

Vielzeller, die ↗ Metazoa.

Vielzelligkeit, die Eigenschaft höherer Organismen aus vielen Zellen zu bestehen, die in Geweben

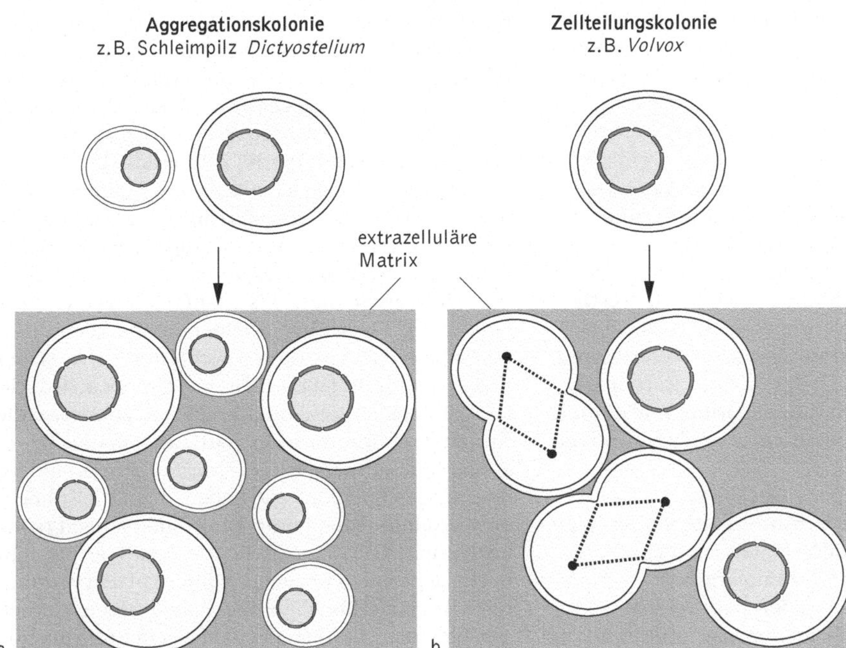

Vielzelligkeit   Zwei Modelle zur Entstehung der Vielzelligkeit: **a** Nach dem Aggregationsmodell wandern Zellen einer Art gerichtet zusammen und bilden eine Vielzellerkolonie (z. B. Schleimpilze). **b** Nach dem Modell der Zellteilungskolonien bleiben Zellen direkt nach der Teilung in einer extrazellulären Matrix zusammen (z. B. *Volvox*)

und Organen unterschiedliche Funktionen wahrnehmen können. *Vielzeller* (↗ Metazoa) unterscheiden sich von ↗ Einzellern, aus denen sie im Verlauf der Evolution durch Zellvermehrung hervorgegangen sind, durch eine Reihe von Eigenschaften. Eine Folge der V. ist, dass die Zellen während der Ontogenese eines vielzelligen Organismus morphologisch und physiologisch ungleich werden und bis auf die Keimzellen die potenzielle Fähigkeit verlieren, wieder einen neuen Organismus zu bilden (↗ Totipotenz). Zellen von Vielzellern unterliegen zudem einer Proliferationskontrolle, sodass Zellteilungen in Verbindung mit der ↗ Apoptose nur zu Wachstums- und Regenerationsprozessen stattfinden. Vielzellige Tiere und Pflanzen weisen eine Reihe struktureller und physiologischer Unterschiede auf. So sind Pflanzenzellen von einer Zellwand umgeben und können die Fähigkeit zur Fotoautotrophie besitzen. Zudem können aus differenzierten Pflanzenzellen unter geeigneten Bedingungen ganze ↗ Pflanzen regenerieren. ↗ Tiere weisen eine große Vielzahl unterschiedlicher Zelltypen auf, deren Lebensdauer von wenigen Tagen bis Monaten (Blutzellen) bis zu vielen Jahren (Muskelzellen, Nervenzellen usw.) betragen kann.

Vieraugenfische, die Fam. ↗ Anablepidae.

Vierfüßer, die ↗ Tetrapoda.

Vierstrang-Crossing over, die Form des ↗ Crossing over während der ↗ Meiose, bei der bei einem homologen Chromosomenpaar (*Bivalent*) zwischen zwei Genen zwei Austauschereignisse erfolgen (*Doppelaustausch*), an denen alle vier Chromatiden beteiligt sind. Im Unterschied zum Einfachaustausch, bei dem neben der Rekombination der Genotyp der Eltern (z. B. AB und ab) beibehalten wird, liegen beim V. - C. o. ausschließlich Rekombinanten vor (Ab und aB). ↗ Zweistrang-Crossing over

Vigilanz, Zustand der *Wachheit*, der ein Individuum in die Lage versetzt, ohne Verzögerung auf Reizsituationen und Veränderungen in der Umwelt zu reagieren. Die Mechanismen der visuellen Aufmerksamkeit spielen hierbei eine übergeordnete Rolle. Reizsituationen, wahrgenommen als physikalische Stimuli, beeinflussen diesen noch näher zu differenzierenden Aktivitätszustand des Zentralnervensystems. Zur V. gehört der indifferente, passive Wachzustand, daraus hervorgehend die gerichtete Aufmerksamkeit ohne Motorik („alert-Zustand", engl. „alertness") sowie danach situationsadäquates motorisches Verhalten bis hin zur nicht mehr situationsangepassten Hypermotorik. Die einzelnen Stufen der V., besonders die ruhige gerichtete Aufmerksamkeit, können bei Lebewesen in verschiedenartigen Situationen beobachtet werden, z. B. beim Signalaustausch in Eltern-Kind-Interaktionen, aber auch als Wachsamkeit gegenüber Gruppenfeinden, als Aufmerksamkeit bei Störungen der Rangordnung oder als so genannte Aufschauwachsamkeit (Aufschauverhalten) bei gemeinsam fressenden Tiergruppen zur Verhütung von unbemerkten Angriffen durch Räuber.

Vikunja, Art der ↗ Lamas.

Villi, die ↗ Zotten.

Villikinin, ein ↗ Gewebshormon der Dünndarmschleimhaut höherer Wirbeltiere und des Menschen, dessen Ausschüttung durch den sauren Speisebrei hervorgerufen wird. V. bewirkt zusammen mit ↗ Cholecystokinin u. a. ↗ gastrointestinalen Hormonen bzw. Neuropeptiden (z. B. ↗ Gastrin, ↗ Sekretin, ↗ Enteroglucagon, ↗ Serotonin, ↗ vasoactive intestinal peptide) die Zottenbewegung und die Gallenblasenentleerung und fördert somit die Nahrungsaufnahme über das Darmepithel. (↗ Verdauung)

Vinca, Gatt. der ↗ Apocynaceae.

Vinca-Alkaloide, *Catharanthus-Alkaloide*, eine Gruppe von etwa 60 Indolalkaloiden, die in *Vinca-(Catharanthus)*-Arten (↗ Immergrün) vorkommen. V. - A. sind tetra- oder pentazyklische Indolabkömmlinge, die in monomerer und in geringen Mengen auch in dimerer Form vorliegen. Die Biosynthese der V. - A. geht von ↗ Tryptophan und Mevalonsäure aus. Insbesondere die dimeren V.-A. *Vinblastin* und *Vincristin* werden als ↗ Cytostatika in der Behandlung bösartiger Tumoren eingesetzt.

Vincetoxicum, Gatt. der ↗ Asclepiadaceae.

Violaceae, Gatt. der ↗ Rosopsida mit ca. 830 vor allem in den Tropen und Subtropen beheimateten Arten, manche Arten kommen aber auch in temperierten bis arktischen Gebieten vor. Die Fam. beinhaltet sowohl ein- oder mehrjährige Kräuter als auch Pflanzen mit strauchigem Wuchs sowie kleine Bäume. Die Blüten stehen entweder einzeln oder in Ähren oder Rispen (↗ Blütenstand). Sie sind radiär bis dorsiventral und bis auf den aus drei Fruchtblättern bestehenden Fruchtknoten fünfzählig. Die ↗ Frucht ist meist eine Kapsel. Umfangreichste Gatt. der Fam. ist die Gatt. *Viola* mit häufig in einer ↗ Rosette stehenden Blättern und gespornten Blüten. Innerhalb der Gatt. kommt es häufig zur ↗ Selbstbestäubung. Zahlreiche Arten werden als Zierpflanzen kultiviert, u. a. das Stiefmütterchen, *Viola x wittrockiana*.

Violales, ursprüngliche Ord. der ↗ Rosopsida, die sowohl Holzgewächse als auch Kräuter beinhaltet. Die Blätter sind meist wechselständig und haben teilweise ↗ Nebenblätter. Meist sind die zwittrigen Blüten radiärsymmetrisch, seltener dorsiventral. Die fünfzählige Blütenhülle ist frei oder verwachsen, die Blütenachse röhrig und häufig verlängert. Charakteristisch sind eine oft auftretende Vermehrung der Staubblätter (↗ Staubblatt) und eine wandständige (parietale) Plazentation. Der aus zwei bis fünf, häufig aus drei verwachsenen Frucht-

blättern (↗ Fruchtblatt) gebildete ↗ Fruchtknoten bildet als ↗ Frucht eine Kapsel oder Beeren mit zahlreichen Samen. Zu den V. gehören die Fam. ↗ Salicaceae, ↗ Violaceae und ↗ Passifloraceae.

VIP, Abk. für ↗ vasoactive intestinal peptide.

Vipera, Gatt. der Vipern (↗ Viperidae).

Viperidae, *Vipern, Grubenottern, Ottern*, Fam. der Schlangen (↗ Serpentes) mit zehn Gatt. und ca. 60 nur in der Alten Welt (Europa, Afrika, Asien) beheimateten Arten; Gesamtlänge 0,3 (Zwergpuffotter, *Bitis peringueyi*) bis 1,8 m (Gabunviper, *Bitis gabonica*). Vipern haben einen gedrungenen Körperbau mit flachem, hinten verbreitertem Kopf, der meist von zahlreichen kleinen Schuppen bedeckt ist. Die Pupillen stehen senkrecht (Ausnahmen: die Kröten- und Erdottern der Gatt. *Causus* und *Atractaspis* mit großen symmetrischen Kopfschildern und runden Pupillen). Sie haben einen meist hochentwickelten Giftapparat. Die beiden langen (solenoglyphen) Giftzähne stehen (neben vier bis acht nachwachsenden Ersatzgiftzähnen) in den verkürzten Oberkieferknochen; sie haben einen seitlich geschlossenen Giftkanal und liegen in Ruhe um 90 ° nach hinten geklappt in einer Schleimhautfalte; nach schnellem Biss und der Giftinjektion ziehen sich die Vipern meist zurück, die Wirkung abwartend. Vipern ernähren sich vor allem von Kleinsäugern oder Echsen, seltener von Fröschen bzw. Vögeln. Sie sind vorwiegend ovovivipar (eine Ausnahme bilden die Eier legenden Erd- und Krötenottern sowie in ihrem europäischen Verbreitungsgebiet die Levanteotter). In Europa leben nur Vertreter der kurzschwänzigen Gatt. *Vipera* (Echte Ottern); u. a. die ↗ Aspisviper (*Vipera aspis*), die ↗ Kreuzotter (*Vipera berus*), die in Südosteuropa und Westasien verbreitete Sandotter (*Vipera ammodytes*), die giftigste europäische Schlange, und die im südlichen Mittelmeerraum, Nordafrika und Asien verbreitete Levanteotter (*Vipera lebetina*), die mit bis 2 m Länge die größte Giftschlange Europas ist. Weitere bekannte Gatt. der V. sind die dämmerungsaktiven Hornvipern (Gatt. *Cerastes*), die in den Wüsten Nordafrikas, Arabiens und Westasiens in Sandböden leben. Sie bewegen sich durch Seitenwinden fort, wobei sie im Sand charakteristische, fast parallel verlaufende Kriechspuren hinterlassen. In den feuchten Gebirgswäldern Mittel- und Südamerikas lebt der bis 3,75 m lange, ebenfalls dämmerungs- und nachtaktive *Buschmeister (Lachesis mutus)*, einzige Art seiner Gatt. und die zweitgrößte Giftschlange überhaupt. Zur Gatt. Amerikanische Lanzenottern (*Bothrops*) gehören 32, von Mexiko bis Argentinien verbreitete, bodenbewohnende Arten; besonders gefürchtet ist die ca. 2 m lange Gewöhnliche Lanzenotter (*Bothrops atrox*), die oft in Zuckerrohr- und Bananenplantagen vorkommt, da ihr rasch Blut und Gewebe zersetzendes Gift ohne Behandlung meist tödlich wirkt. Eine weitere bekannte Gatt. ist die Gatt. *Crotalus* (↗ Klapperschlangen).

Vipern, die Fam. ↗ Viperidae.

Virchow, *Rudolf*, deutscher Pathologe, Anthropologe und Sozialpolitiker, * 13.10.1821 Schivelbein (Pommern), † 5.9.1902 Berlin; ab 1846 Prosektor an der Berliner Charité, ab 1849 Prof. in Würzburg, ab 1856 in Berlin Gründer und Leiter des Pathologischen Instituts der Charité. V. war einer der bedeutendsten Mediziner des 19. Jh. Er war hervorragend tätig auf dem Gebiet der öffentlichen Gesundheitspflege und nahm durch Begründung der Zellularpathologie entscheidenden Einfluss auf die neuere Medizin. Meilensteine seiner Forschung sind u. a. Arbeiten über Entzündungen, Tumoren, Tuberkulose, Leukämien, Diphtherie. Er prägte die Begriffe Embolie und Thrombose in ihrer heutigen medizinischen Bedeutung (die drei Faktoren der Thromboseentstehung werden als *Virchow-Trias* bezeichnet). Berühmt ist sein noch heute gültiger Satz: „Omnis cellula e cellula", „jede Zelle entstammt einer Zelle", d. h. nicht aus einem Substrat im Sinne einer ↗ Urzeugung.

Viren, sind in ihrer intrazellulären Form genetische Elemente, die als Parasiten (↗ Parasitismus) in Wirtszellen (↗ Wirt) leben. Sie enthalten entweder ↗ Ribonucleinsäure (RNA) oder ↗ Desoxyribonucleinsäure (DNA) und können sich dadurch unabhängig von den Chromosomen der Wirtszelle replizieren, jedoch nicht unabhängig von den Zellen selbst, da sie die von der Zelle aufrechterhaltene Stoffwechselmaschinerie nutzen. V. sind sehr einfach aufgebaut. Ihnen fehlen einige typische Merkmale von Lebewesen wie z. B. eine zelluläre Organisation, eigener Energiestoffwechsel und eigener Proteinsyntheseapparat. Daher sind sie keine echten Organismen. Dennoch besitzen sie unter Verwendung der Enzyme der Wirtszelle die Fähigkeit zur Vermehrung sowie zur Mutation und genetischen Rekombination. Teilweise ist die Replikation der V. für die Wirtszelle unschädlich oder durch veränderte neue Eigenschaften der Zelle sogar vorteilhaft. V. können eine Vielzahl von Organismen befallen (Bakterien, Pflanzen, Pilze, Tiere, Mensch) und sind in vielen Fällen Krankheitserreger (↗ Viruskrankheiten).

Durch die Bildung einer extrazellulären Form können V. von einem Wirt zum nächsten übertragen werden. In diesem Zustand ist das nur im Elektronenmikroskop sichtbare, ↗ Virion genannte Virus-Partikel metabolisch inaktiv, d. h. es führt keinerlei Biosynthesefunktionen aus. Mit der ↗ Infektion einer Wirtszelle, die die virale Nucleinsäure aufnimmt, beginnt die intrazelluläre Phase, in der die Replikation stattfindet. Obwohl Viren metabolisch inaktiv sind, enthalten viele V. ihre eigenen Nucleinsäuren-Polymerasen, die die virale Nucleinsäure in mRNA transkribieren, sobald der Infektionsprozess eingesetzt hat. Andere V. enthalten Enzyme, die beim Eindringen in die Wirtszelle oder in den letzten Stadien des Infektionsprozesses von Bedeutung sind, z. B. *Neuraminidasen*. Neue Kopien des Virusgenoms und die Bestandteile, aus denen die Virus-Hülle zusammengesetzt ist, werden produziert und in der Zelle zu reifen, infektiösen Partikeln zusammengesetzt. Dabei codiert das Virusgenom hauptsächlich die Funktionen, die es nicht von seinem Wirt übernehmen kann. Da manche V. ihr genetisches Material in das Wirtsgenom integrieren können, werden diese bei der Zellteilung des Wirtes weitergegeben und jede Zelle erhält ein virales Genom. Die Freisetzung der neuen V. erfolgt meist unter Zerstörung der Wirtszelle. Die Virionen variieren stark in Größe, Form und chemischer Zusammensetzung. Die Größe liegt dabei im Bereich von ca. 28 nm beim ↗ Poliovirus bis zu 0,3 mm bei faden- oder stäbchenförmigen Pflanzenviren (z. B. *Nekrotischer Rübenvergilbungs-Virus*). Die Genome der Viren bestehen entweder aus DNA oder aus RNA, die jeweils ein- oder doppelsträngig, ringförmig oder linear vorliegen kann. An den Enden linearer Genome können Sequenzwiederholungen oder komplementäre Sequenzen auftreten (z. B. bei ↗ Adenoviren oder ↗ Retroviren); bei einigen V., wie den Adenoviren, sind Proteine kovalent mit den Genomenden verknüpft. Bei manchen RNA-V. liegt das Genom *segmentiert* in mehreren Stücken vor (z. B. Tabakmauche-Virusgruppe). Einzelsträngige RNA besitzt entweder Plusstrang- oder Minusstrang-Polarität. Plusstrang-Polarität hat dabei die Sequenz der mRNA, weil sie direkt in Protein übertragen wird. Minusstrang-Polarität haben Nucleinsäuresequen-

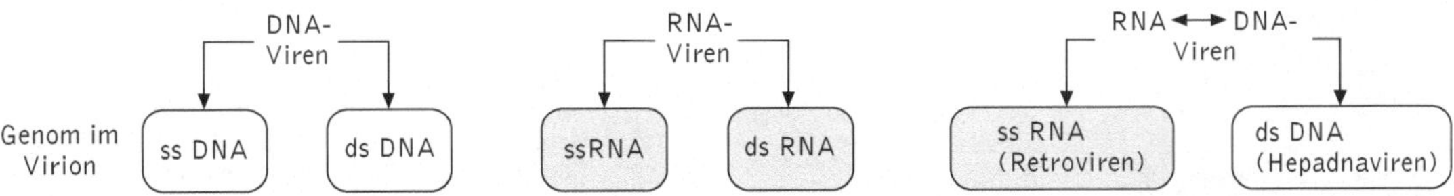

Viren   Virusgenome. Das Genom eines Virus besteht nur aus einer Art von Nucleinsäuren, entweder aus DNA oder aus RNA; diese kann einzelsträngig (ss, von engl. *single-stranded*) oder doppelsträngig (ds, von engl. *double-stranded*) sein. Manche Viren wie die Hepadna- und die Retroviren verwenden DNA und RNA zu unterschiedlichen Zeiten in ihrem Vermehrungszyklus

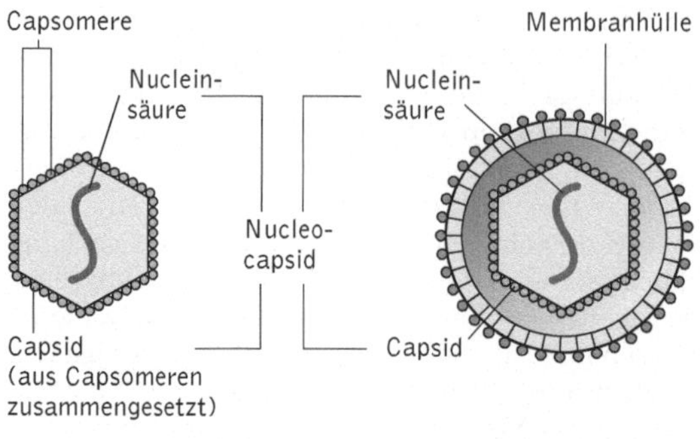

Viren Vergleich des Aufbaus eines nackten Virus mit dem Aufbau eines Virus mit Membranhülle

zen, die der Sequenz der mRNA komplementär sind. Manche V., darunter die ↗ Retroviren und die *Hepadnaviren* verwenden beide Arten von Nucleinsäure zu unterschiedlichen Zeiten in ihrem Vermehrungszyklus. Enthält das Virus doppelsträngige DNA kann die mRNA-Synthese direkt ablaufen, einzelsträngige DNA muss zunächst in doppelsträngige DNA umgewandelt werden, die dann als Matrize für die mRNA-Synthese durch die RNA-Polymerase der Zelle dient.

RNA-V. benötigen eine spezielle RNA-abhängige RNA-Polymerase, weil die Wirtszell-RNA-Polymerase DNA-abhängig ist. Bei positiv-strängigen Einzelstrang-RNA-V. dient der RNA-Strang direkt als mRNA und produziert zusätzlich komplementäre Minusstränge, die als Matrize für weitere Plusstränge dienen. Negativ- und doppelsträngige RNA-V. müssen zunächst mRNA synthetisieren. Dies erfolgt über eine im Virion enthaltene RNA-Polymerase, die zusammen mit der Nucleinsäure in den Wirt injiziert wird. Hierdurch wird zunächst der komplementäre Plusstrang synthetisiert und dann als mRNA verwendet. ↗ Retroviren enthalten RNA und replizieren über ein DNA-Zwischenprodukt. Im Virion jedes Virustyps kommt jedoch nur eine Art von Nucleinsäure vor. Das größte bekannte Virusgenom ist das des ↗ Vacciniavirus, es enthält 190 Kilobasenpaare. Die Anzahl der im Genom vorhandenen Gene schwankt bei den verschiedenen Virusarten zwischen vier und hundert. Die Nuclein-

säure befindet sich im extrazellulären Zustand immer in einer *Capsid* genannten Proteinhülle. Diese setzt sich aus strukturellen Untereinheiten, einzelnen Proteinmolekülen, zusammen, die in einem präzisen hochrepetitiven Muster angeordnet sind. Morphologische Untereinheiten mehrerer dieser Proteine, die zudem auf spezifische Weise assoziiert sind, nennt man *Capsomere*. Sie können aus nur einer Art Protein bestehen oder aus chemisch unterschiedlichen Proteineinheiten. Ihr Zusammenbau wird über Informationen in den Proteinen selbst gesteuert. Diesen Vorgang bezeichnet man als *spontane Aggregation* (*self assembly*). Die meisten V. bestehen nur aus der Nucleinsäure, die von dem aus Capsomeren aufgebauten Capsid umgeben ist. Diesen Komplex nennt man *Nucleocapsid*. Neben diesen *nackten* V. gibt es *umhüllte* V., deren Capsid von einer Lipiddoppelschicht-Membran (*envelope*) umgeben ist. Viele V. sind nach dem Symmetrieprinzip des Ikosaeders (mit 20 Dreiecksflächen und zwölf Ecken) aufgebaut. Hierzu zählen die *Papovaviren* oder die *Parvoviren*. Fädige oder stäbchenförmige V. zeigen meist eine helikale Anordnung der Capsomere, z. B. beim ↗ Tabakmosaikvirus. Sehr komplexe Strukturen zeigen einige ↗ Bakteriophagen. Sie bestehen teilweise aus ikosaedrischen Köpfen und helikalen Schwänzen wie beispielsweise der T4-Virus von *Escherichia coli*.

Der virale Vermehrungszyklus erfolgt in mehreren Schritten. Zunächst kommt es zu einer Anheftung (*Adsorption*) an eine geeignete Wirtszelle. Diese wird penetriert und das gesamte Virion oder seine Nucleinsäure in die Wirtszelle injiziert. In frühen Replikationsstadien wird die Biosynthesemaschinerie des Wirts verändert und es werden virusspezifische Enzyme hergestellt. Anschließend erfolgt die Replikation der viralen Nucleinsäure sowie die Synthese von Proteinen für die Strukturuntereinheiten der Virushülle. Schließlich werden die Strukturuntereinheiten, bei umhüllten V. auch die Membrankomponenten, zusammengebaut, und die Nucleinsäure wird in das Capsid verpackt. Der letzte Schritt besteht in der Freisetzung der reifen Virionen aus der Wirtszelle. In seiner zellulären Form ist das Virus weitaus weniger infektiös, da die Maschinerie zum Eindringen in die Wirtszelle fehlt.

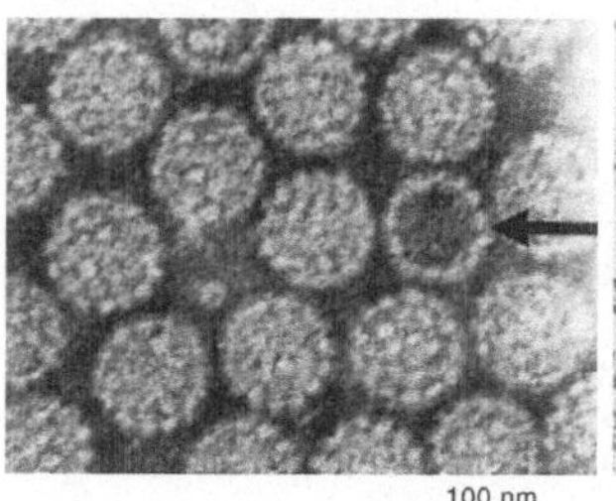

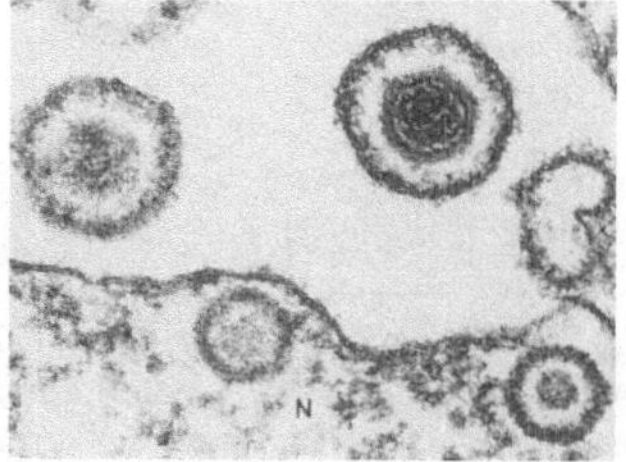

Viren Elektronenmikroskopische Aufnahmen von Viren. Links Virionen des *Rinderpapillomvirus* ohne Lipoproteinhülle. Das ikosaederförmige Capsid ist aus 72 Capsomeren aufgebaut. Der Pfeil zeigt ein leeres Capsid (Vergrößerung 148500). Rechts *Herpes simplex Virus* in einer infizierten Zelle. Außerhalb des Kerns sind die Viruspartikel komplett mit Nucleocapsid und Lipoproteinhülle, im Kern ohne Hülle

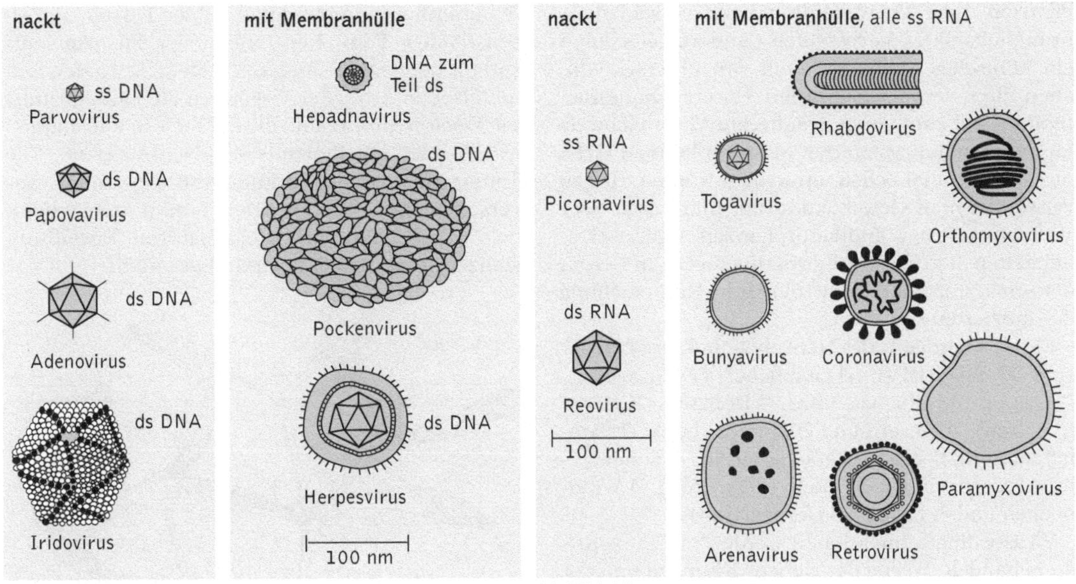

Viren   Größenverhältnisse und Formen von Wirbeltierviren der wichtigsten taxonomischen Gruppen

Das frühe Stadium der Virusreplikation, in der die virale Nucleinsäure bereits in die Wirtszelle injiziert ist und die Infektiosität des Viruspartikels verschwindet, nennt man *Eklipse*. Der Zeitabschnitt, in der keine extrazellulären, infektiösen Partikel nachweisbar sind, wird als *Latenzperiode* bezeichnet. Die Freisetzung reifer Virionen erfolgt meist durch Lyse der Wirtszelle, die durch diesen Vorgang oder aber allmählich durch Knospungs- oder Ausscheidungsvorgänge abstirbt.

Das V. kann streng wirts- oder zellartspezifisch sein oder sehr unspezifisch. Zur Untersuchung, Kultivierung und Quantifizierung von V., zur Isolierung von V. aus klinischem Material und zur Herstellung von Impfstoffen legt man ↗ Zellkulturen an oder verwendet embryonierte Hühnereier sowie Versuchstiere und Indikatorpflanzen.

Virion, extrazelluläre Form eines Virus (↗ Viren), in der es von einer Zelle zur nächsten weitergegeben wird. Die Nucleinsäure ist in diesem Zustand von einer Proteinhülle und teilweise auch anderem Material (virusspezifischen Glykoproteinen und zellulären Lipiden) umgeben.

Viroide, kleinste bisher bekannte Pathogene bei Nutzpflanzen in Form ringförmiger, einzelsträngiger RNA-Moleküle mit komplexer Sekundärstruktur. Die Zahl der Nucleotide liegt im Bereich von 246 bis 375. Das V. besteht extrazellulär aus nackter RNA, die nicht von einem ↗ Capsid umhüllt ist und keine Protein codierenden Gene enthält. Folglich ist das V. für seine Replikation gänzlich auf die Wirtszelle angewiesen und scheint im Wirtskern repliziert zu werden.

Virologie, Lehre und Wissenschaft von den ↗ Viren und den von ihnen verursachten Krankheiten. Sie beschäftigt sich ferner mit der Klassifizierung der Viren nach ihrem Verwandtschaftsgrad und untersucht deren Gestalt, Größe, Aufbau und Zusammensetzung sowie deren Wechselwirkung mit tierischen, pflanzlichen und prokaryotischen Zellen.

Virosen, die ↗ Viruskrankheiten.

Virulenz, Grad der ↗ Pathogenität oder Aggressivität, mit dem Viren, Bakterien, Protozoen oder Pilze auf einen Wirtsorganismus einwirken. Die V. kann sich je nach Übertragungsweg oder herrschenden Umweltbedingungen ändern.

Virusgrippe, die ↗ Grippe.

Virushüllproteine, *Pelomere*, *Spikes*, ↗ Glykoproteine, die in die Phospholipid-Doppelschicht inseriert sind, welche das ↗ Capsid umgibt. Sie dienen u. a. der Anheftung des ↗ Virions an die Wirtszelle.

Virusinterferenz, Wechselwirkung zweier Virusarten im gleichen Wirt, die sich hemmend oder fördernd auf die Virenvermehrung auswirken kann. Bei einer vorangegangenen Infektion eines Organismus mit einem schwach virulenten (↗ Virulenz) Virenstamm kann es bei einem anschließenden Kontakt mit einem stark virulenten Stamm zu einer vollständigen Unterdrückung der Infektion kommen. Diesen Zustand bezeichnet man als *Prämunität*.

Virusklassifikation, die Einteilung der ↗ Viren in Ord., Fam., Subfamilien und Gattungen.

Viruskrankheiten, *Virosen*, durch ↗ Viren hervorgerufene Erkrankungen bei Menschen, Tieren und

Pflanzen. Eine Virusinfektion kann verschiedene Krankheitsbilder hervorrufen. Andererseits kann ein klinisches Symptom auch von unterschiedlichen Viren verursacht werden. Untersuchungsmethoden sind zum einen der direkte Virennachweis im Untersuchungsmaterial. In Kultur können Viren nur auf lebenden Zellen untersucht werden. Hierzu verwendet man Gewebekulturen, Eikulturen oder Versuchstiere bzw. Indikatorpflanzen. Andere Möglichkeiten sind der Antikörpernachweis im Serum der Infizierten oder die histologische Untersuchung des infizierten Gewebes.

Einige wichtige V. des Menschen und ihre Erreger sind ↗ Aids (HIV), ↗ Gelbfieber (↗ Togaviren), ↗ Grippe (↗ Influenzaviren), ↗ Hepatitis (↗ Hepatitisviren), ↗ Masern und ↗ Mumps (beide ↗ Paramyxoviren), Pocken (↗ Pockenviren), ↗ Poliomyelitis (Picornaviren), ↗ Röteln (Togaviren), ↗ Windpocken und ↗ Zoster (↗ Herpesviren).

Virusbedingte Infektionen werden mit *Virostatika* behandelt. Wegen der Nebenwirkungen und der großen Heterogenität der Viren ist ihre Anwendung jedoch bisher auf wenige ausgewählte Virusgruppen beschränkt. Hierzu zählen das ↗ Varizella-Zoster-Virus, die ↗ Herpes-simplex-Viren, Influenza-A-Virus und HIV. Mögliche Wirkungsprinzipien sind dabei die Verhinderung von Penetration und Uncoating, die Verhinderung der Virusreplikation durch Hemmung der DNA-Polymerase oder der ↗ Reversen Transkriptase, oder die Verhinderung der Virusreifung und Ausschleusung aus der Wirtszelle. Eine Prophylaxe oder Behandlung ist bei einer Reihe human- und tierpathogener V. durch die Anwendung von Impfstoffen im Rahmen einer ↗ aktiven Immunisierung oder einer ↗ passiven Immunisierung möglich.

Pflanzenvirosen machen sich oft durch Veränderungen von Farbe und Form, Nekrosen und Fertilitätsstörungen bemerkbar. Farbveränderungen sind dabei meist als lokal begrenzte Mosaike oder Ringflecken zu erkennen, am Vergilben der Blätter oder Blattadern sowie Farbänderungen der Blüten. Bei den Formveränderungen stehen Blattrollkrankheiten und Minderwuchs im Vordergrund. V. bedingen enorme wirtschaftliche Schäden an Nutzpflanzen. Einige durch Pflanzenviren hervorgerufene V. und ihre Erreger sind die Blattrollkrankheit der Kartofeln (*Luteovirus*), Gurkenmosaik (*Curcumovirus*), Gelbverzwergung des Weizens (*Luteovirus*), Vergilbung bei der Zuckerrübe (*Closterovirus*). Am besten ist bisher das ↗ Tabakmosaikvirus untersucht, das die gleichnamige Krankheit beim Tabak hervorruft. (↗ tierpathogene Viren, ↗ Tumorviren)

Viruspartikel, das ↗ Virion.

Virusüberträger, die ↗ Vektoren.

Viscaceae, *Mistelgewächse*, Fam. der ↗ Rosopsida mit ca. 450 Arten. Die V. werden häufig den ↗ Loranthaceae zugeordnet, bilden jedoch eine eigenständige Fam. Der Aufbau der Pflanzen entspricht demjenigen anderer ↗ Misteln. Zu den einheimischen Arten der V. gehören die Laubholzmistel, *Viscum album*, und die auf Kiefern und Tannen wachsende Nadelholzmistel, *Viscum laxum*. Die Tumor hemmende Wirkung von Präparaten aus verschiedenen *Viscum*-Arten beruht wahrscheinlich auf ↗ Lektinen (zuckerhaltigen Eiweißsubstanzen) und dem Polypeptid *Viscotoxin*.

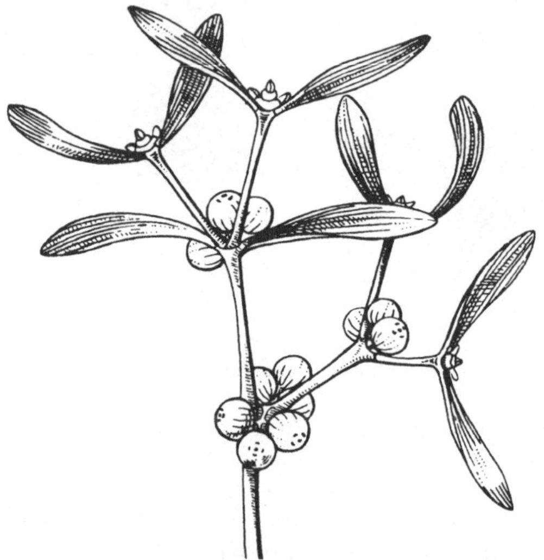

Viscaceae   Laubholzmistel (*Viscum album*)

Viscacha, Art der Chinchillas (↗ Chinchillidae).

Viscera, die ↗ Eingeweide.

Viscerocranium, der *Gesichtsschädel*, ↗ Schädel.

Visceropallium, Bez. für den Komplex aus Mantel und Eingeweidesack bei den ↗ Mollusca, in dem sich die inneren Organe befinden.

Viscum, Gatt. der ↗ Viscaceae.

Viskosität, *Zähigkeit*, das durch innere Reibung zwischen den Molekülen bedingte zähflüssige Verhalten von Flüssigkeiten und Gasen. Physikalisch wird die V. definiert durch den Reibungswiderstand bei der gegenseitigen Verschiebung parallel liegender Schichten. Die Messung der V. erfolgt in *Viskosimetern*, in denen z. B. die Ausflusszeit eines bestimmten Flüssigkeits- oder Gasvolumens durch ein Ausflussrohr (Kapillare) bestimmter Weite (*Kapillarviskosimeter*) oder die Fallgeschwindigkeit einer Kugel in der Flüssigkeit (*Fallkörperviskosimeter*) ermittelt wird, bei Gasen auch die Dämpfung einer frei schwingenden Scheibe (*Scheibenviskosimeter*).

Vitaceae, *Weinrebengewächse*, Fam. der ↗ Rosopsida mit ca. 800 hauptsächlich tropischen und subtropischen Arten. Es handelt sich um Klettersträucher oder ↗ Lianen, seltener um aufrechte Sträucher oder Bäume mit sukkulenten Stämmen

Vitaceae   Wilder Wein (*Parthenocissus* sp.)

($\nearrow$ Sukkulenz). Die zweizeilig alternierend stehenden Blätter sind oft drei- bis fünfzählig, die beiden Nebenblätter sind unterschiedlich groß. Unter den Blüten gibt es zwittrige und eingeschlechtige, die zuweilen auch zweihäusig verteilt sind ($\nearrow$ Diözie). Die Blüten stehen nie einzeln sondern sind in zymösen Blütenständen ($\nearrow$ Blütenstand) vereinigt. Der stets oberständige $\nearrow$ Fruchtknoten bildet fast immer saftige Beeren ($\nearrow$ Frucht) mit hartschaligen Samen. Bekannte Gatt. sind die wirtschaftlich bedeutende $\nearrow$ Weinrebe (*Vitis*) und der als Zierpflanze kultivierte $\nearrow$ Wilde Wein (*Parthenocissus*).

Vitales, Ord. der $\nearrow$ Rosopsida mit der einzigen Fam. $\nearrow$ Vitaceae.

Vitalfärbung, Färbemethode, mit der man selektiv die physiologisch aktiven Zellen ($\nearrow$ Lebendzellzahl) der Probe anfärbt und sie somit von toten bzw. inaktiven Zellen unterscheiden kann. Alle Vitalfärbungen sind mehr oder weniger selektiv. Bei aeroben Mikroorganismen nutzt man zur Färbung die hohe Dehydrogenaseaktivität, die die verwendeten Vitalfarbstoffe reduziert und somit zu einer Farbänderung führt. Kationische Fluoreszenzfarbstoffe können nur bei ungestörtem Membranpotenzial in die Zelle eindringen. Nichtfluoreszierende Ester des Fluoreszenzfarbstoffes *Fluorescin* werden durch unspezifische Esterasen in der lebenden Zelle zu einem polaren, fluoreszierenden Farbstoff hydrolysiert.

Vitalismus, umfasst als idealistisch-philosophischer Denkansatz unterschiedliche geistige Strömungen, welche von der gemeinsamen Grundüberlegung ausgehen, dass das Phänomen Leben mit all seinen Erscheinungsformen nicht allein aus den physikalisch-chemischen Eigenschaften der ihm

zugrundeliegenden Materie ableitbar ist ($\nearrow$ Leben), sondern für sein Verständnis zusätzlich eine nichtmaterielle Komponente postuliert werden muss, die der unbelebten Materie den spezifischen Charakter des Lebens verleiht.

Vitamin A, $\nearrow$ Retinol.

Vitamin B$_1$, $\nearrow$ Thiamin.

Vitamin B$_2$, $\nearrow$ Riboflavin.

Vitamin-B$_2$-Komplex, Sammelbez. für eine Gruppe wasserlöslicher Vitamine, zu der $\nearrow$ Riboflavin, $\nearrow$ Folsäure, $\nearrow$ Pantothensäure, Nicotinsäure und Nicotinsäureamid gehören.

Vitamin B$_6$, $\nearrow$ Pyridoxin.

Vitamin B$_{12}$, das $\nearrow$ Cobalamin.

Vitamin C, $\nearrow$ Ascorbinsäure.

Vitamin D, $\nearrow$ Calciol.

Vitamin E, $\nearrow$ Tocopherol.

Vitamine, lebensnotwendige organische Verbindungen, die vom menschlichen und/oder tierischen Organismus nicht synthetisiert werden können, sondern mit der Nahrung zugeführt werden müssen, um einen normalen Stoffwechselablauf zu gewährleisten. Die V. sind meist in geringen Mengen wirksam. Sie werden von Pflanzen gebildet und finden sich in der pflanzlichen und tierischen Nahrung, z. T. werden sie auch von Darmbakterien gebildet (beim Menschen vor allem das Vitamin K, $\nearrow$ Phyllochinon). Einige V. sind in der Nahrung als Provitamine, d. h. als Vorstufen des jeweiligen Vitamins enthalten, die dann vom Organismus in V. umgewandelt werden können (z. B. Carotin als Vorstufe des Vitamins A, $\nearrow$ Retinol).

V. übernehmen im Stoffwechsel größtenteils eine katalytische Rolle. Als Bestandteil von $\nearrow$ Coenzymen oder $\nearrow$ prosthetischen Gruppen von Enzymen erfüllen sie eine wichtige Funktion im Stoffwechsel. Vitamin D ($\nearrow$ Calciol) fungiert als Regulator des Knochenstoffwechsels und ist daher eher als ein $\nearrow$ Hormon anzusehen. Als Bestandteil der Sehpigmente übt Vitamin A die Funktion einer prosthetischen Gruppe aus. Nicotinsäureamid und Riboflavin (gehören zum Vitamin-B$_2$-Komplex) sind Bestandteile von Wasserstoff übertragenden Coenzymen ($\nearrow$ Atmungskette). $\nearrow$ Biotin, $\nearrow$ Folsäure, $\nearrow$ Pantothensäure, $\nearrow$ Pyridoxin, $\nearrow$ Cobalamin und $\nearrow$ Thiamin (bzw. deren Vorstufen) sind als Coenzyme bei Gruppenübertragungsreaktionen beteiligt. Der niedrige tägliche Bedarf an V. geht auf ihre katalytische und/oder regulatorische Rolle zurück. V. unterscheiden sich daher von anderen Nahrungsbestandteilen wie Fetten, Kohlenhydraten oder Proteinen, die mit der Nahrung in beträchtlichen Mengen aufgenommen werden müssen und als Substrate für Bau- und Energiestoffwechsel dienen.

Vollständiges Fehlen eines V. führt zur *Avitaminose* und mangelnde Zufuhr zur *Hypovitaminose*. Bei Überangebot bestimmter V., z. B. A und D, kann

Vitamine.

	Erstbeschreibung	Empf. Aufnahme in mg/d	Funktion	biologische Wirkung
fettlösliche Vitamine				
Calciferol (Vitamin D)	1922	0,01–0,025	Calcium- und Phosphatstoffwechsel	antirachitisches Vitamin
Phyllochinon (Vitamin K; Menachinon)	1935	1	Cofaktor für γ-Carboxylierung von Glu-Resten in Blutgerinnungsproteinen	antihämorrhagisches Vitamin
Retinol (Vitamin A)	1913	2,7	Sehvorgang	Epithelschutzvitamin, antixerophthalmisches Vitamin
Tocopherol (Vitamin E)	1922	5	Antioxidans	Antisterilitätsvitamin
wasserlösliche Vitamine				
Ascorbinsäure (Vitamin C)	1925	75	Reduktionsmittel für einige Oxygenasen; Cofaktor für alle 2-Oxosäure-Dioxygenasen, insbesondere diejenigen, die die Hydroxylierung von Prolin- und Lysinresten in Kollagen katalysieren	antiskorbutisches Vitamin
Biotin (Vitamin H)	1935	0,25	Coenzym verschiedener Carboxylierungsreaktionen	Hautvitamin
Cobalamin (Vitamin B_{12})	1948	0,003	Coenzym verschiedener Methylwanderungs- und Isomerisierungsreaktionen	antianämisches Vitamin, extrinsischer Faktor
Folsäure	1941	1–2	Übertragung von Einkohlenstoff-Einheiten	zur Therapie bestimmter Formen von Blutarmut
Niacin und Nicotinsäureamid	1937	18	Atmung, Wasserstoffübertragung	Pellagraschutzstoff
Pantothensäure	1933	3–5	Übertragung von Acylresten	Küken-Antidermatitisfaktor, Antigrauhaarfaktor
Pyridoxin (Vitamin B_6)	1936	2	Aminosäurestoffwechsel, insbesondere Transaminierung	Schwäche, nervöse Störungen, Depression
Riboflavin (Vitamin B_2)	1932	1,7	Atmung, Wasserstoffübertragung	Antidermatitisvitamin
Thiamin (Vitamin B_1)	1926	1,2	Kohlenhydratstoffwechsel; Aldehydgruppenübertragung	antineuritisches Vitamin

es zu *Hypervitaminosen* kommen. Avitaminosen treten in unseren Breiten selten auf und Hypervitaminosen können bei uns allein durch die Nahrung nicht verursacht werden, sondern nur durch Überdosierung synthetisch hergestellter Vitaminpräparate. Bei einseitiger Ernährung und erhöhten Stoffwechselleistungen, z. B. bei bestimmten Krankheiten oder in der Schwangerschaft, kann es zu Hypovitaminosen kommen. Der V.-Gehalt der verschiedenen Nahrungsmittel ist sehr unterschiedlich. Frisches Gemüse enthält fast alle V. Unsachgemäße Zubereitung der Nahrung kann zu einem bedeutenden Verlust an V. führen.

Es sind etwa 20 V. bekannt, die verschiedenen Stoffklassen angehören. Häufig werden sie in zwei Hauptgruppen eingeteilt, die *fettlöslichen* und die *wasserlöslichen V.*, eine Einteilung, die darauf zurückgeht, mit welchem Lösungsmittel (Wasser oder Ether) das jeweilige V. aus Nahrungsmitteln extrahiert werden kann. Die Benennung der V. erfolgte ursprünglich nach den Krankheitssymptomen, die ihr Fehlen verursachte, z. B. antirachitisches, antiskorbutisches und antineuritisches V. Da die Wirkung jedoch nicht in allen Fällen so spezifisch ist, bezeichnete man die V. schon früh mit großen lateinischen Buchstaben und fügte gegebenenfalls arabische Ziffern als Indices hinzu. Im medizinisch-pharmazeutischen Bereich werden zurzeit vorzugsweise Bez. benutzt, die z. T. als internationale Freinamen auf die Wirkung (Retinol, Ergocalciferol) oder den chemischen Aufbau (Thiamin, Riboflavin) hinweisen.

Die Wirksamkeit der V. wurde ursprünglich durch willkürlich definierte Einheiten festgelegt. Nachdem die Konstitution der V. bekannt war, setzte man die Wirkung einer bestimmten Menge eines reinen V. als *Internationale Einheit (I.E.)* fest. Durch Umrechnungsfaktoren lassen sich diese Einheiten auf die chemisch reinen Substanzen beziehen.

Vitamin H, ↗ Biotin.

Vitamin K, ↗ Phyllochinon.

Vitaminmangelkrankheiten, *Hypovitaminosen* (↗ Vitamine). ↗ Ernährung

Vitellarium, der ↗ Dotterstock.

Vitellin, ein Lipophosphoprotein, das wichtigste Protein des Eidotters (↗ Dotter), es wird aus der Vorstufe ↗ Vitellogenin gebildet.

Vitellinhülle, eine extraembryonale Membran, die das Ei des Seeigels u. a. Tiere umhüllt. Beim Seeigel entsteht aus der V. die Befruchtungsmembran.

Vitellogenin, Vorstufe der Dotterproteine, die in der Leber synthetisiert, ins Blut abgegeben und von den Oocyten durch Endocytose aufgenommen wird. Dort wird V. in die eigentlichen Dotterproteine *Vitellin* und *Phosphatin* gespalten. (↗ Dotter)

Vitellum, *Vitellus*, der ↗ Dotter.

Vitis, die Gatt. ↗ Weinrebe (↗ Vitaceae).

Viverridae, *Schleichkatzen*, den Hyänen (↗ Hyaenidae) nahe stehende, formenreiche Fam. der Landraubtiere mit rund 70 Arten in 37 Gatt. Schleichkatzen sind schlanke, relativ kurzbeinige Bodentiere oder Kletterer von Mauswiesel- bis Fuchsgröße. Ihr Fell ist an Rumpf und Schwanz häufig auffällig gezeichnet. Viele Arten besitzen Drüsen am Damm (*Perinealdrüsen*), deren Sekrete für die innerartliche Kommunikation wichtig sind. Die V. sind überwiegend Sohlengänger und nur wenige Zehengänger. Die meisten Arten ernähren sich von kleinen Wirbeltieren, Insekten und Früchten, es gibt aber auch ausgesprochene Nahrungsspezialisten. Sozialverhalten und bewohnte Lebensräume zeigen eine große Vielfalt. Hauptverbreitungsgebiete sind Afrika und Südasien; auf Madagaskar sind die Schleichkatzen die einzigen Raubtiere.

Zur Fam. V. gehören u. a. die ↗ Mangusten (Unterfam. *Herpestinae*) sowie die in der Unterfam. *Viverrinae* zusammengefassten Gatt. Ginsterkatzen (*Genetta*) mit neun gefleckten Arten, von denen die in weiten Teilen Afrikas sowie im Süden der Iberischen Halbinsel vorkommende Kleinfleck-Ginsterkatze (*Genetta genetta*) wohl die bekannteste ist, und Zibetkatzen mit den zwei Gatt. *Civettictis* und *Viverra*; die bekannteste Zibetkatze ist die in Afrika südlich der Sahara beheimatete Afrika-Zibetkatze (*Civettictis civetta*).

Viviparie, 1) *Botanik*: das Hervorwachsen der jungen Samenpflanze aus dem Samen, wenn dieser über die Frucht noch mit der Mutterpflanze verbunden ist (bei Pflanzen der ↗ Mangrove).

2) *Zoologie*: das Gebären von Jungtieren, die während ihrer Entwicklung fortlaufend im Mutterleib ernährt werden (Gegensatz: ↗ Oviparie, ↗ Ovoviviparie). Alle Säugetiere (↗ Mammalia, außer den Kloakentieren, ↗ Monotremata) sind *vivipar*. V. kommt aber auch bei einigen Reptilien (z. B. Boaschlangen, ↗ Boidae), Amphibien (z. B. ↗ Alpensalamander), Fischen (z. B. Lebendgebärende Zahnkarpfen, ↗ Poeciliidae) und auch bei einigen Wirbellosen vor (z. B. manche ↗ Nematoda, ↗ Onychophora, ↗ Scorpiones und manche ↗ Insecta).

Viviparus, Schnecken-Gatt. der ↗ Mesogastropoda.

VLDL, Abk. für engl. *very low density lipoproteins*, ↗ Lipoproteine.

Vögel, ↗ Aves.

Vogelbeere, die ↗ Eberesche.

Vogelbestäubung, ↗ Bestäubungssymbiose.

Vogelblumen, Blüten, die von Vögeln bestäubt werden (↗ Vogelblütigkeit). Typische V. sind z. B. manche Hibiskus-Arten (↗ Malvaceae) oder Fuchsien (↗ Onagraceae).

Vogelblütigkeit, *Ornithogamie*, auf die Bestäubung durch Vögel (z. B. Nektarvögel, Kolibris (↗ Apodiformes)) eingerichtete Blüten, vorwiegend bei subtropischen und tropischen Pflanzen. Die Blüten öffnen sich meist tagsüber, sind derb, lebhaft rot oder bunt gefärbt, aber meist geruchlos, und haben oft eine hohe Nektarproduktion.

Vogelflug, die bei fast allen Vögeln vorhandene Fähigkeit zum aktiven Flug mit Hilfe der Vogelflügel. Die einfachsten Verhältnisse in der Flugmechanik des V. finden sich beim *Gleitflug* eines von einem höheren zu einem niedrigeren Punkt schwebenden Tieres, wobei nur potenzielle in kinetische Energie umgewandelt wird. Vortreibende Kraft ist eine in Richtung der Flugbahn weisende Komponente (K1) der Schwerkraft (G). Durch den Fahrtwind wird an den Flügeln ein Auftrieb (A) und eine Widerstandskraft (R) erzeugt mit der resultierenden Luftkraft (L), die im Kräftegleichgewicht mit G den Vogel auf eine geradlinig abwärts weisende Bahn bringen. Der *Segelflug* ist ein Spezialfall des Gleitflugs, bei dem sich der Vogel in aufwärts strömenden Luftmassen bewegt. Gleicht der Aufwind den Höhenverlust durch das Gleiten gerade aus, so segelt der Vogel horizontal dahin, überwiegt er, kann der Vogel sogar höher steigen.

Beim freien Flug oder *Schlagflug* müssen Auftriebs- und Vortriebskräfte vom Vogel selbst erzeugt werden. Der Flügelschlag umschließt eine von hinten oben nach vorn unten weisende Ellipse. Dabei führen die Handschwingen eine größere Bahn aus als der Arm. Zugleich ändert sich die Stellung des

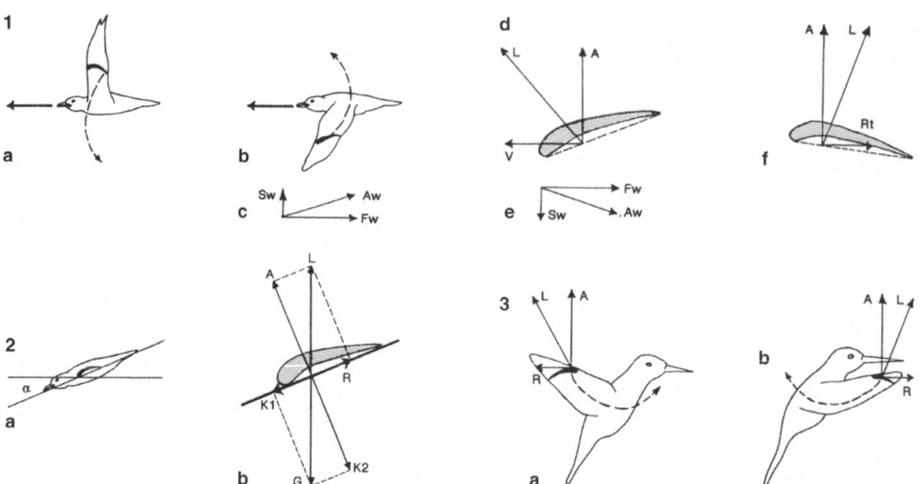

Vogelflug 1 Schlagflug. a Flügelstellung vor Beginn des Abschlags, b während des Aufschlags; die gestrichelten Pfeile geben die Schlagrichtungen an; c und e zeigen die Hautrichtungen der erzeugten Luftströmungen bei Ab- bzw. Aufschlag, d und f zeigen die bei Ab- bzw. Aufschlag wirksamen Kräfte (Kräfteparallelogramme). 2 Gleitflug. a Schema eines Vogels im Gleitflug auf einer Gleitbahn, die um den Winkel α von der Horizontalen abweicht, b Wirkungsschema der Kräfte. 3 Rüttelflug (Kolibri). a Bei Beginn der Abschlagsphase, b zu Beginn des Aufschlags (jeweils mit Kräfteparallelogramm)

Flügels. Beim Abschlag weist die Vorderkante nach schräg unten, beim Aufschlag nach schräg oben. Die Kräfteverteilung gestaltet sich etwas komplexer als beim Gleitflug. Durch den Flügelschlag wird ein zur Schlagrichtung entgegengesetzter Schlagwind (Sw) erzeugt. Gemeinsam mit dem Fahrtwind (Fw) ergibt er den kräftewirksamen Anblaswind (Aw). Durch die geänderte Flügelstellung beim Auf- und Abschlag kann dieser so angreifen, dass in beiden Schlagphasen Auftrieb (A) erzeugt wird. Vortrieb (V) entsteht nur beim Abschlag, der den Luftmassen einen nach hinten gerichteten Impuls verleiht. Der Aufschlag ruft einen deutlich kleineren Rücktrieb (Rt) hervor. Die Massenträgheit des Vogels ermöglicht dennoch einen gleichmäßigen Flug. Eine besondere Form des Schlagflugs ist der *Bogenflug*, bei dem mit einigen schnellen Flügelschlägen eine hohe Geschwindigkeit erzeugt wird, sodann die Flügel an den Körper gelegt werden und somit kein Auftrieb mehr erzeugt wird. Verringert sich die Geschwindigkeit durch den Luftwiderstand und die Flughöhe wird geringer, folgen erneute Flügelschläge. Aus dem Gesamtablauf resultiert eine bogenförmige Flugbahn.

Der *Rüttelflug* (Flug auf der Stelle) unterliegt bei Gegenwind derselben Flugmechanik wie der Schlagflug. Die Vortriebskomponente wird jedoch so gehalten, dass sie durch den Gegenwind gerade ausgeglichen wird (z. B. beim rüttelnden Falken). Beim Rüttelflug in unbewegter Luft muss der Auftrieb allein durch den Flügelschlag bewirkt werden, da der entsprechend wirksame Fahrtwind fehlt (z. B. beim Kolibri). Der Vogelkörper nimmt eine fast vertikale Haltung ein. Seine weit gespreizten

Flügel weisen beim Abschlag mit der Unterseite nach vorn unten, beim Aufschlag mit der Oberseite nach hinten unten. Sie wirken wie eine Luftschraube (vergleichbar dem Hubschrauber), wobei die durch Auf- und Abschlag hervorgerufenen rücktreibenden Kräfte sich gegenseitig aufheben und so einen Flug auf der Stelle ermöglichen.

Die Richtungssteuerung des V. ist in allen genannten Fällen durch eine Verschiebung der Kräfterelation (z. B. durch Änderung des Flugwinkels, des Widerstands oder der Flügelgröße) möglich.

Vogelkunde, *Ornithologie*, Teilgebiet der Zoologie, das sich mit der Biologie der Vögel befasst.

Vogelmiere, *Stellaria media*, *Hühnerdarm*, kosmopolitische, einjährige Art der ↗ Caryophyllaceae. V. wird oft als Frischfutter an Stubenvögel verfüttert.

Vogelnester, ↗ Tierbauten.

Vogelspinnen, die Fam. ↗ Theraphosidae.

Vogelzug, durch ein Zusammenwirken endogener Faktoren mit äußeren Zeitgebern kommt es zu einem genetisch manifestierten Abwandern (↗ Migration) vor saisonal ungeeigneten Lebensbedingungen im Winter in andere Gebiete. Die Entfernungen, die dabei zurückgelegt werden, können bis zu 9000 km in einer Zugrichtung betragen. Man unterscheidet die lange Strecken zurücklegenden *Zugvögel*, wie z. B. Schwalben (↗ Hirundinidae), Grasmücken (↗ Sylviidae), Fliegenschnäpper (↗ Muscicapidae) von den nicht ziehenden *Standvögeln*, wie z. B. Spechte (↗ Picidae), Baumläufer, Kleiber (↗ Sittidae) und den nur Kurzstrecken zurücklegenden *Strichvögeln*, so z. B. Stieglitz (↗ Fringillidae), Goldammer (↗ Emberizidae). Jedoch können Angehörige derselben Population und sogar Nestgeschwister beispielsweise von ↗ Buchfink oder ↗ Kohlmeise durchaus ein unterschiedliches Zugverhalten zeigen. Die Orientierung erfolgt in Form einer *Kompassorientierung* anhand des Sonnenkompasses, des Sternenkompasses und der Magnetfeldlinien der Erde. Bei letzterer ist die Wahrnehmung lichtabhängig, wobei die energiereichen Fotonen mit Makromolekülen der ↗ Fotorezeptoren reagieren. Unabhängig davon spielen wahrscheinlich auch Magnetitpartikel, die bei Wirbeltieren im Bereich von Nase und Augen gehäuft vorkommen, eine Rolle.

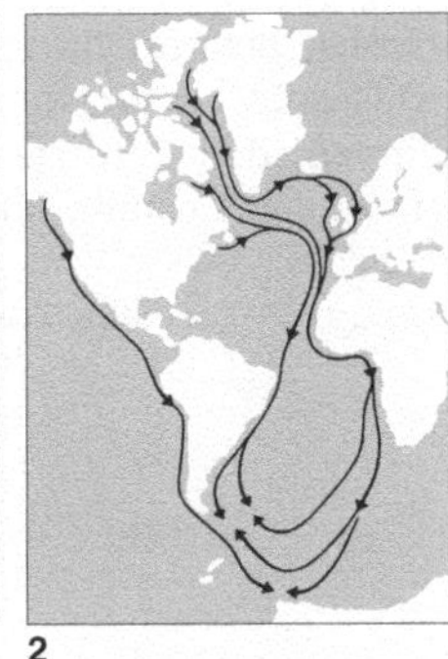

1   **2**

Vogelzug 1 Herbstwanderung des Weißstorchs (*Ciconia ciconia*). Störche, die in Frankreich und dem westlichen Deutschland nisten, wandern über Spanien, während diejenigen, die weiter im Osten nisten, das östliche Mittelmeer umfliegen. 2 Zugbahnen der Küstenseeschwalbe (*Sterna paradisaea*) von der Arktis bis zur Antarktis. Bemerkenswert ist, dass in der Arktis Nordamerikas brütende Küstenseeschwalben auf ihrer Herbstreise in die Antarktis den Atlantik überqueren

Als Anpassung an die veränderten Klimabedingungen konnte in den letzten Jahren ein verspäteter Wegzug v. a. bei Kurzstreckenziehern beobachtet werden und eine Tendenz zum Überwintern bei bisher typischen Teilziehern, bei denen jeweils nur einzelne Populationen oder Teile davon abwandern. Hierzu zählen ↗ Rotkehlchen, Star (↗ Sturnidae) oder Feldlerche (↗ Alaudidae).

Vollinsekt, *Vollkerf*, die ↗ Imago der Insekten.

Vollparasiten, ↗ Parasitismus.

Vollschmarotzer, ↗ Parasitismus.

Volterra-Gesetze, *Lotka-Volterra-Regeln*, auf drei grundlegenden Prinzipien beruhendes Schema der ↗ Populationsdynamik in einem aus zwei Arten bestehenden Räuber-Beute-System, ohne Berücksichtigung der auf beide einwirkenden Umweltfaktoren. Das *Gesetz des periodischen Zyklus* besagt, dass es periodisch bedingte Populationsschwankungen von Räuber und Beute gibt. Hierbei hängt die Periode von den Anfangsbedingungen und dem Koeffizienten der Zu- und Abnahme der ↗ Population ab. Das *Gesetz der Erhaltung der Mittelwerte*

postuliert konstante Mittelwerte der Populationsdichte beider Arten bei unveränderten Umweltbedingungen, wobei diese Mittelwerte von ihren Anfangsbedingungen unabhängig sind und das *Gesetz der Störung der Mittelwerte* besagt, dass bei einer prozentual gleichen Vernichtung der Individuen beider Populationen die Population der Beute schneller wächst als die der Räuber, da für die Räuber weniger Nahrung verfügbar ist.

Voltziales, ausgestorbene Ord. der ↗ Pinopsida.

Volventen, *Wickelkapsel*, Typ der ↗ Nematocysten der ↗ Cnidaria.

Volvocaceae, Fam. der Ord. ↗ Volvocales innerhalb der Klasse der ↗ Chlorophyceae. Kennzeichnend für die Fam. ist die Bildung von Kolonien, die einzelnen Zellen sind durch Gallerte oder sogar durch ↗ Plasmodesmen verbunden.

Volvocales, Ord. der ↗ Chlorophyceae. Die Ord. beinhaltet begeißelte Einzeller, wobei alle Übergänge von solitären Zellen bis hin zu Zellkolonien unterschiedlicher Differenzierung und zunehmender Polarität zu beobachten sind. Die vegetativen radiär-symmetrischen Zellen sind mit zwei, vier oder acht Geißeln ausgestattet. Neben der vegetativen Vermehrung durch ↗ Zoosporen kommt auch sexuelle Vermehrung vor. Auch hierbei gibt es verschiedene Entwicklungsstufen: von der ↗ Isogamie, bei der in diesem Fall die Gameten kopulieren oder sich aber unter entsprechenden Umständen auch vegetativ entwickeln können (z. B. bei *Chlamydomonas reinhardtii*), über die ↗ Anisogamie (z. B. bei *Chlamydomonas suboogama*) zur ↗ Oogamie mit unbegeißelten Eizellen (z. B. bei *Chlamydomonas oogamum*) bis hin zur Verschmelzung männlicher Gameten mit dem Oogon (z. B. bei *Chlamydomonas coccifera*). Zu den V. gehören die Fam. ↗ Chlamydomonaceae und ↗ Volvocaceae.

Volvox, innerhalb der ↗ Chlorophyceae zur Ord. der ↗ Volvocales gehörender Vertreter, der Zellkolonien in Form von Hohlkugeln aus bis zu 16000 Zellen bildet. Die Einzelzellen weisen einen hohen Differenzierungsgrad auf und die Kolonie eine ausgeprägte Polarität. Daher ist die V.-Kugel keine Kolonie i. e. S., sondern eher ein vielzelliges Individuum. (Abb. ↗ Chlorophyta)

Vomeronasalorgan, das ↗ Jacobson-Organ.

Vorderhirn, ↗ Gehirn.

Vorderkiemerschnecken, die ↗ Prosobranchia.

Vorhaut, ↗ Kitzler, ↗ Penis.

Vorhoftreppe, *Scala vestibuli*, ↗ Ohr.

Vorkern, ↗ Befruchtung.

Vormagen, zusammenfassende Bez. für die ersten drei Kammern des Magens der Wiederkäuer (↗ Ruminantia).

Vormenschen, Bez. für die Australopithecinen (↗ Australopithecus). ↗ Anthropogenese

Vormilch, das ↗ Kolostrum.

Vorniere, *Pronephros*, ↗ Niere.

Vorsteherdrüse, die ↗ Prostata.

Vorticella, *Glockentierchen*, Gatt. bewimperter ↗ Einzeller mit glockenförmigem Zellkörper, die mit einem Stiel an einer Unterlage festsitzen. Im Stiel befinden sich kontraktile Fibrillen (*Spasmoneme*), die ein schnelles Verkürzen des Stiels erlauben; bei V. bildet der zusammengezogene Stiel eine Schraube. Glockentierchen leben als Einzelindividuen, bilden aber oft Rasen auf Holz, Pflanzen oder Tieren bzw. deren Gehäusen. Bei hoher Individuenzahl bilden sie auf Steinen und Pflanzen einen schleimigen, grauen Überzug. Sie sind Bakterienfresser. Manche Arten bewohnen nur saubere Gewässer (z. B. *V. similis*), andere kommen sogar in Abwasserkanälen oder Kläranlagen (*V. convallaria*) vor. (↗ Ciliata)

Vries, *Hugo* de, niederländ. Botaniker und Genetiker, ✳ 16.2.1848 Haarlem, † 21.5.1935 Lunteren; 1878-1918 Prof. in Amsterdam. Von de V. stammen bedeutende pflanzenphysiologische und genetische Arbeiten. Zusammen mit C.E. ↗ Correns und E. ↗ Tschermak ist de V. der Wiederentdecker der von G. ↗ Mendel aufgestellten ↗ Mendel-Regeln (um 1900). Um 1903 begründete er die Mutationstheorie für Pflanzen und prägte 1901 die Bez. ↗ Atavismus. De V. deutete die von C.R. ↗ Darwin in seiner Pangenesistheorie eingeführten Pangene als Erbanlagenträger, die in den Keimzellen von vorneherein vorhanden sein sollen. Seine Untersuchungen über ↗ Osmose und ↗ Plasmolyse der Zelle (er prägte die Begriffe „Turgor" und „Plasmolyse") waren für die Zellphysiologie grundlegend.

Vulpes, die Gatt. Echte ↗ Füchse.

Vulva, *Pubes*, Bez. für die gesamten weiblichen äußeren ↗ Geschlechtsorgane. Die V. umfasst die ↗ Schamlippen, den ↗ Kitzler und den ↗ Scheidenvorhof mit den Ausmündung der ↗ Vagina und der Harnröhre.

VZV, Abk. für ↗ Varizella-Zoster-Virus.

W, Ein-Buchstaben-Symbol der Aminosäure ↗ Tryptophan.

Wabe, *Bienenwabe*, bei Bienen (↗ Honigbiene) aus körpereigenem Wachs (*Bienenwachs*) gefertigter, aus sechseckigen Zellen betehender Bau zur Speicherung von ↗ Honig und ↗ Pollen und für die Aufzucht der Brut.

Wachheit, ↗ Vigilanz.

Wacholder, *Juniperus*, Gatt. der ↗ Cupressaceae mit nadel- oder schuppenförmigen Blättern und beerenartigen Zapfen, die aus mehreren verwachsenen Schuppen gebildet sind. Die Bäume oder Sträucher sind meist zweihäusig (↗ Diözie). Einheimische Arten sind der Gemeine W., *Juniperus communis* (Abb. siehe Cupressaceae), dessen Beerenzapfen zur Schnapsherstellung und als Gewürz verwendet werden (Wacholderbeeren) und der Sadebaum, *Juniperus sabina*, ein häufig angepflanztes Ziergehölz.

Wacholderdrossel, Art der Drosseln (↗ Turdidae).

Wachse, wasserunlösliche ↗ Ester langkettiger aliphatischer ↗ Fettsäuren mit ebenfalls langkettigen aliphatischen oder zyklischen Alkoholen (↗ Alkohole). Sie dienen in erster Linie der Verminderung der Wasserdampfabgabe und sind zusammen mit dem ↗ Cutin Hauptbestandteile der ↗ Cuticula. Durch die Cuticula hindurch können auch Wachse abgeschieden werden, die auf der Oberfläche haften bleiben. Häufig treten diese Wachsablagerungen als weißlicher Reif in Erscheinung, z. B. bei Rotkraut oder Weintrauben. W. besitzen Kristallstruktur; man kann Körnchen, gerade oder gekrümmte Stäbchen, Röhrchen und viele andere Formen finden. Dabei besteht ein enger Zusammenhang zwischen Form und chemischer Zusammensetzung der W., was sich aus der Selbstorganisation in Abhängigkeit molekularer Parameter erklären lässt. Sie spielen für die Benetzbarkeit der Blätter eine wesentliche Rolle. Auch für die Schädlingsbekämpfung sind sie von großem Interesse, da Spritz- und Stäubemittel chemisch so gestaltet sein müssen, dass sie auf diesen Substanzen haften können. Teilweise ist hierzu der Zusatz von Haft- und Netzmitteln notwendig.

Bei Tieren dienen die W. wegen ihrer Wasser abweisenden Wirkung zum Einfetten der Haut und des Gefieders. Bienen verwenden W. als Bausubstanz für die Waben. Bekannte tierische W. sind Walrat (↗ Physeteridae), Schellackwachs (↗ Schellack), Bienenwachs und Wollwachs (Lanolin).

Wachsrose, Art der ↗ Actiniaria.

Wachstum, Bez. für die Vermehrung der Gesamtmasse individueller Strukturen auf den Organisationsebenen von Zellorganellen, Zellen, Geweben, Organen und Gesamtorganismen, aber auch der ↗ Biomasse auf der Ebene von Populationen (*Populationswachstum*; z. B. ↗ mikrobielles Wachstum). W. ist eine an das ↗ Leben unabdingbar gekoppelte Eigenschaft. ↗ Vermehrung und ↗ Fortpflanzung nahezu aller Lebewesen werden damit überhaupt erst möglich. Als W. wird aber auch die Längenzunahme von biologischen Strukturen und Gesamtorganismen (*Längen-W., Streckungs-W.*) bezeichnet, die nicht mit einer Biomassenzunahme gekoppelt sein muss. I. d. R. liegen der Massenzunahme ein Zell-W. und eine Zellvermehrung durch Zellteilung (↗ Cytokinese) zugrunde. Dazu müssen aus stetig aufgenommener Nahrung (↗ Ernährung) zell- und körpereigene Stoffe aufgebaut werden (↗ Stoffwechsel) bzw. aus aufgenommenen Mineralstoffen mit Hilfe von ↗ Chemosynthese und ↗ Fotosynthese solche synthetisiert werden. Die Masse extrazellulärer Substanzen (z. B. Zellwände, Knochen) wird durch gesteigerte Synthese und Sekretion der Baustoffe vermehrt. Ein Zellstreckungs-W., das hauptsächlich durch eine zeitlich begrenzte Erhöhung der plastischen Verformbarkeit der ↗ Zellwand und durch osmotische Aufnahme großer Wassermengen (↗ Wasseraufnahme) in die ↗ Vakuole verursacht wird, bedingt das oft sehr schnelle Längen-W. pflanzlicher Organismenteile. Das W. einer Einzelzelle ist bereits ein hochkomplexer Vorgang. Bei vielzelligen Organismen muss darüber hinaus das W. der einzelnen Zellen mit demjenigen der anderen räumlich und zeitlich koordiniert werden. Dies geschieht durch hormonelle Kontrolle der Wachstumsaktivitäten der verschiedenen Zellen und/oder durch Kontaktinhibition der Zellteilung. Darüber hinaus ist bei den Vielzellern das W. stets mit Vorgängen der Differenzierung eng verflochten.

Entsprechend den großen Unterschieden in den Bauplänen zwischen den ortsfesten ↗ Pflanzen mit ihrer in den umgebenden Raum hineingreifenden, offenen Gestalt und den im umgebenden Raum umherstreifenden ↗ Tieren mit ihrem kompakten, nach innen hoch differenzierten, nach außen scharf abgegrenzten, geschlossenen Körperbau unterscheidet sich das W. bei Pflanzen und Tieren in wesentlichen Punkten. So behält die *Pflanze* als offene Form an ihrem Vegetationskörper dauernd gewisse begrenzte Bezirke embryonalen Gewebes bei und differenziert nur den Rest aus (Apikalmeristem, ↗ Meristem). Sie ist daher nie, bis auf spezielle Ausnahmen, völlig ausgewachsen, sondern stets in der Lage, unter gegebenen Umständen neu auszutreiben und neue Teile zu gestalten. Aus dem sich dabei stetig vergrößernden Kronenbereich der Landpflanzen ergibt sich die Notwendigkeit, durch ein ↗ Dickenwachstum der die Krone tragenden Sprossachsen dem Bedarf nach vermehrter Leitkapazität und vermehrten Stützelementen nachzukommen. Die das pflanzliche W. steuernden Phytohormone oder Wuchsstoffe (↗ Auxine, ↗ Gibberelline, ↗ Cytokinine) können wegen Fehlens eines Kreislaufsystems nur durch polaren Transport im Vegetationskörper verteilt werden. Wie oben bereits erwähnt, erfolgt die Längenzunahme pflanzlicher Teile vor allem durch Zellstreckungs-W. Wegen des Besitzes einer festen Zellwand kann die Pflanze notwendige Bewegungen, wie z. B. ↗ Rankenbewegungen, Umlaufbewegungen (↗ Nutation), Öffnen und Schließen von Blüten, Nachstellen von Blättern und Blüten entsprechend dem Sonnenstand, nur durch Wachstumsbewegungen (d. h. unterschiedlich starkes Streckungs-W. entsprechender Organseiten) ausführen.

Das W. der *Tiere* beruht auf Zellvermehrung und damit plasmatischem W. und z. T. auf Sekretionsvorgängen bei der Vergrößerung des Skeletts (Hydroskelett, Außenskelett, knorpeliges oder knöchernes Innenskelett). Dadurch erfolgt tierisches W. im Vergleich zum pflanzlichen W. langsam und ist zudem zeitlich begrenzt. Es endet häufig mit dem Eintritt in das Erwachsenenstadium und in die ↗ Geschlechtsreife oder verlangsamt sich dann zumindest sehr stark. Während Vögel, Säuger, Insekten und Spinnen mit dem Erreichen des Adultstadiums zu wachsen aufhören, können eine Reihe von Vertretern der Fische, Amphibien und Reptilien sowie der Wirbellosen während der gesamten Lebensspanne noch wachsen, aber dann nur noch stark verlangsamt. Beim kompakten Bau der Tiere vergrößert sich die Masse und damit das Gewicht und das Volumen während des W. schneller als die Oberfläche (erstere wachsen mit der dritten Potenz, letztere wächst mit der zweiten Potenz des Radius), sodass die tierischen Organismen bedeutend mehr als die Pflanzen ↗ allometrisches Wachstum zeigen, d. h., dass sich während der Wachstumsphase die Wachstumsraten einzelner Teile gegeneinander verändern. Tiere mit Außenskelett (↗ Exoskelett) wachsen, äußerlich gesehen, in Schüben, indem nach Abwurf des alten Außenskeletts das noch weiche, neue vor der Erhärtung durch Wasser- oder Luftaufnahme gedehnt wird und diese Volumenzunahme durch plasmatisches W. dann allmählich durch Körpersubstanz ersetzt wird (↗ Häutung). Aber auch sonst erfolgt das tierische W. des Gesamtorganismus nicht linear mit der Zeit. Bei den Säugern und den Tieren mit dotterreichen Eiern trifft man ein schnelleres embryonales W. an, dem ein langsameres postembryonales W. folgt. Bei einer Vielzahl von Tierarten wird das

W. als Massenzunahme von einem verhältnismäßig einfach organisierten Larvenstadium ausgeführt. In einer ↗ Metamorphose werden dann erst viele Strukturen der geschlechtsreifen und viel komplexer gestalteten Adultform durch Wachstumsvorgänge und Differenzierung, oft auf Kosten larvaler Strukturen, ausgebildet. Bei Tieren wird das W. ebenfalls durch ↗ Hormone gesteuert, die aber durch ein Kreislaufsystem zu den Zielgeweben und -organen transportiert werden. Je nach Tierstamm sind es verschiedene Stoffe (u. a. ↗ somatotropes Hormon, ↗ Thyroxin).

Für Tier und Pflanze ist wiederum gemeinsam, dass der einzelne Wachstumsvorgang der Zellen (sowohl plasmatisches wie Streckungs-W.) und damit der von ihnen aufgebauten Teile nicht linear mit der Zeit erfolgt, sondern, unabhängig davon, welcher Parameter vermessen wird, in der graphischen Darstellung gegen die Zeit einen sigmoiden Kurvenverlauf zeigt (*Wachstumskurve*), d. h. es nimmt zunächst beständig zu, verlangsamt sich dann und kommt ganz allmählich zum Stillstand (bei Pflanzen nicht absolut, s. o.). Der Ablauf des W. ist bei allen Organismen von vielen Erbanlagen abhängig. Daher sind Größe und Gestalt der Körper artspezifisch. Diese genetische Fixierung der Körpergröße und -gestalt ist nur als Vorgabe einer Reaktionsbreite zu verstehen, innerhalb derer aber Ernährungsqualität und Temperatur die Körpergröße (bei Poikilothermen) mitbestimmen. Fehler im Hormonhaushalt können zu anormalem Wachstum führen (↗ Gigaswuchs, ↗ Riesenwuchs, ↗ Zwergwuchs).

Phänomene wie ↗ Wundheilung und ↗ Regeneration sind immer mit einem Wiederaufleben von Wachstumsvorgängen verbunden. Je komplexer ein pflanzlicher oder tierischer Organismus differenziert ist, mit um so größerer Wahrscheinlichkeit werden mit zunehmendem Alter in einzelnen Zellen die Gene für Zellteilung und plasmatisches W. wieder aktiv. Es kommt zu einem entarteten und letztendlich den Organismus zerstörenden W. (↗ Krebs), das allerdings auch durch spezifische ↗ Viren (↗ Tumorviren) und ↗ Bakterien sowie durch Umweltgifte ausgelöst werden kann. (↗ Akzeleration, ↗ Wachstumsfaktoren)

Wachstumsbewegungen, ↗ Nutation.

Wachstumsfaktoren, Substanzen, die Wachstums- und Entwicklungsprozesse kontrollieren und für diese erforderlich sind. Bei *Pflanzen* können ↗ Nährelemente und ↗ Phytohormone als W. wirken. I. w. S. können bei ihnen auch physikalische Faktoren wie Licht, Temperatur und relative Luftfeuchtigkeit zu den W. gezählt werden. Bei *Tieren* handelt es sich bei W. um Signalmoleküle, die wie auch ↗ Hormone Wachstums- und Entwicklungsprozesse kontrollieren. Beispiele für tierische W.

wie der *EGF (epidermal growth factor)* und der *FGF (fibroblast growth factor)* binden an Rezeptoren, die als Tyrosin-Protein-Kinasen wirken, wohingegen der *TGF-β (transforming growth factor β)* an Serin/Theronin-Protein-Kinasen bindet. In beiden Fällen erfolgt die Wirkung dieser W. durch intrazelluläre Proteinphosphorylierungen.

Wachstumshormon, ↗ somatotropes Hormon.

Wachstumskegel, bewegliche Struktur an der Spitze eines wachsenden Axons in der frühen Phase der Differenzierung eines ↗ Neurons.

Wachstumsperiode, die ↗ Vegetationsperiode.

Wachstumsrate, 1) der Zuwachs eines Körpergewebes oder des Gesamtkörpers eines Individuums in einer bestimmten Zeiteinheit als Ergebnis der erblich bedingten Wachstumsintensität und der Ernährung sowie anderer Umweltbedingungen. (↗ Wachstum)

2) Die Geschwindigkeit des Wachstums einer ↗ Population.

Wachstumsregulatoren, Sammelbegriff für natürliche (↗ Phytohormone) und zahlreiche synthetische Verbindungen, die das Pflanzenwachstum kontrollieren. Neben wachstumsfördernden Substanzen zählen als W. auch *Wachstumsinhibitoren*, bei denen es sich vielfach um Hemmstoffe der Phytohormonsynthese handelt, und *Wachstumsretardantien*, die z. B. das Halmwachstum von Gräsern verlangsamen. Eine Reihe von ↗ Herbiziden wirkt ebenfalls als Wachstumsregulatoren.

Wachstumszonen, Meristemreste (↗ Meristeme) in Form begrenzter Zellschichten, -gruppen oder -stränge, die ihre Teilungsfähigkeit beibehalten. Das Zellwachstum läuft in drei Stufen ab: Zellteilung, Zellvergrößerung und Differenzierung. Dies führt zu einer Gliederung der Spitzenregion wachsender Organe in eine *Zellteilungs-, Streckungs-* und *Differenzierungszone*. Diese Zonen sind jedoch nicht scharf voneinander getrennt, sondern überlappen sich gegenseitig. Bei den ↗ Wurzeln sind sie klarer erkennbar als bei den Sprossachsen (↗ Spross).

Wachtel, Art der Fasanenvögel (↗ Phasianidae).

Wachtelkönig, Art der Rallen (↗ Rallidae).

Wadenbein, *Fibula*, einer der Unterschenkelknochen (↗ Extremitäten).

Waffenfliegen, die Fam. ↗ Stratiomyidae.

Wahrnehmung, bewusstes Erkennen eines Objekts oder Sachverhalts durch Sinnesempfindungen und begriffliche Einordnung in die innere Repräsentation der Welt, in diesem Sinne eine einheitliche Leistung aus Sinnesmeldung und einsichtiger Verarbeitung im Zentralnervensystem. Die W. wird beim Menschen von den so genannten „nur vergegenwärtigenden" Denkakten (Erinnerung, Erwartung, Vorstellung, Phantasie) unterschieden, die nicht auf aktuellen Sinnesempfindungen beru-

hen. Der übliche Wortgebrauch ist an die Funktion des menschlichen Bewusstseins gebunden und lässt sich nicht ohne weiteres auf Tiere übertragen, wo W. in einem eingeengten Sinn oft als Sinnes-W. (synonym mit Reizaufnahme) verstanden wird.

Wald, ein ↗ Ökosystem, das geprägt ist durch eine mehr oder weniger geschlossene Baumformation, die groß genug ist, um einen typischen Bodenzustand entstehen zu lassen und ein charakteristisches *Waldinnenklima* auszubilden. Dieses zeichnet sich im Vergleich zum *Freilandklima* durch eine höhere relative Luftfeuchtigkeit, geringere Lichtintensität, geringere Windgeschwindigkeiten und geringere Niederschläge aus, weil ein Teil davon durch das *Kronendach* abgefangen wird und den Waldboden nicht erreicht. Alle diese Faktoren beeinflussen die Artenzusammensetzung des Waldökosystems, das einen typischen Aufbau in mehrere Schichten zeigt. Zuunterst liegt die *Boden-* und *Strauchschicht*, ihr folgen die *Kraut-* und *Strauchschicht*, die von der *Baumschicht* übergipfelt wird. In einem dicht stehenden Baumbestand ist der mangelnde Lichteinfall der am meisten limitierende Faktor. Spezielle Anpassungen zeigen die *Frühlingsgeophyten* (↗ Geophyten), deren ↗ Vegetationszeit vor der Belaubung der Bäume beginnt. An der Grenze des W. zum Freiland entsteht eine typische Vegetation des *Waldrandes* aus Sträuchern und Kräutern (s. Abbildungen auf den Seiten 319 und 320).

Der größte Teil aller terrestrischen Flächen wird von W. bewachsen, wobei die bewaldeten Flächen vor Eingriff des Menschen noch wesentlich umfangreicher waren. Vielfach entstanden heute kultivierte Gebiete durch Abholzung riesiger W.-Flächen. Die verbliebenen W. werden auch zur Energie- und Rohstoffgewinnung in immer größerem Umfang genutzt. Allein in den Tropen werden jährlich rund 16 Mio. Hektar Wald durch Abholzung oder Brandrodung (↗ Rodung) vernichtet. Dies ist nicht nur im Hinblick auf die Zerstörung des Lebensraumes vieler dort lebender Tier- und Pflanzenarten problematisch, sondern auch wegen der zunehmenden Bodenerosion entwaldeter Flächen und der Beeinflussung des weltweiten Klimas. Man unterscheidet den ursprünglich gebliebenen ↗ Urwald, den vom Menschen forstwirtschaftlich genutzten ↗ Wirtschaftswald und den künstlich angelegten *Kulturforst*. Aufgrund der jeweils herrschenden klimatischen Faktoren sowie der unterschiedlichen Bodenbeschaffenheit haben sich – angelehnt an die Klimazonen – verschiedene W.-Formationen herausgebildet. Hierzu zählen der ↗ boreale Nadelwald, die sommergrünen Laubwälder (↗ sommergrüner Laubwald), unter den *regengrünen Wäldern* u. a. der ↗ Monsunwald, die *immergrünen Wälder*, zu denen beispielsweise die *Hartlaubwälder* der Mit-

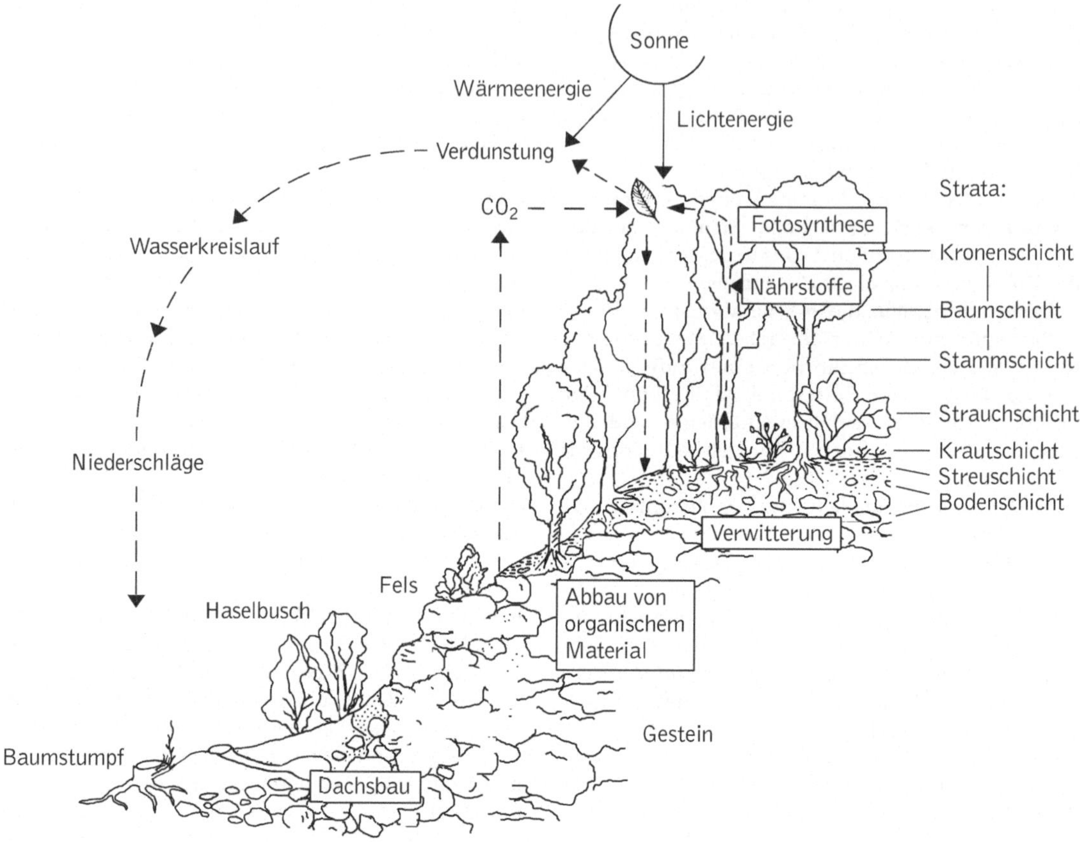

Wald Aufbau eines Waldökosystems am Beispiel eines Buchenwaldes mit Angabe von Stoffkreisläufen und Energiefluss (Ausschnitte)

telmeerregion zählen (↗ Hartlaubzone), und Formen des ↗ Regenwalds wie der ↗ tropische Regenwald.

Waldböcke, die ↗ Tragelaphinae.

Waldeidechse, Art der Eidechsen (↗ Lacertidae).

Waldgrenze, Linie, die im Gegensatz zur ↗ Baumgrenze das äußerste Vorkommen geschlossener Baumverbände bezeichnet. Es gibt sowohl eine *polare* W. als auch eine *montane* oder *alpine* Höhengrenze im Gebirge. Beide sind bedingt durch die mangelnde Stoffproduktion in der kurzen ↗ Vegetationsperiode.

Waldkauz, Art der Eulenvögel (↗ Strigiformes).

Waldmaus, Art der Echten Mäuse (↗ Muridae).

Waldmeister, *Galium odoratum*, zur Fam. ↗ Rubiaceae gehörende, in Laubwäldern verbreitete krautige, einjährige Pflanze mit sechs bis neun quirlig angeordneten lanzettlichen Blättern. W. wird wegen seines hohen Cumarin-Gehalts häufig als Aromamittel verwendet.

Waldrebe, *Clematis*, kosmopolitische Gatt. der ↗ Ranunculaceae. Es handelt sich um sommer- oder immergrüne meist kletternde Sträucher, auf-

rechte Halbsträucher oder Stauden. Häufigste einheimische Arten sind die Gemeine W., *Clematis vitalba*, und die Alpen-W., *Clematis alpina*.

Waldschnepfe, Art der Schnepfenvögel (↗ Scolopacidae).

Waldsteppe, Vegetationsform im Grenzbereich zwischen sommergrüner Laubwaldregion (↗ sommergrüner Laubwald) und ↗ Steppe, bei der auf kleinem Raum einzelne, inselartige Waldflächen von Steppenvegetation umgeben sind.

Waldsterben, seit Mitte der 1970er-Jahre verstärkt auftetendes großflächiges Phänomen in den industrialisierten Ländern der Nordhemisphäre, gekennzeichnet durch eine erhebliche Schädigung an Nadel- und Laubbäumen, die teilweise zum Absterben der Bäume führt. Die Schäden gehen dabei offensichtlich nicht von Schädlingen oder außergewöhnlichen Witterungsbedingungen aus, als Ursache sieht man vielmehr die Belastung mit Luft verunreinigenden Stoffen (↗ Luftschadstoffe) an, da es besonders im Umkreis von Industrieansammlungen mit unzureichenden Umweltschutzmaßnahmen zur Schädi-

Wald   Schematischer Aufbau der unterschiedlichen Waldlandschaften auf der Erde. **1** Tropischer Regenwald, **2** regengrüne Wälder der Tropen, **3** Trockengehölze tropischer Savannen, **4** temperierter Regenwald, **5** subtropische Lorbeerwälder, **6** Hartlaubwälder, **7** sommergrüner Laubwald, **8** borealer Nadelwald

gung kommt. Hiervon sind in erster Linie osteuropäische Länder betroffen, aber auch Portugal und Großbritannien. In Deutschland verzeichnet man die größten Waldschäden in Thüringen und Mecklenburg-Vorpommern. Hier sind teilweise über 50 % des Baumbestandes mittelstark bis stark geschädigt. In den 1970er-Jahren waren zunächst nur Nadelbäume wie die ↗ Tanne, später auch ↗ Fichte und ↗ Kiefer betroffen. Zeitlich verzögert fielen auch bei Laubbäumen wie Buche und Eiche vergleichbare Schäden auf. Diese zeigen sich in einer Vergilbung der Nadeln bzw. Blätter und anschließendem Blattverlust. Es hat sich gezeigt, dass selbst bei einer mittelstarken bis starken Schädigung unter günstigen Bedingungen eine Revitalisierung der Bäume möglich ist. In der *Waldschadensforschung* konnte man in den vergangenen Jahren große Fortschritte erzielen und verschiedenartige Ursachen ausmachen, die größtenteils in Kombination zu den Schäden beitragen. Der *Dürrestress* niederschlagsarmer Jahre beeinflusst viele Lebensvorgänge im Wald und kann unter Umständen die Wirkung anderer Faktoren verstärken. Entsprechendes gilt für Kältejahre mit winterlichen Temperaturstürzen, die starke lokale Auswirkungen haben können. Besonders in Gebieten, in denen die Bäume durch sauren Regen (↗ saurer Regen) vorgeschädigt sind, ist die *Frostempfindlichkeit* der Bäume erheblich gesteigert. Pilze scheinen an der Schädigung vieler Bäume maßgeblich beteiligt zu sein, eine epidemische Ausbreitung von Viren, Mykoplasmen und Bakterien (↗ Pflanzenkrankheiten) konnte jedoch nicht gefunden werden. Für einen Pilzbefall sind bereits durch andere Faktoren geschwächte Bäume besonders anfällig. Dies gilt ebenso für Schwächeparasiten wie die Borkenkäfer (Fam. ↗ Scolytidae). Neben dem sauren Regen trägt auch die Anpflanzung von Nadelbaum-Monokulturen zur Versauerung des Bodens bei und leistet damit den Waldschäden Vorschub. In erster Linie aber sind als ursächliche Schädiger Substanzen auszumachen, die mit der industriellen Entwicklung in immer größerem Umfang die Luft belasten. Hierzu zählen ↗ Schwefeldioxid (SO_2), die starke Säuren bildenden ↗ Stickstoffoxide, ↗ Fotooxidantien, ↗ Schwermetalle und flüchtige organische ↗ Schadstoffe wie chlorierte ↗ Kohlenwasserstoffe, *Phenole* und ↗ Aldehyde. Der zunehmende Dauerstress durch Luftschadstoffe und die übermäßigen Säure- und Stickstoffeinträge führen in Kombination mit den natürlich auftretenden Stressfaktoren zu einer erhöhten Belastung der Bäume. Nur durch eine drastische Reduzierung der industriellen Emissionen kann eine weitere Zunahme des W. vermieden werden.

Waldweide, vor allem im Mittelalter übliche Form der Weidewirtschaft, bei der das Vieh zum Weiden in den Wald getrieben wurde. Durch Verbissschäden trug die in großem Umfang betriebene W. wesentlich zur Entwaldung bei.

Wale, die ↗ Cetacea.

Walhaie, die Fam. ↗ Rhincodontidae.

Wallabys, i. w. S. sämtliche, nicht der Gatt. Macropus (Riesenkängurus, ↗ Macropodidae) angehörenden Kängurus; i. e. S. die Gattung *Wallabia* mit etwa elf Arten.

Wallace, *Alfred Russel*, brit. Zoologe und Botaniker, * 8.1.1823 Usk (Monmouthshire), † 7.11.1913 Broadstone bei Bournemouth. W. ist Begründer der ↗ Tiergeografie. Auf zahlreichen Reisen untersuchte er die geografische Verbreitung von Tiergruppen. 1876 nahm er eine Einteilung der Erde in tiergeografische Zonen vor (nach ihm sind die ↗ Wallacea und die *Wallace-Linie* benannt). Unabhängig von C.R. ↗ Darwin entdeckte er die Veränderlichkeit und die Entstehung neuer Arten und regte durch seine Schrift „On the Tendency of Varieties to Depart Indefinitely from the Original Type" (1858) Darwin zur Veröffentlichung seines Buches über die Entstehung der Arten an. 1889 führte er die Bez. „Darwinismus" für die von Darwin entwickelte Evolutionstheorie ein.

Wallacea, *indoaustralisches Zwischengebiet*, in der ↗ Tiergeografie abgegrenztes Gebiet von Inseln, das die orientalische von der australischen Region trennt und durch eine starke Verarmung der Fauna mit unterschiedlich starker Durchmischung orientalischer und australischer Tiere gekennzeichnet ist, wobei die orientalische Tierwelt den größeren Anteil stellt. Die W. wird im Westen von der *Wallace-Linie* begrenzt, die in Nord-Süd-Richtung zwischen Borneo und Celebes sowie zwischen Bali und Lombok verläuft und im Osten von der *Lydekker-Linie*, die vor der Westküste Neuguineas verläuft. Der Verlauf der dazwischen liegenden *Weber-Linie* zeigt das Gleichgewicht zwischen orientalischer und australischer Wirbeltierfauna an und spiegelt die erfolgreichere Besiedlung der Wallacea durch orientalische Tiere wider. Sie verläuft westlich der Molukken und östlich von Timor.

Wallace-Linie, ↗ Wallacea.

Waller, der ↗ Europäische Wels.

Wallpapillen, ↗ Zunge.

Walnuss, *Juglans regia*, aus Südosteuropa stammender, bis 25 m hoher, sommergrüner Baum der ↗ Juglandaceae. Die Blätter sind aus drei bis vier Fiederpaaren zusammengesetzt. Bei den einhäusigen (↗ Einhäusigkeit) Pflanzen stehen die männlichen Blüten in Kätzchen, die weiblichen in Ähren (↗ Blütenstand). Die einsamigen ölreichen

Nussfrüchte (↗ Frucht) werden gegessen oder das Öl daraus gewonnen. Der W.-Baum ist auch ein wertvoller Holzlieferant.

Walnussgewächse, die Fam. ↗ Juglandaceae.

Walrosse, die Fam. ↗ Odobenidae.

Walzenspinnen, die ↗ Solifugae.

Wandelndes Blatt, Art der Gespenstheuschrecken (↗ Phasmatodea).

Wanderfalke, Art der Falken (↗ Falconidae).

Wanderfeldbau, vorwiegend in den Tropen praktizierte Form des Ackerbaus, bei dem das Land durch ↗ Brandrodung urbar gemacht und wegen des geringen Nährstoffgehalts des Bodens nur wenige Jahre genutzt wird. Nach Aufkommen einer Sekundärvegetation (↗ Sekundärwald) und Regeneration des Bodens wird das Land erneut kultiviert.

Wanderfisch, Fisch, in dessen Lebenszyklus eine Phase der Wanderung zwischen dem Ort des Aufwachsens und des Ablaichens stattfindet. Man unterscheidet *ozeanodrome* großräumige Wanderungen innerhalb des Meeres, *potamodrome* Wanderungen im Süßwasser und *diadrome* Wanderungen zwischen Meer und Süßwasser. Hierbei unterteilt man je nach Wanderungsrichtung zur Fortpflanzung *anadrome* Wanderungen aus dem Meer ins Süßwasser, dies ist z. B. beim ↗ Lachs der Fall und *katadrome* Wanderungen vom Süßwasser ins Meer, wie es bei Aalen (↗ Anguilliformes, ↗ Flussaal) vorkommt.

Wanderheuschrecken, Bez. für mehrere Arten der Kurzfühlerschrecken (↗ Caelifera), die im Gegensatz zu anderen Feldheuschrecken einen ausgeprägten Phasenpolyphänismus zeigen, indem sie sich, bedingt durch verschiedene Faktoren, von einer Einzelphase (solitäre Phase, *Solitaria-Phase*) zu einer sozialen Schwarmphase (gregäre Phase, *Gregaria-Phase*) entwickeln. Eine dritte intermediäre Phase (*phase transiens*) ist durch Merkmale der beiden Extremphasen gekennzeichnet. Der mit einer Massenvermehrung verbundene Umwandlungsprozess zur Schwarmphase ist zunächst noch nicht mit einem Wechsel des Lebensraums der Heuschrecken verbunden. Erst nach Erreichen einer kritischen Populationsdichte bilden sich die eigentlichen Schwärme der Wanderheuschrecken. Ausschlaggebende Faktoren für eine Konzentrierung solitärer Insekten aller Stadien sind u. a. die unregelmäßige Verteilung von Futterquellen, lokale Regengüsse und Windströmungen. Die Schwarmbildung verläuft in drei Etappen, die sich meist überlappen:

1) Im *Konzentrierungsprozess* fliegen solitäre Heuschrecken einzeln bei Nacht in geringer Höhe und gegen den Wind auf der Suche nach Nahrung und landen auf Gelände mit Vegetation. Bei fortschreitender Reifung nimmt die Paarungsaktivität zu, und als erste Anzeichen von gregärem Verhalten

werden kurze Tagflüge beobachtet. Die Weibchen suchen nach Eiablageplätzen und prüfen den Feuchtigkeitsgrad des Substrats durch wiederholtes Einbohren des Hinterleibs, da die abgelegten Eier für die Embryonalentwicklung Wasser von dort absorbieren müssen. Optische und olfaktorische Reize veranlassen die Weibchen in Gruppen abzulegen. Ein Weibchen produziert binnen vier Wochen bis zu drei Gelege mit durchschnittlich je 115 Eiern. 2) Im *Multiplikationsprozess* schlüpfen die Nymphen zwei bis drei Wochen später; häufiger Kontakt fördert die Gregarisierung der Nymphen, im Laufe der Jugendentwicklung formieren sie sich zu riesigen Horden, deren Verhalten weitgehend synchronisiert ist: sie fressen, ruhen in der Mittagshitze und marschieren zusammen scheinbar zielgerichtet. 3) Im *Gregarisierungsprozess* häuten sich die Nymphen zu geflügelten Heuschrecken und bilden kohärente Schwärme. Völlige Gregarisierung tritt jedoch erst nach zwei bis drei Generationen ein. Voraussetzung für die dafür notwendigen günstigen Brutbedingungen sind Niederschläge entlang eines barometrischen Tiefdruckgürtels. In diese so genannte intertropische Konvergenzzone strömen die Winde aus den nördlichen und südlichen Hochdruckzonen, die Luft steigt nach oben und kühlt sich ab. Dabei kondensiert die Luftfeuchtigkeit, es kommt zur Wolkenbildung, und Regenfälle sind die Folge. Gemäß der *Heuschrecken-Wetter-Hypothese* konzentrieren sich die Schwärme in dieser Zone, indem sie von den Winden unaufhaltsam und passiv dorthin transportiert werden. Obwohl die Heuschrecken aktive und ausdauernde Flieger sind und innerhalb eines Schwarms in alle Richtungen fliegen, bewahrt ein Schwarm seine Kontur durch einen Randeffekt, wonach die Heuschrecken an der Peripherie stets in Richtung zum Schwarmzentrum fliegen. Die intertropische Konvergenzzone erstreckt sich west-östlich vom Atlantik über Afrika, Arabien bis nach Pakistan und Westindien und fluktuiert nord-südlich mit den Jahreszeiten. Die Heuschreckenschwärme folgen genau dieser Verschiebung. Schwärme fliegen – vom Wind geschoben – tagsüber bis zu 200 km weit und landen abends bei abnehmenden Temperaturen zur Nahrungssuche. Auf diese Weise legen sie Strecken von mehreren Tausend Kilometern zurück; zum Teil bilden sich Schwärme von gewaltigen Ausmaßen: Eine Heuschreckenplage 1954 in Kenia umfasste 50 Schwärme, die eine Fläche von 1000 km^2 bedeckten. Bei einer Dichte von 50 Heuschrecken/m^2 wurden 50 Mrd. Heuschrecken berechnet. Da adulte Heuschrecken pro Tag ihr eigenes Körpergewicht von 1 - 3 g Vegetation verzehren, richten solche Schwärme verheerende Schäden an.

Vorhersagen von Heuschreckeneinfällen sind trotz der Anwendung von Satellitentechnik meist nicht erfolgreich. In der Bekämpfung findet heute vor allem die biologisch-integrierte ↗ Schädlingsbekämpfung Anwendung unter Einsatz von pflanzlichen ↗ Insektiziden, Insektenwachstumsregulatoren und insektenpathogenen Pilzpräparaten.

Wanderinsekten, Insekten, die in ihrem Lebenszyklus Wanderungen über größere Entfernungen unternehmen. Hierzu zählen der nordamerikanische Monarchfalter (*Danaus plexippus*) und einige taiwanesiche Schmetterlinge, die nach Art der Zugvögel zwischen einem *Fortpflanzungsareal* und einem *Überwinterungsareal* hin und her wandern. Manche europäische Schmetterlinge, beispielsweise der Distelfalter (*Vanessa cardui*) oder der Admiral (*Vanessa atalanta*) breiten sich von ihrem südeuropäischen Kernverbreitungsgebiet, in dem sie sich auch vermehren, in großer Zahl nach Mittel- und Nordeuropa aus. Da eine Überwinterung meist nicht möglich ist, gehen die Bestände außerhalb des Kernverbreitungsgebietes auf immer neue Einwanderungen zurück. Bekannteste W. mit großer wirtschaftlicher Bedeutung sind die verschiedenen Arten der zu den ↗ Caelifera gehörenden ↗ Wanderheuschrecken.

Wandermuschel, Art der ↗ Heterodonta.

Wanzen, die ↗ Heteroptera.

Wapiti, *Elk*, nordamerikan. Unterart der ↗ Rothirsche.

Warane, die Fam. ↗ Varanidae.

Warburg, *Otto Heinrich*, deutscher Biochemiker, ✳ 8.10.1883 Freiburg i. Br., † 1.8.1970 Berlin; seit 1913 Prof. in Berlin, ab 1931 Direktor des Kaiser-Wilhelm- (bzw. Max-Planck-)Instituts für Zellphysiologie. Von W. stammen bedeutende Untersuchungen zum chemischen Mechanismus der Zellatmung, wofür er spezielle Messgeräte, den *Warburg-Kolben* und den *Warburg-Manometer*, entwickelte. 1932 isolierte er das erste Enzym aus der Gruppe der Flavoproteine („gelbes Ferment") und entwickelte 1936 den optischen Test zur fotometrischen Bestimmung von Enzymaktivitäten. 1936 gelang ihm der Nachweis, dass bei der ↗ alkoholischen Gärung Acetaldehyd durch das Coenzym NADH zu Ethylalkohol reduziert wird. Nach ihm wurde die Cytochrom-Oxidase *Warburg-Atmungsferment* genannt. Er erkannte die Sauerstoff verdrängende Eigenschaft von Kohlenstoffmonooxid im ↗ Hämoglobin und beschrieb erstmals die bei Krebszellen im Vergleich zu normalen Zellen erhöhte anaerobe ↗ Glykolyse (*Warburg-Effekt*). 1931 erhielt W. für seine Arbeiten über die Zellatmung den Nobelpreis für Physiologie oder Medizin.

Warburg-Dickens-Horecker-Weg, der ↗ Pentosephosphat-Weg.

Warmblüter, im allg. Sprachgebrauch Bez. für Tiere, die ↗ homoiotherm sind.

Warmbrüter, Tierarten, die sich in den warmen Jahreszeiten (Frühling, Sommer) fortpflanzen.

Hierzu gehört der größte Teil der Insekten, Amphibien, Reptilien, Vögel und Säugetiere. (↗ Dauerbrüter, ↗ Kaltbrüter)

Wärme, eine Form der ↗ Energie, und zwar die Energie der ungeordneten Bewegung der Atome und Moleküle eines Körpers. Einen Körper erwärmen heißt, die ungeordnete Bewegung seiner Moleküle zu erhöhen. Nach dem ersten Hauptsatz der ↗ Thermodynamik führt Wärmezufuhr zu einer Erhöhung der inneren Energie eines stofflichen Systems. Als Reaktionswärme bezeichnet man die bei chemischen Reaktionen abgegebene oder aufgenommene W. Die SI-Einheit der W. ist das ↗ Joule (früher war es die ↗ Kalorie).

Wärmerezeptoren, *Wärmepunkte*, ↗ Temperaturregulation.

Wärmestarre, *Hitzestarre*, Starre-Zustand poikilothermer Tiere (↗ poikilotherm) bei hohen Außentemperaturen ab ca. 43 - 45 °C. Wenn der Stoffwechsel (ab etwa 50 °C) völlig eingestellt wird und eine irreversible Schädigung des Organismus eintritt, führt die Wärmestarre zum ↗ Wärmetod. (↗ Hitzeresistenz)

Wärmetod, *Hitzetod*, Tod von Organismen durch zu hohe Temperatur. Diese bewirkt, dass Enzyme ihre katalytischen Eigenschaften und Hormone ihre physiologische Wirkung verlieren und ab bestimmten Temperaturen gerinnen (↗ Denaturierung). Die *Letaltemperatur* (↗ Körpertemperatur) liegt für die meisten Tiere bei ca. 42 °C bis etwa 50 °C; manche ↗ Bakterien, Archaea (↗ Archaebakterien) und ↗ Cyanobakterien ertragen noch Temperaturen von 65 °C bis über 100 °C. Zwischen 50 °C und 60 °C liegen auch die Temperaturgrenzen der meisten Zellfunktionen in höheren Pflanzen. Allerdings werden diese Grenzen aufgrund der Kühlung durch ↗ Transpiration nur selten erreicht; Hitze- und Trockenschäden sind aus diesem Grund unter Standortbedingungen kaum zu trennen. (↗ Hitzeresistenz, ↗ Temperaturregulation, ↗ Wärmestarre)

Warnfärbung, ↗ Abwehr.

Warntracht, ↗ Abwehr.

Warnverhalten, Verhaltensweisen, die ein Tier beim Auftauchen eines Fressfeindes zeigt, und die andere Individuen über die Anwesenheit des Räubers informieren (↗ Abwehr). Auf W. wird oft nicht nur von Artgenossen, sondern auch von Angehörigen anderer Arten reagiert (z. B. bei gemischten Herden von Weidegängern). Häufig sind *akustische* Warnsignale oder ↗ Schreckstoffe.

Warzenschwein, Art der Schweine (↗ Suidae).

Waschbären, *Procyon*, Gatt. der Kleinbären (↗ Procyonidae), die mit sieben Arten in Nord, Mittel- und Südamerika verbreitet ist. Ihre Nahrung besteht etwa je zur Hälfte aus tierischer (Kleintiere) und Pflanzenkost. Wasserlebewesen werden von ihnen mit den Fingern ertastet und dabei am Boden gerollt; das scheinbare „Waschen" (Name!) von Nahrungsbrocken in Gefangenschaft ist eine Ersatzhandlung hierfür. Über die USA weit verbreitet ist der *Nordamerikanische Waschbär (Procyon lotor)* mit grauem Fell, schwarzer Gesichtsmaske und schwarz geringeltem Schwanz, der in Parks und Städte vordringt und sich Nahrung aus Abfallbehältern holt. Als begehrtes Pelztier wird er in vielen Ländern in Farmen gezüchtet. Die Nachkommen von (erstmals 1934 in Vöhl/Hessen, später auch anderswo) entwichenen Farmtieren haben sich mittlerweile über fast ganz Deutschland und viele Nachbarländer ausgebreitet. Der Verlauf der Ausbreitung ist gut dokumentiert, u. a., weil Waschbären das Rabiesvirus (↗ Tollwut) übertragen können.

Washingtoner Artenschutzübereinkommen, bekannteste internationale Vereinbarung zum Schutz von Tier- und Pflanzenarten vom 03.03.1973. Sein Geltungsbereich beschränkt sich auf den grenzüberschreitenden Handel mit gefährdeten, freilebenden Tieren und Pflanzen, wobei auch Teile von ihnen, wie Felle, Gehörne, Zähne eingerechnet sind sowie aus diesen Arten gewonnene Erzeugnisse, beispielsweise Krokodilledertaschen, Elfenbeinschmuck und Ähnliches mit einbezogen sind. In drei Anhängen, die auf internationalen Konferenzen in regelmäßigen Abständen überarbeitet und ergänzt werden, sind in tabellarischer Form alle Tier- und Pflanzentaxa aufgeführt, die unter die Bestimmungen der Vereinbarung fallen.

Wasser, chemische Formel H_2O, bildet sich in einer chemischen Oxidationsreaktion von Wasserstoff oder wasserstoffhaltigen Verbindungen mit Sauerstoff oder sauerstoffhaltigen Oxidationsmitteln und einer Vielzahl anderer chemischer Reaktionen. Es handelt sich um eine farb- und geschmacklose Flüssigkeit, die sich unterhalb von 0 °C zu Eis verfestigt und oberhalb von 100 °C als

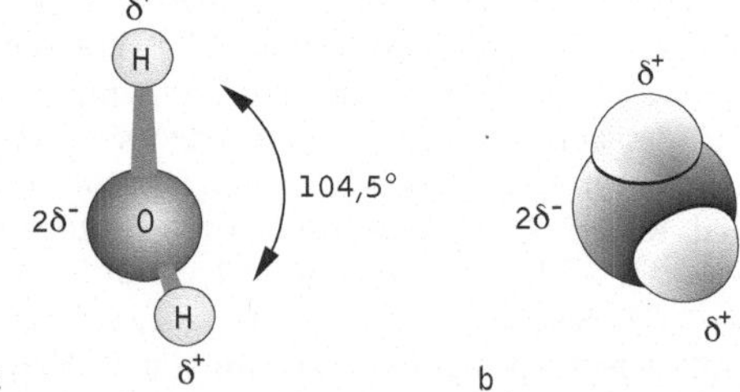

Wasser Struktur des Wassermoleküls. Das Wassermolekül ist eine polare Verbindung mit einem permanenten Dipolmoment. Die ungewöhnlichen physikalischen Eigenschaften des Wassers sind in der Struktur des Wassermoleküls begründet: Hohe Schmelz- und Verdampfungstemperatur, hohe Wärmekapazität, hohe Dielektrizitätskonstante, Volumenausdehnung beim Erstarren, hohe Oberflächenspannung

Wasser Wichtige physikochemische Eigenschaften des Wassers und deren biologische Bedeutung am Beispiel der Pflanzen

Polarität	spezifische Eigenschaft	Bedeutung für
Polarität	Tendenz zur Hydration	erleichterte Aufnahme von Ionen Aufrechterhaltung der für die Funktion erforderlichen Struktur von Proteinen Kompartimentierung
Ausbildung von Wasserstoffbrücken	Kohäsion	Zusammenhalt der Wassersäule beim Ferntrassport des Wassers im Xylem
	Adhäsion	Der Schwerkraft entgegenwirkende Kraft beim Ferntransport des Wassers im Xylem
	Oberflächenspannung	durch Benetzung von Bodenpartikeln wird Wasser im Boden festgehalten und kann von Wurzeln aufgenommen werden Entstehung des Transpirationssoges
	hohe spezifische Wärmekapazität	Abmilderung von Temperaturschwankungen (auf der Ebene des Organismus nur begrenzt; global aber von großer Bedeutung für das Klima)
	hohe Verdunstungsenthalpie	Kühlung der Blätter durch Transpiration
geringe Viskosität		Langstreckentransport in englumigen Gefäßen möglich

Wasserdampf in den gasförmigen Zustand übergeht. In Form von Meerwasser, Süßwasser und Eis bedeckt es ca. 71 % der Erdoberfläche und stellt damit die häufigste chemische Verbindung dar. Für polar aufgebaute Stoffe wie z. B. Zucker, Aminosäuren oder Peptide ist W. wegen der Dipolarität des W.-Moleküls ein gutes Lösungsmittel, während apolar aufgebaute Stoffe wie z. B. Fette nur schwer löslich sind. In der Natur ist W. ein wichtiger Klimafaktor: Durch seine hohe spezifische Schmelz- und Verdampfungswärme ist es sowohl ein guter Wärmespeicher als auch ein Puffer, der starke Temperaturschwankungen ausgleicht. Da Eis leichter als W. ist und daher auf seiner Oberfläche schwimmt, gefrieren Gewässer von oben nach unten zu. Dies ermöglicht vielen Organismen, deren Lebensraum das W. ist, das Überleben. W. ist ein lebenswichtiger Faktor, der das Leben von Pflanzen und Tieren stark beeinflusst. Es ist an zahlreichen chemischen und physikalischen Vorgängen im Inneren der Zelle beteiligt und vermittelt die Aufnahme und den Transport von Nährstoffen. Auch bei der hydrolytisch-enzymatischen Spaltung der Nährstoffe spielt W. eine Rolle. Bei homoiothermen Organismen ist W. wesentlicher Faktor bei der ↗ Thermoregulation. Ein ausgeglichener Wasserhaushalt ist bei allen Organismen für das Überleben essenziell. W.-Entzug und W.-Mangel führen zu schweren Schädigungen und rasch zum Tod. Dem Körper entzogenes W. muss daher ständig entweder durch die Nahrung oder durch Trinken aufgenommen werden. Teilweise kann eine Wasser- oder Wasserdampfaufnahme direkt über die Haut erfolgen, das ist bei Schnecken

(↗ Gastropoda) und vielen Insekten der Fall. Organismen trockener Lebensräume haben meist spezielle Anpassungen entwickelt (↗ Xerophyten). Neben morphologischen Merkmalen wie Chitin-, Horn- und Kalkschalenbildungen haben sich auch spezielle Verhaltensweisen zum Wassersparen ausgebildet, so z. B. Nachtaktivität. Wüsten bewohnende Tiere decken ihren W.-Bedarf oft zu einem großen Teil aus metabolisch beim Abbau von Fett, Kohlenhydraten oder Proteinen enstehendem W. Umgekehrt haben sich auch die W.-Bewohner an Besonderheiten der Lebensbedingungen im W. angepasst. Die Tragfähigkeit des W. erlaubt den Verzicht auf vorrangig tragende Funktionen des Skeletts, häufig sind noch besondere Einrichtungen ausgebildet, um die Organismen in einem Schwebezustand zu halten (z. B. bei Fischen die ↗ Schwimmblase). Besondere Probleme sind bezüglich der ↗ Atmung und der ↗ Osmoregulation zu lösen. Um den Strömungswiderstand möglichst gering zu halten entsteht häufig eine mehr oder weniger stromlinienförmige Körperform. Sowohl die chemische als auch die biologische Evolution auf der Erde wären ohne W. nicht möglich gewesen. Es ist das Endprodukt der biologischen Oxidation in der ↗ Atmungskette und eines der Ausgangsprodukte der ↗ Fotosynthese. Durch seine ↗ Wasserstoffbrücken-Bindungen bildet es eine Hydrathülle, insbesondere um biologische Makromoleküle wie die ↗ Nucleinsäuren, ↗ Proteine und ↗ Polysaccharide. Unter der katalytischen Wirkung von ↗ Hydrolasen ist W. an vielen Hydrolyse-Reaktionen (↗ Hydrolyse) des Stoffwechsels beteiligt.

Die W.-Bilanz der Erde ist ausgeglichen, da das auf der Erde vorhandene W. ständig in einem ↗ Wasserkreislauf zirkuliert.

Wasseramsel, *Cinclus cinclus*, zur gleichnamigen Fam. (Wasseramseln, Cinclidae) gehörende, über weite Teile Eurasiens verbreitete Vogelart, die weitgehend dunkelbraun gefärbt ist mit weißer Kehle und Brust. W. sind die am besten an ein Leben an und im Wasser angepassten Singvögel. Sie tauchen und fangen, am Boden der Fließgewässer umherschwimmend, Wasserinsekten u. a. kleine Tiere.

Wasseraufbereitung, Veränderung der Beschaffenheit des *Rohwassers* in dem Umfang, dass die für den jeweiligen Zweck erforderliche Reinheit gewährleistet ist. Hierzu zählten sowohl die Aufbereitung von Abwasser (↗ Abwasserreinigung, ↗ Kläranlage) als auch die ↗ Trinkwasseraufbereitung.

Wasseraufnahme, allg. Bez. für die Aufnahme von Wasser in Form von Flüssigkeit oder Wasserdampf in einen Organismus.

1) *Pflanzen* und *Pilze*: niedere Pflanzen und Pilze sowie die Samen der Samenpflanzen nehmen Wasser durch *Quellung* auf, wobei ein negatives *Matrixpotenzial* für einen Wassereinstrom sorgt (↗ Wasserpotenzial). Flechten, Algen und einige Moose sind zudem in der Lage, Wasser als atmosphärischen Wasserdampf aufzunehmen. Bei höheren Landpflanzen erfolgt die W. weitestgehend über die ↗ Wurzel, wobei die Wasserpotenzialdifferenz zwischen dem Bodenwasser bzw. Wurzelraum und der Xylemflüssigkeit als Antriebskraft fungiert (↗ Transpiration, ↗ Wurzeldruck). Wasserpflanzen sowie einige Landpflanzen extrem feuchter Standorte sind in der Lage, Wasser über die gesamte Oberfläche aufzunehmen, da ihnen eine Cuticula fehlt.

Bei der W. über die Wurzeln steht diese durch ↗ Wurzelhaare in unmittelbarem Kontakt mit den Bodenpartikeln und der Bodenlösung. Innerhalb des Bodens wird Wasser durch Massenströmung transportiert, wobei der Wasserentzug durch die Wurzel eine Saugspannung erzeugt und dadurch ein Nachströmen ermöglicht. Dies ist auf Unterschiede im Wasserpotenzial der wurzelnahen Bodenschicht und weiter entfernter Bodenregionen möglich. Die Strömungsrate hängt dabei von der *hydraulischen Leitfähigkeit* des Bodens ab, die ein Maß dafür darstellt, wie leicht sich Wasser durch den Boden bewegen kann. Je nach Bodentyp und der Partikelgröße sind die Zwischenräume unterschiedlich groß, sodass Sandböden eine hohe, Tonböden eine geringe hydraulische Leitfähigkeit besitzen. Ein weiterer wichtiger Faktor ist der Wassergehalt des Bodens selbst. Nimmt dieser und mit ihm sein Wasserpotenzial ab, geht auch die hydraulische Leitfähigkeit zurück, da Wasser in den Poren durch Luft ersetzt wird, sodass für den Wasserfluss

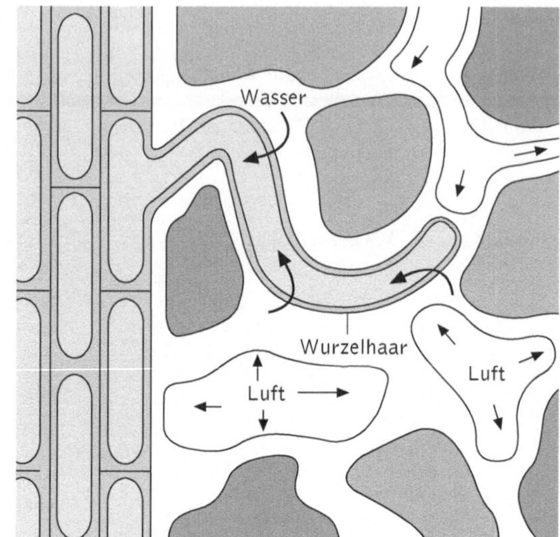

Wasseraufnahme Schematische Darstellung der Wasseraufnahme im Boden. Dieser besteht aus mineralischen und organischen Bodenpartikeln, Bodenflüssigkeit und Luft. Durch die Wasseraufnahme (große Pfeile) vergrößern sich die luftgefüllten Hohlräume (kleine Pfeile) dergestalt, dass eine Saugspannung entsteht, sodass es zum Wassernachfluss aus wurzelferneren Regionen kommt. Ist dies aufgrund von Wassermangel nicht möglich, steigt die hydraulische Leitfähigkeit des Bodens an

weniger Volumen zur Verfügung steht (↗ Welken). Von der Wurzeloberfläche gelangt Wasser mittels Radialtransport durch den Wurzelcortex über Transportwege im ↗ Apoplasten und ↗ Symplasten ins Wurzelinnere zum ↗ Xylem der Wurzel, von wo aus der weitere ↗ Wassertransport erfolgt.

Wasserbestäubung, die ↗ Hydrogamie.

Wasserbilanz, bei Pflanzen die Bez. für die Differenz zwischen ↗ Wasseraufnahme und ↗ Transpiration. Abends und nachts ist die W. positiv, wohingegen sie tagsüber, vor allem bei starker Sonneneinstrahlung, negativ werden und zu für ↗ Dürrestress typischen Symptomen führen kann (↗ Welken). Für *Pflanzenbestände* errechnet sich die W. aus der Summe von Niederschlag, Evapotranspiration und Wasserabfluss z. B. durch Versickerung. (↗ Wasserkreislauf)

Wasserblüte, Trübung und häufig intensive Färbung eines stehenden Gewässers als Folge der Massenentwicklung bestimmter Algen und Bakterien. Diese Entwicklung wird unter bestimmten Temperaturbedingungen durch hohe Konzentrationen von Phosphaten, Schwefelwasserstoff, Kohlenstoffdioxid und organischen Verbindungen begünstigt. Die ↗ Eutrophierung der Gewässer trägt wesentlich zum Entstehen einer W. bei. Urheber dieser Erscheinung sind u. a. ↗ Schwefelpurpurbakterien, ↗ Cyanobakterien, ↗ Flagellata, ↗ Chlorophyta und ↗ Bacillariophyceae.

Wasserblütigkeit, die ↗ Hydrogamie.

Wasserböcke, ↗ Reduncinae.

Wasserbüffel, Art der ↗ Rinder.

Wasserdampfdruck, ↗ Wasserdampfkonzentration.

Wasserdampfkonzentration, *Wasserdampfdruck*, die aufgrund der Differenz des ↗ Wasserpotenzials zwischen dem Blattinnern und der Umgebung durch Verdunstung entstehende Menge an Wasserdampf. Während der ↗ Transpiration ist ein Gradient der W. deren Antriebskraft.

Wasserdefizit, die Differenz zwischen dem tatsächlichen Wassergehalt einer Pflanzenprobe und ihrem Wassergehalt bei Wassersättigung, der als Masseanteil des Wassers in Prozent der Frischmasse angegeben wird.

Wasserfarne, die ↗ Hydropterides.

Wasserharnruhr, der ↗ Diabetes insipidus.

Wasserhaushalt, allg. Überbegriff für die physiologischen Prozesse, die u. a. mit Aufnahme, Transport, Speicherung und Abgabe von Wasser einhergehen. Bei *Tieren* ist der W. eng mit dem Ionenhaushalt gekoppelt (↗ Wasser- und Mineralhaushalt, Osmoregulation)

Pflanzen haben im Verlauf ihrer Evolution Strategien an das Landleben entwickelt, mit deren Hilfe sie ihren W. optimieren. Die poikilohydren Pflanzen (Thallophyten, ↗ poikilohydrisch) zeichnen sich durch einen W. aus, der stark von Schwankungen des Wassergehaltes der Umwelt und ihres eigenen ↗ Wasserpotenzials gekennzeichnet ist. Homoiohydre Pflanzen können ihren W. durch Regulation des Wasserpotenzials regulieren, indem Wasser in Vakuolen gespeichert wird und die ↗ Transpiration durch geeignete Anpassungen wie eine Cuticula und die Kontrolle der Spaltöffnungen möglichst reduziert wird. (↗ Wasseraufnahme, ↗ Wassertransport, ↗ Wasserverfügbarkeit)

Wasserhirsche, *Hydropotinae*, Unterfam. der Hirsche (↗ Cervidae).

Wasserinsekten, meist amphibisch lebende Insekten, die während ihrer Entwicklung mindestens eines ihrer Entwicklungsstadien (Larve, Puppe, Imago) im Wasser oder auf der Wasseroberfläche zubringen. Dazu gehören als Bewohner der Gewässeroberflächen Springschwänze (↗ Collembola) und Wasserläufer (↗ Heteroptera: ↗ Gerromorpha) sowie die unter Wasser lebenden Larven der Eintagsfliegen (↗ Ephemeroptera), Libellenlarven (↗ Odonata), Steinfliegenlarven (↗ Plecoptera), die Wasserwanzen (Heteroptera: ↗ Nepomorpha) und Wasserkäfer (↗ Coleoptera), die Schlammfliegenlarven (↗ Megaloptera) und einige Netzflüglerlarven (↗ Planipennia), ferner unter Wasser parasitierende Schlupfwespen (↗ Hymenoptera), sowie die Larven und Puppen der Köcherfliegen (↗ Trichoptera), der Wassermotten (↗ Lepidoptera) und einiger Fliegen und verschiedener Gruppen von Mücken (↗ Diptera: ↗ Brachycera und ↗ Nematocera).

Evolutionsbiologie der Wasserinsekten

Prof. Dr. Wilfried Wichard, Universität zu Köln

Insekten sind ursprünglich landlebende Tiere. Zusammen mit den Chilopoda (Hundertfüßer) und Progoneata (Zwergfüßer, Wenigfüßer und Doppelfüßer) gehören sie zu den Tracheata, deren Stammart im Kambrium den terrestrischen Lebensraum eroberte. Spätestens im Perm waren alle heutigen Insektenordnungen vorhanden.

Die Wasserinsekten bilden kein gemeinsames Taxon, sondern sind auf verschiedene Insektenordnungen verteilt. Odonata (Libellen), Ephemeroptera (Eintagsfliegen), Plecoptera (Steinfliegen), Megaloptera (Schlammfliegen) und Trichoptera (Köcherfliegen) sind Ordnungen, deren Vertreter zumindest als Larven ständig im Wasser leben und von denen nur sehr wenige Arten ausschließlich an eine terrestrische Lebensweise angepasst sind. In anderen Insektenordnungen, in denen die terrestrischen Arten überwiegen, kommen auch einige Taxa vor, deren Vertreter an die aquatische Lebensweise sekundär angepasst sind. Hierzu zählen die Collembola (Springschwänze) mit wenigen semiaquatischen Arten, die Hemiptera (Schnabelkerfe) mit den Gerromorpha (Wasserläufern) und den Nepomorpha (Wasserwanzen), ferner die Planipennia (Netzflügler) mit den Familien Sisyridae, Neurorthidae und Osmylidae, die Hymenoptera (Hautflügler) z. B. mit der Familie Agriotypidae, die Coleoptera (Käfer) mit einigen Familien und Arten, die Lepidoptera (Schmetterlinge) mit der Zünsler-Familie Crambidae (Acentropinae) und schließlich die Diptera (Fliegen und Mücken), die sich mit vielen Familien, u. a. den Tipulidae, Blephariceridae, Psychodidae, Ptychopteridae, Dixidae, Chaoboridae, Culicidae, Simuliidae, Chironomidae, Ceratopogonidae, Stratiomyidae, Athericidae, Tabanidae, Syrphidae, Ephydridae und Muscidae an das amphibische Leben angepasst haben. Die Insekten haben also nicht monophyletisch mit einer gemeinsamen Stammart der Wasserinsekten die Gewässer erobert, sondern haben unabhängig voneinander, in verschiedenen taxonomischen Gruppen, auf unterschiedliche Weisen und zu unterschiedlichen Zeiten konvergent den aquatischen Lebensraum besiedelt.

Anpassungen im Entwicklungszyklus

Wasserinsekten sind nur ausnahmsweise echte Wassertiere, insofern sie ein Leben lang ausschließlich im Wasser leben. Weil aber bei den meisten Wasserinsekten nicht alle ihre Entwicklungsstadien an das Leben im Wasser angepasst sind, wechseln sie zwischen terrestrischer und aquatischer Lebensweise. Es sind also meist amphibische Tiere, die sich mit ihren Metamorphosestadien Schritt für Schritt an den aquatischen Lebensraum anpassen. Bei der vollkommenen ↗ Metamorphose verfügen die holometabolen Wasserinsekten (Megaloptera, Planipennia, Hymenoptera, Coleoptera, Lepidoptera, Trichoptera, Diptera) über die Stadien Ei, Larve, Puppe und Imago, während den Wasserinsekten mit unvollkommener Metamorphose (Collembola, Ephemeroptera, Odonata, Plecoptera, Hemiptera) das Puppenstadium fehlt. Der Wechsel vom Land zum Wasser und die konvergente Anpassung aller Wasserinsekten an den aquatischen Lebensraum vollziehen sich in den Grenzen und nach den Möglichkeiten ihrer Metamorphosestadien:

1) Die Mehrheit aller Insekten lebt terrestrisch. Ihren Metamorphosestadien fehlen entscheidende Anpassungsmechanismen, die im Wasser unverzichtbar sind.

2) Vom Land kommend, bringen die frei beweglichen Larven Voraussetzungen für die Erstbesiedlung von Gewässern in angrenzenden Feuchtbiotopen mit. Diesen initialen Schritt in der Anpassung an aquatische Biotope kann man bei den Megaloptera und Planipennia nachvollziehen. Die Larven leben als Räuber obligatorisch (und fakultativ) im Wasser, aber ihre Eier, Puppen und Imagines befinden sich außerhalb der Gewässer.

3) In einem nächsten Anpassungsschritt halten sich die Imagines zur Laichzeit in Gewässernähe auf, damit die Weibchen ihre Eier direkt ins Wasser abgeben oder an überhängenden Uferpflanzen anheften können. Die Larven fallen herab oder schlüpfen aus den unter Wasser abgelegten Eiern und befinden sich unmittelbar in ihren aquatischen Habitaten. Diese Anpassung ist weit verbreitet und kommt bei den meisten Ephemeroptera, Plecopte-

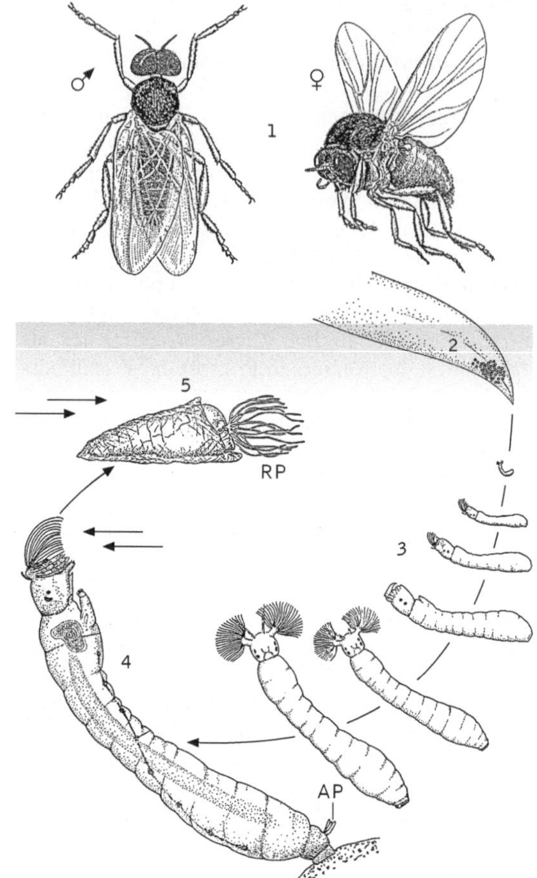

Entwicklungszyklen von Kriebelmücken (Diptera: Simuliidae) mit 1 geflügelten Imagines, 2 Eigelege auf einer Wasserpflanze, 3 und 4 mit aquatischen Larvenstadien (AP = Analpapillen) und 5 aquatischer Puppe (RP = Kiemen); nach Kureck 1990, aus Wichard et al.: Atlas zur Biologie der Wasserinsekten, Stuttgart 1995

ra, und Odonata sowie bei einigen Familien der Coleoptera vor.

4a) Bei vielen Wasserkäfern befinden sich nicht nur die Eier und Larven im Wasser, sondern auch die Imagines. Die Puppen dieser holometabolen Insekten leben jedoch an Land. Dazu verlassen die ausgewachsenen Larven das Gewässer und graben sich zur Verpuppung am nahen Ufer in die Erde. Aus den Puppen schlüpfen Käfer, die oft nach einer Winterruhe im Frühjahr wieder in ihre Gewässer wandern.

4b) Köcherfliegen (Trichoptera) und die aquatischen Fliegen und Mücken (Diptera) sind weitere holometabole Wasserinsekten, bei denen neben Eiern und Larven nicht die Imagines sondern die Puppen im Wasser leben. Aus den Puppenkokons befreien sich die pharaten Puppen, schwimmen an die Wasseroberfläche und häuten sich zu geflügelten Insekten, deren Weibchen nach der Paarung die Eier wieder ins Wasser ablegen. Werden die Eier

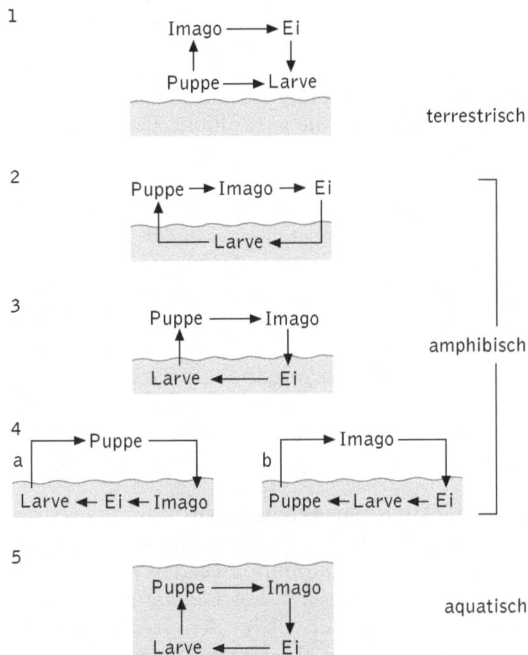

Entwicklungszyklen in Anpassungsschritten an terrestrische (**1**), über amphibische (**2**, **3**, **4a**, **4b**) zur aquatischen Lebensweise von Insekten (Wichard et al.: Atlas zur Biologie der Wasserinsekten, Stuttgart 1995)

oberhalb des Wassers abgelegt, dann meistens in Gelegen und herabtropfenden Gallerten an Ufer- und Wasserpflanzen.

5) Eine vollkommene aquatische Lebensweise, bei der alle Entwicklungsstadien unter Wasser leben, wird nur bei wenigen Käfern und Wasserwanzen beobachtet. In der Regel verlassen die Imagines das Wasser nur, um weitere aquatische Gewässer zu besiedeln.

Die erfolgreiche Besiedlung von Wasserinsekten ist also verknüpft mit der Entwicklung wichtiger Anpassungen in ihren Metamorphosestadien. Verschiedene Strategien der Ernährung und Fortbewegung leiten sich von ursprünglich terrestrischen Anpassungen ab. Die Eroberung der aquatischen Biotope ist eng mit dem Nahrungserwerb verbunden, wobei häufig die räuberische Lebensweise am Anfang steht. Mit der fortschreitenden Differenzierung der Mundgliedmaßen entwickeln sich Zerkleinerer, Weidegänger, Substratfresser, Strudler und Filtrierer und machen den Wasserinsekten eine breite Palette im Nahrungsangebot zugänglich. In der Bewegung der Imagines und Larven erweitert sich das übliche Laufen und Klettern der im Benthal lebenden Wasserinsekten zu einem breiten Spektrum an Schwimmbewegungen, die von Käfern (z. B. Dytiscidae, Gyrinidae) und Wanzen (Nepomorpha) durch gut angepasste Körperformen und

effektiv arbeitende Schwimmbeine optimal entwickelt sind, während sich die Larven der Großlibellen (Odonata, Anisoptera) nach dem Rückstoßprinzip durch das freie Wasser fortbewegen. Auch viele andere Wasserinsekten, deren vorrangige Bewegungsweise das Laufen ist, können mit hinreichend gut entwickelten Schwimmbeinen zumindest kurze Strecken schwimmend zurücklegen (z. B. pharate Puppen).

Respiratorische Anpassungen

Zu den physiologischen Mechanismen der ökologischen Anpassung, ohne die ein Leben und Überleben im Wasser nicht möglich ist, zählt die Atmung (Respiration). Ursprünglich atmen Insekten über ein offenes Tracheensystem, das über seitlich am Körper sitzende Stigmen den atmosphärischen Sauerstoff erhält. Wasserinsekten besitzen je nach Anpassung ein offenes oder ein geschlossenes Tracheensystem und nutzen Luft oder Wasser als Atemmedium. Diese Parameter führen bei Wasserinsekten zu einer großen Vielfalt an Atmungsorganen und Verhaltensweisen, die sich auf drei Grundformen der respiratorischen Anpassung verteilen lassen:

1) *Offenes Tracheensystem – Luft als Atemmedium.* Wasserinsekten mit einem offenen Tracheensystem besitzen oft nur ein Stigmenpaar am achten Abdominalsegment auf der Spitze einer Atemröhre, mit der der Wasserskorpion *(Nepa)* oder die Larven von Mücken und Fliegen (z. B. Culicidae, Stratiomyidae und Syrphidae) die Wasseroberfläche durchstoßen und atmosphärische Luft aufnehmen. Mit einem Kranz hydrophober Haare um das Stigmenpaar, hängen die Insekten für die Dauer der Atmung an der Wasseroberfläche. Andere Wasserinsekten durchstoßen mit ihrem Hinterleib die Wasseroberfläche und füllen Luft in Kammern, die über Stigmen mit dem Tracheensystem in Verbindung stehen (z. B. die Luftkammern unter den Flügeldecken der Schwimmkäfer oder auf der Bauchseite der Wasserwanze *Notonecta*). Alle diese Luft atmenden Wasserinsekten verbleiben unmittelbar unter der Wasseroberfläche oder können nur begrenzt abtauchen, da sie in kurzen zeitlichen Abständen zurückkehren müssen, um Luft zu schöpfen. Die Larven und Puppen des Schilfkäfers *Donacia* nutzen eine Variante der Luftatmung, indem sie die Luftgefäße von Wasserpflanzen anzapfen.

2) *Offenes Tracheensystem – Wasser als Atemmedium.* Wenn Wasserinsekten ganz oder teilweise von einer Luftschicht umhüllt sind, weil hydrophobe Strukturen auf der Körperoberfläche die Luft halten, kann der im Wasser gelöste Sauerstoff in die Lufthülle diffundieren und von dort über offene Stigmen in das Tracheensystem gelangen. Die Luft dieser „physikalischen Kieme" oder *kompressiblen*

Gaskieme muss aber in größeren zeitlichen Abständen an der Wasseroberfläche erneuert werden, weil der Stickstoff aus der Lufthülle kontinuierlich ins Wasser diffundiert. Die Oberfläche der Lufthülle wird dadurch kleiner und als respiratorische Oberfläche fortlaufend reduziert, bis eine hinreichende Versorgung mit Sauerstoff aus dem Wasser nicht mehr möglich ist. Bei der „Plastronatmung" oder *inkompressiblen Gaskieme* sind die Wasserinsekten beständig von einem sehr dünnen Luftfilm (Plastron) umgeben, der durch hydrophobe Feinstrukturen der Cuticula so gehalten wird, dass die Luft nicht vom umgebenden Wasser verdrängt und Stickstoff infolgedessen nicht entweichen kann (z. B. bei der Grundwanze *Aphelocheirus*, auf dem Prothorakalhorn von Diptera-Puppen). Wasserinsekten mit inkompressibler Gaskieme brauchen keine atmosphärische Luft zu schöpfen und leben deshalb unabhängig und entfernt von der Wasseroberfläche.

3) *Geschlossenes Tracheensystem – Wasser als Atemmedium.* Eine weitere Form der Anpassung bei Wasserinsekten besteht in der Reduktion des offenen Tracheensystems zu einem geschlossenen System und der Ausbildung von Tracheenkiemen, die das umgebende Wasser als Atemmedium nut-

zen. Tracheenkiemen sind blatt- oder fadenförmige Hautausstülpungen von Larven und Puppen (z. B. der Ephemeroptera, Odonata, Plecoptera, Megaloptera und Trichoptera). Sie sind innen von Tracheen durchzogen, die sich unmittelbar unter der Cuticula zu feinen Tracheolen verzweigen und subcuticular ein dichtes Netzwerk bilden. Der Sauerstoff diffundiert von außen durch die semipermeable Wand der Tracheenkiemen in das Tracheolen-Netzwerk und von dort über das Tracheensystem zu den Verbraucherzellen. Wasserinsekten mit Tracheenkiemen sind nicht an die Wasseroberfläche gebunden und haben deshalb eine größere Unabhängigkeit und Bewegungsfreiheit. Sie können sich divergierend in den Gewässern ausbreiten und leicht neue und extreme ökologische Nischen erschließen.

Osmoregulatorische Anpassungen

Eine unvermeidliche Begleiterscheinung der lebensnotwendigen Respiration besteht in der Überwindung der Osmose. Wenn Sauerstoff aus dem umgebenden Wasser über die semipermeable Körperoberfläche in das Tracheensystem diffundiert, gelangt zu viel Wasser auf osmotischem Wege über die semipermeable Oberfläche in den Körper, denn die Körperflüssigkeit dieser Tiere hat mit 200 bis 300 mosm/l eine deutlich höhere Osmolariät als das Süßwasser der Binnengewässer, das meist Werte von 1 - 2 mosm/l aufweist. Wasserinsekten und ihre Entwicklungsstadien verfügen über verschiedene Mechanismen, die die Osmose einschränken:
1) Wasserinsekten (z. B. Käfer und Wanzen) mit kompressiblen oder inkompressiblen Gaskiemen vermindern die Osmose, je vollständiger die Luftschicht den Insektenkörper umhüllt und den direkten Kontakt des Wassers mit der semipermeablen Körperoberfläche verringert. Auch einige im Wasser lebende Puppen (z. B. Hymenoptera, Lepidoptera) sind von Luft umhüllt. Eine weitere Maßnahme besteht bei vielen Imagines und Larven von Wasserinsekten in der Einschränkung der Permeabilität für Wasser durch die Dicke und Konsistenz der Cuticula und durch Auflagerung von Lipid- und Wachsschichten auf der Körperoberfläche.
2) Bei Eiern, die sich im Wasser befinden, gelangen geringe Mengen an Wasser durch das semipermeable Chorion bis der potenzielle osmotische Druck den Turgordruck der Eischale erreicht und der Turgor weiteres Eindringen von Wasser blockiert. Bei Puppen mancher Köcherfliegen (Spicipalpia) und einiger Dipteren, die von einem semipermeablen Puppenkokon umhüllt sind, bestehen ähnliche turgeszente Anpassungsmechanismen.
3) In vielen Fällen aber diffundiert das Wasser ungehindert in den Körper und bleibt bestenfalls auf wenige Bereiche der Körperflächen be-

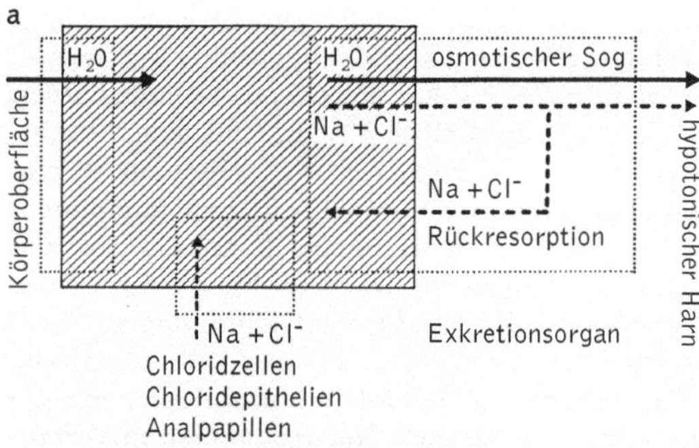

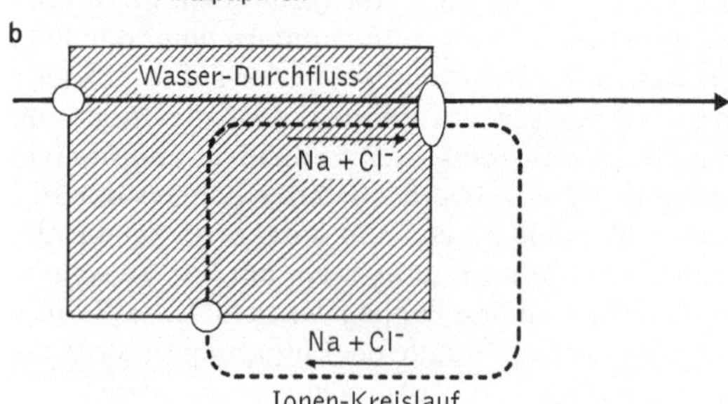

Osmoregulation von Wasserinsekten im Süßwasser. a Unter Beteiligung der 1) semipermeablen Körperoberfläche, 2) der Wasser treibenden Exkretionsorgane sowie 3) von Chloridzellen, Chloridepithelien oder Analpapillen; b in didaktischer Reduktion: Osmoregulation als ständiger Wasserdurchfluss, angetrieben von einem permanenten, Wasser schöpfenden Ionenrad; Schraffur = Wasserinsekt (Wichard, W.: Lebensstrategien der Wasserinsekten – Praxis d. Naturw. Biologie 44 (2): 1-7, 1995)

schränkt. Das überschüssige Wasser wird mit Hilfe der (hyperosmotischen) Osmoregulation über die Exkretionsorgane ausgetrieben. Einem osmotischen Gradienten („osmotischer Sog") folgend, gelangt das Wasser in das Lumen der Malpighi'schen Gefäße und von dort in den Endharn. Nach Rückresorption des größten Teils der Elektrolyte wird das Wasser als hypotonischer Harn über den Anus ausgeschieden. Die im Harn verbleibenden Elektrolyte bewirken auf Dauer einen Elektrolytverlust, der wieder ausgeglichen werden muss. Dazu stehen den Wasserinsekten Ionen absorbierende Chloridzellen (Eintagsfliegen, Steinfliegen, Wasserwanzen), Chloridepithelien (Libellen, Köcherfliegen, Fliegen) oder Analpapillen (Käfer, Köcherfliegen, Mücken) zur Verfügung, mit denen sie aus dem umgebenden Wasser physiologisch wichtige Ionen in den Körper pumpen, um den Elektrolythaushalt auszugleichen. Einige räuberische Käfer- und Schlammfliegen-Larven (Dytiscidae, Sialidae) scheinen die notwendigen Ionen allein mit ihrer erbeuteten Nahrung aufzunehmen.

Die schrittweise Anpassung von der terrestrischen über die amphibische zur aquatischen Lebensweise orientiert sich an den Metamorphosestadien der Insekten. In allen Stadien zählen die erfolgreichen respiratorischen Anpassungen zu den notwendigen Strategien für das Leben im Wasser. Aber dieser Anpassungmechanismus ist zwangsläufig gekoppelt an einen weiteren Mechanismus, der den terrestrischen Insekten fehlt, aber im Wasser unverzichtbar ist. Erst die Überwindung der Osmose durch Osmoregulation oder durch andere Mechanismen, die die osmotische Wasseraufnahme verhindern, ermöglicht den Tieren das Überleben im Wasser und macht die ursprünglich terrestrisch lebenden Insekten zu Wasserinsekten.

Literatur: Wichard, W., Arens, W., Eisenbeis, G.: Atlas zur Biologie der Wasserinsekten. Stuttgart 1995. – Wichard, W.: Lebensstrategien der Wasserinsekten. – Praxis Naturwiss. Biologie 44 (2): 1-7 (1995).

Wasserkäfer, ständig oder zeitweise in und am Wasser lebende Käfer, insbesondere die Fam. ↗ Hydrophilidae.

Wasserkreislauf, globale Zirkulation des Wassers über die alle Gewässer untereinander und mit dem atmosphärischen Wasser verbunden sind. Der Aggregationszustand des Wassers kann sich dabei von flüssig zu fest (Eis, Hagel, Schnee) oder gasförmig (Wasserdampf) wandeln. Der Wasservorrat der Erde bleibt dabei letztendlich konstant. Durch die Sonneneinstrahlung verdunstet das Wasser aus dem Meer und anderen Gewässern (↗ Evaporation), von der Bodenoberfläche und von den Körpern der Organismen (↗ Transpiration). Bei Pflanzen wird über diesen Vorgang auch der Stofftransport innerhalb des Organismus bewerkstelligt. Der aufsteigende Wasserdampf kondensiert durch Abkühlung in der Atmosphäre in Form von Wolken, die das Wasser als Niederschläge wieder abgeben. Dies kann am Ort des Aufsteigens des Wasserdampfes geschehen, meist werden die Wolken aber zunächst vom Wind großräumig verfrachtet. Über den Ozeanen übersteigt die Menge der Evaporation diejenige der Niederschläge, sodass ein Nettotransport von Wasserdampf vom Meer zum Land stattfindet. An Land gehen über 90 % des Wasserverlusts auf die Transpiration der Pflanzen zurück. Ein Teil der Niederschläge, die auf das Land fallen, sickert bis zu einer festen Gesteinsschicht und sammelt sich als Grundwasser, das als unterirdischer Teil des W.

dem Meer zufließt. Der Teil des Niederschlagswassers, der sich in oberirdischen Fließgewässern sammelt, kehrt in diesen zum Meer zurück. In Seen verdunstet ebenfalls ein Teil des Wassers, der durch Fließgewässer eingebracht wird. Der W. stellt einen riesigen Destillationsprozess aus Verdunstung und nachfolgender Kondensation dar, der das Wasser von allen Inhaltsstoffen befreit. Dieser natürliche Prozess wird jedoch durch die Belastung der Niederschläge mit ↗ Luftschadstoffen in seiner Wirkung beeinträchtigt (↗ saurer Regen). (s. Abb. auf Seite 344)

Wasserkultur, ↗ Aquakultur.

Wasserläufer, die ↗ Gerromorpha.

Wasserlinsen, *Lemna, Entengrütze,* annähernd weltweit verbreitete Gatt. der ↗ Lemnaceae. Es handelt sich um kleine, auf der Wasseroberfläche schwimmende Pflanzen mit blattartigem Spross und einhäusigen Blüten (↗ Monözie). In Mitteleuropa sind die Kleine W., *Lemna minor,* und die Dreifurchige W., *Lemna triscula,* häufig.

Wasserlinsen-Farn, ↗ Azolla.

Wasserlinsengewächse, die Fam. ↗ Lemnaceae.

Wasserlungen, inneres Atmungssystem der Seegurken (↗ Holothuroida).

Wasserlungenschnecken, die ↗ Basommatophora.

Wassermelone, *Citrullus lanatus,* zur Fam. der ↗ Cucurbitaceae gehörende, ursprünglich in Afrika beheimatete, einjährige Staude. Die ↗ Frucht be-

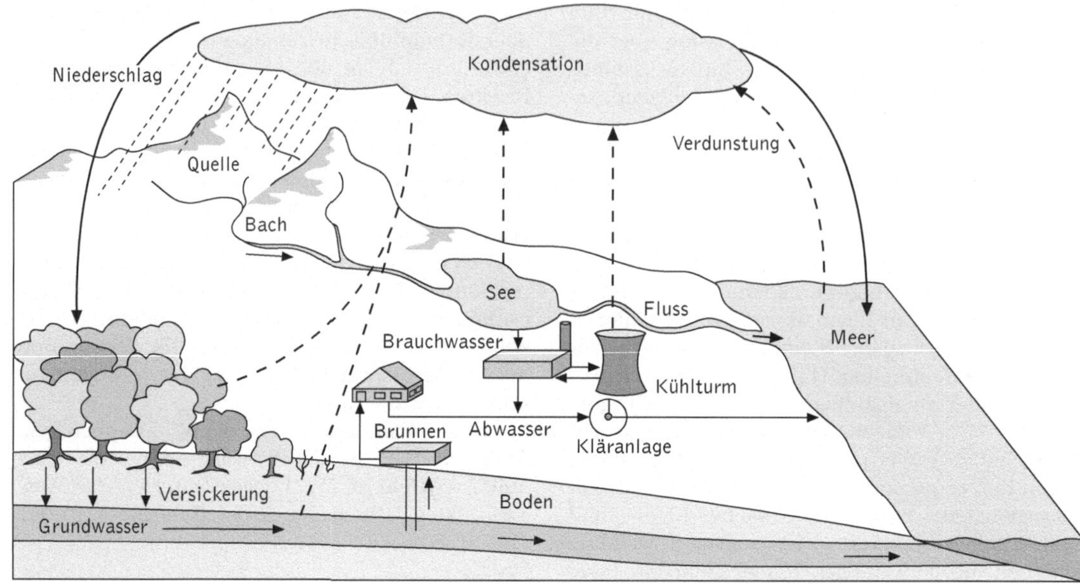

Wasserkreislauf   Schema des globalen Wasserkreislaufs unter Berücksichtigung der Wassernutzung durch den Menschen. Je nach Sonneneinstrahlung, Wind, Oberflächenstruktur der Erde und Jahreszeiten unterscheidet sich die Intensität der einzelnen Vorgänge des Kreislaufes in unterschiedlichen Regionen der Erde. Der Mensch entnimmt aus Grund- und Oberflächengewässern Trink- und Brauchwasser und führt das Abwasser mehr oder weniger gereinigt dem Kreislauf wieder zu

sitzt eine dunkelgrüne, glatte Schale und rotes, wässriges Fruchtfleisch mit schwarzen Samen, die auch geröstet verzehrt werden.

Wassernussgewächse, die Fam. ↗ Trapaceae.

Wassernutzungseffizienz, *water use efficiency*, der reziproke Wert des ↗ Transpirationskoeffizienten.

Wasserpest, *Elodea*, ursprünglich nur in Amerika beheimatete Gatt. der ↗ Hydrocharitaceae. Die Blüten der Pflanze sind zweihäusig (↗ Diözie) verteilt. Als weibliche Pflanzen in Europa eingeschleppt wurden, kam es zunächst zu einer Massenvermehrung, die mittlerweile infolge der rein vegetativen Vermehrung erlahmt.

Wasserpflanzen, die ↗ Hydrophyten.

Wasserpotenzial, Abk. Ψ, die universell anwendbare thermodynamische Größe für die Wassersättigung eines Systems, die in der Pflanzenphysiologie auf Pflanzen bzw. deren Organe, aber auch auf Pflanzenzellen sowie den Boden oder die Luft bezogen werden kann. Zwischen Systemen mit unterschiedlichem W. erfolgt ein Wassertransport zum System mit dem niedrigsten, negativen W. hin. Das W. ist definiert als das chemische Potenzial des Wassers dividiert durch das molare Volumen. Die Einheit des W. wird deshalb als Druck (z. B. Pascal) angegeben. Wie auch das chemische Potenzial ist das W. eine relative Größe, die als Differenz zwischen dem Potenzial eines gegebenen Zustandes mit dem Standardzustand angegeben wird. Er ist für pflanzenphysiologische Untersuchungen i. d. R. reines Wasser bei atmosphärischem Druck und glei-

cher Höhe über NN. Das W. lässt sich für Pflanzenzellen mit einem wässrigen Inhalt wie folgt definieren:

$$\Psi = -\pi + P$$

Dabei beschreibt $-\pi$ den Einfluss der gelösten Substanzen (*osmotischer Druck*) und P den hydrostatischen Druck im Zellinnern, den Turgordruck (↗ Turgor). Alternativ wird in der Fachliteratur anstatt von $-\pi$ das *osmotische Potenzial* Ψ_S verwendet, das sich im Vorzeichen vom osmotischen Druck unterscheidet. Prinzipiell müsste als weiterer Faktor die Schwerkraft in die *Wasserpotenzialgleichung* einfließen, sie ist bei den meisten Pflanzen jedoch vernachlässigbar klein.

Bei Böden, Samen und trockenen Zellwänden muss das so genannte *Matrixpotenzial* t bzw. Ψ_M berücksichtigt werden, da adsorptive Effekte von Wasser an Oberflächen dessen Verfügbarkeit beeinträchtigen können. Eine wassergesättigte Pflanzenzelle weist gleich großen osmotischen Druck und Turgordruck auf, sodass das W. dieser Zelle $\Psi = 0$ ist. In einem *hypertonischen* Medium verliert die Zelle aufgrund von ↗ Osmose Wasser, wobei es zur ↗ Plasmolyse kommen kann. P ist dann $= 0$ und das W. wird dann nur durch $-\pi$ bestimmt. Das W. ist ein guter Indikator zur Charakterisierung des pflanzlichen Wasserhaushaltes und somit des Gesamtzustandes einer Pflanze in Bezug auf Wachstum (↗ Streckungswachstum), Umweltfaktoren (↗ Dürrestress) und Ernteerträge, da Pflanzen in das *W.-Gefälle* zwischen Boden und Luft

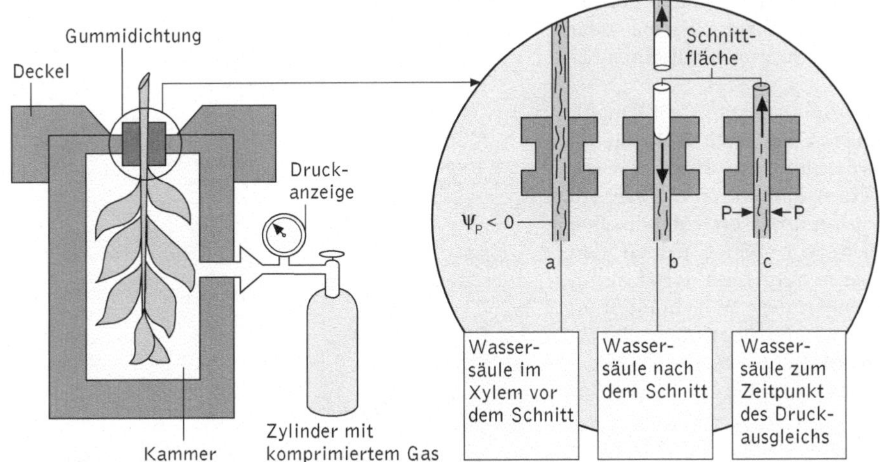

Wasserpotenzial Die Pflanze im Wasserpotenzialgefälle zwischen Boden und Luft. Die Werte für das Wasserpotenzial der Luft gelten für eine Temperatur von 20 °C. Die anderen Werte beziehen sich auf Böden und Kulturpflanzen der feuchtgemäßigten Klimate (nach Larcher, W. Ökophysiologie der Pflanzen, 1994 und Willert, D.J. et al.: Experimentelle Pflanzenökologie, Grundlagen und Anwendungen, 1995)

„eingespannt" sind ($\nearrow$ Transpiration). Aus diesem Grund stehen eine Reihe von Verfahren zur Bestimmung des W. zur Verfügung. Neben dem $\nearrow$ Psychrometer kann das W. auch mit Hilfe einer *Druckkammer* bestimmt werden. Sie misst den negativen hydrostatischen Druck (=Sog) im Xylem der meisten Pflanzen, da davon ausgegangen wird, dass dieses in etwa dem W. der Gesamtpflanze entspricht. Das zu messende Organ (z. B. Blatt) wird zunächst abgetrennt und mit der Schnittfläche nach außen in die Druckkammer eingespannt, die mit einem komprimierten Gas gefüllt werden kann. Dieses wird so lange in die Druckkammer eingeleitet, bis durch den Überdruck Wasser an der Schnittfläche austritt. Der *Ausgleichsdruck* hat denselben Wert – allerdings mit entgegengesetztem Vorzeichen – wie P des Xylems. Ist zudem π bekannt, kann das W. gut abgeschätzt werden.

Wasserralle, Art der Rallen ($\nearrow$ Rallidae).

Wasserregionen, $\nearrow$ Gewässerregionen.

Wasserreis, 1) *Tuscarorareis*, in Nordamerika und Asien heimische Gatt. *Zizania* der $\nearrow$ Poaceae. Die einjährigen Rispengräser bringen schwarzen Reis hervor, der früher das einzige Getreide der Indianer war. Heute wird er vor allem als Fischfutter verwendet.

Wasserpotenzial Bestimmung des Wasserpotenzials mit Hilfe der Druckkammer. (A) Intakter Schössling, das Xylem besitzt ein negatives Wasserpotenzial. (B) Nach dem Schnitt wird das Wasser durch den Sog ins Xylem zurückgezogen. (C) Durch Anlegen eines Überdrucks gelangt das Wasser zurück an die Schnittfläche

2) Kulturform des ↗ Reis (*Oryza sativa*), die in Terrassenfeldbau oder mit natürlicher Überstauung des Monsunregens in den Niederungen Asiens angebaut wird.

Wasserschlauch, *Utricularia*, Gatt. der ↗ Lentibulariaceae.

Wasserschutzgebiet, Gebiet, das zur Sicherung einer bestehenden oder künftigen Trinkwassergewinnung nach dem *Wasserhaushaltsgesetz* unter Schutz gestellt ist. Hieraus resultieren weitreichende Nutzungsreglementierungen, u. a. die Beschränkung auf Grünlandnutzung, Limitierung der Düngerausbringung und der Bebauung. Meist sind W. in drei *Wasserschutzzonen* unterteilt, den Fassungsbereich sowie die engere und die weitere Schutzzone.

Wasserschweine, die Fam. ↗ Hydrochaeridae.

Wasserspaltung, ↗ Fotolyse.

Wasserspinne, ↗ Argyroneta.

Wasserstatus, ↗ Wasserbilanz.

Wassersterngewächse, die Fam. ↗ Callitrichaceae.

Wasserstoff, *Hydrogenium*, chemisches Symbol *H*, chemisches Element mit der Ordnungszahl 1. W. liegt bei Zimmertemperatur in Form des molekularen *Diwasserstoffs H_2* vor, der ein brennbares, farb-, geruch- und geschmackloses Gas ist. Aufgrund der geringen Molekülmasse und der damit zusammenhängenden hohen mittleren Teilchengeschwindigkeit, besitzt W. ein ausgezeichnetes Diffusions- und Wärmeleitvermögen und verhält sich in gasförmigem Zustand weitgehend wie ein ideales Gas. In Wasser u. a. Lösungsmitteln ist W. wenig löslich. Typisch für W. ist die Ausbildung kovalenter Bindungen zu den Elementen mittlerer und hoher ↗ Elektronegativität. Diwasserstoff ist infolge der hohen Bindungsenergie relativ reaktionsträge. Daher bedürfen entsprechende Umsetzungen normalerweise einer Aktivierung durch Wärme oder Strahlungsenergie bzw. der Anwesenheit eines Katalysators.

Im Universum ist W. das verbreitetste Element. Am Aufbau der Erdkruste ist er nach ↗ Sauerstoff und ↗ Silicium als das dritthäufigste Element beteiligt. In elementarer Form kommt W. in geringen Mengen als Bestandteil von Erdgasen, vulkanischen Gasen oder Ähnlichem vor, bildet jedoch den Hauptanteil in den oberen Schichten der ↗ Atmosphäre. In riesigen Mengen liegt W. gebunden an Sauerstoff als ↗ Wasser vor. Darüber hinaus ist W. Bestandteil der ↗ Kohlenwasserstoffe der ↗ Erdgase und des ↗ Erdöls sowie zahlloser organischer Verbindungen.

W. kommt in allen Biomolekülen, an ↗ Kohlenstoff (C), ↗ Stickstoff (N), ↗ Sauerstoff (O) oder ↗ Schwefel (S) gebunden, vor. Die Abspaltung von W. ist gleichbedeutend mit ↗ Oxidation. Der biologische Prozess, durch den in atmenden Zellen Wasserstoff mit Sauerstoff verbunden wird, ist die Elektronentransportkette der ↗ Atmungskette. In ihr wird der als *Knallgasreaktion* normalerweise explosionsartig ablaufende Prozess in kleine Schritte zerlegt und zur Gewinnung von chemischer Energie in Form von ATP (↗ Adenosinphosphate) genutzt. An den meisten biologischen Reaktionen nimmt W. als Proton $H^+ + e^-$ teil. Die Coenzyme NADH und NADPH fungieren als Überträger von H^+ und $2\,e^-$ (äquivalent zu einem Hydridion). Reaktionen, die H_2 einbeziehen sind selten (↗ Wasserstoff oxidierende Bakterien).

Wasserstoffbakterien, ↗ Wasserstoff oxidierende Bakterien.

Wasserstoffbrückenbindung, *Wasserstoffbrücke*, *H-Brücke*, eine nicht kovalente Bindung (Wechselwirkung) zwischen einem Protonendonor X–H und den freien Elektronenpaaren anderer Atome Y (Protonenakzeptor), wobei X und Y stark elektronegative Elemente wie Fluor, Sauerstoff oder Stickstoff sein müssen. In abgeschwächter Form können auch Chlor und Schwefel W. eingehen. Die Bindungsenergie von W. liegt meist zwischen derjenigen einer echten kovalenten Bindung und der Energie einer van-der-Waals-Wechselwirkung (↗ schwache Wechselwirkungen). Ähnlich verhält es sich mit den Bindungslängen. In biologischen Systemen ist der H-Donor ein Sauerstoff- oder ein Stickstoff-Atom mit kovalent gebundenem Wasserstoff, und als H-Akzeptoren fungieren ebenfalls ein Sauerstoff- oder Stickstoffatom. W. sind gerichtet und erreichen maximale Stärke, wenn Donor- und Akzeptor- und das H-Atom auf einer Linie liegen.

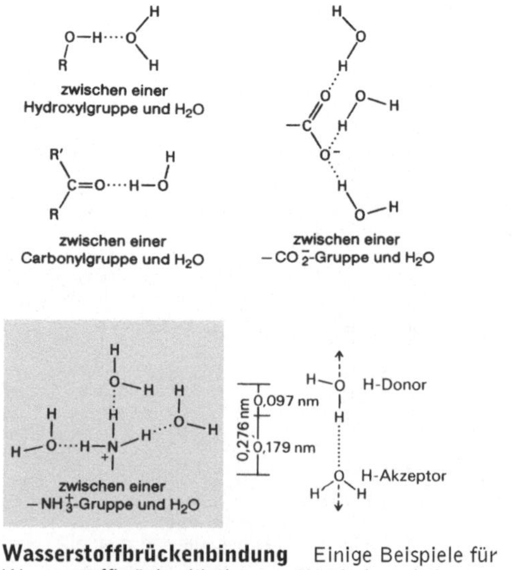

Wasserstoffbrückenbindung Einige Beispiele für Wasserstoffbrückenbindungen. W. sind nur bei genauer Ausrichtung zwischen Donor- und Akzeptormolekül „stark", d. h. energiereich

Sekundärstrukturen von Proteinen und die DNA-Doppelhelix werden z. B. durch W. stabilisiert.

Wasserstoffbrückenbindung Reaktive Gruppen, die Wasserstoffbrückenbindungen ausbilden können

reaktive Gruppe	Donor	Akzeptor
Hydroxyl- —OH	+	+
Thiol- —SH	+	+
Carbonyl- $>$C$=$O	–	+
Amino- —NH$_2$	+	+
Imino- $=$NH	+	+
Amido- —C—NH$_2$ (O$\parallel$)	+	+

Wasserstoff oxidierende Bakterien, *Wasserstoffbakterien*, *Knallgasbakterien*, dient molekularer Wasserstoff (H$_2$) als Elektronen-Donor und Sauerstoff (O$_2$) als Elektronen-Akzeptor, die Energie liefernde Reaktion ist also eine in mehreren Schritten ablaufende Knallgasreaktion. Dazu besitzen alle W. o. B. ein oder mehrere Hydrogenase-Enzyme, die H$_2$ binden und entweder zur Produktion von ATP ($\nearrow$ Adenosinphosphate) verwenden oder als Reduktionsäquivalente für das autotrophe Wachstum nutzen. Zum Wachstum ist zusätzlich eine Kohlenstoffquelle erforderlich, z. B. CO$_2$. Es handelt sich dabei um meist fakultativ chemolithotrophe Bakterien der Gatt. *Ralstonia*.

Wasserstoffperoxid, früher *Wasserstoffsuperoxid*, chemische Formel H$_2$O$_2$, eine farblose, mit Wasser in jedem Verhältnis mischbare Flüssigkeit, die sich in exothermer Reaktion zu Wasser und Sauerstoff zersetzt: H$_2$O$_2 \rightarrow$ H$_2$O + 1/2 O$_2$.

W. ist ein starkes Oxidations-, Desinfektions- und Bleichmittel, das in der organischen Chemie, Medizin und Kosmetik verwendet wird.

In biologischen Systemen bildet sich W. bei der Oxidation von $\nearrow$ Aminosäuren und bei der Oxidation von $\nearrow$ Xanthin durch Übertragung von $\nearrow$ Wasserstoff auf molekularen $\nearrow$ Sauerstoff. W. wird als Substrat von $\nearrow$ Katalasen und $\nearrow$ Peroxidasen umgesetzt; dabei wird ein Sauerstoffatom von Wasserstoffperoxid entweder auf andere Substrate oder auf Wasserstoffperoxid selbst übertragen; in letzterem Fall (Katalase-Wirkung) bildet sich O$_2$ (Dehydrierung von W.). $\nearrow$ Glutathion, $\nearrow$ Radikale, $\nearrow$ Superoxid-Dismutase

Wasserstress, bei Pflanzen $\nearrow$ Dürrestress.

Wassertransport, die Verlagerung von Wasser vom Boden ($\nearrow$ Wasseraufnahme) durch die Pflanze in die Atmosphäre, die aufgrund des Wasserpotenzial-Gefälles ($\nearrow$ Wasserpotenzial) überwiegend durch $\nearrow$ Transpiration oder bei deren Wegfall durch den $\nearrow$ Wurzeldruck erfolgt. Die längste Strecke wird bei den meisten Pflanzen im $\nearrow$ Xylem zurückgelegt, das spezielle anatomische Anpassungen für den W. aufweist. Die Triebkraft des W. ist vor allem die durch die transpirierenden Blätter erfolgende *Saugwirkung* (Transpirationssog), die einen W. bis in eine Höhe von 120 m ermöglicht und zu Geschwindigkeiten führt, die bei Bäumen 1 - 5 m/h und krautigen Pflanzen bis zu 60 m/h erzielen können. Hierbei spielen Kohäsionskräfte der Wassermoleküle untereinander eine große Rolle ($\nearrow$ Kohäsionstheorie der Wasserleitung). Einen wichtigen Kontrollmechanismus des W. stellen $\nearrow$ Spaltöffnungen dar.

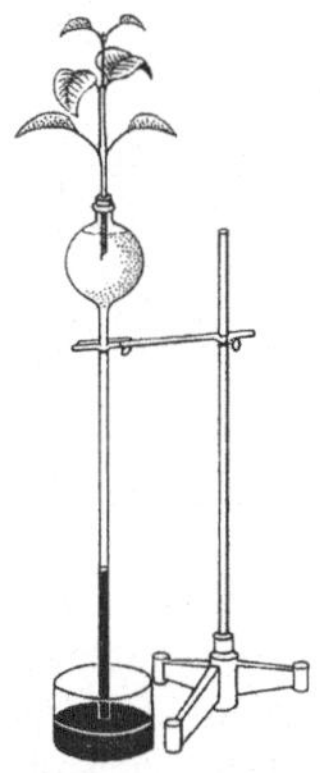

Wassertransport Modellversuch zum Wassertransport in einem abgeschnittenen Zweig. Verbindet man diesen über eine mit Wasser gefüllte Kapillare mit Quecksilber, so steigt dieses wie bei einem Barometer an, sobald die Transpiration an der Blattoberfläche einsetzt

Wasser- und Mineralhaushalt, der Wasserhaushalt der Tiere hängt untrennbar mit dem Mineralhaushalt (Elektrolythaushalt, $\nearrow$ Elektrolyte) zusammen. Vergleichbar den Pflanzen ($\nearrow$ Wasserhaushalt) kann zwischen poikilosmotischen und homoiosmotischen Organismen unterschieden werden, je nachdem, ob das osmotische Potenzial ($\nearrow$ Osmose) der Körperflüssigkeiten dem der Umgebung passiv angepasst oder auf einem konstanten Niveau reguliert wird ($\nearrow$ Osmoregulation).

Wasser ist, wie bei Pflanzen, der Hauptbestandteil tierischer Organismen und als Lösungs- und Transportmittel an allen Stoffwechselprozessen beteiligt. Die Wassergehalte schwanken zwischen 45 und 98 % des Körpergewichts (zum Vergleich: erwachsener Mensch ca. 60 %). Bei den meisten Tieren führen Wasserverluste von wenigen Prozent zu körperlichen Schäden. Bei Wirbeltieren sind Verluste von 10 - 15 % des Körpergewichts tödlich, während z. B. Bärtierchen (Tardigrada) bis zu 85 % ihrer Masse verlieren und so jahrelang überleben können ($\nearrow$ Anabiose).

Wasser- und Mineralhaushalt Täglicher Wasserumsatz im Körper eines erwachsenen Menschen (verändert nach Schmidt, Thews, Lang: Physiologie des Menschen, Heidelberg 2000)

		Liter Wasser in 24 Stunden
Wasseraufnahme über	Nahrungsmittel	0,7
	Oxidationswasser	0,3
	Trinkmenge	0,6 bis zu mehreren Litern, je nach Bedarf
Wasserabgabe über	Verdunstung (über Haut und Lunge)	0,8
	Kot	0,1
	Harn	0,7 oder mehr, je nach Trinkmenge und Funktionszustand der Niere
	Schweiß	0–10

I. Allg. ist das Körperwasser auf zwei gegeneinander abgegrenzte Flüssigkeitsräume verteilt, den Intrazellularraum und den Extrazellularraum, wobei ersterer, als die Summe der Volumina der einzelnen Zellen mit rund 30 bis 40 % Anteil vom Körpergewicht das größte Kompartiment ist. Der Extrazellularraum kann unterschieden werden in den insterstitiellen Raum (ca. 25 % des Körpergewichts), den Plasmaraum (5 %) und den Transzellularraum, der die von Pleura, Bauchfell und Perikard umgebenen Räume, den Liquorraum, die Augenhöhlen sowie die Lumina von Magen-Darm-Trakt, Urogenitalsystem und Drüsen umfasst; er ist vom Interstitialraum durch eine Schicht von Epithelzellen getrennt. Die verschiedenen Flüssigkeitsräume zeigen unterschiedliche Elektrolytzusammensetzung. So überwiegen im Extrazellularraum Natrium- und Chloridionen, während intrazellulär Kaliumionen sowie anionische Proteine und Phosphatverbindungen dominieren. Die ungleiche Kationenverteilung ist von großer Wichtigkeit, da sie Voraussetzung für die Entstehung und Aufrechterhaltung des Membranpotenzials ist. Wasser kann zwischen allen beschriebenen Räumen frei diffundieren, wobei die treibende Kraft der osmotische bzw. in den Kapillaren der hydrostatische Druck ist.

Wichtig ist die Konstanz von Volumen und Ionenzusammensetzung der einzelnen Kompartimente, was nur durch eine ausgeglichene Wasser- und Elektrolytbilanz nach außen erreicht werden kann. Wasseraufnahme und Wasserabgabe werden normalerweise im Wesentlichen durch orale Zufuhr (Trinken), Resorption in Darm und Niere, Ausscheidung über die Niere, Schweißsekretion und

Bildung von Oxidationswasser bestimmt, die Elektrolytaufnahme und -abgabe vor allem durch die Resorption in Darm und Niere sowie die Verluste über den Schweiß.

An der Regulation des Wasserhaushalts homoiosmotischer Tiere sind verschiedene Rezeptoren und Hormone beteiligt. Beim Menschen, dessen extra- und intrazelluläre Flüssigkeit eine Osmolalität von etwa 290 mosmol/kg H_2O aufweisen, melden Osmorezeptoren eine Erhöhung des osmotischen Potenzials an den Hypophysen-Hinterlappen, sodass vermehrt ↗ Adiuretin ausgeschüttet wird, was eine verminderte Wasserretention in der ↗ Niere zur Folge hat. Außerdem erhält das Zwischenhirn über Dehnungsrezeptoren in der linken Herzvorkammer Informationen über Blutvolumenzunahme oder -abnahme, sodass bei zu geringem Blutvolumen vermehrt Hormone ausgeschüttet werden (↗ Renin-Angiotensin- System, ↗ Durst). Es wirken noch einige weitere Hormone auf den Wasserhaushalt, so z. B. ↗ Aldosteron.

Mangel an Wasser (*Dehydratation*) oder Wasserüberschuss (*Hyperhydratation*), die oft mit gleichzeitigem Mangel oder Überschuss an Natriumchlorid einhergehen, wirken sich u. a. über die Schwellung oder Schrumpfung von Zellen (vor allem im Gehirn), eine Abnahme des Blutvolumens, dem ein Abfall des ↗ Blutdrucks folgt, sowie einer Zunahme des interstitiellen Volumens, die zu Ödemen führt, aus und können zu lebensbedrohenden Störungen führen.

(↗ Exkretion, ↗ Calcium, ↗ Kalium, ↗ Magnesium, ↗ Natrium, ↗ Wasser)

Wasserverfügbarkeit, Bez. für die Anzahl der Tage mit optimaler Wasserversorgung während der Wachstumsperiode von Pflanzen, die sich auf den Ernteertrag von landwirtschaftlichen Nutzpflanzen auswirkt, da Wasser der am meisten limitierende Faktor für die Ertragsbildung darstellt. Bei natürlichem Wassermangel (↗ Dürrestress) kann die W. durch Bewässerung gesteigert werden.

Wasserverschmutzung, die Verunreinigung von Gewässern und ↗ Grundwasser durch den Eintrag fester, flüssiger oder gasförmiger Stoffe aus Haushalt, Gewerbe, Industrie und Landwirtschaft. Dieser Eintrag kann über Abwässer, direkte Einleitung oder über die Luft erfolgen. Dadurch wird das ökologische Gleichgewicht gestört und die Nutzung des Wassers als Brauch- oder ↗ Trinkwasser erschwert. Dies ist dann erst nach aufwändigen Maßnahmen zur ↗ Wasseraufbereitung (↗ Trinkwasseraufbereitung, ↗ Kläranlage) möglich.

Wasserwanzen, die ↗ Nepomorpha.

water use efficiency, ↗ Transpirationskoeffizient.

Watson, *James Dewey*, amerikan. Biochemiker, ✴ 6.4.1928 Chicago (Illinois); ging 1951 an das Cavendish Laboratory in Cambridge (England), seit

1961 Prof. in Cambridge (Massachusetts), ab 1968 Direktor des Cold Spring Harbor Laboratory in Long Island (New York). W. klärte 1952 den Aufbau der Proteinhülle des Tabakmosaikvirus auf und stellte 1953 zusammen mit F.H.C. ↗ Crick auf der Grundlage der durch Röntgenstrukturanalyse von R. ↗ Franklin und M.H.F. ↗ Wilkins erhaltenen Daten das Doppelhelix-Modell (*Watson-Crick-Modell*) der Desoxyribonucleinsäure (DNA) auf. 1962 erhielt er zusammen mit Crick und Wilkins den Nobelpreis für Physiologie oder Medizin.

Watson-Crick-Modell, das auf J. ↗ Watson und F. ↗ Crick zurückgehende, im Jahr 1953 entstandene Modell zur Beschreibung der DNA als ↗ Doppelhelix, mit dessen Hilfe sich z. B. die ↗ Replikation der DNA erklären lässt.

Watt, flaches küstennahes Schwemmland im Wirkungsbereich der Tiden: bei Flut wird das Gebiet überspült, bei Ebbe fällt es trocken, indem das Wasser durch tiefe Furchen, die so genannten *Priele* abfließt. Der durchschnittliche Tidenhub beträgt 2,50 m. Das Wattenmeer wirkt als Sinkstoff-Falle für Schwebstoffe, die zur Küste hin transportiert und dort abgelagert werden. Man unterscheidet das *Sandwatt* mit relativ grobkörnigem Sand, das den flächenmäßig größten Teil des W. einnimmt, vom feinkörnigen *Schlickwatt* in strömungsgeschützten Bereichen. Vom Land zum Meer hin zeigt sich eine deutliche Zonierung des W. in *Supralitoral* (↗ Litoral) mit verschiedenen Typen von ↗ Salzwiesen und *Eulitoral*. Im untersten Bereich des Supralitorals befindet sich die *Quellerzone*, in der der *Queller* (*Salicornia europaea*) als typischer Erstbesiedler die Festlegung des Sediments einleitet. Fauna und Flora des Eulitorals werden bestimmt durch die Substratbeschaffenheit, die Zeitdauer des Trockenfallens bei Ebbe und die Strömungsexposition. An den *Spülsäumen* finden sich neben verschiedenen Insekten als Vertretern der Landfauna auch schon typische marine Formen mit sessiler bis hemisessiler Lebensweise. Hierzu zählen der ↗ Wattwurm, Wattkrebse (↗ Amphipoda), Muscheln (↗ Bivalvia), Schnecken (↗ Gastropoda) und Polychaeten (↗ Polychaeta).

Aufgrund der Vielfalt von Flora und Fauna wurden in Deutschland die drei Nationalparks Hamburgisches, Niedersächsisches und Schleswig-Holsteinisches Wattenmeer mit einer Gesamtfläche von 5367 km² eingerichtet. Aus Gründen des Küstenschutzes und der Landgewinnung wurden Teile des W. eingedeicht. Nach Entsalzung entstehen anschließend aus dem Watt fruchtbare *Marschböden*.

Wattenmeer, ↗ Watt.

Wattkrebs, Art der ↗ Amphipoda.

Wattwurm, *Pierwurm*, *Arenicola marina*, zu den ↗ Polychaeta gehörende, bis 20 cm lange Art der Ringelwürmer (↗ Annelida). Der W. ist ein typi-

scher Bewohner des Sandwatts, in dem er U-förmige Bauten anlegt. Er ist gekennzeichnet durch 19 Borstenpaare auf den Segmenten drei bis 21 und durch rot gefärbte (Hämoglobin) Kiemenpaare auf den Segmenten sieben bis 19. W. sind Substratfresser. Sie sind als Köder für den Fischfang beliebt.

Watvögel, die ↗ Limicolae.

Weber, *Ernst Heinrich*, deutscher Anatom und Physiologe, ✳ 24.6.1795 Wittenberg, † 26.1.1878 Leipzig; 1818-71 Prof. in Leipzig. W. ist Mitbegründer der Psychophysik und der modernen Sinnesphysiologie. Er arbeitete insbesondere über Tast- und Gehörsinn sowie das Nervensystem. 1834 formulierte er das *Weber'sche Gesetz*, das 1860 von G.T. Fechner (1801-1887) zum *Weber-Fechner'schen Gesetz* erweitert wurde. Er entdeckte die der Schallweiterleitung dienenden ↗ Weber-Knöchelchen. Außerdem ist nach ihm der zur Hörprüfung verwendete *Weber'sche Versuch* benannt.

Weber-Fechner'sches Gesetz, ein psychophysisches Grundgesetz, das besagt, dass zwischen der messbaren und der empfundenen Reizstärke kein linearer Zusammenhang besteht, sondern die Intensität der Empfindung proportional dem Logarithmus der Stärke des auslösenden Reizes ist. Dies ist für mittlere Reizintensitäten bei Licht- und Schallreizen annähernd erfüllt. Das W.-F.G. ging von dem für kleine Reize gültigen Weber'schen Gesetz aus, demzufolge eine Reizänderung zu einer um so kleineren Änderung der Empfindung führt, je größer der Reiz ist. (↗ Gehörsinn, ↗ Ohr, ↗ Reiz, ↗ Schall, ↗ Sehen)

Weberknechte, die ↗ Opiliones.

Weber-Knöchelchen, bei den Karpfenfischen (↗ Cyprinidae) und Welsen (↗ Siluriformes) vorkommende, von den vorderen drei Wirbeln und Rippen abstammende kleine Knochenstücke, die Schwingungen von der ↗ Schwimmblase zum Labyrinth übermitteln, also Hilfseinrichtungen zur Schallweiterleitung (*Gehörknöchelchen*) sind und so Hören ermöglichen. Der vordere Teil der Schwimmblase, die hier als Resonanzraum dient, ist dehnungsfähiger als der hintere Teil und leitet die Schwingungen zum Perilymphraum (Sinus impar). Bei einigen Arten hat die Schwimmblase nur noch die Funktion, Schwingungen zu übertragen, und ist bis auf den vorderen Teil völlig reduziert. (↗ Gehörorgane, ↗ Ohr)

Weber-Linie, ↗ Wallacea.

Webervögel, die Fam. ↗ Ploceidae.

Webspinnen, die ↗ Araneae.

Wechselbeziehungen zwischen Lebewesen, neben der Anpassung an die ↗ abiotischen Faktoren ihrer Umwelt spielen für die Organismen einer ↗ Biozönose auch die biotischen Interaktionen (↗ Koevolution) mit anderen artverschiedenen Lebewesen ihrer Umwelt eine bedeutende Rolle und beeinflussen maßgeblich die Populationsdichte. Interaktionen, die vorteilhaft für eine Art sind, die andere aber schädigen, sind ↗ Prädation und ↗ Parasitismus, nachteilige Wirkung auf die Populationsdichte beider Arten hat die interspezifische ↗ Konkurrenz. Bei der ↗ Karpose einschließlich des ↗ Kommensalismus profitiert eine Art aus der Interaktion während die andere Art unbeeinflusst bleibt. Die ↗ Symbiose stellt eine Interaktion dar, bei der sich die Dichte jeder Art durch die Anwesenheit der anderen erhöht und somit für beide Arten positive Auswirkungen hat.

wechselfeucht, ↗ poikilohydrisch.

Wechseljahre, *Klimakterium*, Bez. für die Zeit, in der die Eierstockfunktion der Frau allmählich erlöscht und die Produktion reifer Eizellen eingestellt wird. Die W. treten in der heutigen Zeit meist zwischen dem 45. und dem 55. Lebensjahr auf, in seltenen Fällen deutlich früher oder deutlich später. Mit dem Erlöschen der Funktion der ↗ Eierstöcke verbunden sind Veränderungen der Hormonkonzentrationen, wobei insbesondere das Absinken der ↗ Estrogene einschneidende körperliche Veränderungen nach sich zieht; begleitende Symptome sind u. a. unregelmäßige und schließlich ausbleibende Menstruation, Turgorverlust der Haut, Veränderung der Schleimhäute der Genitalien und insgesamt eine sich über Jahre hinziehende Rückbildung von Brustgewebe und Geschlechtsorganen. Die Umstellungsvorgänge beginnen mit der *Prämenopause* und gehen über die *Menopause* (letzte spontane Menstruation) in die *Postmenopause* über, die mit dem Eintritt ins Senium endet. Weitere Symptome, die auftreten können, sind Schlafstörungen, Depressionen, Verlust von sexuellem Interesse (Libido), Hitzewallungen und Osteoporose (vermehrte Knochenbrüchigkeit infolge eines vermehrten Abbaus von Knochengewebe). Vor allem die zuletzt beschriebenen Symptome treten in den westlichen Industrienationen bei rund 60 % der betroffenen Frauen auf, etwa 40 % haben während der W. keine nennenswerten Beschwerden. Insbesondere Schlafstörungen, Depressionen und der Verlust von sexuellem Interesse können oft zumindest teilweise auf psychosoziale Ursachen zurückgeführt werden; diese können zum einen mit dem Verlust der Fortpflanzungsfähigkeit und damit verbunden einem veränderten Selbstbild als Frau, zum anderen mit einem häufig in diesem Alter stattfindenden Wechsel der sozialen Rolle (die Kinder verlassen das Elternhaus) in Verbindung gebracht werden. Interessant ist, dass in vielen asiatischen Ländern (z. B. Japan) Frauen i. Allg. keine Wechseljahrsbeschwerden haben und auch das Auftreten von Osteoporose wesentlich seltener ist. Das Nichtauftreten der Symptome wird zum einen auf den Verzehr großer Mengen von Sojaprodukten

(die Estrogen-ähnliche Substanzen enthalten) zurückgeführt, zum anderen auf die andere Einstellung der Frauen zu diesem Lebensabschnitt.

Auch beim Mann wird eine dem Klimakterium entsprechende Phase (*Climacterium virile*) diskutiert, die zwischen dem 40. und 60. Lebensjahr ebenfalls als Folge des (allerdings weniger dramatisch erfolgenden) Rückgangs der Hormonproduktion, auftreten soll. Als etablierter Begriff ist das männliche K. wegen der höchst unspezifischen, nur unzureichend bestimmten hormonellen Veränderungen zuzuordnenden Symptome (vegetative Labilität, Abnahme von Potenz und Libido, Abnahme der Ejakulatmenge) umstritten.

wechselwarm, ↗ poikilotherm.

Wechselzahl, engl. *turnover number*, veraltete Bez. für die molare Aktivität von Enzymen, das ist die Anzahl von Substratmolekülen, die ein Enzym bei vollständiger Substratsättigung pro Zeiteinheit in das Produkt umwandelt. Eine der größten W. mit 600000 pro Sekunde besitzt die ↗ Carboanhydrase. (↗ Enzyme)

Wedel, große Blätter (*Megaphylle*), bei denen die Blattspreite in Fiederblättchen unterteilt ist, die einer gemeinsamen Blattspindel (*Rhachis*) ansitzen. W. findet man bei Farnen (↗ Pteridopsida), Palmen (↗ Arecaceae) und Cycadeen (↗ Cycadales).

Wegerichgewächse, die Fam. ↗ Plantaginaceae.

Wegwarte, *Cichorium inthybus*, in Europa beheimatete Art der ↗ Asteraceae, deren fleischige ↗ Rübe seit alters her als Heilpflanze und Gemüse verwertet wird. Früher wurde aus der gerösteten Rübe ein Kaffee-Ersatz gewonnen. Die W. ist die Stammform des Chicorée (↗ Zichorie).

Wehen, ↗ Geburt.

Wehrdrüsen, der ↗ Abwehr mittels Schreckstoffen (↗ Wehrsekrete) dienende Drüsen bei verschiedenen Tieren. (↗ Schutzanpassungen)

Wehrpolypen, *Dactylozooide*, ↗ Siphonophora.

Wehrsekrete, der zwischenartlichen ↗ Abwehr dienende Ausscheidungen vieler Tiere, die an den verschiedensten Körperstellen produziert werden und mannigfaltige chemische Zusammensetzung besitzen. I. w. S. können auch Alarmpheromone (↗ Alarmstoffe) zu den W. gerechnet werden, da sie häufig neben ihrer Pheromon-typischen intraspezifischen Kommunikationsvermittlung der Abwehr von Feinden dienen. Ein Beispiel ist die Ausscheidung von Isoamylacetat mit dem Stich der Biene, die andere Bienen dazu veranlasst, ebenfalls die so markierte Stelle zu attackieren. Eine Reihe von ↗ sekundären Pflanzenstoffen, die der Abwehr von Einzellern, Pilzen oder Fraßfeinden dienen (Hexenal, Blausäure (↗ Cyanide), ↗ Terpene, aber auch ↗ Ecdysteroide und viele andere Stoffe), können ebenfalls als W. aufgefasst werden; sie werden von manchen Insekten inkorporiert und dienen diesen als Wehrsekrete.

Die meisten chemischen Bestandteile der W. sind niedermolekular (relative Molekülmasse zwischen 30 und 200); häufig vertretene Stoffklassen sind Säuren, ↗ Aldehyde, ↗ Ketone, ↗ Ester, ↗ Kohlenwasserstoffe, Lactone, Phenole, p-Benzochinone, Monoterpene. Höhermolekulare W. findet man als klebrige ↗ Proteine (mechanische Abwehrfunktion) oder als ↗ Steroidhormone (z. B. bei Schwimmkäfern). Viele W. werden in lokal außerordentlich hohen Konzentrationen gebildet (ein ↗ Gelbrandkäfer enthält z. B. die gleiche Cortexon-Menge wie 1500 Rindernieren) und duften sehr stark. In einem W. können mehrere Komponenten enthalten sein (bei Wanzen bis zu 18 verschiedene Stoffe), ferner können bei einer Art verschiedene Wehrdrüsen mit unterschiedlichen W. vorkommen. Manche Wehrsekretkomponenten dienen als Lösungsmittel für die eigentlichen abschreckenden oder toxischen Verbindungen, z. B. Kohlenwasserstoffe als Lösungsmittel für Chinone bei Schwarzkäfern (↗ Tenebrionidae) und Kurzflüglern. So werden in den Pygidialdrüsen der Schwimmkäfer W. gegen Mikroorganismen gebildet (Benzoesäure, PHB-Ester, Glykoproteide), wogegen spezifische prothorakale Abwehrdrüsen neben ↗ Alkaloiden die erwähnten Steroide enthalten, die auf Wirbeltiere (speziell Amphibien) narkotisierend wirken.

W. werden entweder in speziellen exokrinen Drüsen produziert, oder sie sind im Blut, im Verdauungssaft oder anderweitig im Körper enthalten, von wo sie entweder nach lokalen mechanischen Reizen (Reflexbluten, ↗ Exsudation; „Sollverwundungsstellen" bei Ölkäfern u. a. Käfern) oder durch Regurgitation aus dem Verdauungstrakt (z. B. Schnabelfliegen, ↗ Mecoptera, und Geradflügler) hervorgebracht werden. Die giftigen Farbfrösche (↗ Dendrobatidae) besitzen hochwirksame Alkaloide in ihrer Haut (↗ Batrachotoxine).

Nach der Art der Abgabe der in Drüsen gebildeten W. können mehrere Drüsentypen unterschieden werden: Schmetterlingsraupen besitzen oft am Kopf ausstülpbare Drüsen (so genannte *Osmeterien*), die ein Gemisch aus Iso-Buttersäure und 2-Methylbuttersäure abgeben; entsprechende Vorrichtungen wurden bei Kurzflüglern am Abdomen gefunden. Bei anderen Drüsen fließen die W. aus (Tausendfüßer) und können mit den Extremitäten über den ganzen Körper verteilt werden; „nach Anwendung" werden sie teilweise wieder in die Drüsen eingesogen (Larven der Blattkäfer, ↗ Chrysomelidae). Derartige W. enthalten i. Allg. Chinone, Salicylaldehyd u. a. Stoffe. Besonders ausgeprägt ist dieser Typ in den ↗ Prothorakaldrüsen. *Pygidialdrüsen* arbeiten als Spritzdrüsen und erlauben mit dem Versprühen der W. in eine bestimmte Richtung

eine gezielte Abwehr; sie finden sich bei Laufkäfern (↗ Carabidae), Schwarzkäfern, Wanzen (↗ Heteroptera), Stummelfüßern (↗ Onychophora) und vielen anderen. Die Inhaltsstoffe der Pygidialdrüsen sind chemisch sehr heterogen. Allein bei Laufkäfern kommen Ameisensäure, Alkane, Chinone, Kresol, aliphatische Ketone, Methacrylsäure, Salicylaldehyd, Salicylsäuremethylester, Isovalerian- und Isobuttersäure vor. Speziell bei den Laufkäfern erlauben die Ausgestaltung der Drüsen und die chemische Zusammensetzung der W. eine Diagnose ihrer phylogenetischen Entwicklung. In Reaktordrüsen, zu denen auch die Pygidialdrüsen der Bombardierkäfer gehören, werden die W. erst im Moment der Entladung gebildet; in den Drüsen selbst werden die Vorstufen der chemischen Reaktion gespeichert. Auf diese Weise erreichen die Eigentümer derartiger Wehrdrüsen Schutz vor ihren eigenen W. Schließlich kommen auch spezialisierte Teile des Tracheensystems (↗ Tracheen) zusammen mit drüsigem Gewebe (so genannten *Trachealdrüsen*) als W. produzierende Strukturen vor, so werden z. B. bei Schaben (↗ Blattariae) und Grashüpfern (↗ Caelifera) die W. in diesen Fällen „ausgeatmet" und bilden einen Schaum, der Sesquiterpene oder ↗ Histamine und Cardenolide enthält.

Ein völlig anderer Typ der Abwehr wird mit solchen W. erreicht, die nach ihrer Ausscheidung erstarren und sich in Form von wachsartigem Puder oder sonstigen leicht abstreifbaren Materialien oder Strukturen auf die Körperoberfläche legen. Indem sich das so geschützte Tier bei einem Angriff dieser Hülle wie einer Jacke entledigt, entgeht es dem Angreifer. Diese Art von W. finden sich u. a. bei Motten (↗ Tineidae) und Köcherfliegen (↗ Trichoptera). Derartige Bedeckungen können auch fremder Herkunft sein oder, wie bei der Larve eines Schildkäfers, ein bewegliches Schild aus getrockneten Fäkalien, das dem Angreifer gezielt entgegengehalten wird. Auch das so genannte Entspannungsschwimmen einiger Kurzflügler (*Stenus*) und der Wasserläufer der Gattung *Velia* beruht auf W. aus abdominalen oder Speicheldrüsen (*Velia*). Die W., die nur bei Gefahr abgegeben werden, setzen die Oberflächenspannung des Wassers unmittelbar vor oder hinter dem Tier herab und schieben oder ziehen es dadurch mit beachtlicher Geschwindigkeit (40 - 75 cm/s) aus dem Gefahrenbereich. (↗ Schutzanpassungen)

Wehrstachel, der ↗ Abwehr dienendes, stachelförmiges Organ bei verschiedenen Gliederfüßern (↗ Arthropoda), das oft mit einer Giftdrüse kombiniert ist (↗ Stachel).

Wehrvögel, die Fam. ↗ Anhimidae.

weiblicher Überträger, ↗ Geschlechtschromosomen-gebundene Vererbung.

Weichtiere, die ↗ Mollusca.

Weide, *Salix*, Gatt. der ↗ Salicaceae mit zahlreichen, in der Nordhemisphäre verbreiteten Arten. Die sommergrünen, seltener immergrünen Bäume, Sträucher und Zwergsträucher mit lanzettlichen Blättern gehören zu den wichtigsten Gehölzen der Auwälder und Ufergehölze. Mehrere Arten werden als *Kopfweiden* regelmäßig beschnitten, ihre Ruten sind Ausgangsmaterial für die Korbflechterei. Hierzu zählen die Korb-W., *Salix viminalis*, die Sal-W., *Salix caprea*, mit silberweiß glänzenden Kätzchen und die Ohren-W., *Salix aurita*.

Weidegänger, Bez. für Tiere, die pflanzliche Nahrung abweiden. Sie besitzen dazu gut entwickelte Mundwerkzeuge, mit denen sie die Nahrung abreißen, abbeißen oder abraspeln und dann noch mechanisch zerkleinern. Zu den W. gehören u. a. Landschnecken, zahlreiche Pflanzen fressende Insekten, Wasserinsekten, Algen abweidende Seeigel und unter den Säugetieren viele Nagetiere und die Huftiere.

Weidelgras, *Lolium*, *Lolch*, Gatt. der ↗ Poaceae, wichtiges Futter- und Rasengras.

Weidengewächse, die Fam. ↗ Salicaceae.

Weidenmeise, Art der Meisen (↗ Paridae).

Weidenröschen, Gatt. der ↗ Onagraceae.

Weihen, *Circus*, Gatt. mittelgroßer Greifvögel (↗ Accipitridae) mit langen, schmalen Flügeln, langem Schwanz und langen Beinen. Das Gesicht wirkt durch einen Federschleier eulenartig; er steht vermutlich im Dienst der akustischen Lokalisierung von Beutetieren. Charakteristisch ist der schaukelnde Jagdflug dicht über dem Boden oder Schilf mit V-förmig abgewinkelten Flügeln. Von den neun weltweit verbreiteten Arten kommen in Deutschland drei als regelmäßige Brutvögel vor, die alle auf der ↗ Roten Liste stehen. Die in Sümpfen und an Gewässern mit ausgedehnten Röhrichtflächen lebende bussardgroße Rohrweihe (*Circus aeruginosus*) ist zwar noch am häufigsten, aber als potenziell gefährdet eingestuft. In Deutschland vom Aussterben bedroht sind hingegen die Kornweihe (*Circus cyaneus*) und die Wiesenweihe (*Circus pygargus*). Alle W. sind Zugvögel.

Weiher, größeres stehendes Gewässer, dem aufgrund seiner geringen Tiefe im Gegensatz zum ↗ See die lichtlose Tiefenregion (*aphotische Zone* bzw. das *Hypolimnion*) fehlt und dessen Grund daher gänzlich von Pflanzen bewachsen sein kann.

Weihrauch, ↗ Burseraceae.

Weil-Krankheit, *Weil'sche Krankheit*, durch ↗ Spirochäten der Gatt. *Leptospira* hervorgerufene infektiöse Gelbsucht.

Wein, i. w. S. ein Getränk, das durch ↗ alkoholische Gärung besonders aus Säften mit hohem Zuckergehalt entsteht. I. e. S. ist damit Traubensaft gemeint, der durch auf den Trauben vorhandene Wildhefen vergoren ist. Zur Sicherstellung reproduzierbarer Ergebnisse werden heute vielfach die im Most vorhandenen Wildhefen durch Erhitzung (↗ Pasteurisierung) des Traubenpresssaftes (*Maische*) abgetötet und ↗ Weinhefe zugesetzt. Das anschließende *Schwefeln* des Mostes durch schweflige Säure oder flüssiges Schwefeldioxid schützt den Most vor Oxidationen und hemmt z. T. die Entwicklung unerwünschter Mikroorganismen. Die bei der Gärung herrschende Temperatur ist ein wichtiger Faktor für die Qualität des W. Ist sie abgeschlossen, muss der Wein noch vom Sediment, das die Hefen und andere organische Rückstände enthält, getrennt werden, bevor man ihn in Flaschen abfüllt.

Weinbergschnecke, *Helix pomatia*, Art der Landlungenschnecken (↗ Stylommatophora) mit rundlichem Gehäuse von bis 4 cm Durchmesser aus festwandigen, rasch anwachsenden Umgängen, mit unregelmäßigen Zuwachsstreifen und bis zu fünf dunkelbraunen Spiralbändern; der Mündungsrand ist bei alten W. erweitert und wulstig verdickt, der Nabel ganz oder teilweise bedeckt. W. bevorzugen kalkhaltige Böden in wärmeren Gegenden, wo sie in lichten Wäldern und Gebüsch von Kräutern leben. Die zwittrigen Tiere kopulieren im Mai bis August nach einem Vorspiel, in dessen Verlauf ein spitzer Kalkkörper (↗ Liebespfeil) in den Fuß des Partners gestoßen wird. Anschließend wird wechselseitig eine Spermatophore übertragen. Sechs bis acht Wochen nach der Paarung werden ca. 50 kalkschalige Eier von 5 mm Durchmesser in eine selbstgegrabene Erdhöhle abgelegt und nach drei bis vier Wochen schlüpfen kriechend die Jungschnecken. Im Winter und in sommerlichen Trockenzeiten wird das Gehäuse durch einen kalkigen Deckel (Epiphragma) verschlossen. W. sind eine geschätzte Delikatesse, die seit Jahrhunderten gesammelt, in „Schneckengärten" gefüttert und besonders zur Fastenzeit verkauft wird. In den Handel kommen die aktiven Tiere („Kriecher") und die Ruhestadien („Deckelschnecken"). Die einheimische W. ist durch die Bundesartenschutzverordnung geschützt, doch kann das Sammeln von Weinbergschnecken mit einem Gehäusedurchmesser über 3 cm zwischen dem 1. April und dem 15. Juni zugelassen werden. Als Ersatz werden zunehmend süd- und osteuropäische Weinbergschnecken importiert.

Weinhähnchen, Art der ↗ Grylloida.

Weinhefe, Rassen von *Saccharomyces cerevisiae* (↗ Saccharomyces), die zur ↗ alkoholischen Gärung bei der Herstellung von ↗ Wein eingesetzt werden. Die Alkoholtoleranz der W. liegt bei ca. 15 %, Getränke mit höherem Alkoholgehalt (Weinbrand) gewinnt man durch anschließende Destillation des Fermentationsproduktes. Neben alkoholhaltigen Getränken wird auch Industriealkohol mit W. hergestellt.

Weinrebe, *Vitis*, Gatt. der ↗ Vitaceae, deren mittels Ranken kletternde Sträucher vor allem in Nordamerika und Ostasien beheimatet sind. Wirtschaftlich bedeutendste Art ist die Echte W., *Vitis vinifera*, aus deren beiden wild vorkommenden Unterarten die zahlreichen Sorten der Kulturrebe, *Vitis vinifera* ssp. *vinifera* entstanden sind.

Weinrebengewächse, die Fam. ↗ Vitaceae.

Weisel, in der *Imkerei* übliche Bez. für die Königin der ↗ Honigbiene.

Weiselfuttersaft, ↗ Gelée Royale.

Weiselwiege, in der *Imkerei* übliche Bez. für die (größere) Zelle der Königin im Bau der ↗ Honigbiene.

Weismann, *August Friedrich Leopold*, deutscher Arzt und Zoologe, ✳ 17.1.1834 Frankfurt a. M., † 5.11.1914 Freiburg i. Br.; nach Arbeiten als Arzt in Rostock und Frankfurt ab 1867 Prof. für Zoologie in Freiburg i. Br. Von W. stammen bedeutende Arbeiten zur Embryologie und zur Vererbungs- und Abstammungslehre. Er begründete die Theorie von der Kontinuität des Keimplasmas (potenzielle Unsterblichkeit). Als Gegner des ↗ Lamarckismus bestritt W. die Erblichkeit erworbener Eigenschaften; er war neben H. de ↗ Vries der Begründer des ↗ Neodarwinismus. Mit der Erfassung des Prinzips der ↗ Meiose (er prägte die Begriffe *„Reduktionsteilung“* und *„Äquationsteilung“*) ahnte er bereits die Bedeutung der ↗ Chromosomen und schuf die entscheidenden Grundlagen für das heutige Verständnis des Vererbungsvorgangs.

Weißbuche, die ↗ Hainbuche.

Weißdorn, *Crataegus*, in der nördlich gemäßigten Zone verbreitete Gatt. der ↗ Rosaceae. Es handelt sich meist um bedornte Sträucher und Bäume, deren in Größe und Farbe an Hagebutten erinnernde Sammelnussfrüchte (↗ Frucht) gekocht verwendet werden.

weiße Blutkörperchen, die ↗ Lymphocyten.

weiße Substanz, ↗ Gehirn, ↗ Rückenmark.

Weißfäule, durch die Aktivität verschiedener Basidiomyceten (↗ Basidiomycetes) entstandene Korrosion an Bäumen und anderen Kulturpflanzen. Hierbei erfolgt sowohl ein ↗ Ligninabbau als auch ein Abbau von ↗ Cellulose und ↗ Hemicellulosen. Das Holz zerfällt dadurch weiß-faserig. Ein typischer W.-Pilz ist der ↗ Austernseitling.

Weißfische, die Fam. ↗ Cyprinidae.

Weißhai, *Menschenhai, Carcharodon carcharias*, 5 - 6 m (selten bis 9 m) langer Vertreter der Makrelenhaie (Fam. Isuridae), der in allen tropischen und gemäßigten Ozeanen heimisch ist. Der W. gilt als der für Menschen gefährlichste Hai. Er jagt normalerweise Fische, Robben und Delphine, greift aber unter Umständen auch Badende und kleine Boote an. (↗ Selachimorpha)

Weißklee, *Trifolium repens*, Ausläufer bildende, anspruchslose Art der ↗ Fabaceae, die sich als typische Weidepflanze meist von selbst auf Brachflächen ansiedelt und gezielt zur ↗ Gründüngung ausgesät wird.

Weißkopf-Seeadler, Art der ↗ Seeadler.

Weißlinge, die Fam. ↗ Pieridae.

Weißstorch, Art der Fam. ↗ Ciconiidae.

Weißwal, Art der Gründelwale (↗ Monodontidae).

Weitsichtigkeit, *Übersichtigkeit, Hypermetropie, Hyperopie*, ist durch einen Brechungsfehler des Auges bedingt. Da der Augapfel im Verhältnis zum dioptrischen Apparat (↗ Auge, ↗ Sehen) zu kurz ist, werden in der Nähe betrachtete Gegenstände hinter der Netzhaut abgebildet, da die Nahakkommodation nicht ausreicht; infolgedessen können sie nicht scharf gesehen werden. Weit entfernte Gegenstände hingegen werden scharf gesehen. Die W. kann durch Sammellinsen korrigiert werden. Die *Altersweitsichtigkeit (Presbyopie)* hingegen wird durch Elastizitätsverlust der Augenlinse verursacht. Auch hier kann bei in der Nähe betrachteten Gegenständen nicht mehr ausreichend akkommodiert werden. Die Korrektur erfolgt ebenfalls durch Sammellinsen.

Weizen, *Triticum*, Gatt. der ↗ Poaceae, die eine der wichtigsten Kulturpflanzengruppen mit der weltweit größten Anbaufläche ist. Die Wildformen des W. sind meist mehr oder weniger lang begrannt, die Kulturform grannenlos. Nach morphologischen Merkmalen kann man den W. in drei Gruppen ordnen, die verschiedenen Stufen der ↗ Polyploidie entsprechen. Die diploide *Einkorn-Reihe* ist charakterisiert durch flache Ähren, die reifen Körner sind fest von Spelzen umschlossen. Hierzu gehört das nur noch selten kultivierte Einkorn, *Triticum monococcum*. Bei der tetraploiden *Emmer-Reihe* sind die Ährchen vielblütiger. In urgeschichtlicher Zeit hatte der Wilde Emmer, *Triticum dicoccoides* große Bedeutung, aus ihm wurde die früheste Kulturform, *Triticum dicoccon* gezüchtet. In diese Gruppe gehört auch der Hartweizen, *Triticum durum*, der vorwiegend zur Herstellung von Grieß und Teigwaren genutzt wird. Von der hexaploiden *Dinkel-Reihe* sind keine Wildformen bekannt. Hierzu gehören der Dinkel, *Triticum spelta* mit sehr festen Spelzen und als wichtigste Art der Saatweizen, *Triticum aestivum*, bei dem sich die Körner lose in den Spelzen befinden (*Nacktweizen*). Innerhalb des Saatweizens unterscheidet man mittlerweile über 400 Varietäten. Anbautechnisch differenziert man außerdem in Sommer- und Winterweizen. (s. Abb. auf Seite 354)

Welken, bei Pflanzen das Erschlaffen von Blättern, Spross und Sprossteilen, welches auf Wassermangel, aber auch auf Schädigung von Zellmem-

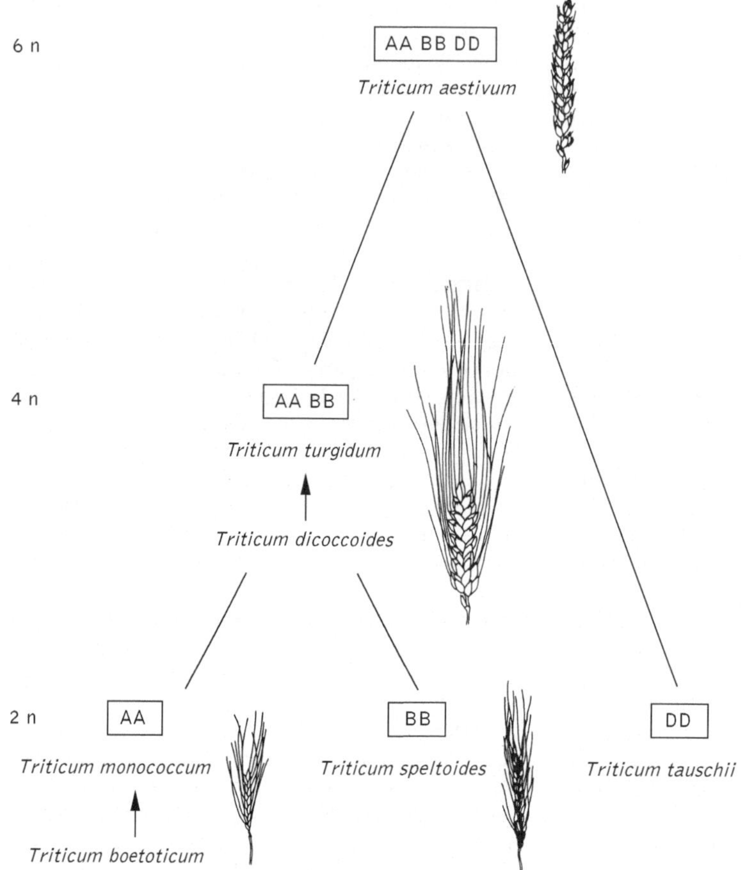

Weizen Evolution des Saatweizens. Aus der Wildsippe *Triticum boeticum* wurde die Kulturform *Triticum monococcum* (Einkorn) gezüchtet und aus der durch Artbastardierung entstandenen tetraploiden Wildsippe *Triticum dicocoides* die Kulturform Emmer (*Triticum turgidum*). Im dritten Jh. entstand durch Kreuzung des Emmers mit dem Ziegenweizen (*Triticum tauschii*) und anschließender Allopolyploidie der hexaploide Saatweizen (*Triticum aestivum*)

branen und damit einhergehendem Verlust ihrer ↗ Semipermeabilität zurückzuführen ist (↗ Welketoxine). Zum W. kommt es, wenn der ↗ Turgor der Pflanzenzellen gegen Null sinkt und es durch ↗ Plasmolyse zum Ablösen der Plasmamembran von der Zellwand kommt (↗ Wasserpotenzial). Durch ↗ osmotische Einstellung können Pflanzen das W. vorübergehend verhindern. Mit zeitlich fortschreitendem Wassermangel (↗ Dürrestress) kann zwischen dem optisch kaum wahrnehmbaren *beginnenden W.*, dem sichtbaren und nachts auch ohne Bewässerung reversiblen *temporären W.* sowie dem *permanenten W.* unterschieden werden, das nachts ohne Bewässerung nicht zurückgebildet wird. Es tritt auf, wenn der ↗ permanente Welkepunkt erreicht wurde.

Welkepunkt, Bez. für den Wassergehalt des Bodens oder Wuchssubstrates, bei dem es bei Pflanzen zum ↗ Welken kommt. (↗ permanenter Welkepunkt)

Welketoxine, *Welkstoffe*, von pflanzenpathogenen ↗ Bakterien und Pilzen gebildete toxische Stoffwechselprodukte, die bei Pflanzen irreversibles Welken hervorrufen. Sie werden über das ↗ Leitgewebe bis in die Triebspitzen der Pflanze transportiert und schädigen die Cytoplasmamembran der Zelle. Dadurch kommt es zu einer erhöhten Permeabilität für Wasser und infolgedessen zu einem Turgorverlust, dem *Welken*. Zu den W. gehören *Marasmine*, *Lycomarasmin* und *Fusarinsäure*.

Wellensittich, Art der Papageien (↗ Psittaciformes).

Wellhornschnecke, eine Art der Neuschnecken (↗ Neogastropoda).

Welse, die ↗ Siluriformes.

Welwitschie, *Welwitschia mirabilis*, ↗ Gnetopsida.

Wendehals, Art der Spechte (↗ Picidae).

Wenigborster, die ↗ Oligochaeta.

Wenigfüßer, die ↗ Pauropoda.

Werkzeugkulturen, Bez. für Kulturstufen des Menschen in der ↗ Anthropogenese, die jeweils durch eine bestimmte Werkzeugtechnologie gekennzeichnet sind (↗ Aurignacien, ↗ Magdalénien, ↗ Mensch, ↗ Moustérien, ↗ Oldowan-Industrie, ↗ Solutréen, ↗ Steinzeit).

Wermut, *Artemisia absinthum*, aus Südeurasien stammender Strauch der Fam. der ↗ Asteraceae.

Die Blätter enthalten glykosidische Bitterstoffe und ↗ etherische Öle, darunter das starke Neurotoxin *Thujon*. W. wurde in der Medizin als Wurmmittel und als Bittermittel zur Herstellung von Wermutschnaps (*Absinth*) verwendet.

Wernicke-Areal, *Wernicke-Zentrum, Wernicke-Sprachzentrum*, im hinteren, seitlichen Teil des Temporallappens der Großhirnrinde gelegendes Gebiet, in dem durch Verarbeitung zahlreicher Signale aus verschiedenen Teilen des ↗ Gehirn das Sprachverständnis und die Interpretation z. B. von Zahlen und Wörtern ermöglicht wird. Das W. - A. ist für das Codieren und Decodieren von ↗ Sprache und damit für höhere intellektuelle Leistungen von zentraler Bedeutung. Bei Läsionen des W. - A. ist der Patient trotz uneingeschränkter Hörwahrnehmung nicht in der Lage, den Sinn der gehörten Wörter zu verstehen. Die Patienten sprechen zwar flüssig, benutzen aber phonetische und semantische Umschreibungen, wobei sie neue Wörter erfinden (*Wernicke-Aphasie*; z. B. „Spille" statt „Spinne"). Nicht an Sprache gebundene Leistungen, wie z. B. das Verstehen und Interpretieren von Musik sind unbeeinträchtigt. (↗ Broca-Areal)

Western Blot, *Western Blotting*, ein in Analogie zu Verfahren der ↗ Nucleinsäurehybridisierung, insbesondere zum ↗ Southern Blot bezeichnetes biochemisches Standardverfahren, bei dem bestimmte Proteine durch geeignete Antikörper nachgewiesen werden können, nachdem die Proteine zuvor auf einem Nitrocellulose-Filter immobilisiert worden sind. I. d. R. werden Proteine zunächst mittels ↗ Elektrophorese aufgetrennt und dann auf den Filter übertragen. Für den Nachweis eines bestimmten Proteins in einem Zellextrakt kommen eine Reihe verschiedener immunologischer Verfahren wie z. B. ↗ ELISA, ↗ Radioimmunassay oder Umsetzung eines Farbstoffes bzw. fluoreszierenden Farbstoffes in Frage.

Wetterfühligkeit, gesteigerte Reaktionsbereitschaft des Organismus auf die Veränderung atmosphärischer Einflüsse wie Luftdruck, Temperatur oder Feuchtigkeit. W. tritt bei etwa 30 % der mitteleuropäischen Bevölkerung auf und äußert sich in Form von allg. Unwohlsein, Konzentrationsstörungen, Stimmungslabilität, Müdigkeit, Kopfschmerzen und Kreislaufstörungen.

Wicke, *Vicia*, Gatt. der ↗ Fabaceae, die in den nördlich gemäßigten Breiten beheimatet ist. Die meist kletternden Kräuter mit paarig gefiederten Blättern werden als Futterpflanze und zur ↗ Gründüngung genutzt. Hierzu gehören die Saatwicke, *Vicia sativa*, die Pferdebohne, *Vicia faba,* und die Zaunwicke, *Vicia sepium*.

Wickel, ↗ Blütenstand.

Wickler, die Schmetterlings-Fam. ↗ Tortricidae.

Widderchen, die Schmetterlings-Fam. ↗ Zygaenidae.

Widerstandsfähigkeit, ↗ Resistenz.

Wiedehopf, Art der ↗ Coraciiformes.

Wiederausbürgerung, ↗ Auswilderung.

Wiederkäuer, die ↗ Ruminantia.

Wieschaus, *Eric F.*, amerikan. Entwicklungsbiologe, ✳ 7.6.1947 South Bend (Indiana); 1975-78 Forschungsaufenthalt an der Universität Zürich, 1978-81 am Europäischen Laboratorium für Molekularbiologie (EMBL) in Heidelberg, ab 1987 Prof. in Princeton (New Jersey). W. erhielt für seine zusammen mit C. ↗ Nüsslein-Volhard am EMBL gemachten bahnbrechenden Arbeiten über die genetische Steuerung der frühen Embryonalentwicklung (Bestätigung der Gradientenhypothese bei der ↗ Musterbildung) 1995 zusammen mit Nüsslein-Volhard und E.B. ↗ Lewis den Nobelpreis für Physiologie oder Medizin.

Wiese, feuchte, gehölzfreie Grasflur der gemäßigten Zone mit geschlossener Pflanzendecke, die in erster Linie von Süßgräsern (↗ Poaceae) und niedrigen krautigen Arten bewachsen wird. Die W. wird zur Gewinnung von Heu gemäht.

Wiesel, Name für insgesamt elf Arten der zu den Marderartigen (↗ Mustelidae) gehörenden Gatt. *Mustela* (Erd- oder Stinkmarder). W. sind kleine, kurzbeinige Raubtiere mit langgestrecktem Körper. Sie sind außerordentlich wendig und schnell („wieselflink"). Alle *Mustela*-Arten können den Unterkiefer extrem weit öffnen und so den Kopf des Beutetiers umfassen. Ihre Eckzähne dringen durch das Schädeldach ins Gehirn ein und führen meist unmittelbar den Tod der Beute herbei. Kleinste Art und gleichzeitig kleinstes Raubtier überhaupt ist das 13 - 26 cm körperlange *Mauswiesel (Zwergwiesel, Mustela nivalis*). Es ist in weiten Teilen Nordamerikas, Eurasiens und in Nordafrika in fast allen Lebensräumen verbreitet und ernährt sich überwiegend von Mäusen. In Lebensweise und Verhalten sehr ähnlich, aber größer ist das *Hermelin (Großwiesel, Mustela erminea*); das Verbreitungsgebiet ist ebenfalls ähnlich demjenigen des Mauswiesels, die Südgrenze verläuft jedoch nördlicher. Hermeline sind im Sommer oberseits zimtbraun bis gelb gefärbt, mit weißem Bauch und im Winter rein weiß, jeweils mit schwarzer Schwanzquaste. Vor allem ihre Winterfelle waren früher, insbesondere auch wegen der Schwanzquaste, sehr begehrt und wurden zu Mänteln für Könige und Fürsten verarbeitet.

Wiesenfuchsschwanz, *Alopecurus pratense*, als Futterpflanze genutztes Ährenrispengras der Fam. ↗ Poaceae.

Wiesenlieschgras, *Phleum pratense*, weltweit in gemäßigten Zonen vorkommendes Wiesen- und Futtergras der Fam. ↗ Poaceae.

Wiesenpieper, Art der Pieper (↗ Motacillidae).

Wiesenrispengras, *Poa pratensis*, nahezu weltweit verbreitetes Futter- und Rasengras aus der Fam. der ↗ Poaceae.

Wiesenschwingel, *Festuca pratensis*, ausdauerndes Rispengras der Fam. ↗ Poaceae, das als Futtergras angebaut wird.

Wilde Rose, die ↗ Hundsrose.

Wilder Wein, *Parthenocissus quinquefolia*, zur Fam. ↗ Vitaceae gehörender sommergrüner Kletterstrauch mit fünfzähligen Fiederblättern. Er ist wegen seiner auffallend roten Herbstfärbung ein häufig angepflanztes Ziergehölz.

Wildesel, ↗ Esel.

Wildkatze, *Felis silvestris*, über weite Teile Europas, Asiens und Afrikas verbreitete Kleinkatze mit sehr variabler Fellfarbe und Fellzeichnung. W. sind Bewohner von Steppen, Mittelgebirgen und Wüsten. Sie sind kleine Tiere, die mehr oder weniger auf Nagetiere als Beutetiere spezialisiert sind, lediglich Wüstenformen erbeuten auch Eidechsen. Soweit bekannt, leben alle Arten als Einzelgänger, nur die Mütter leben mit den Jungen in Gruppen, bis diese selbstständig sind. Man unterscheidet drei Gruppen, deren Unterarten sich ähneln. Die *asiatischen Steppenkatzen* (*Ornata*-Gruppe) sind sand- bis okkerfarben mit dunklem Fleckenmuster und mit spitz endendem Schwanz; sie bevorzugen Trockengebiete. Nach der mitteleuropäischen W. (*Felis silvestris silvestris*), deren Verbreitungsgebiete (Kleinasien, Kaukasus, Europa) sich anschließen, werden die *Waldkatzen* (*Silvestris*-Gruppe) bezeichnet; sie kennzeichnet neben der Querstreifung auf gelb-grauer Grundfärbung der kurze, stumpf endende Schwanz. In Deutschland gibt es noch restliche Vorkommen in Harz, Hunsrück und Eifel; diese sind wahrscheinlich nicht mehr reinerbig, da leicht Vermischungen mit Hauskatzen vorkommen. Nach der Nubischen Falbkatze (*Felis silvestris lybica*), der Stammform unserer Hauskatze, werden die in Afrika und Arabien beheimateten *Falbkatzen* (*Lybica*-Gruppe) bezeichnet. (↗ Felidae)

Wildpflanzen, alle natürlich auftretenden, im Gegensatz zu den ↗ Kulturpflanzen nicht vom Menschen durch Züchtung genetisch veränderten Pflanzensippen. Viele W. wurden und werden als Nahrungsmittel genutzt (↗ Nutzpflanzen) und z. T. in Kultur genommen. So begann auch der Ackerbau des Menschen mit der gezielten Aussaat von Wildpflanzen. Zusätzlich zu anderen Nutzungszwecken liefern W. wichtige Arzneien.

Wildrinder, ↗ Rinder.

Wildschafe, *Schafe*, *Ovis*, Gatt. der Fam. Hornträger (↗ Bovidae) mit je nach Auffassung sechs bis 17 Arten. Schafe haben je nach Art eine Kopfrumpflänge von 110 bis 180 cm bei einer Körperhöhe von 65 bis 125 cm. Die Hörner sind bogenförmig, bei weiblichen Schafen sind sie weniger stark ausgebildet oder fehlen ganz. Den Schafen fehlen (im Unterschied zu den Ziegen, ↗ Wildziegen) ein Kinnbart und ausgeprägte Duftdrüsen an der Schwanzunterseite. Die wild lebenden Schafe sind Gebirgs-, zum Teil Hochgebirgsbewohner mit daraus resultierender inselartiger Verbreitung, von Korsika über Vorder- und Innerasien bis ins westliche Nordamerika. Bekannteste Arten sind das nordamerikanische Dickhornschaf (*Ovis canadensis*) und das Orientalische Wildschaf (*Ovis orientalis*), das im Wesentlichen die Stammform der Hausschafe ist; die asiatischen Formen sind vor allem in Südwestasien verbreitet, der Europäische Mufflon (*Ovis orientalis musimon*) stammt ursprünglich von Korsika und Sardinien, ist aber mittlerweile vom Menschen in weite Teile der Welt eingeführt worden. Größte Art ist das Wildschaf oder Argali (*Ovis ammon*) dessen schneckenartig gekrümmte Hörner fast zwei Meter lang werden können.

Hausschafe werden weltweit als Woll-, Fleisch- und Milchlieferanten in Herden gehalten. Sie wurden um 6000 v. Chr., wahrscheinlich an verschiedenen Orten und aus unterschiedlichen Unterarten des Orientalischen Wildschafes (*Ovis orientalis*), domestiziert. Als Stammform des europäischen Hausschafes gilt der Mufflon, als Stammform des Merino-Schafes und der asiatischen und afrikanischen Hausschafe das Argali.

Wildschweine, *Sus*, Gatt. der altweltlichen Schweine (↗ Suidae) mit vier Arten und zahlreichen Unterarten, deren Kopfrumpflänge überwiegend zwischen 90 und 150 cm beträgt. Einen hellen Backenbart trägt das *Bartschwein* (*Sus barbatus*), das mit sechs Unterarten Malaysia, Java, Sumatra und Borneo bewohnt. Das mit elf Unterarten auf Java, Celebes und den Philippinen lebende *Pustelschwein* (*Sus verrucosus*) hat drei Warzen auf jeder Kopfseite. Kleinste Art ist das nepalesische *Zwergwildschwein* (*Sus salvanius*) mit einer Kopfrumpflänge von 5 bis 65 cm. Die weiteste Verbreitung weist das europäisch-asiatische *Wildschwein* (*Sus scrofa*) auf. In 32 Unterarten bewohnt es Europa, die gemäßigten und tropischen Gebiete Asiens bis hin zum Malayischen Archipel und Nordafrika; in Amerika wurde es eingebürgert; es ist die Stammform der *Hausschweine*. Das *Mitteleuropäische Wildschwein* (*Sus scrofa scrofa*) lebt in Herden (*Rotten*; erwachsene Eber leben jedoch einzeln) hauptsächlich in feuchten Laub- und Mischwäldern. Auf Nahrungssuche (pflanzliche und tierische Kost, Aas) gehen Wildschweine im Sommer überwiegend nachts, im Winter tags. Die längsgestreiften Jungtiere (*Frischlinge*, maximal zwölf) folgen der Mutter (*Bache*) nach einer Woche Nestaufenthalt.

Wildtyp, Bez. für einen ⌐ Phänotyp und den dazugehörenden ⌐ Genotyp, der typisch für die jeweilige Art ist und somit als Standard gilt. Durch ⌐ Mutation geht aus dem W. eine *Mutante* hervor. In einem Kreuzungsschema oder bei der genetischen Charakterisierung werden W.-Allele häufig als + oder mit der Abkürzung wt angegeben.

Wildziegen, *Ziegen*, Bez. für zwei Arten der zu den Böcken (⌐ Caprini) gehörenden Gatt. *Capra*, mit kräftigem Körper auf starken Beinen und Kopfrumpflängen von 115 bis 170 cm bei Körperhöhen von 65 bis 105 cm. Die Männchen haben große, säbelförmig gebogene Hörner, diejenigen der Weibchen sind kleiner und fast gerade. Das Haarkleid ist kurz, charakteristisch für die Männchen sind der Kinnbart und Duftdrüsen an der Schwanzunterseite. Die rezenten Wildziegen sind (ebenso wie die ⌐ Wildschafe) Gebirgs- oder Hochgebirgsbewohner mit inselartiger Verbreitung in Eurasien und Nordafrika.

Stammform der *Hausziegen* (*Capra aegagrus hircus*) ist die hauptsächlich in Vorderasien beheimatete Bezoarziege (*Capra aegagrus*), von der ein bedrohter Restbestand auf griechischen Inseln lebt (Kreta-Wildziege). Ziegen wurden schon im 7. Jahrtausend v. Chr. (vor dem Rind!) in den Hausstand überführt und waren damit neben dem Schaf die ersten Haustiere. Auch Fleisch und Haut (zur Ledergewinnung) der Ziegen werden geschätzt; von Angoraziegen stammt das so genannte Kamelhaar. Ziegen sind in der Lage, auch spärlich vorhandene oder vom Gelände her schwer zugängliche Nahrung noch abzuweiden. Gestalt und Färbung der Hausziegen sind vielfältig. Verwilderte Hausziegen kommen auf den Britischen Inseln und einigen Mittelmeerinseln vor. Die Hörner der südasiatischen Schraubenziege (Markhor; *Capra falconeri*), sind charakteristisch spiralig gewunden. (⌐ Steinböcke)

Wilkins, Sir *Maurice Hugh Frederick*, brit. Biochemiker, * 15.12.1916 Pongaroa (Neuseeland); ab 1955 Vize-Direktor des biophysikalischen Forschungszentrums am King's College in London, ab 1961 Prof. W. schuf ab 1951 mit seinen röntgenstrukturanalytischen Untersuchungen der Nucleinsäuren (neben R. ⌐ Franklin) die Grundlage zur Aufklärung der Doppelhelix-Struktur der ⌐ Desoxyribonucleinsäure durch F.H.C. ⌐ Crick und J. D. ⌐ Watson. 1962 erhielt er zusammen mit Crick und Watson den Nobelpreis für Physiologie oder Medizin.

Wimperepithel, *Flimmerepithel*, ein stets einschichtiges Epithel, dessen Zellen (*Flimmerzellen*) an ihrer freien Oberfläche mit Cilien besetzt sind, die im ganzen Epithelverband koordiniert schlagen und Stoffe entlang der Epitheloberfläche transportieren können. W. treten bei den meisten Gruppen mehrzelliger Tiere auf und dienen bei Wassertieren u. a. dem Beutefang (⌐ Strudler) und dem Nahrungstransport im Darm, der Erzeugung von Atemwasserströmen, im Atmungstrakt von Wirbeltieren zum Auswärtstransport von Schleim und Fremdkörpern sowie bei manchen Tiergruppen auch der eigenen Fortbewegung (z. B. Strudelwürmer, ⌐ Turbellaria).

Wimpern, die ⌐ Cilien.

Wimpernsohle, ⌐ Gastrotricha.

Wimpernurnen, charakteristische Strukturen der Spritzwürmer (⌐ Sipuncula).

Wimpertierchen, die ⌐ Ciliata.

Wind, meist horizontale Bewegung der Luft, die durch Ausgleichsbewegung zwischen Gebieten unterschiedlichen *Luftdrucks* entsteht. Durch die Erdrotation werden die W. aus ihrer ursprünglichen Richtung abgelenkt und strömen daher meist horizontal. Bei bodennahem W. wird die Richtung auch durch die Bodenformation beeinflusst.

Windausbreitung, die ⌐ Anemochorie.

Windbestäubung, die ⌐ Anemogamie.

Windblütigkeit, die ⌐ Anemogamie.

Windengewächse, die Fam. ⌐ Convolvulaceae.

Windepflanzen, die ⌐ Kletterpflanzen.

Windfaktor, Einfluss des Windes (⌐ Wind) auf den pflanzlichen oder tierischen Organismus. Wind verstärkt die Effekte der Außentemperatur auf Organismen, indem er den Wärmeverlust durch Verdunstung erhöht. Entsprechendes gilt für den Wasserverlust durch Steigerung der ⌐ Evaporation und ⌐ Transpiration.

Bei winterlich gefrorenem Boden und Erschwerung des Wassernachschubs kann es bei Pflanzen zu Vertrocknungsschäden (*Frosttrocknis*) kommen. Darüber hinaus kann der Wind die Morphologie der Pflanzen stark beeinflussen: auf der dem Wind zugewandten Seite hemmt er das Wachstum der Äste bei Bäumen, während die Äste der Windschattenseite normal wachsen, so entsteht eine fahnenartige Wuchsform. Krautige Pflanzen bleiben bei dauernder Windexposition kleiner und bilden weniger Blattmasse aus. Als Transportmittel trägt der Wind zur Verbreitung der Pollen (⌐ Anemogamie) und Samen (⌐ Anemochorie) bei.

Bei Tieren ist der Wind für die passive Verbreitung und den Flug von Insekten und Vögeln von Bedeutung sowie bei der Orientierung. Eine Einstellung oder Bewegung zur Windrichtung und eine Orientierung nach dem Wind wird als *Anemotaxis* bezeichnet. Sie ist bei manchen Käfern, Wanderheuschrecken (⌐ Wanderinsekten) u. a. Insekten festgestellt worden. Kleinere Tiere werden oft über große Entfernungen verdriftet, teilweise haben sie dafür spezielle Hilfsmittel wie Spinnfäden (*Altweibersommer*) oder Wachsfäden (bei Blattläusen) ausgebildet. Auf den besonders windexponierten

Kerguelen gibt es Fliegen, die eine Reduktion der Flügel zeigen.

Windkesselfunktion, Eigenschaft der elastischen Arterien und der Aorta, sich nach einer Herzkontraktion (Systole, ↗ Herz) zu dehnen und somit einen Teil der kinetischen Energie des ausströmenden Blutes in potenzielle Energie umzuwandeln. Während der Herz-Erschlaffung (Diastole) dehnen sich entsprechend dem Voranschreiten der Pulswelle benachbarte Gefäßteile. Auf diese Weise wird der durch die Herzpumpe erzeugte diskontinuierliche Blutstrom in eine kontinuierliche Strömung umgewandelt.

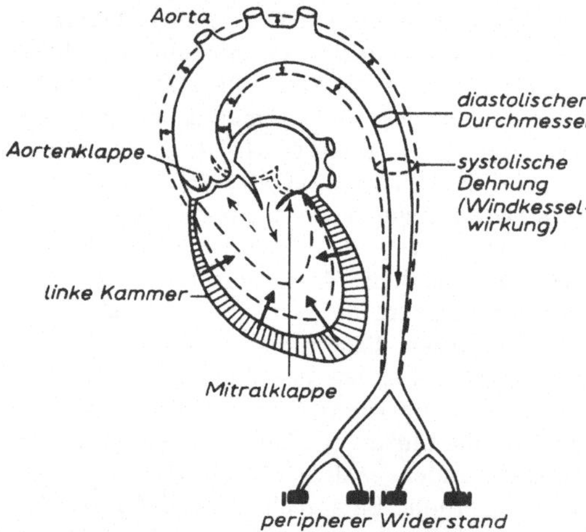

Windkesselfunktion schematische Darstellung der Windkesselfunktion des Arteriensystems. Die gestrichelte Linie gibt den erweitertern Gefäßdurchmesser nach einer Herzkontraktion (Systole) wieder, die durchgezogene Linie den nach der Herzerschlaffung (Diastole) entsprechend engeren Gefäßdurchmesser

Windpocken, *Varizellen*, *Wasserpocken*, besonders im Kindesalter häufige Infektionskrankheit, die durch Erstinfektion mit dem ↗ Varizella-Zoster-Virus hervorgerufen wird. Die Ansteckung erfolgt über Tröpfcheninfektion. Nach einer ↗ Inkubationszeit von zehn bis 21 Tagen kommt es zu einem systemischen papulösem Ausschlag, der schnell und i. d. R. problemlos verheilt. In seltenen Fällen kommt es zu starker Narbenbildung. Eine Zweitinfektion mit dem Erreger führt zum Krankheitsbild der ↗ Gürtelrose.

Windröschen, *Anemone*, kosmopolitisch verbreitete Gatt. der ↗ Ranunculaceae. Von den sechs einheimisch wachsenden Arten ist das in Laubwäldern vorkommende Buschwindröschen, *Anemone nemorosa*, am bekanntesten.

Winogradsky, (*Winogradskij*), *Sergej Nikolajewitsch*, russ. Mikrobiologe, * 1.9.1856 Kiew, † 24.2.1953 Paris. Prof. in St. Petersburg, ab 1922 am Pasteur-Institut in Paris tätig. W. gilt als Begründer der Bodenmikrobiologie. Er erkannte, dass Schwefel oxidierende Bakterien (1887) und Eisenbakterien (1889) aus der Oxidation reduzierter Schwefelverbindungen bzw. Eisen-III-Verbindungen Energie für ihren Stoffwechsel gewinnen können und prägte dafür 1922 den Begriff „*Anorgoxidation*". W. entwickelte gemeinsam mit M.W. Beijerinck (1851-1931) Methoden zur Anreicherung wichtiger physiologischer Bakteriengruppen (↗ Winogradsky-Säule).

Winogradsky-Säule, von dem russischen Mikrobiologen Sergej Winogradsky entwickelte Glaszylinder, mit deren Hilfe man ↗ Algen und ↗ Cyanobakterien, Nichtschwefelpurpurbakterien, Schwefelpurpurbakterien (↗ Chromatiaceae), Grüne Schwefelbakterien (↗ Chlorobiaceae), und ↗ Sulfatreduzierer isolieren kann. Die W. stellt ein anaerobes Miniatur-Ökosystem dar, in dem sich verschiedene Nährstoff-, H_2S-, Sauerstoff- und Lichtgradienten ausbilden, was zu einer schichtweisen Entwicklung der verschieden angepassten Mikroorganismen führt.

Winterales, sehr ursprüngliche Ord. der ↗ Magnoliopsida, die nur vereinzelt Alkaloide sowie teilweise noch tracheenloses Holz besitzt. Die Staubund Fruchtblätter (↗ Staubblatt, ↗ Fruchtblatt) sind ebenfalls urtümlich. Zu den W. gehören die Fam. ↗ Winteraceae und Canellaceae.

Winterannuelle, ↗ annuelle Pflanzen.

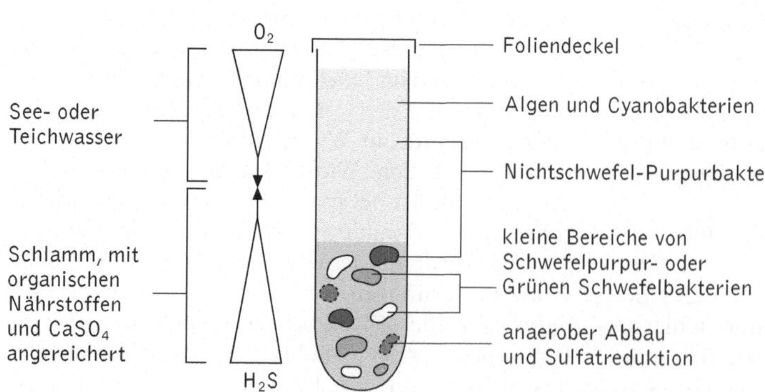

Winogradsky-Säule Schematische Darstellung der Winogradsky-Säule. Aerobe Mikroorganismen wachsen gestaffelt nach ihrem Sauerstoffbedarf im oberen Teil der Säule, anaerobe in den H_2S-haltigen Zonen. Chemoorganotrophe Bakterien wachsen in der gesamten Säule

Wintergrüngewächse, die Fam. ↗ Pyrolaceae.

Winterruhe, 1) *Botanik*: Bez. für die starke Einschränkung der Lebensaktivitäten bei Pflanzen außertropischer Gebiete während des winterlichen Klimas. (↗ Dormanz)

2) *Zoologie*: Bez. für die im Unterschied zum ↗ Winterschlaf nicht allzu tiefe, häufiger auch zur Nahrungsaufnahme unterbrochene Ruhe- und Schlafphase während des Winters bei verschiedenen Säugetieren, z. B. Dachs, Bären, Eichhörnchen u. a. Die Körpertemperatur sinkt während dieses Ruhezustands nicht ab; eine Einsparung an Stoffwechselenergie wird nur durch das körperliche Ruhen erreicht. (↗ Diapause)

Winterschlaf, ↗ Hibernation, Schlafperiode bei einigen Säugetieren, die mit stark herabgesetzten Lebensfunktionen verbunden ist, um die nahrungsarme Winterzeit in einem Zustand der Lethargie zu verbringen. Zu den Winterschläfern zählen vor allem Vertreter niederer Warmblüter-Gruppen, wie Fledermäuse (↗ Microchiroptera), Igel (↗ Erinaceidae) und einige Nagetiere, wie z. B. Hamster (↗ Cricetinae), Siebenschläfer (↗ Gliridae) und Murmeltiere, die ohnehin niedrigere und von der Umwelt beeinflusste Wachtemperaturen aufweisen. Bei einer auf die Umgebungstemperatur abgesunkenen ↗ Körpertemperatur beträgt unter gleichzeitig eingeschränkter Schilddrüsenfunktion der Tages-Kalorienumsatz im W. nur noch bis zu 1/50 des Sommerumsatzes. Die Atemfrequenz sinkt, es kommt zu langen, bis zu einer Stunde dauernden Atempausen (Apnoe), gefolgt von mehreren schnellen Atemzügen (*Cheyne-Stokes-Atmung*). Die apnoischen Perioden gewinnen mit fortschreitendem W. an Länge. Das Aufwachen aus dem W. kündigt sich durch Einsetzen einer kontinuierlichen Atmung an. Der W. ist im Gegensatz zur konsekutiven passiven Kältelethargie poikilothermer Tiere (↗ poikilotherm) in Gebieten mit zyklischem Temperaturwechsel eine prospektive Form der ↗ Dormanz und beginnt mit einer vermehrten Winterschlafbereitschaft. Dazu sind neben abiotischen Faktoren (vor allem Temperatur) auch endogene Umstellungen, z. B. des gesamten Hormonsystems, erforderlich. Als Folge zeigt sich eine Änderung des Verhaltensmusters, indem lange vor dem W. Winterlager eingerichtet und Nahrungsreserven in Form von körpereigenem Fett und Glykogen oder Nahrungsvorräte durch Sammeln angelegt werden. Bei abnehmenden Temperaturen versucht der Winterschläfer zunächst, seine Körpertemperatur aufrechtzuerhalten, dies bis zu einem kritischen Punkt, ab dem die ↗ Temperaturregulation unterbleibt. Die Körpertemperatur sinkt ab bis zu einer „Minimaltemperatur", bei deren Erreichen die Temperaturregulation wieder einsetzt. Wird die Minimaltemperatur unterschritten, tritt der Kältetod

ein. Die Absolutwerte des kritischen Punktes wie auch der Minimaltemperatur sind bei den einzelnen Winterschläfern unterschiedlich und bestimmen Schlaftiefe und Dauer der Schlafperiode. Niedrige kritische Temperatur und hohe Minimaltemperatur bedingen einen flachen W. mit regelmäßigem Aufwachen (Hamster). Während des Winterschlafs ist Fett die wichtigste Energiequelle; der Blutzuckerspiegel ist bei herabgesetzter Adrenalinausschüttung niedrig. Beim Erwachen aus dem Winterschlaf kommt es durch verstärkte Adrenalinfreisetzung und dem dadurch erhöhten ↗ Glykogenabbau zunächst zu einer Hyperglykämie, d. h. einer Erhöhung des Blutzuckerspiegels über das normale Maß hinaus; die Atmung wird beschleunigt und regelmäßig, die Muskulatur lässt wieder koordinierte Bewegungen zu, das Tier erwärmt sich innerhalb kurzer Zeit auf die normale Körpertemperatur. Eine intensive chemische Thermogenese (zitterfreie Thermogenese, ↗ Temperaturregulation) findet in dem protoplasma-, fett- und mitochondrienreichen braunen Fettgewebe zwischen den Schulterblättern statt, wodurch zunächst die vordere Körperhälfte einschließlich des Kopfes erwärmt wird. (↗ Diapause, ↗ Sommerruhe, ↗ Winterruhe)

Wirbel, 1) *Umbo*, ältester Teil der Muschelschale, an dem oft die Embryonalschale erhalten ist und der sich durch Struktur und stärkere Wölbung meist deutlich von den jüngeren, konzentrisch zugewachsenen Klappenteilen unterscheidet.

2) *Vertebrae*, *Spondyli* (Singular *Spondylus*), Einzelelemente der ↗ Wirbelsäule von Wirbeltieren und Menschen, die aus ↗ Knorpel oder Ersatzknochen (↗ Knochen) bestehen und durch Bandscheiben und Bänder miteinander verbunden sind. W. entstehen aus dem Sklerotom-Anteil der Somiten (↗ Mesoderm), die während der Embryonalentwicklung beiderseits der ↗ Chorda dorsalis gebildet werden. Im Gegensatz zur unsegmentierten Chorda erfolgt die Anlage der Wirbel segmental. W. sind ein wichtiges Merkmal zur Klassifikation, vor allem bei ↗ Fischen, ↗ Amphibia, ↗ Reptilia.

Es gibt eine Vielzahl von Bildungsweisen und entsprechend viele Wirbeltypen. Bei den fossilen ↗ Agnatha und den zur Gruppe der Cyclostomata (↗ Rundmäuler) gehörenden ↗ Myxinoidea fehlen Strukturen, die als W. oder als Teile davon angesprochen werden können. Bei den anderen Cyclostomen, den ↗ Petromyzonta (Neunaugen), treten pro Somit zwei Paar spangenartige, knorpelige Bögen dorsal der Chorda auf. Das vordere Bogenpaar wird als *Interdorsalia* bezeichnet, das hintere als *Basidorsalia*. Diesen Zustand des Achsenskeletts, mit vollständig vorhandener Chorda und höchstens dorsal vorhandenen Wirbelbögen, nennt man Chordastadium. Bei den ↗ Chondrostei (Knorpelganoiden) und den ↗ Dipnoi (Lungenfische) befindet sich das Achsenskelett im Bogenstadium. Die Chorda ist auch hier vollständig erhalten, aber an ihr setzen pro Somit dorsal und ventral je zwei Paar Wirbelbögen an, die *Arcualia*. Die vorderen, kleineren Paare sind die *Interdorsalia* und *Interventralia*, die größeren, hinteren Paare die *Basidorsalia* oder Neuralbögen (da sie das Rückenmark umfassen) sowie *Basiventralia* oder Ventralbögen (im Schwanzbereich *Hämalbögen* genannt, da sie dort Blutgefäße umfassen). Das Achsenskelett aller anderen Gruppen weist ein Wirbelkörperstadium auf, das verschiedene Ausprägung haben kann. Ein Wirbelkörper (Wirbelzentrum, Centrum) ist derjenige Teil des Achsenskeletts, der die Chorda umgreift; diese kann dabei erhalten bleiben oder rückgebildet werden. Die Bildung des Wirbelkörpers kann von verschiedenen Orten ausgehen: a) von eingewanderten Zellen innerhalb der Chorda, *autozentrale Wirbelbildung* (einige Knorpelfische, Knochenfische, einige Amphibien, die meisten ⟋ Amniota); b) durch Skelettbildung in der Chordascheide, *chordazentrale Wirbelbildung* (einige Knorpelfische) und c) von den Wirbelbögen ausgehend *arcozentrale Wirbelbildung* (einige Knochenfische, einige Amphibien, einige Amnioten).

In Bezug auf die Ausbildung der Wirbelkörper unterscheidet man mehrere Zustände: Ist kein Wirbelkörper vorhanden (Chondrostei, Bogenstadium), liegt *Aspondylie* vor. Bei *Hemispondylie* umfassen pro Segment zwei hintereinander liegende knorpelige oder knöcherne Halbringe die Chorda. Der vordere, dorsal gelegene Halbring ist das *Pleurozentrum*, der hintere, ventral gelegene Halbring das *Hypozentrum* (Pycnodontoidea, ausgestorbene Familie der Holostei). Weist ein Segment zwei Wirbelkörper auf, die jeweils vollständig die Chorda umfassen, liegt *Diplospondylie* vor. Hier bilden Pleuro- und Hypozentrum jeweils einen geschlossenen Ring (*Amia*, ⟋ Holostei). Bei *Monospondylie* tritt pro Segment nur ein Wirbelkörper auf. Er kann aus der Verschmelzung von Pleuro- und Hypozentrum entstanden sein (Knochenfische), oder es wurde eines der beiden Centra reduziert und das andere hat sich vergrößert. So bildet bei den Amphibien allein das Hypozentrum den Wirbelkörper, wogegen das Pleurozentrum reduziert ist. Umgekehrt dominiert bei den Amnioten das Pleurozentrum, und das Hypozentrum ist reduziert. (Von den jeweils reduzierten Elementen sind bei vielen Taxa Rudimente nachzuweisen; in der Bandscheibe der Säuger könnte ein Rest des Hypozentrums enthalten sein.) Daraus folgt, dass die W. der meisten Wirbeltiertaxa zueinander nicht homolog sind. In der Embryonalentwicklung der Wirbeltiere werden pro Segment je eine Muskelanlage (Myomer) und zwei Wirbelkörperanlagen (Pleuro- und Hypozentrum) gebildet.

Die Segmentgrenzen von Muskulatur und Skelett sind zunächst deckungsgleich. Es verbindet sich aber jeweils die hintere Wirbelkörperanlage (Hypozentrum) eines Segments mit der vorderen Wirbelkörperanlage (Pleurozentrum) des dahinter liegenden Segments. Erst danach erfolgt die Verschmelzung der beiden Centra bzw. die Reduktion eines von ihnen, während zugleich das jeweils dominante Centrum auswächst. Das Resultat ist eine intersegmentale Lage des fertigen monospondylen W.

Die Form der Wirbel wird nach der Wölbung ihrer kranialen und caudalen Flächen benannt: a) *amphicoele W.* sind an beiden Enden konkav (Fische, einige Amphibien, Schnabelköpfe, Geckos); b) *procoele W.* sind kranial konkav, caudal konvex (die meisten Froschlurche und Reptilien); c) *opisthocoele W.* sind kranial konvex, caudal konkav (Schwanzlurche, einige Froschlurche, Knochenhechte); d) bei *acoelen* oder *biplanen W.* sind beide Enden eben, allenfalls schwach konkav (Säuger); e) bei *heterocoelen W.* besitzen beide Enden sattelförmig gewölbte Flächen (Vögel).

Vom Wirbelkörper gehen mehrere Fortsätze ab, die allg. als *Apophysen* bezeichnet werden. Nach dorsad ragen die Neuralbögen (*Neurapophysen*, Basidorsalia), die sich zum unpaaren *Dornfortsatz* (Processus spinosus) vereinigen. Sie schließen zwischen sich und der Dorsalseite des Wirbelkörpers den Neuralkanal (Rückenmarkskanal, ⟋ Rückenmark) ein. In diesem verlaufen auch, außerhalb der Rückenmarkshäute, die dorsalen Längsbänder der Wirbelsäule. Die nach ventrad ragenden Hämalbögen (*Hämapophysen*) sind die Ansatzstellen der ventralen Rippen (⟋ Brustkorb). Zu den Seiten ragen die paarigen *Querfortsätze* (Processus transversus), an denen der obere Gelenkkopf der Rippen ansetzt. Als *Parapophyse* wird die kleine Gelenkfläche am Wirbelkörper bezeichnet, an der der untere Gelenkkopf der Rippen ansetzt. Paarige Gelenkfortsätze an der Basis der Neuralbögen sind die *Zygapophysen*. An der cranialen Seite des Neuralbogens liegen die *Präzygapophysen*, deren Gelenkflächen nach kraniad-dorsad weisen; an der caudalen Seite liegen die *Postzygapophysen*, deren Gelenkflächen nach caudadventrad weisen. Zygapophysen sind typisch für die ⟋ Tetrapoda; analoge Bildungen zeigen aber auch die Knochenhechte (Lepisosteidae).

Zusätzliche Gelenkfortsätze, cranial an den W. die *Metapophysen*, caudal die *Anapophysen*, brachten der Säugerordnung ⟋ Xenarthra (Nebengelenktier) ihren Namen ein. Auch bei Schlangen (⟋ Serpentes), für die eine hohe Beweglichkeit der Wirbelsäule besonders wichtig ist, treten zusätzliche Gelenke an den W. auf. Das kraniale Zygosphen des einen Neuralbogens bildet mit dem caudalen Zyganthrum des davorliegenden Neuralbogens ein Zapfengelenk.

Wirbellose, die ↗ Invertebrata.

Wirbelsäule, *Rückgrat, Columna vertebralis, Spina dorsalis*, das Achsenskelett von Wirbeltieren und Menschen, das den Körper im Rückenbereich stützt. Die W. entsteht ontogenetisch als Nachfolgestruktur der ↗ Chorda dorsalis und besteht aus hintereinander angeordneten Einzelelementen, den ↗ Wirbeln, die im Grundbauplan untereinander identisch sind (serielle Homologie, ↗ Homonomie). Zwischen allen Wirbeln, außer den obersten beiden Halswirbeln, liegt jeweils eine druckelastische *Bandscheibe*. Die Fortsätze der Wirbel berühren einander an Gelenkflächen. Dies erlaubt eine Funktion der W. als elastische, biegsame und in sich verdrehbare Achse. Für die Bewegungen verantwortlich sind die Rückenmuskulatur sowie die Längsbänder, die sich entlang der Vorder- und Rückseite (hier innerhalb des Wirbelkanals) der Wirbelkörper erstrecken, und die Zwischenbogenbänder, welche die Wirbelfortsätze (Wirbelbögen) verbinden. Bei den ↗ Tetrapoda ist das vordere (obere) Ende der W. gelenkig mit dem ↗ Schädel verbunden. Das hintere (untere) Ende stützt den meist frei vom Rumpf abstehenden ↗ Schwanz. Am mittleren Bereich der W. sind ↗ Schultergürtel, Rippen (↗ Brustkorb) und Beckengürtel (↗ Becken) befestigt. So erhalten die ↗ Extremitäten ein festes Widerlager, um bei der ↗ Fortbewegung den Vorschub auf den Rumpf zu übertragen, und die den Brustbereich stützenden und schützenden Rippen haben einen Verankerungspunkt.

Im Laufe der Stammesgeschichte hat eine Regionenbildung der W. stattgefunden. Bei ↗ Fischen setzt kein Extremitätengürtel an der W. an, und alle Wirbel tragen Rippen, sodass die W. von vorn bis hinten einheitlich gebaut ist. Bei den Tetrapoda wurde zunächst der Beckengürtel mit der W. verbunden. Die mit dem Becken verwachsenen Wirbel werden als *Kreuzwirbel* bezeichnet, dieser Abschnitt der Wirbelsäule entsprechend als *Kreuzregion*. Der hinter der Kreuzregion liegende Bereich ist die *Schwanzregion*. Hier wurden die Rippen reduziert, sind aber meist noch als Hämalbögen nachweisbar. Der Bereich vor der Kreuzregion wurde weiter spezialisiert: Die vordersten Wirbel bildeten die *Halsregion* (Hals-W.), in der ebenfalls die Rippen reduziert wurden. Sie sind bei manchen Gruppen noch als rudimentäre *Halsrippen* vorhanden. Zwischen Hals- und Kreuzregion liegt bei den ↗ Amphibia und den meisten ↗ Reptilia die Rumpfregion, die durch deutlich ausgebildete Rippen gekennzeichnet ist. Bei den Säugetieren (↗ Mammalia), Vögeln (↗ Aves), Krokodilen (↗ Crocodylia) sowie einigen Eidechsen-Arten wurde die Rumpfregion nochmals untergliedert. Hier tragen nur die vorderen Rumpfwirbel Rippen, die hinteren dagegen nicht. Man unterscheidet den Rippen tragenden Bereich als *Brustregion* (Brust-W.) vom rippenfreien als *Lendenregion* (Lenden-W.). Die Ausbildung der Lendenregion wird als Verbesserung für die seitliche Beweglichkeit der Wirbelsäule angesehen. Im Zusammenhang mit dem aktiven Flug haben die Vögel ihre Lendenwirbel in das *Synsacrum* mit eingeschmolzen, da beim aktiven Flug eine steifere Körperlängsachse von Vorteil ist. Das gleiche gilt für das *Notarium* oder *Os dorsale*, eine Verschmelzung mehrerer Brustwirbel der Vögel. Auch in der Schwanzregion der Wirbelsäule treten Verschmelzungen auf, so das *Pygostyl* der Vögel, das *Urostyl* der Amphibien und das *Steißbein* des Menschen.

Die W. des Menschen besteht aus 33 bis 34 Wirbeln und Zwischenwirbelscheiben (*Bandscheiben, Disci intervertebrales*). Die Wirbel können in sieben *Halswirbel*, zwölf *Brustwirbel*, fünf *Lendenwirbel*, fünf *Kreuzwirbel* und vier bis fünf *Steißwirbel* unterschieden werden. Die Kreuzwirbel verschmelzen zum *Kreuzbein (Os Sacrum)*, das daher und aufgrund seiner gelenkigen Verbindung (*Iliosakralgelenk*) zu den anderen Beckenknochen, obwohl Teil des Beckenrings (↗ Becken), funktionell zur W. gehört. Die Steißwirbel verschmelzen ebenfalls zum *Steißbein (Os coccyx)*. Durch den zweibeinigen Gang und die aufrechte Haltung des Menschen (↗ Bipedie) zeigt die W. eine Tendenz zur Verlagerung in die Körpermitte, um als Mittelachsenstab zu dienen; im Unterschied dazu ist bei den

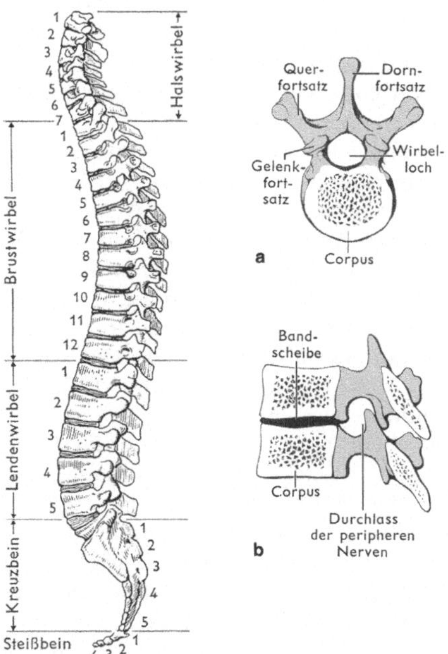

Wirbelsäule Links die Wirbelsäule des Menschen. Rechts Rückenwirbel des Menschen, **a** Querschnitt, **b** Längsschnitt durch einen Wirbel

vierbeinigen Tieren der Rumpf an der W. wie an einer Stange aufgehängt. Ähnliche Tendenzen wie bei der W. des Menschen zeigen sich auch bei derjenigen der Menschenaffen. Dadurch, dass die W. des Menschen nicht gerade ist, sondern in ihrer Form ein doppeltes S beschreibt, wirkt sie beim Gehen wie eine Feder, die den Trittstoß dämpft, der sonst ungebremst das Gehirn erreichen würde.

Wirbeltiere, die ↗ Vertebrata.

Wirkungsgesetz der Umweltfaktoren, auf dem ↗ Gesetz des Minimums basierendes, weiterentwickeltes Gesetz, das auf eine ganze ↗ Biozönose angewendet werden kann. Es besagt nach ↗ Thienemann, dass diejenigen der notwendigen Umweltfaktoren die Entwicklung eines Organismus in einem Biotop (von Null bis zur Maximalentfaltung) bestimmen, die dem Entwicklungsstadium des Organismus, das die kleinste ↗ ökologische Potenz besitzt, in der am meisten vom Optimum abweichenden Quantität oder Intensität zur Verfügung stehen.

Wirkungsspezifität, ↗ Enzyme.

Wirt, pflanzlicher, tierischer oder menschlicher Organismus, der von einem *Parasiten* (↗ Parasitismus) oder *Synöken* (↗ Synökie) befallen ist und diesem zum Schutz, als Nahrung oder Transportmittel dient. Man unterscheidet verschiedene Wirtstypen: der *Hauptwirt* ist der bevorzugte W., der für den Parasiten optimale Entwicklungsbedingungen bietet. In einem *Nebenwirt* dagegen sind die Lebensbedingungen schlechter, die Entwicklung des Parasiten läuft häufig nur unvollständig ab. Von einem *Fehlwirt* spricht man, wenn in diesem keine Lebensmöglichkeit besteht, während ein *paratenischer W.* zwar ein Überleben aber keine Entwicklung ermöglicht. Der W. kann die Parasiten in der geschlechtlichen oder der ungeschlechtlichen Phase des Lebenszyklus beherbergen. Die Entwicklung vieler Parasiten verläuft mit einem ↗ Wirtswechsel und einem ↗ Generationswechsel innerhalb des Entwicklungszyklus. Ein besonderes Problem für den Parasiten stellt die *Wirtsfindung* dar. Manche *Ektoparasiten* leben in der unmittelbaren Umgebung des W. an dessen Brut-, Schlaf- oder Wohnplätzen, z. B. Flöhe (↗ Siphonaptera) und Wanzen (↗ Heteroptera), oder orientieren sich an optischen oder chemischen Reizen. Auch der Befall neuer W. über den fäkal-oralen Weg ist häufig. *Endoparasiten* wie ↗ Viren, ↗ Bakterien oder Pilze werden teilweise über Tröpfcheninfektion oder mit Staub oder Atemluft vom W. aufgenommen. Häufig ist auch die Weiterverbreitung durch Blut saugende ↗ Vektoren. Der W. bildet oft spezielle *Abwehrstrategien* gegen seine Parasiten aus. Hierzu gehören unspezifische Mechanismen wie *humorale Abwehr*, z. B. durch Lysozym, das Bakterienwände auflösen kann, und *zelluläre Abwehr* durch phagozytieren-

de Zellen. Spezifische Mechanismen setzen erst nach vorangegangenem Kontakt mit dem betreffenden Parasiten ein und benötigen einige Zeit bis zu ihrer Wirksamkeit (↗ Resistenz). In manchen Fällen werden beim Versagen anderer Mechanismen die lebensfähig bleibenden Parasiten auch vom W. abgekapselt; dies ist u. a. bei Muskeltrichinen (↗ Trichine) der Fall. Im Gegenzug haben die Parasiten allerdings Mechanismen entwickelt, die die Abwehr des W. erschweren oder verhindern.

Wirtel, Bez. für die Anordnung mehrerer Blätter, Seitensprosse oder Blüten an einem Sprossknoten. Wirtelige Blattstellung zeigt z. B. der Schachtelhalm (↗ Equisetaceae).

Wirtschaftswald, im Gegensatz zum ↗ Urwald regelmäßig bewirtschaftete Waldflächen, denen das Holz zur Nutzung entnommen wird. Da durch ständige Verjüngung des Baumbestandes der Totholzanteil sehr gering ist, werden dem Ökosystem durch Unterbrechen des Stoffkreislaufes Nährstoffe entzogen und alle Organismenarten beeinträchtigt, die auf totes und faulendes Holz als Siedlungs- und Nahrungssubstrat angewiesen sind. Teilweise werden auch unnatürliche ↗ Monokulturen angelegt, die zu weiterer Artenverarmung führen.

Wirtsfindung, ↗ Parasitismus.

Wirtsspezifität, Grad der Spezialisierung eines Parasiten oder Parasitoiden (↗ Parasitismus) auf ein mögliches Wirtsspektrum. Streng wirtsspezifische Arten haben nur eine Wirtsart. Hierzu gehört die Zehrwespe, *Prospaltella perniciosi*, deren alleiniger Wirt, die San-José-Schildlaus (*Quadraspidiotus perniciosus*) ist. Diese W. macht man sich bei der biologischen ↗ Schädlingsbekämpfung zunutze.

Wirtswechsel, im Lebenszyklus eines Parasiten (↗ Parasitismus) regelmäßig erfolgender Wechsel von einer Wirtsart auf eine andere. Der W. ist oft mit einem ↗ Generationswechsel verbunden. Neben dem Wechsel von Wirtsarten gibt es auch einen obligatorischen Wechsel auf ein anderes Wirtsindividuum der selben Art.

Wisent, Art der Wildrinder (↗ Bison).

Wobble-Hypothese, die von F.H.C. ↗ Crick erstmals im Jahr 1966 formulierte Erklärung für die Tatsache, dass in Zellen nicht 61 unterschiedliche Arten (↗ genetischer Code) von transfer-RNA-Molekülen existieren (↗ transfer-RNA), sondern je nach Organismus lediglich bis zu 41 verschiedene tRNAs. Unter Berücksichtigung der Tatsache, dass ein ↗ Codon der ↗ messenger-RNA und das *Anticodon* der tRNA antiparallel aneinander binden, kann die dritte, 5'-gelegene Base des Anticodons *wobbeln* („schwanken"), sodass eine Basenpaarung von G mit U zulässig ist. Im konkreten Fall kann eine tRNA für ↗ Phenylalanin mit dem Anticodon 3'-AAG-5' sowohl an das Codon 5'-UUU-3' als auch 5'-

Wobble-Hypothese Vergleich der Anticodons einiger Aminosäure-spezifischer tRNA-Arten mit den entsprechenden Codons

Aminosäure	Anticodon (3′→5′)	Codon-Wobblebase (5′→3′)
Ala	CGI	GC – U, C, A
Ser	AGI	UC – U, C, A
Phe	AAG^Me	UU – U, C
Val	CAI	GU – U, C, A
Tyr	AΨG	UA – U, C
Met	UAC	AU – G

UUC-3' binden, wobei beide Basentripletts für Phenylalanin codieren. Anhand der W.-H. lässt sich erklären, warum sich Codons für eine bestimmte Aminosäure oft nur im dritten Nucleotid unterscheiden.

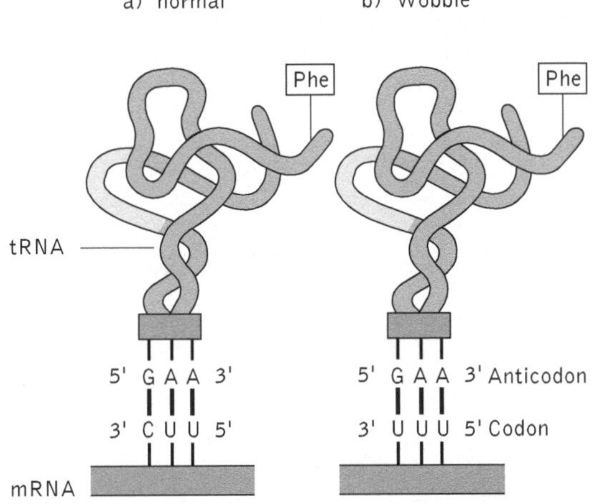

Wobble-Hypothese Aufgrund der Wobble-Hypothese kann die tRNA mit dem Anticodon GAA auch eine komplementäre Basenpaarung mit Codons der mRNA eingehen, deren drittes Nucleotid nicht C, sondern U lautet

Wohlverleih, ↗ Arnika.

Wolbachia, zur α-Untergruppe der ↗ Proteobacteria gehörende Bakteriengatt., deren Arten in vielen Wirbellosen, so z. B. Krebsen (↗ Crustacea), Milben (↗ Acari), Fadenwürmern (↗ Nematoda) und Insekten (↗ Insecta) als Endosymbionten oder Parasiten leben. Es wird geschätzt, dass rund 15 % aller Insekten von W. befallen sind. W. sind in Größe und Form sehr variabel. Sie halten sich vorwiegend in den Fortpflanzungsorganen ihrer Wirte auf und nehmen Einfluss auf deren Reproduktion. So kann der Befall mit W. dazu führen, dass die Embryonen absterben, es zu einer Verschiebung des Geschlech-

terverhältnisses kommt, ↗ Parthenogenese induziert wird (bei ↗ Hymenoptera), männliche Embryonen verweiblichen. Insgesamt kann festgestellt werden, dass W. die Fortpflanzung ihrer Wirte dahingehend beeinflussen, dass ihre eigene Ausbreitung begünstigt wird. Die Frage, ob W. nun als Parasit oder als Symbiont anzusehen ist, konnte bislang nicht geklärt werden; Untersuchungen an Nematoden zeigen, dass zumindest dort eine echte ↗ Symbiose zwischen W. und dem Wirt besteht.

Wolf, *Canis lupus*, in mehreren Unterarten ursprünglich über fast ganz Eurasien (einschließlich Arabien) und Nordamerika verbreiteter Wildhund, die Stammform aller Haushunderassen. Der W. zeigt eine große Schwankungsbreite in der Körpergröße (Kopfrumpflänge bis 140 cm), der bis 50 cm lange Schwanz ist buschig; die Fellfärbung variiert von rein weiß bis ganz schwarz, zeigt aber meist Brauntöne. Größere Bestände leben heute nur noch in Nordwestasien, Alaska und Kanada. Als typischer Kulturflüchter ist der W. heute in weiten Teilen Europas ausgerottet; Restbestände gibt es noch in Spanien, Italien und Skandinavien. Als Lebensraum bevorzugt der W. Tundra, Waldsteppe und offene Landschaft; bei starker Bejagung zieht er sich auch in geschlossene Waldgebiete zurück. Wölfe leben in Familienrudeln (Eltern und noch nicht geschlechtsreife Junge). Eine Rangordnung, ausgeprägte soziale Verhaltensweisen (z. B. Droh- und Demutsgebärden), Abgrenzen des Jagdreviers (durch Markieren mit Harn und Kot) und Verteidigen desselben prägen die Sozialstruktur des W. Das *Wolfsgeheul* dient der Verständigung im Rudel (Stimmfühlung) und zwischen Nachbarrudeln sowie auch der Revierabgrenzung. Die Nahrung besteht sowohl aus kleinen bis mittelgroßen Wirbeltieren (z. B. Hasen, Nagetiere, Vögel) wie auch aus großen Huftieren (z. B. Hirsch, Elch, Rentier), die nur durch gemeinsame Hetzjagd erbeutet werden können. Die noch heute bei vielen Menschen vorhandene Angst vor W. ist unbegründet: W. meiden die Nähe des Menschen.

Wolff, *Caspar Friedrich*, deutscher Anatom und Physiologe, * 18.1.1733 Berlin, † 22.2.1794 St. Petersburg; ab 1767 Prof. in St. Petersburg. W. ist Mitbegründer der Embryologie. Er erkannte um 1759, dass bei Pflanzen wie bei Tieren die verschiedenen Organe aus zunächst undifferenziertem Gewebe entstehen (Epigenesistheorie, ↗ Epigenese) und widerlegte damit die ↗ Präformationstheorie. W. entdeckte den nach ihm benannten *Wolff'schen Körper* (Urniere) und den ↗ Wolff'schen Gang.

Wolff'scher Gang, *Urnierengang*, bei Wirbeltieren und Menschen der primäre Harnleiter, Ausführungsgang der Vor- und Urniere, im männlichen Geschlecht auch der Spermien. (↗ Geschlechtsorgane, ↗ Urogenitalsystem)

Wolfsmilch, *Euphorbia*, äußerst umfangreiche Gatt. der Fam. ↗ Euphorbiaceae, die überwiegend in den Tropen und Subtropen – mit Schwerpunkt in Afrika – beheimatet ist. Eine botanische Besonderheit sind die so genannten *Cyathien* (↗ Cyathium). In der Funktion entsprechen sie einer einzelnen zwittrigen Blüte, stellen morphologisch aber einen kompliziert aufgebauten Blütenstand dar. Häufig werden die einzelnen Cyathien zu Blütenständen (↗ Blütenstand) höherer Ordnung zusammengefasst, wie z. B. doldenähnliche *Dichasien* oder *Pleiochasien*.

Unter den einjährigen W.-Arten gibt es eine Reihe verbreiteter Wildkraut- und Ruderalpflanzen, so z. B. die Gartenwolfsmilch, *Euphorbia peplus*, das Amerikanische Edelweiß, *Euphorbia marginata*, oder die Zypressenwolfsmilch, *Euphorbia cyparissias*.

Wolfsmilchgewächse, die Fam. ↗ Euphorbiaceae.

Wolfsspinnen, die Fam. ↗ Lycosidae.

Wollbaumgewächse, die Fam. ↗ Bombacaceae.

Wollhaare, ↗ Haare.

Wollhandkrabbe, *Eriocheir sinensis*, Art der zu den ↗ Decapoda gehörenden Fam. Grapsidae (Felsenkrabben), die ursprünglich im chinesischen Tiefland beheimatet ist, aber seit 1912 auch in Europa vorkommt und wahrscheinlich mit Ballastwasser eingeschleppt wurde. Die Scheren der 7,5 cm Größe erreichenden Männchen sind mit einem dichten Pelz von Haaren besetzt (Name!). Zur Fortpflanzung müssen die Tiere das Meer aufsuchen. Während dieser Rückwanderung reifen die Ovarien und Hoden, und die Tiere paaren sich in riesigen Mengen in den Flussmündungen. Die *Zoëa*-Larven schlüpfen im späten Frühjahr; danach sterben die Adulten. Die jungen Krabben bleiben im ersten Jahr im Tidenbereich, im zweiten Jahr beginnen sie flussaufwärts zu wandern. Dämme, Schleusen und anderes überwinden sie durch Umwege über Land, wo sie sich tagelang aufhalten können. Im Alter von fünf Jahren beginnt die Rückwanderung zu den Flussmündungen. W. sind Allesfresser. Da sie in Massen auftreten, sind sie durch die Zerstörung von Fischnetzen und besonders durch die tiefen Höhlen und Gänge, die sie in Deiche und Dämme graben, sehr schädlich. An Schleusen und Wehren werden sie mit automatischen Fanganlagen tonnenweise gefangen und zu Viehfutter oder Dünger verarbeitet.

World Wide Fund for Nature, früher *World Wildlife Fund*, Abk. *WWF*, 1961 gegründete internationale Naturschutzorganisation, die sich für den Schutz wildlebender Tiere und Pflanzen und die Erhaltung ihrer natürlichen Lebensräume einsetzt. Zur Koordinierung und Finanzierung größerer Naturschutzprojekte ist der Dachverband in viele nationale Landesgruppen unterteilt. Der WWF arbeitet eng mit der ↗ IUCN zusammen und betreibt intensive Öffentlichkeitsarbeit, um die notwendigen finanziellen Mittel zum Ankauf schutzwürdiger Biotope aufbringen zu können. Wappentier des WWF ist der Große Panda (↗ Ailuropodidae).

Wright, *Sewall*, amerikan. Zoologe, ✳ 21.12.1889 Melrose (Massachusetts), † 3.3.1988 Madison (Wisconsin); 1926-54 Prof. für Zoologie an der University of Chicago, 1955-60 Prof. für Genetik an der University of Madison. Von W. stammen bedeutende Forschungsarbeiten über Populationsgenetik und Züchtungsfragen bei Tieren. Nach ihm wird die ↗ Gendrift auch als *Sewall-Wright-Effekt* bezeichnet.

Wuchereria bancrofti, *Haarwurm*, ein zu den Spirurida (↗ Secernentea) gehörender tropischer Fadenwurm. Die Männchen sind bis 4 cm, die Weibchen bis 10 cm lang, bei einem Durchmesser von 0,3 mm). Die Jugendstadien (Mikrofilarien) werden durch verschiedene Mücken (z. B. Stechmücke) übertragen. W. b. lebt in den Lymphgefäßen und Lymphknoten des Endwirts; dort sterben die Tiere in Knäueln und blockieren dadurch den Lymphstrom. Dies kann zu schweren stauungsbedingten Deformierungen der Extremitäten, der Brüste und des Hodensacks führen (*Elephantiasis*). Zudem können schwere allergische Reaktionen auftreten.

Wuchereria bancrofti Entwicklungszyklus von *Wuchereria bancrofti*. L1, L2, L3 Larvenstadien 1 bis 3 (nach Dönges 1980)

Wuchsform, Gesamtheit aller Merkmale, die das äußere Erscheinungsbild einer Pflanze bestimmen. Die W. ist genetisch manifestiert, wird aber durch Standortbedingungen beeinflusst. Sie wird außerdem bestimmt durch die Vegetations- und Überdauerungsorgane, die Sprosserneuerung und die Lebensdauer der Pflanze an ihrem Standort. (↗ Lebensformen)

Wuchstyp, ↗ Wuchsform.

Wühler, die Fam. ↗ Cricetidae.

Wunderbaum, ↗ Rizinus.

Wunderblume, *Mirabilis jalapa*, aus Mexiko stammende Art der Fam. ↗ Nyctaginaceae. Bekannt geworden ist sie durch die Erforschung ihrer Vererbungsgesetzmäßigkeiten hinsichtlich der Blütenfarbe. Sie wird auch als „Vieruhrblume" bezeichnet, da sich ihre Blüten erst nachmittags öffnen.

Wundernetz, das ↗ Rete mirabile.

Wundheilung, 1) *Botanik*: Bez. für den selbstständigen Verschluss von Verletzungen und den Ersatz verlorengegangener Strukturen (Restitution). So reembryonalisieren bei krautigen Pflanzen zunächst Parenchymzellen in Wundnähe und bilden durch erhöhte Teilungsaktivität eine Zellwucherung (*Wundkallus*). Bei verholzten Pflanzen geht der Wundkallus meist aus dem Kambium hervor. Später setzt im Kallus durch den Einfluss eines wechselnden Konzentrationsverhältnisses an Phytohormonen eine Differenzierung einiger Kalluszellen ein, die zu dem passenden Regenerat führen: so werden Spross- oder Wurzelvegetationspunkte gebildet, Leitelemente ersetzen unterbrochene Verbindungen innerhalb des ↗ Xylems oder ↗ Phloems. Verlorene Blattspreiten werden nur in sehr seltenen Fällen ersetzt. Nach außen bildet der Kallus ein wundverschließendes, stets dünnwandiges korkähnliches Gewebe, den *Wundkork*, der den Wasserverlust und das Eindringen von Krankheitskeimen verhindert. Bei Verletzungen der sekundär verdickten Sprossachse bildet sich ein *Wundholz* aus, das durch so genannte Überwallung die Verletzungen ausgleicht und reich an isodiametrischen, aber arm an faserförmigen Zellen ist.

2) *Zoologie*: Bei Tieren und Mensch können drei Stadien der W. unterschieden werden: In der *Substratphase* kommt es zur Exsudation (↗ Entzündungsreaktion, ↗ Blutgerinnung) und zum Abbau von zerstörtem Gewebe, in der *Kollagenphase* wird die Reparatur mittels Bindegewebszellen eingeleitet (↗ Bindegewebe) und in der *Differenzierungsphase* (soweit möglich) die ursprüngliche Gewebssituation wiederhergestellt; hierbei sind die Neubildung von Kapillaren, die Vermehrung von Bindegewebs- und Epithelzellen und die Bildung kollagener Fasern beteiligt. Bei der primären W. wird der Wundverschluss innerhalb von vier bis sechs Tagen mit völliger ↗ Regeneration erreicht. Die sekundäre W. (nach Wundinfektion oder bei nekrotischen Wundrändern) verläuft wesentlich langsamer und führt zur Bildung eines nicht mehr ursprünglich funktionstüchtigen Narbengewebes.

Wundkallus, *Wundgewebe*, aus undifferenzierten Zellen bestehender Wundverschluss bei Pflanzen nach größeren Verletzungen. Hierzu werden der verletzten Stelle benachbarte, bereits differenzierte

Zellen (meist Parenchymzellen) wieder meristematisch (↗ Meristem) und teilen sich.

Wundstarrkrampf, *Tetanus*, akute, unbehandelt meist tödlich verlaufende Infektionskrankheit, die durch Infektion von Wunden mit dem Bodenbakterium *Clostridium tetani* (↗ Clostridien) hervorgerufen wird. Nach einer ↗ Inkubationszeit von vier bis 60 Tagen führen die vom Bakterium gebildeten Toxine zu schweren Muskelkrämpfen, besonders der Schluck- und Atemmuskulatur. Die Krankheit ist nicht mit Antibiotika zu bekämpfen, die Vorbeugung besteht in einer alle zehn Jahre aufzufrischenden ↗ aktiven Immunisierung. Im Verdachtsfall wird nach einer Verletzung bei mangelndem oder unklarem Immunschutz passiv (↗ passive Immunisierung) mit ↗ Immunglobulinen geimpft.

Würfelnatter, *Natrix tesselata*, Art der Nattern (↗ Colubridae), die vorwiegend im östlichen Mittelmeerraum vorkommt und in Mitteleuropa nur an wenigen Stellen in Rheinland-Pfalz, in der Nähe von Fließgewässern. Die W. ernährt sich von Fischen.

Würfelquallen, die ↗ Cubozoa.

Würger, die Fam. ↗ Laniidae.

Würgfeige, der ↗ Banyanbaum.

Wurmfarn, *Dryopteris*, vor allem auf der Nordhalbkugel in Laub- und Nadelwäldern verbreitete Gatt. der ↗ Pteridopsida. Ein aus dem Wurzelstock gewonnener Extrakt wurde früher als Bandwurmmittel verwendet.

Wurmflechte, *Thamnolia*, in arktisch-alpinen Regionen verbreitete, bodenbewohnende Strauchflechte.

Wurmfortsatz, *Appendix vermiformis*, bei Menschen und Menschenaffen ein kleiner wurmförmiger Fortsatz des Blinddarms (↗ Darm).

Wurmmollusken, die ↗ Aplacophora.

Wurzel, *Radix*, stets blattloses Organ der ↗ Kormophyten, dessen Hauptaufgaben die Verankerung der Pflanze im Boden sowie die Aufnahme von Wasser und Nährstoffen sind. Um die zuletzt genannte Aufgabe zu erfüllen, ist eine enorme Vergrößerung der Oberfläche notwendig. Diese wird durch die Ausbildung vieler ↗ Wurzelhaare erreicht, die auf der nichtcutinisierten Epidermis (*Rhizodermis*) junger W. einen dichten Besatz bilden. Die Wurzelhaare sind einzellig, jedes von ihnen entspricht einer röhrenförmig ausgewachsenen Rhizodermiszelle. Neben den oben genannten Hauptfunktionen sind die W. auch als Syntheseort von *Pflanzenhormonen* (↗ Gibberelline, ↗ Cytokinine) tätig. Nach den verschiedenen ökologischen Anforderungen hat sich eine Vielzahl verschiedener ↗ Wurzelmetamorphosen herausgebildet.

Der morphologische Aufbau der W. zeigt eine radiär-symmetrische Anordnung der verschiedenen Gewebe. Die äußerste Zellschicht bildet eine dünne Rhizodermis, ihr liegt innen eine derbere, oft schwach verkorkte *Exodermis* an. In dieser Schicht befinden sich unverkorkte, so genannte *Durchlasszellen*, die den Wassereinstrom gewährleisten. Die Exodermis umschließt das massiv entwickelte *Rindenparenchym*, das innen von einer *Endodermis* abgeschlossen wird. Diese dient als physiologische Scheide. Bis zur Endodermis kann das aufgenommene Wasser *apoplastisch* (d. h. zwischen den Zellen) durchdringen. Der ↗ Caspary-Streifen der Endodermiszellen verhindert die freie Diffusion, sodass die Plasmamembran das Wasser nun aktiv in die Zelle leiten muss (*hypoplastischer Transport*) und somit eine Kontrollfunktion übernehmen kann. Der zuinnerst liegende ↗ Zentralzylinder beinhaltet die Festigungs- und Leitelemente. Diese zentrale Lage der Gewebe gewährleistet die Biegsamkeit der Wurzel bei gleichzeitiger hoher Zugfestigkeit (Verankerungsfunktion). Die äußere Zellenlage des Zentralzylinders wird als *Perikambium* (Perizykel) bezeichnet. Sie besteht aus zartwandigen, plasmareichen, über lange Zeit teilungsfähigen

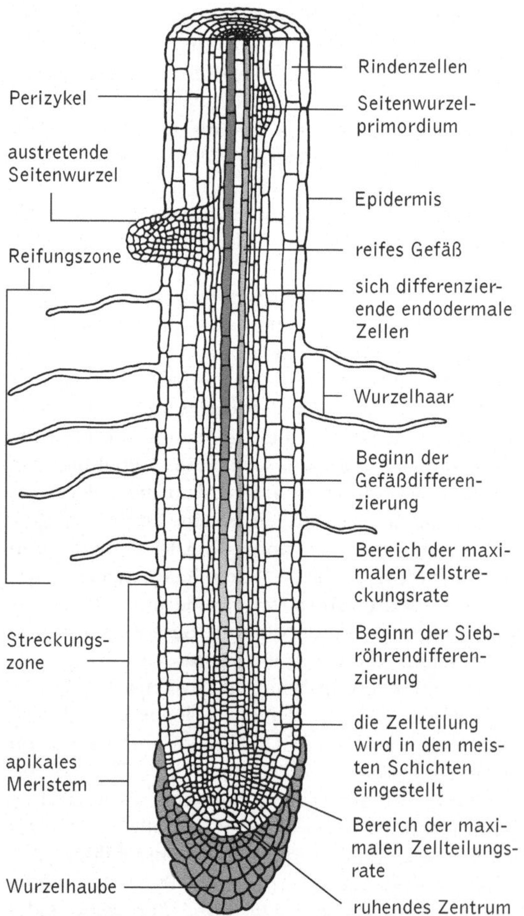

Wurzel Vereinfachter zellulärer Aufbau der Primärwurzel mit Wachstums- und Differenzierungszonen

Zellen. Im Zentralzylinder befindet sich ein radial angeordnetes Leitbündel, welches bis ans Perikambium heranreicht. Das ↗ Xylem ist sternförmig aufgebaut, in den Bereichen dazwischen befindet sich, durch eine meist einzellige Schicht parenchymatischer Zellen (↗ Parenchym) getrennt, das ↗ Phloem. Der W.-Spitze sitzt zum mechanischen Schutz eine *Wurzelhaube* auf, die so genannte ↗ Calyptra. Ihre Zellen verschleimen und erleichtern dadurch das Durchdringen des Bodens. Anschließend sterben sie ab und werden von der Wachstumszone der W. her ergänzt. Die Zellen der Calyptra dienen auch der Wahrnehmung der Schwerkraft. Die Wachstumszone der Wurzel unterscheidet sich von derjenigen des Sprosses durch den Besitz der Calyptra, das Fehlen der Blattanlagen und die Wurzelhaarzone, die an die Streckungszone anschließt (↗ Vegetationskegel).

Man unterscheidet zwei Arten von Wurzelsystemen: *allorrhize* Systeme (↗ Allorrhizie) mit einer Hauptwurzel und zahlreichen *Seitenwurzeln* und *homorrhize* Systeme (*Homorrhizie*) mit überwiegend gleichrangigen und ähnlich gestalteten Wurzeln. Die Seitenwurzeln entstehen immer endogen, d. h. aus dem Inneren des Wurzelkörpers heraus. Dabei erlangen Zellen des Perikambiums ihre Teilungsfähigkeit wieder und bilden dann einen neuen Wurzelvegetationspunkt. Dieser Bereich befindet sich immer hinter der Wurzelhaarzone. Beim sekundären Dickenwachstum der W. scheidet das ↗ Kambium nach innen Holz und nach außen Bast ab. Die im primären Zustand sternförmige Querschnittsform des Kambiummantels um das Xylem rundet sich dabei ab und wird ringförmig. Die meist schon vorher abgestorbene Rhizodermis wird durch die Exodermis ersetzt. Aber sowohl die Wurzelrinde, wie auch die Endodermis machen das sekundäre Dickenwachstum mit, sie reißen auf und platzen nach dem Absterben der Zellen ab. Deshalb erfolgt die Borkenbildung vom Perikambium aus. Wurzeln können auch aktiv einen Wurzeldruck erzeugen. Ein aktiver Transport von Ionen in die Leitungsbahnen führt zu einem Anstieg des osmotischen Wertes, der einem erhöhten Druck auf das Leitgewebe entspricht. Dieser aktiv aufs Leitgewebe ausgeübte Druck ist notwendig, da der Transpirationssog im Frühjahr entweder noch nicht vorhanden ist oder nicht ausreicht, um die Pflanze mit dem nötigen Wasser und den darin gelösten Nährstoffen zu versorgen.

Wurzelausscheidung, das ↗ Wurzelexsudat.
Wurzeldornen, ↗ Wurzelmetamorphosen.
Wurzeldruck, ein unter bestimmten Bedingungen auftretender positiver hydrostatischer Druck im Xylem, der eine Triebkraft für den Saftstrom der Pflanzen darstellt. Er beruht auf der Tatsache, dass Ionen aus der wässrigen Bodenlösung absor-

biert und ins Xylem transportiert werden, wodurch dort über ↗ Osmose ein Wassereinstrom erfolgt. W. tritt vor allem dann auf, wenn voll hydratisierte Pflanzen in feuchten, warmen Nächten eine geringe ↗ Transpiration aufweisen. Unter normalen, trockeneren Bedingungen kann im Xylem kein W. entstehen, da höhere Transpirationsraten zu einem raschen Wassertransport in die Blätter und somit negativen Druckverhältnissen im Xylem führen. Der W. ist die Ursache für die bei Pflanzen beobachteten Phänomene ↗ Bluten und ↗ Guttation.

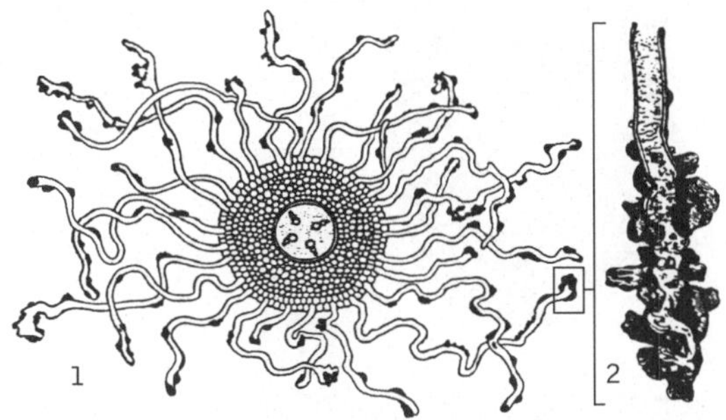

Wurzelhaare 1 Querschnitt durch die Resorptionszone einer Wurzel, 2 vergrößerte Spitze eines Wurzelhaars mit anhängenden Bodenpartikeln

Wurzelexsudat, aus organischen Verbindungen bestehendes Ausscheidungsprodukt der ↗ Wurzel. Viele dieser Produkte verlassen die Pflanze passiv auf dem Weg von Austauschvorgängen. Ein von der Wurzelhaube (↗ Calyptra) abstammendes stark hydratisiertes Polysaccharid bildet eine schleimige Substanz, die die Reibung zwischen der ins Erdreich vordringenden Wurzelspitze und den Erdpartikeln herabsetzt. Andere ausgeschiedene Stoffe wie Aminosäuren, Vitamine, Kohlenhydrate, Kumarinderivate und Alkaloide beeinflussen nach-

haltig den Nährstoffzustand und das Leben in der ↗ Rhizosphäre.

Wurzelfüßer, die ↗ Rhizopoda.

Wurzelhaare, durch unipolares Spitzenwachstum aus Zellen der ↗ Rhizodermis entstehende Haare. Diese sind i. d. R. nicht von einer ↗ Cuticula überzogen, die Zellwände sind nicht verdickt. Beides steht im Zeichen einer besseren Wasser- und Ionenaufnahme. Die W. nehmen engen Kontakt zu den Bodenpartikeln auf und vergrößern die absorbierende Oberfläche um ein Vielfaches. Durch Bilden neuer Seitenwurzeln und der daran entstehenden W. wird das Wurzelsystem und damit die Aufnahmefläche weiter vergrößert. Da Wasser- und Sumpfpflanzen keine Probleme mit der Wasser- und Ionenversorgung haben, bilden sie häufig keine W. aus. Die Lebensdauer der W. beträgt nur wenige Tage, in der die Zellen bis zu einer Länge von mehreren Zentimetern wachsen. Mit der Ausbildung der W. differenzieren sich alle Zellen der ↗ Wurzel aus, und der primäre Bau der Wurzel ist abgeschlossen. (↗ Absorptionsgewebe, ↗ Wasseraufnahme)

Wurzelhalsgallen, ↗ Wurzelhalsgallenkrebs.

Wurzelhalsgallenkrebs, engl. *crown gall*, eine Art des ↗ Pflanzentumors, die durch das phytopathogene Bodenbakterium ↗ Agrobacterium tumefaciens hervorgerufen und als Gewebewucherungen in der Übergangzone zwischen Wurzel und Spross (Wurzelhals, engl. crown) sichtbar wird. Dort dringen die Bakterien bei Verwundung in das Pflanzengewebe ein, wobei es zu einer chemotaktischen Anlockung durch bestimmte Wundsubstanzen kommt (↗ Chemotaxis). Durch Transfer der *T-DNA* des so genannten ↗ Ti-Plasmids kommt es zur Transformation der Pflanzenzellen, wobei durch Störungen in deren Auxin- und Cytokinin-Haushalt der Gewebewuchs stark induziert wird. Die Zellen des W. produzieren zudem ↗ Opine, die den Bakte-

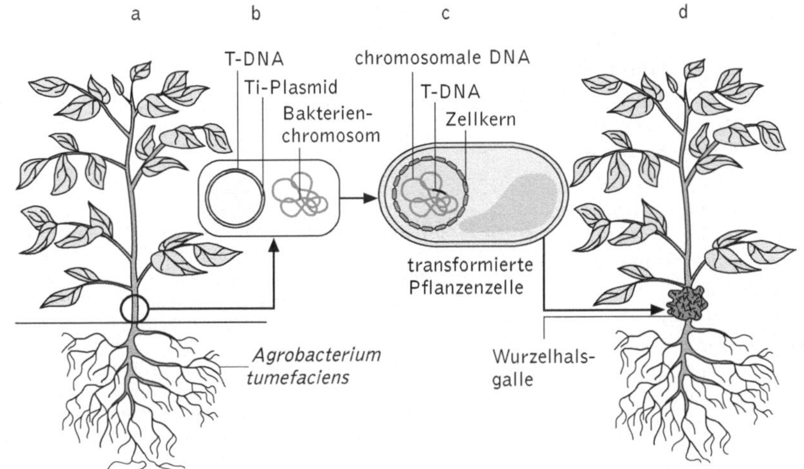

Wurzelhalsgallenkrebs Entstehung eines Wurzelhalsgallenkrebses durch Infektion mit *Agrobacterium tumefaciens*. Durch Übertragung der *T-DNA* in das Genom der Pflanzenzellen kommt es zu phytohormoninduzierten Gewebewucherungen

rien als stickstoffhaltige Nahrungsquelle dienen. Bakterienfreies Tumorgewebe ist in der Lage, ohne Zugabe von Phytohormonen in Gewebekultur zu wachsen.

Wurzelhaube, die ↗ Calyptra.

Wurzelhaustorien, die ↗ Haustorien.

Wurzelhaut, die ↗ Rhizodermis.

Wurzelkletterer, ↗ Kletterpflanzen.

Wurzelknöllchen, durch symbiontische, Stickstoff fixierende ↗ Knöllchenbakterien (z. B. ↗ Rhizobium, *Bradyrhizobium*) hervorgerufene knollige Schwellungen an den Wurzeln von ↗ Leguminosen und anderen Pflanzen, z. B. ↗ Sanddorn, ↗ Casuarina, ↗ Gagelstrauch und ↗ Ölweide. Die Knöllchenbildung läuft in mehreren Stadien ab. Zunächst erfolgen die genetisch manifestierte Erkennung des Symbiosepartners und die Anheftung des Bakteriums an die Haarwurzeln. Durch Bildung eines Invasionsschlauches dringt das Bakterium in die Haarwurzel ein und wandert über diesen Schlauch zur Hauptwurzel. Innerhalb der Pflanzenzellen bilden sich anschließend die *Bacteroide*, deformierte Bakterienzellen, die die Fähigkeit zur ↗ Stickstoff-Fixierung besitzen. Durch weitere Zellteilung sowohl der Pflanzen- als auch der Bakterienzellen erfolgt die Bildung des reifen Wurzelknöllchens.

Wurzelknolle, Speicher- und Überwinterungsorgane von Pflanzen mit geophytischer Lebensweise (↗ Geophyten), z. B. bei der Dahlie (↗ Asteraceae). Sie unterscheiden sich von ↗ Sprossknollen durch den Besitz einer ↗ Calyptra, das Fehlen von Niederblättern (↗ Niederblatt) und im anatomischen Bau.

Wurzelkrebse, *Rhizocephala*, Taxon der ↗ Cirripedia.

Wurzelmetamorphosen, Abänderungen des anatomischen Baus der ↗ Wurzel als Anpassung an besondere Aufgaben. Bei ↗ Wurzelsukkulenten ist das Wasserspeichergewebe in die Wurzelregion verlagert. Wurzelkletterer, wie z. B. der ↗ Efeu, bilden *Haftwurzeln*, *Wurzelranken* oder *Wurzeldornen* (↗ Dornen) zum Festhaften aus. Die *Zugwurzeln* mancher ↗ Geophyten und Rosettenpflanzen verlagern deren Erdsprosse tiefer in den Boden. Bei Sumpfpflanzen, insbesondere der ↗ Mangrove, findet man *Stelz-* und *Atemwurzeln*. ↗ Epiphyten und ↗ Kletterpflanzen besitzen häufig grüne *Assimilations-* und *Luftwurzeln*. Im Dienste der Stoffspeicherung stehen ↗ Wurzelknollen und ↗ Rüben.

Wurzelmundquallen, die ↗ Rhizostomea.

Wurzelparasit, Parasit, der auf die Wurzel der Pflanze spezialisiert ist. Hierzu gehören z. B. die als Schädlinge bedeutsamen ↗ Rübennematoden und die Sommerwurzgewächse (↗ Orobanchaceae).

Wurzelspitze, besteht aus mehreren aufeinanderfolgenden Regionen: dem ↗ Vegetationskegel mit aufsitzender ↗ Calyptra, der *Wachstums-* und *Streckungszone*, der anschließenden Zone der ↗ Wurzelhaare und der Zone der *Seitenwurzelbildung*.

Wurzelspross, *Wurzelbrut*, endogen von den Wurzeln gebildete Sprosse, die der vegetativen Ausbreitung dienen. Sie entstehen, entsprechend der Bildung der Seitenwurzeln, im ↗ Perikambium. W. können obligatorisch gebildet werden, z. B. bei

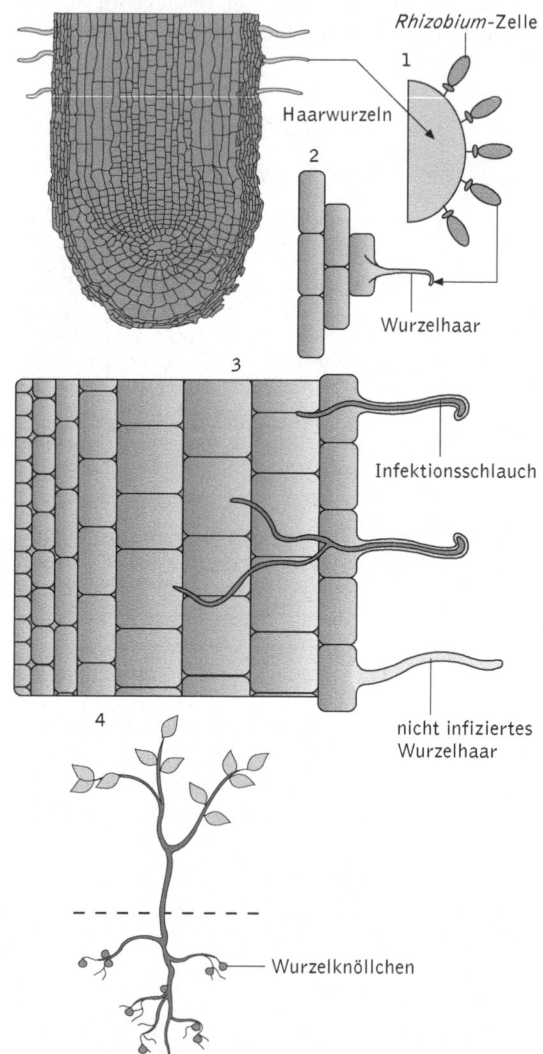

Wurzelknöllchen Ablauf der Bildung von Wurzelknöllchen nach der Infektion einer Leguminose durch *Rhizobium*. 1 Die *Rhizobium*-Zelle erkennt den Symbiosepartner und heftet sich an ihn an; 2 Durch Ausscheidung so genannter Nod-Faktoren kräuselt sich das Wurzelhaar; 3 *Rhizobium* dringt in das Wurzelhaar ein und vermehrt sich im Infektionsschlauch; 4 Die von *Rhizobium* besiedelten sowie benachbarte Pflanzenzellen werden zur Teilung angeregt; innerhalb der Pflanzenzellen bilden sich Bacteroide; ganz unten die Gesamtansicht der Pflanze mit den ausgebildeten Wurzelknöllchen

↗ Weide oder ↗ Robinie, oder fakultativ nach Verletzungen, wie bei manchen ↗ Ulmen und ↗ Linden.

Wurzelstock, das ↗ Rhizom.

Wurzelsukkulenten, ↗ Sukkulenten, bei denen das Wasserspeichergewebe in den Bereich der Wurzel verlagert ist. Hierzu gehören z. B. einige Arten der Gatt. *Oxalis* (↗ Oxalidaceae) und *Pelargonium* (↗ Geraniaceae). Wurzelsukkulenz tritt wesentlich seltener auf als Blatt- oder Stammsukkulenz.

Wurzelsystem, Gesamtheit aller Wurzeln einer Pflanze. Das W. kann *allorrhiz* (↗ Allorrhizie) ausgebildet sein, wie es bei den Nacktsamern (↗ Gymnospermae) und den zweikeimblättrigen Pflanzen (↗ Dicotyledonae) der Fall ist, oder *homorrhiz* wie bei den Einkeimblättrigen (↗ Monocotyledonae). Pflanzen mit homorrhizem W. wurzeln nur in geringer Tiefe und stellen einen guten Schutz gegen Bodenerosion dar. Die Ausdehnung des W. hängt von Feuchtigkeit, Temperatur und Zusammensetzung des Bodens ab.

Wurzelzichorie, ↗ Wegwarte.

Wüste, trockenes und vegetationsarmes terrestrisches ↗ Ökosystem mit sehr geringen und jahreszeitlich unregelmäßigen Niederschlägen. Die Niederschlagsmenge liegt i. d. R. unter 200 mm pro Jahr, in extremen Wüsten weit darunter. Neben den heißen W., die starke tägliche Temperaturschwankungen aufweisen, gibt es die kalten *Stein-* und *Eiswüsten*. Aufgrund globaler Luftzirkulationsmuster treten auf der Erde in beiden Hemisphären zwischen dem 15. und dem 30. Breitengrad ausgedehnte Wüstengürtel (↗ Biom) auf. Auch die Regenschatten auf der windabgewandten Seite von Gebirgen können eine Wüstenbildung verursachen (*Regenschattenwüste*). Eine besondere Form der Wüste ist die aufgrund ungünstiger edaphischer Faktoren entstehende *Salzwüste*. Den Übergang der W. zur ↗ Steppe oder zum ↗ Grasland bildet die ↗ Halbwüste.

Wüstenbildung, die ↗ Desertifikation.

Wüstenfuchs, der ↗ Fennek.

WWF, ↗ World Wide Fund For Nature.

Xanthin, Abk. *Xan, 2,6-Dihydroxypurin*, ein Purinderivat, das die Ausgangsverbindung für den Purinabbau ist. Von physiologischer Bedeutung sind einige der Derivate des X., insbesondere die Xanthinphosphate und die zu den ↗ Alkaloiden zählenden methylierten X. ↗ Coffein, Theobromin und Theophyllin.

Xanthin-Oxidase, *Xanthin-Dehydrogenase, Schardinger-Enzym*, ein zu den Eisen- und Molybdän-haltigen Flavinenzymen gehörendes dimeres Enzym des aeroben Purinabbaus, das ↗ Hypoxanthin und ↗ Xanthin zu ↗ Harnsäure oxidiert. X.-O. hat nur eine geringe Substratspezifität. Ein Mangel an X. - O. führt zur *Xanthinurie*, die durch hohe Xanthinkonzentrationen im ↗ Harn gekennzeichnet ist, da Xanthin nicht weiter zur Harnsäure abgebaut werden kann.

Xanthomonas, pflanzenpathogene, obligat aerobe Gatt. der ↗ Pseudomonaceae deren Kolonien durch die charakteristischen *Xanthomonadin*-Pigmente meist gelb gefärbt sind. Nach neuerer Auffassung wird die Gatt. in eine eigene Fam., die *Xanthomonadaceae*, gestellt.

Xanthophyceae, *Gelbgrünalgen*, Klasse der ↗ Heterokontophyta, mit etwa 400 Arten in 40 Gatt. Innerhalb der Klasse sind alle Organisationsformen des ↗ Thallus verwirklicht. Monadale Formen bil-

den die Ord. *Heterochloridales*, sitzende und feste Formen, die *Heterococcales*. In der dritten Ord. der *Heterotrichales* werden Gatt. zusammengefasst, deren verzweigte Zellfäden aus im Längsschnitt H-förmigen Wandstücken aufgebaut sind. Die siphonale Organisationsstufe repräsentiert die Ord. ↗ Heterosiphonales.

Xanthophylle, eine Gruppe der ↗ Carotinoide, die im Unterschied zu den Carotinen sauerstoffhaltig sind. Sie kommen in den Plastiden aller fotosynthetisch aktiven Gewebe sowie in den ↗ Chromoplasten zahlreicher Früchte vor. Typische Frucht-X. sind *Zeaxanthin*, das Hauptpigment der Maiskörner, dessen Isomer *Lutein*, das ein häufiger gelber Farbstoff in Blüten und Früchten ist und durch Nahrungsaufnahme auch bei Tieren vorkommt (z. B. Eidotter, Gelbkörper, Vogelfeder), sowie das in Blüten (z. B. Löwenzahn, Tagetes, Tulpe, Veilchen) bzw. Früchten (Zitrusfrüchte) auftretende *Violaxanthin*. Bestimmte X. spielen bei ↗ Blaulichtreaktionen auch beim Schutz vor zu starker Lichteinstrahlung (↗ Fotooxidation) eine Rolle. (↗ Xanthophyll-Zyklus)

Xanthophyll-Zyklus, Bez. für die reversible zweistufige Deepoxidation von Violaxanthin (Diepoxid) über das Monoepoxid Antheraxanthin zum Zeaxanthin, die in Anwesenheit von Licht enzymatisch erfolgt und dadurch einen Schutzmechanismus vor lichtbedingtem oxidativem Stress darstellt (↗ Fotorespiration). Dabei kommt es zur Erhöhung der Zahl der konjugierten Doppelbindungen von neun auf elf. Die Rückreaktion findet dann im Dunkeln statt. In Abhängigkeit von der Lichteinstrahlung kommt es zu einer Verschiebung des stationären

Xantophyll-Zyklus Die Reaktionen des Xanthophyll-Zyklus

Gleichgewichts zwischen den drei genannten ↗ Xanthophyllen. Dies wird nicht direkt durch Lichteinstrahlung, sondern indirekt durch den lichtabhängigen Protonengradienten der Thylakoidmembran kontrolliert. Die für die Deepoxidation verantwortlichen Enzyme sind integrale Proteine der Thylakoidmembran und reagieren auf die Ansäuerung des Lumens, wenn sich der ATP-Verbrauch verlangsamt mit der verstärkten Bildung von Zeaxanthin. Die Epoxidasen hingegen benötigen pH-Werte im neutralen Bereich.

X-Chromosom, ↗ Geschlechtschromosomen, ↗ Geschlechtsbestimmung.

X-chromosomaler Erbgang, ↗ Geschlechtschromosomen-gebundene Vererbung.

Xenarthra, *Nebengelenktiere,* Ord. der Säugetiere, zu der die Ameisenbären (↗ Myrmecophagidae), die Faultiere (↗ Bradypodidae) und die Gürteltiere (↗ Dasypodidae) gehören. Alle Arten der X. besitzen so genannte *Nebengelenke* (*Xenarthrales,* Name!), das sind zusätzliche Wirbelgelenke an den letzten Brust- und den Lendenwirbeln. Weitere charakteristische Kennzeichen sind die vollkommene Verknöcherung der Brustrippen und ihre gelenkige Verankerung am Brustbein sowie die Umbildung des Beckens, dessen Einzelelemente fest miteinander und mit dem Kreuzbein und den vorderen Schwanzwirbeln verschmelzen (*Synsacrum*).

Die X. wurden früher wegen der unterschiedlich starken Reduktion des Gebisses zusammen mit den Schuppentieren (↗ Pholidota) und den Erdferkeln (↗ Tubulidentata) in eine gemeinsame Ord. *Edentata* (Zahnarme) gestellt; die Zahnreduktion erfolgte jedoch unabhängig, und damit erwies sich die Gruppe als polyphyletisch.

Xenien, nach Fremdbefruchtung besonders an Früchten und Samen sichtbar werdende genetische Merkmale der Pollen liefernden Pflanze. Im triploiden ↗ Endosperm überdeckt ein Gen seine zwei Allele, die entgegengesetzte Wirkung ausüben. Das Vorhandensein von X. kann z. B. bei einer Befruchtung des Feldmais mit Pollen des Süßmais dazu führen, dass im Kolben des Feldmais einige Süßmaiskörner (↗ Mais) eingesprengt sind.

Xenobiotika, nicht natürlich vorkommende, sondern vom Menschen eingebrachte biologisch wirksame chemische Verbindungen. X. sind ↗ Umweltchemikalien wie z. B. ↗ Herbizide und ↗ Insektizide. Manche X. können durch Mikroorganismen abgebaut werden.

Xenogamie, die ↗ Allogamie.

xenogen, aus einer anderen Art stammend.

Xenopus laevis, der ↗ Krallenfrosch.

Xenotransplantation, die Übertragung von Tierorganen auf den Menschen. X. wird seit einer Reihe von Jahren als künftige Ergänzung oder unter Umständen auch Alternative zur allogenen ↗ Transplantation, also der Übertragung menschlicher Organe von einem Menschen auf einen anderen, diskutiert. Als geeignete Tiere für die Organspende werden zurzeit vor allem Schweine, insbesondere gentechnisch veränderte Schweine angesehen, da ihre Physiologie derjenigen des Menschen am nächsten kommt. Grundlegende zu lösende Probleme der X. sind die Überwindung der Abstoßungsreaktionen, die Gewährleistung der physiologischen Funktion und die Beherrschung von Infektionsrisiken. Als das größte zu lösende Problem wird zurzeit die Abstoßungsreaktion angesehen, die bei der Übertragung von tierischen Organen zum einen heftiger ist, als bei der allogenen Transplantation und sich zum anderen auch von den Abstoßungsreaktionen bei der herkömmlichen Transplantation unterscheidet. Zunehmende Bedeutung gewinnt auch das Problem des Infektionsrisikos, da bei X. unbekannte Viren auf den Menschen übertragen werden können, die unter Umständen nicht nur den Empfänger betreffen bzw. schädigen können, sondern über noch nicht bekannte Infektionsrisiken auch sein gesamtes Umfeld. Aus diesem Grund wird auch gefordert, dass es für die X., sollte sie sich als echte Alternative erweisen, spezielle und detaillierte rechtliche Regelungen geben muss. In der ethischen Diskussion gibt es im Wesentlichen zwei Schwerpunkte, zum einen die Abwägung der moralischen Rechte und Interessen des Menschen und zum anderen die Abwägung zwischen tierlichen Rechten und Interessen und denjenigen des Menschen. Bei ersterem Punkt geht es vor allem um die Milderung des Mangels an geeigneten menschlichen Organen zur Transplantation, um das zurzeit noch nicht beherrschte Infektionsrisiko und darum, dass X. zurzeit noch ein Humanexperiment ist, das einer ethischen Rechtfertigung bedarf, aber auch um medizinische und soziale Alternativen zur X. Die Interessenabwägung zwischen Menschen und Tieren betreffend, ist erkennbar, dass die Interessen von Tieren, wie in anderen Bereich auch (↗ Tierschutz, ↗ Tierversuche), zumindest gefährdet sind. Letztlich geht es um die Beantwortung der Frage, ob für die Minderung menschlichen Leids Leiden und Tod von Tieren in Kauf genommen werden können.

Literatur: Dahl, E.: Xenotransplantation. Tiere als Organspender für Menschen?, Stuttgart 2000.

Xenoturbellida, ein den ↗ Plathelminthes ähnliches Taxon, von dem bislang nur eine Art (*Xenoturbella bocki*) bekannt ist, deren systematische Zuordnung bisher nicht sicher ist. Neuerdings wird sie als mögliches Schwestertaxon der ↗ Bilateria diskutiert. Die Tiere sind bis 3 cm lang und äußerlich durch eine Wimpernfurche in der Körpermitte und eine medioventral liegende Mundöffnung charakterisiert. Sie haben keine sekundäre Leibeshöhle, sondern der sackförmige unbewimperte Darm bildet die zentrale Höhlung des Körpers. Sie besitzen eine dicht bewimperte, drüsenreiche Epidermis, die Cilien zeigen in den distalen Tubuli bemerkenswerte Übereinstimmungen mit den ↗ Acoelomorpha (Plathelminthes). Am Vorderende besitzen die X. eine ↗ Statocyste, die aus einer Vielzahl mit Geißeln versehener Statolithen besteht, die sich mit Hilfe der Geißeln in der Statocyste bewegen. *Xenoturbella bocki* lebt auf Schlammböden im Skagerrak.

xero-, Wortbestandteil mit der Bedeutung trocken, dürr.

Xerochasie, Öffnung der Früchte (↗ Frucht) und Ausstreuung der Samen bei Trockenheit. Dies erfolgt nach Absterben der Protoplasten der Fruchtwandzellen und Schrumpfung der Zellwände durch Austrocknung. Auch das Ausklappen von Hüllblättern und Doldenstrahlen zum Ausstreuen ganzer Früchte wird als X. bezeichnet.

Xeroderma pigmentosum, eine autosomal rezessive menschliche Erbkrankheit, die auf einem Defekt der ↗ DNA-Reparatur bei Schäden durch ultraviolettes Licht beruht. Körperpartien, die Sonnenlicht ausgesetzt sind, bilden deshalb sehr häufig Hauttumoren; weitere Krankheitssymptome sind neurale Degeneration und mentale Retardation, die mit der DNA-Reparatur nicht in unmittelbarem Zusammenhang zu stehen scheinen. X. p. wird durch Defekte in einem von acht bekannten Genen ausgelöst, wobei einige dieser Gene für *Helicasen* codieren, die bei der *Exzisionsreparatur* benötigt werden.

Xeromorphose, eine ↗ Morphose, die als Anpassung an trockene Standorte entsteht und sich z. B. in die ↗ Transpiration mindernden anatomischen und morphologischen Merkmalen bemerkbar macht, wie sie für ↗ Xerophyten typisch sind. (↗ Dürreresistenz)

Xerophyten, *Trockenpflanzen*, können an Standorten mit begrenztem Wasserangebot leben und verfügen über zahlreiche Mechanismen für einen sparsamen Wasserverbrauch und Transpirationsschutz. X. wachsen in extremen Trockengebieten wie Wüste, Steppe oder als immergrüne Holzpflanzen in winterkalten Gebieten. Dort ist durch starken Frost das Wasser gefroren und für die Pflanze ebenfalls nicht verfügbar. Häufig ist das Wurzelsystem weitverzweigt und tiefreichend. Die transpirierenden Oberflächen werden durch Reduktion der Blattgröße vermindert. Dies ist z. B. durch Einrollen der Blätter möglich. Häufig ist auch eine Verdornung der Blätter und Seitentriebe erfolgt. Auch eine geringere Verzweigung, Zwergwuchs oder der Blattabwurf in Trockenzeiten dienen der Verminderung der ↗ Transpiration. Die Assimilation wird dann häufig durch die grüne Sprossachse übernommen oder durch blattartige abgeflachte Blattstiele (*Phyl-*

lodien) bei Blättern, die lediglich die Blattspreite reduziert haben. Weitere Möglichkeiten der Wasserersparnis bietet die Ausbildung von *Sklerophyllen* bei den ↗ Hartlaubgewächsen. Das Schwammparenchym (↗ Parenchym) wird reduziert und stattdessen Palisadenparenchym, Leit- und ↗ Festigungsgewebe verstärkt eingebaut. Die Cuticula und die Außenwände der Epidermis werden extrem verdickt und die Spaltöffnungen häufig versenkt. *Malakophylle* sind dagegen weichblättrig und meist mit einem dichten Haarfilz als Verdunstungsschutz überzogen. Bei länger dauernder Trockenheit welken die Blätter und werden abgeworfen. Nur die jüngsten Blattanlagen in den dicht behaarten Knospen bleiben erhalten. Zu den X. gehören auch die ↗ Sukkulenten. Man unterscheidet je nach Lage des Wasser speichernden Gewebes ↗ Blattsukkulenten, ↗ Stammsukkulenten und ↗ Wurzelsukkulenten. ↗ Poikilohydrische Pflanzen wie z. B. die ↗ Thallophyten zeigen eine hohe plasmatische Trockenresistenz. Sie ertragen ein völliges Austrocknen, ohne Schaden zu nehmen.

Xerothermrasen, hauptsächlich aus Gräsern bestehende Pflanzenformation trockenwarmer Standorte. (↗ Steppe)

Xiphiidae, *Schwertfische*, zu den Barschfischen (↗ Perciformes) gehörende Fam. mit einer Art, deren Oberkiefer schwertförmig lang ausgezogen ist (Name!). Das „Schwert" dient wahrscheinlich zum Verletzen von Beutetieren in einem Schwarm; Bauchflossen, Zähne und Schuppen fehlen. Der als Einzelgänger in allen warmen und gemäßigten Meeren von der Oberfläche bis in 600 m Tiefe verbreitete *Schwertfisch* (*Xiphias gladius*) kommt auch an den europäischen Küsten vor.

Xiphosura, *Schwertschwänze*, *Pfeilschwanzkrebse*, *Königskrabben*, Taxon der ↗ Chelicerata mit nur vier rezenten, marinen Arten. Fossil sind die X. seit dem Silur mit großer Artenfülle bekannt; die heutigen Arten werden als lebende Fossilien bezeichnet, da man fast identische Formen bereits aus dem Tertiär kennt. Größter rezenter Vertreter ist *Limulus polyphemus* mit 60 cm Länge. X. sind Grundbewohner, die in 10 - 20 m Tiefe leben und sich räuberisch von kleinen Krebsen, Weichtieren, Würmern u. a. ernähren. Der Körper ist abgeflacht und hufeisenförmig. Sie besitzen ein großes ungegliedertes *Prosoma*, mit breiter Kopfduplikatur, die zum Graben dient, sowie ein kleines ungegliedertes *Opisthosoma* mit Pleurotergiten, dessen erste Segmente und Teile des zweiten Segments dem Prosoma angeschmolzen sind. Die letzten Opisthosomasegmente sind verkleinert und tragen den langen Schwanzstachel. Am Prosoma sitzen ein Paar dreigliedrige Cheliceren und fünf Paar Laufbeine, vier Paar davon mit Scheren, das letzte hat Stacheln und flache Borsten, die sich ausbreiten können und (wie ein Skistockteller) zum Abstützen im weichen Substrat dienen; das letzte Beinpaar trägt seitlich einen Fortsatz (*Flabellum*), der eine Rolle beim Abdichten der Kiemenkammer spielt; alle Prosomaextremitäten tragen stark entwickelte Gnathocoxen, die den Mund umstehen und zum Zerkleinern der Nahrung dienen. Die Extremitäten des ersten Opisthosomasegments sind zu den eingliedrigen *Chilaria* reduziert, die den Raum des in der Körpermitte liegenden Mundes nach hinten begrenzen; alle anderen Extremitäten sind flächig entwickelt; das erste Paar bildet das Genitaloperculum, auf dem die Geschlechtsorgane münden, die restlichen fünf Paar Blattbeine tragen *Buchkiemen* auf der Hinterseite, die aus je etwa 150 Blättchen aufgebaut sind.

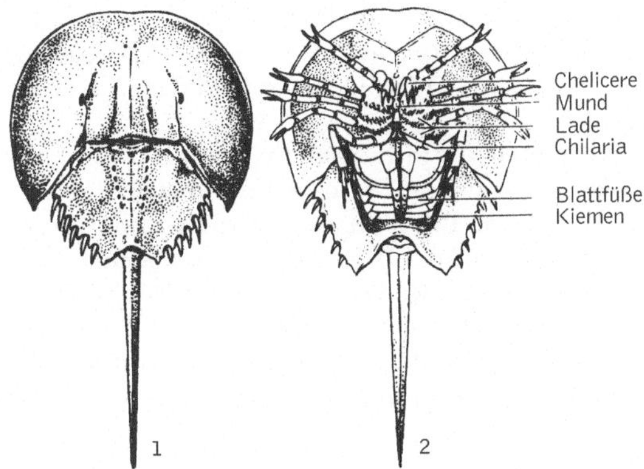

Xiphosura *Limulus polyphemus*. 1 von der Rückenseite, 2 von der Bauchseite

Ober- und *Unterschlundganglion* bilden eine große Hirnmasse im Prosoma. An Sinnesorganen finden sich Sinneshaare auf dem ganzen Körper, ein Paar *Komplexaugen* ohne Kristallkegel mit runden Cornealinsen, die zapfenartig nach innen verlängert sind, und ein Paar *Medianaugen*; weitere von außen nicht sichtbare modifizierte Medianaugen liegen im Inneren.

Die *Nahrung* wird beim Durchpflügen des Untergrunds gefunden und mit Hilfe der Cheliceren und der Scheren an den Beinen vor den Mund gebracht und zerkleinert (auch mit den Gnathocoxen); auf den Mund folgt ein enger Pharynx und ein Kaumagen, in dem die Nahrung weiter zerkleinert wird; der Mitteldarm ist vorn zum Magen erweitert und besitzt zwei Paar umfangreich verzweigte Mitteldarmdrüsen. Der After liegt an der Basis des Stachels. Der *Exkretion* dient ein Paar Coxaldrüsen.

X. sind getrenntgeschlechtlich. Die Gonaden liegen im Prosoma. Zur *Fortpflanzung* sammeln sich die Tiere im Gezeitenbereich an flachen Küsten; das Männchen hält sich mit dem zum Greiforgan umgebildeten ersten Beinpaar am Prosomarand auf

dem Weibchen fest; bis zu 1 000 Eier werden in eine flache Mulde gelegt, besamt (äußere Besamung!) und mit Sand bedeckt. Die Furchung ist total, das erste frei lebende Stadium (so genannte *Trilobitenlarve*) hat schon alle Segmente, aber nur neun Extremitätenpaare. X. sind erst nach ca. 12 Jahren geschlechtsreif.

X-Organ, neuere Bez. *Medulla-terminalis-X-Organ*, *Hanström-X-Organ*, Gruppe neurosekretorischer Zellen in der Medulla terminalis des Augenstiels der Krebse (↗ Crustacea), die ein häutungshemmendes Peptidhormon MIH (Abk. für engl. *moult inhibiting hormone*) bilden, das in der ↗ Sinusdrüse gespeichert und in der Zeit zwischen zwei Häutungen ausgeschüttet wird. Neben dem MIH wird wahrscheinlich noch ein häutungsbeschleunigendes Hormon MAH (Abk. für engl. *moult accelerating hormone*) gebildet und im Sinnesporen-X-Organ des Augenstiels gespeichert. In der ersten Häutungsphase regt es das ↗ Y-Organ zur beschleunigten Abgabe von Häutungshormon an. (↗ Ecdysteroide, ↗ Häutung)

Xylanabbau, enzymatischer Abbau des Xylans, dem Hauptbestandteil der pflanzlichen ↗ Hemizellulosen, u. a. durch anaerobe Bakterien der Gatt. *Clostridium* (↗ Clostridien), *Thermoanaerobium* und *Thermobacteroides* aber auch durch aerobe Bakterien der Gatt. *Bacillus* und *Cellulomonas*. Auch ↗ Hefen wie ↗ Candida oder Mycelpilze wie ↗ Fusarium bauen das Xylan zu ↗ Xylose und anderen Zuckern, wie z. B. *Arabinose* oder *Glucuronsäure* ab, die dann unterschiedlich weiter verwertet werden.

Xylem, der Holzteil der ↗ Leitbündel. Hier strömt das Wasser mit den Nährstoffen aus den Absorptionszonen der ↗ Wurzel durch abgestorbene Röhrenzellen mit derben, verholzten Wänden. Der Protoplast löst sich nach Erreichen der Funktionstüchtigkeit der Zelle auf, sodass nur die verholzten, von Hoftüpfeln durchbrochenen Zellwände übrig sind. Man unterscheidet zwei Formen Wasser leitender Elemente: Die *Tracheiden*, englumige Einzelzellen mit spitzwinklig - schrägstehenden, reich getüpfelten Endwänden. In diesen Zellen ist der Strömungswiderstand relativ hoch. Wesentlich geringer ist er in den *Gefäßgliedern* (Tracheen-Gliedern), bei denen die Endwände durchgebrochen oder sekundär aufgelöst sind. Der Querdurchmesser ist mit 60 - 700 µm relativ hoch. Das hängt damit zusammen, dass die jungen Gefäßglieder unter Polyploidisierung ihrer Zellkerne (8 n bis 16 n) in die Breite wachsen, bevor ihre Zellwände die Wachstumsfähigkeit verlieren. Die Lignifizierung der Wände der Tracheiden und der Gefäßglieder verhindert das Kollabieren dieser Röhrenzellen bei starkem Unterdruck während der Transpiration (s. Tab. und Abb. auf Seite 359).

Xylem Vergleich von Tracheen und Tracheiden

	Tracheiden	Tracheen
Zellen	Charakter von Einzelzellen	Tracheenglieder teilweise nicht mehr als Einzelzelle zu erkennen
Länge	Tracheide 0,3 – 10 mm	im Verbund bis zu 1 m; tropische Lianen: bis 10 m
Durchmesser	10 – 30 μm	10 – 400 μm (tropische Lianen: 700 μm)
Transportwiderstand	relativ hoch	niedrig
Verstärkung der Zellwände	stärker	weniger stark
Vorkommen	(Laubmoose: Hydroide) Farne Gymnospermen Angiospermen	hauptsächlich Angiospermen wenige Farne eine Gymnosperme (*Welwitschia mirabilis*)

Xylemexsudation, ↗ Exsudation.

Xylemsaft, ↗ Xylemtransport.

Xylemtransport, der Transport von Wasser und darin gelösten anorganischen und organischen Substanzen wie bestimmten Stickstoffverbindungen, sekundären Pflanzenstoffen und Phytohormonen (*Xylemsaft*) von der Wurzel in den Spross bzw. zu den Blättern. (↗ Phloemtranslokation, ↗ Wassertransport) (s. Abb. auf Seite 375)

Xylophagen, *Holzfresser*, *Lignivoren*, spezialisierte Gruppe der Pflanzenfresser, z. B. die ↗ Schiffsbohrmuscheln, zahlreiche Insektenlarven sowie Termiten (↗ Isoptera), die in und an ↗ Holz leben und sich davon ernähren. Das aufgenommene Holz wird im Wesentlichen von endosymbiontischen Mikroorganismen, z. T. unter Mitwirkung körpereigener, ↗ Cellulose spaltender Enzyme, aufgeschlossen.

Xylophyten, die ↗ Holzpflanzen.

Xylose, ein zu den Pentosen gehörendes ↗ Monosaccharid, das Baustein der *Xylane* ist, die ihrerseits Bestandteil der ↗ Hemicellulosen pflanzlicher Zellwände sind. Bei verschiedenen Algen sind D-Xylane anstelle von Cellulose Bestandteil der Zellwände. X. dient in der Medizin zur Testung der Dünndarmresorption (*Xylosetest*) und u. a. zur Er-

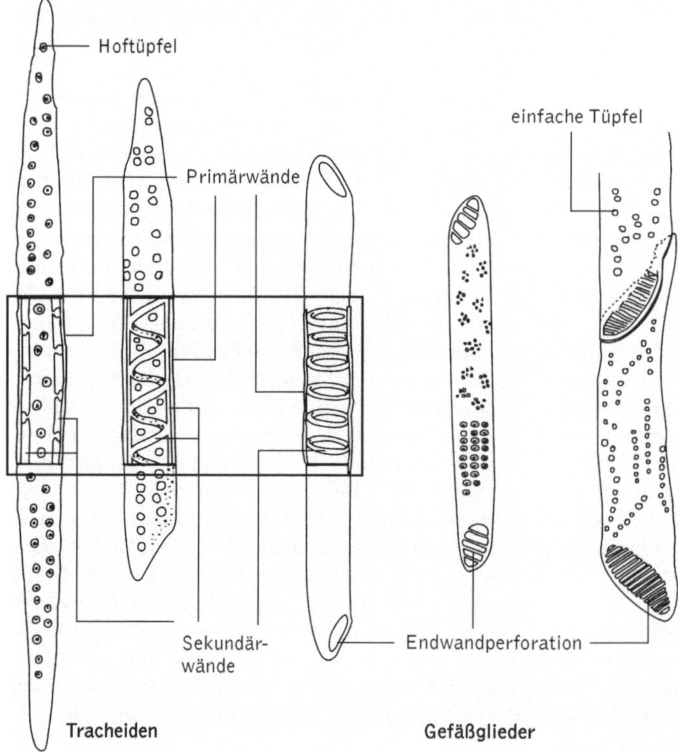

Xylem Schematische Darstellung der Zelltypen des Xylems. Sowohl Tracheiden als auch Gefäßglieder zeichnen sich durch starke Verdickungen ihrer sekundären Zellwände aus (siehe Kasten). Die Wände der Gefäßglieder sind an den Enden offen

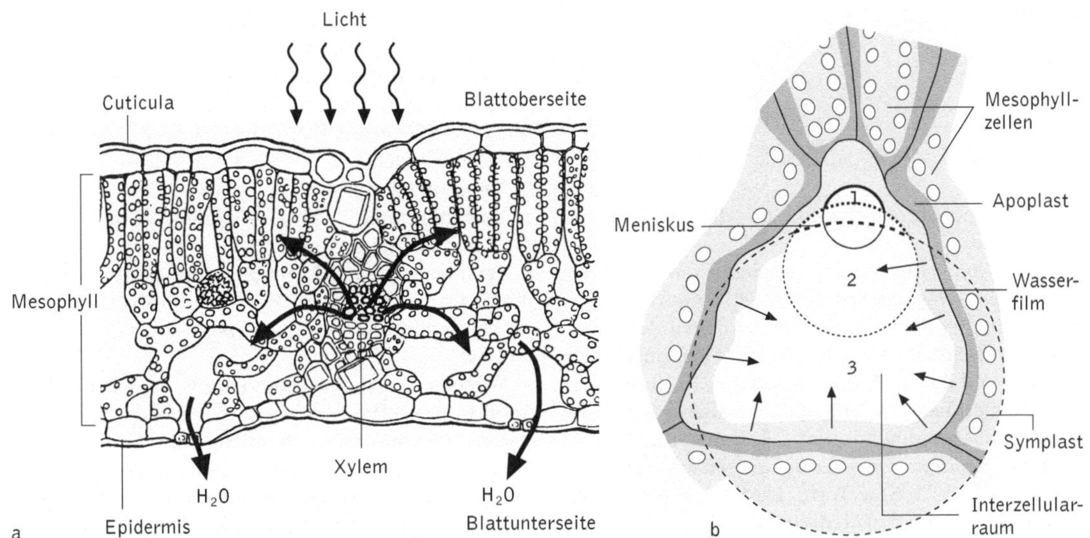

Xylemtransport   a Übersicht über den Weg des Wassers aus dem Xylemgefäßen zur Außenluft. Wasser verdunstet aus dem Wasserfilm, der dem Apoplasten der Mesophyllzellen aufliegt. Steigt die Transpirationsrate an, verschiebt sich das Fließgleichgewicht, sodass mehr Wasser von den Außenwänden der Mesophyllzellen verdunstet und der Wasserfilm sich in kapilläre Hohlräume zurückzieht. b zeigt einen Ausschnitt aus a. Die Pfeile deuten die Verdunstung des Wassers in den Interzellularraum an (a nach Sitte, P. et al.: Strasburger Lehrbuch der Botanik, 1988)

kennung von Resorptionsstörungen. Durch Hydrierung wird der Zuckeralkohol *Xylit* gewonnen, der als Zuckeraustauschstoff in der Nahrungsgüterindustrie eingesetzt wird.

Xylulose, eine zu den ↗ Monosacchariden gehörende Pentulose, die in der D- und L-Form vorkommt. Das 5-Phosphat der D. - X. ist im ↗ Pentosephosphat-Weg ein wichtiges Intermediärprodukt und dient als C_2-Donator für die Transketolase. Die L - X. ist ein Zwischenprodukt des Glucuronatwegs. Bei der *Pentosurie*, einer genetisch bedingten Stoffwechselkrankheit, wird L - X. im Harn ausgeschieden.

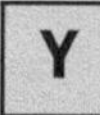

Y, Ein-Buchstaben-Symbol für die Aminosäure ↗ Tyrosin.

YAC, Abk. für *yeast artifical chromosome* (*künstliches Hefechromosom*), ↗ Klonierungsvektoren, die im Unterschied zu ↗ Plasmiden oder ↗ BACs Fremd-DNA von bis zu 1000 kb aufnehmen können und durch ↗ Transformation in Hefezellen in derselben Weise wie Plasmide in Bakterienzellen gehandhabt werden können. (↗ Klonierung)

Yalow, *Rosalyn Sussmann*, amerikan. Physikerin, ✳ 19.7.1921 New York; 1968-79 Prof. an der Mount Sinai School of Medicine und 1979-85 an der Yeshiwa University in New York, seit 1970 Leiterin der Abteilung für Nuklearmedizin des Veterans Administration Hospital in Bronx (New York); Y. entwickelte in teilweiser Zusammenarbeit mit S.A. Berson (1918-1972) den ↗ Radioimmunassay, eine Methode zur analytischen Bestimmung äußerst geringer Substanzmengen von Peptidhormonen. Sie erhielt 1977 zusammen mit R.C.L. ↗ Guillemin und A.V. ↗ Schally den Nobelpreis für Physiologie oder Medizin.

Yam, *Yamswurzel*, *Dioscorea*, verschiedene Arten der tropischen Gatt. *Dioscorea* (↗ Dioscoreaceae), die stärkereiche, 30 - 70 cm lange Wurzelknollen bilden. Es sind windende Stauden mit großen, herzförmigen Blättern. Y. wird hauptsächlich in Afrika angebaut.

Yamswurzel, der ↗ Yam.

Y-Chromosom,, ↗ Geschlechtschromosomen, ↗ Geschlechtsbestimmung.

Yersinia, stäbchenförmige, gramnegative und fakultativ anaerobe Gatt. der ↗ Enterobakteriaceae. Bekanntester Vertreter ist *Y. pestis*, der Erreger der ↗ Pest.

Y-Organ, *Carapaxdrüse*, paarige endokrine Hormondrüse (↗ Häutungsdrüsen) der Krebse (↗ Crustacea), die im ersten Maxillen- oder Antennensegment liegt und ektodermaler Herkunft ist. Das Y - O. bildet das Häutungshormon *20-Hydroxyecdyson* (*Crustecdyson*; ↗ Ecdysteroide). Bei Einstellen der Produktion eines häutungshemmenden Hormons im ↗ X-Organ, das in den Zwischenhäutungsphasen auf das Y - O. einwirkt, wird Häutungshormon sezerniert und die ↗ Häutung eingeleitet.

Ysop, *Hyssopus officinalis*, einzige Art dieser Gatt. der ↗ Lamiaceae. Aus den Sprossen dieser Heil- und Gewürzpflanze wird das etherische Ysopöl gewonnen. Es wurde seit alters her gegen Atemwegskrankheiten eingesetzt.

Yucca, Gatt. der ↗ Agavaceae.

Z

Zackenbarsche, die Fam. ↗ Serranidae.

Zählkammerverfahren, Verfahren zur mikroskopischen Bestimmung der Gesamtkeimzahl einer Suspension durch Auszählen eines definierten Volumens auf einem kalibrierten Objektträger mit Gittermarkierungen definierter Tiefe. In Kombination mit ↗ Vitalfarbstoffen ist auch eine Bestimmung der ↗ Lebendzellzahl möglich.

Zahnarme, die ↗ Xenarthra.

Zahnbein, *Dentin, Elfenbein, Substantia eburnea*, in der Feinstruktur dem ↗ Knochen verwandte, aber zellfreie Hartsubstanz der Wirbeltierzähne. Das meist gelblich gefärbte Z. besteht aus dichten, überwiegend in Längsrichtung des Zahns verlaufenden Kollagen-Faserbündeln (↗ Kollagen), die in eine organische Grundsubstanz aus sauren ↗ Mucopolysacchariden eingebettet und durch aufgelagerte Hydroxylapatit- und Fluorhydroxylapatit-Kriställchen zu einem sehr harten, organomineralischen Konglomerat verbacken sind. Aufgrund seiner Struktur und des hohen Anteils an mineralischer Substanz ist das Z. härter und zugleich elastischer als herkömmliches Knochengewebe. Von der Pulpahöhle her ist das Z. radiär durchzogen von miteinander anastomosierenden *Zahnbeinkanälchen (Dentinkanälchen)*, in denen zarte Fortsätze der Dentin-Bildungszellen (*Odontoblasten*) verlaufen (*Tomes'sche Fasern*). Diese erhalten dem Z. im Gegensatz zum Zahnschmelz seine Regenerationsfähigkeit. Nur ausnahmsweise dringen Blutgefäße in das Z. ein. Im Zahnwurzelbereich geht das Z. kontinuierlich in den knochengleich gebauten *Zahnzement* über. Z. ist eine phylogenetisch ursprüngliche und ontogenetisch sehr früh ausdifferenzierte Skelettsubstanz. (↗ Zähne)

Zähne, *echte Zähne, Dentin-Zähne, Dentes* (Singular *Dens*), Zellprodukte ekto- und mesodermaler Herkunft im Bereich der Mundhöhle (↗ Mund) von Wirbeltieren einschließlich des Menschen, die phylogenetisch auf den Bauplan von Plakoidschuppen (↗ Schuppen) zurückgehen und diesen homolog sind. ↗ Zahnbein, *Zahnmark (Zahnpulpa, Pulpa dentis)*, *Zahnzement (Substantia ossea)* und der umgebende Alveolarknochen stammen aus dem ↗ Mesoderm, der ↗ Zahnschmelz (*Substantia adamantina*) aus dem ↗ Ektoderm. Bei ursprünglichen Wirbeltieren (↗ Fische, niedere Tetrapoda) können Z. an vielen Knochen der Mundhöhle und in der Speiseröhre vorkommen. Typisch für diese Tiergruppen ist die große Anzahl Z. und ihre z. T.

unbeschränkte Regenerationsfähigkeit. Beide Merkmale werden im Laufe der Stammesgeschichte eingeschränkt zugunsten höherer Differenzierung und Leistungsfähigkeit des Einzelzahns. Bei känozoischen Säugern tragen schließlich nur noch die Kieferbögen Zähne, i. d. R. maximal 44 in höchstens zwei Generationen und in Gestalt von funktionsbestimmten Gebissen (↗ Gebiss).

Die *Zahnbildung (Odontogenie, Odontogenese)* läuft ontogenetisch (z. B. beim Menschen) in der Weise ab, dass sich ab dem zweiten Embryonalmonat im Ober- und Unterkiefer je eine bogenförmige *Zahnleiste (Schmelzleiste, Dentallamina)* ektodermaler Abkunft in das umgebende ↗ Bindegewebe einsenkt. Aus der Zahnleiste knospen dann, entsprechend der Anzahl auszubildender Milchzähne, glockenförmige Schmelzorgane (*Schmelzglocken*) heraus, die innen die Gestalt der späteren Zahnkronen als Negativform vorzeichnen. Vom Innenraum (*Pulpahöhle, Zahnhöhle, Cavum dentis*) wächst embryonales Bindegewebe mit Nerven und Blutgefäßen in die Schmelzorgane ein, deren inneres Epithel den Zahnschmelz absondert. Die Ausbildung der zweiten Zahngeneration folgt bereits ab dem fünften Monat nach Empfängnis durch Verlängerung der Zahnleiste zur Ersatzzahnleiste.

Der aus dem Kieferknochen und Zahnfleisch (Gingiva) herausragende, meist schmelzüberzogene und selten noch zusätzlich zementbedeckte Teil der Zähne heißt *Zahnkrone (Corona dentis)*; diese ist primär niederkronig (*brachyodont*), bei stärkerer Beanspruchung (z. B. bei Grasfressern) kann sie stammesgeschichtlich hochkronig (*hypsodont*) ausgestaltet werden. Die Kronen heterodonter (↗ heterodont) Säuger weisen eine ihrer Funktion bei Nahrungsaufnahme und -zerkleinerung angepasste ein- oder mehrhöckerige Form auf. *Frontzähne (Schneidezähne, Stoßzähne)* und *Praemolaren* (vordere *Backenzähne*) sind allg. einfacher gebaut als die hinteren, echten Backenzähne oder *Molaren*. Durch Abkauung entstehen typische Kauflächenmuster (*Usuren*). Zwischen Krone und Wurzel vermittelt manchmal ein *Zahnhals (Collum dentis, Cervix dentis)*. Die *Zahnwurzel (Radix dentis)*, ein- oder mehrzählig ausgebildet und mit Zement bedeckt, dient bei Säugern und manchen Reptilien der (↗ thecodonten) Befestigung der Zähne in (*Zahn-)Alveolen (Zahnfächer, Zahngruben, Alveoli dentales)* der Kiefer mittels ihrer Wurzelhaut (*Zahnperiost, Parodontium*). Bei Fischen, ↗ Amphibia und niederen ↗ Reptilia kann die Befestigung einfacher sein (↗ pleurodont) oder ↗ akrodont, d. h. auf der Kante des Kiefers befestigt. Zumeist verschließt sich die primär weit offene Pulpahöhle am Ende des Wurzelwachstums bis auf eine enge Öffnung des Zahnwurzelkanals. Bei hypsodonten Zähnen tritt der Verschluss erst spät (z. B.

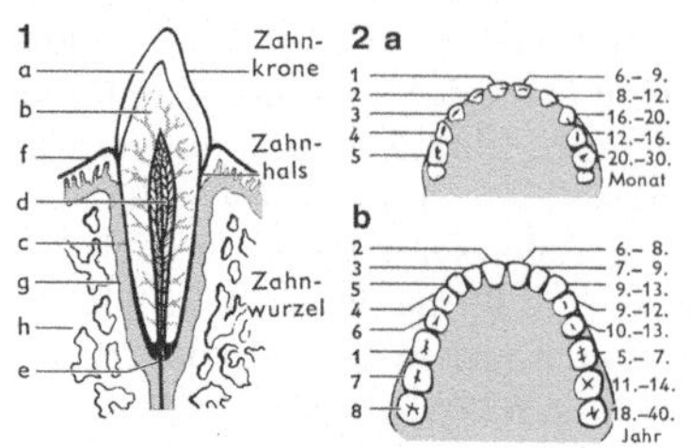

Zähne 1 Längsschnitt durch einen Schneidezahn; a Zahnschmelz, b Zahnbein, c Zementschicht, d Zahnmark, e Wurzelloch, f Zahnfleisch, g Wurzelhaut, h Kieferknochen. 2 Anordnung der Zähne im Oberkiefer des Menschen und die Reihenfolge des Zahndurchbruchs, a der Milchzähne, b der bleibenden Zähne; die rechts stehenden Zahlen geben die Zeiten des Durchbruchs, die links stehenden die Reihenfolge an. 3 Zahnformel des bleibenden Gebisses des Menschen

Pferd) oder niemals mehr ein (z. B. bei Stoßzähnen und Nagezähnen); die Folgen sind Wurzellosigkeit und Dauerwachstum.

Zahnformen. Bei Fischen, Amphibien und Reptilien finden sich primitive wurzellose Z., die kegelfömig spitz *(Kegel-Z.)* oder bei vielen Fischen und Reptilien pflastersteinförmig *(Pflaster-Z.)*, bei Haien kantig oder auch mehrzackig geformt sein können, in ihrer Gesamtheit jedoch immer weitgehend gleich gestaltet sind und ein *homodontes* Gebiss bilden. Bei den Säugetieren inklusive des Menschen ist das Gebiss *heterodont*. Es gliedert sich in *Schneidezähne (Incisivi)*, *Eckzähne (Canini)*, *Vorbackenzähne (Prämolaren)* und *Backenzähne (Mahlzähne, Molaren)*, Die nicht wechselnden Backenzähne besitzen meist besonders geformte Kronenoberflächen, wobei beim Kieferschluss die Höcker und Kanten der Ober- und Unterkieferzähne genau ineinander passen, was das Zermahlen der Nahrung in kleinste Teile ermöglicht. In Anpassung an die Ernährungsweise können vielfältige Abwandlungen im Gebiss der einzelnen Tiergruppen auftreten. Bei Pflanzenfressern können die Backenzähne sehr kompliziert gebaut sein, bei den Zahnwalen (↗ Odontoceti) sind sie sekundär wieder zu Kegel-Z. umgebildet. Raubtiere (↗ Carnivora) benutzen Schneidezähne und Eckzähne, um die Beute zu fassen und zu töten, dementsprechend sind die Eckzähne oft besonders stark ausgebildet *(Reiß-Z.)*. Paarhufer (↗ Artiodactyla) haben im Oberkiefer überhaupt keine Schneidezähne, sondern eine Hornplatte, dafür trägt der Unterkiefer sechs Schneidezähne, die nach vorne gerichtet sind und mit den Eckzähnen zusammen eine Schneide bilden. Nagetiere (↗ Rodentia) besitzen in Unter- und Oberkiefer je ein Paar großer meißelartiger Schneidezähne *(Nagezähne)*, die stark gebogen und sehr lang sind und zeitlebens nachwachsen.

So genannte *Hornzähne*, die im Maul der ↗ Rundmäuler und als Larvalorgane der Froschlurche

(↗ Kaulquappe) vorkommen, entstehen im Gegensatz zu echten Z. aus verhornten Epidermiszellen. (↗ Zahnkaries)

Zahnformel, Charakterisierung von Säugetiergebissen (↗ Gebiss) durch Zahlen und Symbole. Dabei werden die Zähne der Funktionsgruppen durch Buchstaben symbolisiert und entsprechend ihrer Anzahl für je eine obere und untere Kieferhälfte in Form von Brüchen angegeben: z. B. für *Canis* (Gatt. der Echten Hunde) I (Incisivi, Schneidezähne) 3/3' C (Canini, Eckzähne) 1/1' P (Praemolaren, vordere Backenzähne) 4/4', M (Molaren, hintere Backenzähne) 2/3. Vereinfacht lautet diese Zahnformel:

$$\frac{3\,I\ 1\,C\ 4\,P\ 2\,M}{3\,I\ 1\,C\ 4\,P\ 3\,M} \text{ oder } \frac{3\ 1\ 4\ 2}{3\ 1\ 4\ 3}$$

(x 2 = 42 Zähne im Gebiss).

Fehlende Kategorien werden durch eine Null bezeichnet:

$$\frac{0\ 0\ 3\ 3}{3\ 1\ 3\ 3} = \text{Zahnformel für Wiederkäuer.}$$

Bei *Milchzähnen* können die Buchstabensymbole in Kleinschreibung (i c p bzw. m) und/oder durch Hinzufügung von d (= deciduus; id, cd, pd bzw. md) oder als Kurzformel angegeben werden:

$$\frac{3\ 1\ 3}{3\ 1\ 3} = \text{Milchgebiss von Canis.}$$

Zahnhals, ↗ Zähne.

Zahngruben, *Zahnfächer*, ↗ Zähne.

Zahnkaries, *Karies*, *Zahnfäule*, *Zahnfraß*, lokale Zerstörung der Zahn-Hartsubstanz (↗ Zahnschmelz und ↗ Zahnbein) durch äußere Einflüsse, meist unter Braunfärbung. Nach W.D. Müller (1889) erfolgt eine Demineralisierung (Überführung von Calciumphosphat in eine lösliche Form) durch Säuren, die im Stoffwechsel von Bakterien beim Abbau von Zuckern gebildet werden. Es lassen sich zwei Arten von Z. unterscheiden: Bei der unspezifischen Zahnkaries findet die Zahnzerstörung in geschützten Stellen der ↗ Zähne (z. B. in Hohlräumen am Zahnfleisch) statt, wo sich Nahrungspartikel festsetzen und sich viele Säure bildende Bakterien entwickeln. Die eigentliche Z. entsteht an der glatten Zahnoberfläche; dabei ist die vermehrte Bildung von Plaques (an Bakterien reichen Zahnbelägen) von entscheidender Bedeutung.

Zahnkrone, ↗ Zähne.

Zahnschmelz, *Schmelz*, *Enamelum*, *Email*, *Adamantin*, *Substantia adamantina*, *Substantia vitrea*, kappenförmiger Überzug ektodermalen Ursprungs auf fast allen Zahnkronen (↗ Zähne) der Wirbeltiere aus Hartsubstanz, die im Gegensatz zur lange Zeit herrschenden Ansicht kein Gewebe mit faserigen Strukturen darstellt, sondern ein fast rein kristallines, von Zellen produziertes Gefüge ist. Z.

besteht zu 95 % aus mineralischen (Hydroxylapatit), zu 1 - 2 % aus organischen Stoffen (↗ Proteine, wenig Kohlenhydrate und Lipide) und zu 3 - 4 % aus Wasser. Unter den Spurenelementen spielt ↗ Fluor die Hauptrolle. Grundbausteine des Z. sind i. d. R. ausgebildete Schmelzprismen in einer Dichte um 20000 bis 30000 Prismen pro mm^2, die sich wiederum aus kleindimensionierten Kristalliten zusammensetzen. Bei Säugern konnte man bisher fünf verschiedene Typen von Querschnittsmustern an den Prismen unterscheiden. Die Härte des Z. beträgt beim Menschen 5 bis 8 der Mohs'schen Härteskala. Da die Schmelzsekretion unter Härtezunahme von innen nach außen in Schüben verläuft, ist der Z. in Schichten aufgebaut. Im Gegensatz zum ↗ Zahnbein kann Z. nicht nachwachsen. Bei der Bildung von Z. wirken drei Prozesse zusammen: 1) Ausscheidung einer Schmelzmatrix als Primärprodukt der Adamantoblasten, der Bildungszellen des Z., 2) Mineralisation dieser Matrix mit 3) anschließender Reifung des kristallinen Gefüges. (↗ Zahnkaries)

Zahnwale, die ↗ Odontoceti.

Zahnwechsel, Ersatz vorhandener durch neu entstehende ↗ Zähne. Bei ↗ Fischen, ↗ Amphibia und ↗ Reptilia bildet die Zahnleiste fortwährend neue Zähne (*Polyphyodontismus)*, bei Säugern wird lediglich das Milchgebiss gegen das Dauergebiß (↗ Gebiss) ausgewechselt (*Diphyodontismus*). Unter dem Druck der heranwachsenden Ersatzzähne bauen die Milchzähne ihre Wurzeln so weit ab, bis die verbleibende Krone leicht ausfällt. Beim *horizontalen Z.* treten nicht alle Zähne einer Zahngeneration zugleich in Funktion, sondern nacheinander, von hinten nach vorn. Dies trifft für Elefanten, Seekühe (Sirenia), Springbeutler und manche Klippschliefer zu. Beuteltiere (↗ Marsupialia) zeigen (mit Ausnahme des vierten Praemolaren) keinen Zahnwechsel (*Monophyodontismus*).

Zahnwurzel, ↗ Zähne.

Zander, *Stizostedion lucioperca*, selten bis 1,3 m lange Art der Barsche (Fam. ↗ Percidae), die im Süßwasser der Nordhalbkugel verbreitet ist. Der Z. hat einen langgestreckten, hechtförmigen Körper mit stark bezahntem Maul; er lebt räuberisch von Weißfischen. Im Mai werden flache Laichgruben angelegt, und der Laich wird vom Männchen bewacht. Der Z. ist ein geschätzter Speisefisch.

Zänogenese, die ↗ Caenogenese.

Zapfen, 1) *Botanik: Strobilus*, im reifen Zustand verholzter ähriger ↗ Blütenstand der weiblichen Blüten nacktsamiger Pflanzen (↗ Gymnospermae). Der Z. der ↗ Erle ist dagegen ein Fruchtstand, der aus einem kätzchenähnlichen Blütenstand hervorgeht.

2) *Zoologie: Sehzapfen, Zäpfchen*, bilden zusammen mit den Stäbchen die Lichtsinneszellen (Fotorezeptoren) in der Netzhaut der Wirbeltieraugen.

(↗ Auge, ↗ Farbensehen, ↗ Retinomotorik, ↗ Rhodopsin, ↗ Sehen)

Zapodidae, *Hüpfmäuse*, mit den Springmäusen (↗ Dipodidae) verwandte Fam. der Nagetiere (↗ Rodentia), die in weiten Teilen der nördlichen gemäßigten Zonen verbreitet ist. Hüpfmäuse sind 5 - 10 cm körperlang mit 6 - 15 cm langem Schwanz und verlängerten Hinterbeinen. Ihre Oberlippe ist nicht gespalten. Sie bauen Kugelnester in Bodennähe und haben jährlich nur einen Wurf mit zwei bis sieben Jungen. Die kalte Jahreszeit überbrücken sie mit Winterschlaf, den sie in einem Erdnest halten. Sie sind vorwiegend nachtaktiv und ernähren sich von Grassamen, Beeren und Insekten. Eine Art, die Birkenmaus (*Sicista betulina*), kommt auch in Mitteleuropa vor.

Zaubernuss, *Hamamelis*, in Nordamerika und Ostasien heimische Gatt. der ↗ Hamamelidaceae. Die in Büscheln stehenden Blüten erscheinen nach dem Blattfall im Herbst oder Winter. Blätter und Rinde von *Hamamelis virginiana* werden wegen ihrer adstringierenden Wirkung in Arzneimittel- und Kosmetikpräparaten verwendet.

Zaunammer, Art der Ammern (↗ Emberizidae).

Zauneidechse, Art der Eidechsen (↗ Lacertidae).

Zaunkönige, die Fam. ↗ Troglodytidae.

Zaunrübe, *Bryonia*, im Mittelmeergebiet und in Asien verbreitete Gatt. der ↗ Cucurbitaceae. Einzige einheimische Arten sind die zweihäusige Rote Z., *Bryonia dioica*, und die einhäusige Weiße Z., *Bryonia alba*, deren fleischige Wurzeln als Heilmittel gegen Gicht verwendet wurden.

Zaunwinde, ↗ Convolvulaceae.

Z-DNA, eine Konformation der DNA-Doppelhelix, die sich von der am häufigsten auftretenden ↗ B-Form dadurch unterscheidet, dass sie *linksgängig* ist und das Phosphat-Zucker-Rückgrat dabei eine Zickzack-Linie bildet. Offenbar richtet sich die Konformation der DNA nach der Basensequenz, da die Z-DNA erstmals bei Molekülen nachgewiesen wurde, deren Nucleotidfolge GCGCGCGC war und die in einer Lösung mit hohem Salzgehalt untersucht wurden.

Zea, Gatt. der ↗ Poaceae.

Zeatin, ↗ Cytokinine.

Zeaxanthin, ↗ Xanthophylle.

Zebrabärbling, Art der Gatt. ↗ Brachydanio.

Zebras, durch kontrastreiche, überwiegend schwarzweiße Querstreifung gekennzeichnete Arten der Pferde (↗ Equidae) der afrikan. Savanne. Der Kopf ist eselartig, am Hals befindet sich eine kurze, steife Nackenmähne, der lange Schwanz trägt eine schwarze Quaste. Häufig leben Zebras in gemischten Herden, mit Antilopen (z. B. ↗ Gnus) oder Giraffen (und auch Straußen), zusammen. Die Nahrung besteht hauptsächlich aus Gräsern. Auf der Suche nach Wasserstellen unternehmen Zebras

– vor allem während der Trockenzeit – ausgedehnte Wanderungen. Durch Wegnahme von Lebensraum und Verfolgung der Zebras durch den Menschen sind einige Formen ausgestorben, andere zahlenmäßig sehr zurückgegangen. Man unterscheidet drei Arten mit mehreren Unterarten. Vom *Bergzebra* (*Equus zebra*), das in Süd- und Südwestafrika beheimatet ist, leben nur noch Restbestände (zum Teil nur in Reservaten). Ebenfalls sehr gefährdet ist das in Nordkenia und Südäthiopien vorkommende *Grevy-Zebra* (*Equus grevy*). Häufigste Art ist das *Steppenzebra* (*Equus quagga*), von dem aber auch einzelne Unterarten in ihrem Bestand bedroht sind. Die Nominatform ist das ↗ Quagga, das bereits Ende des 19. Jh. ausgerottet wurde. Steppenzebras weisen eine hohe geographische Variation (vier rezente Subspezies) und individuelle Variabilität im Zeichnungsmuster auf; der Kontrast der Fellstreifung nimmt von Nord nach Süd ab. Mehr als andere Z. leben Steppenzebras i. d. R. in großen Herden zusammen.

Das Streifenmuster der Zebras wurde bislang als Tarnung (↗ Somatolyse) gegenüber Großräubern (Hauptfeind ist der Löwe) interpretiert. Nach anderer Ansicht wirkt die Zebrastreifung somatolytisch für die Komplexaugen der ↗ Tsetsefliege, der Überträgerin der durch ↗ Trypanosoma hervorgerufenen Naganaseuche; gestützt wird diese Hypothese dadurch, dass Zebras nur eine geringe Befallsrate durch Trypanosomen aufweisen.

Zecken, ↗ Ixodides.

Zeder, *Cedrus*, in den Gebirgen des Mittelmeerraums und des westlichen Himalajas heimische Gatt. der ↗ Pinaceae. Hierzu gehören die Atlas-Z., *C. atlantica*, die Himalaja-Z., *Cedrus deodara*, und die Libanon-Z., *Cedrus libani*, die allesamt auch als Parkbäume angepflanzt werden. Z. liefern ein dauerhaftes, wohlriechendes Holz.

Zedrachgewächse, die Fam. ↗ Meliaceae.

Zehe, ↗ Brutzwiebel.

Zehnarmige Kopffüßer, die ↗ Decapoda.

Zeidae, *Petersfische*, artenarme Fam. der Ord. Zeiformes. Bekannteste Art ist der bis 60 cm lange, als Speisefisch geschätzte *Petersfisch* oder *Heringskönig* (*Zeus faber*), der im östlichen Atlantik von Schottland bis Südafrika und im Mittelmeer verbreitet ist.

Zeigerorganismen, ↗ Bioindikatoren.

Zeigerpflanzen, *Indikatorpflanzen*, Pflanzen deren Vorkommen auf bestimmte chemische oder physikalische Eigenschaften des Bodens schließen lässt. Die Zusammenhänge zwischen der Gesamtverbreitung, dem Areal und den Bodenfaktoren zeigen sich am klarsten dort, wo ein einziger Bodenfaktor dominiert und extreme Bedingungen schafft. So gibt es spezialisierte ↗ Salzpflanzen, die fast ausschließlich auf salzhaltigen Böden siedeln.

Salze von Schwermetallen wie Kupfer, Blei und Zink wirken auf die meisten Pflanzenarten giftig, und es gibt nur wenige Arten, die auf solchen Böden wachsen können. Eine Unterart der Frühlingsmiere (*Minuartia verna*) tritt ausschließlich im Bereich von Kupferschiefer-Vorkommen auf. Z. für Magnesiumsilikatböden sind zwei Unterarten des Serpentin-Streifenfarns (*Asplenium cuneifolium*). Zwei Arten des Enzians (↗ Gentianaceae) deuten ebenfalls auf verschiedene Bodeneigenschaften hin, so zeigt *Gentiana clusii* Kalkböden an, während *Gentiana acaulis* typisch für Silikatgestein ist.

Zellafter, *Cytopyge*, ↗ Einzeller.

Zellatmung, ↗ Atmungskette.

Zellbiologie, die ↗ Cytologie.

Zelldifferenzierung, strukturelle und funktionale Differenzierung von Zellen im Zuge ihrer Spezialisierung während der Entwicklung mehrzelliger Organismen. Sie ist abhängig von der Kontrolle der ↗ Genexpression. (↗ differenzielle Genaktivität, ↗ Embryonalentwicklung, ↗ Furchung, ↗ Gastrulation, ↗ Induktion, ↗ Musterbildung)

Zelle, die kleinste lebens- und vermehrungsfähige Einheit, bei der sich die Grundfunktionen des Lebens nachweisen lassen. Alle Zellen sind von einer ↗ Biomembran, der ↗ Plasmamembran umgeben, die eine Z. nach außen hin begrenzt und über die Stoffaustausch möglich ist (↗ Transport). Sämtliche lebenden Zellen besitzen ein ↗ Genom und haben dadurch die Fähigkeit zu einer durch ↗ Mutationen erzeugte Veränderlichkeit, die wiederum Grundlage der Evolution ist. Alle Z. sind in der Lage, Stoffwechsel zu betreiben, der sowohl der Energiegewinnung, als auch zur Synthese von Biomolekülen und dem Aufbau von Nahrungs- und Zellbestandteilen dient, wobei sowohl ↗ Heterotrophie als auch ↗ Autotrophie verbreitet ist. Z. können mit Hilfe von ↗ Rezeptoren chemische und physikalische Signale als Reize wahrnehmen und diese intrazellulär weiterverarbeiten. Viele Z. sind zumindest in bestimmten Entwicklungsstadien beweglich bzw. in der Lage, Bewegungen durchzuführen. Z. haben schließlich eine begrenzte Lebensdauer, wobei sie nach einer bestimmten, zelltypspezifischen Zeit absterben oder durch Zellteilung in Tochterzellen übergehen.

Es gibt zwei Grundformen, wie Z. organisiert sind, die durch das Fehlen (↗ Prokaryoten) bzw. Vorhandensein eines Zellkerns (↗ Nucleus; ↗ Eucarya) gekennzeichnet sind: Die *Protocyte* oder ↗ Bakterienzelle und die ↗ Eucyte. Bei Eucyten, die nach der ↗ Endosymbiontentheorie aus prokaryotischen Vorläufern entstanden sind, lassen sich durch den Besitz von ↗ Plastiden, einer ↗ Zellwand sowie häufig einer großen zentralen ↗ Vakuole pflanzliche und tierische Zellen voneinander unter-

Zelle　Die verschiedenen Zellorganisationen im Vergleich. Manche Merkmale gelten nicht für alle Zellen, z. B. kommen nicht in allen einzelligen Eukaryoten Plastiden vor, und nicht alle prokaryotischen bzw. eukaryotischen Zellen sind beweglich

| | Prokaryoten | | Eukaryoten | | | |
	Archaea	Bacteria	einzellige Eukaryoten	Pflanzen	Tiere	Pilze
Größe	0,3–10 μm	0,3–10 μm bis 600 μm	5 μm – 1 mm	20 μm – 0,3 mm, bis zu mehreren Metern	8–20 μm, bis zu mehreren Metern	5 μm – 20 cm
Organisationsform	einzellig	einzellig	einzellig	mehrzellig	mehrzellig	ein- oder mehrzellig
Zusammensetzung der Cytoplasmamembran	Etherlipide	Esterlipide, Hopanoide	Esterlipide, Sterole	Esterlipide, Sterole	Esterlipide, Sterole	Esterlipide, Sterole
Zellwände	Pseudopeptidoglykan, Polysaccharide, Glykoproteine, Proteine	Peptidoglykan, Polysaccharide, Proteine	Polysaccharide	Polysaccharide, Cellulose	keine	Polysaccharide, Chitin
Bewegung	Flagellen, Flagellin	Flagellen, Flagellin	Geißeln und Cilien (Mikrotubuli), Pseudopodien	Geißeln und Cilien (Mikrotubuli), Pseudopodien	Geißeln und Cilien (Mikrotubuli), Pseudopodien	Geißeln und Cilien (Mikrotubuli), Pseudopodien
Struktur und Funktion des Cytoplasmas						
intrazelluläre Membranen, Kompartimentierung	selten, Proteinmembranen	selten, Membraneinstülpungen oder Chlorosomen bei fototrophen Bacteria	vorhanden, ER, Golgi-Apparat, Lysosomen, Microbodies	vorhanden, ER, Golgi-Apparat, Lysosomen, Microbodies, Vakuole	vorhanden, ER, Golgi-Apparat, Lysosomen, Microbodies	vorhanden, ER, Golgi-Apparat, Lysosomen, Microbodies, Vakuole
Organellen	keine	keine	Mitochondrien, Plastiden	Mitochondrien, Plastiden	Mitochondrien	Mitochondrien
Ribosomen	70S	70S	80S (Mitochondrien und Plastiden 70S)	80S (Mitochondrien und Plastiden 70S)	80S (Mitochondrien 70S)	80S (Mitochondrien 70S)
Start-Aminosäure bei der Translation	Methionin	Formyl-Methionin	Methionin	Methionin	Methionin	Methionin
Zellteilung	Septenbildung	Septenbildung	Mitose	Mitose	Mitose	Mitose
Cytoskelett	FtsZ-Protein (Zellteilung)	FtsZ-Protein (Zellteilung)	Mikrotubuli, Mikrofilamente	Mikrotubuli, Mikrofilamente	Mikrotubuli, Mikrofilamente, intermediäre Filamente	Mikrotubuli, Mikrofilamente
Lokalisation und Struktur der Erbinformation						
Kernstruktur	Kernähnliche Struktur (Nucleoid)	Kernähnliche Struktur (Nucleoid)	Zellkern (Nucleus) umgeben von Membran (Kernhülle)	Zellkern (Nucleus) umgeben von Membran (Kernhülle)	Zellkern (Nucleus) umgeben von Membran (Kernhülle)	Zellkern (Nucleus) umgeben von Membran (Kernhülle)
chromosomale DNA	meist ringförmig	meist ringförmig	linear	linear	linear	linear
	meist ein Chromosom	meist ein Chromosom	mehrere Chromosomen	mehrere Chromosomen	mehrere Chromosomen	mehrere Chromosomen

Fortsetzung auf Seite 382

Fortsetzung der Tabelle von Seite 381: **Zelle**

| | Prokaryoten | | Eukaryoten | | | |
	Archaea	Bacteria	einzellige Eukaryoten	Pflanzen	Tiere	Pilze
Lokalisation und Struktur der Erbinformation						
chromosomale DNA	Histonverwandte Proteine	Histonähnliche Proteine	Histone	Histone	Histone	Histone
	in Nucleosomenähnlichen Strukturen		meist in Nucleosomen	Nucleosomen	Nucleosomen	meist in Nucleosomen
	haploid	haploid	diploid oder polyploid	diploid oder polyploid	diploid oder polyploid	diploid oder polyploid
	Transkription und Translation gleichzeitig	Transkription und Translation gleichzeitig	Transkription (Zellkern) und Translation (Cytoplasma) getrennt	Transkription (Zellkern) und Translation (Cytoplasma) getrennt	Transkription (Zellkern) und Translation (Cytoplasma) getrennt	Transkription (Zellkern) und Translation (Cytoplasma) getrennt
extra-chromosomale DNA	Plasmide, häufig linear	Plasmide, meist ringförmig	Plasmon der Mitochondrien und Plastiden	Plasmon der Mitochondrien und Plastiden	Plasmon der Mitochondrien	Plasmon der Mitochondrien, bei einigen auch Plasmide
Introns	selten	selten	überwiegend vorhanden	überwiegend vorhanden	überwiegend vorhanden	überwiegend vorhanden
nicht codierende Sequenzen im Genom	selten	selten	überwiegend vorhanden	überwiegend vorhanden	überwiegend vorhanden	überwiegend vorhanden
genetische Rekombination	Konjugationsähnlicher Prozess	Konjugation	Meiose, Syngamie	Meiose, Syngamie	Meiose, Syngamie	Meiose, Syngamie

scheiden. Ansonsten besitzen sie dieselben ↗ Kompartimente, die unter Berücksichtigung von Unterschieden im Stoffwechsel bei beiden Zelltypen grundsätzlich auch dieselben Funktionen wahrnehmen.

Im Unterschied zu den oben genannten Zelltypen erfüllen ↗ Viren, ↗ Viroide und ↗ Bakteriophagen nicht alle der oben genannten Kriterien, obwohl sie z. B. genetische Information enthalten, die mutierbar ist.

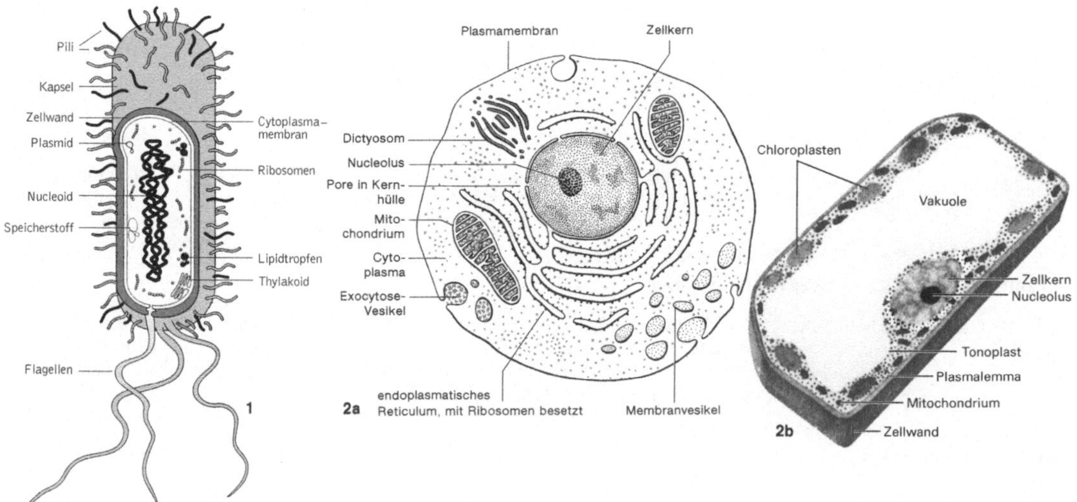

Zelle Schematische Darstellung einer **1** Protocyte (*Escherichia coli*) sowie **2** von Eucyten. **2a** tierische Zelle und **2b** Pflanzenzelle. Wichtige Unterschiede wie das Vorhandensein von Zellwand, Chloroplasten und einer großen Vakuole bei der Pflanzenzelle sind deutlich zu erkennen

Zellenlehre, die ↗ Cytologie.

Zellfusion, die natürlich auftretende oder künstlich induzierte Verschmelzung von mindestens zwei Zellen. So stellt die Befruchtung als ein Verschmelzen von verschiedenartigen ↗ Gameten (*Syngamie*, z. B. Ei- und Samenzelle) eine Z. dar. Durch eine Vielzahl chemischer Agenzien ist es zudem möglich, Zellen miteinander zu fusionieren. Dies geschieht z. B. bei der Herstellung ↗ monoklonaler Antikörper (↗ Hybridomzelle) und der Verschmelzung von Pflanzenzellen zur Erzeugung von Zellhybriden.

Zellkern, der ↗ Nucleus.

Zellkernteilung, die ↗ Karyokinese.

Zellkonstanz, *Eutelie*, Konstanz in Zahl und Anordnung von Körperzellen, bedingt durch ein genau festgelegtes Teilungsmuster während der Entwicklung. Z. ist charakteristisch für Rädertiere (↗ Rotatoria), Fadenwürmer (↗ Nematoda, Rhabditoidea) und Bärtierchen (↗ Tardigrada).

Zellkultur, Bez. für die Kultivierung eukaryotischer Zellen in einem künstlichen flüssigen oder auf einem festen Wachstumsmedium, meist unter sterilen Bedingungen. Z. lassen sich sowohl von tierischen, als auch von pflanzlichen Zellen gewinnen und vielfach unbegrenzt vermehren, sodass so genannte *Zelllinien* entstehen. Von großer Bedeutung für die Krebsforschung sind Tumorzelllinien (↗ Tumorzellen). Bei Pflanzen werden neben Einzel-Z. häufig auch *Kalluskulturen* angezogen, aus denen bei Bedarf Einzelzellen gewonnen werden können. Interessanterweise sind die meisten pflanzlichen Z. heterotroph, d. h. ihnen fehlt durch Chlorophyllmangel die Fähigkeit zur Autotrophie. Bei *Mikroorganismen* wird an Stelle des Begriffes Z. die Bez. *Kultur* verwendet.

Zellmembran, die ↗ Plasmamembran.

Zellmund, *Cytostom*, ↗ Einzeller.

Zellorganellen, ↗ Organellen.

zellparasitische Bakterien, Bakterien, die in eine Wirtszelle eindringen und die Stoffwechselzwischenprodukte ihrer Wirtszelle zum Wachstum nutzen. Zu den z. B. gehören ↗ Rickettsien und ↗ Chlamydien.

Zellplatte, ↗ Cytokinese.

Zellsaft, der Inhalt von pflanzlichen ↗ Vakuolen.

Zellsaftvakuole, die ↗ Vakuole von Pflanzen.

Zellschlund, *Cytopharynx*, ↗ Einzeller.

Zellstreckungszone, an die Differenzierungszone anschließende Region der Spross- (↗ Spross) und Wurzelspitze (↗ Wurzel), in der die Teilungstätigkeit der Zellen erlischt und die Zellen ihre endgültigen Formen und Abmessungen erreichen. Hier entstehen auch die ersten Elemente von ↗ Phloem und ↗ Xylem.

Zellteilung, die ↗ Cytokinese.

Zelltheorie, die in den Jahren 1838/39 von M. J. Schleiden (1804-1881) und T. ↗ Schwann entwickelte Vorstellung, welche die Zelle als Grundbaustein aller Lebewesen ansieht. Obwohl die Z. bereits das Vorkommen von ↗ Nucleus und ↗ Nucleolus in Pflanzenzellen und die Funktion des Zellkerns für die Zellentwicklung beinhaltet, gingen Schleiden und Schwann noch davon aus, dass Zellen aus noch nicht zellulärer Materie durch Kondensationsprozesse entstehen. Mit der Feststellung „omnis cellula e cellula" berichtigte R. ↗ Virchow diese Vorstellung im Jahr 1855, und stellte somit klar, dass Zellen nur aus Zellen hervorgehen können.

zelluläre Schleimpilze, die ↗ Acrasiomycetes.

Zellulose, die ↗ Cellulose.

zellvermittelte Immunität, ↗ spezifische Immunantwort.

Zellwand, allg. Bez. für eine bei Bakterien und Pflanzenzellen auftretende, strukturell jedoch völlig verschiedene Hüllschicht. Eine Z. ist das Produkt der Zelle und wird deshalb als zu dieser zugehörig angesehen, da sie Funktionen wie *Schutz* vor mechanischen, chemischen und pathogenen Schädigungen, *Formgebung*, *Zusammenhalt* von Geweben und *Zell-Zell-Kommunikation* übernehmen kann.

1) Z. der *Pflanzen*. Die Bildung der pflanzlichen Z. beginnt bereits während der Zellteilung (↗ Cytokinese), da dort Golgi-Vesikel zum *Phragmoplasten* wandern, die mit Z.-Grundsubstanz (↗ Hemicellulose, ↗ Pektin) gefüllt sind. Dort entsteht als Verschmelzungsprodukt der Vesikelinhalte die *Zell-*

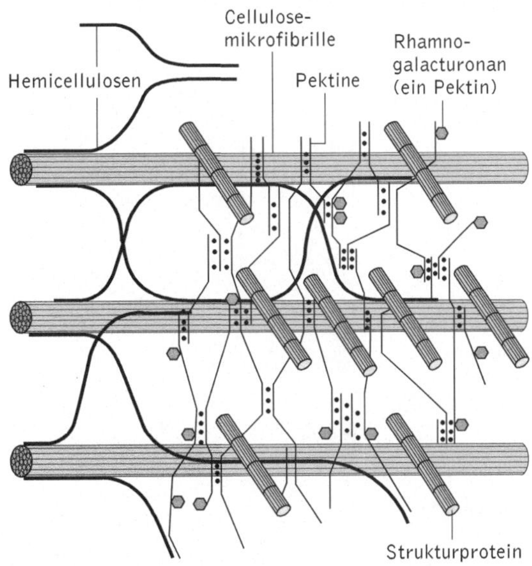

Zellwand Schematische Darstellung der primären Zellwand von Pflanzen. Die Anordnung der einzelnen Hauptstrukturkomponenten ist angedeutet

Zellwand Aufbau einer verholzten Zellwand, die die Anordnung der Fibrillen zeigt, zwischen denen Lignin als amorphe Struktur eingelagert wird

platte, wobei ↗ Plasmodesmen bereits angelegt werden. Daraus geht unter Bildung eigener Zellwandschichten durch die Tochterzellen die so genannte *Primordialwand* hervor. Durch weitere ↗ Apposition kommt es zu einer weiteren Verdickung, sodass die nur noch bedingt elastische *primäre Z.* (Saccoderm) entsteht, die ↗ Cellulose enthält und als reißfeste Hülle den ↗ Turgor auffangen kann. Die Primordialwand wird dabei zur *Mittellamelle*. An diesen Prozessen sind neben der ↗ self assembly (Selbstassoziation), bei der Wandpolymere die Tendenz aufweisen, spontan geordnete Strukturen zu bilden, auch Enzyme beteiligt, die z. B. Transglykosylierungen katalysieren und zur Verknüpfung von Z.-Bestandteilen beitragen. Die *primäre Z.* ist ein Netzwerk aus Cellulose-Mikrofibrillen, das in eine Matrix aus Hemicellulosen, Pektinen und Strukturproteinen eingebettet ist. Die Hemicellulosen und Proteine verknüpfen die Mi-

krofibrillen, wohingegen Pektine ein hydrophiles Gel bilden, das wiederum durch Calciumionen vernetzt werden kann. Durch die Einlagerung von ↗ Lignin und einen höheren Celluloseanteil entstehen *sekundäre Z.*, die nicht Stützfunktionen der Einzelzellen, sondern übergeordnete Aufgaben für die Gesamtpflanze übernehmen. Während des Wachstums kommt es in der Z. zu Strukturveränderungen, sodass es zu einem turgorinduzierten ↗ Streckungswachstum kommen kann. Durch den Abbau der Mittellamelle entsteht die für die ↗ Abscission erforderliche Trennungszone von Blättern und Früchten. Schließlich dienen bei Pathogenbefall Fragmente der Z. als Signalmoleküle, um die pflanzliche Abwehr zu induzieren.

2) Z. der *Prokaryoten*, ↗ Bakterienzellwand.

Zellzahl, Anzahl von Zellen in einer Probe. Man unterscheidet zwischen der *Gesamtzellzahl*, bei der auch geschädigte, tote und inaktive Zellen gezählt werden (z. B. ↗ Zählkammerverfahren) und der ↗ Lebendzellzahl, bei der man z. B. mithilfe einer ↗ Vitalfärbung oder der Beimpfung eines festen Mediums und anschließender Auszählung der gebildeten Kolonien, ausschließlich vermehrungsfähige Zellen berücksichtigt.

Zell-Zell-Verbindungen, die Bez. für interzelluläre Strukturen, die sich in kleinen oder ausgedehnten Bereichen der Plasmamembran elektronenmikroskopisch gut erkennen lassen und den Zusammenhalt von Zellen in Zellverbänden (↗ Adhering junction) vermitteln, die Diffusion durch Epithelien verhindern (↗ Tight junction) oder direkten Stoffaustausch ermöglichen (↗ Gap junction, ↗ Plasmodesmen).

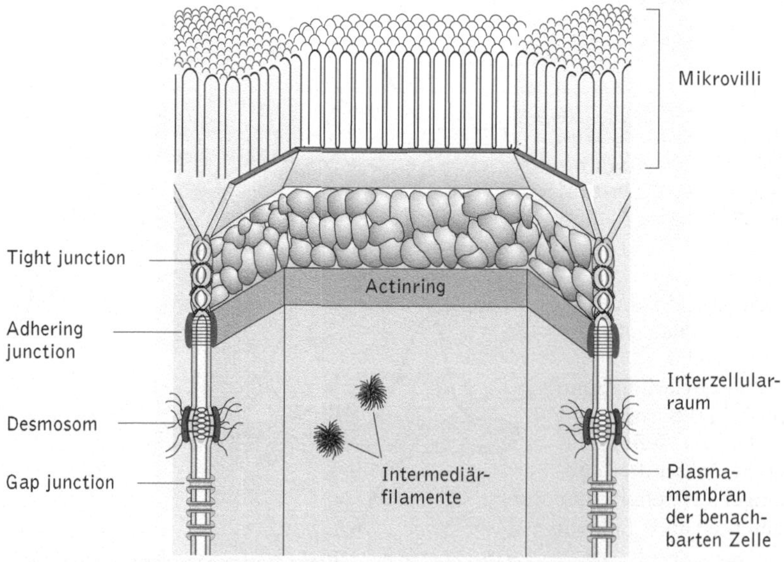

Zell-Zell-Verbindungen Schematische Darstellung der verschiedenen Zell-Zell-Verbindungen zwischen Dünndarmepithelzellen

Zellzyklus, Bez. für den bei vielzelligen Organismen erfolgenden Wechsel von Zellteilung und Phasen ohne Zellteilung, damit ein Gleichgewicht zwischen Teilungsrate und durch natürlichen Zelltod verursachtem *Turnover* bestehen kann (↗ Vielzelligkeit). Der Z. kann somit, auch bei eukaryotischen Einzellern, als der Zeitraum zwischen zwei Zellteilungen beschrieben werden. In Anlehnung an die im Jahr 1953 von A. Howard und S. R. Pearl eingeführte Terminologie lässt sich der Z. in vier Schritte einteilen. Die längste Phase des Z. ist die G_1-*Phase*, in der bestimmte Zelltypen Wochen bis Monate verharren können. Während dieses Zeitraumes wächst die Zelle und übt in einem vielzelligen Organismus ihre Funktionen aus. Zudem besitzt die Zelle ihren normalen Chromosomensatz. Die *S-Phase* ist der zeitliche Abschnitt des Z., in dem die ↗ Replikation der DNA stattfindet, an deren Ende es zur Verdoppelung des DNA-Gehaltes der Zelle gekommen ist. S-Phasen-Zellen lassen sich experimentell nachweisen, indem z.B. radioaktiv markiertes [³H]-Thymidin in ein Gewebe injiziert wird und nach einiger Zeit eine ↗ Autoradiographie eines Zellpräparates angefertigt wird. Bei Zellen, die sich in der S-Phase befinden, wird das markierte Nucleotid in den replizierenden DNA-Strang eingebaut, sodass die Zellkerne dieser Zellen auf dem Röntgenfilm eine Schwärzung hinterlassen. Die S-Phase dauert i. d. R. zwischen sechs und acht Stunden. An sie schließt sich die G_2-*Phase* an, die selten länger als vier Stunden dauert. An ihrem Ende kondensieren die Chromosomen von z. B. normalerweise diploiden, jetzt jedoch tetraploiden Zellen zu den typischen Strukturen, wie sie in der sich anschließenden *M-Phase* lichtmikroskopisch zu erkennen sind. In dieser Phase erfolgt die ↗ Mitose, in der ↗ Karyokinese (Kernteilung) und ↗ Cytokinese (Zellteilung) ablaufen. Normalerweise dauert diese Phase nicht länger als eine Stunde. Die entstandenen Tochterzellen enthalten wieder genau soviel DNA wie zu Beginn des Z. in der G_1-Phase. Bei Zellen, die wie Nervenzellen keinerlei Zellteilungen mehr durchlaufen, spricht man statt

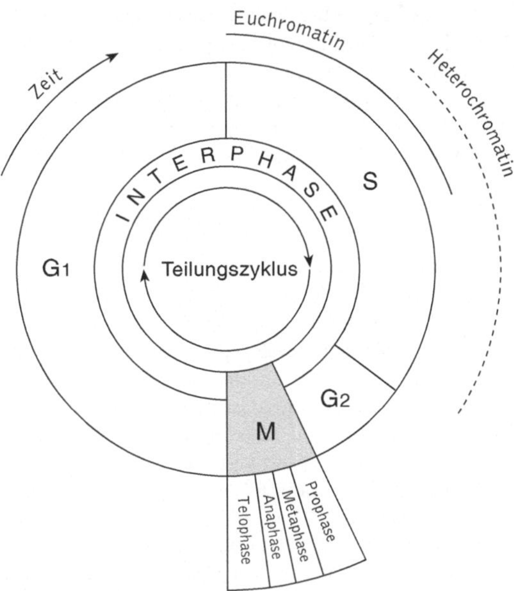

Zellzyklus Schema des Zellzyklus von Eucyten mit M-Phase (Mitose und Zellteilung), und den Interphase-Abschnitten G_1-Phase, S-Phase und G_2-Phase. Die relative zeitliche Dauer der einzelnen Phasen ist angedeutet, ebenso der Zustand des Chromatins

von G_1-Phase von G_0-*Phase*. Die im Zusammenhang mit der Beschreibung der Mitose verwendete Bezeichnung *Interphase* bezieht sich somit auf die G_1-, S- und G_2-Phasen des Zellzyklus.

Die Kontrolle des Z. auf molekularer Ebene ist äußerst komplex. An ihr sind eine Reihe von Proteinkinasen beteiligt, deren Untereinheiten als Cycline bezeichnet werden und zu bestimmten Zeiten des Z. gebildet und wieder abgebaut werden. Mutationen in Bezug auf den Übergang von der G_1-Phase zur S-Phase können zur Entstehung von ↗ Tumorzellen und ↗ Krebs führen. Sowohl ↗ Tumorsupressoren als auch Proto-Onkogene (↗ Onkogene) sind an der Kontrolle des Z. beteiligt und führen durch Mutationen zum Verlust der Proliferationskontrolle.

Zellzyklus Gesamtdauer des Zellzyklus und die Dauer seiner Stadien für eine Reihe von Zelltypen aus dem Tier- und Pflanzenreich (Angabe in Stunden). G_1 G_1-Phase, S S-Phase, M Mitose

Zelltyp	G_1	S	G_2	M	Gesamtdauer des Zellzyklus
Schleimpilz (*Physarum polycephalum*)	sehr kurz	3	4	0,7	ca. 7,7
Bohne (*Vicia faba*), Meristem der Wurzelspitze	4	9	3,5	2	18,5
Maus (*Mus musculus*) Tumorzellen in Kultur	10	9	4	1	24,0
Mensch (*Homo sapiens*) Tumorzellen in Kultur	8	6	4,5	1	19,5

zentrales Dogma der Molekularbiologie, das auf F. ↗ Crick zurückgehende Prinzip für den *gerichteten* Informationsfluss der genetischen Information vom Träger der Erbinformation DNA über RNA als Vermittler hin zum Protein, welcher durch ↗ Transkription und ↗ Translation erfolgt. Mit der Entdeckung der *Retroviren* im Jahre 1970 wurde bereits 12 Jahre nach Cricks Formulierung die Allgemeingültigkeit des zentralen Dogmas in Frage gestellt, da bei dieser Virengruppe durch das Enzym ↗ Reverse Transkriptase der Fluss von RNA zur DNA möglich ist. In abgewandelter Form lautet das z. D. d. M., dass keine Übertragung von Information vom Protein zur Ebene der Nucleinsäuren möglich ist. Für die meisten Organismen bleibt es auch in der durch Crick geprägten Fassung ein grundlegendes Konzept der molekularen Genetik. (↗ Desoxyribonucleinsäure, ↗ Ribonucleinsäuren)

zentrale Vakuole, ↗ Vakuole.

Zentralkörper, *Corpus centrale*, ein übergeordnetes Assoziationszentrum im Oberschlundganglion des ↗ Gehirns der Insekten. Im Zentralkörper werden Sinneseindrücke aus allen Sinnesorganen miteinander verglichen und verarbeitet.

Zentralnervensystem, *zentrales Nervensystem*, Abk. *ZNS*, der Teil des ↗ Nervensystems, der über zuleitende Nervenfasern (*Afferenzen*) Nervenimpulse aus der Körperperipherie und den Sinnesorganen empfängt und verarbeitet und über fortleitende Bahnen (*Efferenzen*) wiederum Informationen an die Erfolgsorgane in der Peripherie sendet. Daneben ist das ZNS auch zu autonomer Erregungserzeugung (↗ Erregung) befähigt. ↗ Gehirn und ↗ Rückenmark bilden das ZNS der Wirbeltiere, Gehirn und ↗ Bauchmark (Strickleiternervensystem) das ZNS der Gliedertiere (↗ Articulata).

Zentralzylinder, bei den ↗ Kormophyten Gewebekomplex in ↗ Wurzel und ↗ Spross, der von primärer ↗ Rinde umgeben ist. Der Z. besteht aus ↗ Parenchym in Form von ↗ Mark und ↗ Markstrahlen, den Leitbündeln (↗ Leitgewebe) und teilweise auch ↗ Festigungsgewebe. Zur ↗ Rinde hin ist der Z. durch ↗ Perikambium und ↗ Endodermis abgegrenzt.

Zentrifugation, ein Analyseverfahren zur Trennung von in einer Lösung als Suspension vorkommenden Biomolekülen und Zellbestandteilen in einem künstlichen Zentrifugalkraftfeld. In Abhängigkeit von Größe, Dichte und Form sedimentieren diese mit unterschiedlicher Geschwindigkeit, sodass eine Auftrennung erfolgt. Die Z. erfolgt mittels *Zentrifugen*, wobei sich die Proben in einem *Rotor* befinden, der zentral auf der Antriebswelle der Z. montiert wird. Die *Sedimentationsgeschwindigkeit* hängt dabei von der eingesetzten *relativen Zentrifugalkraft RCF* ab, die als Vielfaches der Gravitationskonstante g (980 cm s^{-1}) angegeben wird.

Je höhere g-Werte erforderlich sind, desto höher ist auch die Umdrehungzahl des Rotors pro Minute. Auf diese Weise lassen sich Zellhomogenate oder Gemische von Makromolekülen voneinander trennen. Zellkerne sedimentieren bereits bei 500 g, Chloroplasten bei 1000 g und Mitochondrien bei 8000 g. Für die so genannte Mikrosomenfraktion müssen hingegen 100000 g eingesetzt werden. Eine sedimentierte Fraktion ist dann häufig als ein Niederschlag, das so genannte *Pellet*, am Boden eines Zentrifugenröhrchens oder Mikroreaktionsgefäßes sichtbar, das sich nach Entfernen des *Überstandes* weiterbearbeiten lässt. Je nach Zweck und Probenvolumen einer Z. stehen verschiedene Zentrifugen zur Verfügung, die von einfachen *Tischzentrifugen* über großvolumige *Kühlzentrifugen* bis hin zu *Ultrazentrifugen* (↗ Ultrazentrifugation) reichen, die zu präparativen oder analytischen Verfahren genutzt werden können.

Wichtige Z.-Verfahren sind die *Differenzial-Z.*, bei der die zu untersuchende Probe einer Reihe unterschiedlicher RCF-Werte ausgesetzt wird. Durch Kombinationen verschiedener Zentrifugationsschritte, bei denen entweder Überstände oder resuspendierte Pellets verwendet werden, lassen sich z. B. aus einem Leberhomogenat Zellkerne, Mitochondrien und Lysosomen voneinander abtrennen. Bei der *Dichtegradienten-Z.* wird die Probe auf eine tragende Flüssigkeitssäule aufgetragen, deren Dichte zum Boden des Zentrifugenröhrchens hin zunimmt. Dabei kommen *kontinuierliche* und *diskontinuierliche* oder *Stufengradienten* zum Einsatz. Zur Erzeugung von Gradienten werden eine Vielzahl von einfachen Substanzen (Cäsiumchlorid, Saccharose) und komplexen kommerziell vertriebenen Produkten (z. B. Kieselgele, Polymere von Saccharose und Epichlorhydrin) benutzt. *Cäsiumchlorid* dient der Trennung der DNA von Proteinen, wohingegen *Saccharose* die Trennung subzellulärer Fraktionen gestattet. Bei diesem Verfahren wird teilweise die Schwebedichte der zu trennenden Partikel ausgenutzt, sodass sich z. B. subzelluläre Strukturen aufgrund unterschiedlicher Dichten im Gradienten voneinander trennen (*isopyknische Dichtegradienten-Z.*).

Zerebralganglion, das ↗ Cerebralganglion.

Zerfallfrucht, ↗ Frucht.

Zersetzer, die ↗ Destruenten.

Zersetzung, Zerfall komplexer organischer Verbindungen in Bestandteile niedriger Molekularmasse. Die Z. kann durch Einwirkung von Licht, durch elektromagnetische Strahlung und Hitzeeinwirkung erfolgen (*Diminution*). Die Stoffe gelangen anschließend in den Wirkungsbereich mikrobiogener Enzyme im Boden und werden unter Freisetzung von Energie enzymatisch gespalten. Lösliche organische Substanzen werden ausgewaschen. Die

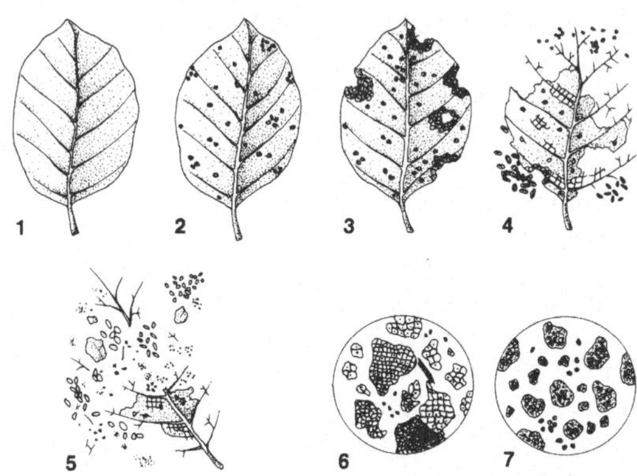

Zersetzung Streuzersetzung durch Bodenorganismen am Beispiel eines Buchenblatts. 1 Frisch gefallenes Blatt. 2 Springschwänze und Hornmilben greifen die Blattepidermis an (*Fensterfraß*), Bakterien, vor allem Actinomyceten, besiedeln das Blatt. 3 *Lochfraß* durch Diptera, Springschwänze und Milben. 4 Das Blattgewebe wird durch Insektenlarven bis auf die Leitbündel angefressen (*Skelettfraß*), Kotballen bleiben zurück; Actinomyceten und Pilze durchziehen die Blattreste mit ihrem Mycel. 5 Die Kotballen der ersten Zersetzer verkleben mit den Geweberesten; das Gemenge wird von Bakterien zersetzt, von Regen- und Borstenwürmern mit Mineralpartikeln gefressen und als Kot wieder ausgeschieden. 6 Mischung von Mineralpartikeln mit Abbauprodukten der Streu im Darm von Regenwürmern, Bildung von Ton-Humus-Komplexen. 7 Weitgehend zu Huminstoffen abgebaute organische Substanz (*Mull*)

Z. kann entweder durch völlige ↗ Mineralisation abgeschlossen oder durch *Immobilisation* unterbrochen werden. Im letzten Fall werden z. B. organische Stoffe zu ↗ Huminstoffen resynthetisiert (↗ Humifizierung). Unter Beteiligung verschiedener ↗ Destruenten kommt es je nach äußeren Bedingungen zu ↗ Fäulnis oder ↗ Verwesung. Bei ungünstigen Bedingungen wie z. B. Nässe, Kälte oder Säurebildung im Boden kann es zu einer unvollständigen Z. kommen, es setzt dann eine Vertorfung (↗ Torf) ein.

Zeugloptera, ↗ Lepidoptera.

Zibetkatzen, ↗ Viverridae.

Zichorie, ↗ Wegwarte.

Ziegenmelker, *Caprimulgus europaeus*, einzige europäische Art der Nachtschwalben (Fam. ↗ Caprimulgidae). Das Gefieder des 26 - 28 cm großen Z. ist rindenartig tarnfarben gezeichnet. Im Flug sind auf den Handschwingen und den äußeren Schwanzfedern des Männchens weiße Flecken zu erkennen. Charakteristisch ist der nach Sonnenuntergang einsetzende Reviergesang, der ein an- und abschwellendes Schnurren ist. Der Flug der Z. ist geräuschlos, ähnlich wie bei Eulen. Z. jagen, wie alle Nachtschwalben, nachts nach Insekten. Als Lebensraum bevorzugen sie trockene, offene Landschaften mit lockerem Baumbestand.

Ziehl-Neelsen-Färbung, Färbemethode zur Unterscheidung *säurefester* von *nicht-säurefesten* Bakterien. Bakterien, die in ihren äußeren Zellwandschichten *Mycolsäuren* enthalten, lassen sich nach Anfärbung mit einer Karbolfuchsinlösung auch durch eine Behandlung von verdünnter Säure mit Alkohol nicht mehr entfärben. Zu den säurefesten B. gehört die Gatt. ↗ Mycobacterium; die Gatt. *Nocardia* (↗ Nocardiaceae) und *Rhodococcus* sind vereinzelt, die der Gatt. *Corynebacterium* (↗ coryneforme Bakterien) niemals Säure-Alkoholfest.

Zielorientierung, die ↗ Elasis.

Zieralgen, die ↗ Desmidiaceae.

Ziesel, *Citellus*, zu den Hörnchen (↗ Sciuridae) gehörende Gatt. mit etwa 25 Arten, die in Eurasien und in Nordamerika verbreitet sind. Z. sind 11,5 - 38 cm körperlange, meist gesellig lebende Steppentiere, die sich hauptsächlich von pflanzlicher Kost ernähren, die sie in Backentaschen in den Erdbau eintragen. Manche Z. halten Winterschlaf, der Kalifornische Ziesel (*Citellus beecheyi*) und der Zwergziesel (*Citellus pygmaeus*) auch einen Trockenschlaf. Die westlichste Art in Europa mit Vorkommen in Westpolen, Tschechien und Österreich ist der sandfarbene Europäische Ziesel oder Schlichtziesel (*Citellus citellus*).

ZIFT, Abk. für engl. *Zygote-intrafallopian-transfer*, den intratubaren Zygotentransfer (↗ Reproduktionsmedizin).

Zikaden, die ↗ Auchenorrhyncha.

Zilpzalp, Art der Gatt. ↗ Laubsänger.

Zimtbaum, *Cinnamomum*, Gatt. der ↗ Lauraceae mit dem wirtschaftlich wichtigen Zimt, *Cinnamomum verum*, der in vielen tropischen Ländern angebaut wird. Als Gewürz wird vor allem die Rinde verwendet. Aus den Blättern wird Öl gepresst, das in der Seifen- und Parfümindustrie genutzt wird. Hierzu zählen auch der ↗ Campherbaum und die Zimtkassie, *Cinnamomum aromaticum*, deren wohlriechende Rinde in China als Heilmittel und Gewürz verwendet wird.

Zingiberaceae, *Ingwergewächse*, besonders in den Tropen Südostasiens verbreitete Fam. der ↗ Liliopsida mit ca. 1300 Arten. Es handelt sich um ausdauernde Kräuter oder Stauden mit ↗ Rhizomen und oft stark verdickten Wurzeln. Die dorsiventralen, zwittrigen Blüten stehen oft in endständigen Ähren, Köpfchen oder Wickeln (↗ Blütenstand) und enthalten nur noch ein fertiles ↗ Staubblatt. Die anderen beiden Staubblätter sind kronblattartig zu einem *Labellum* verwachsen. Vielfach enthalten die Pflanzen ↗ etherische Öle und werden daher als Gewürz- und Heilpflanzen verwendet. Hierzu zählen ↗ Ingwer, ↗ Kardamom, und ↗ Gelbwurzel (s. Abb. auf Seite 388).

Zingiberaceae Ingwer (*Zingiber officinale*). Wurzelstock mit vegetativem und Blüten tragendem Trieb

Zingiberales, *Scitamineae*, Ord. der ↗ Liliopsida, die gekennzeichnet ist durch eine fortschreitende Rück- bzw. Umbildung der Staubblätter zu blütenblattartigen Staminodien (↗ Staminodium). Sie besitzen dorsiventrale bis asymmetrische Blüten und große, ganzrandige Blätter. Vielfach sind ↗ Rhizome und Scheinstämme ausgebildet. Hierzu gehören die Fam. ↗ Musaceae, ↗ Zingiberaceae, ↗ Cannaceae und Marantaceae.

Zink, chemisches Symbol *Zn*, chemisches Element aus der zweiten Nebengruppe des Periodensystems, der Zinkgruppe. Z. ist ein bläulichweißes Schwermetall, das in einer hexagonal dichtesten Kugelpackung vorliegt. Es ist bei Raumtemperatur ziemlich spröde und wird bei 100 bis 150 °C weich und dehnbar. Z. ist ein lebenswichtiges Spurenelement. Es ist in Organismen an der Regulation von Oxidations- und Reduktionsprozessen, am Kohlenhydrat- und Eiweißstoffwechsel und an der Chlorophyllsynthese beteiligt. Aufgrund seiner hohen Affinität gegenüber Stickstoff- und Schwefelliganden kommt Z. in der lebenden Zelle vor allem an ↗ Aminosäuren, ↗ Proteine (↗ Insulin) und ↗ Nucleinsäuren gebunden vor. Es sind bislang mehr als 25 zinkhaltige Enzyme (u. a. ↗ Dehydrogenasen, ↗ Phosphatasen, Carboxypeptidasen) bekannt. Der menschliche Organismus enthält etwa 2 - 3 g Z., das im Wesentlichen in den Zellen lokalisiert ist. Zinkmangel verursacht bei Pflanzen Zwergwuchs, Chlorophylldefekte (Mosaikkrankheit der Blätter) und erhebliche Störungen des Phosphorsäurehaushalts.

Zinkfinger, ↗ DNA-bindende Proteine.

Zinn, chemisches Symbol *Sn*, chemisches Element aus der vierten Hauptgruppe des Periodensystems, der Kohlenstoff-Silicium-Gruppe. Z. ist ein Schwermetall, das in drei Modifikationen existiert. Es kommt in vielen Geweben und Nahrungsbestandteilen vor, wobei aber über seine biologische Bedeutung bislang weitgehend Unklarheit herrscht.

Ziphiidae, *Schnabelwale*, Fam. der Zahnwale (↗ Odontoceti) mit 18 Arten, die 4 - 12 m lang sind und die Hochsee bewohnen. Kennzeichnend sind die zu einem langen Schnabel ausgezogenen Kiefer. Das Gebiss ist i. d. R. bis auf ein bis zwei Zahnpaare an der Spitze oder den Seiten des Unterkiefers zurückgebildet, die bei alten Männchen wie die Hauer eines Wildschweins hervorstehen können. Schnabelwale ernähren sich überwiegend von Kopffüßern.

Zirbeldrüse, die ↗ Epiphyse.

Zisterne, ↗ Golgi-Apparat.

Zistrose, Gatt. der ↗ Cistaceae, die im Mittelmeergebiet als Charakterpflanzen der ↗ Macchie auftreten. Aus den Drüsenhaaren mancher Arten wird *Laudanum* gewonnen, ein Balsam, der im Altertum als Einbalsamierungsmittel verwendet wurde und später als Heilmittel und Duftstoff Verwendung fand.

Zitronat-Zitrone, *Citrus medica*, aus Asien stammende Art der ↗ Rutaceae. Aus der Schale der dickwandigen, fruchtfleischarmen Früchte stellt man durch Einlegen in konzentrierte Zuckerlösung *Zitronat* her.

Zitrone, *Citrus limon*, aus Asien stammende Art der ↗ Rutaceae, die wegen ihres säuerlichen, Vitamin-C-reichen Fruchtfleisches schon seit dem Altertum auch im Mittelmeergebiet kultiviert wird.

Zitronengirlitz, Art der ↗ Girlitze.

Zitronenmelisse, die ↗ Melisse.

Zitronensäure, die ↗ Citronensäure.

Zitronensäure-Zyklus, der ↗ Citratzyklus.

zitterfreie Thermogenese, ↗ Temperaturregulation.

Zittern, *Kältezittern*, unwillkürliche tonische oder rhythmische Muskelaktivität bei stärkerem Temperaturabfall. Bei homoiothermen Tieren zieht von den zentralen Schaltstellen der ↗ Temperaturregulation die so genannte zentrale Zitterbahn zu den Kerngebieten des motorischen Systems, die das Kältezittern auslösen und aufrechterhalten. Das Kältezittern ist eigentlich unökonomisch, da neben der Wärmeproduktion die Wärmeverluste zunehmen. Außerdem stört es die Willkürbewegungen. Kältezittern kommt nicht nur bei homoiothermen Organismen vor, sondern auch bei Insekten, z. B. den Bienen (↗ Apoidea).

Zitterpappel, die ↗ Espe.

Zitterrochen, die Fam. ↗ Torpedinidae.

Zitze, *Mamilla*, *Papilla mammae*, *Milchdrüsenpapille*, Saugwarze an der ⇗ Milchdrüse der Säuger, beim Menschen *Brustwarze* genannt. Z. sind haarlose, meist warzenartige Erhebungen (oft fingerlang), in denen sich die Ausführgänge der Milchdrüsen vereinigen und nach außen münden. Die Anzahl der Zitzen(paare) entspricht annähernd der durchschnittlichen Wurfgröße. Bei Wiederkäuern (⇗ Ruminantia) sind die etwa fingerlangen Z. nicht warzenartig und runzlig, sondern zapfenartig und glatt; sie werden auch „Strich" genannt.

Zn, chemisches Symbol für ⇗ Zink.

ZNS, Abk. für ⇗ Zentralnervensystem.

Zoantharia, *Krustenanemonen*, Taxon der ⇗ Hexacorallia, deren Arten meist Kolonie bildend sind und krustenartig (Name!) andere Organismen überwachsen. Im Mittelmeer überwächst die leuchtend gelbe Art *Parazoanthus axinellae* häufig Schwämme der Gatt. *Axinella*.

Zoarcidae, *Aalmuttern*, zu den Barschfischen (⇗ Perciformes) gehörende Fam. mit zahlreichen Arten, die als aalähnliche Grundfische in allen Meeren leben. An den nordeuropäischen Küsten lebt die bis 45 cm lange, blassbraune, lebendgebärende *Aalmutter* (*Zoarces viviparus*). Beim Weibchen entwickeln sich nach innerer Befruchtung aus den 30 bis 400 Eiern innerhalb von vier Monaten jeweils etwa 4,5 cm lange, aalähnliche Jungfische, denen als Zusatznahrung zum Eidotter eine Sekretabscheidung des Ovars dient.

Zobel, Art der Gatt. ⇗ Marder.

Zoëa, pelagische Larvenform der ⇗ Decapoda.

Zöliakie, *einheimische Sprue*, durch Unverträglichkeit von ⇗ Gluten verursachtes Malabsorptionssyndrom.

zonale Vegetation, Vegetation, die dem Großklima eines ausgedehnten Gebietes entspricht, z. B. einer Steppen-, Laubwald- oder Nadelwaldzone entsprechende Pflanzengesellschaften. Besondere Relief- oder Bodenfaktoren haben bei der z. V. im Gegensatz zur ⇗ azonalen Vegetation keinen besonderen Einfluss. In Mitteleuropa besteht die z. V. vorwiegend aus verschiedenen Buchenwald-Typen. (⇗ extrazonale Vegetation, ⇗ Vegetationszonen)

Zona pellucida, ⇗ Befruchtung, ⇗ Oogenese.

Zonite, ⇗ Kinorhyncha.

Zonobiom, einer Klimazone entsprechender Großlebensraum einschließlich seiner Lebensgemeinschaft. Ein Z. entspricht also im Wesentlichen einer ⇗ Vegetationszone mitsamt der darin lebenden Fauna.

Zönobium, das ⇗ Coenobium.

Zönoblast, der ⇗ Coenoblast.

Zönose, Gruppe verschiedener Arten, die gemeinsam in einem Gebiet vorkommen und zumindest teilweise miteinander in Beziehung stehen. Man unterscheidet nach Zusammensetzung aus unterschiedlichen Taxa die ⇗ Biozönose, die ⇗ Phytozönose und die ⇗ Zoozönose.

Zonula adhaerens, ⇗ Adhering junction.

Zonulafasern, ⇗ Akkommodation, ⇗ Auge.

Zonula occludens, ⇗ Tight junction.

Zoo, ⇗ zoologische Gärten.

zoo-, Wortbestandteil mit der Bedeutung: Tier.

Zoobenthos, *Zoobenthon*, im Gegensatz zum *Phytobenthos* der Anteil tierischer Lebewesen des ⇗ Benthos. Man untergliedert dabei in Bewohner des wassererfüllten Lückensystems und die Formen, die sich durch Graben oder Wühlen im Sediment frei bewegen können.

Zoochorie, Ausbreitung der Früchte oder Samen durch Tiere. (⇗ Samenausbreitung)

Zooecium, das Gehäuse der Moostierchen (⇗ Bryozoa).

Zoogamie, *Zoophilie*, *Tierblütigkeit*, regelmäßige, z. T. obligate symbiontische Beziehung zwischen Blütenpflanzen und Blütenbesuchern. Vorteil für die Pflanze ist die gezielte Übertragung des Pollens durch Tiere, die von Blüte zu Blüte fliegen und dabei häufig artentreu sind. Im Vergleich zur Windblütigkeit (⇗ Anemogamie) kann die Menge des produzierten Pollens stark reduziert werden. In Arealen mit geringer Individuendichte oder an windgeschützten Standorten kann durch Z. eine ⇗ Bestäubung eher gewährleistet werden als durch Anemogamie. Charakteristisch für die Z. sind Blüten mit besonderen Lockeinrichtungen. Hierzu zählen Duftstoffe und in Farbe oder Form auffällige *Schauapparate*, bei denen außer der Blütenhülle auch Hochblätter einbezogen werden können. Manche Pflanzenarten engen den Kreis der Blütenbesucher ein, indem sie nur bestimmte Arten anlocken. Je spezifischer das Bestäubungsspektrum einer Art, desto geringer die Möglichkeit einer Bastardbildung bei der Pflanze. Verschiedene Orchideenarten (⇗ Orchidaceae) z. B. ahmen mit ihren Blüten Form und Duft der Weibchen bestimmter Insektenarten nach. Männchen, die mit diesen scheinbaren Weibchen zu kopulieren versuchen, übertragen den Pollen. Vielfach wird den Blütenbesuchern jedoch Nahrung in Form von ⇗ Pollen und/ oder ⇗ Nektar geboten.

Man unterscheidet Insektenblütigkeit (⇗ Entomogamie), Vogelblütigkeit (⇗ Ornithogamie) und Fledermausbestäubung (⇗ Chiropterogamie).

Zoogeografie, die ⇗ Tiergeografie.

Zoogloea, Gatt. der *Rhodocycladaceae*, die durch Bildung eines Flocken bildenden extrazellulären Schleims charakterisiert ist. An diesen Schleim heften sich im Wasser andere Bakterien, Protozoen, Pilze sowie kleine Tiere an und setzen sich als Flocken ab. Dieses Verhalten macht man sich im *Belebtschlammverfahren* in der ⇗ Kläranlage zunutze, bei dem Z. *ramigera* neben verschiedenen anderen Proteobakterien (↗ Proteobacteria) die dominierende Art ist.

Zooide, die Einzelindividuen der Moostierchen (↗ Bryozoa).

Zoologie, *Tierkunde*, Teilgebiet der ↗ Biologie, die Wissenschaft von Bau, Stammesgeschichte, Verbreitung und Lebensäußerungen der ↗ Tiere. Entsprechend den verschiedenen Fragestellungen und den unterschiedlichen Forschungsmethoden kann man folgende große Teilgebiete (Disziplinen) unterscheiden: Die ↗ Morphologie untersucht den äußeren und inneren Bau der Tiere, ihrer Organe (↗ Anatomie), Gewebe (↗ Histologie) und Zellen (↗ Cytologie); die ↗ Systematik beschreibt und ordnet die Tierarten in Gruppen (Taxa), nach der stammesgeschichtlichen Verwandtschaft (↗ Phylogenese), die ↗ Entwicklungsbiologie beschreibt und vergleicht den Ablauf der Individualentwicklung der Arten und untersucht die dafür ursächlichen Faktoren. Die ↗ Physiologie (↗ Tierphysiologie) untersucht die Funktionen und Leistungen des Tierkörpers, während die ↗ Ökologie sich mit den Wechselbeziehungen der Tiere mit ihrer Umwelt und dem Stoffhaushalt befasst und die ↗ Ethologie (Verhaltensforschung) das Verhalten der Tiere erforscht. Die Tiergeografie untersucht die geografische Verbreitung der Tiere auf der Erde und die Evolutionsbiologie die stammesgeschichtliche Entwicklung der Tiere. Mit den fossilen Tieren der Vorzeit befasst sich die Paläozoologie (↗ Paläontologie), und Forschungsgegenstand der ↗ Genetik (Vererbungslehre) sind die materiellen Grundlagen und Mechanismen der Vererbung. Viele dieser Disziplinen finden sich auch in der ↗ Botanik und gehören damit zur *Allgemeinen Biologie*, andere sind z. T. erst in jüngerer Zeit miteinander in engen Kontakt getreten und haben zu neuen Disziplinen geführt, wie z. B. ↗ Verhaltensökologie, ↗ Populationsgenetik, ↗ Soziobiologie, *Funktionsmorphologie* (kausalanalytische Betrachtung biologischer Strukturen im Hinblick auf ihre Funktion), ↗ Populationsökologie u. a. Eine Einteilung der Zoologie in bestimmte Fachgebiete kann schließlich nach den systematischen Gruppen vorgenommen werden z. B. in: ↗ Entomologie (Insektenkunde), *Ornithologie* (Vogelkunde), *Herpetologie* (Amphibien- und Reptilienkunde) usw.

Die *Angewandte Zoologie* befasst sich mit den vom Menschen genutzten Tieren (Nutztiere und Haustiere) bzw. den vom Menschen als schädlich angesehenen Tieren (↗ Schädlinge), mit dem Ziel, ihren Nutzen zu mehren und ihren Schaden zu mindern (↗ Schädlingsbekämpfung). Zur Angewandten Z. gehören daher u. a. ↗ Tierzucht, *Jagd*, *Fischereibiologie*, *Teichwirtschaft*, ↗ Abwasserbiologie, ↗ Naturschutz, *Landschaftsökologie*, fer-

ner alle Bereiche der Zoologie, die der Human- und Veterinärmedizin dienen.

zoologische Gärten, *Tiergärten*, *Zoos*, öffentliche, meist wissenschaftlich geleitete und veterinärmedizinisch betreute Einrichtungen zur Haltung einheimischer und fremdländischer (exotischer) Tiere in Freigehegen, Käfigen oder Gebäuden (z. B. Tierhäusern, Aquarien, Terrarien, Insektarien), die oft in großzügig gestaltete gärtnerische Anlagen eingefügt sind. Die heutigen, über 500 zoologischen Gärten in der ganzen Welt wollen die Besucher zu Beobachtungen anregen (pädagogischer Aspekt). Sie erlauben, in den meisten Fällen, einen Blick hinter die Kulissen moderner Wildtierhaltung und dienen zugleich der wissenschaftlichen Arbeit (u. a. der Verhaltensforschung, der Ernährungsphysiologie, aber auch verschiedenen Fragen der Parasitologie oder Pathologie). Z. G. haben ferner Bedeutung für die Nachzucht von Tieren und damit für die Erhaltung bzw. eine eventuell spätere Wiederausbürgerung (↗ Auswilderung) vom ↗ Aussterben bedrohter Arten.

Bereits 2000 v. Chr. gab es am Hofe eines chinesischen Kaisers einen Tierpark. Als der älteste zoologische Garten Europas gilt der 1752 als Hofmenagerie vom Kaiserpaar Maria Theresia und Franz I. Stephan im Park Schönbrunn angelegte spätere z. G. Wiens. Der älteste z. G. in Deutschland entstand 1844 in Berlin, in den USA 1858 in Philadelphia. Im Mai 1907 eröffnete Carl Hagenbeck in Stellingen bei Hamburg seine Freisichtgehege (statt mit Gittern mit Gräben und hoher Begrenzungswand) für Großtiere eines bestimmten Lebensraums vor einer künstlichen Naturkulisse (später zum Teil aus Natursteinen).

Zoonosen, Bez. für Infektionskrankheiten, an denen sowohl Menschen als auch (Wirbel-)tiere erkranken und die natürlicherweise zwischen beiden übertragen werden, z. B. ↗ Brucellosen, Toxoplasmose (↗ Toxoplasma), Trichinose (↗ Trichine). Die Richtung der Krankheitsübertragung wird in den Begriffen *Anthropozoonosen*, von Menschen auf Wirbeltiere, und *Zooanthroponosen*, von Wirbeltieren auf Menschen, ausgedrückt.

Zooparasit, ↗ Parasitismus.

Zoophilie, die ↗ Zoogamie.

Zooplankton, Bestandteil der tierischen Lebewesen des ↗ Plankton.

Zoosaprophyt, heterotropher Organismus, der sich von toter tierischer Substanz ernährt. (↗ Saprophyt)

Zoosporangium, bei ↗ Algen und niederen Pilzen Zelle oder mehrzelliger Behälter, in dem die ↗ Zoosporen gebildet werden.

Zoosporen, *Schwärmsporen*, durch Geißeln aktiv bewegliche, einzellige ↗ Sporen, die vor allem bei im Wasser oder in feuchten Habitaten lebenden

↗ Algen und ↗ Pilzen vorkommen. Sie entstehen durch Differenzierung oder durch mehrere mitotische Teilungen in einem ↗ Zoosporangium. Die Z. sessiler Formen setzen sich nach einiger Zeit fest und wachsen zu neuen Thalli (↗ Thallus) aus.

Zoozönose, die Tiergemeinschaft, die zusammen mit der *Phytozönose* die ↗ Biozönose bildet.

Zoraptera, *Bodenläuse*, Taxon der Insekten (↗ Insecta) mit etwa 30 Arten in tropischen Gebieten. Der meist farblose, ca. 3 mm lange Körper der Imagines kommt in geflügelten und ungeflügelten Morphen vor; bei den ungeflügelten Morphen sind die beiden hinteren Brustabschnitte vereinfacht. Der Kopf trägt neungliedrige, perlschnurartige Fühler und beißendkauende Mundwerkzeuge. Der breit an der Brust ansetzende Hinterleib besteht aus zehn gleichförmigen Segmenten. Aus den nach der Begattung abgelegten Eiern schlüpfen nach ca. 20 Tagen die augenlosen Nymphen, die sich hemimetabol zur Imago entwickeln. Die Kolonien der Z. befinden sich im Boden oder unter Rinde; sie leben u. a. von Pilzen und Milben.

Zornnattern, *Coluber*, Gatt. der Nattern (↗ Colubridae) deren Arten trockenes, steiniges Gelände mit oder ohne Buschwerk bevorzugen und in Europa, Nordafrika, Nord- und Mittelamerika sowie Teilen Asiens verbreitet sind. Der Kopf ist deutlich abgesetzt, die meist großen Augen haben eine runde Pupille. Die Bauchschilder bilden eine mehr oder weniger deutliche Bauchkante. Die tagaktiven Z. ernähren sich vor allem von Eidechsen, kleinen Schlangen und Nagetieren. Sie sind Eier legend. Die fünf europäischen Arten sind in Süd- und Südosteuropa verbreitet. Zwei Arten der neuweltlichen Z., die Peitschenschlange (*Coluber flagellum*) und die Schwarznatter (*Coluber constrictor*), gelten als die schnellsten Schlangen; sie können eine Geschwindigkeit von etwa 5,5 km/h erreichen.

Zoster, die ↗ Gürtelrose.

Zosterales, ↗ Najadales.

Zosterophyllaceae, die Ord. ↗ Zosterophyllales.

Zosterophyllales, Ord. der ↗ Psilophytopsida, die als Vorfahren der Bärlappgewächse (↗ Lycopodiopsida) gelten. Die nackten, gabeligen Triebe hatten seitenständige Sporangien, die meist in Ährchen zusammengefasst waren.

Zotten, *Villi*, fingerförmige Ausstülpungen der Haut oder Schleimhaut, z. B. Darmzotten (↗ Darm) oder Chorionzotten (↗ Placenta).

Zottenhaut, das *Chorion*, die äußere der beiden ↗ Embryonalhüllen der ↗ Amniota.

Z-Scheiben, in Form von Querscheiben oder Septen in regelmäßigen Abständen die Myofibrillen quer gestreifter Muskelfasern (↗ Muskel) durchsetzende Faserfilze aus α-Actinin-Fäden, die durch Desmin miteinander vernetzt sind. Sie dienen der Verankerung der Actinfilamente, welche, haarna-

delförmig gekrümmt, mit dem α-Actinin-Gespinst verflochten sind und beidseits mit ihren freien Enden wie Bürstenhaare aus den Z-Streifen hervorragen.

Z-Schema, ↗ Lichtreaktionen.

Zucchini, ↗ Kürbis.

Züchtung, Bez. für die Verbesserung oder den Erhalt von bestimmten, genetisch fixierten Merkmalen von Kulturpflanzen und Nutztieren. Den Züchtern stehen dabei eine Reihe von Z.-Verfahren zur Verfügung, die entweder natürlich vorhandene Varianten (*Auslese-Z.*) oder aber auf die künstliche Induktion von Mutationen (*Mutations-Z.*) zurückgreift. Die *Kombinations-Z.* setzt gezielt auf die ↗ Kreuzung unterschiedlicher Genotypen. (↗ Hybridzüchtung)

Zucker, i. e. S. Bez. für den handelsüblichen Rohr- und Rübenzucker (↗ Saccharose), i. w. S. für ↗ Kohlenhydrate, insbesondere für ↗ Monosaccharide und ↗ Polysaccharide.

Zuckerahorn, *Acer saccharum*, im östlichen Nordamerika beheimatete Art der ↗ Aceraceae. Durch Anschneiden der Rinde wird *Ahornsirup* gewonnen, der als Genuss- und Nahrungsmittel verwendet wird.

Zuckeralkohole, mehrwertige ↗ Alkohole, die in der Natur weit verbreitete Reduktionsprodukte der ↗ Monosaccharide sind. Sie werden benannt, indem die Endung -ose des entsprechenden Monosaccharids durch -*itol* bzw. -*it* ersetzt wird. Z. zeigen nur geringe optische Aktivität und werden von Hefe nicht vergoren. Ihre Biosynthese erfolgt durch Reduktion der entsprechenden Monosaccharide mit NADH bzw. NADPH. Wichtige natürliche Z. sind D-Glycerin, Erythrit, Ribit, Xylit, D-Sorbit, D-Mannit und Dulcit.

Zuckerharnruhr, der ↗ Diabetes mellitus.

Zuckerkrankheit, der ↗ Diabetes mellitus.

Zuckerpflanzen, Pflanzen, aus denen zur menschlichen Ernährung Zucker gewonnen wird, vor allem das Disaccharid ↗ Saccharose sowie ↗ Glucose und ↗ Fructose. Hierzu zählen in erster Linie ↗ Zuckerrohr und ↗ Zuckerrübe, in geringerem Umfang auch ↗ Zuckerahorn, Zuckerhirse (*Sorghum saccharatum*) und verschiedene Palmen.

Zuckerrohr, *Saccharum officinarum*, ursprünglich wahrscheinlich aus Indien stammende, bis 9 m hohe Art der ↗ Poaceae. Aus dem Mark der Halme gewinnt man durch Auspressen oder Ausziehen des Saftes, nach Reinigung, Eindickung und Kristallisation den *Rohrzucker*. Der Zuckergehalt im Mark beträgt zwischen 13 und 20 %. Das Z. ist ausschließlich als Kulturpflanze bekannt und wird in tropischen und subtropischen Gebieten angebaut.

Zuckerrübe, *Beta vulgaris* var. *altissima*, relativ junge Kulturform der Runkelrübe (↗ Chenopodiaceae), deren fleischige ↗ Rübe ca. 21 % ↗ Saccharose enthält und daher der Zuckergewinnung dient. Hauptanbaugebiete sind alle niederschlagsärmeren Landstriche der gemäßigten und wärmeren Zonen.

Zuckertang, *Laminaria saccharina*, Art der ↗ Laminariales. Die über 1 m langen bandartigen Thalli werden teilweise roh gegessen oder als Marmelade gekocht. (Abb. ↗ Phaeophyceae)

Zuckmücken, die Fam. ↗ Chironomidae.

Zugverhalten, ↗ Migration, ↗ Vogelzug.

Zugvögel, Vogelarten, die ungünstigen klimatischen Bedingungen ausweichen, indem sie regelmäßige saisonale Wanderungen in weit entfernte Lebensräume unternehmen. (↗ Standvögel, ↗ Teilzieher, ↗ Vogelzug)

Zugwurzeln, *Kontraktionswurzeln*, Bez. für ↗ Wurzeln, die Erdsprosse, wie ↗ Rhizome, ↗ Knollen oder ↗ Zwiebeln durch Kontraktionen tiefer in den Boden verlagern. Die Kontraktion ist eine Wachstumsbewegung und beruht darauf, dass die Wände der axial gestreckten Rindenzellen eine Längstextur aufweisen. Dies hat zur Folge, dass die Zellen auf eine Turgorerhöhung mit Verkürzung und gleichzeitiger Verdickung reagieren. Z. findet man bei vielen ↗ Geophyten und Rosettenpflanzen. (↗ Wurzelmetamorphosen)

Zunge, 1) *Glossa*, paarige Anhänge an der Spitze der Unterlippe (Labium) der Insekten. (↗ Mundgliedmaßen)

2) *Lingua*, (selten) *Glossa*, bewegliches, muskulöses Tast- und Schmeckorgan am Boden der Mundhöhle (↗ Mund) der Wirbeltiere. Bei Fischen ist die Z. meist nur als wulstförmige Verdickung des Mundbodens ausgebildet, bei den ↗ Tetrapoda ist sie frei beweglich und vorstreckbar. Die Z. hat in den einzelnen Wirbeltiergruppen eine Vielfalt von Funktionen; dementsprechend wurde eine Vielfalt von Zungenformen entwickelt. Unter den ↗ Amphibia besitzen die meisten Froschlurche (↗ Anura) eine zweizipflige Z., die vorn in der Mundhöhle befestigt ist und zum Beutefang durch Muskelaktion ausgeklappt wird (*Klappzunge*). Dabei wird zusätzlich Lymphe in die Z. gepresst, sodass diese sich noch weiter ausdehnt. Die Beute bleibt an dem klebrigen Schleim, der von Zungendrüsen abgegeben wird, haften. Einige Froschlurche sind zungenlos (Aglossa). Die Schwanzlurche (↗ Urodela) besitzen meist eine wulstförmige, schwach bewegliche Zunge. Ausnahme sind die Schleuderzungensalamander, die ihre hinten in der Mundhöhle befestigte Zunge weit herausschleudern können (*Schleuderzunge*). Unter den ↗ Reptilia weisen die Chamäleons (↗ Chamaeleonidae) ebenfalls eine Schleuderzunge auf. Bei ihnen wird durch Einpressen von Blut eine zusätzliche Vergrößerung der Z. erreicht. Das ↗ Züngeln der Schlangen und Eidechsen dient dem Aufspüren von Beute: Die zweizipflige Zungenspitze, auf deren feuchter Oberfläche Moleküle aus der Luft hängenbleiben, wird in das paarige ↗ Jacobson-Organ eingeführt, das zu den chemischen Sinnesorganen gehört (↗ chemische Sinne). Bei Krokodilen (↗ Crocodylia) und Schildkröten (↗ Chelonia) ist die Z. kürzer und weniger beweglich; Ausnahme ist die Geierschildkröte (↗ Chelydridae). Die Z. der Vögel (↗ Aves) ist, zumindest im vorderen Teil, verhornt. Spechte (↗ Picidae) spießen damit ihre Beute auf, z. B. Insekten oder deren Larven. Um diese in Astlöchern und anderen Hohlräumen zu erreichen, ist die Spechtzunge besonders lang und dünn ausgebildet. Die Zungenbeinhörner, die zusammen mit der Muskulatur das Vorschnellen der Zunge ermöglichen, sind so lang, dass sie bei eingezogener Zunge um den Schädel herumgerollt sind und bis auf das Schädeldach reichen. Entenvögel (Anatidae, ↗ Anseriformes) besitzen eine *Stempelzunge*, die Wasser durch die Hornlamellen des Oberschnabels drückt (Seihapparat, Analogie zu den Walen). Bei den Kolibris (Trochilidae, ↗ Apodiformes) ist die Zunge beidseitig aufgerollt. Mit dieser Röhrenzunge kann Nektar aufgesogen werden (Analogie zu Insektenrüsseln). Die Z. der Säugetiere (↗ Mammalia) ist sehr muskulös und beweglich und von einer papillen-

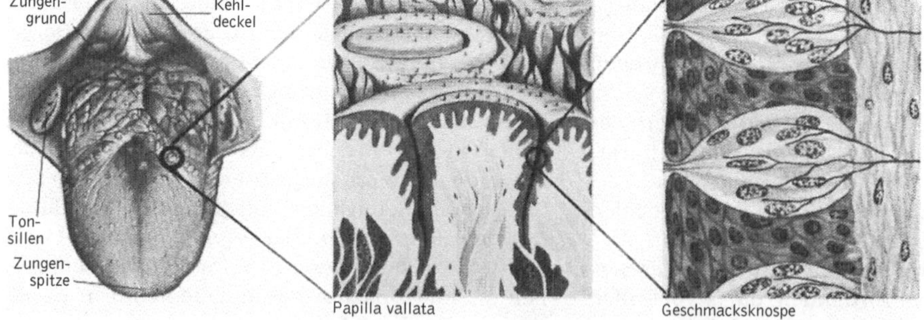

Zunge Die Zunge des Menschen trägt über 200 Geschmacksknospen, die in kleinen Erhöhungen, den Papillen, besonders an der Oberseite der Zunge liegen. Auch an anderen Stellen in der Mundhöhle sind sie verstreut anzutreffen. Von den Nervenbündeln in den Geschmacksknospen werden Impulse auf Nervenfasern zum verlängerten Mark (Medulla oblongata) zur Brücke (Pons) und bis zum Geschmackszentrum in der Hirnrinde geleitet

besetzten Schleimhaut bedeckt. Zum einen ist sie ein chemisches Nahsinnesorgan, auf dessen Oberfläche Geschmacksknospen verteilt sind. Zum anderen dient sie dem Nahrungserwerb und der Nahrungsbearbeitung. Rinder umfassen mit ihrer Zunge Grasbüschel und rupfen sie ab. Bartenwale (↗ Mysticeti) haben (analog zu Entenvögeln) eine mächtige Stempelzunge entwickelt, die das krillreiche Wasser durch die Barten presst; Ameisenfresser besitzen eine lange, dünne, mit klebrigem Sekret benetzte Z., an der die Beute haften bleibt; manche Raubtiere (vor allem Katzenartige, z. B. ↗ Jaguar) können mittels stark verhornter Papillen auf der Zungenmitte Knochen fein säuberlich abraspeln. Die Z. wirkt mit beim Kauen und Schlucken (↗ Schluckreflex) der Nahrung und wird bei der Körperpflege eingesetzt (z. B. Katzen), außerdem ist sie an der Lautbildung (z. B. Mensch, ↗ Sprache) beteiligt, und bei vielen Raubtieren steht sie, mangels ↗ Schweißdrüsen, im Dienst der ↗ Temperaturregulation (z. B. ↗ Hecheln der Hunde).

An der Z. des *Menschen* melden die überall verstreuten freien Nervenendigungen (↗ Sinneszellen) und *Fadenpapillen (Papillae filiformes)* taktile (mechanische) Reize. Die zwischen den Fadenpapillen stehenden *Pilzpapillen (Papillae fungiformes)* tragen Geschmacksknospen, ebenso die am Hinterrand des Zungenrückens in einer Reihe stehenden *Wallpapillen (Papillae vallatae)*. An den Zungenrändern nahe der Zungenwurzel stehen die *Blattpapillen (Papillae foliatae)*, die besonders viele Geschmacksknospen tragen. Die *Geschmacksknospen (Schmeckbecher, Caliculi gustatorii)* sind Sinnesorgane des ↗ Geschmackssinns, die in kleinen Erhebungen, den *Geschmackspapillen*, auf der Z. sitzen, aber auch vereinzelt in der Schleimhaut des Gaumens und des Rachens. Sie sind tulpenförmig und öffnen sich zur Epitheloberfläche über einen Kanal, den *Geschmacksporus*. In der Geschmacksknospe lassen sich drei Arten von Zellen unterscheiden: Stützzellen, Basalzellen und Geschmackssinneszellen. Letztere besitzen an ihrem apikalen Ende feine Membranfortsätze (↗ Mikrovilli), die in den Geschmacksporus hineinragen. Hinter den Wallpapillen folgen die Grenzfurche und der Zungengrund mit der ↗ Zungenmandel. Die *Zungenmuskulatur* setzt am Unterkiefer, am Griffelfortsatz des Hinterhaupts, am Gaumen und am ↗ Zungenbein an. Es gibt Muskeln, die longitudinal (längs) transversal (quer) und vertikal (von oben nach unten) durch die Z. verlaufen und mit ihrem Zusammenspiel eine vielfältige Verformung der Z. ermöglichen. Die Unterseite der Z. ist durch das *Zungenbändchen* (Frenulum) am Mundboden befestigt.

Zungenbein, *Hyoid, Os hyoideum*, zum Schädelskelett gehörender dünner Knorpel oder Knochen in der ↗ Zunge der ↗ Tetrapoda. Sein Hauptteil ist homolog dem unteren Teil (Hyoid) des zweiten Kiemenbogens der ↗ Fische. Beim Menschen ist das Z. etwa hufeisenförmig. Von dem nach caudal schwach konkav gewölbten Zungenbeinkörper ragt rechts und links je ein schlankes, langes Zungenbeinhorn schräg nach hinten. Bei den meisten Wirbeltieren sind Elemente nachfolgender Kiemenbögen als weitere paarige Zungenbeinhörner angeschmolzen. Das Z. dient dem Ansatz der Zungenmuskulatur. (↗ Zungenbeinbogen)

Zungenbeinbogen, *Hyoidbogen*, zweiter Kiemenbogen (Branchialbogen) des Branchialskeletts der Wirbeltiere (↗ Vertebrata). Bei Haien (↗ Selachimorpha) besteht der Z. aus einem dorsalen *Hyomandibulare* und einem ventralen *Hyoid*. In der Evolution der ↗ Tetrapoda wurden diese Elemente abgewandelt. Das Hyoid wurde ein Teil des ↗ Zungenbeins, das Hyomandibulare zur ↗ Columella bei ↗ Amphibia, ↗ Reptilia und Vögeln (↗ Aves) bzw. zum Stapes, einem der Gehörknöchelchen im ↗ Ohr der Säuger.

Zungenblüte, meist asymmetrische, häufig randständige Blüte im Köpfchen der ↗ Asteraceae.

Zungenmandel, *Zungentonsille, Tonsilla lingualis*, den Zungengrund bedeckendes unpaares ↗ lymphatisches Organ. Die Z. ist breit und flach und besteht aus vielen kleinen Aufwölbungen, den Zungenbälgen, in denen Lymphfollikel sitzen. (↗ Mandeln, ↗ Zunge)

Zungenmuskelnerv, der ↗ Nervus hypoglossus. (↗ Hirnnerven)

Zungen-Schlund-Nerv, der ↗ Nervus glossopharyngeus. (↗ Hirnnerven)

Zungenwürmer, die ↗ Pentastomida.

Zweibeinigkeit, die ↗ Bipedie.

Zweiflügler, die ↗ Diptera.

Zweihäusigkeit, die ↗ Diözie.

zweijährige Pflanzen, die ↗ biennen Pflanzen.

zweikeimblättrig, ↗ dikotyl, ↗ Keimblätter1).

zweikeimblättrige Pflanzen, die ↗ Dicotyledonae.

Zweipunkt, Art der Marienkäfer (↗ Coccinellidae).

zweischenkelig, *metazentrisch*, Bez. für Chromosomen, deren ↗ Centromer in etwa in der Mitte liegt. Sie sind während der ↗ Mitose gut zu erkennen. Gegensatz: ↗ akrozentrisch

Zweistrang-Crossing over, die Form des ↗ Crossing over während der ↗ Meiose, bei der bei einem homologen Chromosomenpaar (*Bivalent*) zwischen zwei Genen zwei Austauschereignisse erfolgen (*Doppelaustausch*), an denen dieselben Chromatiden beteiligt sind. Dadurch hebt der zweite Austausch die Wirkung des ersten auf, sodass keine Rekombinaten auftreten und der Genotyp der

Eltern erhalten bleibt. (↗ Vierstrang-Crossing over)

Zweiteilung, Form der vegetativen Vermehrung, bei der sich die Mutterzelle teilt und in zwei Tochterzellen aufgeht. Es kann sich dabei um eine *binäre Spaltung* handeln, aus der zwei gleiche Tochterzellen entstehen, wie es z. B. bei ↗ Escherichia coli der Fall ist, oder aber um eine *asymmetrische Spaltung*. Hierbei wird, wie z. B. bei ↗ Caulobacter, die Zelle in zwei ungleiche Tochterzellen geteilt. (↗ Cytokinese, ↗ Zellzyklus)

Zwerchfell, *Diaphragma*, kuppelförmiger Muskel der Säuger aus quer gestreiften Muskelfasern, der ↗ Brusthöhle und ↗ Bauchhöhle voneinander trennt. Beim Menschen setzt das Z. am Brustbein, den unteren sechs Rippen sowie den Lendenwirbeln (↗ Wirbelsäule) an. Das Z. ist der größte Muskel im menschlichen Körper und gleichzeitig auch der wichtigste Atemmuskel (↗ Atmung). Bei der *Zwerchfellatmung (abdominale Atmung, Bauchatmung)* kontrahiert das Z., dehnt die Brusthöhle nach unten aus, wobei das Lungenvolumen passiv vergrößert wird, und drückt die Baucheingeweide vor. In entspannter Stellung (Ausatemstellung) reicht das Z. fast bis in Höhe der Brustwarzen in den Brustkorb (nicht die Brusthöhle) hinein. In diesem oberen Abschnitt der Bauchhöhle liegen große Teile von Leber und Magen sowie die Milz. Die Oberseite des Z. ist in der Mitte schwach eingesenkt, sodass eine Doppelkuppel entsteht. Auf der Einsenkung liegt die Unterseite des Herzens, auf den beiden Kuppeln die Unterseiten der Lungen. Etwa in der Mitte des Z. befindet sich ein großes Foramen, durch das Vena cava (Hohlvene), Aorta (Hauptschlagader) und Ösophagus (Speiseröhre) sowie Nerven hindurchtreten. Krokodile besitzen eine zum Z. der Säuger analoge Bildung.

Zwergbandwurm, Art der ↗ Cestoda.

Zwergdommel, Art der Fam. ↗ Ardeidae.

Zwergfadenwurm, *Strongyloides stercoralis*, zu den ↗ Nematoda gehörender Parasit des Menschen mit Generationswechsel. Die frei lebende getrenntgeschlechtliche Generation (Weibchen 1 mm, Männchen 0,7 mm) lebt wie viele andere Rhabditoidea (↗ Secernentea) im Boden an feucht-warmen Stellen. Bei Temperaturen ab 15 °C können infektiöse filariforme Larven entstehen, die sich durch die Haut einbohren (i. Allg. am Fuß) und über die Blutbahn den Dünndarm erreichen. Dort wachsen sie zu 2 mm langen Weibchen heran, die sich mit dem Vorderende in die Darmschleimhaut einbohren und sich parthenogenetisch fortpflanzen (Heterogonie). Aus den Eiern schlüpfen schon im Darm rhabditiforme Larven, die mit dem Kot nach draußen gelangen und zur frei lebenden Generation heranwachsen.

Bei der vom Z. verursachten, nicht selten tödlichen Krankheit (*Strongyloidiasis*) treten schwere Lungenschäden (Durchbohren der Larven vom Blutgefäß- zum Alveolenlumen) und Durchfälle (eingebohrte Weibchen in der Darmschleimhaut) auf. In manchen tropischen Gegenden sind über 50 % der Bevölkerung befallen.

Zwergfledermaus, Art der Glattnasen (↗ Vespertilionidae).

Zwergfüßer, die ↗ Symphyla.

Zwerghirse, ↗ Teff.

Zwergmännchen, Bez. für männliche Individuen, wenn sie regelmäßig wesentlich kleiner sind als die Weibchen. Z. kommen z. B. bei manchen Algen (↗ Oedogoniales), Rädertieren (↗ Rotatoria), Igelwürmern (*Bonellia*, ↗ Echiura), Ringelwürmern (Dinophilidae, ↗ Polychaeta), ↗ Mollusca (Papierboot, ↗ Kraken), Spinnen (Seidenspinnen), Krebsen (Wasserflöhe), Schlangensternen (↗ Ophiuroida) und Fischen (Tiefseeangler, ↗ Lophiiformes) vor. Die Z. sind oft darmlos und können auch Reduktionen von anderen Organen aufweisen. Die in einer Körperhöhle des Weibchens der Eingeweideschnecken (*Entoconcha*) lebenden Z. bestehen praktisch nur noch aus Hoden mit vereinfachter Hülle. Die Bildung von Z. (*Nannandrie*) ist eine Extremform des ↗ Geschlechtsdimorphismus.

Zwergsäger, Art der Gatt. ↗ Säger.

Zwergschnäpper, Art der Fliegenschnäpper (↗ Muscicapidae).

Zwergseeigel, Art der ↗ Euechinoida.

Zwergseeschwalbe, Art der Seeschwalben (↗ Laridae).

Zwergstrauch, verholzte Pflanze mit einer Wuchshöhe von maximal 25 bis 50 cm. Die Erneuerungsknospen liegen durch diese Wuchsform unterhalb der schützenden Schneedecke. Z. zählen, wie die Halbsträucher (↗ Halbstrauch) zur Lebensform der ↗ Chamaephyten.

Zwergstrauchformation, die ↗ Zwergstrauchheide.

Zwergstrauchheide, *Zwergstrauchformation*, primär oder sekundär baumlose Vegetationsformation auf Silikatfelsen, kalkarmen Sandböden oder extrem sauren, nährstoffarmen Böden. Sie wird dominiert von Zwergsträuchern wie z. B. verschiedenen Arten der ↗ Ericaceae oder ↗ Asteraceae (↗ Charakterarten). Z. findet man in Form der ↗ Tundra, *atlantischen Heide* oder *Karoo*.

Zwergtaucher, Art der Lappentaucher (↗ Podicipedidae).

Zwergwuchs, *Minderwuchs, Nanismus, Nanosomie*, bei Pflanzen, Tieren und Menschen durch die verschiedensten Ursachen zustande gekommene Wuchsform, bei der die normale Größe der Gestalt nicht erreicht wird. Z. kann als Rassenmerkmal einer Art im Zusammenhang mit der Anpassung an extreme Lebensräume selektioniert werden, als genetischer Defekt vorhanden sein oder aufgrund von Mangelzuständen (trockene Standorte, vermindertes Angebot an Nährsalzen oder Spurenelementen, Stickstoffmangel oder Zinkmangel bei Pflanzen oder Unterernährung bei Tieren) während der Ontogenese des Individuums auftreten. Bei Menschen und Tieren sind ferner eine Reihe von Hormonstörungen (Mangel an ↗ somatotropem Hormon, Hypophysenvorderlappen-Insuffizienz u. a.) für den Z. verantwortlich.

Beim *Menschen* unterscheidet man, abgesehen vom *primordialen Z.* mit normalen Körperproportionen, wie er bei Zwergstämmen (Pygmäen) vorkommt, den *chondrodystrophischen Typ*, verbunden mit einer Körperdisproportionierung, aber ohne Intelligenzverlust (so genannte Liliputaner), von solchen Formen, die oft mit schweren Störungen der mentalen Funktionen einhergehen wie z. B. hypophysärer Zwergwuchs, Cushing-Syndrom (↗ Nebenniere), ↗ Pubertas praecox, ↗ Chromosomenanomalien beim ↗ Turner-Syndrom und beim ↗ Down-Syndrom. (↗ Erbkrankheiten)

Zwetschge, die ↗ Pflaume.

Zwicke, genetisch weibliches Kalb mit teilweise zu Hoden entwickelten Ovarien. Z. treten beim Rind auf, wenn durch eine ↗ Anastomose der Choriongefäße von zwei Embryonen unterschiedlichen Geschlechts ein Hoden induzierender embryonaler Faktor vom männlichen Embryo in den Blutkreislauf eines weiblichen Embryos übertritt.

Zwiebel, 1) die ↗ Küchenzwiebel.

2) *Bulbus*, meist unterirdischer, stark gestauchter Spross, an dem fleischig verdickte Schuppenblätter sitzen, die der Speicherung dienen. Aus dem Apikalmeristem (↗ Meristem) der verkürzten Achse treibt später der oberirdische Blütenspross. Häufig werden alljährlich aus den Achselknospen (↗ Achselspross) der Schuppenblätter *Brutzwiebeln* gebildet, während die letztjährige Z. abstirbt.

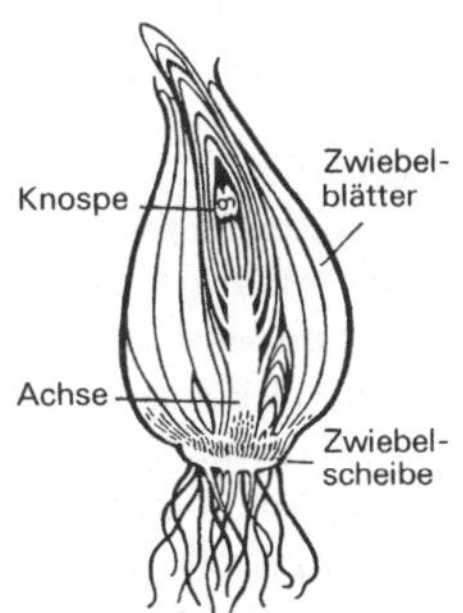

Zwiebel Aufbau einer Zwiebel am Beispiel der Tulpe (*Tulipa*)

Zwillinge, *Gemini*, *Gemelli*, zwei Geschwister, die sich gleichzeitig in der Gebärmutter entwickelt

haben. Z. sind bei allen Primaten selten. Beim Menschen kommt es in einem von etwa 80 bis 90 Fällen zu einer Z.-Schwangerschaft, dabei sind rund zwei Drittel zweieiige Z. und ein Drittel eineiige Z. Bei *zweieiigen Z.*, die aus zwei befruchteten Eizellen entstanden sind, ist die genetische Übereinstimmung und damit die Ähnlichkeit nicht größer als bei Geschwistern allgemein. Sie können daher auch verschiedenen Geschlechts sein. Die zweieiigen Z. können entweder dadurch entstehen, dass in einem Zyklus zwei Eisprünge stattfanden (*Überschwängerung* oder *Superfekundation*) oder wenn bei bereits bestehender Schwangerschaft im nächsten Zyklus noch ein ↗ Eisprung erfolgt und es zu einer weiteren ↗ Befruchtung kommt. Dieser Fall ist äußerst selten und wird als *Überbefruchtung* oder *Superfetation* bezeichnet. Grundsätzlich können zweieiige Z. verschiedene Väter haben. Auf die gleiche Weise können Drillinge, Vierlinge usw. entstehen. Die Häufigkeit von Mehrlingsgeburten hat in jüngster Zeit durch Hormonbehandlungen wegen verminderter Fruchtbarkeit stark zugenommen (↗ Reproduktionsmedizin und zugehöriges Essay: Reproduktionsmedizin – Glück bringende Fortschritte oder unzulässige Eingriffe?).

Eineiige Z. entstehen aus einer einzelnen befruchteten Eizelle (Zygote), die sich in einem sehr frühen Entwicklungsstadium, meist im Stadium der frühen ↗ Blastocyste nach Spaltung der innen gelegenen Embryonalanlage (Embryoblast) in zwei getrennte Zellhaufen aufteilt. Die früheste Trennung kann bereits im Zwei-Zell-Stadium vorkommen. Eineiige Z. sind genetisch identisch und damit auch immer gleichen Geschlechts und sehen sich meist zum Verwechseln ähnlich. In seltenen Fällen kann es zu genetischen Unterschieden kommen, wenn bei einem der Z. im Zwei- oder Vier-Zell-Stadium eine Mutation auftritt.

In der überwiegenden Zahl der Fälle (rund 70 %) findet die Spaltung zwischen dem vierten/fünften und siebten Tag nach der Befruchtung statt, also nach Ausbildung des Trophoblasten und vor Bildung der Amnionhöhle.

In diesem Fall wachsen die Z. zusammen in einem Chorion (↗ Embryonalhüllen) und mit gemeinsamer ↗ Placenta, aber innerhalb eigener Amnien und somit getrennter Fruchtblasen heran. Hat sich der Embryoblast erst nach dem siebten Tag nach der Befruchtung, also nach Ausbildung der Amnionhöhle geteilt, können beide ein gemeinsames Amnion haben und sich somit zusammen in einer ↗ Fruchtblase entwickeln. Dies kommt jedoch nur bei etwa 1 - 2 % der Z. vor. Wenn sich die Spaltung bereits in den ersten vier oder fünf Tagen vollzieht, also vor der Differenzierung des Keimlings in Trophoblast und Embryoblast (bei 25 - 36 %

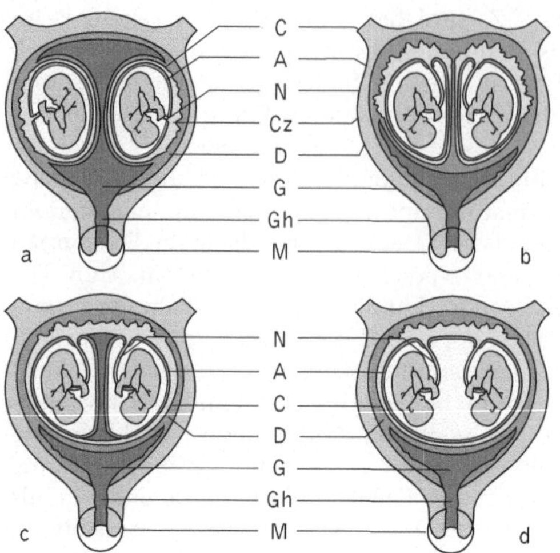

Zwillinge a Zwillingsembryo mit eigenem Chorion und eigener Fruchtblase (Amnion) sowie eigener Decidua, in Abb. b ist die Decidua beiden Embryonen gemeinsam. Die in a und b abgebildeten Zwillinge können eineiig oder zweieiig sein. Abb. c zeigt Zwillinge, die vor der Amnionbildung entstanden sind, da sie jeweils eine eigene Fruchtblase haben. Abb. d zeigt Zwillingsembryonen mit gemeinsamem Mutterkuchen und gemeinsamer Fruchtblase. Überwiegend handelt es sich bei den in c und d abgebildeten Embryonen um eineiige Zwillinge, doch können in seltenen Fällen durch sekundäre Verschmelzung von Gewebe auch zweieiige Zwillinge eine gemeinsame Placenta oder sogar eine gemeinsame Fruchtblase haben. A Amnion, C Chorion, Cz Chorionzotten, D Decidua, G Gebärmutterhöhle, Gh Gebärmutterhals, M Muttermund, N Nabelschnur

der eineiigen Z.), dann bildet jeder der eineiigen Z. ein Chorion und somit eine eigene Placenta aus. Hat dies zur Folge, dass die Z. aufgrund der Lage der Placenten während ihrer Entwicklung unterschiedlichen Ernährungsbedingungen ausgesetzt sind, so können sie sich im Geburtsgewicht und später auch im Aussehen leicht unterscheiden. Auch bei zweieiigen Zwillingen kann es, wenn auch selten, durch sekundäre Verschmelzungen von Gewebe zu einer gemeinsamen Placenta mit gemeinsamem Chorion, ja sogar zusätzlich zu einem gemeinsamen Amnion, also einer Fruchtblase kommen.

Spaltet sich der Embryo in einem wesentlich späteren Entwicklungsstadium, kann es zu einer unvollständigen Zerteilung der Keimscheibe und damit zu unvollständig getrennten Embryonen kommen. Die Folge sind verschiedenste Missbildungen, wobei *siamesische Z. (Doppelfehlbildung)*, die an unterschiedlichen Stellen an Kopf oder Rumpf verwachsen sind und Organe oder Organteile gemeinsam besitzen, auftreten. Betrifft dies lebenswichtige Organe, so ist eine operative Trennung von siamesischen Z. nicht möglich, es sei denn, ein Paarling hat durch Opfern des anderen eine Überlebenschance. (↗ Embryonalhüllen, ↗ Mehrlinge, ↗ Zwil-

lingsforschung und zugehöriges Essay: ↗ Aspekte der Zwillingsforschung)

Zwillingsarten, *Geschwisterarten*, engl. *sibling species*, Artenpaare oder Gruppen nahe verwandter Arten (↗ Art), die sich morphologisch nicht oder nur sehr geringfügig unterscheiden, jedoch durch ↗ Isolationsmechanismen reproduktiv getrennt sind. Vielfach haben Z. unterschiedliche physiologische, ökologische, ethologische, biochemische oder cytologische (Chromosomenzahl, z. B. ↗ Polyploidie) Merkmale. Z. finden sich in vielen genau analysierten Verwandtschaftsgruppen, so z. B. auch bei ↗ Drosophila melanogaster (z. T. durch ↗ Chromosomenaberrationen unterschieden) und mit nur geringen morphologischen Unterschieden bei Vögeln. (↗ Artbildung)

Zwillingsforschung, Forschungsgebiet, das mit Hilfe der Analyse von ↗ Zwillingen (*Zwillingsstudien*) die Konstanz von Merkmalen sowie den Einfluss von Erbgut und Umwelt auf bestimmte ↗ Merkmale untersucht. Begründet wurde die Z. durch F. ↗ Galton. Durch Vergleich von zweieiigen Zwillingen, eineiigen, gemeinsam aufgewachsenen Zwillingen und eineiigen Zwillingen, die getrennt aufgewachsen sind (nur etwa 150 Fälle bekannt), können die oben genannten Fragestellungen untersucht werden. So kann z. B. die Übereinstimmung (*Konkordanz*) von Zwillingen in ihren Merkmalen bzw. deren Verschiedenheit (*Diskordanz*) bei Vergleich verschiedener Zwillingspärchen Aufschluss darüber geben, ob bestimmte physiologische Parameter eher genetisch oder eher durch die Umwelt beeinflusst werden. Die Konkordanzwerte aus solchen Untersuchungen lassen z. B. vermuten, dass Erkrankungen wie Diabetes mellitus oder Asthma, aber auch der Blutdruck in Ruhe sowie sein Anstieg unter Stress genetisch stark beeinflusst werden. Merkmale, die überwiegend genetisch festgelegt sind, wie z. B. Blutgruppe, Augenfarbe, Fingerabdrücke, werden als *umweltstabil* bezeichnet und u. a. dazu benutzt, um Zwillinge als eineiig identifizieren zu können. Bei *umweltlabilen* Merkmalen hingegen ist die genetisch festgelegte Reaktionsbreite weiter, innerhalb derer sie sich in Abhängigkeit von Umweltbedingungen entwickeln können. Die Zwillingsforschung ist in letzter Zeit, seit auch in der ↗ Humangenetik vermehrt mit cytogenetischen und molekulargenetischen Methoden gearbeitet wird, etwas in den Hintergrund getreten. Sie ist jedoch nach wie vor von Interesse bei der Frage nach dem Einfluss von Erbgut und Umwelt auf Verhaltensmuster und auf die Intelligenz. Bei der Untersuchung dieser Fragen werden vor allem getrennt aufgewachsene eineiige Zwillinge untersucht. Die bekannteste dieser Studien ist ein im Jahr 1981 begonnenes Forschungsprojekt an der Universität von Minnesota, das immer noch andauert und in dessen Verlauf bislang rund 7000 Zwillinge untersucht wurden. Im Mittelpunkt der Studie stehen eineiige Zwillinge, die getrennt aufgewachsen sind. Als „Kontrollgruppe" dienen zweieiige Zwillinge, die getrennt aufgewachsen sind. Das Spektrum der Untersuchungen umfasst die Erhebung medizinischer und physiologischer Daten, psychologische Untersuchungen und unterschiedliche Intelligenztests sowie die Erfragung von Lebensgeschichte, Gewohnheiten, Vorlieben und Abneigungen. Die bislang veröffentlichten Zwischenergebnisse lassen mit aller Vorsicht vermuten, dass die Individualität des Menschen stärker genetisch geprägt ist als bislang angenommen.

Aspekte der Zwillingsforschung

Prof. Manfred Dzieyk, PH Karlsruhe

Eineiige oder monozygote Zwillinge (Abk. EZ oder MZ Zwillinge[1]) galten lange als eine „Laune der Natur" und werden noch heute von der Umwelt meist als ein Mensch in Doppelausgabe angesehen. Es handelt sich ja um eine genetische Kopie und damit um einen natürlichen Klon des jeweils anderen Paarlings. Das gilt ebenso für die sehr viel selteneren eineiigen oder monozygoten Drillinge. Zweieiige oder dizygote Zwillinge (Abk. ZZ oder DZ Zwillinge) und dreieiige oder trizygote Drillinge ähneln sich dagegen soviel oder so wenig wie übrige Geschwister.

Hier soll nicht über Ergebnisse der Zwillingsforschung berichtet werden, für deren differenzierte Erläuterung hier der Raum fehlt, sondern es werden Aspekte zu den verschiedenen Forschungsansätzen aufgezeigt, um deutlich zu machen, dass und warum ältere und jüngere Ergebnisse nicht in allem miteinander verglichen werden können.

Zwillingsforschung und Ideologien

Als erster veröffentlichte F. Galton 1876 Ergebnisse aus einer Untersuchung (kombiniert mit Fragebögen und statistischer Auswertung) von 100 Zwillingspaaren, von denen sich 80 sehr ähnlich waren. Er kam zu dem Schluss, dass auch Intelligenz, Charakter, Gemüt, Neigungen und berufliche Leistung weitgehend anlagebedingt seien.

Diese Grundauffassung der Schicksalhaftigkeit durch das Erbgut hielt sich bei den Zwillingsforschern der ersten Hälfte des 20. Jh., gesellschaftliche Faktoren wurden unterbewertet oder als nicht relevant angesehen, wenngleich die *„Zwillingsmethode"* das Verhältnis von Erbgut und Umwelt klären sollte. Ideologien wie die des Rassismus (Höherwertigkeit der weißen Rasse) sollten damit wissenschaftlich begründet werden.

Auf dieser Basis nahm die Zwillingsforschung im nationalsozialistischen Deutschland durch Otmar von Verschuer, der sich wie viele andere Wissenschaftler ganz in den Dienst der Rassen-Ideologie stellte, einen verwerflichen Weg, indem er die Verbrechen der Nationalsozialisten an Juden, Geisteskranken und anderen Gruppen, z. T. mit Fälschungen, legitimierte. Dazu kamen die verbrecherischen, Menschen verachtenden und unqualifizierten Lebendversuche an Zwillingen und deren gezielte Ermordungen durch den SS-Arzt Mengele im KZ Auschwitz. Von 3000 von ihm selektierten Zwillingspaaren sollen nur 157, z. T. schwer geschädigt, überlebt haben. In England hat der bis zu seinem Tod renommierte Psychologe Cyril Burt (gest. 1972) als fanatischer Anhänger der reinen Erbtheorie bewusst gefälschte und erfundene Ergebnisse veröffentlicht, um diese Theorie zu beweisen.

Als Gegenpol entwickelte sich die ebenso unhaltbare Milieutheorie, nach der es bei der Formung des Menschen nur auf die Umwelt, insbesondere auf die Erziehung ankommt. Auch diese Theorie wurde politisch missbraucht. Heute gibt es diese extremen Positionen in der Forschung nicht mehr, der jeweilige Anteil von Erbgut und Umwelt im Bereich der Persönlichkeitsentwicklung des Menschen wird aber doch wissenschaftlich verschieden diskutiert: Durch eine Voreingenommenheit in der einen oder anderen Richtung können Fragestellungen verschieden sein und Ergebnisse unterschiedlich interpretiert werden. Anders zu bewerten ist die z. T. heftige bis polemische Kritik von außen an Ergebnissen, die einen Anteil des Erbguts an Merkmalen der Persönlichkeit und des Verhaltens deutlich machen, weil dies für manche ihr idealisiertes Men-

---

1) EZ = <u>E</u>ineiige <u>Z</u>willinge; MZ = <u>M</u>onozygote

schenbild aus dem Humanismus und dem Christentum nicht zulässt. Von dieser Seite wird dann der Vorwurf des Biologismus oder Neodarwinismus erhoben.

Methoden der Zwillingsforschung

Die klassischen Methoden sind der Vergleich von EZ untereinander (Intra-Paarvergleich), von EZ mit ZZ, wobei bei den EZ der Vergleich zwischen gemeinsam und getrennt aufgewachsenen interessant ist.

Weitere Methoden sind seit wenigen Jahrzehnten der Vergleich von Zwillingen (EZ und ZZ) mit anderen Geschwistern, mit Adoptivgeschwistern, mit Eltern und nahen Verwandten, der experimentelle Vergleich von EZ-Paarlingen (nur einer wird motorischen und geistigen Trainingsprogrammen unterzogen), von Kindern von EZ-Eltern und schließlich der Vergleich mit einer Kontrollgruppe aus der Bevölkerung. Forscher sind Biologen, Humangenetiker, Mediziner, Psychologen und Soziologen.

Zur Einschätzung der Ähnlichkeit bzw. Verschiedenheit des Aussehens, der Persönlichkeit, des Erlebens und Ähnlichem wird auch mit Fragebögen gearbeitet. Hier ist ein grundsätzliches Problem, dass Beantwortungen zu nicht objektivierbaren Merkmalen und Eigenschaften leicht bewusste und/oder unbewusste Fehlangaben der Zwillinge und von deren Eltern beinhalten können.

Unbestritten ist heute, dass die meisten rein körperlichen Merkmale wie die Gestalt des Gesichts und des Körpers und ihrer Teile, anatomische und physiologische Merkmale fast allein vom Erbgut abhängen, wodurch sie bei EZ ähnlich und bis ins Detail identisch sind und sich über die Lebensphasen in gleicher Weise verändern. Körperlänge und Gewicht hängen auch von Außenfaktoren ab. Sogar die ↗ Akzeleration der letzten 150 Jahre in den industrialisierten Ländern kann nur durch veränderte Umweltbedingungen erklärt werden.

Unbestritten ist heute in der Forschung weitgehend auch, dass Persönlichkeitsmerkmale wie z. B. Charakter, Temperament, Intelligenz, Begabung und Fähigkeiten, Emotionalität und Lernverhalten, wahrscheinlich sogar eine gewisse Anfälligkeit zum Suchtverhalten, eine genetische Beteiligung haben.

Methodische Fehlermöglichkeiten in der Diagnose der Eiigkeit/Zygosität

Für alle Untersuchungen in der Zwillingsforschung ist die *Feststellung der Eiigkeit bzw. Zygosität* unabdingbar. EZ sind monozygot (MZ) mit identischem Genom. ZZ sind Geschwister mit theoretisch der Hälfte gemeinsamer Gene, sie können aber auch Halbgeschwister sein, falls sie zwei verschiedene Väter haben (solche Fälle sind nachgewiesen) und dann theoretisch nur ein Viertel gemeinsame Gene besit-

zen, was phänotypisch nicht unbedingt auffallen muss. Die Diagnose konnte bis in die jüngste Zeit nur durch den qualitativen und quantitativen Vergleich möglichst vieler körperlicher, morphologischer wie physiologischer Merkmale gestellt werden (*polysymptomatischer Ähnlichkeitsvergleich*). Die Sicherheit in der Diagnose der Zygosität hat dabei in der zweiten Hälfte des 20. Jh. immer mehr zugenommen. Seit der Mitte der 1990er-Jahre ist bei Neuuntersuchungen von Zwillingen durch den *genetischen Fingerabdruck* erstmals eine absolut sichere Diagnose möglich.

Vielen früheren Untersuchungen werden daher teilweise nicht mehr nachprüfbare Fehler in der Eiigkeitsdiagnose anhaften, was eine Vergleichbarkeit alter Daten mit jüngeren auch deswegen schwierig macht. So zeigen z. B. jüngere Untersuchungen im Bereich der Persönlichkeitsmerkmale bei EZ geringere Konkordanzen als ältere. Auch werden nicht selten als EZ aufgewachsene Zwillinge durch entsprechende Untersuchungen in den Forschungslabors damit überrascht, dass sie in Wirklichkeit ZZ sind und umgekehrt. Verschiedene Untersuchungen haben für den erstgenannten Fall eine Fehlerrate von 10 - 15 %, für den zweiten von 1 - 2 % ergeben.

Wenn früher bei Geburten von Zwillingen auch die Nachgeburt zur Diagnose herangezogen wurde, so muss das oft zu Fehlschlüssen geführt haben: Noch heute schätzen erfahrene Geburtshelfer ihre Trefferquote auf 80 - 90 %, weil alle Zahlenverhältnisse von Chorion und Amnion bei EZ und ZZ vorkommen, wenn auch in unterschiedlicher Häufigkeit (↗ Zwillinge). Daher ist auf diese Weise eigentlich keine Sicherheit in der Diagnose möglich.

Methodische Fehlermöglichkeiten bei der Bewertung des Umweltanteils

Ein Postulat der klassischen Zwillingsforschung war die *gleiche Umwelt bei gemeinsam aufwachsenden EZ und ZZ*. Mögliche Differenzierungen der Umwelt wurden ausgeschlossen. Nun zeigt sich, dass die Umwelt schon in der Gebärmutter nicht einmal für alle EZ gleich ist. Schwangerschaftskomplikationen, die bei Zwillingsschwangerschaften deutlich häufiger vorkommen, Krankheiten und Unfälle der Mutter können die Paarlinge verschieden treffen. Zwillinge haben allg. bei der Geburt ein geringeres Gewicht und einen gewissen Entwicklungsrückstand gegenüber Einlingen, oft bis zur Kindergarten- oder Schulzeit. Auch nach der Geburt ist die Umwelt für gemeinsam aufwachsende Zwillinge nicht identisch und für getrennt aufwachsende meist nicht grundverschieden. Es wurde nachgewiesen, dass sich die so genannte „Zwillingssituation", besonders bei ZZ, auf psychische und soziale Eigenschaften auswirkt. So kann

z. B. auch das Lernverhalten positiv oder negativ beeinflusst werden. ZZ werden von den Eltern wie sonstige Geschwister bewusst, auch wenn sie gleichgeschlechtlich sind, als zwei verschiedene Personen erzogen, sie nehmen ihre Umwelt auch verschieden wahr. EZ gelten in der Regel als Doppelausgabe einer Person, auch im Kindergarten und in der Schule, zumal sie oft von den Lehrkräften nicht auseinandergehalten werden können. Entsprechend werden sie meist gleich gekleidet, behandelt und erzogen, einer ist stellvertretend für beide. Die meisten Eltern unterstützen die Konformität durch ihren Erziehungsstil stark, so dass sich dies auf die Intrapaarähnlichkeit auswirkt (das gilt auch für ZZ, die Eltern für EZ halten), was einen höheren Erbanteil vortäuschen kann. Auf jeden Fall haben gemeinsam aufwachsende EZ vom Säuglingsalter an den gleichen Entwicklungsstand, machen viel öfter die gleichen Erfahrungen als andere Geschwister und bewerten diese gleich. Das fördert in der *Intrapaarbeziehung* ein ausgeprägtes Streben nach Gleichheit und Identifikation mit dem Zwillingspartner, die „Unzertrennlichkeit" wird gefördert, der andere Paarling ist dann der unersetzliche intime Freund, und oft wird das Streben nach Freundschaft von außen gemindert. Viele EZ spielen auch in den verschiedensten Situationen mit ihrer Nichtunterscheidbarkeit. Viele EZ kommen erst in der Pubertät zu einer eigenen Persönlichkeit. Sie finden sich dann ähnlich, aber nicht gleich, sie kommen überein, dass z. B. der eine intelligenter oder kreativer oder praktischer veranlagt ist als der andere, der das mit einer anderen Eigenschaft kompensiert. So entwickelt sich eine Rollenteilung, z. B. gibt es einen „Innen-„ und einen „Außenvertreter" (der eine regelt das tägliche Geschäft im Zusammenleben, z. B. während des gemeinsamen Studiums, der andere sorgt für die Außenkontakte). Auch bei ZZ kann die Paarbeziehung sehr eng sein. ZZ grenzen sich aber eher gegeneinander ab, rivalisieren eher miteinander, wobei gleich- und verschiedengeschlechtliche sich auch unterschiedlich verhalten können, z. B. das „ältere" Mädchen eine „Mutterrolle" annehmen kann.

Beim Vergleich *getrennt aufgewachsener EZ*, selbst wenn sie schon nach der Geburt getrennt wurden, kann auch nicht einfach davon ausgegangen werden, dass die Umwelt für sie sehr verschieden war. Meist sind die Eltern- bzw. Pflege-/Adoptivelternhäuser und damit die Entwicklungsbedingungen und Bildungschancen eher ähnlich, weil z. B. bei Adoptionen in der Regel auf ein ähnliches soziales Milieu geachtet wird.

Schlussfolgerungen

Diese Erkenntnisse, die erst in den letzten Jahrzehnten von einigen Forschern deutlich gemacht worden sind, spielen eine große Rolle bei der Bewertung von Untersuchungsergebnissen zu Fragen der Persönlichkeit und ihrer Entwicklung (Intelligenz und Begabungen, Temperament, Charakter, Lernverhalten, Leistungen usw.) So wird es auch weiterhin schwierig und vielleicht unmöglich sein, hierbei jeweils den genetisch bedingten und den umweltbedingten Anteil herauszufinden. Es zeigen zwar EZ in diesen Bereichen statistisch eine deutlich höhere Konkordanz als ZZ, aber keine absolute, und es können EZ im Einzelfall deutlich verschiedene Persönlichkeiten sein, sehr verschiedene Interessen und Vorlieben haben. Das berühmte siamesische Zwillingspaar Eng und Chang (1874 63jährig gestorben) entwickelte sich im erzwungenen Zusammenleben im Laufe der Zeit zu sehr unterschiedlichen Charakteren, sie prozessierten sogar gegeneinander.

Die Persönlichkeit eines Menschen entwickelt sich sicher auf einer genetischen Grundlage, aber in einer ständigen Wechselbeziehung des Individuums mit seiner familiären und gesellschaftlichen Umwelt, wobei die eigene außerfamiliäre Umwelt mit zunehmendem Alter auch durch Auswahl des Umfeldes selbst gestaltet wird (Freunde, Schule, Berufswahl, Freizeittätigkeiten usw.). Dies hat wiederum Einfluss auf Interessen, Motivation, Leistungen usw.

Hier zeigt sich auch ein Nachteil von *Querschnittstudien* von Zwillingen, bei denen sie nur ein oder wenige Male untersucht werden, im Gegensatz zu den viel schwierigeren und selteneren *Längsschnittstudien* über mehrere Lebensphasen bzw. mehrere Jahrzehnte, da letztere die Bedeutung der Umwelt besser deutlich machen und sich nur so Persönlichkeitsveränderungen feststellen lassen. Auch in Bezug auf das Entstehen von Krankheiten gewinnen Umwelteinflüsse meist erst in längeren Zeiträumen an Bedeutung.

Letztendlich dürfen statistische Zahlenwerte nicht überinterpretiert werden. Ausgedrückt als Erblichkeits- oder Heritabilitätskoeffizient bedeutet 1.0 völlige Konkordanz = Erblichkeit, 0 völlige Diskordanz (in Prozent sind das 100 und 0). Aus einer Statistik kann nie ein Einzelfall abgeleitet werden und erstaunliche, kaum glaubhafte Einzelfälle in Übereinstimmungen von Details bei religiösen, politischen, allg. sozialen Einstellungen, gleichem Beruf, gleicher Vornamenwahl für die Kinder, gleicher Kleidung und gleichem Schmuck an gleichen Fingern bei getrennt aufgewachsenen EZ können nicht verallgemeinert werden.

Es bleibt zu hoffen, dass sich die Zwillingsforschung immer mehr versachlicht und unter Berücksichtigung der differenzierenden Methoden weiterhin interessante und immer besser objektivierbare Ergebnisse bringen wird.

Literatur: Friedrich, W.: Zwillinge, Berlin 1983. – Friedrich, W. und vel Job, O. K. (Hg): Zwillingsforschung international, Berlin 1986. – Knußmann, R.: Vergleichende Biologie des Menschen – Lehrbuch der Anthropologie und Humangenetik, Stuttgart u. a.1996. – Neale, M. C. and Cardon, L. R. (Hg.): Methodology for genetic studies of twins and families, Dordrecht u. a. 1992.

zwischenartlich, ⤢ interspezifisch.

Zwischenformen, *Übergangsformen*, *Missing links*, *connecting links*, Bez. für Organismen, die strukturell oder phylogenetisch eine Lücke zwischen ihrer Stammform und den aus ihnen hervorgegangenen Formen füllen.

Zwischenhirn, *Diencephalon*, ⤢ Gehirn.

Zwischenkieferknochen, *Praemaxillare*, *Prämaxillare*, *Intermaxillare*, *Os intermaxillare*, paariger Deckknochen des Oberkiefers (⤢ Kiefer) der Wirbeltiere, der stammesgeschichtlich als Auflage auf dem Palatoquadratum entstanden ist. Beide Praemaxillaria liegen am Vorderrand des bogenförmigen Oberkiefers, zwischen den Maxillaria (Name!). Bei Säugern tragen die Praemaxillaria stets nur die Schneidezähne. Beim erwachsenen Menschen sind beide Praemaxillaria und beide Maxillaria (⤢ Maxillare) zu einem einheitlichen Element verschmolzen. Die Praemaxillaria sind nur embryonal nachzuweisen, oder als Aberration, was zuerst J.W. von Goethe gelang.

Zwischenwirbelscheiben, *Disci intervertebrales*, die Bandscheiben (⤢ Wirbelsäule).

Zwischenneuron, ⤢ Interneuron.

Zwischenwirt, ⤢ Wirt.

Zwitter, *Hermaphrodit*, Bez. für Organismen mit der Fähigkeit, im selben Individuum männliche und weibliche befruchtungsfähige Geschlechtsprodukte (⤢ Gameten) auszubilden. (⤢ Intersexualität, ⤢ Gynander, ⤢ Geschlechtsbestimmung)

Zwitterblüte, Blüte, die sowohl Staubblätter als auch Fruchtblätter ausgebildet hat.

Zwitterdrüse, *Zwittergonade*, *Ovotestis*, Bez. für eine ⤢ Gonade, die sowohl Spermien als auch Eizellen produziert. Z. kommen im Tierreich relativ selten vor, so bei Hinterkiemerschnecken (⤢ Opisthobranchia), Lungenschnecken (⤢ Pulmonata) und manchen Fadenwürmern (⤢ Nematoda); einziger Fall bei den Wirbeltieren (⤢ Vertebrata) sind die Zackenbarsche der Gatt. *Serranus* (⤢ Serranidae).

Zwitterionen, Verbindungen, die in ihren Molekülen positive und negative Ladungszentren enthalten, z. B. die ⤢ Aminosäuren. (⤢ isoelektrischer Punkt)

Zwittertum, ⤢ Hermaphroditismus.

zwittrig, *hermaphrodit*, bei Pflanzen die Ausbildung von ⤢ Zwitterblüten. Entstehen an einer Pflan-

ze die männlichen Geschlechtsorgane getrennt von den weiblichen spricht man von ⤢ Monözie.

Zwittrigkeit, *Hermaphroditismus*, *Gemischtgeschlechtlichkeit*,

1) *Botanik*: bei Samenpflanzen die Erscheinung, dass in derselben Blüte (*Zwitterblüte*) sowohl fertile Staubblätter (Mikrosporophylle mit den Mikrosporangien) als auch fertile Fruchtblätter (Megasporophylle mit den Megasporangien) ausgebildet werden (*staminokarpellate Blüten*).

2) *Zoologie*: Bei Tieren spricht man von Z., wenn vom selben Individuum Eizelle und Spermien gebildet werden. Bei *Simultan-Z.* werden Eier und Spermien gleichzeitig gebildet,

Zwölffingerdarm, *Duodenum*, ⤢ Darm.

Zygaenidae, *Widderchen*, Schmetterlingsfam. mit fast 1000 Arten, die vor allem in der Alten Welt vorkommen, in Mitteleuropa mit etwa 24 Arten. Die Flügel haben bis 30 mm Spannweite bei den mitteleuropäischen Arten. Sie zeigen eine auffällige Warntracht, entweder rot-schwarz bei den Rot-Widderchen (Gattung *Zygaena*) oder metallisch-grün bei den Grün-Widderchen (Gattung *Procris*). Alle Arten sind durch den Gehalt an Blausäure, Acetylcholin und Histamin für viele Räuber ungenießbar und werden von anderen Bärenspinnern und Widderbären nachgeahmt (Mimikry). Die Falter sind tagaktiv, besonders in den wärmsten Stunden. In Ruhe werden die Flügel dachförmig gefaltet. Die an der Spitze kolbig verdickten Fühler werden auffällig „widderartig" vorgestreckt. Widderchen sind eifrige Blütenbesucher mit gut entwickeltem Rüssel; sie saugen oft gesellig und bevorzugt an violetten Blüten von Knautien, Skabiosen, Disteln, Dost und ähnlichen Pflanzen, wo sie sich auch verpaaren und übernachten können. Die Larven sind gedrungen, meist grüngelblich mit schwarzen Flecken. Sie verpuppen sich in gelblichem Gespinst, oft auffällig an Pflanzenstengeln.

Zygentoma, *Fischchen*, Taxon der ⤢ Insecta mit 330 Arten, von denen fünf in Mitteleuropa vorkommen. Sie sind meist 7 - 15 mm körperlang und überwiegend wärme- und dunkelheitsliebend. Der mehr oder weniger abgeplattete Körper der Z. ist meist mit silbrig glänzenden Schuppen bedeckt, die als mechanorezeptorische Sensillen dienen. Die vielgliedrigen Antennen sind lang, die Mundgliedmaßen kauend. Das Abdomen besteht aus elf Segmenten und trägt am Ende vielgliedrige Cerci und ein Terminalfilum. Z. haben die Fähigkeit, mit einem Abschnitt ihres Enddarms der Luft auf elektroosmotischem Weg Wasser zu entziehen. Einige synanthrope Arten (↗ Synanthropie) können mitunter zu Vorratsschädlingen werden. Bekannteste Art bei uns ist das kosmopolitisch verbreitete, synanthrope Silberfischchen (*Lepisma saccharina*).

Zygnemataceae, Fam. der ↗ Zygnematophyceae, die durch kokkale unverzweigt-fadenförmige Vertreter repräsentiert wird. Die bekannteste und am weitesten verbreitete Gatt. *Spirogyra* besitzt einen wandständigen, schraubig gewundenen ↗ Chloroplasten. In eutrophierten Gewässern ist die Gatt. *Zygnema* häufig.

Zygnematophyceae, *Conjugatae*, *Jochalgen*, fast ausschließlich im Süßwasser lebende Klasse der ↗ Chlorophyta mit rund 6000 Arten. Neben dem Auftreten kokkaler Algen wird eine Tendenz zur Bildung trichaler Kolonien deutlich. Die vegetative Fortpflanzung geschieht durch Zweiteilung. Bei der sexuellen Fortpflanzung verschmelzen zwei gleichgestaltete, nackte Protoplasten zweier Zellen (↗ Isogamie) über eine Kopulationsbrücke (*Jochbildung*). Nach einer Ruhephase keimt die ↗ Zygote unter ↗ Meiose, die Z. sind demnach reine ↗ Haplonten. Zu den Z. gehören die relativ ursprünglichen *Mesotaeniaceae*, die ↗ Desmidiaceae und die ↗ Zygnemataceae.

Zygogamie, andere Bez. für die ↗ Gametangiogamie. (↗ Zygomycetes)

zygomorph, Bez. für Blüten mit nur einer Symmetrieebene, die die Blüte in zwei spiegelbildliche Hälften zerlegt wie z. B. bei den meisten Blüten der ↗ Lamiaceae. Gegensatz: ↗ aktinomorph

Zygomycetes, *Jochpilze*, Abteilung (*Zygomycota*) der Echten Pilze mit etwa 500 Arten. Das vegetative ↗ Mycel ist haploid, vielkernig, normalerweise fehlen regelmäßige Querwände. Septen werden normalerweise nur zur Abgrenzung, z. B. bei der Fruchtkörperentwicklung gebildet. Die Zellwände enthalten ↗ Chitin und meist noch Chitosan, mitunter auch Glucosamin oder andere Zuckerkomponenten. Charakteristisch ist die sexuelle Fortpflanzung: Die Kopulation findet zwischen zwei aufeinander zuwachsenden, differenzierten Hyphenenden (*Gametangien*, *Zygogamie*) statt. Die entstehende Zygote ist vielkernig und entwickelt sich zu einer dickwandigen Dauerspore (*Zygospore*). Besondere Fruchtkörper werden i. d. R. nicht gebildet. Die ungeschlechtlichen Vermehrungszellen entstehen endogen in Sporangien oder exogen auf Konidienträgern. Jochpilze leben meist saprophytisch als Bodenpilze und Dungzersetzer (z. B. der „Pillenwerfer", Gatt. *Pilobolus*, der seine schwarz gefärbte Sporocyste wegschleudert) oder parasitisch auf anderen Pilzen sowie auf Insekten, Fadenwürmern und Amöben.

Viele sind Mykorrhizapartner oder Endosymbionten in Arthropoda. Zu den Z. gehören u. a. die Ord. ↗ Entomophthorales und Mucorales. Zu letzterer gehört der weit verbreitete *Köpfchenschimmel* (*Mucor mucedo*), der weiße Schimmelrasen auf Brot, Mist u. a. organischen Substraten bildet.

Zygoptera, *Kleinlibellen*, zu den Libellen (↗ Odonata) gehörendes Taxon, zu dem rund 2400 Arten gehören. Bei den Z. sind die Vorder- und Hinterflügel annähernd gleich gebaut und können über dem Abdomen aneinander geklappt werden. Die Männchen besitzen am Abdomenende zwei Zangen. Auffälligstes Merkmal bei den Larven sind die drei blattförmigen Anhänge am Ende des Abdomens, die bei Sauerstoffmangel eine respiratorische Funktion haben. Die Z. leben räuberisch, wobei sie ihre Beute nicht nur im Flug fangen, sondern auch sitzende Tiere von Pflanzen absammeln. Auffälligste Art bei uns ist die bis 5 cm körperlange Blauflügel-Prachtlibelle (*Calopteryx virgo*), deren Männchen blaugrün glänzende Flügel von bis zu 7 cm Spannweite hat.

Zygosporen, ↗ Zygomycetes.

Zygote, die durch Verschmelzung zweier ↗ Gameten entstandene Zelle (↗ Befruchtung).

zyklische Fotophosphorylierung, ↗ Fotophosphorylierung, ↗ Lichtreaktionen.

zyklischer Elektronentransport, ↗ Lichtreaktionen.

zyklisches Adenosin-3',5'-monophosphat, Abk. *cAMP*, ↗ Adenosinphosphate.

zyklo-, Wortbestandteil mit der Bedeutung: Kreis, kreis- oder ringförmig.

Zyklomorphosen, die ↗ Cyclomorphosen.

Zylinderepithel, ↗ Epithel.

Zylinderrosen, die ↗ Ceriantharia.

Zymase, historische Bez. für eine hitzelabile, nicht dialysierbare Fraktion des Hefepresssaftes. Später wurde erkannt, dass es sich bei der Z. um die in der Hefe enthaltenen ↗ Enzyme der ↗ Glykolyse und der ↗ alkoholischen Gärung handelt.

zymogen, Bez. für Mikroorganismen-Arten, die im Gegensatz zu den langsam wachsenden, den vorherrschenden Bedingungen des Ökosystems angepassten autochthonen Organismen, bei Zufuhr schnell assimilierbarer Substrate auftreten, durch schnelle Vermehrung für kurze Zeit dominieren und anschließend absterben oder Sporen bilden.

Zymogene, proteolytisch inaktive Vorstufen insbesondere von proteolytischen (d. h. Eiweiß abbauenden) Enzymen der Verdauung (z. B. Trypsinogen als Vorstufe von ↗ Trypsin) oder der ↗ Blutgerinnung (z. B. Prothrombin). Die Z. werden am Wirkort durch begrenzte ↗ Proteolyse in die wirksame Form umgewandelt. Durch die Synthese in Form der proteolytisch inaktiven Z. werden die exokrinen Zellen vor einem proteolytischen Angriff geschützt.

Zymomonas, mikroaerophile bis fakultativ anaerobe Gatt. gramnegativer, stäbchenförmiger Bakterien, die über den ↗ Entner-Doudoroff-Weg Ethanol bilden. In tropischen Gebieten wird Z. zur Herstellung alkoholischer Getränke aus zuckerhaltigen Säften (z. B. *Pulque* aus Agavensaft) verwendet.

zymös, Bez. für einen geschlossenen ↗ Blütenstand.

Zypergras, *Cyperus*, vorwiegend tropische und subtropische Gatt. der ↗ Cyperaceae. Die Pflanzen bilden im Sumpf oder Uferbereich teilweise dichte Bestände. Mehrere Arten sind Zierpflanzen. Im tropischen Afrika dienten die Halme der ausdauernden Papyrusstaude, *Cyperus papyrus*, schon im Altertum zur Herstellung des *Papyrus*.

Zypresse, *Cypressus sempervirens*, im östlichen Mittelmeerraum heimische Art der ↗ Cupressaceae, die durch Kultur mittlerweile weit verbreitet ist. Der immergrüne Baum kann Pyramidenform haben oder breitkronig sein. Die Z. zeigt eine hohe Trockenresistenz und liefert wertvolles dauerhaftes Holz.

Zypressengewächse, die Fam. ↗ Cupressaceae.

Zypressenmoos, ↗ Sertularia cupressina.

Zyste, ↗ Cysten.

Bibliographie

In der vorliegenden Bibliographie wurden, bis auf ganz wenige Standardwerke, die nur noch über Bibliotheken beziehbar sind, ausschließlich Bücher angegeben, die im Buchhandel erhältlich sind (Quelle: VLB) und die, bis auf wenige Ausnahmen, deutschsprachig sind. Manche Werke, die uns bei unserer Arbeit besonders nützlich waren, haben wir mit einem entsprechenden Kommentar versehen. Die Auswahl ist subjektiv und soll in keinster Weise die Qualität anderer Werke, mit denen wir nicht gearbeitet haben, schmälern. Redaktion und Verlag übernehmen keine Verantwortung für die auf den angegebenen Internetseiten gebotenen Inhalte und Links.

Allgemeine Biologie

Fach- und Sachbücher

Arz de Falco, A. u. Müller, D.: Wert und Würde von „niederen" Tieren und Pflanzen. Ethische Überlegungen zum Verfassungsprinzip „Würde der Kreatur", Fribourg (CH), 2001.

Basiswissen Schule – Biologie, Mannheim 2001.

Bäumer, Ä.: Bibliography of the History of Biology / Bibliographie zur Geschichte der Biologie, Frankfurt 1997.

Bayrhuber, H. et al. (Hg.): Linder. Biologie. Lehrbuch für die Oberstufe, Hannover 21. Auflage 2002.

Bickel, H. et al. (Hg.): Natura, Reihe: Biologie für Gymnasien, Band 3 Oberstufe, Stuttgart 2. Auflage 2001.

Campbell, N. A.: Biologie, deutsche Ausgabe von Markl, J. (Hg.), Heidelberg 1997.
Der „Campbell" ist auf dem amerikanischen Markt seit vielen Jahren ein Standardwerk und bereichert in seiner deutschen Ausgabe durchaus auch die deutschsprachige biologische Fachliteratur. Aufgrund seiner anschaulichen, verständlichen und gleichzeitig sehr umfassenden Darstellung der verschiedenen Bereiche der Biologie, ist er für Studierende, für fertige Biologen und für interessierte Laien gleichermaßen geeignet, sei es zum Nachschlagen, um zu lernen oder einfach um zu schmökern.

Eschenhagen, D. et al. (Hg.): Fachdidaktik Biologie, Köln 5. Auflage 2001.

Hirsch-Kaufmann, M. u. Schweiger, M.: Biologie für Mediziner und Naturwissenschaftler, Stuttgart 2000.

Hopp, V.: Grundlagen der Life Sciences. Chemie – Biologie – Energetik, Weinheim 2000.

Jahn, I. (Hg.): Geschichte der Biologie, Heidelberg 3. Auflage 2000.

Jahn, I. u. Schmitt, M.: Darwin & Co. Eine Geschichte der Biologie in Portraits, München 2001.

Janisch, P. u. Weingarten M.: Wissenschaftstheorie der Biologie. Methodische Wissenschaftstheorie und die Begründung der Wissenschaften, Stuttgart 1999.

Jonas, H.: Das Prinzip Leben. Ansätze zu einer philosophischen Biologie, Frankfurt 1997.

Joussen, H. et al.: Genetik, Evolution, Nerven-, Sinnes- und Hormonphysiologie, Verhaltensbiologie, aus der Reihe: Klausur und Abiturtraining Biologie, Köln 4. Auflage 2000.

Jüdes, U. u. Frey, K.: Biologie in Projekten. Beispiele für fachübergreifend, projektorientierte Vorhaben mit Schwerpunkten aus der Biologie, Köln 3. Auflage 1997.

Jungbauer, W.: 50 neue Abituraufgaben Biologie, Köln 2. Auflage 1998.

Kallhoff, A.: Prinzipien der Pflanzenethik. Die Bewertung pflanzlichen Lebens in Biologie und Philosophie, München 2002.

Koecke, H. U. et al.: Biologie. Lehrbuch der allgemeinen Biologie für Mediziner und Naturwissenschaftler, Stuttgart 4. Auflage 2000.

Kombiangebot 10./11. Schuljahr. Biologie Oberstufe, Berlin 1999.

Leistner, E. u. Breckle, S. W.: Pharmazeutische Biologie – Grundlagen und Systematik mit Ergänzungsband Prüfungsfragen, Stuttgart 2000.

Mahner, M. u. Bunge M.: Philosophische Grundlagen der Biologie, Berlin 2000.

Markl, J. (Hg): Biologie der Organismen. Lebewesen – Bau, Funktion und Evolution, Heidelberg 1998.

Mayr, E.: Das ist Biologie. Die Wissenschaft des Lebens, Heidelberg 1998.

Meinhard, B. u. Moisl, F.: Abitur-Training: Biologie 2 Leistungskurs. Grundlagen und Aufgaben mit Lösungen, Freising 1996.

Munk, K. (Hg.): Grundstudium Biologie. Biochemie, Zellbiologie, Ökologie, Evolution, Heidelberg 2000.
Entsprechend dem Konzept der Reihe bietet dieser Band einen guten Überblick über die jeweiligen Teilgebiete der Biologie. Das Buch eignet sich sehr gut sowohl zum Einstieg in die verschiedenen Themen als auch zur Wiederholung und Prüfungsvorbereitung.

Murphy, M. P. u. O'Neill, L. A.: Was ist Leben? Die Zukunft der Biologie. Eine alte Frage in neuem Licht – 50 Jahre nach Ernst Schrödinger, Heidelberg 1997.

Oeser, E.: System – Klassifikation – Evolution. Historische Analyse und Rekonstruktion der wissenschaftstheoretischen Grundlagen der Biologie, Wien 1996.

Rose, S.: Darwins gefährliche Erben. Biologie jenseits der egoistischen Gene, München 2000.

Sinne und Hormone des Menschen, Vererbung, Evolution. Bio Kopiervorlagen. Thematisch zusammengefasste Kopiervorlagen mit Lösungen zum Einheften, Braunschweig 1997.

Sitte, P. (Hg.): Jahrhundertwissenschaft Biologie. Die großen Themen, München 1999.
Ein sehr lesenswertes Buch, das einen Überblick über die wichtigsten Fragestellungen und Forschungsergebnisse der Biologie gibt, und ihre Bedeutung als Leitwissenschaft des 21. Jahrhunderts sowohl beschreibt als auch kritisch reflektiert.

Vollmer, G.: Evolutionäre Erkenntnistheorie. Angeborene Erkenntnisstrukturen im Kontext von Biologie, Psychologie, Linguistik, Philosophie und Wissenschaftstheorie, Stuttgart 7. Auflage 1998.

Wisser, A.: Technische Biologie und Bionik 5, 5. Bionik-Kongress, Dessau 2000, Akademie der Wissenschaften und der Literatur 2001.

Wuketits, F. M.: Eine kurze Kulturgeschichte der Biologie. Mythen, Darwinismus, Gentechnik, Darmstadt 1998.

Nachschlagewerke

Flindt, R.: Biologie in Zahlen. Eine Datensammlung in Tabellen mit über 10 000 Einzelwerten, Heidelberg 5. Auflage 2000.

Hiller, K. u. Melzig, M.: Lexikon der Arzneipflanzen und Drogen (Buch + CD-ROM), Heidelberg 2000.

Lexikon der Biochemie, 2 Bände + CD-ROM, Heidelberg 2000.

Lexikon der Biologie, 15 Bände + CD-ROMs, Heidelberg ab 1999.

Lexikon der Ernährung (3 Bände + CD-ROM), Heidelberg 2002.

Lexikon der Neurowissenschaft (3 Bde. + Register- und Ergänzungsband + CD-ROM), Heidelberg 2001.

Lohs, K. et al.: Fachlexikon Toxikologie. Stichworte aus den Bereichen Pharmazie, Biologie, Pflanzenschutz, Medizin, Chemie, Landsberg 1998.

Römpp kompakt – Lexikon Biochemie und Molekularbiologie, Stuttgart 1999.

Scherf, G.: Wörterbuch Biologie, München 1997.

Schülerduden Biologie, hg. von der Redaktion Schule und Lernen, Mannheim 4. Auflage 2000.

Vogel, G., Angermann, H.: dtv-Atlas Biologie, München 9. Auflage 1998.

Studienführer

Student's Book. Biologie, Berlin 2000.

Verband Deutscher Biologen e.V. (Hg): Studienführer Biologie. Biologie – Biochemie – Biotechnologie – Bioinformatik, Heidelberg 3. Auflage 2001.

Witte, A.: Studienführer Biologie – Chemie – Pharmazie, Lexika-Verlag 2002.

Wörterbücher (und CD-ROMs)

Bernard, R.: Vogelnamen. Deutsch-Englisch-Latein. Mit einer Einführung in die Systematik der Vögel, Wiesbaden 1997.

Carl, H.: Die deutschen Pflanzen- und Tiernamen. Deutung und sprachliche Ordnung, Heidelberg 1995.

Cole, T. C.: Wörterbuch der Biologie (Buch + CD-ROM), Heidelberg 1999.

Drössler, K. u.Gemsa. D.: Wörterbuch der Immunologie. Allgemeine und klinische Immunologie, Heidelberg 3. Auflage 2000.

Eichhorn, M.: Langenscheidts Fachwörterbuch kompakt. Biologie, Englisch-Deutsch / Deutsch-Englisch, München 2000.

Eichhorn, M. et al.: Langenscheidts Fachwörterbuch Biologie, Biotechnologie und Ökologie. CD-ROM und PC-Bibliothek, Englisch-Deutsch/ Deutsch-Englisch, München 2000.

Hirsch, M. C.: Glossar der Neuroanatomie, Berlin 2000.

Launert, E.: Biologisches Wörterbuch. Deutsch-Englisch / Englisch-Deutsch, Stuttgart 1998.

Lundberg, U.: Kurzgefasster Wortschatz der Allgemeinen Zoologie, Heidelberg 1995.

Heinz, P. (Hg): Heinrich Marzell. Wörterbuch der deutschen Pflanzennamen, Stuttgart 1980.

Reuter, P. u. Reuter, C.: Dictionary of Biology/ Birkhäuser Wörterbuch der Biologie. Buch und CD-ROM, Basel 2002.

Reuter, P. u. Reuter, C.: Wörterbuch Immunologie und Onkologie/Dictionary of Immunology and Oncology. Deutsch-Englisch / English-German, Berlin 2000.

Schubert, R. u. Wagner, G.: Botanisches Wörterbuch, Stuttgart 12. Auflage 2000. Pflanzennamen und botanische Fachwörter mit einer Einführung in die Terminologie und Nomenklatur, einem Verzeichnis der Autorennamen und einem Überblick über das System der Pflanzen.

Tschibissowa, O. et al.: Wörterbuch Biologie, Englisch-Deutsch, Frankfurt a.M. 1996.

Wagenitz, G.: Wörterbuch der Botanik. Morphologie, Anatomie, Taxonomie, Evolution, Heidelberg 1996.

Wörterbuch Biologie, Deutsch-Russisch / Russisch-Deutsch für das Volltext-Übersetzungsprogramm PARS ab Version 3.0, Jourist-Verlag 2000.

Zeitschriften

American Naturalist

Bioessays

Biologie in unserer Zeit

Biospektrum

Current Biology

FEBS letters

Journal of Experimental Biology

Mannheimer Forum

National Academy of Sciences: Proceedings

Nature

Naturwissenschaften

Naturwissenschaftliche Rundschau

Pollichia: Mitteilungen

Science

Spektrum der Wissenschaft

The Quarterly Review of Biology

Unterricht Biologie

Zeitschrift für Didaktik der Naturwissenschaften, Biologie, Chemie, Physik

Zeitschrift für Naturforschung

Filme/Videos/CD-ROMs

Biologie & Chemie: 11. Bis 13. Klasse Intellego – CD-ROM, 2001.

Markl, J. (Hg.): Campbell aktiv. Multimedia-Biologie, CD-ROM, Heidelberg 1999.

Current contents. Life sciences on CD-ROM; with abstracts

Internetadressen

http://www.iwf.de
Die Internetseite der IWF Wissen und Medien GmbH in Göttingen (früher Institut für den wissenschaftlichen Film). Über die IWF können zu vielen Themen u.a. aus Biologie und Medizin Filme bezogen werden. Ein Katalog der vorhandenen Medien (oder CD-ROM) kann per E-Mail angefordert werden.

http://www.bufvc.ac.uk
Filme und Animationen zu den verschiedensten Gebieten der Biologie.

http://www.ultranet.com/~jkimball/BiologyPages
Gut aufbereitete Informationen zu vielen Gebieten der Biologie (in englischer Sprache).

www.bioimages.org.uk/Intro.html
Eine große Zahl Abbildungen (in verschiedenen Entwicklungsstadien, aus verschiedenen Perspektiven) von Organismen aller prokaryotischen und eukaryotischen Gruppen, die als Hilfe zur Identifizierung gedacht sind.

Anthropologie

Brockhaus-Redaktion (Hg.): Der Mensch. Reihe: Mensch – Natur – Technik, Band 2, Mannheim 1999.

Bucher, O. u. Wartenberg, H.: Cytologie, Histologie und mikroskopische Anatomie des Menschen, Stuttgart 12. Auflage 1997.

Bucher, O.: Histologie-Set. Cytologie, Histologie und mikroskopische Anatomie des Menschen. Mit CD-ROM (virtuelles Mikroskop), Stuttgart 2002.

Cavalli-Sforza, L. L. u. Cavalli-Sforza, F.: Verschieden und doch gleich. Ein Genetiker entzieht dem Rassismus die Grundlage, München 1996.

Foley, R.: Menschen vor Homo sapies. Wie und warum unsere Art sich durchsetzte. Stuttgart 2000.

Funkkolleg Der Mensch – Anthropologie heute. Hg.: Deutsches Institut für Fernstudien (DIFF) an der –

Universität Tübingen in Verbindung mit den Rundfunkanstalten. Wissenschaftliches Autorenteam unter Leitung von Klaus Immelmann (Biologe), Klaus R. Scherer (Psychologe), Christian Vogel (Anthropologe), Tübingen 1986/87.

GEO Wissen: Die Evolution des Menschen, Hamburg 1998.

Harris, M.: Menschen – Wie wir wurden, was wir sind, Stuttgart 2. Auflage 1994.

Henke, W. u. Rothe, H.: Paläoanthropologie, Berlin 1994.

Henke, W. u. Rothe, H.: Stammesgeschichte des Menschen. Eine Einführung, Heidelberg 2000.

Johanson, D. u. Blake, E.: Lucy und ihre Kinder, Heidelberg 1998.

Junqueira, L. C. et al.: Histologie, Berlin 5. Auflage 2002.

Kahle, W.: Taschenatlas der Anatomie, Band 3: Nervensystem und Sinnesorgane, Stuttgart 6. Auflage 1991.

Knussmann, R.: Vergleichende Biologie des Menschen. Lehrbuch der Anthropologie und Humangenetik, Heidelberg 2. Auflage 1996.

Kunsch, K.: Der Mensch in Zahlen, Heidelberg 2000.

Leakey, R. u. Lewin, R.: Die ersten Spuren. Über den Usprung des Menschen, München 1994.

Leonhardt, H.: Taschenatlas der Anatomie. Band 2: Innere Organe, Stuttgart 6. Auflage 1991.

Mörike, K. et al.: Biologie des Menschen, Heidelberg 15. Auflage 2001.

Platzer, W.: Taschenatlas der Anatomie. Band 1: Bewegungsapparat, Stuttgart 6. Auflage 1999.

Ricklefs, R. E. u. Finch, C. E.: Altern. Evolutionsbiologie und medizinische Forschung, Heidelberg 1996.

Schiebler, T. H. et al. (Hg.): Anatomie. Zytologie, Histologie, Entwicklungsgeschichte, makroskopische und mikroskopische Anatomie des Menschen, Berlin 8. Auflage 1999
Ein umfassendes und hervorragendes Lehrbuch der Anatomie des Menschen.

Schrenk, F.: Die Frühzeit des Menschen. Der Weg zum Homo sapiens, München 1998.

Sommer, V. (Hg.): Biologie des Menschen, Heidelberg 1996.

Spektrum der Wissenschaft. Dossier: Die Evolution des Menschen, Heidelberg 2000.

Stringer, C. u. McKie, R.: Afrika – Wiege der Menschheit. Die Entstehung, Entwicklung und Ausbreitung des Homo sapiens, München 1996.

Tattersall, I.: Puzzle Menschwerdung. Auf der Spur der menschlichen Evolution, Heidelberg 1997.

Tattersall, I.: Neandertaler. Der Streit um unsere Ahnen, Basel 1998.

Filme/Videos/CD-ROMs

Mörike, K. et al.: Biologie des Menschen CD-ROM für Windows, Heidelberg 2001.

Bestimmungsbücher und Naturführer

Aichele, D. u. Golte-Bechtle, M.: Das neue „Was blüht denn da? Wildwachsende Blütenpflanzen Mitteleuropas, Stuttgart 56. Auflage 1997.
Die vorliegende Auflage wurde um 128 Arten erweitert.

Aichele, D. u. Schwegler, H. W.: Unsere Gräser. Süssgräser, Sauergräser, Binsen, Stuttgart 11. Auflage 1998.

Bässler, M. et al.: Werner Rothmaler. Exkursionsflora von Deutschland, 4 Bde., Heidelberg 1994-2001.

Baensch, H. u. Riehl, R.: Aquarienatlas, 2 Bde., Mergus 7. Auflage 1997.
Ein umfassendes Kompaktwerk über die Aquaristik – mit 2600 Zierfischen und 400 Wasserpflanzen in Farbe.

Bennert, H. W.: Die seltenen und gefährdeten Farnpflanzen Deutschlands. Biologie, Verbreitung, Schutz, Münster 1999.

Bezzel, E.: BLV Handbuch Vögel, München 2. Auflage 1996.

Blab, J. u. Vogel, H.: Amphibien und Reptilien erkennen und schützen. Alle mitteleuropäischen Arten, Biologie, Bestand, Schutzmaßnahmen, München 1996.

Brohmer, P. et al.: Fauna von Deutschland, Heidelberg 1994.

Chinery, M.: Pareys Buch der Insekten, Berlin 3. Auflage 2002.

Conert, H. J.: Pareys Gräserbuch. Die Gräser Deutschlands erkennen und bestimmen, Berlin 2000.

Engelhardt, W.: Was lebt in Tümpel, Bach und Weiher? Pflanzen und Tiere unserer Gewässer. Eine Einführung in die Lehre vom Leben der Binnengewässer, Stuttgart 14. Auflage 1996.

Fitter, A.: Wildblühende Pflanzen. Biologie + Bestimmen + Ökologie, Berlin 1987.

Fitter, R. et al.: Pareys Blumenbuch. Blütenpflanzen Deutschlands und Nordwesteuropas, Berlin 3. Auflage 2000.

Flück, Markus: Welcher Pilz ist das? Erkennen, sammeln, verwenden., Stuttgart 2002.
Enthält auch Informationen über Pilze und ihre Baumpartner.

Fritzsche, R. u. Keilbach, R.: Die Pflanzen-, Vorrats- und Materialschädlinge Mitteleuropas. Mit Hinweisen auf Gegenmaßnahmen, Heidelberg 1994.

Garms, H.: Westermann Lexikon Pflanzen und Tiere Europas. Ein Bestimmungsbuch, Braunschweig 1995.

Grey-Wilson, C. u. Blamey, M.: Pareys Bergblumenbuch. Blütenpflanzen der europäischen Gebirge, Berlin 2. Auflage 2001.

Grünert, H. u. Grünert, R.: Steinbachs Naturführer – Pilze. Erkennen & Bestimmen, München 2001.

Heinzel, H. et al.: Pareys Vogelbuch, Berlin 7. Auflage 1995.

Køie, M. u. Kristiansen, A.: Der Kosmos Strandführer. Tiere und Pflanzen in Nord- und Ostsee. Über 700 Arten im Porträt, Stuttgart 2001.

Mayer, J. u. Schwegler, H. W.: Welcher Baum ist das? Bäume, Sträucher, Ziergehölze, Stuttgart 2002.

Mayr, H.: Versteinerungen. Häufige Fossilien von wirbellosen Tieren und Pflanzen, München 3. Auflage 1998.

Mitchell, A. u. Wilkinson, J.: Pareys Buch der Bäume. Nadel- und Laubbäume in Europa nördlich des Mittelmeeres, Berlin 3. Auflage 1997.

Peterson, R. et al.: Die Vögel Europas, Berlin 15. Auflage 2001.

Philips, R.: Der große Kosmos-Naturführer Pilze, Stuttgart 1998.

Schmeil, O. u. Fitschen, J.: Flora von Deutschland und angrenzender Länder. Ein Buch zum Bestimmen der wildwachsenden und häufig kultivierten Gefäßpflanzen, Heidelberg 91. Auflage 2000.

Schönfelder, I. u. Schönfelder, P.: Der neue Kosmos Heilpflanzenführer. Über 600 Heil- und Giftpflanzen Europas, Stuttgart 2001.

Streble, H. u. Krauter, D.: Das Leben im Wassertropfen. Mikroflora und Mikrofauna des Süßwassers, Stuttgart 9. Auflage 2002.

Stresemann, E. et al.: Exkursionsfauna von Deutschland. 3 Bände., Heidelberg 12. Auflage 1995.

Vilcinskas, A.: Fische. Mitteleuropäische Süßwasserarten und Meeresfische der Nord- und Ostsee, München 2000.

Vilcinskas, A.: Meerestiere der Tropen. Ein Bestimmungsbuch für Taucher, Schnorchler und Aquarianer. Über 700 niedere Tiere, Fische, Reptilien und Säuger, Stuttgart 2000.

Filme/Videos/CD-ROMs

Roché, J. C. u. Singer, D.: Die Vögel Mitteleuropas und ihre Stimmen, 2 CDs, Laufzeit ca. 120 Minuten und 1 Begleitband, Stuttgart 1997.

Biochemie und Molekularbiologie

Becker, H. u. Reichling, J.: Grundlagen der Pharmazeutischen Biologie, Wissenschaftliche Verlagsgesellschaft 4. Auflage 1999.

Bielka, H., Börner, T.: Molekulare Biologie der Zelle, Heidelberg 1995.

Bisswanger, H. et al.: Enzymkinetik, Ligandenbindung und Enzymtechnologie. Labor- und Praktikumsversuche, Herzogenrath 2. Auflage 2001.

Davidson, V. L. et al.: Intensivkurs: Biochemie, München 1996.

Falkenburg, P. u. Maid, U.: Lexikon der Biochemie, 2 Bde., Heidelberg 2000.

Follmann, H.: Biochemie. Grundlagen und Experimente, Stuttgart 2001.

Hofmann, E.: Medizinische Biochemie systematisch, Bremen 3. Auflage 2001.

Karlson, P. et al.: Kurzes Lehrbuch der Biochemie für Mediziner und Naturwissenschaftler, Stuttgart 14. Auflage 1994.
Der „Karlson", bereits ein Klassiker unter den Biochemie-Lehrbüchern ist ein ideales Buch für Einsteiger, da er sich auf die Darstellung der wichtigen Prinzipien der Biochemie beschränkt und gut verständlich geschrieben ist.

Koolmann, J. et al.: Kaffee, Käse, Karies... Biochemie im Alltag, Weinheim 1998.

Koolmann, J. u. Röhm, K. H.: Taschenatlas der Biochemie, Stuttgart 2. Auflage 1997.

Krauss, G.: Biochemie der Regulation und Signaltransduktion. Das moderne Lehrbuch für Chemiker, Biochemiker und Mediziner, Weinheim 1997.

Lehninger, A. L. et al.: Prinzipien der Biochemie, Heidelberg 1998.
Nach wie vor eines der herausragenden Lehrbücher der Biochemie, umfassend und mit sehr gut verständlichem Text und guter Graphik.

Linnemann, M. u. Kühl, M.: Biochemie für Mediziner. Ein Lern- und Arbeitsbuch mit klinischem Bezug, Berlin 1999.

Löffler, G.: Basiswissen Biochemie. Mit Pathobiochemie, Berlin 4. Auflage 2000.

Löffler, G.: Biochemie und Pathobiochemie, Berlin 6. Auflage 1998.

Michal, G.: Biochemical Pathways. Biochemie-Atlas, Heidelberg 1998.

Nelson, D. u. Cox, M.: Lehninger Biochemie, Berlin, 3. Auflage 2001.

Stryer, L.: Biochemie, Heidelberg 4. Auflage 1996.

Voet, D. u. Voet J. G.: Biochemie, Weinheim 1994.

Warnbach, H.: Materialien-Handbuch Kursunterricht Chemie: Makromoleküle – Biochemie, Band 3, Köln 1997.

Wollenberger, U. et al.: Analytische Biochemie, Weinheim 2002.

Zeitschriften

Advances in Enzymology and Related Areas of Molecular Biology

Annual Review of Biochemistry

Biochemical Journal

Critical Reviews in Biochemistry and Molecular Biology

EMBO Journal (European Molecular Biology Organization)

European Journal of Biochemistry

Internet Journal of Science – Biologial chemistry

Journal of Biochemical and Biophysical Methods

Methods in Enzymology

Trends in Biochemical Science

Filme/Videos/CD-ROMs

Grubmüller, H.: Proteine, Videokassette, Heidelberg 1994.

Hoffmann, T.: Freie Radikale, Videokassette, Heidelberg 1996.

Internetadressen

http://www.princeton.edu/~hecht/research.html
Betrachtungen zu den Auswirkungen der Primärstruktur auf die Sekundärstruktur von Proteinen.

http://www.pdb.bnl.gov/
In der Brookhaven Protein Data Bank sind zurzeit die experimentell gefundenen 3-D-Strukturen von über 8000 Biomolekülen erfasst.

http://www.umass.edu/microbio/rasmol
Auf dieser Seite kann das Programm RASMOL heruntergeladen werden, das es erlaubt, in der Brookhaven PDB gespeicherte Daten zu betrachten. Das Programm ermöglicht verschiedene Darstellungsformen der Moleküle sowie deren beliebige Rotation.

http://www.expasy/ch/spdv/mainpage.html
Von hier kann das Programm SWISSPDBVIEWER heruntergeladen werden. Es ist noch vielfältiger als RASMOL. So erlauft es z.B. die Manipulation, etwa einen Aminosäureaustausch, an den Molekülen zu simulieren.

http://expasy.heuge.ch/
Die Seite des Swiss Institute for Bioinformatics (SIB) ist der Struktur und Sequenzanalyse von Proteinen gewidmet. Zahlreiche Links zu Datenbanken und den Boehringer Biochemical Pathways.

http://www.ncbi.nlm.nih.gov/pubmed
Ein sehr wichtiger Link für die Literatursuche im biomedizinischen Bereich.

http://www.whfreeman.com/biochem05/
Die Internet-Seiten zur 5. englischen Auflage des „Stryer", die die Möglichkeit bieten, Abbildungen als Animation usw. zu betrachten.

http://www.cryst.bbk.ac.uk/~ubcg16z/
chaperone.html
Diese Seite widmet sich der Funktion des Chaperons GroEL. Mit Animationen zum ATPase-Zyklus.

Biogeografie

Humboldt, A. von: Schriften zur Geographie der Pflanzen, Darmstadt 1989.

Müller, P.: Tiergeographie. Struktur, Funktion, Geschichte und Indikatorbedeutung von Arealen, Stuttgart 1977

Richter, M.: Allgemeine Pflanzengeographie, Stuttgart 1997.

Schäfer, A.: Biogeographie der Binnengewässer. Eine Einführung in die biogeographische Areal- und Raumanalyse in limnischen Ökosystemen, Stuttgart 1997.

Schroeder, F. G.: Lehrbuch der Pflanzengeographie, Stuttgart 1998.

Bodenkunde

Gisi, U. et al.: Bodenökologie, Stuttgart 2. Auflage 1997.

Kuntze, H., Roeschmann, G., Schwerdtfeger, G.: Bodenkunde, Stuttgart 5. Auflage 1994.

Scheffer, F., Schachtschabel, P.: Lehrbuch der Bodenkunde, Heidelberg 14. Auflage 1998.

Botanik

Aichele, D. u. Schwegler, H. W.: Die Blütenpflanzen Mitteleuropas, 5 Bde, Stuttgart 2000.
Band 1: Einführung, Band 2: Kieferngewächse, Schmetterlingsblütengewächse, Band 3: Nachtkerzengewächse, Rötegewächse, Band 4: Nachtschattengewächse, Korbblütengewächse, Band 5: Schwanenblumengewächse, Wasserlinsengewächse.

Besl, H.: Studienhilfe zum 34. Strasburger, Heidelberg 5. Auflage 1998.

Böhlmann, D.: Botanisches Grundpraktikum zur Phylogenie und Anatomie, Stuttgart 1994.

Braune, W. et al.: Pflanzenanatomisches Praktikum, 2 Bde., Heidelberg 8. Auflage 1999.

Braune, W. et al.: Pflanzenanatomisches Praktikum. Band 2: Zur Einführung in den Bau, die Fortpflanzung und Ontogenie der niederen Pflanzen (auch der Bakterien und Pilze) und die Embryologie der Spermatophyta, Heidelberg, 4. Auflage 1999.

Brezmann, S. et al.: Algen, Moos- und Farnpflanzen. Empfehlungen und Materialien zur Unterrichtsgestaltung, Berlin 1996.

Conert, H. et al. (Hg.): Gustav Hegi. Illustrierte Flora von Mitteleuropa. Pteridophyta – Spermatophyta, 6 Bde., Berlin ab 1981.

Eggl, U. (Hg.): Sukkulenten-Lexikon, 2 Bde., Stuttgart 2001 und 2002.

Esser, K.: Kryptogamen 1. Cyanobakterien, Algen, Pilze, Flechten. Praktikum und Lehrbuch, Heidelberg 3. Auflage 2000.

Frahm, J. P.: Biologie der Moose, Heidelberg 2001.

Frahm, J. P.: Moose als Bioindikatoren, Heidelberg 1998.

Franke, W.: Nutzpflanzenkunde. Nutzbare Gewächse der gemässigten Breiten, Subtropen und Tropen, Stuttgart 6. Auflage 1997.

Frohne, D. u. Pfänder, H. J.: Giftpflanzen. Ein Handbuch für Apotheker, Ärzte, Toxikologen und Biologen, Stuttgart 4. Auflage 1997.

Habermehl, G. u. Ziemer, P.: Mitteleuropäische Giftpflanzen und ihre Wirkstoffe. Eine Praxishilfe für Veterinäre und Ärzte, Toxikologen und Apotheker, Biologen, Chemiker, interessierte Tierbesitzer, Gärtner und Floristen, Berlin 2. Auflage 1999.

Hess, D.: Die Blüte. Eine Einführung in Struktur und Funktion, Ökologie und Evolution der Blüten. Mit Anleitungen zu einfachen Versuchen, Stuttgart 2. Auflage 1991.

Jäger, E. J. et al.: Botanik, Heidelberg 5. Auflage 2002.

Kull, U.: Grundriss der Allgemeinen Botanik, Heidelberg 2. Auflage 2000.

Larcher, W.: Ökophysiologie der Pflanzen. Leben, Leistung und Stressbewältigung der Pflanzen in ihrer Umwelt. Stuttgart 6. Auflage 2001.

Lüttge, U. et al.: Botanik, Weinheim 4. Auflage 2002.

Melchior, H. (Hg.): Engler's Syllabus der Pflanzenfamilien, 2 Bde. Mit besonderer Berücksichtigung der Nutzpflanzen nebst einer Übersicht über die Florenreiche und Florengebiete der Erde, Stuttgart 1976 und 1989.

Nultsch, W.: Allgemeine Botanik, Stuttgart 11. Auflage 2001.
Eine bewährte Einführung in die Botanik in einer ansprechenden Aufmachung, die vor allem für Studierende im Grundstudium der Biologie sowie verwandter Fachrichtungen geeignet ist.

Odenbach, W. (Hg.): Biologische Grundlagen der Pflanzenzüchtung. Ein Leitfaden für Studierende der Agrarwissenschaften, des Gartenbaus und der Biowissenschaften, Berlin 1997.

Raven, P. H. et al.: Biologie der Pflanzen, Berlin 3. Auflage 2000.
Eine didaktisch ansprechende, durchweg vierfarbig gestaltete Einführung in die Botanik, die durch einen ansprechenden Stil und gute Abbildungen die Begeisterung für Pflanzen weckt.

Sitte, P. et al.: Strasburger. Lehrbuch der Botanik, Heidelberg 34. Auflage 1998.
Der „Strasburger" gilt immer noch als *das* Lehr- und Handbuch der Botanik, das versucht, alle botanischen Teildisziplinen umfassend zu präsentieren. Die Abbildungen betreffend, ist das Werk nicht mit neueren Werken zu vergleichen.

Throm, G.: Biologie der Kryptogamen. Band I: Bakterien – Pilze – Flechten, Band II: Algen – Moose, Frankfurt a. M. 1997.

Weberling, F. u. Schwantes, H. O.: Pflanzensystematik. Einführung in die systematische Botanik. Grundzüge des Pflanzensystems, Suttgart 7. Auflage 2000.

Wendel, C.: Biologische Grundversuche Sekundarstufe 1: Botanik, Band 1, Köln 2001.

Zeitschriften

European Journal of Phycology

International Journal of Plant Sciences

New Phytologist

Planta

Plant Biology

Plant Cell

Plant Cell and Environment

Plant Cell Reports

Plant Journal

Plant Molecular Biology

Internetadressen

http://www.rrz.uni-hamburg.de/biologie/ botol.htm
Sengbusch, P. von: Botanik – die Internetlehre (2000).

http://www.bc.ic.ac.uk/research/barber
Wolfson Laboratories: Photosystems, Imperial College, London 2000.

http://www.cg.bamberg.de/fachschaften/biologie/ pflanzenzucht.htm
Pluskurs Biologie: Gentechnik in der Pflanzenzucht.

http://www.mpiz-koeln.mpg.de
Informationen zu den Forschungsgebieten Molekulare Pflanzengenetik, Entwicklungsbiologie der Pflanzen, Molekulare Phytopathologie, Pflanzenzüchtung und Ertragsphysiologie.

Cytologie

Alberts, B. et al.: Lehrbuch der Molekularen Zellbiologie, Weinheim 2. Auflage 2001.
Eine aktuelle und umfassende Einführung in die Biologie der Zelle, die durch eine ausgezeichnete didaktische Aufbereitung des Themas mit Farbbildern und Farbgrafiken einen guten Überblick über die unterschiedlichen Aspekte der Zellbiologie liefert.

Kleinig, H., Maier, U.: Zellbiologie, Heidelberg, 4. Auflage 1999.
Eine kompakte Übersicht der Grundlagen der Zellbiologie, in der Besonderheiten von Bakterien- und Pflanzenzellen ausführlich berücksichtig sind. Zahlreiche licht- und elektronenmikroskopische Bilder ermöglichen das Studium von Zellen am Original. Ein relativ ausführlicher Anhang zur Licht- und Elektronenmikroskopie sowie ein kompakter Überblick mikroskopischer und biochemisch-molekularbiologischer Verfahren ist vorhanden.

Klinger, R.: Zellbiologie. Grundlagenwissen und Übungsaufgaben aus der Zellbiologie. 12. Und 13. Schuljahr, Mannheim 2. Auflage 2000.

Masuch, G.: Abiturwissen Biologie. Zellbiologie, Stuttgart 7. Auflage 2000.

Materialien zum Kursunterricht Biologie: Teil 1. Zellbiologie, Stoffwechselbiologie, Ökologie, Entwicklungsbiologie, Köln 4. Auflage 2000.

Plattner, H., Hentschel, J.: Taschenlehrbuch Zellbiologie, Stuttgart, 2. Auflage 2002.
Eine kompakte Einführung im Taschenbuchformat, die auf einer Vorlesung für Studierende im Grundstudium der Universität Konstanz basiert. Mit zahlreichen Fotos und Abbildungen sowie einem gut lesbaren Text ein idealer Einstieg für alle, die sich einen guten Überblick über das Wichtigste der Zellbiologie aneignen wollen. Ein eigenes Kapitel widmet sich den Methoden, die bei der Struktur- und Funktionsanalyse von Zellen zum Einsatz kommen.

Lodish, H. et al.: Molekulare Zellbiologie, Heidelberg 4. Auflage 2001.
Eine der umfangreichsten und aktuellsten Darstellungen der Molekularen Zellbiologie, die nicht nur Lehrbuch für Studierende, sondern zugleich ein Handbuch für Lehrende und Wissenschaftler darstellt. Alle wichtigen Teilgebiete, von den Grundlagen bis hin zur Steuerung von Entwicklungsvorgängen, und die dabei eingesetzten Methoden werden didaktisch sehr gut aufbereitet beschrieben.

Zeitschriften

Cell

Cell Motility and the Cytoskeleton

International Review of Cytology

Journal of Cell Biology

Journal of Cellular Physiology

Molecular and Cellular Biology

Molecular Biology of the Cell

Molecular Cell Biology Research Communications

Filme/Videos/CD-ROMs

Adey, R.: Zellgeflüster, Videokassette, Heidelberg 1993.

Hoffmann, T.: Apoptose und Nekrose, Videokassette, Heidelberg 1997.

Hoffmann, T.: Videopaket die Zelle 1 + 2, Heidelberg 1997.

Internet

http://www.whfreeman.com/lodish/
Eine Internetseite zur molekularen Zellbiologie in englischer Sprache, die u. a. aktuelle Originalliteratur, Informationen zu klassischen Experimenten, Animationen zu Abbildungen sowie online-Fragen zum Lehrbuch von Lodish (Molekulare Zellbiologie, siehe oben) und deren Beantwortung enthält.

http://cellbio.utmb.edu/cellbio/ribosome.htm
Struktur und Funktion von Ribosomen.

http://www.wadsworth.org/spider_3d/home_page.html
Die Seite zeigt 3-D-Strukturen biologischer Objekte, deren Daten auf elektronenmikroskopischen Untersuchungen beruhen.

http://www.cells.de
Vom IWF, dem Institut für den Wissenschaftlichen Film in Göttingen, zusammengestellte Informationen zur Zellbiologie mit Quicktime-Filmen und 3-D-Modellen verschiedener Zelltypen.

http://cellbio.utmb.edu/cellbio/nucleus.html
Detaillierte Darstellung zur Struktur des Zellkerns, der Kernporen, der Organisation des Chromatins, den Transportvorgängen usw.

http://library.advanced.org/3564/
Kurze Übersicht über Aufbau, Zusammensetzung und Typen von Zellen.

http://www.cellsalive.com
Animationen lebender Zellen, u.a. Zellbewegung, Endocytose, Bakterienwachstum.

http://www.univie.ac.at
Webseite der Abteilung für Zellphysiologie und Wissenschaftlichen Film, die verschiedene Aspekte der funktionellen Zellphysiologie mit Hilfe computergestützter Video-, UV- und Fluoreszenzmikroskopie sowie Pflanzenbewegungen mit Hilfe von Filmen dokumentiert. Die wissenschaftlichen Filme werden für Forschung und Unterricht zugänglich gemacht.

http://www.vcell.de
Die Webseite der Max-Planck-Gesellschaft zur Zellbiologie enthält viele interessante Informationen und Animationen zu den verschiedensten Themen aus Zell- und Molekularbiologie und versteht sich als aktuelles Internetangebot für die Lehre an Schulen und Hochschulen.

Evolutionsbiologie

Allman, W. F.: Mammutjäger in der Metro. Wie das Erbe der Evolution unser Denken und Verhalten prägt, Heidelberg 1999.

Axelrod, R.: Die Evolution der Kooperation, München 5. Auflage 2000.

Blackmore, S.: Die Macht der Meme. Oder Die Evolution von Kultur und Geist, Heidelberg 2000.

Bonis, L. de: Vom Affen zum Menschen. Evolution der Primaten, Heidelberg 2001.

Brakmann, S. et al.: Auf den Spuren der Evolution. Vom Urknall zum Menschen, Gelsenkirchen 1998.

Brockhaus-Redaktion (Hg.): Vom Urknall zum Menschen, Reihe: Mensch – Natur – Technik, Band 1, Mannheim 1999.

Brömer, R. et al.: Evolutionsbiologie von Darwin bis heute, Berlin 2000.

Calwin, W.: Wie das Gehirn denkt. Die Evolution der Intelligenz, Heidelberg 1998.

Christner, J.: Evolution. Reihe: Abiturwissen Biologie, Stuttgart 11. Auflage 2001.

Darwin, C. R.: On the Origin of Species, Deutsche Ausgabe: Über die Entstehung der Arten durch natürliche Zuchtwahl oder die Erhaltung der begünstigten Rassen im Kampfe ums Dasein, Darmstadt, Nachdruck der 9. unveränderten Auflage 1992.

Dawkins, R.: Und es entsprang ein Fluss in Eden. Das Uhrwerk der Evolution, Gütersloh 1996.

Eccles, J. C.: Die Evolution des Gehirns – die Erschaffung des Selbst, München 1999.

Eibl-Eibesfeldt, I. et al.: Zur Evolution von Kommunikation und Sprache – Ausdruck, Mitteilung, Darstellung, Graz 1998.

GEO Wissen: Die Evolution des Menschen, Hamburg 1999.

Gould, S. J.: Illusion Fortschritt. Die vielfältigen Wege der Evolution, Stuttgart 1999.

Hoßfeld, U. u. Junker, T.: Die Entdeckung der Evolution. Eine revolutionäre Theorie und ihre Geschichte, Darmstadt 2001.

Irrgang, B.: Lehrbuch der Evolutionären Erkenntnistheorie. Evolution, Selbstorganisation, Kognition, Stuttgart 2. Auflage 2001.

Jaenicke, J. (Hg): Evolution. Materialien-Handbuch Kursunterricht Biologie Band 6, Köln 1997.

Junker, T. u. Engels E. M.: Die Entstehung der Synthetischen Theorie. Beiträge zur Geschichte der Evolutionsbiologie in Deutschland 1930-1950, VWB-Verlag 1999.

Junker, R., Scherer, S.: Evolution: ein kritisches Lehrbuch. Gießen, 5. Auflage 2001.

Kattmann, U. et al.: Evolution. Handbuch des Biologieunterrichts Sekundarstufe I, Band 7, Köln 1998.

Kattmann, U. (Hg): Evolution. Reihe: Unterricht Biologie. Sammelband, Velber 1995.

Kleinert, R. et al.: Evolutionsbiologie. Ursachen und Mechanismen der Entwicklung der Lebewesen, München 1997.

Kristensen, N. P.: Handbuch der Zoologie/Handbook of Zoology. Eine Naturgeschichte der Stämme des Tierreichs/A Natural History of the Phyla of the Animal Kingdom. Vol. 1: Evolution, Systematic and Biogeography, Berlin 1999.

Kunze, H.: Evolution, aus der Reihe: Abitur-Wissen Biologie, Freising 1999.

Kutschera, U.: Evolutionsbiologie. Eine allgemeine Einführung, Berlin 2001.

Lewin, R.: Die Herkunft des Menschen. 200 000 Jahre nach der Evolution. Heidelberg 1995.

Lewin, R.: Die molekulare Uhr der Evolution. Gene und Stammbäume, Heidelberg 1998.

Margulis, L.: Die andere Evolution, Heidelberg 1999.

Mayr, E.: Die Entwicklung der biologischen Gedankenwelt. Vielfalt, Evolution und Vererbung, Berlin 1984, Nachdruck 2002.

Meyer, H. u. Daumer, K.: bsv Biologie Evolution, München 7. Auflage 1999.

Mundry, I.: Morphologische und morphogenetische Untersuchungen zur Evolution der Gymnospermen, Stuttgart 2000.

Sommer, V.: Von Menschen und anderen Tieren. Essays zur Evolutionsbiologie, Stuttgart 2000.

Spektrum der Wissenschaft: Evolution. Die Entwicklung von den ersten Lebensspuren bis zum Menschen, Stuttgart 1982.

Stanley, S. M.: Wendemarken des Lebens. Eine Zeitreise durch die Krisen der Evolution, Heidelberg 1998.

Storch, V. et al.: Evolutionsbiologie, Berlin 2001.

Thimm, U. u. Wellmann, K. H.: Von Darwin zu Dolly. Evolution und Gentechnik. Begleitbuch zum neuen Funkkolleg, Jonas-Verlag 2001.

Wieser, W.: Die Evolution der Evolutionstheorie, Heidelberg 1994.

Wieser, W.: Die Erfindung der Individualität. Oder Die zwei Gesichter der Evolution, Heidelberg 1998.

Wuketits, F. M.: Evolution. Die Entwicklung des Lebens, München 2000.

Wuketits, F. M.: Die Selbstzerstörung der Natur. Evolution und die Abgründe des Lebens, München 2002.

Wuketits, F. M.: Naturkatastrophe Mensch. Evolution ohne Fortschritt, München 2001.

Zeitschriften

Evolution

Journal of Evolutionary Biology

Journal of Molecular Evolution

Molecular Biology and Evolution

World Futures: The Journal of General Evolution

Filme/Videos/CD-ROMs

Evolution und die ersten Hochkulturen. Didaktisch aufbereitete Unterrichtsmaterialien im Format MS-WORD für Windows. Zahlreiche Arbeits- und Lösungsblätter sowie didaktische Hinweise für Lehrkräfte (CD-ROM), München 1999.

Vom Urknall... zum ersten Menschen. Eine Enzyklopädie der Evolution, CD-ROM und Installationshandbuch, Stuttgart 1997.

Fortpflanzungsbiologie

Sexualität und Fortpflanzung

Batten, M.: Natürlich Damenwahl – Die Paarungsstrategien in der Natur, München, 1994.

Eicher, W.: Transsexualismus – Möglichkeiten und Grenzen der Geschlechtsumwandlung, Stuttgart 2. Auflage 1992.

Flindt, R.: Fortpflanzung und Keimesentwicklung der Organismen, Heidelberg 1996.

Forsyth, A.: Die Sexualität in der Natur – Vom Egoismus der Gene und ihren unfeinen Strategien, München 1987.

GEO Wissen: Sex – Geburt – Genetik, Hamburg 1998.

Grammer, K.: Signale der Liebe – Die biologischen Gesetze der Partnerschaft, Hamburg 1993.

Haeberle, E. J.: Die Sexualität des Menschen – Handbuch und Atlas, Berlin 1987.
Ein wirklich umfassendes Standardwerk zur Sexualität des Menschen mit detaillierter Bibliographie.

Hüther, G.: Die Evolution der Liebe. Was Darwin bereits ahnte und die Darwinisten nicht wahrhaben wollen, Göttingen 2. Auflage 2001.

Kaiser, R. u. Schumacher, G. F. B.: Menschliche Fortpflanzung – Fertilität, Sterilität, Kontrazeption, Stuttgart 1981.

Meyers Lexikonredaktion (Hg.): Schülerduden Sexualität – Ein Sachlexikon für Schule, Ausbildung und Beruf, Mannheim 1997.
Ein sämtliche Aspekte der menschlichen Sexualität berücksichtigendes Nachschlagewerk, das sich in erster Linie an 13-17jährige richtet, aber auch nützlich für Eltern, Lehrer und Mitarbeiter in Beratungsstellen ist. Im Anhang befindet sich ein ausführliches Literaturverzeichnis (auch Broschüren, Filme, Videos) zu Sexualität und Sexualerziehung sowie Adressen wichtiger Institutionen, von denen Materialien zum Bereich Sexualität angefordert werden kann und von Beratungsstellen, sortiert nach verschiedenen Problembereichen der Sexualität.

Miller, G. F.: Die sexuelle Evolution. Partnerwahl und die Entstehung des Geistes, Heidelberg 2001.

Voland, E. (Hg.): Fortpflanzung: Natur und Kultur im Wechselspiel. Versuch eines Dialogs zwischen Biologen und Sozialwissenschaftlern, Frankfurt a.M., 1992.

Walter, H.: Sexual- und Entwicklungsbiologie des Menschen, Stuttgart 1978.

Walter J. u. Hoffmann, K.: Partnerschaftliche Empfängnisregelung – Vor- und Nachteile der verschiedenen Verhütungsmethoden, Stuttgart, 2. Auflage 1992.

Zankl, H.: Von der Keimzelle zum Individuum. Biologie der Schwangerschaft, München 2001.

Entwicklungsbiologie

Christ, B. E. u. Wachtler, F.: Medizinische Embryologie. Molekulargenetik – Morphologie – Klinik, München 1998.
Materialien-Handbuch Kursunterricht Biologie, Band 4: Entwicklungsbiologie, Köln 2. Auflage 2002.

Moore, K. L. u. Persaud, T. V.: Embryologie. Lehrbuch und Atlas der Entwicklungsgeschichte des Menschen, Stuttgart 4. Auflage 1996.

Müller, W.: Entwicklungsbiologie der Tiere und des Menschen, Berlin 2. Auflage 1999.

Nilsson, L.: Ein Kind entsteht – Bilddokumentation über die Entwicklung des Lebens im Mutterleib. Text von Hamberger, L., München 1994.
Hervorragende Fotos von der menschlichen Embryonalentwicklung.

O'Rhally, R. u. Müller, F.: Embryologie und Teratologie des Menschen, Bern 1999.

Schnorr, B. u. Kressin, M.: Embryologie der Haustiere. Ein Kurzlehrbuch, Stuttgart 4. Auflage 2001.

Sinowatz, F. et al.: Embryologie des Menschen. Kurzlehrbuch, Köln 1998.

Wolpert, L. et al.: Entwicklungsbiologie, Heidelberg 1999.

Zeitschriften

Anatomy and Embryology

Annual Review of Cell and Developmental Biology

Biology of Reproduction

Development

Developmental Biology

Development Growth & Differentiation

DGG-Informationen zur Sexualpädagogik und Sexualerziehung. Hg.: Deutsche Gesellschaft für Geschlechtserziehung e.V., Bonn, erscheint jährlich.

Early Human Development

Forum Sexualaufklärung und Familienplanung: Informationsdienst der Bundeszentrale für gesundheitliche Aufklärung/BzgA, Köln, erscheint vierteljährlich.

Genes and Development

Growth, Development & Aging

Human Reproduction

Mechanisms of Development

Molecular Human Reproduction

PRO FAMILIA – Die Zeitschrift für Sexualpädagogik und Familienplanung. Hg.: Pro Familia, Frankfurt a. M., erscheint zweimonatlich.

Reproduction, Fertility and Development

Results and Problems in Cell Differentiation

Seminars in Cell and Developmental Biology

Sexualmedizin – Zeitschrift für Psyche und Soma. Hg. von Medical Tribune, Basel, erscheint monatlich.

Filme/Videos/CD-ROMs

Berghammer, Karin: Gebären und Geboren werden. Ein Film über die Physiologie der Geburt. Für Laien, Stuttgart 1999.

Sohn, C.: Menschliches Leben entsteht, Videokassette, Heidelberg 1995.

Genetik und Gentechnologie

Brown, T. A.: Molekulare Genetik, Heidelberg, 2. Auflage 1999.
Ein ausgezeichnetes Lehrbuch zum Einstieg in das Thema, das genügend Information bietet, ohne sich dabei in Details und Spezialistenwissen zu verlieren. Auf Aspekte der Zellbiologie und klassischen Genetik wird weitgehend verzichtet, sodass ein kompakter und dennoch gut lesbarer Text entstanden ist. Neben wichtigen Konzepten der Molekular-

genetik und den daran beteiligten Forscherinnen und Forschern wird auch ein guter Überblick in die gängigsten Arbeitsverfahren gegeben.

Brown, T. A.: Gentechnologie für Einsteiger, Heidelberg 2. Auflage 1996.

Gassen, H. G. u. Kemme, M.: Gentechnik. Die Wachstumsbranche der Zukunft, Frankfurt 1996.

Gentechnologie an Pflanzen und Tieren. Gentechnologie – Recht – Gesellschaft, Universität Bern 1993.

Hagemann, R.: Allgemeine Genetik, Heidelberg 4. Auflage 1999.

Hasskarl, H.: Gentechnikrecht. Textsammlung (Gentechnikgesetz und Rechtsverordnungen), Heidelberg 2001.

Hennig, W.: Genetik, Heidelberg, 3. Auflage 2002.
Eine gelungene Darstellung des gesamten Fachgebietes von der klassischen bis hin zur molekularen Genetik und Gentechnik. Zahlreiche wichtige und aktuelle Beispiele beschreiben in einem reich mit Farbbildern und Farbfotos versehenen Lehrbuch die Vielfalt des Faches. Ein ausgezeichnetes Lehrbuch und Nachschlagewerk.

Irrgang, B.: Forschungsethik. Gentechnik und neue Biotechnologie, Stuttgart 1997.

Kempken, F. u. Kempken R.: Gentechnik bei Pflanzen. Chancen und Risiken, Berlin 2000.

Knippers, R.: Molekulare Genetik, Stuttgart, 8. Auflage 2001.
Seit mehr als 20 Jahren eine kompetente und ansprechende Darstellung der Molekularen Genetik, die über den für das Grundstudium erforderlichen Stoff weit hinausgeht und aktuelle Aspekte wie die Genomforschung mit einbezieht. Die Beispiele entstammen dabei meist dem biomedizinischen Bereich. Das Buch eignet sich aufgrund der didaktischen Gestaltung besonders zum Selbststudium.

Lewin, B.: Molekularbiologie der Gene, Heidelberg 1998.

Munk, K. (Hg).: Grundstudium Biologie. Genetik, Heidelberg 2001.
Dem Konzept der Reihe entsprechend, bietet das Buch eine kompakte Zusammenfassung der Grundlagen, wie sie im Grundstudium abgehandelt werden. Nicht unbedingt als eigenständiges Lehrbuch, aber als Repetitorium zur Festigung des Wissens und zur Prüfungsvorbereitung nützlich.

Pühler, A. et al.: Zu Umweltproblemen der Freisetzung und des Inverkehrbringens gentechnisch veränderter Pflanzen, hg. vom Rat der Sachverständigen für Umweltfragen, Statistisches Bundesamt, Wiesbaden 1998.

Schmid, R. D.: Taschenatlas der Biotechnologie und Gentechnik, Weinheim 2002.
Eine topaktuelle Darstellung klassischer biotechnologischer Verfahren und von deren Einsatzgebieten (z.B. Bierherstellung, Papierverarbeitung) und ein guter Überblick über die wichtigsten molekularbiologischen und gentechnischen Anwendungsbereiche, der neueste Methoden einschließt. Eigene kürzere Kapitel sind der Darstellung aktueller Trends (z.B. Proteomics, Metabolic Engineering) sowie ethischen, ökonomischen und juristischen Fragen gewidmet, die im Zusammenhang mit der Gentechnik aufkommen. Sehr zu empfehlen für alle, die gerne das Prinzip des Taschenatlas als Kombination aus Text- und gegenüberliegender Bildseite zur persönlichen Information nutzen.

Seyffert, W., et al.: Lehrbuch der Genetik, Heidelberg, 1998.
Eines der umfangreichsten deutschsprachigen Lehrbücher der Genetik, das von den klassischen Grundlagen über Modellorganismen bis hin zu zahlreichen Anwendungsgebieten molekulargenetischer Forschungsansätze reicht. Ein ausführlicher Anhang beschreibt die wichtigsten experimentellen Methoden.

Steinbiss, H. H.: Transgene Pflanzen, Heidelberg 1995.

Zeitschriften

Advances in Genetics

American Journal of Human Genetics

Annual Review of Genetics

Chromosoma

Chromosome Research

Genetics

Genes, Chromosomes & Cancer

Genome Research

Human Molecular Genetics

Journal of Molecular Modelling

Mammalian Genome

Molecular Genetics and Genomics: MGG

Mutation Research

Nature Genetics

Nucleic Acids Research

Plant Genetic Resources Newsletter

The American Journal of Human Genetics

Trends in Genetics

Filme/Videos/CD-ROMs

Hoffmann, T.: DNA Typing und Sequenzanalyse, Videokassette, Heidelberg 1996.

Hoffmann, T.: Genanalyse, Videokassette, Heidelberg 1995.

Hoffmann, T.: Onkogene, Videokassette, Heidelberg 1995.

Internetadressen

http://www.nhi.nlm.nih.gov/genome/guide/
Von dieser Adresse führen Links zu weiteren Seiten mit Daten zu zahlreichen Genomen.

http://www.ultranet.com/~jkimball/BiologyPages/
T/Translation.html
Kurzer Überblick über Translation.

http://www.geocities.com/CapeCanaveral/Lab/
5451/transgif.htm
Kurzer Überblick mit Animationsgrafik der Translation (Elongationszyklus).

http://207.180.212.201/faculty/dmcdermot/
BI%20100/web%20notes/Gene%20expression_files/
frame.htm
Kurze prägnante Präsentation zum Thema Translation.

http://bama.ua.edu/~hsmithso/class/bsc_495/
ribosome/ribosome_web.html
Internet-Seite mit Links zu verschiedenen Ribosomen- und Translations-Homepages.

http://info.bio.cmu.edu/Courses/03441/
TermPapers/96TermPapers/heat-shock/GroE.html
Übersichtliche Darstellung von Chaperone-Funktion im Allgemeinen und GroEL im Besonderen.

http://www.proteasome.com/intro.htm
Zur Funktion von Proteasomen.

http://delphi.phys.univ-tours.fr/Prolysis/
xrayprot.html
Struktur von Proteasomen inklusive guter dreidimensionaler Darstellungen.

http://microbiology.ucdavis.edu/sklab/
genetic%20recomb.htm
Molekulare Mechanismen der genetischen Rekombination.

http://www.colorado.edu/MCDB/MCDB2150Fall/
notes00/L0012.html
Genexpression bei Eukaryoten.

http://www.colorado.edu/MCDB/MCDB4650/
Lecture13.html
Entwicklungskontrolle der Transkription.

http://www.bi.umist.ac.uk/users/cpsmith/IGAG/
default.htm
Genregulation bei Bakterien.

Immunbiologie

Burmester, G. R. u. Pezzutto, A.: Taschenatlas der Immunologie. Grundlage, Labor, Klinik, Stuttgart 1998.

Gemsa, D. et al.: Immunologie. Grundlagen – Klinik – Praxis, Stuttgart 4. Auflage 1997.

Janeway, C. A. u. Travers, P.: Immunologie, Heidelberg 2. Auflage 1977.

Peter, H. H. u. Pichler, W. J.: Klinische Immunologie, München 2. Auflage 1996.

Roitt, I. M. et al.: Kurzes Lehrbuch der Immunologie. Stuttgart 3. Auflage 1995.

Spektrum der Wissenschaft. Spezial: Das Immunsystem, Heidelberg 2001.

Tweel, J. G. van den et al.: Immunologie. Das menschliche Abwehrsystem, Heidelberg 1999.

Zeitschriften

Annual Review of Immunology

International Immunology

Filme/Videos/CD-ROMs

Unger, A. et al.: Das Immunsystem. Eine multimediale Einführung in die Immunologie – Für Studium, Schule und alle Interessierten, CD-ROM, Hölzel 2001.

Land- und Forstwirtschaft

Amberger, A.: Pflanzenernährung. Ökologische und physiologische Grundlagen. Dynamik und Stoffwechsel der Nährelemente, Stuttgart 4. Auflage 1996.

Butin, H.: Krankheiten der Wald- und Parkbäume: Diagnose, Biologie, Bekämpfung, Stuttgart 3. Auflage 1996.

Ebner, S. u. Scherer, A.: Die wichtigsten Forstschädlinge. Insekten, Pilze, Kleinsäuger, Graz 2000.

Franke, G.: Nutzpflanzen der Tropen und Subtropen, 3 Bde., Stuttgart 1994-1995.

Matzke, G.: Geschützte Tiere und Pflanzen. Was kann der Land- und Forstwirt zu ihrem Schutz tun, Auswertungs- und Informationsdienst für Ernährung, Landwirtschaft und Forsten, 1992.

Schilling, G.: Pflanzenernährung und Düngung, Stuttgart 2000.

Methoden

Bast, E.: Mikrobiologische Methoden. Eine Einführung in grundlegende Arbeitstechniken, Heidelberg 2. Auflage 2001.

Beck-Sickinger, A. u. Weber, P.: Kombinatorische Methoden in Chemie und Biologie, Heidelberg 1999.

Bisswanger, H.: Enzymkinetik. Theorie und Methoden, Weinheim 3. Auflage 1999.

Lange, R.: Experimentalwissenschaft Biologie. Methodische Grundlagen und Probleme einer technischen Wissenschaft vom Lebendigen, Würzburg 1999.

Mühlhardt, C.: Der Experimentator: Molekularbiologie / Genomics, Heidelberg 2001.

Neumann, K.: Praktikum biochemischer, radiobiochemischer und gentechnischer Methoden. Für Studenten der Ernährungswissenschaften, der Agrarwissenschaften und der Biologie, Herzogenrath 1998.

Nicholl, D. S.: Gentechnische Methoden, Heidelberg 2. Auflage 2002.

Piechocki, R. u. Altner, H. J.: Makroskopische Präparationstechnik, 2 Teile. Teil 1: Wirbeltiere, Heidelberg 5. Auflage 1998.

Pingoud, A. u. Urbanke, C.: Arbeitsmethoden der Biochemie, Berlin 1997.

Rowell, D. L.: Bodenkunde. Untersuchungsmethoden und ihre Anwendungen, Berlin 1997.

Strobach, H.: Basisanalytik in Medizin und Biologie. Kompendium für Doktoranden MTAs und PTAs, Kiel 1996.

Theiss, H. u. Hügel, B.: Experimente zur Entwicklungsbiologie der Pflanzen – Phytohormone, Heidelberg 1996.

Wilson, K. u. Goulding, K. H.: Methoden der Biochemie, Stuttgart 3. Auflage 1991.

Winkler u. Wolff: Grundlagen, Arbeitstechniken und Methoden. Reihe: Abitur-Wissen Biologie, Stark Verlagsgesellschaft 2001.

Mikrobiologie / Biotechnologie / Parasitologie

Brandis, H. et al.: Lehrbuch der Medizinischen Mikrobiologie, München 8. Auflage 2001.

Brett, U. u. Heintschel von Heinegg, E.: Basiswissen Mikrobiologie. Praktikum der Bakteriologie und Mykologie, 1997.

Cypionka, H. : Grundlagen der Mikrobiologie, Heidelberg 1999.
Eine kompakte Einführung in das Fach, die als erste Lektüre im Grundstudium geeignet ist.

Doerr, H. W. u. Gerlich, W. H.: Medizinische Virologie, Stuttgart 2002.

Dusenberg, D. B.: Verborgene Welten. Verhalten und Ökologie von Mikroorganismen, Heidelberg 1998.

Fritsche, W.: Mikrobiologie, Heidelberg, 3. Auflage 2001.
Eine gute Einführung in die Mikrobiologie im Taschenbuchformat, die einen weiten Bogen spannt von der Systematik der Mikroorganismen über ihren Stoffwechsel bis hin zu ihren zahlreichen biotechnologischen Anwendungen.

Fritsche, W.: Umwelt-Mikrobiologie. Grundlagen und Anwendungen, Heidelberg 1997.

Hahn, H. et al. (Hg.): Medizinische Mikrobiologie und Infektiologie, Heidelberg 4. Auflage 2001.

Hausmann, K. u. Kremer, B. P.: Extremophile: Mikroorganismen in ausgefallenen Lebensräumen, Weinheim 2. Auflage 1995.

Heiden, S. et al. (Hg.): Biotechnologie als interdisziplinäre Herausforderung, Heidelberg 2001.

Hess, D.: Biotechnologie der Pflanzen. Eine Einführung, Stuttgart 1992.

Holt, J. G. (Hg.): Bergey's Manual of Systematic Bacteriology, ab 2000.

Isaac, S. u. Jennings, D.: Kultur von Mikroorganismen, Heidelberg 1996.

Kayser, F. H. et al.: Medizinische Mikrobiologie. Verstehen, Lernen, Nachschlagen, Stuttgart 10. Auflage 2001.

Kayser, O.: Grundwissen Pharmazeutische Biotechnologie, Stuttgart 2002.

Madigan, M. T. et al.: Brock. Mikrobiologie, Heidelberg 2000.
Eine ausführliche, in Inhalt und Gestaltung ausgezeichnete Einführung in die Mikrobiologie, die als Lehr- und Handbuch ein vertieftes Studium möglich macht.

Mehlhorn, H.: Grundriss der Parasitenkunde. Parasiten des Menschen und der Nutztiere, Heidelberg 6. Auflage 2002.

Miksits, K. u. Hahn, H.: Basiswissen Medizinische Mikrobiologie und Infektiologie. Ein Leitfaden, Heidelberg 2. Auflage 1999.

Munk, K. (Hg.): Grundstudium Biologie. Mikrobiologie, Heidelberg 2000.
Wie auch die anderen Bände der Reihe bietet dieses Buch einen guten Überblick über die Mikrobiologie und fasst Wichtiges zusammen. Gut geeignet zur Prüfungsvorbereitung.

Postgate, J.: Mikroben und Menschen. Die unsichtbare Macht der Bakterien und Viren, Heidelberg 1994.

Prescott, L. M. et al. Microbiology, New York 2002.

Rolle, M. u. Mayr, A.: Medizinische Mikrobiologie, Infektions- und Seuchenlehre, Stuttgart 7. Auflage 2002.

Schlegel, H.: Allgemeine Mikrobiologie, Stuttgart, 7. Auflage 1992.

Stottmeister, U.: Biotechnologie zur Umweltentlastung, Teubner 2002.

Zeitschriften

Annual Review of Microbiology

Biotechniques

European Journal of Clinical Microbiology and Infectious Diseases

European Journal of Protistology

Journal of Bacteriology

Journal of Eukaryotic Microbiology

Molecular Microbiology

Nature Biotechnology

Protist

Trends in Microbiology

Filme/Videos/CD-ROMs

Geiss, H.K.: Mensch und Bakterien, Videokassette, Heidelberg 1994.

Geiss, H. K.: Viren, Videokassette, Heidelberg 1994.

Hoffmann, T.: Aids, Videokassette, Heidelberg 1994.

Renneberg, R.: Biosensoren, Videokassette, Heidelberg 1993.

Internetadressen

http://www.dfrom.com/projects/14/
Schöne Visualisation des T4-Phagen. Zahlreiche Links in die Welt der Bakteriophagen und Viren.

http://www.labmed.umn.edu/~lynda/index.html
Übersicht über Stoffwechselwege der Mikroorganismen zum Abbau von Xenobiotika und anderer Chemikalien (Biodegradation).

http://www.vaam.de
Die Seite der Vereinigung für Allgemeine und Angewandte Mikrobiologie e.V. Enthält unter anderem eine ganze Reihe von Links zu nationalen und internationen Organisationen.

http://www.dsmz.de
Homepage der Deutschen Sammlung von Mikroorganismen und Zellkulturen GmbH mit vielen Informationen zu den in der Sammlung vorhandenen Mikroorganismen und Zellkulturen.

http://www.bacterio.cict.fr
Eine alphabetische und chronologische Liste der Bakteriennomenklatur sowie Informationen über deren Änderungen wie sie in den Approved Lists of Bacterial Names, dem International Journal of Systematic Bacteriology und dem International Journal of Systematic and Evolutionary Microbiology veröffentlicht werden.

Natur- und Umweltschutz / Artenschutz

Amler, K. et al. (Hg.): Populationsbiologie in der Naturschutzpraxis. Isolation, Flächenbedarf und Biotopansprüche von Pflanzen und Tieren, Stuttgart, 1999.

Bartholmes, P. et al.: Schadstoffabbau durch optimierte Mikroorganismen. Gerichtete Evolution – Eine Strategie im Umweltschutz, Berlin 1996.

Blättl-Mink, B.: Wirtschaft und Umweltschutz. Grenzen der Integration von Ökonomie und Ökologie, Frankfurt 2001.

Bressler, H. P. u. Goos, C.: Ethik der Nutztierhaltung, hg. von Teutsch, G. M., Karlsruhe 2001.
Eine kommentierte Bibliographie nach den Beständen des Archivs für Ethik im Tier-, Natur- und Umweltschutz der Badischen Landesbibliothek Karlsruhe.

Buck-Emden, J. von et al.: Rohstoffsicherung und Naturschutz, Stuttgart 2000.

Bundesamt für Naturschutz (Hg.): Biodiversität und Tourismus. Konflikte und Lösungsansätze an den Küsten der Weltmeere, Berlin 1997.

Bundesamt für Naturschutz (Hg.): Bundesweite Rote Listen. Bilanzen, Konsequenzen, Perspektiven, Münster 2000.

Bundesamt für Naturschutz (Hg.): Renaturierung von Bächen, Flüssen und Strömen, Münster 2000.

Bundesamt für Naturschutz (Hg.): Treffpunkt Biologische Vielfalt. Interdisziplinärer Forschungsaustausch im Rahmen des Übereinkommens über die biologische Vielfalt, Münster 2001.

Bundesministerium für Umwelt, Naturschutz und Reaktorsicherheit (Hg.): Funkanwendungen – Technische Perspektiven, biologische Wirkungen und Schutzmaßnahmen. Klausurtagung der Strahlenschutzkommission 15./16. Mai 1997, München 1999.

Cavalieri, P. u. Singer, P. (Hg.): Menschenrechte für die Großen Menschenaffen – „Das Great Ape Projekt". Mit Beiträgen von Jane Goodall, Douglas Adams, Richard Dawkins u.a., München 1996.

Deutsche Umweltstiftung (Hg.): Adressbuch Umweltschutz, Buch + CD-ROM, Heidelberg 2000.

Dobson, A. P.: Biologische Vielfalt und Naturschutz. Der riskierte Reichtum, Heidelberg 1997.

Eisen, T. van u. Götz, D.: Naturschutz praktisch: Ein Handbuch für den ökologischen Landbau, Mainz 2000.

Emonds, G. (Hg.): Artenschutzrecht (ArtSchR). Einschlägige Vorschriften des Jagd-, Tierschutz- und Pflanzenschutzrechts, Internationale Vereinbarungen, EG-Recht, Bundesvorschriften, Landesvorschriften und Materialien, Loseblattsammlung, Heidelberg 43. Auflage 2002.

Erdmann, K. H. (Hg.): Internationaler Naturschutz, Berlin 1997.

Eser, U.: Der Naturschutz und das Fremde. Ökologische und normative Grundlagen der Umweltethik, Frankfurt 1999.

Fischer-Hüftle, P.: Naturschutz – Rechtsprechung für die Praxis, Stuttgart 2000.

Galler, J.: Lehrbuch Umweltschutz. Fakten – Kreisläufe – Maßnahmen. Ein Handbuch für Unterricht und Eigenstudium, Landsberg 2000.

Getzner, M. et al.: Naturschutz und Regionalwirtschaft, Frankfurt 2002.

Gothörl, V.: Auswirkungen menschlicher Störreize auf Wildtiere und Wildlebensräume. Biologische Grundlagen, Bewertungsaspekte und Möglichkeiten für ein Störungsmanagement, unter besonderer Berücksichtigung von Jagd und Naturschutz, Marburg 1996.

Guderian, R.: Handbuch der Umweltveränderungen und Ökotoxikologie, Bde. 2A und 2B: Terrestrische Ökosysteme, Berlin 2001.

Heiden, S. et al. (Hg.): Biotechnologie im Umweltschutz. Bioremediation: Entwicklungsstand – Anwendungen – Perspektiven, Berlin 1999.

Hillmer, C. C.: Auswirkungen einer Staatszielbestimmung „Tierschutz" im Grundgesetz, insbesondere auf die Forschungsfreiheit, Frankfurt 2000.

Hutter, C. P. (Hg.): Biotope erkennen, bestimmen, schützen. Die Basisbibliothek für Naturschutz und Landschaftspflege. Gesamtausgabe der Biotop-Bestimmungsbücher, 6 Bände + Registerband, Stuttgart 2000.

Jedicke, E.: Adressbuch Naturschutz und Landschaftsplanung, Stuttgart 1999.

Kloepfer, M.: Umweltschutz. Loseblatt-Textsammlung des Umweltrechts der Bundesrepublik Deutschland, München 34. Auflage Stand Oktober 2001.

Kuratorium für Technik und Bauwesen in der Landwirtschaft e.V. u. Deutsche Veterinärmedizinische Gesellschaft e.V. (Hg): Aktuelle Arbeiten zur artgemäßen Tierhaltung 1999. Vorträge anlässlich der 31. Internationalen Arbeitstagung Angewandte Ethologie bei Nutztieren der Deutschen Veterinärmedizinischen Gesellschaft e.V., Münster 2000.

Leondarakis, K.: Tierversuche – Kollisionen mit dem Tierschutz. Das verwaltungsrechtliche Gestattungsverfahren für Tierversuche, Göttingen 2001.

Messerschmidt, K. (Hg.): Bundesnaturschutzrecht Kommentar / Entscheidungen. Gesamtausgabe. Kommentar zum Gesetz über Naturschutz und Landschaftspflege, Loseblattausgabe, Heidelberg 47. Auflage 2002.

Mudrack, K. u. Kunst, S.: Biologie der Abwasserreinigung, Heidelberg 4. Auflage 1997.

Potthast, T.: Die Evolution und der Naturschutz. Zum Verhältnis von Evolutionsbiologie, Ökologie und Naturethik, Frankfurt a. M. 1999.

Primack, R. B.: Naturschutzbiologie, Heidelberg 1995.

Richarz, K. et al.: Taschenbuch für Vogelschutz, Wiesbaden 2001.

Rote Liste gefährdeter Pflanzen. Buch und Diskette, Bundesamt für Naturschutz 1998.

Scherzinger, W.: Naturschutz im Wald. Qualitätsziele einer dynamischen Waldentwicklung, Stuttgart 1996.

Schöffl, H. et al. (Hg.): Forschung ohne Tierversuche 2000, Wien 2000.

Stegmann, F.: Artenschutz-Strafrecht. Der strafrechtliche Schutz wildlebender Tier- und Pflanzenarten im nationalen und internationalen Recht, Konstanz 2000.

Teutsch, G. M.: Ethik der Tierversuche. Eine Studie zur Erschließung des im Archiv für Ethik im Tier-, Natur- und Umweltschutz der Badischen Landesbibliothek Karlsruhe gesammelten Materials, Karlsruhe 2001.

Wegener, U. (Hg.): Naturschutz in der Kulturlandschaft. Schutz und Pflege von Lebensräumen, Heidelberg 1998.

Ziekow, J. (Hg.): Tierschutz im Schnittfeld von nationalem und internationalem Recht. Tierschutzrechtliche Eingriffs-, Einfuhr-, Haltungs- und Ausstellungsverbote im Lichte von Verfassungs-, Gemeinschafts- und Völkerrecht, Berlin 1999.

Internetadressen

http://www.bmu.de
Offizielle Seite des Bundesministeriums für Umwelt, Naturschutz und Reaktorsicherheit.

http://www.biologischevielfalt.de
Vom Bundesministerium für Umwelt, Naturschutz und Reaktorsicherheit zum zehnjährigen Bestehen des Übereinkommens über die biologische Vielfalt eingerichtete Seite. Sie ruft eine Kampagne zur Erhaltung der biologischen Vielfalt ins Leben, zu der Naturschützer wie Naturnutzer, staatliche wie nichtstaatliche Einrichtungen eingeladen sind, sich mit eigenen Aktionen unter einem gemeinsamen Kampagnendach zu beteiligen. Dabei geht es nicht nur um den den Schutz und Erhalt der biologischen Vielfalt, sondern auch um deren nachhaltige Nutzung.

http://unep.org
Offizielle Seite des United Nations Environment Programme.

http://www.biodiv.org
Convention on Biological Diversity.

http://www.iucn.org
Seite der World Conservation Union.

http://www.bund.net
Die Webseite des Bundes für Umwelt- und Naturschutz Deutschland (BUND).

http://www.nabu.de
Webseite des Naturschutzbundes Deutschland.

http://www.dnr.de
Webseite des Deutschen Naturschutzrings Deutschland.

http://www.wwf.de
Webseite des World Wide Fund for Nature (WWF) Deutschland.

http://www.greenpeace.de
Webseite von Greenpeace Deutschland.

Ökologie

Bairlein, R.: Ökologie der Vögel, Stuttgart 1996.

Begon, M. E. et al.: Ökologie, Heidelberg 1998.

Begon, M. E. et al.: Populationsökologie, Heidelberg 1996.
Eine ausführliche Behandlung der Ökologie in der Tradition amerikanischer Ökologie-Lehrbücher, das sich besonders den Wechselbeziehungen von Lebewesen untereinander und mit ihrem Lebensraum widmet.

Bick, H.: Grundzüge der Ökologie, Heidelberg 3. Auflage 1998.
Eine kompakte, gut verständliche Einführung, deren Text gut verständlich geschrieben und mit zahlreichen Abbildungen und Schemata versehen ist. Die Ökosysteme der Erde werden ausführlich behandelt und Aspekte der angewandten Ökologie aus den Agrar- oder Forstwissenschaften berücksichtigt. Eine ideale Lektüre im Grundstudium und ein Nachschlagewerk für Fortgeschrittene.

Brockhaus-Redaktion (Hg.): Lebensraum Erde. Reihe: Mensch – Natur – Technik, Mannheim 1999.

Fey, J. M.: Biologie am Bach. Praktische Limnologie für Schule und Naturschutz, Heidelberg 1996.

Hofmeister, H. u. Nottbohm, G.: Ökologie der Wälder, Heidelberg 1995.

Janke, K. u. Kremer, B.: Das Watt. Lebensraum, Tiere und Pflanzen, Stuttgart 1990.

Kalusche, D.: Wechselwirkungen zwischen Organismen, Heidelberg 1989.

Kalusche, D.: Ökologie in Zahlen, Heidelberg 1996.

Klötzli, F.: Ökosysteme. Aufbau, Funktionen, Störungen, Heidelberg 3. Auflage 1992.

König, B. u. Linsenmair, K.E. (Hg.): Biologische Vielfalt, Heidelberg 1996.

Lampert, W. u. Sommer, U.: Limnoökologie (Lehrbuch), Stuttgart 2. Auflage 1999.

Odum, E. P.: Ökologie. Grundlagen – Standorte – Anwendung, Stuttgart 3. Auflage 1999.

Ott, J.: Meereskunde. Einführung in die Geographie und Biologie der Ozeane, Stuttgart 2. Auflage 1996.

Remmert, H.: Ökologie. Ein Lehrbuch, Berlin 5. Auflage 1992.
Eine klassische Einführung in die Ökologie, die sich an der Unterteilung in Autökologie, Populationsökologie und Ökosysteme orientiert.

Remmert, H.: Spezielle Ökologie. Terrestrische Systeme, Berlin 1994.

Schaefer, M.: Wörterbuch der Ökologie, Heidelberg 3. Auflage 1992.

Schönborn, W.: Fließgewässerbiologie, Heidelberg 1992.

Schubert, R.: Lehrbuch der Ökologie, Heidelberg 3. Auflage 1991.

Schwerdtfeger, F.: Autökologie. Die Beziehungen zwischen Tier und Umwelt, Berlin 1977.

Schwerdtfeger, F.: Demökologie. Struktur und Dynamik tierischer Populationen, Berlin 1979.

Schwerdtfeger, F.: Synökologie. Struktur, Funktion und Produktivität mehrartiger Tiergemeinschaften. Berlin 1979.

Sommer, U.: Biologische Meereskunde, Berlin 1998.

Tardent, P.: Meeresbiologie. Eine Einführung, Stuttgart 2. Auflage 1992.

Tischler, W.: Einführung in die Ökologie, Heidelberg 3. Auflage 1993.

Townsend, C. et al.: Ökologie – Methoden, Konzepte aktuelle Fragen, Berlin 2002.

Uhlmann, D., Horn, W.: Hydrobiologie der Binnengewässer, Stuttgart 2001.

Walter, H. u. Breckle, S. W.: Vegetation und Klimazonen. Grundriss der globalen Ökologie, Stuttgart 7. Auflage 1999.

Whitmore, T. C.: Tropische Regenwälder. Eine Einführung, Heidelberg 1992.

Zeitschriften

Ecology

Ecological Modelling

Evolutionary Ecology

Faunistisch-ökologische Mitteilungen

Functional Ecology

Journal of Animal Ecology

Journal of Applied Ecology

Journal of Ecology

Journal of Tropical Ecology

Molecular Ecology

Oecologia

Oikos

Researches on Population Ecology

Trends in Ecology and Evolution

Paläontologie und Geologie

Bromley, R. G.: Spurenfossilien. Biologie, Taphonomie und Anwendungen, Berlin 1999.

Caroll, R. W.: Paläontologie und Evolution der Wirbeltiere, Stuttgart 1993.

Chaline, J.: Paläontologie der Wirbeltiere. Heidelberg 2000.

Frickhinger, K. A.: Die Fossilien von Solnhofen. Dokumentation der aus den Plattenkalken bekannten Tiere und Pflanzen, Goldschneck-Verlag 1994.

Junker, R.: Samenfarne, Bärlappbäume, Schachtelhalme. Pflanzen und Fossilien des Karbons in evolutionstheoretischer Perspektive, Stuttgart 2000.

Koenigswald, W. v., Storch, W.: Messel, ein Pompeji der Paläontologie, Stuttgart 1997.

Krumbiegel, G. et al.: Das eozäne Geiseltal. Ein mitteleuropäisches Braunkohlenvorkommen und seine Pflanzen- und Tierwelt, Essen 1982.

Lehmann, U. u. Hillmer, G.: Wirbellose Tiere der Vorzeit, Heidelberg 1997.

Schmitz, R. u. Thissen, J.: Neandertal, Heidelberg 2002.

Stanley, S. M.: Historische Geologie. Eine Einführung in die Geschichte der Erde und des Lebens, Heidelberg, 2. Auflage 2001.

Thenius, E.: Lebende Fossilien. Oldtimer der Tier- und Pflanzenwelt – Zeugen der Vorzeit. München, 2. Auflage 2000.

Weitschat, W. u. Wichard, W.: Atlas of Plants and Animals in Baltic Amber. München 2. engl. Auflage 2002.

Wilhelm, K. (Hg.): Einführung in die Paläobotanik, Band 2: Erdgeschichtliche Entwicklung der Pflanzen, Wien 1986.

Ziegler, B.: Einführung in die Paläobiologie, 3 Bände Stuttgart, 1986-1998.

Pflanzenphysiologie

Buchanan, B., Gruissem, W., Jones, R. (Hg): Biochemistry & Molecular Plant Physiology, Maryland 2000.
Eine in Inhalt und Form ausgezeichnete Darstellung von Biochemie und Physiologie der Pflanzen, die besonders die molekularbiologischen Aspekte berücksichtigt. Gelungene Farbabbildungen erleichtern das Lernen und Vertiefen des Stoffes. Bislang nicht als deutsche Übersetzung erhältlich, ist das Buch jedoch in einem gut verständlichen Englisch geschrieben und richtet sich vor allem an Studierende im Hauptstudium, Lehrer und Wissenschaftler.

Heldt, H. W.: Pflanzenbiochemie, Heidelberg 2. Auflage 1999.

Heß, D.: Pflanzenphysiologie, Stuttgart, 10. Auflage 1999.
Ein guter Überblick im Taschenbuchformat, der für das Studium und zur Vertiefung des gelernten Wissens bestens geeignet ist. Das Werk widmet sich auch ausführlich sekundären Pflanzenstoffen und der Bio- und Gentechnik.

Kutschera, U.: Prinzipien der Pflanzenphysiologie, Heidelberg 2. Auflage 2002.

Liebig, J. von.: Die Chemie in ihrer Anwendung auf Agricultur und Physiologie, hg. von Liewicki, W., Agrimedia 1995.

Lösch, R.: Wasserhaushalt der Pflanzen, Stuttgart 2001.

Munk, K. (Hg): Grundstudium Biologie. Botanik, Heidelberg, 2001.
Der Großteil des Buches widmet sich pflanzenphysiologischen Themen und bietet so wie andere Bände der Reihe die Möglichkeit, einzelne Teilgebiete wie die Lichtreaktionen oder Transportprozesse kompakt durchzuarbeiten und das erworbene Wissen anhand von Fragen zu überprüfen. Zur Prüfungsvorbereitung nützlich, als ausschließliches Lehrbuch der Pflanzenphysiologie allerdings nicht zu empfehlen.

Richter, G.: Biochemie der Pflanzen, Stuttgart 1996.

Richter, G.: Stoffwechselphysiologie der Pflanzen. Physiologie und Biochemie des Primär- und Sekundärstoffwechsels, Stuttgart 6. Auflage 1998.
Eine ausgezeichnete Behandlung des pflanzlichen Stoffwechsels unter besonderer Berücksichtigung der Biosynthesewege von sekundären Pflanzenstoffen, die in anderen Werken oft nur sehr oberflächlich diskutiert werden.

Schopfer, P., Brennicke, A.: Pflanzenphysiologie, Heidelberg, 5. Auflage 1999.
Eine bewährte umfangreiche und ausführliche Behandlung aller wichtigen Teilgebiete der Pflanzenphysiologie, die den aktuellen Stand der Forschung widerspiegelt. Ein ausgezeichnetes Lehrbuch, das auch als Handbuch zum Nachschlagen verwendet werden kann.

Taiz, L., Zeiger, E.: Physiologie der Pflanzen, Heidelberg, 2000.
Ein ausgezeichneter Einstieg in die Pflanzenphysiologie, die gut verständlich und in einem ansprechenden Stil dargestellt wird. Neben den klassischen Konzepten werden unter anderem Pflanzenhormone, Stressphysiologie, Entwicklungsbiologie und Gentechnik ausführlich behandelt. In zahlreichen Exkursen stellen die Verfasser wichtige experimentelle Verfahren und Modelle vor.

Wild, A.: Aufgaben und Lösungen zur Pflanzenphysiologie. Ein Übungsbuch für Schule und Grundstudium, Heidelberg 2001.

Zeitschriften

Annual Review of Phytopathology

Annual Review of Plant Physiology and Molecular Biology

Bayer-Aktiengesellschaft: Pflanzenschutz-Nachrichten

New Phytologist

Pflanzenschutz-Kurier

Photosynthesis Research

Physiological and Molecular Plant Pathology

Phytochemistry

Phytoparasitica

Plant Physiology

Pilze

Moser, M.: Farbatlas der Basidiomyceten, Heidelberg 2001.

Scholz, P.: Katalog der Flechten und flechtenbewohnenden Pilze Deutschlands, hg. vom Bundesamt für Naturschutz, Münster 2000.

Schwarze, F. et al.: Holzzersetzende Pilze in Bäumen. Strategien der Holzzersetzung, Freiburg 1999.

Zeitschriften

MycoInfo Newsletter

Mycologia

Mycologist

Mycotaxon

Filme/Videos/CD-ROMs

Geiss, H. K.: Pilze und Parasiten, Heidelberg 1994.

Verreet, J. A.: Die Biologie der Schadpilze. Teile 1-3, Videokassette VHS, Auswertungs- und Informationsdienst für Ernährung, Landwirtschaft und Forsten, 2002.

Verreet, J. A. Die Biologie der Schadpilze, CD-ROM, Auswertungs- und Informationsdienst für Ernährung, Landwirtschaft und Forsten, 2002.

Systematik

Ax, P.: Das phylogenetische System, Stuttgart 1984.

Ax, P.: Das System der Metazoa I-III. Ein Lehrbuch der phylogenetischen Systematik, Heidelberg 2001.

Hennig, W.: Phylogenetische Systematik, Berlin 1982.

Mayr, E.: Grundlagen der zoologischen Systematik, Berlin 1975.

Rothmaler, W.: Allgemeine Taxonomie und Chorologie der Pflanzen. Grundzüge der speziellen Botanik, Eching b. München 1992.

Schmitt, M.: Phylogenetik und Moleküle, Gelsenkirchen 1999.

Sudhaus, W., Rehfeld, K.: Einführung in die Phylogenetik und Systematik. Heidelberg 1992.

Systematik im Aufbruch. Tagungsband zur ersten Jahrestagung der Gesellschaft für Biologische Systematik in Bonn vom 17.-19. September 1998. Senckenbergische Naturforschende Gesellschaft, Frankfurt 1999.

Wägele, J.-W.: Grundlagen der Phylogenetischen Systematik, München 2. Auflage 2001.

Zeitschriften

Journal of Linnean Society (Biological)

Journal of Zoological Systematics

Systematic Biology

Tier- und Humanphysiologie

Bartels, H. u. Bartels, R.: Physiologie. Lehrbuch und Atlas, München Nachdruck der 6. Auflage 2001.

Bässler, K.: Vitamin-Lexikon. Für Ärzte, Apotheker und Ernährungswissenschaftler, München 3. Auflage 2002.

Biesalski, H. K. et al.: Vitamine, Spurenelemente und Mineralstoffe, Stuttgart 2001.

Biesalski, H. K. et al.: Vitamine. Physiologie, Pathophysiologie, Therapie, Stuttgart 2001.

Campenhausen, C. von: Die Sinne des Menschen, Stuttgart 2. Auflage 1993.

Deetjen, P. u. Speckmann, E.: Physiologie, München 3. Auflage 1999.

Klinke, R. u. Silbernagl, S. (Hg.): Lehrbuch der Physiologie, Stuttgart 3. Auflage 2000.

Müller, W. A.: Tier- und Humanphysiologie. Ein einführendes Lehrbuch, Berlin1998.
Eine ausgezeichnete Einführung in die Physiologie, die, sehr verständlich und interessant geschrieben, allgemeine Prinzipien der Physiologie vermittelt. Sehr gut durchdacht sind die Grafiken und sehr nützlich die „Ausflüge" in die Physik, um die hinter physiologischen Prozessen stehenden physikalischen Gesetze zu erklären.

Nicholls, J. G. et al.: Vom Neuron zum Gehirn (Studienausgabe), 2002.

Paul, R. J.: Physiologie der Tiere, Systeme und Stoffwechsel, Stuttgart 2001.
Eine knappe, gut verständliche Einführung in wichtige Teilgebiete der Tierphysiologie. Ideal als erste Lektüre im Grundstudium.

Penzlin, H.: Lehrbuch der Tierphysiologie, Heidelberg 6. Auflage 1996.

Randall, D. et al.: Eckert – Tierphysiologie, Stuttgart, 3. Auflage 2000.
Eine aktualisierte und überarbeitete Auflage des bewährten Lehrbuchs, das mit einer Fülle an Details einen ausgezeichneten Überblick über die Tierphysiologie bietet. Zum Selbststudium und als Nachschlagewerk geeignet.

Rehner, G. u. Daniel, H.: Biochemie der Ernährung, Heidelberg 2002.

Schmidt, R. .F.: Physiologie kompakt, Berlin 4. Auflage 2001.

Schmidt, R. F.: Neuro- und Sinnesphysiologie, 4. Auflage 2001.

Schmidt, R.F. et al. (Hg.): Physiologie des Menschen, Berlin 28. Auflage 2000.

Spindler, K. D.: Vergleichende Endokrinologie, Stuttgart 1997.

Schmidt-Nielsen, K.: Physiologie der Tiere. Heidelberg 1999.
Dieses Lehrbuch ist die deutsche Übersetzung eines amerikanischen Klassikers und orientiert sich an ökophysiologischen Parametern. Es bietet dadurch einen hervorragenden Überblick über die erforderlichen physiologischen Prozesse. Der Text ist flüssig und gut lesbar geschrieben und verzichtet auf unnötige Details, um sich ganz darauf zu konzentrieren, wie Tiere an verschiedensten Lebensräumen leben und überleben können.

Spektrum der Wissenschaft. Dossier: Neurobiologie der Angst, Heidelberg 1999.

Zeitschriften

Advances in Insect Physiology

Annual Review of Neuroscience

Annual Review of Physiology

Chemical Senses

European Journal of Neuroscience

Journal of Comparative Physiology

Journal of General Physiology

Journal of Insect Physiology

Journal of Neurobiology

Journal of Neurophysiology

Journal of Neuroscience

Journal of Physiology

Nature Neuroscience

Trends in Neurosciences

Trends in Pharmacological Sciences

Filme/Videos/CD-ROMs

Canali, S.: Drogen und Gehirn, Videokassette, Heidelberg 1996.

Conge, H.: Stoffwechsel der Tiere – die Atmung, Videokassette 15 Min., Verlag Hagemann, W. 2000.

Internetadressen

http://web.indstate.edu/theme/mwking
Ausführliche Darstellungen zu zahlreichen Stoffwechselwegen, Muskelfunktion, Onkogenen und Krebs sowie Wachstumsfaktoren.

http://wit.mcs.anl.gov/WIT2/
Die darstellten Stoffwechselprozesse sind hier nach
Spezies geordnet, die Enzyme haben einen Link zu
den Protein- und DNA-Sequenzen, z.B. für Homolo-
gie-Untersuchungen.

Verhaltensbiologie

Barth, F. G.: Sinne und Verhalten: aus dem Leben
einer Spinne, Berlin 2001.

Bloom, S.: Affen – eine Hommage, Köln 1999.

Christner, J.: Verhaltensbiologie, Reihe: Abiturwissen Biologie, Stuttgart 5. Auflage 1999.

Dröscher, V. B.: Ein Krokodil zum Frühstück. Ver-
blüffende Geschichten vom Verhalten der Tiere,
Berlin 1996.

Eibl-Eibesfeldt, I.: Die Biologie des menschlichen
Verhaltens – Grundriß der Humanethologie, München 1984.

Flindt, R.: Verhaltenskunde, Heidelberg 1993.

Franck, D.: Verhaltensbiologie. Einführung in die
Ethologie, Stuttgart 3. Auflage 1996.

Funkkolleg Psychobiologie – Verhalten bei Mensch
und Tier. Hg. vom Deutschen Institut für Fernstudi-
en (DIFF) an der Universität Tübingen in Zusammenarbeit dem den Rundfunkanstalten, 1992/93.
30 Studieneinheiten, verfasst von einem wissenschaftlichen Autorenteam unter Leitung von Wulf
Schievenhövel (Ethnomediziner und Humanetho-
loge), Gehard Vollmer (Naturwissenschaftler und
Philosoph) und Christian Vogel (Anthropologe und
Evolutionsbiologe). – Mitschnitte der Rundfunk-
sendungen sind bei den Landesbildstellen erhältlich.

Hedewig, R. et al. (Hg.): Sinnesleistungen – Infor-
mationsverarbeitung – Verhalten. Reihe: Handbuch
des Biologieunterrichts Sekundarstufe I, Band 4,
Köln 1997.

Kleinert, R. et al.: Verhaltensbiologie. Methoden,
Mechanismen und Ursachen, Reihe: Mentor Abitur-
hilfen Biologie, München 1998.

Koops, M.: Verhaltensbiologie, Reihe: Abitur-Wissen Biologie, Freising 2001.

Kortschal, K.: Grundkurs Verhaltensbiologie. Für
Hochschule und Unterricht, Filander 2000.

Krebs, J. R. u. Davies, N. B.: Einführung in die
Verhaltensökologie, Berlin 1996.

Kummer, H.: Sozialverhalten der Primaten, Berlin
1975.

McFarland, D.: Biologie des Verhaltens. Evolution,
Physiologie, Psychobiologie, Heidelberg 5. Auflage
1999.

Morris, D.: Körpersignale – Bodywatching, München 1986.
Morris zeigt mit eindrücklichen Fotos und Texten
die Bedeutung unserer Körperteile im Verhalten
und die Möglichkeiten des Ausdrucksverhaltens in
den verschiedensten Kulturen.

Morris, D.: Das Tier Mensch, Köln 1994.
Morris zeigt die biologische Grundlage unseres
Handelns in allen Bereichen als Zeichen der nahen
Verwandtschaft des Menschen mit den Affen, der
biologisch gesehen der höchstentwickelte Affe ist.

Neumann, G. H. u. Scharf, K. H.: Verhaltensbiologie in Forschung und Unterricht. Ethologie – Soziobiologie – Verhaltensökologie, Köln 2. Auflage 1999.

Paul, A.: Von Affen und Menschen. Verhaltensbiologie der Primaten, Darmstadt 1998.

Sommer, V. u. Amman, K.: Die Großen Menschenaffen – die neue Sicht der Verhaltensforschung,
München 1998.
Das Buch enthält eine große Zahl von Literduran-
gaben zu den einzelnen Arten.

Verhaltensbiologie. Materialien-Handbuch Kurzun-
terricht Biologie, Band 8, Köln 2001.

Verhaltensbiologie. Reihe: Klausur- und Abiturtraining Biologie 5, Köln 1997.

De Waal, F.: Wilde Diplomaten – Versöhnung und
Entspannungspolitik bei Affen und Menschen,
München 1991.

Wilson, E. O.: Biologie als Schicksal – Die soziobio-
logischen Grundlagen menschlichen Verhaltens,
Frankfurt 1980.

Wuketits, F. M.: Soziobiologie. Die Macht der Gene
und die Evolution sozialen Verhaltens, Heidelberg
1997.

Zeitschriften

Animal Behaviour

Behavioral Ecology

Behavioral Ecology and Sociobiology

Ethology

Zoologie

Ahne, W. et al.: Zoologie. Lehrbuch für Studierende der Veterinärmedizin und Agrarwissenschaften, Stuttgart 2000.

Bauer, H. G. u. Berthold, P.: Die Brutvögel Mitteleuropas – Bestand und Gefährdung, Wiesbaden 2. Auflage 1997.

Berthold, P.: Vogelzug: eine Einführung, Darmstadt 4. Auflage 2000.

Bezzel. E.: Kompendium der Vögel Mitteleuopas, 2 Bände, Wiesbaden 1985 und 1993.

Böhme, W. (Hg.): Handbuch der Reptilien und Amphibien Europas, 6 Bde. + 2 Ergänzungsbände, Wiesbaden 1981-1997.

Bützler, W.: Rotwild. Biologie, Verhalten, Umwelt, Hege, München 5. Auflage 2001.

Carwardine, M.: Delphine. Biologie, Verbreitung, Beobachtung in freier Wildbahn, Augsburg 1996.

Cheney, D. L. u. Seyfarth, R. M.: Wie Affen die Welt sehen – Das Denken der anderen Art, München 1994.

Eisenbeis, G. u. Wichard, W.: Atlas zur Biologie der Bodenarthropoden / Atlas zur Biologie der Wasserinsekten, Heidelberg 2001.

Fossey, D.: Gorillas im Nebel – Mein Leben mit den sanften Riesen, München 1992.

Fouts, R. u. Mills, S. T.: Unsere nächsten Verwandten. Von Schimpansen lernen, was es heißt, ein Mensch zu sein, Limes 1998.

Glutz von Blotzheim, U. N. (Hg.): Handbuch der Vögel Mitteleuropas, 14 Bde. + Registerband, Wiesbaden 1987-1998.

Grell, K.G. et al. (Hg.): Kaestner: Lehrbuch der speziellen Zoologie, Band II/2+5 Wirbeltiere, Heidelberg 2001.

Grell, K. G. et al. (Hg.): Kaestner: Lehrbuch der speziellen Zoologie, Band I / 1-4, Wirbellose Tiere, Heidelberg 2001.

Grzimeks Enzyklopädie Säugetiere, 5 Bände und Registerband, Mannheim 1997.

Grzimeks Tierleben, mehrbändig, München seit 1968.

Günther, R.: Die Amphibien und Reptilien Deutschlands, Heidelberg 1996.

Hausmann, K. u. Hülsmann, N.: Protozoology, Stuttgart 1996.

Hennig, R.: Schwarzwild. Biologie – Verhalten – Hege und Jagd, München 6. Auflage 2001.

Hess, J.: Familie 5 – Berggorillas in den Virunga-Wäldern, Basel 2. Auflage 1992.

Hess, J.: Menschenaffen – Mutter und Kind, Basel 1996.
Eine Fotodokumentation mit Texten aus dem Baseler Zoo.

Honomichl, K. u. Bellmann, H.: Biologie und Ökologie der Insekten, Heidelberg 3. Auflage 1998.

Hummel, G.: Anatomie und Physiologie der Vögel, Stuttgart 2000.

Ingrisch, S. u. Köhler, G.: Die Heuschrecken Mitteleuropas. Biologie, Ökologie, Verhalten und Schutz, Reihe: Die Neue Brehm-Bücherei, Essen 1997.

Kirchner, W.: Die Ameisen. Biologie und Verhalten, München 2001.

Kirsche W.: Die Landschildkröten Europas. Biologie, Pflege, Zucht und Schutz, Mergus-Verlag 1997.

Klausnitzer, B.: Wunderwelt der Käfer, Heidelberg 2002.

Kraft, R.: Handbuch der Zoologie / Handbook of Zoology. Eine Naturgeschichte der Stämme des Tierreiches, Band 8: Mammalia, Teilband Part 59: Xenarthra, Berlin 1995.

Kristensen, N. P. (Hg): Handbuch der Zoologie / Handbook of Zoology. Eine Naturgeschichte der

Stämme des Tierreiches, Band 4 Arthropoda, 2. Hälfte: Insecta, Lepidoptera, Moths and Butterflies, Teilband Part 35, Vol. 1: Evolution, Systematic and Biogeography, Berlin 1999.

Lantermann, W.: Papageienkunde. Biologie – Ökologie – Artenschutz – Verhalten – Haltung – Artenauswahl der Sittiche und Papageien, Berlin 1999.

Neuweiler, G.: Biologie der Fledermäuse, Stuttgart 1993.

Nichols, M. u. Goodall, J.: Verwandte. Schimpansen und Menschen, Frankfurt a. M. 2000.

Niethammer, J. u. Krapp, F. (Hg.): Handbuch der Säugetiere Europas, 6 Bände + Ergänzungsband, Wiesbaden 1978-2001.

Okarmy, H.: Der Wolf. Ökologie, Verhalten, Schutz, Berlin 1997.

Pflumm, W.: Biologie der Säugetiere, Berlin 2. Auflage 1996.

Romer, A. S. u. Parsons, T. S.: Vergleichende Anatomie der Wirbeltiere, Berlin 1991.

Röttger, R. (Hg.): Praktikum der Protozoologie, Stuttgart 1995.

Starck, D. (Hg.): Kaestner: Lehrbuch der speziellen Zoologie, Bd. II/5: Wirbeltiere, 2 Teilbände, Heidelberg 1995.

Storch, V. u. Welsch, U.: Systematische Zoologie, Heidelberg 5. Auflage 1997.

Storch, V. u. Welsch, U.: Kurzes Lehrbuch der Zoologie, 7. Auflage 1994.

Stubbe, C.: Rehwild. Biologie, Ökologie, Bewirtschaftung, Stuttgart 1997.

Sturm, H. u. Machida, R. (Hg.): Handbuch der Zoologie / Handbook of Zoology. Eine Naturgeschichte der Stämme des Tierreiches, Band 4 Arthropoda, 2. Hälfte: Insecta, Teilband Part 37: Archaeognatha, Berlin 2001.

Wassmann, R.: Ornithologisches Taschenlexikon, Wiesbaden 1999.

Wehner, R. u. Gehring, W. J.: Zoologie, Stuttgart 23. Auflage 1995.

Wendel, C.: Zoologie / Humanbiologie. Reihe Biologische Grundversuche Sekundarstufe I, Band 2, Köln 2001.

Wermuth, H. u. Mertens, R.: Schildkröten, Krokodile, Brückenechsen, Stuttgart 1996.

Westheide, W. u. Rieger, R.: Spezielle Zoologie, Band 1: Einzeller und Wirbellose Tiere, Stuttgart 1996.

Westheide, W. u. Rieger, R.: Spezielle Zoologie, Band 2: Wirbeltiere, Heidelberg 2002.

Wichard, W., Arens, W., Eisenbeis, G.: Atlas zur Biologie der Wasserinsekten. Stuttgart 1995.

Zombori, L. u. Steinmann, H.: Handbuch der Zoologie / Handbook of Zoology. Eine Naturgeschichte der Stämme des Tierreichs, Band 4 Arthropoda, 2. Hälfte: Insecta, Teilband Part 34: Dictionary of Insect Morphology, Berlin 1999.

Zeitschriften

American Zoologist

Der ornithologische Beobachter

Deutsche Zoologische Gesellschaft: Verhandlungen

Environmental Entomology

Fortschritte der Zoologie

Journal für Ornithologie

Journal of Applied Ecology

Journal of Avian Biology

Journal of Field Ornithology

Journal of Insect Physiology

Vogelwarte

Mitteilungen aus dem Zoologischen Museum der Uni Kiel

Zoologisches Institut und Zoologisches Museum Hamburg: Mitteilungen

Filme/Videos/CD-ROMs

Goodall, J.: Mein Leben mit Schimpansen, Videokassette VHS, Laufzeit ca. 53 Minuten, Komplett
Media 1999.

Internetadressen

http://www.uni-frankfurt.de/dog/
Webseite der Deutschen Ornithologen-Gesell-
schaft.

http://www.dzg-ev.de
Webseite der Deutschen Zoologischen Gesellschaft.

http://www.evolution.uni-bonn.de
Hier finden sich viele Links zu biologischen Orga-
nisationen, Zeitschriften-Homepages sowie eine
Vogelnamen-Datenbank und eine Pheromonliste.

http://www.nmnh.si.edu/BIRDNET/index.html
Eine Webseite mit umfassenden Informationen zur
Ornithologie.

Register

Benutzerhinweise

Die Stichwörter stehen in alphabetischer Reihenfolge. Sie sind weiterhin innerhalb desselben Anfangsbuchstabens nach dem zweiten, dritten ... usw. Buchstaben alphabetisiert. Die Umlaute ä, ö und ü werden wie die Grundlaute a, o und u behandelt; ae, oe und ue werden als a-e, o-e und u-e alphabetisiert. In der chemischen Terminologie gebräuchliche Abkürzungsbuchstaben und -ziffern sowie griechische Buchstaben werden bei der Alphabetisierung nicht berücksichtigt. Auch Zwischenräume und Satzzeichen werden nicht mitalphabetisiert.

Die Lexikon-Stichwörter sind im Fettdruck normal wiedergegeben. Ein Verweispfeil hinter einem solchen Alphabet-Stichwort zeigt an, dass es sich bei dem Artikel im Grundwerk lediglich um einen Verweis auf ein anderes Stichwort handelt. Die eigentlichen „neuen" Register-Stichwörter, denen im Grundwerk kein eigener Artikel gewidmet ist, erscheinen im Fettdruck in kursiver (schräggestellter) Schrift.

Kommen einem Begriff verschiedene Bedeutungen in unterschiedlichen Fachgebieten zu, so ist das Stichwort in der Regel mehrfach hintereinander aufgeführt, wobei das jeweilige Fachgebiet in einer Klammer hinter dem Stichwort angegeben wird.

Unter den fettgedruckten Register-Stichwörtern sind im Normaldruck mit einem vorangestellten Bindestrich und in alphabetischer Reihenfolge die entsprechenden Fundstellen angegeben, d.h. jene Artikel im Grundwerk, in denen Information zu dem jeweiligen Stichwort enthalten sind.

Jene Fundstellen, die in Form von Verweisen bereits bei dem Artikel im Grundwerk angegeben sind, sind im Register nicht noch einmal aufgeführt. Daher empfiehlt sich in jedem Falle zuerst ein Nachschlagen des Artikels im Grundwerk, um sämtliche, vor allem die thematisch nahe liegenden Fundstellen erfassen zu können.

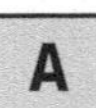

A ↗
Aale ↗
– Atmung
– Bioindikatoren
– euryök
– Fortbewegung
Aalmolche ↗
Aalmuttern ↗
AAM ↗
Aasblumen
– Blütenduft
Aaskäfer ↗
– Araceae
– Blütenduft
– Polyphaga
Aaskrähe ↗
ABO-System ↗
ABA ↗
ABA-Response-Elemente
– Abscisinsäure
abakteriell
A-Bande
Abart
abaxial
Abbau (biologischer Abbau)
Abbau (chemischer Abbau)
Abbaubarkeit
Abbreviation
ABC-Modell ↗
ABC-Transporter
ABC-Waffen
Abderhalden, Emil
Abderhalden-Fanconi-Krankheit
– Abderhalden
Abdomen (Arthropoda)
Abdomen (Vertebrata)
Abdominalgravidität ↗
Abdruck
– Fossilisation
Abduktoren
Abel, John Jacob
Abendsegler ↗
Aberration (Genetik)
Aberration (Optik)
Aberration (Systematik)
Abfall
Abfallwiederverwertung ↗
Abfluss
Abhärtung ↗
Abies ↗
Abimpfung
Abiogenese
Abiogenesis
Abiosetos

– Detritus
abiotische Umweltfaktoren
Ableger
Abomasum
– Ruminantia
Abomasus ↗
Abort ↗
Abortiva
– Abortus (Medizin)
Abortus (Medizin)
Abortus (Phylogenetik)
Abortus (Botanik)
Abriss
Abscheidung
Abscheidungsthrombus
– Blutgerinnung
Abschlussgewebe
Abschreckstoff ↗
Abscisinsäure
Abscission
Absenker
Absinth ↗
Absonderungsgewebe
Absonderungsidioblasten ↗
Absorption (Gase)
Absorption (Strahlung)
Absorption (durch Gewebe)
Absorption (Immunologie)
Absorptionsgewebe
Absorptionshaare ↗
Absorptionsspektrum
Abstammungsachse
Abstammungsgemeinschaft ↗
Abstraktionsvermögen
Abstrich
Abteilung
Abundanz
Abundanzregel
Abwasser
Abwasserbiologie
Abwasserfischteich ↗
Abwasserpilz
Abwasserreinigung
Abwasserteich
Abwehr
Abwehrstoffe (Mensch, Tiere)
Abwehrstoffe (Pflanzen)
Abyssal
Acacia ↗
Acanthaceae
Acanthamoeba ↗
Acantharea
– Radiolaria
Acanthaster ↗
Acanthella ↗
Acanthobdella ↗
Acanthocephala
Acanthodii
Acanthor ↗

Acanthuridae
Acanthus
– Acanthaceae
Acarbose
– Actinoplanes
Acari
Acarina ↗
Accipiter ↗
Accipitridae
Aceraceae
Acer campestre
– Aceraceae
Acer negundo
– Aceraceae
Acer platanoides
– Aceraceae
Acer pseudoplatanus
– Aceraceae
Acer saccharinum
– Aceraceae
Acetabulum (Cestoda)
Acetabulum (Vertebrata)
Acetaldehyd
Acetate
Acetessigsäure
Acetoacetat ↗
Acetoacetyl-Coenzym A
– Acetessigsäure
Acetobacter ↗
Acetobacteraceae ↗
Acetobacterium
acetogene Bakterien
Acetomorphin ↗
Aceton
Acetylcholin
Acetylcholinesterase
Acetyl-CoA ↗
Acetyl-CoA-Carboxylase ↗
Acetyl-Coenzym A
Acetyl-Coenzym A-Carboxylase
Acetylcystein
N-Acetyl-Galactosamin
N-Acetyl-Glucosamin
N-Acetyl-Glutamat
N-Acetylmuraminsäure
– Bakterienzellwand
N-Acetyl-Neuraminsäure
Acetylsalicylsäure
N-Acetyltransferase
– Melatonin
Ach ↗
Achäne
Achatina ↗
Achatschnecke ↗
Acheuléen
achlamydeisch
Achromatium
Achselknospe ↗
Achselspross
achselständig
Achsenskelett
Achillea ↗

Achromasie ↗
Aciculae
– Borsten 1)
Acidität (Chemie)
Acidität (Limnologie)
acidophil
acidophile Mikroorganismen
Acidophilus ↗
acidophob
Acidophyten
Acidose
acidotolerant
Acinetobacter
Acinonyx jubatus ↗
Acipenser ↗
Acipenseriformes
Ackerbau
Ackerbaugrenze
Ackerbohne
Ackernetzschnecke ↗
Ackerschmalwand ↗
Ackerunkräuter ↗
acoel (Zoologie)
acoel (Anatomie)
Acoela ↗
acoelomat ↗
Acoelomorpha
Aconitase
Aconit-Hydratase ↗
Aconitum ↗
Acoraceae
Acorales ↗
Acorin
– Kalmus
Acorus ↗
ACP ↗
Acrania
Acrasiomycetes
Acrasiomycota ↗
Acridinfarbstoffe
Acrocephalus ↗
Acron
Acropora
ACTH ↗
Actin
Actin-bindende Proteine
– Actin
Actinia ↗
Actiniaria
Actinidiaceae
Actinistia ↗
Actinobacillus
Actinobacteria ↗
Actinomyces ↗
Actinomycetaceae
Actinomycetales
Actinomyceten
Actinomycetes
Actinomycine ↗
Actinomykose ↗
Actinoplanes
Actinopterygii
Actinotrichida

– Acari
Actinotrocha ↗
Actinula
Aculeata
Aculifera
– Aplacophora
Acyl-Carrier-Protein ↗
Acylrest
Adamsapfel
Adansonia ↗
Adaptation (allgemein)
Adaptation (Evolution)
Adaptation (Physiologie)
Adaptation (Sinnesphysiologie)
Adaptationssyndrom
– Stress
Adaption ↗
adaptive Radiation
adaptive Zone ↗
adaxial
Addison, Thomas
Addison'sche Krankheit
– Adrenalin
– Nebenniere
Addition
additive Polygenie
additive Typogenese
Adduktoren
Adelphogamie (allgemein)
Adelphogamie (Samenpflanzen)
Adelphotaxon ↗
Adenin
Adenohypophyse ↗
adenoid
Adenophorea
Adenosin
Adenosin-5-diphosphat ↗
Adenosin-5-monophosphat ↗
Adenosinphosphate
Adenosin-5-triphosphat ↗
Adenosintriphosphatasen ↗
S-Adenosyl-Methionin
Adenoviren
Adenylat-Cyclase
Adenylat-Translokator
– Chloroplasten
Adephaga
Adern (Botanik) ↗
Adern (Zoologie) ↗
ADH ↗
Adhäsion
Adhäsionsmoleküle
Adhäsionsorgane ↗
Adhering Junction
Adhesine ↗
Adipocyten ↗
Adipositas ↗

Adiuretin
ADI-Wert
Adler
Adlerfarn
Adlerrochen ↗
Adnate
Adonis ↗
Adoxaceae
Adrenalin
adrenerg
adrenergisch ↗
adrenocorticotropes Hormon
adrenogenitales Syndrom
Adrenozeptoren
– Adrenalin
Adrian, Edgar Douglas
adult
Adultation
Adventitia
– Schleimhaut
Adventivbildung
Adventivembryonie
Adventivknospe
Adventivpflanzen
Adventivspross
Adventivwurzel
Aecidiosporen
Aecidium
aer-, aero-
Aerenchym
aerob
aerobe Atmung
Aerobionten ↗
Aerobier
Aerophyten ↗
Aerosol
Aerotaxis
aerotolerant
Aerotropismus
Aeschna ↗
Aesculus ↗
Aesthetasken
Aestheten
Aestivation ↗
Aethalium
Aethusa cynapium
– Apiaceae
Affekt
Affekthandlung
Affen ↗
Affenbrotbaum
Affenlücke ↗
afferent
Affinität (Chemie)
Affinität (Biochemie)
Affinität (Ökologie)
Affinität (Phytopathologie, Parasitologie)
Affinitätschromatographie
– Chromatographie
Aflastatin A ↗
Aflatoxine

A-Form
AFS ↗
After
Afterskorpione ↗
Agamen ↗
Agameten
Agamidae
Agamogonie ↗
Agamospezies
Agar
Agar-Agar ↗
Agardiffusionsmethode
Agaricales
Agaricus ↗
Agarose
Agavaceae
Agave
Agavengewächse ↗
Agelenidae
Agenda 21
Agenda 2000
Agent Orange
– Abscission
Agglutination
Aggregation (Zellbiologie)
Aggregation (Ethologie)
Aggregationsplasmodium
– Acrasiomycetes
– Schleimpilze
Aggregationsverband ↗
Aggression
Aggressivität
Aglossata
– Lepidoptera
Aglykon
Agnatha
agoniatitische Lobenlinie
– Lobenlinie
Agonisten
agonistisches Verhalten
Agrarbiologie
Agrarökologie
Agrarökosystem
Agrikultur ↗
Agrikulturchemie ↗
Agrobacterium
Agrobacterium tumefaciens
Agrochemikalien
Agropyron ↗
Agrostemma ↗
Agrostis ↗
Agrumen
AGS ↗
Agutis
Ahnenlinie
Ahorngewächse ↗
A-Horizont ↗
Ährchen
Ähre
Ährenfische ↗
Ährenspindel ↗

Aids
Aids-related complex
– Aids
Ailuridae
Ailuropodidae
aitionom
Aizoaceae
Akanthusgewächse ↗
Akazie
Akelei
Akinese
Akineten
– Cyanobakterien
Akklimatisierung (allgemein)
Akklimatisierung (Tierphysiologie)
Akklimatisierung (Pflanzenphysiologie)
Akkommodation
Akkrustierung
Akkumulation
Akkumulatorpflanzen
Akne
akondyl
– Gelenk
Akonta
akro-
akrodont
akrokarp
Akromegalie
Akron ↗
akropetal
Akrosom ↗
Akrosomreaktion ↗
Akrotonie
akrozentrisch
aktinomorph
Aktinomykose
Aktinostele ↗
Aktionskatalog ↗
Aktionspotenzial
Aktionsraum
Aktionsspektrum
Aktionszentrum
Aktivatorproteine
– Genaktivierung
– Genregulation
aktive Immunisierung
aktiver Formaldehyd
– Formaldehyd
aktiver Transport ↗
aktive Schutzimpfung ↗
aktives Isopren
– Carotinoide
aktives Sulfat
aktives Zentrum
aktivierte Essigsäure ↗
aktivierte Metabolite
aktiviertes Kohlenstoffdioxid
– Biotin
aktiviertes Methyl ↗
Aktivierungsenergie
Aktivin ↗

Aktualismus ↗
Aktualitätsprinzip
Akzeleration
akzessorische Pigmen-
te ↗
Ala ↗
Alanin
Alant
Alarmstoffe
Alaudidae
Albatrosse ↗
Albinismus (Tier- und
Humanphysiologie)
Albinismus (Pflanzen-
physiologie)
Albino
– Albinismus
Albumine
Alcaligenes
Alcedinidae ↗
Alcelaphinae
Alces ↗
Alcidae
Alchemilla ↗
Älchen
Alcyonaria
Aldehyde
Aldimin
Aldohexosen
Aldolase
Aldopentosen
Aldosen
Aldosteron
Aldrovandi, Ulisse
alecithal ↗
Aleurites ↗
Aleuron
Aleuronschicht ↗
Aleyrodina
Algarrobobaum ↗
Algen
Algenblüte ↗
Algenfarn ↗
Algenkultur
Algenpilze ↗
Alginat ↗
Alginsäure
Alignment
– Bioinformatik
Alismataceae
Alismatales
Alkalipflanzen ↗
*alkalische Phosphata-
sen*
– Phosphatasen
Alkaloide
alkalophil
Alkalose
Alkaptonurie
Alken ↗
Alkohol-Dehydrogenase
Alkohole
alkoholische Gärung
Alkoholismus
– Ethanol

Allantoin
Allantoinsäure ↗
Allantois
Allantois-Placenta
– Placenta
Allatostatin
– Juvenilhormon
Allatotropin
– Juvenilhormon
Allele
Allelfrequenz ↗
allelomimetisches Ver-
halten ↗
Allelopathie
Allen-Doisy-Test
– Doisy, E. A.
Allen-Regel
Allergie
– Allergien auf dem Vor-
marsch (Essay)
Alles-oder-Nichts-Ge-
setz ↗
Alliaceae
Allianz
Allicin
Alligator ↗
Alligatoridae
Allium ↗
allo-
Alloantigen
– Antigene
Allochorie
allochthon
Allogamie
Allolactose
– Lactose-Operon
Allometrie
allometrisches Wachs-
tum
Allopatrie
*allopatrische Artbil-
dung*
– Artbildung
Allopolyploidie
Allorhizie
Allorrhizie
allosterische Regulation
Alnus ↗
Alnus incana
– Abwehr
Aloe
Alopecurus ↗
Alopex lagopus ↗
Alopiidae
Alpaka ↗
Alpenkrähe ↗
Alpenrose ↗
Alpensalamander
Alpenschneehuhn ↗
Alpenstrandläufer ↗
Alpha-Rezeptoren ↗
Alphatier ↗
alpin
alpine Stufe ↗
Alraune

Altbürger ↗
Alterationstheorie
– Autoimmunkrankhei-
ten
Altern
Alternanz
Alternanzregel
Alternaria
alternative Oxidase
alternativer Landbau ↗
Altersbestimmung
Altersbestimmung (Me-
thoden)
Alterspigment
Alterspolyethismus
– Tierstaaten
Altersweitsichtigkeit ↗
Althaea ↗
Altlungenschnecken
– Pulmonata
Altman, Sidney
Altmünder ↗
Altruismus
Altschnecken ↗
Altwasser
Altweltaffen ↗
Altweltgeier ↗
Alu-Familie
Alveolen ↗
Alytes obstetricans ↗
AM ↗
Amakrinen
– Auge
– Sehen
Amanita ↗
Amaranth
Amaranthaceae
Amaranthus ↗
Amaryllidaceae
Amaryllisgewächse ↗
Amatoxine
Amaurobiidae
ambifotoperiodische
Pflanzen
ambivalentes Verhalten
Amblyrhynchos ↗
Amblypygi
Amboss ↗
Ambra
– Physeteridae
Ambulakralsystem
Ambystomatidae
Ameisen ↗
Ameisenbären ↗
Ameisenbeutler ↗
Ameisengäste
Ameisenigel ↗
Ameisenlöwe ↗
Ameisenpflanzen ↗
Ameisenvögel ↗
Ameisensäure
Ameisensäuregärung
Amenorrhoe
Amensalismus ↗
Ames-Test

Amia ↗
Amide
amiktisch
Amine
Aminoacylierung
– Aminoacyl-Syntheta-
sen
Aminoacyl-Stelle
Aminoacyl-Synthetasen
p-Aminobenzoesäure
Aminobernsteinsäure ↗
γ-Aminobuttersäure
Aminogruppe
p-Aminohippursäure
Aminopeptidasen ↗
Aminopropanol
Aminosäure-Decar-
boxylasen
Aminosäuren
Aminosäure-Oxidasen
Aminozucker
Amitose
Ammenbienen
– Honigbiene
Ammenhaie ↗
Ammern ↗
Ammodytidae
Ammoniak
Ammoniakausscheider
– ammonotelische Tiere
Ammonifikation
Ammoniten ↗
Ammoniumassimilation
Ammonoidea
ammonotelische Tiere
Ammotragus ↗
Amniocentese ↗
Amnion ↗
Amnionflüssigkeit ↗
Amnionhöhle ↗
Amnionsack ↗
Amniota
Amöben ↗
Amöbenruhr ↗
Amöbocyten
Amöbozygoten
– Myxomycetes
Amoeba proteus ↗
Amoebina
Amoebozoa ↗
Amomum ↗
AMP ↗
Ampfer
Amphetamine
Amphibia
amphibisch ↗
amphibische Pflanzen ↗
amphibische Tiere ↗
Amphiblastula ↗
amphibol
Amphiden ↗
Amphioxus ↗
amphipathisch
amphiphil ↗
Amphiphyten

Amphipoda
Amphisbaenia
amphistomatisch
amphitrich
Amphiumidae
Amplifikation
ampulläre Organe
– Elektrorezeption
Ampulle
Ampullenorgan ↗
Amsel
Amygdala ↗
Amygdalin
Amylasen
Amylopektin ↗
Amyloplasten
Amylose ↗
Anabaena
Anabantidae
Anabiose
Anablepidae
anabole Steroide
Anabolika ↗
Anabolismus
Anacardiaceae
Anacardiales ↗
Anacardium ↗
Anacharis ↗
Anacondas ↗
Anactinotrichida
– Acari
anaerob
anaerobe Atmung
Anaerobenkultur ↗
Anaerobier
Anaerobionten ↗
Anaerobiose
Anagenese
Analogie
Anamerie
Anamnia
Anamorphe ↗
Ananas
Ananasgewächse ↗
Anaphase ↗
anaphylaktischer
  Schock
Anaphylaxie ↗
anaplerotische Reaktio-
nen
Anaptychus
– Ammonoidea
Anarrhichas ↗
Anas ↗
Anaspidacea ↗
Anastomose (Botanik)
Anastomose (Pilze)
Anastomose (Zoologie)
Anatidae ↗
Anatinae ↗
Anatomie
Anax ↗
Anchitherium
ancient DNA ↗
Ancylostoma ↗

Ancylus ↗
Andreaeidae
Androeceum ↗
Androdiözie
Androgene
androgene Drüse ↗
Androgenese
Androgynie (Botanik)
Androgynie (Zoologie)
Androgynophor
– Tiliaceae
Andromonözie
Androsporen
Androstan ↗
Androstendion
Androstenolon ↗
Andrözeum
Anemochorie
Anemogamie
Anemone ↗
Anemonia ↗
Anemophilie ↗
Anethol
Anethum ↗
Aneuploidie
ANF ↗
Anfinsen, Christian
  Boehmer
angeborener Auslöse-
mechanismus ↗
Angelica ↗
Angina pectoris ↗
Angiopteris
– Marattiales
Angiospermae
Angiospermenblüte ↗
Angiotensin
Anglerfische ↗
Angst
Anguidae
Anguilla ↗
Anguilliformes
Anguis ↗
Anhimidae
Anhydrobiose
animaler Pol
Animpfung
– Impfung 2)
Anion
Anionenaustauscher
– Ionenaustauscher
Anis
Anisogameten ↗
Anisogamie
anisognath
– Gebiss
Anisokontie
– Einzeller
Anisophyllie
Anisoptera
Anisozygoptera
Ankömmlinge ↗
Ankylosauria
– Ornithischia
Anlageplan

Anlaufphase ↗
Annealing
– Polymerasekettenreak-
tion
Annelida
Annidation
annuelle Pflanzen
Anobiidae
Anodonta ↗
Anomalodesmata
Anomaluridae
Anopheles
Anopla ↗
Anoplura
Anorexia nervosa ↗
Anorexie
anorganisches Phos-
phat ↗
Anosmaten
Anosmie ↗
Anostraca
Anoxibiose ↗
Anoxie (Botanik)
Anoxie (Zoologie)
*anoxygene Fotosyn-
these*
– Fotosynthese
– fototrophe Bakterien
Anpassung ↗
Anpassungsähnlichkeit
– Analogie
Anpassungssyndrom
– Stress
Anreicherung ↗
Anreicherungskultur
Anser ↗
Anseriformes
Anserinae ↗
Ansiedler ↗
Ansteckung ↗
Antagonisten
Antarktis
Antedon ↗
Antelaea ↗
Antennariidae ↗
Antennata
Antennen
Antennendrüse
Antennenpigmente
Anterior
anterograde Amnesie
– Gedächtnis
Anthere
Antheridium
Anthocerotales
Anthocerotopsida ↗
Anthocyane
Anthomedusae ↗
Anthophyta ↗
Anthozoa
Anthrax ↗
Anthrenus
– Dermestidae
Anthriscus ↗
Anthropochorie ↗

anthropogen
Anthropogenese
Anthropoidea ↗
Anthropologie
*anthropologisch-
erbbiologisches Gut-
achten*
– Vaterschaftsnachweis
Anthropometrie
Anthroponosen
Anthropozönose
Anthropozoonosen
Antiandrogene
Antibabypille ↗
Antibiose
Antibiotika
Antibiotika-Resistenz ↗
Anticodon
antidiuretisches Hor-
mon ↗
Antigene
Antigen-Antikörper-
  Reaktion ↗
Antigen-Drift
– Influenzaviren
Antigen-Präsentation
Antigen-Rezeptoren
Antigen-Shift
– Influenzaviren
Antihistaminika
– Allergie
antike DNA
Antikörper ↗
Antilocapridae
Antilopen
Antilopinae
antimorph
Antimykotika ↗
Antioxidantien
Antipatharia
Antiperistaltik ↗
Antiport
antisense-RNA
antisense-Medikamente
– antisense-Technik
antisense-Technik
Antiserum
Antitoxine
Anulus (Pilze)
Anulus (Moose)
Anulus (Farne)
Anura
Anus ↗
Aorta
Aortenbogen
Aortenklappe ↗
Aotes ↗
APC-Viren ↗
Apex
Apfelbaum
Apfelsine
Aphidentechnik
Aphidina
aphotische Region
Aphrodite

Aphyllophorales ↗
Apiaceae
Apicomplexa
Apikaldominanz
Apikalmeristem ↗
Apium ↗
Aplacophora
Aplanosporen
Aplousobranchiata
– Ascidiacea
Aplysia ↗
Apnoe ↗
Apocrita
Apocynaceae
Apoda ↗
Apodem
Apodidae ↗
Apodiformes
Apoenzym ↗
Apoferritin
– Ferritin
Apoidea
apokrine Sekretion
– Drüsen
Apolyse ↗
Apomeiose
Apomixis
Apomorphie
Aponeurosen ↗
Apoplast
apoplastische Invertase
– Phloementladung
apoplastischer Trans-
  port ↗
Apoptose
aposematische
  Färbung ↗
aposematische Tracht ↗
Apothecium
apparente Fotosyn-
  these ↗
apparent free space ↗
Appendicularia
Appendix
Appetenzverhalten
Appetitlosigkeit
– Anorexie
Apposition
Appositionsauge ↗
Appressorien (Pilze)
Appressorien (Pflanzen)
Aprikose
Apterygidae ↗
Apterygota
Aptychus
– Ammonoidea
Aquakultur
Aquaporine
– Dürretoleranz
– Tonoplast
– Vakuole 1)
Aquarium
Äquationsteilung ↗
aquatische Entomolo-
  gie ↗

aquatische Ökosyste-
  me ↗
Äquatorialplatte
Äquidistanzregel
– Blattstellung
äquifazial
Aquifoliaceae
Aquila ↗
Aquilegia ↗
Arabidopsis-Mutanten
Arabidopsis thaliana
– innere Uhr
Arabinane
Arabinose
Arabinose-Isomerase
– Arabinose-Operon
Arabinose-Operon
Araceae
Arachidonsäure
Arachis ↗
Arachnida
Arachnoidea ↗
Arales
Araliaceae
Araliales
Araneae
Araneidae
Arapaima ↗
Araucariaceae
Araukariengewächse ↗
Arbeit
Arbeitskern ↗
Arbeitsteilung
Arber, Werner
Arboretum
Arbuskel
Arbutin
Arbutus ↗
ARC
– Aids
Arcella ↗
Archaea ↗
Archaebacteria ↗
Archaebakterien
Archaeobakterien ↗
Archaeocalamitaceae
Archaeocyatha
Archaeocyten ↗
Archaeogastropoda
Archaeognatha
Archäophyten ↗
Archaeopteridales
Archaeopteryx
Archaeopulmonata ↗
Archaezoa
Archegoniaten
Archegonium
Archenteron ↗
Archespor
Archicerebrum
Architeuthis ↗
Architomie
Archostemata ↗
Arctiidae
Arctostaphylos ↗

Arcus aortae
– Aortenbogen
Ardeidae
Ardipithecus ramidus
Areal
Arealkunde
Arecaceae
Arecaidin
– Betelnusspalme
Arecales ↗
Arenaviren
Arenicola ↗
Areole
Arg ↗
Arginase
Arginin
Arginin-Harnstoff-
  zyklus ↗
Argininosuccinat-Lyase
Argininosuccinurie
– Argininosuccinat-
  Lyase
Argonauta ↗
Argulus ↗
Argumentationsschema
Argyroneta
arid
Arillus
Aristolochiaceae
Aristolochiales ↗
Aristoteles
Arktogaea
Arm
Armflosser ↗
Armfüßer ↗
Armillaria ↗
Armleuchteralgen ↗
Armoratia ↗
Arnica ↗
Arnika
Aronstabgewächse ↗
Arrak
– Bluten 1)
Arrhenatherum ↗
Arrhenotokie ↗
Arrowroot
Arsen
Art
Art-Areal-Kurve
Artaufspaltung ↗
Artbastard
Artbastardierung
– Artbildung
Artbildung
Artefakt (allgemein)
Artefakt (Paläontologie)
Artefakt (Physiologie,
  Biochemie)
Artefakt (Medizin)
Artemia
Artenabundanz ↗
Artendichte ↗
Artendiversität
Artenidentität
Artenkombination

Artenmannigfaltigkeit ↗
Artenrückgang ↗
Artenschutz
Artenselektion ↗
Artenspektrum
Artensterben ↗
Artenvielfalt
Arterien
Arteriolen
Arteriosklerose
Arthrobacter
Arthrocyten ↗
Arthrodira ↗
Arthropleona
– Collembola
Arthropoda
Arthrosporen
– Endomycetidae
Arthybrid ↗
Articulamentum
Articulata
Artiodactyla
Artischocke
Artocarpus ↗
Artumwandlung ↗
Arum ↗
Arundinaria ↗
Arvicolidae
Arvicula ↗
Arzneipflanzen ↗
As ↗
Asbest ↗
Ascaridida ↗
Ascaris lumbricoides ↗
Aschelminthes ↗
Äschen ↗
Äschenregion
Aschoff, Ludwig
Aschoff-Regel
Ascidiacea
Asclepiadaceae
Asclepias ↗
Ascogon
Ascogonium ↗
*ascohymeniale Ent-
  wicklung*
– Ascoma
Ascolichenes ↗
*ascoloculare Entwick-
  lung*
– Ascoma
Ascoma
Ascomycetes
Ascomycetidae
Ascontyp ↗
Ascorbinsäure
Ascosporen
Ascothoracida
Ascus
Asepsis
asexuelle Fortpflan-
  zung ↗
Äskulapnatter
Asn ↗
Asp ↗

Asparagaceae
Asparagales
Asparagin
Asparaginase
Asparaginsäure
Asparagus ↗
Aspartat-Carba-
 moyltransferase ↗
Aspartat-Transaminase
Aspektfolge
Aspergillus
Aspermie
Aspisviper
Asphodelaceae
Aspidobothrii ↗
Aspirin ↗
ASS ↗
Asseln ↗
Asselspinnen ↗
Assimilate
Assimilation
Assimilationsgewebe
– Parenchym
*Assimilationsparen-
 chym*
– Parenchym
Assimilatstrom ↗
Assimilattransport
assistierte Reproduk-
 tion ↗
assortative Paarung
Assoziation (Tierökolo-
 gie)
Assoziation (Pflanzenso-
 ziologie)
Assoziation (Ethologie)
assoziatives Lernen
– Lernen
Astacus ↗
Astalgen ↗
Astaxanthin
A-Stelle ↗
Asteraceae
Asterales
Asteren
Asterias ↗
Asteridae
– Rosopsida
Asteroida
Asteroxylales
Asteroxylaceae ↗
Ästheten ↗
Ästhetasken ↗
Astigmatismus
Ästivation ↗
Astomocniden ↗
Astragalus ↗
Astrocyten
Astropecten ↗
Ästuar
asymmetrische Synthese
asymmetrisches Kohlen-
 stoffatom

Ataktostele ↗
Atavismus
atelische Bildungen
Atemgifte
Atemhilfsmuskeln
– Atemmuskeln
Atemminutenvolumen
Atemmuskeln
Atemschutzreflexe
Atemwurzeln
Atemzentrum
Atentaculata ↗
Äthalium ↗
Äthanal ↗
Äthanolgärung ↗
Athecata ↗
Atherinidae
ätherische Öle ↗
Atherosklerose ↗
Äthiopis ↗
Atlas ↗
Atmobios
Atmosphäre
Atmung (Tiere)
Atmung (Pflanzen)
Atmung (Mikroorganis-
 men)
Atmungskette
Atmungsorgane
Atmungsregulation ↗
Atoll ↗
Atopie
– Allergie
ATP ↗
ATPasen
atrialer natriuretischer
 Faktor
Atrioventrikularklap-
 pen ↗
Atrioventrikularkno-
 ten ↗
Atriplex ↗
Atrium ↗
Atropa ↗
Atropin
Attacin ↗
Attenuation
Attrappenversuch
Aubergine
Auchenorhyncha
Audubon, John James
Auenwälder
Auerbach-Plexus
Auerhuhn ↗
Auffüllreaktionen
– anaplerotische Reak-
 tionen
Aufgusstierchen
Auflösungsgrenze
Auflösungsvermögen
Aufsiedlung ↗
Aufsitzerpflanzen ↗
Aufwuchs

Auge (Botanik)
Auge (Zoologie)
Augentierchen ↗
Augentrost
Aurelia ↗
Auricularia ↗
Auriculariales
Aurignacien
Auris ↗
Auerochse ↗
Aurorafalter ↗
Ausbreitung
Ausbreitungszentrum
ausdauernde Pflanzen ↗
Ausdrucksverhalten
Ausläufer
Auslese ↗
Auslesezüchtung
Auslösemechanismus
Auslöser ↗
Ausrottung
Aussatz ↗
Ausscheider
Ausscheidung ↗
Ausscheidungsgewebe
Ausscheidungsorgane ↗
*Ausschlusschromato-
 graphie*
– Chromatographie
Außengruppe ↗
Außengruppenvergleich
Außenparasit ↗
Aussterben
Austauschadsorption
Austauschhäufigkeit ↗
Austauschwert
Austern
Austernfischer ↗
Austernseitling
Australis
australische Region ↗
australisches Floren-
 reich ↗
Australopithecinen ↗
Australopithecus
Austreibungsperiode
– Geburt
Austrocknung ↗
Auswilderung
Autapomorphie
auto-
Autoantikörper
Autochorie
autochthon
Autogamie (Botanik)
Autogamie (Zoologie)
Autoimmunkrankheiten
Autoimmunreaktion ↗
Autokatalyse
Autoklav ↗
autokrin
Autolyse
Automixis

Automorphose ↗
autonom
autonomes Nerven-
 system ↗
Autökologie
Autophagie
Autophagosomen
– Autophagie
Autophosphorylierung
– Fototropismus
Autoploidie
Autoradiographie
Autoradiogramm ↗
autosomaler Erbgang
Autosomen
Autotomie
Autotrophie
Autozooide
Auxiliarzellen
Auxine
auxotonische Muskel-
 kontraktion ↗
Auxotrophie
Auxozygote
– Bacillariophyceae
Avena ↗
Averrhoa ↗
Avery, Oswald Theodore
Aves
Avicularien ↗
Avidin
AV-Knoten ↗
Avocado ↗
Avocadobirne
Avoidance
– Überlebensstrategien
Axelrod, Julius
Axialorgan
Axis ↗
Axocoel
Axolemm ↗
Axolotl ↗
Axon ↗
Axonem
Axonhügel
– Neuron
Axopodien ↗
Aye-Aye ↗
Aythya ↗
Äzidiosporen ↗
Äzidium ↗
Azidothymidin
– Aids
Azolla
Azomonas
azonale Vegetation
Azorhizobium
Azoospermie
Azospirillum
Azotobacter
AZT
– Aids
Azulene

B

Babesia ↗
BAC
Bach ↗
Bachflohkrebs ↗
Bachstelze
Bacillariophyceae
Bacillus
Bacillus thuringiensis
Bäckerhefe ↗
Backhefe
Bacteria
bacterio- ↗
Bacteroides/Flavobacteria
Bacteroides
Bacteriophyta ↗
Baculoviren
Baculum ↗
Badeschwamm
Baeocyten
– Cyanobakterien
Baer, Karl Ernst von
Bahnung
Bakterien
Bakterienchromosom
Bakterienfärbung
Bakterienformen
Bakteriengeißel ↗
Bakteriengifte ↗
Bakteriengruppen ↗
Bakterienkolonie
Bakterienkultur ↗
Bakterienkunde ↗
Bakterienmasse
Bakterienrhodopsin ↗
Bakterienruhr
Bakteriensporen
Bakterientoxine
Bakterienviren ↗
Bakterienwachstum
Bakterienzelle
Bakterienzellwand
Bakteriochlorophylle
Bakteriocine
Bakteriologie
Bakteriolyse
Bakteriophagen
Bakteriorhodopsin
Bakteriose
Bakteriostatika
Bakteriotoxine ↗
Bakteriozidine ↗
Bakteroid
Bakterizide
Balaenidae
Balaenopteridae
Balancer-Chromosomen
Balantidium ↗
Balanus ↗

Baldrian
Baldriangewächse ↗
Balg
Balgfrucht ↗
Balistidae
Balken
Ballaststoffe
Balsabaum
Balsam
Balsambaumgewächse ↗
Balsaminaceae
Balsaminales
Baltimore, David
Balz
Bambus
Bambusbären ↗
Banane
Bananengewächse ↗
Bänderung
Bänderungstechniken
Bandikuts ↗
Bandwürmer ↗
Bangiophycidae
– Rhodophyta
Bannwald
Banteng ↗
Banting, Sir Frederick Grant
Banyanbaum
Baobab ↗
Bárány, Robert
Barbe ↗
Barbenregion
Barber-Falle ↗
Barbiturate
Bären
Bärenklau
Bärenspinner ↗
Bärentraube
Baribal ↗
Bärlappbäume ↗
Bärlappgewächse ↗
Barotrauma ↗
Barorezeptoren
Barrakudas ↗
Barriereriff ↗
Barr-Körperchen
Barsche ↗
Barschfische ↗
Bartenwale ↗
Bartflechte ↗
Bartholin-Drüsen
Bärtierchen ↗
Bartrobbe ↗
Bartwürmer ↗
Bary, Heinrich Anton de
Basalganglien
Basalkörper
Basallamina
Basalmembran ↗
Basaltemperatur ↗
Base
Basedow-Krankheit
Basen
Basenanaloga

Basenaustausch
Basenaustauschmutation ↗
Basenpaare
Basensequenz
Basentriplett
Basenzusammensetzung ↗
Basidie ↗
Basidiocarp ↗
Basidiolichenes ↗
Basidioma
Basidiomycetes
Basidiosporen ↗
Basilikum
Basiliscus ↗
Basilisken ↗
basipetal
Basiphyten
Basitonie
Basizität
Basommatophora
basophil (Ökologie)
basophil (Zellbiologie)
Bast (Botanik)
Bast (Zoologie)
Bastardierung
Bastardschwärme
Bastardsterilität ↗
Bastardsterblichkeit ↗
Bastardzusammenbruch ↗
Bastfasern
Batate
Batch-Kultur ↗
Bates'sche Mimikry
– Schutzanpassungen
Bathyal
Bathynellacea ↗
Bathypelagial ↗
Batidoidimorpha
Batrachotoxine
BAT-Wert
Baubienen
– Honigbiene
Baubiologie
Bauch ↗
Bauchdeckenreflex
Bauchfell ↗
Bauchganglienkette ↗
Bauchhärlinge ↗
Bauchhautreflex ↗
Bauchhöhle
Bauchhöhlenschwangerschaft ↗
Bauchmark
Bauchnabel ↗
Bauchpilze ↗
Bauchsammler
– Apoidea
Bauchspeicheldrüse
Bauhin-Klappe
– Darm
Baum
Baumbrüter

Baumfarne
Baumgrenze
Baumpieper ↗
Baumringchronologie ↗
Baumschicht
– Wald
Baumsteiger ↗
Baumsterben ↗
Baumwollstrauch
Baumwürger
– Celastraceae
Baumwürgergewächse ↗
Bauplan
Bazillen
Bdelloida ↗
Bdellovibrio
Beadle, George Wells
Bebrütung
Becherauge ↗
Becherkeim ↗
Becherquallen ↗
Becken
Beckengürtel ↗
Bedecktsamer ↗
bedingte Aktion
bedingte Appetenz
bedingte Aversion
bedingte Hemmung
bedingte Reaktion
bedingter Reflex
bedingter Reiz
bedrohte Arten ↗
Beere
Befruchtung (Botanik)
Befruchtung (Zoologie)
Befruchtungshügel ↗
Befruchtungsmembran ↗
Begattung
Begattungsorgane
Begattungstasche
Beggiatoa
Begoniaceae
Behaarung
Behaviorismus
Behensäure
Behring, Emil Adolph von
Behring-Gesetz
– Behring, E. A. von
Beifuß
Beijerinckia
Beilbauchfische ↗
Beimpfung
– Impfung 2)
Beine
Beinsammler
– Apoidea
Beintastler ↗
Beinwell
Beisiedlung ↗
Beizung ↗
Bekassine
Békésy, Georg von
Belebtschlamm ↗

C (Biochemie)
C (Chemie)
Ca ↗
CAAT-Box
Cactaceae
Cadherine
Caecilia ↗
Caecotrophie ↗
Caecum ↗
Caelifera
Caenogenese
Caenorhabditis elegans
Caesalpiniaceae
Caiman ↗
Cajanus ↗
Calamitaceae
Calamiten ↗
Calamites ↗
Calcarea
Calciferol ↗
Calciol
Calcitonin
Calcitriol
Calcium
Calciumoxalat-Drusen
– Rosopsida
Calendula ↗
Calliphoridae
Callithricidae
Callitrichaceae
Calluna ↗
Calmodulin
Calobryales
Calopteryx ↗
Calorimetrie
Calvin, Melvin
Calvin-Zyklus
Calycophorida ↗
Calyptra
Calystegia ↗
Calyx ↗
Camallanida
Camarostom
Camellia ↗
Camelus ↗
cAMP ↗
campaniforme Sensillen
– Halteren
Campanulaceae
Campanulales
CAM-Pflanzen
Campher
Campherbaum
cAMP-PKA-System ↗
CaMV ↗
Canavalia ensiformis
– Canavanin
Canavanin

Cancer
Cancerogene ↗
Candida
Candolle, Alphonse
  Pyrame de
Canidae
Canis ↗
Cannabaceae
Cannabis ↗
Cannaceae
Cannon, Walter Bradford
Cantharellus ↗
CAP-cAMP-Komplex
Capensis
Capillitium
Capparaceae ↗
Capparales
Capparidaceae
Capparis ↗
Capping
– Cap-Struktur
Capping-Enzym
– Cap-Struktur
Capra
Capreolus ↗
Caprifikation
Caprifoliaceae
Caprimulgidae
Caprimulgiformes
Caprini
Caprinsäure ↗
Capronsäure ↗
Caprylsäure ↗
Capsanthin
Capsicum ↗
Capsid
CAP-Stelle
Cap-Struktur
Captacula
– Scaphopoda
Caput
Carabidae
Carageen
– Rhodophyta
Carapax
Carapaxdrüse ↗
Carassius ↗
Carausius morosus ↗
Carbamoylphosphat
Carbamoylphosphat-
  Synthetase
Carboanhydrase
Carbolfuchsin-Färbung
Carbonatatmung
Carbonat-Dehydrata-
  se ↗
Carbonsäuren
Carbonylgruppe
Carboxy-Biotin ↗
Carboxylasen
Carboxylgruppe
Carboxylierung
Carboxypeptidasen ↗
Carcharhinus

Carcharodon carchar-
  ias ↗
Carcinogene
Carcinom
Carcinus maenas ↗
Cardia ↗
Cardiolipin
Cardionatrin ↗
Cardiotoxine
Carduus ↗
Caretta ↗
Carex ↗
Caricaceae
Caricales
Carlsson, Arvid
Carnitin
Carnitin-Shuttle
– Carnitin
Carnivora (Botanik) ↗
Carnivora (Zoologie)
carnivore Pflanzen
Carnosauria
– Saurischia
Carotinoide
Carpinus ↗
Carpus ↗
Carrageenane
Carrier (Cytologie) ↗
Carrier (Biochemie) ↗
Carrier (Genetik) ↗
Carrier (Physiologie)
Carthamus ↗
Carum ↗
Carya ↗
Caryophyllaceae
Caryophyllales
Caryophyllidae
– Rosopsida
Casein
Cashew-Nuss ↗
Caspary-Streifen
Caspasen
– Apoptose
Cassava ↗
Cassia ↗
Castanea ↗
Castoridae
Casuarinaceae
Casuarinales ↗
Cataglyphis bombycina
– Hitzeresistenz
Catarrhini
Catechine
Catecholamine
Catenulida
Catha ↗
Cathartidae
Cathepsine
Cauda equina
– Rückenmark
caudal
Caudata ↗
Caudofoveata ↗
Cauliflorie
Caulobacter

C-autotroph
Caviidae
Cavitas abdominalis ↗
Cavitation
Cavum tympani ↗
Cayennepfeffer
CCK ↗
CDK ↗
cDNA
cDNA-Bibliothek
CDP-Cholin ↗
Cebidae
Cech, Thomas Robert
Cecidomyiidae
Cedrus ↗
Ceiba ↗
Celastraceae
Celastrales
Celastrum
– Celastraceae
Cellobiose
Cellulasen
cellulolytische Mikroor-
  ganismen ↗
Cellulomonas
Cellulose
Celluloseabbau ↗
Cellulose abbauende
  Mikroorganismen
Centaurium ↗
CentiMorgan
Centrales
Centriolen
centrolecithal
Centromer
Centromerdistanz
Centromerinterferenz
Centroplasma
– Centrosom
Centrosom
Centrospermae ↗
Cepaea ↗
Cephalaspidea
– Opisthobranchia
Cephalin ↗
Cephalisation
– Arthropoda
Cephalocarida
Cephalochordata
Cephalodien
Cephalophinae
Cephalopoda
Cephalopodium ↗
Cephalosporine ↗
Cephalotaxaceae
Cephalothorax
Cerambycidae
Ceramiales
Ceramide
Cerastoderma ↗
Ceratiidae ↗
Ceratiomyxa
Ceratites ↗
Ceratitida
ceratitische Lobenlinie

– Lobenlinie
Ceratium ↗
Ceratonia ↗
Ceratopogonidae
Ceratopsida
– Ornithischia
Cercarie
Cerci
Cercomeromorpha
Cercopithecus ↗
Cercopithecoidea
Cerebellum ↗
Cerebralganglion
Cerebralorgan
*Cerebropleuralgang-
lion*
– Bivalvia
Cerebroside
Cerebrospinalflüssig-
keit ↗
Ceriantharia
Ceropegia ↗
Cervidae
Cervix
Cervus ↗
Cesalpino, Andrea
Cestoda
Cetacea
Cetorhinus ↗
Cetraria ↗
cGMP ↗
Chaenichthyidae
Chaetae ↗
Chaetodontidae
Chaetognatha
Chaetonotida ↗
Chaetophorales
Chain, Sir Ernst Boris
Chalaza
Chalazogamie ↗
Chalkon-Synthase
– Flavonoide
Chamaeleonidae
Chamaephyten
Chamaerops ↗
Chamäleons ↗
Champignons
Chaparral
Chaperone
Characeae ↗
Characidae
Charadriidae
Charadriiformes
Charadrius ↗
Charakterarten (Pflan-
zensoziologie)
Charakterarten (Biogeo-
grafie)
Charales
Chargaff, Erwin
Chargaff-Regeln
Charophyceae
Charybdeida
– Cubozoa
Chasmogamie

Châtelperronien
Chaulmoograöl
Cheirogaleidae
Chelicerata
Cheliceren ↗
Chelidonium ↗
Chelonia
Cheloniidae
Chelydridae
chemiosmotische
Theorie
*chemische
Erregungsüber-
tragung*
– Synapse
chemische Evolution ↗
chemischer Abbau
– Abbau
chemische Sinne
chemisches Potenzial
Chemofossil
– Fossilien
Chemokine
Chemokline
Chemolithoautotro-
phie ↗
Chemolithotrophie
Chemomorphosen
Chemonastie
Chemoorganotrophie
Chemorezeptoren
Chemostat
– kontinuierliche Kultur
Chemosynthese ↗
Chemotaxis
Chemotaxonomie
Chemotherapie (Medi-
zin)
Chemotherapie (Phyto-
pathologie)
Chemotrophie
Chemotropismus
Chenodesoxycholsäure
Chenopodiaceae
C-heterotroph
Chevreul, Michel Eugè-
ne
Cheyne-Stokes-Atmung
Chiasma
Chiasma opticum
Chiastoneurie
Chicorée
Chillie ↗
Chilognatha ↗
Chilopoda
Chimäre (Botanik)
Chimäre (Zoologie)
Chimären ↗
China-Alligator
– Alligatoridae
Chinarindenbaum
Chinchillidae
Chinin
Chinon-Zyklus
– Atmungskette

Chiralität
Chirodropida ↗
Chironex ↗
Chironomidae
Chiroptera
Chiropterogamie
Chiropterophilie ↗
Chirurgenfische ↗
Chitin
Chiton ↗
Chlamydia
Chlamydien
Chlamydomonadaceae
Chlamydosaurus
– Agamidae
Chlamydospermae ↗
Chlamydosporen
Chlor
Chloragoggewebe
– Annelida
Chloragogzellen
Chloramphenicol ↗
Chloranthales
Chlorarachniophyta
Chlorella
Chlorenchym ↗
Chlorid ↗
Chloridkanäle ↗
Chloridzellen
Chlorkohlenwasser-
stoffe
chloro-
Chlorococcales
Chlorocruorin
Chloroflexus
– Grüne Nichtschwefel-
bakterien
Chlorogensäure
Chloromonadophyceae
Chlorophyceae
Chlorophyll
Chlorophyllabbau
– Blattpigmente
Chlorophyllase
– Chlorophyll
Chlorophyta
Chloroplasten
Chloroplastenbewegun-
gen
Chlorose
Chlorosomen
– Grüne Schwefelbakte-
rien
Choanichthyes
Choanocyten
Choanoderm
– Choanocyten
– Porifera
Choanoflagellata
Choanosomalskelett ↗
Cholecalciferol ↗
Cholecystokinin
Cholera
Cholestan ↗
Cholesterin

Cholesterol ↗
Cholinacetyl-Transfera-
se ↗
cholinerg
Cholinesterase
*Cholodny-Went-Hypo-
these*
– Auxine
Cholsäure ↗
Chondrichthyes
Chondroblasten ↗
Chondrocyten ↗
Chondroitinsulfat
Chondroklasten ↗
Chondrom
Chondrostei
Chondrus crispus
– Carrageenane
Chorda dorsalis
Chordata
Chordatiere ↗
Chordin
– Induktion 3)
Chordotonalorgane
Chorea-Huntington
Chorioidea ↗
Chorion ↗
Chorionbiopsie ↗
Choriongonadotropin
Chorionzottenbiopsie
Choriozönose
C-Horizont ↗
Chorologie ↗
Chrom
chromaffine Zellen
chromaffines Gewebe
– Nebenniere
Chromatiden
Chromatidenaberratio-
nen
Chromatideninterferenz
Chromatin
Chromatindiminution ↗
Chromatingerüst
– Kernskelett
chromatische Aberrati-
on ↗
chromatische Adaptati-
on
Chromatium ↗
Chromatogramm
– Chromatographie
Chromatographie
Chromatophoren (Bota-
nik)
Chromatophoren (Zoo-
logie)
Chromatosom
Chromista
chromo-
Chromomeren
Chromonema
Chromoplasten

chromosomale Ge-
schlechtsbestim-
mung ↗
Chromosomen
Chromosomenaberratio-
nen ↗
Chromosomenanalyse
Chromosomenanomali-
en
Chromosomeneliminie-
rung ↗
Chromosomeninterfe-
renz
Chromosomenkarte
Chromosomenmutatio-
nen
Chromosomenpaarung
Chromosomensatz
Chromosomentheorie
der Vererbung
Chromosomenumlage-
rung
Chromosome Walking
Chronobiologie
Chronospezies
Chroococcales
Chrysalis ↗
Chrysanthemen
Chrysanthemum ↗
Chrysaora ↗
Chrysomelidae
Chrysomonadales
Chrysomonadea
Chrysophyceae
Chrysophyta ↗
Chylomikronen
Chylus
Chymotrypsin
Chymus ↗
Chytridiales ↗
Chytridiomycetes
Cicer ↗
Cichlidae
Cichorium ↗
Cicindelidae
– Adephaga
Ciconiidae
Ciconiiformes
Cidaroida ↗
Ciliarkörper ↗
Ciliata
Cilien
Cilienschlag
Ciliophora ↗
Cimicomorpha
Cinchona ↗
Cinclus ↗
Cinnamomum ↗
Ciona ↗
circannuale Rhythmik
circadiane Rhythmik
Circumnutation
Circus ↗
Cirren
Cirripedia

Cirrus
Cirsium ↗
cis-acting elements
cis-Konfiguration ↗
Cistaceae
Cistales ↗
cis-trans-Test
Cistron ↗
Cistrosengewächse ↗
Cistus ↗
Citellus ↗
CITES ↗
Citrate ↗
Citratzyklus
Citronensäure
Citronensäure-Zyklus ↗
Citrullin
Citrullus ↗
Citrus ↗
CKW ↗
Cl ↗
Cladistik ↗
Cladogenese ↗
Cladogramm ↗
Cladonia ↗
Cladophorales
Cladophorophyceae ↗
Cladoxylales
Clathrin
Clathrin-Coat
– Rezeptor
Clathrus ↗
Claude, Albert
clavat
– Antennen
Claviceps purpurea ↗
Clavicipitales ↗
Clavicula ↗
Clearance
Cleithrum
Clematis ↗
Cline
Cliona ↗
Clitellata
Clitellum ↗
Clivia ↗
Clock-Gene
– innere Uhr
Clonorchis
Clostridien
Clostridium ↗
Clubionidae
Clupea ↗
Clupeiformes
Clusiaceae
Clypeasteroida ↗
CMV ↗
Cnidaria
Cnide ↗
Cnidocil ↗
Cnidocyte ↗
C/N-Verhältnis ↗
Co ↗
CO ↗
CO_2 ↗

CO_2-Anreicherung
coated pits
coated vesicles
Cobalamin
Cobitidae ↗
Cocain
Coccidia
Coccina
Coccinellidae
Coccolithophorales
Coccyx ↗
Cochlea ↗
Cocos ↗
Codein
codierender Bereich
Codiolales
Codon
Coelenterata
Coelenteron
– Coelenterata
Coeloblast ↗
Coeloblastula
Coelom ↗
coelomat
Coelomocyten
Coelurosaurier ↗
Coenobium
Coenoblast
Coenocyte ↗
coenokarp
Coenopteridales
Coenzym
Coenzym A
Coenzym Q ↗
Cofaktoren
Coferment ↗
Coffea ↗
Coffein
CO_2-Fixierung
Cohen, Stanley
cohesive ends
CO_2-Kompensations-
punkt
Cola ↗
Colchicaceae
Colchicin
Coleochaetales
Coleoida ↗
Coleoptera
Coleoptile
Colicine
colicinogene Faktoren ↗
Coliforme
coliforme Bakterien ↗
Coliphagen ↗
Colititer
Collembola
Colliculus seminalis ↗
Colloblasten ↗
Colocasia ↗
Colon ↗
Coloradokäfer ↗
Colostrum ↗
Coluber ↗
Colubridae

Columbidae ↗
Columbiformes
Columella (Botanik)
Columella (Zoologie)
Columellarmuskel
– Gastropoda
Columniferae ↗
Comatulida ↗
Cometabolismus
Commelinales
Commiphora ↗
Compacta
– Knochen
complementary DNA ↗
Compositae ↗
Concatemer
Conchifera
Conchin
Condylarthra
– Huftiere
Congridae
Coniferae ↗
Coniferophytina
Conium ↗
Conjugatae ↗
Connexine
Connexone
– Gap junction
Conodonten
Conolophus ↗
Consensussequenz
Consortium
conspezifisch
Containment
Contergan
– Phänokopie
– Tierversuche
Contig
Conus ↗
Conus arteriosus
Convallariaceae
Convenience Food
Converting enzyme ↗
Convolvulaceae
Copelata
– Appendicularia
Copepoda
Coprinus ↗
CO_2-Pumpen
Cor ↗
Coracidium ↗
Coraciiformes
Corchorus ↗
Cordaiten ↗
Cordaitidae
Coregonidae ↗
Core-Octamer ↗
Corepressor
Core-Promotor
Corey, Elias James
Cori, Carl Ferdinand
Cori, Gerti Theresa ↗
Coriandrum ↗
Coriariales
Corium ↗

D

D (Chemie)
D (Biochemie)
D (Toxikologie)
Dachse
Dactylis ↗
Dactylogyrus ↗
Dactylozooide ↗
DAG ↗
Dale, Sir Henry Hallet
Dalton
Dam, Henrik Carl Peter
Damhirsche
dämmerungsaktive Tiere
Dämmerungssehen
Dämmerungstiere ↗
Dämmerungszone
Daphne ↗
Daphnia
Daphnientest
Darm
Darmatmung
Darmbakterien
Darmegel ↗
Darmentzündung ↗
Darmfauna
Darmflora
Darmkanal ↗
Darmnervensystem
Darmparasiten
Darmtrakt ↗
Dart, Raymond Arthur
Darwin, Charles Robert
Darwinfinken
Darwin-Höcker
Darwinismus
Dasyatidae
Dasycladales
Dasycladophyceae ↗
Dasypodidae
Dasyproctidae
Dasyuridae
Dattelpalme
Datura ↗
Daubentonia ↗
Daucus ↗
Dauerausscheider ↗
Dauerbrüter
Dauereier
Dauerformen ↗
Dauerfrost ↗
Dauergewebe
Dauerknospen ↗
Dauerkultur
Dauersporen
Dauerstadien
Dauerzellen ↗
Dausset, Jean Baptiste
  Gabriel
DDT

Decabrachia
Decapoda
Decarboxylasen
Decarboxylierung
Decidua ↗
Deckblatt ↗
Deckepithel ↗
Deckschuppe
Deckspelze
Deckungsgrad
Dedifferenzierung
Defäkation
defekte Viren
Defensine (Botanik)
Defensine (Zoologie)
Defizienz
Degeneration (allge-
  mein)
Degeneration (Moleku-
  larbiologie)
degenerierter Code ↗
Dehydratasen
Dehydrierung
Dehydroepiandrosteron
Dehydrogenasen
Deinococcus/Thermus
Deisenhofer, Johann
deklaratives Gedächt-
* nis*
– Gedächtnis
Dekomposition ↗
Dekompressionskrank-
  heit ↗
Dekontamination
dekussiert ↗
Delamination
Delbrück, Max Ludwig
  Henning
Deletion
Deletionsanalyse
Deletionskartierung
Delfine ↗
Delphinidae
Delphinium ↗
Demenz
Demissin
Demodicidae
Demodikose
– Demodicidae
Demographie
Demökologie ↗
Demospongiae
Demutsgebärde
Demutsverhalten ↗
Denaturierung
Dendriten
Dendroaspis ↗
Dendrobatidae
Dendrobranchiata ↗
Dendrocalamus ↗
Dendrochronologie
Dendrocoelum ↗
Dendrogramm (Dendro-
  chronologie)

Dendrogramm (Syste-
  matik)
Dendrologie
Dengue-Fieber
Denitrifikanten ↗
Denitrifikation
denitrifizierende Bakte-
  rien
Denitrifizierer ↗
Denken
Dentes ↗
Dentin ↗
Deplasmolyse ↗
Depolarisation
Deponie
Depression
Derivat (Chemie)
Derivat (Biologie)
Dermaptera
Dermatom (Entwick-
  lungsbiologie)
Dermatom (Anatomie)
Dermatophyten
Dermestidae
Dermis ↗
Dermochelyidae
Dermoptera
Deroceras ↗
Derxia
Desaminierung
Desertifikation
Designer-Drogen
Design Food
Desinfektion
Desinfektionsmittel
desmale Knochenbil-
* dung*
– Knochen
Desmidiaceae
Desmodium ↗
desmodont ↗
Desmomyaria ↗
Desmosom
Desoxycholsäure ↗
Desoxyhämoglobin
– Hämoglobin
Desoxyribonucleasen
Desoxyribonucleinsäure
Desoxyribonucleotid-
* transferasen*
– DNA-Polymerasen
Destruenten
Destruenten-Sapropha-
  gen-Nahrungkette
Destruenten-Sapropha-
  gen-System ↗
Desulfurikation ↗
Desulfovibrio
Deszendenztheorie
Deszensus ↗
Determinanten (Immu-
  nologie)
Determinanten (Ent-
  wicklungsbiologie)
Determination

Determinationszone
Detoxifikation ↗
Detritivoren ↗
Detritus
Detritusfresser
Detritusnahrungskette
Deuteranopie ↗
Deuteromycetes
Deuterostomia
Deutocerebrum
Deutonymphe ↗
Deutsche Schabe
Devon
dezimale Reduktionszeit
DHEA ↗
Diabetes insipidus
Diabetes mellitus
Diacylglycerol
Diadematoida ↗
Diagenese ↗
Diagnose (Medizin)
Diagnose (Systematik)
diaheliotrope Bewe-
* gung*
– Heliotropismus
Diakinese ↗
Dialyse
Dianthus ↗
Diapause
Diaphragma (Vertebra-
  ta) ↗
Diaphragma (Articulata)
Diaphragma (Empfäng-
  nisverhütung) ↗
Diaphyse ↗
Diarrhoe
Diarthrognathus
Diasoma ↗
Diasporen
Diastema
Diastole
Diät
Diatomeae ↗
Diauxie
diazotrophe Bakterien ↗
Dibranchiata ↗
Dichasium
Dichlordiethylsulfid ↗
Dichlor-Diphenyl-Trich-
  lorethan ↗
Dichogamie
dichotom
Dichtegradientenzentri-
  fugation ↗
Dickblattgewächse ↗
Dickdarm ↗
Dicke Bohne ↗
Dickenwachstum
Dickhornschaf ↗
Dicondylia
Dicotyledonae
Dicrocoelium
Dictamnus ↗
Dictyosom
Dictyostela

Dictyostelium
Dictyotales
Didelphia ↗
Didelphidae
Didesoxy-Methode
Didesoxynucleotide
Didymis
Diencephalon ↗
Differenzialart (Pflanzensoziologie)
Differenzialart (Tierökologie)
Differential Display
differenzielle Genaktivität
differenzielle Genexpression ↗
Differenzierung
Differenzierungsphase
– Wundheilung
Differenzierungssignal
– Blühinduktion
Differenzierungszone
Difflugia
Diffusion
Diffusionshypothese
– Druckstromtheorie
Diffusionswiderstand ↗
Digenea
Digitalis ↗
Digitalis-Glykoside
Dihydrogenphosphate
– Phosphate
Dihydroxyacetonphosphat ↗
1α,25-Dihydroxycholecalciferol ↗
3,4-Dihydroxyphenylalanin ↗
diklin ↗
dikondyl
– Gelenk
dikotyl ↗
Dikotyle ↗
Dikotyledonen ↗
Dilatationswachstum
Dilleniales ↗
Dimer
Dimethylketon ↗
dimiktisch
Dimorphismus ↗
Dingo
2,4-Dinitrophenol
Dinkel ↗
Dinobryon
– Chrysophyceae
Dinococcales ↗
Dinoflagellata
Dinophyceae ↗
Dinophysiales ↗
Dinophyta
Dinornithiformes
Dinosaurier
Dinotrichales ↗
Diodontidae ↗

Dioecie ↗
Diomedeidae ↗
Dionaea ↗
Dioptrien
– Akkommodation
dioptrischer Apparat
Dioscoreaceae
Dioscoreales
Diospyros ↗
Dioxine
Dioxygenasen
Diöstrusphase
– Östrus
Diözie (Botanik)
Diözie (Pilze)
Dipeptidasen ↗
Diphosphatidylglycerin ↗
Diphtherie
Diphyllobothrium ↗
diphyodont
diphyzerk ↗
Dipicolinsäure
diploblastische Eumetazoa
Diplogastrida
diplogenotypische Geschlechtsbestimmung
– Geschlechtsbestimmung
Diplohaplont
diploid ↗
Diploidie
Diplokokken ↗
Diplomonadea
Diplomonadina
Diplont
Diplophase
Diplopoda
Diplotän ↗
Diplozoon ↗
Diplura
Dipnoi
Dipodidae
Dipsacales ↗
Dipsacanae
Diptam
Diptera
direct repeats ↗
direkte Lichtreaktion ↗
direkte Sequenzwiederholungen
Disaccharide
Dischidia ↗
Discus ↗
disjunkte Verbreitung
diskontinuierliche Kultur ↗
diskontinuierliche Verbreitung ↗
Diskordanz
Diskus (Botanik)
Diskus (Zoologie)
Disomie

Dispersion
Dissepimente
Disse-Raum ↗
Dissimilation
dissimilatorische Nitratreduktion ↗
dissipative Strukturen
Dissogonie
Dissoziation
distal
Distanzierungsverhalten ↗
Distanzregulation
Distanztier
Distel
Distelfink
– Fringillidae
Distomum
– Digenea
Disulfidbindung
Diterpene
Diurese
diurnaler Säurerhythmus
Divergenz (Evolutionsbiologie)
Divergenz (Sinnesphysiologie)
Diversität ↗
Diversitätsindex
Divertikel
dizentrisch
DNA ↗
DNA-bindende Proteine
DNA-Chip ↗
DNA-Fingerprint ↗
DNaseI-Footprinting
DNA-Gyrase ↗
DNA-Klonierung
DNA-Körperchen
– Genamplifikation
DNA-Ligase
DNA-Methylierung
DNA-Polymerasen
DNA-Protektionsexperimente ↗
DNA-Rekombinationstechnik
DNA-Reparatur
DNA-Replikation ↗
DNase ↗
DNA-Sequenzierung
DNA-Sonde ↗
DNA-Topoisomerase
DNP ↗
DNS ↗
Dobzhansky, Theodosius
n-Docosansäure ↗
Dodo ↗
Dohle ↗
Doisy, Edward Adelbert
Doktorfische ↗
Dolde ↗
Doldengewächse ↗

Dolicholphosphate
Doliolaria ↗
Doliolida
Dollo'sche Regel
Dollyverfahren
– Klonen
Domagk, Gerhard Johannes Paul
Domäne (Biochemie)
Domäne (Systematik)
Domestikation
dominant ↗
dominant-rezessiver Erbgang ↗
Dominanz (Ethologie)
Dominanz (Ökologie)
Dominanz (Genetik)
Dompfaff
Dopa ↗
Dopamin
Doppelhelix
Doppelschleichen ↗
Doppelschwänze ↗
Dopplereffekt ↗
dorsiventral
Dosiseffekt
Dosiskompensation
Dörnchenkorallen ↗
Dormanz (Botanik)
Dormanz (Zoologie)
Dornen
Dornenkronen-Seestern ↗
Dornfinger ↗
Dorngrasmücke ↗
Dornhaie ↗
Dornschwanzhörnchen ↗
Dornteufel ↗
dorsal
Dorsalisierung
Dorsch ↗
Dorschfische ↗
dorsiventral
Dosenschildkröten ↗
Dosis
Dot Blot ↗
Dotter
Dottersack
Dottersackplacenta
Dotterstock
Douglasfichte ↗
Douglastanne ↗
Douglasie
downstream
Down-Syndrom
DPA ↗
Dracaenaceae
Drachenbaum
Drachenköpfe ↗
Drachenkopffischverwandte ↗
Draco ↗
Dracunculus medinensis ↗

Eileiterschwanger-
schaft ↗
Eimeria
einbetten ↗
Einbürgerung
einfache Diffusion
einfache Plastiden
*Einfurchen-Zweikeim-
blättrige*
– Magnoliopsida
Ein-Gen-ein-Enzym-Hy-
pothese
Ein-Gen-ein-Protein-Hy-
pothese
eingeschlechtig
Eingeweide
Eingeweidenervensys-
tem ↗
Eingeweidesack
Einhäusigkeit ↗
Einheitsmembran
Einhufer
– Equidae
einjährige Pflanzen ↗
einkeimblättrige Pflan-
zen ↗
Einkorn ↗
Einkrümmung
– Telomtheorie
Einmietung ↗
Einnischung ↗
Einnistung ↗
einschenkelig ↗
Einschleppung
Einsichtlernen ↗
Eintagsfliegen ↗
Einwanderung
Einzelkopie-DNA
Einzeller
Einzellerprotein
Einzelstrang-Bindepro-
teine
Eireifung ↗
Eisbär ↗
Eischalendrüsen
– Nidamentaldrüsen
Eisen
Eisenbakterien
Eisenhut
Eisenia
Eisenkraut
Eisenkrautgewächse ↗
Eisen oxidierende Bak-
terien ↗
Eisenzeit
Eisfische ↗
Eisfuchs
Eispflanze
– CAM-Pflanzen
Eisprung
Eisvögel ↗
Eiszeit
Eiszeitrefugien ↗
Eiszeitrelikte
Eiter ↗

Eitererreger
Eiweiße ↗
Eizelle
Ejakulation ↗
EKG ↗
Eklektor ↗
Ekt-endo-Mykorrhiza ↗
ekto- ↗
Ektoderm
ektolecithal
Ektomykorrhiza ↗
Ektoparasit
Ektoplasma ↗
Ektosporen ↗
Ektosymbiose
ektotherm
Ektotoxine ↗
Elaeagnaceae
Elaeagnales ↗
Elaeis ↗
Elaioplasten
Elaiosomen
Elaphe ↗
Elapidae
Elasmobranchii
Elasis
Elastase
Elastin
Elateridae
Elche
Elefanten
Elefantenohr
– Amaryllidaceae
Elektivkultur ↗
*elektrische Erregungs-
übertragung*
– Synapse
elektrische Fische
elektrische Organe
elektrische Rochen ↗
elektrische Welse ↗
elektrochemischer Gra-
dient
Elektrocyten ↗
Elektroencephalogramm
elektrogene Pumpe ↗
Elektrokardiogramm
Elektrolyte
elektromechanische
Kopplung
Elektromyogramm
Elektronegativität
Elektronenmikroskop ↗
Elektronenspinreso-
nanz-Spektroskopie
Elektronentransportket-
te
Elektroortung ↗
Elektrophorese
Elektroplaques ↗
Elektroporation
Elektrorezeption
Elektrosmog
elektrostatische Anzie-
hung ↗

Elementarmembran ↗
Elenantilope ↗
Elephantiasis
Elephas ↗
Elfenbeinpalme
Elicitoren
Eliminierung
Elion, Gertrude Belle
ELISA
Ellbogen
Ellbogengelenk
Elle
Elodea ↗
Elongation
Elongationsfaktoren
Elster ↗
Elter
Elterngeneration ↗
Elterninvestment
Elytren
Emanzipation
– Überlebensstrategien
Embden, Gustav
Embden-Meyerhof-Par-
nas-Abbauweg ↗
Emberizidae
Embioptera
Embolie (Botanik) ↗
Embolie (Medizin)
Embolie (Entwicklungs-
biologie)
Embolus ↗
Embryo (Botanik)
Embryo (Zoologie)
Embryo (Humanmedi-
zin)
Embryo banking
Embryobionta ↗
Embryoblast ↗
Embryogenese ↗
Embryologie ↗
embryonal
Embryonalentwicklung
(Botanik)
Embryonalentwicklung
(Zoologie und Human-
biologie)
embryonale Stammzel-
len
– Die Forschung an
embryonalen Stamm-
zellen (Essay)
Embryonalhüllen
Embryonalorgane
Embryonenforschung
Embryonenschutzgesetz
Embryopathie
Embryophyta
Embryosack ↗
Embryosackkern ↗
Embryosackmutter-
zelle ↗
Embryotransfer
Embryotrophe
– Placenta

Emergenz (allgemein)
Emergenz (Botanik)
Emergenz (Zoologie)
Emergenzfalle
Emerskultur ↗
Emerson-Effekt
EMG ↗
Emigration
– Migration
Eminentia mediana
– Hypophyse
Emmer ↗
Emission
Empfängnishügel ↗
Empfängnisverhütung
Empididae
EMS ↗
Emu
Emydidae
Emys ↗
Enantiomere
Enation
Encephalisation
*Encephalisationsquoti-
ent*
– Encephalisation
Encephalitis
Encephalon ↗
Encephalopathien
*enchondrale Knochen-
bildung*
– Knochen
Enchytraeida ↗
Encrinus
Enddarm ↗
Endemismus
Endemiten ↗
Endhirn ↗
Endhandlung
Endharn
– Harn
Endobios
Endobiose ↗
Endocardium ↗
Endocellulasen
– Cellulasen
Endoceras
Endocranialausguss
Endocyanome
– Glaucophyceae
Endocytobiose
Endocytose
Endodermis
Endodyogenie
– Toxoplasma
Endofauna
Endogamie
endogen
endogene Rhythmik ↗
Endohormone
– Schädlingsbekämpfung
Endokard ↗
Endokarditis
– Herz-Kreislauf-Erkran-
kungen

Endokarp ↗
endokrin
endokrine Drüsen ↗
endolymphatisches Potenzial
– Hören
Endolymphe
Endomembransystem
Endometrium ↗
Endomitose
Endomycetidae
Endomykorrhiza ↗
Endoneurium ↗
Endonucleasen
Endoparasit
Endopeptidasen ↗
Endoperidie
– Geastrales
– Lycoperdales
Endoplasma ↗
endoplasmatisches Reticulum
Endopodit ↗
endorheische Seen
– Salzseen
Endorphine
Endoskelett
Endosom ↗
Endosperm
Endospor
Endosporen
Endostyl ↗
Endosymbiontentheorie
Endosymbiose
Endothel
endotherm (Chemie)
endotherm (Physiologie)
Endotoxine ↗
Endotrachea
– Tracheen 2)
Endoxidation
Endplattenpotenzial ↗
Endprodukt-Hemmung
Endwirt
energetische Kopplung
Energide
Energie
Energieerhaltungssatz ↗
Energiefluss
Energieflusshypothese
Energieladung
Energiepyramide
energiereiche Verbindungen
Energiestoffwechsel
Energy charge ↗
Engelmann-Versuch
Engelwurz
Engerling ↗
Engler, Adolf
Engraulidae ↗
Enhancement-Effekt ↗
Enhancer
Enhancer-Mutanten ↗

Enhydra lutris ↗
Enkapsisbauweise
– Sehnen
Enkephaline
Enolase
Enopla ↗
Ensifera
Entamoeba histolytica
Entelegynae
– Araneae
Enten
Entenmuscheln ↗
Entenvögel ↗
Enteritis
Enterobacter
Enterobacteriaceae
Enterobakterien ↗
Enterobius vermicularis ↗
Enterococcus ↗
Enterogastron ↗
Enteroglucagon
enterohepatischer Kreislauf ↗
Enterokinase
Enterokokken ↗
Enteron ↗
Enteropeptidase ↗
Enteropneusta
Enterorezeptoren
Enterotoxine
Enteroviren
Entfernungsorientierung ↗
Entgiftung (Tierphysiologie)
Entgiftung (Pflanzenphysiologie)
Enthalpie
Entjungferung
Entkeimung ↗
Entkoppler ↗
Entner-Doudoroff-Weg
Entoderm
Entognatha
Entökie
Entomogamie
Entomologie
Entomophilie ↗
Entomophthorales
Entoprocta ↗
Entotropha ↗
Entropie
Entwicklung
Entwicklungsbiologie
Entwicklungsgenetik ↗
Entwicklungskontroll-Gene ↗
Entwicklungsphysiologie ↗
Entyloma ↗
Entzündungsreaktion
Enzian
Enziangewächse ↗
Enzyme

Enzymeinheiten ↗
Enzymhemmung ↗
Enzyminduktion
Enzyminhibitoren ↗
Enzymklassen ↗
Enzym-Produkt-Komplex ↗
Enzym-Substrat-Komplex ↗
Eohippus ↗
Eozän ↗
Epedaphon
Ephedra
Ephemerophyten ↗
Ephemeroptera
Ephrine
Ephyra ↗
Epi-
Epibios
Epiblast
Epibolie
Epibranchiale
– Kiemenbögen
Epibranchialrinne
Epicatechin
– Catechine
Epidemie
Epidemiologie
Epidermis (Botanik)
Epidermis (Zoologie)
Epidermophyton ↗
Epididymis ↗
Epiduralraum
epigäisch (Botanik)
epigäisch (Ökologie)
Epigamie ↗
Epigenese
epigenetisch
epigyn
Epikanthus
Epikotyl
Epilimnion
Epilithen ↗
Epilitoral ↗
Epilobium ↗
Epimerie
Epimerisierung
Epimorphose
Epinastie
Epinephrin ↗
Epineurium ↗
Epineuston ↗
Epipelagial ↗
Epiphyse
Epiphyten
Epiplasma
– Einzeller
Epipodit ↗
Episiten ↗
Episphäre
– Acron
Epistasie
Epistom
epistomatisch
Epithel

Epithelkörperchen ↗
Epitheton ↗
Epitokie
Epitop
Epizoen ↗
Epizoochorie
EPO ↗
Epökie
EPSP ↗
Epstein-Barr-Virus
Equidae
Equisetaceae
Equisetales
Equisetopsida
Equisetum ↗
Eragrostis ↗
Erbanalyse
Erbanlage ↗
Erbgang
Erbgut
Erbkoordination
Erbkrankheiten
Erbrechen
Erbse
Erbsenrost ↗
Erdaltertum ↗
Erdbauten ↗
Erdbeerbaum
Erdbeere
Erde
Erdferkel ↗
Erdgas
Erdhöhlen ↗
Erdhummel ↗
Erdkröte ↗
Erdmandel ↗
Erdmann, Rhoda
Erdmännchen
Erdmittelalter ↗
Erdneuzeit ↗
Erdnuss
Erdöl
Erdpflanzen ↗
Erdrauchgewächse ↗
Erdspross ↗
Erdsterne ↗
Erdzeitalter
Erektion
Eretmochelys ↗
Ergasilus ↗
Ergosterin
Ergotalkaloide
– Mutterkornalkaloide
Ergotamin ↗
Ergotismus
– Mutterkornalkaloide
ergotrop
Erhaltungsgebiet
Erhaltungsstoffwechsel
Ericaceae
Ericales
Erinaceidae
Eriocheir ↗
Eriophyidae
Erithacus rubecula ↗

Erkältung
Erlanger, Joseph
Erle
erleichterte Diffusion ↗
Ernährung
– Der globale Mensch
  und seine Ernährung
  (Essay)
Ernährungslehre ↗
Ernährungswissenschaft
Erntemilbe ↗
Erodium ↗
Eröffnungsperiode
– Geburt
Erosion
Errante
erregendes postsynapti-
  sches Potenzial
Erreger
Erregung (Sinnes- und
  Neurophysiologie)
Erregung (Ethologie)
Erregungsleitung
Ersatzgesellschaft
Erschöpfungsstadium
– Stress
Eruca ↗
Erucasäure ↗
Erwinia
Erysiphales
Erythrocyten
Erythrocytenreifung
– Erythrocytopoese
Erythrocytogenese
– Erythropoese
Erythrophoren
– Chromatophoren 2)
Erythropoese
Erythropoetin
Erythroxylaceae
Eryx ↗
Esche
Eschenahorn
– Aceraceae
Escherichia
Escherichia coli
Eschrichtidae
Esel
Esocidae ↗
Esox lucius ↗
Esparsette
Espe
ESR-Spektroskopie ↗
ESS ↗
Essigfliegen ↗
Essigmutter
Essigsäure
Essigsäurebakterien
Essigsäuregärung
Esskastanie ↗
EST ↗
Ester
Esterasen
Estradiol ↗
Estragon

Estriol ↗
Estrogene
Etephon
– Ethylen
Ethanal ↗
Ethanol
Ethanolamin
Ethanolgärung ↗
Ethansäure ↗
etherische Öle
Ethidiumbromid
Ethmoid ↗
Ethnologie
– Anthropologie
Ethogramm
Ethologie
Ethoökologie ↗
Ethylen
Ethylmethansulfonat
Etiolement
Etioplasten
Euarthropoda
Eubacterium
Eubakterien
Eucalyptus ↗
Eucarida
Eucarya
Euchromatin ↗
Eucyte
Eudicots ↗
Euechinoida
Euedaphon ↗
Eugenia ↗
Eugenik
Euglenata
Euglenidea
Euglenophyta
Euglenozoa
euhaline Zone ↗
Euhirudinea
Euhomininae ↗
Eukalyptus
Eukaryoten ↗
Eulamellibranchien ↗
Eulen ↗
Eulenfalter ↗
Eulenvögel ↗
Euler-Chelpin, Hans
  Karl August Simon von
Euler-Chelpin, Ulf Svan-
  te von
Eulitoral ↗
Eumelanine
– Melanine
Eumycota
Eunectes murinus ↗
Eunice ↗
Eunuch
Euonymus ↗
Eupagurus
Euphausiacea ↗
Euphorbiaceae
euphotische Region
Euplectella ↗

Europäischer Laub-
  frosch ↗
Europäischer Wels
Europäisches Chamäle-
  on ↗
Europiden
– Menschenrassen
Eurotiales
eury-
Euryarchaeota ↗
euryhalin
euryhydrisch
euryhygrisch
euryök
euryözisch ↗
euryphot
eurypotent
Eurypterida
eurytherm
Euscorpius ↗
Eusozialität
– Tierstaaten
Eusporangiatae
– Pteridopsida
Eustachi, Bartolomeo
Eustachi-Röhre
Eustele ↗
Eutardigrada ↗
Eutelie ↗
Eutheria
Euthyneurie
eutroph
Eutrophierung
Eva-Hypothese
– Anthropogenese
Evaporation
evers ↗
Evolution
evolutionäre Art
– Art
Evolutionsbiologie
Evolutionsmedizin
Evolutionspsychologie
Evolutionsrate
evolutionsstabile Strate-
  gie
Evolutionstheorien
Excisionsreparatur
– DNA-Reparatur
Exine
Exklave
Exkremente ↗
Exkrete
Exkretion (Botanik)
Exkretion (Zoologie)
Exkretionsgewebe ↗
Exkretionsorgane
Exkretophoren
Exkretspeicherung
Exocellulasen
– Cellulasen
Exocoetidae
Exocytose
Exodermis
exogen

exokrine Drüsen ↗
Exon
Exon shuffling
Exopeptidasen ↗
Exoperidie
– Geastrales
– Lyoperdales
Exopodit ↗
Exoskelett
Exosphäre
– Atmosphäre
Exospor ↗
Exosporen
exotherm
Exotoxine ↗
Exotrachea
– Tracheen 2)
Expansionszentrum ↗
Explosionsmechanismen
expressed sequence tag
Expressionsbibliothek ↗
Expressionsvektoren
Expressivität
*Exprimierte
  Sequenzteilstücke*
– expressed sequence
  tags
Exspiration ↗
Exsudation (Botanik)
Exsudation (Zoologie)
Extensoren
Extensorzellen
– Pulvinus
Exterorezeptoren
Extinktion (allgemein)
Extinktion (Physik)
Extinktion (Evolutions-
  biologie)
extrachromosomale
  DNA ↗
extrachromosomale Ge-
  ne
extraembryonale Mem-
  branen
extraembryonales Gewe-
  be
extrakorporale Befruch-
  tung
*extrakorporale Besa-
  mung*
– künstliche Besamung 2)
*extratentakuläre Knos-
  pung*
– Madreporaria
Extrauteringravidität
extrazelluläre Matrix
extrazonale Vegetation
Extremitäten
extremophile Bakterien
Extrinsic factor ↗
Extrusomen
– Einzeller
Exuvialdrüsen ↗
Exuvialflüssigkeit
– Häutung

Exuvie
Exzessivbildungen

F (Genetik)
F (Chemie)
F (Biochemie)
Fabaceae
Fabales
Facettenauge
Fächel ↗
Fächerflügler ↗
Fächerlungen
Fächerpalmen ↗
Facialis ↗
FAD ↗
Fadenfische
– Belontiidae
Fadenflechten ↗
Fadenkiemen
– Bivalvia
– Kiemen
Fadenpapillen ↗
Fadenthallus
Fadenwürmer ↗
Fagaceae
Fagales
Fagopyrum ↗
Fagus ↗
Fahne ↗
Fahnenquallen ↗
Fährte
fakultativ anaerob
Falconidae
Falconiformes
Falken ↗
Falkenzahn
– Falconidae
Fallensteller
Fallout
Falsche Mehltaupilze ↗
Faltblattstruktur
Familie (Systematik)
Familie (Ethologie)
Fangbeine
Fangfäden
Fangheuschrecken ↗
Fangmaske
Fangschreckenkrebse ↗
Farbanpassung
Farbenfehlsichtigkeit
Farbensehen
Färberdistel ↗
Färberpflanzen
Färberröte
Färberwaid
Farbfrösche ↗

– atelische Bildungen
Exzisionsreparatur ↗

Farbtracht ↗
Färbungsregel
– Klimaregeln
Farbwechsel
Farne ↗
Farnesol
Farnpflanzen ↗
Fasanen ↗
Fasciola
Fasciolopsis
Faserpflanzen
– Kulturpflanzen
Fast Food
Faszien
faszikulär ↗
Faulbaum
Faulgas ↗
Fäulnis
Fäulnisbakterien
Fäulnisbewohner ↗
Fäulnispflanzen ↗
Faulschlamm
Faultiere ↗
Faulturm
– Kläranlage
Fauna
Faunenanalogie
Faunenelement
Faunenschnitt
Faunenverfälschung
Fäzes
Fazies
FCKW ↗
Fe ↗
Federlinge ↗
Federn
Federwechsel ↗
Feedback-Hemmung ↗
Fegezeit
– Geweih
Fehlgeburt ↗
Fehlpaarungsreparatur
Feigenbaum
Feigenkaktus
Feindabwehr
– Aggression
Feind-Beute-Beziehung
Feinde
Feindschema
Fekundation ↗
Feldahorn
– Aceraceae
Feldgrille ↗
Feldhase ↗
Feldkapazität
Feldlerche ↗
Feldmäuse
Feldsalat
Feldschwirl ↗

Feldsperling ↗
Felidae
Felis ↗
Felsbodengesellschaften
Felsenheide ↗
Felsenpython ↗
Felsenspringer ↗
Felsentaube ↗
Felshafter
Femur
Fenchel
Fennek
Fermentation (Biotech-
nologie)
  Fermentation (Lebens-
  mitteltechnologie)
Fermentation (Bioche-
mie)
Fermenter
Fernerkundung
Ferntransport
Ferredoxine
Ferritin
Ferrochelatase
Fertilisation ↗
Fertilität ↗
Ferulasäure
Festigungsgewebe
Festuca ↗
Fetalentwicklung
Fetalisation
Fetogenese ↗
Fette und fette Öle
Fettgewebe
Fetthenne ↗
Fettkörper
Fettsäuren
Fettsäure-Synthase
Fettschwalme
– Caprimulgiformes
Fettsteiß
Fettsucht
Fettzellen ↗
Fetus
Fetzenfisch ↗
Feuchtgebiete
Feuchtigkeit
Feuchtlufttiere
Feuchtpflanzen ↗
Feuchtwiesen
Feuer
Feueradaptation ↗
Feueralgen ↗
Feuerbrand
*Feuerklimax-Gesell-
schaften*
– Feuer
Feuerkorallen
Feuerökologie

Feuerquallen ↗
Feuersalamander
Feuerwalzen ↗
Feuerwanze
FFH-Richtlinie ↗
F-Generation ↗
FGF ↗
Fibrin
Fibrinogen ↗
Fibrinolyse
Fibrinolytikum
– Plasmin
Fibroblasten
Fibroblastenwachstums-
faktor
Fibroin
Fibronectin
Fichte
Fichtenkreuzschnabel ↗
Fick, Adolf
Ficus ↗
Fieber
Fiebermücken ↗
Fiederblatt ↗
Fiederblättrige Nacktsa-
mer ↗
Fiederkiemer ↗
Fiederpalmen ↗
Filament (Botanik)
Filament (Mikrobiolo-
gie)
Filament (Cytologie)
Filament bildende Bak-
terien
Filariose
Filialgeneration
Filibranchia ↗
Filicopsida ↗
filiform
– Antennen
Filopodien
– Pseudopodien
Filospermoida ↗
Filoviren
Filtrierer
– Detritusfresser
Filzlaus
Fimbrien ↗
Fimbrientrichter
– Eileiter
Fingerabdruck ↗
Fingerhut
Fingerkraut ↗
Fingertier
Finken ↗
Finne
Finsen, Niels Ryberg
Finsterspinne ↗
Fischadler

Fraxinus ↗
Fregattvögel ↗
Freikiefler ↗
Freiwasserzone ↗
Fremdbestäubung ↗
Fremdeln
Fremdreflex
– Reflex
Fremdstoffe ↗
Frenulum
frequenzabhängige
   Selektion
Frequenzmodulation
– Aktionspotenzial
Fresspolypen ↗
Fringilla coelebs ↗
Fringillidae
Frisch, Karl Ritter von
frontal ↗
Froschbissgewächse ↗
Frösche ↗
Froschlöffelgewächse ↗
Froschlurche ↗
Frosthärte ↗
Frostkeimer
Frostresistenz
Frostschäden
Frosttrocknis
Frucht
Fruchtbarkeit

Fruchtblase
Fruchtblatt
Fruchtfall ↗
Fruchtfliege ↗
Fruchtfolge
Fruchtgehäuse ↗
Fruchtholz
Fruchthüllen ↗
Fruchtknoten
Fruchtkörper
Fruchtreifung
Fruchtsack ↗
Fruchtstand
Fruchtwand ↗
Fruchtwasser
Fruchtwasseruntersu-
   chung
Fructose
Fructose-2,6-bisphos-
   phat
Frühblüher
– Blütezeit
Frühgeburt
Frühholz ↗
Frühmenschen ↗
Frühsommer-Meningo-
   encephalitis
Fruktivoren
FSH ↗

FSH-Releasing-Hor-
   mon ↗
FSME ↗
Fucales
Fuchsbandwurm ↗
Füchse
Fuchshai ↗
Fuchsschwanz ↗
Fuchsschwanzge-
   wächse ↗
Fucose
Fucoxanthin
Fucus ↗
Fühler ↗
Fuhlrott, Johann Carl
Fulica atra ↗
Fuligo
– Myxomycetes
Fullerene
Fulvosäuren
Fumarase
Fumaratatmung
Fumarat-Hydratase ↗
Fumariaceae
Fumarsäure
Funariales
Functional food
Fundatrix
Fundort
Fundus

Fungi ↗
Fungia ↗
Fungi imperfecti ↗
Fungizide
Funiculus (Botanik)
Funiculus (Zoologie)
Funktionalis
– Gebärmutter
funktionelle Gruppen
Funktionskreis
Furanosen ↗
Furca
Furchenfüßer ↗
Furchenverrieselung
– Bewässerung
Furchenwale ↗
Furchgott, Robert F.
Furchung
Furchungsenergiden
– Furchung
Furnariidae ↗
Fusarium
Fuselöle
Fuß
Füßchenzellen ↗
Futterpflanzen
– Kulturpflanzen
Futterrübe
Fynbos ↗
F⁺-Zelle ↗

G

G (Chemie)
G (Biochemie)
G (Molekulargenetik)
GABA ↗
Gabelblattgewächse ↗
Gabelbock ↗
Gabelhorntiere ↗
Gabelmücken ↗
gabel- und nadelblättri-
   ge Nacktsamer ↗
Gabler
– Geweih
Gadiformes
Gadus ↗
Gagelgewächse ↗
Gagelstrauch
Gajdusek, Daniel Carle-
   ton
Galactose
β-Galactosidase
D-Galacturonsäure ↗
Galagidae
Galagos ↗
Galanthus
– Amaryllidaceae

Galápagos-Riesenschild-
   kröte ↗
Galba ↗
Galium ↗
Galle
Gallen (Botanik)
Gallen (Zoologie)
Gallenblase
Gallenfarbstoffe
Gallengang ↗
Gallensäuren
Gallertflechten ↗
Galliformes
Gallinago gallinago ↗
Gallionella
Gallmilben ↗
Gallmücken ↗
Gallussäure
Gallwespen ↗
Galopp
Galton, Sir Francis
Gametangiogamie
Gametangium
Gameten
Gametentransfer ↗
Gametocyt ↗
Gametogamie
Gametogenese
Gametogonie ↗
Gametophyt
Gamma-Eule ↗

Gammaglobine ↗
Gammarus ↗
Gamogonie ↗
Gamone
Gamont
Gamontogamie ↗
Gämse ↗
Gangart
Gangesgavial ↗
Gangeshai
– Carcharhinus
Ganglienblocker ↗
Ganglienzellen
– Auge
– Sehen
Ganglion
Ganglioside
Ganoidschuppen
Gänse
Gänsefußgewächse ↗
Gänsegeier ↗
Gänsehaut
– Haare
Gänsesäger ↗
Gänsevögel ↗
GAP ↗
Gap junction
Garigue
Gärröhrchen
Gartenbohne
Gartengrasmücke ↗

Gartenkresse
Gartenkreuzspinne
– Araneidae
Gartenrotschwanz ↗
Gartenschläfer ↗
Gärung
Gasaustausch ↗
Gasbrand
Gaschromatographie
Gasgangrän ↗
Gasser, Herbert Spencer
Gaster ↗
Gasteromycetes ↗
Gasterophilidae
Gasterosteidae
Gastraltaschen
– Anthozoa
Gastrin
Gastritis
Gastrodermis
– Placozoa
Gastroenteritis
gastrointestinale Hor-
   mone
gastrointestinales Peptid
Gastrointestinaltrakt ↗
Gastrolithen
– Flusskrebs
Gastropoda
Gastrotricha
Gastrovaskularsystem

Gastrozooide ↗
Gastrula
Gastrulation
Gasvakuolen
Gaswechsel
Gattung
Gaumen ↗
Gaumenbein
Gaur ↗
Gause-Volterra-
 Gesetz ↗
Gavialidae
Gaviiformes
Gayal ↗
Gay-Lussac, Joseph
 Louis
Gazellen ↗
GC-Box
GC-Gehalt
G-CSF ↗
GDP ↗
Geastrales
Gebärmutter
Gebirgsbach ↗
Gebirgsstelze ↗
Gebiss
Geburt
Geburtshelferkröte
Geckos ↗
Gedächtnis
Gedächtniszellen ↗
Gedeihkurve
gefährdete Arten ↗
Gefäße (Zoologie)
Gefäße (Botanik)
Gefäßglieder ↗
Gefäßpflanzen
Gefäßteil ↗
Gefieder
Geflügelpest
Gefrierätztechnik
Gefrierbruchtechnik ↗
Gefrieren
Gefrierschutzmittel
Gefrierschutzproteine
Gefriertrocknen ↗
Gegenfarbentheorie ↗
Gegenspieler
– Antagonisten
Gegenstromaustausch
Gehen
Gehirn
Gehirnentzündung ↗
Gehirnnerven ↗
Gehirn-Rückenmarks-
 flüssigkeit ↗
Gehölzkunde ↗
Gehörgang ↗
Gehörknöchelchen ↗
Gehörn ↗
Gehörorgane
Gehörsinn
Geier
Geierschildkröte ↗
Geigenrochen ↗

Geiseltal
Geißblattgewächse ↗
Geißel ↗
Geißelfilament
– Flagellen
Geißelhaken
– Flagellen
Geißelorgan ↗
Geißelschlag
Geißelskorpione ↗
Geißelspinnen ↗
Geißeltierchen ↗
Geitonogamie ↗
Geitonogenese
– Parallelentwicklung
Gekkonidae
Gekröse ↗
Gelbbauchunke ↗
gelber Fleck ↗
Gelbfieber
Gelbgrünalgen ↗
Gelbhalsmaus ↗
Gelbkörper
Gelbkörperhormone
Gelbrandkäfer
Gelbrost ↗
Gelbsucht
Gelbwurzel
Gelée Royale
Geleitzellen
Gelelektrophorese
Gelenk
Gelfiltration ↗
gemeinsame Endstrecke
– Stoffwechsel
Gemischtgeschlechtig-
 keit ↗
Gemmen ↗
Gemmulae
Gemse
Gen
Genaktivierung
Genamplifikation
Genamplifizierung ↗
Genbank
Gendosis ↗
Gendrift
Generalisten
Generation (allgemein)
Generation (Genetik)
Generation (Fortpflan-
 zungsbiologie) ↗
Generationswechsel
Generationszeit (allge-
 mein)
Generationszeit (Mikro-
 biologie)
Genetik
genetische Analyse
genetische Beratung
genetische Bürde
genetische Drift ↗
genetische Impfung
– Allergie
genetische Information

genetische Last ↗
genetischer Code
genetischer Fingerab-
 druck
genetischer Marker
genetisches Mosaik
Genexpression
Genfamilie
Genfluss
Gen food
Genfrequenz
Genhäufigkeit ↗
Genitalfalte ↗
Genitalien ↗
Genitalorgane ↗
Genitalpräsentation
Genkanone
– biolistische Transfor-
 mation
Genkartierung
Genklonierung ↗
Genkopplung ↗
Genlocus
Genmosaik ↗
Genmutation
Genom
Genomgröße
Genomics
Genomik ↗
genomische Biblio-
 thek ↗
genomische Prägung
Genommutation
Genomprojekte
Genomsequenzierun-
 gen ↗
Genort ↗
Genotyp
Genpool
Genprodukt
Genregulation
Gensonde
Gentechnik
gentechnisch veränder-
 ter Organismus
Gentechnologie ↗
Gentest
Gentherapie
Gentianaceae
Gentianales
Gentransfer
Genübertragung ↗
Genus ↗
Genwirkketten
Genwirkung
Genzentren
geo- ↗
Geobiologie ↗
Geobotanik
Geoelement
Geoffroy Saint-Hilaire,
 Étienne
Geokarpie
– Erdnuss
Geometridae

Geoökologie
Geophilomorpha ↗
Geophyten
Geosmine
Geotaxis
Geotropismus
Geozoologie ↗
Gepard
Geraniaceae
Geraniales
Geraniol
Geranium ↗
Gerbillinae ↗
Gerbstoffe
Gerinnsel ↗
Gerinnungsfaktoren ↗
Germarium ↗
Geröllwerkzeuge
Gerontologie
Gerontoplast
Gerromorpha
Gerste
Geruch
Geruchsklassen
– Geruchssinn
Geruchsorgane
Geruchssinn
Geschlecht
Geschlechterverhältnis
geschlechtliche Fort-
 pflanzung ↗
Geschlechtlichkeit ↗
Geschlechsakt ↗
Geschlechtsbestimmung
Geschlechtschromatin ↗
Geschlechtschromoso-
 men
Geschlechtsdimorphis-
 mus
Geschlechtsfalte
geschlechtsgebundene
 Vererbung ↗
Geschlechtshöcker ↗
Geschlechtshormone
Geschlechtskrank-
 heiten ↗
Geschlechtsmerkmale
Geschlechtsorgane
Geschlechtsreife
Geschlechtstiere
Geschlechtsverkehr
Geschlechtswulst ↗
Geschlechtszellen ↗
Geschmack
Geschmacksknospen ↗
Geschmacksorgane
Geschmackssinn
geschützte Pflanzen und
 Tiere ↗
Geschwindigkeitskon-
 stante ↗
Geschwisterbestäu-
 bung ↗
Gesetz der Neukombina-
 tion ↗

Gonadotropin-Relea-
sing Hormon
Gonan ↗
*goniatitische Lobenli-
nie*
– Lobenlinie
Gonidium
Gonococcus ↗
Gonoducte
Gonophoren
– Hydroida
– Hydrozoa
Gonopoden
Gonopodium
Gonorrhoe
gonosomaler Erbgang ↗
Gonosomen ↗
Gonozooide ↗
Gonyaulax
Gorgonaria
Gorgonenhaupt ↗
Gorilla
Gossypium ↗
Gottesanbeterin ↗
Gotteslachsverwandte ↗
G_0-Phase ↗
G_1-Phase ↗
G_2-Phase ↗
G-Proteine
Graaf, Reinier de
Graaf-Follikel ↗
Grabfüßer ↗
Gradation ↗
Gradualismus ↗
Gram-Färbung
Graminales ↗
Gramineae ↗
gramnegativ ↗
gramnegative Bakterien
grampositiv ↗
grampositive Bakterien
Granadilla ↗
Granatapfel
Granatapfelgewächse ↗
Granne
Granulocyten
Granuloreticulosea
Grapefruit
Graptolithina
Gräser
Grasfrosch
Grashüpfer ↗
Grasland
Grauammer ↗

grauer Halbmond
graue Substanz ↗
Grauhai ↗
Grauhaie ↗
Graureiher
– Ardeidae
Grauschnäpper ↗
Grauspecht ↗
Grauwale ↗
Gravidität ↗
Gravitaxis ↗
Gravitropismus ↗
*grazile Australopitheci-
nen*
– Australopithecus
Greengard, Paul
Greenpeace
Gregaria-Phase
– Wanderheuschrecken
Gregarinida
Greifhand
Greifreflex
Greifvögel ↗
Grenzmembran ↗
Grenzplasmolyse
Grenzschicht
Grenzschichtwider-
stand ↗
Grenzstrang
GRF ↗
GRH ↗
Griffel
Grillen ↗
Grillenschaben ↗
Grindwale ↗
Grippe
Grippevirus ↗
Grizzly ↗
Grönlandwal ↗
Groppen
Großbären ↗
Große Vorhofdrüsen ↗
Großhirn ↗
Großlibellen ↗
Grossulariaceae
Grubenauge ↗
Grubenorgan
Grubenottern ↗
Grubenwurm ↗
Gruidae ↗
Gruiformes
Grünalgen ↗
Gründelenten
Grundeln ↗

Gründelwale ↗
Gründereffekt
Grundgewebe ↗
Grundmuster ↗
Grundnährstoffe ↗
Grundplasma ↗
Grundspirale ↗
Grundumsatz
Gründüngung
Gründüngungspflanzen
– Kulturpflanzen
Grundwasser
Grüne Gentechnik
– Grün ist die Hoffnung
– durch oder für Gen-
techpflanzen? (Essay)
Grüne Landpflanzen ↗
Grüne Nichtschwefel-
bakterien
Grüner Leguan ↗
Grüner Salat
Grüne Schwefelbakteri-
en
Grüne schwefelfreie
Bakterien ↗
Grünes Heupferd ↗
Grünfrösche
Grünling
Grünlücke
Grünspecht ↗
Gruppen übertragende
Coenzyme
Gruppenübertragungs-
reaktionen
Gryllacridoida ↗
Grylloblattodea ↗
Grylloida
GSH ↗
GTP ↗
*GTPase-aktivierendes
Protein*
– G-Proteine
Guanako ↗
Guanin
*Guaninnucleotid-Aus-
tauschprotein*
– G-Proteine
Guano
Guanophoren
– Chromatophoren 2)
Guanosin
Guanosin-5'-diphos-
phat ↗

Guanosin-5'-monophos-
phat ↗
Guanosinphosphate
Guanosin-5'-triphos-
phat ↗
Guaraná
Guillemin, Roger
Charles Louis
Gullstrand, Allvar
Gulo ↗
Gummi
Gummi arabicum
Gummibaum
Gunnerales
Guppy ↗
Guramis ↗
Gurke
Gurkenbaum ↗
Gurkenkraut ↗
Gürtelbänder
– Bacillariophyceae
Gürtelrose
Gürteltiere ↗
Gürtelwürmer ↗
GUS ↗
gus-Gen
Güteklassen
– Gewässergüte
– Saprobiensystem
– Selbstreinigung
Gutta
Guttation
Guttiferales ↗
GVO ↗
Gymnolaemata
Gymnophiona
Gymnosomata ↗
Gymnospermae
Gymnosporangium ↗
Gynaeceum ↗
Gynäkomastie
Gynander
Gynandrae ↗
Gynandrie ↗
Gynoeceum ↗
Gynoecium ↗
Gynogenese
Gynophor
– Erdnuss
Gynözeum ↗
Gyrinocheilidae ↗
Gyrus

H (Chemie)
H (Biochemie)
H (Thermodynamik)
Haarbalgmilben ↗
Haare (Zoologie)
Haare (Botanik) ↗
Haarfarbe

– additive Polygenie
Haarlinge ↗
Haarnadelstrukturen
Haarsinneszellen
Haarsterne ↗
Haarwurm ↗
Haarzellen ↗

Haberlandt, Gottlieb
Johann Friedrich
Habichtartige ↗
Habichte
Habichtsadler
– Adler
Habitat

Habitatisolation
– Isolationsmechanis-
  men
Habituation
Habitus
Hackordnung ↗
Hadal ↗
Hadrom
Haeckel, Ernst Heinrich
  Philipp August
Haemanthus
– Amaryllidaceae
Haemophilus
Hafer
Haftorgane (Botanik)
Haftorgane (Zoologie)
Haftwurzeln
Hagebutte ↗
Hagedorn ↗
Hagelkorn
– Talgdrüsen
Hahnenfußgewächse ↗
Hahnentritt ↗
Haie ↗
Hainbuche ↗
hairpin loops ↗
Hakenwürmer
Hakenwurmkrankheit
– Hakenwürmer
Halbacetale
Halbaffen ↗
Halbesel
Halbparasiten ↗
Halbseitenzwitter
Halbstrauch
Halbwertszeit
Halbwüste ↗
Haldane, John Burdon
  Sanderson
Haldane-Regel
– Haldane, J.B.S.
Halimedales
Haliotis ↗
Haller, Albrecht von
Haller-Organ ↗
Hallimasch
Halluzinogene
halo- ↗
Halobacterium ↗
Halobakterien
Halobionten
halophil
Halophile
Halophyten
Haloxene
– Salzseen
Halsberger ↗
Halsschild
– Heteroptera
Halswender ↗
Halteren
Häm
Hämagglutination
Hämagglutinine
– Blutgruppen

Hamamelidaceae
Hamamelidales
Hamamelis ↗
Hamamelisgewächse ↗
Hämatopoese
Hämerythrin
Hammel
– Kastration
Hammer ↗
Hammerhaie ↗
Hämocyanin
Hämocyten ↗
Hämoglobin
Hämogramm ↗
Hämolin
– Immunsystem
Hämolymphe
Hämolyse
Hämophilie ↗
Hämoproteine
Hämosiderin
Hämostase ↗
Hamster ↗
Hamuli
– Hymenoptera
Hand ↗
Handgreifreflex
– Klammerreflex
Händigkeit (Humanbio-
  logie)
Händigkeit (Chemie) ↗
Handlungsbereitschaft
Hanf
Hanfgewächse ↗
Hansen, Emil Christian
Hansen'sche Krank-
  heit ↗
Hanuman ↗
hapaxanthe Pflanzen
haplodiploide
  Geschlechtsbestim-
  mung
– Geschlechtsbestim-
  mung
haplogenotypische
  Geschlechtsbestim-
  mung
– Geschlechsbestim-
  mung
Haplogynae
– Araneae
haploid
Haploidie
Haplonema ↗
Haplont
Haplophase
Haplorhini
Haptene ↗
Hapteren
Haptonema
– Einzeller
haptophore Gruppen
– Immunglobuline
Haptophyta
Harden, Sir Arthur

Hardy, Sir Godfrey
  Harold
Hardy-Weinberg-Gesetz
Harn
Harnblase
Harnhaut ↗
Harnleiter ↗
Harnmarkieren
Harnröhre ↗
Harnsack ↗
Harnsamenröhre ↗
Harnsäure
Harnstoff
Harnstoffzyklus
Hartbast
– Bast 1)
Hartheu ↗
Hartheugewächse ↗
Hartig'sches Netz ↗
Hartlaubgehölze
Hartline, Haldan Keffer
Hartriegel
Hartriegelgewächse ↗
Hartwell, Leland H.
Harze
Harzgänge ↗
Harzkanäle
Haschisch
Hasel
Haselhuhn ↗
Haselmaus ↗
Hasen ↗
Hasenartige ↗
Hasenmäuse ↗
Hasentiere ↗
Hashimoto-Krankheit
– Autoimmunkrankhei-
  ten
Hatch-Slack-Zyklus ↗
Hatschek, Berthold
Hatschek-Grube ↗
Hatschek-Nephridium
– Acrania
Haubenlerche ↗
Haubenmeise ↗
Haubentaucher ↗
Haupthistokompatibili-
  tätskomplex
Hauptzellen ↗
Hausbock ↗
Hausen
Hauseisel
– Esel
Haushaltsgene
Hauskaninchen
– Leporidae
Hausmaus
Hausmeerschweinchen
– Caviidae
Hausmücke
– Culicidae
Hauspferd
– Equidae
Hausrotschwanz ↗
Hausschaf

– Schafe
Hausschwamm
Hausschwein
– Suidae
Hausziege
– Wildziegen
Haussperling ↗
Hausspinne ↗
Hausstaubmilbe
Haustiere
Haustorien
Haut
Hautatmung
Hautflügler ↗
Hautknochen ↗
Hautleishmaniasis
– Leishmania
Hautleistenmuster
Hautmuskelschlauch
Hautpilze
Hautsinne
Häutung
Häutungsdrüsen
Häutungshormon ↗
HAV ↗
Havers-Kanäle ↗
Haworth, Sir Walter
  Norman
Haworth-Projektions-
  formel
HBV ↗
HCG ↗
HCV ↗
HDL ↗
Head-Zonen
– Schmerz
heat shock-Gene ↗
heat shock-Proteine ↗
Heberer, Gerhard
Hecheln
Hecht
Hecke
Heckenrose ↗
Hectocotylus ↗
Hedera ↗
Hefen
Hegi, Gustav
Heide
Heidekorn ↗
Heidekraut
Heidekrautgewächse ↗
Heidelbeere
Heidelerche ↗
Heilbutt
Heilpflanzen
Heilpflanzenkunde ↗
Heimchen ↗
Heinroth, Oskar August
Helfer-Virus ↗
Helianthus ↗
Helicasen
Helicobacter pylori
Helicotrema ↗
Heliobakterien
Heliophyten

Heliotropismus
Heliozoa
Helix (Biochemie)
Helix (Anatomie)
Helix pomatia ↗
Helix-Turn-Helix-
Motiv ↗
Hell-Dunkel-Adaptation
Helmholtz, Hermann
Ludwig Ferdinand
Helokrene
Helophypten
*Helsinki-Übereinkom-
men*
– Meer
hemerophile Arten ↗
hemerophobe Arten ↗
Hemerophyten
Hemicellulosen
Hemichordata
Hemiedaphon
Hemielytren
– Heteroptera
Hemikryptophyten
Hemimetabolie ↗
Hemiparasiten ↗
Hemiphanerophyt ↗
Hemipneustia
– Tracheen 2)
Hemisphären
Hemizygotie
Hemmhof ↗
Hemmung (Biochemie)
Hemmung (Neurophy-
siologie)
Hemmungsmissbildung
– Atavismus
Hench, Philip Shoewal-
ter
Henle, Friedrich Gustav
Jakob
Henle-Koch'sche-Postu-
late ↗
Henle-Schleife ↗
Henna
Hennig, Willi
Hensen-Knoten
Hepar ↗
Heparin
Hepaticae
Hepatitis
Hepatitisviren
Hepatocyten ↗
Heptosen
Heracleum ↗
Herbarium
Herbivoren
Herbizide
Herbstfärbung
Herbstzeitlose
Herbstzeitlosengewäch-
se ↗
Hérelle, Félix Hubert d'
Hering

Hering, Karl Ewald Kon-
stantin
Hering-Breuer-Reflex ↗
Heringshai ↗
Heringskönig ↗
Heringsmöwe ↗
Heringsverwandte ↗
Heritabilität
Herkogamie
Hermaphrodit
Hermaphroditismus
(Zoologie)
Hermaphroditismus
(Botanik)
Heroin
Herpes
Herpes-simplex-Viren
Herpestes ↗
Herpestinae ↗
Herpesviren
Herpes zoster ↗
Herrentiere ↗
Hershey, Alfred Day
Hertwig, Oskar Wilhelm
August
Herz
Herzdilatation
– Herz-Kreislauf-Erkran-
kungen
Herzfrequenz ↗
Herzgewichtsregel
– Klimaregeln
Herzglykoside ↗
Herzinfarkt ↗
Herzkörper
Herzkranzgefäße ↗
Herz-Kreislauf-Erkran-
kungen
Herzminutenvolumen
Herzmuschel ↗
Herzmuskel ↗
Herzmuskelgifte ↗
Hess, Walter Rudolf
Hesse-Regel
– Klimaregeln
hetero-
Heteroantikörper
– Autoantikörper
Heterobasidiomyceti-
dae ↗
Heterobathmie
heterochlamydeisch
Heterochromatin ↗
Heterochronie
Heterocyste
Heterodera ↗
heterodont
Heterodonta
Heteroduplex
*heterofermentative
Gärung*
– Gärung
heterogametisch ↗
heterogene Kern-RNA ↗
Heteroglykane

Heterogonie
Heterokarpie
Heterokonta
Heterokontie
– Einzeller
Heterokontophyta
Heterolyse
heteromerer Bau
– Lichenes
Heteroözisch
Heterophyllie
Heteroptera
Heterosexualität
Heterosiphonales ↗
Heterosis
Heterosomen ↗
Heterosporie
Heterostylie ↗
Heterotardigrada ↗
Heterothallisch
Heterothermie
– Torpor
heterotroph
Heteroxenie ↗
heterozerk ↗
Heterozooide ↗
heterozygot ↗
Heterozygotenvorteil
– Sichelzellanämie
Heterozygotie
Heubacillus ↗
*Heuschrecken-Wetter-
Hypothese*
– Wanderheuschrecken
Hevea ↗
Hexacorallia
Hexactinellida
Hexanchidae
Hexapoda ↗
Hexenbesen
Hexenring
Hexokinase
Hexosemonophosphat-
Weg ↗
Hexosen ↗
Heymans, Cornelius
(Corneille) Jean Fran-
çois
Hibernacula
Hibernation ↗
Hibiscus ↗
Hickorybaum ↗
Hildegard von Bingen
Hill, Archibald Vivian
Hill-Reaktion
Hilum (Pilze)
Hilum (Pflanzen)
Himbeere
Himmelsleiterge-
wächse ↗
Hinterhauptsbein ↗
Hinterhirn ↗
Hinterkiemer-
schnecken ↗
Hinterleib ↗

Hiobsträne
Hipparion
Hippeastrum ↗
Hippocampus
Hippocastanaceae
Hippoglossus hippoglos-
sus ↗
Hippophaë ↗
Hippopotamidae
Hippotraginae
Hippuridales
Hippursäure
Hirn ↗
Hirnanhangsdrüse ↗
Hirnhäute
Hirnhautentzündung ↗
Hirnkorallen ↗
Hirnlappen
Hirnnerven
Hirn-Rückenmarks-
flüssigkeit ↗
Hirnstamm ↗
Hirsche ↗
Hirscheber ↗
Hirschferkel ↗
Hirschkäfer ↗
Hirschziegenantilope ↗
Hirsen
Hirsutismus
Hirudin
Hirudinea
Hirudo medicinalis ↗
Hirundinidae
His ↗
Histamin
Histidin
Histochemie
Histokompatibilität
Histokompatibilitäts-
Antigene ↗
Histologie
Histolyse
Histone
Hitchings, George Her-
bert
Hitzeperiode
– Östrus
Hitzeresistenz
Hitzeschockantwort
– Hitzeschockproteine
Hitzeschockgene
Hitzeschockproteine
Hitzschlag
HIV ↗
H-Ketten ↗
HLA-System ↗
HMG-CoA ↗
HMG-CoA-Reduktase ↗
hnRNA
Hoatzin
Hochblätter
Hochgebirgsstufe ↗
*Hochleistungs-Flüssig-
keits-Chromatogra-
phie*

Hydranth
– Hydrozoa
Hydratasen
Hydratation
Hydrathülle
– Lösung
Hydrierung ↗
hydro-
Hydrobiologie
Hydrocaulus
– Hydrozoa
Hydrochaeridae
Hydrocharitaceae
Hydrocharitales ↗
Hydrochinon
Hydrochorie
Hydrocoel ↗
Hydrocorisa ↗
Hydrogamie
Hydrogencarbonat
Hydrogenosomen
– Einzeller
Hydrogenphosphate
– Phosphate
Hydroida
Hydrokultur
Hydrolasen
Hydrolyse
Hydronastie ↗
Hydrophiinae ↗
hydrophil
Hydrophilidae
hydrophob
Hydrophyllaceae
Hydrophyten
Hydroponik ↗
Hydropoten
– Absorptionsgewebe
Hydropterides
Hydrosaurus ↗

Hydroskelett
Hydrosphäre
hydrostatischer Druck
Hydrothermalquellen
β-Hydroxybuttersäure
3-Hydroxy-Flavane ↗
Hydroxygruppe
Hydroxyl-Ion ↗
3-Hydroxy-3-methylglu-
  taryl-Coenzym A
Hydroxyprolin
Hydroxypropionat-Weg
– fototrophe Bakterien
6-Hydroxypurin ↗
5-Hydroxytryptamin ↗
Hydroxytyramin ↗
Hydrozoa
Hygiene
hygro-
Hygronastie
hygrophil ↗
Hygrophyten
hygroskopische Bewe-
  gungen
Hylidae
Hylobatidae ↗
Hymen ↗
Hymenium
Hymenophyllales
Hymenoptera
Hyoidbogen ↗
Hyomandibulare ↗
DL-Hyoscyamin ↗
Hyoscyamus ↗
Hyp ↗
hyper-
Hyperakkumulatoren
Hypericin
– Johanniskraut
Hypericum ↗

Hypermastigida
Hypermetropie ↗
hypermorph
Hyperoartria ↗
hyperosmotisch
– Osmolarität
Hyperotreta ↗
Hyperparasit ↗
Hyperplasie
Hyperploidie
– Aneuploidie
Hyperpneustia
– Tracheen 2)
Hyperschall
– Schall
hypersensitive Reaktion
hypertelische Bildun-
  gen ↗
Hyperthermie
Hyperthermophile
hyperton
– Osmolarität
Hypertonie
Hypertrophie
Hypervariabilität
– genetischer Fingerab-
  druck
*hypervariable Regio-
  nen*
– Immunglobuline
Hyperventilation
Hypervitaminosen
Hyperzyklus
Hyphen
hypo-
Hypoblast
Hypobranchiale
– Kiemenbögen
Hypobranchialrinne ↗
Hypocalcämie

– Parathormon
hypogäisch (Botanik)
hypogäisch (Ökologie)
Hypoglykämie
– Glucagon
Hypogymnia physodes
– Bioindikatoren
hypogyn ↗
Hypokotyl
Hypolimnion
hypomorph
Hyponastie
Hyponeuston ↗
hypoosmotisch
– Osmolarität
Hypophyse (Botanik)
Hypophyse (Zoologie)
Hypophysenhormone
Hypoploidie
– Aneuploidie
hypostomatisch
*hypothalamisch-hypo-
  physäres System*
– Hypothalamus
Hypothalamus
Hypothalamushormone
Hypothermie
Hypothyreose
– Iod
hypoton
– Osmolarität
Hypotonie
Hypoxanthin
Hypoxie
Hyracoidea
Hyracotherium
Hyssopus ↗
Hystricidae
H-Zone ↗

I

I (Chemie)
I (Physiologie)
I (Biochemie)
IAA ↗
I-Bande ↗
Ibisse ↗
Ichneumonidae
Ichthyornis
Ichthyosauria
Ichthyostega
Ichthyostegalia
ICSH ↗
ICSI ↗
Icteridae ↗
ICTV ↗

ideale Population
– Hardy-Weinberg-
  Gesetz
Idioblasten
Idiosoma ↗
Idiotyp (Genetik)
Idiotyp (Immunologie)
Ig ↗
Igel ↗
Igelfische ↗
Igelkopf ↗
Igelwürmer ↗
IGF ↗
IgG ↗
Ignarro, Louis J.
Iguanidae
Iguanodon
Ikosaedrisch
Ikterus
– Bilirubin
– Hepatitis

Ile ↗
Ileum ↗
Ilex ↗
*illegitime Rekombina-
  tion*
– Transposon
Illiciales
Iltisse
Imaginalscheiben
Imago
Immergrün
Immersionsobjektiv
– Mikroskop
Immigration ↗
Immission
Immunantwort ↗
Immunfluoreszenz
Immungenetik
Immunglobuline
Immunisierung

Immunität (Tierphysio-
  logie)
Immunität (Botanik)
Immunkompetenz
Immunkrankheiten ↗
Immunogene
– Antigene
Immunologie
Immunopathien
Immunpräzipitation
Immunreaktion
Immunschwäche
Immunsuppression ↗
Immunsystem
Immuntoleranz
Impatiens ↗
Impfnadel
Impföse ↗
Impfstoff
Impfung (Medizin)

Imfpung (Mikrobiologie)
Implantation ↗
Imponierverhalten
Imprinting ↗
inclusive fitness
– Selektion
Incus ↗
Indicatoridae ↗
Indigenae
Indigo
Indigofera ↗
Indikatororganismen
Individualdistanz
Individualselektion
Individuenabundanz ↗
Individuendichte ↗
Indol
Indol-3-essigsäure
Indriidae
Induktion (Biochemie) ↗
Induktion (Pflanzenphysiologie) ↗
Induktion (Entwicklungsbiologie)
Induktor
Indusium
industrielle Mikrobiologie
Industriemelanismus
induzierbarer Promotor
Infauna ↗
Infektion (Medizin)
Infektion (Mikrobiologie)
Infektionskrankheiten
Infektiosität
Infertilität ↗
Infloreszenz ↗
Influenza ↗
Influenzaviren
Influx
Infraortung
Infraschall
– Schall
Infusorien ↗
Ingenhousz, Jan
Ingestion
Ingwer
Ingwergewächse ↗
Inhibine
Inhibiting Hormone ↗
Inhibition ↗
inhibitorisch
Initialzellen
Initiation
Initiationsfaktoren
Initiationskomplex ↗
Inkohlung
– Fossilisation
Inkompatibilität (Genetik)
Inkompatibilität (Pflanzenphysiologie)

Inkrustierung
Inkubation (Mikrobiologie)
Inkubation (Medizin)
Inkubationszeit
Innengruppe
Innenparasit ↗
innerartlich ↗
innerer Raum
innere Uhr
innere Zellmasse
innersekretorische Drüsen ↗
Inoceramus
Inokulation (Physiologie allgemein)
Inokulation (Mikrobiologie)
Inokulum
Inositol
Inositolphosphate
In planta-Transformation
– Arabidopsis thaliana
Insecta
Insectivora
Insekten ↗
Insektenblumen
Insektenblütigkeit ↗
Insektenflug
Insektenfresser ↗
Insektenkunde ↗
Insektenviren
Insektivoren ↗
Insektizide
Inselbiogeografie
Inselbrücken
Insel-Modell
– Genfluss
Inselorgan ↗
Inselspringen
– Inselbrücken
Inseltheorie ↗
Insemination
Insertion
Insertionselement
Insertionsmutagenese
Insertionsmutation ↗
Insertionssequenz ↗
In-situ-Hybridisierung
Inspiration ↗
Instinkt
Instinktbewegung ↗
Instinkthandlung
Instinkt-Lern-Verschränkung
Instinktverhalten
instrumentelles Lernen ↗
Insulin
integrierter Pflanzenbau
Integrine ↗
Integument (Botanik) ↗
Integument (Zoologie) ↗
Intelligenz

Intentionsbewegung
Interclavicula
– Chelonia
Intercostalmuskulatur
– Atemmuskeln
Intercrine ↗
interfaszikulär
Interferenz ↗
Interferenzkontrastmikroskopie
– Mikroskopie (Methoden)
Interferone
Interkalation
Interkinese
Interkonversion
Interleukine
intermediäre Filamente ↗
intermediärer Erbgang
Intermediärfilamente
Intermediärstoffwechsel
Intermembranraum
– Mitochondrien
International Committee on Taxonomy of Viruses
Internationale Naturschutzunion ↗
International Union for Conservation of Nature and Natural Resources ↗
Interneuron
Internodium
Interorezeptoren
Interphase
Interphasekern
Interruptio ↗
Intersexualität (Biologie)
Intersexualität (Medizin)
Interspezifisch
interspezifische Aggression
– Aggression
interstitial
Interstitialzellen stimulierendes Hormon ↗
interstitielle Pneumonie
– Pneumocystis carinii
Interstitium
Interzellularen
intestinale Mikrobiologie
Intestinum ↗
Intine
intracytoplasmatische Spermieninjektion
intraspezifisch
intraspezifische Aggression
– Aggression

intratentakuläre Knospung
– Madreporaria
intratubarer Embryotransfer
intratubarer Gametentransfer
intratubarer Zygotentransfer
Intrauterinpessar ↗
intrazellulär
Intrinsic factor
Introgression
Intron
Introvert
Intumeszenz
Intussuszeption
Inulin
Invagination
Invasion (Ökologie)
Invasion (Parasitologie)
Invasion (Biogeografie)
invers ↗
Inversion ↗
Invertebrata
inverted repeats
Invertzucker
in vitro
In-vitro-Fertilisation ↗
In-vitro-Mutagenese
In-vitro-Transkription
In-vitro-Translation
in vivo
Inzucht
Inzuchtdepression
– Inzucht
Inzuchtlinien
– Inzucht
Inzuchtvermeidung
– Inzucht
Iod
Iod-Stärke-Reaktion ↗
Ionen
Ionenaustauschchromatographie
– Chromatographie
Ionenaustauscher
Ionenkanäle
Ionenpumpen
ionisierende Strahlung
Ionophoren
IP$_3$ ↗
Ipomoea ↗
Ipomoea batatas ↗
Iridaceae
Iridocyten ↗
Iridophoren
– Chromatophoren 2)
Iris (Botanik) ↗
Iris (Zoologie) ↗
Irländisches Moos
Isatis ↗
Ischium ↗
Ischnocera ↗
Isidien

Isländisches Moos
iso-
Isoantikörper
– Autoantikörper
Isocitronensäure
Isocrinida ↗
isodont ↗
isoelektrische Fokussie-
rung ↗
isoelektrischer Punkt
Isoenzyme
Isoëtales
Isoëtes ↗

Isogameten ↗
Isogamie ↗
Isogenie
isognath
– Gebiss
*Isolation-durch-Entfer-
nung-Modell*
– Genfluss
Isolationsmechanismen
isolecithal
Isoleucin
isolierte Aufzucht ↗
Isomerasen

Isomerie
isometrische Kontrakti-
on ↗
isometrisches Wachstum
isoosmotisch
– Osmolarität
Isopoda
Isoprenoide
Isoprenregel
– Isoprenoide
Isoptera
Isospondyli ↗
Isosporie

isotherm ↗
isoton
isotonische Kontrak-
tion ↗
Isovaleriansäure
Isozönosen
Isozyme ↗
IUCN
IUPAC
IVF ↗
Ixodides

Jackfruchtbaum
Jacob, François
Jacob-Monod-Modell ↗
Jacobson-Organ
Jäger
Jaguar
Jahresrhythmik
Jahresringchronologie ↗
Jahresringe ↗
Janthina ↗
Jasminöl

– Jasmonsäure
Jasmonate
*Jasmonat-induzierte
Proteine*
– Jasmonate
Jasmonsäure
Java-Nashorn ↗
Jejunum ↗
Jerne, Nils Kaj
Jetlag
Jetztmenschen ↗
Jochalgen ↗
Jochbein ↗
Jochpilze ↗
Jod ↗
Joghurt
Johannisbeere

Johannisbrotbaum
Johannisbrotbaumge-
wächse ↗
Johanniskraut
Johanniskrautge-
wächse ↗
Johnston-Organ
Joule
Juckempfindung
– Schmerz
Judasohr ↗
Judenkirsche
Juglandaceae
Juglandales ↗
Juglans ↗
Juncaceae
Juncaginaceae

Juncales ↗
Juncus ↗
Jungermaniales
Jungermaniopsida
Jungfernhäutchen
Jungfernzeugung ↗
Jungpaläolithikum
Juniperus ↗
Junk Food ↗
Jura
Jute
Juvenilhormon
juxtaglomerulärer Appa-
rat ↗
juxtaligamentale Zel-
len ↗
Jyngidae ↗

K (Chemie)
K (Biochemie)
K (Ökologie)
Kabeljau
Kachexie
– Hunger
Käfer ↗
Käferschnecken ↗
Kaffee
Kaffeesäure
– Allelopathie
Kaffeezichorie ↗
Kaffernbüffel ↗
Kahnfüßer ↗
Kaiseradler
– Adler
Kaiserfische ↗
Kakaobaum
Kakaobaumgewächse ↗
Kakipflaume

Kakteengewächse ↗
Kalanchoe
– Crassulaceae
Kalium
Kalium-Argon-Methode
– Altersbestimmung
(Methoden)
Kaliumcyanid
– Cyanide
Kalkflagellaten ↗
Kalkmeider
Kalkpflanzen
Kalkschwämme ↗
Kallidin
– Kallikrein-Kinin-Sys-
tem
Kallikrein-Kinin-System
Kalluskultur
– Zellkultur
Kalmare
Kalmus
Kalorie
Kalorimetrie ↗
Kaltblüter ↗
Kaltbrüter
Kälteresistenz

Kälterezeptoren ↗
Kältestarre
Kältesteppen-Mammut
– Mammute
Kältetod
– Kältestarre
Kältetoleranz ↗
Kalyptra ↗
Kalyx ↗
Kambium
Kambrium
Kamele
Kamelhalsfliegen ↗
Kameraauge
Kamille
Kammkiemen
– Kiemen
Kamm-Molch
Kamm-Muscheln ↗
Kammseestern
– Asteroida
Kammzähner ↗
Kampfer ↗
Kampferbaum ↗
Kampffisch ↗
Kampfläufer ↗

Kamptozoa
Kanadagans ↗
Kandel, Eric Richard
Kängurus ↗
Kaninchen ↗
Kanker ↗
Kannenblatt
Kannenpflanze ↗
Kannibalismus
Känozoikum
Kantenkollenchym
– Kollenchym
Kapaun
– Kastration
Kapazität
Kapazitation
Kapensis ↗
Kapernstrauch
Kapernstrauchgewäch-
se ↗
Kapillaren ↗
kapländisches Floren-
reich ↗
Kapokbaum
Kapsel (Botanik)
Kapsel (Mikrobiologie)

Kapuzenspinnen ↗
Kapuzineraffen ↗
Kapuzinerartige ↗
Karamel
– Saccharose
Karauschen
Karbon
Kardamom
Kardia ↗
Kardinalpunkte
Kardiobranchiale
– Kiemenbögen
Kardiovaskularsystem ↗
Kardone
Karenzzeit
Karettschildkröte ↗
Karibu ↗
Karpell ↗
Karpfen
Karpfenfische ↗
Karpfenläuse ↗
Karpfenverwandte ↗
Karpon
– Rhodophyta
Karpose
Karposporophyt
– Rhodophyta
Karrer, Paul
Karst
Kartoffel
Kartoffelbovist
Kartoffelkäfer ↗
Kartoffelnematode
Kartoffelschorf
– Actinomycetales
karyo-
Karyogamie
Karyogramm
Karyokinese
Karyolymphe ↗
Karyoplasma ↗
Karyopse ↗
Karyotyp
Karzinogene ↗
Karzinom ↗
Kaschubaum
Kasein ↗
Kaspar-Hauser-Versuch
Kastanie
Kaste
Kastration
Katabolismus ↗
Katabolitrepression
Katal
Katalase
Katalysator
– Katalyse
Katalyse
Katastergene ↗
Katastrophentheorie
Katechine ↗
Katecholamine ↗
Kathepsine ↗
Kathstrauch
Kation

Kationenaustauscher
– Ionenaustauscher
Kattfisch ↗
Katz, Sir Bernard
Kätzchen ↗
Katzen ↗
Katzenbären ↗
Katzenfrett ↗
Katzenhaie ↗
Katzenmakis ↗
Katzenschreisyndrom
kaudal ↗
Kauen
Kaulbarsch-Flunder-Region ↗
Kauliflorie ↗
Kaulquappe
Kaumagen
Kaurischnecken ↗
Kautschuk
kb ↗
Kegelrobbe ↗
Kegelschnecken ↗
Kehlkopf
Keilbein ↗
Keilblattgewächse ↗
Keim (Entwicklungsbiologie)
Keim (Mikrobiologie)
Keimbahn
Keimbahnploidie
– Polyploidie
Keimbahntherapie ↗
Keimbläschen ↗
Keimblätter (Botanik)
Keimblätter (Zoologie)
Keimblattscheide ↗
Keimdrüsen ↗
Keimling (Entwicklungsbiologie) ↗
Keimling (Botanik) ↗
Keimpflanze
Keimruhe
Keimsack ↗
Keimscheibe
Keimscheide ↗
Keimstock
Keimträger ↗
Keimung
Keimungssperren
– Keimruhe
Keimwurzel ↗
Keimzellen ↗
Kelch
Kelchwürmer ↗
Kellerschwamm
– Braunfäule 2)
Kelvin-Effekt
– Gefrierschutzproteine
Kenaf
Kendall, Edward Calvin
Kendrew, Sir John Cowdery
Kennarten ↗
Kennreiz

Kenozooide ↗
Keratine
– Intermediärfilamente
Keratobranchiale
– Kiemenbögen
Kerckring-Falten
Kermesbeere
Kern ↗
Kernäquivalent ↗
Kernbeißer
– Fringillidae
Kerndualismus
– Einzeller
Kernfragmentation
Kernholz ↗
Kernhülle
Kernkörperchen ↗
Kernlamina
Kernmatrix
Kernphasenwechsel
Kernplasma
Kern-Plasma-Relation
Kernporen
Kernproteine
Kernsaft ↗
Kernskelett
Kernspindel ↗
Kernteilung ↗
Kerntemperatur ↗
Kernverschmelzung ↗
Ketoacidose ↗
β-Ketobuttersäure ↗
α-Ketoglutarsäure
Ketohexosen ↗
Keton
Ketonkörper
Ketopentosen
2-Ketopropansäure ↗
Ketosen ↗
Kettenreaktion
Kettensalpen
– Salpida
Keuchhusten
Khorana, Har Gobind
Kichererbse
Kiebitz ↗
Kiefer (Botanik)
Kiefer (Zoologie)
Kieferegel ↗
Kieferhöhle ↗
Kieferlose ↗
Kiefermäulchen ↗
Kiefermäuler ↗
Kieferngewächse ↗
Kiemen
Kiemenbögen
Kiemendarm
Kiemenfußkrebse ↗
Kiemenherzen ↗
Kiemenspalten ↗
Kieselalgen ↗
Kieselgur
Kieselsäuren
Killeralgen
Killerzellen ↗

Kilobasen
Kinasen
Kinästhesie
Kindchenschema
Kinderlähmung ↗
Kinesen
Kinesin
Kinetin
Kinetochor
Kinetoplast
Kininasen
– Kallikrein-Kinin-System
Kininogenasen
– Kallikrein-Kinin-System
Kininogene
– Kallikrein-Kinin-System
Kinorhyncha
Kin selektion
Kirsche
Kitasato, Shibasaburō
Kitzler
Kiwi
Kiwis ↗
Kladistik
Kladogenese
Kladogramm
Klaffmoos ↗
Klammerreflex
Klammerschwanzaffen ↗
Klappenfalle ↗
Klappergrasmücke ↗
Klapperschlangen
Klappmütze ↗
Kläranlage
Klärschlamm
Klasse
Klassensprung
klassische Konditionierung ↗
Klauen
Kleber ↗
Klebfalle ↗
klebrige Enden ↗
Klebsiella
Klebsormidiophyceae
Klebzellen
– Ctenophora
Klee
Kleeblattstruktur ↗
Kleeseide ↗
Kleiber ↗
Kleiderlaus
Kleidermotte ↗
Kleinbären ↗
Kleine Essigfliege ↗
Kleine Menschenaffen ↗
Kleiner Fuchs ↗
Kleine Taufliege ↗
Kleinhirn ↗
Kleinkärpflinge ↗
Kleinlebewesen ↗

Kleinlibellen ↗
Kleinspecht ↗
Kleistogamie ↗
Kleistokarpie ↗
Kleistothecium ↗
Klematis ↗
Klenow-Fragment
Kletterpflanzen
Kliesche
Klima
Klimadiagramm
Klimafaktoren
Klimakammer
Klimakterium (Botanik)
Klimakterium (Anthro-
    pologie) ↗
Klimaregeln
Klimax ↗
Klimaxgesellschaft
Klimazonen
Kline ↗
Klinefelter-Syndrom
Klinokinesen
– Kinesen
Klinostat
Klippspringer ↗
Klitoris ↗
Klivie
– Amaryllidaceae
Kloake
Kloakentiere ↗
Klon
klonale Deletion
– Selbsttoleranz
klonale Selektion
Klonen
Klonierung
Klonierungsvektoren
Klopfkäfer ↗
Klug, Aaron
Knabenkrautgewäch-
    se ↗
Knäkente ↗
Knallgasbakterien ↗
Knauelgras ↗
Kniegelenk
Kniesehnenreflex ↗
Knoblauch
Knochen
Knochenfische ↗
Knochenhechte ↗
Knochenleitung
Knochenmark
Knochenzüngler ↗
Knockout-Mäuse
– homologe Rekombina-
    tion
Knöllchenbakterien
Knollen
Knollenbildung
Knollenblätterpilze
Knorpel
Knorpelfische ↗
Knorpelganoiden ↗
Knospe (Botanik)

Knospe (Mikrobiologie)
Knospenmutationen
– Chimäre 1)
Knospenruhe
Knospenschuppen
Knospung (Zoologie)
Knospung (Botanik)
Knospung (Mikrobiolo-
    gie)
Knoten ↗
Knöterich
Knöterichgewächse ↗
Knurrhähne ↗
Knutt ↗
Koadaptationen ↗
Koala
Koazervate
Kobalt
Kobras
Koch, Heinrich Herr-
    mann Robert
Köcherfliegen ↗
Koch'sche Postulate
*Koch'sches Platten-
    gussverfahren*
– Koch, H.H.R.
Kodein ↗
Kodominanz
Koenigswald, Gustav
    Heinrich Ralph von
Koevolution
Koexistenz
Kofferfische ↗
Kohäsion
Kohäsionstheorie der
    Wasserleitung
Kohl
Kohle
Kohlendioxid ↗
Kohlenhydrate
Kohlenmonoxid ↗
Kohlensäure
Kohlenstoff
Kohlenstoffdioxid
Kohlenstoff-Fixierung ↗
Kohlenstoffkreislauf
Kohlenstoffmonooxid
Kohlenstoff-Stickstoff-
    Verhältnis
Kohlenwasserstoffe
Köhler
Köhler, Georges Jean
    Franz
Köhler, Wolfgang
Kohlhernie
Kohlmeise
Kohlrabi
Kohlweißling ↗
Koinzidenz
Koitus ↗
Kojote
Kokain ↗
Kokastrauch
Kokastrauchgewächse ↗
Kokken ↗

kokkenförmig ↗
Kokon
Kokospalme
Kolabaum
Kolben
Kolbenhirse
Kolbenschimmel ↗
Kolbenwasserkäfer ↗
Koleoptile ↗
Kolibris ↗
Kolkrabe ↗
Kollagen
Kollagenphase
– Wundheilung
Kollenchym
Kolletere ↗
Kölliker-Grube ↗
kolline Stufe ↗
kolloide Lösungen
Kolonie (Ökologie)
Kolonie (Mikrobiologie)
Kolonie (Zoologie)
Kolonie-Hybridisierung
– cDNA-Bibliothek
Kolonienzählung
– mikrobielles Wachstum
Kolonisierung
– Tierwanderungen
Kolonie stimulierende
    Faktoren
Kolostrum
Kolumella ↗
Komedonen
– Talgdrüsen
Komfortverhalten
Kommensalismus
Kommentkampf
Kommunikation
Komodowaran ↗
Kompartiment (Cytolo-
    gie)
Kompartiment (Ent-
    wicklungsbiologie)
Kompartimentierungs-
    regel
Kompassorientierung
– Vogelzug
Kompasspflanzen
kompatible Stoffe
Kompetenz (Genetik)
Kompetenz (Cytologie)
kompetitive Hemmung
*kompetitive Proteinbin-
    dung*
– Radioimmunassay
Komplement ↗
komplementäre Basen-
    paarung
komplementäre DNA ↗
Komplementärgene
Komplementation
Komplementsystem
Komplettierungstheorie
– Autoimmunkrankhei-
    ten

Komplexauge ↗
Komplexbindung ↗
komplexe Plastiden
Kompost
Kompostierung
Konditionierung
Kondom ↗
Kondore ↗
Konfiguration
Konfliktverhalten
*Konfokale Laserscan-
    ning-Mikroskopie*
– Mikroskopie (Metho-
    den)
Konformation
Konformer
Konformität
– Überlebensstrategien
Konfusionseffekt
– Schwamverhalten
Konidien
Koniferen ↗
Königin der Nacht
– Cactaceae
Königinsubstanz
– Pheromone
– Tierstaaten
Königslibelle
– Anisoptera
Königsschlange ↗
Konjugate
Konjugation (Genetik)
Konjugation (Physiolo-
    gie) ↗
Konkordanz
Konkurrenz
Konkurrenzausschluss-
    prinzip
Konnektiv ↗
*konsekutiver Herm-
    aphroditismus*
– Bivalvia
konsensuelle Lichtreak-
    tion ↗
Konservierung
Konsortium ↗
Konstitutionsisomerie ↗
konstitutive Gene ↗
Konsument
Kontagiosität
Kontaktgesellschaft
Kontakttier
Kontamination
Kontinentalverschie-
    bung
Kontinent-Insel-Modell
– Genfluss
kontinuierliche Kultur
kontraktile Vakuole
Kontrazeption ↗
Kontrazeptiva ↗
Konvergenz (Evoluti-
    onsbiologie)
Konvergenz (Sinnesphy-
    siologie)

L

Leseraster
Leserastermutation
letale Dosis
Letalfaktoren
Letaltemperatur
– Wärmetod
Leu ↗
Leuchtbakterien
Leuchtbakterientest
Leuchtkäfer ↗
Leuchtkrebse ↗
Leuchtorgane
Leuchtorganismen
Leuchtqualle ↗
Leucin
Leucin-Zipper ↗
Leuckart, Rudolf Karl Georg Friedrich
Leuconostoc ↗
Leucopterin
– Pteridine
Leucosolenia variabilis
– Calcarea
Leukämie
Leukocyten
Leukopenie
– Leukocyten
Leukoplasten
Leukopoese ↗
Leukotriene
Levi-Montalcini, Rita
Levisticum ↗
Lewis, Edward B.
Leydig-Zwischenzellen ↗
LH ↗
LHC ↗
LH-Releasing-Hormon ↗
Lianen ↗
Lias ↗
Libellen ↗
Liberine ↗
Lichenes
Lichenin
Licht
Lichtatmung ↗
Lichtblätter
Lichteffektkurve
– Lichtkompensationspunkt
– Lichtsättigung
Lichtfaktor ↗
Lichtflanke
– Fototropismus
Lichtkeimer
Lichtkompensationspunkt
Lichtpflanzen ↗
Lichtreaktionen
Lichtsammelkomplex
Lichtsättigung
Lichtsehen ↗
Lichtsinn
Lichtsinnesorgane
Lichtverschmutzung

– Lichtverschmutzung und ihre fatalen Folgen für Tiere (Essay)
Lieberkühn'sche Krypten ↗
Liebespfeil
Liebig, Justus Freiherr von
Liebstöckel
Lien ↗
Ligamente
Liganden
Ligasen
lignikol
Lignin
Ligula
Liliaceae
Liliales
Liliengewächse ↗
Liliopsida
Lilium ↗
Limanda limanda ↗
Limax ↗
limbisches System
Limicolae
limnisch
Limnokrene
Limnologie
Limonen
Limulus ↗
Linaceae
Linales
Linde
Lindengewächse ↗
linearer Elektronentransport ↗
Lineweaver-Burk-Diagramm ↗
Lingua ↗
Linguatula
– Pentastomida
Lingula ↗
Linie
Linksverschiebung
– Granulocyten
Linné, Carl von
Linolensäure
Linolsäure
Linse (Botanik)
Linse (Zoologie)
Linsenauge
Linum ↗
Lipasen
lipid bilayer
– Biomembran
Lipiddoppelschicht
– Biomembran
Lipide
Lipidmuster
– Biomembran
Lipmann, Fritz Albert
Lipochrome ↗
Lipofuscingranula
– Lysosomen
Liponamid

– Liponsäure
Liponsäure
lipophil
Lipopolysaccharide
Lipoproteine
Lipoproteinlipase ↗
lipostatische Hypothese
– Hunger
Lippenblütler ↗
Lippfische ↗
Liquor cerebrospinalis
Lissamphibia
– Amphibia
Listeriose
Litchipflaume
Lithobiomorpha ↗
Lithobius ↗
Lithocholsäure ↗
Lithophaga ↗
Lithops ↗
Lithostratigraphie ↗
lithotroph
Litoral
Littorina
L-Ketten ↗
Lobeliaceae
Lobenlinie
Lobopodien
– Pseudopodien
Lochkameraauge
– Kameraauge
Locus ↗
Locusta migratoria ↗
Loewi, Otto
Löffelente ↗
Löffler ↗
Loganiaceae
Lohgerberei
– Gerbstoffe
Lokomotion ↗
Loligo ↗
Lolium ↗
Lonicera ↗
Lophiiformes
Lophophor ↗
Lophophora ↗
Lophophorata ↗
Lophopoda ↗
Loranthaceae
Loranthus ↗
Lorbeerbaum
Lorbeergewächse ↗
Lorenz, Konrad
Lorenzini-Ampullen
Loricata ↗
Loricifera
Lorisidae
Löss
Lösung
Lota lota ↗
lotisch
Lotka-Volterra-Regeln ↗
Lotosblume
Löwe
Löwenzahn ↗

Loxodonta ↗
LSD
LTH ↗
LTP ↗
L-Tubuli ↗
Lucanidae
Luchse
Luciferin-Luciferase-System
Ludwig, Carl Friedrich Wilhelm
Ludwig-Effekt ↗
Lues ↗
Luffa
Luft ↗
Luftalgen
Luftfeuchtigkeit ↗
Luftmycel
– Mycel
Luftröhre
Luftschadstoffe
Luftverschmutzung
Luftwurzeln
Lumbricida ↗
Lumbriculida ↗
Lumbricus terrestris ↗
Lumineszenz
lunare Rhythmik
Lunge
Lungenegel
Lungenembolie
– Embolie
Lungenfische ↗
Lungenkraut
Lungenkreislauf ↗
Lungenpfeifen ↗
Lungenschnecken ↗
Lupine
Lupinus ↗
Lurche ↗
Luria, Salvador Edward
Luscinia ↗
Lutein
luteinisierendes Hormon
luteotropes Hormon ↗
Lutrinae ↗
Lutropin ↗
Luxurieren
– Heterosis
Luxusbildungen
– atelische Bildungen
Luzerne
Lwoff, André
Lyasen
Lycaenidae
Lycoperdales
Lycoperdanae
Lycopersicon ↗
Lycopin
– Carotinoide
Lycophora ↗
Lycopodiales
Lycopodiopsida
Lycosidae
Lyginopteridopsida

M

Matricaria ↗
Matrix
Matrizenstrang
matrokline Vererbung
Matte
Mauereidechse ↗
Mauergecko ↗
Mauerpfeffer
– Crassulaceae
Mauersegler ↗
Maulbeerbaum
Maulbeergewächse ↗
Maulbeerkeim ↗
Maulbeer-Seidenspin-
 ner ↗
Maulbrüter
Maul- und Klauenseuche
Maulwürfe ↗
Maulwurfsgrille ↗
Mauritiushanf
Mäuse
Mäusebussard
– Bussarde
Mauser
Mausohr ↗
*Maxam-Gilbert-
 Methode*
– DNA-Sequenzierung
Maxilla ↗
Maxillardrüse
Maxillare
Maxillen ↗
Maxillipeden ↗
Maxillopoda
maximale Arbeitsplatz-
 konzentration ↗
Mayr, Ernst
McClintock, Barbara
M-CSF ↗
mechanische Isolation
– Isolationsmechanis-
 men
mechanische Sinne
Mechanorezeptoren ↗
Meckel, Johann Fried-
 rich der Jüngere
Mecoptera
Medianaugen
Mediatoren
Medicago ↗
Medinawurm
mediterranes Klima
*medizinische Indika-
 tion*
– Schwangerschaftsab-
 bruch
Medizinische Mikrobio-
 logie
Medizinischer Blutegel
Medulla
Medulla oblongata ↗
Medulla spinalis ↗
Meduse
Meer
Meeraale ↗

Meeräschen ↗
Meerbarben ↗
Meerbrassen ↗
Meerechse ↗
Meerengel ↗
Meeresleuchten
Meeresneunauge ↗
Meeresökologie
Meeresschildkröten ↗
Meergänse
Meergrundeln ↗
Meerkatzen
Meerkohl
Meerotter
Meerrettich
Meersalat
Meerschweinchen ↗
Meerstachelbeere
– Ctenophora
Meerträubel ↗
Megakaryocyten
– Riesenzellen
– Thrombocyten
Megachiroptera
Megaloceros
Megaloptera
Meganeura
Megaphyll ↗
Megapodiidae
Megasporangium ↗
Megaspore ↗
Megasporogenese
Megasporophyll ↗
Megateuthis
– Belemnitida
Mehlkäfer ↗
Mehlmilbe
Mehlschwalbe ↗
mehrjährige Pflanzen
Mehrlinge
Mehrlingsspaltung
– Klonen
Meiose
Meiospore
Meisen ↗
Meißner-Plexus ↗
Meißner-Tastkörperchen
Melanconiales ↗
Melanine
*Melanin konzentrieren-
 des Hormon*
– Melanocyten stimulie-
 rendes Hormon
Melanismus
– Felidae
Melanocyten
– Chromatophoren 2)
Melanocyten stimulie-
 rendes Hormon
Melanogenese
– Melanine
Melanogrammus aeglefi-
 nus ↗
Melanosomen
– Melanine

– Melanocyten stimulie-
 rendes Hormon
Melanosuchus
– Alligatoridae
Melanotropin ↗
Melatonin
Melde
Meleagrididae
Meliaceae
Melinae ↗
Melissa ↗
Melisse
Meloidae
Melolontha ↗
Melonen
Melonenbaum
Melonenbaumgewächse
 ↗
Membrana fibrosa
– Gelenk
Membrana synovialis
– Gelenk
Membranellen
Membranfilter
Membranfluss
Membranlipide
Membranpotenzial
Membranproteine
Menachinon ↗
Menarche
Mendel, Gregor
Mendel-Regeln
Meningen ↗
Meningitis
Meniskus
Menopause ↗
Mensch
Menschenaffen
Menschenähnliche ↗
Menschenartige ↗
Menschenfloh
Menschenrassen
Menschwerdung ↗
Menstruationszyklus
Mentha ↗
Menthol
Menuridae ↗
Menyanthaceae
Mephitinae ↗
Mergus ↗
Meristem
Meristemkultur
Meristemoide
Merkel-Zellen
Merkmale
Merogamie ↗
meroistische Ovariole
– Oogenese
merokrine Sekretion
– Drüsen
meromiktisch
Meropidae ↗
Meroplankton ↗
Merospermie ↗
Merotop

Merozoiten
– Malaria
Mescalin
Meselson-Stahl-Experi-
 ment
Mesembryanthemum ↗
Mesencephalon ↗
Mesenchym
Mesenterium
Mesodaeum ↗
Mesoderm
Mesogastropoda
Mesogloea
Mesohyl
Mesokarp ↗
Mesonephros ↗
Mesopelagial ↗
mesophil
Mesophyll
Mesophyten
Mesosoma ↗
Mesosphäre
– Atmosphäre
Mesostoma
Mesothelae
– Araneae
Mesothorax
– Heteroptera
mesotroph
Mesozoa
Mesozoikum
Mespilus ↗
Mesquitebaum
Messel
messenger-RNA
Met ↗
meta-
Metabolie ↗
metabolische Acidose
– Acidose
metabolische Alkalose
– Alkalose
Metabolismus ↗
Metabolite
Metagenese
Metalimnion
Metalloflavinenzyme
– Flavoproteine
Metallothioneine
Metamerie
Metamorphose
 (Botanik)
Metamorphose
 (Zoologie)
Metanephridien
Metanephros ↗
Metaphase ↗
Metaplasie
– Regeneration
Metasequoia ↗
Metasoma ↗
Metastasen ↗
Metatheria ↗
metazentrisch ↗
Metazoa

Monoblepharidales ↗
Monochasium
monocistronisch ↗
Monocots ↗
Monocotyledonae
Monocyten
Monod, Jacques Lucien
Monodontidae
Monoecie ↗
monoenergid
Monogamie ↗
Monogenea
Monogononta ↗
Monokine ↗
monoklin ↗
monoklonale Antikörper
monokondyl
– Gelenk
Monokotyle ↗
Monokultur
Monomere
monomiktisch
mononukleäre Leuko-
  cyten ↗
Monooxygenasen
Monophenol-Monooxy-
  genase ↗
Monophylum
monophyodont
– Gebiss
Monoplacophora
Monopodium
Monosaccharide
Monosomie
Monotremata
Monözie (Botanik)
Monözie (Pilze)
monozyklisch-hapaxan-
  the Pflanzen ↗
Mons pubis ↗
Monstera ↗
montane Stufe ↗
Moor
Moore, Stanford
Moose ↗
Moosfarne ↗
Moostierchen ↗
Mopsfledermaus ↗
Moraceae
Morbus Basedow ↗
Morbus haemolyticus
  neonatorum
– Hämolyse
Morcheln
Morgan-Einheit
Mormyridae
Morphallaxis
– Regeneration
Morphin
Morphogenese
Morphologie
Morphosen
Morphospezies ↗
Mortalität
Morula

Morus ↗
Mosaikembryonen
Mosaikevolution
Mosaikgene
Mosaikjungfer
– Anisoptera
Mosaikzwitter
– Gynander
Mosasaurier
Moschus
Moschushirsche ↗
Moschusochse
Most-probable-number-
  Verfahren
Motacillidae
motivierender Reiz
– Schlüsselreiz
Motoneuron
Motorik
motorisch
motorische Einheit
motorische Endplatte
motorisches Sprach-
  zentrum
– Broca-Areal
motorische Vorderhorn-
  zellen
Motorproteine
Motten ↗
Mottenschildläuse ↗
Mougeotia
– Chloroplastenbewegun-
  gen
Moustérien
Möwen ↗
Möwenvögel ↗
MPN-Verfahren ↗
mRNA ↗
MTOC
Mucine ↗
Mücken ↗
Mucocysten
– Einzeller
Mucolytikum
– Acetylcystein
Mucopolysaccharide
Mucoproteine
Mucorales
Mugilidae
Mukosa ↗
Mukoviszidose
Mulch
Mull ↗
Müll ↗
Muller, Hermann Joseph
Müller, Johannes Peter
Müller'sche Larve
Müller'sche Mimikry
– Schutzanpassungen
Müller'scher Gang
Mullidae
Mullis, Kary Banks
Müllverbrennung
Mulmbock
– Cerambycidae

multi cloning site
– lacZ-Gen
Multi-Drug-Resistenz
Multienzymkomplexe
Multigenfamilie ↗
multiple Allelie
multiregionales Entste-
  hungsmodell
– Anthropogenese
Mumps
Mund
Mundflora
Mundgliedmaßen
Mungo ↗
Muntjakhirsche ↗
Murad, Ferid
Muraenidae
Muramidase ↗
Muränen ↗
Murein
Murein-Sacculus
– Murein
Muridae
Murmeltiere
Murphy, William Parry
Mus ↗
Musa ↗
Musaceae
Muscarin
muscarinerg ↗
Muschelkrebse ↗
Muscheln ↗
Musci ↗
Muscicapidae
Muscidae
Muscon
– Moschus
Muscopyridin
– Moschus
Muskatnuss ↗
Muskatnussbaum ↗
Muskatnussgewächse ↗
Muskel
Muskelkater
Muskelkontraktion ↗
Muskelmagen
Muskelspindeln
Muskeltonus
Muskelzelle ↗
Muskulatur
Musophagidae ↗
Mustela ↗
Mustelidae
Musterbildung
Mutagene
Mutagenese
Mutagenität
Mutagenitätsforschung
Mutagenitätstest
Mutante
Mutanten-Screening
– Arabidopsis-Mutanten
Mutarotation
Mutation
Mutationschimäre

– Chimäre 1)
Mutationsrate
Mutterkornalkaloide
Mutterkornpilz
Mutterkuchen ↗
mütterliche Vererbung ↗
Muttermilch
Muttermund ↗
Mutualismus
Mya arenaria ↗
Mycel
Mycelia sterilia ↗
Mycobacterium
Mycophyta ↗
Mycoplasma
Mycota ↗
Mycotoxine ↗
Mydriasis ↗
Myelencephalon ↗
Myelin
Mykobakterien ↗
Mykobiont ↗
Mykologie
Mykoplasmen ↗
Mykorrhiza
Mykosen
Mykotoxikosen
– Aspergillus
Mykotoxine
Mykotrophie
Mykoviren
Myliobatidae
Myofibrillen ↗
Myoglobin
Myokard ↗
Myokarditis
– Herz-Kreislauf-Erkran-
  kungen
Myomeren
Myometrium ↗
Myopie ↗
Myosin
Myotom ↗
Myriapoda ↗
Myricaceae
Myrica gale ↗
Myricales ↗
Myristicaceae
Myrmecobiidae
Myrmecophagidae
Myrmekochorie ↗
Myrmekophilen ↗
myrmekophile Pflan-
  zen ↗
Myrmekophyten
Myrrhe ↗
Myrtaceae
Myrtales
Myrtengewächse ↗
Mysidacea ↗
Mystacocarida ↗
Mysticeti
Mytilus edulis ↗
Myxamöben
Myxinoidea

Myxobakterien
Myxococcus ↗
Myxoflagellaten

Myxomycetes
Myxomycota ↗
Myxophaga

Myxosporen ↗
Myxosporidia ↗
Myxozoa

Myzel ↗
Myzostomida

N (Chemie)
N (Biochemie)
Na ↗
Nabel
Nabelschnur
Nabelschweine ↗
NABU ↗
NAC ↗
Nachahmungstracht ↗
Nachauflauf
– Herbizide
Nachbarbestäubung ↗
Nachgeburt ↗
Nachgeburtsperiode
– Geburt
Nachhaltigkeit
Nachhirn ↗
Nachleuchten
– Phosphoreszenz
Nachniere ↗
Nachtaffen ↗
nachtaktive Tiere ↗
Nachtblindheit
– Retinol
Nachtigall
Nachtkerze
Nachtkerzengewächse ↗
Nachtschatten
Nachtschattengewäch-
se ↗
Nachtschwalben ↗
Nachttiere
nachwachsende Roh-
stoffe
Nacktkiemer ↗
Nacktsamer ↗
NAD⁺ ↗
Nadelhölzer ↗
Nadelwald
NADH ↗
NADP ↗
NADPH ↗
Nagana-Seuche
Nagel
Nagetiere ↗
Nährböden
Nährdarm
– Acrania
Nährelemente
Nährgewebe ↗
Nährlösungen
Nährmedium ↗

Nährstoffe
Nährstoffimmobilisation
Nährstoffkreislauf ↗
Nährstoffverfügbarkeit
Nährstoffverhältnis
Nährsymbiose ↗
Nahrungsbeziehungen
Nahrungskette
Nahrungsmittelvergif-
tung ↗
Nahrungsnetz
Nahrungspyramide
Nahrungsspezialisten
Nahrungsvakuole
Nährzellen ↗
Naja ↗
Najadales
Na⁺/K⁺-ATPase ↗
NANA ↗
Nandus ↗
Napfschaler ↗
Napfschnecken ↗
Narbe
Narcissus ↗
Narrentaschen
Narwal ↗
Narzisse
– Amaryllidaceae
Narzissengewächse ↗
Nase
Nasenbären ↗
Nasenbein ↗
Nasenbeutler ↗
Nasennebenhöhlen
Nasen-Rachen-Gang
– Nase
Nashörner ↗
Nastie
Nasturtium ↗
Nasus ↗
Natalität
Nathans, Daniel
Nationalpark
Natrium
Natrium-Kalium-Pum-
pe ↗
Natriumkanäle ↗
Natrix ↗
Nattern ↗
Natternhemd
– Serpentes
Natura 2000
Naturlandschaft
natürliche Auslese ↗
natürliche Killerzellen ↗
natürliche Ökosysteme
natürliche Ressourcen
natürliche Zuchtwahl ↗

naturnahe Ökosysteme
naturnaher Wald
Naturpark
Naturschutz
Naturschutzbund
Deutschland
Naturschutzgebiet
Nauplius ↗
Naupliusauge ↗
Nautilus
Neandertaler
Neanthropine ↗
Nearktis ↗
Nebenblätter ↗
Nebenherzen
Nebenhoden
Nebenniere
Nebenschilddrüse
Nebenzellen (Botanik)
Nebenzellen (Anatomie)
Nectophoren ↗
Nectria ↗
Neelipleona
– Collembola
Neem tree ↗
negative Rückkopp-
lung ↗
Negativkontrastierung
Negibacteriota ↗
Negriden
– Menschenrassen
Neher, Erwin
Neisseria
nekro-
Nekrophyten
Nekrose
Nektar
Nektarium
Nekton
Nelke
Nelkengewächse ↗
Nelumbo ↗
Nemalionales
Nemathelminthes
Nematocera
Nematocysten
Nematoda
Nematomorpha
Nemertini
Nemertodermatida
– Acoelomorpha
Neocephalopoda
– Cephalopoda
Neocortex ↗
Neodarwinismus
Neodermata
Neogastropoda
Neolithikum

Neomorph
Neonfisch
– Characidae
Neophyten
Neopilina ↗
neoplastischer Phänotyp
neoplastische Transfor-
mation
Neornithes
– Aves
Neotenie
Neotenin ↗
Neotraginae
Neotropis (Pflanzengeo-
grafie)
Neotropis (Tiergeogra-
fie)
Neovitalismus
– Driesch, H.A.E.
Neozoen
Neozoikum ↗
Nepenthaceae
Nepenthales
Nephridialsäcke
– Bivalvia
Nephridien
Nephrocyten
Nephron ↗
Nephroporen
– Bivalvia
Nephrostom
– Annelida
Nepomorpha
Nereis
neritische Provinz ↗
Nerium ↗
Nervatur
Nerven ↗
Nervenfaser
Nervengeflecht
Nervengewebe
Nervenknoten
– Ganglion
Nervenplexus ↗
Nervensystem
Nervenzelle ↗
Nervi craniales ↗
Nervus abducens
Nervus accessorius
Nervus facialis
Nervus glossopharyn-
geus
Nervus hypoglossus
Nervus oculomotorius
Nervus olfactorius
Nervus opticus
Nervus statoacusticus
Nervus trigeminus

O

OB-Protein ↗
Obstbaumkrebs
Occiput ↗
Ocellen
Ochoa, Severo
Ochotonidae ↗
Ochroma ↗
Ochse
– Kastration
Ocimum ↗
Octobrachia
Octocorallia
Octopin ↗
Octopodiformes ↗
Octopus ↗
Ocytocin ↗
Ödem
Odobenidae
Odonata
Odontophor ↗
Oedogoniales
Oenotheraceae ↗
Oestridae
offenes Leseraster
offenes System
Öffnungsbewegungen
O-Horizont
Ohr
Öhrchen ↗
Ohrenqualle ↗
Ohrenrobben ↗
Ohrlappenpilze ↗
Ohrmuschel ↗
Ohrtrompete ↗
Ohrwürmer ↗
OH-Terminus
Oikoplastenepithel
– Appendicularia
Okapi ↗
Okazaki-Fragment ↗
öko-
Ökoelemente
Öko-Ethologie ↗
Öko-Institut
Ökologie
ökologische Amplitude
ökologische Effizienz
ökologische Faktoren ↗
ökologische Landwirt-
   schaft
ökologische Nische
ökologische Physiolo-
   gie ↗
ökologische Planstellen
ökologische Potenz
ökologische Rassen ↗
ökologischer Landbau ↗
ökologischer Wirkungs-
   grad ↗
ökologisches Gleichge-
   wicht ↗
ökologische Toleranz ↗
ökologische Valenz
ökologische Zone (Evo-
   lutionsbiologie)

ökologische Zone (Öko-
   logie)
Ökophysiologie ↗
Ökospezies ↗
Ökosystem
Ökosystemkonzept
Ökotop
Ökotoxikologie
Ökotypen
Okular
– Mikroskop
Okra
Ölbaum ↗
Ölbaumgewächse ↗
Oldowan-Industrie
Öle ↗
Oleaceae
Oleales ↗
Oleander
Oleosom
olfaktorische Organe ↗
olfaktorischer Sinn ↗
oligo-
Oligochaeta
Oligodendrocyten ↗
Oligo-dT-Primer
– cDNA
oligolecithal
Oligonucleotide
Oligosaccharide
oligosaprob ↗
oligotroph
Oligozän ↗
Olivenbaum
Ölkäfer ↗
Ölkürbis
Olme ↗
Ölpalme
Ölpest
Ölpflanzen
Olpidium brassicae ↗
Ölsäure
Ölweide ↗
Ölweidengewächse ↗
Omasus ↗
Ommatidium ↗
omnipotent
Omnivora ↗
Omphalos ↗
Onagraceae
Oncopodien
– Onychophora
Oncorhynchus ↗
Oncosphaera ↗
Ondatra zibethicus ↗
Onkogene
Onobrychis ↗
Ontogenese
Onychophora
Oocyte ↗
Oogamie ↗
Oogenese
Oogonien (Botanik)
Oogonien (Zoologie)
Oomycota

Opalinea
open reading frame ↗
Operator
Operculum
Operon
Ophichthidae
Ophidia ↗
Ophioglossales
Ophiosaurus ↗
Ophiotoxine
– Schlangengifte
Ophiuroida
Opiliones
Opine
Opisthaptor
– Monogenea
Opisthobranchia
Opisthosoma
Opisthothelae
– Araneae
Opium
Opiumalkaloide
Opossums ↗
Opportunisten
Opportunismus
– Überlebensstrategien
Opsin ↗
Opsonierung
optische Aktivität
Opuntia ↗
Orange ↗
Orang-Utan
Orchidaceae
Orchidales
Orchideengewächse↗
Orchis (Botanik) ↗
Orchis (Zoologie) ↗
Orconectes limosus
Ordnung
Ordovizium
ORF ↗
Orfe ↗
Organbildung ↗
Organell
Organgattung
Organisator
*organisch-biologischer
   Landbau*
– ökologische Landwirt-
   schaft
organische Düngung ↗
organismische Lizenzen
Organogenese
organotroph
Orgasmus
Orientalis ↗
Orientierung
Orientierungsbewegun-
   gen
Orientierungsreiz
– Schlüsselreiz
origin of replication ↗
Oriolus oriolus ↗
Orn ↗
Ornithin ↗

Ornithinzyklus ↗
Ornithischia
Ornithogamie ↗
Ornithologie
Ornithophilie ↗
Ornithopoda
– Ornithischia
Ornithose ↗
Ornithurae
– Aves
Orobanchaceae
Orobiom
Orthognatae
– Araneae
Orthogon
Orthokinesen
– Kinesen
ortholog
Orthonectida ↗
Orthophosphate
– Phosphate
orthotrop ↗
Ortolan ↗
Oryx ↗
Oryza ↗
Oryziidae ↗
Os ↗
Oscillatoriales
Oscines ↗
Osculum ↗
Osmeridae ↗
Osmokonformer
Osmolarität
Osmophore ↗
Osmoregulation
Osmoregulierer
Osmose
osmotische Einstellung
osmotischer Druck
osmotische Zustands-
   gleichung
Osmundales
Ösophagus
*OSPAR-Übereinkom-
   men*
– Meer
Osphradien
Ossein ↗
Ossifikation ↗
Osteichthyes
Osteoblasten ↗
Osteocyten ↗
osteodontokeratische
   Kultur
Osteoglossidae
Osteoklasten ↗
Osteomalazie
– Calciol
Osteonen
– Knochen
Ostien ↗
Ostracoda
Östradiol ↗
Ostrea ↗
Östrogene ↗

Östrus
Oszillationen
– Biorhythmik
Oszillator ↗
Otariidae
Otididae
Otokonien ↗
Otolithen ↗
Otter
Ottern ↗
Out-of-Africa-Theorie ↗
ovales Fenster ↗
Ovar (Botanik)
Ovar (Zoologie)

Ovarialballen ↗
Ovariolen ↗
Ovibos moschatus ↗
Oviduct ↗
Oviparie
Ovipositor ↗
Ovis ↗
Ovotestis ↗
Ovoviviparie
Ovulation ↗
Ovum ↗
Oxalacetat
Oxalacetat-Transloka-
tor

– Chloroplasten
Oxalessigsäure
Oxalidaceae
Oxalis ↗
Oxalsäure
Oxidasen
Oxidation
oxidative Phosphorylie-
rung
Oxidoreduktasen
2-Oxoglutarsäure ↗
2-Oxopropansäure ↗
Oxygenasen
oxygene Fotosynthese

– Fotosynthese
– fototrophe Bakterien
– Lichtreaktionen
Oxygenierung
Oxyhämoglobin
– Hämoglobin
Oxytocin
Ozean ↗
Ozeanische Provinz ↗
Ozelot ↗
Ozon
Ozonloch
Ozonschicht ↗

P

P (Chemie)
P (Biochemie)
P (Genetik)
P_{680} ↗
P_{700} ↗
Paarbindung
Paargesang ↗
Paarhufer ↗
Paarung ↗
Paarungsorgane ↗
Paarungssysteme
Paarungsverhalten ↗
Pachytän ↗
Paclobutrazol
– Gibberelline
Pädogamie ↗
Pädogenese ↗
Paeoniaceae
PAK ↗
Paläarktis ↗
Palade, George Emil
Palaeoheterodonta
Paläoanthropologie
Paläobiologie ↗
Paläobotanik ↗
Paläofäzes
– antike DNA
Paläontologie
Paläoökologie
Paläopathologie
– Paläontologie
Paläospezies ↗
Paläotropis
Paläozoikum
Paläozoologie ↗
Palcephalopoda
– Cephalopoda
Paleozän ↗
Palichnologie
– Paläontologie
Palindrom

Palingenese
Palinurus ↗
Palisadenparenchym ↗
Pallium ↗
Palmae ↗
Palmellastadium
– Flagellata
Palmen
– Arecaceae
Palmfarne ↗
Palmitinsäure
Palmlilie ↗
Palmwein
– Bluten 1)
Palolowurm
Palpen
Palpenläufer ↗
Palpigradi
Paludicola
– Tricladida
Palynologie
Pampa ↗
Pampelmuse
Pan ↗
Panaschierung
Panax ↗
Panax ginseng ↗
Pancarida ↗
Panda
Pandalus
Pandanales
Pandinus ↗
Panepidemie ↗
Panicum ↗
Pankreas ↗
Pankreozymin ↗
Panmixie
panoistische Ovariole
– Oogenese
Pansen ↗
Pansensymbiose
Panthera leo ↗
Panthera onca ↗
Panthera pardus ↗
Pantoffeltierchen ↗
Pantopoda
Pantothensäure

Panzerfische ↗
Panzergeißler ↗
Panzernashorn ↗
Papageien ↗
Papageienkrankheit ↗
Papageifische ↗
Papageitaucher ↗
Papain
Papaveraceae
Papaverales
Papaya ↗
Papierboot ↗
Papierchromatogra-
phie
– Chromatographie
Papilionaceae ↗
Papilionidae
Papillomviren
Papio ↗
Pappel
Pappus ↗
Paprika
PAPS ↗
Papyrusstaude
Parabiose
Parabraunerde
Parabronchien ↗
Paracetamol
Paracoccus denitrifi-
cans ↗
Paradisaeidae
Paraganglien
Paragonimus ↗
Parainfluenzaviren
parakrin
Paralithodes
Parallelentwicklung
Parallelismen
paralog
Paramecium
Paramutationen
– epigenetisch
Paramyxoviren
Paraneoptera ↗
Paranthropus ↗
Parapatrie
paraphyletisch

Paraphysen (Pilze)
Paraphysen (Farne,
Moose)
Parapodien ↗
Paraproteine
Parasexualität
Parasiten ↗
Parasitenwelse ↗
Parasitismus
Parasitoide
Parasitologie
Parasympathikus
Parataxonomie
Parathormon
Parathyreoidea ↗
Parathyrin ↗
Paratomie
Parazoa
Pärchenegel ↗
Pardelkatzen
Parenchym (Botanik)
Parenchym (Zoologie)
Parenchymsauger
– Aphidina
Parenchymula ↗
Parentalgeneration
Paridae
Paris-Übereinkommen
– Meer
Parkinson-Krankheit
Parökie
Pars fibrosa ↗
Pars granulosa ↗
Parsimonie-Prinzip
– phylogenetische Syste-
matik
Pars intermedia
– Hypophyse
Parthenocissus ↗
Parthenogenese
Parthenokarpie
Partialdruck
Partialname
Partikelkanone
– biolistische Transfor-
mation
Partus ↗

Pflanzenzüchtung
pflanzliche Abwehr
pflanzliche Phenole
Pflasterepithel ↗
Pflaume
Pflugscharbein ↗
Pfortadersystem
Pfropfung
Pfropfungsexperimente
– Florigen
Pfuhlschnepfe ↗
Phacelia ↗
Phaeodarea
– Radiolaria
Phaeomelanine
– Melanine
Phaeophyceae
Phaeoplasten
Phagen ↗
Phagocyten
Phagocytose
Phagosom
– Phagocytose
Phalacrocoracidae
Phallales
Phallotoxine
Phallus (Zoologie)
Phallus (Pilze)
Phallusia ↗
Phän ↗
Phanerogamen
Phanerophyten
Phanerozoikum
Phänokopie
Phänotyp
*phänotypische
Geschlechtsbestim-
mung*
– Geschlechtsbestim-
mung
Phantomschmerz
– Schmerz
Pharma food
– Novel food
Pharmakophagie
Pharyngobdelliformes ↗
Pharyngobranchiale
– Kiemenbögen
Pharynx
Phascolarctus cine-
reus ↗
Phasenkontrastmikro-
skopie ↗
Phaseolus ↗
Phaseolus vulgaris ↗
Phasianidae
Phasmatodea
Phasmiden
– Secernentea
Phasmidia ↗
Phe ↗
Phellem
Phelloderm
Phellogen
Phenol-Oxidase

Phenylalanin
Phenylalanin-Ammo-
niak-Lyase
*Phenylalanin-Hydro-
xylase*
– Phenylketonurie
Phenylketonurie
Pheromone
Pheromonfallen
Phlebobranchiata ↗
Phleum ↗
Phloem
Phloembeladung
Phloementladung
Phloemfasern ↗
Phloemsaft
Phloemsauger
– Aphidina
Phloemtranslokation
Phloemtransport ↗
Phocidae
Phocoenidae
Phoenicopteridae
Phoenicurus ↗
Phoenix ↗
Pholidota
Phoresie
Phormiaceae
Phoronida
Phorozooide ↗
Phosphagen
– Arginin
Phosphatasen
Phosphatassimilation
Phosphate
Phosphatidasen ↗
Phosphatidyl-Cholin
Phosphatidyl-Ethanola-
min
Phosphatidyl-Glycerin
Phosphatidyl-Inositole
Phosphatidyl-Serin
3'-Phosphoadenosin-5'-
phosphosulfat
Phosphodiester
Phosphodiesterasen
Phosphoenolpyruvat
Phosphofructokinase
Phosphogluconat-Weg ↗
Phospholipasen
Phospholipide
Phosphoproteine
Phosphor
Phosphoreszenz
Phosphorkreislauf
Phosphoribomutase
– Ribosephosphate
Phosphorolyse
Phosphorylierung
photo- ↗
Photobacterium
photopisches Sehen ↗
Phragmites ↗
Phragmobasidie
Phragmocon

– Belemnitida
Phragmoplast
Phthiraptera
Phthirus pubis ↗
pH-Wert
Phycobiline
Phycobiliproteide
Phycobiliproteine ↗
Phycobilisomen
Phycobiont ↗
Phycobionta ↗
Phycocyanin ↗
Phycoerythrin ↗
Phylactolaemata
phyllo-
Phyllochinon
Phyllodium
Phylloide ↗
Phyllokladien
Phyllopodium ↗
Phylloscopus ↗
Phyllotaxis ↗
Phyllozooide
Phylogenese
Phylogenetik
phylogenetische Syste-
matik
phylotypisches Stadium
Physalia ↗
Physalis ↗
Physeteridae
Physignathus
– Agamidae
physikalische Kieme
– Atmungsorgane
Physiologie
physiologische
Chemie ↗
physiologische Ökologie
physiologische Rasse
physiologische Uhr ↗
Physoklisten
– Schwimmblase
Physostomen
– Schwimmblase
Phytelephas ↗
phyto-
Phytoalexine
Phytochelatine
Phytochrome
Phytohämagglutinine ↗
Phytohormone
Phytol
Phytolaccaceae
Phytomer
Phytomimese
Phytomonadea
Phytopathologie
Phytophagennahrungs-
kette
Phytophthora ↗
Phytoplankton ↗
Phytoremediation ↗
Phytosanierung
Phytosiderophore

Phytotherapie
Phytotron
Phytozönose ↗
P_i
Pia mater ↗
Picea ↗
Picidae
Piciformes
Picornaviren
Picrophilus
– acidophile Mikroorga-
nismen
Pieper ↗
Pieridae
Pierwurm ↗
Pigmentbecherocellus ↗
Pigmente
Pilidium ↗
Pille ↗
Pille danach
Pilobolus ↗
Pilze
Pilzgärten
Pilzgifte ↗
Pilzkörper ↗
Pilzkunde ↗
Pilzpapillen ↗
Pimpinella ↗
Pinaceae
Pinacocyten
– Porifera
Pinacoderm
Pinales
Pinealocyten
– Epiphyse
Pinealorgan ↗
Pinguine ↗
Pinidae
Pinie
Pinnipedia ↗
Pinnulae ↗
Pinocytose
Pinopsida
Pinselschimmel ↗
Pinus ↗
Pinus succinifera
– Bernstein
– Bernsteinforschung
(Essay)
Pioniere
Pionierpflanzen
Piperaceae
Piperales ↗
PI-PKC-System ↗
Piranhas
Pirol
Piroplasmida
Piscicola geometra ↗
Pistacia ↗
Pistazie
Pistill ↗
Pisum ↗
Pithecanthropus ↗
PKU ↗
Placenta (Zoologie)

Placenta (Botanik) ↗
Placentalia ↗
Placentaschranke
– Placenta
Placodermi
Placoidschuppen ↗
Placophora ↗
Placozoa
plagiotrop
Plakoden
planare Stufe ↗
Planaria ↗
Planation ↗
Planctomyces/Pirella
Planipennia
Plankton
planktotroph
Planorbarius ↗
Planozygoten
– Myxomycetes
Plantaginaceae
Planula
Plaque
Plasmakinine
– Kallikrein-Kinin-
System
Plasmalemma ↗
Plasmologene
– Phospholipide
Plasmamembran
Plasmaproteine
Plasmaströmung
plasmatische Vererbung
Plasmazellen ↗
Plasmensäure
– Phospholipide
Plasmid
Plasmin
Plasminogen
– Plasmin
Plasmodesmen
Plasmodiophoromycetes
Plasmodium (Pilze)
Plasmodium (Zoologie)
Plasmogamie
Plasmolyse
Plasmon
Plasmopara ↗
Plastiden
Plastiden-DNA
Plastidenhülle ↗
Plastidenvererbung ↗
Plastochinon
Plastocyanin
Plastoglobuli
Plastohydrochinon
– Q-Zyklus
Plastom ↗
Plastoplasma ↗
Platanaceae
Platanales ↗
Platanengewächse ↗
Plastron
– Chelonia
Platanistidae

Plathelminthes
Platichthys flesus ↗
Plattenauszählung
– mikrobielles Wachstum
Plattendiffusionstest ↗
Plattenepithel ↗
Plattenkollenchym
– Kollenchym
Plattenkultur
– Kultur 3)
Plattfische ↗
Plattwürmer ↗
Platykladien
Platyrrhini
Platzhocker
Plazenta ↗
Plecoptera
Plectognathi ↗
Pleiochasium
Pleiotropie
Pleistozän
Plektenchym
Plektostele ↗
Pleocyemata ↗
Pleomorphismus
Pleon ↗
Pleopoden ↗
Plerocercoid ↗
Plesiomorphie
Pleura ↗
Pleurahöhle ↗
Pleurastrophyceae
Pleurobrachia ↗
Pleurocapsales
Pleurodira ↗
pleurodont
pleurokarp
Pleuronectes platessa ↗
Pleuronectiformes
Pleurotremata ↗
Pleurotus ostreatus ↗
Pleuston
Plexus chorioidei
– Liquor cerebrospinalis
Plexus myentericus ↗
Plexus submucosus ↗
Pliozän ↗
Ploceidae
Plötze ↗
PLP ↗
Plumatella ↗
Plumbaginaceae
Plumbaginales ↗
Plumula
plurienne Pflanzen
pluripotent
Pluteus
Pluvialis ↗
Pneumatophoren
(Botanik) ↗
Pneumatophoren
(Zoologie) ↗
Pneumocystis carinii
Pneumogaster ↗
Pneumothorax

Poaceae
Poales
Pochkäfer ↗
Podarcis ↗
Podicipedidae
Podocarpaceae
Podocyten
Podsol
Poeciliidae
Pogonophora
Poikilohydrisch
poikilosmotisch
– Osmoregulation
poikilotherm
Polemoniaceae
Polemoniales ↗
Polfäden
– Myxozoa
Polio ↗
Poliomyelitis
Poli'sche Blasen ↗
Polkapseln
– Myxozoa
Polkörper
Pollachius virens ↗
Pollen
Pollenanalyse
Pollenkammer
Pollenkitt ↗
Pollenkornmitose
Pollensammelapparat
– Honigbiene
Pollenschlauch
Pollenschlauchbefruch-
tung ↗
Pollensterilität
– matrokline Vererbung
Pollination ↗
Pollution ↗
Polyadenylierung
Polyandrie
– Paarungssysteme
Polycarpicae
– Rosopsida
Polychaeta
polychlorierte Biphenyle
polycistronisch
Polycystinea
– Radiolaria
Polydaktylie
Polyembryonie
Polygalales
Polygamie ↗
Polygenie
Polygonaceae
Polygonales ↗
Polygonum ↗
Polygynie
– Paarungssysteme
polylecithal
Polymerasekettenreakti-
on
Polymerasen
Polymere
polymiktisch

Polymorphismus
polymorphkernige Leu-
kocyten ↗
Polynucleotide ↗
Polyp
Polypeptide ↗
Polyphaga
Polyphänie
Polyphänismus ↗
Polyphosphat
Polyphyletisch
polyphyodont
– Gebiss
Polypid ↗
Polyplacophora
Polyploidie
Polypodiales
Polyporales
Polypteriformes
Polyribosomen ↗
Polysaccharide
polysaprob ↗
Polysomen
Polysomie
Polyspermie
Polystele ↗
*polytäne Riesenchro-
mosomen*
– Endomitose
Polytänie
polytypische Arten
– Formenkreis
polyzyklische aromati-
sche Kohlenwasser-
stoffe
Pomacanthidae
Pomacentridae
Pomeranze
*ponderostatische Hypo-
these*
– Hunger
Pongo pygmaeus ↗
Pons ↗
Pontederiaceae
Pontederiales ↗
Population
Populationsdichte
Populationsdynamik
Populationsgenetik
Populationsökologie
Populus ↗
Pore
Porenwasser
– Bodenwasser
Poriales
Porifera
Porine
Porlinge
Porphobilinogen ↗
Porphyra
Porphyrien
– Hämolyse
Porphyrine
Porree
Porter, Rodney Robert

Portmann, Adolf
Portugiesische Galeere
Portulacaceae
Posibacteriota ↗
Positionseffekt
Positionskontrolle
– Tumorzellen
posterior
Posthornschnecke ↗
Postmenopause ↗
posttranskriptionelle
  Modifikationen ↗
posttranslationale Modi-
  fikationen ↗
PO-System
Potamal ↗
Potamogetonaceae
Potamoplankton
Potentilla ↗
Pottwale ↗
P/Q-Quotient
– Atmungskette
Präadaptation ↗
Prachtkäfer ↗
Prädation ↗
Prädator ↗
Praedentale
– Ornithischia
Praeputium
Praeveliger
– Bivalvia
Präformationstheorie
Prägung
Präimmunisierung
– Schädlingsbekämpfung
Prairie
Prairiehunde
Prämolaren ↗
pränatale Diagnostik
Präproinsulin
– Insulin
*präresorptive Sätti-
  gung*
– Hunger
Prärie ↗
Präsenz
Prasinophyceae
*präsorptive Durststil-
  lung*
– Durst
präsynaptische Hem-
  mung
Präzipitation
Pregnan
Preiselbeere
Presbytis entellus ↗
Pressorezeptoren ↗
Priapswürmer ↗
Priapulida
Pribnow-Box
Primärblätter
primäre Sehrinde
– Sehen
Primärfollikel ↗
Primärharn ↗

Primärproduktion
Primärproduzenten
Primärreaktionen
– Fotosynthese
Primärstruktur
Primärtranskript
Primärwand ↗
Primase
Primates
Primelgewächse ↗
Primer
Primer-Extension-Me-
  thode
Primordialwand
– Zellwand
Primordium
Primosom
Primulaceae
Primulales ↗
Prionen
Prismenschicht ↗
Pro ↗
pro-
Probiose ↗
probiotisch
Proboscidea
Proboscis ↗
Procellariiformes
Prochlorophyten
Proconsul africanus ↗
Proctodaeum ↗
Procyon ↗
Procyonidae
Produktion
Produktionsbiologie
Produzent
Proenzyme ↗
Profelis ↗
Profundal
Progesteron
Proglottiden ↗
Proglottis
– Cestoda
Prognathie
Progoneata ↗
Progradation
– Massenwechsel
programmierter Zell-
  tod ↗
Progymnospermae
– Archaeopteridales
Prohaptoren
– Monogenea
Pro-Hormone ↗
Proinsulin
– Insulin
Prokaryoten
Prolactin
Prolamellarkörper
– Chlorophyll
– Etioplasten
Prolamine
Proliferation
Proliferationskontrolle
– Tumorsuppression

– Tumorzellen
Proliferationsphase
– Menstruationszyklus
Prolin
promastigot ↗
Prometabolie
– Metamorphose
Promiskuität ↗
Promotor
Promycel
Pronation
Pronephros ↗
Pronotum ↗
Pronucleus ↗
*Proofreading-Mecha-
  nismus*
– DNA-Polymerasen
Proöstrusphase
– Östrus
Propan-1,2,3-diol ↗
Prophage ↗
Prophase ↗
Prophenoloxidase ↗
Propionibacterium ↗
Propionsäure
Propionsäurebakterien
Propionsäuregärung
Proplastid ↗
Propriorezeptoren
Prosencephalon ↗
Prosobranchia
Prosoma ↗
Prosopis ↗
prospektive Bedeutung
prospektive Potenz
Prostaglandine
Prostata
prosthetische Gruppe
Prostomium ↗
Protamine
Protandrie (Zoologie)
Protandrie (Botanik)
Protanopie ↗
Proteaceae
Proteales ↗
Proteasen
Proteidae
Proteinase-Inhibitoren
– Jasmonate
Proteinasen
Proteinbiosynthese ↗
Protein-Design
Proteine
Protein-Engineering
Protein-Energie-Mangel-
  ernährung
Proteinfaltung
Proteinkinasen
Proteinoide
Proteinoplasten ↗
Proteobacteria
Proteoglykane
Proteolyse
Proteom
Proteomics

Proterandrie ↗
Proterophytikum
Proterozoikum
Proteus
Prothallium
Prothorakaldrüse
prothorakotropes Hor-
  mon
Prothorax
– Heteroptera
Prothrombin ↗
Protista ↗
Protobionta
Protobionten
Protobranchia ↗
Protocerebrum ↗
*Protochlorophyllid-
  Oxidoreductase*
– Chlorophyll
Protococcales ↗
Protoconch ↗
Protocyte ↗
Protofilament
– Intermediärfilamente
Protofibrille
– Intermediärfilamente
Protogynie (Zoologie)
Protogynie (Botanik)
Protonema ↗
protonenmotorische
  Kraft ↗
Protonenpumpe ↗
Protonephridien
Proto-Onkogene ↗
Protophyten
Protoplasma
Protoplast
Protopodit ↗
Protoporphyrin
– Chlorophyll
Protopteridiales
Protostele ↗
Protostomia
Prototheria ↗
Prototroch ↗
Protozoa ↗
Protozoologie
Protraktionsphase
– Gehen
Protura
Provitamine ↗
proximal
*prozedurales Gedächt-
  nis*
– Gedächtnis
Prozessierung
Polyadenylierung.
PR-Proteine ↗
Prunken
– Antilopinae
Prunus ↗
Prymnesiales
Prymnesiophyta ↗
Przewalski-Pferd ↗
PS I ↗

PS II ↗
psalidont
– Gebiss
Psalter
Pseudoculus
– Pauropoda
Pseudogamie
Pseudogene
Pseudogley
Pseudohermaphroditis-
mus
Pseudomembran
– Diphtherie
Pseudomonaceae ↗
Pseudomonaden
Pseudomonas
*Pseudomonas aerugi-
nosa*
– Mukoviszidose
Pseudomycel
Pseudoparenchym
Pseudopodien
Pseudoscorpiones
Pseudosporochnales
Pseudotsuga ↗
Psilocybe
Psilocybin
Psilophytopsida
Psilotales ↗
Psilotopsida
Psittaciformes
Psittakose
Psocoptera

Psychoneuroimmunolo-
gie
Psychrometer
Psychrophile
psychrotolerant
– Kälteresistenz
Psyllina
Pteranodon
Pteridales
Pteridine
Pteridium ↗
Pteridophyta
Pteridopsida
Pteridospermae ↗
Pteriomorpha
P-Terminus ↗
Pterobranchia
Pterosauria
Pterygopodium
– Chondrichthyes
Pterygota
PTH ↗
Ptomaine ↗
PTTH ↗
Ptyalin ↗
Pubertas praecox
Pubertät
Puccinia ↗
Puff ↗
Puffbohne ↗
Puffer
Puffersysteme
Puffottern
Pulex irritans ↗

Pulmo ↗
Pulmonalklappe ↗
Pulmonaria ↗
Pulmonata
Pulpa ↗
Pulque ↗
Puls
Pulsatilla ↗
pulsierende Vakuole ↗
Pulvinus
Puma
Punicaceae
Punktmutation ↗
Punktualismus ↗
Pupa ↗
Puparium ↗
Pupille ↗
Pupillenreflex
Pupiparie
Puppe
Purin
Purinbasen
Purkinje, Johannes
  Evangelista Ritter von
Purkinje-Phänomen
Purpurbakterien
Purpurrose ↗
Putrescin
Putzbienen
– Honigbiene
Putzen
Putzkamm
– Lemuridae
Pycnogonida ↗

Pycnonotidae ↗
Pygidium ↗
Pyknidium
Pylorus ↗
Pyramidenbahn
Pyranosen ↗
Pyrenoid
Pyrethrine
Pyrethrum ↗
Pyridin
Pyridin-2,6-di-
carbonsäure ↗
Pyridinnucleotid-Coen-
zyme ↗
Pyridoxalphosphat
Pyridoxin
Pyrimidin
Pyrimidinbasen
Pyrodictium ↗
Pyrogene
Pyrolaceae
Pyrosomida
Pyrrhophyceae ↗
Pyrrole
Pyrus ↗
Pyruvat
Pyruvat-Carboxylase
Pyruvat-Dehydrogenase-
Komplex
Python ↗
Pythoninae ↗
Pythonschlangen ↗

Q ↗
Quagga

Qualle ↗
Quantenausbeute
Quantenbedarf
Quappe
Quarantäne
Quartär
Quartärstruktur ↗
Quasi-Spezies

– Hyperzyklus
Quastenflosser ↗
Queensland-Fieber
– Burnet, F. MacFarlane
Quelle ↗
Quellregion ↗
Quellung
Quercus ↗

Querzahnmolche ↗
Quetzal ↗
Quieszenz
Quinoa
Quinorange
– Aridinfarbstoffe
Quitte
Q-Zyklus

R (Chemie)
R (Biochemie)
Raben ↗
Rabenkrähe ↗
Rabenvögel ↗
Rabies ↗
Racemat
Rachen ↗
Rachenblütler ↗

Rachitis
Racken ↗
Rackenvögel ↗
Räderorgan
Rädertiere ↗
Radialsepten
– Scyphozoa
Radiärsymmetrie
  (allgemein)
Radiärsymmetrie
  (Botanik) ↗
Radicula ↗
Radieschen
Radikale
Radikante ↗

Radioaktivität
Radiocarbonmethode
– Altersbestimmung
  (Methoden)
Radioimmunassay
Radiolaria
Radius ↗
Radnetzspinnen ↗
Radula
Raffinose
Rafflesiales
Rajidae
Rallidae
Rama ↗
Ramapithecus

Ramie
Ramifikation
– Verzweigung
Ramón y Cajal, Santiago
Ramphastidae ↗
Ramsar-Abkommen
Rana ↗
Rana temporaria ↗
Rangifer ↗
Rangordnung
Rangordnungsverhalten
Ranidae
Ranken
Rankenbewegungen
Rankenfüßer ↗

– Aggression
– Territorialverhalten
rezent
Rezeption
Rezeptor (allgemein)
Rezeptor (Cytologie)
Rezeptorpotenzial ↗
rezeptorvermittelte Endocytose
rezessiv ↗
Rezessivität
Resiprozität der Vererbung
– Geschlechtschromosomen-gebundene Vererbung
Rezyklierung
RFLP ↗
RGT-Regel
Rhabarber
Rhabditen
– Rhabditophora
Rhabditida ↗
Rhabditophora
Rhabdom ↗
Rhachis (Botanik)
Rhachis (Zoologie)
Rhamnaceae
Rhamnales
Rhamnose
Rhamnus ↗
Rheiformes
Rheokren ↗
Rheotaxis
Rhesusaffe
Rhesusfaktor
Rheum ↗
Rhincodontidae
Rhinobatidae
Rhinocerotidae
Rhinogradentia
Rhinolophidae
Rhinophoren
Rhinoviren
Rhipidistia
Rhithral
Rhizine
Rhizobiaceae
Rhizobien
Rhizobium
Rhizocephala
Rhizodermis
Rhizoid
Rhizom
Rhizophoraceae
Rhizophorales
Rhizopoda
Rhizopodien
– Pseudopodien
Rhizosphäre
Rhizostomea
Rhizothamnien
– Frankia
Rho-abhängige Termination

Rhododendron ↗
Rhodophyceae
Rhodophyta
Rhodoplast
Rhodopsin
Rhodospirillaceae
Rhodospirillales
Rhodoxanthin
Rho-Faktor
Rhombencephalon ↗
Rhombozoa ↗
Rhopalien ↗
Rho-unabhängige Termination
Rhus ↗
Rhynchobdelliformes ↗
Rhynchocephalia
Rhyniales
Rhyniella
Rhythmusgenerator ↗
RIA ↗
Ribes ↗
Riboflavin
Ribokinase
– Ribosephosphate
Ribonucleasen
Ribonucleinsäuren
Ribose
Ribosephosphate
ribosomale Proteine
ribosomale RNA
Ribosomen
Ribosomenbindungsstelle
Ribozyme
Ribulokinase
– Arabinose-Operon
Ribulose
Ribulose-1,5-bisphosphat
Ribulose-1,5-bisphosphat-Carboxylase/Oxygenase
Ribulose-5-phosphat-4-Epimerase
– Arabidopsis thaliana
Richet, Charles Robert
Richtungskörper ↗
Ricinulei
Ricinus ↗
Ricketts, Howard Taylor
Rickettsia ↗
Rickettsiales
Rickettsien
Riechen ↗
Riechkolben ↗
Riechnerv ↗
Riechorgane ↗
Riechsinn ↗
Riedböcke ↗
Riedgräser ↗
Riemenblumengewächse ↗
Rieselfelder ↗
Riesenaktinie ↗

Riesenbakterien
Riesenbock
– Cerambycidae
Riesenchromosomen
Riesenfasern
Riesengleiter ↗
Riesenhaie
Riesenhirsch ↗
Riesenholzwespe ↗
Riesenkalmar ↗
Riesenmuschel ↗
Riesensalamander ↗
Riesenschlangen ↗
Riesentang
Riesenwuchs (Botanik) ↗
Riesenwuchs (Zoologie)
Riesenzellen
Rieske-Protein
– Q-Zyklus
Riff ↗
Riffbarsche ↗
Riffkorallen ↗
Rigor mortis ↗
Rinde (Botanik)
Rinde (Zoologie)
Rindenbrüter
– Scolytidae
Rindenfelder
Rindenparenchym
Rindenrotation
Rinder
Rinderbandwurm ↗
Rinderwahnsinn ↗
Ringelblume
Ringelgans ↗
Ringelnatter
Ringeltaube ↗
Ringelwürmer ↗
Ringgefäß ↗
Rippen ↗
Rippenquallen ↗
Rispe
Rispenhirse
Ritterfalter ↗
Ritualisierung
Riva-Rocci, Scipione
Rivulogammarus
– Amphipoda
Rizinus
RNA ↗
RNA-Editing
RNA-Interference
– Antisense-RNA
RNA-Polymerasen
RNA-Prozessierung ↗
RNasen ↗
RNS
Robben
Roberts, Richard John
Robertson-Translokation
robuste Australopithecinen
– Australopithecus

Roccella
Rochen ↗
Rodbell, Martin
Rodentia
Rodung
Roggen
Rohhumus ↗
Rohöl ↗
Rohr ↗
Rohrammer ↗
Röhrchenzähner ↗
Rohrdommel ↗
Röhrenblüte ↗
Röhrenknochen ↗
Röhrennasen ↗
Röhricht
Rohrkolbenhirse ↗
Röhrlinge
Rohrsänger
Rohrzucker ↗
Rohstoffe
Rollender-Ring-Replikation
Rollnerv ↗
ROS ↗
Rosaceae
Rosales
Rose
Rosellahanf
Rosenstöcke
– Geweih
Rosette
Rosine ↗
Rosmarin
Rosopsida
Ross, Sir Ronald
Rosskastanie
Rostellum
Rostkrankheiten ↗
Rostpilze ↗
Rostrum ↗
Rotalgen ↗
Rotang-Palmen
Rotatoria
Rotauge ↗
Rotaviren
Rotbarsch
Rotbauchunke ↗
Rotbuche ↗
Rotdrossel ↗
Rote Bete
Rote Blutkörperchen ↗
Rötegewächse ↗
Rote Liste
Röteln
Rötelnvirus
Rote Pflanzen
Rote Rübe ↗
Rote Spinne ↗
Rote Waldameise ↗
Rotfäule
Rotfeuerfisch ↗
Rotgrünblindheit
Rotgrünsehschwäche ↗
Rothirsche

S

Saprozoen ↗
SAR ↗
Sarcina
Sarcinen
Sarcodina ↗
Sarcom ↗
Sardelle ↗
Sardine ↗
Sarkomer ↗
sarkoplasmatisches Reticulum
Sarkosepten
– Anthozoa
Satelliten-DNA
Sattelrobbe ↗
Sättigungszentrum ↗
Satureja ↗
Saubohne ↗
Sauerampfer ↗
Sauerdorn ↗
Sauerdorngewächse ↗
Sauergräser ↗
Sauerkleegewächse ↗
Sauerkraut
Sauermilch
Sauerstoff
Sauerstoff entwickelnder Komplex
Sauerstoffmangel ↗
Sauerstoffschuld
– Hill, A.V.
Sauerteig
Säuerungskulturen
Säugen
Säugetiere ↗
Saugfüßchen
– Asteroida
Saugmagen
Saugnapf
Saugorgane
Saugreflex
Saugrüssel ↗
Saugschuppen
– Epiphyten
Saugspannung
– Bodenwasser
Saugventilation
– Atmung
Saugwürmer ↗
Saugwurzel
Säulenchromatographie
– Chromatographie
Saumriff
– Korallenriff
saure Phosphatasen
– Phosphatasen
Säure-Base-Reaktion
säureliebend ↗
säuremeidend ↗
Säuren
saurer Regen
säuretolerant ↗
Säurewachstumshypothese

– Streckungswachstum
Sauria ↗
Saurier
Saurischia
Sauropodomorpha
– Saurischia
Sauropsida
Savanne
Saxifragaceae
Saxifragales
Scala tympani ↗
Scala vestibuli ↗
Scandentia
Scaphognathit
Scaphopoda
Scapula ↗
Scapus
– Antennen
Scarabaeidae
Scenedesmus
– Bioindikatoren
Schaben ↗
Schachtelhalme ↗
Schachtelhalmgewächse
Schädel
Schädelkapazität
Schädellose ↗
Schädelnähte
– Schädel
Schadensschwelle
Schädling
Schädlingsbekämpfung
Schadstoffe
Schafe
Schafgarbe
Schafhaut ↗
Schafstelze ↗
Schakale
Schalenweichtiere ↗
Schall
Schallblasen
Schalldruck-Empfänger
– Gehörorgane
– Hören
– Schall
Schallschnelle-Empfänger
– Gehörorgane
– Hören
– Schall
Schally, Andrew Victor
Schalotte ↗
Schamberg
Schamlippen
Scharlach
Scharrer, Berta
Schattenblätter
Schattenflanke
– Fototropismus
Schattenfluchtreaktion
Schattenpflanzen
Scheibenfinger ↗
Scheibenquallen ↗
Scheide ↗

Scheidenbakterien
Scheidenvorhof
Scheindolde
Scheinfrucht
Scheinfüßchen ↗
Scheintod
– Tod
Scheitelbein ↗
Scheitelgrube
Scheitelmeristem
Scheitelzelle
Schelf
Schelfmeer
Schellack
Schellfisch
Scheltopusik ↗
Scherenasseln ↗
Schermäuse
Scheuchzeriaceae
Schicht ↗
Schichtung (Pflanzensoziologie)
Schichtung (Limnologie)
Schiefblattgewächse ↗
Schienbein ↗
Schienenechsen ↗
Schierling
schießen
Schiffchen
Schiffsbohrmuscheln
Schiff'sche Basen
Schiffshalter ↗
Schildchen
– Heteroptera
Schilddrüse
Schildfüßer ↗
Schildknorpel ↗
Schildkröten ↗
Schildläuse ↗
Schilf
Schimmelpilze
Schirmrispe ↗
Schistosoma
Schistostegales
Schizaeales
schizogen
Schizogonie
schizokarp
Schizomycetae ↗
Schizomycetes ↗
Schizonten ↗
Schizophyta ↗
Schlaf
Schlafbewegungen
Schläfenbein ↗
Schläfer ↗
Schlafkrankheit ↗
Schlafmohn
Schlaf-Wach-Rhythmus
Schlagadern ↗
Schlaganfall
Schlagflug
– Vogelflug
Schlammfisch

Schlammfliegen ↗
Schlammschnecke ↗
Schlammspringer ↗
Schlängeln ↗
Schlangen ↗
Schlangenaale ↗
Schlangengifte
Schlangenserum
– Schlangengifte
Schlangensterne ↗
Schlauchalgen ↗
Schlauchpilze ↗
Schlauchthallus ↗
Schlehe
Schleichen ↗
Schleichkatzen ↗
Schleie ↗
Schleiereulen ↗
Schleim
Schleimaale ↗
Schleimbehälter
– Tiliaceae
Schleimdrüsen
Schleimfische ↗
Schleimhaut
Schleimpilze
Schlenke
Schleuderbewegungen ↗
Schliefer ↗
Schließbewegungen ↗
Schließfrucht ↗
Schließzelle ↗
Schlingpflanzen ↗
Schluckreflex
Schluckzentrum
– Schluckreflex
Schlund ↗
Schlundegel ↗
Schlundgeißler ↗
Schlundzähne
– Cyprinidae
Schlupfwespen ↗
Schlüsselarten
Schlüsselbein ↗
Schlüsselfaktor
Schlüsselmerkmale
Schlüsselreiz
Schmalbandantibiotika
– Antibiotika
Schmalnasenaffen ↗
Schmarotzer ↗
Schmarotzerbienen
– Apoidea
Schmarotzertum ↗
Schmeißfliegen ↗
schmelzen
Schmelzschuppen ↗
Schmerlen ↗
Schmerz
Schmerzstoffe
– Schmerz
Schmetterlinge ↗
Schmetterlingsblütler ↗

Subletalität
– Letalfaktoren
Sublitoral
– Litoral
Submerskultur
– Kultur 3)
submetazentrisch
– Chromosomen
submontane Stufe
Submucosa
– Schleimhaut
subnivale Stufe
Suboscines ↗
Subspezies ↗
Substanz P
Substitution (Bioche-
mie)
Substitution (Evoluti-
onsbiologie)
Substitutionstherapie
– Methadon
Substrat (Biologie)
Substrat (Chemie)
Substratanaloga
Substratfresser
Substratkettenphos-
phorylierung
Substratmycel
– Mycel
Substratspezifität ↗
Subtropen
subtropischer Regen-
wald
Succinat ↗
Succinat-Dehydrogena-
se
Succinat-Glycin-Zyklus
– Glycin
Sucht
Sucrose ↗
Südbuche
Südbuchengewächse ↗
Südkaper ↗
Suidae
Sukkulenten
Sukkulenz
Sukzession
Sulfataktivierung
– Schwefelassimilation
Sulfatatmung

Sulfate
Sulfatide ↗
Sulfat reduzierende Bak-
terien
Sulfhydrylgruppe ↗
Sulfolobus
Sulidae ↗
Sultaninen ↗
Sumatra-Nashorn ↗
Summation
Sumner, James Batchel-
ler
Sumpf ↗
Sumpfdeckelschnecken
Sumpfdotterblume ↗
Sumpfgas ↗
Sumpfmeise ↗
Sumpfohreule ↗
Sumpfpflanzen ↗
Sumpfquelle ↗
Sumpfschildkröten ↗
Sumpfwasserstern
– Callitrichaceae
Sumpfzypressenge-
wächse ↗
Superdominanz
Superfekundation
Superfetation
Superhelix
Superovulation
Superoxid-Dismutasen
Superposition
Superpositionsauge ↗
Superspecies
Supination
Suppline
Suppression
Suppressor-Mutanten
Supralitoral ↗
Suprarenin ↗
Surfactant-Faktor
Suricata suricatta ↗
survival of the fittest
– Darwinismus
Sus ↗
Suspensor
Süßgräser ↗
Süßholz
Süßwasser
Süßwasserbryozoen ↗

Sustainability ↗
sustainable develop-
ment ↗
Sutherland, Earl Wilbur
Sutur
Swammerdam, Jan
Swietenia ↗
Sycon ciliatum
– Calcarea
Sycontyp ↗
Sylviidae
Symbiont
symbiontische Stick-
stoff-Fixierung ↗
Symbiose
Symmetrie
Sympathikus
Sympatrie
*sympatrische Artbil-
dung*
– Artbildung
Symphilie
Symphorie ↗
Symphorismus
Symphyla
Symphypleona
– Collembola
Symphyse ↗
Symphyta
Symphytum ↗
Symplast
symplastischer Trans-
port
Symplesiomorphie
Sympodium
Symport
Symptom (allgemein)
Symptom (Medizin)
symptothermale Metho-
de ↗
Synanceiidae ↗
Synangium
Synanthropie
Synapomorphie
Synapse
synaptonemaler Kom-
plex
Synarthrose
Synascidien
– Ascidiacea

Syncarida
Syncerebrum ↗
Synchondrose ↗
Synchorologie
Synchronisation
Syncytien
Syndesmose ↗
Syndrom
Synechococcus
– innere Uhr
Synergiden
Syngameon
Syngamie ↗
Syngnathiformes
Synöken ↗
Synökie
Synökologie
synökologisches Opti-
mum
Synovia
– Gelenk
Synözie ↗
synözisch
Synthasen ↗
Synthetasen ↗
Synthetische Theorie
der Evolution
syntrophe Bakterien
Syntrophie
Syntrophismus ↗
Synura
– Chrysophyceae
Synusie
Syphilis
Syrinx
Syrphidae
Systematik
– Systematik – Rekon-
struktion der Stam-
mesgeschichte (Essay)
Systemin
systemisch erworbene
Resistenz
Systemtheorie der Evo-
lution
Systole ↗
Syzygium ↗
Syzygium aromaticum ↗
Szent-Györgyi, Albert
S-Zustand-Mechanismus

T (Genetik) ↗
T (Biochemie) ↗
T_3 ↗
T_4 ↗
Tabak

Tabakmosaikvirus
Tabanidae
Tabulata
Tachyglossidae ↗
Tadorna tadorna ↗
Taenia
Taenidien ↗
Tafelente ↗
tagaktive Tiere
Tagesperiodik ↗
Tagesrhythmik ↗

Tagmata
tagneutrale Pflanzen
Taiga ↗
Talgdrüsen
Talpidae
Talsperre
Tamaricaceae
Tamaricales
Tamarinde
Tamarindus ↗
Tamariske

Tamarix ↗
Tamiini ↗
Tanaidacea ↗
Tandemwiederholungen
Tange
Tanne
Tannenmeise ↗
Tannine
Tantulocarida
Tantulus-Larve
– Tantulocarida

Tanzfliegen ↗
Tapetum lucidum
Taphonomie
Taphozönose
Taphrinomycetidae
Tapioka ↗
Tapire ↗
Tapiridae
Taq-Polymerase
Taranteln
Tarantismus
– Taranteln
Taraxacum ↗
Tardigrada
Tarnfärbung ↗
Tarntracht ↗
Tarnung ↗
Taro
Tarsenspinner ↗
Tarsus
Taschenklappe ↗
Taschenkrebs
– Cancer
Tasmanischer Tiger ↗
Tastsinn
Tastsinnesorgane ↗
TATA-Box
Tatum, Edward Lawrie
Tauben ↗
Taubenvögel ↗
Täublinge ↗
Tauchen
Tauchenten
Taufliegen ↗
Taurin
Tausendfüßer ↗
Tausendgüldenkraut
Tautomerie ↗
Taxaceae
Taxis
Taxodiaceae
taxodont ↗
Taxon
Taxonomie
Taxus baccata
– Abwehr
Tayassuidae
Tay-Sachs-Syndrom
Tbc ↗
T-DNA
Teakholzbaum
technische Biologie
Tectona ↗
Tectum
Teestrauch
Teestrauchgewächse ↗
Teff
Tegmen
– Elytren
Teich
Teichfrosch
Teichhuhn ↗
Teichmuschel ↗
Teiidae
Teilentkeimung ↗

Teilungsgewebe ↗
Teilungsspindel ↗
Teilzieher
Telegrafenpflanze
Telencephalon ↗
Teleomorphe
Teleostei
Teleutosporen ↗
Teloblasten
Teloconch
Telodendron
– Neuron
telolecithal
Telom
Telomere
Telomerase
Telomtheorie
Telophase ↗
telozentrisch
– Chromosomen
Telson
TEM ↗
Temin, Howard Martin
Temperatur
Temperaturregulation
Temperatursinn
Temperaturtoleranz
temperente Phagen
temperente Viren
temporäre Gewässer
Tenebrionidae
Tentaculata
Tentaculifera ↗
Tentakel (Botanik)
Tentakel (Zoologie)
Tentorium
Tepalen
Teratologie
Teratom
Terebrantes ↗
Terebrantia
– Thysanoptera
Teredo ↗
Tergit
Terminalfilum
– Eierstock
Terminalzelle
– Protonephridien
Termination
Terminationscodon ↗
Termiten ↗
Terpene
Terpenoidweg
– Abscisinsäure
– Carotinoide
Terrapene ↗
Terrarium
Terra rossa
terrestrisch
terrestrische Ökosyste-
me ↗
Terricola
– Tricladida
Territorialverhalten
Territorium

Tertiär
Tertiärfollikel ↗
Tertiärstruktur
Testa ↗
Testacea
Testacealobosea
– Amoebina
– Testacea
testikuläre Feminisie-
rung
Testis ↗
Testorganismen ↗
Testosteron
Testudines ↗
Testudinidae
Testudo ↗
Tetanus ↗
Tetanustoxine
Tethys
Tetrabranchiata ↗
Tetracycline ↗
Tetrade
Tetrahydrobiopterin
– Pteridine
Tetrahydrocannabinol
– Haschisch
Tetrahydrofolat
Tetrahydrofolsäure
Tetramastigota
Tetranychidae
Tetraodontidae
Tetraodontiformes
Tetraoninae
Tetrapanax ↗
Tetraploidie
Tetrapoda
Tetrapyrrole
Tetrasporophyt
– Rhodophyta
Tetrodotoxin
Tetrose
Tettigonioida
Teufelskirsche ↗
Teufelskralle
– Campanulaceae
Teufelsrochen ↗
Teufelszwirn
Teufelszwirngewächse ↗
Texasfieber
– Piroplasmida
TGF ↗
Thalamus
Thalassämie
Thaliacea
Thalidomid
– Phänokopie
Thallophyten
thallose Moose
– Bryophyta
Thallus
Thamnolia ↗
Thamnophis ↗
Theaceae
Theales
Thecata ↗

Thecodontia
Thecosomata ↗
Theileria ↗
Theileriose
– Piroplasmida
Thein ↗
Theka
Thekamöben ↗
thekodont
T-Helfer-Zellen ↗
Theobroma ↗
therapeutisches Klo-
nen ↗
Theraphosidae
therapsid
Therapsida
Theria
Theridiidae
thermische Schichtung
Thermoacidophile
Thermocycler
Thermodynamik
Thermogenin
Thermokline
Thermometerhuhn
Thermomorphose
Thermonastie
thermophil
thermophile Bakterien
Thermoregulation ↗
Thermorezeptoren ↗
Thermosbaenacea
Thermosphäre
– Atmosphäre
thermotolerante Bakte-
rien
Therophyta ↗
Therophyten
Theropoda
– Saurischia
THF ↗
Thiamin
Thiaminpyrophosphat
Thienemann, August
　Friedrich
thigmische Reize
Thigmomorphose
Thigmonastie
Thigmotaxis
Thigmotropismus
Thiobacillus
Thioester
Thiole
Thiomargarita
Thionine
Thioredoxin
Thiotrix
Thoracica ↗
Thoracopoden ↗
Thorax
Thr ↗
Threonin
Threskiornithidae
Thripse ↗
Thrombin

Trehalose
Treibhauseffekt
Treibhausgase
Trematoda
Trennungsgewebe
– Abscission
Trennverfahren
Trenngewebe
Trentepohliophyceae
Treponema
Trespe
TRH ↗
Trias
Tricarbonsäurezyklus ↗
Triceratops
Trichine
Trichoblast
Trichobothrium
Trichocephalida ↗
Trichochrome
– Melanine
Trichogaster
– Belontiidae
Trichom
Trichome ↗
Trichomhydatoden ↗
Trichomonadida
Trichomycteridae ↗
Trichophyton
Trichoplax
– Placozoa
Trichoptera
Trichosyringida
Trichromasie ↗
Trichtermündung ↗
Trichuris trichiura ↗
Tricladida
Tridacna gigas ↗
Trieb ↗
Triele ↗
Trifolium ↗
Triglidae ↗
Triglyceride ↗
Trigonella ↗
3,4,5-Trihydroxyben-
zoesäure ↗
2,6,8-Trihydroxypu-
rin ↗
Triiodthyronin ↗
Trilobita
Trimeresurus ↗
Trimerophytaceae ↗
Trimerophytales
Trimethylamin
Trinkwasser
Trinkwasseraufberei-
tung
Triosen
*Triosephosphat-Isome-
rase*
– Triosen
Tripelhelix ↗
Triplett ↗
Triple Response
– Ethylen

Triple-Test
– pränatale Diagnostik
triploblastische Eumeta-
zoa
Triploidie
Triplo-X-Syndrom
Tripper ↗
Tripton ↗
Trisetum ↗
Trisomie
Tritanopie ↗
Triterpene
Triticale
Triticum ↗
Tritocerebrum ↗
Trittstein-Modell
– Genfluss
Triturus cristatus ↗
Trivialname
tRNA ↗
Trochanter
Trochilidae ↗
Trochiten
– Encrinus
Trochodendrales
Trochophora
Trockenhefe
Trockenlufttiere
Trockenobjektiv
– Mikroskop
Trockenpflanzen ↗
Trockenrasen
Trockenresistenz ↗
Trockenstress ↗
Trockentoleranz
Troglobionten ↗
Troglodytidae
Trogoniformes
Trombiculidae
Trommelfell
Trommelfellorgane ↗
Trompetentierchen
Tropaeolales
Tropan ↗
Tropan-Alkaloide
Tropen
Tropfbewässerung
– Bewässerung
Tropfkörper
– Kläranlage
Trophie
Trophieebene
Trophieklassen
trophische Beziehun-
gen ↗
trophischer Koeffizient
Trophobiose
Trophoblast ↗
Trophocyten
Trophoektoderm
trophogene Zone
tropholytische Zone
Trophomorphose
Trophosom
trophotrop

Tropine ↗
tropischer Regenwald
Tropismus
Tropomyosin
Troponin
Tropophyten
Troposphäre
– Atmosphäre
Trottellumme ↗
Trp ↗
Trübungsmessung
– mikrobielles Wachstum
Trüffel
Trugdolde ↗
Trughirsche ↗
Truncus (Botanik)
Truncus (Zoologie)
Truncus sympathicus ↗
Trupiale ↗
Truthühner ↗
Trypanosoma
Trypanosoma-Form
– Trypanosomatidea
Trypanosomatidea
Trypanosomiasis
Trypsin
Trypsinogen ↗
Tryptamin
Tryptophan
Tryptophan-Operon
Tschermak, Erich
Tschernosem ↗
Tsetsefliegen
TSH ↗
Tsuga ↗
T-Suppressorzellen ↗
T-Tubuli ↗
Tuatara
– Brückenechse
Tuba auditiva ↗
Tuba uterina ↗
Tuber ↗
Tuberkelbakterien ↗
Tuberkulose
tuberöse Organe
– Elektrorezeption
Tubifex
Tubificida ↗
Tubulidentata
Tubulifera
– Thysanoptera
Tubulin
Tukane ↗
Tulipa ↗
Tulpe
Tulpenbaum
Tümmler
– Delphinidae
Tumor (allgemein)
Tumor (Medizin)
Tumor (Pflanzenphysio-
logie)
Tumordiagnostik
Tumormarker
– Tumorzellen

Tumorpromotoren ↗
Tumorsuppressoren
Tumorviren
Tumorzellen
Tümpel
Tümpelbewohner
Tundra
Tunfische
Tungölbaum
Tunica (Zoologie)
Tunica (Anatomie)
Tunicata
Tunika
Tunnelproteine ↗
Tupajas ↗
Tüpfel
Tüpfelsumpfhuhn ↗
Turakos ↗
Turbellaria
Turbinalia
– Nase
Turdidae
Turdus merula ↗
Turgor
Turgorbewegungen
Turgordruck ↗
*Turgorschleudermecha-
nismen*
– Explosionsmechanis-
men
*Turgorspritzmechanis-
men*
– Explosionsmechanis-
men
Türkentaube ↗
Turmfalke ↗
Turmschnecke ↗
Turner-Syndrom
Turnover-Zeit
Turteltaube ↗
Tussilago ↗
Two-Hybrid System
Tylenchida ↗
Tylopoda
– Artiodactyla
Tympanalorgane
Typhaceae
Typhales ↗
Typhlopidae
Typhus
Typogenese
typologische Art
– Art
Tyr ↗
Tyramin
Tyranni
Tyrannosaurus
Tyrosin
Tytonidae ↗
T-Zellen ↗
T-Zustand
– Hämoglobin

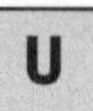

U (Genetik)
U (Biochemie)
Überaugenwulst
Überdüngung
Übereinkommen über
 den internationalen
 Handel mit bedrohten
 Arten ↗
Überexpression
Übergangsepithel
– Epithel
Übergangsformen ↗
Übergangsgebiet
Übergangszellen
– Phloembeladung
Übergangszustand
Übergipfelung
– Telomtheorie
überhängende Enden ↗
Überlebensstrategien
Überpflanzen ↗
Überschwängerung ↗
Übersprungshandlung
Überträger
Übertragung
Übertragungswege ↗
Überweidung
Ubichinon
ubiquitär
Ubiquitin
UDP-Glucose ↗
Uexküll, Jakob Johann
Uferschnepfe ↗
Uferschwalbe ↗
Uhu ↗
Ulmaceae
Ulme
Ulmengewächse ↗
Ulmensterben
Ulmus ↗
Ulotrichales ↗
Ultimobranchialkörper
Ultrafiltration
*Ultrakurzzeitgedächt-
 nis*
– Gedächtnis
Ultramikrotom
Ultraschall ↗
ultraviolette Strahlung
Ultrazentrifugation

Ulva ↗
Ulvales
Ulvophyceae
Umbelliferae ↗
Umbilicus ↗
Umbo ↗
Umfallkrankheit
Umgebungsfeuchte
*umgekehrter Citratzy-
 klus*
– fototrophe Bakterien
umgekehrter Elektro-
 nentransport
Umkehrosmose
Umkippen
UMP ↗
Umstimmung
Umwelt
Umweltansprüche
Umweltbelastung
Umweltbeziehungen
Umweltbiologie
Umweltbundesamt
Umweltchemikalien
Umweltfaktoren
Umweltgifte ↗
Umweltgutachten
Umweltkapazität
Umweltkatastrophen
Umweltkonferenz
Umweltkrankheiten
Umweltlizenzen
Umweltmedizin
Umweltmikrobiologie
Umweltorganisationen
Umweltschadstoffe ↗
Umweltschutz
Umweltstress
Umwelttoxikologie
Umweltverschmut-
 zung ↗
Umweltverträglichkeits-
 prüfung
Unabhängigkeitsregel ↗
unbedingter Reflex
unbedingter Reiz
Uncinula
– Erysiphales
Unechte Karettschild-
 kröte ↗
Unfruchtbarkeit ↗
ungeschlechtliche Fort-
 pflanzung ↗
Unguis ↗
Ungula ↗
Ungulata ↗

unifazial
Uniformitätsregel ↗
Unio ↗
Uniport
Uniporter
– Glucose-Transporter
unit membrane
– Biomembran
Unken
Unkraut
Unkrautbekämpfung
Unkrautvernichtungs-
 mittel ↗
Unpaarhufer ↗
unspezifische Immun-
 antwort
Unterart ↗
untere Bergwaldstufe ↗
untergärige Hefen
– Bierhefe
Unterhaare ↗
Unterhaut ↗
unterirdische Gewässer
Unterkiefer
Unterkieferdrüse ↗
Unterlage
Unterleib ↗
Unterschlundganglion
Unterzungendrüse ↗
unvollständige Domi-
 nanz ↗
unvollständige Pene-
 tranz ↗
Upupidae ↗
Uracil
Uranoscopidae
Uran-Thorium-Methode
– Altersbestimmung
 (Methoden)
Urat-Oxidase ↗
Urbecher ↗
Urdarm
Urease
Uredinales
Uredosporen
5-Ureidohydantoin ↗
Ureidpflanzen
– Allantoin
Ureizellen ↗
ureotelische Tiere
Ureter ↗
Urethra ↗
Urfarngewächse ↗
Urgeschlechtszellen ↗
Uricase
uricotelische Tiere

Uridin
Uridin-5'diphosphat ↗
Uridindiphosphat-Glu-
 cose
Uridin-5'-monophos-
 phat ↗
Uridinphosphate
Uridin-5'-triphosphat ↗
Urin ↗
Urkeimzellen
Urmeristem
– Meristem
Urmesodermzellen
– Keimblätter
Urmund
Urmundtiere ↗
Urmützenschnecken ↗
Urnenpflanze
Urniere ↗
Urobilin
Urochordata ↗
Urochrome
Urocystis ↗
Urodela
Urogenitalsystem
Uroglena
– Chrysophyceae
Urokinase
Uromyces ↗
Uronsäuren
Urophyse
Uropoden
Uropygi
Urostyl
– Anura
Urpferd
Ursamenzellen ↗
Ursidae
Ursprungszentren ↗
Ursuppe
Urtica ↗
Urticaceae
Urticales
Urtierchen ↗
Urvogel ↗
Urwald
Urzelle
Urzeugung
Usnea ↗
Ustilaginales
Uterus ↗
Utricularia
Utriculus ↗
UVP ↗
UV-Strahlung ↗

V (Chemie)
V (Biochemie)
Vaccinium ↗
Vagina
Vaginalflora

Vakuoläre Invertase
– Phloementladung
Vakuole (Botanik)
Vakuole (Zoologie)
Vakzination ↗

Vakzine ↗
Val ↗
Valerianaceae
Valin
Valvuladrüse

Y

Y ↗
YAC
Yalow, Rosalyn Sussmann

Yam
Yamswurzel ↗
Y-Chromosom ↗
Yersinia

Y-Organ
Ysop
Yucca ↗

Z

Zackenbarsche ↗
Zählkammerverfahren
Zahnarme ↗
Zahnbein
Zähne
Zahnformel
Zahnhals ↗
Zahngruben ↗
Zahnkaries
Zahnkrone ↗
Zahnschmelz
Zahnwale ↗
Zahnwechsel
Zahnwurzel ↗
Zander
Zänogenese ↗
Zapfen (Botanik)
Zapfen (Zoologie)
Zapodidae
Zaubernuss
Zaunammer ↗
Zauneidechse ↗
Zaunkönige ↗
Zaunrübe
Zaunwinde ↗
Z-DNA
Zea ↗
Zeatin ↗
Zeaxanthin ↗
Zebrabärbling ↗
Zebras
Zebraspinne
– Araneidae
Zecken ↗
Zeder
Zedrachgewächse ↗
Zehe ↗
Zehnarmige Kopffüßer ↗
Zeidae
Zeigerorganismen ↗
Zeigerpflanzen
zeitliche Isolation
– Isolationsmechanismen
Zellafter ↗
Zellatmung ↗
Zellbiologie ↗
Zelldifferenzierung
Zelle
Zellenlehre ↗

Zellfusion
Zellkern ↗
Zellkernteilung ↗
Zellkonstanz
Zellkultivierungssystem
– Biochips
Zellkultur
Zellmembran ↗
Zellmund ↗
Zellorganellen ↗
zellparasitische Bakterien
Zellplatte ↗
Zellsaft ↗
Zellsaftvakuole ↗
Zellschlund ↗
Zellstreckungszone
Zellteilung ↗
Zelltheorie
zelluläre Schleimpilze ↗
Zellulose ↗
zellvermittelte Immunität ↗
Zellwand (Botanik)
Zellwand (Mikrobiologie) ↗
Zellzahl
Zell-Zell-Verbindungen
Zellzyklus
zentraler Oszillator
– innere Uhr
zentrales Dogma der Molekularbiologie
zentrale Vakuole ↗
Zentralisation
– Schock
Zentralkörper
Zentralnervensystem
Zentralzylinder
Zentrifugation
Zerebralganglion ↗
Zerfallfrucht ↗
Zerkleinerer
– Detritusfresser
Zersetzer ↗
Zersetzung
Zeugloptera ↗
Zibetkatzen ↗
Zichorie ↗
Ziegenmelker
Ziehl-Neelsen-Färbung
Zielorientierung ↗
Zieralgen ↗
Zierpflanzen
– Kulturpflanzen
Ziesel

ZIFT
Zikaden ↗
Zilpzalp ↗
Zimtbaum
Zingiberaceae
Zingiberales
Zink
Zinkfinger ↗
Zinn
Ziphiidae
Zirbeldrüse ↗
Zisterne ↗
Zisternenpflanzen
– Epiphyten
Zistrose
Zitronat-Zitrone
Zitrone
Zitronengirlitz ↗
Zitronenmelisse ↗
Zitronensäure ↗
Zitronensäure-Zyklus ↗
zitterfreie Thermogenese ↗
Zittern
Zitterpappel ↗
Zitterrochen ↗
Zitze
Zitzentiere
– Mammalia
Zn ↗
ZNS ↗
Zoantharia
Zoarcidae
Zobel ↗
Zoëa ↗
Zöliakie
zonale Vegetation
Zona fasciculata
– Nebenniere
Zona glomerulosa
– Nebenniere
Zona pellucida ↗
Zona reticularis
– Nebenniere
Zonentheorie
– Farbensehen
Zonite ↗
Zonobiom
Zönobium ↗
Zönoblast ↗
Zönose
Zonula adhaerens ↗
Zonulafasern ↗
Zonula occludens ↗
Zoo ↗
zoo-
Zoobenthos

Zoochorie
Zooecium ↗
Zoogamie
Zoogeografie ↗
Zoogloea
Zooide ↗
Zoologie
zoologische Gärten
Zoonosen
Zooparasit ↗
Zoophilie ↗
Zooplankton ↗
Zoosaprophyt ↗
Zoosporangium
Zoosporen
Zoosporocysten
– Saprolegniales
Zooxanthellen
– Korallenriff
Zoozönose
Zoraptera
Zornnattern
Zoster ↗
Zosterales ↗
Zosterophyllaceae ↗
Zosterophyllales
Zotten
Zottenhaut ↗
Z-Scheiben
Z-Schema ↗
Zucchini ↗
Züchtung
Zucker
Zuckerahorn
Zuckeralkohole
Zuckerharnruhr ↗
Zuckerkrankheit ↗
Zuckerpflanzen
Zuckerrohr
Zuckerrübe
Zuckertang
Zuckmücken ↗
Zugverhalten ↗
Zugvögel
Zugwurzeln
Zunge
Zungenbein
Zungenbeinbogen
Zungenblüte ↗
Zungenmandel
Zungenmuscheln
– Brachiopoda
Zungenmuskelnerv ↗
Zungen-Schlund-Nerv ↗
Zungenwürmer ↗
Zuwachsstreifen
– Altersbestimmung